扫描二维码
可获得中文在线资源

计算机科学丛书

原书第7版

数据库系统概念

[美] 亚伯拉罕·西尔伯沙茨（Abraham Silberschatz） 耶鲁大学
亨利·F. 科思（Henry F. Korth） 理海大学
[印] S. 苏达尔尚（S. Sudarshan） 印度理工学院孟买校区 著

杨冬青 李红燕 张金波 北京大学 等译

Database System Concepts

Seventh Edition

机械工业出版社
CHINA MACHINE PRESS

图书在版编目（CIP）数据

数据库系统概念：原书第7版 /（美）亚伯拉罕·西尔伯沙茨（Abraham Silberschatz），（美）亨利·F. 科思（Henry F. Korth），（印）S. 苏达尔尚（S. Sudarshan）著；杨冬青等译．-- 北京：机械工业出版社，2021.5（2024.6 重印）
（计算机科学丛书）
书名原文：Database System Concepts, Seventh Edition
ISBN 978-7-111-68181-6

I. ①数⋯ II. ①亚⋯ ②亨⋯ ③S⋯ ④杨⋯ III. ①数据库系统 IV. ①TP311.13

中国版本图书馆 CIP 数据核字（2021）第 088927 号

北京市版权局著作权合同登记 图字：01-2019-7116 号。

Abraham Silberschatz, Henry F. Korth, S. Sudarshan
Database System Concepts, Seventh Edition
ISBN: 9780078022159

出版发行：机械工业出版社（北京市西城区百万庄大街 22 号 邮政编码：100037）
责任编辑：姚 蕾 游 静 责任校对：马荣敏
印 刷：固安县铭成印刷有限公司 版 次：2024 年 6 月第 1 版第 5 次印刷
开 本：185mm×260mm 1/16 印 张：51.25
书 号：ISBN 978-7-111-68181-6 定 价：149.00 元

客服电话：（010）88361066 68326294

译者序

数据库系统是对数据进行存储、管理、处理和维护的软件系统，是现代计算环境中的一个核心成分。随着计算机硬件、软件、网络技术的飞速发展和计算机系统在各行各业的广泛应用，数据库技术的发展尤其迅速且引人注目。有关数据库系统的理论和技术是计算机科学教育中必不可少的部分。《数据库系统概念》是一本经典的、备受赞扬的数据库系统教科书。其内容由浅入深，既包含了数据库系统的基本概念，又反映了数据库技术的新进展。它被国际上许多著名大学所采用，并多次再版。

我们先后将《数据库系统概念》一书的第 3 版、第 4 版、第 5 版和第 6 版译成中文，由机械工业出版社分别于 2000 年、2003 年、2006 年和 2012 年出版发行。国内许多大学采用《数据库系统概念》作为本科生和研究生数据库课程的教材或主要教学参考书，收到了良好的教学效果。现在我们又翻译了该书的第 7 版。第 7 版保持了前 6 版的总体风格，同时对结构进行了调整，对内容进行了扩充并增加了新的章节，包括“大数据”系统的广泛应用、区块链数据库等，以反映数据库设计、管理和使用的方式所发生的变化。第 7 版还考虑了数据库概念在教学方面的趋势，并进行了推动这些趋势的修改。第 7 版主要包括以下内容。

第 1～9 章讲述数据库系统的基本概念，对数据库系统的性质和目标进行了综述，对关系数据模型和关系语言做了较详细的介绍，对数据库设计过程、关系数据库理论以及数据库应用的设计和开发（包括基于 Web 的数据库应用以及移动数据库应用中所使用的工具和技术）进行了详细讨论。

第 10～11 章讲述大数据分析，阐述大规模数据分析应用对数据管理的要求，介绍满足这些要求的大数据存储系统、键值存储和 NoSQL 系统、MapReduce、Apache Spark、流数据和图数据库等，讨论数据仓库的结构和数据在 OLAP 应用中的使用以及数据挖掘算法和技术。

第 12～19 章讲述数据库系统的实现技术，介绍数据存储结构和缓冲区管理以及多种索引结构，阐述多种数据库查询执行算法和查询优化方法，阐述原子性、一致性、隔离性、持久性等事务处理的基本概念，并介绍保证这些特性的并发控制及故障恢复技术。

第 20～23 章主要讨论并行和分布式数据库，包括对集中式、客户 - 服务器、并行和分布式以及基于云的系统等计算机体系结构的介绍，对并行和分布式系统中的存储和索引结构的介绍，对多查询间并行和单个查询内并行的讨论，对分布式事务处理方法（包括两阶段提交、副本管理和弱一致性级别、使用版本向量和默克尔树来发现不一致性的手段和方法等）的讨论。

附录 A 给出了贯穿全书的大学模式的细节，包括完整的模式、DDL 和所有的表。

第 24～26 章是中文在线章节，讲述一些高级主题，包括 LSM 树及其变种、位图索引、空间索引和动态散列等对索引结构的扩展，高级应用开发中的性能调整、应用程序测试、应用程序移植和标准化等，区块链技术中使用加密散列函数和公钥加密来保证区块链特性（匿名性、无可辩驳性、防篡改性等）的方法以及区块链技术在企业应用中日益增长的作用。

第 27～32 章是英文在线章节，内容涵盖了具有历史意义或者具有先进性的材料，包括元组关系演算、域关系演算和 Datalog 等“纯”查询语言，关系数据库设计中的多值依赖理论和第四范式以及更高的范式，基于对象的数据库与诸如数组和多重集合类型等更复杂的数据类型，关于 XML 的更深入的讨论，对 PostgreSQL 数据库系统的综述等。

第 1～9 章的主要内容以及第 10～23 章和在线章节的部分内容可以作为本科生数据库入门课程的教材或主要参考资料，第 10～23 章和在线章节的其余内容可以用于研究生的数据库课程教学。

杨冬青、李红燕、张金波组织并参与了本书的翻译和审校工作，参与翻译的人员还有洪申达、吴梦、周雨熙、宋默弦、孙陈希、王卿云、尚骏远、周妍秀、孙永樾。

限于译者水平，译文中难免存在疏漏和错误，欢迎批评指正。

译　者

2020 年 10 月于北京大学

前言

数据库管理已经从一种专门的计算机应用发展为几乎所有企业中的一个核心成分，因此，有关数据库系统的知识已成为计算机科学教育中必不可少的部分。在本书中，我们讲述数据库管理的基本概念，这些概念包括数据库设计、数据库语言、数据库系统实现等多个方面。

本书可作为三年级或四年级本科生数据库入门课程的教科书，也可作为一年级研究生的教科书。除了涵盖入门课程的基本内容外，本书还包括可作为课程补充材料或作为高级课程介绍性材料的高级内容。

我们仅要求读者熟悉基本的数据结构、计算机组成和一种高级程序设计语言，例如 Java、C、C++ 或 Python。概念都以直观的方式加以描述，其中的许多概念基于我们大学运行的例子加以阐释。本书中包括重要的理论结果，但省略了形式化证明，取而代之的是用图表和例子来说明为什么结论是正确的。对于形式化描述和研究结果的证明，读者可以参见参考文献中列出的研究论文和高级教材。

本书中包括的基本概念和算法通常基于当今商用或试验性的数据库系统中采用的概念和算法。我们的目标是在通用环境下描述这些概念和算法，没有与某个特定的数据库系统绑定，虽然在恰当的时候我们确实提供了对某些特定系统的引用。

在第 7 版中，我们保持了前面版本的总体风格，同时对内容和结构进行了更新来反映数据库设计、管理和使用的方式所发生的变化。其中一个重要的变化是“大数据”系统的广泛应用。我们还考虑了数据库概念在教学方面的发展趋势，并在适当的地方做出了推动这些趋势的修改。

本版本中最值得注意的变化如下：

- 广泛涵盖了大数据系统的内容，既从用户的角度介绍（第 10 章），也从系统内部的角度介绍（第 20～23 章），与第 6 版相比有大量的内容扩充和改进。
- 增加了新的一章“区块链数据库”（第 26 章），介绍区块链技术及其在企业应用中日益增长的作用。这一章的一个重要焦点是区块链系统与数据库系统之间的交互。
- 对涉及数据库内部的所有各章（第 12～19 章）进行了修改，以融入固态硬盘、主存数据库、多核系统和列存储等当代技术。
- 对于使用 JSON、RDF 和 SPARQL 进行半结构化数据管理做了更多的描述（8.1 节）。
- 更新了对于时态数据（7.10 节）、数据分析（第 11 章）和诸如写优化的索引等高级索引技术（14.8 节和 24.2 节）的描述。
- 为更好地支持含有实操部分的课程（对于任何数据库课程，这都是我们强烈推荐的方式），对一些章节进行了重新组织和更新，包括使用当代的应用开发工具和大数据系统，如 Apache Hadoop 和 Spark。

所有更新源于我们收到的许多意见和建议，这些意见和建议来自第 6 版的读者以及我们在耶鲁大学、理海大学、印度理工学院孟买校区的学生，也源于我们自己对数据库技术发展的观察和分析。

本书的内容

除第 1 章外，本书共十一部分，具体如下：

- **引言**（第 1 章）。第 1 章对数据库系统的性质和目标进行一般性综述。我们解释了数据库系统的概念是如何发展的，各数据库系统的共同特性是什么，数据库系统能为用户做什么，以及数据库系统如何与操作系统交互。我们还引入了一个数据库应用的例子：一个包括多个系、教师、学生和课程的大学。这个应用作为贯穿全书的运行实例。这一章本质上是激励性、历史性和解释性的。
- **第一部分：关系语言**（第 2～5 章）。第 2 章介绍数据的关系模型，包括关系数据库的结构、数据库模式、码、模式图、关系查询语言、关系运算和关系代数等基本概念。第 3～5 章主要介绍最具影响力的面向用户的关系语言：SQL。对于一个设计完成的模式，这部分描述了查询、修改、插入和删除等数据操作。虽然这里详细讲述了数据定义的语法，但关于模式设计的问题将推迟到第二部分讲述。
- **第二部分：数据库设计**（第 6～7 章）。第 6 章概要介绍数据库设计过程并详细描述实体 - 联系数据模型。实体 - 联系模型为数据库设计问题以及在数据模型的约束下捕获现实应用的语义时所遇到的问题提供了一个高层视图。UML 类图表示也在这一章中讲述。第 7 章介绍关系数据库设计。这一章讲述了函数依赖和规范化的理论，重点强调了提出各种范式的动机，以及它们的直观含义。这一章以关系设计的概览开始，依赖于对函数依赖的逻辑蕴涵的直观理解。这使得规范化的概念可以在全面讨论函数依赖理论之前先做介绍，而函数依赖理论将在本章稍后部分讨论。授课教师可以只选用这些直观描述的内容，而不会丢失连贯性。不过，完整地讲授这一章将有利于学生对规范化概念形成较好的理解，从而引导他们去学习函数依赖理论中一些较艰深的概念。这一章的最后一节讲述时态数据建模。
- **第三部分：应用程序设计和开发**（第 8～9 章）。第 8 章讨论几种对于应用程序设计和开发非常重要的复杂数据类型，包括半结构化数据、基于对象的数据、文本数据和空间数据。虽然 XML 在数据库环境中的流行度正在消减，但我们还是保留了对 XML 的介绍，同时增加了对 JSON、RDF 和 SPARQL 的介绍。第 9 章讨论用于构建交互式的基于 Web 的数据库应用和移动数据库应用的工具与技术。这一章对服务器端和客户端都进行了详细介绍，所包括的主题有：Java 服务器端程序（servlet）、JSP、Django、Java 描述语言（JavaScript）和 Web 服务。同时，还对以下主题进行了讨论：应用体系结构、对象 - 关系映射系统（包括 Hibernate 和 Django）、性能（包括使用 memcached 和 Redis 的缓存）和确保 Web 应用安全的独特挑战。
- **第四部分：大数据分析**（第 10～11 章）。第 10 章概述大规模数据分析应用，重点讲述与传统的数据库应用相比，这些应用如何对数据管理提出不寻常的要求，然后讨论了这些要求是如何得到满足的。所阐述的主题有：包括分布式文件系统在内的大数据存储系统、键值存储和 NoSQL 系统、MapReduce、Apache Spark、流数据和图数据库。这里对这些系统和概念与前面介绍的数据库概念之间的关联做了重点讲解。第 11 章讨论为大规模数据分析而设计的系统的结构和使用。这一章首先解释了数据分析、商业智能和决策支持的概念，并在此基础上讨论了数据仓库的结构和将数据收集到仓库中的过程。然后，讲述了仓库中的数据在 OLAP 应用中的使用，并对数据挖掘算法和技术进行了概述。

- **第五部分：存储管理和索引**（第 12～14 章）。第 12 章讨论存储设备以及这些设备的特性如何影响数据库的物理组织和性能。第 13 章讨论数据存储结构，包括文件组织和缓冲区管理。第 14 章讲述多种数据存取技术。首先对基于多级索引的数据存取进行描述，进而对 B^+ 树进行详细介绍。然后介绍 B^+ 树不太适用的那些应用的索引结构，包括诸如 LSM 树和缓冲树等写优化的索引，位图索引，使用 k-d 树、四分树和 R 树的空间数据索引等。
- **第六部分：查询处理和优化**（第 15～16 章）。第 15～16 章阐述查询处理和查询优化。第 15 章重点讲述数据库操作的实现算法，特别是为无法完全放入主存中的非常大的数据而设计的各种各样的连接算法。这一章还讲述了用于主存数据库的查询处理技术。第 16 章讲述查询优化，首先展示了如何使用转换规则将查询计划转换为与之等价的其他计划，然后描述了如何估计查询执行代价，以及如何高效地找出代价最小的查询执行计划。
- **第七部分：事务管理**（第 17～19 章）。第 17 章着重介绍事务处理系统的基本概念：原子性、一致性、隔离性和持久性。这一章概述了用于保证这些特性的方法，包括基于日志的恢复和使用锁的并发控制、基于时间戳的技术以及快照隔离。仅需要对事务概念进行综述的课程可以只使用第 17 章，而不必使用这部分的其他章节，那些章节的内容要深入得多。第 18 章重点讲述并发控制，并介绍几种保证可串行化的技术，包括封锁、时间戳和乐观（有效性检查）技术。这一章讲述了多版本并发控制技术，包括广泛使用的快照隔离技术，以及一个保证可串行化的扩展技术。这一章还讨论了弱一致性级别、索引结构中的并发、主存数据库系统中的并发、长持续时间的事务、操作级别的并发和实时事务处理。第 19 章讨论在系统崩溃和存储器故障的情况下保证事务正确执行的主要技术，包括日志、检查点和数据库转储，以及使用远程备份系统的高可用性。这一章还介绍了提前释放锁的恢复和广泛使用的 ARIES 算法，讨论了主存数据库系统中的恢复以及 NVRAM 的使用。
- **第八部分：并行和分布式数据库**（第 20～23 章）。第 20 章介绍计算机系统体系结构，并描述基本的计算机系统对于数据库系统的影响。这一章讨论了集中式系统、客户－服务器系统、并行和分布式体系结构以及基于云的系统。本部分的其余三章分别讲述并行和分布式数据库的不同方面，第 21 章讲述存储和索引，第 22 章讲述查询处理，第 23 章讲述事务处理。第 21 章讨论分区和数据偏斜、复制、并行索引、分布式文件系统（包括 Hadoop 文件系统）和并行的键值存储。第 22 章讨论多个查询间的并行和单个查询内的并行，包括并行和分布式排序与连接、MapReduce、流水线、Volcano 交换算子模型、线程级并行、流数据以及地理上分散的查询的优化。第 23 章讨论传统的分布式处理方法（如两阶段提交），以及更复杂的解决方案（如 Paxos 和 Raft）。这一章讲述了分布式并发控制的各种算法，包括副本管理和弱一致性级别，还讨论了 CAP 定理所包含的权衡和协调，以及使用版本向量和默克尔树（Merkle tree）来检测不一致性的方法。
- **第九部分：附录**。附录 A 给出我们的大学模式的细节，包括完整的模式、DDL 和所有的表。
- **第十部分：中文在线章节**（第 24～26 章）。第 24 章对第 14 章的索引结构进行了扩展，详细讲述 LSM 树及其变种、位图索引、空间索引和动态散列技术。第 25 章扩展了第 9 章所涵盖的内容，讨论性能调整、基准测试，以及从遗产系统中移植、标准化和分布式目录系统。第 26 章从数据库的角度审视区块链技术，描述了区块链数据结构，以及使用加密散列函数和公钥加密来保证匿名性、无可辩驳性、防篡改性等区块链性质。这一章描述和比较了用于保证去中心化的分布式共识算法，包括工作量证明、权益证明和拜占庭（Byzantine）共识。这一章的大部分内容讨论使得区块链成为重要的数据库概念的那些特性，包括许可区块链的作用、智能合约中业务逻辑和协议的编码，以及跨区块链的互操作性。这一章还讨论了为达到数据库级别的事务处理性能所采用的技术。最后对当前和未来的企业区块链应用进行了综述。

- **第十一部分：英文在线章节**（第 27～32 章）。可以在 db-book.com 上在线获取这些章节。我们提供了 6 章，涵盖了具有历史意义或者具有先进性的材料。第 27 章讲述"纯"查询语言：元组和域关系演算，以及 Datalog（它的语法是仿照 Prolog 语言的）。第 28 章讲述关系数据库设计中的高级主题，包括多值依赖理论和第四范式，以及更高的范式。第 29 章讲述基于对象的数据库、诸如数组和多重集合类型等更复杂的数据类型，以及非 1NF 的表。第 30 章对第 8 章关于 XML 的讨论进行扩展。第 31 章讲述信息检索，讨论非结构化的文本数据的查询。第 32 章提供对 PostgreSQL 数据库系统的综述，面向的是专注于数据库内部层面的课程。这一章对于学生在 PostgreSQL 数据库的开放源码库上做课题特别有用。

在每一章的末尾我们都提供了一节——*延伸阅读*，其中的参考资料有助于学生对各章所包含的内容或者所涉及的相关领域的新进展继续深入学习。有时，延伸阅读一节会包括已成为尽人皆知的经典之作的原始渊源论文。另外，在线提供每一章的详细参考文献，并且为那些有意对各章所包含内容的某些部分进行深入学习的读者提供了参考资料。

第 7 版

第 7 版是由以下因素驱动产生的：我们收到的关于前面几版的意见和建议，我们在耶鲁大学、理海大学、印度理工学院孟买校区讲授本课程的体会，以及我们对于数据库技术发展方向的分析。

前面我们列举了这一版的主要新特性，包括：对大数据内容的广泛涵盖，为反映当代的硬件技术对所有各章所做的更新，半结构化数据管理，高级索引技术，以及关于区块链数据库的新的一章。除了这些主要的改动之外，我们对每一章都进行了修改，对较旧的内容进行了更新，增加了对数据库技术当前进展的讨论，改进了对学生认为难以理解的主题的描述。我们还增加了新的习题，并对参考文献进行了更新。

下面我们为原先使用第 6 版的教师列出这一版的较为重要的改变。

- 将关系代数移到了第 2 章，以帮助学生更好地理解作为 SQL 等查询语言的基础的关系运算。更深入地讲述关系代数还有利于学生更好地理解后面讨论查询处理和优化所需的代数运算。关系演算的两种变体现在都在在线章节中讲述，因为我们认为它们现在仅对更加面向理论化的课程有价值，而对于大多数的数据库课程来说是可以略掉的。
- 现在关于 SQL 的三章包含了数据库系统特定的 SQL 变体的更多细节，以帮助学生更好地完成实践作业。对于 SQL 与多重集合关系代数之间的关联也做了更详细的讲解。现在第 4 章包含了关于连接的所有材料，而以前自然连接是放在前面的章节中的。这一章还增加了用于生成唯一码值的序列和行级安全性的相关内容。特别有用的对 JDBC API 的当前扩展现在放到了第 5 章中，而对 OLAP 的讲述从这一章移到了第 11 章中。

- 对第 6 章进行了修改，将 E-R 图和 E-R 概念都放到了这一章中，而不是像以前的版本那样先讲述概念然后再介绍 E-R 图。我们认为这会帮助学生更好地理解 E-R 模型。
- 第 7 章改进了对时态数据建模的介绍，融入了 SQL:2011 时态数据库的特性。
- 第 8 章是新的一章，讲述复杂数据类型，包括诸如 XML、JSON、RDF、SPARQL 等半结构化数据，以及基于对象的数据、文本数据和空间数据。在第 6 版中详细介绍了基于对象的数据库、XML 和文本数据上的信息检索，这些主题现在被简化后包含在第 8 章中，而第 6 版中原来的那些章节现在可以在线阅读。
- 第 9 章被大大地改写了，以反映当前的应用开发工具和技术，包括扩展了对 JavaScript 和用于构建动态 Web 界面的 JavaScript 库的介绍、对 Python 中采用 Django 架构的应用开发的介绍、对 Web 服务的介绍和对使用 HTML5 的断连操作的介绍，增加了使用 Django 的对象 - 关系映射内容，还对能够处理大事务负载的高性能应用的开发技术进行了讨论。
- 第 10 章是关于大数据的新的一章，从用户的角度讨论了大数据的概念和工具。这一章的内容包括大数据存储系统、MapReduce 范式、Apache Hadoop 和 Apache Spark、流数据库和图数据库，目的是使读者对表象背后的事情有个大致的了解，以便能够使用大数据系统。后续的几章详细介绍了大数据的内部构件。
- 存储和文件结构被分成了两章。讲述存储的第 12 章经过更新后，更充分地描述了闪存，并包含了若干新技术——面向列的存储和主存数据库中的存储组织。讲述数据存储结构的第 13 章经过扩展后，现在包含了许多细节，例如自由空间图、划分，最重要的是面向列的存储。
- 讲述索引的第 14 章增加了写优化的索引结构，包括 LSM 树及其变种和缓冲树，它们有很好的应用前景。这一章对空间索引的介绍比较简短。在讲述高级索引技术的第 24 章中有对 LSM 树和空间索引的更详细介绍。现在第 14 章仅对位图索引进行了简单介绍，更详细的介绍则移到了第 24 章中。动态索引技术也被移到了第 24 章中，目前这一技术对实践不太重要。
- 讲述查询处理的第 15 章大大扩展了对查询处理中的流水线技术的介绍，增加了主存中关于查询处理的新素材，包括查询编译以及对空间连接的简单介绍。讲述查询优化的第 16 章包含了外连接和聚集等算子的等价规则的更多示例，更新了用于代价估计的统计信息的内容，改进了关于连接顺序优化算法的介绍。这一章中还增加了使用半连接和反连接运算对嵌套子查询去除相关的技术的介绍。
- 讲述并发控制的第 18 章包含了主存中并发控制的新素材。讲述恢复系统的第 19 章对于使用远程备份系统的高可用性给予了更多的重视。
- 关于并行数据库和分布式数据库的介绍进行了全面的修改。由于这两个领域从低层次的并行到地理上分散的系统都演进到了连续体（continuum）状态，因此我们现在一起展示这些主题。
    - 第 20 章讲述数据库系统体系结构，在以前版本的基础上有很大的改变，包含了关于实际的互联网络（诸如树形或胖树结构）的新素材，大大扩展和更新了关于共享内存体系结构和缓存一致性的素材。这一章中有一个关于基于云的服务的新节，它涵盖了虚拟机和容器、平台即服务、软件即服务以及弹性。

- 第 21 章讲述并行和分布式存储，只有少部分内容在第 6 版中讲过，例如分区技术，本章中的其他内容都是新的。
- 第 22 章讲述并行和分布式查询处理，还是只有少数节已经包含在第 6 版中，例如排序、连接和少数几个关系运算的并行算法，本章中的其他内容几乎都是新的。
- 第 23 章讲述并行和分布式事务处理。这一章中有一些内容已经包含在第 6 版中，例如关于分布式数据库中的 2PC、持久消息和并发控制的那几节，本章中的其他内容几乎都是新的。

与第 6 版一样，我们在附录 A 和用到大学数据库例子的各章中列出了该数据库的模式和样例关系实例，以便于理解。另外，我们在网站 db-book.com 上提供了整个例子的 SQL 数据定义语句，以及创建样例关系实例的 SQL 语句。这能激励学生直接在数据库系统上运行样例查询，并修改这些查询去进行更多的试验。上面没有列出的所有主题都在第 6 版的基础上有所更新，但总体结构相对来说没有改动。

章末材料

在每一章的末尾除了总结之外，还有一个术语回顾列表，用来帮助读者回顾这一章中讨论的关键主题。

与第 6 版一样，习题被划分成两部分：**实践习题**和**习题**。实践习题的解决方案在本书英文版的网站上公开发布。我们鼓励学生独立解决实践习题，然后用网站上的解决方案来检查自己的答案。习题的解答只有授课教师能得到（参看下面的“授课教师注意事项”，以获取如何得到题解的信息）。

许多章的末尾都有一个“工具”节，它提供了与该章的主题相关的软件工具的信息，其中一些工具可以用于实验室练习。大学数据库和习题中用到的其他关系的 SQL DDL 和样例数据在本书英文版的网站上可以得到，也可以用于实验室练习。

授课教师注意事项

可以用本书各章的不同子集来设计课程，某些章也可以用不同于本书中的顺序来讲授。下面列出了一些可能的安排。

- 第 5 章（高级 SQL）。这一章可以跳过或推迟到后面讲授，而不会影响连续性。建议大多数课程至少较早地讲授 5.1.1 节，因为 JDBC 很可能会是学生实习的一个有用工具。
- 第 6 章（使用 E-R 模型的数据库设计）。如果教师愿意，这一章可以在第 3～5 章之前讲，因为第 6 章完全不依赖于 SQL。但是，那些强调编程实习的课程可能会在学习 SQL 之后有各种各样的实验室练习，对这样的课程我们推荐在讲数据库设计之前先讲 SQL。
- 第 15 章（查询处理）和第 16 章（查询优化）。入门性的课程可以去掉这两章，这对于任何其他章的讲授都没有影响。
- 第七部分（事务管理）。我们的讲述包括一章综述（第 17 章）和后续各章的详细讨论。如果计划把后面的章推迟到高级课程中去讲授，可以选择仅讲述第 17 章，而省略第 18 和 19 章。

- 第八部分（并行和分布式数据库）。我们的讲述包括一章综述（第 20 章）与后续各章关于存储、查询处理和事务等主题的讨论。如果计划把后面的章推迟到高级课程中去讲授，可以选择仅讲述第 20 章，而省略第 21～23 章。
- 第十一部分（英文在线章节）。第 27 章（形式关系查询语言）可以在第 2 章之后讲 SQL 之前讲授，入门性课程也可以省略这一章。另外 5 个英文在线章节（高级关系数据库设计、基于对象的数据库、XML、信息检索和 PostgreSQL）可以用作自学材料，入门性课程可以去掉它们。

基于本书的教学大纲可以在本书英文版的网站上找到。

本书英文版网站和英文补充材料

本书英文版网站的网址是 db-book.com，其中包括：

- 本书所有各章的幻灯片。
- 实践习题的答案。
- 6 个在线章节。
- 实验素材，包括大学模式和习题中用到的 SQL DDL 和样例数据，大量实验练习和相关项目示例，以及关于建立和使用各种数据库系统和工具的说明。
- 最新勘误表。

下列附加材料仅有教师可以获得[⊖]：

- 包括书中所有习题的答案的教师手册。
- 包括额外习题的问题库。

扫描二维码可获得的中文材料

本书采用一书一码的方式，即一本书对应一个专有的二维码（见本书前面的衬纸）。扫描二维码获取阅读权限后，可浏览以下电子数据资源。

- 第十部分（包括高级索引技术、高级应用开发、区块链数据库等高级主题）。
- 索引。

未来我们还可能通过该二维码提供更多的增值服务，例如习题答案、老师的授课视频等。

联系我们

我们已尽了最大的努力来避免在本书中出现排版错误、内容疏忽等。然而，与新发布的软件类似，错误在所难免，在本书英文版的网站中提供了一个最新勘误表。如果你能指出尚未包含在最新勘误表中的本书的疏漏之处，我们将十分感激。

我们很高兴能收到你对改进本书的建议，也很欢迎你对本书英文版网站做出对其他读者有用的贡献，例如程序设计习题、课程实习建议、在线实验室和指南以及授课要点等。

电子邮件请发到 db-book-authors@cs.yale.edu，来信请寄至 Avi Silberschatz，Department of

⊖ 关于本书教辅资源，只有使用本书作为教材的教师才可以申请，需要的教师可向麦格劳－希尔教育出版公司北京代表处申请，电话 010-57997618/7600，传真 010-59575582，电子邮件 instructorchina@mheducation.com 。——编辑注

Computer Science，Yale University, 51 Prospect Street, P.O. Box 208285, New Haven, CT 06520-8285 USA。

致谢

许多人对第 7 版以及之前的 6 版提供了帮助，我们对他们致以诚挚的谢意。

第 7 版

- Ioannis Alagiannis 和 Renata Borovica-Gajic 撰写了可以在线获取的描述 PostgreSQL 数据库的第 32 章。这一章是对第 6 版中 PostgreSQL 章的完全重写，第 6 版中的那一章是由 Anastasia Ailamaki、Sailesh Krishnamurthy、Spiros Papadimitriou、Bianca Schroeder、Karl Schnaitter 和 Gavin Sherry 撰写的。
- Judi Paige 帮助制作了插图和演示幻灯片，并处理了文字编辑等事宜。
- Mark Wogahn 保证了生成本书文本的软件正常工作，包括 LaTex 宏和字体等。
- Sriram Srinivasan 对于并行和分布式数据库部分的反馈使我们受益匪浅。
- N. L. Sarda 对第 6 版和第 7 版的一些节给出了具有洞察力的反馈。
- Bikash Chandra 和 Venkatesh Emani 协助对“应用程序开发”一章进行了更新，并创建了样例代码。
- 印度理工学院孟买校区的学生（特别是 Ashish Mithole）对预印本中有关并行和分布式数据库的章节提出了意见。
- 耶鲁大学、理海大学和印度理工学院孟买校区的学生对第 6 提给出了意见。
- Jeffrey Anthony（Synaptic 公司的合伙人兼 CTO）以及理海大学的学生 Corey Caplan（现在是 Leavitt Innovations 的联合创始人之一）、Gregory Cheng、Timothy LaRowe 和 Aaron Rotem 对新的区块链章节提出了有益的意见和建议。

前面各版

- Hakan Jakobsson（Oracle）撰写了第 6 版中关于 Oracle 数据库系统的一章；Sriram Padmanabhan（IBM）撰写了第 6 版中关于 IBM DB2 数据库系统的一章；Sameet Agarwal、José A. Blakeley、Thierry D'Hers、Gerald Hinson、Dirk Myers、Vaqar Pirzada、Bill Ramos、Balaji Rathakrishnan、Michael Rys、Florian Waas 和 Michael Zwilling 撰写了第 6 版中关于 Microsoft SQL Server 数据库系统的一章，特别是 José Blakeley 组织和编辑了这一章，遗憾的是他现在已经不和我们在一起了；César Galindo-Legaria、Goetz Graefe、Kalen Delaney 和 Thomas Casey 对 Microsoft SQL Server 这一章以前的版本做出了贡献，现在，这些章没有包含在第 7 版中。
- Anastasia Ailamaki、Sailesh Krishnamurthy、Spiros Papadimitriou、Bianca Schroeder、Karl Schnaitter 和 Gavin Sherry 撰写了第 6 版中关于 Postgre SQL 的一章。
- Daniel Abadi 审阅了第 5 版的目录，并协助进行了调整。
- 作为本书的审阅人，Steve Dolins（佛罗里达大学）、Rolando Fernanez（乔治·华盛顿大学）、Frantisek Franek（麦克马斯特大学）、Latifur Khan（得克萨斯大学达拉斯分校）、Sanjay Madria（密苏里科技大学）、Aris Ouksel（伊利诺伊大学）和 Richard Snodgrass（滑铁卢大学）的意见对于第 6 版的最终定稿帮助很大。
- Judi Paige 帮助制作了插图和演示幻灯片。
- Mark Wogahn 保证了生成本书文本的软件正常工作，包括 LaTex 宏和字体。

- N. L. Sarda 的反馈帮助我们改进了好几章，Vikram Pudi 促使我们替换掉早先的银行模式，Shetal Shah 对几章内容给出了反馈。
- 耶鲁大学、理海大学和印度理工学院孟买校区的学生对第 5 版以及第 6 版的预印本给出了意见。
- Chen Li 和 Sharad Mehrotra 为第 5 版提供了关于 JDBC 和安全性的素材。
- Marilyn Turnamian 和 Nandprasad Joshi 为第 5 版提供了秘书服务，Marilyn 还为第 5 版准备了一个封面设计的早期版本。
- Lyn Dupré 对第 3 版进行了审查，Sara Strandtman 对第 3 版进行了文字编辑。
- Nilesh Dalvi、Sumit Sanghai、Gaurav Bhalotia、Arvind Hulgeri、K. V. Raghavan、Prateek Kapadia、Sara Strandtman、Greg Speegle 和 Dawn Bezviner 协助准备了前面各版的教师手册。
- 用船作为封面概念的部分想法最初是 Bruce Stephan 建议的。
- 以下人士对本书的第 5 版和前面各版提出了建议和意见：R. B. Abhyankar, Hani Abu-Salem, Jamel R. Alsabbagh, Raj Ashar, Don Batory, Phil Bernhard, Christian Breimann, Gavin M. Bierman, JanekBogucki, Haran Boral, Paul Bourgeois, PhilBohannon, Robert Brazile, Yuri Breitbart, Ramzi Bualuan, Michael Carey, Soumen Chakrabarti, Tom Chappell, Zhengxin Chen, Y. C. Chin, Jan Chomicki, Laurens Damen, Prasanna Dhandapani, Qin Ding, Valentin Dinu, J. Edwards, Christos Faloutsos, Homma Farian, Alan Fekete, Frantisek Franek, Shashi Gadia, Hector Garcia-Molina, Goetz Graefe, Jim Gray, Le Gruenwald, Eitan M. Gurari, William Hankley, Bruce Hillyer, Ron Hitchens, Chad Hogg, Arvind Hulgeri, Yannis Ioannidis, Zheng Jiaping, Randy M. Kaplan, Graham J. L. Kemp, Rami Khouri, Hyoung-Joo Kim, Won Kim, Henry Korth (father of Henry F.), Carol Kroll, Hae Choon Lee, SangWon Lee, Irwin Levinstein, Mark Llewellyn, Gary Lindstrom, Ling Liu, Dave Maier, Keith Marzullo, Marty Maskarinec, Fletcher Mattox, Sharad Mehrotra, Jim Melton, Alberto Mendelzon, Ami Motro, Bhagirath Narahari, Yiu-Kai Dennis Ng, Thanh-Duy Nguyen, Anil Nigam, Cyril Orji, Meral Ozsoyoglu, D. B. Phatak, Juan Altmayer Pizzorno, Bruce Porter, Sunil Prabhakar, Jim Peterson, K. V. Raghavan, Nahid Rahman, Rajarshi Rakshit, Krithi Ramamritham, Mike Reiter, Greg Riccardi, Odinaldo Rodriguez, Mark Roth, Marek Rusinkiewicz, Michael Rys, Sunita Sarawagi, N. L. Sarda, Patrick Schmid, Nikhil Sethi, S. Seshadri, Stewart Shen, Shashi Shekhar, Amit Sheth, Max Smolens, Nandit Soparkar, Greg Speegle, Jeff Storey, Dilys Thomas, Prem Thomas, Tim Wahls, Anita Whitehall, Christopher Wilson, Marianne Winslett, Weining Zhang, Liu Zhenming。

个人注记

Sudarshan 感谢他的妻子 Sita 的爱、耐心和支持，感谢他的孩子 Madhur、Advaith 的爱和乐观精神。Hank 感谢他的妻子 Joan、孩子 Abby 和 Joe 的爱和理解。Avi 感谢 Valerie 在本书修订期间的爱、耐心和支持。

A. S.
H. F. K.
S. S.

Abraham Silberschatz 是耶鲁大学计算机科学系 Sidney J. Weinberg 教授。在 2003 年加入耶鲁大学之前，他是贝尔实验室信息科学研究中心的副主任。他曾担任得克萨斯大学奥斯汀分校的教授，一直在该校任教至 1993 年。Silberschatz 是 ACM 会士、IEEE 会士以及康涅狄格科学与工程学会的成员。他获得了 2002 年 IEEE Taylor L. Booth 教育奖、1998 年 ACM Karl V. Karlstrom 杰出教育家奖以及 1997 年 ACM SIGMOD 贡献奖，并于 1998 年、1999 年和 2004 年三次被授予贝尔实验室总裁奖。他在许多期刊、会议、研讨会上发表论文。他获得 48 项专利和 24 项授权。他还是教科书《操作系统概念》的作者。

Henry F. Korth 是理海大学计算机科学与工程系教授和计算机科学与商业项目联合主任。在加入理海大学之前，他是贝尔实验室的数据库原理研究中心主任、松下科技副总裁、得克萨斯大学奥斯汀分校副教授以及 IBM 研究中心的研究人员。Korth 是 ACM 会士和 IEEE 会士、VLDB 会议 10 年贡献奖的获得者。他发表的众多研究成果涉及数据库系统的方方面面，包括并行和分布式系统中的事务管理、实时系统、查询处理以及现代计算体系结构对这些领域的影响。最近，他的研究致力于解决区块链在企业数据库中的应用问题。

S. Sudarshan 目前是印度理工学院孟买校区 Subrao M. Nilekani 讲席教授。他于 1992 年在威斯康星大学获得博士学位，在加入印度理工学院孟买校区之前他是贝尔实验室的技术人员。Sudarshan 是 ACM 会士。他的研究跨越了数据库系统的多个领域，其重点是查询处理和查询优化。他在 2002 年发表的关于数据库中关键字检索的论文获得了 2012 年 IEEE ICDE 最具影响力论文奖，并且他在主存数据库方面的工作于 1999 年获得了贝尔实验室总裁奖。他目前的研究领域包括 SQL 查询的测试和分级、通过重写命令式代码来优化数据库应用程序，以及并行数据库的查询优化，他发表了 100 余篇论文并获得 15 项专利。

目 录

Database System Concepts, Seventh Edition

第二部分 数据库设计

第四部分 大数据分析

第五部分 存储管理和索引

第六部分 查询处理和优化

第七部分 事务管理

第八部分 并行和分布式数据库

㊀ 请扫描本书前面衬纸上的二维码，在获取正版书官方授权后进行阅读。——编辑注

㊁ 请访问本书英文版网站 db-book.com 进行阅读。——编辑注

引　言

数据库管理系统（DataBase-Management System，DBMS）由一个互相关联的数据的集合和一组用以访问这些数据的程序组成。这个数据集合通常称作**数据库**（database），其中包含了关于某个企业的信息。DBMS 的主要目标是要提供一种可以方便、高效地存取数据库信息的途径。

设计数据库系统的目的是管理大量信息。对数据的管理既涉及信息存储结构的定义，又涉及信息操作机制的提供。此外，数据库系统还必须提供所存储信息的安全性保证，即使在系统崩溃或有人企图越权访问时也应保障信息的安全性。如果数据将被多用户共享，那么系统还必须设法避免可能产生的异常结果。

在大多数组织中信息是非常重要的，因而计算机科学家开发了大量的用于有效管理数据的概念和技术。这些概念和技术正是本书所关注的。在这一章里，我们将简要介绍数据库系统的基本原理。

1.1 数据库系统应用

最早的数据库系统出现在 20 世纪 60 年代，以响应商业数据计算机化管理的需求。与当今的数据库应用相比，这些早期应用相对简单。当今的应用系统包括非常复杂的全球化企业。

新的和老的所有数据库应用都共享重要的公共元素。应用系统最主要的方面不是执行某些运算的程序，而是数据自身。当今某些最重要的公司之所以重要并不是因为它们的物理资产，而是由于它们所拥有的信息。想象某个银行没有了关于账户和客户的数据，或者某个社交网站丢失了用户之间的联系信息。在这样的情况下，这些公司的价值几乎会全部丧失。

1

数据库系统用于管理如下的数据集合：

- 具有很高价值的数据集合；
- 相对庞大的数据集合；
- 常常同时被多个用户和应用系统访问的数据集合。

最早期的数据库应用系统只拥有简单的、精确格式化的、结构化的数据。当今的数据库应用系统可能包括具有复杂联系和更加易变的结构的数据。作为具有结构化数据的应用系统的一个示例，我们考虑大学里关于课程、学生和课程注册的记录。大学保存关于每门课程的相同类型的信息：课程标识、课程名、系、课程号等。还类似地保存每名学生的信息：学生标识、姓名、地址、电话等。课程注册是课程标识和学生标识的配对的集合。这类信息具有标准的、重复的结构，是 20 世纪 60 年代具有代表性的数据库应用类型。这种简单的大学数据库应用与社交网站截然不同。社交网站的用户上传关于他们自己的各种类型的信息，从姓名或出生日期这样的简单项到包含文本、图像、视频和到其他用户的链接的复杂信息。在这些数据中只有有限数量的公共结构。然而，这两种类型的应用共享数据库的基本特性。

当今的数据库系统充分利用数据结构中的公共特征以获取高效性，同时也允许弱结构化的数据和格式非常易变的数据。其结果是，数据库系统是一个大型的复杂的软件系统，它的任务是管理大型的复杂的数据集合。

对复杂性进行管理很具挑战性，这种挑战不仅存在于数据管理中，也存在于任何领域中。对复杂性进行管理的关键是**抽象**这个概念。抽象使得人们可以使用复杂的设备或系统，而不必了解该设备或系统是如何构造的。例如，一个人只要知道如何操作汽车的控制器，就可以驾驶汽车。但司机不必了解发动机是如何制造和如何运转的。司机只需要抽象地知道发动机是干什么的。类似地，对于大型的复杂的数据集合，数据库系统提供信息的一个简单抽象的视图，于是用户和应用程序员不必了解数据的存储和组织方式的底层细节。通过提供高层的抽象，数据库系统使得一个企业可以把各种类型的数据组合到企业运行所需的统一的信息仓储中。

以下是一些代表性的应用。

- **企业信息**
  - **销售**：用于存储客户、产品和购买信息。
  - **会计**：用于存储付款、收据、账户余额、资产和其他会计信息。
  - **人力资源**：用于存储雇员、工资、所得税和津贴的信息，以及产生工资单。
- **生产制造**：用于管理供应链，跟踪工厂中产品的生产情况、仓库和商店中产品的详细清单以及产品的订单。
- **银行和金融**
  - **银行业**：用于存储客户信息、账户、贷款以及银行的交易记录。
  - **信用卡交易**：用于记录信用卡消费的情况和产生每月清单。
  - **金融业**：用于存储股票、债券等金融票据的持有、出售和买入的信息；也可用于存储实时的市场数据，以便客户能够进行在线交易，公司能够进行自动交易。
- **大学**：用于存储学生信息、课程注册和成绩。（此外，还存储通常的单位信息，例如人力资源和会计信息等。）
- **航空业**：用于存储订票和航班的信息。航空业是最先以地理上分布的方式使用数据库的行业之一。
- **电信业**：用于存储通话、短信、数据使用等记录，产生每月账单，维护预付电话卡的余额和存储通信网络的信息。
- **基于 Web 的服务**
  - **社交媒体**：用于保存用户记录、用户之间的关联（诸如朋友 / 关注信息）、用户发的帖子、关于帖子的评级 / 喜欢信息等。
  - **在线零售**：用于存储零售商的销售和订单数据，也对用户的产品审视、搜索条件等进行跟踪，目的是找出最合适的商品推荐给用户。
  - **在线广告宣传**：用于保存点击的历史记录，以推出有针对性的广告、产品建议、新闻报道等。人们每次做网络搜索、在线采购或访问社交网站时都访问这样的数据库。
- **文档数据库**：用于维护新的文章、专利证书、发表的研究论文等的集合。
- **导航系统**：用于维护感兴趣的各个地方的地址，以及公路系统、铁路系统、公交系统的精确路线等。

正如以上所列举的，数据库不仅成为每一个企业不可缺少的组成部分，而且也是个人日常活动的很大的组成部分。

随着时间的推移，人们与数据库交互的方式也在发生着变化。早期的数据库是作为办公室后台系统来维护的，用户通过打印的报告和作为输入的纸质表格来与它进行交互。随着数据库系统变得更加复杂，我们开发出了更好的语言供程序员来与数据进行交互，并且开发出了使得企业中的最终用户可以对数据进行查询和更新的用户界面。

随着对程序员与数据库交互的接口的改进，以及计算机硬件性能的提升（尽管硬件价格在下降），出现了更复杂的应用系统，这些应用系统使得数据库中的数据能够更直接地与用户相关联，不仅与企业内部的最终用户而且与普通的公众相关联。以往，银行客户在做每一笔交易时都必须与出纳员打交道，而现在自动柜员机（ATM）可以与客户直接交互。当前，几乎每一个企业都使用Web应用系统或远程应用系统，使得它的客户可以直接与企业数据库交互，于是也就和企业自身进行了交互。

用户（或客户）可以专注于产品或服务，而不必了解使得这样的交互成为可能的大型数据库的细节。例如，当你阅读一个社交媒体的帖子，或访问一个网上书店并且浏览书籍或收藏音乐时，实际上你正在访问存储在某个数据库中的数据。当你在线地输入订单时，你的订单实际上存到了某个数据库中。当你访问一个银行网站并且检索你的银行存款余额和交易信息时，这些信息是从银行的数据库系统中检索出来的。当你访问一个网站时，网站可能会将有关你的信息从某个数据库中检索出来，以选择应该向你推送什么广告。几乎每一个与智能手机的交互都会导致某种数据库访问。此外，关于你的Web访问的数据可能存放在一个数据库中。

因此，尽管用户界面隐藏了访问数据库的细节，并且大多数人甚至没有意识到他们正在跟数据库打交道，但实际上对数据库的访问构成了几乎每个人当今日常生活中的一个基本部分。

概括地说，有两种使用数据库的方式。

- 第一种方式是支持**联机事务处理**（online transaction processing），即大量的用户使用数据库，每个用户检索相对少量的数据，进行小的更新。这是数据库应用系统的绝大多数用户（诸如我们前面列举过的那些用户）的主要使用方式。
- 第二种方式是支持**数据分析**（data analytics），即审阅数据，给出结论，并推导出规则或决策程序，以用于驱动业务决策。

例如，银行需要决定是否贷款给一个申请者，在线广告商需要决定将哪一条广告显示给一个特定的用户。这些任务分两步处理。首先，数据分析技术尝试从数据中自动地发现规则和模式并创建预测模型（predictive model）。这些模型以个体的属性（“特征”）作为输入，以诸如归还贷款或点击广告的可能性作为输出，然后使用这些预测模型来做出业务决策。 4

再看另一个示例，生产商和零售商需要对生产什么产品或订购多大数量的物品做出决策；这些决策明显地是由对过去数据做分析和对未来趋势做预测的技术来驱动的。错误的决策将导致昂贵的代价，因此组织机构愿意投入大量的金钱来收集或购买所需的数据，并构建可使用这些数据来做出准确预测的系统。

数据挖掘（data mining）领域将人工智能研究者和统计分析员所创造的知识发现技术与使之能被用于超大规模数据库的高效的实现技术结合起来。

1.2 数据库系统的目标

要理解数据库系统的目标，让我们考虑大学组织中的一个部分。在这个部分中，保存了关于所有教师、学生、系和开设课程的信息，以及一些其他数据。在计算机中保存这些信息的一种方法是将它们存放在操作系统文件中。为了使用户可以操作这些信息，系统中有对文件进行操作的若干应用程序，包括：

- 增加新的学生、教师和课程。
- 为课程注册学生，并产生班级花名册。
- 为学生填写成绩，计算绩点（GPA），产生成绩单。

这些应用程序是由系统程序员根据大学的需求编写的。

随着需求的增长，新的应用程序被加入系统中。例如，某大学决定创建一个新的专业。那么，这个大学就要建立一个新的系并创建新的永久性文件（或在现有文件中添加信息）来记录关于这个系中所有的教师、这个专业的所有学生、开设的课程、学位条件等信息。进而就有可能需要编写新的应用程序来处理这个新专业的特殊规则。也可能会需要编写新的应用程序来处理大学中的新规则。因此，随着时间的推移，越来越多的文件和应用程序就会加入系统中。

这类典型的**文件处理系统**（file-processing system）是传统的操作系统所支持的。系统将永久记录存储在多个不同的文件中，需要有不同的应用程序来将记录从有关文件中取出或加入适当的文件中。

5

在文件处理系统中存储组织机构的信息的主要弊端包括以下方面。

- **数据的冗余和不一致性**（data redundancy and inconsistency）。由于文件和程序是在很长的一段时间内由不同的程序员创建的，不同文件可能有不同的结构，不同程序可能采用不同的程序设计语言编写。此外，相同的信息可能在几个地方（文件）重复存储。例如，如果某学生有两个专业（例如音乐和数学），该学生的地址和电话号码就可能既出现在包含音乐系学生记录的文件中，又出现在包含数学系学生记录的文件中。这种冗余除了导致存储和访问开销增大，还可能导致**数据不一致性**（data inconsistency），即同一数据的不同副本不一致。例如，学生地址的更改可能在音乐系记录中得到了反映而在系统的其他地方却没有。
- **数据访问困难**（difficulty in accessing data）。假设大学的某个办事人员需要找出居住在某个特定邮政编码区域内的所有学生的姓名。于是他要求数据处理部门生成这样的一个列表。由于原始系统的设计者并未预料到会有这样的需求，因此没有现成的应用程序去满足这个需求。然而，系统中有一个产生所有学生列表的应用程序。这时该办事人员有两种选择：一种是取得所有学生的列表并从中手工抽取所需信息，另一种是要求某个程序员编写所需的应用程序。这两种方案显然都不太令人满意。假设编写了这样的程序，几天以后这个办事人员可能又需要将该列表减少到只列出至少选修了60学时的那些学生。可以预见，产生这样一个列表的程序又不存在，这个职员就再次面临前面那两种都不尽人意的选择。

  这里的关键点是，传统的文件处理环境不支持以一种方便而高效的方式去获取所需数据。需要开发通用的、反应更加敏捷的数据检索系统。
- **数据孤立**（data isolation）。由于数据分散在不同文件中，这些文件又可能具有不同的格式，因此编写新的应用程序来检索适当数据是很困难的。
- **完整性问题**（integrity problem）。数据库中所存储数据的值必须满足某些特定类型的**一致性约束**（consistency constraint）。假设大学为每个系维护一个账户，并且记录各个账户的余额。我们还假设大学要求每个系的账户余额永远不能低于零。开发人员通过在不同的应用程序中加入适当的代码来强制系统中的这些约束。然而，当新的约束加入时，通过修改程序来体现这些新的约束是很困难的。尤其是当约束涉及不同文件中的多个数据项时，问题就变得更加复杂了。

- **原子性问题**（atomicity problem）。如同任何别的设备一样，计算机系统也会发生故障。一旦故障发生，数据就应被恢复到故障发生以前的一致的状态，对很多应用来说，这样的保证是至关重要的。考虑一个银行系统，它有一个把账户 A 的 500 美元转入账户 B 的程序。假设在程序的执行过程中发生了系统故障，很可能账户 A 的余额中减去了 500 美元，但还没有存入账户 B 的余额中，这就造成了数据库状态的不一致。显然，为了保证数据库的一致性，这里的借和贷两个操作必须是要么都发生，要么都不发生。也就是说，转账这个操作必须是*原子的*——它要么全部发生要么根本不发生。在传统的文件处理系统中，保持原子性是很难做到的。

6

- **并发访问异常**（concurrent-access anomaly）。为了提高系统的总体性能以及加快响应速度，许多系统允许多个用户同时更新数据。实际上，如今最大的互联网零售商每天就可能有来自购买者对其数据的数百万次访问。在这样的环境中，并发的更新操作可能相互影响，有可能导致数据的不一致。设账户 A 的余额是 10 000 美元，假设两个银行职员几乎同时从账户中取款（例如分别取出 500 美元和 100 美元），这样的并发执行就可能使账户处于一种错误的（或不一致的）状态。假设每个取款操作对应执行的程序是读取旧的账户余额，在其上减去取款的金额，然后将结果写回。如果两次取款的程序并发执行，可能它们读到的余额都是 10 000 美元，并将分别写回 9500 美元和 9900 美元。账户 A 的余额中到底剩下 9500 美元还是 9900 美元视哪个程序最后写回结果而定，而实际上正确的值应该是 9400 美元。为了消除这种情况发生的可能性，系统必须进行某种形式的监管。但是，由于数据可能被多个不同的应用程序访问，这些程序相互间事先又没有协调，这种监管就很难提供。

  作为另一个示例，假设为确保注册一门课程的学生人数不超过上限，注册程序维护一个注册了某门课程的学生计数。当一名学生注册时，该程序读入这门课程的当前计数值，如果核实该计数还没有达到上限，就给计数值加 1，并将计数存回数据库。假设两名学生同时注册，而此时的计数值是 39。尽管两名学生都成功地注册了这门课程，计数值应该是 41，但两个程序的执行可能都读到值 39，然后都写回值 40，导致不正确地只增加了 1 个注册人数。此外，假设该课程注册人数的上限是 40；在上面的示例中，两名学生都成功注册，就导致违反了 40 名学生为注册上限的规定。

- **安全性问题**（security problem）。并非数据库系统的每一个用户都可以访问所有数据。例如在大学中，工资管理人员只需要看到数据库中关于财务信息的那个部分。他们不需要对关于学术记录的信息进行访问。但是，由于应用程序总是即席地加入文件处理系统中，这样的安全性约束难以实现。

7

以上问题以及一些其他问题促使了 20 世纪 60 年代和 70 年代数据库系统的初始发展和基于文件的应用向基于数据库的应用的变迁。

接下来，我们将看一看数据库系统用以解决上述在文件处理系统中存在的问题的概念和算法。在本书的大部分篇幅中，我们在讨论典型的数据处理应用时总以大学作为实例。

1.3　数据视图

数据库系统是一些互相关联的数据以及一组使得用户可以访问和修改这些数据的程序的集合。数据库系统的一个主要目的是给用户提供数据的抽象视图，也就是说，系统隐藏关于数据存储和维护的某些细节。

1.3.1　数据模型

数据库结构的基础是**数据模型**（data model）：一个描述数据、数据联系、数据语义以及一致性约束的概念工具的集合。

在本书中我们将介绍若干种不同的数据模型。数据模型可被划分为四类。

- **关系模型**（relational model）。关系模型用表的集合来表示数据和数据间的联系。每个表有多个列，每列有唯一的列名。表也称作**关系**。关系模型是基于记录的模型的一种。基于记录的模型的名称的由来是数据库是由若干种固定格式的记录构成的。每个表包含某种特定类型的记录。每个记录类型定义了固定数目的字段或属性。表的列对应于记录类型的属性。关系数据模型是使用最广泛的数据模型，当今大量的数据库系统都基于这种关系模型。第2章和第7章将详细介绍关系模型。
- **实体－联系模型**（entity-relationship model）。实体－联系（E-R）数据模型使用称作实体的基本对象的集合，以及这些对象间的联系。实体是现实世界中可区别于其他对象的一件“事情”或一个“物体”。实体－联系模型被广泛用于数据库设计。第6章将详细探讨该模型。
- **半结构化数据模型**（semi-structured data model）。半结构化数据模型允许在其数据定义中某些相同类型的数据项含有不同的属性集。这和前面讲到的数据模型形成了对比：在那些数据模型中特定类型的每一个数据项都必须有相同的属性集。JSON和可扩展标记语言（eXtensible Markup Language,XML）被广泛地用来表示半结构化数据。半结构化数据模型将在第8章中详述。

8

- **基于对象的数据模型**（object-based data model）。面向对象的程序设计（特别是Java、C++或C#）已经成为占主导地位的软件开发方法。这在最初的时候导致了一个独特的面向对象数据模型的发展，但是现在对象的概念已经被很好地整合到关系数据库中。已经有了把对象存放到关系表中的规范。过程可以被存放在数据库系统中，并由数据库系统来执行它们。这可以看成对关系模型进行扩展，增加了封装、方法和对象标识等概念。基于对象的数据模型将在第8章中概述。

本书的大量篇幅集中在关系模型，因为它是大多数数据库应用系统的基础。

1.3.2　关系数据模型

在关系模型中，数据以表的形式表示。每个表有多个列，每个列有唯一的名字。表的每一行表示一条信息。图1-1给出了一个关系数据库示例，它包括两个表：一个表展示了大学教师的详细信息，另一个表展示了大学里各个系的详细信息。

第一个表是*instructor*表，表示例如有一个*ID*为22222的名叫Einstein的教师是物理系的成员，他的年薪是95 000美元。第二个表是*department*表，表示例如生物系坐落在Watson大楼，它的经费预算为90 000美元。当然，现实世界的大学会有更多的系和教师。在本书中我们用小型的表来描述概念。相同模式的更大型的示例可以在线获得。

ID	name	dept_name	salary
22222	Einstein	Physics	95000
12121	Wu	Finance	90000
32343	El Said	History	60000
45565	Katz	Comp. Sci.	75000
98345	Kim	Elec. Eng.	80000
76766	Crick	Biology	72000
10101	Srinivasan	Comp. Sci.	65000
58583	Califieri	History	62000
83821	Brandt	Comp. Sci.	92000
15151	Mozart	Music	40000
33456	Gold	Physics	87000
76543	Singh	Finance	80000

a) *instructor*表

dept_name	building	budget
Comp. Sci.	Taylor	100000
Biology	Watson	90000
Elec. Eng.	Taylor	85000
Music	Packard	80000
Finance	Painter	120000
History	Painter	50000
Physics	Watson	70000

b) *department*表

图 1-1　一个关系数据库示例

1.3.3　数据抽象

一个可用的系统必须能高效地检索数据。这种对高效性的需求促使数据库系统开发人员在数据库中使用复杂的数据结构来表示数据。由于许多数据库系统用户并未受过计算机专业训练，系统开发人员通过如下几个层次的**数据抽象**（data abstraction）来对用户屏蔽复杂性，以简化用户与系统的交互。

- **物理层**（physical level）。最低层次的抽象，描述数据实际上是怎样存储的。物理层详细描述复杂的底层数据结构。
- **逻辑层**（logical level）。比物理层层次稍高的抽象，描述数据库中存储什么数据以及这些数据间存在什么联系。这样逻辑层就通过少量相对简单的结构描述了整个数据库。虽然逻辑层的简单结构的实现可能涉及复杂的物理层结构，但逻辑层的用户不必意识到这样的复杂性。这称作**物理数据独立性**（physical data independence）。数据库管理员使用抽象的逻辑层，他必须确定数据库中应该保存哪些信息。 9
- **视图层**（view level）。最高层次的抽象，它只描述整个数据库的某个部分。尽管在逻辑层使用了相对简单的结构，但由于一个大型数据库中所存信息的多样性，仍存在一定程度的复杂性。数据库系统的很多用户并不需要所有的这些信息，而只需要访问数据库的一部分。视图层抽象的存在正是为了使这些用户与系统的交互更简单。系统可以为同一数据库提供多个视图。

这三层抽象的相互关系如图 1-2 所示。

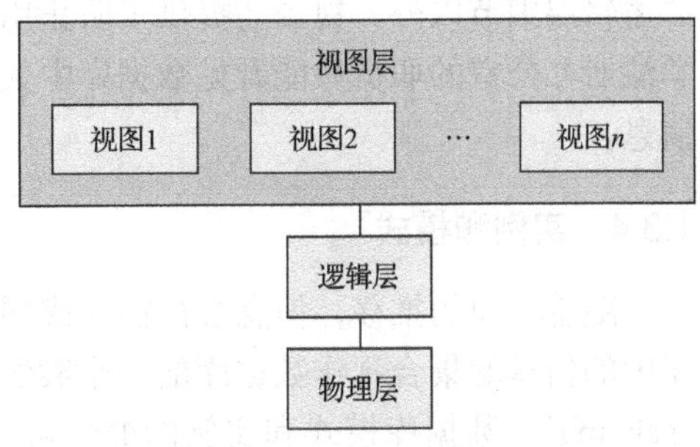

图 1-2　数据抽象的三个层次

诸如关系模型这样的数据模型的一个重要特性是，它们不仅向数据库用户甚至向数据库应用开发人员隐蔽了底层实现细节。数据库系统使得应用开发人员能够使用数据模型的抽象来存储和检索数据，并且将抽象操作转换为在底层实现上的操作。 10

通过与程序设计语言中数据类型的概念进行类比，我们可以弄清各层抽象间的区别。许多高级程序设计语言支持结构化类型的概念。我们可以抽象地描述一个记录类型如下[⊖]：

⊖ 实际的类型说明依赖于所使用的语言。C 和 C++ 使用 **struct** 说明。Java 没有这样的说明，而可以定义一个简单的类来起到同样的作用。

```
type instructor = record
        ID : char (5);
        name : char (20);
        dept_name : char (20);
        salary : numeric (8,2);
    end;
```

以上代码定义了一个具有四个字段的新的记录类型 *instructor*。每个字段有一个名字和与之相关联的类型。例如，char(20) 说明有一个包含 20 个字符的字符串，而 numeric(8,2) 说明有一个包含 8 个数位的数字，其中 2 个数位在小数点右边。对一个大学来说，可能包括几个这样的记录类型：

- *department*，包含字段 *dept_name*、*building* 和 *budget*。
- *course*，包含字段 *course_id*、*title*、*dept_name* 和 *credits*。
- *student*，包含字段 *ID*、*name*、*dept_name* 和 *tot_cred*。

11

在物理层，一个 *instructor*、*department* 或 *student* 记录可能被描述为包含连续的字节的块。编译器对程序设计人员屏蔽了这一层的细节。与此类似，数据库系统对数据库程序设计人员屏蔽了许多最底层的存储细节。而数据库管理员可能了解数据物理组织的某些细节。例如，有许多种将表存储到文件中的可能的方法。一种方法是，将表存储为文件中的一系列记录，用一个特殊的字符（例如逗号）来区分开记录中不同的属性，用另一个特殊的字符（例如换行符）来区分开不同的记录。如果所有的属性都是固定长度的，那么可以另外存储属性的长度，而文件中的区分符就可以不用了。可变长度属性可以用先存储长度、后面紧跟数据的办法来解决。数据库使用一种称作索引的数据结构来支持对记录的高效检索；这些也是物理层的构成成分。

在逻辑层，每个这样的记录通过类型定义进行描述，正如前面的代码段所示。在逻辑层上同时还要定义这些记录类型之间的相互关系；这样的相互关系的一个示例是，*instructor* 记录的 *dept_name* 值必须出现在 *department* 表中。程序设计人员正是在这个抽象层次上使用某种程序设计语言进行工作。与此类似，数据库管理员通常也是在这个抽象层次上工作。

最后，在视图层，计算机用户看见的是对其屏蔽了数据类型细节的一组应用程序。在视图层上定义了数据库的多个视图，数据库用户看到的是某些或所有视图。除了屏蔽数据库的逻辑层细节以外，视图还提供了防止用户访问数据库的某些部分的安全性机制。例如，大学注册办公室的职员只能看见数据库中关于学生的那部分信息，而不能访问涉及教师工资的信息。

1.3.4　实例和模式

随着时间的推移，信息会被插入或删除，数据库也就发生了改变。特定时刻存储在数据库中的信息的集合称作数据库的一个**实例**（instance）。而数据库的总体设计称作数据库**模式**（schema）。数据库模式和实例的概念可以通过与用程序设计语言编写的程序进行类比来理解。数据库模式对应于程序中的变量声明（以及与之关联的类型的定义）。每个变量在特定的时刻会有特定的值，程序中变量在某一时刻的值对应于数据库模式的一个实例。

按不同的抽象层次划分，数据库系统有几种模式。**物理模式**（physical schema）在物理层描述数据库的设计，而**逻辑模式**（logical schema）则在逻辑层描述数据库的设计。数据库在视图层也可以有几种模式，有时称为**子模式**（subschema），它描述了数据库的不同视图。

在这些模式中，因为程序员使用逻辑模式来构造数据库应用程序，从其对应用程序的影响来看，逻辑模式是目前最重要的一种模式。物理模式隐藏在逻辑模式之下，并且通常可以在应用程序丝毫不受影响的情况下被轻易地更改。应用程序如果不依赖于物理模式，即使物理模式改变了它们也无须重写，它们就被称为具有物理数据独立性。 12

我们还注意到，有可能建立起有问题的模式，诸如包含不必要的冗余信息等。例如，假设我们将系的财务预算作为教师的一个属性来存储。于是，每当一个系（例如物理系）的财务预算值发生改变，该变化必须被反映到与该系相关联的所有教师的记录中。在第7章中，我们将研究如何区分好的模式设计和不好的模式设计。

传统上，逻辑模式即使有改变，也并不频繁。然而，许多较新的数据库应用需要更复杂的逻辑模式，例如，在单个关系中不同的记录可能具有不同的属性。

1.4 数据库语言

数据库系统提供**数据定义语言**（Data-Definition Language，DDL）来定义数据库模式，并提供**数据操纵语言**（Data-Manipulation Language，DML）来表达数据库的查询和更新。而实际上，数据定义和数据操纵语言并不是两种互相分离的语言，相反地，它们仅仅是构成了单一的数据库语言（例如SQL语言）的不同部分。几乎所有的关系数据库系统都使用SQL语言，我们将在第3～5章详细介绍SQL语言。

1.4.1 数据定义语言

数据库模式是通过一系列定义来说明的，这些定义由一种称作**数据定义语言**的特定语言来表达。DDL也可用于定义数据的其他特征。

通过一系列特定的DDL语句来说明数据库系统所采用的存储结构和访问方式，这种特定的DDL称作**数据存储和定义**（data storage and definition）语言。这些语句定义了数据库模式的实现细节，而这些细节对用户来说通常是不可见的。

存储在数据库中的数据值必须满足某些一致性约束。例如，假设大学要求一个系的账户余额必须不能为负值。DDL语言提供了指明这样的约束的工具。每当数据库被更新时，数据库系统都会检查这些约束。通常，约束可以是关于数据库的任意谓词。然而，如果要测试任意谓词，可能代价比较高。因此，数据库系统仅实现可以以最小代价测试的完整性约束。

- **域约束**（domain constraint）。每个属性都必须对应于一个所有可能的取值构成的域（例如，整数型、字符型、日期/时间型）。声明一个属性属于某个具体的域就相当于约束它可以取的值。域约束是完整性约束的最基本形式。每当有新数据项插入数据库中，系统就能方便地进行域约束检测。 13
- **引用完整性**（referential integrity）。常常有这样的情况，我们希望能确保一个关系中给定属性集上的取值也在另一关系的某一属性集的取值中出现（引用完整性）。例如，每门课程所列出的系必须是大学中实际存在的系。更准确地说，一个*course*记录中的*dept_name*值必须出现在*department*关系中的某个记录的*dept_name*属性中。数据库的修改有可能会导致引用完整性的破坏。当引用完整性约束被违反时，通常的处理是拒绝执行导致完整性被破坏的操作。

- **授权**（authorization）。我们也许想对用户加以区别，对于不同的用户在数据库中的不同数据值上允许不同的访问类型。这些区别以**授权**来表达，最常见的是：**读权限**（read authorization），允许读取数据，但不能修改数据；**插入权限**（insert authorization），允许插入新数据，但不允许修改已有数据；**更新权限**（update authorization），允许修改，但不能删除数据；**删除权限**（delete authorization），允许删除数据。我们可以赋予用户所有或者部分这些权限，也可以不赋予用户任何这些权限。

正如任何其他程序设计语言一样，对 DDL 语句的处理会产生一些输出。DDL 的输出放在**数据字典**（data dictionary）中，数据字典包含**元数据**（metadata），元数据是关于数据的数据。可以把数据字典看作一种特殊的表，这种表只能由数据库系统本身（不是常规的用户）来访问和修改。在读取和修改实际的数据前，数据库系统先要参考数据字典。

1.4.2　SQL 数据定义语言

SQL 提供了丰富的 DDL 语言，通过它，我们可以定义具有数据类型和完整性约束的表。

例如，以下的 SQL DDL 语句定义了 *department* 表：

```
create table department
    (dept_name   char (20),
     building    char (15),
     budget      numeric (12,2));
```

上面的 DDL 语句执行的结果就是创建了 *department* 表，该表有 3 个列：*dept_name*、*building* 和 *budget*，每个列有一个与之相关联的数据类型。在第 3 章中我们将更详细地讨论数据类型。

SQL DDL 还支持若干种类型的完整性约束。例如，你可以指明 *dept_name* 属性是主码（primary key），以确保没有两个系会有相同的系名。另一个示例是，你可以指明在任何 *instructor* 记录中出现的 *dept_name* 属性值也必须在 *department* 表的某个记录中出现。我们将在第 3～4 章中讨论 SQL 对完整性约束和授权的支持。

14

1.4.3　数据操纵语言

数据操纵语言是这样一种语言，它使得用户可以访问或操纵那些按照某种适当的数据模型组织起来的数据。有以下访问类型：

- 对存储在数据库中的信息进行检索；
- 向数据库中插入新的信息；
- 从数据库中删除信息；
- 修改数据库中存储的信息。

基本上有两种类型的数据操纵语言：

- **过程化的 DML**（procedural DML）要求用户指定需要什么数据以及如何获得这些数据。
- **声明式的 DML**（declarative DML）（也称为**非过程化的 DML**）只要求用户指定需要什么数据，而不必指明如何获得这些数据。

声明式的 DML 通常比过程化的 DML 易学易用。但是，由于用户不必指明如何获得数据，因此数据库系统必须找出一种访问数据的高效途径。

查询（query）是要求对信息进行检索的语句。DML 中涉及信息检索的部分称作**查询语言**（query language）。实践中常把查询语言和数据操纵语言作为同义词使用，尽管从技术上来说这并不正确。

目前已有多个在使用的商业性的或者实验性的数据库查询语言。我们在第3～5章中将学习最广泛使用的查询语言SQL。

我们在1.3节中讨论的抽象层次不仅可以用于定义或构造数据，而且还可以用于操纵数据。在物理层，我们必须定义可高效访问数据的算法；在更高的抽象层，我们则强调易用性，目标是使人们能够更有效地和系统交互。数据库系统的查询处理器部件（我们将在第15和16章学习）将DML的查询语句翻译成数据库系统物理层的动作序列。在第22章中我们将研究在越来越普遍的并发和分布式环境中的查询处理过程。 15

1.4.4 SQL数据操纵语言

SQL查询语言是非过程化的。一个查询以几个表作为输入（也可能只有一个表），总是仅返回一个表。下面是一个SQL查询的示例，它找出历史系的所有教师的名字：

```
select instructor.name
from instructor
where instructor.dept_name = 'History';
```

这个查询指定了要从 *instructor* 表中取回 *dept_name* 为History的那些行，并且这些行的 *name* 属性要显示出来。本查询的执行结果是一个表，它包含单个列 *name*，有若干行，每一行都是 *dept_name* 为History的一个教师的名字。如果这个查询运行在图1-1的表上，那么结果将包括两行，一行的名字是El Said，另一行的名字是Califieri。

查询可以涉及不止一个表的信息。例如，下面的查询将找出与经费预算超过95 000美元的系相关联的所有教师的ID和系名。

```
select instructor.ID, department.dept_name
from instructor, department
where instructor.dept_name= department.dept_name and
      department.budget > 95000;
```

如果上述查询运行在图1-1的表上，那么系统将会发现，有两个系的经费预算超过95 000美元——计算机科学系和金融系；这些系里有5位教师。于是，结果将由一个表组成，这个表有两列（*ID*，*dept_name*）和五行（12121, Finance）、（45565, Computer Science）、（10101, Computer Science）、（83821, Computer Science）、（76543, Finance）。

1.4.5 从应用程序访问数据库

像SQL这样的非过程化查询语言不像一个普适的图灵机那么强大：有一些计算可以用通用的程序设计语言来表达，但无法用SQL来表达。SQL也不支持诸如从用户那儿输入、输出到显示器或在网络上通信这样的动作。这样的计算和动作必须用一种*宿主*（host）语言来写，比如C/C++、Java或Python，在其中使用嵌入式的SQL查询来访问数据库中的数据。**应用程序**（application program）就是用来以这种方式与数据库进行交互的程序。在大学系统的示例中，就是那些使学生能够注册课程、产生课程花名册、计算学生的GPA、产生工资支票以及完成其他任务的程序。 16

为了访问数据库，需要将DML语句从宿主发送到执行这些语句的数据库。最通用的办法是使用应用程序接口（过程集合），它可以用来将DML和DDL的语句发送给数据库，再取回结果。开放数据库连接（ODBC）标准定义用于C语言和其他几种语言的应用程序接口。Java数据库连接（JDBC）标准为Java语言提供了相应的接口。

1.5 数据库设计

数据库系统被设计用来管理大量的信息。这些大量的信息并不是孤立存在的，而是企业运行的一部分，企业的最终产品可以是从数据库中得到的信息，或者是某种设备或服务，数据库只是对它们起到支持的作用。

数据库设计的主要内容是数据库模式的设计。而设计一个满足被建模的企业的需求的完整的数据库应用环境，还要考虑更多的问题。这里我们着重讨论数据库查询的编写和数据库模式的设计，在后面第9章中将讨论应用设计。

高层的数据模型为数据库设计者提供了一个概念框架，来说明数据库用户的数据需求，以及将怎样构造数据库结构以满足这些需求。因此，数据库设计的初始阶段是全面刻画预期的数据库用户的数据需求。为了完成这个任务，数据库设计者必须和领域专家、数据库用户广泛地交流。这个阶段的成果是用户需求说明书文档。

下一步，设计者选择一个数据模型，并运用该选定的数据模型的概念，将那些需求转换成一个数据库的概念模式。在这个**概念设计**（conceptual-design）阶段开发出来的模式提供了企业的详细综述。设计者再复审这个模式，确保满足所有的数据需求并且需求之间没有冲突。在检查过程中设计者还可以去掉一些冗余的特性。这一阶段的重点是描述数据以及它们之间的联系，而不是指定物理的存储细节。

从关系模型的角度来看，概念设计阶段涉及决定数据库中应该包括哪些属性，以及如何组织这些属性到各个表中。前者基本上是业务上的决策，在本书中我们不进一步讨论。而后者主要是计算机科学的问题。解决这个问题的方法主要有两种：一种是使用实体-联系模型（见第6章），另一种是采用一套算法（统称为**规范化**（normalization），它将所有属性集作为输入，生成一组关系表（见第7章））。

一个开发完全的概念模式还将指出企业的功能需求。在**功能需求说明**（specification of functional requirement）中，用户描述将在数据之上执行的各种操作（或事务）。操作的示例包括修改或更新数据、查找和取回特定的数据、删除数据等。在概念设计的这个阶段，设计者可以对模式进行复审，确保它满足功能需求。

17

现在，将抽象数据模型转换到数据库实现的过程进入最后两个设计阶段。在**逻辑设计阶段**（logical-design phrase），设计人员将高层的概念模式映射到要使用的实现数据库系统的数据模型上。然后设计人员将得到的特定于系统的数据库模式用到后续的**物理设计阶段**（physical-design phrase）中，在这个阶段中说明数据库的物理特性，这些特性包括文件组织的形式以及内部的存储结构，这些内容将在第13章中讨论。

1.6 数据库引擎

数据库系统被划分为多个模块，每个模块完成整个系统的一个功能。数据库系统的功能部件大致可分为存储管理器、**查询处理器**（query processor）部件和事务管理部件。

存储管理器很重要，因为数据库常常需要大量存储空间。企业数据库的大小通常达到数百个gigabyte（千兆字节），甚至达到terabyte（万亿字节）。一个gigabyte大约为10亿字节，或1000个（更准确地说，1024个）megabyte（兆字节），而一个terabyte大约为1万亿字节，或

100万个megabyte（更准确地说，1024个gigabyte）。最大的企业的数据库规模达到数个petabyte（千万亿字节）（一个petabyte是1024个terabyte）。由于计算机主存不可能存储这么多信息，又由于当发生系统崩溃时主存的内容会丢失，因此信息被存储在磁盘中。需要时可以在主存和磁盘间移动数据。由于相对于中央处理器的速度来说数据出入磁盘的速度很慢，因此数据库系统对数据的组织必须满足使磁盘和主存之间数据的移动需求最小化。现在固态硬盘（SSD）被越来越多地应用到数据库存储中。SSD比传统的磁盘速度快得多，但价格也更加昂贵。

查询处理器也很重要，因为它帮助数据库系统简化和促进了对数据的访问。查询处理器使得数据库用户能够获得很高的性能，同时可以在视图的层次上工作，不必承受了解系统实现的物理层次细节的负担。数据库系统的任务是，将在逻辑层上用非过程化语言编写的更新和查询转变成物理层的高效操作序列。

事务管理器同样很重要，因为它使得应用开发人员能够把一系列数据库存取操作当作一个单元来看待，这些存取操作要么全做，要么全都不做。这使得应用开发人员可以在一个更高的抽象层次上思考有关应用的问题，而不需要去考虑管理数据的并发存取和系统故障所造成的影响等底层细节。 18

传统上数据库引擎是集中式的计算机系统，而当今的并发处理是高效管理海量数据的关键所在。现代的数据库引擎非常注重并发数据存储和并发查询处理。

1.6.1 存储管理器

存储管理器（storage manager）是数据库系统中负责在数据库中存储的低层数据与应用程序以及向系统提交的查询之间提供接口的部件。存储管理器负责与文件管理器进行交互。原始数据通过操作系统提供的文件系统存储在磁盘上。存储管理器将各种DML语句翻译为底层文件系统命令。因此，存储管理器负责数据库中数据的存储、检索和更新。

存储管理器部件包括：

- **权限及完整性管理器**（authorization and integrity manager），它检测是否满足完整性约束，并检查试图访问数据的用户的权限。
- **事务管理器**（transaction manager），它保证即使系统发生了故障，数据库也保持在一致的（正确的）状态，并保证并发事务的执行不发生冲突。
- **文件管理器**（file manager），它管理磁盘存储空间的分配，管理用于表示磁盘上所存储信息的数据结构。
- **缓冲区管理器**（buffer manager），它负责将数据从磁盘上取到内存中，并决定哪些数据应被缓冲存储在内存中。缓冲区管理器是数据库系统的一个关键部分，因为它使数据库可以处理比内存大得多的数据。

作为系统物理实现的一部分，存储管理器实现了以下几种数据结构：

- **数据文件**（data file），它存储数据库自身。
- **数据字典**（data dictionary），它存储关于数据库结构的元数据，特别是数据库模式。
- **索引**（index），它提供对数据项的快速访问。和本书中的索引一样，数据库索引提供了指向包含特定值的数据项的指针。例如，我们可以运用索引找到具有特定的*ID*的*instructor*记录，或具有特定的*name*的所有*instructor*记录。 19

我们将在第12～13章中讨论存储介质、文件结构和缓冲区管理，在第14章中讨论高效访问数据的方法。

1.6.2 查询处理器

查询处理器组件包括：

- **DDL 解释器**（DDL interpreter），它解释 DDL 语句并将这些定义记录在数据字典中。
- **DML 编译器**（DML compiler），它将查询语言中的 DML 语句翻译为包括一系列查询执行引擎能理解的低级指令的执行方案。

  一个查询通常可被翻译成给出相同结果的多个候选执行计划中的任何一个。DML 编译器还进行**查询优化**（query optimization），就是从几个候选执行计划中选出代价最小的那个执行计划。
- **查询执行引擎**（query evaluation engine），它执行由 DML 编译器产生的低级指令。

第 15 章将介绍查询执行，第 16 章将讨论查询优化器从可能的执行策略中进行挑选的方法。

1.6.3 事务管理

通常，对数据库的几个操作合起来形成一个逻辑单元。如 1.2 节所示的示例是一个资金转账操作，其中账户 A 进行取出操作，而账户 B 进行存入操作。显然，必须保证这两个操作要么都发生要么都不发生。也就是说，资金转账必须全部完成或根本不发生。这种要么都发生要么都不发生的要求称作**原子性**。除此以外，资金转账的执行还必须保持数据库的一致性。也就是说，A 和 B 的余额之和应该是保持不变的。这种正确性要求称作**一致性**。最后，当资金转账成功结束后，即使发生系统故障，账户 A 和账户 B 的余额也应该保持转账成功结束后的新值。这种保持的要求称作**持久性**。

事务（transaction）是数据库应用中完成单一逻辑功能的操作集合。每一个事务是一个既具原子性又具一致性的单元。因此，我们要求事务不违反任何的数据库一致性约束，也就是说，如果事务启动时数据库是一致的，那么当这个事务成功结束时数据库也应该是一致的。然而，在事务执行过程中，有可能需要允许暂时的不一致，因为无论是 A 取出的操作在前还是 B 存入的操作在前，这两个操作都必然有一个先后次序。这种暂时的不一致虽然是必需的，但在故障发生时，很可能导致问题的产生。

20

适当地定义各个事务，使之能保持数据库的一致性，这是程序员的职责。例如，资金从账户 A 转到账户 B 这个事务有可能被定义为由两个单独的程序组成：一个对账户 A 执行取出操作，另一个对账户 B 执行存入操作。这两个程序的依次执行可以保持一致性。但是，这两个程序自身都不是把数据库从一个一致的状态转入一个新的一致的状态，因此它们都不是事务。

原子性和持久性的保证是数据库系统自身的职责，确切地说，是**恢复管理器**（recovery manager）的职责。在没有故障发生的情况下，所有事务均成功完成，这时要保证原子性很容易。但是，由于各种各样的故障，事务并不总能成功执行完毕。为了保证原子性，失败的事务必须对数据库状态不产生任何影响。因此，数据库必须被恢复到该失败事务开始执行以前的状态。在这种情况下数据库系统必须进行**故障恢复**（failure recovery），即它必须检测系统故障并将数据库恢复到故障发生以前的状态。

最后，当几个事务并发地对数据库进行更新时，即使每个单独的事务都是正确的，数据的一致性也可能被破坏。**并发控制管理器**（concurrency-control manager）控制并发事务间的相互影响，保证数据库的一致性。**事务管理器**（transaction manager）包括并发控制管理器和恢复管理器。

事务处理的基本概念将在第17章介绍，并发事务的管理将在第18章讨论，第19章将详细介绍故障恢复。

事务的概念已经被广泛应用在数据库系统和应用系统当中。虽然最初是在金融应用中使用事务，现在事务的概念已经被使用在电信业的实时应用中，以及长时间活动（诸如产品设计或行政业务工作流）的管理中。

1.7 数据库和应用体系结构

现在我们可以给出数据库系统各个部分以及它们之间联系的图。图1-3展示了一个运行在集中式服务器上的数据库系统的体系结构。这个图概述了不同类型的用户如何与数据库打交道，以及数据库引擎中的各个部分如何互相关联。

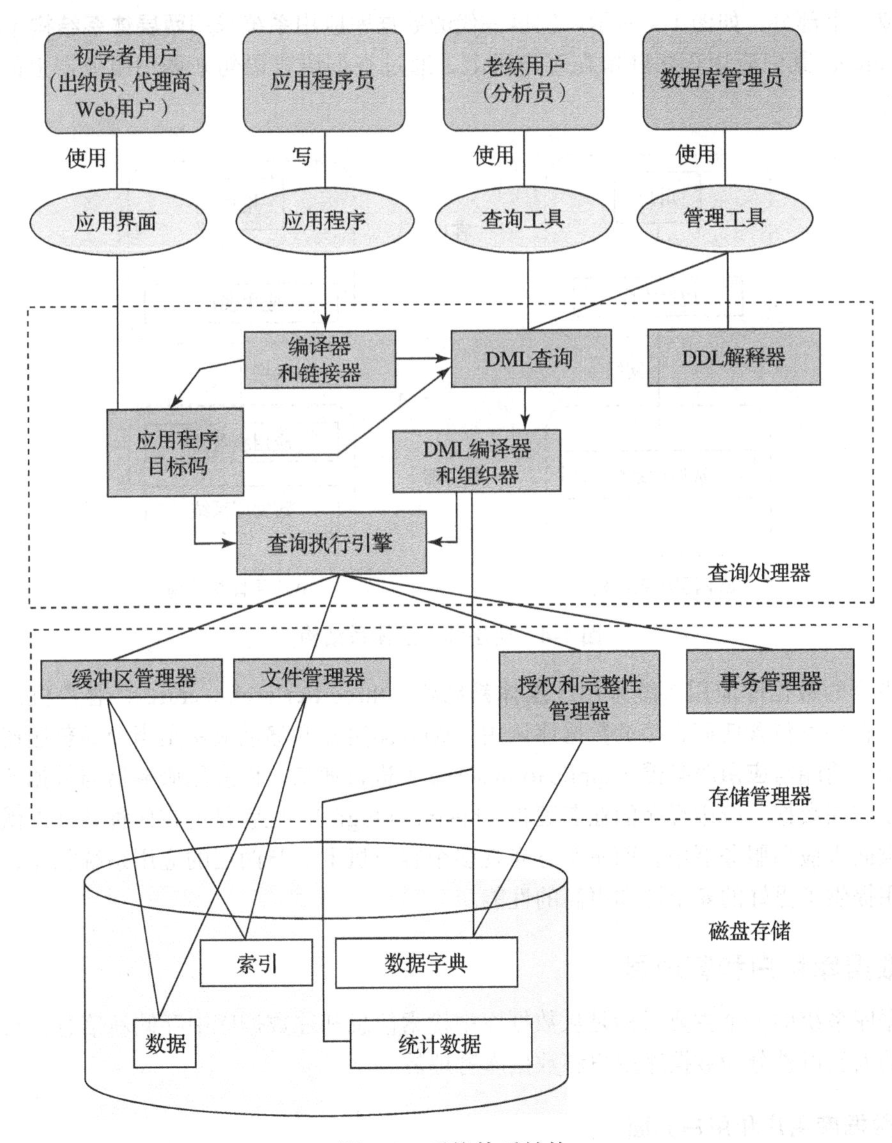

图1-3 系统体系结构

图1-3所示的集中式体系结构可以应用在共享内存的服务器体系结构中，该结构有多个 21

CPU 进行并行处理，但是所有的 CPU 都访问一个公共的共享内存。为扩展到更大的数据规模和更高的处理速度，研究人员设计了运行在包括多台机器的集群上的并行数据库（parallel database）。更进一步地，分布式数据库（distributed database）允许跨地域地对多台分离的机器进行数据存储和查询处理。 [22]

在第 20 章我们将讨论现代计算机系统的一般结构，重点讨论并行系统体系结构。第 21～22 章将描述如何充分运用并发和分布式处理来进行查询处理。第 23 章将描述在并发或分布式数据库中进行事务处理会遇到的各种问题，以及如何解决那些问题。问题包括如何存储数据，如何确保多个站点上执行的事务的原子性，如何执行并发控制，以及遇到故障时如何提供高可用性。

现在我们考虑使用数据库作为其后端的应用系统的体系结构。数据库应用系统通常可分为两个或三个部分，如图 1-4 所示。较早一代的数据库应用系统采用**两层体系结构**（two-tier architecture），其中应用程序驻留在客户机上，通过查询语言语句来调用服务器上的数据库系统功能。

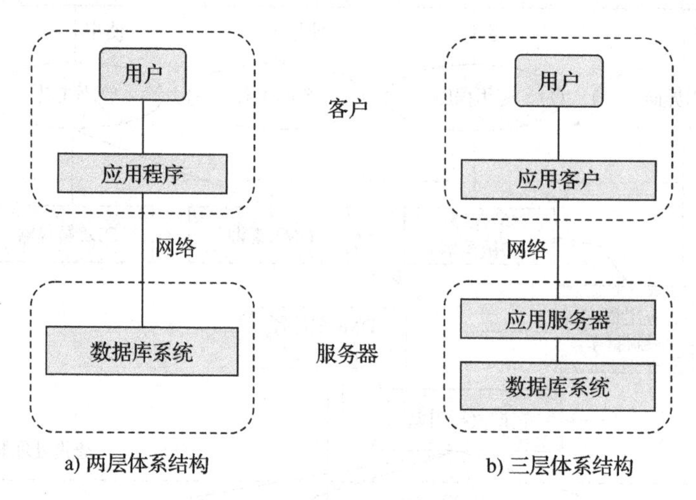

图 1-4 两层和三层体系结构

而当今的数据库应用系统采用**三层体系结构**（three-tier architecture），客户机仅作为一个前端，它并不包含任何直接的数据库调用；Web 浏览器和移动应用是当今最普遍使用的应用客户端。前端与**应用服务器**（application server）进行通信。而应用服务器与数据库系统进行通信以访问数据。应用程序的**业务逻辑**（business logic），也就是说在何种条件下做出何种反应，被嵌入应用服务器中，而不是分布在多个客户机上。与两层的应用系统相比，三层结构的应用提供了更好的安全性和更高的性能。 [23]

1.8 数据库用户和管理员

数据库系统的一个主要目标是从数据库中检索信息和往数据库中存储新信息。与数据库打交道的人员可被分为数据库用户和数据库管理员。

1.8.1 数据库用户和用户界面

根据所期望的与系统交互的方式的不同，数据库系统的用户可以分为四种不同类型。系统为不同类型的用户设计了不同类型的用户界面。

- **初学者用户**（naïve user）是缺少经验的用户，他们使用已经事先定义好的用户界面，诸如Web或移动应用程序，同系统进行交互。为初学者用户提供的典型的用户界面是表格界面，用户可以往表格适当的字段中填入内容。初学者用户还可以简单地阅读由数据库产生的报表。

  例如，假设有一名学生，他在课程注册的过程中想使用Web界面来注册一门课程。这样的用户连接到运行在Web服务器上的一个Web应用程序。应用程序首先验证该用户的身份，然后允许他去访问一个表格，他可以在表格中填入想填的信息。表格信息被送回给服务器上的Web应用程序，然后应用程序确定该课程是否还有空的名额（通过从数据库中检索信息），如果有，就把这名学生的信息添加到数据库中的该课程花名册中。
- **应用程序员**（application programmer）是编写应用程序的计算机专业人员。有很多工具可以供应用程序员选择来开发用户界面。
- **老练用户**（sophisticated user）不通过编写程序来同系统交互，而是用数据库查询语言或数据分析软件这样的工具来表达他们的要求。分析员通过提交查询来研究数据库中的数据，所以属于这一类用户。

1.8.2 数据库管理员

使用DBMS的一个主要原因是可以对数据和访问这些数据的程序进行集中控制。对系统进行集中控制的人称作**数据库管理员**（DataBase Administrator，DBA）。DBA的作用包括以下方面。

- **模式定义**（schema definition）。DBA通过执行用DDL编写的一系列数据定义语句来创建最初的数据库模式。
- **存储结构及存取方法定义**（storage structure and access-method definition）。DBA可以具体说明与数据物理组织及索引创建相关的一些参数。

24

- **模式及物理组织的修改**（schema and physical-organization modification）。由DBA对模式和物理组织进行修改，以反映机构的需求变化，或为提高性能选择不同的物理组织。
- **数据访问授权**（granting of authorization for data access）。通过授予不同类型的权限，数据库管理员可以规定不同的用户各自可以访问的数据库的部分。授权信息保存在一个特殊的系统结构中，一旦系统中有访问数据的要求，数据库系统就去查阅这些信息。
- **日常维护**（routine maintenance）。数据库管理员的日常维护活动有：
  - 周期性地备份数据库到远程服务器上，以防止像洪水之类的灾难发生时数据丢失。
  - 确保在正常运转时有足够的空余磁盘空间，并且在需要时升级磁盘空间。
  - 监视数据库上运行的作业，并确保数据库的性能不因一些用户提交了时间花费较多的任务而降低。

1.9 数据库系统的历史

从商业计算机的出现开始，信息处理就一直推动着计算机的发展。事实上，数据处理任务的自动化早于计算机的出现。早在20世纪初人们就用赫尔曼·霍勒瑞斯（Herman

Hollerith）发明的穿孔卡片来记录美国的人口普查数据，并且用机械系统来处理这些卡片和列表显示结果。穿孔卡片后来被广泛用作将数据输入计算机的一种手段。

数据存储和处理技术发展的年表如下。

- **20世纪50年代和60年代初**：磁带被开发用于数据存储。诸如工资单这样的数据处理已经自动化了，数据存储在磁带上。数据处理包括从一个或多个磁带上读取数据，和将数据写到新的磁带上。数据也可以由一叠穿孔卡片输入，并输出到打印机上。例如，工资增长的处理是通过将增长表示到穿孔卡片上，在读入一叠穿孔卡片时同步地读入保存主要工资细节的磁带。记录必须有相同的排列顺序。工资的增加额将被加入从主磁带读出的工资中，并被写到新的磁带上，新磁带将成为新的主磁带。

25

  磁带（和卡片组）都只能顺序读取，数据规模可以比内存大得多，因此，数据处理程序被迫以一种特定的顺序来对数据进行处理，读取和合并来自磁带和卡片组的数据。

- **20世纪60年代末和70年代初**：20世纪60年代末硬盘的广泛使用极大地改变了数据处理的情况，因为硬盘允许直接对数据进行访问。数据在磁盘上的位置是无关紧要的，因为磁盘上的任何位置都可在几十毫秒内访问到。数据由此摆脱了顺序访问的限制。随着磁盘的出现，网状和层次数据模型被开发出来，它们可以将表和树这样的数据结构保存在磁盘上。程序员可以构建和操作这些数据结构。

  Edgar Codd在1970年撰写的一篇具有里程碑意义的论文定义了关系模型和在关系模型中查询数据的非过程化方法，由此关系型数据库诞生了。关系模型的简单性和能够对程序员屏蔽所有实现细节的能力具有真正的诱惑力。随后，Codd因其所做的工作获得了声望很高的ACM图灵奖。

- **20世纪70年代末和80年代**：尽管关系模型在学术上很受重视，但是最初并没有实际的应用，这是因为它被认为性能不好；关系型数据库在性能上还不能和当时已有的网状和层次数据库相提并论。这种情况直到System R的出现才得以改变，这是IBM研究院的一个突破性项目，它开发了能构造高效的关系型数据库系统的技术。完全可用的System R原型导致了IBM的第一个关系型数据库产品SQL/DS的诞生。与此同时，加州大学伯克利分校开发了Ingres系统。它后来发展成具有相同名字的商品化关系数据库系统。也在这同一时期，Oracle的第一个版本被发布了。最初的商品化关系型数据库系统，诸如IBM DB2、Oracle、Ingres和DEC Rdb，在推动高效处理声明性查询的技术上起到了主要的作用。

  到了20世纪80年代初期，关系型数据库在性能上甚至已经可以与网状和层次型数据库竞争了。关系型数据库是如此简单易用，以至于最后它完全取代了网状和层次数据库。使用那些老式模型的程序员不得不处理许多底层的实现细节，并且必须将他们要做的查询任务编码成过程化的形式。最重要的是，他们在设计应用程序时还要时时考虑效率问题，而这需要付出很大的努力。与此相反，在关系型数据库中，几乎所有这些底层任务都由数据库系统自动完成，使得程序员可以只考虑逻辑层的工作。自从在20世纪80年代取得了统治地位以来，关系模型在数据模型中一直独占鳌头。

  在20世纪80年代人们还对并行和分布式数据库进行了很多研究，同样在面向

26

对象数据库方面也有初步的工作。

- **20 世纪 90 年代**：SQL 语言主要是为决策支持应用而设计的，这类应用是查询密集的；而在 20 世纪 80 年代数据库的支柱是事务处理应用，它们是更新密集的。

  在 20 世纪 90 年代初，决策支持和查询再度成为数据库的一个主要应用领域。分析大量数据的工具有了更广泛的应用。在这个时期许多数据库厂商推出了并行数据库产品。数据库厂商还开始在他们的数据库中加入对象 - 关系的支持。

  20 世纪 90 年代最重大的事件就是互联网的爆炸式发展。数据库比以前有了更加广泛的应用。现在数据库系统必须支持很高的事务处理速度，而且还要有很高的可靠性和 24×7 的可用性（一天 24 小时、一周 7 天都可用，也就是没有进行维护的停机时间）。数据库系统还必须支持对数据的 Web 接口。

- **21 世纪第一个十年**：在这个时期，存储在数据库系统中的数据的类型迅速演化发展。半结构化数据的重要性日益增加。XML 发展成为数据交换的标准。紧随其后的是，一个更加小巧的，适用于存储来自 JavaScript 或其他程序设计语言的对象的数据交换格式 JSON 变得日益重要起来。随着主流的商品化数据库系统中增加了对 XML 和 JSON 格式的支持，这样的数据越来越多地存储在关系数据库系统中。空间数据（即包含地理信息的数据）在导航系统和高级的应用系统中被广泛使用。数据库系统也增加了对这样的数据的支持。

  开源数据库系统尤其是 PostgreSQL 和 MySQL 的使用不断增长。“Auto-admin”特性被添加到数据库系统中，使其能自动重新配置，以适应不断变化的工作负载。这有助于在数据库的管理中减少人们的工作量。

  社交网络平台快速发展，产生了对关于人们与他们所上传的数据之间的关联的数据进行管理的需求，这不适合使用表格化的行和列的格式。从而导致了图形数据库的发展。

  在 21 世纪第一个十年的后几年中，企业中数据分析和**数据挖掘**（data mining）的应用非常普遍。特别为这个市场服务的数据库系统被开发出来。这些系统的物理数据组织适合于分析处理，例如“列存储”，它将表按列进行存储，而不是像主流商品化数据库系统那样传统的面向行的存储。

  海量的数据以及大多数用于分析的数据都是文本或半结构化数据这样一个事实，导致了像 map-reduce 这样的程序设计架构的发展，有利于应用程序员在数据分析中对并行的使用。最终，对这些特性的支持已经嵌入了传统的数据库系统中。即使到了 21 世纪头十年的后期，数据库研究界里仍然在争论到底是单个的数据库系统既做传统的事务处理应用服务又做新的数据分析应用服务好，还是继续用分开的系统做这些事情好。 27

  各式各样的新的数据密集型应用以及对快速开发的需求，特别是新兴的公司的需求，导致了“NoSQL”系统的诞生，它提供轻量级形式的数据管理。“NoSQL”这个名字源于这些系统缺乏对几乎无所不在的数据库查询语言 SQL 的支持，虽然这个名字现在常常被看成意为“不仅仅是 SQL”（“not only SQL”）。基于关系模型的高级查询语言的缺失给了程序员在新的数据类型上工作的更大的灵活性。缺乏传统的数据库系统对严格的数据一致性的支持为在应用系统中使用分布式数据提供了更大的灵活性。NoSQL 的“最终一致性”（“eventual consistency”）模型允许数据的分布拷贝可以是不一致的，只要它们在没有更进一步的更新时能最终汇集起来。

- **21 世纪第二个十年**：NoSQL 系统的局限性，诸如缺乏对一致性的支持、缺乏对声明式查询的支持等，被发现对于许多应用（例如社交网络）来说是可以接受的，而作为回报的是提供了可伸缩性和可用性等好处。然而，到了 21 世纪第二个十年初期，已经可以明显地看出这些局限性使得程序员和数据库管理员的工作更加复杂。其结果是，这些系统逐渐演化为提供特性以支持一致性的更加严格的概念，同时继续支持高可伸缩性和可用性。而且，这些系统越来越多地支持更高级别的抽象，以避免需要程序员去重新实现在传统的数据库系统中已经成为标准的那些特性。

各个企业正在越来越多地外包它们的数据的存储和管理。企业可以不在自己内部维护数据系统和拥有专业人员，而是把数据存储在“云”服务中，“云”服务将各种各样的客户的数据保存在多个广泛分布的服务器群组中。数据通过基于 Web 的服务传送给用户。其他一些企业不仅外包它们数据的存储，而且外包整个应用。在这种称作“软件作为服务”的情况下，供应商不仅为企业存储数据，而且为企业运行（和维护）应用软件。这些趋势导致大大地节省了费用，但是也产生了新的问题，不仅涉及安全性遭到破坏的责任问题，还涉及数据的所有权问题，特别是在政府要求对数据进行访问的情况下。

数据和数据分析对日常生活的巨大影响使得数据管理成为新闻的一个常见方面。在个人的隐私权和社会的知情权之间存在一个尚未解决的权衡问题。不同的国家政府部门都适当地发布了关于隐私的规章制度。经常见报的安全性遭到破坏的案例让公众认识到网络安全性面临的挑战和数据存储存在的风险。

28

1.10 总结

- 数据库管理系统（DBMS）由相互关联的数据集合以及一组用于访问这些数据的程序组成。数据描述某特定的企业。
- DBMS 的主要目标是为人们提供方便、高效的环境来检索和存储数据。
- 如今数据库系统无所不在，大多数人每天许多次直接或间接地与数据库系统打交道。
- 数据库系统设计用来存储大量的信息。数据的管理既包括信息存储结构的定义，也包括信息处理机制的提供。另外数据库系统还必须提供所存储信息的安全性，以处理系统崩溃或者非授权访问企图。如果数据在多个用户之间共享，系统必须避免可能的异常结果。
- 数据库系统的一个主要目的是为用户提供数据的抽象视图，也就是说，系统隐藏数据存储和维护的细节。
- 数据库结构的基础是数据模型：用于描述数据、数据之间的联系、数据语义和数据约束的概念工具的集合。
- 关系数据模型是最广泛使用的将数据存储到数据库中的模型。其他的数据模型有面向对象模型、对象 - 关系模型和半结构化数据模型。
- 数据操纵语言（DML）是使得用户可以访问和操纵数据的语言。当今广泛使用的是非过程化的 DML，它只需要用户指明需要什么数据，而不需指明如何获得这些数据。
- 数据定义语言（DDL）是说明数据库模式和数据的其他特性的语言。
- 数据库设计主要包括数据库模式的设计。实体 - 联系（E-R）数据模型是广泛用于数据库设计的数据模型，它提供了一种方便的图形化的方式来观察数据、联系和约束。

- 数据库系统由几个子系统构成：
  - 存储管理器子系统在数据库中存储的底层数据与应用程序和向系统提交的查询之间提供接口。
  - 查询处理器子系统编译和执行 DDL 和 DML 语句。
  - 事务管理负责保证即使有故障发生，数据库也要处于一致的（正确的）状态。事务管理器还保证并发事务的执行互不冲突。
- 数据库系统的体系结构受支持其运行的计算机系统的影响很大。数据库系统可以是集中式的，或并行地运行在多台机器上的。分布式数据库跨越多个地理上互相分离的计算机。
- 典型地，数据库应用可被分为运行在客户机上的前端部分和运行在后端的部分。在两层的体系结构中，前端直接和后端运行的数据库进行通信。在三层结构中，后端又被分为应用服务器和数据库服务器。
- 有四种不同类型的数据库用户，按用户期望与数据库进行交互的不同方式来区分他们。为不同类型的用户设计了不同的用户界面。
- 数据分析技术试图自动地从数据中发现规则和模式。数据挖掘领域将人工智能和统计分析研究人员所创造的知识发现技术与使得知识发现技术能够在极大的数据库上高效实现的技术结合起来。

29

术语回顾

- 数据库管理系统（DBMS）
- 数据库系统应用
- 联机事务处理
- 数据分析
- 文件处理系统
- 数据不一致性
- 一致性约束
- 数据抽象
  - 物理层
  - 逻辑层
  - 视图层
- 实例
- 模式
  - 物理模式
  - 逻辑模式
  - 子模式
- 物理数据独立性
- 数据模型
  - 实体-联系模型
  - 关系数据模型
  - 半结构化数据模型
  - 基于对象的数据模型
- 数据库语言
  - 数据定义语言
  - 数据操纵语言
    - 过程化 DML
    - 声明式 DML
    - 非过程化 DML
  - 查询语言
- 数据定义语言
  - 域约束
  - 引用完整性
  - 授权
    - 读权限
    - 插入权限
    - 更新权限
    - 删除权限
- 元数据
- 应用程序
- 数据库设计
  - 概念设计
  - 规范化
  - 功能需求说明
  - 物理设计阶段

30

- 数据库引擎
  - 存储管理器
    - 权限及完整性管理器
    - 事务管理器
    - 文件管理器
    - 缓冲区管理器
    - 数据文件
    - 数据字典
    - 索引
  - 查询处理器
    - DDL 解释器
    - DML 编译器
    - 查询优化
    - 查询执行引擎
  - 事务
    - 原子性
    - 一致性
    - 持久性
    - 恢复管理器
    - 故障恢复
    - 并发控制管理器
- 数据库体系结构
  - 集中式的
  - 并行的
  - 分布式的
- 数据库应用体系结构
  - 两层的
  - 三层的
  - 应用服务器
- 数据库管理员（DBA）

实践习题

1.1 这一章讲述了数据库系统的几个主要的优点。它有哪两个不足之处？

1.2 列出 Java 或 C++ 之类的语言中的类型说明系统与数据库系统中使用的数据定义语言的五个不同之处。

31

1.3 列出为一个企业建立数据库的六个主要步骤。

1.4 假设你想要建立一个类似于 YouTube 的视频站点。考虑 1.2 节中列出的将数据保存在文件系统中的各个缺点，讨论每一个缺点与存储实际的视频数据和关于视频的元数据（诸如标题、上传它的用户、标签、观看它的用户）之间的关联。

1.5 在 Web 查找中使用的关键字查询与数据库查询很不一样。请列出这两者之间在查询表达方式和查询结果方面的主要差异。

习题

1.6 列出四个你使用过的、很可能使用了数据库来存储持久数据的应用。

1.7 列出文件处理系统和 DBMS 的四个主要区别。

1.8 解释物理数据独立性的概念，以及它在数据库系统中的重要性。

1.9 列出数据库管理系统的五个职责。对于每个职责，说明当它不能被履行时会产生什么样的问题。

1.10 请给出至少两种理由说明为什么数据库系统使用诸如 SQL 这样的声明式查询语言来支持数据操作，而不是只提供 C 或者 C++ 的函数库来执行数据操作。

1.11 假设两名学生试图注册同一门课程，而该课程仅余一个开放名额。数据库系统的什么部件会防止将这最后一个名额同时分配给这两名学生？

1.12 解释两层和三层体系结构之间的区别。对 Web 应用来说哪一种更合适？为什么？

1.13 列出 21 世纪头十年开发的、帮助数据库系统管理数据分析负载的两个特性。

1.14 解释为什么 NoSQL 系统在 21 世纪头十年出现，并将它们的特性与传统的数据库系统做简单对比。

32

1.15 描述可能被用于存储一个社会网络系统（例如 Facebook）中的信息的至少三个表。

工具

现在已有大量的商业数据库系统投入使用，主要的有：IBM DB2（www.ibm.com/software/data/db2）、

Oracle（www.oracle.com）、Microsoft SQL Server（www.microsoft.com/sql）、IBM Informix（www.ibm.com/software/data/informix）、SAP Adaptive Server Enterprise（以前叫 Sybase）（www.sap.com/products/sybase-ase.html）和 SAP HANA（www.sap.com/products/hana.html）。其中一些系统对个人或者非商业使用或开发是免费的，但是对实际的部署是不免费的。

也有不少免费 / 公开的数据库系统，被广泛使用的有 MySQL（www.mysql.com）、PostgreSQL（www.postgresql.org）和嵌入式数据库 SQLite（www.sqlite.org）。

在本书的主页 db-book.com 上可以获得更完整的厂商网址的链接和其他信息。

延伸阅读

[Codd(1970)] 是具有里程碑意义的论文，它引入了关系模型。除本书外，关于数据库系统的教科书还有 [O'Neil and O'Neil (2000)]、[Ramakrishnan and Gehrke (2002)]、[Date (2003)]、[Kifer et al. (2005)]、[Garcia-Molina et al.(2008)] 和 [Elmasri and Navathe (2016)]。

[Abadi et al.(2016)] 给出了关于数据库管理已有成果和未来研究挑战的综述。ACM 数据管理兴趣组的主页（www.acm.org/sigmod）提供了关于数据库研究的大量信息。数据库厂商的网址（参看上面的工具部分）提供了它们各自产品的细节。

参考文献

[Abadi et al. (2016)] D. Abadi, R. Agrawal, A. Ailamaki, M. Balazinska, P. A. Bernstein, M. J. Carey, S. Chaudhuri, J. Dean, A. Doan, M. J. Franklin, J. Gehrke, L. M. Haas, A. Y. Halevy, J. M. Hellerstein, Y. E. Ioannidis, H. Jagadish, D. Kossmann, S. Madden, S. Mehrotra, T. Milo, J. F. Naughton, R. Ramakrishnan, V. Markl, C. Olston, B. C. Ooi, C. RÂ´e, D. Suciu, M. Stonebraker, T. Walter, and J. Widom, "The Beckman Report on Database Research", *Communications of the ACM*, Volume 59, Number 2 (2016), pages 92-99.

[Codd (1970)] E. F. Codd, "A Relational Model for Large Shared Data Banks", *Communications of the ACM*, Volume 13, Number 6 (1970), pages 377-387.

[Date (2003)] C. J. Date, *An Introduction to Database Systems*, 8th edition, Addison Wesley (2003).

33

[Elmasri and Navathe (2016)] R. Elmasri and S. B. Navathe, *Fundamentals of Database Systems*, 7th edition, Addison Wesley (2016).

[Garcia-Molina et al. (2008)] H. Garcia-Molina, J. D. Ullman, and J. D. Widom, *Database Systems: The Complete Book*, 2nd edition, Prentice Hall (2008).

[Kifer et al. (2005)] M. Kifer, A. Bernstein, and P. Lewis, *Database Systems: An Application Oriented Approach, Complete Version*, 2nd edition, Addison Wesley (2005).

[O'Neil and O'Neil (2000)] P. O'Neil and E. O'Neil, *Database: Principles, Programming, Performance*, 2nd edition, Morgan Kaufmann (2000).

[Ramakrishnan and Gehrke (2002)] R. Ramakrishnan and J. Gehrke, *Database Management Systems*, 3rd edition, McGraw Hill (2002).

34

第一部分

Database System Concepts, Seventh Edition

关系语言

数据模型是用于描述数据、数据联系、数据语义以及一致性约束的概念工具的集合。关系模型利用表的集合来表示数据和这些数据之间的联系。其概念上的简洁性使得它被广泛采用；当今绝大多数的数据库产品都是基于关系模型的。关系模型在逻辑层和视图层描述数据，并对数据存储的底层细节进行了抽象化。

为了让用户可以使用来自关系数据库的数据，我们必须解决用户如何指定用于检索和更新数据的请求的问题。为此已经开发了几种查询语言，在本部分中将予以介绍。

第 2 章介绍关系数据库底层的基本概念，包括对关系代数的介绍，关系代数是一种形式化的查询语言，它构成了 SQL 的基础。SQL 语言是当今最广泛使用的关系查询语言，在本部分中将详细介绍它。

第 3 章是对 SQL 查询语言的概述，包括 SQL 数据定义、SQL 查询的基本结构、集合运算、聚集函数、嵌套子查询和数据库的修改。

第 4 章进一步讲述了 SQL 的细节，包括连接表达式、视图、事务、通过数据库施加的完整性约束，以及用来控制用户可以执行哪些访问和更新操作的授权机制。

第 5 章讲述了与 SQL 相关的高级主题，包括从程序设计语言中访问 SQL、函数、过程、触发器、递归查询和高级聚集特性。

35～36

第 2 章

Database System Concepts, Seventh Edition

关系模型介绍

关系模型仍然是用于商用数据处理应用的主要数据模型。它之所以占据主要位置，是因为与诸如网络模型或层次模型那样的早期数据模型相比，关系模型以其简易性简化了程序员的工作。它在半个多世纪以来，通过融合各种新的特点和功能，保持了这一地位。在这些新纳入的特性与功能中包括诸如复杂数据类型与存储过程那样的对象 - 关系特性、对 XML 数据的支持以及支持半结构化数据的各种工具。尽管出现了新的数据存储方法，包括为大规模数据挖掘而设计的现代列存储方式，但关系模型与任何特定的底层数据结构之间的独立性使得它能够沿用至今。

在本章中，我们首先学习关系模型的基本原理。关系数据库具有坚实的理论基础。在第 6～7 章中，我们将学习数据库理论中有助于关系数据库模式设计的部分，而在第 15～16 章中，我们将讨论用于高效处理查询的理论部分。在第 27 章中，我们将学习在本章的基本介绍之上的形式化关系语言部分。

2.1 关系数据库的结构

关系数据库由**表**（table）的集合构成，每张表被赋予一个唯一的名称。例如，请考虑图 2-1 中的 *instructor* 表，它存储了有关教师的信息。该表有四个列标题：*ID*、*name*、*dept_name* 和 *salary*。该表中的每一行记录了一位教师的相关信息，包括该教师的 *ID*、*name*、*dept_name* 以及 *salary*。类似地，图 2-2 中的 *course* 表存放了关于课程的信息，包括每门课程的 *course_id*、*title*、*dept_name* 和 *credits*。请注意，每位教师通过 *ID* 列的取值进行标识，而每门课程则通过 *course_id* 列的取值来标识。

37

ID	*name*	*dept_name*	*salary*
10101	Srinivasan	Comp. Sci.	65000
12121	Wu	Finance	90000
15151	Mozart	Music	40000
22222	Einstein	Physics	95000
32343	El Said	History	60000
33456	Gold	Physics	87000
45565	Katz	Comp. Sci.	75000
58583	Califieri	History	62000
76543	Singh	Finance	80000
76766	Crick	Biology	72000
83821	Brandt	Comp. Sci.	92000
98345	Kim	Elec. Eng.	80000

图 2-1 *instructor* 关系

course_id	*title*	*dept_name*	*credits*
BIO-101	Intro. to Biology	Biology	4
BIO-301	Genetics	Biology	4
BIO-399	Computational Biology	Biology	3
CS-101	Intro. to Computer Science	Comp. Sci.	4
CS-190	Game Design	Comp. Sci.	4
CS-315	Robotics	Comp. Sci.	3
CS-319	Image Processing	Comp. Sci.	3
CS-347	Database System Concepts	Comp. Sci.	3
EE-181	Intro. to Digital Systems	Elec. Eng.	3
FIN-201	Investment Banking	Finance	3
HIS-351	World History	History	3
MU-199	Music Video Production	Music	3
PHY-101	Physical Principles	Physics	4

图 2-2 *course* 关系

图 2-3 展示了第三张表 *prereq*，它存储了每门课程的先修课程。该表具有 *course_id* 和 *prereq_id* 两列。每一行由一个课程标识对组成：第二门课程是第一门课程的先修课程。

由此，*prereq* 表中的一行表示两门课程在这种意义上是相关的：一门课程是另一门课程的先修课程。作为另一个示例，当我们考虑 *instructor* 表的时候，表中的一行可被认为代表从一个特定的 *ID* 到相应的 *name*、*dept_name* 和 *salary* 值之间的联系。

38

course_id	*prereq_id*
BIO-301	BIO-101
BIO-399	BIO-101
CS-190	CS-101
CS-315	CS-101
CS-319	CS-101
CS-347	CS-101
EE-181	PHY-101

图 2-3　*prereq* 关系

一般说来，表中的一行代表了一组值之间的某种联系。由于一张表就是这种联系的一个集合，从而表这个概念和数学上的关系概念之间有着密切的关联，这也正是关系数据模型名称的由来。在数学术语中，元组只是一组值的序列（或列表）。*n* 个值之间的一种联系在数学上用这些值的一个 *n* 元组来表示。*n* 元组就是具有 *n* 个值的元组，它对应于表中的一行。

由此，在关系模型中，术语**关系**（relation）被用来指代表，而术语**元组**（tuple）被用来指代行。类似地，术语**属性**（attribute）指代的是表中的列。

考察图 2-1，我们可以看出 *instructor* 关系有四个属性：*ID*、*name*、*dept_name* 和 *salary*。

我们用**关系实例**（relation instance）这个术语来指代一个关系的特定实例，也就是说关系实例包含一组特定的行。图 2-1 中所示的 *instructor* 的实例有 12 个元组，对应于 12 位教师。

在本章中，我们将使用多个不同的关系来说明作为关系数据模型基础的各种概念。这些关系代表一所大学的一部分。为了简化表示，我们省略了一个真实的大学数据库应该包含的很多数据。在第 6～7 章里我们将非常详细地讨论关系结构适宜性的准则。

由于关系是元组的集合（set），所以元组在关系中出现的顺序是无关紧要的。因此，无论关系中的元组是像图 2-1 中那样按排序次序列出，还是像图 2-4 中那样无序列出，都没有关系；这两张图中的关系是一样的，因为它们都包括相同的元组集合。为便于说明，我们通常按关系的第一个属性的次序来显示关系。

ID	*name*	*dept_name*	*salary*
22222	Einstein	Physics	95000
12121	Wu	Finance	90000
32343	El Said	History	60000
45565	Katz	Comp. Sci.	75000
98345	Kim	Elec. Eng.	80000
76766	Crick	Biology	72000
10101	Srinivasan	Comp. Sci.	65000
58583	Califieri	History	62000
83821	Brandt	Comp. Sci.	92000
15151	Mozart	Music	40000
33456	Gold	Physics	87000
76543	Singh	Finance	80000

图 2-4　*instructor* 关系的无序显示

39

对于关系的每个属性都存在一个允许取值的集合，称为该属性的**域**（domain）。那么，*instructor* 关系的 *salary* 属性的域就是所有可能的工资值的集合，而 *name* 属性的域就是所有可能的教师姓名的集合。

我们要求对所有关系 *r* 而言，*r* 的所有属性的域都是原子的。如果一个域中的元素被认为是不可再分的单元，则该域就是**原子的**（atomic）。例如，假设 *instructor* 表上有一个 *phone_number* 属性，它可以存放教师的一组电话号码。那么 *phone_number* 的域就不是原子的，因为其中的一个元素是电话号码的一个集合，并且它是有子成分的，即集合中的单个电话号码。

重点不在于域本身是什么，而在于我们怎样在数据库中使用域中的元素。现在假设 *phone_number* 属性存放单个电话号码。即便如此，如果我们把电话号码的属性值拆分成国家编号、地区编号以及本地号码，那么我们还是把它作为非原子值来对待。如果我们把每个电话号码视作单个不可再分的单元，那么 *phone_number* 属性才具有原子域。

空值（null value）是一个特殊的值，它表示值未知或并不存在。例如，假设跟前面一样我们在 *instructor* 关系中包含 *phone_number* 属性。有可能某位教师根本没有电话号码，或者电话号码没有列出。因此我们就只能使用空值来表示该值未知或并不存在。以后会看到，空值在我们访问和更新数据库的时候会带来很多困难，因此应尽量避免使用空值。我们先假设不存在空值，然后在3.6节中将描述空值对不同运算的影响。

正如我们将看到的，相对严格的关系结构在数据的存储和处理方面产生了几个重要的实际优势。这种严格的结构适用于定义明确且相对静态的应用，但不太适用于不但数据本身而且这些数据的类型和结构都随时间变化的应用。结构化数据的效率高，但在某些场景下预先定义的结构比较受限，现代企业需要在这二者之间找到一种良好的平衡。

40

2.2 数据库模式

当我们谈论数据库时，必须在**数据库模式**（database schema）和**数据库实例**（database instance）之间进行区分，前者是数据库的逻辑设计，后者是在给定时刻数据库中数据的一个快照。

关系的概念对应于程序设计语言中变量的概念，而**关系模式**（relation schema）的概念对应于程序设计语言中类型定义的概念。

一般说来，一个关系模式由一个属性列表及各属性所对应的域组成。等到在第3章中讨论SQL语言时，我们再去关注每个属性的域的精确定义。

关系实例的概念对应于程序设计语言中变量的值的概念。一个给定变量的值可能随时间发生变化；类似地，随着关系被更新，关系实例的内容也随时间发生了变化。相反，关系的模式是不常变化的。

尽管知道关系模式和关系实例之间的区别非常重要，我们却常常使用同一个名称，比如*instructor*既指代模式也指代实例。在需要的时候，我们会显式地指明是模式或是实例。例如“*instructor*模式”或“*instructor*关系的一个实例”。然而，在模式或实例的含义很清楚的情况下，我们就简单地使用关系的名称。

请考虑图2-5中的*department*关系，该关系的模式是：

department (*dept_name*, *building*, *budget*)

请注意*dept_name*属性既出现在*instructor*模式中又出现在*department*模式中。这样的重复并不是一种巧合。实际上，在关系模式中使用公共属性正是将不同关系的元组联系起来的一种方式。例如，假设我们希望找出在Watson教学楼工作的所有教师的相关信息。我们首先在*department*关系中找出位于Watson教学楼的所有系的*dept_name*。接着，对于每一个这样的系，我们在*instructor*关系中找出与对应的*dept_name*相关联的教师信息。

41

dept_name	*building*	*budget*
Biology	Watson	90000
Comp. Sci.	Taylor	100000
Elec. Eng.	Taylor	85000
Finance	Painter	120000
History	Painter	50000
Music	Packard	80000
Physics	Watson	70000

图2-5 *department*关系

大学里的每门课程可能要讲授多次，可以在不同学期授课，甚至可以在一个学期内多次授课。我们需要一个关系来描述每次授课或每个课程段的情况。该关系的模式为：

section (*course_id*, *sec_id*, *semester*, *year*, *building*, *room_number*, *time_slot_id*)

图2-6给出了*section*关系的一个实例样本。

我们需要一个关系来描述教师和他们所讲授的课程段之间的联系。描述此联系的关系模式是：

teaches (*ID*, *course_id*, *sec_id*, *semester*, *year*)

course_id	sec_id	semester	year	building	room_number	time_slot_id
BIO-101	1	Summer	2017	Painter	514	B
BIO-301	1	Summer	2018	Painter	514	A
CS-101	1	Fall	2017	Packard	101	H
CS-101	1	Spring	2018	Packard	101	F
CS-190	1	Spring	2017	Taylor	3128	E
CS-190	2	Spring	2017	Taylor	3128	A
CS-315	1	Spring	2018	Watson	120	D
CS-319	1	Spring	2018	Watson	100	B
CS-319	2	Spring	2018	Taylor	3128	C
CS-347	1	Fall	2017	Taylor	3128	A
EE-181	1	Spring	2017	Taylor	3128	C
FIN-201	1	Spring	2018	Packard	101	B
HIS-351	1	Spring	2018	Painter	514	C
MU-199	1	Spring	2018	Packard	101	D
PHY-101	1	Fall	2017	Watson	100	A

图 2-6　*section* 关系

图 2-7 给出了 *teaches* 关系的一个实例样本。

ID	course_id	sec_id	semester	year
10101	CS-101	1	Fall	2017
10101	CS-315	1	Spring	2018
10101	CS-347	1	Fall	2017
12121	FIN-201	1	Spring	2018
15151	MU-199	1	Spring	2018
22222	PHY-101	1	Fall	2017
32343	HIS-351	1	Spring	2018
45565	CS-101	1	Spring	2018
45565	CS-319	1	Spring	2018
76766	BIO-101	1	Summer	2017
76766	BIO-301	1	Summer	2018
83821	CS-190	1	Spring	2017
83821	CS-190	2	Spring	2017
83821	CS-319	2	Spring	2018
98345	EE-181	1	Spring	2017

图 2-7　*teaches* 关系

正如你可以想见的，在一个真正的大学数据库中还维护了更多的关系。除了我们已经列出的这些关系：*instructor*、*department*、*course*、*section*、*prereq* 和 *teaches*，在本书中我们还要使用下列关系。

- *student* (*ID*, *name*, *dept_name*, *tot_cred*)
- *advisor* (*s_id*, *i_id*)
- *takes* (*ID*, *course_id*, *sec_id*, *semester*, *year*, *grade*)
- *classroom* (*building*, *room_number*, *capacity*)
- *time_slot* (*time_slot_id*, *day*, *start_time*, *end_time*)

42

2.3　码

我们必须有一种方式来区分一个给定关系中的不同元组。这种区分是用它们的属性来表示的。也就是说，一个元组的所有属性值必须能够唯一标识元组。换句话说，一个关系中不可以有两个元组在所有属性上取值完全相同[⊖]。

超码（superkey）是一个或多个属性的集合，将这些属性组合在一起可以允许我们在一个关系中唯一地标识出一个元组。例如，*instructor* 关系的 *ID* 属性足以将一个教师元组从另一个区分开来。因此，*ID* 是一个超码。而 *instructor* 的 *name* 属性却不是一个超码，因为几位教师可能重名。

形式化地，令 R 表示关系 r 模式中的属性集合。如果我们说 R 的一个子集 K 是 r 的一个*超码*，那么在我们考虑关系 r 的实例时，就限制了其中没有两个可区分元组会在 K 的所有属性上取值完全相等。也就是说，如果 t_1 和 t_2 在 r 中且 $t_1 \neq t_2$，则 $t_1.K \neq t_2.K$。

43

超码中可能包含无关紧要的属性。例如，*ID* 和 *name* 的组合是 *instructor* 关系的一个超码。如果 K 是一个超码，那么 K 的任意超集也是超码。我们通常只对这样的超码感兴趣：它们的任意真子集都不是超码。这样的最小超码称为**候选码**（candidate key）。

几个不同的属性集都可以作为候选码的情况是存在的。假设 *name* 和 *dept_name* 的组合足以区分 *instructor* 关系的各个成员，那么 {*ID*} 和 {*name*, *dept_name*} 都是候选码。虽然 *ID* 和 *name* 属性一起能区分 *instructor* 元组，但它们的组合 {*ID*, *name*} 并不能构成候选码，因为单独的 *ID* 属性已经就是候选码了。

我们将用**主码**（primary key）这个术语来代表被数据库设计者选中来作为在一个关系中区分不同元组的主要方式的候选码。码（不论是主码、候选码或超码）是整个关系的一种性质，而不是单个元组的性质。关系中的任意两个不同的元组都不允许同时在码属性上具有相同的值。码的指定代表了被建模的企业在现实世界中的约束。因此，主码也被称作**主码约束**（primary key constraint）。

习惯上，将一个关系模式的主码属性列于其他属性之前。例如，*department* 的 *dept_name* 属性被列在最前面，因为它是主码。主码属性还要加下划线。

请考虑 *classroom* 关系：

classroom (<u>*building*</u>, <u>*room_number*</u>, *capacity*)

在这里，主码由两个属性组成：*building* 和 *room_number*，二者都加了下划线以表示它们是主码的一部分。尽管这两个属性能共同唯一地标识出一间教室，但任何单个属性本身都无法标识出一间教室。请再考虑 *time_slot* 关系：

time_slot (<u>*time_slot_id*</u>, <u>*day*</u>, <u>*start_time*</u>, *end_time*)

每个时段有一个相关联的 *time_slot_id*。*time_slot* 关系提供了有关一个特定的 *time_slot_id* 对应于一周中的哪些天以及哪些时间的信息。例如，'A' 这个 *time_slot_id* 可能对应于周一、周三、周五的上午 8:00 到上午 8:50。一个时间片可以包括同一天内不同时间的多个时段，因此 *time_slot_id* 和 *day* 一起无法唯一地标识出元组。因此，*time_slot* 关系的主码由 *time_slot_id*、*day* 和 *start_time* 属性组成，因为这三个属性一起唯一地标识了一门课程的一个时间片。

主码必须慎重选择。正如我们所注意到的那样，人名显然是不足以作主码的，因为可能存在多人重名的情况。在美国，人的社会保障号属性可以作为候选码。由于非美国居民通常

⊖ 商用数据库系统放松了关系是集合这样的要求，而允许存在重复的元组。这将在第 3 章中进一步讨论。

没有社会保障号，所以跨国企业必须产生它们自己的唯一标识。一种可替代方案是使用另一些属性的唯一性组合作为码。

44

主码应该选择那些其值从不变化或极少变化的属性。例如，一个人的地址就不应该作为主码的一部分，因为它可能会变化。而社会保障号却可以保证决不变化。企业产生的唯一标识通常不会改变，除非两家企业合并了，在这种情况下两家企业可能会发布相同的标识，因此需要重新分配标识以确保它们的唯一性。

图 2-8 展示了我们在大学模式的示例中所使用的完整关系的集合，其中主码属性用下划线标识。

classroom(building, room_number, capacity)
department(dept_name, building, budget)
course(course_id, title, dept_name, credits)
instructor(ID, name, dept_name, salary)
section(course_id, sec_id, semester, year, building, room_number, time_slot_id)
teaches(ID, course_id, sec_id, semester, year)
student(ID, name, dept_name, tot_cred)
takes(ID, course_id, sec_id, semester, year, grade)
advisor(s_ID, i_ID)
time_slot(time_slot_id, day, start_time, end_time)
prereq(course_id, prereq_id)

图 2-8　大学数据库的模式

接下来，我们考察关系内容上的另一种类型的约束，称为外码约束。请考虑 *instructor* 关系的 *dept_name* 属性。对于 *instructor* 中的一个元组来说，如果它的 *dept_name* 的取值并不对应于 *department* 关系中的一个系，那么这是没有意义的。因此，在任何数据库实例中，给定来自 *instructor* 关系的任意元组，比如 t_a，那么在 *department* 关系中必须存在某个元组 t_b，使得 t_a 的 *dept_name* 属性的取值与 t_b 的主码 *dept_name* 的取值相同。

从 r_1 关系的 A 属性（集）到 r_2 关系的主码 B 的**外码约束**（foreign-key constraint）表明：在任何数据库实例中，r_1 中每个元组对 A 的取值也必须是 r_2 中某个元组对 B 的取值。A 属性集被称为从 r_1 引用 r_2 的**外码**（foreign key）。r_1 关系也被称为此外码约束的**引用关系**（referencing relation），且 r_2 被称为**被引用关系**（referenced relation）。

45

例如，*instructor* 中的 *dept_name* 属性就是从 *instructor* 引用 *department* 的外码；请注意 *dept_name* 是 *department* 的主码。类似地，*section* 关系的 *building* 和 *room_number* 属性共同构成了引用 *classroom* 关系的外码。

请注意在外码约束中，被引用属性（集）必须是被引用关系的主码。更泛化的情况是引用完整性约束，它放松了被引用属性构成被引用关系主码的要求。

作为一个示例，请考虑 *section* 关系的 *time_slot_id* 属性中的值。我们要求这些值必须存在于 *time_slot* 关系的 *time_slot_id* 属性中。这样的要求就是引用完整性约束的一个示例。通常，**引用完整性约束**（referential integrity constraint）要求引用关系中的任意元组在指定属性上出现的取值也必然出现在被引用关系中至少一个元组的指定属性上。

请注意，尽管 *time_slot_id* 是 *time_slot* 关系的主码的一部分，但它并不构成 *time_slot* 的主码，因此我们无法使用外码约束来强制实施上述约束。事实上，外码约束是引用完整性约束的一种特例，其中被引用的属性构成被引用关系的主码。当今的数据库系统通常支持外码约束，但它们并不支持被引用属性并不是主码的引用完整性约束。

2.4　模式图

一个带有主码和外码约束的数据库模式可以用**模式图**（schema diagram）来表示。图 2-9 展示了用于大学组织机构的模式图。每个关系显示为一个框，关系名用灰色显示在顶部，并且在框内列出了各属性。

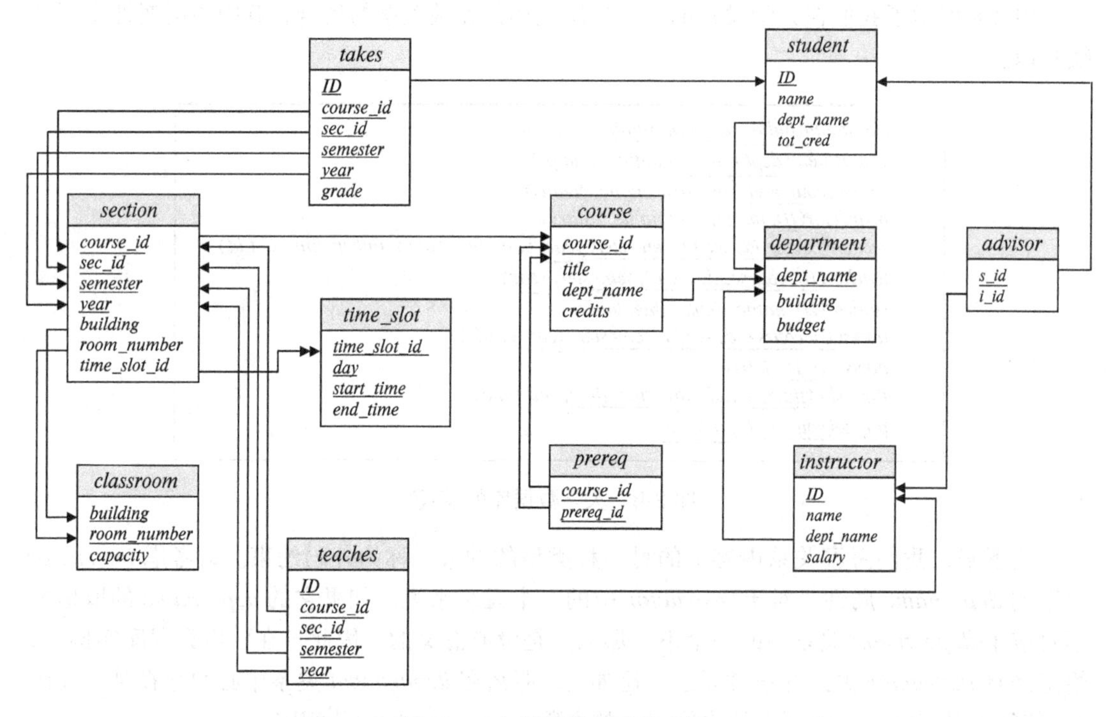

图 2-9　大学数据库的模式图

主码属性用下划线标注。外码约束用从引用关系的外码属性指向被引用关系的主码属性的箭头来表示。我们使用双头箭头而不是单头箭头来表示不是外码约束的引用完整性约束。在图 2-9 中，从 *section* 关系的 *time_slot_id* 指向 *time_slot* 关系的 *time_slot_id* 的、带有双头箭头的线表示从 *section.time_slot_id* 到 *time_slot.time_slot_id* 的引用完整性约束。

很多数据库系统提供具有图形化用户界面的设计工具来创建模式图[⊖]。我们将在第 6 章中详细讨论一种不同的、被称作实体 - 联系图的图形化模式表示形式；尽管这两种表示形式看起来有些相似，但却有很大区别，并且不应该相互混淆。

46

2.5　关系查询语言

查询语言（query language）是用户用来从数据库中请求获取信息的语言。这类语言通常比标准的程序设计语言的层次更高。查询语言可以分为命令式的、函数式的以及声明式的。在**命令式查询语言**（imperative query language）中，用户指导系统在数据库上执行特定的运算序列以计算出所需的结果；这类语言通常有一个状态变量的概念，状态变量在计算的过程

⊖ 由我们引入的这种用双头箭头符号来代表引用完整性约束的表示法尚未被据我们所知的任何工具所支持；但主码与外码的表示法已被广泛应用。

中被更新。

在**函数式查询语言**（functional query language）中，计算被表示为对函数的求值，这些函数可以在数据库中的数据上运行或在其他函数给出的结果上运行；函数没有附带作用，并且它们并不更新程序的状态[⊖]。在**声明式查询语言**（declarative query language）中，用户只需描述所需信息，而不用给出获取该信息的具体步骤序列或函数调用，所需的信息通常使用某种形式的数学逻辑来描述。找出获得所需信息的方式是数据库系统的工作。

47

有许多“纯”查询语言。

- 关系代数（relational algebra）是一种函数式查询语言，我们将在 2.6 节中介绍[⊜]。关系代数构成了 SQL 查询语言的理论基础。
- 元组关系演算和域关系演算是声明式的，我们将在第 27 章（可在线获取）中介绍。

这些查询语言是简洁且形式化的，缺少商用语言的“语法修饰”，但它们说明了从数据库中提取数据的基础技术。

实践中使用的查询语言（例如 SQL 查询语言）同时包含命令式、函数式与声明式方法的元素。我们从第 3～5 章将学习使用非常广泛的查询语言 SQL。

2.6　关系代数

关系代数由一组运算组成，这些运算接受一个或两个关系作为输入，并生成一个新的关系作为它们的结果。

其中一些运算（如选择、投影和更名运算）称为一元（unary）运算，因为它们只在一个关系上进行运算。另一些运算（如并、笛卡儿积和集差）在一对关系上进行运算，因此称为二元（binary）运算。

尽管关系代数运算构成了广泛使用的 SQL 查询语言的基础，但是数据库系统并不允许用户用关系代数来编写查询。然而，也存在为便于学生练习关系代数查询而构建的关系代数实现。在本书英文版的网站 db-book.com 上，标题为“实验室材料”的链接下提供了几个这样的实现的网址。

在此值得回顾的是，由于关系是元组的集合，因此关系不能包含重复的元组。然而，在实践中，除非施加了特定的约束来禁止，否则数据库系统中的表允许包含重复元组。但是在讨论正式的关系代数时，如集合的数学定义所要求的那样，我们要求去除重复项。在第 3 章中，我们将讨论如何将关系代数扩展到多重集合上，多重集合是可以包含重复项的集合。

48

2.6.1　选择运算

选择（select）运算选出满足给定谓词的元组。我们使用小写的希腊字母 sigma（σ）来代表选择。谓词写在 σ 的下标中。作为参数的关系写在 σ 后的括号内。因此，为了选出 *instructor* 关系的那些元组，使得它们对应于“物理”系中的教师，我们写为：

$$\sigma_{dept\_name = \text{“Physics”}}(instructor)$$

⊖ 在本书之前的版本中使用过程化语言（procedural language）这个术语来指代基于过程调用的语言，函数式语言也被包括在其内；然而该术语也被广泛用来指代命令式语言。为了避免混淆，我们不再使用该术语。

⊜ 与现代的函数语言不同，关系代数只支持少量的预定义函数，这些函数在关系上定义了一种代数。

如果 *instructor* 关系如图 2-1 所示，则上述查询得到的结果对应关系如图 2-10 所示。

通过编写如下语句，我们可以找出薪水高于 90 000 美元的所有教师：

$$\sigma_{salary>90000}(instructor)$$

通常，我们允许在选择谓词中使用 =、≠、<、≤、> 和 ≥ 来进行比较。此外，我们可以通过使用连接词 and（∧）、or（∨）和 not（¬）将几个谓词组合成一个更长的谓词。因此，为了查找薪水超过 90 000 美元的物理系的教师，我们写为：

$$\sigma_{dept\_name = \text{"Physics"} \wedge salary>90000}(instructor)$$

选择谓词可以包含两个属性之间的比较。为说明这一点，请考虑 *department* 关系。为了查找其名称与其所在教学楼名称相同的所有系，我们可以写为：

$$\sigma_{dept\_name = building}(department)$$

2.6.2　投影运算

假设我们希望列出所有教师的 *ID*、*name* 和 *salary*，但我们并不关心 *dept_name*。**投影**（project）运算使得我们可以生成这样的关系。投影运算是一种一元运算，返回它的参数关系，但滤掉了特定的属性。由于关系是一个集合，任何重复的行都会被删除。投影用大写的希腊字母 pi（Π）来表示。我们将那些希望出现在结果中的属性作为 Π 的下标列出。参数关系写在后面的括号中。我们编写如下的查询以生成这样的列表：

$$\Pi_{ID,\ name,\ salary}(instructor)$$

49　图 2-11 展示了这个查询所得到的关系。

ID	*name*	*dept_name*	*salary*
22222	Einstein	Physics	95000
33456	Gold	Physics	87000

图 2-10　$\sigma_{dept\_name=\text{"Physics"}}(instructor)$ 的结果

ID	*name*	*salary*
10101	Srinivasan	65000
12121	Wu	90000
15151	Mozart	40000
22222	Einstein	95000
32343	El Said	60000
33456	Gold	87000
45565	Katz	75000
58583	Califieri	62000
76543	Singh	80000
76766	Crick	72000
83821	Brandt	92000
98345	Kim	80000

图 2-11　$\Pi_{ID,\ name,\ salary}(instructor)$ 的结果

投影运算 $\Pi_L(E)$ 的基础版本只允许在列表 L 中出现属性名。该运算的泛化版本则允许在列表 L 中出现涉及属性的表达式。例如，我们可以使用：

$$\Pi_{ID,name,salary/12}(instructor)$$

来得到每位教师的月薪。

2.6.3　关系运算的复合

关系运算的结果本身也是关系这一事实是重要的。请考虑更为复杂的查询“查找物理系所有教师的姓名”。我们写为：

$$\Pi_{name}(\sigma_{dept\_name = \text{"Physics"}}(instructor))$$

请注意，我们没有将关系的名称作为投影运算的参数给出，而是给出了一个能求出关系的表达式。

一般来说，由于关系代数运算的结果与其输入具有相同的类型（都是关系），因此可以将关系代数运算复合在一起成为**关系代数表达式**（relational-algebra expression）。将关系代数运算复合成关系代数表达式就像将算术运算（比如 +、−、* 和 ÷）复合为算术表达式一样。

2.6.4 笛卡儿积运算

笛卡儿积（Cartesian-product）运算用叉号（×）表示，它允许我们结合来自任意两个关系的信息。我们将关系 r_1 与 r_2 的笛卡儿积记为 $r_1 \times r_2$。

50

数据库关系的笛卡儿积在其定义上与集合的笛卡儿积的数学定义略有不同。关系代数中的 $r_1 \times r_2$ 不是将来自 r_1 和 r_2 的元组生成元组对（t_1, t_2），而是将 t_1 和 t_2 拼接成单个元组，如图 2-12 所示。

instructor.ID	*name*	*dept_name*	*salary*	*teaches.ID*	*course_id*	*sec_id*	*semester*	*year*
10101	Srinivasan	Comp. Sci.	65000	10101	CS-101	1	Fall	2017
10101	Srinivasan	Comp. Sci.	65000	10101	CS-315	1	Spring	2018
10101	Srinivasan	Comp. Sci.	65000	10101	CS-347	1	Fall	2017
10101	Srinivasan	Comp. Sci.	65000	12121	FIN-201	1	Spring	2018
10101	Srinivasan	Comp. Sci.	65000	15151	MU-199	1	Spring	2018
10101	Srinivasan	Comp. Sci.	65000	22222	PHY-101	1	Fall	2017
...	...	...	...	...	...	...	...	...
...	...	...	...	...	...	...	...	...
12121	Wu	Finance	90000	10101	CS-101	1	Fall	2017
12121	Wu	Finance	90000	10101	CS-315	1	Spring	2018
12121	Wu	Finance	90000	10101	CS-347	1	Fall	2017
12121	Wu	Finance	90000	12121	FIN-201	1	Spring	2018
12121	Wu	Finance	90000	15151	MU-199	1	Spring	2018
12121	Wu	Finance	90000	22222	PHY-101	1	Fall	2017
...	...	...	...	...	...	...	...	...
...	...	...	...	...	...	...	...	...
15151	Mozart	Music	40000	10101	CS-101	1	Fall	2017
15151	Mozart	Music	40000	10101	CS-315	1	Spring	2018
15151	Mozart	Music	40000	10101	CS-347	1	Fall	2017
15151	Mozart	Music	40000	12121	FIN-201	1	Spring	2018
15151	Mozart	Music	40000	15151	MU-199	1	Spring	2018
15151	Mozart	Music	40000	22222	PHY-101	1	Fall	2017
...	...	...	...	...	...	...	...	...
...	...	...	...	...	...	...	...	...
22222	Einstein	Physics	95000	10101	CS-101	1	Fall	2017
22222	Einstein	Physics	95000	10101	CS-315	1	Spring	2018
22222	Einstein	Physics	95000	10101	CS-347	1	Fall	2017
22222	Einstein	Physics	95000	12121	FIN-201	1	Spring	2018
22222	Einstein	Physics	95000	15151	MU-199	1	Spring	2018
22222	Einstein	Physics	95000	22222	PHY-101	1	Fall	2017
...	...	...	...	...	...	...	...	...
...	...	...	...	...	...	...	...	...

图 2-12　笛卡儿积 *instructor*×*teaches* 的结果

由于相同的属性名可能既出现在 r_1 的模式中，也出现在 r_2 的模式中，因此我们需要设计一种命名机制来在这些属性之间进行区分。在这里，我们通过将属性所属的关系名附加到该属性上来做到这一点。例如，对应于 $r = instructor \times teaches$ 的关系模式为：

(*instructor.ID*, *instructor.name*, *instructor.dept_name*, *instructor.salary*,
teaches.ID, *teaches.course_id*, *teaches.sec_id*, *teaches.semester*, *teaches.year*)

51

使用此模式，我们可以区分 *teaches.ID* 和 *instructor.ID*。对于那些仅出现在其中一种模式中的属性，我们通常删除关系名前缀。这种简化并不会导致任何歧义。这样我们可以将 *r* 的关系模式写成：

(*instructor.ID*, *name*, *dept_name*, *salary*,
teaches.ID, *course_id*, *sec_id*, *semester*, *year*)

这种命名规范要求作为笛卡儿积运算参数的两个关系具有不同的名称。这一要求在某些情况下会导致问题，例如当需要一个关系与其自身做笛卡儿积时。如果在笛卡儿积中使用关系代数表达式的结果，也会出现类似的问题，因为需要为关系取一个名称，这样我们才可以引用该关系的属性。在 2.6.8 节中，我们将看到如何使用更名运算来避免这些问题。

现在我们了解了关于 $r = instructor \times teaches$ 的关系模式，那么在 *r* 中会出现什么样的元组呢？正如你可能猜测到的，我们根据每一对可能的元组构造出 *r* 的一个元组：元组对中的一个元组来自 *instructor* 关系（见图 2-1），且另一个来自 *teaches* 关系（见图 2-7）。因此从图 2-12 可以看出，*r* 是一个大型的关系，图中所展示的也只是构成 *r* 的一部分元组。

假设我们在 *instructor* 中有 n_1 个元组，并且在 *teaches* 中有 n_2 个元组。则共有 $n_1 \times n_2$ 种方式来选择一个元组对——从每个关系中各选择一个元组，因此在 *r* 中就有 $n_1 \times n_2$ 个元组。特别是针对我们的示例，对于 *r* 中的某个元组 *t*，*instructor.ID* 和 *teaches.ID* 这两个 ID 值有可能是不同的。

一般来说，如果有关系 $r_1(R_1)$ 和 $r_2(R_2)$，那么 $r_1 \times r_2$ 就是这样一个关系 $r(R)$：它的模式 *R* 是 r_1 和 r_2 的模式的拼接。关系 *r* 包含所有这样的元组 *t*：对于 *t* 存在 r_1 中的一个元组 t_1 和 r_2 中的一个元组 t_2，满足 *t* 和 t_1 在 R_1 中的属性上取值相同，并且 *t* 和 t_2 在 R_2 中的属性上取值相同。

2.6.5　连接运算

假设我们希望查找关于所有教师以及他们所讲授的所有课程的 *course_id* 的信息。我们既需要 *instructor* 关系中的信息也需要 *teaches* 关系中的信息来计算出所需的结果。*instructor* 和 *teaches* 的笛卡儿积确实把来自这两个关系的信息都结合在一起，但遗憾的是笛卡儿积把每一位教师和所开设的每一门课程都关联了起来，而不管这位教师是否讲授过这门课程。

由于笛卡儿积运算将 *instructor* 的每一个元组与 *teaches* 的每一个元组关联了起来，因此我们知道，如果一位教师讲授过一门课程（正如在 *teaches* 关系中所记录的那样），则在 $instructor \times teaches$ 中有一些元组既包含了该教师的姓名又满足 $instructor.ID = teaches.ID$。因此，如果我们写出：

$$\sigma_{instructor.ID = teaches.ID}(instructor \times teaches)$$

52

那么我们就只得到 $instructor \times teaches$ 中属于教师和他们所讲授课程的那些元组。

这个表达式的结果如图 2-13 所示。请注意教师 Gold、Califieri 和 Singh 不讲授任何课程（正如在 *teaches* 关系中所记录的那样），因此不会出现在结果中。

请注意，这个表达式会导致教师 ID 的重复出现。这个问题可以通过增加一个投影来去除 *teaches.ID* 列而轻松地解决。

连接运算使我们能够将选择与笛卡儿积合并到单个运算中。

请考虑关系 $r(R)$ 和 $s(S)$，并令 θ 为 $R\cup S$ 模式的属性上的一个谓词。**连接**（join）运算 $r\bowtie_\theta s$ 定义如下：

$$r\bowtie_\theta s=\sigma_\theta\,(r\times s)$$

因此，$\sigma_{instructor.ID\,=\,teaches.ID}\,(instructor\times teaches)$ 可以等价地写为 $instructor\bowtie_{instructor.ID=teaches.ID}$ *teaches*。

instructor.ID	*name*	*dept_name*	*salary*	*teaches.ID*	*course_id*	*sec_id*	*semester*	*year*
10101	Srinivasan	Comp. Sci.	65000	10101	CS-101	1	Fall	2017
10101	Srinivasan	Comp. Sci.	65000	10101	CS-315	1	Spring	2018
10101	Srinivasan	Comp. Sci.	65000	10101	CS-347	1	Fall	2017
12121	Wu	Finance	90000	12121	FIN-201	1	Spring	2018
15151	Mozart	Music	40000	15151	MU-199	1	Spring	2018
22222	Einstein	Physics	95000	22222	PHY-101	1	Fall	2017
32343	El Said	History	60000	32343	HIS-351	1	Spring	2018
45565	Katz	Comp. Sci.	75000	45565	CS-101	1	Spring	2018
45565	Katz	Comp. Sci.	75000	45565	CS-319	1	Spring	2018
76766	Crick	Biology	72000	76766	BIO-101	1	Summer	2017
76766	Crick	Biology	72000	76766	BIO-301	1	Summer	2018
83821	Brandt	Comp. Sci.	92000	83821	CS-190	1	Spring	2017
83821	Brandt	Comp. Sci.	92000	83821	CS-190	2	Spring	2017
83821	Brandt	Comp. Sci.	92000	83821	CS-319	2	Spring	2018
98345	Kim	Elec. Eng.	80000	98345	EE-181	1	Spring	2017

图 2-13　$\sigma_{instructor.ID\,=\,teaches.ID}\,(instructor\times teaches)$ 的结果

2.6.6　集合运算

请考虑这样一个查询：查找在 2017 年秋季学期、在 2018 年春季学期或者在这两个学期都开设的所有课程的集合。此信息包含在 *section* 关系中（见图 2-6）。为了找到在 2017 年秋季学期开设的所有课程的集合，我们写为：

$$\Pi_{course\_id}\,(\sigma_{semester\,=\,\text{“Fall”}\,\wedge\,year=2017}\,(section))$$

为了找到在 2018 年春季学期开设的所有课程的集合，我们写为：

$$\Pi_{course\_id}\,(\sigma_{semester\,=\,\text{“Spring”}\,\wedge\,year=2018}\,(section))$$

53

为了回答该查询，我们需要这两个集合的**并**（union）集；也就是说，我们需要出现在这两个关系之一或同时出现在这两个关系中的所有 *course_id*。我们通过二元运算并来找到这些数据，并用集合论中的 ∪ 来表示。因此所需的表达式是：

$$\Pi_{course\_id}\,(\sigma_{semester\,=\,\text{“Fall”}\,\wedge\,year=2017}\,(section))\cup$$
$$\Pi_{course\_id}\,(\sigma_{semester\,=\,\text{“Spring”}\,\wedge\,year=2018}\,(section))$$

这个查询的结果关系如图 2-14 所示。请注意，尽管在 2017 年秋季学期开设了三门不同的课程，且在 2018 年春季学期开设了六门不同的课程，结果中却只有八个元组。这是因为关系是集合，所以诸如在这两个学期都开设的 CS-101 这样的重复的值将只出现一次。

course_id
CS-101
CS-315
CS-319
CS-347
FIN-201
HIS-351
MU-199
PHY-101

图 2-14　在 2017 年秋季、2018 年春季或这两个学期都开设的课程

请注意在我们的示例中，我们计算了两个集合的并集，而这两个集合都是由 *course_id* 的值组成的。一般来说，为了

使并运算有意义：

1. 必须确保输入并运算的两个关系具有相同数量的属性，一个关系的属性数量被称为它的**元数**（arity）。

2. 当属性有关联的类型时，对于每个 i，两个输入关系的第 i 个属性的类型必须相同。这样的关系被称为**相容**（compatible）关系。

例如，计算 *instructor* 和 *section* 关系的并集是没有意义的，因为它们的属性数量不同。并且尽管 *instructor* 和 *student* 关系的元数都为 4，但它们的第 4 个属性，即 *salary* 和 *tot_cred*，属于两种不同的类型。这两个属性的并集在大多数情况下是没有意义的。

交（intersection）运算用 ∩ 表示，它允许我们找到同时出现在两个输入关系中的元组。

54

表达式 $r \cap s$ 生成一个关系，其中包含既在 r 中也在 s 中的那些元组。与并运算的情况一样，我们必须确保交是在相容关系之间进行计算的。

假设我们希望找到既在 2017 年秋季学期也在 2018 年春季学期开设的所有课程的集合。使用集合的交，我们可以写为：

$$\Pi_{course\_id}\,(\sigma_{semester = \text{“Fall”} \wedge year=2017}\,(section)) \cap \\ \Pi_{course\_id}\,(\sigma_{semester = \text{“Spring”} \wedge year=2018}\,(section))$$

这个查询的结果关系如图 2-15 所示。

集差（set-difference）运算用 - 来表示，它使我们能够找到在一个关系中但不在另一个关系中的元组。表达式 $r-s$ 所产生的关系包含在 r 中但不在 s 中的那些元组。

我们可以通过编写如下表达式来查找在 2017 年秋季学期开设，但在 2018 年春季学期未开设的所有课程：

$$\Pi_{course\_id}\,(\sigma_{semester = \text{“Fall”} \wedge year=2017}\,(section)) - \\ \Pi_{course\_id}\,(\sigma_{semester = \text{“Spring”} \wedge year=2018}\,(section))$$

这个查询的结果关系如图 2-16 所示。

course_id
CS-101

图 2-15 在 2017 年秋季与 2018 年春季学期都开设的课程

course_id
CS-347
PHY-101

图 2-16 在 2017 年秋季开设但在 2018 年春季未开设的课程

与并运算的情况一样，我们必须确保集差是在相容关系之间进行计算的。

2.6.7 赋值运算

有时通过将一个关系代数表达式中的一部分赋值给临时的关系变量，可以方便地编写该表达式。**赋值**（assignment）运算用←来表示，其工作方式与程序设计语言中的赋值是类似的。为了说明此运算，请考虑我们在前面看到过的查找在 2017 年秋季和在 2018 年春季都开

55

设的课程的查询。我们可以将它写为：

$$courses\_fall\_2017 \leftarrow \Pi_{course\_id}(\sigma_{semester = \text{“Fall”} \wedge year=2017}\,(section)) \\ courses\_spring\_2018 \leftarrow \Pi_{course\_id}(\sigma_{semester = \text{“Spring”} \wedge year=2018}\,(section)) \\ courses\_fall\_2017 \cap courses\_spring\_2018$$

上面的最后一行展示了查询的结果。前两行将查询结果赋值给一个临时关系。赋值的计算并不会向用户展示任何关系。而是将←右边的表达式的结果赋值给←左边的关系变量。这个关系变量可以在后续表达式中使用。

使用赋值操作可以将一个查询编写为一个顺序程序，该程序由一系列赋值后跟一个表达式组成，该表达式的值作为查询的结果进行展示。对于关系代数查询，必须始终赋值给临时的关系变量。向永久关系赋值会造成数据库修改。请注意，赋值运算并没有为关系代数提供任何额外的功能，而只是提供了一种表达复杂查询的简便方式。

2.6.8　更名运算

不同于数据库中的关系，关系代数表达式的结果并没有可以用来指代它们的名称。在某些情况下，给它们命名是有用的；**更名**（rename）运算用小写希腊字母 rho（ρ）来表示，它使我们能够做到这一点。给定一个关系代数表达式 E，下述表达式

$$\rho_x (E)$$

返回以 x 命名的表达式 E 的结果。

关系 r 本身就是一个（平凡的）关系代数表达式。因此，我们也可以对关系 r 应用更名运算，以得到新名称下的同一个关系。有些查询需要在查询中不止一次地使用相同的关系；在这种情况下，可以使用更名运算为相同关系的不同出现提供不同的名称。

更名运算的第二种形式如下：假设一个关系代数表达式 E 的元数为 n。那么，表达式

$$\rho_{x(A_1,A_2,\ldots,A_n)} (E)$$

返回以 x 命名的表达式 E 的结果，并将其属性重命名为 $A_1, A_2, \cdots, A_n$。这种形式的更名运算可用于在涉及属性上的表达式的关系代数运算的结果中为属性命名。

为了描述关系的更名，我们考虑“查找比 ID 为 12121 的教师（即图 2-1 示例表中的教师 Wu）挣得多的那些教师的 ID 和姓名”的查询。

编写此查询语句有几种策略，但为了说明更名运算，我们的策略是将每位教师的工资都与 ID 为 12121 的教师的工资进行比较。这里的难点是，为了获取每位教师的工资我们需要先引用一次 *instructor* 关系，然后再引用一次该关系以得到教师 12121 的工资；而我们希望能用一个表达式来完成所有这些任务。更名算子允许我们对 *instructor* 关系的每次引用都使用不同的名称来做到这一点。在本例中，我们将使用名称 i 来指代为寻找那些将成为查询结果的一部分而对 *instructor* 关系进行的扫描，并使用 w 来指代为获得教师 12121 的工资而对 *instructor* 关系进行的扫描： 56

$$\Pi_{i.ID,i.name} ((\sigma_{i.salary > w.salary}(\rho_i(instructor) \times \sigma_{w.id=12121}(\rho_w (instructor)))))$$

由于可以对属性使用位置标记，更名运算并不是严格要求一定要有的。我们可以通过使用位置标记来隐式地命名关系的属性，即使用 \$1, \$2, …来引用第一个属性、第二个属性，依此类推。位置标记也可以用来引用关系代数运算结果的属性。然而，由于属性的位置是数字，而不是易于记住的属性名，因此对于人们来说位置标记的使用是不方便的。因此，我们在本书中并不使用位置标记。

注释 2-1　其他关系运算

除了到目前为止我们所看到过的关系代数运算之外，还有许多其他常用的运算。我们将其总结如下，并将在稍后对它们进行详细描述，以及给出等价的 SQL 结构。

聚集运算允许在查询返回的值集上进行函数计算。这些函数包括求平均值、求和、求最小值和最大值等。该运算还允许在将值集进行分组之后再执行这些聚集，例如，计算每个部门的平均工资。我们将在 3.7 节（注释 3-2）中学习聚集运算的更多细节。

自然连接（natural join）运算用一种隐式谓词取代了$\bowtie_\theta$中的谓词 θ，这种隐式谓词要求在左右两个关系的模式中同时出现的那些属性上取值相等。这在符号表示方面是便利的，但也会对重用的查询带来风险，这些查询可能在关系模式更改后进而又被使用。在 4.1.1 节中将对此进行讨论。

请回想一下，当我们计算 *instructor* 和 *teaches* 的连接时，不讲授任何课程的教师并不会出现在连接结果中。**外连接**（outer join）运算允许通过为缺失的值插入空值的方式在结果中保留这些元组。在 4.1.3 节（注释 4-1）中将对此进行讨论。

57

2.6.9　等价查询

请注意用关系代数来编写查询的方式通常不止一种。请考虑如下查询，它查找物理系的教师所讲授课程的有关信息：

$$\sigma_{dept\_name = \text{“Physics”}}(instructor \bowtie_{instructor.ID = teaches.ID} teaches)$$

现在，请考虑一个可替代的查询：

$$(\sigma_{dept\_name = \text{“Physics”}}(instructor)) \bowtie_{instructor.ID = teaches.ID} teaches$$

请注意这两条查询之间的微妙区别：在第一条查询中，将 *dept_name* 限制为物理系的选择是在 *instructor* 与 *teaches* 的连接运算之后才应用的；而在第二条查询中，先将 *dept_name* 限制为物理系的选择应用于 *instructor*，然后再进行连接运算。

虽然这两条查询不完全相同，但实际上它们是**等价**（equivalent）的；也就是说，它们在任何数据库上都给出相同的结果。

数据库系统中的查询优化器通常会查看表达式所计算的结果是什么，并找到计算该结果的高效方式，而不是严格按照查询中指定的步骤序列来执行。正如在第 16 章中我们将看到的，关系代数的代数结构使得我们能够容易地找到高效而等价的替代表达式。

2.7　总结

- 关系数据模型建立在表的集合的基础上。数据库系统的用户可以对这些表进行查询，可以插入新元组、删除元组以及更新（修改）元组。有几种语言用于表达这些操作。
- 关系的模式是指关系的逻辑设计，而关系的实例是指关系在特定时刻的内容。数据库的模式和数据库的实例的定义是类似的。关系的模式包括它的属性，并且还可能包括属性类型和关系上的约束，比如主码和外码约束。
- 关系的超码是一个或多个属性的集合，这些属性上的取值保证可以唯一标识出关系中的元组。候选码是最小的超码，也就是说，它是构成超码的一个属性集，但这个属性集的任意子集都不是超码。关系的一个候选码被选作它的主码。

- 从关系 r_1 的属性（集）A 到关系 r_2 的主码 B 的外码约束表示：r_1 中每个元组在 A 上的取值也必须是 r_2 中某个元组在 B 上的取值。关系 r_1 称为引用关系，并且 r_2 称为被引用关系。

58

- 模式图是数据库模式的图形化表示，它显示了数据库中的关系、关系的属性以及主码和外码。
- 关系查询语言定义了一组运算，这些运算可作用在表上，并输出表作为其结果。这些运算可以组合成表达式以表达所需的查询。
- 关系代数提供了一组运算，它们以一个或多个关系为输入，并返回一个关系作为输出。诸如 SQL 这样的实际查询语言是基于关系代数的，但它们增加了许多有用的语法特征。
- 关系代数定义了一组代数运算，它们可作用在表上，并输出表作为其结果。这些运算可以组合成表达式以表达所需的查询。关系代数定义了在像 SQL 这样的关系查询语言中所使用的基本运算。

术语回顾

- 表
- 关系
- 元组
- 属性
- 关系实例
- 域
- 原子域
- 空值
- 数据库模式
- 数据库实例
- 关系模式
- 码
  - 超码
  - 候选码
  - 主码
  - 主码约束
- 外码约束
  - 引用关系
  - 被引用关系
- 引用完整性约束
- 模式图
- 查询语言类型
  - 命令式
  - 函数式
  - 声明式
- 关系代数
- 关系代数表达式
- 关系代数运算
  - 选择 σ
  - 投影 Π
  - 笛卡儿积 ×
  - 连接 ⋈
  - 并 ∪
  - 集差 −
  - 交 ∩
  - 赋值 ←
  - 更名 ρ

59

实践习题

2.1　请考虑图 2-17 的职员数据库。这些关系上适当的主码是什么？

employee (*person_name*, *street*, *city*)
works (*person_name*, *company_name*, *salary*)
company (*company_name*, *city*)

图 2-17　职员数据库

2.2 请考虑从 *instructor* 的 *dept_name* 属性到 *department* 关系的外码约束。请给出对这些关系的插入和删除示例，使得它们破坏该外码约束。

2.3 请考虑 *time_slot* 关系。假设一个特定的时间片可以在一周之内出现不止一次，请解释为什么 *day* 和 *start_time* 是该关系主码的一部分，而 *end_time* 却不是。

2.4 在图 2-1 所示的 *instructor* 实例中，没有两位教师同名。我们是否可以据此断定 *name* 可以用来作为 *instructor* 的超码（或主码）？

2.5 先执行 *student* 和 *advisor* 的笛卡儿积，然后在结果上执行基于谓词 *s_id*=ID 的选择运算，最后的结果是什么？（采用关系代数的符号表示，此查询可写成 $\sigma_{s\_id=ID}(student \times advisor)$。）

2.6 请考虑图 2-17 的职员数据库。请给出关系代数表达式来表示下面的每个查询：

a. 请找出居住在城市“Miami”的每位职员的姓名。

b. 请找出薪水超过 $100 000 的每位职员的姓名。

c. 请找出居住在“Miami”并且薪水超过 $100 000 的每位职员的姓名。

2.7 请考虑图 2-18 的银行数据库。请给出关系代数表达式来表示下面的每个查询：

a. 请找出位于“Chicago”的每家支行的名称。

b. 请找出在“Downtown”支行有贷款的每位贷款人的 ID。

60

branch(*branch_name*, *branch_city*, *assets*)
customer (*ID*, *customer_name*, *customer_street*, *customer_city*)
loan (*loan_number*, *branch_name*, *amount*)
borrower (*ID*, *loan_number*)
account (*account_number*, *branch_name*, *balance*)
depositor (*ID*, *account_number*)

图 2-18　银行数据库

2.8 请考虑图 2-17 的职员数据库。请给出关系代数表达式来表示下面的每个查询：

a. 请找出不为“BigBank”工作的每位职员的姓名。

b. 请找出至少与数据库中每位职员的薪水同样多的所有职员的姓名。

2.9 关系代数的**除法算子**“÷”的定义如下。令 $r(R)$ 和 $s(S)$ 代表关系，且 $S \subseteq R$；也就是说，模式 S 的每个属性也在模式 R 中。给定一个元组 t，令 $t[S]$ 代表元组 t 在 S 中属性上的投影。那么，$r \div s$ 是在 $R-S$ 模式上的一个关系（也就是说，该模式包含所有在模式 R 中但不在模式 S 中的属性）。元组 t 在 $r \div s$ 中的充分必要条件是满足以下两个条件。

- t 在 $\Pi_{R-S}(r)$ 中。
- 对于 s 中的每个元组 t_s，在 r 中存在一个元组 t_r 同时满足如下条件：

  a. $t_r[S] = t_s[S]$。

  b. $t_r[R-S] = t$。

给定上述定义：

a. 请使用除法算子写出一个关系代数表达式，来找出选修过全部计算机科学课程的所有学生的 ID。（提示：在进行除法运算之前，将 *takes* 投影到只有 ID 和 *course_id*，并用选择表达式来生成全部计算机科学课程的 *course_id* 集合。）

b. 请展示如何在不使用除法的情况下用关系代数编写上述查询。（通过这样做，你也展示了如何使用其他的关系代数运算来定义除法运算。）

61

习题

2.10 请解释术语*关系*和*关系模式*之间在意义上的区别。

2.11　请考虑图 2-9 中模式图所示的 *advisor* 关系，*advisor* 的主码是 *s_id*。假设一名学生可以有不止一位指导教师。那么，*s_id* 还是 *advisor* 关系的主码吗？如果不是，那么 *advisor* 的主码应该是什么呢？

2.12　请考虑图 2-18 的银行数据库。假设支行名称和客户姓名能够唯一标识出支行和客户，但是贷款和账户可以与多位客户相关联。

a. 适当的主码是什么？

b. 请给出你选择的主码，并确定适当的外码。

2.13　请为图 2-18 的银行数据库构建模式图。

2.14　请考虑图 2-17 的职员数据库。请给出关系代数表达式来表示下面的每个查询：

a. 请找出为“BigBank”工作的每位职员的姓名。

b. 请找出为“BigBank”工作的每位职员的姓名和所居住的城市。

c. 请找出为“BigBank”工作、且薪水超过 $10 000 的每位职员的姓名、街道地址和所居住的城市。

d. 请找出在这个数据库中居住地与工作的公司所在地为同一城市的每位职员的姓名。

2.15　请考虑图 2-18 的银行数据库。请给出关系代数表达式来表示下面的每个查询：

a. 请找出贷款额度超过 $10 000 的每个贷款号。

b. 请找出每个这样的存款人的 ID，他拥有一个存款余额大于 $6 000 的账户。

c. 请找出每个这样的存款人的 ID，他在“Uptown”支行拥有一个存款余额大于 $6 000 的账户。

2.16　请列出要在数据库中引入空值的两种原因。

2.17　请讨论命令式、函数式与声明式语言的相对优点。

2.18　对于大学模式，请用关系代数编写如下查询：

a. 请找出物理系中每位教师的 ID 和姓名。

b. 请找出位于“Watson”教学楼的系里的每位教师的 ID 和姓名。

c. 请找出至少选修过“Comp. Sci.”系的一门课程的每名学生的 ID 和姓名。

d. 请找出在 2018 年至少上过一个课程段的每名学生的 ID 和姓名。

e. 请找出在 2018 年未上过任何一个课程段的每名学生的 ID 和姓名。

62

延伸阅读

IBM San Jose 研究实验室的 E. F. Codd 于 20 世纪 60 年代末提出了关系模型（[Codd (1970)]）。在那篇论文中，Codd 还引入了关系代数的原始定义。这项工作使 Codd 在 1981 年获得了享有盛誉的 ACM 图灵奖（[Codd (1982)]）。

在 E. F. Codd 引入关系模型之后，人们围绕关系模型展开了广泛的理论研究，其中涉及模式设计和各种关系语言的表达能力。有几本经典的教材介绍了关系数据库理论，包括 [Maier (1983)]（可免费在线获取）和 [Abiteboul et al. (1995)]。

受 Codd 的最初论文的启发，在 20 世纪 70 年代的中期到后期产生了几个研究项目，它们的目标是构建实际的关系数据库系统，其中包括 IBM San Jose 研究实验室的 System R、加州大学 Berkeley 分校的 Ingres 以及 IBM T. J. Watson 研究实验中心的 Query-by-Example。Oracle 数据库也是同期进入商业开发的。

许多关系数据库产品现在可以从市场上购得。其中包括 IBM 的 DB2 和 Informix、Oracle、Microsoft 的 SQL Server、Sybase 以及来自 SAP 的 HANA。流行的开源关系数据库系统包括 MySQL 和 PostgreSQL。Hive 和 Spark 是广泛使用的、支持跨大量计算机并行执行查询的系统。

参考文献

[Abiteboul et al. (1995)] S. Abiteboul, R. Hull, and V. Vianu, *Foundations of Databases*, Addison Wesley (1995).

[Codd (1970)] E. F. Codd, "A Relational Model for Large Shared Data Banks", *Communications of the ACM*, Volume 13, Number 6 (1970), pages 377-387.

[Codd (1982)] E. F. Codd, "The 1981 ACM Turing Award Lecture: Relational Database: A Practical Foundation for Productivity", *Communications of the ACM*, Volume 25, Number 2 (1982), pages 109-117.

63

[Maier (1983)] D. Maier, *The Theory of Relational Databases*, Computer Science Press (1983).

64

第3章

SQL 介绍

在本章以及第4～5章，我们学习使用最为广泛的数据库查询语言：SQL。

尽管我们说SQL语言是一种“查询语言”，但是除了查询数据库，它还具有很多别的功能。它可以定义数据结构、修改数据库中的数据以及定义安全性约束。

我们的目的并不是提供一个完整的SQL用户手册，而是介绍SQL的基本结构和概念。SQL的各种实现可能在细节上有所不同，或者可能只支持整个语言的一个子集。

强烈建议你在实际数据库上尝试使用我们在此描述的SQL查询。有关可以使用哪些数据库系统以及如何创建模式、填充示例数据和执行查询的提示，请参阅本章末尾的工具部分。

3.1 SQL 查询语言概览

SQL最早的版本是由IBM开发的，它最初被叫作Sequel，在20世纪70年代早期作为System R项目的一部分。Sequel语言从那时起一直发展至今，其名称已变为SQL(Structured Query Language，结构化查询语言)。现在有许多产品支持SQL语言。SQL已经明显确立了自己作为标准的关系数据库语言的地位。

1986年，美国国家标准化组织（American National Standards Institute，ANSI）和国际标准化组织（International Organization for Standardization，ISO）发布了一个SQL标准：SQL-86。1989年ANSI发布了一个SQL的扩充标准：SQL-89。该标准的下一个版本是SQL-92标准，接下来是SQL:1999、SQL:2003、SQL:2006、SQL:2008、SQL:2011，最近的版本是SQL:2016。

SQL语言有几个部分：

- **数据定义语言**（Data-Definition Language，DDL）。SQL DDL提供定义关系模式、删除关系以及修改关系模式的命令。
- **数据操纵语言**（Data-Manipulation Language，DML）。SQL DML提供从数据库中查询信息以及在数据库中插入元组、删除元组、修改元组的能力。
- **完整性**（integrity）。SQL DDL包括定义完整性约束的命令，保存在数据库中的数据必须满足所定义的完整性约束。破坏完整性约束的更新是不允许的。
- **视图定义**（view definition）。SQL DDL包括定义视图的命令。
- **事务控制**（transaction control）。SQL包括定义事务的开始点和结束点的命令。
- **嵌入式SQL**（embedded SQL）和**动态SQL**（dynamic SQL）。嵌入式和动态SQL定义SQL语句如何嵌入诸如C、C++和Java这样的通用编程语言中。
- **授权**（authorization）。SQL DDL包括定义对关系和视图的访问权限的命令。

65

在本章中，我们给出对SQL的基本DML和DDL特性的概述。在此描述的特征自SQL-92以来就一直是SQL标准的部分。

在第4章中，我们将提供对SQL查询语言更详细的介绍，包括各种连接表达式、视图、事务、完整性约束、类型系统以及授权。

在第5章中，我们将介绍SQL语言更高级的特性，包括允许从编程语言中访问SQL的机制、SQL函数和过程、触发器、递归查询、高级聚集特性以及为数据分析设计的一些特性。

尽管大多数SQL实现支持我们在此描述的标准特性，但不同实现之间还是存在差异。大多数实现还支持一些非标准的特性，但不支持一些更高级、更新的特性。万一你发现这里描述的某些语言特性在你使用的数据库系统中不起作用，请参考你的数据库系统用户手册，看看它究竟支持哪些特性。

3.2 SQL数据定义

数据库中的关系集合是用数据定义语言（DDL）定义的。SQL DDL不仅能够定义关系的集合，还能够定义有关每个关系的信息，包括：

- 每个关系的模式。
- 每个属性的取值类型。
- 完整性约束。
- 为每个关系维护的索引集合。
- 每个关系的安全性和权限信息。
- 每个关系在磁盘上的物理存储结构。

66

我们在此只讨论基本模式定义和基本类型，而把对SQL DLL其他特性的讨论延后到第4章和第5章进行。

3.2.1 基本类型

SQL标准支持多种固有类型。

- **char**(*n*)：具有用户指定长度*n*的固定长度的字符串。也可以使用全称形式**character**。
- **varchar**(*n*)：具有用户指定的最大长度*n*的可变长度的字符串。等价的全称形式是**character varying**。
- **int**：整数（依赖于机器的整数的有限子集），等价的全称形式是**integer**。
- **smallint**：小整数（依赖于机器的整数类型的子集）。
- **numeric**(*p*, *d*)：具有用户指定精度的定点数。这个数有*p*位数字（加上一个符号位），并且小数点右边有*p*位中的*d*位数字。那么，对于这种类型的字段，**numeric**(3,1)可以精确储存44.5，但不能精确存储444.5或0.32。
- **real**，**double precision**：浮点数与双精度浮点数，精度依赖于机器。
- **float**(*n*)：精度至少为*n*位数字的浮点数。

更多类型将在4.5节中介绍。

每种类型都可能包含一个被称作**空**（null）值的特殊值。空值表示一个缺失的值，该值可能存在但并不为人所知，或者可能根本不存在。我们马上将看到，在特定情况下，可能希望禁止加入空值。

char数据类型存放固定长度的字符串。例如，属性*A*的类型是**char**(10)。如果我们为此属性存入字符串“Avi”，那么该字符串后会追加7个空格来使其达到10个字符的长度。但如果属性*B*的类型是**varchar**(10)，并且我们在属性*B*中存入“Avi”，则不会追加空格。当比较两个**char**类型的值时，如果它们的长度不同，在比较之前会自动在短值后面附加额外的空格以使它们的长度一致。

当比较一个 **char** 类型和一个 **varchar** 类型的时候，也许读者期望在比较之前会给 **varchar** 类型加上额外的空格以使长度一致，然而，这种情况可能发生也可能不发生，具体取决于数据库系统。其结果是，即便上述属性 *A* 和 *B* 中存放的是相同的值 “Avi”，*A*=*B* 的比较也可能返回假。我们建议你始终使用 **varchar** 类型而不是 **char** 类型来避免这样的问题。 [67]

SQL 还提供 **nvarchar** 类型来存放使用 Unicode 表示的多语言数据。然而，很多数据库甚至允许在 **varchar** 类型中存放 Unicode（采用 UTF-8 表示形式）。

3.2.2 基本模式定义

我们通过使用 **create table** 命令来定义 SQL 关系。下面的命令在数据库中创建了一个 *department* 关系：

```
create table department
    (dept_name   varchar (20),
     building    varchar (15),
     budget      numeric (12,2),
     primary key (dept_name));
```

上面创建的关系具有三个属性，*dept_name* 是最大长度为 20 的字符串，*building* 是最大长度为 15 的字符串，还有 *budget* 是一个共 12 位的数字，其中小数点后有 2 位。**create table** 命令还指明了 *dept_name* 属性是 *department* 关系的主码。

create table 命令的通用形式是：

create table *r*
　(A_1　D_1,
　A_2　D_2,
　…,
　A_n　D_n,
　<完整性约束$_1$>,
　…,
　<完整性约束$_k$>);

其中 *r* 是关系名，每个 A_i 是关系 *r* 的模式中的一个属性名，D_i 是属性 A_i 的域；也就是说，D_i 指定了属性 A_i 的类型以及可选的约束，用于限制所允许的 A_i 取值的集合。

create table 语句最后出现了分号，本章后面的其他 SQL 语句的末尾也是如此，在很多 SQL 实现中，分号是可选的。

SQL 支持许多不同的完整性约束。在本小节我们只讨论其中少数几种。

- **primary key** ($A_{j1}, A_{j2}, \cdots, A_{jm}$)：**主码**声明表示属性 $A_{j1}, A_{j2}, \cdots, A_{jm}$ 构成关系的主码。主码属性必须是非空且唯一的；也就是说，没有元组会在主码属性上取空值，并且关系中也没有两个元组会在所有主码属性上取值都相同。虽然主码声明是可选的，但为每个关系指定一个主码通常不失为一个好主意。 [68]
- **foreign key** ($A_{k1}, A_{k2}, \cdots, A_{kn}$)**references** *s*：**外码**声明表示关系中任意元组在属性 ($A_{k1}, A_{k2}, \cdots, A_{kn}$) 上的取值必须对应于关系 *s* 中某元组在主码属性上的取值。

　图 3-1 给出了我们在书中使用的大学数据库的部分 SQL DDL 定义。*course* 表的定义中有一个声明 “**foreign key**(*dept_name*) **references** *department*”。此外码声明表示对于每个课程元组来说，该元组中指定的系名必须存在于 *department* 关系的主码

属性（*dept_name*）中。如果没有这个约束，就可能有某门课程指定了一个不存在的系名。图 3-1 还展示了表 *section*、*instructor* 和 *teaches* 上的外码约束。包括 MySQL 在内的一些数据库系统需要使用另一种语法“**foreign key** (*dept_name*) **references** *department*(*dept_name*)”，其中显式列出了被引用表中的被引用属性。

- **not null**：一个属性上的**非空**约束表明在该属性上不允许存在空值；换句话说，此约束把空值排除在该属性域之外。例如在图 3-1 中，*instructor* 关系的 *name* 属性上的**非空**约束保证了教师的姓名不会为空。

有关外码约束以及 **create table** 命令可能包含的其他完整性约束的更多细节，将在后面 4.4 节中介绍。

```
create table department
   (dept_name    varchar (20),
    building     varchar (15),
    budget       numeric (12,2),
    primary key (dept_name));

create table course
   (course_id    varchar (7),
    title        varchar (50),
    dept_name    varchar (20),
    credits      numeric (2,0),
    primary key (course_id),
    foreign key (dept_name) references department);

create table instructor
   (ID           varchar (5),
    name         varchar (20) not null,
    dept_name    varchar (20),
    salary       numeric (8,2),
    primary key (ID),
    foreign key (dept_name) references department);

create table section
   (course_id    varchar (8),
    sec_id       varchar (8),
    semester     varchar (6),
    year         numeric (4,0),
    building     varchar (15),
    room_number  varchar (7),
    time_slot_id varchar (4),
    primary key (course_id, sec_id, semester, year),
    foreign key (course_id) references course);

create table teaches
   (ID           varchar (5),
    course_id    varchar (8),
    sec_id       varchar (8),
    semester     varchar (6),
    year         numeric (4,0),
    primary key (ID, course_id, sec_id, semester, year),
    foreign key (course_id, sec_id, semester, year) references section,
    foreign key (ID) references instructor);
```

图 3-1　大学数据库的部分 SQL 数据定义

SQL 禁止破坏完整性约束的任何数据库更新。例如，如果关系中一个新插入或修改的元组在任意一个主码属性上有空值，或者元组在主码属性上的取值与关系中的另一个元组相同，那么 SQL 将标记一个错误并阻止更新。类似地，如果插入的 *course* 元组在 *dept_name* 上的取值没有出现在 *department* 关系中，就会破坏 *course* 上的外码约束，SQL 会阻止这种插入的发生。

一个新创建的关系最初是空的。向关系中插入元组、更新元组以及删除元组是通过数据操纵语句 **insert**、**update** 和 **delete** 来完成的，这些语句将在 3.9 节中介绍。

如果要从 SQL 数据库中去掉一个关系，我们使用 **drop table** 命令。**drop table** 命令从数据库中删除关于被去掉关系的所有信息。命令

drop table *r*;

69～70

是比

delete from *r*;

更强的语句。后者保留关系 *r*，但删除 *r* 中的所有元组。前者不仅删除 *r* 中的所有元组，还删除 *r* 的模式。一旦 *r* 被去掉，除非用 **create table** 命令重新创建 *r*，否则没有元组可以插入 *r* 中。

我们使用 **alter table** 命令为已有关系增加属性。关系中的所有元组在新属性上的取值将被赋为 *null*。**alter table** 命令的格式为：

alter table *r* **add** *A D*;

其中 *r* 是现有关系的名称，*A* 是待添加属性的名称，*D* 是待添加属性的类型。我们可以通过命令

alter table *r* **drop** *A*;

从关系中去掉属性。其中 *r* 是现有关系的名称，*A* 是关系的一个属性的名称。很多数据库系统并不支持去掉属性，尽管它们允许去掉整张表。

3.3 SQL 查询的基本结构

SQL 查询的基本结构由三个子句构成：**select**、**from** 和 **where**。查询以在 **from** 子句中列出的关系作为其输入，在这些关系上进行 **where** 和 **select** 子句中指定的运算，然后产生一个关系作为结果。我们通过示例来介绍 SQL 的语法，并在后面描述 SQL 查询的通用结构。

3.3.1 单关系查询

让我们考虑使用大学数据库示例的一个简单查询：“找出所有教师的姓名。”教师的姓名可以在 *instructor* 关系中找到，因此我们把该关系放到 **from** 子句中。教师的姓名出现在 *name* 属性中，因此我们把它放到 **select** 子句中。

select *name*
from *instructor*;

其结果是由属性名为 *name* 的单个属性构成的关系。如果 *instructor* 关系如图 2-1 所示，那么上述查询的结果关系如图 3-2 所示。

71

现在考虑另一个查询：“找出所有教师所在的系名。”此查询可写为：

select *dept_name*
from *instructor*;

因为一个系可以有不止一位教师，所以在 *instructor* 关系中，一个系的名称可能不止一次出现。上述查询的结果是一个包含系名的关系，如图 3-3 所示。

name
Srinivasan
Wu
Mozart
Einstein
El Said
Gold
Katz
Califieri
Singh
Crick
Brandt
Kim

图 3-2　“**select** *name* **from** *instructor*”的结果

dept_name
Comp. Sci.
Finance
Music
Physics
History
Physics
Comp. Sci.
History
Finance
Biology
Comp. Sci.
Elec. Eng.

图 3-3　“**select** *dept_name* **from** *instructor*”的结果

在关系模型的形式化数学定义中，关系是一个集合。因此，重复的元组不会出现在关系中。在实践中，去除重复是相当费时的。所以，SQL 允许在数据库关系以及 SQL 表达式的结果中出现重复[⊖]。因此，对于 *instructor* 关系中出现的每个元组，上述 SQL 查询都会为其列出一次系名。

在某些情况下如果想强行去除重复，可以在 **select** 后插入关键字 **distinct**。如果我们想去除重复，可将上述查询改写为：

select distinct *dept_name*
from *instructor*;

72　在上述查询的结果中，每个系名最多只出现一次。

SQL 允许我们使用关键字 **all** 来显式指明不去除重复：

select all *dept_name*
from *instructor*;

既然保留重复元组是缺省选项，在示例中我们将不再使用 **all**。为了保证在示例查询的结果中去除重复元组，我们将在所有必要的地方使用 **distinct**。

select 子句还可带含有 +、-、*、/ 运算符的算术表达式，运算对象可以是常数或元组的属性。例如，查询：

select *ID, name, dept_name, salary* * 1.1
from *instructor*;

返回一个与 *instructor* 关系一样的关系，只是 *salary* 属性的值是原来的 1.1 倍。如果我们给每位教师增长 10% 的工资，结果将如此所示。注意，这并不导致 *instructor* 关系发生任何改变。

SQL 还提供了特殊数据类型，如各种形式的日期（date）类型，并允许一些作用于这些类型上的算术函数。我们将在 4.5.1 节中进一步讨论这个问题。

where 子句允许我们只选出那些在 **from** 子句的结果关系中满足特定谓词的元组。考虑如下查询：“找出 Computer Science 系中工资超过 70 000 美元的所有教师的姓名。”该查询

73　可以用 SQL 写为：

⊖ 模式中包含主码声明的任何数据库关系都不能包含重复元组，因为它们会违反主码约束。

```
select name
from instructor
where dept_name = 'Comp. Sci.' and salary > 70000;
```

如果 *instructor* 关系如图 2-1 所示，那么上述查询的结果关系如图 3-4 所示。

name
Katz
Brandt

图 3-4　“找出 Computer Science 系中工资超过 70 000 美元的所有教师的姓名”的结果

SQL 允许在 **where** 子句中使用逻辑连词 **and**、**or** 和 **not**。逻辑连词的运算对象可以是包含比较运算符 <、<=、>、>=、= 和 <> 的表达式。SQL 允许我们使用比较运算符来比较字符串、算术表达式以及特殊类型，比如日期类型。

在本章的后面我们将学习 where 子句谓词的其他特性。

3.3.2　多关系查询

到此为止我们的查询示例都是基于单个关系的。通常查询需要从多个关系中获取信息。我们现在来学习如何编写这样的查询。

作为一个示例，假设我们想回答这样的查询：“找出所有教师的姓名，以及他们所在系的名称和系所在建筑的名称。”

考察 *instructor* 关系的模式，我们发现可以从 *dept_name* 属性得到系名，但是系所在建筑的名称是在 *department* 关系的 *building* 属性中给出的。为了回答上述查询，*instructor* 关系中的每个元组必须与 *department* 关系中的元组匹配，使得 *department* 元组在 *dept_name* 上的取值相配于 *instructor* 元组在 *dept_name* 上的取值。

为了在 SQL 中回答上述查询，我们把需要访问的关系都列在 **from** 子句中，并在 **where** 子句中指定匹配条件。上述查询可用 SQL 写为：

```
select name, instructor.dept_name, building
from instructor, department
where instructor.dept_name= department.dept_name;
```

如果 *instructor* 和 *department* 关系分别如图 2-1 和图 2-5 所示，那么此查询的结果关系如图 3-5 所示。

name	*dept_name*	*building*
Srinivasan	Comp. Sci.	Taylor
Wu	Finance	Painter
Mozart	Music	Packard
Einstein	Physics	Watson
El Said	History	Painter
Gold	Physics	Watson
Katz	Comp. Sci.	Taylor
Califieri	History	Painter
Singh	Finance	Painter
Crick	Biology	Watson
Brandt	Comp. Sci.	Taylor
Kim	Elec. Eng.	Taylor

图 3-5　“找出所有教师的姓名，以及他们所在系的名称和系所在建筑的名称”的结果

74

注意，*dept_name* 属性既出现在 *instructor* 关系中，也出现在 *department* 关系中，用关系名作为前缀（在 *instructor.dept_name* 和 *department.dept_name* 中）来注明我们所指的是哪个属性。而 *name* 和 *building* 属性只出现在其中一个关系中，因而不需要将关系名作为前缀。

这种命名惯例需要出现在 **from** 子句中的关系具有不同的名称。在某些情况下此要求会引发问题，比如当需要组合来自同一个关系的两个不同元组的信息的时候。在 3.4.1 节，我们将看到如何使用更名运算来避免这样的问题。

现在我们考虑涉及多个关系的 SQL 查询的通用形式。正如我们在前面已经看到的，一个 SQL 查询可以包括三种类型的子句：**select** 子句、**from** 子句和 **where** 子句。每种子句的作用如下：

- **select** 子句用于列出查询结果中所需要的属性。
- **from** 子句是在查询求值中需要访问的关系列表。
- **where** 子句是作用在 **from** 子句中的关系的属性上的谓词。

一个典型的 SQL 查询具有如下形式：

```
select A1, A2, ..., An
from r1, r2, ..., rm
where P;
```

75

每个 A_i 代表一个属性，每个 r_i 代表一个关系。P 是一个谓词。如果省略 **where** 子句，则谓词 P 为**真**。

尽管各子句必须以 **select**、**from**、**where** 的次序写出，但理解查询所代表的运算的最容易的方式是以运算的顺序来考察各子句：首先是 **from**，然后是 **where**，最后是 **select**[⊖]。

通过 **from** 子句定义了一个在该子句中所列出关系上的笛卡儿积。它可以用关系代数来形式化地定义，但也可以理解为一个迭代过程，此过程可为 **from** 子句的结果关系产生元组。

```
for each 元组 t1 in 关系 r1
    for each 元组 t2 in 关系 r2
        ...
            for each 元组 tm in 关系 rm
                把 t1, t2, …, tm 连接成单个元组 t
                把 t 加入结果关系中
```

此结果关系具有来自 **from** 子句中所有关系的所有属性。由于在关系 r_i 和 r_j 中可能出现相同的属性名，正如我们此前所看到的，因此在属性名前面加上该属性所来自的那个关系的名称作为前缀。

例如，*instructor* 关系和 *teaches* 关系的笛卡儿积的关系模式为：

(*instructor.ID*, *instructor.name*, *instructor.dept_name*, *instructor.salary*,
teaches.ID, *teaches.course_id*, *teaches.sec_id*, *teaches.semester*, *teaches.year*)

有了这个模式，我们可以区分出 *instructor.ID* 和 *teaches.ID*。对于那些只出现在单个模式中的属性，我们通常去掉关系名前缀。这种简化并不会造成任何混淆。这样我们可以把关系模式写为：

(*instructor.ID*, *name*, *dept_name*, *salary*, *teaches.ID*, *course_id*, *sec_id*, *semester*, *year*)

为了说明这一点，考察图 2-1 中的 *instructor* 关系和图 2-7 中的 *teaches* 关系。它们的笛卡儿积如图 3-6 所示，图中只包括了构成笛卡儿积结果的一部分元组。

通过笛卡儿积把来自 *instructor* 和 *teaches* 中相互没有关联的元组组合在一起。*instructor* 中的每个元组和 *teaches* 中的所有元组都要进行组合，即使是那些代表不同教师的元组。其结果可能是一个非常庞大的关系，创建这样的笛卡儿积通常是没有意义的。

76

⊖ 在实践中，SQL 也许会将表达式转换成能够更高效执行的等价形式。我们将把效率问题推迟到第 15～16 章中探讨。

instructor.ID	*name*	*dept_name*	*salary*	*teaches.ID*	*course_id*	*sec_id*	*semester*	*year*
10101	Srinivasan	Comp. Sci.	65000	10101	CS-101	1	Fall	2017
10101	Srinivasan	Comp. Sci.	65000	10101	CS-315	1	Spring	2018
10101	Srinivasan	Comp. Sci.	65000	10101	CS-347	1	Fall	2017
10101	Srinivasan	Comp. Sci.	65000	12121	FIN-201	1	Spring	2018
10101	Srinivasan	Comp. Sci.	65000	15151	MU-199	1	Spring	2018
10101	Srinivasan	Comp. Sci.	65000	22222	PHY-101	1	Fall	2017
...	...	...	...	...	...	...	...	...
...	...	...	...	...	...	...	...	...
12121	Wu	Finance	90000	10101	CS-101	1	Fall	2017
12121	Wu	Finance	90000	10101	CS-315	1	Spring	2018
12121	Wu	Finance	90000	10101	CS-347	1	Fall	2017
12121	Wu	Finance	90000	12121	FIN-201	1	Spring	2018
12121	Wu	Finance	90000	15151	MU-199	1	Spring	2018
12121	Wu	Finance	90000	22222	PHY-101	1	Fall	2017
...	...	...	...	...	...	...	...	...
...	...	...	...	...	...	...	...	...
15151	Mozart	Music	40000	10101	CS-101	1	Fall	2017
15151	Mozart	Music	40000	10101	CS-315	1	Spring	2018
15151	Mozart	Music	40000	10101	CS-347	1	Fall	2017
15151	Mozart	Music	40000	12121	FIN-201	1	Spring	2018
15151	Mozart	Music	40000	15151	MU-199	1	Spring	2018
15151	Mozart	Music	40000	22222	PHY-101	1	Fall	2017
...	...	...	...	...	...	...	...	...
...	...	...	...	...	...	...	...	...
22222	Einstein	Physics	95000	10101	CS-101	1	Fall	2017
22222	Einstein	Physics	95000	10101	CS-315	1	Spring	2018
22222	Einstein	Physics	95000	10101	CS-347	1	Fall	2017
22222	Einstein	Physics	95000	12121	FIN-201	1	Spring	2018
22222	Einstein	Physics	95000	15151	MU-199	1	Spring	2018
22222	Einstein	Physics	95000	22222	PHY-101	1	Fall	2017
...	...	...	...	...	...	...	...	...
...	...	...	...	...	...	...	...	...

图 3-6　*instructor* 关系和 *teaches* 关系的笛卡儿积

取而代之的是在 **where** 子句中使用谓词来限制笛卡儿积所创建的组合，只留下那些对所需答案有意义的组合。我们希望有个涉及 *instructor* 和 *teaches* 的查询，使得 *instructor* 中的特定元组 *t* 只与 *teaches* 中那些与 *t* 表示同一位教师的元组进行组合。也就是说，我们希望 *teaches* 中的元组只和与其具有相同 *ID* 值的 *instructor* 元组进行匹配。下面的 SQL 查询确保满足这个条件，并从这些匹配元组中输出教师姓名和课程标识。

```
select name, course_id
from instructor, teaches
where instructor.ID= teaches.ID;
```

注意，上述查询只输出讲授了课程的教师，不会输出那些没有讲授任何课程的教师。如果我们希望输出那些元组，可以使用一种被称作外连接（outer join）的运算，外连接将在 4.1.3 节中讲述。

如果 *instructor* 关系如图 2-1 所示，并且 *teaches* 关系如图 2-7 所示，那么前述查询的结果关系如图 3-7 所示。注意，教师 Gold、Califieri 和 Singh 没有讲授

name	*course_id*
Srinivasan	CS-101
Srinivasan	CS-315
Srinivasan	CS-347
Wu	FIN-201
Mozart	MU-199
Einstein	PHY-101
El Said	HIS-351
Katz	CS-101
Katz	CS-319
Crick	BIO-101
Crick	BIO-301
Brandt	CS-190
Brandt	CS-190
Brandt	CS-319
Kim	EE-181

图 3-7　“对于大学中所有讲授课程的教师，找出他们的姓名以及他们所讲授的所有课程的课程 ID”的结果

77

任何课程，不会出现在图 3-7 的结果中。

如果只希望找出 Computer Science 系的教师姓名和课程标识，我们可以给 **where** 子句增加额外的谓词，如下所示：

```
select name, course_id
from instructor, teaches
where instructor.ID= teaches.ID and instructor.dept_name = 'Comp. Sci.';
```

注意，既然 *dept_name* 属性只出现在 *instructor* 关系中，我们在上述查询中就可以只使用 *dept_name* 来替代 *instructor.dept_name*。

通常说来，一个 SQL 查询的含义可以理解如下：

1. 为 **from** 子句中列出的关系产生笛卡儿积。

78

2. 在步骤 1 的结果上应用 **where** 子句中指定的谓词。

3. 对于步骤 2 的结果中的每个元组，输出 **select** 子句中指定的属性（或表达式的结果）。

上述步骤的顺序有助于理解一个 SQL 查询的结果应该是什么样的，而不是这个结果是怎样被执行的。在 SQL 的实际实现中不会执行这种形式的查询，它会通过（尽可能）只产生满足 **where** 子句谓词的笛卡儿积元素来进行优化执行。我们将在第 15～16 章中学习这类实现技术。

当编写查询时，需要小心设置合适的 **where** 子句条件。如果在前述 SQL 查询中省略 **where** 子句条件，它就会输出笛卡儿积，那将是一个相当大的关系。对于图 2-1 中的 *instructor* 关系示例和图 2-7 中的 *teaches* 关系示例，它们的笛卡儿积具有 12×13=156 个元组，元组数量过多，我们无法在书中全部展示！更糟的是，假设我们有比图中所示关系更现实的教师数量，比如 200 位教师，假使每位教师讲授 3 门课程，那么我们在 *teaches* 关系中就有 600 个元组，这样上述迭代过程就会在结果中产生 200×600=120 000 个元组。

注释 3-1 SQL 与多重集关系代数——第一部分

关系代数运算与 SQL 运算之间有着密切的联系。一个关键的区别是，不同于关系代数，SQL 允许重复。SQL 标准定义了在查询的输出中每个元组有多少份拷贝，这继而取决于在输入的关系中出现了多少份元组拷贝。

为了建模 SQL 的这种行为，定义了一种称为**多重集关系代数**（multiset relational algebra）的关系代数版本来处理多重集合——可能包含重复项的集合。多重集关系代数的基本运算定义如下：

1. 如果 r_1 中的元组 t_1 有 c_1 份拷贝，且 t_1 满足选择条件 σ_θ，则在 $\sigma_\theta(r_1)$ 中有 c_1 份 t_1 的拷贝。
2. 对于 r_1 中元组 t_1 的每份拷贝，在 $\Pi_A(r_1)$ 中都有一份元组 $\Pi_A(t_1)$ 的拷贝，其中 $\Pi_A(t_1)$ 表示单个元组 t_1 的投影。
3. 如果 r_1 中的元组 t_1 有 c_1 份拷贝，且 r_2 中的元组 t_2 有 c_2 份拷贝，则 $r_1 \times r_2$ 中就有元组 $t_1.t_2$ 的 $c_1 * c_2$ 份拷贝。

例如，假设模式为 (A, B) 的关系 r_1 与模式为 (C) 的关系 r_2 是如下的多重集合：$r_1=\{(1,a), (2,a)\}$、$r_2=\{(2), (3), (3)\}$。那么 $\Pi_B(r_1)$ 即为 $\{(a), (a)\}$，而 $\Pi_B(r_1) \times r_2$ 为：

$$\{(a,2), (a,2), (a,3), (a,3), (a,3), (a,3)\}$$

现在考虑如下形式的基本SQL查询：

$$\textbf{select } A_1, A_2, \ldots, A_n \\ \textbf{from } r_1, r_2, \ldots, r_m \\ \textbf{where } P$$

每个A_i代表一个属性，且每个r_i代表一个关系。P是谓词。如果省略**where**子句，则谓词P为**真**。查询等价于多重集关系代数表达式：

$$\Pi_{A_1, A_2, \ldots, A_n}(\sigma_P(r_1 \times r_2 \times \cdots \times r_m))$$

关系代数的**选择**运算对应于SQL的**where**子句，而不是SQL的**select**子句；这种含义上的差异是一件遗憾的历史事实。我们将在注释3-2中讨论更复杂的SQL查询表示。

SQL查询的关系代数表示有助于形式化定义SQL程序的含义。此外，数据库系统通常将SQL查询转换为基于关系代数的底层表示，并使用这种表示来执行查询优化和查询评估。

3.4 附加的基本运算

SQL中还支持几种附加的基本运算。

3.4.1 更名运算

重新考察我们此前使用过的查询：

select *name*, *course_id*
from *instructor*, *teaches*
where *instructor.ID*= *teaches.ID*;

此查询的结果是一个具有下列属性的关系：

name, *course_id*

结果中的属性名来自**from**子句中的关系的属性名。

但我们不能始终用这种方式来派生名称，其原因有几点：首先，**from**子句中的两个关系可能具有同名属性，在这种情况下，结果中就会出现重复的属性名；其次，如果我们在**select**子句中使用算术表达式，那么结果属性就没有名称；再次，尽管如上例所示，属性名可以由基关系导出，但我们也许想要改变结果中的属性名。因此，SQL提供了一种重命名结果关系中的属性的方式。它使用如下形式的**as子句**：

79~80

old-name **as** *new-name*

as子句既可出现在**select**子句中，也可出现在**from**子句中[⊖]。

例如，如果我们想用*instructor_name*这个名称来代替属性名*name*，我们可以重写上述查询如下：

⊖ SQL的早期版本不包括关键字**as**。其结果是在一些SQL实现中，特别是在Oracle中，不允许在**from**子句中出现关键字**as**。在Oracle的**from**子句中，"*old-name* **as** *new-name*"被写作"*old-name new-name*"。在**select**子句中允许使用关键字**as**来重命名属性，但它是可选项，在Oracle中可以省略。

```
select name as instructor_name, course_id
from instructor, teaches
where instructor.ID= teaches.ID;
```

as 子句在重命名关系时特别有用。重命名关系的一个原因是把一个长的关系名替换成短的，这样在查询中的其他地方使用起来就更为方便。为了说明这一点，我们重写查询“对于大学中所有讲授课程的教师，找出他们的姓名以及他们所讲授的所有课程的课程 ID”：

```
select T.name, S.course_id
from instructor as T, teaches as S
where T.ID= S.ID;
```

重命名关系的另一个原因是为了适用于需要比较同一个关系中的元组的情况。为此我们需要把一个关系跟它自身进行笛卡儿积运算，如果不重命名，就不可能把一个元组与其他元组区分开来。假设我们希望写出查询：“找出满足下面条件的所有教师的姓名，他们的工资至少比 Biology 系某一位教师的工资要高。”我们可以写出这样的 SQL 表达式：

```
select distinct T.name
from instructor as T, instructor as S
where T.salary > S.salary and S.dept_name = 'Biology';
```

注意，不能使用 *instructor.salary* 这样的写法，因为这样并不清楚到底希望引用哪一个 *instructor*。

在上述查询中，*T* 和 *S* 可以被认为是 *instructor* 关系的两份拷贝，但更准确地说，它们被声明为 *instructor* 关系的别名，也就是另外的名称。像 *T* 和 *S* 那样被用来重命名关系的标识在 SQL 标准中被称作**相关名称**（correlation name），但通常也被称作**表别名**（table alias），或**相关变量**（correlation variable），或**元组变量**（tuple variable）。

84

注意，用文字表达上述查询更好的方式是：“找出满足下面条件的所有教师的姓名，他们比 Biology 系教师的最低工资要高。”早先的表述更符合我们所写的 SQL，但后面的表述更直观，事实上它可以直接用 SQL 来表达，正如我们将在 3.8.2 节中看到的那样。

3.4.2　字符串运算

SQL 使用一对单引号来标示字符串，例如 'Computer'。如果单引号是字符串的组成部分，那就用两个单引号字符来表示，如字符串“It’s right”可表示为 'It' 's right'。

在 SQL 标准中，字符串上的相等运算是大小写敏感的，所以表达式“'comp. sci.' = 'Comp. Sci.'”的结果是假。然而一些数据库系统，如 MySQL 和 SQL Server，在匹配字符串时并不区分大小写，所以在这些数据库中“'comp. sci.' = 'Comp. Sci.'”的结果可能是真。然而，这种缺省方式是可以在数据库级或特定属性级修改的。

SQL 还允许在字符串上作用多种函数，例如连接字符串（使用“‖”）、提取子串、计算字符串长度、大小写转换（用 **upper**(*s*) 函数将字符串 *s* 转换为大写，或用 **lower**(*s*) 函数将字符串 *s* 转换为小写）、去掉字符串后面的空格（使用 **trim**(*s*)）等。不同数据库系统所提供的字符串函数集是不同的。请参阅你的数据库系统手册来获得它所支持的实际字符串函数的详细信息。

在字符串上可以使用 **like** 运算符来实现模式匹配。我们使用两个特殊的字符来描述模式。

- 百分号（%）：% 字符匹配任意子串。
- 下划线（_）：_ 字符匹配任意一个字符。

模式是大小写敏感的[⊖]，也就是说，大写字符与小写字符不匹配，反之亦然。为了说明模式匹配，我们考虑下列示例：

- 'Intro%' 匹配以 "Intro" 打头的任意字符串。
- '%Comp%' 匹配包含 "Comp" 子串的任意字符串，例如 'Intro. to Computer Science' 和 'Computational Biology'。
- '_ _ _' 匹配只含三个字符的任意字符串。
- '_ _ _%' 匹配至少含有三个字符的任意字符串。

82

SQL 通过使用比较运算符 **like** 来表达模式。考虑查询"找出所在建筑名称中包含子串 'Watson' 的所有系名"。该查询可以写成：

```
select dept_name
from department
where building like '%Watson%';
```

为使模式能够包含特殊的模式字符（即 % 和 _），SQL 允许定义转义字符。转义字符直接用在特殊的模式字符的前面，表示该特殊的模式字符被当成普通字符。我们在 **like** 比较运算中使用 **escape** 关键字来定义转义字符。为说明这一用法，考虑以下模式，其中使用反斜线（\）作为转义字符：

- like 'ab\%cd%' escape '\' 匹配以 "ab%cd" 开头的所有字符串。
- like 'ab\\cd%' escape '\' 匹配以 "ab\cd" 开头的所有字符串。

SQL 允许我们通过使用 **not like** 比较运算符来搜索不匹配项。一些实现还提供 **like** 运算的变种，它不区分大小写。

一些 SQL 实现，特别是 PostgreSQL，提供了 **similar to** 运算，它具备比 **like** 运算更强大的模式匹配能力，其模式定义语法类似于 UNIX 中使用的正则表达式。

3.4.3 select 子句中的属性说明

星号"*"可以用在 **select** 子句中表示"所有的属性"。因而，在如下查询的 **select** 子句中使用 instructor.*

```
select instructor.*
from instructor, teaches
where instructor.ID= teaches.ID;
```

来表示 *instructor* 的所有属性都被选中。形如 **select** * 的 **select** 子句表示 **from** 子句的结果关系的所有属性都被选中。

3.4.4 排列元组的显示次序

SQL 为用户提供了对关系中元组显示次序的一些控制。**order by** 子句的可以让查询结果中的元组按排列顺序显示。为了按字母顺序列出物理系的所有教师，我们可写为：

83

```
select name
from instructor
where dept_name = 'Physics'
order by name;
```

[⊖] 例外情况是在 MySQL 中，或在 PostgreSQL 中使用 **ilike** 运算符时，此时模式是大小写不敏感的。

在缺省情况下，**order by** 子句按升序列出显示项。要说明排序顺序，我们可以用 **desc** 表示降序，或用 **asc** 表示升序。此外，排序可在多个属性上进行。假设我们希望按 *salary* 的降序列出整个 *instructor* 关系，如果有几位教师的工资相同，就将他们按姓名升序排列。我们用 SQL 将该查询表示如下：

```
select *
from instructor
order by salary desc, name asc;
```

3.4.5　where 子句谓词

为了简化 **where** 子句，SQL 提供 **between** 比较运算符来说明一个值小于或等于某个值，同时大于或等于另一个值。如果我们想找出工资值在 90 000 美元和 100 000 美元之间的教师的姓名，可以使用 **between** 比较运算符来写出下面的查询：

```
select name
from instructor
where salary between 90000 and 100000;
```

它可以取代：

```
select name
from instructor
where salary <= 100000 and salary >= 90000;
```

类似地，我们还可以使用 **not between** 比较运算符。

SQL 允许我们用符号 $(v_1, v_2, \cdots, v_n)$ 来表示一个包含值 $v_1, v_2, \cdots, v_n$ 的 n 维元组；该符号被称为行构造器（row constructor）。在元组上可以运用比较运算符，并按字典顺序进行比较运算。例如，当 $a_1<=b_1$ 且 $a_2<=b_2$ 时，$(a_1, a_2)<=(b_1, b_2)$ 为真。类似地，当两个元组在所有属性上相等时，它们是相等的。这样，SQL 查询

```
select name, course_id
from instructor, teaches
where instructor.ID= teaches.ID and dept_name = 'Biology';
```

84

可被重写为如下形式[⊖]：

```
select name, course_id
from instructor, teaches
where (instructor.ID, dept_name) = (teaches.ID, 'Biology');
```

3.5　集合运算

SQL 作用在关系上的 **union**、**intersect** 和 **except** 运算对应于数学集合论中的∪、∩和 − 运算。我们现在来构造涉及两个集合上的 **union**、**intersect** 和 **except** 运算的查询。

- 在 2017 年秋季学期开设的所有课程的集合：

```
select course_id
from section
where semester = 'Fall' and year= 2017;
```

⊖ 尽管这是 SQL-92 标准的一部分，但某些 SQL 实现（尤其是 Oracle）还不支持这种语法。

- 在 2018 年春季学期开设的所有课程的集合：

```
select course_id
from section
where semester = 'Spring' and year= 2018;
```

在我们后面的讨论中，将用 c_1 和 c_2 分别指代作为以上查询结果的两个关系，并在图 3-8 和图 3-9 中给出这些查询运行在如图 2-6 所示的 *section* 关系上的结果。注意 c_2 包含两个对应于 *course_id* 为 CS-319 的元组，因为该课程有两个课程段在 2018 年春季开课。 85

course_id
CS-101
CS-347
PHY-101

图 3-8 *c*1 关系，列出 2017 年秋季开设的课程

course_id
CS-101
CS-315
CS-319
CS-319
FIN-201
HIS-351
MU-199

图 3-9 *c*2 关系，列出 2018 年春季开设的课程

3.5.1 并运算

为了找出 2017 年秋季开课，或 2018 年春季开课，或两个学期都开课的所有课程的集合，我们写出如下查询语句。注意，下面每条 **select-from-where** 语句上使用的括号是可省略的，但加上括号易于阅读。一些数据库不允许使用括号，在那样的情况下可以去掉括号。

```
(select course_id
 from section
 where semester = 'Fall' and year= 2017)
union
(select course_id
 from section
 where semester = 'Spring' and year= 2018);
```

与 **select** 子句不同，**union** 运算自动去除重复。这样，使用如图 2-6 所示的 *section* 关系，其中 CS-319 在 2018 年春季开设两个课程段，CS-101 在 2017 年秋季和 2018 年春季学期各开设一个课程段，CS-101 和 CS-319 在结果中都只出现一次，如图 3-10 所示。

如果我们想保留所有重复项，就必须用 **union all** 代替 **union**：

```
(select course_id
 from section
 where semester = 'Fall' and year= 2017)
union all
(select course_id
 from section
 where semester = 'Spring' and year= 2018);
```

course_id
CS-101
CS-315
CS-319
CS-347
FIN-201
HIS-351
MU-199
PHY-101

图 3-10 *c*1 union *c*2 的结果关系

结果中的重复元组数等于在 *c*1 和 *c*2 中都出现的重复元组数量的总和。因此在上述查询中，CS-319 和 CS-101 都将被列出两次。作为一个更深入的示例，如果存在这样一种情况：ECE-101 在 2017 年秋季学期开设 4 个课程段，并且在 2018 86

年春季学期开设 2 个课程段，那么在结果中将有 6 个 ECE-101 元组。

3.5.2 交运算

为了找出在 2017 年秋季和 2018 年春季都开课的所有课程的集合，我们可写出：

```
(select course_id
 from section
 where semester = 'Fall' and year= 2017)
intersect
(select course_id
 from section
 where semester = 'Spring' and year= 2018);
```

结果关系如图 3-11 所示，它只包括一个 CS-101 元组。**intersect** 运算自动去除重复[⊖]。例如，如果存在这样的情况，ECE-101 在 2017 年秋季学期开设 4 个课程段，并且在 2018 年春季学期开设 2 个课程段，那么在结果中只有 1 个 ECE-101 元组。

course_id
CS-101

图 3-11　$c1$ intersect $c2$ 的结果关系

87

如果我们想保留所有重复项，就必须用 **intersect all** 代替 **intersect**：

```
(select course_id
 from section
 where semester = 'Fall' and year= 2017)
intersect all
(select course_id
 from section
 where semester = 'Spring' and year= 2018);
```

结果中出现的重复元组数等于在 $c1$ 和 $c2$ 中都出现的重复元组数里较小的那个。例如，如果 ECE-101 在 2017 年秋季学期开设 4 个课程段，并且在 2018 年春季学期开设 2 个课程段，那么在结果中将有 2 个 ECE-101 元组。

3.5.3 差运算

为了找出在 2017 年秋季学期开课但不在 2018 年春季学期开课的所有课程，我们可写出：

```
(select course_id
 from section
 where semester = 'Fall' and year= 2017)
except
(select course_id
 from section
 where semester = 'Spring' and year= 2018);
```

该查询结果如图 3-12 所示。注意，这正好是图 3-8 中的 $c1$ 关系减去不出现的 CS-101 元组。

88

except 运算[⊜]从其第一个输入中输出不出现在第二个输入中的所有元组，即执行集差操作。此运算在执行集差操作之前自动去除输入中的重复项。例如，如果 ECE-101 在 2017 年秋季

⊖ MySQL 未实现 intersect 运算。一种应变方案是使用将在 3.8.1 节中讨论的子查询。

⊜ 某些 SQL 实现（特别是 Oracle）使用关键字 minus 代替 except，而 Oracle 12c 使用关键字 multiset except 代替 except all。MySQL 根本未实现此运算。一种应变方案是使用将在 3.8.1 节中讨论的子查询。

学期开设 4 个课程段，并且在 2018 年春季学期开设 2 个课程段，那么在 **except** 运算的结果中将没有 ECE-101 的任何拷贝。

course_id
CS-347
PHY-101

图 3-12　*c*1 except *c*2 的结果关系

如果我们想保留重复项，就必须用 **except all** 代替 **except**：

```
(select course_id
 from section
 where semester = 'Fall' and year= 2017)
except all
(select course_id
 from section
 where semester = 'Spring' and year= 2018);
```

结果中的重复元组数等于在 *c*1 中出现的重复元组数减去在 *c*2 中出现的重复元组数（前提是此差为正）。因此，如果 ECE-101 在 2017 年秋季学期开设 4 个课程段，并且在 2018 年春季学期开设 2 个课程段，那么在结果中有 2 个 ECE-101 元组。然而，如果 ECE-101 在 2017 年秋季学期开设 2 个或更少的课程段，并且在 2018 年春季学期开设 2 个课程段，那么在结果中将没有 ECE-101 元组。

3.6　空值

空值（null value）给包括算术运算、比较运算和集合运算在内的关系运算带来了特殊的问题。

如果算术表达式的任一输入值为空，则该算术表达式（涉及诸如 +、-、* 或 /）结果为空。例如，如果查询中有一个表达式是 *r.A* + 5，并且对于某个特定的元组，*r.A* 为空，那么对此元组来说，该表达式的结果也为空。

涉及空值的比较运算问题更多。例如，考虑比较运算“1 < **null**”。因为我们不知道空值代表的是什么，所以说上述比较为真可能是错误的。但是说上述比较为假也可能是错误的，如果我们认为比较为假，那么“ not (1 < **null**)”就应该为真，但这是没有意义的。因而 SQL 将涉及空值的任何比较运算的结果视为 **unknown**（既不是谓词 **is null**，也不是 **is not null**，我们将在本节的后面介绍这两个谓词）。这创建了除 *true* 和 *false* 之外的第三种逻辑值。

由于 **where** 子句中的谓词可以对比较结果使用诸如 **and**、**or** 和 **not** 的布尔运算，因此这些布尔运算的定义也被扩展为可以处理 **unknown** 值。

89

- **and**：*true* **and** *unknown* 的结果是 *unknown*，*false* **and** *unknown* 的结果是 *false*，而 *unknown* **and** *unknown* 的结果是 *unknown*。
- **or**：*true* **or** *unknown* 的结果是 *true*，*false* **or** *unknown* 的结果是 *unknown*，而 *unknown* **or** *unknown* 的结果是 *unknown*。
- **not**：**not** *unknown* 的结果是 *unknown*。

可以验证，如果 *r.A* 为空，那么“1 < *r.A*”和“**not** (1 < *r.A*)”的结果都是 unknown。

如果 **where** 子句谓词对一个元组计算出 **false** 或 **unknown**，那么该元组不能被加入结果中。

SQL 在谓词中使用特殊的关键字 **null** 来测试空值。因此，为找出 *instructor* 关系中 *salary* 为空值的所有教师，我们可以写出：

```
select name
from instructor
where salary is null;
```

如果谓词 **is not null** 所作用的值非空，那么谓词为真。

SQL 允许我们通过使用 **is unknown** 和 **is not unknown** 子句[1]来测试一个比较运算的结果是否为 unknown，而不是 true 或 false。例如：

```
select name
from instructor
where salary > 10000 is unknown;
```

当一个查询使用 **select distinct** 子句时，重复元组必须被去除。为了达到这个目的，当比较两个元组对应的属性值时，如果这两个值都非空并且相等，或者都为空，那么它们被认为是相同的。所以，诸如 {('A',null),('A',null)} 这样的元组的两份拷贝被认为是相同的，即使它们在某些属性上存在空值。使用 **distinct** 子句时仅保留这样的相同元组的一份拷贝。注意，上述对待空值的方式与谓词中对待空值的方式是不同的，在谓词中 “null = null” 会返回 unknown，而不是 true。

如果元组在所有属性上取值相等，那么它们就被当作相同的元组，即使某些值为空。这种方式还被用于集合的并、交和差运算。

90

3.7 聚集函数

聚集函数（aggregate function）是以值集（集合或多重集合）为输入并返回单个值的函数。SQL 提供了五个标准的固有聚集函数[2]。

- 平均值：avg。
- 最小值：min。
- 最大值：max。
- 总和：sum。
- 计数：count。

sum 和 **avg** 的输入必须是数字集，但其他运算符可以作用在非数字数据类型的集合上，比如字符串。

3.7.1 基本聚集

考虑查询：“找出 Computer Science 系教师的平均工资。”我们将该查询写为如下形式：

```
select avg (salary)
from instructor
where dept_name = 'Comp. Sci.';
```

该查询的结果是一个具有单属性的关系，其中只包含一个元组，这个元组的数值对应于

---

[1] 一些数据库不支持 is unknown 和 is not unknown 的结构。

[2] SQL 的大部分实现都提供了多种额外的聚集函数。

Computer Science 系教师的平均工资。数据库系统可以给由聚集产生的结果关系的属性取一个由表达式文本构成的不方便的名称，但我们可以用 **as** 子句给属性取个有意义的名称，如下所示：

```
select avg (salary) as avg_salary
from instructor
where dept_name = 'Comp. Sci.';
```

在图 2-1 的 *instructor* 关系中，Computer Science 系的工资值是 75 000 美元、65 000 美元和 92 000 美元。平均工资是 232 000/3=77 333.33 美元。

在计算平均值时保留重复项是很重要的。假设 Computer Science 系增加了第四位教师，其工资正好是 75 000 美元。如果去除重复，我们会得到错误的答案（232 000/4=58 000 美元)，而正确的答案是 76 750 美元。

91

有时在计算聚集函数前必须先去重。如果确实想去除重复项，可在聚集表达式中使用关键字 **distinct**。比如这样一个查询示例：“找出在 2018 年春季学期授课的教师总数。”在该例中，不论一位教师讲授了几个课程段，他都只应被计算一次。所需信息包含在 *teaches* 关系中，我们将此查询写为如下形式：

```
select count (distinct ID)
from teaches
where semester = 'Spring' and year = 2018;
```

由于在 *ID* 前面有关键字 **distinct**，所以即使某位教师教了不止一门课程，在结果中他也仅被计数一次。

我们经常使用聚集函数 **count** 来计算一个关系中元组的数量。在 SQL 中该函数的写法是 **count(*)**。因此，要找出 course 关系中的元组数，可写成：

```
select count (*)
from course;
```

SQL 不允许在用 **count(*)** 时使用 **distinct**。在用 **max** 和 **min** 时使用 **distinct** 是合法的，尽管结果并无差别。我们可以使用关键字 **all** 替代 **distinct** 来表明要保留重复项，但既然 **all** 是缺省的，就没必要这么做了。

3.7.2 分组聚集

有时候我们不仅希望将聚集函数作用在单个元组集上，而且希望将其作用在一组元组集上；在 SQL 中可使用 **group by** 子句实现这个愿望。**group by** 子句中给出的一个或多个属性是用来构造分组的。在**分组**（group by）子句中的所有属性上取值相同的元组将被分在一个组内。

考虑一个查询示例：“找出每个系的平均工资。”该查询可写为如下形式：

```
select dept_name, avg (salary) as avg_salary
from instructor
group by dept_name;
```

92

图 3-13 显示了 *instructor* 关系中的元组按照 *dept_name* 属性进行分组的情况，分组是计算查询结果的第一步。在每个分组上都要进行指定的聚集计算，查询结果如图 3-14 所示。

ID	name	dept_name	salary
76766	Crick	Biology	72000
45565	Katz	Comp. Sci.	75000
10101	Srinivasan	Comp. Sci.	65000
83821	Brandt	Comp. Sci.	92000
98345	Kim	Elec. Eng.	80000
12121	Wu	Finance	90000
76543	Singh	Finance	80000
32343	El Said	History	60000
58583	Califieri	History	62000
15151	Mozart	Music	40000
33456	Gold	Physics	87000
22222	Einstein	Physics	95000

图 3-13 *instructor* 关系的元组按照 *dept_name* 属性分组

dept_name	avg_salary
Biology	72000
Comp. Sci.	77333
Elec. Eng.	80000
Finance	85000
History	61000
Music	40000
Physics	91000

图 3-14 查询“找出每个系的平均工资”的结果关系

另外，考虑查询“找出所有教师的平均工资”。我们把此查询写为如下形式：

```
select avg (salary)
from instructor;
```

93 在这种情况下省略了 **group by** 子句，因此整个关系被当作一个分组。

作为在元组分组上进行聚集操作的另一个示例，考虑查询：“找出每个系在 2018 年春季学期授课的教师人数。”有关每位教师在每个学期讲授每个课程段的信息在 *teaches* 关系中。但是，这些信息需要与来自 *instructor* 关系的信息进行连接，才能得到每位教师所在的系名。因此，我们把此查询写为如下形式：

```
select dept_name, count (distinct instructor.ID) as instr_count
from instructor, teaches
where instructor.ID= teaches.ID and
      semester = 'Spring' and year = 2018
group by dept_name;
```

其结果如图 3-15 所示。

dept_name	instr_count
Comp. Sci.	3
Finance	1
History	1
Music	1

图 3-15 查询“找出每个系在 2018 年春季学期授课的教师人数”的结果关系

当 SQL 查询使用分组时，一个很重要的事情是确保出现在 **select** 语句中但没有被聚集的属性只能是出现在 **group by** 子句中的那些属性。换句话说，任何没有出现在 **group by** 子句中的属性如果出现在 **select** 子句中，它只能作为聚集函数的参数，否则这样的查询就是错误的。例如，下述查询是错误的，因为 *ID* 没有出现在 **group by** 子句中，但它出现在了 **select** 子句中，而且没有被聚集：

```
/* 错误查询 */
select dept_name, ID, avg (salary)
from instructor
group by dept_name;
```

在上述查询中，一个特定分组（通过 *dept_name* 定义）中的每位教师都可以有一个不同的 *ID*，既然每个分组只输出一个元组，那就无法确定选哪个 *ID* 值作为唯一输出。其结果是，SQL 不允许这样的情况出现。

上述查询还展示了在 SQL 中用“/* */”包含文本的方式来编写注释，同样的注释也可以写为“-- 错误查询”。

94

3.7.3 having 子句

有时候，对分组限定条件比对元组限定条件更有用。例如，我们也许只对教师平均工资超过 42 000 美元的那些系感兴趣。该条件并不针对单个元组，而是针对 **group by** 子句构成的每个分组。为表达这样的查询，我们使用 SQL 的 **having** 子句。SQL 在形成分组后才应用 **having** 子句中的谓词，因此在 **having** 子句中可以使用聚集函数。我们用 SQL 表达该查询如下：

```
select dept_name, avg (salary) as avg_salary
from instructor
group by dept_name
having avg (salary) > 42000;
```

其结果如图 3-16 所示。

dept_name	*avg_salary*
Physics	91000
Elec. Eng.	80000
Finance	85000
Comp. Sci.	77333
Biology	72000
History	61000

图 3-16　查询“找出平均工资超过 42 000 美元的那些系的教师平均工资”的结果关系

与 **select** 子句的情况类似，任何出现在 **having** 子句中，但没有被聚集的属性必须出现在 **group by** 子句中，否则查询就是错误的。

包含聚集、**group by** 或 **having** 子句的查询的含义可通过下述运算序列来定义：

1. 与不带聚集的查询情况类似，首先根据 **from** 子句来计算出一个关系。
2. 如果出现了 **where** 子句，**where** 子句中的谓词将应用到 **from** 子句的结果关系上。
3. 如果出现了 **group by** 子句，满足 **where** 谓词的元组通过 **group by** 子句被放入分组中。如果没有 **group by** 子句，满足 **where** 谓词的整个元组集被当成一个分组。

95

4. 如果出现了 **having** 子句，它将应用到每个分组上；不满足 **having** 子句谓词的分组将被去掉。
5. **select** 子句利用剩下的分组产生查询结果中的元组，即在每个分组上应用聚集函数来得到单个结果元组。

为了说明在同一个查询中同时使用 **having** 子句和 **where** 子句的情况，我们考虑查询：“对于在 2017 年讲授的每个课程段，如果该课程段有至少 2 名学生选课，找出选修该课程段的所有学生的总学分（*tot_cred*）的平均值。”

```
select course_id, semester, year, sec_id, avg (tot_cred)
from student, takes
where student.ID= takes.ID and year = 2017
group by course_id, semester, year, sec_id
having count (student.ID) >= 2;
```

注意上述查询需要的所有信息来自 *takes* 和 *student* 关系，尽管此查询是关于课程段的，却并不需要与 *section* 进行连接。

3.7.4　对空值和布尔值的聚集

空值的存在给聚集运算的处理带来了麻烦。例如，假设 *instructor* 关系中有些元组在 *salary* 上取空值。考虑以下计算所有教师工资总额的查询：

```
select sum (salary)
from instructor;
```

由于我们假设某些元组在 *salary* 上取空值，上述查询待求和的值中就包含了空值。SQL 标准并不认为总和本身为 *null*，而是认为 **sum** 运算符应忽略其输入中的 *null* 值。

总而言之，聚集函数根据以下原则处理空值：除了 **count(*)** 之外所有的聚集函数都忽略其输入集合中的空值。由于空值被忽略，聚集函数的输入值集合有可能为空集。规定空集的 **count** 运算值为 0，并且当作用在空集上时，其他所有聚集运算返回一个空值。在一些更复杂的 SQL 结构中空值的影响会更难以琢磨。

在 SQL:1999 中引入了**布尔**（boolean）数据类型，它可以取 **true**、**false** 和 **unknown** 三种值。

96

聚集函数 **some** 和 **every** 可应用于布尔值的集合，并分别计算这些值的析取（or）与合取（and）。

注释 3-2　SQL 与多重集关系代数——第二部分

正如我们早先在注释 3-1 中所看到的，使用多重集合版本的选择、投影与笛卡儿积运算能够将 SQL 的 **select**、**from** 和 **where** 子句表示为多重集关系代数。

关系代数的并、交和集差（∪、∩和 −）运算也可以参考我们在 3.5 节中看到的 SQL 中对 **union all**、**intersect all** 和 **except all** 的相关定义，用类似的方式扩展到多重集关系代数；SQL 的 **union**、**intersect** 和 **except** 对应于集合版本的∪、∩和 −。

扩展的关系代数聚集运算 γ 允许在关系属性上使用聚集函数。（还用符号 $\mathcal{G}$ 来表示聚集运算，在本书的早期版本中也使用过该符号。）正如我们之前在 3.7.2 节中所看到的，运算 ${}_{dept\_name}\gamma_{\text{average}(salary)}(instructor)$ 将 *instructor* 关系按 *dept_name* 属性进行分组，并计算每个分组的平均工资。左边的下标可以省略，这会导致整个输入关系被分在同一个组内。因此，$\gamma_{\text{average}(salary)}(instructor)$ 计算所有教师的平均工资。聚集值并没有属性名；为方便起见，通过使用更名运算符 ρ，采用如下语法为其赋予一个名称：

$${}_{dept\_name}\gamma_{\textbf{average}(salary)\text{ as avg\_salary}}(instructor)$$

更复杂的 SQL 查询也可以用关系代数来改写。例如，如下查询：

```
select A1, A2, sum(A3)
from r1, r2, ..., rm
where P
group by A1, A2 having count(A4) > 2
```

等价于：

$$t1 \leftarrow \sigma_P(r_1 \times r_2 \times \cdots \times r_m)$$
$$\Pi_{A_1, A_2, SumA3}(\sigma_{countA4 > 2}({}_{A_1, A_2}\gamma_{\text{sum}(A_3)\text{ as }SumA3,\ \text{count}(A_4)\text{ as }countA4}(t1)))$$

from 子句中的连接表达式可以用关系代数中的等价连接表达式来编写，我们把细节留给读者作为练习。然而，**where** 或 **select** 子句中的子查询不能以这种直接的方式重写为关系代数，因为没有与子查询结构等价的关系代数运算。针对此任务已经提出了对关系代数的扩展，但它们超出了本书的范围。

97

3.8 嵌套子查询

SQL 提供嵌套子查询机制。子查询是嵌套在另一个查询中的 **select-from-where** 表达式。通过将子查询嵌套在 **where** 子句中，通常可以用子查询来执行对集合成员资格的测试、对集合的比较以及对集合基数的确定。从 3.8.1 节到 3.8.4 节，我们将学习在 **where** 子句中嵌套子查询的用法。在 3.8.5 节，我们将学习在 **from** 子句中嵌套子查询。在 3.8.7 节，我们将看到一类被称作标量子查询的子查询是如何出现在返回单个值的表达式可以出现的任何地方的。

3.8.1 集合成员资格

SQL 允许测试元组在关系中的成员资格。连接词 **in** 测试集合成员资格，这里的集合是由 **select** 子句产生的一组值构成的。连接词 **not in** 测试集合成员资格的缺失。

作为一个示例，考虑查询："找出在 2017 年秋季和 2018 年春季学期都开课的所有课程。"先前，我们通过对两个集合进行交运算来编写该查询，这两个集合分别是：2017 年秋季开课的课程集合与 2018 年春季开课的课程集合。我们可以采用另一种方式，查找在 2017 年秋季开课的所有课程，再看它们是否也是 2018 年春季开课的课程集合中的成员。这种表达方式得到的结果与前面的查询相同，但它让我们可以用 SQL 中的 **in** 连接词来编写该查询。我们从找出 2018 年春季开课的所有课程开始，写出子查询：

```
(select course_id
 from section
 where semester = 'Spring' and year= 2018)
```

然后我们需要从子查询得到的课程集合中找出那些在 2017 年秋季开课的课程。为完成此项任务我们将子查询嵌入外部查询的 **where** 子句中。最后的查询语句是：

```
select distinct course_id
from section
where semester = 'Fall' and year= 2017 and
      course_id in (select course_id
                    from section
                    where semester = 'Spring' and year= 2018);
```

注意，在这里我们需要使用 **distinct**，因为 **intersect** 运算在缺省情况下是去除重复项的。

该例说明在 SQL 中可以用多种方式编写同一个查询。这种灵活性是有好处的，因为它允许用户用看起来最自然的方式去考虑查询。我们将看到在 SQL 中有许多这样的冗余。 98

我们以与 **in** 结构类似的方式使用 **not in** 结构。例如，为了找出所有在 2017 年秋季学期开课但不在 2018 年春季学期开课的课程，之前我们使用 **except** 运算表达过此查询，我们还可写为：

```
select distinct course_id
from section
where semester = 'Fall' and year= 2017 and
course_id not in (select course_id
                  from section
                  where semester = 'Spring' and year= 2018);
```

in 和 **not in** 运算符也能用于枚举集合。下面的查询是找出既不叫"Mozart"也不叫"Einstein"的教师的姓名：

```
select distinct name
from instructor
where name not in ('Mozart', 'Einstein');
```

在以上示例中，我们是在单属性关系中测试成员资格。在 SQL 中对任意关系进行成员资格测试也是可以的。例如，我们可以这样来表达查询“找出选修了 *ID* 为 10101 的教师所讲授的课程段的（不同）学生的总数”：

```
select count (distinct ID)
from takes
where (course_id, sec_id, semester, year) in (select course_id, sec_id, semester, year
                                              from teaches
                                              where teaches.ID= '10101');
```

然而，请注意一些 SQL 实现并不支持上面所用的行构建语法“(*course_id*, *sec_id*, *semester*, *year*)”。我们将在 3.8.3 节中看到编写此查询的其他方式。

3.8.2 集合比较

作为一个说明嵌套子查询能够对集合进行比较的示例，考虑查询“找出工资至少比 Biology 系某位教师的工资要高的所有教师的姓名”，在 3.4.1 节，我们将此查询写作：

99

```
select distinct T.name
from instructor as T, instructor as S
where T.salary > S.salary and S.dept_name = 'Biology';
```

但是 SQL 提供另外一种方式编写上面的查询。“至少比某一个要大”在 SQL 中用 >**some** 表示。此结构允许我们用一种更贴近此查询的文字表达的形式重写上面的查询：

```
select name
from instructor
where salary > some (select salary
                     from instructor
                     where dept_name = 'Biology');
```

子查询

```
(select salary
 from instructor
 where dept_name = 'Biology')
```

产生 Biology 系所有教师的所有工资值的集合。当元组的 *salary* 值至少比 Biology 系教师的所有工资值集合中的某一个成员高时，外层 **select** 的 **where** 子句中的 >**some** 的比较为真。

SQL 也允许 <**some**、<=**some**、>=**some**、=**some** 和 <>**some** 的比较。作为练习，请验证 =**some** 等价于 **in**，然而 <>**some** 并不等价于 **not in**[⊖]。

现在稍微修改一下我们的查询。找出所有这样的教师的姓名：他们的工资值比 Biology 系每位教师的工资都高。结构 >**all** 对应于“比所有的都大”。使用该结构，我们写出如下查询：

⊖ 在 SQL 中关键字 **any** 与 **some** 同义。SQL 的早期版本仅允许使用 **any**，后来的版本为了避免和英语中的 *any* 一词在语言上产生混淆，又添加了另一个可选择的关键字 **some**。

```
select name
from instructor
where salary > all (select salary
                    from instructor
                    where dept_name = 'Biology');
```

类似于 **some**，SQL 也允许 <**all**、<=**all**、>=**all**、=**all** 和 < >**all** 的比较。作为练习，请验证 < >**all** 等价于 **not in**，但 =**all** 并不等价于 **in**。

100

作为集合比较的另一个示例，考虑查询“找出平均工资最高的系”。我们首先写一个查询来找出每个系的平均工资，然后把它作为子查询嵌套在一个更大的查询中，以找出那些平均工资大于或等于所有平均工资的系。

```
select dept_name
from instructor
group by dept_name
having avg (salary) >= all (select avg (salary)
                            from instructor
                            group by dept_name);
```

3.8.3 空关系测试

SQL 包含一个特性，可测试一个子查询的结果中是否存在元组。**exists** 结构在作为参数的子查询非空时返回 **true** 值。使用 **exists** 结构，我们还能用另外一种方法编写查询“找出在 2017 年秋季学期和 2018 年春季学期都开课的所有课程”：

```
select course_id
from section as S
where semester = 'Fall' and year= 2017 and
      exists (select *
              from section as T
              where semester = 'Spring' and year= 2018 and
                    S.course_id= T.course_id);
```

上述查询还说明了 SQL 的一个特性：来自外层查询的**相关名称**（上述查询中的 *S*）可以用在 **where** 子句的子查询中。使用了来自外层查询的相关名称的子查询被称作**相关子查询**（correlated subquery）。

在包含了子查询的查询中，在相关名称上可以应用作用域规则。根据此规则，在一个子查询中只能使用此子查询本身定义的，或在包含此子查询的任何查询中定义的相关名称。如果一个相关名称既在子查询中局部定义，又在包含该子查询的查询中全局定义，则局部定义有效。这条规则类似于编程语言中常用的变量作用域规则。

我们可以通过使用 **not exists** 结构来测试子查询结果集中是否不存在元组。我们可以使用 **not exists** 结构来模拟集合包含（即超集）运算：可将“关系 *A* 包含关系 *B*”写成“**not exists**(*B* **except** *A*)”。（尽管 **contains** 运算符并不是当前 SQL 标准的一部分，但它曾出现在某些早期的关系系统中。）为了说明 **not exists** 运算符，考虑查询“找出选修了 Biology 系开设的所有课程的所有学生”。使用 **except** 结构，我们可以编写此查询如下：

101

```
select S.ID, S.name
from student as S
where not exists ((select course_id
```

```
                    from course
                    where dept_name = 'Biology')
                    except
                    (select T.course_id
                    from takes as T
                    where S.ID = T.ID));
```

这里，子查询

```
(select course_id
 from course
 where dept_name = 'Biology')
```

找出 Biology 系开设的所有课程的集合。子查询

```
(select T.course_id
 from takes as T
 where S.ID = T.ID)
```

找出学生 *S.ID* 选修的所有课程。这样，外层 **select** 对每名学生测试其选修的所有课程集合是否包含 Biology 系开设的所有课程集合。

在 3.8.1 节中，我们看到对应于“找出选修了 *ID* 为 10101 的教师所讲授的课程段的（不同）学生的总数”的一种 SQL 查询。该查询使用了部分数据库不支持的元组构造符语法。一种替代方式是使用 **exists** 结构将此查询写为如下形式：

```
select count (distinct ID)
from takes
where exists (select course_id, sec_id, semester, year
              from teaches
              where teaches.ID= '10101'
                    and takes.course_id = teaches.course_id
                    and takes.sec_id = teaches.sec_id
                    and takes.semester = teaches.semester
                    and takes.year = teaches.year
              );
```

102

3.8.4 重复元组存在性测试

SQL 提供一个布尔函数，用于测试在一个子查询的结果中是否存在重复元组。如果在作为参数的子查询结果中没有重复的元组，则 **unique** 结构[⊖]返回 **true** 值。我们可以用 **unique** 结构编写查询“找出在 2017 年最多开设一次的所有课程”：

```
select T.course_id
from course as T
where unique (select R.course_id
              from section as R
              where T.course_id= R.course_id and
                    R.year = 2017);
```

注意，如果某门课程不在 2017 年开设，那么子查询会返回一个空的结果，**unique** 谓词

⊖ 此结构尚未被广泛实现。

就会在空集上计算并得到真值。

在不使用 **unique** 结构的情况下，上述查询的一种等价表达方式是：

```
select T.course_id
from course as T
where 1 >= (select count(R.course_id)
            from section as R
            where T.course_id= R.course_id and
                  R.year = 2017);
```

我们可以用 **not unique** 结构测试在一个子查询结果中是否存在重复元组。为了说明这一结构，考虑如下所示的查询“找出在 2017 年最少开设两次的所有课程”：

```
select T.course_id
from course as T
where not unique (select R.course_id
                  from section as R
                  where T.course_id= R.course_id and
                        R.year = 2017);
```

形式化地定义如下：当且仅当在关系中存在两个元组 t_1 和 t_2 使得 $t_1=t_2$，该关系上的 **unique** 测试被定义为假。如果 t_1 或 t_2 的某些域为空，因为对 $t_1=t_2$ 的测试为假，所以即使存在一个元组的多个副本，只要该元组至少有一个属性为空，那么 **unique** 测试结果就有可能为真。 103

3.8.5 from 子句中的子查询

SQL 允许在 **from** 子句中使用子查询表达式。在此采用的主要观点是：任何 **select-from-where** 表达式返回的结果都是关系，因而可以被插入到另一个 **select-from-where** 中关系可以出现的任何位置。

考虑查询“找出系平均工资超过 42 000 美元的那些系的教师平均工资”。在 3.7 节我们使用了 **having** 子句来编写此查询。现在我们可以不用 **having** 子句，而是通过如下这种在 **from** 子句中使用子查询的方式来重写这个查询：

```
select dept_name, avg_salary
from (select dept_name, avg (salary) as avg_salary
      from instructor
      group by dept_name)
where avg_salary > 42000;
```

该子查询产生的关系包含所有系的名称和相应的教师平均工资。子查询的结果属性可以在外层查询中使用，正如上例中所看到的那样。

注意我们不需要使用 **having** 子句，因为 **from** 子句中的子查询计算出了每个系的平均工资，早先在 **having** 子句中使用的谓词现在出现在外层查询的 **where** 子句中。

我们可以使用 **as** 子句给此子查询的结果关系起个名称，并对属性进行重命名。如下所示：

```
select dept_name, avg_salary
from (select dept_name, avg (salary)
      from instructor
      group by dept_name)
      as dept_avg (dept_name, avg_salary)
where avg_salary > 42000;
```

子查询的结果关系被命名为 *dept_avg*，具有 *dept_name* 和 *avg_salary* 属性。

大多数（但并非全部）的 SQL 实现都支持在 **from** 子句中嵌套子查询。请注意，某些 SQL 实现（特别是 MySQL 和 PostgreSQL）要求 **from** 子句中的每个子查询的结果关系必须被命名，即使此名称从未被引用；Oracle 允许（以省略关键字 **as** 的方式）对子查询的结果关系命名，但不支持对此关系的属性更名。对此问题的一种简单的应对措施是在子查询的 **select** 子句中对属性进行更名；对于上述查询，子查询的 **select** 子句将被替换为：

104

select *dept_name*, **avg**(*salary*) **as** *avg_salary*

而

"**as** *dept_avg* (*dept_name*, *avg_salary*)"

将被替换为：

"**as** *dept_avg*".

作为另一个示例，假设我们希望在所有系中找出所有教师工资总额最大的系。**having** 子句于此是无能为力的，但我们可以用 **from** 子句中的子查询来轻易地写出如下查询：

```
select max (tot_salary)
from (select dept_name, sum(salary)
      from instructor
      group by dept_name) as dept_total (dept_name, tot_salary);
```

我们注意到在 **from** 子句嵌套的子查询中不能使用来自同一 **from** 子句的其他关系的相关变量。然而，从 SQL:2003 开始的 SQL 标准允许 **from** 子句中的子查询用关键字 **lateral** 作为前缀，以便访问同一个 **from** 子句中在它前面的表或子查询的属性。例如，如果我们想打印每位教师的姓名，以及他们的工资和他们所在系的平均工资，可以编写如下查询：

```
select name, salary, avg_salary
from instructor I1, lateral (select avg(salary) as avg_salary
                             from instructor I2
                             where I2.dept_name= I1.dept_name);
```

如果没有 **lateral** 子句，子查询就不能访问来自外层查询的相关变量 *I*1。只有最新的 SQL 实现才支持 **lateral** 子句。

3.8.6　with 子句

with 子句提供了一种定义临时关系的方式，这个定义只对包含 **with** 子句的查询有效。考虑下面的查询，它找出具有最大预算值的那些系。

```
with max_budget (value) as
    (select max(budget)
     from department)
select budget
from department, max_budget
where department.budget = max_budget.value;
```

105

该查询中的 **with** 子句定义了临时关系 *max_budget*，此关系包含定义了此关系的子查询的结果元组。此关系只能在同一查询的后面部分中使用[⊖]。**with** 子句是在 SQL:1999 中引入的，有

⊖ SQL 的计算引擎可能不会物理地创建这个关系，而是以其他方式计算整个查询结果，前提是查询结果与物理创建的关系的结果相同。

许多（但并非所有）数据库系统都提供了支持。

我们也能使用 **from** 子句或 **where** 子句中的嵌套子查询来编写上述查询。但是，用嵌套子查询会使得查询更加晦涩难懂。**with** 子句使查询在逻辑上更加清晰，它还允许在一个查询内的多个地方使用这种临时关系。

例如，假设要找出工资总额大于所有系平均工资总额的所有系，我们可以利用 **with** 子句写出如下查询：

```
with dept_total (dept_name, value) as
    (select dept_name, sum(salary)
    from instructor
    group by dept_name),
dept_total_avg(value) as
    (select avg(value)
    from dept_total)
select dept_name
from dept_total, dept_total_avg
where dept_total.value > dept_total_avg.value;
```

我们也可以不用 **with** 子句来建立等价的查询，但是那样会复杂很多，而且也不易理解。作为练习，你可以写出这个等价的查询表示。

3.8.7 标量子查询

SQL 允许子查询出现在返回单个值的表达式能够出现的任何地方，只要该子查询只返回一个包含单个属性的元组；这样的子查询称为**标量子查询**（scalar subquery）。例如，一个子查询可以被用到下面示例的 **select** 子句中，这个示例列出所有的系以及每个系中的教师总数：

```
select dept_name,
    (select count(*)
     from instructor
     where department.dept_name = instructor.dept_name)
    as num_instructors
from department;
```

106

上面示例中的子查询保证只返回单个值，因为它使用了不带 **group by** 的 **count(*)** 聚集函数。此例也说明了对相关变量的使用，即使用外层查询的 **from** 子句中的关系的属性，例如上例中的 *department.dept_name*。

标量子查询可以出现在 **select**、**where** 和 **having** 子句中。也可以不使用聚集函数来定义标量子查询。在编译时并非总能判断一个子查询返回的结果中是否有多个元组；如果在子查询被执行后其结果中有不止一个元组，则产生一个运行时错误。

注意，从技术上讲标量子查询的结果类型仍然是关系，尽管其中只包含单个元组。然而，当在表达式中使用标量子查询时，它出现的位置是期望单个值出现的地方，SQL 就从该关系中包含单属性的单个元组中隐式地取出相应的值，并返回该值。

3.8.8 不带 from 子句的标量

某些查询需要计算，但不需要引用任何关系。类似地，某些查询可能有包含 **from** 子句的子查询，但高层查询不需要 **from** 子句。

作为一个示例，假设我们想要查找平均每位教师所讲授（无论是学年还是学期）的课程段数，其中由多位教师所讲授的课程段对每位教师计数一次。我们需要对 *teaches* 中的元组进行计数来找到所授课程段的总数，并对 *instructor* 中的元组进行计数来找到教师总数。然后一次简单的除法就能给出我们想要的结果。可能有人将此查询写为：

```
(select count (*) from teaches) / (select count (*) from instructor);
```

尽管在一些系统中这样写是合法的，但其他系统会由于缺少 **from** 子句而报错[⊖]。在后一种情况下，可以创建一个特殊的虚拟关系，例如创建包含单个元组的 *dual* 关系。这使得前面的查询可以写为：

```
select (select count (*) from teaches) / (select count (*) from instructor)
from dual;
```

Oracle 针对上述用途提供了一个称作 *dual* 的预定义关系，它包含单个元组（此关系具有单个属性，但这与我们的用途无关）；如果使用任何其他的数据库，你也可以创建等效的关系。

由于上述查询是用一个整数除以另一个整数，因此在大多数数据库上，其结果也会是一个整数，这可能带来精度的损失。如果你希望得到浮点数形式的结果，可以在执行除法运算之前，将两个子查询结果中的一个乘以 1.0，将其转换为浮点数。

107

注释 3-3 SQL 与多重集关系代数——第三部分

与我们在本章前面所学习的 SQL 集合和聚合运算不同，SQL 子查询在关系代数中并没有直接等价的运算。大多数涉及子查询的 SQL 查询都可以以不使用子查询的方式重写，因而它们就有等价的关系代数表达式。

重写为关系代数的过程可以得益于两种扩展的关系代数运算：一种称作**半连接**（semijoin），记为$\ltimes$；另一种称作**反连接**（antijoin），记为$\overline{\ltimes}$。这两种运算在许多数据库实现中都有内部支持（有时用符号$\triangleright$代替$\overline{\ltimes}$来表示反连接）。例如，给定关系 r 和 s，$r \ltimes_{r.A=s.B} s$ 输出 r 中所有这样的元组：这些元组满足在 s 中至少有一个元组使得它在 $s.B$ 属性上的值与 r 中上述元组在 $r.A$ 属性上的值相匹配。相反，$r \overline{\ltimes}_{r.A=s.B} s$ 输出 r 中那些在 s 中没有任何这样的匹配元组的所有元组。这些运算符可用于重写使用 **exists** 和 **not exists** 连接词的许多子查询。

半连接和反连接可以使用其他关系代数运算来表示，因此它们并不增加任何表达能力，但由于它们能够非常高效地实现，因此在实践中非常有用。

然而，重写包含子查询的 SQL 查询的过程通常并不简单。因此，数据库系统的实现通过允许 σ 和 Π 运算符在其谓词和投影列表中调用子查询来对关系代数进行扩展。

3.9 数据库的修改

到目前为止我们的注意力都集中在对数据库信息的抽取上。现在我们将展示如何用 SQL 来增加、删除或修改信息。

⊖ 此结构对于诸如 SQL Server 那样的系统是合法的，而对于诸如 Oracle 那样的系统是非法的。

3.9.1　删除

删除（delete）请求的表达方式与查询非常类似。我们只能删除整个元组，而不能只删除某些属性上的值。SQL 用如下语句表示删除：

```
delete from r
where P;
```

其中 *P* 代表一个谓词，而 *r* 代表一个关系。**delete** 语句首先从 *r* 中找出使 *P*(*t*) 为真的所有元组 *t*，然后把它们从 *r* 中删除。**where** 子句可以省略，在省略的情况下 *r* 中的所有元组都将被删除。

108

注意，一条 **delete** 命令只能作用于一个关系。如果我们想从多个关系中删除元组，必须为每个关系使用一条 **delete** 命令。**where** 子句中的谓词可以和 **select** 命令的 **where** 子句中的谓词一样复杂。在另一种极端情况下，**where** 子句可以为空，请求

```
delete from instructor;
```

将删除 *instructor* 关系中的所有元组。*instructor* 关系本身仍然存在，但它变成空的了。

这里有 SQL 删除请求的一些示例。

- 从 *instructor* 关系中删除属于 *Finance* 系的教师的所有元组。

```
delete from instructor
where dept_name = 'Finance';
```

- 删除工资在 13 000 美元到 15 000 美元之间的所有教师。

```
delete from instructor
where salary between 13000 and 15000;
```

- 从 *instructor* 关系中删除所有这样的教师元组：他们在位于 Watson 大楼的系里工作。

```
delete from instructor
where dept_name in (select dept_name
                    from department
                    where building = 'Watson');
```

此 **delete** 请求首先找出位于 Watson 的所有系，然后将属于这些系的 *instructor* 元组全部删除。

注意，虽然我们一次只能从一个关系中删除元组，但是在 **delete** 的 **where** 子句中嵌套的 **select-from-where** 中，可以引用任意数量的关系。**delete** 请求可以包含嵌套的 **select**，该 **select** 引用待删除元组的关系。例如，假设我们想删除工资低于大学平均工资的所有教师记录，可以写出如下语句：

```
delete from instructor
where salary < (select avg (salary)
                from instructor);
```

109

该 **delete** 语句首先测试 *instructor* 关系中的每一个元组，检查其工资是否小于大学教师的平均工资。然后删除所有测试通过的元组，即所有低于平均工资的教师的元组。在执行任何删除之前先进行所有元组的测试是至关重要的，如果有些元组在另一些元组未被测试前先被删除，那么平均工资将会改变，这样 **delete** 的最后结果将依赖于元组被处理的顺序！

3.9.2　插入

要往关系中插入数据，要么指定待插入的元组，要么写一条查询语句来生成待插入的元组集合。待插入元组的属性值必须在相应属性的域中存在。类似地，待插入元组的属性数量也必须是正确的。

最简单的 **insert** 语句是插入一个元组的请求。假设我们想要插入这样一条信息：Computer Science 系开设的名为“Database Systems”的课程 CS-437 有 4 个学时。我们可写为：

```
insert into course
    values ('CS-437', 'Database Systems', 'Comp. Sci.', 4);
```

在此例中，元组属性值的排列顺序和关系模式中对应属性的排列顺序一致。为了方便那些可能不记得关系属性排列顺序的用户，SQL 允许在 **insert** 语句中指定属性。例如，下列 SQL **insert** 语句与前述语句的功能相同：

```
insert into course (course_id, title, dept_name, credits)
    values ('CS-437', 'Database Systems', 'Comp. Sci.', 4);

insert into course (title, course_id, credits, dept_name)
    values ('Database Systems', 'CS-437', 4, 'Comp. Sci.');
```

更常见的情况是，我们可能想在查询结果的基础上插入元组。假设我们想让 Music 系每个修满 144 学时的学生成为 Music 系的教师，其工资为 18 000 美元。我们可写为：

```
insert into instructor
    select ID, name, dept_name, 18000
    from student
    where dept_name = 'Music' and tot_cred > 144;
```

110

和本小节前面的示例不同的是，我们用 **select** 指定了一个元组的集合，而不是指定一个元组。SQL 首先执行这条 **select** 语句，求出将要插入 *instructor* 关系中的元组集合。每个元组都有 *ID*、*name*、*dept_name*（Music）和 18 000 美元的工资。

系统在执行任何插入之前先执行完 **select** 语句是非常重要的。如果在执行 **select** 语句的同时执行某些插入动作，像

```
insert into student
    select *
    from student;
```

只要在 *student* 上没有主码约束，这样的请求就可能会插入无数元组。如果没有主码约束，上述请求会重新插入 *student* 中的第一个元组，产生该元组的第二份拷贝。由于这第二份拷贝现在成为 *student* 的一部分，**select** 语句可能找到它，于是第三份拷贝被插入 *student* 中。这第三份拷贝又可能被 **select** 语句发现，于是又插入第四份拷贝，如此等等，无限循环。在执行插入之前先完成 **select** 语句的执行可以避免这样的问题。这样，如果在 *student* 关系上没有主码约束，那么上述 **insert** 语句就只是把 *student* 关系中的每个元组都复制一遍。

我们对 **insert** 语句的讨论只考虑了这样的示例：给定了待插入元组的每个属性的值。有可能对待插入元组只给出了模式中某些属性的值，其余属性将被赋空值，用 *null* 表示。考虑请求：

```
insert into student
    values ('3003', 'Green', 'Finance', null);
```

此请求所插入的元组代表了一个在 Finance 系、*ID* 为“3003”的学生，但该生的 *tot_cred* 值是未知的。

大部分关系数据库产品都有特殊的“bulk loader”工具，它可以向关系中插入一个非常大的元组集合。这些工具允许从格式化的文本文件中读出数据，并且它们的执行速度比等价的插入语句序列要快得多。

3.9.3 更新

在某些情况下，我们可能希望在不改变一个元组所有值的情况下改变其某个属性的值。为达到这一目的，可以使用 **update** 语句。与使用 **insert**、**delete** 类似，我们可以通过使用查询来选出待更新的元组。

假设要进行年度工资增长，所有教师的工资将增长 5%。我们写为：

111

```
update instructor
set salary= salary * 1.05;
```

上面的更新语句将在 *instructor* 关系的每个元组上各执行一次。

如果只给工资低于 70 000 美元的教师涨工资，我们可以这样写：

```
update instructor
set salary = salary * 1.05
where salary < 70000;
```

总之，**update** 语句的 **where** 子句可以包含 **select** 语句的 **where** 子句中的任何合法结构（包括嵌套的 **select**）。和 **insert**、**delete** 类似，**update** 语句中嵌套的 **select** 可以引用待更新的关系。同样，SQL 首先检查关系中的所有元组，看它们是否应该被更新，然后才执行更新。例如，我们可以将请求“给工资低于平均值的教师涨 5% 的工资”写为如下形式：

```
update instructor
set salary = salary * 1.05
where salary < (select avg (salary)
                from instructor);
```

我们现在假设给工资超过 100 000 美元的教师涨 3% 的工资，而给其余教师涨 5%。我们可以写两条 **update** 语句：

```
update instructor
set salary = salary * 1.03
where salary > 100000;

update instructor
set salary = salary * 1.05
where salary <= 100000;
```

注意，这两条 **update** 语句的顺序很重要。假如我们改变这两条语句的顺序，工资略少于 100 000 美元的教师将增长超过 8% 的工资。

SQL 提供 **case** 结构，我们可以利用它在单条 **update** 语句中执行前面的两种更新，以避免更新次序引发的问题：

112

```
update instructor
set salary = case
```

```
            when salary <= 100000 then salary * 1.05
            else salary * 1.03
        end
```

case 语句的一般格式如下：

```
case
    when pred1 then result1
    when pred2 then result2
    …
    when predn then resultn
    else result0
end
```

当 i 是第一个满足的 $pred_1, pred_2, \cdots, pred_n$ 时，此操作就会返回 $result_i$；如果没有一个谓词可以满足，则运算返回 $result_0$。case 语句可以用在应该出现值的任何地方。

标量子查询在 SQL 更新语句中非常有用，它们可以用在 **set** 子句中。我们用第 2 章中介绍的 *student* 关系和 *takes* 关系来说明这一点。考虑这样一种更新：我们把每个 *student* 元组的 *tot_cred* 属性值设为该生成功学完的课程学分的总和。我们假设如果一名学生在某门课程上的成绩既不是 'F' 也不是空，那么他就成功学完了这门课程。我们需要使用 **set** 子句中的子查询来写出这种更新，如下所示：

```
update student
set tot_cred = (
    select sum(credits)
    from takes, course
    where student.ID= takes.ID and
              takes.course_id = course.course_id and
              takes.grade <> 'F' and
              takes.grade is not null);
```

如果一名学生没有成功学完任何课程，上述语句将把其 *tot_cred* 属性值置为空。如果想把这样的属性值置为 0，我们可以使用另一条 **update** 语句来把空值替换为 0。更好的替代方案是把上述子查询中的“**select sum**(*credits*)”子句替换为如下使用 **case** 表达式的 **select** 子句：

```
select case
    when sum(credits) is not null then sum(credits)
    else 0
    end
```

113

许多系统都支持 **coalesce** 函数，我们将在后面的 4.5.2 节中详细描述该函数，它提供了一种用其他值替换 *null* 的简洁方法。在上面的示例中，我们可以使用 **coalesce**(**sum**(*credits*), 0) 来代替 **case** 表达式；该表达式如果不为空，则返回聚集结果 **sum**(*credits*)，否则返回 0。

3.10 总结

- SQL 是最有影响的商用市场化的关系查询语言。SQL 语言包括几个部分：
  - **数据定义语言**（DDL），它提供了定义关系模式、删除关系以及修改关系模式的命令。
  - **数据操纵语言**（DML），它包括查询语言，以及往数据库中插入元组、从数据库中删除元组和修改数据库中元组的命令。

- SQL 的数据定义语言用于创建具有特定模式的关系。除了声明关系属性的名称和类型之外，SQL 还允许声明完整性约束，例如主码约束和外码约束。
- SQL 提供了多种用于查询数据库的语言结构，其中包括 **select**、**from** 和 **where** 子句。
- SQL 还提供了对属性和关系重命名，以及对查询结果按特定属性进行排序的机制。
- SQL 支持关系上的基本集合运算，包括**并**、**交**和**差**运算，它们对应于数学集合论中的 $\cup$、$\cap$ 和 $-$ 运算。
- SQL 通过在常用真值 true 和 false 外增加真值 "unknown"，来处理对包含空值的关系的查询。
- SQL 支持聚集，能够把关系进行分组，在每个分组上单独运用聚集。SQL 还支持分组上的集合运算。
- SQL 支持在外层查询的 **where** 和 **from** 子句中嵌套子查询。它还支持在一个表达式返回的单个值所允许出现的任何地方使用标量子查询。
- SQL 提供了用于更新、插入和删除信息的结构。

114

术语回顾

- 数据定义语言
- 数据操纵语言
- 数据库模式
- 数据库实例
- 关系模式
- 关系实例
- 主码
- 外码
  - 引用关系
  - 被引用关系
- 空值
- 查询语言
- SQL 查询结构
  - **select** 子句
  - **from** 子句
  - **where** 子句
- 多重集关系代数
- **as** 子句
- **order by** 子句
- 表别名
- 相关名称（相关变量，元组变量）
- 集合运算
  - 并（**union**）
  - 交（**intersect**）
  - 差（**except**）
- 聚集函数
  - **avg, min, max, sum, count**
  - **group by**
  - **having**
- 嵌套子查询
- 集合比较
  - {<,<=,>,>=} {**some,all**}
  - **exists**
  - **unique**
- **lateral** 子句
- **with** 子句
- 标量子查询
- 数据库修改
  - 删除
  - 插入
  - 更新

实践习题

3.1 使用大学模式，用 SQL 写出如下查询。（建议在一个数据库上实际运行这些查询，使用我们在本书英文版的网站 db-book.com 上提供的样本数据。上述网站还提供了如何建立一个数据库和加载样本数据的说明。）

a. 找出 Comp. Sci. 系开设的、具有 3 个学分的课程的名称。

115

b. 找出名叫 Einstein 的教师所教的所有学生的 ID，保证结果中没有重复。

c. 找出教师的最高工资。

d. 找出工资最高的所有教师（可能有不止一位教师具有相同的工资）。

e. 找出 2017 年秋季开设的每个课程段的选课人数。

f. 从 2017 年秋季开设的所有课程段中，找出最多的选课人数。

g. 找出在 2017 年秋季拥有最多选课人数的课程段。

3.2 假设给你一个关系 *grade_points*(<u>*grade*</u>, *points*)，它提供从 *takes* 关系中用字母表示的成绩等级到数字表示的得分之间的转换。例如，"A"等级可被指定为对应于 4 分，"A−"对应于 3.7 分，"B+"对应于 3.3 分，"B"对应于 3 分，等等。学生在某门课程（课程段）上所获得的绩点被定义为该课程段的学分乘以该生得到的成绩等级所对应的数字表示的得分。

给定上述关系和大学模式，用 SQL 写出下面的每个查询。为简单起见，你可以假设没有任何 *takes* 元组在 *grade* 上取 *null* 值。

a. 根据 ID 为 '12345' 的学生所选修的所有课程，找出该生所获得的总绩点。

b. 找出上述学生的平均绩点（Grade Point Average，GPA），即用总绩点除以相关课程学分的总和。

c. 找出每名学生的 ID 和平均绩点。

d. 现在假设某些成绩可能为空，重新考虑你对本习题前几问的回答。解释你的解决方案是否仍然有效，如果不行，请提供能够正确处理空值的版本。

3.3 使用大学模式，用 SQL 写出如下插入、删除和更新语句。

a. 给 Comp. Sci. 系的每位教师涨 10% 的工资。

b. 删除所有从未被开设过（即没有出现在 *section* 关系中）的课程。

c. 把每个在 *tot_cred* 属性上取值超过 100 的学生作为同系的教师进行插入，其工资为 10 000 美元。

3.4 考虑图 3-17 中的保险公司数据库，其中加下划线的是主码。为这个关系数据库构造出如下 SQL 查询：

116

a. 找出 2017 年其车辆出过交通事故的人员总数。

b. 删除 ID 为 '12345' 的人拥有的年份为 2010 的所有汽车。

person (<u>*driver_id*</u>, *name*, *address*)
car (<u>*license_plate*</u>, *model*, *year*)
accident (<u>*report_number*</u>, *year*, *location*)
owns (<u>*driver_id*</u>, <u>*license_plate*</u>)
participated (<u>*report_number*</u>, <u>*license_plate*</u>, *driver_id*, *damage_amount*)

图 3-17　保险公司数据库

3.5 假设我们有一个关系 *marks*(*ID*, *score*)，并且希望基于成绩按如下方式为学生评定等级：如果 *score*<40 则为 F 级；如果 40≤*score*<60 则为 C 级；如果 60≤*score*<80 则为 B 级；如果 80≤*score* 则为 A 级。写出 SQL 查询完成下列操作：

a. 基于 *marks* 关系显示每名学生的等级。

b. 找出每个等级的学生数量。

3.6 SQL 的 **like** 运算符（在多数系统中）是大小写敏感的，但字符串上的 lower() 函数可用来实现大小写不敏感的匹配。为了说明其用法，请写出这样一个查询：找出名称中包含了"sci"子串的系，忽略大小写。

3.7 考虑 SQL 查询：

```
select p.a1
from p, r1, r2
where p.a1 = r1.a1 or p.a1 = r2.a1
```

在什么条件下上述查询选出的 *p.a*1 值要么在 *r*1 中，要么在 *r*2 中？请仔细考察 *r*1 或 *r*2 可能为空的情况。

3.8 考虑图 3-18 中的银行数据库，其中的主码被加了下划线。请为这个关系数据库构造出如下 SQL 查询：
 a. 找出银行中有账户但无贷款的每位客户的 ID。
 b. 找出与客户 '12345' 居住在同一个城市、同一个街道的每位客户的 ID。
 c. 找出每个这样的支行的名称：在这些支行中至少有一位居住在 “Harrison” 的客户开设了账户。 117

branch(*branch_name*, *branch_city*, *assets*)
customer (*ID*, *customer_name*, *customer_street*, *customer_city*)
loan (*loan_number*, *branch_name*, *amount*)
borrower (*ID*, *loan_number*)
account (*account_number*, *branch_name*, *balance*)
depositor (*ID*, *account_number*)

图 3-18 银行数据库

3.9 考虑图 3-19 的雇员数据库，其中的主码被加了下划线。请为下面的每个查询写出 SQL 表达式：
 a. 找出为 “First Bank Corporation” 工作的每位雇员的 ID、姓名及所居住城市。
 b. 找出为 “First Bank Corporation” 工作且工资超过 10 000 美元的每位雇员的 ID、姓名及所居住城市。
 c. 找出没为 “First Bank Corporation” 工作的每位雇员的 ID。
 d. 找出工资高于 “Small Bank Corporation” 的所有雇员的每位雇员的 ID。
 e. 假设一家公司可以位于好几个城市。找出位于 “Small Bank Corporation” 所有所在城市的每家公司的名称。
 f. 找出雇员最多的公司名称（如果雇员最多的不止一家，则全部列出这些公司）。
 g. 找出平均工资高于 “First Bank Corporation” 平均工资的每家公司的名称。

employee (*ID*, *person_name*, *street*, *city*)
works (*ID*, *company_name*, *salary*)
company (*company_name*, *city*)
manages (*ID*, *manager_id*)

图 3-19 雇员数据库

118

3.10 考虑图 3-19 的雇员数据库。请给出下列每个查询的 SQL 表达式：
 a. 修改数据库使 ID 为 '12345' 的雇员现在居住在 “Newtown”。
 b. 为 “First Bank Corporation” 工资不超过 100 000 美元的每个经理增长 10% 的工资，对工资超过 100 000 美元的只增长 3%。

习题

3.11 使用大学模式，请用 SQL 写出如下查询。
 a. 找出至少选修了一门 Comp. Sci. 课程的每名学生的 ID 和姓名，保证结果中没有重复的姓名。
 b. 找出没有选修 2017 年之前开设的任何课程的每名学生的 ID 和姓名。
 c. 找出每个系的教师的最高工资值。可以假设每个系至少有一位教师。
 d. 从前述查询所计算出的每个系的最高工资中选出所有系中的最低值。

3.12 使用大学模式，请写出执行下列运算的 SQL 语句。
 a. 创建一门新课程 “CS-001”，其名称为 “Weekly Seminar”，学分为 0。
 b. 为该课程创建 2017 年秋季的一个课程段，*sec_id* 为 1，该课程段的地点暂不指定。
 c. 为 Comp. Sci. 系的每名学生选修上述课程段。
 d. 从上述课程段的选修信息中删除 ID 为 '12345' 的学生的信息。

e. 删除课程 CS-001。如果你在运行此 **delete** 语句之前，没有先删除这门课程的授课信息（课程段），会发生什么事情？

f. 删除课程名称中包含单词“advanced”的任意课程的任意课程段所对应的所有 *takes* 元组，在课程名与单词的匹配中忽略大小写。

3.13 请写出对应于图 3-17 中模式的 SQL DDL。在数据类型上做出合理的假设，并确保声明主码和外码。

119

3.14 考虑图 3-17 中的保险公司数据库，其中主码被加了下划线。请对这个关系数据库构造如下 SQL 查询。

a. 找出和名为“John Smith”的人的车有关的交通事故数量。

b. 将编号为“AR2197”的事故报告中、车牌是“AABB2000”的车辆的损失额度更新为 3000 美元。

3.15 考虑图 3-18 中的银行数据库，其中主码被加了下划线。请对这个关系数据库构造如下 SQL 查询。

a. 找出在位于“Brooklyn”的所有支行都有账户的每位客户。

b. 找出银行的所有贷款额的总和。

c. 找出资产比位于“Brooklyn”的至少一家支行要多的所有支行名称。

3.16 考虑图 3-19 中的雇员数据库，其中主码被加了下划线。请给出下面每个查询的 SQL 表达式。

a. 找出每位这样的雇员的 ID 和姓名：该雇员所居住的城市与其工作的公司所在城市一样。

b. 找出所居住的城市和街道与其经理相同的每位雇员的 ID 和姓名。

c. 找出工资高于其所在公司所有雇员平均工资的每位雇员的 ID 和姓名。

d. 找出工资总和最小的公司。

3.17 考虑图 3-19 中的雇员数据库。请给出下面每个查询的 SQL 表达式。

a. 为“First Bank Corporation”的所有雇员增长 10% 的工资。

b. 为“First Bank Corporation”的所有经理增长 10% 的工资。

c. 删除“Small Bank Corporation”的雇员在 *works* 关系中的所有元组。

3.18 请给出图 3-19 的雇员数据库的 SQL 模式定义。为每个属性选择合适的域，并为每个关系模式选择合适的主码。引入任何合理的外码约束。

3.19 请列出两个原因，说明为什么空值可能被引入数据库中。

120

3.20 证明在 SQL 中，**<>all** 等价于 **not in**。

3.21 考虑图 3-20 中的图书馆数据库。请用 SQL 写出如下查询。

a. 找出借阅了至少一本由“McGraw-Hill”出版的书的每位会员的会员编号与姓名。

b. 找出借阅了所有由“McGraw-Hill”出版的书的每位会员的会员编号与姓名。

c. 对于每家出版商，找出借阅了超过五本由该出版商出版的书的每位会员的会员编号与姓名。

d. 找出会员借阅书籍的平均数量。考虑这样的情况：如果某会员没有借阅任何书籍，那么该会员根本不会出现在 *borrowed* 关系中，但该会员仍应参与平均运算。

member(*memb_no*, *name*)
book(*isbn*, *title*, *authors*, *publisher*)
borrowed(*memb_no*, *isbn*, *date*)

图 3-20 图书馆数据库

3.22 不使用 **unique** 结构，重写下面的 **where** 子句：

```
where unique (select title from course)
```

3.23 考虑查询：

```
with dept_total (dept_name, value) as
    (select dept_name, sum(salary)
    from instructor
    group by dept_name),
dept_total_avg(value) as
    (select avg(value)
    from dept_total)
```

```
select dept_name
from dept_total, dept_total_avg
where dept_total.value >= dept_total_avg.value;
```

不使用 **with** 结构，重写此查询。

3.24 使用大学模式，请编写 SQL 查询来找到由 Physics 系教师指导的那些 Accounting 系的学生的姓名和 ID。

121

3.25 使用大学模式，请编写 SQL 查询来找到预算高于 Philosophy 系预算的那些系的名称。将结果按字母顺序排列。

3.26 使用大学模式，请用 SQL 执行以下操作：对于至少重修过一门课程两次的每名学生（即该生至少修过这门课程三次），显示课程 ID 及学生 ID。

请按课程 ID 的顺序展示你的结果，不要展示重复的行。

3.27 使用大学模式，请编写 SQL 查询来找到重修过至少三门不同课程、每门课程至少重修过一次（即该生至少修过这门课程两次）的那些学生的 ID。

3.28 使用大学模式，请编写 SQL 查询来找到讲授其所在系开设的每门课程的那些教师的姓名及 ID（即出现在 *course* 关系中的每一门带有该教师所在系名的课程）。将结果按姓名排序。

3.29 使用大学模式，请编写 SQL 查询来找到姓名以字母 ‘D’ 打头且没选过至少五门 Music 课程的每位 History 系学生的姓名及 ID。

3.30 在大学模式上考虑如下的 SQL 查询：

```
select avg(salary) - (sum(salary) / count(*))
from instructor
```

我们可能期望这个查询的结果为零，因为一组数字的平均值被定义为数字的和除以数字数量。事实上，对于图 2-1 中 *instructor* 关系的示例来说确实是这样。但是，对于该关系的其他可能的实例来说，此结果可能不是零。请给出一个这样的实例，并解释为什么结果不是零。

3.31 使用大学模式，请编写 SQL 查询来找到在其所教授的任何课程中都从未给过 A 等级成绩的每位教师的 ID 及姓名。（那些从未教授过任何课程的教师自然也满足此条件。）

3.32 重写上述查询，但还要确保你的结果中只包含那些至少给出过一次某门课程的非空等级成绩的教师。

3.33 使用大学模式，请编写 SQL 查询来找到 Comp. Sci. 系的每门课程的 ID 及名称，要求该课程至少有一个带有下午课时（即于 12：00 或晚于 12：00 结束）的课程段。（如有重复项应该去除。）

3.34 使用大学模式，请编写 SQL 查询来找到每个课程段的学生人数。结果关系的列按 “courseid, secid, year, semester, num” 的顺序给出。无须输出那些学生数为 0 的课程段。

122

3.35 使用大学模式，请编写 SQL 查询来找到选课人数最多的课程段。结果关系的列按 “courseid, secid, year, semester, num” 的顺序给出。（使用 *with* 结构可能较为方便。）

工具

很多关系数据库系统可以从市场上购得，包括 IBM DB2、IBM Informix、Oracle、SAP Adaptive Server Enterprise（以前名为 Sybase），以及 Microsoft 的 SQL Server。另外还有几个开源数据库系统可以从网上下载并免费使用，包括 PostgreSQL 和 MySQL（除几种特定的商业化使用外是免费的）。一些供应商还提供它们系统的免费版本，免费版本有一定的使用限制，其中包括 Oracle Express edition、Microsoft SQL Server Express 和 IBM DB2 Express-C。

sql.js 数据库是嵌入式 SQL 数据库 SQLite 的一个版本，它可以直接在 Web 浏览器中运行，允许在浏览器中直接执行 SQL 命令。所有数据都是临时的，并且当你关闭浏览器时数据就会消失，但它对于学习 SQL 很有用；请注意，sql.js 和 SQLite 所支持的 SQL 子集比其他数据库所支持的要小得多。www.w3schools.com/sql 网站提供了使用 sql.js 作为执行引擎的 SQL 教程。

本书英文版的网站 db-book.com 为本书提供了大量辅助材料。进入网站上名为 Laboratory Material 的链接，你可以访问到如下材料：

- 有关如何建立和访问一些流行数据库系统的说明，包括 sql.js（能够在你的浏览器中运行）、MySQL 和 PostgreSQL。
- 大学模式的 SQL 模式定义。
- 加载样例数据集的 SQL 脚本。
- 关于如何使用由 IIT Bombay 所开发的 XData 系统的建议，从而通过在系统生成的多个数据集上执行查询来测试其正确性；并且对于教师，有关于如何使用 XData 来对 SQL 查询自动打分的建议。
- 关于不同数据库上 SQL 变种的建议。

不同数据库对 SQL 特性的支持有所不同，大多数数据库还支持一些非标准的 SQL 扩展。请阅读系统手册以了解数据库所支持的具体 SQL 特性。

大多数数据库系统提供了命令行界面来提交 SQL 命令。此外，大多数数据库还提供了图形化的用户界面（Graphical User Interface，GUI），它们简化了浏览数据库、创建和提交查询，以及管理数据库的任务。pgAdmin 工具为 PostgreSQL 提供了 GUI 功能，而 phpMyAdmin 为 MySQL 提供了 GUI 功能。Oracle 提供了 Oracle SQL Developer，而 Microsoft SQL Server 则带有 SQL Server Management Studio。

123

NetBeans IDE 的 SQL Editor 提供了一个 GUI 前端，可以为多个不同的数据库工作，但其功能有限；而 Eclipse IDE 则通过 Data Tools Platform（DTP）来支持类似的功能。还有商品化的 IDE，支持跨多个数据库平台的 SQL 访问，包括 Embarcadero 的 RAD Studio 与 Aqua Data Studio。

延伸阅读

原先的 Sequel 语言后来发展为 SQL，Sequel 在 [Chamberlin et al. (1976)] 中有描述。

最重要的 SQL 参考可能是你所使用的特定数据库系统或供应商提供的在线文档。这些文档将标出与本章所描述的 SQL 标准特性有差别的任何特性。以下是一些常用数据库当前版本（截至 2018 年）的 SQL 参考手册的链接。

- MySQL 8.0：dev.mysql.com/doc/refman/8.0/en/。
- Oracle 12c：docs.oracle.com/database/121/SQLRF/。
- PostgreSQL：www.postgresql.org/docs/current/static/sql.html。
- SQLite：www.sqlite.org/lang.html。
- SQL Server：docs.microsoft.com/en-us/sql/t-sql。

参考文献

[Chamberlin et al. (1976)] D. D. Chamberlin, M. M. Astrahan, K. P. Eswaran, P. P. Griffiths, R. A. Lorie, J. W. Mehl, P. Reisner, and B. W. Wade, “SEQUEL 2: A Unified Approach to Data Definition, Manipulation, and Control”, *IBM Journal of Research and Development*, Volume 20, Number 6 (1976), pages 560-575.

124

中级 SQL

在本章中我们继续学习 SQL。我们考虑具有更复杂形式的 SQL 查询、视图定义、事务、完整性约束，以及关于 SQL 数据定义和授权的更多详细信息。

4.1 连接表达式

在第 3 章的所有查询示例中（除了当使用集合运算时），我们使用笛卡儿积运算符来组合来自多个关系的信息。在本节中，我们介绍几种“连接”运算，这些运算允许程序员以一种更自然的方式编写一些查询，并表达某些只用笛卡儿积很难表达的查询。

125

本节中使用的所有示例都涉及 *student* 和 *takes* 这两个关系，它们分别如图 4-1 和图 4-2 所示。请注意对于 *ID* 为 98988 的学生，他在 2018 年夏季选修的 BIO-301 课程的 1 号课程段的 *grade* 属性为空值。该空值表示尚未得到成绩。

ID	*name*	*dept_name*	*tot_cred*
00128	Zhang	Comp. Sci.	102
12345	Shankar	Comp. Sci.	32
19991	Brandt	History	80
23121	Chavez	Finance	110
44553	Peltier	Physics	56
45678	Levy	Physics	46
54321	Williams	Comp. Sci.	54
55739	Sanchez	Music	38
70557	Snow	Physics	0
76543	Brown	Comp. Sci.	58
76653	Aoi	Elec. Eng.	60
98765	Bourikas	Elec. Eng.	98
98988	Tanaka	Biology	120

图 4-1 *student* 关系

ID	*course_id*	*sec_id*	*semester*	*year*	*grade*
00128	CS-101	1	Fall	2017	A
00128	CS-347	1	Fall	2017	A−
12345	CS-101	1	Fall	2017	C
12345	CS-190	2	Spring	2017	A
12345	CS-315	1	Spring	2018	A
12345	CS-347	1	Fall	2017	A
19991	HIS-351	1	Spring	2018	B
23121	FIN-201	1	Spring	2018	C+
44553	PHY-101	1	Fall	2017	B−
45678	CS-101	1	Fall	2017	F
45678	CS-101	1	Spring	2018	B+
45678	CS-319	1	Spring	2018	B
54321	CS-101	1	Fall	2017	A−
54321	CS-190	2	Spring	2017	B+
55739	MU-199	1	Spring	2018	A−
76543	CS-101	1	Fall	2017	A
76543	CS-319	2	Spring	2018	A
76653	EE-181	1	Spring	2017	C
98765	CS-101	1	Fall	2017	C−
98765	CS-315	1	Spring	2018	B
98988	BIO-101	1	Summer	2017	A
98988	BIO-301	1	Summer	2018	*null*

图 4-2 *takes* 关系

4.1.1 自然连接

请考虑以下 SQL 查询，该查询为每名学生计算该学生已经选修的课程的集合：

```
select name, course_id
from student, takes
where student.ID = takes.ID;
```

126 请注意，此查询仅输出已选修某些课程的学生。未选修任何课程的学生不会被输出。

请注意在 *student* 和 *takes* 表中，满足匹配条件需要 *student.ID* 等于 *takes.ID*。这是两个关系中具有相同名称的唯一属性。实际上这是一种常见的情况；也就是说，**from** 子句中的匹配条件通常要求在名称相匹配的所有属性上都取值相等。

为了在这种常见情况下简化 SQL 编程人员的工作，SQL 支持一种被称作自然连接的运算，我们将在下面介绍这种运算。事实上，SQL 还支持另外几种方式使得来自两个或多个关系的信息可以被**连接**起来。我们已经见过怎样利用笛卡儿积和 **where** 子句谓词来连接来自多个关系的信息。连接来自多个关系的信息的其他方式将在 4.1.2 节至 4.1.4 节中介绍。

自然连接（natural join）运算作用于两个关系，并产生一个关系作为结果。与两个关系的笛卡儿积不同，自然连接只考虑在两个关系的模式中都出现的那些属性上取值相同的元组对，而笛卡儿积将第一个关系的每个元组与第二个关系的每个元组进行串接。因此，回到 *student* 和 *takes* 关系的示例上，计算：

student **natural join** *takes*

只考虑这样的元组对：在共同属性 *ID* 上取值相同的来自 *student* 的元组和来自 *takes* 的元组。

如图 4-3 所示的结果关系只有 22 个元组，它们给出了关于一名学生以及该生实际选修课程的信息。请注意我们并没有重复列出在两个关系的模式中都出现的属性，这样的属性只出现一次。还要注意属性的列出顺序：首先是两个关系模式中的公共属性，其次是只出现在第一个关系模式中的那些属性，最后是只出现在第二个关系模式中的那些属性。

ID	*name*	*dept_name*	*tot_cred*	*course_id*	*sec_id*	*semester*	*year*	*grade*
00128	Zhang	Comp. Sci.	102	CS-101	1	Fall	2017	A
00128	Zhang	Comp. Sci.	102	CS-347	1	Fall	2017	A-
12345	Shankar	Comp. Sci.	32	CS-101	1	Fall	2017	C
12345	Shankar	Comp. Sci.	32	CS-190	2	Spring	2017	A
12345	Shankar	Comp. Sci.	32	CS-315	1	Spring	2018	A
12345	Shankar	Comp. Sci.	32	CS-347	1	Fall	2017	A
19991	Brandt	History	80	HIS-351	1	Spring	2018	B
23121	Chavez	Finance	110	FIN-201	1	Spring	2018	C+
44553	Peltier	Physics	56	PHY-101	1	Fall	2017	B-
45678	Levy	Physics	46	CS-101	1	Fall	2017	F
45678	Levy	Physics	46	CS-101	1	Spring	2018	B+
45678	Levy	Physics	46	CS-319	1	Spring	2018	B
54321	Williams	Comp. Sci.	54	CS-101	1	Fall	2017	A-
54321	Williams	Comp. Sci.	54	CS-190	2	Spring	2017	B+
55739	Sanchez	Music	38	MU-199	1	Spring	2018	A-
76543	Brown	Comp. Sci.	58	CS-101	1	Fall	2017	A
76543	Brown	Comp. Sci.	58	CS-319	2	Spring	2018	A
76653	Aoi	Elec. Eng.	60	EE-181	1	Spring	2017	C
98765	Bourikas	Elec. Eng.	98	CS-101	1	Fall	2017	C-
98765	Bourikas	Elec. Eng.	98	CS-315	1	Spring	2018	B
98988	Tanaka	Biology	120	BIO-101	1	Summer	2017	A
98988	Tanaka	Biology	120	BIO-301	1	Summer	2018	*null*

图 4-3　*student* 关系和 *takes* 关系的自然连接

此前我们曾把查询“对于大学中已经选课的所有学生，找出他们的姓名以及他们选修的所有课程的标识”写为：

```
select name, course_id
from student, takes
where student.ID = takes.ID;
```

该查询可以用 SQL 中的自然连接运算更简洁地写作：

```
select name, course_id
from student natural join takes;
```

以上两个查询产生相同的结果[1]。 127

自然连接运算的结果是关系。从概念上讲，可以将 **from** 子句中的“*student* **natural join** *takes*”表达式替换为通过计算该自然连接所得到的关系[2]。然后在这个关系上执行 **where** 和 **select** 子句，就如我们在 3.3.2 节中所看到的那样。

在一条 SQL 查询的 **from** 子句中，可以用自然连接将多个关系结合在一起，如下所示：

select $A_1, A_2, \ldots, A_n$
from r_1 **natural join** r_2 **natural join** ... **natural join** r_m
where P;

128

更为一般地，**from** 子句可以写为如下形式：

from $E_1, E_2, \ldots, E_n$

其中每个 E_i 可以是单个关系或一个涉及自然连接的表达式。例如，假设我们要回答查询“列出学生的姓名以及他们所选课程的名称”。此查询可以用 SQL 写为如下形式：

```
select name, title
from student natural join takes, course
where takes.course_id = course.course_id;
```

首先计算 *student* 和 *takes* 的自然连接，正如我们此前所见的，再计算该结果与 *course* 的笛卡儿积，**where** 子句从这个结果中仅提取出这样的元组：来自连接结果的课程标识与来自 *course* 关系的课程标识相匹配。请注意 **where** 子句中的 *takes.course_id* 表示自然连接结果的 *course_id* 域，因为该域最终来自 *takes* 关系。

但下面的 SQL 查询并不会计算出相同的结果：

```
select name, title
from student natural join takes natural join course;
```

为了说明原因，请注意 *student* 和 *takes* 的自然连接包含的属性是 (*ID*, *name*, *dept_name*, *tot_cred*, *course_id*, *sec_id*)，而 *course* 关系包含的属性是 (*course_id*, *title*, *dept_name*, *credits*)。作为二者自然连接的结果，需要来自这两个关系的 *dept_name* 属性取值相同，还要在 *course_id* 上取值相同。从而该查询将忽略所有这样的 (学生姓名 , 课程名称) 对：其中学生所选修的一门课程不是他所在系的课程。而前一个查询会正确输出这样的对。

为了发扬自然连接的优点，同时避免不正确的相等属性所带来的危险，SQL 提供了一种自然连接的构造形式，它允许你来指定究竟需要哪些列相等。下面的查询说明了这个特征：

---

[1] 为了符号对称，SQL 允许我们将以逗号表示的笛卡儿积用关键字 **cross join** 表示。因此，“**from** *student*, *takes*”可以等价地表示为“**from** *student* cross join *takes*”。

[2] 其结果是，在某些系统中可能无法使用包含了原始关系名的属性名来指代自然连接结果中的属性，例如 *student.ID* 或 *takes.ID*。虽然有些系统允许，但也有一些系统不允许，还有一些系统对于除了连接属性（即出现在两个关系模式中的那些属性）之外的所有属性是允许的。但是，我们可以使用诸如 *name* 和 *course_id* 那样的属性名，而不带关系名。

```
select name, title
from (student natural join takes) join course using (course_id);
```

join … **using** 运算需要指定一个属性名列表。被连接的两个关系都必须具有指定名称的属性。请考虑运算 r_1 **join** r_2 **using**(A_1, A_2)，此运算与 r_1 **natural join** r_2 类似，只不过当 $t_1.A_1 = t_2.A_1$ 和 $t_1.A_2 = t_2.A_2$ 成立时，来自 r_1 的元组 t_1 和来自 r_2 的元组 t_2 就能匹配成对，即使 r_1 和 r_2 都具有名为 A_3 的属性，也不需要 $t_1.A_3 = t_2.A_3$ 成立。

129

这样，在前述 SQL 查询中，**连接**结构允许 *student.dept_name* 和 *course.dept_name* 是不同的，并且该 SQL 查询给出了正确的答案。

4.1.2　连接条件

在 4.1.1 节中我们介绍了如何表达自然连接，并且介绍了 **join** … **using** 子句，它是自然连接的一种形式，只需要指定属性上的取值相匹配。SQL 还支持另外一种形式的连接，其中可以指定任意的连接条件。

on 条件允许在参与连接的关系上设置通用的谓词。该谓词的写法与 **where** 子句谓词类似，只不过使用的是关键词 **on** 而不是 **where**。与 **using** 条件一样，**on** 条件出现在连接表达式的末尾。

考虑下面的查询，它具有包含 **on** 条件的连接表达式：

```
select *
from student join takes on student.ID = takes.ID;
```

上述 **on** 条件表明：如果一个来自 *student* 的元组和一个来自 *takes* 的元组在 *ID* 上的取值相同，那么它们是匹配的。本例中的连接表达式与连接表达式 *student* **natural join** *takes* 几乎相同，因为自然连接运算也需要 *student* 元组和 *takes* 元组是匹配的。这两者之间的一个区别在于：在上述连接结果中，*ID* 属性出现了两次，一次是 *student* 中的，另一次是 *takes* 中的，即便它们的 *ID* 属性值必须是相同的。

实际上，上述查询与以下查询是等价的：

```
select *
from student, takes
where student.ID = takes.ID;
```

正如我们此前所见，关系名被用来区分属性名 *ID*，这样 *ID* 的两次出现被分别表示为 *student.ID* 和 *takes.ID*。只显示一次 *ID* 值的查询版本如下：

```
select student.ID as ID, name, dept_name, tot_cred,
       course_id, sec_id, semester, year, grade
from student join takes on student.ID = takes.ID;
```

此查询的结果与 *student* 和 *takes* 自然连接的结果完全相同，我们已在图 4-3 中给出。

on 条件可以表达任何 SQL 谓词，因而使用 **on** 条件的连接表达式就可以表示比**自然连接**更为丰富的连接条件。然而，正如我们前面的示例所示，使用带 **on** 条件的连接表达式的查询可以用不带 **on** 条件的等价表达式来替换，只要把 **on** 子句中的谓词移到 **where** 子句中即可。因此，**on** 条件看起来似乎是一个冗余的 SQL 特征。

130

但是，引入 **on** 条件有两个很好的理由。首先，我们马上会看到，对于被称作外连接的这一类连接来说，**on** 条件的表现与 **where** 条件的确是不同的。其次，如果在 **on** 子句中指定连接条件，并在 **where** 子句中出现其余的条件，这样的 SQL 查询通常更容易让人读懂。

4.1.3　外连接

假设我们希望显示所有学生的一个列表，显示他们的 *ID*、*name*、*dept_name* 和 *tot_cred*，以及他们所选修的课程。下面的 SQL 查询看起来检索出了所需的信息：

```
select *
from student natural join takes;
```

遗憾的是，上述查询的结果并不完全与想要的结果相同。假设有一些学生，他们并没有选修课程。那么这些特定的学生在 *student* 关系中所对应的元组与 *takes* 关系中的任何元组配对，都不会满足自然连接的条件，因而这些学生的数据就不会出现在结果中。这样我们就看不到没有选修任何课程的学生的任何信息。例如，在图 4-1 的 *student* 关系和图 4-2 的 *takes* 关系中，请注意 *ID* 为 70557 的学生 Snow 没有选修任何课程。Snow 出现在 *student* 关系中，但是 Snow 的 ID 号并没有出现在 *takes* 的 *ID* 列中。因而，Snow 并不会出现在自然连接的结果中。

更为一般地，参与连接的任何一个或两个关系中的某些元组可能会以这种方式“丢失”。**外连接**（outer join）运算与我们已经学过的连接运算类似，但它通过在结果中创建包含空值的元组，来保留那些在连接中会丢失的元组。

例如，为了保证前例中名为 Snow 的学生出现在结果中，可以在连接结果中加入一个元组，它的来自 *student* 关系的所有属性上的值被设置为学生 Snow 的相应值，并且所有余下的、来自 *takes* 关系的属性上的值被设置为空，这些属性是 *course_id*、*sec_id*、*semester* 和 *year*。因此，学生 Snow 的元组被保留在外部连接的结果中。

共有三种形式的外连接：

- **左外连接**（left outer join）只保留出现在**左外连接**运算之前（左边）的关系中的元组。　131
- **右外连接**（right outer join）只保留出现在**右外连接**运算之后（右边）的关系中的元组。
- **全外连接**（full outer join）保留出现在两个关系中的元组。

相比而言，为了与外连接运算相区分，我们此前学习的不保留未匹配元组的连接运算被称作**内连接**（inner join）运算。

我们现在详细解释每种形式的外连接是如何运作的。我们可以按照如下方式计算左外连接运算：首先，像前面那样计算出内连接的结果；然后，对于内连接的左侧关系中任意一个与右侧关系中任何元组都不匹配的元组 *t*，向连接结果中加入一个元组 *r*，*r* 的构造如下：

- 元组 *r* 从左侧关系得到的属性被赋为来自元组 *t* 的值。
- *r* 的其余属性被赋为空值。

图 4-4 给出了下列查询的结果：

```
select *
from student natural left outer join takes;
```

与内连接的结果不同，此结果中包含学生 Snow（*ID* 70557），但是在 Snow 对应的元组中，那些只出现在 *takes* 关系模式中的属性取空值[⊖]。

⊖ 我们在表中用 *null* 表示空值，但是大多数系统把空值显示为空白字段。

ID	*name*	*dept_name*	*tot_cred*	*course_id*	*sec_id*	*semester*	*year*	*grade*
00128	Zhang	Comp. Sci.	102	CS-101	1	Fall	2017	A
00128	Zhang	Comp. Sci.	102	CS-347	1	Fall	2017	A-
12345	Shankar	Comp. Sci.	32	CS-101	1	Fall	2017	C
12345	Shankar	Comp. Sci.	32	CS-190	2	Spring	2017	A
12345	Shankar	Comp. Sci.	32	CS-315	1	Spring	2018	A
12345	Shankar	Comp. Sci.	32	CS-347	1	Fall	2017	A
19991	Brandt	History	80	HIS-351	1	Spring	2018	B
23121	Chavez	Finance	110	FIN-201	1	Spring	2018	C+
44553	Peltier	Physics	56	PHY-101	1	Fall	2017	B-
45678	Levy	Physics	46	CS-101	1	Fall	2017	F
45678	Levy	Physics	46	CS-101	1	Spring	2018	B+
45678	Levy	Physics	46	CS-319	1	Spring	2018	B
54321	Williams	Comp. Sci.	54	CS-101	1	Fall	2017	A-
54321	Williams	Comp. Sci.	54	CS-190	2	Spring	2017	B+
55739	Sanchez	Music	38	MU-199	1	Spring	2018	A-
70557	Snow	Physics	0	*null*	*null*	*null*	*null*	*null*
76543	Brown	Comp. Sci.	58	CS-101	1	Fall	2017	A
76543	Brown	Comp. Sci.	58	CS-319	2	Spring	2018	A
76653	Aoi	Elec. Eng.	60	EE-181	1	Spring	2017	C
98765	Bourikas	Elec. Eng.	98	CS-101	1	Fall	2017	C-
98765	Bourikas	Elec. Eng.	98	CS-315	1	Spring	2018	B
98988	Tanaka	Biology	120	BIO-101	1	Summer	2017	A
98988	Tanaka	Biology	120	BIO-301	1	Summer	2018	*null*

图 4-4 *student* **natural left outer join** *takes* 的结果

作为使用外连接运算的另一个示例，我们可以将查询“找出一门课程也没有选修的所有学生”写作：

```
select ID
from student natural left outer join takes
where course_id is null;
```

右外连接和**左外连接**是对称的。来自右侧关系的、不匹配左侧关系中任何元组的元组被补上空值，并加入右外连接的结果中。这样，如果我们使用右外连接来重写前面的查询，并按如下方式交换所列出关系的次序：

```
select *
from takes natural right outer join student;
```

132 那么我们得到的结果是一样的，只不过在结果中属性出现的次序不同（见图 4-5）。

全外连接是左外连接与右外连接类型的联合。在内连接结果被计算出来之后，该运算将来自左侧关系的、不匹配右侧关系中任何元组的那些元组添上空值并把它们加到结果中。类似地，它将来自右侧关系的、不匹配左侧关系中任何元组的那些元组也添上空值并把它们加到结果中。换言之，全外连接是左外连接和相应的右外连接的并运算[⊖]。

作为使用全外连接的示例，请考虑下述查询：“显示 Comp. Sci. 系中所有学生以及他们在 2017 年春季选修的所有课程段的列表。2017 年春季开设的所有课程段都必须显示，即使没有来自 Comp. Sci. 系的学生选修这些课程段。”此查询可写为：133

⊖ 在那些只实现左外连接和右外连接的系统（特别是 MySQL）中，这正是人们编写完整外连接的方式。

```
select *
from (select *
      from student
      where dept_name = 'Comp. Sci.')
    natural full outer join
    (select *
     from takes
     where semester = 'Spring' and year = 2017);
```

ID	*course_id*	*sec_id*	*semester*	*year*	*grade*	*name*	*dept_name*	*tot_cred*
00128	CS-101	1	Fall	2017	A	Zhang	Comp. Sci.	102
00128	CS-347	1	Fall	2017	A-	Zhang	Comp. Sci.	102
12345	CS-101	1	Fall	2017	C	Shankar	Comp. Sci.	32
12345	CS-190	2	Spring	2017	A	Shankar	Comp. Sci.	32
12345	CS-315	1	Spring	2018	A	Shankar	Comp. Sci.	32
12345	CS-347	1	Fall	2017	A	Shankar	Comp. Sci.	32
19991	HIS-351	1	Spring	2018	B	Brandt	History	80
23121	FIN-201	1	Spring	2018	C+	Chavez	Finance	110
44553	PHY-101	1	Fall	2017	B-	Peltier	Physics	56
45678	CS-101	1	Fall	2017	F	Levy	Physics	46
45678	CS-101	1	Spring	2018	B+	Levy	Physics	46
45678	CS-319	1	Spring	2018	B	Levy	Physics	46
54321	CS-101	1	Fall	2017	A-	Williams	Comp. Sci.	54
54321	CS-190	2	Spring	2017	B+	Williams	Comp. Sci.	54
55739	MU-199	1	Spring	2018	A-	Sanchez	Music	38
70557	*null*	*null*	*null*	*null*	*null*	Snow	Physics	0
76543	CS-101	1	Fall	2017	A	Brown	Comp. Sci.	58
76543	CS-319	2	Spring	2018	A	Brown	Comp. Sci.	58
76653	EE-181	1	Spring	2017	C	Aoi	Elec. Eng.	60
98765	CS-101	1	Fall	2017	C-	Bourikas	Elec. Eng.	98
98765	CS-315	1	Spring	2018	B	Bourikas	Elec. Eng.	98
98988	BIO-101	1	Summer	2017	A	Tanaka	Biology	120
98988	BIO-301	1	Summer	2018	*null*	Tanaka	Biology	120

图 4-5 *takes* **natural right outer join** *student* 的结果

其结果如图 4-6 所示。

134

ID	*name*	*dept_name*	*tot_cred*	*course_id*	*sec_id*	*semester*	*year*	*grade*
00128	Zhang	Comp. Sci.	102	*null*	*null*	*null*	*null*	*null*
12345	Shankar	Comp. Sci.	32	CS-190	2	Spring	2017	A
54321	Williams	Comp. Sci.	54	CS-190	2	Spring	2017	B+
76543	Brown	Comp. Sci.	58	*null*	*null*	*null*	*null*	*null*
76653	*null*	*null*	*null*	ECE-181	1	Spring	2017	C

图 4-6 全外连接示例的结果（见文本）

on 子句可以和外连接一起使用。下述查询与我们见过的使用“*student* **natural left outer join** *takes*”的第一个查询是相同的，只不过属性 *ID* 在结果中出现了两次。

```
select *
from student left outer join takes on student.ID = takes.ID;
```

正如我们前面提到的，**on** 和 **where** 对于外连接的表现是不同的。其原因是：外连接只为那些对相应的“内”连接结果没有贡献的元组增加补上空值的元组。**on** 条件是外连接声明的一部分，但 **where** 子句却不是。在我们的示例中，*ID* 为 70557 的学生“Snow”所对应

的 *student* 元组的情况就说明了这样的差异。假设我们按这样的方式来修改前述查询：把 **on** 子句谓词换到 **where** 子句中，并使用一个为 *true* 的 on 条件[⊖]。

```
select *
from student left outer join takes on true
where student.ID = takes.ID;
```

早先的查询使用带 **on** 条件的左外连接，包括元组（70557, Snow, Physics, 0, *null*, *null*, *null*, *null*, *null*, *null*），因为在 *takes* 中没有 *ID*=70557 的元组。然而在后面的查询中，每个元组都满足连接条件 *true*，因此外连接不会产生补上空值的元组。外连接实际上产生了两个关系的笛卡儿积。因为在 *takes* 中没有 *ID*=70557 的元组，每次当外连接中出现 *name*= "Snow" 的元组时，*student.ID* 与 *takes.ID* 的取值必然是不同的，并且这样的元组会被 **where** 子句谓词排除掉。从而，学生 Snow 不会出现在后面查询的结果中。

135

注释 4-1　SQL 与多重集关系代数——第四部分

关系代数支持由 $⟕_\theta$ 表示的左外连接运算、由 $⟖_\theta$ 表示的右外连接运算以及由 $⟗_\theta$ 表示的全外连接运算。它还支持用 $\bowtie$ 表示的自然连接运算，以及用 $⟕$、$⟖$ 和 $⟗$ 表示的左外连接、右外连接和全外连接运算的自然连接版。所有这些运算的定义与 SQL 中相应运算的定义是相同的，我们在 4.1 节中已经看到过了。

4.1.4　连接类型和条件

为了把常规连接和外连接区分开来，在 SQL 中把常规连接称作**内连接**。这样连接子句就可以指定用**内连接**而不是**外连接**来说明使用的是常规连接。然而关键词 **inner** 是可选的，当 **join** 子句中没有使用 **outer** 前缀时，缺省的连接类型是**内连接**。从而，

```
select *
from student join takes using (ID);
```

等价于：

```
select *
from student inner join takes using (ID);
```

类似地，**自然连接**（natural join）等价于**自然内连接**（natural inner join）。

图 4-7 给出了我们已讨论的各种连接类型的完全列表。从图中可以看出，任意的连接形式（内连接、左外连接、右外连接或全外连接）可以和任意的连接条件（自然连接、using 条件连接或 on 条件连接）进行组合。

136

连接类型
inner join
left outer join
right outer join
full outer join

连接条件
natural
on <predicate>
using $(A_1, A_2, \cdots, A_n)$

图 4-7　连接类型和连接条件

4.2　视图

让所有用户看到数据库中关系的完整集合并非总是合适的。在 4.7 节中，我们将看到如

⊖ 有些系统并不允许使用布尔常量 *true*。要在这些系统上对此进行测试，请使用重言式（即始终计算为真的谓词），如 "1=1"。

何使用 SQL 授权机制来限制对关系的访问，但是出于安全性考虑，可能需要向用户仅隐藏一个关系中的特定数据。请考虑以下情况：一位职员需要知道教师的 ID、姓名和所在系名，但是并没有权限看到教师的工资值。此人应该看到的关系用 SQL 语句描述如下：

```
select ID, name, dept_name
from instructor;
```

除了安全问题，我们可能希望创建一个“虚拟”关系的个性化集合，该集合能更好地匹配特定用户直观意义上的企业结构。在大学示例中，我们可能希望有一个关于物理系在 2017 年秋季学期所开设的所有课程段的列表，其中包括每个课程段在哪栋建筑的哪个房间授课的信息。为了得到这样的列表，我们应该创建的关系是：

```
select course.course_id, sec_id, building, room_number
from course, section
where course.course_id = section.course_id
      and course.dept_name = 'Physics'
      and section.semester = 'Fall'
      and section.year = 2017;
```

可以计算出这些查询的结果并存储下来，然后把存储的关系提供给用户。但如果我们这样做，一旦 *instructor*、*course* 或 *section* 关系中的底层数据发生变化，那么所存储的查询结果就不再与在这些关系上重新执行查询的结果相匹配。一般说来，对像上例中那样的查询结果进行计算并存储不是一种好的思路（尽管也存在某些例外情况，我们会在后面学习）。

SQL 允许通过查询来定义一种“虚拟关系”，它在概念上包含查询的结果。该虚拟关系并不预先计算和存储，而是在使用虚拟关系的时候才通过执行查询计算出来。我们在 3.8.6 节中看到过一种这样的特性，在那里我们描述了 **with** 子句。**with** 子句允许我们为子查询指定一个名称，以便经常根据需要来使用，但只能在一个特定的查询中使用。在这里，我们提出了一种通过定义**视图**（view）来将此概念扩展到单个查询之外的方式。在任何给定的实际关系集合上能够支持大量的视图。

137

4.2.1　视图定义

我们在 SQL 中通过使用 **create view** 命令来定义视图。为了定义一个视图，我们必须给视图一个名称，并且必须提供计算视图的查询。**create view** 命令的格式为：

create view *v* **as** < 查询表达式 >;

其中 < 查询表达式 > 可以是任何合法的查询表达式。视图名称用 *v* 表示。

请重新考虑需要访问 *instructor* 关系中除 *salary* 之外的所有数据的职员。该职员不应该被授予访问 *instructor* 关系的权限（我们将在 4.7 节中看到如何指定权限）。但可以把视图关系 *faculty* 提供给该职员，此视图的定义如下：

```
create view faculty as
    select ID, name, dept_name
    from instructor;
```

如前所述，视图关系在概念上包含查询结果中的元组，但并不进行预计算和存储。相反，数据库系统存储的是与视图关系相关联的查询表达式。每当视图关系被访问时，其中的元组就通过计算查询结果而被创建出来。从而，视图关系可以随时根据需要进行创建。

为了创建这样一个视图，列出物理系在2017年秋季学期所开设的所有课程段，以及每个课程段在哪栋建筑的哪个房间授课，我们可以写出：

```
create view physics_fall_2017 as
    select course.course_id, sec_id, building, room_number
    from course, section
    where course.course_id = section.course_id
                and course.dept_name = 'Physics'
                and section.semester = 'Fall'
                and section.year = 2017;
```

稍后，当我们在4.7节中学习SQL授权机制时，将看到用户可以用对视图的访问来代替对关系的访问或作为对关系的访问之外的补充。

视图与**with**语句的不同之处在于：视图一旦创建，在被显式删除之前就一直是可用的。由**with**定义的命名子查询对于定义它的查询来说只是本地可用的。

4.2.2　在SQL查询中使用视图

一旦我们定义了一个视图，就可以用视图名来指代该视图所生成的虚拟关系。使用视图*physics_fall_2017*，我们可以通过下面的查询找到于2017年秋季学期、在Watson大楼开设的所有物理课程：

138

```
select course_id
from physics_fall_2017
where building = 'Watson';
```

在查询中，视图名可以出现在关系名可以出现的任何地方。

视图的属性名可以按下述方式来显式指定：

```
create view departments_total_salary(dept_name, total_salary) as
    select dept_name, sum (salary)
    from instructor
    group by dept_name;
```

上述视图为每个系给出了该系中所有教师的工资总和。因为表达式**sum**(*salary*)并没有一个名称，所以在视图定义中显式指定了该属性名。

直观地说，在任何给定时刻，视图关系中的元组集都是对定义视图的查询表达式求值的结果。因此，如果计算并存储视图关系，一旦用于定义该视图的关系被修改，那么视图就会过期。为了避免这一点，视图通常这样来实现：当我们定义一个视图时，数据库系统存储视图本身的定义，而不存储定义该视图的查询表达式的求值结果。一旦视图关系出现在查询中，它就被已存储的查询表达式代替。因此，每当我们计算这个查询时，视图关系都被重新计算。

一个视图可能被用到定义另一个视图的表达式中。例如，我们可以定义一个视图*physics_fall_2017_watson*，它列出了于2017年秋季学期、在Watson大楼开设的所有物理课程的课程ID和房间号：

```
create view physics_fall_2017_watson as
            select course_id, room_number
            from physics_fall_2017
            where building = 'Watson';
```

其中，*physics_fall_2017_watson* 本身是一个视图关系。它等价于：

```
create view physics_fall_2017_watson as
    select course_id, room_number
    from (select course.course_id, building, room_number
          from course, section
          where course.course_id = section.course_id
                and course.dept_name = 'Physics'
                and section.semester = 'Fall'
                and section.year = 2017)
    where building = 'Watson';
```

139

4.2.3 物化视图

某些数据库系统允许存储视图关系，但是它们保证：如果用于定义视图的实际关系发生改变，则视图也跟着修改以保持最新。这样的视图被称为**物化视图**（materialized view）。

例如，请考虑 *departments_total_salary* 视图。如果该视图是物化的，则其结果将存储在数据库中，从而允许使用该视图的查询可以通过使用预计算的视图结果来更快地运行，而不是重新计算该视图的结果。

然而，如果一个 *instructor* 元组被插入 *instructor* 关系中，或者从 *instructor* 关系中删除，则定义视图的查询的结果就会发生变化，其结果是物化视图的内容也必须更新。类似地，如果一位教师的工资被更新，那么 *departments_total_salary* 中对应于该教师所在系的元组就必须更新。

保持物化视图一直在最新状态的过程称为**物化视图维护**（materialized view maintenance），或者通常简称为**视图维护**（view maintenance），将在 16.5 节中进行介绍。当构成视图定义的任何关系被更新时，可以马上进行视图维护。然而，某些数据库系统是当视图被访问时才惰性地执行视图维护的。还有一些系统仅仅周期性地对物化视图进行更新，在这种情况下，当物化视图被使用时，其中的内容可能是陈旧的，或者说是过时的。如果应用需要最新数据，这种方式是不适用的。某些数据库系统允许数据库管理员来控制对于每个物化视图应该采取上述的哪种方式。

频繁使用视图的应用可以从视图的物化中获益。需要快速响应基于大型关系上聚集计算的特定查询的应用也可以通过创建与该查询相对应的物化视图而受益良多。在这种情况下，聚集结果可能比视图定义所基于的大型关系要小得多，其结果是：利用物化视图可以非常快地回答查询，它避免读取大型底层关系。物化视图查询所带来的好处还需要与存储代价和所增加的更新开销相权衡。

SQL 并没有定义指定物化视图的标准方式，但是很多数据库系统提供了它们自己的 SQL 扩展来实现这项任务。一些数据库系统在底层关系变化时，总是把物化视图保持在最新状态；而另外一些系统允许物化视图过时，并周期性地重新计算物化视图。

4.2.4 视图更新

尽管对于查询而言，视图是一种有用的工具，但如果我们用它们来表达更新、插入或删除，它们可能带来严重的问题。困难就在于：用视图表达的数据库修改必须被翻译为对数据库逻辑模型中实际关系的修改。

140

假设我们此前所见的*faculty*视图被提供给一个职员。既然我们允许视图名出现在关系名可以出现的任何地方，该职员就可以这样写：

insert into *faculty*
　　values ('30765', 'Green', 'Music');

这个插入必须被表示为对*instructor*关系的插入，因为*instructor*是数据库系统用于构造*faculty*视图的实际关系。然而，为了把一个元组插入*instructor*中，我们必须给出*salary*的值。存在两种合理的解决方案来处理这样的插入：

- 拒绝插入，并向用户返回一条错误信息。
- 向*instructor*关系中插入元组（'30765', 'Green', 'Music', *null*）。

通过视图修改数据库的另一类问题发生在这样的视图上：

create view *instructor_info* **as**
select *ID, name, building*
from *instructor, department*
where *instructor.dept_name* = *department.dept_name*;

这个视图列出了大学里每位教师的*ID*、*name*和建筑名。请考虑通过该视图的如下插入语句：

insert into *instructor_info*
　　values ('69987', 'White', 'Taylor');

假设没有*ID*为69987的教师，也没有位于Taylor大楼的系。那么向*instructor*和*department*关系中插入元组的唯一可能的方式是：向*instructor*中插入元组（'69987', 'White', *null*, *null*），并向*department*中插入元组（*null*, 'Taylor', *null*）。于是我们得到如图4-8所示的关系。但是这个更新并没有产生所需的结果，因为视图关系*instructor_info*中仍然不包含元组（'69987', 'White', 'Taylor'）。因此，通过利用空值来更新*instructor*和*department*关系以得到对*instructor_info*所需的更新是不可行的。

ID	*name*	*dept_name*	*salary*
10101	Srinivasan	Comp. Sci.	65000
12121	Wu	Finance	90000
15151	Mozart	Music	40000
22222	Einstein	Physics	95000
32343	El Said	History	60000
33456	Gold	Physics	87000
45565	Katz	Comp. Sci.	75000
58583	Califieri	History	62000
76543	Singh	Finance	80000
76766	Crick	Biology	72000
83821	Brandt	Comp. Sci.	92000
98345	Kim	Elec. Eng.	80000
69987	White	*null*	*null*

instructor

dept_name	*building*	*budget*
Biology	Watson	90000
Comp. Sci.	Taylor	100000
Electrical Eng.	Taylor	85000
Finance	Painter	120000
History	Painter	50000
Music	Packard	80000
Physics	Watson	70000
null	Taylor	*null*

department

图4-8　插入元组后的*instructor*和*department*关系

由于如上所述的种种问题，除了一些有限的情况之外，一般不允许对视图关系进行修改。不同的数据库系统指定了不同的条件，在满足这些条件的前提下才允许更新视图关系；请参考数据库系统手册以获得详细信息。

一般说来，如果定义视图的查询对下列条件都能满足，那么就称SQL视图是**可更新的**

(即视图上可以执行插入、更新或删除):

141

- **from** 子句中只有一个数据库关系。
- **select** 子句中只包含关系的属性名，并不包含任何表达式、聚集或 distinct 声明。
- 没有出现在 **select** 子句中的任何属性都可以取 *null* 值；也就是说，这些属性没有非空约束，也不构成主码的一部分。
- 查询中不含有 **group by** 或 **having** 子句。

在这些限制下，允许在下面的视图上执行 **update**、**insert** 和 **delete** 操作：

142

```
create view history_instructors as
select *
from instructor
where dept_name = 'History';
```

即便是在可更新的条件下，下面的问题仍然存在。假设一个用户尝试向 *history_instructors* 视图中插入元组（'25566', 'Brown', 'Biology', 100000），这个元组可以被插入 *instructor* 关系中，但是由于它不满足视图所要求的选择条件，因此它不会出现在 *history_instructors* 视图中。

在缺省情况下，SQL 允许执行上述更新。但是，可以通过在视图定义的末尾包含 **with check option** 子句的方式来定义视图；这样，如果向视图中插入一条不满足视图的 **where** 子句条件的元组，则数据库系统会拒绝该插入操作。类似地，如果新值不满足 **where** 子句的条件，则更新也会被拒绝。

SQL:1999 有更复杂的规则集是关于何时可以在视图上执行插入、更新和删除的，并通过更大一类视图来允许一个视图的更新，但是这些规则过于复杂，就不在这里讨论了。

通过视图修改数据库的另一种可替代的且通常更可取的方法是使用 5.3 节中讨论的触发机制。触发器声明中的 **instead of** 特性允许用专门为每种特定情况设计的操作去替换视图上缺省的插入、更新和删除操作。

4.3 事务

事务（transaction）由查询和（或）更新语句的序列组成。SQL 标准规定当一条 SQL 语句被执行时，就隐式地开始了一个事务。下列 SQL 语句之一会结束该事务：

- **commit work** 提交当前事务；也就是说，它使事务执行的更新在数据库中成为永久性的。在事务被提交后，一个新的事务会自动开始。
- **rollback work** 回滚当前事务；也就是说，它会撤销事务中 SQL 语句执行的所有更新。因此，数据库状态被恢复到它执行该事务的第一条语句之前的状态。

关键字 **work** 在两条语句中都是可选的。

如果在一个事务的执行期间检测到某种错误状态，事务回滚是有用的。在某种意义上，提交类似于对正在编辑的文档保存更改，而回滚类似于退出编辑会话且不保存更改。一旦一个事务执行了 **commit work**，它的影响就不能再用 **rollback work** 来撤销了。数据库系统保证在发生诸如某条 SQL 语句错误、断电或系统崩溃这些故障的情况下，如果一个事务还没有执行 **commit work**，那么其影响将被回滚。在断电或其他系统崩溃的情况下，回滚会在系统重启时执行。

143

例如，考虑一个银行应用，我们需要从一个银行账户把钱转到同一家银行的另一个账户。为了这样做，我们需要更新两个账户的余额，从一个账户中减去转账金额，并把它加到另一个账户上。如果在从第一个账户上划走资金以后，但在把这笔资金加到第二个账户之前发生了系统崩溃，那么银行余额就会不一致。如果在第一个账户划走资金之前先往第二个账户存款，并且在存款之后马上发生系统崩溃，那么也会出现类似的问题。

作为另一个示例，请考虑我们正在使用的大学应用的示例。我们假设只要学生成功修完一门课程，*student* 关系中对应元组的 *tot_cred* 属性就会通过修改保持最新。为此，只要当 *takes* 关系被更新以记录一名学生成功修完一门课程的信息（通过赋予适当的成绩）时，相应的 *student* 元组也必须更新。如果执行这两个更新的应用程序在执行完一个更新后但在执行第二个更新前崩溃了，那么数据库中的数据就是不一致的。

一个事务或者在完成其所有步骤后提交其操作，或者在不能成功完成其所有动作的情况下回滚其所有动作，通过这种方式数据库提供了对事务具有**原子性**（atomic）的抽象，原子性也就是不可分割性。要么事务的所有影响被反映到数据库中，要么任何影响也没有（在回滚之后）。

如果把事务的概念应用到上述应用中，那些更新语句就会作为单个事务来执行。在事务执行其某一条语句时出错会导致事务早先执行的语句的影响被撤销，从而不会让数据库处于部分更新的状态。

如果程序没有执行这两条命令中的任何一条就终止了，那么更新要么被提交要么被回滚。SQL 标准并没有指出究竟执行那一种，如何选择依赖于具体实现。

在包括 MySQL 和 PostgreSQL 在内的很多 SQL 实现中，在缺省方式下每条 SQL 语句自成一个事务，且语句一旦执行完就提交该事务。如果一个事务由需要执行的多条 SQL 语句组成，就必须关闭单条 SQL 语句的这种自动提交。如何关闭自动提交依赖于特定的 SQL 实现，尽管很多数据库都支持**关闭自动提交**（set autocommit off）的命令[⊖]。

144

一种更好的备选方案是，作为 SQL:1999 标准的一部分，允许多条 SQL 语句被包含在关键字 **begin atomic** … **end** 之间。这样在此关键字之间的所有语句就构成了一个单一事务，如果执行到 **end** 语句，则该事务被默认提交。只有诸如 SQL Server 的某些数据库支持上述语法。但是，诸如 MySQL 和 PostgreSQL 的其他几个数据库支持的是 **begin** 语句，该语句启动包含所有后续 SQL 语句的事务，但并不支持 **end** 语句；事务必须通过 **commit work** 或 **rollback work** 命令来结束。

如果使用诸如 Oracle 那样的数据库，其中自动提交并不是 DML 语句的缺省设置，请确保在添加或修改数据后发出 **commit** 命令，否则当你断开连接时，将回滚你的所有数据库修改[⊜]！你应该清楚，虽然在缺省情况下 Oracle 已关闭自动提交，但缺省设置可能会被本地设置所覆盖。

我们将在第 17 章中学习事务的更多特性；将在第 18～19 章中介绍实现事务的相关问题。

4.4 完整性约束

完整性约束（integrity constraint）保证授权用户对数据库所做的修改不会导致数据一致性的丢失。因此，完整性约束防止的是对数据的意外破坏。这与安全性约束（security constraint）不同，安全性约束防止未经授权的用户访问数据库。

⊖ 在使用诸如 JDBC 或 ODBC 那样的应用程序接口时，有一种打开或关闭自动提交的标准方式，我们将分别在 5.1.1 节和 5.1.3 节中学习。

⊜ Oracle 的确会自动提交 DDL 语句。

完整性约束的示例有：

- 教师姓名不能为 *null*。
- 任意两位教师不能有相同的教师 ID。
- *course* 关系中的每个系名必须在 *department* 关系中有一个对应的系名。
- 一个系的预算必须大于 0.00 美元。

一般说来，一个完整性约束可以是关于数据库的任意谓词。但是，检测任意谓词的代价可能太高。因此，大多数数据库系统允许用户指定那些只需极小开销就可以检测的完整性约束。

在 3.2.2 节中我们已经见过了完整性约束的一些形式。我们将在本节中学习完整性约束的更多形式。在第 7 章中，我们将学习另一种被称作**函数依赖**（functional dependency）的完整性约束形式，它主要应用在模式设计的过程中。

145

完整性约束通常被视为数据库模式设计过程的一部分，并作为用于创建关系的 **create table** 命令的一部分被声明。然而，也可以通过使用 **alter table** *table-name* **add** *constraint* 命令将完整性约束施加到已有关系上，其中 *constraint* 可以是该关系上的任意约束。当这样一条命令被执行时，系统首先保证该关系满足指定的约束。如果满足，那么约束被施加到关系上；如果不满足，则上述命令被拒绝执行。

4.4.1 单个关系上的约束

我们在 3.2 节中描述了如何用 **create table** 命令来定义关系表。**create table** 命令还可以包括完整性约束语句。除了主码约束之外，还有许多其他可以包括在 **create table** 命令中的约束。允许的完整性约束包括：

- **not null**；
- **unique**；
- **check**(< 谓词 >)。

我们将在下面几个小节中介绍这些类型的每种约束。

4.4.2 非空约束

正如我们在第 3 章中讨论过的，空值是所有域的成员，它在缺省情况下是 SQL 中每个属性的合法值。然而对于特定的属性来说，空值可能是不合适的。请考虑 *student* 关系中的一个元组，其中 *name* 是 *null*。这样的元组给出了一名未知学生的学生信息，因此它并不包含有用的信息。类似地，我们不会希望系的预算为 *null*。在这些情况下，我们希望禁止空值，可以通过限定 *name* 和 *budget* 属性的域来排除空值，即按照如下方式来声明：

name **varchar**(20) **not null**
budget **numeric**(12,2) **not null**

非空（not null）约束禁止对该属性插入空值，并且它是**域约束**（domain constraint）的一个示例。可能导致向一个声明为**非空**的属性插入空值的任何数据库修改都会产生错误诊断信息。

在许多情况下我们希望避免空值。尤其是 SQL 禁止在关系模式的主码中出现空值。因此，在我们的大学示例中，在 *department* 关系上如果声明 *dept_name* 属性为 *department* 的主码，那它就不能取空值。其结果是它不必显式地声明为**非空**的。

146

4.4.3 唯一性约束

SQL 还支持这种完整性约束：

$$\textbf{unique}\ (A_{j_1}, A_{j_2}, \cdots, A_{j_m})$$

唯一性（unique）声明指出属性 $A_{j_1}, A_{j_2}, \cdots, A_{j_m}$ 形成了一个超码；也就是说，在关系中没有两个元组能在所有列出的属性上取值相同。然而声明了唯一性的属性允许为 *null*，除非它们已被显式地声明为**非空**。请回忆一下，空值并不等于其他的任何值。（这里对空值的处理与对 3.8.4 节中定义的 **unique** 结构的处理一样。）

4.4.4 check 子句

当应用于关系声明时，**check**(*P*) 子句指定一个谓词 *P*，关系中的每个元组都必须满足谓词 *P*。

通常用 **check** 子句来保证属性值满足指定的条件，实际上是创建了一个强大的类型系统。例如，在用于 *department* 关系的 **create table** 命令中的 **check**(*budget*>0) 子句将保证 **budget** 上的取值是非负的。

作为另一个示例，考虑如下语句：

```
create table section
    (course_id     varchar (8),
     sec_id        varchar (8),
     semester      varchar (6),
     year          numeric (4,0),
     building      varchar (15),
     room_number   varchar (7),
     time_slot_id  varchar (4),
     primary key (course_id, sec_id, semester, year),
     check (semester in ('Fall', 'Winter', 'Spring', 'Summer')));
```

这里，我们用 **check** 子句模拟了一个枚举类型，是通过指定 *semester* 必须是 'Fall'、'Winter'、'Spring' 或 'Summer' 中的一个来实现的。这样，**check** 子句允许以有力的方式对属性域加以限制，这是大多数编程语言的类型系统所不能允许的。

在对 **check** 子句的求值中空值呈现了一种有趣的特殊情况。如果 **check** 子句不为假，则它是满足的，因此计算结果为**未知**的子句也是满足的。如果不需要空值，则必须指定单独的**非空**约束（见 4.4.2 节）。

如之前所示，**check** 子句可以单独出现，也可以作为属性声明的一部分出现。在图 4-9 中，*semester* 属性的 **check** 约束是作为 *semester* 声明的一部分出现的。**check** 子句的位置取决于编码风格。通常来说，对单个属性值的约束与该属性一起列出，而更复杂的 **check** 子句则在 **create table** 语句的末尾单独列出。

147

根据 SQL 标准，**check** 子句中的谓词可以是包括子查询在内的任意谓词。然而，当前还没有一个被广泛使用的数据库产品允许包含子查询的谓词。

4.4.5 引用完整性

我们常常希望保证一个关系（引用关系）中给定属性集合的取值也在另一个关系（被引用关系）的特定属性集的取值中出现。正如我们在前面的 2.3 节中所看到的，这种情况称为引用完整性约束，外码是引用完整性约束的一种形式，其中被引用的属性构成被引用关系的主码。

```
create table classroom
   (building        varchar (15),
    room_number     varchar (7),
    capacity        numeric (4,0),
    primary key (building, room_number));

create table department
   (dept_name       varchar (20),
    building        varchar (15),
    budget          numeric (12,2) check (budget > 0),
    primary key (dept_name));

create table course
   (course_id       varchar (8),
    title           varchar (50),
    dept_name       varchar (20),
    credits         numeric (2,0) check (credits > 0),
    primary key (course_id),
    foreign key (dept_name) references department);

create table instructor
   (ID              varchar (5),
    name            varchar (20) not null,
    dept_name       varchar (20),
    salary          numeric (8,2) check (salary > 29000),
    primary key (ID),
    foreign key (dept_name) references department);

create table section
   (course_id       varchar (8),
    sec_id          varchar (8),
    semester        varchar (6) check (semester in
                         ('Fall', 'Winter', 'Spring', 'Summer')),
    year            numeric (4,0) check (year > 1759 and year < 2100),
    building        varchar (15),
    room_number     varchar (7),
    time_slot_id    varchar (4),
    primary key (course_id, sec_id, semester, year),
    foreign key (course_id) references course,
    foreign key (building, room_number) references classroom);
```

图 4-9　大学数据库的部分 SQL 数据定义

通过使用**外码**（foreign key）子句，可以将外码指定为 SQL 的**创建表**（create table）语句的一部分，正如我们在 3.2.2 节中所见的。我们通过使用一部分大学数据库的 SQL DDL 定义来说明外码声明，如图 4-9 中所示。*course* 表的定义中有一个声明“**foreign key** (*dept_name*) **references** *department*”。这个外码声明表明：对于每个课程元组，元组中指定的系名必须在 *department* 关系中存在。如果没有这个约束，就可能会为一门课程指定一个并不存在的系名。

在缺省情况下，在 SQL 中外码引用的是被引用表的主码属性。SQL 还支持一个可以显式指定被引用关系的属性列表的**引用**（references）子句的版本[⊖]。例如，*course* 关系的外码声明可以指定为：

⊖ 某些系统（尤其是 MySQL）并不支持缺省情况，而是要求指定被引用关系的属性。

foreign key (*dept_name*) **references** *department*(*dept_name*)

然而，这个被指定的属性列表必须声明为被引用关系的超码，要么使用**主码**约束，要么使用**唯一性**约束来进行这种声明。在更为普遍的引用完整性约束形式中，被引用的属性不必是候选码，但这样的形式不能在 SQL 中直接声明。SQL 标准提供了另外的结构用于实现这样的约束，我们将在 4.4.8 节中描述这样的结构，但是，任何广泛使用的数据库系统都不支持这些替代结构。

148 ~ 149

请注意外码必须引用一组兼容的属性，也就是说，属性数量必须相同，并且相应属性的数据类型必须兼容。

我们可以使用以下形式作为表定义的一部分，来声明一个属性构成一个外码：

dept_name **varchar**(20) **references** *department*

当违反引用完整性约束时，通常的处理是拒绝执行导致破坏完整性的操作（即执行更新操作的事务被回滚）。但是，在**外码**（foreign key）子句中可以指明：如果被引用关系上的删除或更新操作违反了约束，那么系统必须采取一些措施来改变引用关系中的元组以恢复完整性约束，而不是拒绝这样的操作。请考虑 *course* 关系上一个完整性约束的如下定义：

```
create table course
    ( ...
    foreign key (dept_name) references department
                on delete cascade
                on update cascade,
    ... );
```

由于有了与外码声明相关联的**级联删除**（on delete cascade）子句，如果删除 *department* 中的一个元组导致违反了这种引用完整性约束，则系统并不拒绝该删除，而是对 *course* 关系做“**级联**（cascade）”删除，即删除引用了被删除系的元组。类似地，如果更新被约束引用的字段时违反了约束，则系统并不拒绝更新操作，而是将 *course* 中引用元组的 *dept_name* 字段也改为新值。SQL 还允许**外码**（foreign key）子句指定除**级联**以外的其他动作，如果约束被违反，可将引用域（这里是 *dept_name*）置为 *null*（通过用 **set null** 代替 **cascade**），或置为该域的缺省值（通过使用 **set default**）。

如果存在跨多个关系的外码依赖链，则在链的一端所做的删除或更新可能级联传至整个链上。实践习题 4.9 中出现的一种有趣的情况是：一个关系上的**外码**约束所引用的关系就是它自己。如果一个级联更新或删除所导致的对约束的违反不能通过进一步的级联操作来解决，则系统就中止该事务。其结果是，该事务所做的所有修改以及它的级联动作都将被撤销。

空值使得 SQL 中引用完整性约束的语义复杂化了。外码中的属性允许为 *null*，只要它们没有另外被声明为**非空**。如果在给定元组的外码的所有列上均取非空值，则对该元组采用外码约束的通常定义。如果任一外码列为 *null*，则该元组被自动定义为是满足约束的。这样的定义可能并不总是正确的选择，因此 SQL 也提供一些结构使你可以改变对空值的处理方式；我们在此不讨论这样的结构。

150

4.4.6　给约束赋名

我们可以为完整性约束赋予名称。如果我们想要删除先前定义的一个约束，则这样的名称是很有用的。

为了命名约束，我们在约束的前面使用关键字 **constraint** 和我们希望为其赋予的名称。例如，如果我们希望将名称 *minsalary* 赋给 *instructor* 的 *salary* 属性上的 **check** 约束（参见图 4-9），那么可以将对 *salary* 的声明修改为：

salary **numeric**(8,2), **constraint** *minsalary* **check** (*salary* > 29000),

之后，如果我们决定不再需要这个约束，那么可以写为：

alter table *instructor* **drop constraint** *minsalary*;

如果名称缺失，需要使用特定于系统的功能来识别出约束的系统分配名称。并非所有的系统都支持这样的功能，但是比如在 Oracle 中，系统表 *user_constraints* 就包含了这样的信息。

4.4.7 事务中对完整性约束的违反

事务可能包括几个步骤，在某一步之后也许会暂时违反完整性约束，但是后面的某一步也许就会消除这个违反。例如，假设我们有一个主码为 *name* 的 *person* 关系，还有一个 *spouse* 属性，并且假设 *spouse* 是在 *person* 上的一个外码。也就是说，该约束要求 *spouse* 属性必须包含在 *person* 表里出现的姓名。假设我们希望在上述关系中插入两个元组，一个是关于 John 的，另一个是关于 Mary 的，这两个元组的配偶属性分别设置为 Mary 和 John，以此表示 John 和 Mary 彼此之间的婚姻关系。那么无论先插入这两个元组中的哪一个，被插入的第一个元组都会违反该外码约束。但在插入第二个元组后，外码约束又会满足了。

为了处理这样的情况，SQL 标准允许将 **initially deferred** 子句加入约束声明中；这样约束就不是在事务的中间步骤上检查，而是在事务结束的时候检查。一个约束可以被指定为**可延迟的**（deferrable），这意味着在缺省情况下它会被立即检查，但是在需要的时候可以延迟检查。对于被声明为可延迟的约束，对 **set constraints** *constraint-list* **deferred** 语句的执行将作为事务的一部分，从而导致对指定约束的检查被延迟到该事务结束时执行。在约束列表中出现的约束必须指定名称。缺省方式是立即检查约束，并且许多数据库实现并不支持延迟约束检查。

如果 *spouse* 属性可以被置为 *null*，我们可以用另一种方式来避开前述示例中的问题：在插入 John 和 Mary 元组时，我们设置其 *spouse* 属性为 *null*，后面再更新它们的值。然而，这种技术需要更大的编程量，而且如果属性不能置为 *null*，此方法就不可行。 [151]

4.4.8 复杂 check 条件与断言

在 SQL 标准中还有其他的结构用于指定大多数系统当前不支持的完整性约束。我们将在本小节中讨论其中的一些结构。

正如 SQL 标准所定义的，**check** 子句中的谓词可以是包含子查询的任意谓词。如果一个数据库实现支持在 **check** 子句中出现子查询，我们就可以在 *section* 关系上声明如下所示的引用完整性约束：

check (*time_slot_id* **in** (**select** *time_slot_id* **from** *time_slot*))

这个 **check** 条件所检测的是 *section* 关系的每个元组中的 *time_slot_id* 的确是 *time_slot* 关系中某个时间段的标识。因此这个条件不仅在 *section* 中插入或修改元组时需要检测，而且在 *time_slot* 关系改变时（当 *time_slot* 关系中的一个元组被删除或修改时）也需要检测。

在我们的大学模式上另一个自然的约束是：每个课程段都需要有至少一位教师来讲授。

为了强制实现此约束，我们可能希望声明 *section* 关系的属性集（*course_id*, *sec_id*, *semester*, *year*）构成外码，它引用 *teaches* 关系的相应属性。遗憾的是，这些属性并未构成 *teaches* 关系的候选码。如果数据库系统支持带子查询的 **check** 约束，可以使用与 *time_slot* 属性类似的 **check** 约束来强制实现上述约束。

复杂的 **check** 条件在我们希望确保数据完整性的时候是有用的，但它们的检测开销可能会很大。在我们的示例中，**check** 子句中的谓词不仅需要在 *section* 关系发生更新时计算，而且也需要在 *time_slot* 关系发生更新时检测，因为 *time_slot* 在子查询中被引用了。

一个**断言**（assertion）就是一个谓词，它表达了我们希望数据库总能满足的一个条件。请考虑以下约束，它们可以使用断言来表示。

- 对于 *student* 关系中的每个元组，它在 *tot_cred* 属性上的取值必须等于该生已成功修完的课程的学分总和。
- 每位教师不能在同一个学期的同一个时间段在两个不同的教室授课[⊖]。

152

SQL 中的断言采用如下形式：

create assertion <assertion-name> **check** <predicate>;

在图 4-10 中，我们展示了如何用 SQL 写出第一个约束的示例。由于 SQL 并不提供“ for all *X*, *P*(*X*)”结构（其中 *P* 是一个谓词），我们只好通过等价的“ not exists *X* such that not *P*(*X*)”结构来实现此约束，这一结构可以用 SQL 来表示。

```
create assertion credits_earned_constraint check
(not exists (select ID
            from student
            where tot_cred <> (select coalesce(sum(credits), 0)
                               from takes natural join course
                               where student.ID= takes.ID
                                   and grade is not null and grade<> 'F' )))
```

图 4-10　一个断言的示例

我们把第二个约束的声明留作练习。尽管可以使用 **check** 谓词来表达这两个约束，但使用断言可能更加自然，尤其是对于第二个约束。

当创建断言时，系统要检测其有效性。如果断言有效，则今后对数据库的任何修改只有在不破坏该断言的情况下才被允许。如果断言较复杂，则这样的检测会带来相当大的开销。因此，使用断言应该特别小心。由于检测和维护断言的开销较高，这使得一些系统开发者省去了对通用断言的支持，或只提供易于检测的特殊形式的断言。

目前，还没有一个被广泛使用的数据库系统要么支持在 **check** 子句的谓词中使用子查询，要么支持**创建断言**（create assertion）的结构。然而，如果数据库系统支持触发器，可以使用触发器来实现等价的功能，触发器将在 5.3 节中介绍，5.3 节还将介绍如何用触发器来实现 *time_slot_id* 上的引用完整性约束。

⊖ 我们假设不在第二课程采用远程授课的形式！指定“一位教师在一个给定学期的相同时间段不能讲授两门课程”的另一个可选约束可能不被满足，因为有时候课程是交叉排课的；也就是说，相同课程被给出了两个标识和名称。

4.5 SQL的数据类型与模式

在第3章中，我们介绍了一些在SQL中支持的固有数据类型，如整数类型、实数类型和字符类型。SQL还支持一些其他的固有数据类型，对此我们将在下面描述。我们还将描述如何用SQL来创建基本的用户自定义类型。 153

4.5.1 SQL中的日期和时间类型

除了我们在3.2节中介绍过的基本数据类型以外，SQL标准还支持与日期和时间相关的几种数据类型。

- **日期**（date）：日历日期，包括年（四位）、月和月中的日。
- **时间**（time）：一天中的时间，用时、分和秒来表示。可以用变量 **time**(*p*) 来指定秒的小数点后的数字位数（缺省值为0）。通过指定 **time with timezone**，还可以把时区信息连同时间一起存储。
- **时间戳**（timestamp）：**date** 和 **time** 的结合。可以用变量 **timestamp**(*p*) 来指定秒的小数点后的数字位数（缺省值为6）。如果指定 **with timezone**，则时区信息也会被存储。

日期和时间类型的值可按如下方式说明：

```
date '2018-04-25'
time '09:30:00'
timestamp '2018-04-25 10:29:01.45'
```

日期类型必须按照如上所示的年后接月再接日的格式来指定[㊀]。**时间**（time）或**时间戳**（timestamp）的秒的域中可能会有小数部分，像上述时间戳中的情况一样。

我们可以利用 **extract** (*field* **from** *d*) 来从 **date** 或 **time** 值 *d* 中提取出单独的域，这里的域（*field*）可以是 **year**、**month**、**day**、**hour**、**minute** 或 **second** 中的一种。时区信息可以用 **timezone_hour** 和 **timezone_minute** 来提取。

SQL定义了一些函数来获取当前的日期和时间。例如，**current_date** 返回当前日期，**current_time** 返回当前时间（带有时区），还有 **localtime** 返回当前的本地时间（不带时区）。时间戳（日期加上时间）由 **current_timestamp**（带有时区）以及 **localtimestamp**（本地日期加时间，不带时区）返回。

包括MySQL在内的某些系统提供了**日期时间**（datetime）数据类型来表示时区不可调整的时间。在实践中，时间规范会有许多特殊情况，包括使用标准时间还是“夏令时”或“夏季”时间。系统在可表示的时间范围内是变化的。

SQL允许在上面列出的所有类型上进行比较运算，并且允许在各种数字类型上进行算术运算和比较运算。SQL还提供了一种称作**区间**（interval）的数据类型，它允许在日期、时间和时间区间上进行计算。例如，如果 *x* 和 *y* 都是 **date** 类型，那么 *x*−*y* 就是一个时间区间，其值为从日期 *x* 到日期 *y* 间隔的天数。类似地，在日期或时间上加上或减去一个时间区间将分别得到新的日期或时间。 154

4.5.2 类型转换和格式化函数

虽然系统会自动执行某些数据类型的**转换**（conversion），但其他的转换需要显式请求。

㊀ 许多数据库系统在将字符串缺省转换为日期和时间戳方面提供了更大的灵活性。

我们可以使用形如 **cast**(*e* **as** *t*) 的表达式来将表达式 *e* 转换为类型 *t*。可能需要数据类型转换来执行特定的操作或强制保证特定的排序次序。例如，请考虑 *instructor* 的 *ID* 属性，我们已将其指定为字符串（**varchar**(5)）。如果我们按此属性排序输出，则 ID 11111 位于 ID 9 之前，因为第一个字符 '1' 在 '9' 之前。但是，如果我们写：

```
select cast(ID as numeric(5)) as inst_id
from instructor
order by inst_id
```

其结果将会是我们想要的排序次序。

作为查询结果显示的数据可能需要不同类型的转换。例如，我们可能希望数值以特定位数的数字来显示，或者数据以特定格式（例如月 - 日 - 年或日 - 月 - 年）来显示。显示格式的这些变化并不是数据类型的转换，而是格式的转换。数据库系统提供了各种格式化函数，且相关细节因主流系统而异。MySQL 提供了 **format** 函数。Oracle 和 PostgreSQL 提供了一组函数：**to_char**、**to_number** 和 **to_date**。SQL Server 提供了 **convert** 函数。

结果显示中的另一个问题是处理空值。在本书中，我们使用 *null* 来使阅读更清晰，但在大多数系统中缺省设置只是将字段留空。我们可以使用 **coalesce** 函数来选择在查询结果中输出空值的方式。该函数接收任意数量的参数（所有参数必须是相同的类型），并返回第一个非空参数。例如，如果我们希望显示教师的 ID 和工资，但是将空工资显示为 0，我们会写：

```
select ID, coalesce(salary, 0) as salary
from instructor
```

coalesce 的一个限制是要求所有参数必须是相同的类型。如果我们希望将空工资显示为 'N/A' 以表示“不可用”，我们将无法使用 **coalesce**。诸如 Oracle 的**解码**（decode）那样的面向系统的函数确实允许这种转换。**解码**的一般形式是：

```
decode (value, match-1, replacement-1, match-2, replacement-2, ...,
        match-N, replacement-N, default-replacement);
```

它将 *value* 与 *match* 值进行比较，并且如果找到一个匹配项，则将属性值替换为相应的替换值。如果没有匹配成功，则使用缺省替换值去替换属性值。没有对数据类型匹配的要求。为方便起见，*null* 值可以作为一个 *match* 值，并且与通常情况不同，*null* 被视为等于 *null*。因此，我们可以用 'N/A' 去替换空工资，如下所示：

155

```
select ID, decode (salary, null, 'N/A', salary) as salary
from instructor
```

4.5.3 缺省值

SQL 允许为属性指定**缺省**（default）值，如下面的 **create table** 语句所示：

```
create table student
    (ID          varchar (5),
     name        varchar (20) not null,
     dept_name   varchar (20),
     tot_cred    numeric (3,0) default 0,
     primary key (ID));
```

tot_cred 属性的缺省值被声明为 0。其结果是，当一个元组被插入 *student* 关系中时，如果没

有给出 *tot_cred* 属性的值，那么该元组在此属性上的取值就被置为 0。下面的 **insert** 语句说明了在插入操作中如何省略 *tot_cred* 属性的值：

```
insert into student(ID, name, dept_name)
    values ('12789', 'Newman', 'Comp. Sci.');
```

4.5.4　大对象类型

许多数据库应用程序需要存储这样的属性：它们的域由大型数据项组成，比如照片、高分辨率的医学图像或视频。因此，SQL 为字符数据（**clob**）和二进制数据（**blob**）提供了**大对象数据类型**（large-object data type）。这些数据类型中的字符“lob”代表“大对象（Large OBject）”。例如，我们可以声明属性：

```
book_review clob(10KB)
image blob(10MB)
movie blob(2GB)
```

对于包含大对象（好几个 MB 甚至 GB）的结果元组而言，把整个大对象放入内存中是非常低效或不现实的。相反，应用程序通常用一条 SQL 查询来检索出一个大对象的“定位器”，然后在宿主语言中用这个定位器来操纵该对象，应用程序本身也是用宿主语言编写的。例如，JDBC 应用编程接口（将在 5.1.1 节中描述）允许获取一个定位器而不是整个大对象，然后用这个定位器来一点一点地取出这个大对象，而不是一次全部取出，这很像用一个 read 函数的调用从操作系统文件中读取数据。 156

注释 4-2　时态有效性

在某些情况下需要包括历史数据，例如，如果我们希望不仅存储每位教师的当前工资，而且还存储整个工资历史。要做到这点很容易，可通过向 *instructor* 关系模式添加两个属性来实现，一个指明给定工资值的开始日期，且另一个指明结束日期。然后，一位教师就可能有几个工资值，每个工资值对应于一对特定的开始和结束日期。这些开始日期和结束日期被称为相应工资值的**有效时间**值。

请注意在 *instructor* 关系中现在可能存在不止一个具有相同 ID 值的元组。7.10 节将讨论在这种时态数据的上下文中特定主码和外码约束的问题。

对于支持这种时态结构的数据库系统来说，第一步就是提供语法以指定特定的属性来定义有效的时间区间。我们使用 Oracle 12 的语法作为示例。使用如下的 **period** 声明来扩充 *instructor* 的 SQL DDL，以表明 *start_date* 和 *end_date* 属性指定了一个有效的时间区间。

```
create table instructor
    ( …
    start_date      date,
    end_date        date,
    period for valid_time (start_date, end_date),
    … );
```

Oracle 12c 还提供了几个 DML 扩展，便于使用时态数据进行查询。然后可以在查询中使用

as of period for 结构，以仅获取其有效时间段包括特定时间的那些元组。为了找到过去某个时间（比如说 2014 年 1 月 20 日）的教师及其工资，我们写作：

```
select name, salary, start_date, end_date
from instructor as of period for valid_time '20-JAN-2014';
```

如果我们希望找到其有效期包括 2014 年 1 月 20 日至 2014 年 1 月 30 日期间的全部或部分时间段的元组，我们写作：

```
select name, salary, start_date, end_date
from instructor versions period for valid_time between '20-JAN-2014' and '30-JAN-2014';
```

Oracle 12c 还实现了一种功能，它允许所存储的数据库过程（将在第 5 章中介绍）在指定的时间段之内运行。

尽管可以在不使用上述结构的情况下编写查询，但这些结构简化了查询的规范。

4.5.5 用户自定义类型

SQL 支持两种形式的**用户自定义数据类型**（user-defined data type）。第一种形式称为**独特类型**（distinct type），我们将在这里介绍。另一种形式称为**结构化数据类型**（structured data type），允许创建具有嵌套记录结构、数组和多重集的复杂数据类型。在本章中我们并不介绍结构化数据类型，而是在 8.2 节中再描述它们。

一些属性可能具有相同的数据类型。例如，用于学生姓名和教师姓名的 *name* 属性就可能有相同的域：所有人名的集合。然而，*budget* 和 *dept_name* 的域肯定应该是不同的。*name* 和 *dept_name* 是否应该有相同的域，这一点就不那么明显了。在实现层，教师姓名和系的名字都是字符串。然而，我们通常不认为"找出所有与某个系具有相同名称的教师"是一个有意义的查询。因此，如果我们在概念层而不是在物理层来看待数据库，*name* 和 *dept_name* 应该有不同的域。

更重要的是，在现实层面，把一位教师的姓名赋给一个系名可能是一个程序上的错误；类似地，把一个以美元表示的货币值与一个以英镑表示的货币值进行直接比较几乎可以肯定是程序上的错误。一个好的类型系统应该能够检测出这类赋值或比较。为了支持这种检测，SQL 提供了**独特类型**（distinct type）的概念。

可以用 **create type** 子句来定义新类型。例如，下面的语句：

```
create type Dollars as numeric(12,2) final;
create type Pounds as numeric(12,2) final;
```

把两个用户自定义类型 *Dollars* 和 *Pounds* 定义为总共 12 位数字的十进制小数，其中两位放在十进制小数点的后面[⊖]。然后新创建的类型就可以用作关系属性的类型。例如，我们可以把 *department* 表定义为：

```
create table department
    (dept_name    varchar (20),
     building     varchar (15),
     budget       Dollars);
```

⊖ 在此，关键字 **final** 在这个上下文中并不是真的有意义，但它是 SQL:1999 标准所要求的，其原因我们不在这里讨论；一些实现允许省略 **final** 关键字。

尝试为 *Pounds* 类型的变量赋予一个 *Dollars* 类型的值会导致一个编译时错误，尽管这两者都是相同的数值类型。这样的赋值可能是由于程序错误导致的，或许是程序员忘记了货币之间的区别。为不同的货币声明不同的类型有助于捕捉这样的错误。

157 ~ 158

由于有强类型检查，表达式（*department.budget* + 20）将不会被接受，因为该属性和整型常数 20 具有不同的类型。就像我们在 4.5.2 节中曾看到的那样，一种类型的值可以被转换到另一个域，如下所示：

```
cast (department.budget to numeric(12,2))
```

我们可以在数值类型上做加法，但是为了把结果存回到一个 *Dollars* 类型的属性中，我们需要用另一个类型转换表达式来把数值类型转换回 *Dollars* 类型。

SQL 提供了 **drop type** 和 **alter type** 子句来删除或修改以前创建过的类型。

在把用户自定义类型加入 SQL（在 SQL:1999 中）之前，SQL 有一个相似但稍有不同的概念：**域**（domain）（在 SQL-92 中引入），它可以在基本类型上施加完整性约束。例如，我们可以定义一个如下所示的 *DDollars* 域：

```
create domain DDollars as numeric(12,2) not null;
```

DDollars 域可以用作属性类型，正如我们使用 *Dollars* 类型一样。然而，在类型和域之间有两个重大的差异：

1. 在域上可以声明诸如**非空**那样的约束，也可以为域类型的变量定义缺省值，然而在用户自定义类型上不能声明约束或缺省值。用户自定义类型不仅被设计用来指定属性类型，而且还被用在不能施加约束的地方以对 SQL 进行过程扩展。
2. 域并不是强类型的。其结果是，一个域类型的值可以被赋值给另一个域类型，只要它们的基本类型是相容的。

当应用于域时，**check** 子句允许模式设计者来指定一个谓词，被声明为来自该域的任何属性都必须满足这个谓词。例如，**check** 子句可以保证教师的工资域中只允许出现大于给定值的值：

```
create domain YearlySalary numeric(8,2)
        constraint salary_value_test check(value >= 29000.00);
```

YearlySalary 域有一个约束来保证 *YearlySalary* 大于或等于 29 000.00 美元。**constraint** *salary_value_test* 子句是可选的，它用来将该约束命名为 *salary_value_test*。系统用这个名称来指出一个更新所违反的约束。

159

作为另一个示例，通过使用 **in** 子句可以限定一个域只包含指定的一组值：

```
create domain degree_level varchar(10)
    constraint degree_level_test
        check (value in ('Bachelors', 'Masters', 'Doctorate'));
```

注释 4-3 对类型和域的支持

尽管本小节描述的**创建类型**（create type）和**创建域**（create domain）结构是 SQL 标准的一部分，但这里描述的这些结构形式还没有被大多数数据库实现完全支持。PostgreSQL 支持**创建域**结构，但是其**创建类型**结构具有不同的语法和解释。

IBM DB2 支持**创建类型**的一个版本，它使用**创建独特类型**（create distinct type）的语法，但它并不支持**创建域**。Microsoft 的 SQL Server 实现了**创建类型**结构的一个版本，它支持域约束，与 SQL 的**创建域**结构类似。

Oracle 不支持在此描述的任何一种结构。Oracle、IBM DB2、PostgreSQL 和 SQL Server 都支持使用不同形式的**创建类型**结构的面向对象类型系统。

然而，SQL 还定义了一个更复杂的面向对象类型系统，我们将在 8.2 节中学习。类型可以在它们内部具有结构，比如像由 *firstname* 和 *lastname* 组成的 *Name* 类型。子类型也是允许的；例如，*Person* 类型可能具有子类型 *Student*、*Instructor* 等。继承规则类似于面向对象编程语言中的规则。可以使用对元组的引用，其方式与面向对象编程语言中的对象引用非常相似。SQL 允许使用数组和多重集合数据类型以及操作这些类型的方式。

我们不在此处介绍这些功能的详细信息。数据库系统如果实现这些功能，那么它们在实现的方式上是不同的。

4.5.6　生成唯一码值

在大学示例中，我们已经看到了具有不同数据类型的主码属性。有一些像 *dept_name* 那样拥有真实的现实世界信息。另外一些如 *ID* 则拥有仅仅为了标识目的而由企业所创建的值。那些后一类的主码域产生了创造新值的实际问题。假设大学雇用了一位新教师，则应该为其分配什么 ID？我们如何确定新的 ID 是唯一的？虽然可以编写一条 SQL 语句来执行此操作，但是这样的语句需要检查所有先前存在的 ID，这会损害系统性能。另一种备选方案是：可以设置一个特殊的表，其中包含迄今为止所发布的最大 ID 值。然后，当需要一个新的 ID 时，可以按顺序将该值递增到下一个值并将其存储为新的最大值。

160

数据库系统提供了对生成唯一码值的自动管理。其语法在最流行的系统之间是不同的，有时在系统的版本之间也有所不同。我们在这里展示的语法接近于 Oracle 和 DB2 的语法。假设我们不是将 *instructor* 关系中的教师 ID 声明为“*ID* **varchar**(5)”，而是选择让系统来挑选唯一的教师 ID 值。由于此功能仅适用于数字型的码值数据类型，因此我们将 *ID* 的类型更改为 **number**，并写作：

ID **number**(5) **generated always as identity**

当使用 **always** 选项时，任何 **insert** 语句都必须避免为自动生成的码来指定一个值。为此，请使用指定了属性顺序的 **insert** 语法（参见 3.9.2 节）。对于我们的 *instructor* 示例，只需要指定 *name*、*dept_name* 和 *salary* 的值，如下例所示：

insert into *instructor* (*name*, *dept_name*, *salary*)
values ('Newprof', 'Comp. Sci.', 100000);

所生成的 ID 值可以通过常规的 **select** 查询来找到。如果用 **by default** 去替换 **always**，我们可以选择指定我们自己挑选的 *ID* 或者依赖于系统来生成 *ID*。

在 PostgreSQL 中，我们可以将 *ID* 的类型定义为 **serial**，它告诉 PostgreSQL 要自动生成标识；在 MySQL 中，我们使用 **auto_increment** 来代替 **generated always as identity**，而在 SQL Server 中我们可以仅使用 **identity**。

可以使用 **identity** 规范来指定其他选项，包括设置最小值和最大值、选择起始值、选择从一个值到下一个值的增量，等等。具体方式取决于数据库。

此外，许多数据库支持**创建序列**（create sequence）结构，该结构创建与任何关系分离的序列计数器对象，并允许SQL查询从序列中获取下一个值。每次对获得下一个值的调用都会使序列计数器递增。请参阅数据库的系统手册以查找创建序列以及检索下一个值的确切语法。使用序列，我们可以生成在多个关系之间（例如，跨 *student.ID* 和 *instructor.ID*）保持唯一的标识。

161

4.5.7 create table 的扩展

应用常常要求创建与现有的某个表的模式相同的表。SQL提供了一个 **create table like** 的扩展来支持这项任务[⊖]：

create table *temp_instructor* **like** *instructor*;

上述语句创建了一个与 *instructor* 具有相同模式的新表 *temp_instructor*。

当编写一个复杂查询时，把查询的结果存储成一个新表通常是有用的；这个表通常是临时性的。这里需要两条语句，一条用于创建表（具有合适的列），且另一条用于把查询结果插入该表中。SQL:2003提供了一种更简单的技术来创建包含查询结果的表。例如，下面的语句创建了一个表 *t*1，该表包含一个查询的结果。

```
create table t1 as
    (select *
    from instructor
    where dept_name = 'Music')
with data;
```

在缺省情况下，列的名称和数据类型是从查询结果中推导出来的。通过在关系名后面列出列名，可以给列显式指派名称。

正如SQL:2003标准所定义的，如果省略 **with data** 子句，则表会被创建，但不会载入数据。但即使在省略 **with data** 子句的情况下，很多数据库实现还是通过缺省方式往表中加载数据。请注意，几种数据库实现都使用不同语法来支持 **create table … like** 和 **create table … as** 的功能；请参考相应的系统手册以获得进一步的细节。

上述 **create table … as** 语句与 **create view** 语句非常相似，并且两者都是用查询来定义的。主要的区别在于：当表被创建时表的内容被加载，但视图的内容总是反映着当前查询的结果。

4.5.8 模式、目录与环境

要理解模式和目录的形成，需要考虑在文件系统中文件是如何命名的。早期的文件系统是平面的；也就是说，所有的文件都被存储在单个目录中。现代的文件系统有一个目录（或者用文件夹这个同义词）结构，文件都存储在子目录下。为了唯一地命名一个文件，我们必须指定文件的完整路径名，例如，/users/avi/db_book/chapter3.tex。

162

跟早期文件系统一样，早期的数据库系统也有一个用于所有关系的命名空间。用户必须相互协调以保证他们没有对不同的关系企图使用相同的名称。当今的数据库系统提供了三层

⊖ 并非所有系统都支持此语法。

体系结构用于关系的命名。体系结构的最顶层由**目录**（catalog）构成，每个目录都可以包含**模式**（schema）。诸如关系和视图那样的SQL对象都包含在**模式**中。（一些数据库实现用术语“数据库”来代替术语“目录”。）

为了在数据库上执行任何操作，用户（或程序）都必须先连接到数据库。用户必须提供用户名，并且通常需要提供密码，来验证用户身份。每个用户都有一个缺省的目录和模式，并且这个组合对用户来说是唯一的。当一个用户连接到数据库系统时，系统将为该连接设置好缺省的目录和模式；这对应于当用户登录进一个操作系统时，把当前目录设置为用户的主目录的情况。

为了唯一地标识出一个关系，可以使用一个由三部分组成的名称，例如：

*catalog*5. *univ_schema.course*

在名称的目录部分被认为是连接的缺省目录的情况下，我们可以省略目录部分。因此，如果*catalog*5是缺省目录，则我们可以用*univ_shema.course*来唯一标识同样的关系。

如果用户想访问一个存在于另外的模式而不是该用户的缺省模式中的关系，那就必须指定该模式的名称。然而，如果一个关系存在于特定用户的缺省模式中，那么甚至连模式的名称也可以省略。这样，如果*catalog*5是缺省目录并且*univ_schema*是缺省模式，我们可以只用*course*。

当有多个目录和模式可用时，不同应用和不同用户可以独立工作而不必担心命名冲突。不仅如此，一个应用的多个版本（一个是产品版本，其他是测试版本）可以在同一个数据库系统上运行。

缺省的目录和模式是为每个连接建立的**SQL环境**（SQL environment）的一部分。环境还另外包括用户标识（也称为*授权标识*（authorization identifier））。所有通常的SQL语句（包括DDL和DML语句）都在一个模式的环境中运行。

我们可以用**create schema**和**drop schema**语句来创建和删除模式。在大多数数据库系统中，模式还随着用户账户的创建而自动创建，此时模式名被置为用户账户名。模式要么建立在缺省目录中，要么建立在创建用户账户时所指定的目录中。新创建的模式将成为该用户账户的缺省模式。

163 目录的创建和删除依据实现的不同而不同，这并不是SQL标准的一部分。

4.6 SQL中的索引定义

许多查询仅涉及文件中的一小部分记录。例如，诸如“查找物理系中的所有教师”或“查找*ID*为22201的教师的*salary*值”之类的查询仅涉及教师记录的一小部分。系统读取每条记录并检查*ID*字段以找到*ID*“22201”或检查*dept_name*字段以找到“Physics”值的方式是低效的。

关系属性上的**索引**（index）是一种数据结构，它允许数据库系统高效地找到在关系中具有该属性指定值的那些元组，而不扫描关系的所有元组。例如，如果我们在*instructor*关系的*dept_name*属性上创建一个索引，则数据库系统可以直接找到具有任何指定*dept_name*值的记录，例如“Physics”或“Music”，而无须读取*instructor*关系的所有元组。还可以在一个属性列表上创建索引，例如，在*instructor*的*name*和*dept_name*属性上。

索引对于正确性来说不是必需的，因为它们是冗余的数据结构。索引构成数据库物理模式的一部分，而不是数据库逻辑模式的一部分。

但是，索引对于事务的高效处理（既包括更新事务又包括查询事务）是很重要的。索引对于诸如主码约束和外码约束那样的完整性约束的高效实施也很重要。原则上数据库系统可以自动决定创建何种索引。但是，由于索引的空间代价以及索引对更新处理的影响，要在维护何种索引上自动地做出正确选择并不容易。

因此，大多数 SQL 实现允许程序员通过数据定义语言的命令对索引的创建和删除进行控制。接下来我们将举例说明这些命令的语法。尽管我们给出的语法被很多数据库系统广泛采用和支持，但它并不是 SQL 标准的一部分。SQL 标准并不支持对数据库物理模式的控制，它将自身约束在数据库逻辑模式的层面。

我们使用 **create index** 命令来创建索引，它的形式为：

create index < 索引名 > **on** < 关系名 > (< 属性列表 >);

*属性列表*是构成索引搜索码的关系属性的列表。

为了在 *instructor* 关系上定义以 *dept_name* 为搜索码的、名为 *dept_index* 的索引，我们写作：

create index *dept_index* **on** *instructor* (*dept_name*);

当用户提交一个可以从索引的使用中受益的 SQL 查询时，SQL 查询处理器会自动使用索引。例如，给定一个 SQL 查询，它选择 *dept_name* 为“Music”的 *instructor* 元组，SQL 查询处理器将使用上面定义的 *dept_index* 索引来查找所需的元组，而不用读取整个关系。 164

如果我们想要声明搜索码就是一个候选码，那么在索引定义中增加属性 **unique**。于是，命令：

create unique index *dept_index* **on** *instructor* (*dept_name*);

声明 *dept_name* 是 *instructor* 的一个候选码（这有可能并不是我们在大学数据库中真正想要的）。如果当我们输入 **create unique index** 命令时，*dept_name* 并不是候选码，则系统会显示错误消息，并且索引创建会失败。如果索引创建成功，则后面违反候选码声明的任何元组的插入企图都将失败。请注意，如果数据库系统支持 SQL 标准的**唯一性**声明，那么这里的**唯一性**特性就是多余的。

我们为一个索引指定的索引名在撤销索引时需要用到。**drop index** 命令采用的形式是：

drop index < 索引名 >;

很多数据库系统还提供一种方式来指定要使用的索引的类型，如 B^+ 树或散列索引，我们将在第 14 章中学习它们。有些数据库系统还允许一个关系上的某个索引被声明为聚集的，这样系统就以聚集索引的搜索码次序来存储这个关系。我们将在第 14 章中学习如何实际地实现索引，以及数据库自动创建哪些索引，还有如何决定要创建哪些其他索引。

4.7 授权

我们可能会给一个用户在数据库的某些部分上授予几种形式的权限。对数据的授权包括：

- 授权读取数据。
- 授权插入新数据。
- 授权更新数据。

- 授权删除数据。

每种这样类型的授权都称为一种**权限**（privilege）。我们可以在数据库的某些特定部分（比如一个关系或视图）上授予用户所有这些类型的权限，或完全不授权，或授予这些权限的一个组合。

165

当用户提交查询或更新时，SQL 实现先基于该用户曾获得过的权限检查此查询或更新是否是授权过的。如果此查询或更新没有经过授权，那么将被拒绝执行。

除了数据上的授权之外，用户还可以被授予数据库模式上的权限，例如，可以允许用户创建、修改或删除关系。拥有某些形式的权限的用户还可以把这样的权限转授（授予）给其他用户，或者撤销（收回）一种之前授出的权限。在本节中，我们将看到每种这样的权限是如何用 SQL 来指定的。

权限的最终形式是被授予数据库管理员的。数据库管理员可以授权给新用户、可以重构数据库等。权限的这种形式和操作系统中的**超级用户**（superuser）、管理员或操作员的权限是类似的。

4.7.1 权限的授予与收回

SQL 标准包括**选择**（select）、**插入**（insert）、**更新**（update）和**删除**（delete）**权限**。**所有权限**（all privilege）这样的权限可以用作允许所有权限的简写形式。一个创建了新关系的用户将被自动授予该关系上的所有权限。

SQL 数据定义语言包括授予和收回权限的命令。**授权**（grant）语句用来授予权限。此语句的基本形式为：

grant < 权限列表 >
on < 关系名或视图名 >
to < 用户 / 角色列表 >;

权限列表（privilege list）允许在一条命令中授予多个权限。角色的概念将在 4.7.2 节中介绍。

关系上的**选择**权限用于读取关系中的元组。下面的**授权**语句给数据库用户 Amit 和 Satoshi 授予了 *department* 关系上的**选择**权限：

grant select on *department* **to** *Amit, Satoshi*;

该授权使得这些用户可以在 *department* 关系上运行查询。

关系上的**更新**权限允许用户修改关系中的任意元组。**更新**权限既可以在关系的所有属性上授予，也可以只在某些属性上授予。如果在**授权**语句中包括了**更新**权限，则被授予更新权限的属性列表可以出现在紧跟关键字 **update** 的括号中。该属性列表是可选项，如果省略属性列表，则授予的是关系的所有属性上的**更新**权限。

166

下面的**授权**语句授予用户 Amit 和 Satoshi 在 *department* 关系的 *budget* 属性上的更新权限：

grant update (*budget*) **on** *department* **to** *Amit, Satoshi*;

关系上的**插入**权限允许用户往关系中插入元组。**插入**权限也可以指定一个属性列表；对关系所做的任何插入必须只针对这些属性，并且系统对其余属性要么赋缺省值（如果为这些属性定义了缺省值），要么将它们置为空（*null*）。

关系上的**删除**权限允许用户从关系中删除元组。

public 这个用户名是指系统的所有当前用户和将来的用户。因此，对 **public** 的授权隐含着对所有当前用户和将来用户的授权。

在缺省情况下，被授予权限的用户 / 角色无权把此权限授予另一个用户 / 角色。SQL 允许一个权限授予来指定接受者可以进一步把此权限授予另一个用户。我们将在 4.7.5 节中更详细地介绍这个特性。

值得注意的是：SQL 授权机制可以在整个关系上或一个关系的特定属性上授予权限。但是，它不允许在一个关系的特定元组上授权。

我们使用**收权**（revoke）语句来收回权限。此语句的形式与**授权**几乎是一样的：

revoke < 权限列表 >
on < 关系名或视图名 >
from < 用户 / 角色列表 >

因此，为了收回前面我们所授予的那些权限，我们写作：

revoke select on *department* **from** *Amit*, *Satoshi*;
revoke update (budget) **on** *department* **from** *Amit*, *Satoshi*;

如果被收回权限的用户已经把权限授予了另外的用户，则权限的收回会更加复杂。我们将在 4.7.5 节中再回到这个问题。

4.7.2　角色

考虑在一所大学里不同人所具有的真实世界角色。每位教师必须在同一组关系上具有相同类型的权限。无论何时指派一位新的教师，他都必须被单独授予所有这些权限。

一种更好的方式是指明每位教师应该被授予的权限，并单独标识出哪些数据库用户是教师。系统可以利用这两条信息来确定每位教师的权限。当雇用了一位新的教师时，必须给他分配一个用户标识，并且必须将他标识为一位教师，而不需要重新单独授予教师权限。

167

角色（role）的概念适用于此观念。在数据库中建立一个角色集，可以给角色授予权限，就和给单个用户授权的方式完全一样。每个数据库用户被授予一组他有权扮演的角色（也可能是空的）。

在我们的大学数据库里，角色的示例可以包括 *instructor*、*teaching_assistant*、*student*、*dean* 和 *department_chair*。

一种不是很可取的备选方案是：建立一个 *instructor* 用户标识，并允许每位教师用 *instructor* 用户标识来连接到数据库。该方案的问题是：它不可能鉴别出到底是哪位教师执行了数据库更新，从而导致安全隐患。此外，如果一位教师离开大学或被转成非教师角色，则必须创建新的 *instructor* 密码并以安全的方式分发给所有教师。使用角色的好处是：需要用户用他们自己的用户标识来连接到数据库。

可以授予用户的任何权限都可以授予角色。给用户授予角色就像给用户授予权限一样。

在 SQL 中创建角色如下所示：

create role *instructor*;

然后角色就可以像用户那样被授予权限，如这条语句所示：

grant select on *takes*
to *instructor*;

角色可以授予用户，也可以授予其他角色，如这些语句所示：

```
create role dean;
grant instructor to dean;
grant dean to Satoshi;
```

因此，一个用户或一个角色的权限包括：

- 直接授予该用户 / 角色的所有权限。
- 授予该用户 / 角色所拥有的角色的所有权限。

请注意可能存在着一个角色链；例如，*teaching_assistant* 角色可能被授予所有的 *instructor*。接着，*instructor* 角色被授予所有的 *dean*。这样，*dean* 角色就继承了被授予 *instructor* 和 *teaching_assistant* 角色的所有权限，还包括直接授予 *dean* 的权限。

168

当一个用户登录到数据库系统时，在此会话期间由该用户执行的动作拥有直接授予该用户的所有权限，以及（直接地或通过其他角色间接地）授予该用户所拥有的角色的所有权限。这样，如果一个用户 Amit 被授予了 *dean* 角色，用户 Amit 就拥有了直接授予 Amit 的所有权限，以及授予 *dean* 的权限，再加上授予 *instructor* 和 *teaching_assistant* 的权限，如果像上面那样，这些角色被（直接地或间接地）授予 *dean* 角色。

值得注意的是：基于角色的授权概念并没有在 SQL 中指定，但在很多的共享应用中，基于角色的授权被广泛应用于存取控制。

4.7.3　视图的授权

在我们的大学示例中，请考虑一位工作人员，他需要知道一个特定系（比如说地质系）里所有员工的工资。该工作人员无权看到其他系中员工的相关信息。因此，该工作人员对 *instructor* 关系的直接访问必须被禁止。但是，如果他要访问地质系的信息，他就必须得到一个视图上的访问权限，我们称该视图为 *geo_instructor*，它仅由属于地质系的那些 *instructor* 元组构成。该视图可以用 SQL 定义如下：

```
create view geo_instructor as
    (select *
     from instructor
     where dept_name = 'Geology');
```

假设该工作人员发出如下 SQL 查询：

```
select *
from geo_instructor;
```

该工作人员有权看到此查询的结果。但是，当查询处理器将此查询转换为数据库中实际关系上的查询时，它用视图的定义来取代对视图的使用，从而在 *instructor* 上产生了一个查询。这样，系统必须在用视图定义来替换视图之前，就检查该工作人员的查询权限。

创建视图的用户没必要获得该视图上的所有权限。他仅得到的那些权限不会为他提供超越他已有权限的额外权限。例如，一个创建视图的用户不能得到视图上的**更新**权限，如果该用户在用来定义视图的关系上没有**更新**权限的话。如果用户要创建一个视图，而此用户在该视图上不能获得任何权限，则系统会拒绝这样的视图创建请求。在我们的 *geo_instructor* 视图示例中，视图的创建者必须在 *instructor* 关系上具有**选择**权限。

正如我们将在 5.2 节中看到的那样，SQL 支持创建函数和过程，继而在函数和过程中可以包括查询与更新。在函数或过程上可以授予**执行**（execute）权限，以允许用户执行该函数或过程。在缺省情况下和视图类似，函数和过程具有其创建者所拥有的所有权限。在效果上，函数或过程的运行就像它被其创建者调用了那样。 169

尽管这种方式在很多情况下是恰当的，但是它并非总是恰当的。从 SQL:2003 开始，如果函数定义有一个额外的 **sql security invoker** 子句，那么它就在调用该函数的用户的权限下执行，而不是在函数**定义者**的权限下执行。这就允许所创建的函数库能够在与调用者相同的权限下运行。

4.7.4　模式的授权

SQL 标准为数据库模式指定了一种基本的授权机制：只有模式的拥有者才能够执行对模式的任何修改，比如创建或删除关系、增加或删除关系的属性，以及增加或删除索引。

然而，SQL 提供了一种**引用**（references）权限，它允许用户在创建关系时声明外码。可以通过与**更新**权限类似的方式将 SQL 的**引用**权限授予特定属性。下面的**授权**语句允许用户 Mariano 创建这样的关系：它能够引用 *department* 关系的 *dept_name* 码作为外码。

grant references (*dept_name*) **on** *department* **to** Mariano;

初看起来，似乎没有理由不允许用户创建引用了其他关系的外码。但是，请回想一下：外码约束限制了被引用关系上的删除和更新操作。假定 Mariano 在关系 *r* 中创建了一个外码，它引用 *department* 关系的 *dept_name* 属性，然后在 *r* 中插入一条属于地质系的元组。那么就再也不可能从 *department* 关系中将地质系删除，除非同时也修改关系 *r*。这样，由 Mariano 定义的外码就限制了其他用户将来的操作，因此，需要有**引用**权限。

继续使用 *department* 关系的示例，如果要创建关系 *r* 上的 **check** 约束，并且该约束有引用 *department* 的子查询，那么还需要有 *department* 上的引用权限。其原因与我们已给出的外码约束的情况类似，因为引用了一个关系的 check 约束会限制对该关系可能的更新。

4.7.5　权限的转移

获得了某些形式的授权的用户可能被允许将该授权传递给其他用户。在缺省方式下，被授予权限的用户 / 角色无权把得到的权限再授予另外的用户 / 角色。如果我们希望在授权时允许接受者把权限再传递给其他用户，可以在相应的**授权**命令后附加 **with grant option** 子句。例如，如果我们希望授予 Amit 在 *department* 上的**选择**权限，并且允许 Amit 将该权限授予其他用户，我们写作： 170

grant select on *department* **to** Amit **with grant option;**

一个对象（关系 / 视图 / 角色）的创建者拥有该对象上的所有权限，包括给其他用户授权的权限。

作为一个示例，请考虑大学数据库中 *teaches* 关系上更新权限的授予情况。假设最开始数据库管理员将 *teaches* 上的更新权限授予用户 U_1、U_2 和 U_3，他们接下来又可能将此权限传递给其他用户。指定的权限从一个用户传递到另一个用户的过程可以表示为**授权图**（authorization graph）。该图中的节点就是用户。

请考虑 *teaches* 上更新权限所对应的授权图。如果用户 U_i 将 *teaches* 上的更新权限授予 U_j，则图中包含一条 $U_i \rightarrow U_j$ 的边。图的根是数据库管理员。在图 4-11 所示的示例图中，请注意 U_1 和 U_2 都给用户 U_5 授过权，而 U_4 只从 U_1 处获得过授权。

一个用户具有权限的充要条件是：当且仅当存在从授权图的根（即代表数据库管理员的节点）到代表该用户的节点的路径。

4.7.6　权限的收回

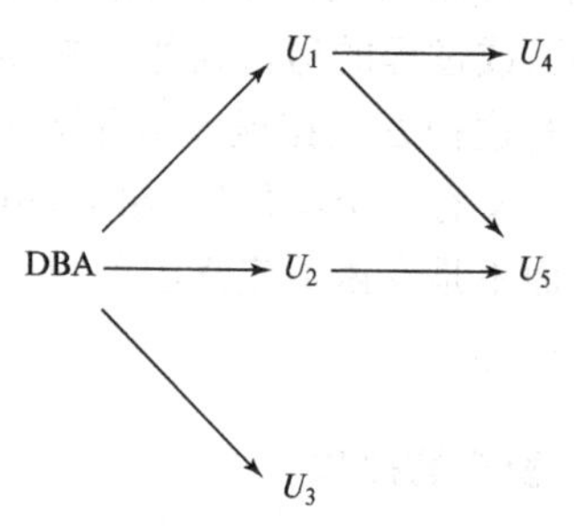

图 4-11　授权图（U_1，U_2，…，U_5 是用户，并且 DBA 代表数据库管理员）

假设数据库管理员决定收回用户 U_1 的授权。由于 U_4 从 U_1 处获得过授权，因此该权限也应该被收回。可是，U_5 既从 U_1 处又从 U_2 处获得过授权。由于数据库管理员并没有从 U_2 处收回 *teaches* 上的更新权限，因此 U_5 继续拥有 *teaches* 上的更新权限。如果 U_2 最终从 U_5 处收回授权，则 U_5 将失去权限。

171

一对狡猾的用户可能企图通过相互授权来破坏收回权限的规则。例如，U_2 最初由数据库管理员授予了一种权限，U_2 进而把此权限授予 U_3。假设 U_3 现在把此权限授回给 U_2。如果数据库管理员从 U_2 收回权限，看起来好像 U_2 保留了通过 U_3 获得的授权。然而，请注意一旦管理员从 U_2 收回了权限，那么在授权图中就不存在从根到 U_2 或 U_3 的路径了。这样，SQL 保证从这两个用户那里都收回了权限。

正如我们刚才看到的那样，从一个用户 / 角色那里收回权限可能导致其他用户 / 角色也失去该权限。这一方式称作*级联收权*（cascading revocation）。在大多数的数据库系统中，级联是缺省方式。然而，**收权**语句可以声明**限定**（restrict）来防止级联收权：

revoke select on *department* **from** Amit, Satoshi **restrict**;

在这种情况下，如果存在任何级联收权，则系统返回一个错误，并且不执行收权动作。

可以用关键字 **cascade** 来替换 **restrict**，以表示需要级联收权，然而，**cascade** 可以省略，就像我们前述示例中那样，因为它是缺省方式。

下面的**收权**语句仅仅收回授权选项，而并不是真正收回**选择**权限：

revoke grant option for select on *department* **from** Amit;

请注意一些数据库实现并不支持上述语法，它们采用另一种方式：收回权限本身，然后不带 grant option 子句重新授权。

级联收权在许多情况下是不合适的。假定 Satoshi 具有 *dean* 角色，他将 *instructor* 授予 Amit，后来 *dean* 角色从 Satoshi 收回（也许由于 Satoshi 离开了大学），Amit 继续被雇用为教职工，并且还应该保持 *instructor* 角色。

为了处理这种情况，SQL 允许权限通过角色来授予，而不是通过用户来授予。SQL 有一个与会话相关联的当前角色的概念。在缺省情况下，一个会话所关联的当前角色是空的（某些特殊情况除外）。与一个会话相关联的当前角色可以通过执行 **set role** *role_name* 来设置。指定的角色必须已经授予用户，否则 **set role** 语句会执行失败。

为了将授权人的某种权限设置为与一个会话相关联的当前角色，只要当前角色不为空，我们就可以给授权语句增加子句：

172

granted by current_role

假设将 *instructor* 角色（或其他权限）授予 Amit 是用 **granted by current_role** 子句实

现的，当前角色被设置为 *dean* 而不是作为用户 Satoshi 的授权人。那么，从 Satoshi 处收回角色 / 权限（包括 *dean* 角色）就不会导致收回以 *dean* 角色作为授权人所授予的权限，即使 Satoshi 是执行该授权的用户；这样，即使在 Satoshi 的权限被收回后，Amit 仍然能够保持 *instructor* 角色。

4.7.7　行级授权

我们已经学习过的授权类型适用于关系或视图级别。一些数据库系统在关系中的特定元组级别提供了细粒度的授权机制。

例如，假设我们希望允许学生在 *takes* 关系中查看他自己的数据，但不允许查看其他用户的那些数据。如果数据库支持，我们可以使用行级授权来强制实施此类限制。下面我们将描述 Oracle 中的行级授权；PostgreSQL 和 SQL Server 也使用概念上类似的机制来支持行级授权，但使用的是不同的语法。

Oracle **虚拟私有数据库**（Virtual Private Database，VPD）功能支持如下所示的行级授权。它允许系统管理员将函数与关系相关联；该函数返回一个谓词，该谓词会自动添加到使用该关系的任何查询中。该谓词可以使用 **sys_context** 函数，它返回代表正在执行查询的用户的标识。对于我们的示例，学生需要访问他们在 *takes* 关系中的数据，我们将指定以下谓词与 *takes* 关系相关联：

ID = **sys_context** ('USERENV', 'SESSION_USER')

系统将此谓词添加到使用 *takes* 关系的每个查询的 **where** 子句中。其结果是，每名学生只能看到 ID 值与其 ID 相匹配的那些 *takes* 元组。

VPD 提供了关系的特定元组或行的级别上的授权，因此被称为**行级授权**（row-level authorization）机制。如上所述添加谓词的一个隐患是：它可能会显著改变查询的含义。例如，如果一个用户编写查询来查找所有课程的平均成绩，则他最终会得到他的成绩的平均值，而不是所有成绩的平均值。虽然系统会为重写的查询提供“正确”的答案，但用户可能认为该答案与其所提交的查询不对应。

4.8　总结

- SQL 支持包括自然连接、内连接和外连接在内的几种连接类型，以及几种类型的连接条件。
  - 自然连接提供了一种在多个关系上编写查询的简单方式，否则，就需要为每一个关系中名字相匹配的属性写一个属性值相等的 **where** 谓词。如果将新属性添加到模式中，则此便利性可能会带来使查询语义发生变化的风险。
  - **join-using** 结构提供了一种在多个关系上编写查询的简单方式，查询要求在某些但不必是所有的名称相匹配的属性上取值相等。
  - **join-on** 结构提供了一种在 **from** 子句中包含连接谓词的方式。
  - 外连接提供了一种保留元组的方式，这些元组由于连接谓词（无论是自然连接、join-using，还是 join-on）而不会出现在结果关系中的任何位置。被保留的元组用空值填充，以遵循结果模式。
- 视图关系可以被定义为包含查询结果的关系。对于隐藏不需要的信息，以及对于把信息从不止一个关系中收集到一起，视图是有用的。

173

- 事务是共同执行一项任务的查询和更新的序列。事务可以被提交或回滚；当一个事务被回滚时，该事务执行的所有更新所产生的效果都被撤销。
- 完整性约束保证授权用户对数据库所做的改变不会导致数据一致性的破坏。
- 引用完整性约束保证出现在一个关系的给定属性集上的值同样也出现在另一个关系的特定属性集上。
- 域约束指定了与一个属性相关联的可能取值的集合。这种约束也可以禁止在特定属性上使用空值。
- 断言是声明式表达式，它声明了我们要求总是为真的谓词。
- SQL 数据定义语言提供了对定义诸如**日期**（date）和**时间**（time）那样的固有域类型以及用户自定义域类型的支持。
- 索引对于高效处理查询以及高效实施完整性约束是重要的。它虽然不是 SQL 标准的一部分，但大多数数据库系统都支持用于创建索引的 SQL 命令。
- SQL 授权机制允许人们按照数据库用户在数据库中不同数据值上所允许的访问类型来对他们进行区分。

174

- 角色使我们能够根据用户在组织机构中所扮演的角色来把一组权限分配给用户。

术语回顾

- 连接类型
  - 自然连接
  - 带 **using** 和 **on** 的内连接
  - 左外连接、右外连接和全外连接
  - 带 **using** 和 **on** 的外连接
- 视图定义
  - 物化视图
  - 视图维护
  - 视图更新
- 事务
  - 提交
  - 回滚
  - 原子事务
- 约束
  - 完整性约束
  - 域约束
  - 唯一性约束
  - check 子句
  - 引用完整性
    - 级联删除
    - 级联更新
  - 断言
- 数据类型

175

  - 日期和时间类型
  - 缺省值
  - 大对象
    - 字符大对象数据类型（clob）
    - 二进制大对象数据类型（blob）
  - 用户自定义类型
  - 独特类型
  - 域
  - 类型转换
- 目录
- 模式
- 索引
- 权限
  - 权限类型
    - 选择（**select**）
    - 插入（**insert**）
    - 更新（**update**）
  - 授予权限
  - 收回权限
  - 授予权限的权限
  - grant option 子句
- 角色
- 视图授权
- 执行授权
- 调用者权限
- 行级授权
- 虚拟私有数据库（VPD）

实践习题

4.1 请考虑以下 SQL 查询，该查询旨在查找 2017 年春季讲授的所有课程的标题以及教师的姓名的列表。

```
select name, title
from instructor natural join teaches natural join section natural join course
where semester = 'Spring' and year = 2017
```

请问这个查询有什么问题？

4.2 用 SQL 写出下面的查询：

a. 请显示所有教师的列表，展示每位教师的 ID 以及所讲授课程段的编号。对于没有讲授任何课程段的教师，确保将课程段编号显示为 0。你的查询应该使用外连接，且不能使用子查询。

b. 请使用标量子查询且不使用外连接来写出 a 中的查询。

c. 请显示 2018 年春季开设的所有课程段的列表，包括讲授课程段的每位教师的 ID 和姓名。如果一个课程段有不止一位教师讲授，那么有多少位教师，此课程段在结果中就出现多少次。如果一个课程段并没有任何教师，它也要出现在结果中，相应的教师姓名被置为 "—"。

d. 请显示所有系的列表，包括每个系中教师的总数，不能使用子查询。请确保显示没有教师的系，并用教师计数为零的方式来列出这些系。

4.3 不使用 SQL **外连接**（outer join）运算也可以在 SQL 中计算外连接表达式。为了阐明这个事实，请展示如何不使用**外连接**（outer join）表达式来重写下面的每个 SQL 查询：

a. **select* from** *student* **natural left outer join** *takes*

b. **select* from** *student* **natural full outer join** *takes*

4.4 假设我们有三个关系：$r(A, B)$、$s(B, C)$ 和 $t(B, D)$，其中所有属性都声明为**非空**（not null）。

a. 请给出关系 r、s 和 t 的实例，使得在 (r **natural left outer join** s) **natural left outer join t** 的结果中，属性 C 具有一个空值，但属性 D 具有一个非空值。

b. 是否存在 r、s 和 t 的实例，使得在 r **natural left outer join** (s **natural left outer join** t) 的结果中，C 有一个空值，但 D 有一个非空值？请解释为什么存在或为什么不存在。

176

4.5 **测试 SQL 查询**：为了测试是否正确地用 SQL 写出了一个用文字表达的查询，通常会让 SQL 查询在多个测试数据库上执行，并人工检测每个测试数据库上的 SQL 查询结果是否与用文字表达的意图相匹配。

a. 在 4.1.1 节中我们见过一个错误的 SQL 查询示例，它希望找出每位教师讲授了哪些课程；该查询计算 *instructor*、*teaches* 和 *course* 的自然连接，其结果是它无意地造成了让 *instructor* 和 *course* 的 *dept_name* 属性取值相等。请给出一个数据集的样例，它能有助于捕捉这种特别的错误。

b. 在创建测试数据库时，对每个外码来说，在被引用关系中创建与引用关系中任何元组都不匹配的元组是很重要的。请用大学数据库上的一个查询样例来解释原因。

c. 在创建测试数据库时，倘若外码属性可空，为外码属性创建具有空值的元组是重要的（SQL 允许外码属性取空值，只要它们不是主码的一部分，并且没有被声明为**非空**（not null））。请用大学数据库上的一个查询样例来解释原因。

提示：请使用来自实践习题 4.2 的查询。

4.6 基于实践习题 3.2 中的查询，请展示如何定义视图 *student_grades* (*ID*, *GPA*)，它给出了每名学生的平均绩点；请回忆一下，我们用关系 *grade_points* (*grade*, *points*) 来把用字母表示的成绩等级转换为用数字表示的得分。请确保你的视图定义能够正确处理在 *takes* 关系的 *grade* 属性上取空（*null*）值的情况。

4.7 请考虑图 4-12 中的员工数据库。请给出这个数据库的 SQL DDL 定义。请指出应该保持的引用完整性约束，并把它们

employee (*ID*, *person_name*, *street*, *city*)
works (*ID*, *company_name*, *salary*)
company (*company_name*, *city*)
manages (*ID*, *manager_id*)

图 4-12　员工数据库

177

包括在 DDL 定义中。

4.8 正如在 4.4.8 节中所讨论的，我们希望能够满足约束“每位教师不能在同一个学期的同一个时间段在两个不同的教室授课”。

a. 请写出一个 SQL 查询，它返回违反此约束的所有（*instructor*, *section*）组合。

b. 请写出一个 SQL 断言来强制实现此约束（正如在 4.4.8 节中所讨论的那样，当今的数据库系统并不支持这样的断言，尽管它们是 SQL 标准的一部分）。

4.9 SQL 允许外码依赖引用同一个关系，如下所示：

```
create table manager
   (employee_ID     char(20),
    manager_ID      char(20),
    primary key employee_ID,
    foreign key (manager_ID) references manager(employee_ID)
                on delete cascade )
```

在此，*employee_ID* 是 *manager* 表的码，这意味着每位员工最多只有一位经理。外码子句要求每位经理也是一位员工。请准确解释当 *manager* 关系中一个元组被删除时会发生什么情况。

4.10 给定关系 *a*(*name*，*address*，*title*) 和 *b*(*name*，*address*，*salary*)，请展示如何使用带 **on** 条件的**全外连接**（full outer-join）运算来表达 *a* **自然全外连接**（natural full outer join）*b*，而不使用**自然连接**（natural join）语法。这可以使用**合并**（coalesce）运算来完成。请确保结果关系不包含 *name* 和 *address* 属性的两个拷贝，并且即使在 *a* 和 *b* 中的某些元组对于 *name* 或 *address* 属性取空值的情况下，所给出的解决方案也是正确的。

4.11 操作系统通常只为数据文件提供两种类型的授权控制：读访问和写访问。为什么数据库系统提供这么多种授权？

4.12 假设一个用户想授予另一个用户一个关系上的**选择**（select）访问权限。为什么该用户应该在**授权**（grant）语句中包含（或不包含）**granted by current role** 子句？

4.13 请考虑一个视图 *v*，其定义仅引用关系 *r*。

- 如果一个用户被授予 *v* 上的**选择**（select）权限，该用户是否也需要在 *r* 上具有**选择**权限？试问为什么需要或者为什么不需要？
- 如果一个用户被授予 *v* 上的**更新**（update）权限，该用户是否还需要在 *r* 上具有**更新**权限？试问为什么需要或者为什么不需要？

178

- 请在视图 *v* 上给出一个**插入**（insert）操作的示例，以添加在 **select * from** *v* 的结果中不可见的元组 *t*。请解释你的答案。

习题

4.14 请考虑查询：

```
select course_id, semester, year, sec_id, avg (tot_cred)
from takes natural join student
where year = 2017
group by course_id, semester, year, sec_id
having count (ID) >= 2;
```

请解释为什么在 **from** 子句中添加 **natural join** *section* 不会改变结果。

4.15 请重写查询：

```
select *
from section natural join classroom
```

不使用自然连接，而是使用具有 **using** 条件的内连接。

4.16 请使用大学模式来编写一个 SQL 查询，以查找从未在大学上过课的每名学生的 ID。不使用子查询和集合运算（使用外连接）来执行此操作。

4.17 在 SQL 中不使用子查询和集合运算来表达下述查询。

```
select ID
from student
except
select s_id
from advisor
where i_ID is not null
```

4.18 对于图 4-12 中的数据库，请编写一个查询来找出没有经理的每位员工的 ID。请注意，一位员工可能只是没有列出经理，或者可能经理值为**空**。请使用外连接来编写你的查询，然后根本不使用外连接再重写查询。

4.19 在什么情况下查询

179

```
select *
from student natural full outer join takes
             natural full outer join course
```

会为 *title* 属性包含具有空值的元组？

4.20 请说明如何定义视图 *tot_credits*(*year*，*num_credits*)，它给出每年所修的总学分数。

4.21 对于习题 4.18 中的视图，请解释为什么数据库系统不允许通过该视图将元组插入数据库中。

4.22 请说明如何使用 **case** 结构来表达 **coalesce** 函数。

4.23 请解释为什么当一位经理（比如 Satoshi）授予权限时，授权应该由经理角色而不是由用户 Satoshi 来完成。

4.24 假设具有关系 *r* 上的所有授权特权的用户 *A* 使用 grant option 将关系 *r* 上的**选择权限**授给**公众**（public）。然后假设用户 *B* 将对 *r* 的**选择权限**又授予 *A*。这是否会导致授权图中出现环路？请解释为什么。

4.25 假设一个用户创建了一个带外码的新关系 *r*1，且该外码引用另一个关系 *r*2。则此用户在 *r*2 上需要什么授权特权？为什么在没有任何此类权限的情况下，不能简单地允许这样做？

4.26 请解释完整性约束和授权约束之间的区别。

延伸阅读

在第 3 章中提供了对常规 SQL 的参照。如前所述，许多系统以非标准的方式来实现功能，出于这样的原因，面向你所使用的数据库系统的参考手册是必不可少的指南。大多数厂商还在网络上提供广泛的支持。

SQL 所用的规则决定了视图更新的能力，在 SQL:1999 中介绍了这些规则以及更新操作如何影响底层的数据库关系，在 [Melton and Simon (2001)] 中对此进行了总结。

关于断言的初始 SQL 建议可以追溯到 [Astrahan et al. (1976)]、[Chamberlin et al. (1976)] 和 [Chamberlin et al. (1981)]。

参考文献

[Astrahan et al. (1976)]　M. M. Astrahan, M. W. Blasgen, D. D. Chamberlin, K. P. Eswaran, J. N. Gray, P. P. Griffiths, W. F. King, R. A. Lorie, P. R. McJones, J. W. Mehl, G. R. Putzolu, I. L. Traiger, B. W. Wade, and V. Watson, "System R, A Relational Approach to Data Base

180

Management", *ACM Transactions on Database Systems*, Volume 1, Number 2 (1976), pages 97-137.

[Chamberlin et al. (1976)] D. D. Chamberlin, M. M. Astrahan, K. P. Eswaran, P. P. Griffiths, R. A. Lorie, J. W. Mehl, P. Reisner, and B. W. Wade, "SEQUEL 2: A Unified Approach to Data Definition, Manipulation, and Control", *IBM Journal of Research and Development*, Volume 20, Number 6 (1976), pages 560-575.

[Chamberlin et al. (1981)] D. D. Chamberlin, M. M. Astrahan, M. W. Blasgen, J. N. Gray, W. F. King, B. G. Lindsay, R. A. Lorie, J. W. Mehl, T. G. Price, P. G. Selinger, M. Schkolnick, D. R. Slutz, I. L. Traiger, B. W. Wade, and R. A. Yost, "A History and Evaluation of System R", *Communications of the ACM*, Volume 24, Number 10 (1981), pages 632-646.

181 ~ 182

[Melton and Simon (2001)] J. Melton and A. R. Simon, *SQL:1999, Understanding Relational Language Components*, Morgan Kaufmann (2001).

高级 SQL

第 3～4 章详细介绍了 SQL 的基本结构。在本章中，我们首先解决如何使用通用程序设计语言来访问 SQL 的问题，这对于构建使用数据库来管理数据的应用程序是非常重要的。然后，我们将介绍 SQL 的一些更高级的特性，从如何在数据库内部执行过程性代码开始，其方式是要么通过扩展 SQL 语言来支持过程性操作，要么通过允许在数据库内部执行以过程性语言定义的函数。我们将介绍触发器，它可以用来指定在特定事件发生的情况下自动执行的动作，这些事件诸如在指定关系中插入、删除或更新元组。最后，我们将讨论 SQL 支持的递归查询和高级聚集特性。

5.1 使用程序设计语言访问 SQL

SQL 提供了一种强大的声明式查询语言。用 SQL 编写查询通常比用通用程序设计语言对同样的查询进行编码要简单得多。然而，基于至少两种原因数据库程序员必须能够访问通用程序设计语言：

1. 因为 SQL 并没有提供通用语言的全部表达能力，所以 SQL 并不能表达所有的查询。也就是说，有可能存在这样的查询，它们可以用诸如 C、Java 或 Python 那样的语言来编写，但不能用 SQL 来表达。要编写这样的查询，我们可以将 SQL 嵌入一种更强大的语言中。
2. 非声明式动作（诸如打印一份报告、和用户交互，或者把查询结果发送到图形化用户界面中）都不能在 SQL 中实现。应用程序通常具有几个组件，并且查询或更新数据只是其中一个组件，其他组件则用通用程序设计语言来实现。对于集成应用来说，必须用某种方式把 SQL 与通用程序设计语言结合起来。

可以通过以下两种方式从通用程序设计语言中访问 SQL。

183

1. **动态 SQL**（dynamic SQL）：通用程序可以通过一组函数（对于过程式语言）或者方法（对于面向对象的语言）来连接到数据库服务器并与之通信。动态 SQL 允许程序在运行时以字符串形式来构建 SQL 查询，提交查询，然后以每次一个元组的方式把结果存入程序变量中。SQL 的动态 SQL 组件允许程序在运行时构建和提交 SQL 查询。

在这一章中，我们将介绍两种用于连接到 SQL 数据库并执行查询和更新的标准。一种是用于 Java 语言的应用程序接口 JDBC（见 5.1.1 节）。另一种是 ODBC（见 5.1.3 节），它最初是为 C 语言开发的应用程序接口，后来扩展到诸如 C++、C#、Ruby、Go、PHP 和 Visual Basic 等其他语言。我们还将说明用 Python 编写的程序如何使用 Python Database API 来连接到数据库（见 5.1.2 节）。

为 Visual Basic .NET 和 C# 语言设计的 ADO.NET API 提供了访问数据的函数，它们在高级别上类似于 JDBC 函数，尽管细节不同。ADO.NET API 也可以用于某些类型的非关系型数据源。ADO.NET 的详细信息可以在联机手册中找到，本章就不再进一步介绍了。

2. **嵌入式 SQL**（embedded SQL）：与动态 SQL 类似，嵌入式 SQL 提供了一种用于程序与数据库服务器进行交互的方式。然而，在嵌入式 SQL 中，SQL 语句在编译时采用预处理器来进行识别，预处理器将用嵌入式 SQL 表达的请求转换为函数调用。在运行时，这些函数调用使用提供动态 SQL 设施的 API 连接到数据库，但是这些 API 可能只适用于正在使用的数据库。5.1.4 节将简要介绍嵌入式 SQL。

把 SQL 与通用语言相结合的主要挑战是 SQL 与这些语言操纵数据的方式不匹配。在 SQL 中，数据的主要类型是关系。SQL 语句在关系上进行操作，并返回关系作为结果。程序设计语言通常一次操作一个变量，并且这些变量大致相当于关系中一个元组的一个属性的值。因此，为了在单个应用中整合这两种类型的语言，需要提供一种机制，以程序可以处理的方式返回查询的结果。

本节中的示例假设在运行数据库系统的服务器上访问一个数据库。在注释 5-1 中讨论了使用**嵌入式数据库**（embedded database）的另一种可替代方法。

5.1.1　JDBC

JDBC 标准定义了用于将 Java 程序连接到数据库服务器的**应用程序接口**（Application Program Interface，API）(JDBC 这个词原本是 **Java 数据库连接**（Java Database Connectivity）的缩写，但此全称已经不再使用了)。

184

图 5-1 给出了使用 JDBC 接口的 Java 代码的示例。Java 程序必须加载 java.sql.*，它包含 JDBC 所提供函数的接口定义。

```
public static void JDBCexample(String userid, String passwd)
{
    try (
        Connection conn = DriverManager.getConnection(
            "jdbc:oracle:thin:@db.yale.edu:1521:univdb",
            userid, passwd);
        Statement stmt = conn.createStatement();
    ) {
        try {
            stmt.executeUpdate(
                "insert into instructor values('77987','Kim','Physics',98000)");
        }
        catch (SQLException sqle) {
            System.out.println("Could not insert tuple. " + sqle);
        }
        ResultSet rset = stmt.executeQuery(
            "select dept_name, avg (salary) "+
            " from instructor "+
            " group by dept_name");
        while (rset.next()) {
            System.out.println(rset.getString("dept_name") + " " +
                rset.getFloat(2));
        }
    }
    catch (Exception sqle)
    {
        System.out.println("Exception : " + sqle);
    }
}
```

图 5-1　JDBC 代码示例

5.1.1.1　连接到数据库

从 Java 程序访问数据库的第一步是打开一个与数据库的连接。这一步需要选择使用哪个数据库，比如运行在你的机器上的一个 Oracle 实例，或者运行在另一台机器上的一个 PostgreSQL 数据库。只有在打开一个连接以后，Java 程序才能执行 SQL 语句。 185

通过使用 DriverManager 类（在 java.sql 中）的 getConnection() 方法打开一个连接。该方法有三个参数[㊀]。

1. 调用 getConnection() 的第一个参数是一个字符串，它指定了 URL 或服务器所运行的主机名称（在我们的示例中是 db.yale.edu），以及某些可能的其他信息，例如，与数据库通信所用的协议（在我们的示例中是 jdbc:oracle:thin:，我们马上就会看到为什么需要它）、数据库系统用来通信的端口号（在我们的示例中是 2000），还有服务器端使用的特定数据库（在我们的示例中是 univdb）。请注意 JDBC 只指定 API 而不指定通信协议。一个 JDBC 驱动器可能支持多种协议，我们必须指定一种数据库和驱动器都支持的协议。协议的详细内容是由厂商设定的。
2. getConnection() 的第二个参数是一个数据库用户的标识，它是一个字符串。
3. 第三个参数是密码，它也是一个字符串。（请注意，如果未经授权的人访问你的 Java 代码，在 JDBC 代码中指定密码会带来安全性风险。）

我们在图中的示例中，已经创建了一个 Connection 对象，其句柄是 conn。

支持 JDBC（所有主流的数据库厂商都支持）的每个数据库产品都会提供一个 JDBC 驱动程序，该驱动程序必须被动态加载才能实现 Java 对数据库的访问。事实上，必须在连接到数据库之前，首先完成该驱动程序的加载。如果已从厂商的网站下载了合适的驱动程序而且该驱动程序在类路径中，那么 getconnection() 方法将定位所需的驱动程序[㊁]。驱动程序提供了从独立于产品的 JDBC 调用到面向产品的调用的转换，而面向产品的调用是正在使用的特定数据库管理系统所需要的。用于与数据库交换信息的实际协议取决于所使用的驱动程序，并且不由 JDBC 标准来定义。一些驱动程序支持不止一种协议，必须根据特定数据库产品支持何种协议来选择一种合适的协议。在我们的示例中，当打开与数据库的连接时，字符串 jdbc:oracle:thin: 指定了 Oracle 所支持的具体协议。MySQL 的等价表示是 jdbc:mysql:。

5.1.1.2 向数据库系统中传递 SQL 语句

一旦打开一个数据库连接，程序就可以利用该连接来向数据库发送 SQL 语句用于执行。这是通过 Statement 类的一个实例来完成的。一个 Statement 对象本身并不是 SQL 语句，而是允许 Java 程序调用方法的一个对象，这些方法将给定的 SQL 语句作为参数发送给数据库系统来执行。我们的示例在 conn 连接上创建了一个 Statement 句柄（stmt）。 186

我们既可以调用 executeQuery() 方法又可以调用 executeUpdate() 方法来执行一条语句，这取决于这条 SQL 语句是查询语句（如果是查询语句，则会返回一个结果集），还是诸如**更新**（update）、**插入**（insert）、**删除**（delete）或**创建表**（create table）这样的非查询语句。在我们的示例中，stmt.executeUpdate() 执行一条向 *instructor* 关系中进行插入的更新语句。它返回一个整数，给出插入、更新或者删除元组的数量。对于 DDL 语句，其返回值为零。

㊀ 存在多种版本的 getConnection() 函数，它们所接受的参数各不相同。我们只介绍最常用的那个版本。

㊁ 在版本 4 之前，通过调用带有一个参数的 Class.forName 来手动定位驱动程序，它在 getConnection 调用之前的一行代码中指定实现 java.sql.Driver 接口的具体类。

5.1.1.3 异常与资源管理

执行任何 SQL 方法都可能导致引发异常。try {…} catch {…} 结构允许我们捕获在进行 JDBC 调用时出现的任何异常（错误情况），并采取适当的操作。在 JDBC 编程中，它可能有助于区分 SQLException（这是面向 SQL 的异常）和 Exception 的一般情况（它可以是任何 Java 异常，比如空指针异常或数组下标越界异常）。我们在图 5-1 中显示了这两种异常。实际上，人们编写的异常处理程序应该比我们在示例代码中编写的（为了简洁起见）更为完整。

打开连接、语句和其他 JDBC 对象都是消耗系统资源的操作。程序员必须注意确保程序关闭所有这样的资源。否则可能会导致数据库系统的资源池被耗尽，使得系统在超时期限到期之前无法访问或无法操作。关闭资源的一种方式是编写显式调用来关闭连接和语句。如果代码由于异常而退出，则此方式将失效，因为带关闭调用的 Java 语句没有被使用。出于这样的原因，首选方式是使用 Java 中的 *try-with-resources* 结构。在图 5-1 的示例中，连接和语句对象的打开是在括号内完成的，而不是在花括号内 try 的主体中完成的。在括号内代码中打开的资源在 try 块结尾处自动关闭。这样可以防止我们让连接或语句处于未关闭状态。由于关闭一条语句会隐式关闭为该语句打开的对象（即我们将在下一节中讨论的 ResultSet 对象），因此这种编码方式可以防止我们让资源处于未关闭状态[⊖]。在图 5-1 的示例中，我们可以用 conn.close() 语句来显式地关闭连接，并用 stmt.close() 来显式地关闭语句，尽管在我们的示例中是不必这样做的。

5.1.1.4 获取查询结果

图 5-1 的示例代码通过使用 stmt.executeQuery() 来执行一次查询。它把结果中的元组集提取到 ResultSet 对象 rset 中，并每次取出一个元组进行处理。结果集上的 next() 方法用来测试在结果集中是否还存在至少一个尚未提取的元组，如果存在就取出该元组。next() 方法的返回值是一个布尔变量，它表示该方法是否提取了一个元组。通过使用名称以 get 打头的各种方法可以检索来自所提取元组的各个属性。getString() 方法可以检索任何基本的 SQL 数据类型（并将值转换成 Java String 对象），当然也可以使用像 getFloat() 那样的约束性更强的方法。各种 get 方法的参数既可以是被指定为一个字符串的属性名，又可以是一个整数，它表明所需属性在元组中的位置。图 5-1 给出了在元组中提取属性值的两种方式：利用属性名（*dept_name*）提取以及利用属性位置（2，代表第二个属性）提取。

187

5.1.1.5 预备语句

我们可以创建一条预备语句，其中用“？”来代替某些值，以此指明以后会提供实际的值。数据库系统在预备查询的时候对其进行编译。在每次执行该查询时（用新值去替换那些“？”），数据库系统可以重用此前编译的查询形式，将新的值作为参数来应用。图 5-2 的代码片段展示了如何使用预备语句。

```
PreparedStatement pStmt = conn.prepareStatement(
        "insert into instructor values(?,?,?,?)");
pStmt.setString(1, "88877");
pStmt.setString(2, "Perry");
pStmt.setString(3, "Finance");
pStmt.setInt(4, 125000);
pStmt.executeUpdate();
pStmt.setString(1, "88878");
pStmt.executeUpdate();
```

图 5-2 JDBC 代码中的预备语句

Connection 类的 prepareStatement() 方法定义一个查询，该查询可以包含参数值。一些 JDBC 驱动程序可以将查询作为方法的一部分提交到数据库进行编译，但其他驱动程序此

⊖ 此 Java 特性称为 *try-with-resources*，是在 Java7 中引入的。

时并未与数据库联系。此方法返回一个PreparedStatement类的对象。此时还尚未执行任何SQL语句。执行需要PreparedStatement类的两个方法executeQuery()和executeUpdate()。但是在它们被调用之前，我们必须使用PreparedStatement类的方法来为“?”参数赋值。setString()方法以及诸如setInt()那样的用于其他基本SQL类型的类似方法允许我们为参数指定值。第一个变量指明我们为哪个“?”参数赋值（第一个参数是1，区别于大多数其他的Java结构，这些结构是从0开始的）。第二个变量指定要赋予的值。

在图5-2的示例中，我们预备了一条**insert**语句，设定了“?”参数，并且随后调用executeUpdate()。该示例的最后两行表明：直到我们特别地进行重新设定为止，参数赋值保持不变。这样，最后的语句调用executeUpdate()，插入元组（“88878”，“Perry”，“Finance”，125000）。

在同一查询编译一次然后带不同参数值运行多次的情况下，预备语句使得执行更加高效。然而，只要查询使用用户输入的值，即使该查询只运行一次，预备语句也有一个更为重要的优势使得它们成为执行SQL查询的首选方法。假设我们读取一个用户输入的值，然后使用Java的字符串操作来构造SQL语句。如果用户输入了某些特殊字符，例如一个单引号，除非我们格外小心地检查用户输入，否则生成的SQL语句会出现语法错误。setString()方法为我们自动完成这样的检查，并插入所需的转义字符以确保语法的正确性。 188

在我们的示例中，假设用户已经输入了对于ID、name、dept_name和salary这些变量的值，并且相应的行将被插入*instructor*关系中。假设不使用预备语句，而是使用如下的Java表达式把字符串拼接起来以构造查询：

```
"insert into instructor values(' " + ID + " ', ' " + name + " ', " +
    " '" + dept_name + " ', " + salary + ")"
```

并且使用Statement对象的executeQuery()方法来直接执行查询。请注意字符串中单引号的使用，单引号将在生成的SQL查询中包围ID、name和dept_name的值。

现在，如果用户在ID或者姓名字段中敲入了一个单引号，查询字符串就会出现语法错误。一位教师的姓名中很有可能带有引号（例如“O'Henry”）。

也许以上示例会被认为是令人讨厌的，但情况可能会糟得多。一种叫作**SQL注入**（SQL injection）的技术可以被恶意黑客用来窃取数据或损坏数据库。

假设一段Java程序输入一个字符串*name*，并且构建查询：

```
"select * from instructor where name = '" + name + "'"
```

如果用户输入的不是一个姓名，而是：

```
X' or 'Y' = 'Y
```

那么，所产生的语句就变成： 189

```
"select * from instructor where name = '" + "X' or 'Y' = 'Y" + "'"
```

即为

```
select * from instructor where name = 'X' or 'Y' = 'Y'
```

在生成的查询中，**where**子句总是为真，并且返回整个教师关系。

更诡计多端的恶意用户可能安排输出甚至更多的数据，包括诸如密码之类的资质，这些资质允许用户连接到数据库并执行其想要的任何操作。可以使用**更新**（update）语句上的

SQL 注入攻击来更改在更新列中存储的值。实际上在现实世界中已经发生了许多使用 SQL 注入的攻击。通过使用 SQL 注入，对多个金融网站的攻击已导致大量资金被盗窃。

使用预备语句就可以避免这类问题，因为输入的字符串将被插入转义字符，因此所产生的查询变为：

```
"select * from instructor where name = 'X\' or \'Y\' = \'Y'
```

这是无害的语句，并返回空的关系。

程序员必须仅通过预备语句的参数将用户输入的字符串传递给数据库；通过使用用户输入值串接起来的字符串来创建 SQL 查询存在极其严重的安全风险，并且在任何程序中都不应该这样做。

有些数据库系统允许在单个 JDBC 的 execute 方法中执行多条 SQL 语句，语句之间用分号分隔。由于 JDBC 驱动程序允许恶意的黑客使用 SQL 注入来插入整条 SQL 语句，因此该特性在某些 JDBC 驱动程序上被默认关闭了。例如，在我们前面的 SQL 注入示例中，一个恶意的用户可以输入：

```
X'; drop table instructor; --
```

这将导致向数据库提交一个查询字符串，其中包含两条用分号分隔的语句。由于这些语句以 JDBC 连接所使用的数据库用户标识的权限运行，因此可以执行破坏性的 SQL 语句，例如**删除表**（drop table）或对用户所选择的任何表进行更新。但是，某些数据库仍然允许执行如上所述的多条语句。因此，正确使用预备语句以避免 SQL 注入的风险是非常重要的。

5.1.1.6　可调用语句

JDBC 还提供了 CallableStatement 接口，它允许调用 SQL 的存储过程和函数（将在 5.2 节中描述）。此接口对函数和过程所扮演的角色跟 prepareStatement 对查询所扮演的角色一样。

190

```
CallableStatement cStmt1 = conn.prepareCall("{? = call some_function(?)}");
CallableStatement cStmt2 = conn.prepareCall("{call some_procedure(?,?)}");
```

函数返回值和过程输出参数的数据类型必须先用 registerOutParameter() 方法注册，并可以用与结果集类似的 get 方法来检索。请参阅 JDBC 手册以获得更详细的信息。

5.1.1.7　元数据特性

正如我们此前提到的，Java 应用程序不包含对数据库中所存储数据的声明。这些声明是 SQL DDL 的一部分。因此，使用 JDBC 的 Java 程序必须要么将关于数据库模式的获取硬编码到程序中，要么在运行时直接从数据库系统得到那些信息。后一种方法通常更可取，因为它使得应用程序可以更健壮地应对数据库模式的变化。

请回想一下：当我们使用 executeQuery() 方法提交一个查询时，查询结果被封装在一个 ResultSet 对象中。ResultSet 接口有一个 getMetaData() 方法，它返回一个包含关于结果集的元数据的 ResultSetMetaData 对象。ResultSetMetaData 又进一步具有查找元数据信息的方法，例如结果中的列数、指定列的名称或者指定列的类型。通过这样的方式，即使我们事先不知道结果的模式，也可以编写代码来执行查询。

下面的 Java 代码片段使用 JDBC 来打印出一个结果集的所有列的名称和类型。假定代码中的变量 rs 指代通过执行查询而获得的一个 ResultSet 实例。

```
ResultSetMetaData rsmd = rs.getMetaData();
for(int i = 1; i <= rsmd.getColumnCount(); i++) {
    System.out.println(rsmd.getColumnName(i));
    System.out.println(rsmd.getColumnTypeName(i));
}
```

getColumnCount() 方法返回结果关系的元数（属性个数）。这使得我们能够遍历每个属性（请注意，与 JDBC 的惯例一致，我们从 1 开始）。对于每个属性，我们采用 getColumnName() 和 getColumnTypeName() 两种方法来分别检索它的名称和数据类型。

DatabaseMetaData 接口提供了查找关于数据库的元数据的方式。Connection 接口具有一个 getMetaData() 方法，它返回一个 DatabaseMetaData 对象。DatabaseMetaData 接口又进一步具有大量的方法来获取关于程序所连接的数据库和数据库系统的元数据。

例如，有些方法可以返回数据库系统的产品名称和版本号。另外一些方法允许应用程序来查询数据库系统所支持的特性。

191

还有其他方法返回有关数据库本身的信息。图 5-3 中的代码展示了如何查找数据库中有关关系的列（属性）信息。假定 conn 变量是一个已打开的数据库连接的句柄。getColumns() 方法有四个参数：一个目录名称（为空表示目录名称将被忽略）、一个模式名式样、一个表名式样以及一个列名式样。模式名、表名和列名的式样可以用于指定一个名称或式样。式样可以使用 SQL 字符串匹配的特殊字符“%”和“_”，例如，式样“%”匹配所有的名称。只有满足特定名称或式样的模式的表的列被检索出来。结果集中的每行包含有关一个列的信息。这些行具有若干列，比如目录名、模式名、表名、列名、列的类型等。

```
DatabaseMetaData dbmd = conn.getMetaData();
ResultSet rs = dbmd.getColumns(null, "univdb", "department", "%");
    // getColumns的参数：目录、模式式样、表式样以及列式样
    // 返回值：为每列返回一行，每行包含一系列属性
    // 例如 COLUMN_NAME, TYPE_NAME
while( rs.next()) {
    System.out.println(rs.getString("COLUMN_NAME"),
            rs.getString("TYPE_NAME");
}
```

图 5-3　在 JDBC 中使用 DatabaseMetaData 查找列信息

getTables() 方法允许获取数据库中所有表的列表。getTables() 的前三个参数与 getColumns() 是相同的。第四个参数可用于限制所返回的表的类型；如果被设置为空，则返回所有表，包括系统内部表，但该参数可以设置为仅返回由用户创建的表。

DatabaseMetaData 还提供了其他方法来获取与数据库相关的信息，包括获取主码的方法（getPrimaryKeys()）、获取外码引用的方法（getCrossReference()）、获取授权的方法、获取诸如最大连接数那样的数据库限制的方法等。

元数据接口可以用于各种任务。例如，它们可以用于编写数据库浏览器，该浏览器允许用户查找数据库中的表，检查它们的模式，检查表中的行，应用选择来查看所需的行等。元数据信息可以使得用于这些任务的代码更为通用，例如，可以以能够在无论何种模式下的所有可能的关系上都有效的方式，来编写代码展示一个关系中的行。类似地，可以编写代码来接受查询字符串、执行该查询并将结果打印为一个格式化的表；无论实际提交的查询是什么，这段代码都可以工作。

192

5.1.1.8　其他特性

JDBC 提供了许多其他特性，比如**可更新的结果集**（updatable result set）。它可以根据在数据库关系上执行选择或投影的查询来创建出可更新的结果集。对结果集中元组的更新将导致对数据库关系的相应元组的更新。

请回想一下 4.3 节，事务允许将多个操作视为一个可以被提交或者回滚的单个原子性单元。在缺省情况下，每条 SQL 语句都被视为一个自动提交的独立事务。JDBC 的 Connection 接口中的 setAutoCommit() 方法允许打开或关闭这种自动提交的行为。因此，如果 conn 是一个打开的连接，则 conn.setAutoCommit(false) 将关闭自动提交。然后事务必须要么使用 conn.commit() 来显式提交，要么使用 conn.rollback() 来显式回滚。自动提交可以用 conn.setAutoCommit(true) 来打开。

JDBC 提供了处理大对象的接口，而不要求在内存中创建整个大对象。为了获取大对象，ResultSet 接口提供了 getBlob() 和 getClob() 方法，它们与 getString() 方法相似，但是分别返回类型为 Blob 和 Clob 的对象。这些对象并不存储整个大对象，而是存储这些大对象的“定位器”，也就是指向数据库中实际的大对象的逻辑指针。从这些对象中获取数据非常类似于从文件或输入流中获取数据，并且可以采用诸如 getBytes() 和 getSubString() 那样的方法来实现。

为了在数据库中存储大对象，可以用 PreparedStatement 类的 setBlob(intparameterIndex, InputStream inputStream) 方法把一个类型为**二进制大对象**（blob）的数据库列与一条输入流（例如已被打开的文件）关联起来。当执行预备语句时，数据从输入流被读取，然后被写入数据库的**二进制大对象**中。相似地，使用以参数索引和字符串流为参数的 setClob() 方法可以设置**字符大对象**（clob）的列。

JDBC 还提供了行集（row set）特性，它允许收集结果集并将其发送给其他应用程序。行集既可以向后又可以向前扫描，并且可以被修改。

5.1.2　从 Python 访问数据库

从 Python 访问数据库可以通过如图 5-4 所示的方法来完成。包含 insert 查询的语句显示了如何使用与 JDBC 预备语句等价的 Python 语句，其中的参数在 SQL 查询中由“%s”来标识，并且参数值是作为列表提供的。更新不会自动提交到数据库，需要调用 commit() 方法来提交更新。

193

try:，except…: 块显示了如何捕获异常并打印有关异常的信息。for 循环说明了如何在查询执行的结果上进行循环，以及如何访问特定行的各个属性。

该程序使用 psycopg2 驱动程序，它允许连接到 PostgreSQL 数据库，并在程序的第一行导入。驱动程序通常是面向数据库的，使用 MySQLdb 驱动程序连接到 MySQL，使用 cx_Oracle 连接到 Oracle；但是 pyodbc 驱动程序可以连接到支持 ODBC 的大多数数据库。程序中使用的 Python 数据库 API 是通过许多数据库的驱动程序来实现的，但是与 JDBC 不同，在跨不同驱动程序的 API 中存在细微的差别，特别是在 connect() 函数的参数方面。

5.1.3　ODBC

开放数据库连接（Open DataBase Connectivity，ODBC）标准定义了一个 API，应用程序可以用它来打开与一个数据库的连接、发送查询和更新并获取返回结果。诸如图形化用户界面、统计程序包以及电子表格那样的应用程序可以使用相同的 ODBC API 来连接到支持 ODBC 的任何数据库服务器。

```
import psycopg2

def PythonDatabaseExample(userid, passwd)
    try:
        conn = psycopg2.connect( host="db.yale.edu", port=5432,
                dbname="univdb", user=userid, password=passwd)
        cur = conn.cursor()
        try:
            cur.execute("insert into instructor values(%s, %s, %s, %s)",
                    ("77987","Kim","Physics",98000))
            conn.commit();
        except Exception as sqle:
            print("Could not insert tuple. ", sqle)
            conn.rollback()
        cur.execute( ("select dept_name, avg (salary) "
                    " from instructor group by dept_name"))
        for dept in cur:
            print dept[0], dept[1]
    except Exception as sqle:
        print("Exception : ", sqle)
```

图 5-4　从 Python 访问数据库

每个支持 ODBC 的数据库系统都提供一个必须和客户端程序相链接的库。当客户端程序 194 调用一个 ODBC API 时，库中的代码就和服务器进行通信以执行被请求的动作并获取结果。

```
void ODBCexample()
{
    RETCODE error;
    HENV env; /* 环境变量 */
    HDBC conn; /* 数据库连接句柄 */

    SQLAllocEnv(&env);
    SQLAllocConnect(env, &conn);
    SQLConnect(conn, "db.yale.edu", SQL_NTS, "avi", SQL_NTS,
            "avipasswd", SQL_NTS);
    {
        char deptname[80];
        float salary;
        int lenOut1, lenOut2;
        HSTMT stmt;

        char * sqlquery = "select dept_name, sum (salary)
                from instructor
                group by dept_name";
        SQLAllocStmt(conn, &stmt);
        error = SQLExecDirect(stmt, sqlquery, SQL_NTS);
        if (error == SQL_SUCCESS) {
            SQLBindCol(stmt, 1, SQL_C_CHAR, deptname , 80, &lenOut1);
            SQLBindCol(stmt, 2, SQL_C_FLOAT, &salary, 0 , &lenOut2);
            while (SQLFetch(stmt) == SQL_SUCCESS) {
                printf (" %s %g\n", deptname, salary);
            }
        }
        SQLFreeStmt(stmt, SQL_DROP);
    }
    SQLDisconnect(conn);
    SQLFreeConnect(conn);
    SQLFreeEnv(env);
}
```

图 5-5　ODBC 代码示例

图 5-5 给出了一段使用 ODBC API 的 C 语言代码示例。利用 ODBC 与服务器通信的第一步是建立与服务器的连接。为此，程序先分配一个 SQL 环境变量，然后分配一个数据库连接句柄。ODBC 定义了 HENV、HDBC 和 RETCODE 类型。程序随后通过使用 SQLConnect 打开数据库的连接，此调用需要几个参数，包括连接句柄、要连接的服务器、用户标识和用于数据库的密码。常量 SQL_NTS 表示前面的参数是一个以 null 结尾的字符串。

195

一旦建立起连接，程序就可以通过使用 SQLExecDirect 向数据库发送 SQL 命令。因为 C 语言的变量可以和查询结果的属性绑定，所以当使用 SQLFetch 来获取结果元组时，其属性值被存储在相应的 C 变量中。SQLBindCol 函数执行此项任务。第二个参数标识属性在查询结果中的位置，第三个参数指明从 SQL 到 C 所需的类型转换。下一个参数给出变量的地址。对于像字符串数组那样的变长类型，最后两个参数还要给出变量的最大长度以及当获取元组时要存储实际长度的位置。长度字段返回负值表示该值为空（null）。对于诸如整型或浮点型那样的定长类型，最大长度字段被忽略，然而长度字段返回负值则表示一个空值。

SQLFetch 语句在 **while** 循环中一直执行，直到 SQLFetch 返回一个非 SQL_SUCCESS 的值。在每次取值时，程序把值存放在由 SQLBindCol 调用所指定的 C 变量中，并输出这些值。

在会话结束的时候，程序释放语句的句柄，断开与数据库的连接，同时释放连接句柄和 SQL 环境句柄。好的编程风格要求必须检查每一个函数调用的结果，以确保没有出现错误；为了简洁起见，我们省略了大部分这样的检查。

可以创建一条带有参数的 SQL 语句，例如，请考虑语句 insert into department values(?, ?, ?)。问号是为后面将提供的值而设置的占位符。上面的语句可以被“预备”，也就是说，在数据库中先编译，并通过为占位符提供实际值来反复执行——在本例中，是通过为 *department* 关系提供系名、教学楼和预算。

ODBC 为各种任务都定义了函数，例如查找数据库中的所有关系，以及查找查询结果或数据库中关系的列的名称和类型。

在缺省情况下，每条 SQL 语句都被认为是一个自动提交的单独事务。SQLSetConnectOption(conn, SQL_AUTOCOMMIT, 0) 关闭 conn 连接上的自动提交，然后事务必须通过 SQLTransact(conn, SQL_COMMIT) 来显式提交或通过 SQLTransact (conn, SQL_ROLLBACK) 来显式回滚。

ODBC 标准定义了*适应性级别*（conformance level)，用于指定由标准定义的函数子集。一个 ODBC 实现可以仅提供核心级特性，也可以提供更高级（级别 1 或级别 2）的特性。级别 1 要求支持获取目录的有关信息，例如有关当前关系及其属性类型的信息。级别 2 需要更多的特性，例如发送和检索参数值数组以及检索更详细的目录信息的能力。

196

SQL 标准定义了一个与 ODBC 接口类似的**调用层接口**（Call Level Interface，CLI)。

5.1.4 嵌入式 SQL

SQL 标准定义了将 SQL 嵌入各种程序设计语言（比如 C、C++、Cobol、Pascal、Java、PL/I 和 Fortran）中的方法。嵌入了 SQL 查询的语言被称为*宿主*（host）语言，并且在宿主语言中允许使用的 SQL 结构构成了*嵌入式* SQL。

用宿主语言编写的程序可以使用嵌入式SQL的语法来访问和更新存储在数据库中的数据。嵌入式SQL程序在编译之前必须先由特殊的预处理器进行处理。该预处理器将嵌入的SQL请求替换为宿主语言的声明以及允许运行时执行数据库访问的过程调用。然后，所产生的程序由宿主语言编译器进行编译。这是嵌入式SQL与JDBC或ODBC之间的主要区别。

为使预处理器识别出嵌入式SQL请求，我们使用EXEC SQL语句，它具有如下格式：

EXEC SQL <嵌入式SQL语句>;

在执行任何SQL语句之前，程序必须首先连接到数据库。在嵌入式SQL语句中可以使用宿主语言的变量，不过它们的前面必须加上冒号（:）以将它们与SQL变量区分开来。

要遍历一个嵌入式SQL查询的结果，我们必须声明一个*游标*（cursor）变量，它可以随后被打开，并在宿主语言循环中发出*获取*（fetch）命令来获取查询结果的连续行。行的属性可以提取到宿主语言变量中。数据库更新也可以通过以下方式实现：使用关系上的游标来遍历关系的行，或使用**where**子句来仅遍历所选的行。嵌入式SQL命令可用于更新游标所指向的当前行。

嵌入式SQL请求的确切语法取决于嵌入SQL的语言。可以参考你所使用的特定语言的嵌入语法的手册以获取更多详细信息。

在JDBC中，SQL语句在运行时进行解释（即使它们是使用预备语句功能来创建的）。当使用嵌入式SQL时，在预处理时有可能会捕获一些与SQL有关的错误（包括数据类型错误）。与在程序中使用动态SQL相比，嵌入式SQL程序中的SQL查询也更容易理解。但是，嵌入式SQL也存在一些缺点。预处理器会创建新的宿主语言代码，这可能会使程序的调试复杂化。预处理器用于标识SQL语句的结构可能在语法上与宿主语言在后续版本中所引入的宿主语言语法发生冲突。 197

其结果是，当前大多数系统使用动态SQL，而不是嵌入式SQL。微软语言集成查询（Microsoft Language Integrated Query，LINQ）工具是一种例外，它扩展了宿主语言以包括对查询的支持，而不是使用预处理器将嵌入式SQL查询转换为宿主语言。

注释5-1　嵌入式数据库

JDBC和ODBC都假设服务器在托管数据库的数据库系统上运行。某些应用程序使用完全存在于应用程序中的数据库。此类应用程序仅为内部使用而维护数据库，并且除非通过应用程序本身，否则无法访问到数据库。在这种情况下，可以使用**嵌入式数据库**（embedded database）以及使用实现了可从程序设计语言中访问的SQL数据库的几种包中的一种。热门的选择包括Java DB、SQLite、HSQLBD和$\ddot{2}$。还有MySQL的嵌入式版本。

嵌入式数据库系统缺少完全基于服务器的数据库系统的许多特性，但是它们为那些可以从数据库抽象中受益而无须支持超大型数据库或大规模事务处理的应用程序提供了优势。

请不要将嵌入式数据库与嵌入式SQL相混淆，后者是连接到服务器上运行的数据库的一种方式。

5.2　函数和过程

我们已经见识过内置在SQL语言中的几个函数。在本节中，我们将展示开发者如何编写他们自己的函数和过程，把它们存储在数据库里并随后在SQL语句中调用它们。函数对于诸如图像和几何对象那样的特定数据类型来说特别有用。例如，地图数据库中使用的一个线段数据类型可能有一个相关联的函数用于检测两条线段是否重叠，并且一个图像数据类型可能有一个相关联的函数用于比较两幅图像的相似性。

函数和过程允许"业务逻辑"被存储在数据库中，并从SQL语句中执行。例如，大学通常有许多规章制度，规定在一个给定学期里一名学生可以选多少门课，在一年里一位全职教师必须最少讲授多少门课，一名学生最多可以注册多少个专业，等等。尽管这样的业务逻辑可以被编码成程序设计语言的过程并完全存储在数据库以外，但把它们定义成数据库中的存储过程有几种优势。例如，它允许多个应用程序来访问这些过程，并允许当业务规则发生变化时进行单点改变，而不必改变应用程序的其他部分。然后应用程序代码可以调用存储过程，而不是直接更新数据库关系。

198

SQL允许定义函数、过程和方法。它们要么可以通过SQL的过程性组件来定义，要么可以通过诸如Java、C或C++那样的外部程序设计语言来定义。我们首先看看SQL中的定义，然后在5.2.3节中将了解如何使用外部语言来进行定义。

尽管我们在这里介绍的是SQL标准所定义的语法格式，然而大多数数据库都实现了这种语法的非标准版本。例如，Oracle（PL/SQL）、Microsoft SQL Sever（TransactSQL）和PostgreSQL（PL/pgSQL）所支持的过程性语言都与我们在这里描述的标准语法有所差别。我们将在注释5-2中用Oracle来举例说明某些不同之处。更进一步的详细信息可参见各自的系统手册。尽管我们在这里介绍的部分语法在这些系统上并不支持，但是我们所阐述的概念在不同的实现上都是适用的，虽然存在语法上的区别。

5.2.1　声明及调用SQL函数和过程

假定我们想要这样一个函数：给定一个系的名称，返回该系的教师数量。我们可以如图5-6[⊖]所示来定义函数。这个函数可以在查询中用来返回多于12位教师的所有系的名称和预算：

```
select dept_name, budget
from department
where dept_count(dept_name) > 12;
```

199

```
create function dept_count(dept_name varchar(20))
    returns integer
    begin
    declare d_count integer;
        select count(*) into d_count
        from instructor
        where instructor.dept_name= dept_name
    return d_count;
    end
```

图5-6　用SQL定义的函数

如果是在大量的元组上调用函数，那么当在查询中调用复杂的用户自定义函数时，在许多数据库系统上都会出现性能问题。因此，程序员在决定是否要在查询中使用用户自定义函数时应该考虑性能因素。

SQL标准支持以返回表作为结果的函数；这种函数称为**表函数**（table function）。请考虑图5-7中定义的函数。该函数返回一个包含特定系的所有教师的表。请注意，当引用函数的参数时需要给它加上函数名作为前缀（*instructor_of.dept_name*）。

⊖ 如果你要输入自己的函数或过程，应该写"**create or replace**"而不是**create**，这样便于在调试时（通过函数替换）修改你的代码。

此函数可以按如下方式在查询中使用：

```
select *
from table(instructor_of('Finance'));
```

该查询返回 'Finance' 系的所有教师。在这种简单情况下不使用以表为值的函数来写这个查询也是很直观的。但是，以表为值的函数通常可以被看作**参数化视图**（parameterized view），它通过允许参数来泛化常规的视图概念。

```
create function instructor_of (dept_name varchar(20))
    returns table (
        ID varchar (5),
        name varchar (20),
        dept_name varchar (20),
        salary numeric (8,2))
return table
    (select ID, name, dept_name, salary
    from instructor
    where instructor.dept_name = instructor_of.dept_name);
```

图 5-7　SQL 中的表函数

SQL 也支持过程。*dept_count* 函数也可以写成一个过程：

```
create procedure dept_count_proc(in dept_name varchar(20),
                                 out d_count integer)
    begin
        select count(*) into d_count
        from instructor
        where instructor.dept_name= dept_count_proc.dept_name
    end
```

200

关键字 **in** 和 **out** 分别表示待赋值的参数和为了返回结果而在过程中设置值的参数。

可以从一个 SQL 过程中或者从嵌入式 SQL 中通过使用 **call** 语句来调用过程：

```
declare d_count integer;
call dept_count_proc('Physics', d_count);
```

过程和函数可以从动态 SQL 中调用，正如 5.1.1.5 节中的 JDBC 语法所示。

SQL 允许不止一个过程具有相同的名称，只要同名过程的参数数量是不同的。名称和参数数量一起用于标识过程。SQL 也允许不止一个函数具有相同的名称，只要这些同名的不同函数要么具有不同的参数数量，要么对于具有相同数量参数的函数来说，它们至少有一个参数的类型是不同的。

5.2.2　用于过程和函数的语言结构

SQL 所支持的结构赋予了它通用程序设计语言几乎所有的能力。SQL 标准中处理这些结构的部分称为**持久存储模块**（Persistent Storage Module，PSM）。

使用 **declare** 语句可以声明变量，变量可以是任意合法的 SQL 数据类型。使用 **set** 语句可以进行赋值。

复合语句具有 **begin** … **end** 的形式，并且它可以在 **begin** 和 **end** 之间包含多条 SQL 语句。正如我们曾在 5.2.1 节中看到过的，可以在复合语句中声明局部变量。形如 **begin atomic** … **end** 的复合语句确保其中包含的所有语句作为单个事务来执行。

while 语句和 **repeat** 语句的语法如下：

```
while 布尔表达式 do
    语句序列;
end while

repeat
```

```
        语句序列;
    until 布尔表达式
    end repeat
```

201 还有 **for** 循环，它允许在查询的所有结果上进行循环：

```
declare n integer default 0;
for r as
        select budget from department
        where dept_name = 'Music'
do
    set n = n− r.budget
end for
```

该程序每次将查询结果的一行获取到 **for** 循环变量（上面示例中的 *r*）中。**leave** 语句可用来退出循环，而 **iterate** 则用来跳过剩余语句，从循环的开始处理下一个元组。

SQL 支持的条件语句包括使用以下语法的 **if-then-else** 语句：

```
if 布尔表达式
  then 语句或复合语句
elseif 布尔表达式
  then 语句或复合语句
else 语句或复合语句
end if
```

SQL 也支持 case 语句，类似于 C/C++ 语言的 case 语句（加上我们在第 3 章中看到过的 case 表达式）。

图 5-8 提供了一个在 SQL 中使用过程化结构的更大型的示例。图中定义的 *registerStudent* 函数在确认选修一门课的学生数没有超过分配给该门课的教室容量之后，在该门课中注册一名学生。函数返回一个错误代码：这个值大于或等于 0 表示成功，为负表示一种错误状态，同时以 **out** 参数的形式返回一条消息来说明出错的原因。

```
-- 在确保教室能容纳下的前提下注册一名学生
-- 如果成功则返回0，如果超过教室容量则返回-1
create function registerStudent(
            in s_id varchar(5),
            in s_courseid varchar (8),
            in s_secid varchar (8),
            in s_semester varchar (6),
            in s_year numeric (4,0),
            out errorMsg varchar(100)
returns integer
begin
    declare currEnrol int;
    select count(*) into currEnrol
        from takes
        where course_id = s_courseid and sec_id = s_secid
            and semester = s_semester and year = s_year;
    declare limit int;
    select capacity into limit
        from classroom natural join section
        where course_id = s_courseid and sec_id = s_secid
```

图 5-8 为一门课注册一名学生的过程

```
        and semester = s_semester and year = s_year;
    if (currEnrol < limit)
        begin
            insert into takes values
                (s_id, s_courseid, s_secid, s_semester, s_year, null);
            return(0);
        end
    - - 否则，已经达到该门课的容量限制
    set errorMsg = 'Enrollment limit reached for course ' || s_courseid
        || ' section ' || s_secid;
    return(-1);
end;
```

图 5-8 （续）

SQL 的过程化语言还支持对**异常情况**（exception condition）的信号发送，以及对处理异常的**句柄**（handler）的声明，如这段代码中所示：

```
declare out_of_classroom_seats condition
declare exit handler for out_of_classroom_seats
begin
语句序列；
end
```

begin 和 **end** 之间的语句可以通过执行 **signal** *out_of_classroom_seats* 来引发一个异常。这个句柄说明：如果异常情况发生，将会采取动作来从 **begin end** 的语句中退出。**continue** 是另一种可选动作，它从引发异常的语句的下一条语句继续执行。除了明确定义的情况之外，还有一些诸如 **sqlexception**、**sqlwarning** 和 **not found** 那样的预定义情况。 202

注释 5-2　过程和函数的非标准化语法

尽管 SQL 标准为过程和函数定义了语法，但是大多数数据库并不严格遵循该标准，并且所支持的语法有很大的差异。造成这种情况的原因之一是：这些数据库通常在语法被标准化之前就引入了对过程和函数的支持，并且它们一直沿用其原始语法。在这里不可能列出每个数据库所支持的语法，但是我们通过下面显示的来自图 5-6 的函数在 PL/SQL 中定义的版本来说明 Oracle 的 PL/SQL 中的一些差异。

```
create function dept_count (dname in instructor.dept_name%type) return integer
as
d_count integer;
begin
    select count(*) into d_count
    from instructor
    where instructor.dept_name = dname;
return d_count;
end;
```

虽然这两个版本在概念上是相似的，但有很多细微的语法差异，其中一些在比较函数的这两个版本时是明显的。尽管这里没有显示，但是在 PL/SQL 中控制流的语法与这里给出的语法也有一些不同。

请注意，PL/SQL 允许通过添加后缀 *%type* 来将一种类型指定为关系属性的类型。另外，PL/SQL 并不直接支持返回表的功能，尽管存在通过创建表类型来实现此功能的间接方式。其他数据库所支持的过程化语言也有大量语法和语义上的差异。更多信息请参阅相应语言的参考资料。使用存储的过程和函数的非标准化语法是将应用程序移植到不同数据库的一种障碍。

5.2.3　外部语言例程

尽管对 SQL 的过程化扩展非常有用，然而可惜的是它们并不被跨数据库的标准方式所支持。即使是最基本的特性在不同数据库产品中都可能有不同的语法或语义。其结果是，程序员必须针对每种数据库产品学习一门新的语言。还有另一种可替代方案可以解决语言支持的问题，即在一种命令式程序设计语言中定义过程，但允许从 SQL 查询和触发器的定义中来调用它们。

SQL 允许我们用诸如 Java、C#、C 或 C++ 那样的程序设计语言来定义函数。以这种方式定义的函数会比用 SQL 定义的函数效率更高，并且在 SQL 中无法执行的计算可以由这些函数来执行。

203～204

外部过程和函数可以通过这样的方式来指定（请注意，确切的语法取决于你所使用的特定数据库系统）：

```
create procedure dept_count_proc( in dept_name varchar(20),
                                  out count integer)
language C
external name '/usr/avi/bin/dept_count_proc'

create function dept_count (dept_name varchar(20))
returns integer
language C
external name '/usr/avi/bin/dept_count'
```

通常来说，外部语言过程需要处理参数（包括 **in** 和 **out** 参数）中的空值并返回值。它们还需要传递失败 / 成功的状态并处理异常情况。这些信息可以通过额外的参数来传递：一个指明失败 / 成功状态的 **sqlstate** 值、一个存储函数返回值的参数，以及一些指明每个参数 / 函数结果的值是否为空的指示变量。还可以通过其他机制来处理空值，例如，可以传递指针而不是值。具体采用哪种机制取决于数据库。不过，如果一个函数并不处理这些情况，可以在声明中添加额外的一行 **parameter style general** 来指明外部过程 / 函数只接受显示的参数并且不处理空值或异常。

用程序设计语言定义并在数据库系统之外编译的函数可以被加载并与数据库系统代码一起执行。不过这么做会带来这样的风险：程序中的错误可能破坏数据库的内部结构，并且可以绕过数据库系统的访问控制功能。如果数据库系统关注高效的执行胜过安全性，可以采用这种方式来执行过程。关注安全性的数据库系统可以将这种代码作为一个单独进程的一部分来执行，通过进程间通信传递参数的值并取回结果。然而，进程间通信的时间开销相当高；在典型的 CPU 体系结构上，在一次进程间通信所花费的时间内可以执行数万条到数十万条指令。

如果代码是用诸如 Java 或 C# 那样的“安全”语言来编写的，则存在另一种可能：在数据库查询执行进程本身的**沙盒**（sandbox）里来执行代码。沙盒允许 Java 或 C# 代码来访问它自己的内存区域，但它阻止代码读取或更新查询执行进程的内存，或者访问文件系统中的文件。（对于诸如 C 那样的语言来说，创建沙盒是不可能的，因为 C 允许通过指针不受限制地访问内存。）避免进程间通信大大降低了函数调用的开销。

205

当今有几个数据库系统支持在查询执行进程内的沙盒里来运行外部语言例程。例如，Oracle 和 IBM DB2 允许 Java 函数作为数据库进程的一部分来运行。Microsoft SQL Server 允许将过程编译到通用语言运行库（Common Language Runtime，CLR）中以便在数据库进程内执行；此类过程可以用诸如 C# 或 Visual Basic 等语言来编写。PostgreSQL 允许用多种语言来定义函数，比如 Perl、Python 和 Tcl。

5.3 触发器

触发器（trigger）是作为对数据库修改的连带效果而由系统自动执行的一条语句。为了定义一个触发器，我们必须：

- 指明什么时候执行触发器。这被拆分为引起触发器被检测的一个事件和触发器继续执行所必须满足的一个条件。
- 指明当触发器执行时所采取的动作。

一旦我们把一个触发器输入数据库中，只要发生指定的事件并且满足相应的条件，数据库系统就负责去执行它。

5.3.1 对触发器的需求

触发器可以被用来实现特定的完整性约束，这些约束不能使用 SQL 的约束机制来指定。触发器还是一种有用的机制，用来当满足特定条件时对人们发出警报或自动开始执行特定的任务。作为一个示例，我们可以设计一个触发器：只要一个元组被插入 *takes* 关系中，就在 *student* 关系中更新选课的学生所对应的元组，把该课的学分数值加入这名学生的总学分中。作为另一个示例，假设一个仓库希望维护每种物品的最低库存量，当一种物品的库存量低于最低水平时，可以自动下单。在更新一种物品的库存时，触发器会比较这种物品的当前库存量和它的最低库存量，并且如果库存量等于或低于最低库存量，就会创建一份新的订单。

请注意，触发器通常不能执行数据库以外的更新，因此，在补充库存的示例中，我们不能用一个触发器去在外部世界中下订单，而是在存放订单的关系中添加一条订单记录。我们必须创建一个单独的、永久运行的系统进程来周期性地扫描该关系并下单。某些数据库系统提供了内置的支持，可以通过这种方法从 SQL 查询和触发器中发送电子邮件。

206

5.3.2 SQL 中的触发器

现在我们来考虑如何在 SQL 中实现触发器。我们在这里介绍的是由 SQL 标准所定义的语法，但是大多数数据库实现的是这种语法的非标准版本。尽管这里所述的语法可能不被这些系统所支持，但是我们所阐述的概念是对于不同实现都适用的。我们将在注释 5-3 中讨论非标准的触发器实现。在每个系统中，触发器语法都基于该系统中对函数和过程进行编码的语法。

图 5-9 展示了如何使用触发器来确保 *section* 关系的 *time_slot_id* 属性上的引用完整性。图中第一个触发器的定义指明该触发器在任何一次对 *section* 关系的插入之后被启动，并且它确保所插入的 *time_slot_id* 值是合法的。SQL 插入语句可以向关系中插入多个元组，而触发器代码中的 **for each row** 子句可以随后显式地在被插入的每一行上进行迭代。**referencing new row as** 子句创建了一个 *nrow* 变量（称为**过渡变量**（transition variable）），它用来存储所插入行的值。

```
create trigger timeslot_check1 after insert on section
referencing new row as nrow
for each row
when (nrow.time_slot_id not in (
        select time_slot_id
        from time_slot)) /* 在time_slot中不存在该time_slot_id */
begin
  rollback
end;

create trigger timeslot_check2 after delete on timeslot
referencing old row as orow
for each row
when (orow.time_slot_id not in (
        select time_slot_id
        from time_slot) /* 从time_slot中删除了对应于该time_slot_id的最后一个元组 */
  and orow.time_slot_id in (
        select time_slot_id
        from section)) /* 并且仍然存在section对该time_slot_id的引用 */
begin
  rollback
end;
```

207

图 5-9　使用触发器来维护引用完整性

when 语句指定了一个条件。系统仅对于满足该条件的元组才会执行触发器体中的其余部分。**begin atomic** … **end** 子句用来将多条 SQL 语句汇集成单条复合语句。不过在我们的示例中只有一条语句，它对引起触发器执行的事务进行回滚。因此，违背引用完整性约束的任何事务都将被回滚，从而确保数据库中的数据满足该约束。

只检查插入时的引用完整性是不够的，我们还需要考虑对 *section* 的更新，以及对被引用表 *time_slot* 的删除和更新操作。图 5-9 中定义的第二个触发器考虑的是对 *time_slot* 删除的情况。这个触发器检查要么被删除元组的 *time_slot_id* 还在 *time_slot* 中，要么在 *section* 中不存在包含这个特定 *time_slot_id* 值的元组，否则将违背引用完整性。

为了保证引用完整性，我们还必须为处理 *section* 和 *time_slot* 的更新来创建触发器；我们接下来将介绍如何在更新时执行触发器，不过，我们将这些触发器的定义留给读者作为练习。

对于更新来说，触发器可以指定是哪些属性的更新导致触发器的执行，而其他属性的更新却不会让它执行。例如，为了指定在更新 *takes* 关系的 *grade* 属性之后执行一个触发器，我们写作：

```
after update of grade on takes
```

referencing old row as 子句可以用来创建一个变量，它存储一个已更新或已删除的行的旧值。**referencing new row as** 子句除了用于插入之外，还可以用于更新。

图 5-10 展示了当对 *takes* 关系中元组的 *grade* 属性进行更新时，如何使用触发器来使 *student* 元组的 *tot_cred* 属性值保持最新。只有当 *grade* 属性从空值或者 'F' 值被更新为表示课程已成功修完的分数时，该触发器才会执行。除了 *nrow* 变量的使用之外，**更新**（update）语句是正规的 SQL 语法。

```
create trigger credits_earned after update grade on takes
referencing new row as nrow
referencing old row as orow
for each row
when nrow.grade <> 'F' and nrow.grade is not null
  and (orow.grade = 'F' or orow.grade is null)
begin atomic
  update student
  set tot_cred= tot_cred+
        (select credits
         from course
         where course.course_id= nrow.course_id)
  where student.id = nrow.id;
end;
```

图 5-10　使用触发器来维护 *credits_earned* 值

这个示例触发器的更实际的实现还应该处理把成功结课的分数改成不及格分数的分数修正，以及处理向 *takes* 关系中插入含有表示成功结课的 *grade* 值的元组的情况。我们把这些实现留给读者作为练习。

作为使用触发器的另一个示例，当**删除**一个 *student* 元组的操作发生时，需要检查在 *takes* 关系中是否存在与该学生相关的项，并且如果有则删除这些项。

许多数据库系统支持各种其他的触发事件，比如当一个用户（应用程序）登录到数据库（即打开一个连接）的时候、系统停止的时候或者系统设置改变的时候。

触发器可以在事件（**插入**、**删除**或**更新**）**之前**被激活，而不仅是在事件**之后**被激活。在事件之前执行的触发器可以作为避免非法更新、插入或删除的额外约束。为了避免执行非法操作而产生错误，触发器可以采取措施来纠正问题，使**更新**、**插入**或**删除**变得合法化。例如，假设我们想把一位教师插入一个系中，但该系的名称并未出现在 *department* 关系中，那么触发器就可以在插入操作产生外码冲突之前针对该系的名称往 *department* 关系中插入一个元组。作为另一个示例，假设所插入分数的值为空白，这可能表示分数缺失。我们可以定义一个触发器，将这个值用**空**（null）值来替换。可以使用 **set** 语句来执行这样的修改。这种触发器的一个示例如图 5-11 所示。　208

我们可以针对引起插入、删除或更新的整条 SQL 语句执行单个操作，而不是针对每个受影响的行执行一个操作。为了做到这一点，我们用 **for each statement** 子句来替代 **for each row** 子句。然后可以用 **referencing old table as** 子句或 **referencing new table as** 子句来指代包含所有受影响行的临时表（称为过渡表（transition table））。过渡表不能用于 **before** 触发器，但是它们可以用于 **after** 触发器，无论是语句触发器还是行触发器。这样，在过渡表的基础上，单条 SQL 语句就可以用来　209

```
create trigger setnull before update of takes
referencing new row as nrow
for each row
when (nrow.grade = ' ')
begin atomic
  set nrow.grade = null;
end;
```

图 5-11　使用 **set** 来修改插入值的示例

执行多个操作。

触发器可以被禁用或启用；在缺省情况下，当触发器被创建时它们是启用的，但是可以通过使用 **alter trigger** *trigger_name* **disable**（某些数据库使用其他可替代的语法，比如 **disable trigger** *trigger_name*）将其禁用。已被禁用的触发器可以重新启用。通过使用命令 **drop trigger** *trigger_name* 还可以删除触发器，该命令将其永久移除。

回到 5.3.1 节中的库存补货示例，假设我们有如下的关系：

- *inventory*(*item*, *level*)，它记录物品在仓库中的当前库存量。
- *minlevel*(*item*, *level*)，它记录物品应该保持的最低库存量。
- *reoder*(*item*, *amount*)，它记录当物品的库存少于最低库存量的时候要订购的数量。
- *orders*(*item*, *amount*)，它记录物品被订购的数量。

当库存量降到指定的最低值以下时，我们可以使用图 5-12 中所示的触发器来进行重新下单。请注意，只有当库存量从最低水平以上降到最低水平以下时，我们才谨慎下单。如果我们只检查更新后的新值在最低水平以下，那么当物品已经重新订购时，我们可能会错误地下单。

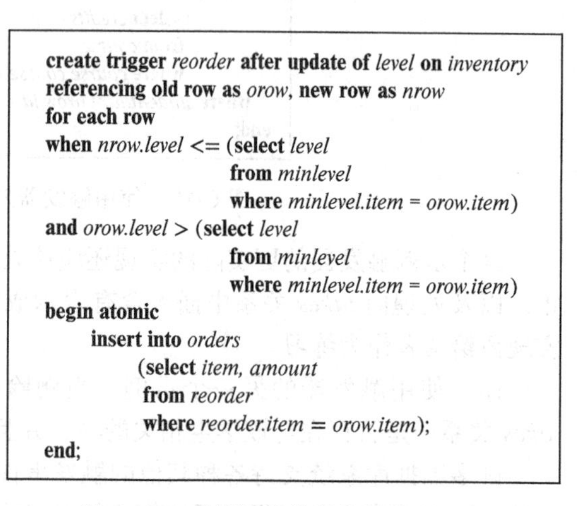

```
create trigger reorder after update of level on inventory
referencing old row as orow, new row as nrow
for each row
when nrow.level <= (select level
                    from minlevel
                    where minlevel.item = orow.item)
and orow.level > (select level
                    from minlevel
                    where minlevel.item = orow.item)
begin atomic
    insert into orders
        (select item, amount
         from reorder
         where reorder.item = orow.item);
end;
```

图 5-12　重新订购物品的触发器示例

尽管触发器在 SQL:1999 之前并不是 SQL 标准的一部分，但是它仍被广泛地应用在基于 SQL 的数据库系统中。遗憾的是，每个数据库系统都实现了其自身的触发器语法，结果导致彼此不能兼容。我们在这里用的是 SQL:1999 的触发器语法，它与 IBM DB2 以及 Oracle 数据库系统的语法比较相似，但并不完全一致。请参见注释 5-3。

5.3.3　何时不用触发器

触发器有许多很好的用途，例如我们刚刚在 5.3.2 节中所看到的那些，然而有一些用途最好用别的可替代技术来实现。比如说，我们可以通过使用触发器而不是使用级联特性来实现外码约束的**级联删除**（on delete cascade）特性。然而这样不仅需要完成更多的工作，而且它使得数据库中实现的约束集合对于数据库用户来说要难以理解得多。

210

作为另一个示例，可以用触发器来维护物化视图。例如，如果我们希望能够快速访问到每门课所注册的学生总数，可以通过创建一个关系来实现这个功能：

section_registration(*course_id*, *sec_id*, *semester*, *year*, *total_students*)

它由以下查询来定义：

```
select course_id, sec_id, semester, year, count(ID) as total_students
from takes
group by course_id, sec_id, semester, year;
```

必须通过 *takes* 关系的插入、删除或更新上的触发器，来将每门课的 *total_students* 的值维护到最新状态。在对 *section_registration* 进行元组的插入、更新或删除时可能需要这样的维护，并且必须相应地编写触发器。

然而，许多数据库系统现在支持的物化视图是由数据库系统来自动维护的（参见4.2.3节）。其结果是，没必要编写触发器代码来维护这样的物化视图。

触发器已经被用来维护数据库的备份或者副本。在每个关系上可以针对插入、删除或更新来创建一组触发器，以将变化记录在称为change或delta的关系中。一个单独的进程会将这些变化拷贝到数据库的副本中。然而，现代的数据库系统提供了内置的数据库复制工具，使得在大多数情况下不必为了复制而使用触发器。在第23章中将详细讨论数据库复制。 211

注释5-3 非标准的触发器语法

尽管我们在这里介绍的触发器语法是SQL标准的一部分，并被IBM DB2所支持，但是大多数其他的数据库系统用非标准的语法来声明触发器，并且不一定实现了SQL标准中的所有特性。我们将在下面概述一些差异；关于更深入的细节请参考相关的系统手册。

例如，与SQL标准语法不同，在Oracle的语法中，在**referencing**语句中并不出现关键字**row**。在**begin**之后也不出现关键字**atomic**。在**update**语句中嵌入的**select**语句对*nrow*的引用必须以冒号（:）为前缀，用以告知系统变量*nrow*是在SQL语句之外定义的。更不一样的是，在**when**和**if**子句中不允许包含子查询。可以通过下面的方法来解决这个问题：把复杂谓词从**when**子句移到单独的查询中，该查询用本地变量来保存查询结果，然后在一个**if**子句里引用该变量，并把触发器体移动到相关的**then**子句里。更进一步，Oracle中的触发器不允许直接执行事务回滚，但是，可以使用一个叫作raise_application_error的函数，该函数不但回滚事务，而且返回错误信息给执行更新的用户/应用程序。

作为另一个示例，在Microsoft SQL Server中用关键字**on**来替代**after**。省略了**referencing**子句，并且用元组变量**deleted**和**inserted**来引用旧行和新行。另外，还省略了**for each row**子句，并用**if**来替代**when**。不支持**before**声明，但是支持**instead of**声明。

在PostgreSQL中，触发器没有触发器体，而是为每一行调用一个过程，该过程可以访问包含该行的旧值和新值的**old**和**new**变量。触发器不执行回滚，而是引发一个具有相关错误信息的异常。

触发器的另一个问题在于，当数据从备份副本[⊖]中加载，或者当一个站点处的数据库更新被复制到备份站点的时候，触发器动作的意外执行。在这样的情况下，触发器动作已经执行了，并且通常不应该再次执行。在加载数据的时候，可以显式地禁用触发器。对于可能要接管主系统的备份复制系统来说，必须首先禁用触发器，然后在备份站点接管了主系统的业务后再启用触发器。作为另一种可选方案，一些数据库系统允许触发器被指定为**not for replication**，它保证不会在数据库复制期间在备份站点上执行触发器。另一些数据库系统提供了一个系统变量，它指明该数据库是一套副本，数据库动作在其上是重演的；触发器体会检查这个变量，如果它为真则退出执行。这两种解决方案都不需要显式地禁用和启用触发器。 212

⊖ 我们将在第19章中详细讨论数据库备份和故障恢复的内容。

编写触发器时应该特别小心，因为运行时检测出的触发器错误会导致触发该触发器的动作语句失败。此外，一个触发器的动作可以触发另一个触发器。在最坏的情况下，这甚至会导致无限的触发链。例如，假设一个关系上的插入触发器有一个动作，它引发同一关系上的另一个（新的）插入，该新插入动作随后又触发另外一个插入动作，并如此无穷循环下去。有些数据库系统限制了这种触发链的长度（例如最长到 16 或 32），并把更长的触发链视为一个错误。另一些系统将任何这样的触发器标记为错误：该触发器试图引用的关系的修改会导致该触发器首先执行。

触发器可以起到非常有用的作用，但是当存在其他备选方案时最好避免使用触发器。许多触发器的应用程序都可以通过存储过程的恰当使用来替换，我们在 5.2 节中已经介绍过存储过程。

5.4 递归查询

请考虑图 5-13 中所示的 *prereq* 关系的实例，它包含有关大学所开设的各门课程的信息以及每门课的先修信息[⊖]。

course_id	*prereq_id*
BIO-301	BIO-101
BIO-399	BIO-101
CS-190	CS-101
CS-315	CS-190
CS-319	CS-101
CS-319	CS-315
CS-347	CS-319

图 5-13 *prereq* 关系的一个实例

假设现在我们希望对于一门特定课程（例如 CS-347）来找出它的无论是直接的还是间接的先修课程有哪些。也就是说，我们想找到这样的课程，它是 CS-347 的直接先修课程，或者它是 CS-347 的先修课程的先修课程，如此等等。

213

因此，由于 CS-319 是 CS-347 的先修课程，并且 CS-315 和 CS-101 是 CS-319 的先修课程，那么 CS-315 和 CS-101 也是 CS-347 的（间接的）先修课程。然后，由于 CS-190 是 CS-315 的先修课程，则 CS-190 是 CS-347 的另一门间接的先修课程。继续下去，我们看到 CS-101 是 CS-190 的先修课程，但请注意，CS-101 已经添加到 CS-347 的先修课程列表中。在一所真正的大学里，我们不希望有如此复杂的先修课程结构（像我们的示例那样），但是这个示例的作用是展示一些可能出现的情况。

prereq 关系的**传递闭包**（transitive closure）是一个包含所有这样的（*cid*, *pre*）对的关系：其中 *pre* 是 *cid* 的一门直接或间接先修课程。有许多应用需要计算**层次**结构上类似的传递闭包。例如，组织机构通常由几层组织单元构成。机器由部件构成，而部件又有子部件，依此类推。例如，一辆自行车可能有诸如车轮和踏板那样的子零件，这些子零件又有诸如轮胎、轮辋和轮辐那样的子零件。在这种层次结构上可以使用传递闭包来找出自行车中的所有零件。

5.4.1 使用迭代的传递闭包

编写上述查询的一种方式是使用迭代：首先找到 CS-347 的那些直接先修课程，然后找到第一个集合中所有课程的那些先修课程，依此类推。此迭代持续进行，直到在一次迭代中没有新课程被加进来才停止。图 5-14 显示了执行这项任务的 *findAllPrereqs*(*cid*) 函数；该函数以课程的 *course_id* 为参数（*cid*），计算该课程的所有直接和间接先修课程所组成的集合，并返回该集合。

⊖ *prereq* 的这个实例与之前使用的有所不同，其原因是当我们用它来解释递归查询时就能看得很清楚了。

```
create function findAllPrereqs(cid varchar(8))
    -- 找出cid的所有（直接或间接的）先修课程
returns table (course_id varchar(8))
    -- prereq(course_id, prereq_id)关系指明哪一门课程是另一门课程的直接先修课程
begin
    create temporary table c_prereq (course_id varchar(8));
        -- c_prereq表存储待返回课程的集合
    create temporary table new_c_prereq (course_id varchar(8));
        -- new_c_prereq表包含上一次迭代中找到的课程
    create temporary table temp (course_id varchar(8));
        -- temp表用来存放中间结果
    insert into new_c_prereq
        select prereq_id
        from prereq
        where course_id = cid;
    repeat
        insert into c_prereq
            select course_id
            from new_c_prereq;

        insert into temp
            (select prereq.prereq_id
                from new_c_prereq, prereq
                where new_c_prereq.course_id = prereq.course_id
            )
            except (
                select course_id
                from c_prereq
            );
        delete from new_c_prereq;
        insert into new_c_prereq
            select *
            from temp;
        delete from temp;

    until not exists (select * from new_c_prereq)
    end repeat;
    return table c_prereq;
end
```

图 5-14 找出一门课程的所有先修课程

该过程使用了三张临时表。

- *c_prereq*：存储待返回的元组集合。
- *new_c_prereq*：存储前一次迭代中找到的课程。
- *temp*：当对课程集合进行操作时用作临时存储。

请注意，SQL 允许使用**创建临时表**（create temporary table）命令来创建临时表；这些表仅在执行查询的事务内部才可用，并随事务的完成而被删除。而且，如果 *findAllPrereqs* 的两个实例同时运行，那么每个实例都拥有它自己的临时表副本；如果它们共享一份副本，那么它们的结果就会出错。

该过程在 **repeat** 循环之前把课程 *cid* 的所有直接先修课程插入 *new_c_prereq* 中。**repeat** 循环首先把 *new_c_prereq* 中的所有课程加入 *c_prereq* 中。接下来，它为 *new_c_prereq* 中的所有课程计算先修课程（除了那些被发现是 *cid* 的先修课程的课程），并将它们存放在临时表

214~215

temp 中。最后，它把 *new_c_prereq* 的内容替换成 *temp* 的内容。当 **repeat** 循环找不到新的（间接）先修课程时，该循环就终止。

图 5-15 显示了当针对 CS-347 调用该过程时，在每次迭代中所找到的先修课程。尽管可以在一条 SQL 语句中更新 *c_prereq*，但我们首先需要构造 *new_c_prereq*，以便可以知道何时在（最终）迭代中未添加任何内容。

迭代次数	c1中的元组
0	
1	(CS-319)
2	(CS-319), (CS-315), (CS-101)
3	(CS-319), (CS-315), (CS-101), (CS-190)
4	(CS-319), (CS-315), (CS-101), (CS-190)
5	done

图 5-15 在 *findAllPrereqs* 函数的迭代过程中产生的 CS-347 的先修课程

在该函数中使用 **except** 子句保证了即使在先修关系中存在环路的（非正常）情况下，该函数也能工作。例如，如果 *a* 为 *b* 的一门先修课程，*b* 为 *c* 的一门先修课程，且 *c* 为 *a* 的一门先修课程，则存在一个环路。

尽管在课程先修关系中环路是不现实的，但环路可能在其他应用中存在。例如，假设我们有一个 *flights*(*to*, *from*) 关系，它表示哪个城市可以从哪个城市直接飞达。我们可以编写类似于 *findAllPrereqs* 函数中的代码，来找到所有从一个给定城市出发通过一次或一系列飞行可以到达的所有城市。我们要做的所有工作只是用 *flight* 代替 *prereq* 并且替换相应的属性名称。在这种情况下，可能存在可达关系的环路，但函数仍会正确执行，因为它会将所有已发现过的城市去掉。

5.4.2 SQL 中的递归

使用迭代来表达传递闭包很不方便。还有另一种可替代方法，它使用递归的视图定义，这种方法更加容易使用。

我们可以使用递归为一门指定课程（例如 CS-347）按如下方法定义其先修课程的集合。CS-347 的（直接或间接的）先修课程是这样的课程：

- CS-347 的先修课程。
- CS-347 的那些（直接或间接的）先修课程的先修课程。

216 请注意，第二种情况是递归的，因为它使用了 CS-347 的先修课程集合来定义 CS-347 的先修课程集合。传递闭包的其他示例，诸如查找一个给定零件的所有（直接或间接）子零件，同样可以使用类似的方式来递归地定义。

SQL 标准使用 **with recursive** 子句来支持递归的受限形式，其中的视图（或临时视图）是用自身来表示的。例如，可以使用递归查询来简洁地表示传递闭包。请回想一下，**with** 子句可用于定义一个临时视图，该视图的定义仅在定义它的查询中是可用的。附加的关键字 **recursive** 指明了视图是递归的[⊖]。

例如，使用图 5-16 中所示的递归 SQL 视图，我们可以找到每个这样的 (*cid*, *pre*) 对，使得 *pre* 是课程 *cid* 的直接或间接的先修课程。

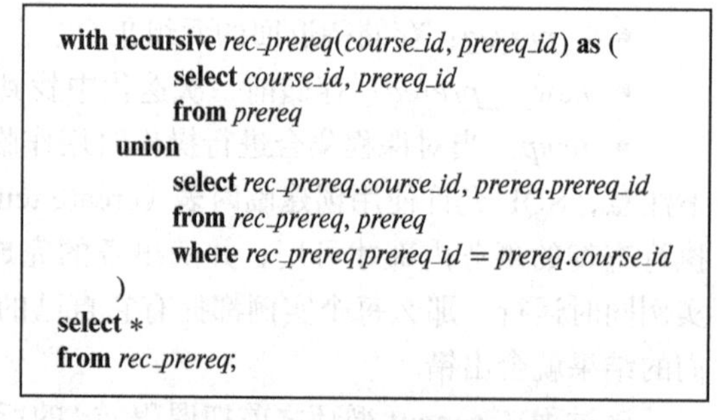

```
with recursive rec_prereq(course_id, prereq_id) as (
        select course_id, prereq_id
        from prereq
    union
        select rec_prereq.course_id, prereq.prereq_id
        from rec_prereq, prereq
        where rec_prereq.prereq_id = prereq.course_id
    )
select *
from rec_prereq;
```

图 5-16 SQL 中的递归查询

任何递归视图都必须被定义为两个子查

⊖ 有些系统将 recursive 关键字视为可选项；而另一些系统则不允许使用该关键字。

询的并[1]：非递归的**基查询**（base query）和使用递归视图的**递归查询**（recursive query）。在图 5-16 的示例中，基查询是 *prereq* 上的选择，而递归查询则计算 *prereq* 和 *rec_prereq* 的连接。

对递归视图含义的最好的理解方式如下：首先计算基查询，并把所有结果元组添加到递归定义的视图关系 *rec_prereq* 中（它初始为空）。然后用视图关系的当前内容计算递归查询，并把所有结果元组加回到视图关系中。持续重复上述步骤直至没有新的元组添加到视图关系中为止。所得到的视图关系实例被称为递归视图定义的**不动点**（fixed point）。（术语"不动"是指不会再有进一步变化。）这样，视图关系就被定义为正好包含不动点实例中的元组。

把这种逻辑应用于我们的示例，首先通过执行基查询找到每门课的所有直接先修课程。217 递归查询会在每轮迭代中增加一层课程，直到达到课程 - 先修关系的最深层次为止。此时不会再有新的元组添加到视图中，并且达到了一个不动点。

为了找到一门指定课程的先修课程，以 CS-347 为例，我们可以通过添加一个 **where** 子句"**where** *rec_prereq.course_id* = 'CS-347'"来修改外层查询。执行带有选择的查询的一种方式是：先使用迭代技术计算 *rec_prereq* 的所有内容，然后从结果中仅选出 *course_id* 为 CS-347 的那些元组。但是，这会导致对所有课程都计算 (课程，先修课程) 对，其中除了关于课程 CS-347 的那些元组之外，其他所有的元组都不相关。事实上，数据库系统没有必要使用这样的迭代技术来计算递归查询的全部结果然后再执行选择。它可以使用其他可能更高效的技术来得到相同的结果，比如说我们之前看到过的、在 *findAllPrereqs* 函数中采用的技术。关于这个话题的更多信息请参阅参考文献中的资料。

在递归视图中的递归查询上是有一些限制的；具体地说，该查询必须是**单调的**（monotonic），也就是说，如果视图关系实例 V_1 是视图关系实例 V_2 的超集，那么该查询在 V_1 上的结果必须是它在 V_2 上的结果的超集。从直观上讲，如果更多的元组被添加到视图关系中，则递归查询必须返回至少与以前相同的元组集，并且还可能返回额外的元组。

特别地，递归查询不能使用如下任何结构，因为它们会导致查询的非单调性：

- 递归视图上的聚集。
- 在使用递归视图的子查询上的 **not exists** 运算。
- 右端使用递归视图的集差（**except**）运算。

例如，如果递归查询形如 $r-v$，其中 v 是递归视图，那么如果我们在 v 中增加一个元组，则查询结果可能会变得更小；可见该查询不是单调的。

只要递归查询是单调的，递归视图的含义就可以通过迭代过程来定义；如果递归查询是非单调的，则视图的含义就难以确定。因此 SQL 要求查询必须是单调的。递归查询将在 27.4.6 节的 Datalog 查询语言的环境中更加详细地讨论。

SQL 还允许通过使用**创建递归视图**（create recursive view）代替 **with recursive** 来创建递归定义的永久性视图。一些系统实现支持使用不同语法的递归查询。这包括 Oracle 称作层次查询的 **start with/connect by prior** 语法[2]。进一步的细节请参考各自的系统手册。218

5.5 高级聚集特性

在 SQL 中对聚集的支持是十分强大的，并且可以容易地处理最常见的任务。然而，有

[1] 某些系统（特别是 Oracle）要求使用**全部相并**（union all）。

[2] 从 Oracle 12.c 开始，除了传统的层次语法之外，还接受标准语法，其中省略了 **recursive** 关键字，并且在我们的示例中要求使用**全部相并**（union all）而不是**并**（union）。

些任务很难用基本的聚集特性来高效地实现。在本节中，我们将学习 SQL 中用于处理这些任务的特性。

5.5.1 排名

从一个集合中找到一个值的位置是一种常见的操作。例如，我们可能希望基于学生的平均绩点（GPA）赋予他们在班级中的名次：GPA 最高的学生排名第 1，GPA 次高的学生排名第 2，依此类推。一种相关的查询类型是查找一个值在一个（多重）集合中所属的百分比，比如排在后 1/3、中间 1/3 或是前 1/3。虽然这样的查询可以使用我们目前为止已经见过的 SQL 结构来表示，但它们表达困难且执行效率低。程序员可能将这类查询部分用 SQL 来编写、部分用程序设计语言来编写。我们在这里学习 SQL 中如何对这类查询进行直接表达。

在我们的大学示例中，*takes* 关系给出了每名学生在所选的每门课程上所取得的成绩。为了说明排名，让我们假设有一个 *student_grades*(*ID*, *GPA*) 视图，它给出了每名学生的平均绩点[⊖]。

排名是用 **order by** 声明来实现的。下面的查询给出了每名学生的名次。

```
select ID, rank() over (order by (GPA) desc) as s_rank
from student_grades;
```

请注意这里没有定义输出中的元组顺序，所以元组可能不按名次排序。需要使用一个额外的 **order by** 子句来得到按名次排序的元组，如下所示：

```
select ID, rank () over (order by (GPA) desc) as s_rank
from student_grades
order by s_rank;
```

有关排名的一个基本问题是如何处理多个元组在排序属性上取值相同的情况。在我们的示例中，这意味着如果有两名 GPA 相同的学生应该决定如何处理。**rank** 函数对所有在 **order by** 属性上相等的元组赋予相同的名次。例如，如果两名学生都具有相同的最高 GPA，则两人都将获得第 1 名。下一个排名将会是 3 而不是 2，所以如果三名学生得到了次高的 GPA，则他们都将排名第 3，并且接下来的一名或者多名学生将排名第 6，如此等等。另有一个 **dense_rank** 函数，它不在排名中产生空档。在前面的示例中，具有次高成绩的元组都排名第 2，并且具有第三高成绩的元组都排名第 3，依此类推。

219

如果正在排序的值中存在空值，则将它们视为最高值。这在某些情况下是有意义的，尽管对于我们的示例来说，这会导致没有课程的学生表现出具有最高的 GPA。因此，我们看到在可能出现空值的情况下，在编写排名查询时需要小心。SQL 允许用户通过使用**空值最先**（nulls first）或**空值最后**（nulls last）来指定它们应该出现的位置，例如：

```
select ID, rank () over (order by GPA desc nulls last) as s_rank
from student_grades;
```

可以使用基本的 SQL 聚集函数来表达上述查询，所采用的查询如下：

```
select ID, (1 + (select count(*)
                 from student_grades B
```

⊖ 用 SQL 语句来创建 *student_grades* 视图是有些复杂的，因为我们必须把 *takes* 关系中的字母评分转换成数字，并且要根据课程的学分数来考虑该课成绩所占的权重。这个视图的定义是实践习题 4.6 的目标。

```
                where B.GPA > A.GPA)) as s_rank
from student_grades A
order by s_rank;
```

应该清楚的是，一名学生的排名就是具有更高 GPA 的学生人数再加 1，这正是该查询所描述的那样[1]。然而，对每名学生排名的计算所耗的时间与关系的规模呈线性增长，导致整体耗时与关系规模呈平方量级增长。在大型关系上，上述查询可能要花很长时间来执行。相比之下，**rank** 子句的系统实现可以对关系进行排序并在短得多的时间内计算出排名。

排名可在数据的不同分区里进行。例如，假设我们希望按照系而不是在整个学校范围内对学生进行排名。假设有一个视图，它像 *student_grades* 那样定义，但是包含系名：*dept_grades*(*ID*, *dept_name*, *GPA*)。那么下面的查询就给出了学生们在每个分区里的排名：

```
select ID, dept_name,
    rank () over (partition by dept_name order by GPA desc) as dept_rank
from dept_grades
order by dept_name, dept_rank;
```

220

外层的 **order by** 子句将结果元组按系名排序，并在各系内部按照名次排序。

在单条 **select** 语句内可以使用多个 **rank** 表达式，因此，通过在同一条 **select** 子语中使用两个 **rank** 表达式，我们可以获得总排名以及系内的排名。当排名（可能带有分区）与 **group by** 子句同时出现的时候，首先应用 **group by** 子句，然后根据 group by 的结果进行分区和排名。因此，然后可以将聚集值用于排名。

通常情况下，尤其是对于大规模的结果，我们可能只对结果中排名靠前的元组感兴趣，而非整个列表。对于排名查询，这可以通过将排名查询嵌套在一个包含查询中来完成，该包含查询的 **where** 子句仅选择排名低于某个指定值的那些元组。例如，为了根据 GPA 找到排名前 5 的学生，我们可以通过编写下述内容来扩展前面的示例：

```
select *
from (select ID, rank() over (order by (GPA) desc) as s_rank
    from student_grades)
where s_rank <= 5;
```

这个查询不一定给出 5 名学生，因为可能存在并列。例如，如果 2 名学生并列第 5，则结果将包含总共 6 个元组。请注意，后 *n* 个与前 *n* 个相同，仅在于排名顺序是相反的。

有几个数据库系统提供了非标准的 SQL 语法来直接指定只需要前 *n* 个结果。在我们的示例中，这将允许我们找到前 5 名的学生，而无须使用 rank 函数。但是，这种结构会导致正好得到所指定的元组数（在我们的示例中是 5），因此最后位置的并列会被人为切断。这些“top *n*”查询的确切语法在不同系统中差别很大，请参见注释 5-4。请注意，top *n* 结构并不支持分区，因此，如果不执行排名，我们就无法在每个分区内得到 top *n* 的结果。

注释 5-4　top *n* 查询

通常只需要查询结果的前几个元组。这可能发生在仅对排名靠前的结果感兴趣的排名查询中。另一种可能发生这种情况的情形是，在具有 **order by** 的查询中只有前面的值

[1] 如果一名学生没有选修任何课程并因此 GPA 为空（null），则技术上会有细微的差别。由于 SQL 中比较空值的工作方式，一名 GPA 为空的学生不会对其他学生的**计数**（count）值有所贡献。

才有意义。正如我们在前面所看到的，可以使用 **rank** 函数来将结果限制在排名靠前的结果上，但这种语法相当麻烦。对于这种限制，许多数据库支持更简单的语法，但在主流数据库系统中，语法的差异却非常大。我们在这里提供几个示例。

有些系统（包括 MySQL 和 PostgreSQL）允许在 SQL 查询的末尾添加 **limit** *n* 子句，以指定只输出前 *n* 个元组。此子句可与 **order by** 子句结合使用以获取 top *n* 元组，如以下查询所示，该查询按 GPA 顺序检索前 10 名学生的 ID 和 GPA：

```
select ID, GPA
from student_grades
order by GPA desc
limit 10;
```

在 IBM DB2 和 Oracle 的最新版本中，**limit** 子句等同于**只获取前 10 行**（fetch first 10 rows only）。Microsoft SQL Server 在支持此功能的版本中是用 **select** 子句，而不是增加单独的 **limit** 子句。**select** 子句应书写为：**select top** 10 *ID*，*GPA*。

Oracle（当前版本以及较旧版本）提供了**行号**的概念来支持此特性。有一个特殊的、隐藏的 *rownum* 属性按检索次序对结果关系的元组进行编号。这个属性可以随后在包含查询内的 **where** 子句中使用。但是，该特性的使用需要一点技巧，因为 *rownum* 是在按 **order by** 子句对行进行排序之前就决定了的。为了正确使用它，应按如下方式使用嵌套查询：

```
select *
from (select ID, GPA
      from student_grades
      order by GPA desc)
where rownum <= 10;
```

该嵌套查询确保仅在应用了 **order by** 之后才应用 *rownum* 上的谓词。

有些数据库系统具有允许在并列情况下超过元组限制的特性。有关详细信息请参阅你的系统文档。

还有其他几种可以用来替代 **rank** 的函数。例如，一个元组的 **percent_rank** 以分数的形式给出了该元组的排名。如果分区[㊀]中有 *n* 个元组且某元组的排名为 *r*，则该元组的百分比排名定义为 $(r-1)/(n-1)$（如果该分区中只有一个元组则定义为 *null*）。**cume_dist**（累积分布的简写）函数对于一个元组的定义是 p/n，其中 *p* 是分区中排序值小于或等于该元组排序值的元组数，并且 *n* 是分区中的元组数。**row_number** 函数对行进行排序，并且按行在排序顺序中所处位置给每行一个唯一的行号，具有相同排序值的不同的行将按照非确定的方式来得到不同的行号。

221 ~ 222

最后，对于给定的常数 *n*，排名函数 **ntile**(*n*) 按照指定的顺序取到每个分区中的元组，并把它们分成 *n* 个具有相同元组数目的桶[㊁]。然后对于每个元组，**ntile**(*n*) 给出它所在桶的编号，桶的编号从 1 开始计数。该函数对于构造基于百分比的直方图来说特别有用。我们可以通过下面的查询来展示根据 GPA 把学生分为四个等级：

㊀ 如果没有使用显式分区，则整个集合被看成单个的分区。

㊁ 如果一个分区中的所有元组的总数不能被 *n* 整除，则每个桶中的元组数可以最多相差 1 个。为了使每个桶中的元组数量相同，具有相同排序属性值的元组可能被不确定地分配给不同的桶。

```
select ID, ntile(4) over (order by (GPA desc)) as quartile
from student_grades;
```

5.5.2 分窗

窗口查询在一定范围内的元组上计算聚集函数。该特性很有用，比如计算一个固定时间区间的聚集值，此时间区间被称为一个**窗口**（window）。窗口可以重叠，在这种情况下一个元组可能对多个窗口都有贡献。这与此前我们看到过的分区是不一样的，因为那里的一个元组只对一个分区有贡献。

趋势分析是分窗应用的一个案例。请考虑我们前面的销售示例。由于天气等原因，销售量可能会一天天地波动很大（例如暴风雪、洪水、飓风或地震会在一段时间内降低销售量）。然而，经历足够长的一段时间后，波动就会较小（继续前面的示例，由于天气原因造成的销售量下降可能会“赶上去”）。另一个使用分窗概念的示例是股票市场的趋势分析。在商务和投资的网站上可以发现各种各样的“移动平均线”。

要用我们已经学过的那些特性编写 SQL 查询来计算一个窗口上的聚集是相对简单的，例如计算固定的三天时段上的销售量。但是，如果我们想对每个三天时段都如此计算，那么查询就变得棘手了。

SQL 提供了一个分窗特性来支持这样的查询。假设我们有一个视图 *tot_credits*(*year*, *num_credits*)，它给出了每年学生选修的总学分[1]。请注意，这个关系对于每个年份最多包含一个元组。请考虑如下查询：

```
select year, avg(num_credits)
        over (order by year rows 3 preceding)
        as avg_total_credits
from tot_credits;
```

223

这个查询在按照指定顺序的前三个元组上计算均值。因此，对于 2019 年，如果在 *tot_credits* 关系中出现了 2018 年和 2017 年所对应的元组，由于每个年份仅由一个元组来表示，因此该窗口定义的结果就是 2017 年、2018 年和 2019 年的值的平均数。每年的均值也可以通过类似的方式来计算。对于 *tot_credits* 关系中最早的年份，均值的计算就只针对该年份本身，然而对于下一年来说，均值应该针对两年的值来进行计算。请注意，此示例之所以有意义，只是因为每个年份在 *tot_weight* 中仅出现一次。如果不是这样，那么元组可能会有几种顺序，因为相同年份的元组可以是任意顺序的。我们很快会看到一个分窗查询，它使用一个值的范围而不是特定数量的元组。

假设我们并不想回到固定数量的元组，而是希望把前面所有的年份都包含在窗口内。这意味着要考虑的前面的年份数量并不是固定的。我们编写下面的查询来得到前面所有年份上的平均总学分：

```
select year, avg(num_credits)
        over (order by year rows unbounded preceding)
        as avg_total_credits
from tot_credits;
```

[1] 按照我们的大学示例来定义这个视图，我们将此留作练习。

也可以使用关键字 **following** 来替换 **preceding**。如果在我们的示例中这样做，那么 *year* 值就表示窗口的起始年份，而不是结束年份。类似地，我们可以指定一个窗口，它在当前元组之前开始，并在其后结束：

```
select year, avg(num_credits)
        over (order by year rows between 3 preceding and 2 following)
        as avg_total_credits
from tot_credits;
```

在我们的示例里，所有元组都是针对整个大学而言的。假如不是这样，而是在视图 *tot_credits_dept*(*dept_name*, *year*, *num_credits*) 中有每个系的学分数据，它给出了学生在指定年份中从特定系所修的总学分数。(我们仍旧把对这个视图定义的编写留作练习。) 我们可以编写如下的分窗查询，它按照 *dep_name* 分区，并单独处理每个系：

```
select dept_name, year, avg(num_credits)
        over (partition by dept_name
              order by year rows between 3 preceding and current row)
        as avg_total_credits
from tot_credits_dept;
```

224

使用关键字 **range** 代替 **row** 允许分窗查询使用特定值覆盖所有元组，而不是覆盖特定数量的元组。因此，举例来说，**rows current row** 只指代一个元组，而 **range current row** 指代 *sort* 属性上的取值与当前元组相同的所有元组。**range** 关键字并不是在每个系统中都完全实现的[⊖]。

5.5.3　旋转

请考虑这样一个应用：一家商店想要找出流行的服装款式。让我们假设衣服的特性包括它们的商品名、颜色和尺寸，并且有一个 *sales* 关系，它的模式是：

sales (*item_name*, *color*, *clothes_size*, *quantity*)

假设 *item_name* 可以取的值有 (skirt, dress, shirt, pants)，*color* 可以取的值有 (dark, pastel, white)，*clothes_size* 可以取的值有 (small, medium, large)，并且 *quantity* 是一个整数值，表示一个给定 (*item_name*, *color*, *clothes_size*) 组合的商品销售总数。*sales* 关系的一个实例如图 5-17 所示。

图 5-18 展示了查看出现在图 5-17 中的数据的一种可选方式；*color* 属性的值 "dark" "pastel" 和 "white" 已成为图 5-18 中的属性名称。图 5-18 中的表是**交叉表** (cross-tabulation 或者简写为 cross-tab) 的一个示例，也可称之为**数据透视表** (pivot-table)。

item_name	*color*	*clothes_size*	*quantity*
dress	dark	small	2
dress	dark	medium	6
dress	dark	large	12
dress	pastel	small	4
dress	pastel	medium	3
dress	pastel	large	3
dress	white	small	2
dress	white	medium	3
dress	white	large	0
pants	dark	small	14
pants	dark	medium	6
pants	dark	large	0
pants	pastel	small	1
pants	pastel	medium	0
pants	pastel	large	1
pants	white	small	3
pants	white	medium	0
pants	white	large	2
shirt	dark	small	2
shirt	dark	medium	6
shirt	dark	large	6
shirt	pastel	small	4
shirt	pastel	medium	1
shirt	pastel	large	2
shirt	white	small	17
shirt	white	medium	1
shirt	white	large	10
skirt	dark	small	2
skirt	dark	medium	5
skirt	dark	large	1
skirt	pastel	small	11
skirt	pastel	medium	9
skirt	pastel	large	15
skirt	white	small	2
skirt	white	medium	5
skirt	white	large	3

图 5-17　关系 *sales* 的示例

⊖ 有些系统 (如 PostgreSQL) 只允许使用**无边界** (unbounded) 的**范围** (range)。

225～226

在我们的示例中，新属性 *dark*、*pastel* 和 *white* 的值定义如下：对于 *item_name* 和 *clothes_size* 的一个特定组合（例如（“dress”，“small”）），如果存在单个元组的 *color* 值为“dark”，则该元组的 *quantity* 值将显示为 *dark* 属性的值。如果存在多个这样的元组，则在我们的示例中使用**总和**（sum）聚集来汇总这些值；通常也可以使用其他聚集函数。对于另外两个属性（*pastel* 和 *white*）的值可以类似定义。

item_name	*clothes_size*	*dark*	*pastel*	*white*
dress	small	2	4	2
dress	medium	6	3	3
dress	large	12	3	0
pants	small	14	1	3
pants	medium	6	0	0
pants	large	0	1	2
shirt	small	2	4	17
shirt	medium	6	1	1
shirt	large	6	2	10
skirt	small	2	11	2
skirt	medium	5	9	5
skirt	large	1	15	3

图 5-18　图 5-17 的 *sales* 关系上的 SQL pivot 操作结果

通常说来，交叉表是从一个关系（例如 *R*）派生出来的表，其中关系 *R* 的某个属性（例如 *A*）的值成为结果中的属性名称；属性 *A* 是**轴向**（pivot）属性。交叉表已广泛用于数据分析，并将在 11.3 节中更详细地进行讨论。

诸如 Microsoft SQL Server 和 Oracle 的几种 SQL 实现支持 **pivot** 子句，允许创建交叉表。给定图 5-17 中的 *sales* 关系，查询：

```
select *
from sales
pivot (
    sum(quantity)
    for color in ('dark', 'pastel', 'white')
)
```

返回图 5-18 中所示的结果。

请注意，**pivot** 子句中的 **for** 子句指定：一个轴向属性（在上面的查询中是 *color*），该属性的值应该作为属性名出现在 pivot 的结果中（在上面的查询中是 dark、pastel 和 white），以及应该用于计算新属性值的聚集函数（在上面的查询中是 *quantity* 属性上的聚集函数 **sum**）。

在结果中并不出现 *color* 和 *quantity* 属性，但保留所有其他的属性。在有多个元组为一个给定单元格贡献值的情况下，**pivot** 子句中的聚集运算将指定如何合并这些值。在上面的示例中，使用 **sum** 函数来聚合 *quantity* 的值。

使用 **pivot** 的查询也可以使用基本的 SQL 结构来编写，而不使用 pivot 结构，但是该结构简化了编写此类查询的任务。

5.5.4　上卷和立方体

SQL 使用**上卷**（rollup）和**立方体**（cube）操作来支持 **group by** 结构的泛化形式，它允许在单个查询中运行多个 **group by** 查询，并以单个关系的形式来返回结果。

请再次考虑我们的零售商店示例以及关系：

sales (*item_name*, *color*, *clothes_size*, *quantity*)

227

我们可以通过编写简单的 **group by** 查询来找到按每种商品名称所销售的商品数量：

```
select item_name, sum(quantity) as quantity
from sales
group by item_name;
```

类似地，我们可以找到按每种颜色以及按每种尺寸所销售的商品数量等。我们可以编写下面的代码通过商品名和颜色来进一步拆分 *sales*：

```
select item_name, color, sum(quantity) as quantity
from sales
group by item_name, color;
```

类似地，使用 **group by** *item_name*, *color*，*clothes_size* 的查询将允许我们查看按（*item_name*, *color*, *clothes_size*）组合拆分的 *sales*。

数据分析师通常需要查看以如上所示的多种方式聚集的数据。SQL 的 **rollup** 和 **cube** 结构提供了一种简洁的方式，可以使用单个查询来获得多个这样的聚集，而不是编写多个查询。

可以使用以下查询来说明 **rollup** 结构：

```
select item_name, color, sum(quantity)
from sales
group by rollup(item_name, color);
```

此查询的结果如图 5-19 所示。上面的查询等价于下面使用**并**（union）运算的查询。

```
(select item_name, color, sum(quantity) as quantity
from sales
group by item_name, color)
union
(select item_name, null as color, sum(quantity) as quantity
from sales
group by item_name)
union
(select null as item_name, null as color, sum(quantity) as quantity
from sales)
```

group by rollup(item_name, color) 结构产生 3 个分组：

{ (*item_name*, *color*), (*item_name*), () }

其中 () 表示空的 **group by** 列表。请注意，对于**上卷**（rollup）子句中列出的属性的每个前缀都出现一个分组，包括空前缀。查询结果包含这些分组结果的并集。不同的分组生成不同的模式；为了将不同分组的结果纳入一个公共模式中，结果中的元组包含 *null*，作为在特定分组中不存在的那些属性的值[⊖]。

228

item_name	*color*	*quantity*
skirt	dark	8
skirt	pastel	35
skirt	white	10
dress	dark	20
dress	pastel	10
dress	white	5
shirt	dark	14
shirt	pastel	7
shirt	white	28
pants	dark	20
pants	pastel	2
pants	white	5
skirt	*null*	53
dress	*null*	35
shirt	*null*	49
pants	*null*	27
null	*null*	164

图 5-19　**group by rollup**(*item_name*, *color*) 的查询结果

cube 结构生成甚至更多的分组，这些分组由 **cube** 结构中列出的属性的所有子集组成。例如，查询：

```
select item_name, color, clothes_size, sum(quantity)
from sales
group by cube(item_name, color, clothes_size);
```

生成以下分组：

⊖ SQL 的外并（outer union）运算可用于执行可能没有公共模式的关系的联合。结果模式具有跨输入的所有属性的并集；每个输入元组通过添加该元组中缺少的所有属性并将其值设置为空来映射到一个输出元组。并查询可以使用外并来编写，并且在这种情况下，我们不需要像在上面的查询中所做的那样使用"*null* **as** 属性名"的结构来显式地生成空值属性。

{ (*item_name*, *color*, *clothes_size*), (*item_name*, *color*), (*item_name*, *clothes_size*),
(*color*, *clothes_size*), (*item_name*), (*color*), (*clothes_size*), () }

为了将不同分组的结果纳入一个公共模式中，就像使用**上卷**一样，在结果的元组中包含 *null* 作为特定分组中不存在的那些属性的值。 229

可以将多个**上卷**和**立方体**用于单条 **group by** 子句中。比如，下面的查询：

```
select item_name, color, clothes_size, sum(quantity)
from sales
group by rollup(item_name), rollup(color, clothes_size);
```

生成分组：

{ (*item_name*, *color*, *clothes_size*), (*item_name*, *color*), (*item_name*),
(*color*, *clothes_size*), (*color*), () }

为了理解原因，请注意 **rollup**(*item_name*) 生成两个分组的集合 {(*item_name*), ()}，而 **rollup**(*color*, *clothes_size*) 生成三个分组的集合 {(*color*, *clothes_size*), (*color*), ()}。这两个集合的笛卡儿积给了我们如上所示的六个分组。

rollup 和 **cube** 子句都不能完全控制所生成的分组。例如，我们不能使用它们来指定只需要分组 {(*color*, *clothes_size*), (*clothes_size*, *item_name*)}。这种受限的分组可以通过使用 **grouping sets** 结构来生成，在该结构中可以指定要使用的分组的特定列表。为了只获得分组 {(*color*, *clothes_size*), (*clothes_size*, *item_name*)}，我们可以编写：

```
select item_name, color, clothes_size, sum(quantity)
from sales
group by grouping sets ((color, clothes_size), (clothes_size, item_name));
```

分析员可能希望将由**上卷**和**立方体**运算生成的那些空值与实际存储在数据库中或由外连接所生成的“正常”空值区分开来。如果 **grouping()** 函数的参数是由**上卷**或**立方体**所生成的空值，则该函数返回 1，否则返回 0（请注意，**grouping** 函数不同于 **grouping sets** 结构）。如果我们希望显示如图 5-19 所示的**上卷**查询结果，但是使用值“all”来代替**上卷**所生成的空值，我们可以使用查询：

```
select (case when grouping(item_name) = 1 then 'all'
             else item_name end) as item_name,
       (case when grouping(color) = 1 then 'all'
             else color end) as color,
sum(quantity) as quantity
from sales
group by rollup(item_name, color);
```

人们可能会考虑使用以下带有**合并**（coalesce）的查询，但它会错误地将空的商品名称和颜色转换为 **all**： 230

```
select coalesce (item_name,'all') as item_name,
       coalesce (color,'all') as color,
sum(quantity) as quantity
from sales
group by rollup(item_name, color);
```

5.6 总结

- SQL 查询可以从宿主语言通过嵌入式和动态 SQL 来调用。ODBC 和 JDBC 标准定义了应用程序接口来从 C 和 Java 语言程序中访问 SQL 数据库。
- 函数和过程可以使用 SQL 过程性扩展来定义，它允许迭代和条件（if-then-else）语句。
- 当发生特定事件并且满足相应条件时，触发器定义的动作会自动执行。触发器有很多用处，例如实现业务规则和审计日志。它们可以通过外部语言例程来执行数据库系统之外的操作。
- 诸如传递闭包的某些查询要么可以通过使用迭代来表示，要么可以通过使用递归的 SQL 查询来表示。递归要么可以使用递归视图来表示，要么可以使用递归的 **with** 子句定义来表示。
- SQL 支持几种高级的聚集特性，包括排名和分窗查询，还有 pivot 以及上卷 / 立方体运算。这些特性简化了一些聚集的表达方式，并提供了更高效的求值方法。

术语回顾

- Java 数据库连接（JDBC）
- 预备语句
- SQL 注入
- 元数据
- 可更新结果集
- 开放数据库连接（ODBC）
- 嵌入式 SQL
- 嵌入式数据库
- 存储过程和函数
- 表函数
- 参数化视图
- 持久存储模块（PSM）
- 异常情况
- 句柄
- 外部语言例程
- 沙盒
- 触发器
- 传递闭包
- 层次
- 创建临时表
- 基查询
- 递归查询
- 不动点
- 单调的
- 分窗
- 排名函数
- 交叉表
- 数据透视表
- 旋转
- SQL **group by cube**，**group by rollup**

231

实践习题

5.1 请考虑如下一个公司数据库中的关系：

- *emp* (*ename*, *dname*, *salary*)
- *mgr* (*ename*, *mname*)

以及图 5-20 中的 Java 代码，它使用了 JDBC 的 API。假设用户标识、密码、主机名等都是正确的。请用简洁的话描述一下这段 Java 程序做了什么。（也就是说，用类似于“它查找玩具部门的经理”这样的句子来表达，而不是一行一行地解释每条 Java 语句都做了什么。）

5.2 请编写一个使用 JDBC 元数据特性的 Java 方法，该方法用 ResultSet 作为输入参数，并把结果输出为采用合适的名称作为列标题的表格形式。

5.3 假设我们希望找到在某门给定课程之前必须选修的所有课程。这意味着不仅要找到该课程的先修课程，还要找到先修课程的先修课程，如此等等。请使用 JDBC 来编写一段完整的 Java 程序，它能够：

```
import java.sql.*;
public class Mystery {
  public static void main(String[] args) {
     try (
        Connection con=DriverManager.getConnection(
           "jdbc:oracle:thin:star/X@//edgar.cse.lehigh.edu:1521/XE");
        q = "select mname from mgr where ename = ?";
        PreparedStatement stmt=con.prepareStatement();
     )
     {
        String q;
        String empName = "dog";
        boolean more;
        ResultSet result;
        do {
           stmt.setString(1, empName);
           result = stmt.executeQuery(q);
           more = result.next();
           if (more) {
              empName = result.getString("mname");
              System.out.println (empName);
           }
        } while (more);
        s.close();
        con.close();
     }
     catch(Exception e){
        e.printStackTrace();
     }
  }
}
```

图 5-20 实践习题 5.1 的 Java 代码（使用 Oracle JDBC）

- 从键盘获得 *course_id* 的值。
- 使用通过 JDBC 提交的 SQL 查询来查找该课程的先修课程。
- 对于返回的每门课程，找到它的先修课程，并反复执行此过程，直到没有找到新的先修课程为止。
- 打印结果。

对于本习题不要使用递归的 SQL 查询，而是使用前面描述的迭代方法。在一所大学意外地创建了一个先修课程环路（也就是说，比如，*A* 课程是 *B* 课程的先修课程，*B* 课程是 *C* 课程的先修课程，且 *C* 课程是 *A* 课程的先修课程）的情况下，一个完善的解决方案对于这样的错误情况应该是稳健的。

5.4 请描述你会选择使用嵌入式 SQL 而不是单独使用 SQL 或仅仅使用通用程序设计语言的情况。

5.5 请说明如何使用一个触发器来保证“一位教师不能在一个学期的同一时间段讲授两门不同的课”的约束（要知道，对 *teaches* 关系和 *section* 关系的改变都可能违反该约束）。

232 ~ 233

5.6 请考虑图 5-21 中的银行数据库。让我们按照如下方式定义 *branch_cust* 视图：

create view *branch_cust* **as**
  select *branch_name, customer_name*
  from *depositor, account*
  where *depositor.account_number* = *account.account_number*

假设视图是物化的，也就是说，该视图被计算且存储。请编写触发器来维护该视图，也就是说，该视图在对 *depositor* 或 *account* 进行插入时保持最新状态。不必处理删除或更新的情况。请注意，为了简单起见，我们不需要消除重复项。

5.7 请考虑图 5-21 中的银行数据库。请编写一个 SQL 触发器来执行下列操作：在**删除**一个账户时，检查该账户的拥有者是否还有其他账户，如果没有，则将其从 *depositor* 关系中删除。

5.8 给定一个关系 *S*(*student*，*subject*，*marks*)，请编写一个查询，通过使用 SQL 排名来按总分查找前 10 名的学生。即使导致最终人数超过 10 名也要包括在排名中并列最后的所有学生。

5.9 给定一个关系 *nyse*(*year*, *month*, *day*, *sharest_raded*, *dollar_volume*)，它具有来自纽约证券交易所的交易数据，请按交易的股票数量顺序列出每个交易日，并显示每天的排名。

branch (*branch_name*, *branch_city*, *assets*)
customer (*customer_name*, *customer_street*, *cust omer_city*)
loan (*loan_number*, *branch_name*, *amount*)
borrower (*customer_name*, *loan_number*)
account (*account_number*, *branch_name*, *balance*)
depositor (*customer_name*, *account_number*)

图 5-21 用于实践习题 5.6 的银行数据库

5.10 请使用实践习题 5.9 中的关系，编写一个 SQL 查询来生成一个报表，显示按每年、每个月以及每个交易日划分的股票交易数量、交易数量和总的美元交易量。

5.11 请展示如何使用**上卷**（rollup）来表达 **group by cube**(*a*, *b*, *c*, *d*)；你的答案中只允许包含一个 **group by** 子句。

234

习题

5.12 请编写一段 Java 程序，它允许大学管理员来打印一位教师的教学记录。

a. 首先让用户输入登录 ID 和密码，然后打开正确的连接。

b. 接下来要求用户输入一个搜索子字符串，并且系统返回姓名与该子字符串匹配的教师的（ID，*name*）对。使用 SQL 中的 **like**（'% 子字符串 %'）结构来执行此操作。如果搜索返回为空，则允许继续搜索，直到出现非空结果为止。

c. 然后要求用户输入一个 ID 编号，它是介于 0 和 99 999 之间的一个数字。一旦用户输入了一个有效数字，检查是否存在具有该 ID 的教师。如果没有具有给定 ID 的教师，则打印合理的消息并退出。

d. 如果该教师没有讲授任何课程，请打印一条消息说明这一点。否则打印该教师的教学记录，显示系的名称、课程标识、课程名称、课程段号、学期、年份和总注册人数（并按 *dept_name*、*course_id*、*year*、*semester* 对那些记录进行排序）。

请仔细检测错误的输入。确保你的 SQL 查询不会引发异常。在登录时可能会发生异常，因为用户可能键入了错误的密码，但请捕获这些异常并允许用户重试。

5.13 假设你需要在 Java 中定义一个类 MetaDisplay，它包含 static void printTable(String r) 方法；该方法以关系名称 *r* 为输入，执行查询“**select * from** *r*”，然后以表格形式来打印结果，并在表头显示属性的名称。

a. 为了能够以指定的表格形式来打印结果，你需要知道有关关系 *r* 的哪些信息？

b. JDBC 的哪个（些）方法能帮你获得所需的信息？

c. 请使用 JDBC API 来编写 printTable(String r) 方法。

5.14 请使用 ODBC 重做习题 5.13，将 void printTable(char *r) 定义为函数而不是方法。

5.15 请考虑具有两个关系的雇员数据库：

employee (*employee_name*, *street*, *city*)
works (*employee_name*, *company_name*, *salary*)

235

其中主码用下划线标出。请编写一个 *avg_salary* 函数，它以公司名称作为参数，并查找该公司员工的平均工资。然后，请使用该函数编写一条 SQL 语句，来查找员工平均工资高于“First Bank”平均工资的公司。

5.16 请考虑关系模式：

part(<u>*part_id*</u>, *name*, *cost*)
subpart(<u>*part_id*</u>, <u>*subpart_id*</u>, *count*)

其中主码属性用下划线标出。*subpart* 关系中的一个元组（p_1, p_2, 3）表示 *part_id* 为 p_2 的部件是 *part_id* 为 p_1 的部件的直接子件，并且 p_1 中包含 3 个 p_2。请注意 p_2 本身可能具有进一步的子件。请编写一个递归的 SQL 查询来输出 *part_id* 为“P-100”的部件的所有子件的名称。

5.17 请考虑习题 5.16 中的关系模式。请使用非递归的 SQL 编写一个 JDBC 函数来查找“P-100”部件的总成本，包括它的所有子件的成本。请务必考虑到一个部件可能有同一个子件重复出现多次的事实。如果你愿意，可以在 Java 中使用递归。

5.18 请使用你的数据库系统中对存储过程和函数进行编码的语言重做习题 5.12。请注意，你可能需要查阅你的系统的联机文档以作为参考，因为大多数系统使用的语法与本书中遵循的 SQL 标准版本有所不同。具体来说，编写一个以教师 *ID* 为参数的过程，并以习题 5.12 中指定的格式打印输出，如果教师不存在或没有讲授任何课程，则要产生适当的信息。（对于本习题的更简单版本，与其提供打印的输出，不如假设存在具有适当模式的关系，并往其中插入你的答案，而不必担心对于错误参数值的测试。）

5.19 假设有两个关系 *r* 和 *s*，使得 *r* 的外码 *B* 引用 *s* 的主码 *A*。请描述如何使用触发器机制来实现从 *s* 中删除一个元组时的**级联删除**（on delete cascade）选项。

5.20 一个触发器的执行可能会触发另一个动作。大多数数据库系统都在可能的嵌套深度上设置了限制。请解释它们为什么要设置这样的限制。

5.21 请修改图 5-16 中的递归查询来定义一个关系：

prereq_depth(*course_id*, *prereq_id*, *depth*)

236

其中 *depth* 属性表示在课程和先修课程之间存在多少层中间先修课程。直接先修课程的深度为 0。请注意，一门先修课程可能具有多个深度，并因此可能会出现不止一次。

5.22 给定关系 *s*(*a*，*b*，*c*)，请编写一条 SQL 语句来生成一个直方图，用于显示 *c* 值与 *a* 之和，并将 *a* 划分为 20 个规模相等的分区（即其中每个分区包含 *s* 中 5% 的元组，并按 *a* 排序）。

5.23 请考虑实践习题 5.9 中的 *nyse* 关系。对于每年的每个月，请显示该月和前两个月的每月总金额和平均每月金额。（*提示*：首先编写查询来查找每年每月的总金额。这个一旦正确，就将其放入外层查询的 from 子句中以解决整个问题。该外层查询将需要分窗。子查询则不需要。）

5.24 请考虑图 5-22 中所示的关系 *r*。请给出下列查询的结果：

```
select building, room_number, time_slot_id, count(*)
from r
group by rollup (building, room_number, time_slot_id)
```

工具

在我们的图书网站 db-book.com 上提供了示例的 JDBC 代码。

包括 IBM、Microsoft 和 Oracle 在内的大部分数据库厂商都把 OLAP 工具作为它们的数据库系统的一部分或作为附加的应用程序来提供。有些工具可能被整合到更大型的“商务智能”产品中，例如 IBM Cognos。很多公司还提供了面向特定应用的分析工具，比如客户关系管理（例如 Oracle Siebel CRM）。

building	*room_number*	*time_slot_id*	*course_id*	*sec_id*
Garfield	359	A	BIO-101	1
Garfield	359	B	BIO-101	2
Saucon	651	A	CS-101	2
Saucon	550	C	CS-319	1
Painter	705	D	MU-199	1
Painter	403	D	FIN-201	1

图 5-22　习题 5.24 中的关系 *r*

237

延伸阅读

有关 JDBC 的更多详细信息可以在 docs.oracle.com/javase/tutorial/jdbc 上找到。

为了编写可以在一个给定系统上执行的存储过程、存储函数和触发器，你需要参考系统文档。

尽管我们对递归查询的讨论集中在 SQL 语法上，但是在关系数据库中还有实现递归的其他方法。Datalog 是一种基于 Prolog 程序设计语言的数据库语言，并在 27.4 节中（在线提供）有更详细的描述。

在 SQL:1999 中引入了包括上卷和立方体在内的 SQL 中的 OLAP 特性，并且在 SQL:2003 中增加了具有排名和分区的窗口函数。如今，大多数数据库都支持包括窗口函数在内的 OLAP 特性。尽管大多数系统遵循我们已经介绍过的 SQL 标准语法，但还是存在一些区别。请参阅你所使用系统的系统手册以了解更多的详细信息。Microsoft 的多维表达式（MultiDimensional Expression，MDX）是一种类 SQL 的查询语言，是为查询 OLAP 立方体而设计的。

238

第二部分

Database System Concepts, Seventh Edition

数据库设计

构建数据库应用是一项复杂的任务，包括设计数据库模式、设计访问和更新数据的程序，以及设计控制数据访问的安全模式。用户的需求在设计过程中扮演着重要的角色。在本部分中，我们主要关注于数据库模式的设计。我们也会概述一些其他的设计任务。

第 6 章中讲述的实体 - 联系（Entity-Relationship，E-R）模型是一种高层数据模型。与把所有数据用表来表示的方式不同，它将被称作实体（entity）的基本对象和这些对象之间的联系（relationship）区分开来。该模型通常用于数据库模式设计的第一步。

先前的章节曾非形式化地介绍了关系数据库设计——关系模式的设计。然而，还存在用于区分好的数据库设计和不好的数据库设计的基本原理。这些原理被形式化为若干“范式”的形式，这些范式提供了在不一致的可能性和特定查询效率之间的不同权衡。第 7 章将讲述关系模式的规范化设计。

239
~
240

第 6 章

Database System Concepts, Seventh Edition

使用 E-R 模型的数据库设计

到现在为止，在本书中我们已经假想了一个给定的数据库模式并研究了如何表述查询和更新。我们现在考虑首先该如何设计一个数据库模式。在本章中，我们关注于实体－联系（E-R）数据模型，它提供了一种识别数据库中表示的实体以及这些实体间如何关联的方式。最终，数据库设计将会被表示为一个关系数据库设计和一个与之关联的约束集合。我们将在本章中讲述一个 E-R 设计如何转换成一个关系模式的集合以及如何在该设计中捕获某些约束。然后在第 7 章中，我们将详细考查一个关系模式的集合是否为一个好的或不好的数据库设计，并学习使用更广的约束集合来构建好的设计的过程。这两章覆盖了数据库设计的基本概念。

6.1 设计过程概览

构建一个数据库应用是一项复杂的任务，包括设计数据库模式、设计访问和更新数据的程序，以及设计控制数据访问的安全模式。用户的需求在设计过程中扮演着重要的角色。在本章中，我们主要关注于数据库模式的设计，不过在本章的后面，我们也简要概述了一些其他的设计任务。

6.1.1 设计阶段

对于小型的应用，由一个理解应用需求的数据库设计者直接决定要构建的关系、关系的属性以及关系上的约束，这样也许是可行的。但是，这种直接的设计过程在现实应用中是困难的，因为现实应用常常很复杂，通常没有一个人能够理解应用的所有数据需求。数据库设计者必须与应用的用户进行交互以理解应用的需求，把它们以用户能够理解的高层的形式表示出来，然后再将需求转化为更低层次的设计。高层数据模型为数据库设计者提供了一个概念框架，在该框架中以系统的方式明确规定了数据库用户的数据需求，以及满足这些需求的数据库结构。

241

- 数据库设计的最初阶段是完整地描述未来数据库用户的数据需求。为完成这个任务，数据库设计者需要同应用领域的专家和用户进行深入的沟通。这一阶段的产出是用户需求规格说明。虽然存在图形化方式的用户需求表示技术，但是在本章中，我们仅限于采用文本的方式来描述用户需求。
- 接下来，设计者选择一种数据模型，并采用所选数据模型的概念将这些需求转化为数据库的概念模式。在此**概念设计**（conceptual-design）阶段所产生的模式提供了对企业的详细概览。我们在本章其余部分将学习的实体－联系模型通常用于表示概念设计。用实体－联系模型的术语来说，概念模式明确规定了数据库中表示的实体、实体的属性、实体之间的联系，以及实体和联系上的约束。通常，概念设计阶段会导致实体－联系图的构建，它提供了对模式的图形化表示。

  设计者检查此模式以确保所有数据需求都真正被满足了，并且互相不冲突。他还可以检查该设计以去除任何冗余的特性。在这个阶段，他关注的是如何描述数据及其联系，而不是具体说明物理存储细节。

- 完善的概念模式还会指明企业的功能需求。在**功能需求规格说明**（specification of functional requirement）中，用户描述将在数据上执行的各类操作（或事务），例如修改或更新数据，搜索并取回特定数据，以及删除数据。在概念设计的这一阶段，设计者可以检查模式以确保其满足功能需求。
- 从抽象数据模型到数据库实现的转换过程在最后两个设计阶段中进行。
  - 在**逻辑设计阶段**（logical-design phase）中，设计者将高层概念模式映射到将被使用的数据库系统具体实现的数据模型。数据模型的实现通常是关系数据模型，并且该阶段通常包括将采用实体 - 联系模型定义的概念模式映射到关系模式。
  - 最后，设计者将所得到的面向系统的数据库模式使用到后续的**物理设计阶段**（physical-design phase）中。在该阶段，数据库的物理特性被具体说明，这些特性包括文件组织形式和索引结构的选择，我们将在第 13～14 章中讨论这些内容。

242

在应用建立之后，数据库物理模式的改变可能相对容易。但是，由于可能影响到应用程序代码中散布的大量查询和更新，对逻辑模式的改变执行起来常常更加困难。因此，在建立其余的数据库应用之前，慎重实施数据库设计阶段是非常重要的。

6.1.2　设计选择

数据库设计过程的一个主要部分是决定如何在设计中表示各种类型的“事物”，比如人、地方、产品，诸如此类。我们使用实体（entity）这个术语来指代任何可明确识别的个体。在大学数据库中，实体的示例将包括教师、学生、系、课程和开课。我们假设一门课程可能在多个学期开设，也可能在一个学期中开设多次，我们将一门课程的每次开设称为一个课程段。各种实体以多种方式互相关联，而所有这些方式都需要在数据库设计中反映出来。例如，一名学生在一次开课中选课，而一位教师在一次开课中授课，授课和选课就是实体间联系的示例。

在一个数据库模式的设计中，我们必须确保避免两个主要的缺陷。

1. **冗余**：一种不好的设计可能会重复信息。例如，如果对于每一次开课我们都存储课程标识和课程名称，那么对于每次开课，名称的存储就是冗余的（即多次地、不必要地存储）。对每次开课仅存储课程标识，并在一个课程实体中将课程名称和课程标识关联一次就足够了。

   冗余也可能出现在关系模式中。在目前为止我们所使用的大学示例中，有一个课程段信息的关系和一个单独的课程信息的关系。假设换一种方式，我们只有一个关系，其中对一门课程的每个（开设的）课程段我们将全部课程信息（课程标识、课程名、系名、学分）重复一次。关于课程的信息将被冗余地存储。

   信息的这种冗余表达的最大问题是：如果对一条信息进行了更新但没有仔细地将这条信息的所有拷贝都更新，那么这条信息的拷贝会变得不一致。例如，一门课程的几次不同的开课可能拥有相同的课程标识，但拥有不同的名称，于是会搞不清楚该课程的正确名称是什么。理想的情况是，信息应该只出现在一个地方。

2. **不完整**：一种不好的设计可能会使得企业的某些方面难以甚至无法建模。例如，假设在上述情形中，我们只有对应于开课的实体，而没有对应于课程的实体。用关系的术语等价地说，假设我们有单个关系，其中对一门课程提供的每个课程段都重复存储一次该课程的所有信息。那么有关一门新课程的信息将无法表示，除非开设了该课程。

243

我们可能会尝试通过为课程段信息存储空值的方式来处理这个有问题的设计。这种变通措施不仅不漂亮，而且有可能由于主码约束而无法实行。

仅仅避免不好的设计是不够的。可能存在大量好的设计，我们必须从中选择。作为一个简单的示例，考虑购买了某产品的一位客户。该产品的销售是客户和产品之间的联系吗？或者销售本身是一个与客户和产品都关联的实体？这种选择虽然简单，却可能对于在哪些方面可以对企业很好建模产生重要差异。考虑到为现实企业中的大量实体和联系做出类似这种选择的需要，不难看出数据库设计是一个很有挑战性的问题。事实上我们将看到，它需要科学和"好的品味"二者的结合。

6.2　实体 - 联系模型

实体 - 联系数据模型（E-R 数据模型）被开发来方便数据库的设计，它是通过允许定义代表数据库全局逻辑结构的企业模式（enterprise schema）来做到的。

E-R 模型在将现实企业的含义和交互映射到概念模式上非常有用，由于这种用途，许多数据库设计工具都利用了来自 E-R 模型的概念。E-R 数据模型采用了三个基本概念：实体集、联系集和属性。E-R 模型还有一种相关联的图形表示：E-R 图。正如我们在 1.3.1 节中所看到的，**E-R 图**（E-R diagram）可以通过图形方式表示数据库的总体逻辑结构。E-R 模型的广泛使用在很大程度上可能与 E-R 图简单而清晰的特性有关。

本章末尾的"工具"部分提供了有关你可用来创建 E-R 图的几种图编辑器的信息。

6.2.1　实体集

一个**实体**（entity）是现实世界中可区别于所有其他对象的一个"事物"或"对象"。例如，大学中的每个人都是一个实体。每个实体有一组性质，并且某些性质集合的值必须唯一地标识一个实体。例如，一个人可能具有 *person_id* 性质，其值唯一标识了这个人。因此，*person_id* 的值 677-89-9011 将唯一标识出大学中一个特定的人。类似地，课程也可以被看作实体，并且 *course_id* 唯一标识出了大学中的某个课程实体。实体可以是实实在在的，比如一个人或一本书；实体也可以是抽象的，比如课程、开设的课程段或者航班预订。

244

实体集（entity set）是共享相同性质或属性的、具有相同类型的实体的集合。例如，一所给定大学的所有教师的集合可定义为 *instructor* 实体集。类似地，*student* 实体集可以表示该大学中的所有学生的集合。

在建模的过程中，我们通常抽象地使用术语实体集，而不是指某个个别实体的特定集合。我们用实体集的**外延**（extension）这个术语来指属于实体集的实体的实际集合。因此，大学中教师的实际集合构成了 *instructor* 实体集的外延。这种区别类似于我们在第 2 章中所看到的关系和关系实例之间的区别。

实体集不必互不相交。例如，可以定义大学中所有人员组成的 *person* 实体集。一个 *person* 实体可以是 *instructor* 实体，可以是 *student* 实体，可以既是 *instructor* 实体又是 *student* 实体，也可以都不是。

实体通过一组**属性**（attribute）来表示。属性是实体集中每个成员所拥有的描述性性质。为实体集设计一个属性表明数据库存储关于该实体集中每个实体的类似信息，但每个实体在每个属性上可以有它自己的值。*instructor* 实体集可能具有的属性是 *ID*、*name*、*dept_name* 和 *salary*。在现实生活中，可能会有更多的属性，如街道号、房间号、州、邮政编码和国家，但是为了简化我们的示例，我们通常省略了这些属性。*course* 实体集可能的属性有 *course_id*、*title*、*dept_name* 和 *credits*。

在本小节中，我们只考虑**简单**的属性——那些不能划分为子部分的属性。在 6.3 节中，我们将讨论更复杂的情况，其中属性可以是复合的和多值的。

每个实体在它的每个属性上都有一个**值**（value）。例如，一个特定的 *instructor* 实体可能在 *ID* 上的值为 12121，在 *name* 上的值为 Wu，在 *dept_name* 上的值为 Finance，并且在 *salary* 上的值为 90000。

ID 属性用来唯一地标识教师，因为可能会有多位教师拥有相同的名字。在历史上，许多企业发现用政府颁发的标识号作为属性很方便，其值唯一地对人进行了标识。但是，出于安全和隐私的原因，这被认为是不好的做法。一般来说，大学必须为每位教师创建和分配它自己的唯一标识。

因此，数据库包括一组实体集，每个实体集包括任意数量的相同类型的实体。一个大学数据库可能包含许多其他的实体集。例如，除了跟踪记录教师和学生外，大学还具有关于课程的信息，用 *course* 实体集来表示，它带有属性 *account_number*、*course_id*、*title*、*dept_name* 和 *credits*。在真实场景中，一个大学数据库可能会保持数十个实体集。

245

实体集在 E-R 图中用一个**矩形**来表示，该矩形分为两个部分。第一部分在本书中为灰色阴影，它包含实体集的名称。第二部分包含实体集所有属性的名称。图 6-1 中的 E-R 图显示了 *instructor* 和 *student* 两个实体集。与 *instructor* 关联的属性是 *ID*、*name* 和 *salary*。与 *student* 关联的属性是 *ID*、*name* 和 *tot_cred*。作为主码部分的属性被加了下划线（参见 6.5 节）。

6.2.2　联系集

联系（relationship）是多个实体间的相互关联。例如，我们可以定义关联 Katz 教师和 Shankar 学生的 *advisor* 联系。这一联系指明 Katz 是学生 Shankar 的导师。**联系集**（relationship set）是相同类型联系的集合。

考虑 *instructor* 和 *student* 两个实体集。我们定义 *advisor* 联系集来表示学生和作为他们的导师的教师之间的关联。这一关联如图 6-2 所示。为了保持图的简洁，只显示了两个实体集的某些属性。

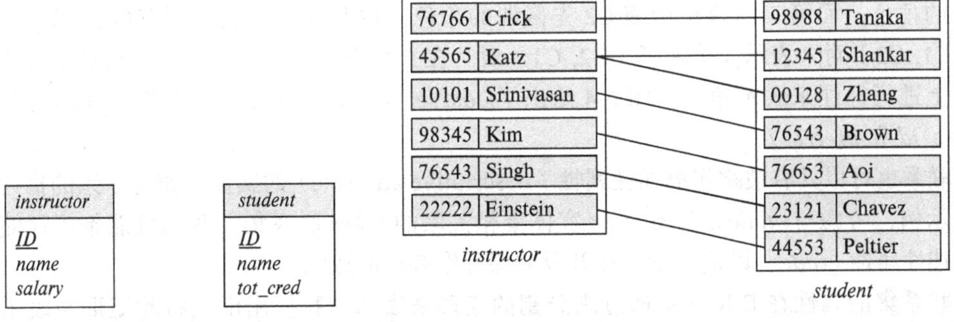

图 6-1　E-R 图显示的 *instructor* 和 *student* 实体集

图 6-2　*advisor* 联系集（仅显示 *instructor* 和 *student* 的某些属性）

E-R 模式中的一个**联系实例**（relationship instance）表示在所建模的现实企业中被命名的实体之间的一种关联。作为一个示例，一位教师 *ID* 为 45565 的 *instructor* 实体 Katz 和一名

246 学生 *ID* 为 12345 的 *student* 实体 *Shankar*，都参与到 *advisor* 的一个联系实例中。这一联系实例表示在大学中 Katz 教师指导 Shankar 学生。

联系集在 E-R 图中用**菱形**表示，菱形通过**线条**连接到多个不同的实体集（矩形）。图 6-3 中的 E-R 图显示了通过二元联系集 *advisor* 关联的 *instructor* 和 *student* 两个实体集。

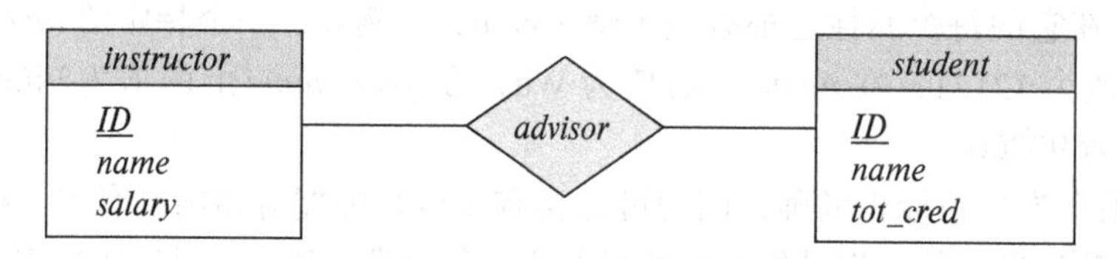

图 6-3　显示 *advisor* 联系集的 E-R 图

作为另一个示例，考虑 *student* 和 *section* 两个实体集，其中 *section* 表示一门课程的一次开课。我们可以定义 *takes* 联系集来表示学生及其所选课程段之间的关联。

尽管在前面的示例中，每个联系集都是两个实体集之间的关联，但一般来说，联系集可以表示两个以上实体集的关联。

形式化地说，**联系集**是在 $n \geqslant 2$ 个（可能相同的）实体集上的数学关系。如果 $E_1, E_2, \cdots, E_n$ 为实体集，那么联系集 R 是

$$\{(e_1, e_2, \ldots, e_n) \mid e_1 \in E_1, e_2 \in E_2, \ldots, e_n \in E_n\}$$

的一个子集，其中 $(e_1, e_2, \cdots, e_n)$ 是一个联系实例。

实体集之间的关联被称为参与，即实体集 $E_1, E_2, \cdots, E_n$ **参与**（participate）联系集 R。

实体在联系中扮演的功能被称为实体的**角色**（role）。由于参与一个联系集的实体集通常是互异的，因此角色是隐含的并且一般并不指定。但是，当联系的含义需要解释时角色是有用的。当参与联系集的实体集并非互异时就是这种情况；也就是说，同样的实体集以不同的角色多次参与一个联系集。在这类联系集中，有必要用显式的角色名来指明实体是如何参与联系实例的，这类联系集有时被称作**递归的**（recursive）联系集。例如，考虑记录大学中所开设的所有课程的信息的 *course* 实体集。我们用 *course* 实体的有序对来建模联系集 *prereq*，以描述一门课程（C2）是另一门课程（C1）的先修课。每对课程中的第一门课程扮演 C1 课程的角色，而第二门课程扮演 C2 先修课的角色。按照这种方式，所有的 *prereq* 联系通过（C1, C2）对来表示，排除了（C2, C1）对。在 E-R 图中，我们通过在菱形和矩形之间的247连线上进行标注来表示角色。图 6-4 给出了 *course* 实体集和 *prereq* 联系集之间的角色标识 *course_id* 和 *prereq_id*。

联系也可以具有被称作**描述性属性**（descriptive attribute）的属性。作为联系的描述性属性的示例，考虑与 *student* 和 *section* 实体集相关联的 *takes* 联系集。我们可能希望存储联系的描述性属性 *grade*，以记录学生在开设的课程中获得的成绩。

联系集的属性在 E-R 图中通过**未分割的矩形**来表示。我们用虚线将此矩形与表示该联系集的菱形相连接。例如，图 6-5 显示了 *section* 和 *student* 实体集之间的 *takes* 联系集。我们将描述性属性 *grade* 附加到 *takes* 联系集上。一个联系集可以具有多个描述性属性；例如，我们还可以在 *takes* 联系集上存储描述性属性 *for_credit*，以记录学生选这门课是为了修学分，或是旁听这门课程（或非正式地随班听课）。

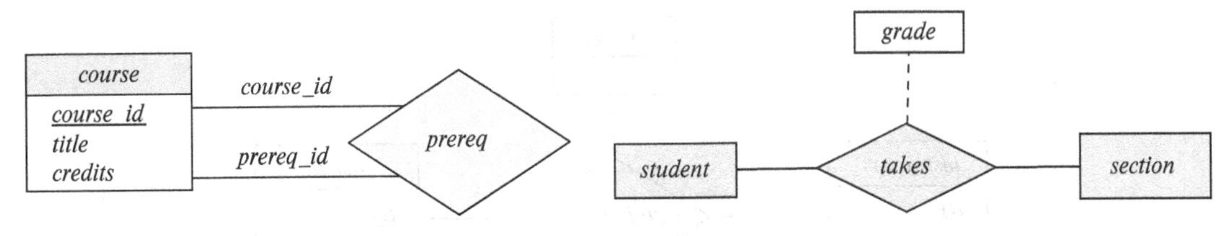

图 6-4　带有角色标识的 E-R 图

图 6-5　将一个属性附加到联系集的 E-R 图

从图 6-5 的 E-R 图中省略了两个实体集的属性，它们在大学的完整 E-R 图中的其他地方被说明了；我们已经见过了 *student* 的属性，并且我们将在本章后面看到 *section* 的属性。复杂的 E-R 设计可能需要拆分成多张可能位于不同页面的图。联系集应仅显示在一个位置，但实体集可以在不止一个位置重复出现。实体集的属性应在第一次出现时显示。后续出现的实体集应显示为不带属性的，以避免重复信息以及由此产生的在不同出现中显示的属性不一致的可能性。 248

相同的实体集可能会参与到多个联系集中。例如，假设学生可能是某门课程的助教。那么，除了参与 *takes* 联系集之外，*section* 和 *student* 实体集还可能参与 *teaching_assistant* 联系集。

我们之前看到的联系集的形式化定义将联系集定义为联系实例的集合。考虑 *student* 和 *section* 之间的 *takes* 联系。由于集合不能有重复项，因此一名特定学生只能与 *takes* 联系中的一个特定课程段有一个关联。从而，一名学生只能有一个与某课程段相关联的成绩，在这种情况下这是有意义的。但是，如果我们希望允许一名学生在同一课程段上取得不止一个成绩，我们需要有一个 *grades* 属性来存储一组成绩；这些属性称为多值属性，我们将在 6.3 节的后面看到它们。

advisor 和 *takes* 联系集给出了**二元联系集**（binary relationship set）的示例，即涉及两个实体集的联系集。数据库系统中的大部分联系集都是二元的。然而，有时联系集会涉及多于两个实体集。参与联系集的实体集的数目是**联系集的度**（degree）。二元联系集的度为 2；**三元联系集**（ternary relationship set）的度为 3。

作为一个示例，假设我们有一个代表大学内开展的所有研究项目的 *project* 实体集，考虑 *instrustor*、*student* 和 *project* 实体集。每个项目可以有多名参与的学生和多位参与的教师。另外，在项目中工作的每名学生必须有一位相关教师来指导该生在项目中的工作。目前，我们忽略项目和教师之间以及项目和学生之间的前两个联系，而关注在一个特定项目上由哪位教师指导哪名学生。

为了表示这些信息，我们通过 *proj_guide* 三元联系集将三个实体集联系到一起，它关联 *instructor*、*student* 和 *project* 实体集。*proj_guide* 的实例表示在一个特定项目上一名特定学生接受了一位特定教师的指导。注意，一名学生在不同项目中可以由不同教师指导，不能将这个联系描述成学生与教师之间的二元关系。

非二元的联系集也可以在 E-R 图中容易地表示。图 6-6 展示了三元联系集 *proj_guide* 的 E-R 图表示形式。

6.3　复杂属性

对于每个属性都有一个可取值的集合，称为该属性的**域**（domain），或者**值集**（value set）。*course_id* 属性的域可能是特定长度的所有文本字符串的集合。类似地，*semester* 属性的域可能是集合 { 秋，冬，春，夏 } 中的字符串。 249

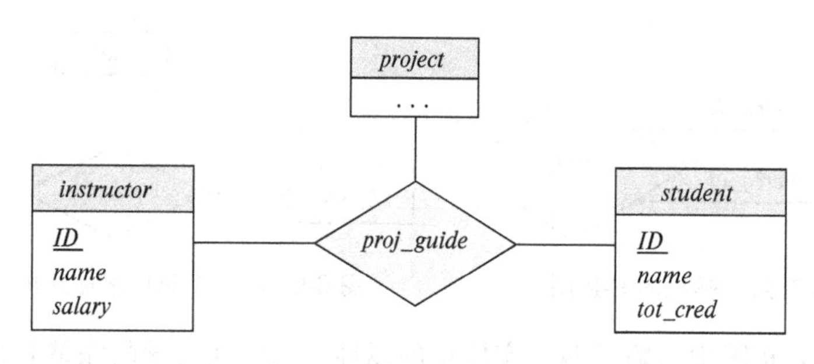

图 6-6　具有三元联系 *proj_guide* 的 E-R 图

E-R 模型中使用的属性可以按照如下的属性类型来进行描述。

- **简单**（simple）和**复合**（composite）属性。迄今为止在我们的示例中出现的属性都是**简单的**，也就是说，它们不能被划分为子部分。而**复合**属性可以被划分为子部分（即其他属性）。例如，*name* 属性可被构建为一个包括 *first_name*、*middle_initial* 和 *last_name* 的复合属性。如果用户希望在一些场景中引用整个属性，而在另外的场景中仅引用属性的一部分，则在设计模式中使用复合属性是一种好的选择。假设我们要给 *student* 实体集增加一个地址。地址可被定义为具有 *street*、*city*、*state* 和 *postal_code*[⊖]属性的复合属性 *address*。复合属性帮助我们把相关属性集合起来，使模型更清晰。

  还要注意，复合属性的出现可以是有层次的。在 *address* 复合属性中，其子属性 *street* 可以进一步分为 *street_number*、*street_name* 和 *apartment_number*。图 6-7 描述了 *instructor* 实体集的这些复合属性的示例。

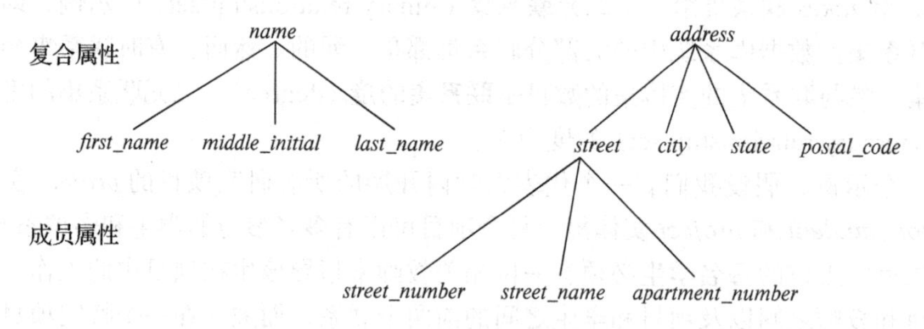

250

图 6-7　*instructor* 实体集的复合属性

- **单值**（single-valued）和**多值**（multivalued）属性。我们示例中的属性对一个特定实体都只有单独的一个值。例如，对某个特定的学生实体而言，*student_ID* 属性只对应于一个学生 *ID*。这样的属性被称作是**单值**的。而在某些实例中，对一个特定实体而言，一个属性可能对应于一组值。假设我们往 *instructor* 实体集中添加一个 *phone_number* 属性，每位教师可以有零个、一个或多个电话号码，不同的教师可以有不同数量的电话号码。这种类型的属性被称作是**多值**的。作为另一个示例，我们可以往 *instructor* 实体集中添加一个 *dependent_name* 属性，它列出所有的家属姓名。这个属性将是多值的，因为任何一位特定的教师可能有零个、一个或多个家属。
- **派生属性**（derived attribute）。这类属性的值可以从其他相关属性或实体的值派生出

⊖ 我们假定使用美国的地址格式，其中包括一个称作邮政编码的邮政编码数字。

来。例如，假设 *instructor* 实体集有一个 *students_advised* 属性，它表示一位教师指导了多少名学生。我们可以通过统计与一位教师相关联的所有 *student* 实体的数目来导出这个属性的值。

作为另一个示例，假设 *instructor* 实体集具有 *age* 属性，它表示教师的年龄。如果 *instructor* 实体集还具有 *date_of_birth* 属性，我们就可以从 *date_of_birth* 和当前日期计算出 *age*。因此 *age* 就是派生属性。在这种情况下，*date_of_birth* 可以称为基（base）属性，或存储的（stored）属性。派生属性的值并不存储，而是在需要时被计算出来。

图 6-8 展示了怎样用 E-R 符号来表示复合属性。这里具有成员属性 *first_name*、*middle_initial* 和 *last_name* 的复合属性 *name* 代替了 *instructor* 的简单属性 *name*。作为另一个示例，假定我们给 *instructor* 实体集增加一个地址。地址可以被定义为具有 *street*、*city*、*state* 和 *postal_code* 属性的复合属性 *address*。*street* 属性本身也是一个复合属性，其成员属性为 *street_number*、*street_name* 和 *apartment_number*。该图还给出了一个由“{*phone_number*}”表示的多值属性 *phone_number*，以及一个由“*age*()”表示的派生属性 *age*。

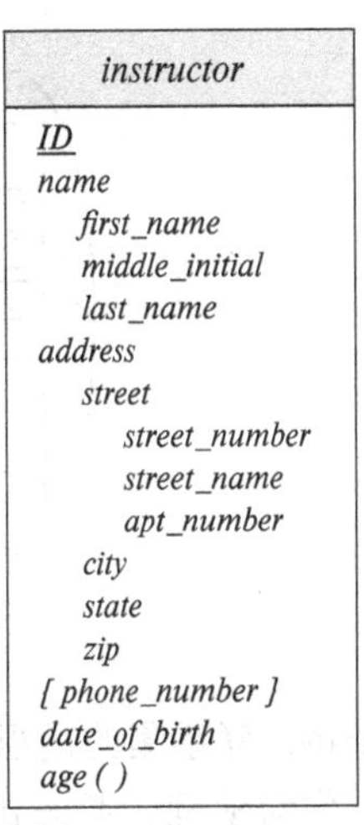

图 6-8　包含复合、多值和派生属性的 E-R 图

251

当实体在某个属性上没有值时认为该属性取**空**（*null*）值。空值可以表示“不适用”，即该实体的这个值不存在。例如，没有中间名的人可以将 *middle_initial* 属性设置为空。空还可以表示属性值是未知的。未知的值要么是缺失的（值存在，但我们没有该信息），要么是不知道的（我们并不知道该值是否确实存在）。

例如，如果一位特定教师的 *name* 值为空，我们推测这个值是缺失的，因为每位教师肯定有一个名字。*apartment_number* 属性的空值可能意味着地址中没有包括公寓号（不适用），公寓号是存在的但是我们并不知道是什么（缺失的），或者我们不知道公寓号是否是该教师地址的一部分（不知道的）。

6.4　映射基数

映射基数（mapping cardinality）或基数比率表示一个实体能通过一个联系集关联的另一些实体的数量。映射基数在描述二元联系集时最有用，尽管它们可用于描述涉及多于两个实体集的联系集。

对于实体集 *A* 和 *B* 之间的二元联系集 *R* 来说，映射基数必然是以下情况之一：

- **一对一**（one-to-one）。*A* 中的一个实体至多与 *B* 中的一个实体相关联，并且 *B* 中的一个实体也至多与 *A* 中的一个实体相关联（如图 6-9a 所示）。
- **一对多**（one-to-many）。*A* 中的一个实体可以与 *B* 中任意数量（零个或多个）的实体相关联，而 *B* 中的一个实体至多与 *A* 中的一个实体相关联（如图 6-9b 所示）。
- **多对一**（many-to-one）。*A* 中的一个实体至多与 *B* 中的一个实体相关联，而 *B* 中的一个实体可以与 *A* 中任意数量（零个或多个）的实体相关联（如图 6-10a 所示）。

252

- **多对多**（many-to-many）。*A* 中的一个实体可以与 *B* 中任意数量（零个或多个）的实体相关联，而且 *B* 中的一个实体也可以与 *A* 中任意数量（零个或多个）的实体相关联（如图 6-10b 所示）。

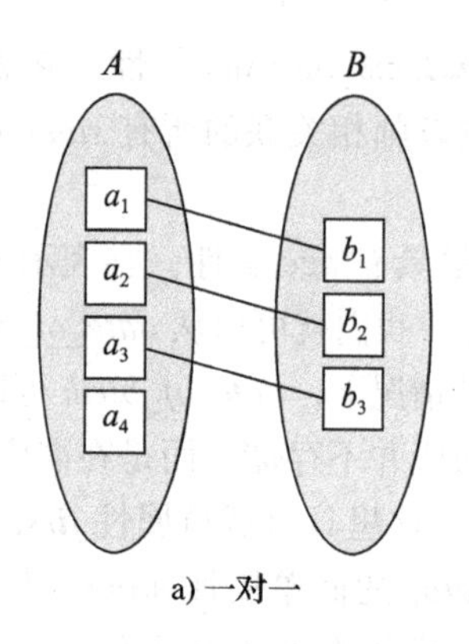

a) 一对一

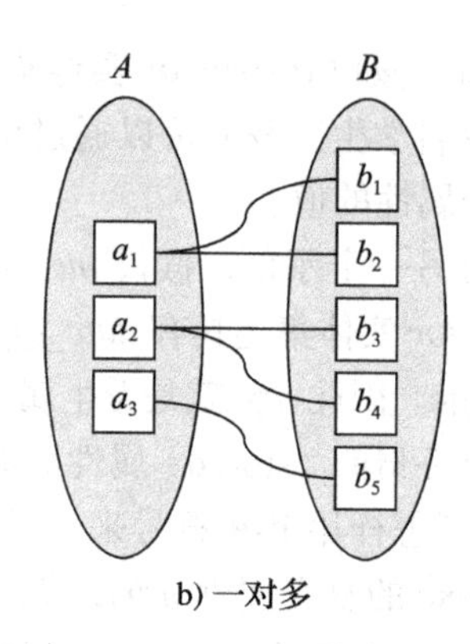

b) 一对多

图 6-9　映射基数

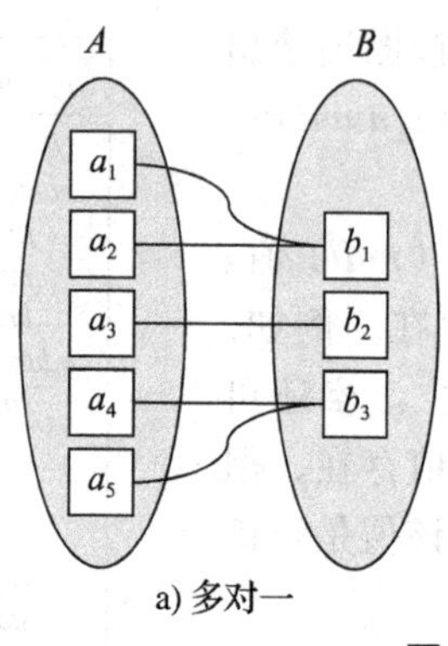

a) 多对一

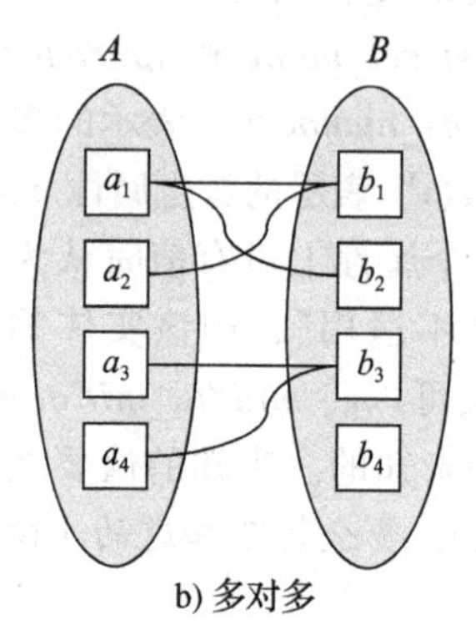

b) 多对多

图 6-10　映射基数

一个特定联系集的适当的映射基数显然依赖于该联系集所建模的现实世界的情况。

作为示例，考虑 *advisor* 联系集。如果一名学生可以由多位教师指导（比如学生被联合指导的情况），那么此联系集是多对多的。如果一所特定的大学施加了一种约束，一名学生只能由一位教师指导，而一位教师可以指导多名学生，那么 *instructor* 到 *student* 的联系集是一对多的。因此，映射基数可用于指定关于在现实世界中允许哪些联系的约束。

253

在 E-R 图表示法中，我们通过在联系集和相关实体集之间绘制有向线段（→）或无向线段（—）来指明联系上的基数约束。具体来说，以大学为例存在以下情况：

- **一对一**（one-to-one）。我们从联系集到两个实体集各画一条有向线段。例如，在图 6-11a 中，指向 *instructor* 和 *student* 的有向线段表示一位教师最多可以指导一名学生，并且一名学生最多可以有一位导师。

254

- **一对多**（one-to-many）。我们从联系集到联系的“一”侧画一条有向线段。因此，在图 6-11b 中，有一条从 *advisor* 联系集到 *instructor* 实体集的有向线段，以及一条到 *student* 实体集的无向线段。这表示一位教师可以指导多名学生，但一名学生最多只能有一位导师。
- **多对一**（many-to-one）。我们从联系集到联系的“一”侧画一条有向线段。因此，在图 6-11c 中，有一条从 *advisor* 联系集到 *instructor* 实体集的无向线段，以及一条到 *student* 实体集的有向线段。这表示一位教师最多可以指导一名学生，但一名学生可以有多位导师。
- **多对多**（many-to-many）。我们从联系集到两个实体集各画一条无向线段。因此，在

图 6-11d 中，从 *advisor* 联系集到 *instructor* 和 *student* 实体集都有无向线段。这表示一位教师可以指导多名学生，并且一名学生可以有多位导师。

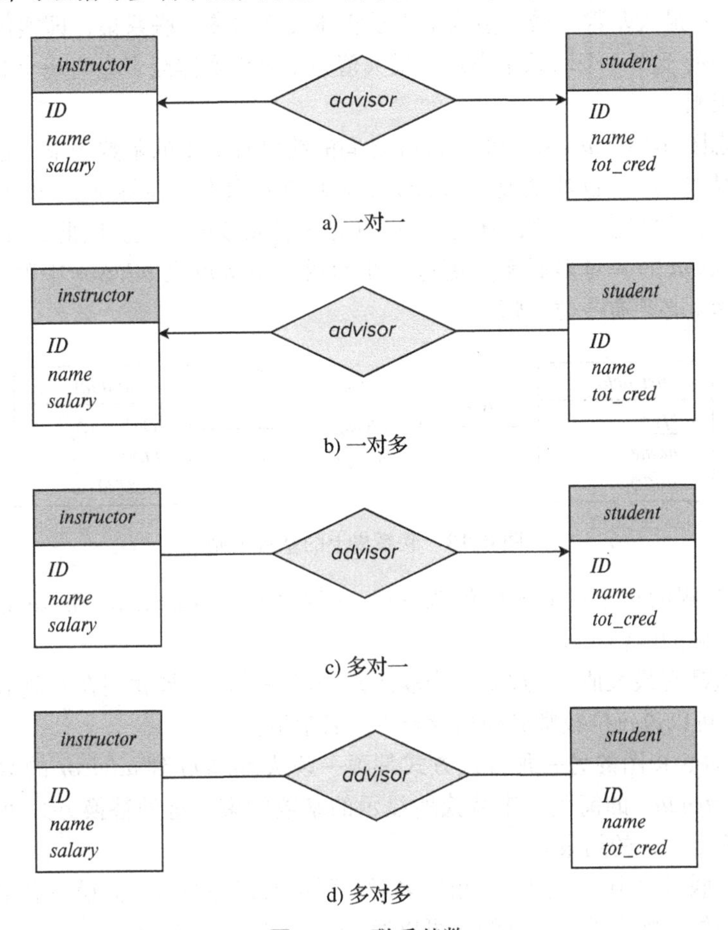

图 6-11　联系基数

如果实体集 E 中的每个实体都必须参与到联系集 R 中的至少一个联系中，那么实体集 E 在联系集 R 中的参与就被称为是**全部**的。如果 E 中一些实体可能不参与到 R 的联系中，那么实体集 E 在联系集 R 中的参与就被称为是**部分**的。

例如，一所大学可能要求每名学生至少有一位导师；在 E-R 模型中，这相当于要求每个 *student* 实体通过 *advisor* 联系至少与一位教师相关联。因而，*student* 在 *advisor* 联系集中的参与是全部的。而一位教师不是必须要指导学生。因此，可能只有某些 *instructor* 实体通过 *advisor* 联系同 *student* 实体集相关联，那么 *instructor* 在 *advisor* 联系集中的参与是部分的。

我们用双线表示一个实体在联系集中的全部参与。图 6-12 显示了 *advisor* 联系集的示例，其中双线表示学生必须有导师。

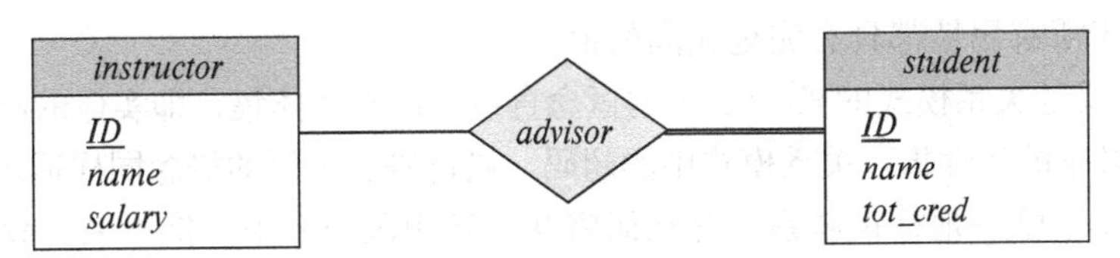

图 6-12　显示全部参与的 E-R 图

E-R图还提供了一种方式来描述更复杂的约束，这种约束限制了每个实体参与联系集中的联系的次数。线段上可以有一个关联的最小和最大基数，用 *l..h* 的形式表示，其中 *l* 表示最小基数，*h* 表示最大基数。最小值为1表示实体集全部参与联系集，即实体集中的每个实体在该联系集中的至少一个联系中出现。最大值为1表示实体至多参与一个联系，而最大值为 * 代表没有限制。

255

例如，考虑图6-13。*advisor* 和 *student* 之间的线段有1..1的基数约束，这意味着基数的最小值和最大值都是1。也就是说，每名学生必须有且只有一位导师。*advisor* 和 *instructor* 之间的线段有0..* 的限制，说明一位教师可以有零名或多名学生。因此，*advisor* 联系是从 *instructor* 到 *student* 的一对多联系，更进一步地讲，*student* 在 *advisor* 中的参与是全部的，这意味着一名学生必须有一位导师。

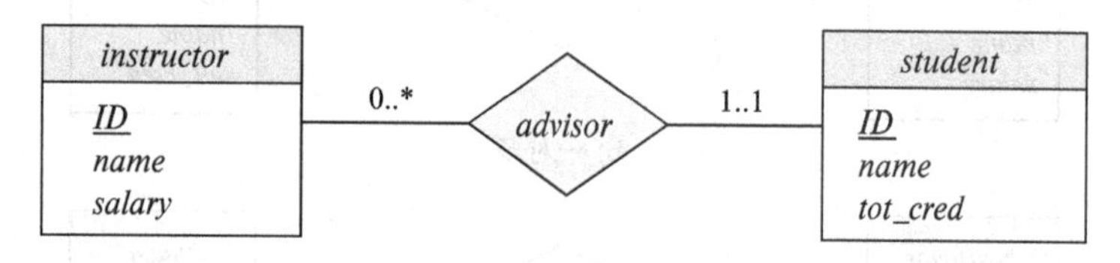

图6-13　联系集上的基数限制

很容易将左侧的边上的0..* 曲解为 *advisor* 联系是从 *instructor* 到 *student* 的多对一联系，这正好和正确的解释相反。

如果两条边都有最大值1，那么这个联系是一对一的。如果我们在左侧的边上指定基数限制为1..*，就可以说每位教师必须指导至少一名学生。

图6-13中的E-R图的另一种替代方式是画一条从 *student* 到 *advisor* 的双线，以及一个从 *advisor* 到 *instructor* 的箭头，来替换所显示的基数约束。这种替换方式可以强制实施同图中所示约束完全一样的约束。

在非二元的联系集中，我们可以指定多对一联系的某些类型。假设一名学生在一个项目上最多只能由一位教师指导。这种约束可以通过从 *proj_guide* 指向 *instructor* 的箭头来表示。

我们至多允许一个箭头从一个非二元的联系集指出，因为在E-R图中，从一个非二元联系集指出两个或更多的箭头可以用两种方式来解释。我们将在6.5.2节中详细阐述这个问题。

6.5　主码

256

我们必须有一种方式来指定如何区分给定实体集中的实体和给定联系集中的联系。

6.5.1　实体集

从概念上来说，各个实体是可区分的；但从数据库的观点来看，它们之间的区别必须通过其属性来表达。

因此，一个实体的属性取值必须可以唯一标识该实体。换句话说，在一个实体集中不允许两个实体对于所有属性都具有完全相同的值。

2.3节中定义的关系模式的码（key）的概念直接适用于实体集，即实体的码是一个足以将实体彼此区分开来的属性集。关系模式中的超码、候选码、主码的概念同样适用于实体集。

码同样有助于唯一地标识联系，并从而将联系互相区分开来。接下来，我们定义联系集的码的相应概念。

6.5.2 联系集

我们需要一种机制来区分联系集中不同的联系。

设 R 是一个涉及实体集 $E_1, E_2, \cdots, E_n$ 的联系集。设 $primary\text{-}key(E_i)$ 代表构成实体集 E_i 的主码的属性集合。现在假设所有主码的属性名是互不相同的。联系集主码的构成依赖于与联系集 R 相关联的属性集合。

如果联系集 R 没有属性与之相关联，那么属性集合

$$primary\text{-}key(E_1) \cup primary\text{-}key(E_2) \cup \cdots \cup primary\text{-}key(E_n)$$

描述了集合 R 中一个单独的联系。

如果联系集 R 有属性 $a_1, a_2, \cdots, a_m$ 与之相关联，那么属性集合

$$primary\text{-}key(E_1) \cup primary\text{-}key(E_2) \cup \cdots \cup primary\text{-}key(E_n) \cup \{a_1, a_2, \ldots, a_m\}$$

描述了集合 R 中一个单独的联系。

如果实体集之间主码的属性名称不是互不相同的，则重命名这些属性以区分它们；实体集的名称结合属性名可以构成唯一的名称。如果一个实体集不止一次参与一个联系集（如 6.2.2 节中的 *prereq* 联系），则使用角色名代替实体集名称来构成唯一的属性名。

回想一下，联系集是联系实例的集合，并且每个实例都由参与其中的实体唯一标识。因此，在以上的两种情况下，属性集合

$$primary\text{-}key(E_1) \cup primary\text{-}key(E_2) \cup \cdots \cup primary\text{-}key(E_n)$$

构成了联系集的一个超码。

257

二元联系集主码的选择取决于联系集的映射基数。对于多对多关系，前述主码的并集是最小的超码，并被选作主码。作为一个示例，考虑 6.2.2 节中的 *instructor* 和 *student* 实体集以及 *advisor* 联系集。假设联系集是多对多的，那么 *advisor* 的主码由 *instructor* 和 *student* 的主码的并集构成。

对于一对多和多对一关系，“多”方的主码是最小的超码，并被用作主码。例如，如果从 *student* 到 *instructor* 的联系是多对一的，即每名学生最多只能有一位导师，则 *advisor* 的主码就仅是 *student* 的主码。而如果一位教师只能指导一名学生，即 *advisor* 联系是从 *instructor* 到 *student* 的多对一联系，则 *advisor* 的主码就仅是 *instructor* 的主码。

对于一对一的联系，任一参与实体集的主码都构成最小超码，并且可以选择任意一个作为联系集的主码。但是，如果一位教师只能指导一名学生，并且每名学生只能由一位教师指导，也就是说，如果 *advisor* 联系是一对一的，那么，可以选择 *student* 或 *instructor* 的主码作为 *advisor* 的主码。

对于非二元联系，如果不存在基数约束，那么本小节前述的超码就是唯一的候选码，并被选为主码。如果有基数约束，那么主码的选择就复杂多了。正如我们在 6.4 节中所注意到的，我们允许一个联系集最多有一个箭头指出。我们这样做是因为非二元联系集有两个或多个箭头指出的 E-R 图可以用下面描述的两种方式来解释。

假设实体集 E_1、E_2、E_3、E_4 之间有联系集 R，并且只有指向实体集 E_3 和 E_4 的边带箭头。那么，两种可能的解释是：

1. 来自 E_1、E_2 的一个特定实体组合可以和至多一个来自 E_3、E_4 的实体组合相关联。因此，联系 R 的主码可以用 E_1 和 E_2 的主码的并集来构造。

2. 来自 E_1、E_2、E_3 的一个特定实体组合至多可与来自 E_4 的一个实体组合相关联，并且来自 E_1、E_2、E_4 的一个特定实体组合至多可与来自 E_3 的一个实体组合相关联，那么，E_1、E_2 和 E_3 的主码的并集构成一个候选码，E_1、E_2 和 E_4 的主码的并集也是如此。

每种解释都已在实践中使用，并且二者对于被建模的特定企业而言都是正确的。因此，为了避免混淆，我们只允许非二元联系集有一个箭头指出，在这种情况下，两种解释是等价的。 258

为了表示一种场景，其中多箭头的一种情况是成立的，可以通过用实体集替换非二元联系集来修改 E-R 设计。也就是说，我们将非二元联系集的每个实例视为一个实体。那么，我们可以通过单独的联系集将每个这样的实体与 E_1、E_2、E_4 的对应实例关联起来。一种更简单的方法是使用*函数依赖*（functional dependency），我们将在 7.4 节中学习。函数依赖以明确的方式简单地指定允许这两种解释中的哪一种。

那么，联系集 R 的主码是那些没有被来自联系集 R 的箭头指向的、参与实体集 E_i 的主码的并集。

6.5.3　弱实体集

考虑一个 *section* 实体，它由课程编号、学期、学年以及课程段标识来唯一标识。课程段实体与课程实体相关联。假定我们在 *section* 和 *course* 实体集之间创建一个 *sec_course* 联系集。

现在，注意到 *sec_course* 中的信息是冗余的，由于 *section* 已有 *course_id* 属性，它表示该课程段所关联的课程。消除这种冗余的一种方式是去掉 *sec_course* 联系；然而，这么做使得 *section* 和 *course* 之间的联系隐含于一个属性中，这并不是我们想要的。

处理这种冗余的另一种替代方式是在 *section* 实体中不保存 *course_id* 属性，而只保存剩下的属性 *sec_id*、*year* 以及 *semester*[㊀]。然而，如果这样 *section* 实体集就没有足够的属性来唯一标识一个特定的 *section* 实体；尽管每个 *section* 实体都是可区分的，不同课程的课程段也可能会共享相同的 *sec_id*、*year* 以及 *semester*。为解决这个问题，我们将 *sec_course* 联系视为一种特殊的联系，它为唯一标识 *section* 实体提供所需的额外信息，在此情况下是 *course_id*。

弱实体集的概念对上述直观描述进行了形式化。**弱实体集**（weak entity set）的存在依赖于另一个实体集，称为其**标识性实体集**（identifying entity set）；我们使用标识性实体集的主码以及称为**分辨符属性**（discriminator attribute）的额外属性来唯一地标识弱实体，而不是将主码与弱实体相关联。非弱实体集的实体集被称为**强实体集**（strong entity set）。

每个弱实体必须和一个标识性实体相关联；也就是说，弱实体集被称为**存在依赖**（existence dependent）于标识性实体集。标识性实体集被称为**拥有**（own）它所标识的弱实体集。将弱实体集与标识性实体集相关联的联系被称为**标识性联系**（identifying relationship）。

259 标识性联系是从弱实体集到标识性实体集的多对一联系，并且弱实体集在联系中的参与是全部的。标识性联系集不应该有任何描述性属性，因为任何这样的属性都可以与弱实体集相关联。

在我们的示例中，*section* 的标识性实体集是 *course*，将 *section* 实体和它们对应的 *course* 实体关联在一起的 *sec_course* 联系是标识性联系。*section* 的主码由标识性实体集（即

㊀ 注意，即使我们从 *section* 实体集中去掉了 *course_id* 属性，但由于后面变清晰的一些原因，我们根据 *section* 实体集最终构建的关系模式还是具有 *course_id* 属性。

course）的主码加上弱实体集（即 *section*）的分辨符构成。因此，主码就是 {*course_id*，*sec_id*，*year*，*semester*}。

注意，我们可以选择在大学提供的所有课程中使 *sec_id* 全局唯一，在这种情况下，*section* 实体集将具有主码。然而，一个 *section* 的存在在概念上仍依赖于一个 *course*，通过使之成为弱实体集可以明确这种依赖关系。

在 E-R 图中，通过双边框的矩形描述弱实体集，其分辨符被加上虚的下划线。关联弱实体集和标识性强实体集的联系集以双边框的菱形表示。在图 6-14 中，*section* 弱实体集通过 *sec_course* 联系集依赖于 *course* 强实体集。

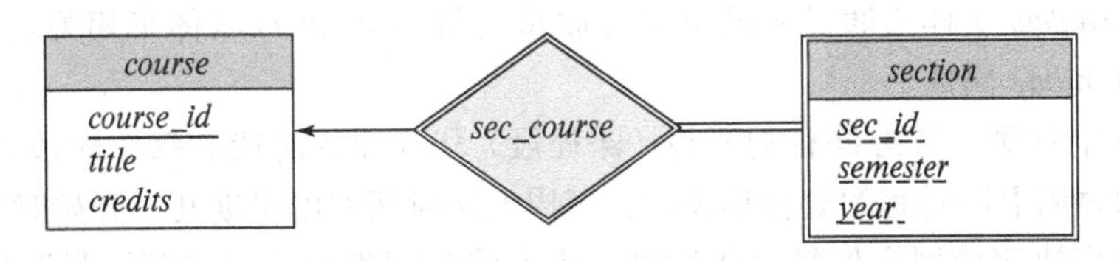

图 6-14　具有弱实体集的 E-R 图

该图还说明使用双线来表示的（弱）实体集 *section* 在 *sec_course* 联系中的参与是全部的，这意味着每个课程段必须通过 *sec_course* 与某门课程相关联。最后，从 *sec_course* 指向 *course* 的箭头表示每个课程段与单门课程相关联。

通常，弱实体集必须全部参与其标识性联系集，并且该联系是到标识性实体集的多对一联系。

弱实体集可以参与除标识性联系之外的联系。例如，*section* 实体可以参与与 *time_slot* 实体集的联系，以标识特定课程段的上课时间。弱实体集可以作为属主参与与另一个弱实体集的标识性联系。一个弱实体集也可能与不止一个标识性实体集相关联。这样，一个特定的弱实体将通过实体的组合来标识，每个标识性实体集有一个实体在该组合中。弱实体集的主码可以由标识性实体集主码的并集再加上弱实体集的分辨符组成。 260

6.6　从实体集中删除冗余属性

当我们使用 E-R 模型设计数据库时，我们通常从确认那些应当被包含的实体集开始。例如，在我们迄今所讨论的大学机构中，我们决定包含诸如 *student* 和 *instructor* 那样的实体集。当决定好实体集后，我们必须挑选适当的属性，这些属性要表示我们在数据库中希望取得的各种值。在大学机构中，我们决定为 *instructor* 实体集包括 *ID*、*name*、*dept_name* 以及 *salary* 这些属性，我们还可以增加 *phone_number*、*office_number*、*home_page* 及其他属性。要包含哪些属性取决于设计者，他充分了解企业的结构。

一旦选择好实体和它们相应的属性，各种实体间的联系集就建立起来了。这些联系集有可能会导致这样一种情况：不同实体集中的属性存在冗余，并需要将其从原始实体集中删除。为了说明这一点，考虑 *instructor* 和 *department* 实体集：

- *instructor* 实体集包含 *ID*、*name*、*dept_name* 以及 *salary* 属性，其中 *ID* 构成主码。
- *department* 实体集包含 *dept_name*、*building* 以及 *budget* 属性，其中 *dept_name* 构成主码。

我们用关联 *instructor* 和 *department* 的 *inst_dept* 联系集来对这样的事实建模：每位教师都有一个相关联的系。

dept_name 属性在两个实体集中都出现了。由于它是 *department* 实体集的主码，因此它

在 *instructor* 实体集中是冗余的，需要被移除。

从 *instructor* 实体集中移除 *dept_name* 属性可能看起来不是那么直观，因为我们在前几章中用到的 *instructor* 关系都具有 *dept_name* 属性。正如我们将在后面看到的，当我们从 E-R 图构建关系模式时，只有当每位教师最多只与一个系相关联时，*dept_name* 属性才会被实际添加到 *instructor* 关系中。如果一位教师有多个相关联的系，教师与系之间的联系会被记录在一个单独的 *inst_dept* 关系中。

将教师和系之间的关联统一看成联系，而不是 *instructor* 的一个属性，使得逻辑关系明确，并有助于避免过早假设每位教师只与一个系相关联。

类似地，*student* 实体集通过 *student_dept* 联系集与 *department* 实体集相关联，因而 *student* 中不需要 *dept_name* 属性。[261]

作为另一个示例，考虑课程的开设（课程段）和开课的时段。每个时段由 *time_slot_id* 标识，并且和每周上课时间的集合相关联，每周上课时间都由星期几、开始时间以及结束时间来标识。我们决定使用多值复合属性对每周上课时间集合进行建模。假设我们对 *section* 和 *time_slot* 实体集按以下方式建模：

- *section* 实体集包含 *course_id*、*sec_id*、*semester*、*year*、*building*、*room_number* 以及 *time_slot_id* 属性，其中 (*course_id*, *sec_id*, *year*, *semester*) 构成主码。
- *time_slot* 实体集包含 *time_slot_id* 属性（它是主码[1]）以及一个多值复合属性 {(*day*, *start_time*, *end_time*)}[2]。

这些实体通过 *sec_time_slot* 联系集相互关联。

time_slot_id 属性在两个实体集中均出现。由于它是 *time_slot* 实体集的主码，因此它在 *section* 实体集中是冗余的，并且需要被删除。

作为最后的示例，假设我们有一个 *classroom* 实体集，包含 *building*、*room_number* 以及 *capacity* 属性，主码由 *building* 和 *room_number* 组成。再假设我们有一个 *sec_class* 联系集，它将 *section* 和 *classroom* 关联在一起。那么 {*building*, *room_number*} 属性在 *section* 实体集中是冗余的。

好的实体 - 联系设计不包含冗余的属性。对于大学示例，我们在下面列出了实体集以及它们的属性，主码被加上了下划线。

- *classroom*：包含属性 (*building*, *room_number*, *capacity*)。
- *department*：包含属性 (*dept_name*, *building*, *budget*)。
- *course*：包含属性 (*course_id*, *title*, *credits*)。
- *instructor*：包含属性 (*ID*, *name*, *salary*)。
- *section*：包含属性 (*course_id*, *sec_id*, *semester*, *year*)。
- *student*：包含属性 (*ID*, *name*, *tot_cred*)。
- *time_slot*：包含属性 (*time_slot_id*, {(*day*, *start_time*, *end_time*)})。

我们设计的联系集如下所示。

- *inst_dept*：关联教师和系。

---

[1] 我们将在后面看到由 *time_slot* 实体集构建的关系的主码包含 *day* 以及 *start_time*，然而，*day* 和 *start_time* 并不是 *time_slot* 实体集的主码的一部分。

[2] 我们可以选择给包含 *day*、*start_time* 以及 *end_time* 的复合属性取个名字，比如 *meeting*。

262

- *stud_dept*：关联学生和系。
- *teaches*：关联教师和课程段。
- *takes*：关联学生和课程段，具有描述性属性 *grade*。
- *course_dept*：关联课程和系。
- *sec_course*：关联课程段和课程。
- *sec_class*：关联课程段和教室。
- *sec_time_slot*：关联课程段和时段。
- *advisor*：关联学生和教师。
- *prereq*：关联课程和先修课程。

你可以验证没有任何一个实体集包含因某个联系集而造成冗余的任何属性。进而，你可以验证我们此前在图 2-9 中看到的大学数据库关系模式中的所有信息（除了约束）全部包含在上述设计中，只是关系设计中的几个属性被 E-R 设计中的联系所替代。

我们最后展示本书迄今一直使用的大学机构所对应的 E-R 图（见图 6-15）。除了几个额外的约束，该 E-R 图与大学 E-R 模型的文字性描述等价。

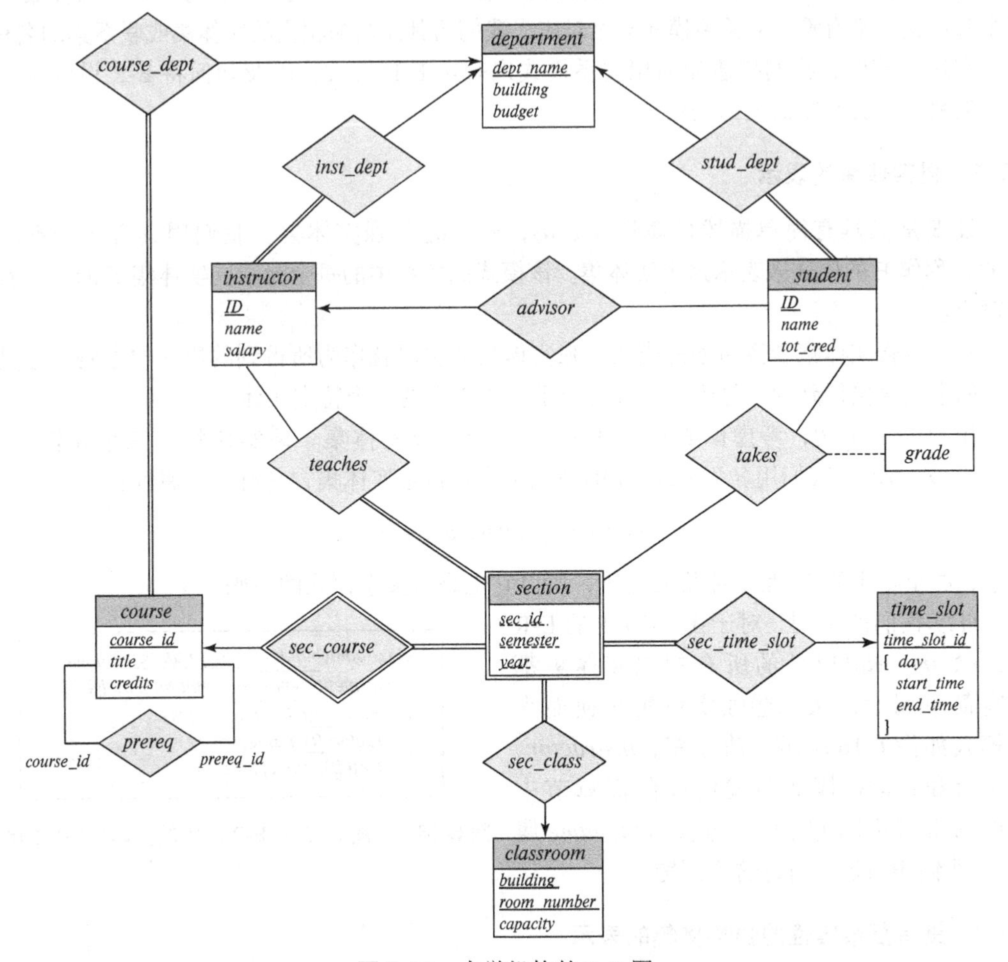

图 6-15 大学机构的 E-R 图

在我们的大学数据库中，我们限制每位教师必须有且仅有一个相关联的系。其结果是，在图 6-15 中在 *instructor* 和 *inst_dept* 之间有一条双线，表示 *instructor* 在 *inst_dept* 中全部参与，即每位教师必须和一个系相关联。另外，存在一个从 *inst_dept* 到 *department* 的箭头，表示每位教师可以有至多一个相关联的系。

类似地，*course* 实体集与 *course_dept* 联系集用双线连接，表示每门课程必须在某个系里开设，并且 *student* 实体集与 *stud_dept* 联系集用双线连接，表示每名学生必须在某个系主修。在每种情况下，箭头指向 *department* 实体集，以表示一门课程或一名学生分别只能与一个系相关联，而不能与几个系相关联。

此外，图 6-15 显示 *takes* 联系集具有一个描述性属性 *grade*，并且每名学生有至多一位导师。该图还显示 *section* 是一个弱实体集，具有构成分辨符的 *sec_id*、*semester* 以及 *year* 属性；*sec_course* 是连接 *section* 弱实体集和 *course* 强实体集的标识性联系集。

在 6.7 节中，我们将展示如何用这张 E-R 图来导出我们使用的各个关系模式。

6.7　将 E-R 图转换为关系模式

E-R 模型和关系数据库模型都是对现实企业的抽象的逻辑表示。由于两种模型采用类似的设计原则，我们可以将 E-R 设计转换为关系设计。在数据库设计中，对于每个实体集以及每个联系集，都有唯一的关系模式与之对应，我们为其赋名为相应的实体集或联系集的名称。

263
~
264

在这一节中，我们描述如何用关系模式来表示 E-R 模式，以及如何将 E-R 设计中提出的约束映射到关系模式上的约束。

6.7.1　强实体集的表示

设 E 是只具有简单描述性属性 a_1，a_2，…，a_n 的强实体集。我们用具有 n 个不同属性的、称作 E 的模式来表示这个实体集。该模式的关系中的每个元组同实体集 E 的一个实体相对应。

对于从强实体集转换而来的模式，强实体集的主码就作为所得到的模式的主码。这是从这样的事实直接得到的：每个元组都对应于实体集中的一个特定实体。

作为一个示例，考虑图 6-15 中 E-R 图的 *student* 实体集。该实体集有三个属性：*ID*、*name*、*tot_cred*。我们用名为 *student* 的模式来表示这个实体集，它有三个属性：

student (*ID*, *name*, *tot_cred*)

注意，由于学生的 *ID* 是实体集的主码，所以它也是该关系模式的主码。

继续我们的示例，对于图 6-15 中的 E-R 图，除 *time_slot* 以外的所有的强实体集都只有简单属性，从这些强实体集转换而来的模式如图 6-16 所示。请注意，*instructor*、*student* 和 *course* 模式与我们在前面章节中用到的模式不同（它们不包含 *dept_name* 属性）。我们稍后还会讨论这个问题。

classroom(*building*, *room_number*, *capacity*)
department(*dept_name*, *building*, *budget*)
course(*course_id*, *title*, *credits*)
instructor(*ID*, *name*, *salary*)
student(*ID*, *name*, *tot_cred*)

图 6-16　由图 6-15 的 E-R 图中的实体集导出的模式

6.7.2　具有复杂属性的强实体集的表示

当一个强实体集具有非简单属性时，事情更加复杂一点。我们通过为每个成员属性创建一个单独属性的方式来处理复合属性；我们并不为复合属性自身创建一个单独的属性。例如，考虑图 6-8 中描述的 *instructor* 实体集的版本。对于 *name* 复合属性，为 *instructor* 生成的模式包括 *first_name*、*middle_initial* 和 *last_name* 属性；没有单独的属性或模式来表示 *name*。类似地，对于 *address* 复合属性，产生的模式包括 *street*、*city*、*state* 以及 *postal_code* 属性。由于 *street* 是一个复合属性，因此它被替换成 *street_number*、*street_name* 以及 *apt_number*。 265

多值属性的处理不同于其他属性。我们已经看到，E-R 图中的属性通常直接映射到相应关系模式的属性。但是，多值属性却是个例外；正如我们将看到的，为了这些属性将构建新的关系模式。

派生属性并不在关系数据模型中显式地表示出来。然而，它们可以在其他数据模型中被表示为存储过程、函数或方法。

从具有复杂属性的 *instructor* 实体集的版本转换而来的、不包含多值属性的关系模式是这样的：

instructor (*ID*, *first_name*, *middle_initial*, *last_name*,
street_number, *street_name*, *apt_number*,
city, *state*, *postal_code*, *date_of_birth*)

对于一个多值属性 *M*，我们构建关系模式 *R*，该模式具有一个对应于 *M* 的属性 *A*，以及对应于 *M* 所在的实体集或联系集的主码的属性。

作为一个示例，考虑图 6-8 中的 E-R 图，它描述了包含 *phone_number* 多值属性的 *instructor* 实体集。*instructor* 的主码是 *ID*。对于这个多值属性，我们构建一个关系模式：

instructor_phone (<u>*ID*, *phone_number*</u>)

教师的每个电话号码都表示为该模式上的关系中的一个唯一元组。因此，如果我们有一个 *ID* 为 22222 的教师，其电话号码为 555-1234 和 555-4321，那么 *instructor_phone* 关系将有两个元组（22222, 555-1234）和（22222, 555-4321）。

我们创建关系模式的主码，它由该模式的所有属性组成。在上面的示例中，主码由 *instructor_phone* 关系模式的两个属性一起组成。

另外，我们在由多值属性构建的关系模式上建立外码约束。在那个新创建的模式中，根据实体集主码生成的属性必须引用根据实体集生成的关系。在上面的示例中，*instructor_phone* 关系上的外码约束应该是 *ID* 属性引用 *instructor* 关系。

在一个实体集只有两个属性的情况下——单个主码属性 *B* 以及单个多值属性 *M*——该实体集的关系模式应只包含一个属性，即主码属性 *B*。我们可以删掉这个关系，而保留具有属性 *B* 和对应于 *M* 的属性 *A* 的关系模式。 266

例如，考虑图 6-15 中描述的 *time_slot* 实体集，其中 *time_slot_id* 是 *time_slot* 实体集的主码，并且有一个多值属性，它恰好是复合的。这个实体集可以就通过从多值复合属性创建的下述模式来表示：

time_slot (<u>*time_slot_id*</u>, <u>*day*</u>, <u>*start_time*</u>, *end_time*)

虽然没有在 E-R 图上表示为约束，但是我们知道不存在一个班的两次课在一周的同一天的同一时间开始却在不同时间结束。基于这种约束，*end_time* 已从 *time_slot* 模式的主码中省略了。

从实体集生成的关系将只有单个属性 *time_slot_id*，去掉此关系的优化有助于简化生成的数据库模式，即使它有一个与外码相关的缺点，我们将在 6.7.4 节中对此简要讨论。

6.7.3 弱实体集的表示

设 A 是具有属性 a_1，a_2，…，a_m 的弱实体集。设 B 是 A 所依赖的强实体集。设 B 的主码由属性 b_1，b_2，…，b_n 构成。我们用名为 A 的关系模式表示实体集 A，该模式的每个属性对应于以下集合中的一个成员：

$$\{a_1, a_2, \cdots, a_m\} \cup \{b_1, b_2, \cdots, b_n\}$$

对于从弱实体集转换而来的模式，该模式的主码由其强实体集的主码与弱实体集的分辨符组合而成。除了创建主码之外，我们还要在关系 A 上建立外码约束，指明属性 b_1，b_2，…，b_n 引用关系 B 的主码。外码约束保证：对于表示弱实体的每个元组，都有一个表示相应强实体的元组与之对应。

作为一个示例，考虑图 6-15 的 E-R 图中的 *section* 弱实体集。该实体集有属性：*sec_id*、*semester* 和 *year*。*section* 所依赖的 *course* 实体集的主码是 *course_id*。因此，我们用具有以下属性的模式来表示 *section*：

section (<u>*course_id*</u>, <u>*sec_id*</u>, <u>*semester*</u>, <u>*year*</u>)

[267] 该主码由 *course* 实体集的主码和 *section* 的分辨符（即 *sec_id*、*semester* 以及 *year*）组成。我们还在 *section* 模式上建立了一个外码约束，用 *course_id* 属性引用 *course* 模式的主码[⊖]。

6.7.4 联系集的表示

设 R 是联系集，设 a_1，a_2，…，a_m 是每个参与 R 的实体集的主码的并集所构成的属性集合，并设 R 的描述性属性（如果有）为 b_1，b_2，…，b_n。我们用名为 R 的关系模式表示该联系集，R 的每个属性表示下述集合的一个成员：

$$\{a_1, a_2, \cdots, a_m\} \cup \{b_1, b_2, \cdots, b_n\}$$

我们在 6.5 节中介绍过如何为二元联系集选择主码。联系集的主码属性也被用作关系模式 R 的主码属性。

作为一个示例，考虑图 6-15 的 E-R 图中的 *advisor* 联系集。此联系集涉及如下两个实体集：

- *instructor*，具有主码 *ID*。
- *student*，具有主码 *ID*。

由于该联系集没有属性，所以 *advisor* 模式有两个属性，即 *instructor* 和 *student* 的主码。由于这两个属性具有相同的名称，我们将它们重命名为 *i_ID* 和 *s_ID*。因为 *advisor* 联系集是从 *student* 到 *instructor* 的多对一联系，所以 *advisor* 关系模式的主码是 *s_ID*。

我们还在关系模式 R 上建立了如下外码约束：对于联系集 R 所关联的每个实体集 E_i，我们从关系模式 R 创建外码约束，从 E_i 主码导出的 R 的属性引用表示 E_i 的关系模式的主码。

回到我们之前的示例，我们因此在 *advisor* 关系上创建两个外码约束，具有引用 *instructor* 主码的 *i_ID* 属性以及引用 *student* 主码的 *s_ID* 属性。

⊖ 或者作为一种可选项，外码约束可以有一个“级联删除”申明，这样，删除 *course* 实体将自动删除引用该 *course* 实体的任何 *section* 实体。如果没有这个申明，在删除课程之前，必须先删除相应课程的每个课程段。

将上述技术应用到图 6-15 的 E-R 图中的其他联系集，我们得到如图 6-17 所示的关系模式。

teaches (*ID*, *course_id*, *sec_id*, *semester*, *year*)
takes (*ID*, *course_id*, *sec_id*, *semester*, *year*, *grade*)
prereq (*course_id*, *prereq_id*)
advisor (*s_ID*, *i_ID*)
sec_course (*course_id*, *sec_id*, *semester*, *year*)
sec_time_slot (*course_id*, *sec_id*, *semester*, *year*, *time_slot_id*)
sec_class (*course_id*, *sec_id*, *semester*, *year*, *building*, *room_number*)
inst_dept (*ID*, *dept_name*)
stud_dept (*ID*, *dept_name*)
course_dept (*course_id*, *dept_name*)

图 6-17　由图 6-15 的 E-R 图中的联系集导出的模式

观察到对于 *prereq* 联系集的情况，与该联系相关联的角色标识被用作属性的名称，因为两个角色都引用同一个关系 *course*。

与 *advisor* 的情况类似，每个关系的主码 *sec_course*、*sec_time_slot*、*sec_class*、*inst_dept*、*stud_dept* 以及 *course_dept* 仅由两个相关联的实体集中的一个实体集的主码构成，因为每个对应的联系都是多对一的。 [268]

在图 6-16 中并没有显示外码，但是对于图中每一个关系都有两个外码约束，引用从两个相关的实体集所构建出的两个关系。例如，*sec_course* 有引用 *section* 和 *classroom* 的外码，*teaches* 有引用 *instructor* 和 *section* 的外码，并且 *takes* 有引用 *student* 和 *section* 的外码。

这种优化允许我们对包含多值属性的 *time_slot* 实体集只建立单个关系模式，避免了从 *sec_time_slot* 关系模式到由 *time_slot* 实体集生成的关系的外码的建立，因为我们舍弃了由 *time_slot* 实体集生成的关系。我们保留了由多值属性生成的关系，并将其命名为 *time_slot*，但这个关系可能没有元组对应于某个 *time_slot_id*，或者它有多个元组对应于一个 *time_slot_id*，因而，*sec_time_slot* 中的 *time_slot_id* 不能引用这个关系。

精明的读者可能会想，为什么我们在前面的章节中没有见过 *sec_course*、*sec_time_slot*、*sec_class*、*inst_dept*、*stud_dept* 以及 *course_dept* 模式。其原因是我们迄今所提出的算法使得一些模式或者被消除，或者与其他模式合并。我们接下来讨论这个问题。

6.7.5　模式的冗余

连接弱实体集和相应强实体集的联系集被特殊对待。正如我们在 6.5.3 节中提到的，这样的联系集是多对一的，且没有描述性属性。另外，弱实体集的主码包含强实体集的主码。在图 6-14 的 E-R 图中，*section* 弱实体集通过 *sec_course* 联系集依赖于 *course* 强实体集。 [269] *section* 的主码是 {*course_id*，*sec_id*，*semester*，*year*}，并且 *course* 的主码是 *course_id*。由于 *sec_course* 没有描述性属性，因此 *sec_course* 模式具有属性 *course_id*、*sec_id*、*semester* 以及 *year*。表示 *section* 实体集的模式包含 *course_id*、*sec_id*、*semester* 以及 *year* 等属性。*sec_course* 关系中的每个（*course_id*, *sec_id*, *semester*, *year*）组合也将出现在 *section* 模式上的关系中，反之亦然。因此，*sec_course* 模式是冗余的。

一般而言，连接弱实体集与其对应的强实体集的联系集的模式是冗余的，而且在基于 E-R 图的关系数据库设计中不必给出。

6.7.6 模式的合并

考虑从实体集 *A* 到实体集 *B* 的多对一联系集 *AB*。用我们前面概述的关系 - 模式构建算法，得到三个模式：*A*、*B* 和 *AB*。进一步假设 *A* 在该联系中的参与是全部的，即实体集 *A* 中的每个实体 *a* 都必须参与到联系 *AB* 中。那么我们可以将 *A* 和 *AB* 模式合并成单个模式，它由两个模式的属性的并集构成。合并后模式的主码是其模式中融入了联系集模式的那个实体集的主码。

为了说明这一点，让我们检验图 6-15 的 E-R 图中满足上述准则的各种关系：

- *inst_dept*。*instructor* 和 *department* 模式分别对应于实体集 *A* 和 *B*。这样，*inst_dept* 模式可以和 *instructor* 模式合并。结果是 *instructor* 模式由属性 {*ID*，*name*，*dept_name*，*salary*} 组成。
- *stud_dept*。*student* 和 *department* 模式分别对应于实体集 *A* 和 *B*。这样，*stud_dept* 模式可以和 *student* 模式合并。结果是 *student* 模式由属性 {*ID*，*name*，*dept_name*，*tot_cred*} 组成。
- *course_dept*。*course* 和 *department* 模式分别对应于实体集 *A* 和 *B*。这样，*course_dept* 模式可以和 *course* 模式合并。结果是 *course* 模式由属性 {*course_id*，*title*，*dept_name*，*credits*} 组成。
- *sec_class*。*section* 和 *classroom* 模式分别对应于实体集 *A* 和 *B*。这样，*sec_class* 模式可以和 *section* 模式合并。结果是 *section* 模式由属性 {*course_id*，*sec_id*，*semester*，*year*，*building*，*room_number*} 组成。
- [270] *sec_time_slot*。*section* 和 *time_slot* 模式分别对应于实体集 *A* 和 *B*。这样，*sec_time_slot* 模式可以和上一步中得到的 *section* 模式合并。结果是 *section* 模式由属性 {*course_id*，*sec_id*，*semester*，*year*，*building*，*room_number*，*time_slot_id*} 组成。

在一对一联系的情况下，联系集的关系模式可以跟参与联系的任何一个实体集的模式进行合并。

即使是部分参与，我们也可以通过使用空值来进行模式合并。在上面这个示例中，如果 *inst_dept* 是部分参与，那么我们可以为那些没有相关联的系的教师在 *dept_name* 属性上存放空值。

最后，我们考虑表示联系集的模式上本应有的外码约束。本应存在引用每一个参与了联系集的实体集的外码约束。我们舍弃了引用联系集模式所合并的实体集模式的约束，然后将另一个外码约束加到合并的模式上。在上面的示例中，在 *inst_dept* 上有一个 *dept_name* 属性引用 *department* 关系的外码约束，当 *inst_dept* 与 *instructor* 模式合并时，*instructor* 关系会隐式强制执行此外码约束。

6.8 扩展的 E-R 特性

虽然基本的 E-R 概念足以对大多数数据库特性建模，但数据库的某些方面可以通过对基本 E-R 模型的特定扩展来更恰当地表达。在这一小节中，我们讨论以下扩展的 E-R 特性：特化、概化、高层和低层实体集、属性继承和聚集。

为了有助于讨论，我们将用一个稍微更复杂的大学数据库模式。特别是，我们通过定义具有 *ID*、*name*、*street* 以及 *city* 属性的 *person* 实体集来对学校中不同的人进行建模。

6.8.1 特化

实体集可能包含一些实体的子集，这些实体在某些方面区别于实体集中的其他实体。例如，实体集中某个实体子集可能具有不被该实体集中所有实体所共享的一些属性。E-R 模型提供了表示这种与众不同的实体组的方法。

作为一个示例，*person* 实体集可进一步归类为以下两类之一：

- *employee*。
- *student*。

这两类人中的每一类都通过一个属性集来描述，它包括 *person* 实体集的所有属性加上可能的附加属性。例如，*employee* 实体可进一步用 *salary* 属性来描述，而 *student* 实体可进一步用 *tot_cred* 属性来描述。在实体集内部进行分组的过程称为**特化**（specialization）。对 *person* 的特化使得我们可以根据其对应于雇员还是学生来对人群进行区分：一般来说，一个人可以是一位雇员、一名学生，都是，或者都不是。

271

作为另一个示例，假设大学将学生分为两类：研究生和本科生。给研究生安排办公室，给本科生安排学生宿舍。每一种这样的学生类型都通过属性集来描述，这个属性集包括 *student* 实体集的所有属性和附加的属性。

我们可以反复应用特化来改进设计。大学可以创建 *student* 的两个特化，称作 *graduate* 和 *undergraduate*。正如我们此前所看到的，学生实体用 *ID*、*name*、*address* 以及 *tot_cred* 属性来描述。*graduate* 实体集将具有 *student* 的所有属性以及一个附加属性 *office_number*。*undergraduate* 实体集将具有 *student* 的所有属性以及一个附加属性 *residential_college*。作为另一个示例，大学雇员可以进一步分为 *instructor* 或 *secretary*。

每类这样的雇员都用包括 *employee* 实体集的所有属性以及附加属性的属性集来描述。例如，*instructor* 实体可以进一步由 *rank* 属性来描述，而 *secretary* 实体可以由 *hours_per_week* 属性来描述。进而，*secretary* 实体可以参与 *secretary* 和 *employee* 实体集之间的 *secretary_for* 联系，它标识了有秘书协助的雇员。

一个实体集可以根据多个可区分的特征进行特化。在我们的示例中，雇员实体间的可区分特征是雇员所从事的工作。同时，另一个特化可以基于一个人是临时（有限任期）雇员还是长期雇员，因而有 *temporary_employee* 和 *permanent_employee* 实体集。当在一个实体集上形成了多种特化时，一个特定实体可能属于多个特化。例如，一位给定的雇员可以既是一位临时雇员，又是一位秘书。

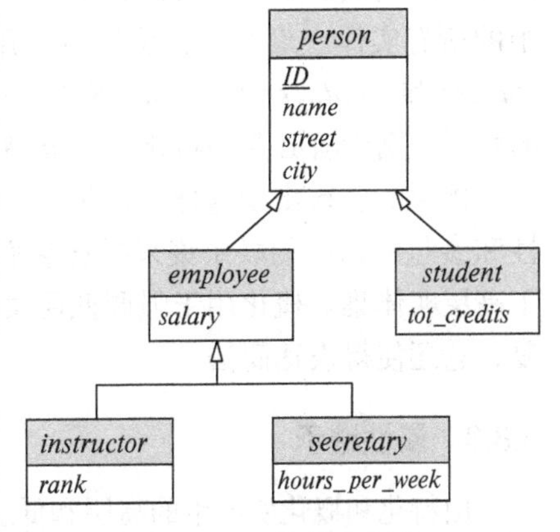

图 6-18 特化和概化

采用 E-R 图的方式，特化用从特化实体指向另一方实体的空心箭头来表示（见图 6-18）。我们称这种联系为 ISA 联系，它表示"是一个"，例如，一位教师"是一个"雇员。

我们在 E-R 图中描述特化的方式取决于一个实体是否可以属于多个特化实体集，或者它是否必须属于至多一个特化实体集。前者（允许多个集合）称为**重叠特化**（overlapping specialization），而后者（允许至多一个集合）称为**不相交特化**（disjoint specialization）。对于重叠特化（如 *student* 和 *employee* 作为 *person* 的特化的情况），使用两个单独的箭头。对于不相交特化（如 *instructor* 和 *secretary* 作

为 *employee* 的特化的情况），使用单个箭头。特化联系还可能被称作**超类 - 子类**（superclass-subclass）联系。高层和低层实体集按普通实体集表示——即包含实体集名称的矩形。

272

6.8.2 概化

从初始实体集到一系列不同层次的实体子集的细化代表了一种**自顶向下**（top-down）的设计过程，在这个设计过程中，显式地产生出差别。设计过程也可以通过**自底向上**（bottom-up）的方式进行，其中多个实体集根据共同具有的特征综合成一个更高层的实体集。数据库设计者可能一开始就标识了：

- *instructor* 实体集，具有 *instructor_id*、*instructor_name*、*instructor_salary* 以及 *rank* 属性。
- *secretary* 实体集，具有 *secretary_id*、*secretary_name*、*secretary_salary* 以及 *house_per_week* 属性。

就所具有的属性而言，在 *instructor* 实体集和 *secretary* 实体集之间存在共性。从概念上来说，这两个实体集包含了相同的属性：也就是标识、姓名和工资属性。这种共性可以通过**概化**（generalization）来表达，概化是在一个高层（higher-level）实体集与一个或多个低层（lower-level）实体集之间存在的包含联系。在我们的示例中，*employee* 是高层实体集，而 *instructor* 和 *secretary* 是低层实体集。在这种情况下，在两个低层实体集中，概念上相同的属性有着不同的名称。为了进行概化，这些属性必须赋予相同的名称并由高层实体 *person* 来表示。我们使用 *ID*、*name*、*street* 和 *city* 作为属性名称，正如我们在 6.8.1 节中所看到的示例那样。

273

高层与低层实体集也可以分别用术语**超类**（superclass）和**子类**（subclass）来表示。*person* 实体集是 *employee* 和 *student* 子类的超类。

对于所有实际的目标来说，概化只不过是特化的逆过程。在为企业设计 E-R 模式的过程中，我们将结合使用这两个过程。在 E-R 图中，我们对特化和概化不做区分。随着设计模式逐渐完全体现数据库应用和数据库用户的要求，新的实体层次通过区分（特化）或综合（概化）表现出来。这两种方式的区别可以通过它们的出发点和总体目标来体现。

特化从单个实体集出发，它通过创建不同的低层实体集来强调同一实体集内实体间的差异。这些低层实体集可以有属性，也可以参与联系，这些属性和联系不适用于高层实体集中的所有实体。事实上，设计者采用特化的原因正是为了表达这种与众不同的特征。如果 *student* 和 *employee* 与 *person* 实体拥有完全相同的属性，并且与 *person* 实体参与完全相同的联系，则没有必要去特化 *person* 实体集。

概化的进行出于这样的认识：一定数量的实体集共享一些共同的特征（即通过相同的属性和参与的相同的联系集来描述它们）。概化是在这些实体集共性的基础上将它们综合成单个高层实体集。概化用于强调低层实体集间的相似性并隐藏它们的差异；由于共享属性不重复，它还使得表达简洁。

6.8.3 属性继承

由特化和概化所产生的高层和低层实体的一个重要特性是**属性继承**（attribute inheritance）。高层实体集的属性被低层实体集**继承**（inherit）。例如，*student* 和 *employee* 继承了 *person* 的属性。因此，*student* 用其 *ID*、*name*、*street* 和 *city* 属性以及附加的 *tot_cred* 属性来描述；而 *employee* 用其 *ID*、*name*、*street* 和 *city* 属性以及附加的 *salary* 属性来描述。属性继承适用于所有低层实体集，因此，*employee* 的子类 *instructor* 和 *secretary* 从 *person* 继承了 *ID*、*name*、*street* 和 *city* 属性，另外又从 *employee* 继承了 *salary*。

低层实体集（或子类）同时还继承地参与其高层实体（或超类）所参与的联系集。与属性继承类似，参与继承适用于所有低层实体集。例如，假设 *person* 实体集参与到与 *department* 的 *person_dept* 联系集。那么，*person* 实体集的子类 *student*、*employee*、*instructor* 和 *secretary* 实体集也都隐式地参与到与 *department* 的 *person_dept* 联系中。这些实体集可以参与到 *person* 实体集所参与的任何联系中。 274

对 E-R 模型的一个给定部分来说，不管它是通过特化还是概化得到的，其结果基本都是一样的：

- 高层实体集所具有的属性和联系适用于它的所有低层实体集。
- 低层实体集所具有的独有的特征仅适用于特定的低层实体集。

在后面的叙述中，虽然我们常常只涉及概化，但我们所讨论的性质是两个过程完全共有的。

图 6-18 描述了实体集的一种**层次结构**（hierarchy）。图中，*employee* 是 *person* 的低层实体集，同时又是 *instructor* 和 *secretary* 实体集的高层实体集。在层次结构中，一个给定实体集作为低层实体集只参与到一个 ISA 联系中，即在这样的图中实体集只具有**单继承**（single inheritance）。如果一个实体集作为低层实体集参与到多个 ISA 联系中，则称这个实体集具有**多继承**（multiple inheritance），且产生的结构被称为格（lattice）。

6.8.4　特化上的约束

为了更准确地对企业建模，数据库设计者可能选择在特定的概化 / 特化上设置某些约束。

我们之前看到过一种关于特化的约束，它规定了特化是否是不相交的或重叠的。对特化 / 概化的另一种类型的约束是**完全性约束**（completeness constraint），它规定高层实体集中的一个实体是否必须至少属于该概化 / 特化内的一个低层实体集。这种约束可以是下述情况之一：

- **全部特化或概化**。每个高层实体必须属于一个低层实体集。
- **部分特化或概化**。一些高层实体可以不属于任何低层实体集。

部分特化是默认的。我们可以在 E-R 图中指定全部特化：通过在图中加入关键字“total”，并画一条从关键字到应用该关键字的相应空心箭头（对于全部特化）的虚线，或者画从关键字到应用该关键字的一组空心箭头（对于重叠特化）的虚线。

如果大学不需要表示任何既不是 *student* 也不是 *employee* 的人，则对 *person* 的 *student* 或 *employee* 特化是全部的。但是，如果大学需要表示其他类型的人，那么该特化就是部分的。

完全性约束和不相交约束彼此没有依赖关系。因此，特化可以是部分 - 重叠的、部分 - 不相交的、全部 - 重叠的和全部 - 不相交的。 275

我们可以看到，对给定概化或特化应用约束带来了特定的插入和删除的需求。例如，当存在一个全部的完全性约束时，被插入高层实体集中的实体还必须被插入至少一个低层实体集中。从高层实体集删除一个实体也必须从它所属于的所有相应低层实体集中删除。

6.8.5　聚集

E-R 模型的一个局限性在于它不能表达联系间的联系。为了说明对这种结构的需求，考虑我们此前看到的 *instructor*、*student* 和 *project* 之间的 *proj_guide* 三元联系（见图 6-6）。

现在假设在项目上指导学生的每位教师需要提交月度评估报告。我们将评估报告建模为

具有 *evaluation_id* 主码的 *evaluation* 实体。记录一个 *evaluation* 所对应的（*student, project, instructor*）组合的另一种方式是在 *instructor*、*student*、*project* 和 *evaluation* 之间建立一个四元（四路）联系集 *eval_for*。（四元联系是必需的——例如，*student* 和 *evaluation* 之间的二元联系无法让我们表示一个 *evaluation* 所对应的（*project, instructor*）组合。）通过使用基本的 E-R 模型结构，我们得到了图 6-19 所示的 E-R 图（为了简洁我们省略了实体集的属性）。

276

看上去 *proj_guide* 和 *eval_for* 联系集可以合并到单个联系集中。然而，我们不应该将它们合并到单个联系集中，因为某些 *instructor*、*student*、*project* 组合可能没有相关联的 *evaluation*。

但是，在按照这种方法产生的图中存在冗余信息，因为 *eval_for* 中的每个 *instructor*、*student*、*project* 组合也必须在 *proj_guide* 中。如果 *evaluation* 被建模为一个值而不是一个实体，我们反而可以将 *evaluation* 作为 *proj_guide* 联系集的一个多值复合属性。然而，如果 *evaluation* 也可能和其他实体相关联，那么这种替代方法就不可行了；例如，每份评估报告可能和一个 *secretary* 相关联，该 *secretary* 负责评估报告的后续处理以支付奖学金。

对类似上述情况建模的最好方式是使用聚集。**聚集**（aggregation）是一种抽象，通过这种抽象，联系被视为高层实体。这样，对于我们的示例，我们将 *proj_guide* 联系集（关联 *instructor*、*student* 和 *project* 实体集）看成一个名为 *proj_guide* 的高层实体集。可以像对任何其他实体集一样来处理这种实体集。然后我们就可以在 *proj_guide* 和 *evaluation* 之间创建一个二元联系 *eval_for* 来表示一个 *evaluation* 对应于哪个（*student, project, instructor*）组合。图 6-20 展示了表示这种情况的通常使用的聚集符号。

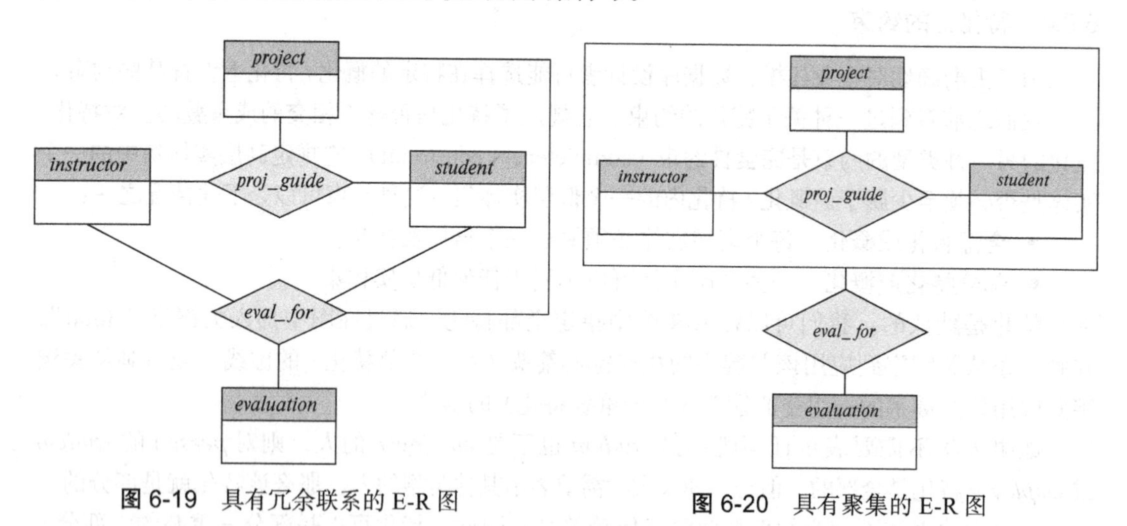

图 6-19 具有冗余联系的 E-R 图

图 6-20 具有聚集的 E-R 图

6.8.6 转换为关系模式

277

我们现在可以描述扩展的 E-R 特性如何被转换为关系模式。

6.8.6.1 概化的表示

为包含概化的 E-R 图设计关系模式有两种不同的方法。尽管我们在下面的讨论中引用了图 6-18 中的概化，但我们通过只包括第一层的低层实体集（即 *employee* 和 *student*）来简化讨论。我们假定 *ID* 是 *person* 的主码。

1. 为高层实体集创建一个模式。为每个低层实体集创建一个模式，对于该实体集的每个属性，模式中都包含一个对应属性，并且对于高层实体集主码的每个属性，模式中也包含一个对应属性。因此，对于图 6-18 的 E-R 图（忽略 *instructor* 和 *secretary* 实体集），我们有三个模式：

person (ID, *name*, *street*, *city*)
employee (ID, *salary*)
student (ID, *tot_cred*)

高层实体集的主码属性既是高层实体集的主码属性也是所有低层实体集的主码属性。在上例中可见这些属性被加上了下划线。

另外，我们在低层实体集上建立外码约束，使它们的主码属性引用从高层实体集创建的关系的主码。在上面的示例中，*employee* 的 *ID* 属性会引用 *person* 的主码，*student* 也类似。

2. 如果概化是不相交且完全的（即如果不存在实体是直接在一个高层实体集下面的两个低层实体集的成员，并且高层实体集中的每个实体也都是一个低层实体集的成员），那么可以采用另一种替代的表示方式。这里，我们不需要为高层实体集创建模式，只需要为每个低层实体集创建一个模式，对于该实体集的每个属性，模式中都包含一个对应属性，并且对于高层实体集的每个属性，模式中也包含一个对应属性。那么，对于图 6-18 的 E-R 图，我们有两个模式：

employee (ID, *name*, *street*, *city*, *salary*)
student (ID, *name*, *street*, *city*, *tot_cred*)

这两个模式都将高层实体集 *person* 的主码属性 *ID* 作为它们的主码。

第二种方法的一个缺点在于定义外码约束。为了说明这个问题，假定我们有一个与 *person* 实体集相关的联系集 *R*。用第一种方法，当从该联系集创建一个关系模式 *R* 时，我们还可以在 *R* 上建立引用 *person* 模式的外码约束。遗憾的是，如果用第二种方法，我们无法提供单个关系让 *R* 上的外码约束可以引用。为了避免这个问题，我们需要创建一个 *person* 关系模式，该模式至少包含 *person* 实体的主码属性。 278

如果将第二种方法用于重叠概化，某些值就会不必要地存储多次。例如，如果一个人既是雇员又是学生，*street* 和 *city* 的值就会存储两次。

如果概化是不相交的但不是全部的（即如果有些人既不是雇员又不是学生），则需要一个额外的模式

person (ID, *name*, *street*, *city*)

来表示这样的人。然而，上面谈到的外码约束问题仍然存在。作为解决这个问题的一种尝试，假定在 *person* 关系中额外表示雇员和学生。遗憾的是，对于学生来说，姓名、街道以及城市的信息就要在 *person* 关系和 *student* 关系中被冗余存储。类似地，对于雇员来说，在 *person* 关系和 *employee* 关系中也存在冗余信息。这就促使将姓名、街道和城市信息只存储在 *person* 关系中，而把这些信息从 *student* 和 *employee* 中去除。如果我们这么做，结果就跟我们讲述的第一种方法完全一样了。

6.8.6.2 聚集的表示

为包含聚集的 E-R 图设计模式是很直接的。考虑图 6-20。表示 *proj_guide* 聚集和 *evaluation* 实体集之间的 *eval_for* 联系集的模式包含对应于 *evaluation* 实体集和 *proj_guide* 联系集的每个主码属性的属性。它还包含对应于 *eval_for* 联系集的任意描述性属性（如果存在）的属性。然后，根据我们已经定义的规则，在聚集的实体集中转换联系集和实体集。

当把聚集当作其他实体集一样看待时，我们此前看到的在联系集上创建主码和外码约束的规则也可以应用于涉及聚集的联系集。聚集的主码是定义它的联系集的主码。不需要单独的关系来表示聚集，而是使用从定义该聚集的联系创建出来的关系就可以了。

6.9 实体 - 联系设计问题

实体集和联系集的标记法并不精确，而且定义一组实体及它们之间的联系可能有多种不同的方式。在本节中，我们讨论 E-R 数据库模式设计中的基本问题。设计过程将在 6.11 节中更详细地介绍。

279

6.9.1 E-R 图中的常见错误

创建 E-R 模型时一种常见的错误是使用一个实体集的主码作为另一个实体集的属性，而不是使用联系。例如，在我们的大学 E-R 模型中，将 *dept_name* 作为 *student* 的属性是不正确的，如图 6-21a 所示，即使它作为 *student* 的关系模式中的属性存在。*stud_dept* 联系是在 E-R 模型中表示此信息的正确方式，因为它可以明确表示 *student* 和 *department* 之间的联系，而不是将这种联系隐含在属性中。同时存在 *dept_name* 属性以及 *stud_dept* 联系将导致信息重复。

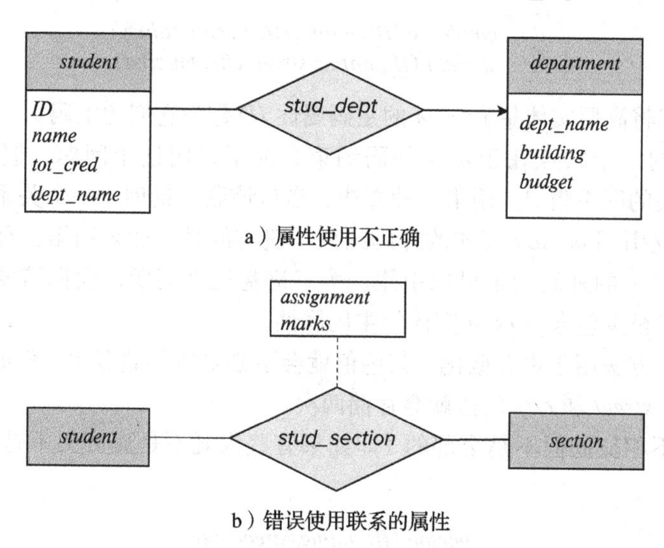

a）属性使用不正确

b）错误使用联系的属性

图 6-21　错误的 E-R 图示例

人们有时犯的另一种相关错误是将相关实体集的主码属性作为联系集的属性。例如，*ID*（*student* 的主码属性）和 *ID*（*instructor* 的主码属性）不应该作为 *advisor* 联系的属性出现。不应该这样做是因为在联系集中已经隐含了这些主码属性[⊖]。

第三种常见错误是在需要多值属性的情况下使用具有单值属性的联系。例如，假设我们决定表示学生在一个开设的课程段（*section*）的不同作业中所获得的分数。一种错误的做法是给 *stud_section* 联系添加 *assignment* 和 *marks* 两个属性，如图 6-21b 所示。这种设计的问题在于，我们只能表示一个给定的学生 - 课程段对的单次赋值，因为联系实例必须通过参与实体 *student* 和 *section* 来唯一标识。

280

⊖ 正如我们以后会看到，当我们从 E-R 模式创建关系模式时，这些属性可能会出现在从 *advisor* 联系集创建出的模式中，但是，它们不应该出现在 *advisor* 联系集中。

如图 6-22a 所示，图 6-21b 中描述的问题的一种解决方案是将 *assignment* 建模为由 *section* 标识的弱实体，并在 *assignment* 和 *student* 之间添加 *marks_in* 联系，该联系将具有一个 *marks* 属性。一种替代的解决方案如图 6-22b 所示，是给 *stud-section* 使用多值复合属性 {*assignment_marks*}，其中 *assignment_marks* 具有成员属性 *assignment* 和 *marks*。在这种情况下，最好将课程作业建模为弱实体，因为它允许记录有关作业的其他信息，比如最高分或截止日期。

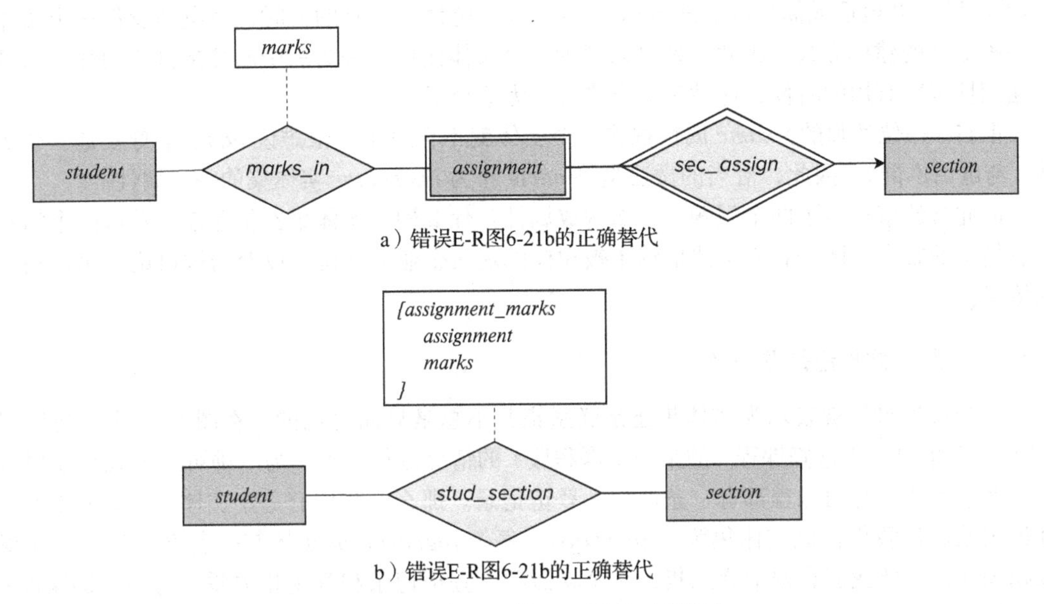

图 6-22　图 6-21 的 E-R 图的正确版本

当 E-R 图变得太大而无法绘制到单张图中时，将其分解成若干张图是有意义的，每张都展示 E-R 模型的一部分。在执行此操作时，你可能需要在多个页面中描绘一个实体集。正如 6.2.2 节所讨论的，实体集的属性应该只在其第一次出现时显示一次。后续出现的实体集不应带任何属性，以避免在多个位置重复相同的信息，这可能导致不一致性。

6.9.2　使用实体集还是属性

考虑具有附加属性 *phone_number* 的 *instructor* 实体集（见图 6-23a）。可以说电话本身可以作为一个具有 *phone_number* 和 *location* 属性的实体；地址可以是电话所放置的办公室或家，移动（蜂窝式）电话则可以用值“mobile”来表示。如果我们采用这样的观点，那么我们就不给 *instructor* 增加 *phone_number* 属性，而是创建：[281]

- *phone* 实体集，具有 *phone_number* 和 *location* 属性。
- *inst_phone* 联系集，表示教师及其所拥有的电话之间的关联。

这种替代方法如图 6-23b 所示。

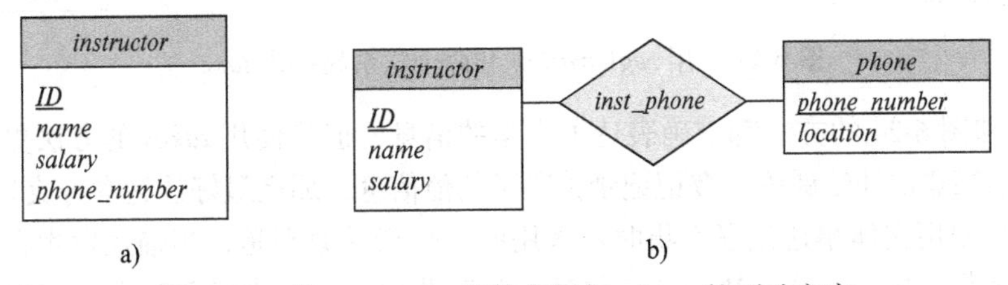

图 6-23　给 *instructor* 实体集增加 *phone* 的可选方案

那么，教师的这两种定义之间的主要差别是什么呢？将电话看成一个 *phone_number* 属性暗示每位教师恰好有一个电话号码。将电话看成一个 *phone* 实体则允许教师可以有若干电话号码（包括零个）与之相关联。然而，我们还可以简单地将 *phone_number* 定义为多值属性，从而允许每位教师有多部电话。

那么主要的差别就是，在一个人希望保存关于电话的额外信息，如它的位置或它的类型（移动电话、IP 电话或简单的老式电话），或共享该电话的所有的人时，将电话看作一个实体是一种更好的建模方式。因此，把电话视为一个实体比把它视为一个属性更具通用性，而且当通用性可能有用的时候，这种定义方式就更为适合了。

但将（一位教师的）*name* 属性视作一个实体就不合适了；很难说 *name* 本身就是一个实体（与电话不同）。因此，恰当的做法是将 *name* 作为 *instructor* 实体集的一个属性。

由此自然就产生了两个问题：什么构成属性？什么构成实体集？很遗憾，对这两个问题没有简单的答案。区分它们主要依赖于被建模的现实企业的结构，以及与被讨论的属性相关的语义。

6.9.3　使用实体集还是联系集

一个对象最好被表示为实体集还是联系集并不总是显而易见的。在图 6-15 中，我们用 *takes* 联系集对学生选修课程（的某一个课程段）的情况进行建模。另一种可选方式是设想对于每名学生选的每门课程都有一条课程 - 登记记录。那么，我们有一个实体集来表示课程 - 登记记录。让我们称该实体集为 *registration*。每个 *registration* 实体与一名学生和一个课程段相关联，因此我们有两个联系集，一个将课程 - 登记记录和学生相关联，另一个将课程 - 登记记录和课程段相关联。在图 6-24 中，我们展示了来自图 6-15 的、带有 *takes* 联系集的 *section* 和 *student* 实体集，它们将被一个实体集和两个联系集替代：

282

- *registration*，表示课程 - 登记记录的实体集。
- *section_reg*，关联 *registration* 和 *course* 的联系集。
- *student_reg*，关联 *registration* 和 *student* 的联系集。

注意，我们使用双线表示 *registration* 实体的全部参与。

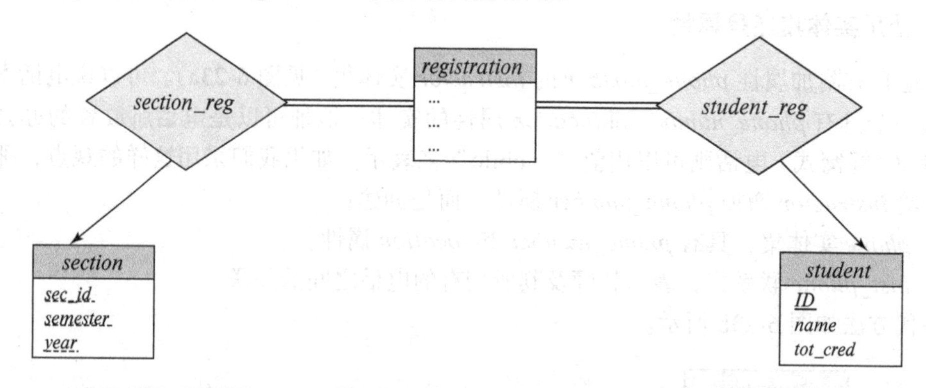

图 6-24　用 *registration* 和两个联系集替代 *takes*

图 6-15 和图 6-24 的方法都准确表达了大学的信息，但是使用 *takes* 的方法更紧凑也更可取。然而，如果登记处给课程 - 登记记录关联了其他信息，那么最好让它本身成为一个实体。

在决定是使用实体集还是联系集时可采用的一个指导原则是，当描述发生在实体间的行为时采用联系集。这一方法在决定是否更适合将某些属性表示为联系时也很有用。

6.9.4　二元还是 n 元联系集

数据库中的联系通常是二元的。一些看来非二元的联系实际上可以用几个二元联系来更好地表示。例如，我们可以创建一个 *parent* 三元联系，将一个孩子与他的母亲和父亲相关联。然而，这一联系也可以用两个二元联系来表示，即 *mother* 和 *father*，并分别将孩子与他的母亲和父亲相关联。使用 *mother* 和 *father* 两个联系使我们即使不知道父亲的身份也可以记录孩子的母亲；而如果使用三元联系的 *parent* 则需要有一个空值。所以在这种情况下使用二元联系集更好。

283

事实上，一个非二元的（n 元，$n>2$）联系集总可以用一组不同的二元联系集来替代。简单起见，我们考虑一个抽象的三元（$n = 3$）联系集 R，它将实体集 A、B 和 C 关联起来。我们用实体集 E 替代联系集 R，并建立如图 6-25 所示的三个联系集：

- R_A，从 E 到 A 的多对一联系集。
- R_B，从 E 到 B 的多对一联系集。
- R_C，从 E 到 C 的多对一联系集。

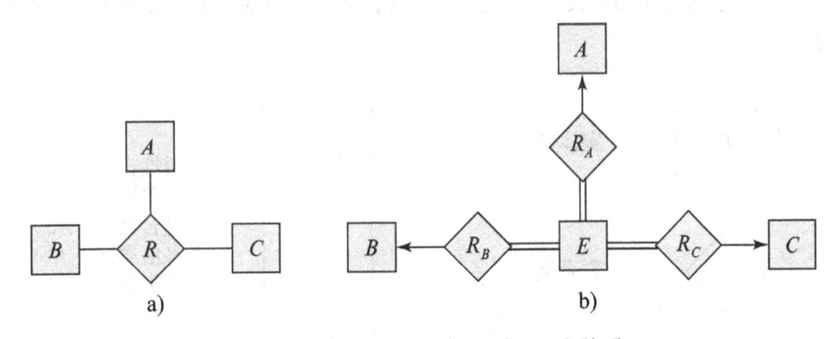

图 6-25　三元联系与三个二元联系

E 必须全部参与每个 R_A、R_B 和 R_C。如果联系集 R 有属性，则将这些属性赋给实体集 E，进而为 E 创建一个特殊的标识属性（因为它必须能够基于其属性值来区别实体集中的不同实体）。对于联系集 R 中的每个联系 (a_i, b_i, c_i)，我们在实体集 E 中创建一个新的实体 e_i。然后，在三个新联系集中，我们分别插入如下所示的联系：

- 在 R_A 中插入 (e_i, a_i)。
- 在 R_B 中插入 (e_i, b_i)。
- 在 R_C 中插入 (e_i, c_i)。

我们可以直接将这一过程推广到 n 元联系集。因此，在概念上我们可以限制 E-R 模型只包含二元联系集。然而，这种限制并不总是令人满意的。

284

- 对于为表示联系集而创建的实体集，可能必须为其创建一个标识性属性。该属性和所需的额外的联系集增加了设计的复杂性以及对总的存储空间的需求（正如我们在 6.7 节中看到的）。
- n 元联系集可以更清晰地表示几个实体参与到单个联系中。
- 有可能无法将三元联系上的约束转换为多个二元联系上约束。例如，考虑一个约束，它表明 R 是从 A、B 到 C 的多对一联系；也就是说，来自 A 和 B 的每一对实体最多与一个 C 实体相关联。这种约束就不能通过使用 R_A、R_B 和 R_C 联系集上的基数约束来表达。

考虑 6.2.2 节中的 *proj_guide* 联系集，它关联 *instructor*、*student* 和 *project*。我们不能直接将 *proj_guide* 拆分为 *instructor* 和 *project* 之间的以及 *instructor* 和 *student* 之间的二元联系。如果我们这么做，我们可以记录教师 Katz 与学生 Shankar 和 Zhang 一起为项目 A 和 B

工作，然而，我们无法记录 Katz 与学生 Shankar 一起为项目 *A* 工作并且与学生 Zhang 一起为项目 *B* 工作，而不是与 Zhang 一起为项目 *A* 工作或者与 Shankar 一起为项目 *B* 工作。

可以通过创建一个如上所述的新实体集来将 *proj_guide* 联系集拆分为二元联系。然而，这么做却不是很自然。

6.10　数据建模的可选表示法

一个应用的数据模型的图形表示是数据库模式设计的一个至关重要的部分。数据库模式的构建不仅需要数据建模专家，而且还需要了解应用的需求但可能并不熟悉数据建模的领域专家。一种直观的图形表示使这两类专家之间的信息沟通变得简单，因而尤其重要。

目前已经提出了许多对数据建模的可选表示法，其中 E-R 图和 UML 类图的应用最为广泛。对于 E-R 图的表示法还没有统一的标准，不同的书籍以及 E-R 图软件使用不同的表示法。

在本节剩下的部分，我们学习一些可选的 E-R 图表示法，以及 UML 类图表示法。为有助于将我们的表示法与这些可选表示法进行比较，图 6-26 总结了在我们的 E-R 图表示法中所用到的符号集。

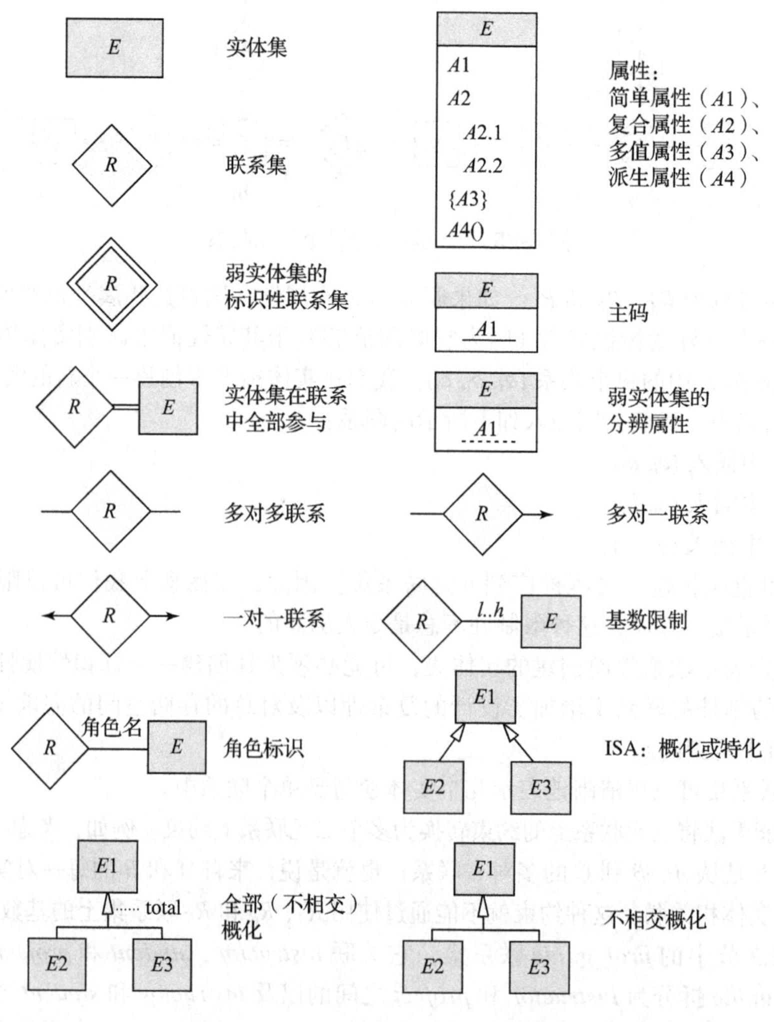

图 6-26　E-R 表示法中使用的符号

6.10.1　可选的 E-R 表示法

图 6-27 给出了一些被广泛使用的可选择的 E-R 表示法。表示实体属性的一种可选的方式是将它们放入与代表实体的方框相连接的椭圆中。主码属性以下划线表明。在图的上部展示了上述表示法。联系的属性可以用类似的方式表示，即将代表属性的椭圆与代表联系的菱形相连接。 285

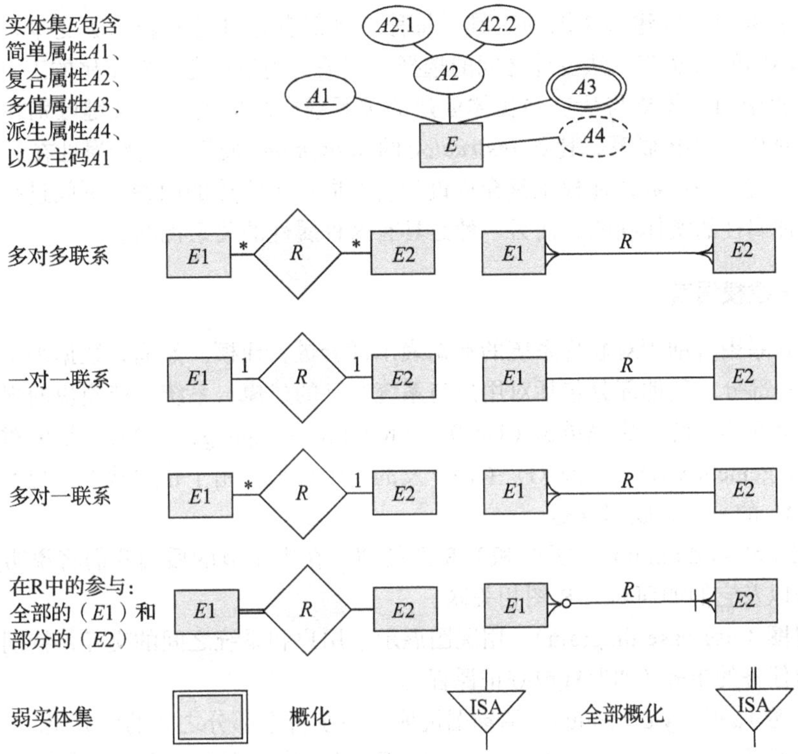

图 6-27　可选的 E-R 表示法

如图 6-27 所示，联系上的基数约束可以用几种不同的方式表示。在图的左部展示了一种可选择的方式，即在联系引出的边上标记 * 和 1，以此表示多对多、一对一以及多对一联系。一对多的情况与多对一的情况是对称的，在此没有显示。 286

在图 6-27 的右部展示了另一种可选择的表示法，联系集是用实体集之间的连线而不是菱形来表示；因此只有二元联系才可以被建模。如图所示，在这种表示法中基数约束用“鸦爪”表示。在 *E*1 和 *E*2 之间的联系集 *R* 中，两侧的鸦爪代表多对多联系，而仅在 *E*1 端的鸦爪代表从 *E*1 到 *E*2 的多对一联系。在这种表示法中，通过竖线代表全部参与。不过要注意，对于 *E*1 和 *E*2 实体之间的联系 *R*，如果 *E*1 在 *R* 中全部参与，则竖线放置在对面，即靠近 *E*2 的位置。类似地，通过在对面画一个圆圈来表示部分参与。

在图 6-27 的底部显示了概化的另一种可选择的表示方式，即用三角形替代空心箭头。 287

在本书第 5 版及以前的版本中，我们用椭圆表示属性，用三角形表示概化，如图 6-27 所示。用椭圆表示属性并用菱形表示联系的表示法接近于 Chen 在他引入 E-R 模型概念的论文中所用的 E-R 图的原始形式，那种表示法目前被称为陈氏表示法。

美国国家标准与技术研究院于 1993 年定义了一个称为 IDEF1X 的标准。IDEF1X 使用了鸦爪形表示法，并在联系的边上加上竖线来表示全部参与，加上圆圈来表示部分参与，它还包括我们没有显示出来的其他符号。

随着统一建模语言（UML）（将在6.10.2节中介绍）的使用的增多，我们已选择更新我们的E-R表示法，使之更接近于UML类图的形式；在6.10.2节中将说明它们之间的联系。和我们此前的表示法相比，我们新的表示法提供了对属性的更紧凑的表示，并且它更接近于许多E-R建模工具所支持的表示法，另外也更接近于UML类图表示法。

目前有多种用于构建E-R图的工具，每种工具都有它自己的表示法变体。某些工具甚至提供几种不同的E-R表示法变体之间的选择。相关引用请参考本章末尾的工具部分。

在E-R图中的实体集与从这些实体创建的关系模式之间的一个关键区别在于，关系模式中的属性对应于E-R联系，比如*instructor*的*dept_name*属性，这些属性在E-R图的实体集中并没有出现。一些数据建模工具允许设计者在同一个实体的两种视图间进行选择，一种是不具有这种属性的实体视图，而另一种是具有这种属性的关系视图。

6.10.2　统一建模语言

实体–联系图有助于对软件系统的数据表示部分进行建模。然而，数据表示只构成整个系统设计的一部分。其他部分包括对用户与系统交互的建模、系统功能模块的规范定义以及它们之间的交互等。**统一建模语言**（Unified Modeling Language，UML）是由**对象管理组织**（Object Management Group，OMG）主持开发的一个标准，用于建立软件系统不同部分的规范定义。UML的一些组成部分是：

- **类图**（class diagram）。类图和E-R图类似。在本小节的后面我们将说明类图的几个特征以及它们如何与E-R图相关联。
- **用况图**（use case diagram）。用况图展示了用户和系统之间的交互，特别是用户所执行的任务的步骤（如取钱或登记课程）。
- **活动图**（activity diagram）。活动图说明了系统各个部分之间的任务流。
- **实现图**（implementation diagram）。实现图在软件构件层和硬件构件层展示了系统的组成部分以及它们之间的联系。

288

在这里我们不准备提供UML不同部分的详细介绍。不过，我们将通过示例来说明UML中与数据建模有关的那部分的一些特征。关于UML的参考文献请参阅本章末尾的延伸阅读部分。

图6-28显示了几个E-R图的结构和与它们等价的UML类图的结构。我们将在下面描述这些结构。事实上UML为对象建模，而E-R为实体建模。对象和实体很像，也有属性，但是另外还提供一组函数（称为方法），这些函数可在对象属性的基础上被调用以计算出值，或更新对象本身。类图除了可以说明属性外，还可以说明方法。我们将在8.2节中讨论对象。UML不支持复合或多值属性，而派生属性与不带参数的函数等价。由于类支持封装，因而UML允许属性和函数带有前缀“+”“-”或“#”，分别表示公共、私有以及受保护的访问。私有属性只能在类的方法中使用，而受保护属性只能在类和它的子类的方法中使用；了解Java、C++或C#的人应该对这些很熟悉。

在UML术语中，联系集被称为**关联**（association）；为了与E-R术语一致，我们将仍称它们为联系集。在UML中我们仅通过画一条线连接到实体集来表示二元联系集。我们将联系集的名称写在线的旁边。我们还可以通过将角色的名称写在靠近实体集的线上，来指定该实体集在联系集中扮演的角色。另一种替代方式是，我们可将联系集的名称写在方框里，和联系集的属性写在一起，并用虚线把这个方框连接到表示联系集的连线上。这个方框因而可以看作一个实体集，如同 E-R 图中的聚集一样，并且可以与其他实体集一起参与联系。

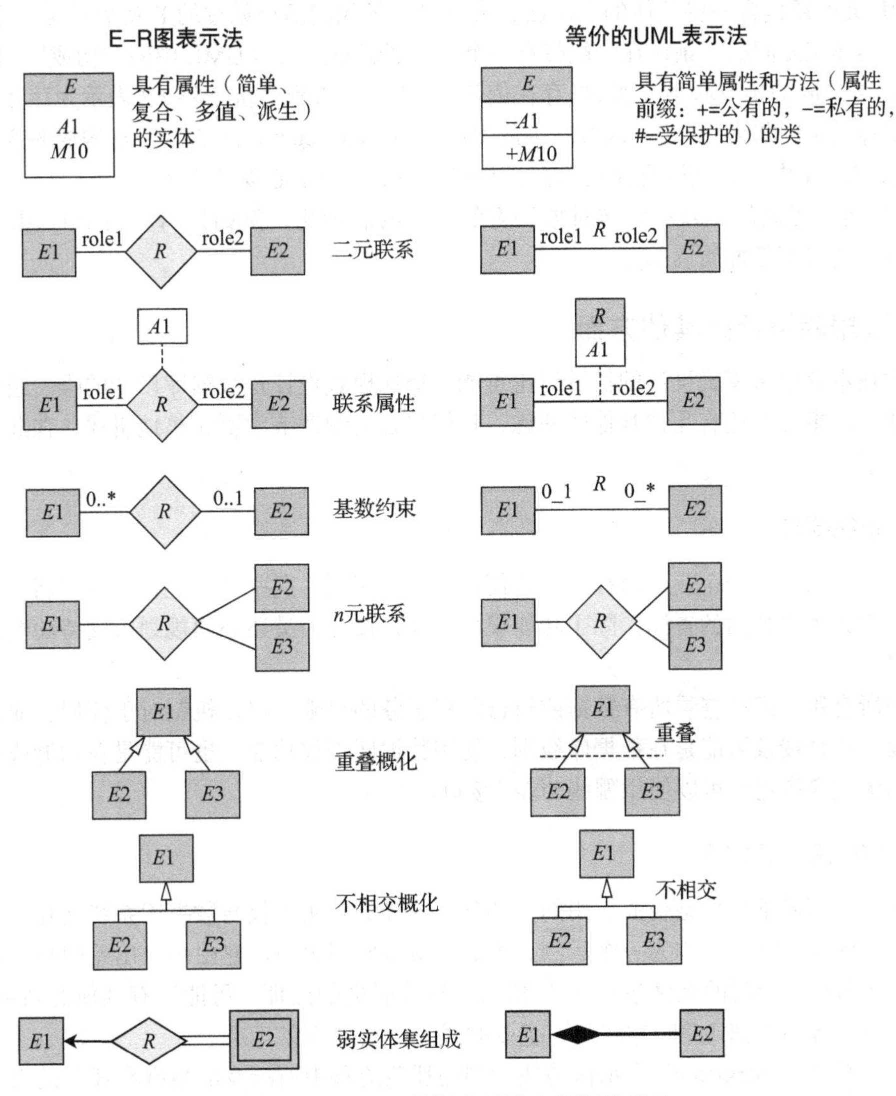

图 6-28 UML 类图表示法中使用的符号

从 UML 1.3 版开始，UML 通过使用与 E-R 图同样的菱形表示法来支持非二元联系。在更早版本的 UML 中无法直接表示非二元联系——非二元联系必须通过我们之前在 6.9.4 节中见过的技术转换成二元联系。即使对于二元联系，UML 也允许使用菱形表示法，但是大部分设计者使用线段表示法。

在 UML 中指定基数约束的方式与在 E-R 图中一样，用 *l..h* 的形式表示，其中 *l* 表示一个实体可以参与的联系的最少数量，*h* 则表示最大数量。然而，如图 6-28 所示，你应该注意到约束的位置和 E-R 图中约束的位置正好相反。*E*2 边上的约束 0..* 和 *E*1 边上的 0..1 表示每个 *E*2 实体可以至多参与一个联系，而每个 *E*1 实体可以参与多个联系；换句话说，该联系是从 *E*2 到 *E*1 的多对一联系。

像 1 或 * 这样的单个值可以写在边上；边上的单个值 1 视为与 1..1 等价，而 * 等价于 0..*。UML 支持概化，包括不相交概化和重叠概化的表示方式，其表示法与我们的 E-R 表示法基本相同。

UML 类图还包含一些其他的表示法，大致对应于我们已经见过的 E-R 表示法。在 UML 中，两个实体集之间的一条线在一端带有一个小的阴影菱形表示 UML 中的“构成”。图 6-28 中 *E*2 和 *E*1 之间的构成联系表明 *E*2 存在依赖于 *E*1；这大致等价于将 *E*2 表示为存在依赖于标识性实体集 *E*1 的弱实体集。（UML 中的术语聚集（aggregation）表示一种构成的变体，其中 *E*2 包含在 *E*1 中，但也可能独立存在，并使用一个小的空心菱形表示。）

290

UML 类图还提供了表示面向对象语言的特性的表示法，例如接口。关于 UML 类图的更多信息，请参阅延伸阅读部分。

6.11　数据库设计的其他方面

我们在本章中对模式设计的扩展讨论可能会造成模式设计是数据库设计的唯一组成部分的错误印象。事实上还有几种其他的考虑，我们将在后续章节中更完整地讲述，在此先简要地概览一下。

6.11.1　功能要求

所有企业都有关于企业应用程序支持何种功能的规则。这些可能包括数据更新事务，以及以所需方式查看数据的查询。除了功能规划之外，设计人员还必须规划为支持功能而需构建的接口。

并非所有用户都有查看所有数据或执行所有事务的权限。授权机制对于任何企业应用都非常重要。这种授权可能是在数据库级别，使用数据库授权功能，也可能是在功能或接口这样的更高级别来指定谁可以使用哪些功能 / 接口。

6.11.2　数据流、工作流

数据库应用通常是大型企业应用的一部分，这样的应用不仅与数据库系统交互，而且会同各种专门的应用交互。作为一个示例，考虑一份差旅费报告。它由一位出差归来的雇员写成（可能利用某个专门的软件包），然后依次交给该雇员的经理，可能还有其他的高层经理，最后交到财务部门报销（此时它将与该企业的财务信息系统交互）。

术语*工作流*（workflow）表示像前述示例的那些流程中所涉及的数据和任务的组合。当工作流在用户间移动并且用户执行其在工作流中的任务时，工作流会与数据库系统交互。除了工作流所操作的数据之外，数据库还可以存储关于工作流本身的数据，包括构成工作流的任务以及它们在用户之间移动的路径。因此工作流可以指定一系列对数据库的查询和更新，而这些可能会作为数据库设计过程的一个部分被考虑到。换句话说，对企业建模要求我们不仅要理解数据的语义，还要理解使用这些数据的业务流程。

291

6.11.3　模式演化

数据库设计通常不是一项一蹴而就的工作。一个组织的需求不断发展，它所需要存储的数据也会相应地发展。在最初的数据库设计阶段中，或者在应用程序的开发中，数据库设计者都有可能意识到在概念层、逻辑层和物理模式层上需要有所改变。模式中的改变会影响到数据库应用的方方面面。好的数据库设计会预先估计组织机构的未来需求，并确保所设计出的模式在需求发展时只需要做最少的改动。

区分希望长久保持的基本约束和预期要改变的约束非常重要。例如，教师标识能唯一地标识一位教师的约束是基本的。另外，大学可能有一项政策，一位教师只能属于一个系，如果允许联合任命，这项政策也许会在今后改变。只允许每位教师属于一个系的数据库设计在允许联合任命的情况下会需要较大的改动。只要每位教师只隶属于一个主系，这种联合任命就可以通过增加额外的联系来表示，而不需要修改 *instructor* 关系；如果政策改成允许不止一个主系，则数据库设计就会需要进行较大的改动。好的设计不仅应该考虑到当前的政策，还应该避免或尽量减少由于预期的变化或遇合理时机发生的变化而需要进行的修改。

最后值得注意的是，数据库设计在两种意义上是面向人的工作：系统的最终用户是人(即使有应用程序位于数据库和最终用户之间)；数据库设计者需要与应用领域的专家进行深入交互以理解应用的数据需求。所有涉及数据的人都有需求和偏好，为了数据库的设计和部署在企业中获得成功，这些都应当考虑到。

6.12　总结

- 数据库设计主要涉及数据库模式的设计。实体 – 联系（E-R）数据模型是一种被广泛用于数据库设计的数据模型。它提供了一种方便的图形化表示方式来查看数据、联系和约束。
- E-R 模型主要用于数据库设计过程。它的发展是为了通过允许企业模式的规范定义来帮助数据库设计。这种模式代表了数据库的全局逻辑结构。这种全局结构可以通过 E-R 图来图形化地表示。

292

- 实体是在真实世界中存在的对象，并且区别于其他对象。我们通过把每个实体同描述对象的一组属性相关联来表示这种区别。
- 联系是多个实体间的关联。联系集是相同类型的联系的集合，而实体集是相同类型的实体的集合。
- 术语超码、候选码以及主码同适用于关系模式一样适用于实体集和联系集。在确定一个联系集的主码时需要小心，因为它是由来自一个或多个相关实体集的属性组成的。
- 映射基数表示通过联系集可以和另一个实体相关联的实体的数量。
- 不具有足够的属性来构成主码的实体集被称为弱实体集。具有主码的实体集被称为强实体集。
- E-R 模型的各种特性在如何最好地表示被建模的企业方面，给数据库设计者提供了大量的选择。在某些情况中，概念和对象可以用实体、联系或属性来表示。企业总体结构的各方面可以使用弱实体集、概化、特化或聚集来很好地描述。设计者通常需要在简单的、紧凑的模型与更精确但也更复杂的模型之间进行权衡。
- 通过 E-R 图定义的数据库设计可以用关系模式的集合来表示。数据库中的每个实体集和联系集都有唯一的关系模式与之对应，该关系模式被赋名为相应的实体集或联系集的名称。这形成了从 E-R 图转换为关系数据库设计的基础。
- 特化和概化定义了一个高层实体集与一个或多个低层实体集之间的包含关系。特化是取出高层实体集的一个子集来形成一个低层实体集的结果。概化是用两个或多个不相交的（低层）实体集的并集来产生一个高层实体集的结果。高层实体集的属性被低层实体集继承。

- 聚集是一种抽象，其中联系集（和跟它们相关的实体集一起）被看作高层实体集，并且可以参与联系。
- 在 E-R 设计中必须小心，有许多常见的错误需要避免。此外，在表示企业各方面的实体集、联系集和属性的使用中也存在选择，这些选择的正确性可能取决于面向企业的精微细节。

293

- UML 是一种流行的建模语言。UML 类图被广泛用于对类的建模，以及多功能的数据建模。

术语回顾

- 设计过程
  - 概念设计
  - 逻辑设计
  - 物理设计
- 实体-联系（E-R）数据模型
- 实体和实体集
  - 简单和复合属性
  - 单值和多值属性
  - 派生属性
- 码
  - 超码
  - 候选码
  - 主码
- 联系和联系集
  - 二元联系集
  - 联系集的度
  - 描述性属性
  - 超码、候选码和主码
  - 角色
  - 递归联系集
- E-R 图
- 映射基数
  - 一对一联系
  - 一对多联系
  - 多对一联系
  - 多对多联系
- 全部参与和部分参与
- 弱实体集和强实体集
  - 分辨符属性
  - 标识性联系
- 特化和概化
- 聚集
- 设计选择
- 统一建模语言（UML）

实践习题

6.1 为车辆保险公司构建一张 E-R 图，其每位客户拥有一辆或多辆车。每辆车关联零次或任意多次事故的记录。每张保险单为一辆或多辆车投保，并与一次或多次保费支付相关联。每次支付只针对一段特定的时间，具有关联的到期日和缴费日。

294

6.2 考虑一个数据库，它包含来自大学模式的 *student*、*course* 和 *section* 实体集，并且另外还记录了学生在不同课程段的不同考试中所获得的分数。

a. 构建一张 E-R 图，将考试建模为实体，并使用三元联系作为设计的一部分。

b. 构造一张可替代的 E-R 图，它只使用 *student* 和 *section* 之间的二元联系。保证在特定的 *student* 和 *section* 对之间只存在一个联系，而且可以表示出学生在不同考试中所得的分数。

6.3 设计一张 E-R 图用于跟踪记录你喜欢的球队的得分统计数据。你应该保存打过的比赛、每场比赛的比分、每场比赛的上场队员以及每个队员在每场比赛中的得分统计。总的统计数据应该被建模成派生属性，并附上解释以说明如何计算它们。

6.4 考虑一张 E-R 图，其中相同实体集出现数次，且它的属性重复出现多次。为什么允许这样的冗余是应尽量避免的不良设计？

6.5 E-R 图可被视作一张图。下面这些用企业模式结构的术语来说意味着什么？

a. 图是非连通的。 b. 图是有环的。

6.6 考虑使用图 6-29b 中所示的多个二元联系（未显示属性）来表示图 6-29a 中的三元联系。

a. 给出 E、A、B、C、R_A、R_B 和 R_C 的一个简单实例，这个实例不能对应于 A、B、C 和 R 的任何实例。

b. 修改图 6-29b 的 E-R 图，引入约束以确保 E、A、B、C、R_A、R_B 和 R_C 的任意满足约束的实例将对应于 A、B、C 和 R 的一个实例。

c. 修改上述转换以处理该三元联系上的全部参与约束。

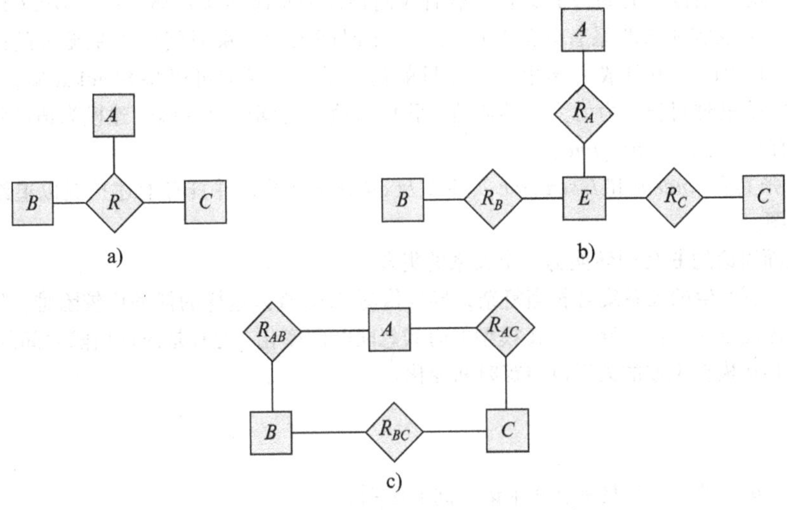

图 6-29 使用二元关系来表示三元关系

6.7 一个弱实体集总可以通过往自己的属性中加入其标识性实体集的主码属性来变成一个强实体集。请概括如果我们这么做会导致什么样的冗余。

6.8 考虑从多对一的联系集 *sec_course* 产生的关系，比如 *sec_course*。在这个关系上创建的主码和外码约束是否强制实施多对一的基数约束？请解释为什么。 295

6.9 假设 *advisor* 联系集是一对一的。为了确保实施一对一的基数约束，在 *advisor* 关系上需要哪些额外的约束？

6.10 考虑实体集 A 和 B 之间的多对一联系 R。假设由 R 生成的关系和由 A 生成的关系合并了。在 SQL 中，参与外码约束的属性可以为空。请解释如何使用 SQL 中的 **not null** 约束来强制实施 A 在 R 中的全部参与约束。

6.11 在 SQL 中，外码约束只能引用被引用关系的主码属性，或者其他用 **unique** 约束声明为超码的属性。其结果是，多对多联系集（或者一对多联系集的"一"方）上的全部参与约束在由该联系集创建的关系上无法用关系上的主码、外码以及非空约束来强制实施。

a. 请解释为什么。

b. 请解释如何使用复杂的 check 约束或断言（参见 4.4.8 节）来强制实施全部参与约束。（遗憾的是，在目前广泛使用的任何数据库中并不支持这些特性。）

6.12 考虑概化和特化的下列格结构（没有给出属性）。针对实体集 A、B 和 C，请说明如何从高层实体集 X 和 Y 继承属性。请讨论在 X 的一个属性和 Y 的某个属性同名的情况下应如何处理。 296

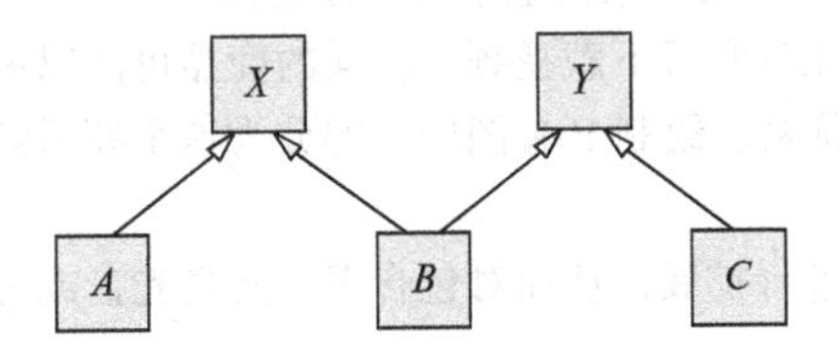

6.13 E-R 图通常对一家企业在某个时间点的状态进行建模。假设我们希望追踪时间变化（temporal change），即数据随时间的变化。例如，Zhang 可能在 2015 年 9 月至 2019 年 5 月之间是一名学生，而 Shankar 可能在 2018 年 5 月至 2018 年 12 月以及 2019 年 6 月至 2020 年 1 月期间把教师 Einstein 作为导师。类似地，一个实体或联系的属性值会随时间发生变化，例如 *course* 的 *title* 和 *credits*、*instructor* 的 *salary* 甚至 *name*，以及 *student* 的 *tot_cred*。

对时间变化建模的一种方式如下：定义一个新的数据类型，称作**有效时间**（valid_time），它是一个时间段或者时间段的集合。然后我们将每个实体和联系都与一个 *valid_time* 属性关联起来，以记录实体或联系有效的时间段。一个时间段的结束时间可以是无穷的；例如，如果 Shankar 在 2018 年 9 月成为学生，并且目前仍为学生，我们可以将 Shankar 实体的 *valid_time* 时间段的结束时间表示为无穷。类似地，我们将值随时间变化的属性建模为值的集合，每一个值都具有它自己的 *valid_time*。

a. 画一张具有 *student* 和 *instructor* 实体以及 *advisor* 联系，并具有上述扩展以追踪时间变化的 E-R 图。

b. 将上面讨论的 E-R 图转换为一个关系的集合。

很明显，所产生的关系集合相当复杂，导致像写 SQL 查询这样的任务比较困难。另一种更广泛使用的替代方式是：在设计 E-R 模型的时候忽略时间变化（尤其是属性值随时间的变化），然后修改由 E-R 模型生成的关系以追踪时间变化。

习题

297

6.14 请解释*主码*、*候选码*和*超码*这些术语之间的区别。

6.15 请为医院构建一张包含一组病人和一组医生的 E-R 图。为每个病人关联所做过的各种检查和化验的记录。

6.16 请对实践习题 6.3 中的 E-R 图进行扩展，以追踪一个联赛中所有球队的相同信息。

6.17 请解释弱实体集和强实体集之间的区别。

6.18 考虑两个都具有属性 *X* 的实体集 *A* 和 *B*（其中另外的名称与此问题无关）。

a. 如果两个 *X* 完全不相关，那么应该如何改进设计呢？

b. 如果这两个 *X* 代表相同的性质，并且它同时适用于 *A* 和 *B*，那么应该如何改进设计呢？考虑三种子情况：

- *X* 是 *A* 的主码，但不是 *B* 的主码。
- *X* 是 *A* 和 *B* 的主码。
- *X* 不是 *A* 或 *B* 的主码。

6.19 我们可以通过简单地增加一些适当的属性，将任意弱实体集转换成强实体集。那么，我们为什么还要弱实体集呢？

6.20 为以下各习题中的 E-R 图构建适当的关系模式：

a. 实践习题 6.1。

b. 实践习题 6.2。

c. 实践习题 6.3。

d. 习题 6.15。

6.21 考虑图 6-30 中的 E-R 图，它对一家网上书店进行建模。

a. 假设书店增加了蓝光光盘和可下载视频。相同的商品可能以一种格式或两种格式存在，对于不同格式具有不同的价格。绘制 E-R 图的一部分为这个新增需求建模，仅显示与视频相关的部分。

b. 现在对完整的 E-R 图进行扩展，从而对包含书、蓝光光盘或可下载视频的任意组合的购物篮的情况进行建模。

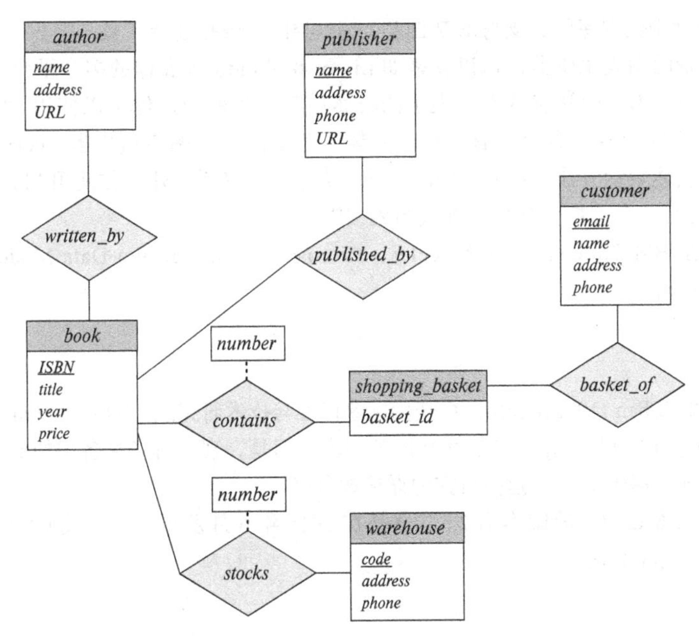

图 6-30 用于在线书店建模的 E-R 图

6.22 为一家汽车公司设计一个数据库，用于给它的经销商提供协助以维护客户记录和经销商库存，并协助销售人员订购车辆。

298

每辆车由车辆标识号（Vehicle Identification Number，VIN）来标识，每辆单独的车都是公司提供的特定品牌的特定模型（例如，XF 是塔塔汽车捷豹品牌车的模型）。每个模型都可以有各种选项，但是一辆车可能只有一些（或没有）可用的选项。数据库需要保存关于模型、品牌、选项的信息，以及每个经销商、客户和车的信息。

你的设计应该包括 E-R 图、关系模式的集合，以及包括主码和外码约束在内的一系列约束。

6.23 为全球包裹递送公司（例如 DHL 或者 FedEX）设计一个数据库。数据库必须能够追踪寄件客户和收件客户；有些客户可能两者都是。每个包裹必须是可标识且可追踪的，因此数据库必须能够存储包裹的位置以及它的历史位置。位置包括卡车、飞机、机场和仓库。

你的设计应该包括 E-R 图、关系模式的集合，以及包括主码和外码约束在内的一系列约束。

6.24 为航空公司设计一个数据库。数据库必须追踪客户及他们的预订、航班及航班的状态、单次航班上的座位分配，以及未来航班的时刻表和飞行路线。

你的设计应该包括 E-R 图、关系模式的集合，以及包括主码和外码约束在内的一系列约束。

299

6.25 在 6.9.4 节中，我们用如图 6-29b 所示的多个二元联系来表示图 6-29a 中的一个三元联系。请考虑图 6-29c 中的另一种可选方案。讨论用多个二元联系来表示一个三元联系的这两种可选方案的相对优点。

6.26 请为机动车销售公司设计一个概化—特化层次结构。该公司出售摩托车、客车、面包车和大巴车。请论述你在此层次结构的各层放置属性的合理性。说明为什么它们不应被放在较高的层次或较低的层次。

6.27 请说明不相交约束和重叠约束之间的区别。

6.28 请解释全部约束和部分约束之间的区别。

工具

许多数据库系统提供支持 E-R 图的数据库设计工具。这些工具有助于设计者建立 E-R 图，并且它们可以自动创建数据库中相应的表。请参看第 1 章的工具部分所给出的数据库系统厂商的网址。

还存在几种独立于数据库的、支持 E-R 图和 UML 类图的数据建模工具。

Dia 是一个免费的图表编辑器，可以在诸如 Linux 和 Windows 那样的多个平台上运行，支持 E-R 图和 UML 类图。由于 Dia 中缺省的 E-R 表示法将属性表示为椭圆，你可以使用 UML 库中的类或者 Dia 提供的数据库库中的表来表示具有属性的实体。免费的在线图表编辑器 LucidChart 允许你创建 E-R 图表，其中的实体表示方式与我们所做的相同。为了建立联系，建议你使用 Flowchart 形状集合中的菱形。Draw.io 是另一个支持 E-R 图的在线图表编辑器。

商业工具包括 IBM Rational Rose Modeler、Microsoft Visio、ERwin Data Modeler、Poseidon for UML 以及 SmartDraw。

延伸阅读

E-R 数据模型由 [Chen (1976)] 提出。由美国国家标准与技术研究院（NIST）发布的信息建模集成定义（IDEF1X）标准 [NIST (1993)] 定义了 E-R 图的标准。但是，现在有各种各样的 E-R 表示法在使用。

[Thalheim (2000)] 提供了 E-R 建模研究的详尽教科书。

截至 2018 年，UML 的当前版本为 2.5，这是在 2015 年 6 月发布的。有关 UML 标准和工具的更多信息，请访问 www.uml.org。

300

参考文献

[Chen (1976)] P. P. Chen, "The Entity-Relationship Model: Toward a Unified View of Data", *ACM Transactions on Database Systems*, Volume 1, Number 1 (1976), pages 9-36.

[NIST (1993)] NIST, "Integration Definition for Information Modeling (IDEF1X)", Technical Report Federal Information Processing Standards Publication 184, National Institute of Standards and Technology (NIST) (1993).

[Thalheim (2000)] B. Thalheim, *Entity-Relationship Modeling: Foundations of Database Technology*, Springer Verlag (2000).

301 ~ 302

关系数据库设计

在本章中，我们考虑为关系数据库设计模式的问题。其中的许多问题和我们在第 6 章中使用 E-R 模型时所考虑的设计问题是相似的。

一般而言，关系数据库设计的目标是生成一组关系模式，使得我们存储信息时避免不必要的冗余，并且让我们可以轻松地获取信息。这是通过设计满足适当*范式*（normal form）的模式来实现的。为了确定一个关系模式是否属于理想的范式，我们需要用数据库建模的真实企业的相关信息。某些信息存在于设计良好的 E-R 图中，但是可能还需要关于该企业的额外信息。

在本章中，我们介绍基于函数依赖概念的关系数据库设计的规范方法。然后根据函数依赖及其他类型的数据依赖来定义范式。不过，我们首先从根据给定的实体 - 联系设计导出模式的角度来考察关系设计的问题。

7.1 好的关系设计的特点

我们在第 6 章中学习的实体 - 联系设计为创建关系数据库设计提供了很好的起点。我们在 6.7 节中看到，可以直接从 E-R 设计来生成一组关系模式。所生成的模式集的好坏取决于 E-R 最初设计的质量。在本章的后面，我们将学习评价一组关系模式的可取性的精确方法。然而，利用已经学过的概念，我们可以向好的设计迈进一大步。为了易于参照，我们在图 7-1 中重复了用于大学数据库的模式。

classroom(*building*, *room_number*, *capacity*)
department(*dept_name*, *building*, *budget*)
course(*course_id*, *title*, *dept_name*, *credits*)
instructor(*ID*, *name*, *dept_name*, *salary*)
section(*course_id*, *sec_id*, *semester*, *year*, *building*, *room_number*, *time_slot_id*)
teaches(*ID*, *course_id*, *sec_id*, *semester*, *year*)
student(*ID*, *name*, *dept_name*, *tot_cred*)
takes(*ID*, *course_id*, *sec_id*, *semester*, *year*, *grade*)
advisor(*s_ID*, *i_ID*)
time_slot(*time_slot_id*, *day*, *start_time*, *end_time*)
prereq(*course_id*, *prereq_id*)

图 7-1 用于大学示例的数据库模式

假设我们从设计具有 *in_dep* 模式的大学企业开始。

in_dep (*ID*, *name*, *salary*, *dept_name*, *building*, *budget*)

这表示在对应于 *instructor* 和 *department* 的关系上进行自然连接的结果。这似乎是个好主意，因为某些查询可以用更少的连接来表达，除非我们仔细考虑产生我们的 E-R 设计的大学的有关实际状况。

让我们考虑图 7-2 中所示的 *in_dep* 关系的实例。请注意，我们对于系里的每位教师都不得不重复一遍系的信息（“*building*”和“*budget*”）。例如，关于计算机科学系的信息（Taylor, 100000）被包含在 Katz、Srinivasan 和 Brandt 教师的元组中。

ID	*name*	*salary*	*dept_name*	*building*	*budget*
22222	Einstein	95000	Physics	Watson	70000
12121	Wu	90000	Finance	Painter	120000
32343	El Said	60000	History	Painter	50000
45565	Katz	75000	Comp. Sci.	Taylor	100000
98345	Kim	80000	Elec. Eng.	Taylor	85000
76766	Crick	72000	Biology	Watson	90000
10101	Srinivasan	65000	Comp. Sci.	Taylor	100000
58583	Califieri	62000	History	Painter	50000
83821	Brandt	92000	Comp. Sci.	Taylor	100000
15151	Mozart	40000	Music	Packard	80000
33456	Gold	87000	Physics	Watson	70000
76543	Singh	80000	Finance	Painter	120000

图 7-2　*in_dep* 关系

所有这些元组的预算数额统一这一点是重要的，否则我们的数据库将会不一致。在使用 *instructor* 和 *department* 的原始设计中，我们对每个预算的数额只存储一次。这说明使用 *in_dep* 是一个坏主意，因为它重复存储预算数额，并且需要承担某些用户可能更新一个元组而不是所有元组中的预算数额并因此产生不一致性的风险。

即使我们决定容忍冗余的问题，*in_dep* 模式仍然存在其他问题。假设我们在大学里创立一个新的系。在上面的备选设计方案中，我们无法直接表达关于一个系的信息 (*dept_name*, *building*, *budget*)，除非该系在大学中至少有一位教师。这是因为 *in_dep* 表中的元组需要 *ID*、*name* 和 *salary* 的值。这意味着我们不能记录新成立的系的相关信息，直到这个新系录用了第一位教师为止。在旧的设计中，*department* 模式可以处理这种情况，但是在修改后的设计中，我们将不得不创建一个 *building* 和 *budget* 为空值的元组。在某些情况下，空值会带来麻烦，正如我们在 SQL 学习中所看到的那样。然而，如果我们认为这种情况不是问题，那么我们可以继续使用该修改后的设计，但是，正如我们所指出的，我们仍然会有冗余的问题。

304

7.1.1　分解

避免 *in_dep* 模式中的信息重复问题的唯一方式是将其分解为两个模式（在本例中为 *instructor* 和 *department* 模式）。我们将在本章的后面介绍一些算法来确定哪些模式是合适的，而哪些模式不是。一般来说，可能必须将表现出信息重复的模式分解为几个较小的模式。

并非所有的模式分解都是有益的。请考虑所有模式都由一个属性构成的极端情况。任何类型的有意义的联系都无法被表示。现在考虑一种不那么极端的情况，我们选择将 *employee* 模式（见 6.8 节）

employee (*ID*, *name*, *street*, *city*, *salary*)

分解为以下两个模式：

employee1 (*ID*, *name*)
employee2 (*name*, *street*, *city*, *salary*)

在企业可能拥有两个重名职员的情况下会暴露这个分解的缺陷。在实际中这不是不可能的，因为许多文化中都有某些非常流行的名字。每个人都要有一个唯一的职员号，这就是 *ID* 能够作为主码的原因。作为一个示例，让我们假定有两个职员均名为 Kim，他们在该大学工作，并且在原始设计中的 *employee* 模式上的关系中有以下元组：

305

(57766, Kim, Main, Perryridge, 75000)
(98776, Kim, North, Hampton, 67000)

图 7-3 所示内容为这些元组、利用分解产生的模式所生成的元组，以及试图用自然连接重新生成原始元组所得到的结果。正如我们在图中所看到的，那两个原始元组伴随着两个新的元组出现于结果中，这两个新的元组将属于这两个名为 Kim 的职员的数据值错误地混合在一起。虽然我们拥有更多的元组，但是实际上从以下意义来讲我们却拥有更少的信息。我们能够指出一个特定的街道、城市和工资属于某个名为 Kim 的人，但是我们无法区分出是哪一个 Kim。因此，我们的分解无法表达关于大学职员的特定的重要事实。我们想要避免这样的分解。我们将这样的分解称为**有损分解**（lossy decomposition），而将那些没有信息丢失的称为**无损分解**（lossless decomposition）。

对于本书的其余部分，我们将坚持所有的分解都应该是无损分解。

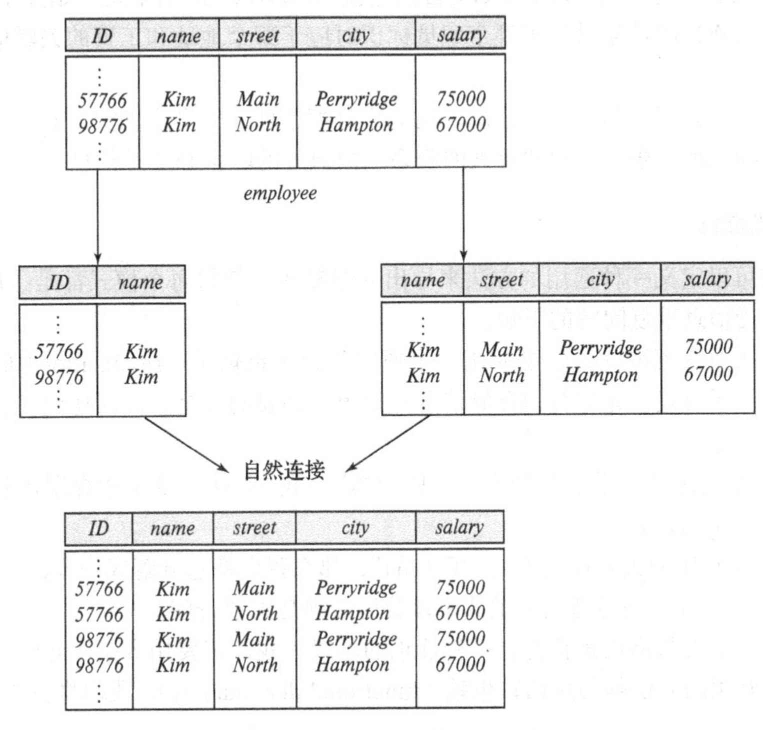

图 7-3　不好的分解所导致的信息丢失

7.1.2　无损分解

令 R 为关系模式，并令 R_1 和 R_2 构成 R 的分解——也就是说，将 R、R_1 和 R_2 视为属性集，$R=R_1 \cup R_2$。如果用两个关系模式 R_1 和 R_2 去替代 R 时没有信息丢失，则我们称该分解是一个**无损分解**（lossless decomposition）。如果不是用 $r(R)$ 的实例而是必须使用 $r_1(R_1)$ 和 $r_2(R_2)$ 的实例来表示，关系 $r(R)$ 的一个实例所包含的信息就无法表示的话，则会发生信息的丢失。更准确地说，如果对于所有合法的（我们将在 7.2.2 节中正式定义“合法的”）数据库实例，关系 r 都包含与下述 SQL 查询的结果相同的元组集，那么我们称该分解是无损的[⊖]：

```
select *
from (select R1 from r)
     natural join
     (select R2 from r)
```

这可以用关系代数更简洁地表示为：

$$\Pi_{R_1}(r) \bowtie \Pi_{R_2}(r) = r$$

换句话说，如果我们把 r 投影到 R_1 和 R_2 上，然后计算投影结果的自然连接，则我们正好得到一模一样的 r。

但如果我们在计算投影结果的自然连接时得到了原始关系的一个真正超集，则分解是有损的。这可以用关系代数更为简洁地表示为：

$$r \subset \Pi_{R_1}(r) \bowtie \Pi_{R_2}(r)$$

306
~
307

让我们回到将 *employee* 模式分解为 *employee*1 和 *employee*2（见图 7-3）并且两个或多个职员具有相同名字的情况。*employee*1 自然连接 *employee*2 的结果是原始关系 *employee* 的一个超集，但是连接的结果丢失了哪个职员标识对应于哪个地址和工资的关联信息，因此该分解是有损的。

我们有*更多*的元组，却*更少*的信息，这似乎有悖常理，但事实确实如此。分解后的版本无法表示姓名与地址或薪水之间的*缺失*的联系，而缺失的联系确实是信息。

7.1.3　规范化理论

我们现在可以定义一种通用的方法来导出一组模式，使得每个模式都是"良构的"；也就是说，它不受信息重复问题的影响。

用于设计关系数据库的方法是使用一个通常称为**规范化**（normalization）的过程。其目标是生成一组关系模式，允许我们存储信息并避免不必要的冗余，同时还允许我们轻松地检索信息。该方法是：

- 确定一个给定的关系模式是否为"良构的"。我们将在 7.3 节中介绍已有的许多不同的形式（称为*范式*）。
- 如果一个给定的关系模式不是"良构的"，那么我们将它分解成许多较小的关系模式，使得每个模式都满足适当的范式。该分解必须是无损分解。

为了确定一个关系模式是否符合一种理想的范式，我们需要用数据库建模的现实企业的额外信息。最常用的方法是使用**函数依赖**（functional dependency），我们将在 7.2 节中讨论。

7.2　使用函数依赖进行分解

一个数据库对真实世界中的一组实体和联系进行建模。在真实世界中的数据上通常存在各种约束（规则）。例如，在一个大学数据库中期望满足的一些约束有：

1. 学生和教师通过他们的 ID 来唯一标识。

⊖ 假定出现在函数依赖左侧的任何属性都不能取空值，则阐述了无损的定义。这将在实践习题 7.10 中进一步探讨。

2. 每位学生和教师只有一个名字。

3. 每位教师和学生只（主要）关联一个系[㊀]。

4. 每个系只有一个预算值，并且只有一栋关联的办公楼。 308

一个关系的满足所有这种真实世界约束的实例被称为该关系的**合法实例**（legal instance）；在一个数据库的合法实例中所有关系实例都是合法实例。

7.2.1 符号惯例

在讨论用于关系数据库设计的算法中，我们需要针对任意的关系及其模式进行讨论，而不只是讨论示例。请回想我们在第 2 章中对关系模型的介绍，我们在这里对我们的符号表示进行概括。

- 在一般情况下，我们用希腊字母来表示属性集（例如 α）。我们使用大写的罗马字母来表示关系模式，使用符号 $r(R)$ 来表示模式 R 是对于关系 r 而言的。

  一个关系模式是一个属性集，但是并非所有的属性集都是模式。当使用一个小写的希腊字母时，我们是指一个可能是模式也可能不是模式的属性集。当我们希望指明属性集肯定是一个模式时，就使用罗马字母。
- 当属性集是一个超码时，我们可能用 K 来表示它。超码属于一个特定的关系模式，因此我们使用术语“K 是 R 的一个超码”。
- 我们对关系使用小写的名称。在我们的示例中，这些名称是有实际含义的（例如 *instructor*），而在我们的定义和算法中，则使用单个字母，比如 r。
- 因此符号 $r(R)$ 指的是具有模式 R 的关系 r。当我们写 $r(R)$ 时，指的既是关系也是它的模式。
- 一个关系在任意给定时刻都有特定的值；我们将此看作一个实例并使用术语“r 的实例”。当我们明显在讨论一个实例时，可以简单地使用关系的名称（例如 r）。

为了简单起见，我们假设属性名在数据库模式中只有一种含义。

7.2.2 码和函数依赖

一些最常用的真实世界的约束类型可以被形式化地表示为码（超码、候选码以及主码），或者表示为我们在下面所定义的函数依赖。

在 2.3 节中，我们将*超码*的概念定义为能够一起来唯一标识出关系中一个元组的一个或多个属性的集合。我们在这里重新表述该定义如下。给定 $r(R)$，R 的一个子集 K 是 $r(R)$ 的**超码**（superkey）的条件是，在 $r(R)$ 的任意合法实例中，对于 r 的实例中的所有元组对 t_1 和 t_2 总满足：若 $t_1 \neq t_2$，则 $t_1[K] \neq t_2[K]$。也就是说，在关系 $r(R)$ 的任意合法实例中，不存在两个元组在属性集 K 上具有相同的值[㊁]。如果在 r 中没有两个元组在 K 上具有相同的值，那么在 r 中一个 K 值就能唯一标识出一个元组。 309

鉴于超码是能够唯一标识整个元组的属性集，函数依赖让我们可以表达唯一标识特定属

㊀ 在许多现实的大学中，一位教师可以和不止一个系相关联，例如，通过共同任命的方式或者在兼职教师的情况下。类似地，一名学生可以有两个（或更多个）主修专业或一个辅修专业。我们简化的大学模式只对每位教师或学生所关联的主系进行建模。

㊁ 在我们对函数依赖的讨论中，使用正常数学意义上的相等（=），而不是 SQL 的三值逻辑含义。换句话说，在函数依赖性的讨论中，我们假设没有空值。

性的值的约束。请考虑一个关系模式 $r(R)$，并且令 $\alpha \subseteq R$ 且 $\beta \subseteq R$。

- 给定 $r(R)$ 的一个实例，如果对于该实例中的所有元组对 t_1 和 t_2，使得若 $t_1[\alpha]=t_2[\alpha]$，则 $t_1[\beta]=t_2[\beta]$ 也成立，那么我们称该实例**满足**（satisfy）**函数依赖**（functional dependency）$\alpha \rightarrow \beta$。
- 如果 $r(R)$ 的每个合法实例都满足函数依赖 $\alpha \rightarrow \beta$，则我们称该函数依赖在模式 $r(R)$ 上**成立**（hold）。

使用函数依赖这一概念，我们说如果函数依赖 $K \rightarrow R$ 在 $r(R)$ 上成立，则 K 是 $r(R)$ 的一个*超码*。换句话说，如果对于 $r(R)$ 的每个合法实例，对于来自实例的每对元组 t_1 和 t_2，只要 $t_1[K]=t_2[K]$，就总有 $t_1[R]=t_2[R]$ 成立（即 $t_1=t_2$），则 K 就是一个超码[⊖]。

函数依赖使我们可以表达不能用超码来表达的约束。在 7.1 节中我们曾考虑模式：

in_dep (ID, name, salary, dept_name, building, budget)

在该模式中函数依赖 *dept_name* → *budget* 成立，因为对于每个系（由 *dept_name* 唯一标识）都存在唯一的预算数额。

属性对 (*ID*, *dept_name*) 构成 *in_dep* 的一个超码，我们将这一事实写作：

ID, dept_name → *name, salary, building, budget*

我们将以两种方式来使用函数依赖：

1. 测试关系的实例，看它们是否*满足*一个给定的函数依赖集 F。
2. 声明合法关系集上的约束。因此，我们将*只*关注满足给定函数依赖集的那些关系实例。如果我们希望把注意力放到模式 $r(R)$ 上满足函数依赖集 F 的关系，我们说 F 在 $r(R)$ 上**成立**。

310

让我们考虑图 7-4 中的关系 r 的实例，看看它满足什么样的函数依赖。请注意 $A \rightarrow C$ 是满足的。存在两个元组的 A 值为 a_1。这些元组具有相同的 C 值，即 c_1。类似地，A 值为 a_2 的两个元组具有相同的 C 值——c_2。不存在其他的可区分元组对具有相同的 A 值。但是，函数依赖 $C \rightarrow A$ 是不满足的。为了说明该依赖不满足，请考虑元组 $t_1 = (a_2, b_3, c_2, d_3)$ 和 $t_2 = (a_3, b_3, c_2, d_4)$。这两个元组具有相同的 C 值——c_2，但它们具有不同的 A 值，分别为 a_2 和 a_3。因此，我们找到了一对元组 t_1 和 t_2 满足 $t_1[C] = t_2[C]$，但 $t_1[A] \neq t_2[A]$。

有些函数依赖被称为是**平凡的**（trivial），因为它们被所有关系满足。例如，$A \rightarrow A$ 被包含属性 A 的所有关系满足。从字面上理解函数依赖的定义，我们知道，对于所有满足 $t_1[A] = t_2[A]$ 的元组 t_1 和 t_2，$t_1[A] = t_2[A]$ 成立。类似地，$AB \rightarrow A$ 也被包含属性 A 的所有关系满足。一般来说，如果 $\beta \subseteq \alpha$，则形如 $\alpha \rightarrow \beta$ 的函数依赖是平凡的。

重要的是要认识到：一个关系的实例可能满足的某些函数依赖并不需要在该关系的模式上成立。在图 7-5 的 *classroom* 关系的实例中，我们看到 *room_number* → *capacity* 是满足的。但是，我们相信在现实世界中，不同教学楼里的两个教室可以具有相同的房间号，但却具有不同的空间容量。因此，有可能在某个时刻存在 *classroom* 关系的一个实例，其中并不满足 *room_number*→*capacity*。所以，我们不应该将 *room_number*→*capacity* 包含在 *classroom* 关系模式上成立的函数依赖集中。然而，我们会期望函数依赖 *building, room_number*→*capacity* 在

311

⊖ 请注意，我们在这里假设关系为集合。SQL 处理多重集，并且在 SQL 中声明一个属性集 K 为**主码**不仅需要当 $t_1[K]=t_2[K]$ 时 $t_1=t_2$，还需要不存在重复的元组。SQL 还要求集合 K 中的属性不能被赋予 *null*（空）值。

classroom 模式上成立。

A	B	C	D
a_1	b_1	c_1	d_1
a_1	b_2	c_1	d_2
a_2	b_2	c_2	d_2
a_2	b_3	c_2	d_3
a_3	b_3	c_2	d_4

图 7-4 关系 r 的实例的示例

building	*room_number*	*capacity*
Packard	101	500
Painter	514	10
Taylor	3128	70
Watson	100	30
Watson	120	50

图 7-5 *classroom* 关系的一个实例

因为我们假设属性名在数据库模式中只有一种含义，如果我们声明一个函数依赖 $\alpha \rightarrow \beta$ 作为数据库上的约束成立，那么对于任何模式 R，只要 $\alpha \subseteq R$ 且 $\beta \subseteq R$，则 $\alpha \rightarrow \beta$ 必须成立。

给定在关系 $r(R)$ 上成立的一个函数依赖集 F，有可能会推断出其他特定的函数依赖也一定在该关系上成立。例如，给定模式 $r(A, B, C)$，如果函数依赖 $A \rightarrow B$ 和 $B \rightarrow C$ 在 r 上成立，我们可以推断函数依赖 $A \rightarrow C$ 也一定在 r 上成立。这是因为，给定 A 的任意值，仅存在一个对应的 B 值，并且对于那个 B 值，只能存在一个对应的 C 值。我们将在 7.4.1 节中学习如何进行这种推导。

我们将使用符号 F^+ 来表示集合 F 的**闭包**（closure)，也就是说，能够从给定的集合 F 推导出的所有函数依赖的集合。F^+ 包含 F 中所有的函数依赖。

7.2.3 无损分解和函数依赖

我们可以用函数依赖来说明什么时候特定的分解是无损的。令 R、R_1、R_2 和 F 如上所述。R_1 和 R_2 构成 R 的一个无损分解的条件是，以下函数依赖中至少有一个是在 F^+ 中：

- $R_1 \cap R_2 \rightarrow R_1$
- $R_1 \cap R_2 \rightarrow R_2$

换句话说，如果 $R_1 \cap R_2$ 要么构成 R_1 的超码要么构成 R_2 的超码，则 R 的该分解就是一个无损分解。正如我们将在后面看到的，可以使用属性闭包来高效地检验超码。

为了举例说明这一点，请考虑模式：

in_dep (ID, name, salary, dept_name, building, budget)

我们在 7.1 节中将其分解为 *instructor* 和 *department* 模式：

instructor (ID, name, dept_name, salary)
department (dept_name, building, budget)

请考虑这两个模式的交集，即 *dept_name*。我们发现，由于 *dept_name* → *dept_name, building, budget*，因此满足无损分解的规则。

312

对于将一个模式一次性分解成多个模式的通用情况，对无损分解的测试就更加复杂了。有关此主题的参考文献，请参阅本章末尾的"延伸阅读"部分。

虽然对二元分解的测试显然是无损分解的一个充分条件，但只有当所有约束都是函数依赖时它才是必要条件。在后面我们将看到其他类型的约束（特别是在 7.6.1 节中讨论的称为多值依赖的一种约束类型），它们即使在不存在函数依赖的情况下仍可保证一个分解是无损的。

假设我们将一个关系模式 $r(R)$ 分解为 $r_1(R_1)$ 和 $r_2(R_2)$，其中 $R_1 \cap R_2 \rightarrow R_1$[⊖]。那么必须对分

⊖ $R_1 \cap R_2 \rightarrow R_2$ 的情况是对称的，并被省略。

解后的模式施加以下 SQL 约束以确保它们的内容与原始模式保持一致。

- $R_1 \cap R_2$ 是 r_1 的主码。
  此约束强制实施该函数依赖性。
- $R_1 \cap R_2$ 是从 r_2 引用 r_1 的外码。
  这个约束确保 r_2 中的每个元组在 r_1 中都有一个匹配元组，如果没有这个匹配元组，它就不会出现在 r_1 和 r_2 的自然连接中。

如果进一步分解 r_1 或 r_2，只要分解确保 $R_1 \cap R_2$ 中的所有属性都在一个关系中，那么 r_1 或 r_2 上的主码或外码约束将由该关系来继承。

7.3 范式

正如 7.1.3 节所述，在设计关系数据库时有许多不同的范式。在本节中，我们将介绍两种最常见的范式。

7.3.1 Boyce-Codd 范式

我们能达到的较满意的范式之一是 **Boyce-Codd 范式**（Boyce-Codd Normal Form，**BCNF**）。它消除了基于函数依赖能够发现的所有冗余，虽然可能还保留着其他类型的冗余，正如我们将在 7.6 节中所看到的。

7.3.1.1 定义

关于函数依赖集 F 的关系模式 R 属于 BCNF 的条件是，对于 F^+ 中所有形如 $\alpha \rightarrow \beta$ 的函数依赖（其中 $\alpha \subseteq R$ 且 $\beta \subseteq R$），下面至少有一项成立：

313

- $\alpha \rightarrow \beta$ 是平凡的函数依赖（即 $\beta \subseteq \alpha$）。
- α 是模式 R 的一个超码。

一个数据库设计属于 BCNF 的条件是，构成该设计的关系模式集中的每个模式都属于 BCNF。

我们已经在 7.1 节中见过不属于 BCNF 的关系模式的示例：

$$in\_dep\ (ID,\ name,\ salary,\ dept\_name,\ building,\ budget)$$

函数依赖 *dept_name* → *budget* 在 *in_dep* 上成立，但是 *dept_name* 并不是超码（因为一个系可以有多位不同的教师）。在 7.1 节中，我们看到把 *in_dep* 分解为 *instructor* 和 *department* 是一种更好的设计。*instructor* 模式是属于 BCNF 的。所有成立的非平凡的函数依赖，例如

$$ID \rightarrow name,\ dept\_name,\ salary$$

在箭头的左侧包含 *ID*，且 *ID* 是 *instructor* 的一个超码（事实上，在这个示例中它就是主码）。（换言之，在左侧不包含 *ID* 的情况下，对于 *name*、*dept_name* 和 *salary* 的任意组合不存在非平凡的函数依赖。）因此，*instructor* 属于 BCNF。

类似地，*department* 模式属于 BCNF，因为所有成立的非平凡函数依赖，例如

$$dept\_name \rightarrow building,\ budget$$

在箭头的左侧包含 *dept_name*，且 *dept_name* 是 *department* 的一个超码（和主码）。因此，*department* 属于 BCNF。

我们现在讲述对于不属于 BCNF 的模式进行分解的通用规则。令 R 为不属于 BCNF 的一个模式。那么存在至少一个非平凡的函数依赖 $\alpha \rightarrow \beta$，使得 α 不是 R 的超码。我们在设计

中用以下两个模式去取代 R：

- $(\alpha \cup \beta)$
- $(R - (\beta - \alpha))$

在上面的 *in_dep* 示例中，α = *dept_name*，β = {*building*, *budget*}，且 *in_dep* 被取代为：

- $(\alpha \cup \beta)$ = (*dept_name*, *building*, *budget*)
- $(R - (\beta - \alpha))$ = (*ID*, *name*, *dept_name*, *salary*)

314

在这个示例中，结果是 $\beta - \alpha = \beta$。我们需要像我们已经做过的那样来表述规则，以便正确处理具有在箭头的两侧都出现的属性的函数依赖。关于这方面的技术原因会在 7.5.1 节中介绍。

当我们分解一个不属于 BCNF 的模式时，可能会有一个或多个结果模式不属于 BCNF。在这种情况下，需要进一步分解，使得最终结果是一个 BCNF 模式的集合。

7.3.1.2　BCNF 和保持依赖

我们已经看到过几种表达数据库一致性约束的方式：主码约束、函数依赖、**check** 约束、断言和触发器。在每次更新数据库时检查这些约束的开销很大，因此，以能够高效检查约束的方式来设计数据库是有用的。特别地，如果函数依赖的检验仅考虑一个关系就可以完成，那么这样的约束检查的开销就很低。我们将看到，在有些情况下，到 BCNF 的分解会妨碍对特定函数依赖的高效检查。

为了举例说明这一点，假定我们对我们的大学组织机构要做一个小的改动。在图 6-15 的设计中，一名学生只能有一位导师。这是由从 *student* 到 *advisor* 的 *advisor* 联系集为多对一而推断出的。我们要做的“小”改动是一位教师只能和单个系相关联，且一名学生可以有多位导师，但是在一个给定的系中只有不超过一位导师[⊖]。

利用 E-R 设计实现这个改动的一种方式是，把 *advisor* 联系集替换为一个涉及 *instructor*、*student* 和 *department* 实体集的三元联系集 *dept_advisor*，它是从 {*student*, *instructor*} 对到 *department* 的多对一联系集，如图 7-6 中所示。该 E-R 图指明了“一名学生可以有不止一位导师，但是对于一个给定的系不超过一位”这样的约束。

315

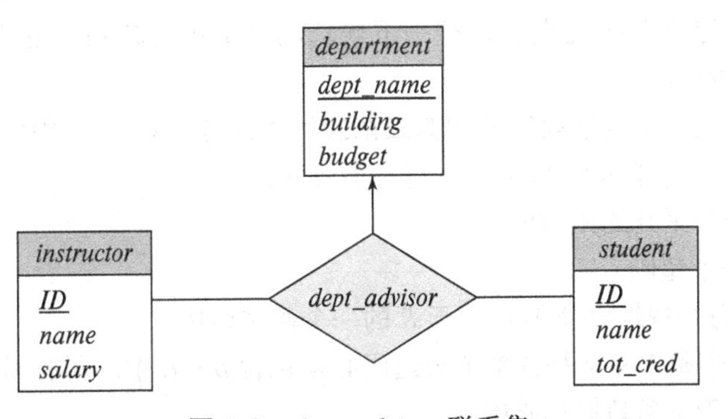

图 7-6　*dept_advisor* 联系集

对于这张新的 E-R 图，*instructor*、*department* 和 *student* 关系的模式没有变化。然而，从 *dept_advisor* 联系集导出的模式现在为：

dept_advisor (*s_ID*, *i_ID*, *dept_name*)

虽然没有在 E-R 图中指明，不过假定我们有附加的约束“一位教师只能在单个系中担任

⊖ 这样的安排对于双学位的学生是有意义的。

导师。”

那么，下面的函数依赖在 *dept_advisor* 上成立：

$$i\_ID \rightarrow dept\_name$$
$$s\_ID, dept\_name \rightarrow i\_ID$$

第一个函数依赖产生于我们的需求“一位教师只能在单个系中担任导师”。第二个函数依赖产生于我们的需求“对于一个给定的系，一名学生可以有至多一位导师”。

请注意，在这种设计中，每次当一位教师参与到一个 *dept_advisor* 联系中时，我们都不得不重复一次系的名称。我们看到 *dept_advisor* 并不属于 BCNF，因为 *i_ID* 并不是超码。根据 BCNF 分解规则，我们得到：

$$(s\_ID, i\_ID)$$
$$(i\_ID, dept\_name)$$

上面的两个模式都属于 BCNF。(事实上，你可以验证，按照定义任何只包含两个属性的模式都属于 BCNF。)

然而请注意，在我们的 BCNF 设计中，没有一个模式包含了出现在函数依赖 *s_ID*, *dept_name* → *i_ID* 中的所有属性。可以在分解后的单个关系上强制实施的唯一依赖是 *ID*→*dept_name*。函数依赖 *s_ID*, *dept_name* → *i_ID* 只能通过计算分解后关系的连接来检查[⊖]。

由于我们的设计并不允许在没有连接的情况下强制实施这种函数依赖，所以我们的设计是非**保持依赖**（dependency preserving）的（我们在 7.4.4 节中提供了保持依赖的形式化定义）。由于保持依赖通常被认为是可取的，所以我们考虑另外一种比 BCNF 弱的范式，它允许我们保持依赖。该范式被称为第三范式[⊜]。

316

7.3.2 第三范式

BCNF 要求所有非平凡函数依赖都形如 $\alpha \rightarrow \beta$，其中的 α 为一个超码。第三范式（Third Normal Form，3NF）稍微放松了一点这个约束，它允许存在左侧不是超码的特定的非平凡函数依赖。在我们定义 3NF 之前，回想一下候选码是最小的超码，也就是说，它是其任何真子集都不是超码的超码。

关系模式 R 是关于函数依赖集 F 的**第三范式**的条件是，对于 F^+ 中所有形如 $\alpha \rightarrow \beta$ 的函数依赖（其中 $\alpha \subseteq R$ 且 $\beta \subseteq R$），以下至少有一项成立：

- $\alpha \rightarrow \beta$ 是一个平凡的函数依赖。
- α 是 R 的一个超码。
- $\beta - \alpha$ 中的每个属性 A 都被包含于 R 的一个候选码中。

请注意上面的第三个条件并不是说单个候选码必须包含 $\beta - \alpha$ 中的所有属性；$\beta - \alpha$ 中的每个属性 A 可能被包含于不同的候选码中。

前两个可选条件与 BCNF 定义中的两个可选条件相同。3NF 定义中的第三个可选条件看起来很不直观，并且它的用途也不是显而易见的。在某种意义上，它代表 BCNF 条件的

⊖ 从技术上来说，由于存在逻辑蕴涵一个依赖的其他依赖，因此其属性在任何一个模式中都不完全出现的依赖也可能还是被隐式地强制实施了。我们将在 7.4.4 节中讨论这种情况。

⊜ 你可能已经注意到我们跳过了第二范式。它仅具有历史意义，并且在实践中，第三范式或 BCNF 总是更好的选择。我们将在实践习题 7.19 中探讨第二范式。第一范式与属性域相关，而不是与分解相关。我们将在 7.8 节中讨论它。

最小放松，这种放松有助于确保每一个模式都能保持依赖地分解到 3NF。它的用途在后面当我们学习 3NF 分解时会变得更清晰。

请注意任何满足 BCNF 的模式也满足 3NF，因为它的每个函数依赖都将满足前两个可选条件中的一个。所以 BCNF 是比 3NF 更严格的范式。

3NF 的定义允许在 BCNF 中不允许的特定的函数依赖存在。只满足 3NF 定义中第三个可选条件的依赖 $\alpha \rightarrow \beta$ 在 BCNF 中是不允许的，但在 3NF 中是允许的[⊖]。

现在，让我们再次考虑 *dept_advisor* 关系的模式，它具有以下函数依赖：

$$i\_ID \rightarrow dept\_name$$
$$s\_ID, dept\_name \rightarrow i\_ID$$

在 7.3.1.2 节中，我们说函数依赖“*i_ID* → *dept_name*”导致 *dept_advisor* 模式不属于 BCNF。请注意这里 $\alpha = i\_ID$，$\beta = dept\_name$，并且 $\beta - \alpha = dept\_name$。由于函数依赖 *s_ID*, *dept_name* → *i_ID* 在 *dept_advisor* 上成立，因此 *dept_name* 属性被包含于一个候选码中，并且 *dept_advisor* 属于 3NF。

317

我们已经看到，当不存在保持依赖的 BCNF 设计时，必须在 BCNF 和 3NF 之间进行权衡。这些权衡将在 7.3.3 节中更详细地描述。

7.3.3 BCNF 和 3NF 的比较

对于关系数据库模式的两种范式——3NF 和 BCNF，3NF 的优点是：总可以在不牺牲无损性或依赖保持性的前提下得到 3NF 的设计。然而 3NF 也有缺点：可能不得不用空值来表示数据项之间的某些可能有意义的联系，并且存在信息重复的问题。

我们应用函数依赖进行数据库设计的目标是：

1. BCNF。
2. 无损性。
3. 依赖保持性。

由于并不是总能满足所有这三个目标，我们也许不得不在 BCNF 和保持依赖的 3NF 之间做出选择。

值得注意的是，除了通过使用**主码**约束或者**唯一性**约束来声明超码的特殊情况之外，SQL 并不提供指定函数依赖的途径。尽管有点复杂，但编写断言来强制实施函数依赖也是有可能的（参见实践习题 7.9）。遗憾的是，目前还没有数据库系统支持强制实施任意函数依赖所需要的复杂断言，而且检查这些断言的开销是很昂贵的。所以即使我们有一种保持依赖的分解，但如果我们使用标准 SQL，我们也只能对那些左侧是码的函数依赖进行高效的检查。

虽然在分解并非保持依赖的情况下对函数依赖的检查可能会用到连接，但如果数据库系统支持物化视图，我们原则上可以通过将连接结果存储为物化视图的方式来降低成本；但是，只有当数据库系统支持物化视图上的**主码**约束或**唯一性**约束时，此方法才可行。从消极的方面来看，物化视图会带来空间和时间的开销；但是从积极的方面来看，应用程序员不需要操心编写代码来保持冗余数据在更新上的一致性。维护物化视图（也就是说在数据库被更新时使物化视图保持最新）是数据库系统的工作。（在 16.5 节中，我们将对数据库系统如何高效地进行物化视图的维护进行概述。）

⊖ 这些依赖是**传递依赖**（transitive dependency）的示例（请参见实践习题 7.18）。3NF 的原始定义就是根据传递依赖而来的。我们所使用的定义与之等价但更容易理解。

遗憾的是，当前大多数数据库系统限制了对物化视图的约束或根本不支持它们。即使允许这样的约束，也存在一个额外的要求：数据库必须在更新基础关系时立即更新视图并检查约束（作为同一个事务的一部分）。否则，就在更新已经执行且导致冲突的事务已经提交之后，可能会检测出约束违反。

318

总之，即使不能得到保持依赖的 BCNF 分解，我们仍然倾向于选择 BCNF，因为在 SQL 中检查除了主码约束之外的函数依赖是困难的。

7.3.4 更高级的范式

在特定情况下，使用函数依赖来分解模式可能不足以避免不必要的信息重复。请考虑 *instructor* 实体集定义中的一个小变化，在该实体集中我们为每位教师记录一组孩子的姓名以及一组可以被多个人共享的固定电话号码。因此，*phone_number* 和 *child_name* 将是多值属性，并且根据从 E-R 设计生成模式的规则，我们会有两个模式，每个多值属性 *phone_number* 和 *child_name* 都对应一个模式：

(*ID*, *child_name*)
(*ID*, *phone_number*)

如果我们想合并这些模式来得到：

(*ID*, *child_name*, *phone_number*)

我们会发现该结果属于 BCNF，因为没有平凡的函数依赖成立。其结果是我们可能认为这样的合并是个好主意。然而，通过考虑有两个孩子和两个电话号码的一位教师的示例，我们会发现这样的合并是一个坏主意。例如，令 *ID* 为 99999 的教师有两个孩子，叫作“David”和“William”，并且有两个电话号码，512-555-1234 和 512-555-4321。在合并的模式中，我们必须为每位家属重复一次电话号码：

(99999, David, 512-555-1234)
(99999, David, 512-555-4321)
(99999, William, 512-555-1234)
(99999, William, 512-555-4321)

如果我们不重复这些电话号码，并且只存储第一个和最后一个元组，我们就记录了家属姓名和电话号码，但是结果元组将暗指 David 对应于 512-555-1234，而 William 对应于 512-555-4321。这是不正确的。

由于基于函数依赖的范式并不足以处理这样的情况，因而还定义了另外的依赖和范式。我们将在 7.6 节和 7.7 节中对它们进行介绍。

319

7.4 函数依赖理论

在我们的示例中已经看到，作为检查模式是否属于 BCNF 或 3NF 这一过程的一部分，能够对函数依赖进行系统的推理是有用的。

7.4.1 函数依赖集的闭包

我们将会看到，给定一个模式上的函数依赖集 F，我们可以证明其他特定的函数依赖在该模式上也是成立的。我们称这种函数依赖被 F 所“逻辑蕴涵”。当检验范式时，只考虑给定的函数依赖集是不够的，还需要考虑在模式上成立的所有函数依赖。

更正式地讲，给定一个关系模式 $r(R)$，如果关系 $r(R)$ 的每一个满足 F 的实例也满足 f，则 R 上的函数依赖 f 被 R 上的函数依赖集 F 所**逻辑蕴涵**（logically imply）。

假设我们给定一个关系模式 $r(A, B, C, G, H, I)$ 及函数依赖集：

$$A \rightarrow B$$
$$A \rightarrow C$$
$$CG \rightarrow H$$
$$CG \rightarrow I$$
$$B \rightarrow H$$

那么函数依赖

$$A \rightarrow H$$

是被逻辑蕴涵的。也就是说，我们可以证明，一个关系实例只要满足给定的函数依赖集，这个关系实例就必须满足 $A \rightarrow H$。假设元组 t_1 及 t_2 满足：

$$t_1[A] = t_2[A]$$

由于我们已知 $A \rightarrow B$，从该函数依赖的定义可以推出：

$$t_1[B] = t_2[B]$$

又由于我们已知 $B \rightarrow H$，从该函数依赖的定义可以推出：

$$t_1[H] = t_2[H]$$

320

因此，我们已经证明了：对于两个元组 t_1 及 t_2，只要 $t_1[A] = t_2[A]$，则一定有 $t_1[H] = t_2[H]$。而这正好是 $A \rightarrow H$ 的定义。

令 F 为一个函数依赖集。F 的**闭包**是被 F 所逻辑蕴涵的所有函数依赖的集合，记作 F^+。给定 F，我们可以由函数依赖的形式化定义直接计算出 F^+。如果 F 很大，则这个过程将会很长而且很难。这种对 F^+ 的运算需要刚才用来证明 $A \rightarrow H$ 在我们的依赖示例集的闭包中的那种论证。

公理（axiom）或推理规则提供了一种用于对函数依赖进行推理的更为简单的技术。在下面的规则中，我们用希腊字母（α，β，γ，…）来表示属性集，并用字母表中排在前面的大写罗马字母来表示单个属性。我们用 $\alpha\beta$ 来表示 $\alpha \cup \beta$。

我们可以使用以下三条规则去寻找被逻辑蕴涵的函数依赖。通过反复应用这些规则，可以找出对于给定 F 的 F^+ 中的全部依赖。这组规则被称为**阿姆斯特朗公理**（Armstrong's axiom），以纪念这一公理的首次提出者。

- **自反律**（reflexivity rule）。若 α 为一个属性集且 $\beta \subseteq \alpha$，则 $\alpha \rightarrow \beta$ 成立。
- **增补律**（augmentation rule）。若 $\alpha \rightarrow \beta$ 成立且 γ 为一个属性集，则 $\gamma\alpha \rightarrow \gamma\beta$ 成立。
- **传递律**（transitivity rule）。若 $\alpha \rightarrow \beta$ 成立且 $\beta \rightarrow \gamma$ 成立，则 $\alpha \rightarrow \gamma$ 成立。

阿姆斯特朗公理是**有效的**，因为它们不会产生任何不正确的函数依赖。这些规则是**完备的**，因为对于一个给定的函数依赖集 F，它们能允许我们产生全部 F^+。延伸阅读部分提供了对于有效性和完备性证明的参考文献。

虽然阿姆斯特朗公理是完备的，但是直接用它们来计算 F^+ 会很麻烦。为进一步简化这个问题，我们列出了附加的规则。可以使用阿姆斯特朗公理来证明这些规则是有效的（请参见实践习题 7.4、实践习题 7.5 以及习题 7.27）。

- **合并律**（union rule）。若 $\alpha \rightarrow \beta$ 成立且 $\alpha \rightarrow \gamma$ 成立，则 $\alpha \rightarrow \beta\gamma$ 成立。
- **分解律**（decomposition）。若 $\alpha \rightarrow \beta\gamma$ 成立，则 $\alpha \rightarrow \beta$ 成立且 $\alpha \rightarrow \gamma$ 成立。
- **伪传递律**（pseudotransitivity rule）。若 $\alpha \rightarrow \beta$ 成立且 $\gamma\beta \rightarrow \delta$ 成立，则 $\alpha\gamma \rightarrow \delta$ 成立。

让我们将规则应用于示例模式 $R = (A, B, C, G, H, I)$ 及函数依赖集 $F = \{A \rightarrow B, A \rightarrow C, CG \rightarrow H, CG \rightarrow I, B \rightarrow H\}$。在这里我们列出了 F^+ 中的几个依赖。

- $A \rightarrow H$。由于 $A \rightarrow B$ 和 $B \rightarrow H$ 成立，因此使用传递律。可以看到使用阿姆斯特朗公理来证明 $A \rightarrow H$ 成立要比我们在本小节前面那样直接从定义来论证要简单得多。
- $CG \rightarrow HI$。由于 $CG \rightarrow H$ 和 $CG \rightarrow I$ 成立，因此由合并律可推出 $CG \rightarrow HI$ 成立。
- $AG \rightarrow I$。由于 $A \rightarrow C$ 且 $CG \rightarrow I$ 成立，因此由伪传递律可推出 $AG \rightarrow I$ 成立。

  证明 $AG \rightarrow I$ 成立的另一种方式如下：在 $A \rightarrow C$ 上使用增补律推断出 $AG \rightarrow CG$。在这个依赖和 $CG \rightarrow I$ 上使用传递律，从而推断出 $AG \rightarrow I$。

[321]

图 7-7 给出了一个过程，它形式化地示范了如何使用阿姆斯特朗公理来计算 F^+。在这个过程中，当一个函数依赖被加入 F^+ 时，它可能已经存在了，在这种情况下 F^+ 没有变化。我们将在 7.4.2 节中看到计算 F^+ 的一种可替代方式。

函数依赖的左侧和右侧都是 R 的子集。由于规模为 n 的集合有 2^n 个子集，所以共有 $2^n \times 2^n = 2^{2n}$ 个可能的函数依赖，其中 n 是 R 中的属性个数。除最后一次之外，在过程的每次 repeat 循环中都至少往 F^+ 里加入一个函数依赖。因此，该过程保证可以终止，虽然它可能非常冗长。

7.4.2 属性集的闭包

如果 $\alpha \rightarrow B$，我们就称属性 B 被 α **函数决定**（functionally determine）。要测试一个集合 α 是否为超码，我们必须设计一个算法，用于计算被 α 函数决定的属性集。一种方式是计算 F^+，找出所有左侧为 α 的函数依赖，并合并所有这些依赖的右侧。但是这么做开销很昂贵，因为 F^+ 可能很大。

有一种用于计算被 α 函数决定的属性集的高效算法，它不仅可以用来测试 α 是否为超码，还可以用于其他几种任务，正如我们将会在本小节的后面所看到的那样。

[322]

令 α 为一个属性集。我们将函数依赖集 F 下被 α 函数决定的所有属性的集合称为 F 下 α 的闭包，记为 α^+。图 7-8 展示了以伪码编写的计算 α^+ 的算法。其输入是函数依赖集 F 和属性集 α。其输出存储在 *result* 变量中。

```
F+ = F
应用自反律 /* 生成所有的平凡依赖 */
repeat
    for each F+中的函数依赖f
        在f上应用增补律
        将函数依赖的结果加入F+中
    for each F+中的一对函数依赖f1和f2
        if f1和f2可以使用传递律进行结合
            将函数依赖的结果加入F+中
until F+不再发生变化
```

图 7-7　计算 F^+ 的过程

```
result := α;
repeat
    for each 函数依赖 β → γ in F do
        begin
            if β ⊆ result then result := result ∪ γ;
        end
until (result不发生改变)
```

图 7-8　计算 F 下 α 的闭包 α^+ 的算法

为了说明该算法是如何工作的，我们将用它来计算 7.4.1 节中定义的函数依赖的 $(AG)^+$。

我们从 $result = AG$ 开始。在第一次执行 **repeat** 循环来测试每个函数依赖时，我们发现：

- $A \rightarrow B$ 使我们将 B 加入 $result$ 中。为了证明这个事实，我们观察到 $A \rightarrow B$ 属于 F，$A \subseteq result$（它是 AG），所以 $result := result \cup B$。
- $A \rightarrow C$ 导致 $result$ 变为 $ABCG$。
- $CG \rightarrow H$ 导致 $result$ 变为 $ABCGH$。
- $CG \rightarrow I$ 导致 $result$ 变为 $ABCGHI$。

第二次执行 **repeat** 循环时，没有新属性被加入 $result$，因而算法终止。

让我们来看看图 7-8 的算法为什么是正确的。第一步是正确的，因为 $\alpha \rightarrow \alpha$ 总是成立的（根据自反律）。我们申明，对于 $result$ 的任意子集 β，有 $\alpha \rightarrow \beta$。因为开始 **repeat** 循环时 $\alpha \rightarrow result$ 为真，所以只要 $\beta \subseteq result$ 且 $\beta \rightarrow \gamma$ 成立，就可将 γ 加入 $result$ 中。然后由自反律得到 $result \rightarrow \beta$，故再由传递律可得 $\alpha \rightarrow \beta$。再应用传递律就得到 $\alpha \rightarrow \gamma$（由 $\alpha \rightarrow \beta$ 及 $\beta \rightarrow \gamma$）。由合并律可推出 $\alpha \rightarrow result \cup \gamma$，所以 α 函数决定了在 **repeat** 循环中所产生的任意新结果。从而，由算法返回的任意属性都属于 α^+。

容易看出算法找到了所有的 α^+。请考虑 α^+ 中的一个属性 A，它在执行期间的任何时刻都未出现在 $result$ 中。必须存在一种方式可使用公理证明 $result \rightarrow A$。要么 $result \rightarrow A$ 就在 F 本身中（这使得证明是平凡的并且确保 A 被添加到 $result$ 中），要么必须存在一个使用传递律的证明步骤，它证明对于某个属性 B 有 $result \rightarrow B$。如果出现 $A = B$ 的情况，那么我们已经证明了 A 被加到 $result$ 中。如果没有，则添加 $B \neq A$。然后重复这个论证，我们看到 A 最终必须被加到 $result$ 中。

323

经证明，在最坏情况下，这个算法的执行时间为 F 规模的二次方。有一种更快的算法（但略微复杂一点儿），其执行时间与 F 的规模呈线性关系；那个算法将作为实践习题 7.8 的一部分来展示。

属性闭包算法有几种用途：

- 为了测试 α 是否为超码，我们计算 α^+，并检查 α^+ 是否包含 R 中的所有属性。
- 通过检查是否 $\beta \subseteq \alpha^+$，我们可以检查一个函数依赖 $\alpha \rightarrow \beta$ 是否成立（或者换句话说，是否属于 F^+）。也就是说，我们用属性闭包计算 α^+，然后检查它是否包含 β。正如在本章的后面我们将会看到的，这种检查特别有用。
- 该算法给了我们另一种计算 F^+ 的可替代方法：对于任意的 $\gamma \subseteq R$，我们找出闭包 γ^+，并且对于任意的 $S \subseteq \gamma^+$，我们输出一个函数依赖 $\gamma \rightarrow S$。

7.4.3 正则覆盖

假设我们在一个关系模式上有一个函数依赖集 F。每当用户在该关系上执行更新时，数据库系统必须确保此更新不破坏任何函数依赖，也就是说，F 中的所有函数依赖在新的数据库状态下仍然被满足。

如果更新违反了集合 F 中的任意函数依赖，则系统必须回滚该更新。

我们可以通过测试与给定函数依赖集具有相同闭包的一个简化集的方式来减小花费在违反检测方面的开销。由于简化集和原集具有相同的闭包，所以满足函数依赖简化集的任何数据库也一定满足原集，反之亦然。但是，简化集更便于检测。稍后我们将看到简化集是如何被构造的。首先，我们需要一些定义。

如果我们可以去除函数依赖的一个属性而不改变该函数依赖集的闭包，则称该属性是**无**

关的（extraneous）。

- 从一个函数依赖的左侧删除一个属性可以使其成为更强的约束。例如，如果有 $AB \rightarrow C$ 并删除 B，则得到可能更强的结果 $A \rightarrow C$。它可能更强是因为 $A \rightarrow C$ 逻辑蕴含了 $AB \rightarrow C$，但 $AB \rightarrow C$ 本身并不逻辑蕴含 $A \rightarrow C$。但是，我们也许能够安全地从 $AB \rightarrow C$ 中删除 B，这取决于我们的函数依赖集 F 到底是什么情况。例如，假设集合 $F = \{AB \rightarrow C,\ A \rightarrow D,\ D \rightarrow C\}$。那么我们可以证明 F 逻辑蕴含 $A \rightarrow C$，这使得 B 在 $AB \rightarrow C$ 中是无关的。

324

- 从一个函数依赖的右侧删除一个属性可以使其成为更弱的约束。例如，如果有 $AB \rightarrow CD$ 并删除 C，则得到可能更弱的结果 $AB \rightarrow D$。它可能更弱是因为仅使用 $AB \rightarrow D$，我们可能不再能推断出 $AB \rightarrow C$。但是，根据我们的函数依赖集 F 的情况，我们可能可以安全地从 $AB \rightarrow CD$ 中删除 C。例如，假设 $F = \{AB \rightarrow CD,\ A \rightarrow C\}$。那么我们可以证明，即使用 $AB \rightarrow D$ 去替换 $AB \rightarrow CD$，仍然可以推断出 $AB \rightarrow C$，并进而推断出 $AB \rightarrow CD$。

无关属性（extraneous attribute）的形式化定义如下：考虑一个函数依赖集 F 以及 F 中的函数依赖 $\alpha \rightarrow \beta$。

- **从左侧移除**：如果 $A \in \alpha$ 并且 F 逻辑蕴涵 $(F - \{\alpha \rightarrow \beta\}) \cup \{(\alpha - A) \rightarrow \beta\}$，则属性 A 在 α 中是无关的。
- **从右侧移除**：如果 $A \in \beta$ 并且函数依赖集 $(F - \{\alpha \rightarrow \beta\}) \cup \{\alpha \rightarrow (\beta - A)\}$ 逻辑蕴涵 F，则属性 A 在 β 中是无关的。

在使用无关属性的定义时，请注意蕴涵的方向：如果反转了上述语句，蕴涵关系将总是成立。也就是说，$(F - \{\alpha \rightarrow \beta\}) \cup \{(\alpha - A) \rightarrow \beta\}$ 总是逻辑蕴涵 F，同时 F 也总是逻辑蕴涵 $(F - \{\alpha \rightarrow \beta\}) \cup \{\alpha \rightarrow (\beta - A)\}$。

下面介绍如何有效地检验一个属性是否是无关的。令 R 为一个关系模式，且 F 是在 R 上成立的给定函数依赖集。请考虑依赖 $\alpha \rightarrow \beta$ 中的一个属性 A。

- 如果 $A \in \beta$，为了检验 A 是否是无关的，请考虑集合：

$$F' = (F - \{\alpha \rightarrow \beta\}) \cup \{\alpha \rightarrow (\beta - A)\}$$

　　并检验 $\alpha \rightarrow A$ 是否能够由 F' 推出。为此，计算 F' 下的 α^+（α 的闭包）；如果 α^+ 包含 A，则 A 在 β 中是无关的。

- 如果 $A \in \alpha$，为了检验 A 是否是无关的，令 $\gamma = \alpha - \{A\}$，并且检查 $\gamma \rightarrow \beta$ 是否可以由 F 推出。为此，计算 F 下的 γ^+（γ 的闭包）；如果 γ^+ 包含 β 中的所有属性，则 A 在 α 中是无关的。

例如，假定 F 包含 $AB \rightarrow CD$、$A \rightarrow E$ 和 $E \rightarrow C$。为了检验 C 在 $AB \rightarrow CD$ 中是否是无关的，我们计算 $F' = \{AB \rightarrow D, A \rightarrow E, E \rightarrow C\}$ 下 AB 的属性闭包。该闭包为 $ABCDE$，它包含了 CD，所以我们推断出 C 是无关的。

325

在定义了无关属性的概念之后，我们可以解释如何构造一个等价于给定函数依赖集的简化的函数依赖集。

F 的**正则覆盖**（canonical cover）F_c 是这样的一个依赖集：F 逻辑蕴涵 F_c 中的所有依赖，并且 F_c 逻辑蕴涵 F 中的所有依赖。此外，F_c 必须具备如下性质：

- F_c 中任何函数依赖都不包含无关属性。
- F_c 中每个函数依赖的左侧都是唯一的。也就是说，在 F_c 中不存在两个依赖 $\alpha_1 \rightarrow \beta_1$ 和 $\alpha_2 \rightarrow \beta_2$，满足 $\alpha_1 = \alpha_2$。

函数依赖集 F 的正则覆盖可以按图 7-9 中描述的那样来计算。需要重视的是，当检验一个属性是否无关时，检验时使用的是 F_c 当前值中的函数依赖，而非 F 中的依赖。如果一个函数依赖在它的右侧只包含一个属性，例如 $A \rightarrow C$，并且这个属性被证明是无关的，那么我们将得到一个右侧为空的函数依赖。这样的函数依赖应该被删除。

```
Fc = F
repeat
    使用合并律将Fc中任何形如 α1→β1 和 α1→β2 的依赖替换为 α1→β1β2
    在 Fc 中寻找一个函数依赖 α→β，它要么在 α 中要么在 β 中具有
    一个无关属性
    /* 请注意，使用 Fc 而非 F 来检验无关属性 */
    如果找到一个无关属性，则将它从 Fc 中的 α→β 中删除
until（Fc不再改变）
```

图 7-9 计算正则覆盖

由于该算法允许选择任何无关属性，因此对于一个给定的 F，可以存在几种可能的正则覆盖。任何这样的 F_c 都是同等可接受的。可以证明 F 的任何正则覆盖 F_c 与 F 具有相同的闭包；因此，验证是否满足 F_c 等价于验证是否满足 F。但是，从某种意义上说，F_c 是最小的——它并不含无关属性，并且它合并了具有相同左侧的函数依赖。所以验证 F_c 比验证 F 本身代价更低。

我们现在来考虑一个示例。假设我们在模式 (A, B, C) 上给定了以下函数依赖集 F： 326

$$A \rightarrow BC$$
$$B \rightarrow C$$
$$A \rightarrow B$$
$$AB \rightarrow C$$

让我们来计算 F 的一个正则覆盖。

- 存在两个函数依赖在箭头的左侧具有相同的属性集：

$$A \rightarrow BC$$
$$A \rightarrow B$$

  我们将这些函数依赖合并成 $A \rightarrow BC$。
- A 在 $AB \rightarrow C$ 中是无关的，因为 F 逻辑蕴涵 $(F - \{AB \rightarrow C\}) \cup \{B \rightarrow C\}$。这个断言为真，因为 $B \rightarrow C$ 已经在我们的函数依赖集中。
- C 在 $A \rightarrow BC$ 中是无关的，因为 $A \rightarrow BC$ 被 $A \rightarrow B$ 和 $B \rightarrow C$ 逻辑蕴涵。

于是，我们的正则覆盖为：

$$A \rightarrow B$$
$$B \rightarrow C$$

给定一个函数依赖集 F，可能集合中有一整条函数依赖都是无关的，从这个意义上说删掉它并不改变 F 的闭包。我们可以证明 F 的正则覆盖 F_c 不包含这种无关的函数依赖。利用反证法，假设在 F_c 中存在这种无关的函数依赖，则依赖的右侧属性将是无关的，这与正则覆盖的定义矛盾。

正如我们之前提到的，正则覆盖未必是唯一的。例如，请考虑函数依赖集 $F = \{A \rightarrow BC, B \rightarrow AC, C \rightarrow AB\}$。如果对 $A \rightarrow BC$ 进行无关属性检验，我们发现在 F 下 B 和 C 都是无关

的。然而，两个都删掉是不对的！寻找正则覆盖的算法从这二者中选出一个并删除之。那么，

1. 如果删除 C，则我们得到集合 $F' = \{ A \rightarrow B, B \rightarrow AC, C \rightarrow AB \}$。现在，在 F' 下，$A \rightarrow B$ 右侧的 B 就不是无关的了。继续执行算法，我们发现 $C \rightarrow AB$ 右侧的 A 和 B 都是无关的，这导致正则覆盖有两种选择：

327

$$F_c = \{A \rightarrow B, B \rightarrow C, C \rightarrow A\}$$
$$F_c = \{A \rightarrow B, B \rightarrow AC, C \rightarrow B\}$$

2. 如果删除 B，则我们得到集合 $\{A \rightarrow C, B \rightarrow AC, C \rightarrow AB\}$。这种情况与前面的情况是对称的，将导致正则覆盖的另外两种选择：

$$F_c = \{A \rightarrow C, C \rightarrow B, B \rightarrow A\}$$
$$F_c = \{A \rightarrow C, B \rightarrow C, C \rightarrow AB\}$$

作为练习，你能再找到对于 F 的另外一个正则覆盖吗？

7.4.4　保持依赖

使用函数依赖理论，有一种方式可以描述依赖的保持，这比我们在 7.3.1.2 节中使用的即席方法更为简单。

令 F 为模式 R 上的一个函数依赖集，并令 R_1，R_2，…，R_n 为 R 的一个分解。**F 对 R_i 的限定**是 F^+ 中只包含 R_i 中属性的所有函数依赖的集合 F_i。由于一个限定中的所有函数依赖只涉及一个关系模式的属性，因此判定这种依赖是否满足可以只检查一个关系。

请注意定义限定时用到的是 F^+ 中的所有依赖，而不仅仅是 F 中的那些。例如，假设 $F = \{A \rightarrow B, B \rightarrow C\}$，并且有一个到 AC 和 AB 的分解。F 对 AC 的限定包含 $A \rightarrow C$，因为 $A \rightarrow C$ 属于 F^+，尽管它并没有在 F 中。

328

限定 F_1，F_2，…，F_n 的集合是能被高效检查的依赖集。我们现在必须要问的是：是否只检查这些限定就够了。令 $F' = F_1 \cup F_2 \cup \cdots \cup F_n$。$F'$ 是模式 R 上的一个函数依赖集，不过通常 $F' \neq F$。但是，即使 $F' \neq F$，也有可能 $F'^+ = F^+$。如果后者为真，则 F 中的每个依赖都被 F' 逻辑蕴涵，并且，如果我们证明了 F' 是被满足的，则我们就证明了 F 也是被满足的。我们称具有性质 $F'^+ = F^+$ 的分解为**保持依赖的分解**（dependency-preserving decomposition）。

图 7-10 给出了用于测试保持依赖的算法。其输入是分解后的关系模式的集合 $D = \{R_1, R_2, \cdots, R_n\}$ 以及一个函数依赖集 F。因为这个算法需要计算 F^+，所以它的开销很大。我们将考虑两种可替代方案，而不是应用图 7-10 的算法。

```
计算F+;
for each D中的模式Ri do
   begin
      Fi := F+对Ri的限定;
   end
F' := ∅
for each 限定Fi do
   begin
      F' = F' ∪ Fi
   end
计算F'+;
if (F'+ = F+) then return (true)
              else return (false);
```

图 7-10　保持依赖的测试

首先，请注意如果 F 中的每一个函数依赖都可以在分解后的一个关系上得到验证，那么这个分解就是保持依赖的。这是一种简单的验证保持依赖的方式，但是，它并不总是有效。存在这样的情况：尽管这个分解是保持依赖的，但是在 F 中存在一个依赖，它无法在分解后的任意一个关系上被验证。所以这种可替代的验证方式只能被用作易于检查的一个充分条件，如果它验证失败我们也不能断定这个分解就不是保持依赖的，相反我们将不得不采用通用的验证方式。

我们现在给出避免计算 F^+ 的验证保持依赖的第二种可替代方式。我们会在介绍该验证

方式之后解释该方式背后的直观思想。该验证方式对 F 中的每个 $\alpha \rightarrow \beta$ 都使用下面的过程：

```
result = α
repeat
    for each 分解后的 R_i
        t = (result ∩ R_i)^+ ∩ R_i
        result = result ∪ t
until (result 没有变化 )
```

这里的属性闭包是在函数依赖集 F 下的。如果 *result* 包含了 β 的所有属性，则函数依赖 $\alpha \rightarrow \beta$ 被保持。当且仅当上述过程表明 F 中的所有依赖都被保持，该分解是保持依赖的。

上述验证方式背后的两种关键的思想如下：

- 第一种思想是验证 F 中的每个函数依赖 $\alpha \rightarrow \beta$，看它是否在 F' 中被保持（这里的 F' 的定义如图 7-10 所示）。为此，我们计算 F' 下 α 的闭包；当该闭包包含 β 时，该依赖一定得以保持。当且仅当 F 中的所有依赖都被证明是保持的，该分解是保持依赖的。

329

- 第二种思想是使用修改后的属性闭包算法的形式来计算 F' 下的闭包，而不用先真正计算出 F'。我们希望避免对 F' 的计算是因为计算开销很大。请注意 F' 是所有 F_i 的并集，其中 F_i 是 F 在 R_i 上的限定。算法计算 $(result \cap R_i)$ 关于 F 的属性闭包，并将此闭包与 R_i 求交，然后将结果属性集加入 *result*；这一系列步骤等价于计算 F_i 下的 *result* 闭包。在 while 循环中对每个 i 重复此步骤就得到了 F' 下的 *result* 闭包。

  为了理解为什么这个修改后的属性闭包方法能正确工作，请注意对于任意的 $\gamma \subseteq R_i$，$\gamma \rightarrow \gamma^+$ 是 F^+ 中的一个函数依赖，并且 $\gamma \rightarrow \gamma^+ \cap R_i$ 是 F^+ 对于 R_i 的限定 F_i 中的一个函数依赖。反之，如果 $\gamma \rightarrow \delta$ 出现在 F_i 中，则 δ 将是 $\gamma^+ \cap R_i$ 的一个子集。

该判定方式要花多项式时间的代价，而不是计算 F^+ 所需的指数时间的代价。

7.5　使用函数依赖的分解算法

现实世界的数据库模式要比能放进书页中的示例大得多。出于这样的原因，我们需要能生成属于适当范式的设计的算法。在本节中，我们给出对于 BCNF 和 3NF 的算法。

7.5.1　BCNF 分解

BCNF 的定义可以被直接用于检查一个关系是否属于 BCNF。但是，计算 F^+ 是一项繁重的任务。我们首先描述用于验证一个关系是否属于 BCNF 的简化测试方法。如果一个关系不属于 BCNF，它可以被分解以创建出属于 BCNF 的关系。在本小节的后面，我们将描述一种创建关系的无损分解的算法，使得该分解满足 BCNF。

7.5.1.1　BCNF 的检测

在某些情况下，检测一个关系模式 R 是否满足 BCNF 可以做如下简化：

- 为了检查一个非平凡的依赖 $\alpha \rightarrow \beta$ 是否违反 BCNF，可以计算 α^+（α 的属性闭包），并且验证它是否包含了 R 中的所有属性，也就是说，验证它是否是 R 的一个超码。
- 为了检查一个关系模式 R 是否属于 BCNF，仅需检查给定集合 F 中的依赖是否违反 BCNF 就足够了，而不用检查 F^+ 中的所有依赖。

  我们可以证明：如果 F 中没有依赖违反 BCNF，那么在 F^+ 中也不会有依赖会违反 BCNF。

330

遗憾的是，当一个关系模式被分解时，后一个过程就不再适用了。也就是说，当我们判定 R 上的一个分解中的关系模式 R_i 是否违反 BCNF 时，只用 F 就不够了。例如，请考虑关系模式 (A, B, C, D, E)，其函数依赖集 F 包括 $A \rightarrow B$ 和 $BC \rightarrow D$。假设 R 被分解成 (A, B) 和 (A, C, D, E)。现在，F 中没有一个函数依赖只包含来自 (A, C, D, E) 的属性，所以我们也许会误认为它满足 BCNF。实际上，在 F^+ 中存在一个函数依赖 $AC \rightarrow D$（它可以使用伪传递律从 F 中的两个依赖推出），这表明 (A, C, D, E) 不属于 BCNF。所以，我们也许需要一个属于 F^+ 但不属于 F 的依赖，来证明一个分解后的关系不属于 BCNF。

BCNF 的另一种可替代测试有时会比计算 F^+ 中的所有依赖更为简单。为了检查 R 分解后的一个关系模式 R_i 是否属于 BCNF，我们应用这样的测试：

- 对于 R_i 中属性的每个子集 α，检查 α^+（F 下 α 的属性闭包）要么不包含 $R_i - \alpha$ 的任何属性，要么包含 R_i 的所有属性。

如果 R_i 中有某个属性集 α 违反了该条件，则考虑如下的函数依赖（可以证明它出现在 F^+ 中）：

$$\alpha \rightarrow (\alpha^+ - \alpha) \cap R_i$$

这个函数依赖说明 R_i 违反了 BCNF。

7.5.1.2　BCNF 分解算法

我们现在能够给出一个通用的方法来分解关系模式以便满足 BCNF。图 7-11 为用于这项任务的一个算法。若 R 不属于 BCNF，我们可以通过这个算法将 R 分解成一组 BCNF 模式 R_1，R_2，…，R_n。这个算法利用被证明违反了 BCNF 的依赖来执行分解。

```
result := {R};
done := false;
while (not done) do
  if (在result中存在一个模式Ri不属于BCNF)
    then begin
          令α→β为在Ri上成立的一个非平凡函数依赖，使得α+并不包含Ri，
          并且α∩β = ∅;
          result := (result − Ri) ∪ (Ri − β) ∪ (α, β);
        end
    else done := true;
```

图 7-11　BCNF 分解算法

这个算法所产生的分解不仅满足 BCNF，而且还是无损分解。来看看为什么我们的算法只产生无损分解，我们注意到，当用 $(R_i - \beta)$ 和 (α, β) 去取代模式 R_i 时，依赖 $\alpha \rightarrow \beta$ 成立，而且 $(R_i - \beta) \cap (\alpha, \beta) = \alpha$。

如果我们没有要求 $\alpha \cap \beta = \emptyset$，那么 $\alpha \cap \beta$ 中的那些属性就不会出现在模式 $(R_i - \beta)$ 中，而依赖 $\alpha \rightarrow \beta$ 也不再成立。

容易看出在 7.3.1 节中我们对 *in_dep* 的分解结果可以通过应用该算法得到。函数依赖 *dept_name* → *building*, *budget* 满足 $\alpha \cap \beta = \emptyset$ 条件，并因此被选择用来分解该模式。

BCNF 分解算法（BCNF decomposition algorithm）所花费的时间与初始模式的规模呈指数分布，因为用于检查分解中的一个关系是否满足 BCNF 的算法可能花费指数级的时间。存在一种算法能够在多项式时间内计算 BCNF 的分解。但是，这个算法可能“过于规范化”，也就是说，可能分解不必要分解的关系。

作为使用 BCNF 分解算法的一个更长的示例，假定我们使用 *class* 关系模式进行数据库

设计，其模式如下所示：

class (*course_id*, *title*, *dept_name*, *credits*, *sec_id*, *semester*, *year*, *building*, *room_number*, *capacity*, *time_slot_id*)

我们要求在这个模式上成立的函数依赖集为：

course_id → *title*, *dept_name*, *credits*
building, *room_number* → *capacity*
course_id, *sec_id*, *semester*, *year* → *building*, *room_number*, *time_slot_id*

该模式的一个候选码是 {*course_id*, *sec_id*, *semester*, *year*}。

我们可以按如下方式将图 7-11 的算法应用于 *class* 示例。

- 函数依赖

  course_id → *title*, *dept_name*, *credits*

  成立，但 *course_id* 不是超码。因此，*class* 不属于 BCNF。我们将 *class* 替换为具有以下模式的两个关系：

  course (*course_id*, *title*, *dept_name*, *credits*)
  class-1 (*course_id*, *sec_id*, *semester*, *year*, *building*, *room_number* *capacity*, *time_slot_id*)

  在 *course* 上成立的唯一的非平凡函数依赖在箭头的左侧包含 *course_id*。由于 *course_id* 是 *course* 的超码，所以 *course* 属于 BCNF。

- *class*-1 的一个候选码为 {*course_id*, *sec_id*, *semester*, *year*}，函数依赖

  building, *room_number* → *capacity*

  在 *class*-1 上成立，但 {*building*, *room_number*} 不是 *class*-1 的超码。我们将 *class*-1 替换为具有以下模式的两个关系：

  classroom (*building*, *room_number*, *capacity*)
  section (*course_id*, *sec_id*, *semester*, *year*, *building*, *room_number*, *time_slot_id*)

  这两个模式都属于 BCNF。

331
～
332

于是，对 *class* 的分解产生出三个关系模式：*course*、*classroom* 和 *section*，每个模式都属于 BCNF。这些模式对应于我们在本章和前面章节中所使用的模式。你可以验证该分解既是无损的，又是保持依赖的。

7.5.2　3NF 分解

图 7-12 给出了用于寻求保持依赖且无损分解到 3NF 的算法。该算法中使用的依赖集 F_c 是 F 的一个正则覆盖。请注意，该算法考虑的是模式 R_j ($j = 1, 2, \cdots, i$) 的集合；初始时 $i = 0$，并且在这种情况下该集合为空。

```
令Fc为F的一个正则覆盖;
i := 0;
for each Fc中的函数依赖α→β
    i := i + 1;
    Ri := αβ;
if 没有一个模式Rj（j=1, 2, ···, i）包含R的一个候选码
  then
    i := i + 1;
    Ri := R的任一候选码;
/* 可选地删除冗余关系 */
repeat
    if 任意模式Rj包含于另一个模式Rk中
      then
        /* 删除 Rj */
        Rj := Ri;
        i := i - 1;
until 不再有可以被删除的Rj
return (R1, R2, ··· , Ri)
```

图 7-12　保持依赖且无损分解到 3NF 的算法

让我们将该算法应用于 7.3.2 节中的 *dept_*

advisor 示例，在那里我们曾证明：

$$dept\_advisor\ (s\_ID, i\_ID, dept\_name)$$

虽然不属于 BCNF，但是属于 3NF。该算法使用 F 中的以下函数依赖：

$$f_1: i\_ID \rightarrow dept\_name$$
$$f_2: s\_ID, dept\_name \rightarrow i\_ID$$

在 F 的任意一个函数依赖中都不存在无关属性，因此 F_c 包含 f_1 和 f_2。该算法然后生成 (*i_ID*, *dept_name*) 模式作为 R_1，以及 (*s_ID*, *dept_name*, *i_ID*) 模式作为 R_2。算法随即发现 R_2 包含了一个候选码，因此不再继续创建关系模式。

333

生成的模式集可能会包含冗余的模式，即一个模式 R_k 包含另一个模式 R_j 的所有属性。例如，上面的 R_2 包含了 R_1 的所有属性。这个算法会删除所有这种包含于另一个模式中的模式。在被删除的 R_j 上可以验证的任意依赖在相应的关系 R_k 上也能验证，从而即使删除了 R_j，分解仍旧是无损的。

现在让我们再次考虑 7.5.1.2 节的 *class* 关系的模式并运用 **3NF 分解算法**（3NF decomposition algorithm）。我们所列出的函数依赖集恰好就是一个正则覆盖。其结果是，该算法给我们得出了同样的三个模式：*course*、*classroom* 和 *section*。

上例说明了 3NF 算法的一种有趣的特性。有时候，结果不仅属于 3NF，而且也属于 BCNF。这就提出了生成 BCNF 设计的一种可替代方法。首先使用 3NF 算法，然后对于 3NF 设计中任何不属于 BCNF 的模式，使用 BCNF 算法对其进行分解。如果结果不是保持依赖的，则还原到 3NF 设计。

7.5.3　3NF 算法的正确性

334

3NF 算法通过为正则覆盖中的每个依赖显式地构造一个模式而确保了依赖的保持性。该算法通过保证至少有一个模式包含了被分解模式的候选码，从而确保了该分解是一个无损分解。实践习题 7.16 提供了一些深入的证据来说明这些足以保证无损分解性。

这个算法也称为 **3NF 合成算法**（3NF synthesis algorithm），因为它接受一个依赖集合，并每次添加一个模式，而不是对初始的模式反复地分解。算法结果不是唯一确定的，因为一个函数依赖集有不止一个正则覆盖。该算法有可能分解一个已经属于 3NF 的关系，不过，仍然保证分解是属于 3NF 的。

为了判定该算法是否生成 3NF 设计，请考虑分解中的一个模式 R_i。请回想一下，当我们判定 3NF 时，只需考虑其右侧是由单个属性组成的函数依赖就足够了。因此，为了判定 R_i 是否属于 3NF，你必须确认在 R_i 上成立的任意函数依赖 $\gamma \rightarrow B$ 都满足 3NF 的定义。假定在合成算法中产生 R_i 的依赖是 $\alpha \rightarrow \beta$。因为 B 属于 R_i，而且 $\alpha \rightarrow \beta$ 产生 R_i，所以 B 一定属于 α 或 β。让我们考虑以下三种可能的情况。

- B 既属于 α 又属于 β。在这种情况下，依赖 $\alpha \rightarrow \beta$ 将不可能属于 F_c，因为 B 在 β 中将是无关的。所以这种情况不成立。
- B 属于 β 但不属于 α。请考虑两种情况：
  - γ 是一个超码。则满足 3NF 的第二个条件。
  - γ 不是超码。则 α 必定包含某些不在 γ 中的属性。现在，由于 $\gamma \rightarrow B$ 在 F^+ 中，它一定是通过使用 γ 上的属性闭包算法从 F_c 推导出来的。该推导不可能用到 $\alpha \rightarrow \beta$，

因为如果这个依赖被用到，α 一定包含在 γ 的属性闭包里，而这是不可能的，因为我们假定 γ 并不是超码。现在，使用 $\alpha \rightarrow (\beta - \{B\})$ 和 $\gamma \rightarrow B$，我们可以推导出 $\alpha \rightarrow B$（由于 $\gamma \subseteq \alpha\beta$；并且因为 $\gamma \rightarrow B$ 是非平凡的，所以 γ 不包含 B）。这表明 B 在 $\alpha \rightarrow \beta$ 的右侧是无关的，这也是不可能的，因为 $\alpha \rightarrow \beta$ 属于正则覆盖 F_c。所以，如果 B 属于 β，那么 γ 一定是超码并且一定满足 3NF 的第二个条件。

- B 属于 α 但不属于 β。

因为 α 是候选码，所以满足 3NF 定义中的第三个可选条件。

有趣的是，我们描述的用于分解到 3NF 的算法可以在多项式时间内完成，尽管判定一个给定关系是否满足 3NF 是 NP-hard 的（这意味着设计一个多项式时间的算法来解决这个问题是太不可能的）。

335

7.6 使用多值依赖的分解

有些关系模式虽然属于 BCNF，但从某种意义上说仍然遭受信息重复问题的困扰，所以看起来并没有被充分地规范化。请考虑大学组织机构的一个变种，其中一位教师可以和多个系相关联，并且我们有一个关系：

inst (*ID*, *dept_name*, *name*, *street*, *city*)

敏锐的读者将发现这个模式是一个非 BCNF 的模式，因为有函数依赖

ID → *name*, *street*, *city*

并且 *ID* 并不是 *inst* 的码。

进一步假设一位教师可能有多个地址（比如说，一个冬天的家和一个夏天的家）。那么，我们不再想强制实施函数依赖“*ID* → *street*, *city*”，不过，我们仍想强制实施“*ID* → *name*”（即大学不处理有多个别名的教师的情况）。根据 BCNF 分解算法，我们得到两个模式：

r_1 (*ID*, *name*)
r_2 (*ID*, *dept_name*, *street*, *city*)

这两个模式都属于 BCNF（请回想一下，一位教师可以和多个系关联，并且一个系可以有多位教师，因此“*ID* → *dept_name*”和“*dept_name* → *ID*”都不成立）。

尽管 r_2 已属于 BCNF，但是冗余仍然存在。我们对于一位教师所关联的每个系都要将该教师的每一个住址的地址信息重复一次。为了解决这个问题，我们可以把 r_2 进一步分解为：

r_{21} (*ID*, *dept_name*)
r_{22} (*ID*, *street*, *city*)

但是，并不存在任何约束来引导我们进行这种分解。

为处理这个问题，我们必须定义一种称为*多值依赖*的新的约束形式。正如我们对函数依赖所做的那样，我们将利用多值依赖来为关系模式定义一种范式。这种范式称为**第四范式**（Fourth Normal Form，4NF），它比 BCNF 的约束更为严格。我们将看到每个 4NF 模式也都属于 BCNF，但存在不属于 4NF 的 BCNF 模式。

336

7.6.1 多值依赖

函数依赖在一个关系中排除了某些元组。如果 $A \rightarrow B$ 成立，那么我们就不能有两个元组在 A 上的取值相同而在 B 上的取值不同。多值依赖从另一个角度出发，并不排除特定元

组的存在，而是要求具有特定形式的其他元组存在于关系中。由于这种原因，函数依赖有时被称为**相等产生依赖**（equality-generating dependency），而多值依赖被称为**元组产生依赖**（tuple-generating dependency）。

令 $r(R)$ 为一个关系模式，并令 $\alpha \subseteq R$ 且 $\beta \subseteq R$。**多值依赖**（multivalued dependency）

$$\alpha \twoheadrightarrow \beta$$

在 R 上成立的条件是：在关系 $r(R)$ 的任意合法实例中，对于 r 中满足 $t_1[\alpha] = t_2[\alpha]$ 的所有元组对 t_1 和 t_2，在 r 中都存在元组 t_3 和 t_4，使得

$$t_1[\alpha] = t_2[\alpha] = t_3[\alpha] = t_4[\alpha]$$
$$t_3[\beta] = t_1[\beta]$$
$$t_3[R-\beta] = t_2[R-\beta]$$
$$t_4[\beta] = t_2[\beta]$$
$$t_4[R-\beta] = t_1[R-\beta]$$

这个定义看似复杂，实则不然。图 7-13 给出了 t_1、t_2、t_3 和 t_4 的表格图。直观地说，多值依赖 $\alpha \twoheadrightarrow \beta$ 是说 α 和 β 之间的联系独立于 α 和 $R-\beta$ 之间的联系。若模式 R 上的所有关系都满足多值依赖 $\alpha \twoheadrightarrow \beta$，则 $\alpha \twoheadrightarrow \beta$ 在模式 R 上是平凡的多值依赖。因此，如果 $\beta \subseteq \alpha$ 或 $\beta \cup \alpha = R$，则 $\alpha \twoheadrightarrow \beta$ 是平凡的。可以通过查看图 7-13 并考虑 $\beta \subseteq \alpha$ 和 $\beta \cup \alpha = R$ 这两种特殊情况来看出这一点。在每种情况下，该表格缩减为两列，并且我们看到 t_1 和 t_2 能够起到 t_3 和 t_4 的作用。

为说明函数依赖和多值依赖的区别，我们再次考虑模式 r_2 以及图 7-14 中所示的该模式上的一个示例关系。我们必须为一位教师的每个地址重复一遍系名，并且必须为一位教师所关联的每个系重复地址。这种重复是不必要的，因为一位教师与其地址之间的联系独立于该教师与系之间的联系。如果一位 *ID* 为 22222 的教师与物理系（Physics）相关联，那么我们希望这个系与该教师的所有地址都关联。因此，图 7-15 的关系是非法的。要使该关系合法化，我们需要向图 7-15 的关系中加入元组（22222，Physics，Main，Manchester）及（22222，Math，North，Rye）。

337

	α	β	$R-\alpha-\beta$
t_1	$a_1 \ldots a_i$	$a_{i+1} \ldots a_j$	$a_{j+1} \ldots a_n$
t_2	$a_1 \ldots a_i$	$b_{i+1} \ldots b_j$	$b_{j+1} \ldots b_n$
t_3	$a_1 \ldots a_i$	$a_{i+1} \ldots a_j$	$b_{j+1} \ldots b_n$
t_4	$a_1 \ldots a_i$	$b_{i+1} \ldots b_j$	$a_{j+1} \ldots a_n$

图 7-13　$\alpha \twoheadrightarrow \beta$ 的表格表示

ID	*dept_name*	*street*	*city*
22222	Physics	North	Rye
22222	Physics	Main	Manchester
12121	Finance	Lake	Horseneck

图 7-14　BCNF 模式上的一个关系中有冗余的示例

ID	*dept_name*	*street*	*city*
22222	Physics	North	Rye
22222	Math	Main	Manchester

图 7-15　一个非法的 r_2 关系

将前面这个示例与我们的多值依赖的定义相比较，我们发现需要多值依赖：

$$ID \twoheadrightarrow street, city$$

成立。（多值依赖 $ID \twoheadrightarrow dept\_name$ 成立也可以。我们不久将会看到它们是等价的。）

与函数依赖相同，我们将以两种方式来使用多值依赖：

1. 为了检验关系以确定它们在一个给定的函数依赖和多值依赖的集合下是否合法。

2. 为了在合法关系的集合上指定约束；因此我们将只考虑满足一个给定的函数依赖和多

值依赖的集合的那些关系。

请注意，若一个关系 r 不满足一个给定的多值依赖，我们可以通过向 r 中增加元组的方式来构造出一个确实满足多值依赖的关系 r'。

令 D 表示一个函数依赖和多值依赖的集合。D 的闭包 D^+ 是由 D 逻辑蕴涵的所有函数依赖和多值依赖的集合。与我们对函数依赖的做法相同，我们可以使用函数依赖和多值依赖的规范定义来根据 D 计算出 D^+。我们可以用这样的推理来处理非常简单的多值依赖。幸运的是，在实践中出现的多值依赖看起来都相当简单。对于复杂的依赖，通过使用推理规则系统来推导出依赖集会更好。

338

根据多值依赖的定义，对于 $\alpha, \beta \subseteq R$，我们可以推导出以下规则：

- 若 $\alpha \rightarrow \beta$，则 $\alpha \twoheadrightarrow \beta$。换言之，每一个函数依赖也是一个多值依赖。
- 若 $\alpha \twoheadrightarrow \beta$，则 $\alpha \twoheadrightarrow R - \alpha - \beta$。

28.1.1 节列出了用于多值依赖的一个推理规则系统。

7.6.2 第四范式

再次考虑我们的 BCNF 模式的示例：

$$r_2\ (ID,\ dept\_name,\ street,\ city)$$

其中多值依赖“$ID \twoheadrightarrow street, city$”成立。我们在 7.6 节开头的段落中看到过，尽管这个模式属于 BCNF，但该设计并不理想，因为我们必须为每个系重复一位教师的地址信息。我们将看到，可以通过将该模式分解为**第四范式**来使用给定的多值依赖以改进数据库的设计。

一个关系模式 R 是关于一个函数依赖和多值依赖的集合 D 的**第四范式**（Fourth Normal Form，4NF）的条件是，对于 D^+ 中所有形如 $\alpha \twoheadrightarrow \beta$ 的多值依赖（其中 $\alpha \subseteq R$ 且 $\beta \subseteq R$），至少有以下之一成立：

- $\alpha \twoheadrightarrow \beta$ 是一个平凡的多值依赖。
- α 是 R 的一个超码。

一个数据库设计属于 4NF 的条件是构成该设计的关系模式集合中的每个模式都属于 4NF。

请注意，4NF 定义与 BCNF 定义的唯一不同在于多值依赖的使用。每个 4NF 模式一定属于 BCNF。为了理解这个事实，我们注意到，如果一个模式 R 不属于 BCNF，则在 R 上存在一个非平凡的函数依赖 $\alpha \rightarrow \beta$，其中 α 不是超码。由于 $\alpha \rightarrow \beta$ 蕴含了 $\alpha \twoheadrightarrow \beta$，故 R 不可能属于 4NF。

令 R 为一个关系模式，并且令 R_1，R_2，…，R_n 为 R 的一个分解。为了检验该分解中的每一个关系模式 R_i 是否属于 4NF，我们需要找到在每一个 R_i 上成立的多值依赖是什么。请回想一下：对于函数依赖集 F，F 在 R_i 上的限定 F_i 是 F^+ 中只含 R_i 中属性的所有函数依赖。现在考虑既有函数依赖又有多值依赖的集合 D。D 在 R_i 上的**限定**（restriction）是集合 D_i，它包含：

339

1. D^+ 中只含 R_i 中属性的所有函数依赖。
2. 所有形如

$$\alpha \twoheadrightarrow \beta \cap R_i$$

的多值依赖，其中 $\alpha \subseteq R_i$ 且 $\alpha \twoheadrightarrow \beta$ 属于 D^+。

7.6.3 4NF 分解

我们可以将 4NF 与 BCNF 之间的相似性应用到 4NF 模式分解的算法中。图 7-16 给出了

4NF 分解算法。它与图 7-11 的 BCNF 分解算法相同，除了它使用的是多值依赖以及 D^+ 在 R_i 上的限定。

```
result := {R};
done := false;
计算D+;给定模式Ri，令Di表示D+在Ri上的限定
while (not done) do
  if（在result中存在一个模式Ri，它对于Di来说不属于4NF）
    then begin
          令α →→ β为Ri上成立的一个非平凡多值依赖
          使得α→Ri不属于Di，并且α∩β=∅；
          result := (result − Ri) ∪ (Ri − β) ∪ (α, β);
        end
    else done := true;
```

图 7-16 4NF 分解算法

如果将图 7-16 的算法应用于 (*ID*, *dept_name*, *street*, *city*)，我们发现 $ID \twoheadrightarrow dept\_name$ 是一个非平凡的多值依赖，并且 *ID* 不是该模式的超码。按照该算法，我们将它替换为两个模式：

(*ID*, *dept_name*)
(*ID*, *street*, *city*)

这对模式属于 4NF，它消除了我们前面所遇到的冗余。

与我们单独处理函数依赖时的情况一样，我们感兴趣的是无损的和保持依赖的分解。下面关于多值依赖和无损性的事实表明：图 7-16 的算法只产生无损分解。

340

- 令 $r(R)$ 为一个关系模式，并令 D 为 R 上的函数依赖和多值依赖的集合。令 $r_1(R_1)$ 和 $r_2(R_2)$ 为 R 的一个分解。当且仅当下面的多值依赖中至少有一个属于 D^+，这个分解是 R 的无损分解：

$$R_1 \cap R_2 \twoheadrightarrow R_1$$
$$R_1 \cap R_2 \twoheadrightarrow R_2$$

请回想我们在 7.2.3 节中提到过的，若 $R_1 \cap R_2 \rightarrow R_1$ 或 $R_1 \cap R_2 \rightarrow R_2$，则 $r_1(R_1)$ 和 $r_2(R_2)$ 构成 $r(R)$ 的一个无损分解。上面这个关于多值依赖的事实是对无损性的更泛化的表述。它指明：对于每个将 $r(R)$ 分解为两个模式 $r_1(R_1)$ 和 $r_2(R_2)$ 的无损分解，$R_1 \cap R_2 \twoheadrightarrow R_1$ 和 $R_1 \cap R_2 \twoheadrightarrow R_2$ 这两个依赖中的一个必须成立。为了说明这是正确的，我们首先需要证明：如果这些依赖中至少有一个成立，那么 $\Pi_{R_1}(r) \bowtie \Pi_{R_2}(r) = r$。并且接下来需要证明：如果 $\Pi_{R_1}(r) \bowtie \Pi_{R_2}(r) = r$，那么 $r(R)$ 必须满足这些依赖中的至少一个。有关完整证明的参考资料，请参阅“延伸阅读”部分。

当我们对存在多值依赖的关系模式进行分解时，保持依赖的问题变得更加复杂。28.1.2 节将继续讨论这个话题。

一个多值依赖有可能仅在给定模式的一个真子集上成立，而无法在该给定模式上表达这个多值依赖，这个事实使得情况更为复杂。这种多值依赖可能出现在分解的结果中。幸运的是，这种称为**嵌入多值依赖**（embedded multivalued dependency）的情况非常罕见。有关详情请参阅“延伸阅读”部分。

7.7 更多的范式

第四范式绝不是“最终”的范式。正如我们前面看到过的，多值依赖有助于我们理解并

消除某些形式的信息重复，而这种信息重复用函数依赖是无法理解的。还有一些类型的约束称作**连接依赖**（join dependency），它概化了多值依赖，并引出了另一种称作**投影－连接范式**（Project-Join Normal Form，PJNF）的范式。PJNF在某些书中被称为**第五范式**（fifth normal form）。还有一类更概化的约束，它引出了一种称作**域－码范式**（Domain-Key Normal Form，DKNF）的范式。

使用这些概化约束的一个实际的问题是：它们不仅难以推导，而且还没有形成一套具有有效性和完备性的推理规则来用于约束的推导。因此PJNF和DKNF很少被使用。第28章将更详细地介绍这些范式。

很明显，在我们对范式的讨论中缺少**第二范式**（Second Normal Form，2NF）。由于它只具有历史的意义，所以我们没有对它进行讨论。在实践习题7.19中，我们对它进行了简单的定义，并留给读者作为练习。第一范式处理的是与我们迄今为止所看到的范式不同的问题。将在下一节中对它进行讨论。 341

7.8 原子域和第一范式

E-R模型允许实体集和联系集的属性具有某种程度的子结构。特别地，它允许像图6-8中的*phone_number*那样的多值属性以及复合属性（比如具有成员属性*street*、*city*以及*state*的*address*属性）。当我们从包含这些属性类型的E-R设计创建表的时候，要消除这种子结构。对于复合属性，我们让每个成员属性本身成为一个属性。对于多值属性，我们为多值集合中的每一项创建一个元组。

在关系模型中，我们将属性不具有任何子结构这个思想形式化。如果一个域的元素被认为是不可再分的单元，则称这个域是**原子的**（atomic）。如果一个关系模式*R*的所有属性的域都是原子的，则称*R*属于**第一范式**（First Normal Form，1NF）。

名称的集合是非原子值的一个示例。例如，如果*employee*关系的模式包含一个*children*属性，它的域的元素是姓名的集合，则该模式不属于第一范式。

复合属性也具有非原子域，比如具有成员属性*street*和*city*的*address*属性。

假定整数是原子的，因此整数的集合是一个原子域；然而，所有整数集的集合是一个非原子域。区别在于：我们一般并不认为整数具有子部分，但是我们认为整数的集合具有子部分——构成该集合的那些整数。不过，重要的问题并不是域本身是什么，而是在数据库中如何使用域元素。如果我们认为每个整数是一列有序的数字，那么全部整数的域就是非原子的。

作为这种观点的一个实际例证，请考虑一个组织机构，它给职员分配具有下述样式的标识号：前两个字母表示系，并且剩下的四位数字是职员在该系内部的唯一号码。这种编号的示例可以是“CS0012”和“EE1127”。这样的标识号可以拆分成更小的单元，因而是非原子的。如果一个关系模式有一个属性的域是由如上编码的标识号所组成的，则该模式不属于第一范式。

当采用这种标识号时，职员所属的系可以通过编写解析标识号结构的代码来得到。这么做需要额外的编程，而且信息是在应用程序中而不是在数据库中被编码。如果这种标识号被用作主码，还会产生进一步的问题：当一位职员更换系时，该职员的标识号在它所出现的每个地方都必须被修改（这会是一项困难的任务），否则解释该编号的代码将会给出错误的结果。 342

根据以上讨论，我们可能会使用形如“CS-101”这样的课程标识号，其中“CS”表示计算机科学系，这意味着课程标识号的域不是原子的。就使用该系统的人而言，这样的域不是原子的。然而，只要数据库应用没有尝试将标识号拆开并将标识号的一部分解析为系的缩写，它就仍然将该域视为原子的。*course* 模式将系名作为一个单独的属性存储，并且数据库应用可以使用这个属性值来找到一门课程所属的系，而不需要解析课程标识号中特定的字母。因此，我们的大学模式可以被认为是属于第一范式的。

使用以集合为值的属性会导致冗余存储数据的设计，进而会导致不一致性。比如，数据库设计者可能不将教师和课程段之间的联系表示为一个单独的关系 *teaches*，而是尝试为每一位教师存储一个课程段标识的集合，并为每一个课程段存储一个教师标识的集合。（*section* 和 *instructor* 的主码被用作标识。）每当关于哪位教师讲授哪个课程段的数据发生变化时，必须在两个地方执行更新：课程段的教师集合以及教师的课程段集合。对两个更新的执行失败会导致数据库处于不一致的状态。只保留这两个集合中的一个将避免重复的信息；然而，只保留其中一个集合将使某些查询变得复杂，并且也不好确定保留这两个中的哪一个更好。

有些类型的非原子值是有用的，但使用它们的时候应该小心。例如，复合值属性常常很有用，而且在很多情况下以集合为值的属性也很有用，这就是为什么在 E-R 模型里这两种值都是支持的。在许多含有复杂结构实体的领域中，强制使用第一范式会给应用程序员带来不必要的负担，他们必须编写代码把数据转换成原子形式。从原子形式来回转换数据也会存在运行时的开销。所以在这样的领域里支持非原子的值是很有用的。事实上，正如我们将在第 29 章所看到的，现代数据库系统确实支持很多类型的非原子值。然而本章我们只讨论属于第一范式的关系，因而所有的域都是原子的。

7.9 数据库设计过程

迄今为止我们已经详细讨论了关于范式和规范化的问题，在本节中，我们研究规范化是如何糅合在整体数据库设计过程中的。

在本章的前面，从 7.1.1 节开始，我们假定给定关系模式 $r(R)$，并且对它进行规范化。我们可以采用以下几种方式来得到 $r(R)$ 的模式：

343

1. $r(R)$ 可以是由 E-R 图向关系模式集转换时所生成的。
2. $r(R)$ 可以是包含所有有意义的属性的单个关系模式。然后由规范化过程将 R 分解成一些更小的模式。
3. $r(R)$ 可以是对关系即席设计的结果，然后检验它是否满足一种期望的范式。

在本节的剩余部分，我们将考察这些方法可能产生的影响。我们还将考察数据库设计中的一些实际问题，包括为了保证性能的去规范化，以及规范化没有检测到的不良设计的示例。

7.9.1 E-R 模型和规范化

当我们仔细地定义了 E-R 图并正确地识别出所有的实体集时，从 E-R 图生成的关系模式应该不需要太多进一步的规范化。然而，在一个实体集的属性之间有可能存在函数依赖。例如，假设 *instructor* 实体集具有 *dept_name* 和 *dept_address* 属性，并且存在函数依赖 *dept_name* → *dept_address*。那么我们就需要对从 *instructor* 生成的关系进行规范化。

这种依赖的大多数示例都是由不好的 E-R 图设计引起的。在前面的示例中，如果正确设计 E-R 图，我们将创建一个具有 *dept_address* 属性的 *department* 实体集以及 *instructor* 与 *department* 之间的联系集。类似地，涉及两个以上实体集的联系集有可能会使产生的模式不属于所期望的范式。由于大多数联系集都是二元的，所以这样的情况相对稀少。（事实上，某些 E-R 图的变种实际上很难或者不可能指定非二元的联系集。）

函数依赖有助于我们检测出不好的 E-R 设计。如果生成的关系模式不属于所期望的范式，则该问题可以在 E-R 图中解决。也就是说，规范化可以作为数据建模的一部分来规范地进行。规范化既可以留给设计者在 E-R 建模时靠直觉实现，也可以在从 E-R 模型生成的关系模式上规范地进行。

细心的读者可能已经注意到，为了解释多值依赖和第四范式的必要性，我们不得不从并不是由我们的 E-R 设计导出的模式出发。事实上，创建 E-R 设计的过程倾向于产生 4NF 设计。如果一个多值依赖成立且不是被相应的函数依赖所隐含的，那么它通常由以下情况之一引起：

- 一个多对多的联系集。
- 实体集的一个多值属性。

对于多对多的联系集，每个相关的实体集都有它自己的模式，并且存在一个额外的模式用于表示该联系集。对于多值属性会创建一个单独的模式，它包含该属性以及实体集的主码（正如 *instructor* 实体集的 *phone_number* 属性的情况一样）。

344

关系数据库设计的泛关系方法从一种假设开始，它假定存在单个关系模式包含所有有意义的属性。该单个模式定义了用户和应用程序如何与数据库进行交互。

7.9.2　属性和联系的命名

数据库设计的一个期望的特性是**唯一角色假设**（unique-role assumption），这意味着每个属性名在数据库中只有唯一的含义。这使得我们不能使用同一个属性在不同的模式中表示不同的东西。例如，相反地，我们可能考虑使用 *number* 属性在 *instructor* 模式中表示电话号码，而在 *classroom* 模式中表示房间号。对 *instructor* 模式上的一个关系和 *classroom* 上的一个关系进行连接是毫无意义的。用户和应用程序开发人员必须仔细工作以保证在每种场合使用了正确的 *number*，而对电话号码和房间号分别使用不同的属性名则能减少用户的错误。

虽然对不相容的属性保持名称的可区分性是个好主意，但是如果不同关系的属性具有相同的含义，则使用相同的属性名可能就是个好主意了。出于这样的原因我们对 *instructor* 和 *student* 实体集使用相同的属性名“*name*”。如果不是这样（即对教师和学生的姓名采用不同的命名规范），那么如果我们想通过创建一个 *person* 实体集来概化这两个实体集，就不得不重新命名属性。因此，即使当前没有对 *instructor* 和 *student* 的概化，然而如果我们预见到这种可能性，那最好还是在这两个实体集（和关系）中使用同样的属性名。

尽管从技术上看，一个模式中的属性名的顺序无关紧要，然而习惯上把主码属性列在前面。这会使得查看缺省输出（比如 **select** * 的输出）更加容易。

在大型数据库模式中，联系集（以及由此导出的模式）常常以相关实体集名称的拼接来命名，可能带有连字符或下划线。我们已经使用了几个这样的名称，例如 *inst_sec* 和 *student_sec*。我们使用 *teaches* 和 *takes* 名称而不使用更长的拼接名称。由于对于少数几个联系集来说，记住它们的相关实体集并不难，因而这是可以接受的。我们无法总是通过简单的拼接来创建联系集的名称；例如，对于职员之间的管理者或打工者的联系，如果它被称为

employee_employee 是没有多大意义的。类似地，如果在一对实体集之间可能存在多个联系集，那么联系集的名称就必须包含额外的部分以区别这些联系集。

不同的组织对于命名实体集有不同的习惯。举例来说，我们可能称一个学生的实体集为 *student* 或者 *students*。在我们的数据库设计中选用了单数形式。使用单数或者复数形式都是可以接受的，只要在所有实体集之间都一致地使用该习惯就可以了。

345

随着模式变得更大，联系集的数量不断增加，使用对属性、联系和实体的一致性命名方式会使得数据库设计者和应用程序开发者的工作更加轻松。

7.9.3　为了性能去规范化

有时候数据库设计者会选择一个具有冗余信息的模式，也就是说，它没有规范化。对特定的应用来说，它们使用冗余来提高性能。不使用规范化模式的代价是用来保持冗余数据一致性的额外工作（以编码时间和执行时间计算）。

例如，假定每次访问一门课程时所有的先修课程都必须和该课程信息一起显示。在我们规范化的模式中，需要连接 *course* 和 *prereq*。

一种不用动态计算连接的可替代方式是保存一个包含 *course* 和 *prereq* 的所有属性的关系。这使得显示“全部”课程信息会更快。然而，对于每门先修课程都要重复课程的信息，而且每当添加或删除一门先修课程时，应用程序就必须更新所有的副本。把一个规范化的模式变成非规范化的过程称为**去规范化**（denormalization），设计者用它来调整系统的性能以支持响应时间苛刻的操作。

现今许多数据库系统都支持一种更好的可替代方式，即使用规范化的模式，同时将 *course* 和 *prereq* 的连接作为物化视图额外存储。（请回忆一下，物化视图是将结果存储在数据库中的视图，并且当视图中使用的关系被更新时也相应更新。）与去规范化类似，使用物化视图确实会有空间和时间上的开销；不过它也有优点，就是进行视图更新的工作是由数据库系统而不是应用程序员来完成的。

7.9.4　其他设计问题

在数据库设计中有一些方面不能通过规范化来解决，而它们也会导致不好的数据库设计。与时间或时间范围有关的数据就存在这样的问题。在这里我们将给出一些示例；显然，这样的设计是应该避免的。

请考虑一个大学数据库，我们想在其中存储不同年份中每个系的教师总数。可以使用一个 *total_inst*(*dept_name*, *year*, *size*) 关系来存储所需要的信息。在这个关系上唯一的函数依赖是 *dept_name*, *year* → *size*，并且这个关系属于 BCNF。

另一种可替代的设计是使用多个关系，每个关系对于一个不同年份存储系的规模信息。假设我们感兴趣的年份为 2017、2018 和 2019；我们将得到形如 *total_inst_2017*、*total_inst_2018*、*total_inst_2019* 这样的关系，所有这些关系都建立在 (*dept_name*, *size*) 模式之上。这里的每个关系上的唯一函数依赖是 *dept_name* → *size*，所以这些关系也属于 BCNF。

346

但是，这种可替代设计显然是一个坏主意——我们必须每年都创建一个新的关系，并且每年还不得不编写新的查询来把每个新的关系考虑进去。由于可能需要引用很多关系，所有查询也将更加复杂。

还有一种表示相同数据的方式是使用一个单独的关系 *dept_year*(*dept_name*, *total_inst_2017*, *total_inst_2018*, *total_inst_2019*)。这里唯一的函数依赖是从 *dept_name* 到其他属性的，并且该关系也属于 BCNF。这种设计也不可取，因为它存在与前面的设计类似的问题，即每年我们都不得不修改关系模式并编写新的查询。由于可能需要引用很多属性，查询也会更加复杂。

像 *dept_year* 关系中那样的表示方法（一个属性的每一个值作为一列），叫作**交叉表**（crosstab）。它们在电子表单、报告和数据分析工具中广泛使用。虽然这种表示方法对于显示给用户是很有用的，但是由于上面给出的原因，它们在数据库设计中并不可取。正如我们将在 11.3.1 节中看到的，为了显示方便，SQL 包括了将数据从规范化的关系表示转换到交叉表的特性。

7.10 时态数据建模

假定在我们的大学组织机构中保存的数据不仅包括每位教师的地址，还包括该大学所知道的所有以前的地址。我们从而可能提出诸如“找出在 1981 年居住在普林斯顿的所有教师”这样的查询。在这种情况下，对于每位教师可能有多个地址。每个地址有一个关联的起始日期和终止日期，表示该教师居住在该地址的时间。对于终止日期有一个特殊的值，比如空值或者像 9999-12-31 这样的相当远的未来的值，它可以被用来表示教师仍然居住在该地址。

一般来说，**时态数据**（temporal data）是具有关联的时间区间的数据，时间区间内的数据是**有效**（valid）的[⊖]。

由于某些原因，对时态数据建模是一个具有挑战性的问题。例如，假定我们有一个 *instructor* 实体集，我们希望用它来关联一个随时间变化的地址。为了给地址加上时态信息，我们就不得不创建一个多值属性，其每个值都是包含了一个地址和一个时间区间的复合值。除了随时间变化的属性值之外，实体本身可能也要关联一个有效时间。例如，一个学生实体可能有一个从入学日期到毕业（或者离校）日期的有效时间。联系也可能有关联的有效时间。例如，*prereq* 联系可以记录一门课程成为另一门课程的先修课程的时间。这样我们就需要给属性值、实体集和联系集加上有效时间区间。在 E-R 图上增加这些细节会使其非常难以创建和理解。当前已经有几种扩展 E-R 表示法的提案，希望用简单的方式来指明属性值或联系是随时间变化的，但是至今仍没有被采用的标准。 347

在实践中，数据库设计者回归到更简单的方法来设计时态数据库。一种常用的方法是忽略时态的变化来设计整个数据库（包括 E-R 设计和关系设计）。在此之后，设计者研究各种关系并决定哪些关系需要跟踪时态变化。

下一步是通过将开始时间和结束时间作为属性添加到每个这样的关系中来增加有效时间的信息。例如，请考虑 *course* 关系。课程的名称可能会随着时间的推移而变化，这可以通过添加有效的时间范围来处理；结果模式应该是：

course (*course_id*, *title*, *dept_name*, *credits*, *start*, *end*)

该关系的一个实例如图 7-17 所示。每个元组都有一个与之关联的有效区间。请注意，根据 SQL:2011 标准，区间在左侧是**闭的**，也就是说，元组在 start 时间是有效的，但在右侧是**开的**，也就是说，元组直到 *end* 时间之前都是有效的，但在 *end* 时间是无效的。这允许一个元组的开始时间与另一个元组的结束时间相同，而不会重叠。通常来说，闭的左、右端点用

⊖ 有些其他的时态数据模型会区分**有效时间**（valid time）和**事务时间**（transaction time），后者记录了将一个事实记录到数据库中的时间。为了简单起见，我们忽略了这样的细节。

[和] 表示，而开的左、右端点用 (和) 表示。SQL:2011 中的区间形式为 [*start*, *end*)，也就是说它们是在左侧闭并在右侧开的。请注意，根据 SQL 标准，9999-12-31 是可能的最大日期。

course_id	*title*	*dept_name*	*credits*	*start*	*end*
BIO-101	Intro. to Biology	Biology	4	1985-01-01	9999-12-31
CS-201	Intro. to C	Comp. Sci.	4	1985-01-01	1999-01-01
CS-201	Intro. to Java	Comp. Sci.	4	1999-01-01	2010-01-01
CS-201	Intro. to Python	Comp. Sci.	4	2010-01-01	9999-12-31

图 7-17 *course* 关系的时态版本

从图 7-17 可以看出，CS-201 课程的名称已经改变了几次。假设在 2020-01-01 该课程的名称再次更新为“ Intro. to Scala”。那么，名称为“ Intro. to Python”的元组的 *end* 属性值将更新为 2020-01-01，并且一个新的元组 (CS-201, Intro. to Scala, Comp. Sci., 4, 2020-01-01, 9999-12-31) 将添加到该关系中。

当我们跨时间追踪数据的值时，假定成立的函数依赖可能就不再成立了，比如：

$$course\_id \rightarrow title, dept\_name, credits$$

下述约束（用自然语言表述）则可能成立：“在任意给定的时间 t，一门课程 *course_id* 仅有一个 *title* 和一个 *dept_name* 的值。”

348

在某个特定时刻成立的函数依赖称为时态函数依赖。我们使用术语数据**快照**（snapshot）来表示特定时刻的数据值。因此，*course* 数据的快照给出了特定时刻所有课程的所有属性的值，比如名称和系。形式化地说，**时态函数依赖**（temporal functional dependency）$\alpha \xrightarrow{\tau} \beta$ 在关系模式 $r(R)$ 上成立的条件是：对于 $r(R)$ 的所有合法实例，r 的所有快照都满足函数依赖 $\alpha \rightarrow \beta$。

一个时态关系的原始主码无法再唯一地标识一个元组。我们可以通过向主码添加开始和结束时间的属性来尝试解决这个问题，以确保没有两个元组具有相同的主码值。但是，此解决方案是不正确的，因为可能存储具有重叠的有效时间区间的数据，而仅仅通过将开始和结束时间的属性添加到主码约束的方式并不能捕捉到这种情况。相反，主码约束的时态版本必须确保：如果任何两个元组具有相同的主码值，则它们的有效时间区间不会重叠。形式化地，如果 $r.A$ 是关系 r 的**时态主码**（temporal primary key），那么只要 r 中的两个元组 t_1 和 t_2 使得 $t_1.A = t_2.A$，它们的有效时间区间 t_1 和 t_2 必然不会重叠。

当被引用关系是时态关系时，外码约束也更为复杂。时态外码不仅要确保引用关系中的每个元组（比如说 r）在被引用的关系中具有匹配的元组（比如说 s），而且还要考虑它们的时间区间。但并不要求 s 中的匹配元组具有完全相同的时间间隔，甚至不要求 s 中的单个元组具有包含 r 元组时间区间的时间区间。相反，我们允许 r 元组的时间区间被一个或多个 s 元组覆盖。形式化地，从 $r.A$ 到 $s.B$ 的**时态外码**（temporal foreign-key）约束确保了以下内容：对于 r 中具有有效时间区间 (l, u) 的每个元组 t，在 s 中存在一个或多个元组构成的一个子集 s_t，使得每个元组 $s_i \in s_t$ 都有 $s_i.B = t.A$，并且保证所有 s_i 的时间区间的并集包含 (l, u)。

学生成绩单中的记录应该引用该学生选修课程时的课程名称。因此，引用关系还必须记录时间信息，以区分来自 *course* 关系的特定记录。在我们的大学模式中，*takes.course_id* 是一个引用 *course* 的外码。*takes* 元组的 *year* 和 *semester* 的值可以映射到一个代表日期，例如学期的开始日期；结果日期的值可用于标识 *course* 关系的时态版本中的元组，该元组的有效时间区间包含了指定日期。或者，*takes* 元组可以与从学期的开始日期到学期的结束日期的有效时间区间相关联，并且可以检索具有匹配的 *course_id* 和重叠的有效时间的 *course* 元组；只要 *course* 元组在一个学期内没有更新，就会只有一条这样的记录。

一些数据库设计者不是给每个关系添加时态信息，而是为每个关系创建一个对应的 *history* 关系，该关系存储元组的最新历史。例如，设计者可以保持 *course* 关系不变，但创建包含 *course* 所有属性的 *course_history* 关系，并附加一个 *timestamp* 属性来指示何时将一条记录添加到 *course_history* 表中。然而，这种方案具有局限性，比如无法将一条 *takes* 记录与正确的课程名称相关联。 349

SQL:2011 标准增加了对时态数据的支持。特别是，它允许声明现有的属性来指定一个元组的有效时间区间。例如，对于上面看到的扩展的 *course* 关系，我们可以通过声明

period for *validtime* (*start, end*)

来指定元组在由 *start* 和 *end*（它们本来是普通属性）指定的区间内是有效的。

在 SQL:2011 中可以声明时态主码，如下所示，使用扩展的 *course* 模式：

primary key (*course_id*, *validtime* **without overlaps**)

SQL:2011 还支持时态外码约束，它允许随引用关系属性以及被引用关系属性一起指定一个**周期**（period）。除了 IBM DB2、Teradata 和其他一些可能的数据库之外，大多数数据库并不支持时态主码约束。据我们所知，目前还没有数据库系统支持时态外码约束（Teradata 允许指定这些约束，但至少截至 2018 年并没有强制实施它们）。

某些并不直接支持时态主码约束的数据库允许使用变通的方法来强制实施此类约束。例如，虽然 PostgreSQL 本身并不支持时态主码约束，但可以使用 PostgreSQL 支持的排除（exclude）约束特性来强制实施此类约束。例如，请考虑 *course* 关系，其主码是 *course_id*。在 PostgreSQL 中，我们可以添加一个具有 tsrange 类型的 *validtime* 属性；PostgreSQL 的 tsrange 数据类型存储带有开始和结束时间戳的时间戳范围。PostgreSQL 支持一对范围上的 && 算子，如果两个范围有重叠则返回 true，否则返回 false。通过将下述 exclude 约束（PostgreSQL 支持的约束类型）添加到 *course* 关系可以强制实施时态主码：

exclude (*course_id* **with** =, *validtime* **with** &&)

上述约束确保：如果两个 *course* 元组具有相同的 *course_id* 值，则它们的 *validtime* 区间不会重叠。

诸如选择、投影或连接那样的关系代数运算可以扩展为将时态关系作为输入并生成时态关系作为输出。时态关系上的选择和投影运算所输出元组的有效时间区间与其对应的输入元组的有效时间区间相同。**时态连接**（temporal join）略有不同：在连接结果中一个元组的有效时间被定义为派生该元组的输入元组的有效时间的交集。如果有效时间并不相交，则从结果中丢弃该元组。据我们所知，还没有数据库本身支持时态连接，尽管它们可以通过显式处理时态条件的 SQL 查询来表示。有几个数据库系统支持诸如 overlaps、contains、before 和 after 那样的谓词以及诸如一对区间上的 intersection 和 difference 之类的运算。 350

7.11 总结

- 我们给出了在数据库设计中易犯的错误，以及按怎样的方式来系统地设计数据库模式以避免这些错误。这些易犯的错误包括信息重复和不能表示某些信息。

- 第 6 章展示了从 E-R 设计到关系数据库设计的发展过程，以及什么时候可以安全地合并模式。
- 函数依赖是一致性约束，用于定义两种广泛使用的范式：Boyce-Codd 范式（BCNF）和第三范式（3NF）。
- 如果分解是保持依赖的，则可以只考虑应用于一个关系的那些依赖来逻辑推断出所有的函数依赖。这允许测试更新的有效性，而无须计算分解中关系的连接。
- 正则覆盖是等价于给定函数依赖集的函数依赖集，它以特定方式进行了最小化以消除无关属性。
- 将关系分解为 BCNF 的算法确保了无损分解。有些关系模式对于给定的函数依赖集不存在保持依赖的 BCNF 分解。
- 正则覆盖用于将关系模式分解为 3NF，3NF 比 BCNF 的条件放松了一些。该算法生成的设计既是无损的又能保持依赖。3NF 中的关系可能有一些冗余，但在没有保持依赖的 BCNF 分解的情况下，它被认为是一种可接受的权衡。
- 多值依赖指定了特定的、不能单独用函数依赖来指定的约束。第四范式（4NF）是使用多值依赖的概念来定义的。28.1.1 节给出了关于多值依赖推理的详细信息。
- 存在包括 PJNF 和 DKNF 在内的其他范式，它们消除了更多细微的冗余形式。然而，它们很难派上用场且很少被使用。第 28 章详细介绍了这些范式。第二范式只具有历史意义，因为它没有提供超出 3NF 的优势。
- 351 关系设计通常基于每个属性的简单的原子域。这被称为第一范式。
- 时间在数据库系统中发挥着重要作用。数据库是现实世界的模型。虽然大多数数据库是在某个时刻（在当前时间）对现实世界的状态进行建模，但时态数据库是跨时间对现实世界的状态进行建模。
- 尽管可能存在一些数据库设计是无损的、保持依赖的，并且符合适当范式，但它们是不好的。我们展示了一些此类设计的示例，以说明基于函数依赖的规范化虽然非常重要，但并不是良好关系设计的唯一方面。
- 为了使数据库不仅存储当前数据，还存储历史数据，数据库必须为每个这样的元组存储时间段，表明该元组对于这个时间段是有效的，或者曾经是有效的。因此，有必要定义时态函数依赖来表达这样的思想：函数依赖在任何时刻都成立而不是在整个关系上成立。类似地，需要修改连接运算，以便只对具有重叠时间区间的元组进行恰当的连接。
- 在回顾本章中的问题时，请注意，我们可以定义严格的关系数据库设计方法的原因是关系数据模型建立在坚实的数学基础之上。与我们学习过的其他数据模型相比，这是关系模型的主要优势之一。

术语回顾

- 分解
  - 有损分解
  - 无损分解
- 规范化
- 函数依赖
- 合法实例
- 超码
- R 满足 F
- 函数依赖
  - 成立
  - 平凡
- 函数依赖集的闭包

352

- 保持依赖
- 传递依赖
- 逻辑蕴涵
- 公理
- 阿姆斯特朗公理
- 有效的
- 完备的
- 函数决定的
- 无关属性
- 正则覆盖
- F 对 R_i 的限定
- 保持依赖的分解
- Boyce-Codd 范式（BCNF）
- BCNF 分解算法
- 第三范式（3NF）
- 3NF 分解算法
- 3NF 合成算法
- 多值依赖
  - 相等产生依赖
  - 元组产生依赖
  - 嵌入的多值依赖
- 闭包
- 第四范式（4NF）
- D 对 R_i 的限定
- 第五范式
- 域－码范式（DKNF）
- 原子域
- 第一范式（1NF）
- 唯一角色假设
- 去规范化
- 交叉表
- 时态数据
- 快照
- 时态函数依赖
- 时态主码
- 时态外码
- 时态连接

实践习题

7.1 假设我们将模式 $R = (A, B, C, D, E)$ 分解为

$$(A, B, C)$$
$$(A, D, E)$$

如果如下函数依赖集 F 成立，请证明该分解是无损分解：

$$A \rightarrow BC$$
$$CD \rightarrow E$$
$$B \rightarrow D$$
$$E \rightarrow A$$

353

7.2 请列出图 7-18 的关系所满足的所有非平凡函数依赖。

7.3 请解释如何使用函数依赖来表明：

- 在 *student* 和 *instructor* 实体集之间存在的一对一联系集。
- 在 *student* 和 *instructor* 实体集之间存在的多对一联系集。

7.4 请用阿姆斯特朗公理来证明合并律的有效性。（提示：使用增补律可证，若 $\alpha \rightarrow \beta$，则 $\alpha \rightarrow \alpha\beta$。再次对 $\alpha \rightarrow \gamma$ 使用增补律，然后使用传递律。）

A	B	C
a_1	b_1	c_1
a_1	b_1	c_2
a_2	b_1	c_1
a_2	b_1	c_3

图 7-18 实践习题 7.2 的关系

7.5 请用阿姆斯特朗公理来证明伪传递律的有效性。

7.6 请对于关系模式 $R = (A, B, C, D, E)$ 计算如下函数依赖集 F 的闭包。

$$A \rightarrow BC$$
$$CD \rightarrow E$$
$$B \rightarrow D$$
$$E \rightarrow A$$

请列出 R 的候选码。

7.7　请用实践习题 7.6 的函数依赖计算正则覆盖 F_c。

7.8　请考虑图 7-19 中计算 α^+ 的算法。证明该算法比图 7-8（见 7.4.2 节）中提出的算法更加高效，并且能正确计算出 α^+。

```
result := ∅;
/* fdcount是一个数组，它的第i个元素包含第i个函数依赖左侧的
   属性个数，这些属性还不知道是否属于α+ */
for i := 1 to |F| do
   begin
     令β→γ表示第i个函数依赖;
     fdcount [i] := |β|;
   end
/* appears是一个数组，每个属性对应于数组的一项。对应于
   属性A的项是一个整数列表，列表中的每个整数i指明A出现
   在第i个函数依赖的左侧 */
for each 属性 A do
   begin
     appears [A] := NIL;
     for i := 1 to |F| do
       begin
         令β→γ表示第i个函数依赖;
         if A ∈ β then 把i加到appears[A]中;
       end
   end
addin (α);
return (result);

procedure addin (α);
for each α中的属性A do
   begin
     if A ∉ result then
       begin
         result := result ∪ {A};
         for each appears[A]的元素i do
           begin
             fdcount [i] := fdcount [i] − 1;
             if fdcount [i] := 0 then
               begin
                 令β→γ表示第i个函数依赖;
                 addin (γ);
               end
           end
       end
   end
```

图 7-19　一种计算 α^+ 的算法

7.9　给定数据库模式 $R(A, B, C)$ 及模式 R 上的关系 r，请写出检验函数依赖 $B \rightarrow C$ 是否在关系 r 上成立的一条 SQL 查询。并写出强制实施该函数依赖的 SQL 断言。假设不存在空值。（虽然是 SQL 标准的部分，但这样的断言目前还没有在任何数据库实现中得到支持。）

7.10　我们对无损分解的讨论隐含假设了函数依赖左侧的属性不能取空值。如果违反了这个假设，在分解中可能会出现什么样的错误？

7.11　在 BCNF 分解算法中，假设你用一个函数依赖 $\alpha \rightarrow \beta$ 将关系模式 $r(\alpha, \beta, \gamma)$ 分解为 $r_1(\alpha, \beta)$ 和 $r_2(\alpha, \gamma)$。

a. 你预期在分解后的关系上有什么样的主码和外码约束成立？

b. 如果在上述分解后的关系上没有强制实施该外码约束，请给出一个由于错误更新而导致不一致的示例。

c. 当使用 7.5.2 节中的算法将一个关系模式分解为 3NF 时，你预期将有什么样的主码和外码依赖在分解后的模式上成立？

354～355

7.12 令 R_1，R_2，…，R_n 为模式 U 的一个分解。令 $u(U)$ 为一个关系，并且令 $r_i = \Pi_{R_I}(u)$。请证明：

$$u \subseteq r_1 \bowtie r_2 \bowtie \cdots \bowtie r_n$$

7.13 请证明实践习题 7.1 中的分解不是保持依赖的分解。

7.14 使用以下依赖集，请证明对于一个给定的函数依赖集可以有不止一个正则覆盖：

$$X \rightarrow YZ, Y \rightarrow XZ \text{ 和 } Z \rightarrow XY。$$

7.15 生成正则覆盖的算法一次只删除一个无关属性。请使用实践习题 7.14 中的函数依赖来展示如果一次删除两个被推断为无关的属性会出现什么错误。

7.16 请证明有可能通过保证至少有一个模式包含被分解模式的一个候选码来确保一个保持依赖的 3NF 模式分解是无损分解。（提示：证明到分解后模式上的所有投影的连接不会具有比原始关系更多的元组。）

7.17 请给出一个关系模式 R' 及函数依赖集 F' 的示例，使得至少存在三种不同的无损分解可将 R' 分解为 BCNF。

7.18 令**主**（prime）属性为至少在一个候选码中出现的属性。令 α 和 β 为属性集，使得 $\alpha \rightarrow \beta$ 成立但 $\beta \rightarrow \alpha$ 不成立。令 A 为一个既不属于 α 也不属于 β 的属性，并且 $\beta \rightarrow A$ 成立。我们称 A **传递依赖**（transitively dependent）于 α。我们可以按如下方式重新定义 3NF：关系模式 R 是关于函数依赖集 F 的 3NF 的条件是，R 中没有非主属性 A 传递依赖于 R 的一个码。请证明这个新定义等价于原始定义。

7.19 函数依赖 $\alpha \rightarrow \beta$ 被称为**部分依赖**（partial dependency）的条件是，存在 α 的一个真子集 γ 使得 $\gamma \rightarrow \beta$。我们称 β 部分依赖于 α。关系模式 R 属于**第二范式**（Second Normal Form，2NF）的条件是，R 中的每个属性 A 都满足如下准则之一：

- 它出现在一个候选码中。
- 它没有部分依赖于一个候选码。

356

请证明每个 3NF 模式都属于 2NF。（提示：证明每个部分依赖都是一个传递依赖。）

7.20 请给出一个关系模式 R 和依赖集的示例，使得 R 属于 BCNF，但不属于 4NF。

习题

7.21 请给出实践习题 7.1 中模式 R 的一个无损的 BCNF 分解。

7.22 请给出实践习题 7.1 中模式 R 的一个无损并保持依赖的 3NF 分解。

7.23 请解释信息重复和无法表示信息的含义是什么。请解释为什么这些性质可能意味着不好的关系数据库设计。

7.24 为什么某些函数依赖被称为平凡的函数依赖？

7.25 请使用函数依赖的定义来论证阿姆斯特朗公理的每条定律（自反律、增补律与传递律）都是有效的。

7.26 请考虑下面提出的用于函数依赖的规则：若 $\alpha \rightarrow \beta$ 且 $\gamma \rightarrow \beta$，则 $\alpha \rightarrow \gamma$。通过给出一个关系 r，它满足 $\alpha \rightarrow \beta$ 和 $\gamma \rightarrow \beta$ 但并不满足 $\alpha \rightarrow \gamma$，来证明这条规则不是有效的。

7.27 请用阿姆斯特朗公理来证明分解律的有效性。

7.28 请用实践习题 7.6 中的函数依赖来计算 B^+。

7.29　请证明对实践习题 7.1 中模式 R 的如下分解不是无损分解：

$$(A, B, C)$$
$$(C, D, E)$$

提示：给出关系 $r(R)$ 的一个示例，使得 $\prod_{A,B,C}(r) \bowtie \prod_{C,D,E}(r) \neq r$。

7.30　请考虑关系模式 (A, B, C, D, E, G) 上的如下函数依赖集 F：

$$A \rightarrow BCD$$
$$BC \rightarrow DE$$
$$B \rightarrow D$$
$$D \rightarrow A$$

357

a. 请计算 B^+。

b. 请（使用阿姆斯特朗公理）证明 AG 是超码。

c. 请计算这个函数依赖集 F 的一个正则覆盖；请给出你推导的每一步并进行解释。

d. 请根据正则覆盖给出给定模式的 3NF 分解。

e. 请使用函数依赖的原始集合 F 对给定模式进行 BCNF 分解。

7.31　请考虑模式 $R = (A, B, C, D, E, G)$ 和函数依赖集 F：

$$AB \rightarrow CD$$
$$B \rightarrow D$$
$$DE \rightarrow B$$
$$DEG \rightarrow AB$$
$$AC \rightarrow DE$$

由于很多原因 R 不属于 BCNF，其中一个原因来自函数依赖 $AB \rightarrow CD$。请解释为什么 $AB \rightarrow CD$ 表示 R 不属于 BCNF，然后使用 BCNF 分解算法从 $AB \rightarrow CD$ 开始生成 R 的 BCNF 分解。一旦分解完成，请确定你的结果是否是保持依赖的，并解释你的推理。

7.32　请考虑模式 $R = (A, B, C, D, E, G)$ 和函数依赖集 F：

$$A \rightarrow BC$$
$$BD \rightarrow E$$
$$CD \rightarrow AB$$

a. 请找到一个不包含无关属性的非平凡函数依赖，该依赖是被上述三个依赖所逻辑蕴含的，并解释你是如何找到它的。

b. 请使用 BCNF 分解算法来找到对 R 的 BCNF 分解。从 $A \rightarrow BC$ 开始。并解释你的步骤。

c. 对于你的分解，请说明它是否是无损的，并解释原因。

358

d. 对于你的分解，请说明它是否是保持依赖的，并解释原因。

7.33　请考虑模式 $R = (A, B, C, D, E, G)$ 和函数依赖集 F：

$$AB \rightarrow CD$$
$$ADE \rightarrow GDE$$
$$B \rightarrow GC$$
$$G \rightarrow DE$$

请使用 3NF 分解算法来生成 R 的 3NF 分解，并展示你的工作。这意味着：

a. 所有候选码的列表。

b. F 的一个正则覆盖，以及你用来生成它的步骤说明。

c. 算法的其余步骤及其解释。

d. 最终的分解。

7.34 请考虑模式 $R = (A, B, C, D, E, G, H)$ 和函数依赖集 F:

$$AB \rightarrow CD$$
$$D \rightarrow C$$
$$DE \rightarrow B$$
$$DEH \rightarrow AB$$
$$AC \rightarrow DC$$

请使用 3NF 分解算法来生成 R 的 3NF 分解，并展示你的工作。这意味着：

a. 所有候选码的列表。

b. F 的一个正则覆盖。

c. 算法的步骤及其解释。

d. 最终的分解。

7.35 尽管 BCNF 算法确保所得到的分解是无损的，但是有可能具有一个模式和一个不是由算法所生成的分解，该分解是属于 BCNF 的且不是无损的。请给出一个这样的模式及其分解的示例。

7.36 请证明无论给定的函数依赖集 F 是什么，正好由两个属性组成的每个模式一定属于 BCNF。 359

7.37 请列出关系数据库设计的三个目标，并解释为什么要达到每个目标。

7.38 在关系数据库设计中，为什么我们有可能会选择非 BCNF 的设计？

7.39 给定关系数据库设计的三个目标，有没有什么理由设计一个属于 2NF 但不属于任何一种更高级范式的数据库模式？（2NF 的定义请参见实践习题 7.19。）

7.40 给定一个关系模式 $r(A, B, C, D)$，$A \twoheadrightarrow BC$ 是否逻辑蕴涵 $A \twoheadrightarrow B$ 和 $A \twoheadrightarrow C$？如果是，请证明之，否则，请给出一个反例。

7.41 请解释为什么 4NF 是一个比 BCNF 更可取的范式。

7.42 将具有给定约束的下列模式规范化为 4NF。

books(*accessionno*, *isbn*, *title*, *author*, *publisher*)
users(*userid*, *name*, *deptid*, *deptname*)
accessionno → *isbn*
isbn → *title*
isbn → *publisher*
isbn →→ *author*
userid → *name*
userid → *deptid*
deptid → *deptname*

7.43 尽管 SQL 并不支持函数依赖约束，但是如果数据库系统支持物化视图上的约束，并且物化视图是立即维护的，则可以在 SQL 中强制实施函数依赖约束。给定一个关系 $r(A, B, C)$，请解释如何使用物化视图上的约束来强制实施函数依赖 $B \rightarrow C$。

7.44 给定两个关系 *r*(*A*, *B*, *validtime*) 和 *s*(*B*, *C*, *validtime*)，其中 *validtime* 表示有效时间区间，请编写一个 SQL 查询来计算两个关系的时态自然连接。你可以使用 && 算子来检查两个区间是否重叠，并使用 * 算子来计算两个区间的交集。

延伸阅读

对于关系数据库设计理论最初的讨论是在 [Codd (1970)] 这篇早期论文中。在这篇论文中，Codd 还引入了函数依赖，以及第一、第二和第三范式。

阿姆斯特朗公理是由 [Armstrong (1974)] 引入的。BCNF 是在 [Codd (1972)] 中引入的。[Maier (1983)] 是一本经典的教科书，其中详细介绍了规范化以及函数依赖和多值依赖的理论。 360

参考文献

[Armstrong (1974)] W. W. Armstrong, "Dependency Structures of Data Base Relationships", In *Proc. of the 1974 IFIP Congress* (1974), pages 580-583.

[Codd (1970)] E. F. Codd, "A Relational Model for Large Shared Data Banks", *Communications of the ACM*, Volume 13, Number 6 (1970), pages 377-387.

[Codd (1972)] E. F. Codd. "Further Normalization of the Data Base Relational Model", In *[Rustin (1972)]*, pages 33-64 (1972).

[Maier (1983)] D. Maier, *The Theory of Relational Databases*, Computer Science Press (1983).

[Rustin (1972)] R. Rustin, *Data Base Systems*, Prentice Hall (1972).

361~362

应用程序设计和开发

关系模型的一个关键要求是数据值是原子的：核心关系模型不允许多值、复合和其他复杂的数据类型。然而在许多应用中，关系模型给数据类型施加的约束所导致的问题比它们解决的问题还要多。在第8章中，我们将讨论几种广泛使用的**非原子数据类型**，包括半结构化数据、基于对象的数据、文本数据和空间数据。

几乎所有的数据库使用都发生在应用程序内部。相应地，几乎所有与数据库的用户交互都是通过应用程序间接发生的。支持数据库的应用程序在网络和移动平台上随处可见。在第9章中，我们将学习用于构建应用程序的工具和技术，重点是使用数据库存储和检索数据的交互式应用程序。

363
~
364

第 8 章

Database System Concepts, Seventh Edition

复杂数据类型

关系模型被非常广泛地用于大量应用领域的数据表示。关系模型的一个关键要求是数据值是原子的：核心关系模型不允许多值、复合和其他复杂的数据类型。然而在许多应用中，关系模型给数据类型施加的约束所导致的问题比它们解决的问题还要多。在本章中，我们将讨论几种广泛使用的*非原子数据类型*，包括半结构化数据、基于对象的数据、文本数据和空间数据。

8.1 半结构化数据

关系数据库设计要求表带有固定数量的属性，每个属性包含一个原子值。对模式的更改（例如添加额外的属性）是很少发生的，这种情况可能需要修改应用程序代码。这种设计非常适合许多机构的应用。

但是，有许多应用领域需要存储更复杂的数据，这些数据的模式经常改变。快速发展的 Web 应用就是这样一个领域。作为此类应用中数据管理需求的一个示例，考虑一个用户的配置文件，它需要被许多不同的应用程序访问。该配置文件包含各种属性，并且经常有属性添加到配置文件中。一些属性可能包含复杂的数据，例如，某个属性可能存储了一组兴趣，可用于显示与兴趣集相关的用户文章。这样的集合可以通过规范化的方式存储在单独的关系中，但访问集合数据类型比访问规范化表示要有效得多。本节我们将研究若干支持半结构化数据表示的数据模型。

数据交换是半结构化数据表示的另一种非常重要的诱因。对于许多应用来说，它可能比存储更为重要。当前构建信息系统的一种流行架构是创建能够检索数据的 Web 服务，并构建显示数据和允许用户交互的应用程序代码。这些应用程序代码可以作为移动应用开发，也可以用 JavaScript 编写并运行在浏览器上。在任意一种方式下，利用在客户机上运行的能力，开发人员可以创建响应非常灵敏的用户界面，而不像早期的 Web 界面，后端服务器将标记为 HTML 的文本发送到显示 HTML 的浏览器上。构建此类应用程序的关键是能够在后端服务器和客户端之间高效地交换和处理复杂数据。为此，我们将学习已被广泛用于此任务的 JSON 和 XML 数据模型。

365

8.1.1 半结构化数据模型概述

关系数据模型已通过若干方式扩展，以支持现代应用的存储和数据交换需求。

8.1.1.1 灵活模式

有些数据库系统允许每个元组拥有不同的属性集，这种表示被称为**宽列**（wide column）数据表示。在这种表示中，属性集是不固定的，每个元组可以拥有不同的属性集，并可以根据需要添加新的属性。

这种表示的一种更受限制的形式是具有固定但数量非常多的属性，每个元组只使用它需要的那些属性，剩下的则置为空值，这种表示称为**稀疏列**（sparse column）表示。

8.1.1.2　多值数据类型

许多数据表示允许属性包含非原子值。许多数据库允许将**集合**（set）、**多重集合**（multiset）或**数组**（array）存储为属性值。例如，一个应用存储用户感兴趣的主题，并利用主题给文章定位或给用户推送广告，则可以将主题存储为集合。这种集合的一个示例可能是：

{basketball, La Liga, cooking, anime, Jazz}

尽管集值属性可以通过规范化的形式存储，就如我们之前在 6.7.2 节中见到的那样，但在这种情况下这样做并没有好处，因为查找总是基于用户的，规范化会显著增加存储和查询的开销。

有些表示允许属性存储键值映射，即存储键值对。**键值映射**（key-value map）通常简称为**映射**（map），是一组 (*key*, *value*) 对，其中每个键最多出现在一个元素中。例如，电子商务网站经常列出其销售的每种产品的明细或详细信息，比如品牌、型号、尺寸、颜色以及产品特有的许多其他细节。每种产品的明细单可能不同，这些明细可以表示为映射，其中明细构成键，相关的值与键一起存储。下面的示例说明了这种映射：　366

{(brand, Apple), (ID, MacBook Air), (size, 13), (color, silver)}

put(key,value) 方法可用于添加一个键值对，而 get(key) 方法可用于检索与键相关联的值。delete(key) 方法可用于删除映射中的一个键值对。

数组对于科学应用和监测应用非常重要。例如，科学应用可能需要存储图像，这些图像本质上是像素值的二维数组。科学实验和工业监测应用通常使用多个传感器来定期提供读数。这种读数可以看作数组。事实上，将一个读取流当作一个数组所需要的空间远小于将每个读数存储为一个单独的元组所需要的空间，这种元组具有诸如（时间，读数）属性。我们不仅可以避免显式存储时间属性（它可以从偏移量中推算出来），而且还可以减少数据库中每个元组的开销，最重要的是我们可以使用压缩技术来减少存储读数数组所需要的空间。

在数据库历史中早就提出了对多值属性类型的支持，相关数据模型被称为非一范式（non first-normal-form，NFNF）数据模型。Oracle 和 PostgreSQL 等关系数据库就支持集合和数组类型。

数组数据库（array database）是专门为数组提供支持的数据库，包括高效的压缩存储和查询语言扩展来支持对数组的操作。示例包括 Oracle GeoRaster、PostgreSQL 扩展出来的 PostGIS、MonetDB 扩展出来的 SciQL 以及 SciDB，SciDB 是为科学应用定制的数据库，具备为数组数据类型定制的许多功能。

8.1.1.3　嵌套数据类型

许多数据表示允许对属性进行结构化，对 E-R 模型中的复合属性直接建模。例如，属性 *name* 可以具有成员属性 *firstname* 和 *lastname*。这些表示还支持多值数据类型，如集合、数组和映射。所有这些数据类型都表示了数据类型的层次结构，此结构也是使用**嵌套数据类型**（nested data type）这个术语的缘由。许多数据库支持这种类型，以此作为它们支持面向对象数据的一部分，我们将在 8.2 节中对此进行介绍。

在本小节中，我们概述两种广泛使用的数据表示形式，它们允许值具有复杂的内部结构，并且它们很灵活，不强制值遵循固定的模式。它们是我们将在 8.1.2 节中介绍的 **JavaScript 对象表示法**（JavaScript Object Notation，JSON）和将在 8.1.3 节中介绍的**可扩展标记语言**（eXtensible Markup Language，XML）。

与宽表方法类似，JSON 和 XML 表示为记录所包含的属性集以及这些属性的类型提供　367

了灵活性。然而，JSON 和 XML 表示允许更灵活的数据结构，即对象可以有子对象，每个对象因此对应于一个树结构。

由于 JSON 和 XML 表示形式允许将关于业务对象的多条信息打包到单个结构中，它们在应用程序之间的数据交换上下文中得到了广泛的认可。

如今，JSON 被广泛用于在后端和面向用户端应用程序（如移动应用程序和 Web 应用程序）之间交换数据。JSON 还有利于在存储系统中存储复杂对象，这些存储系统把与特定用户相关的不同数据收集到一个大型对象（有时指一份文档）中，允许在不需要连接的情况下检索数据。XML 是一种较旧的表示形式，许多系统用它来存放配置和其他信息，并用于数据交换。

8.1.1.4　知识表示

人类知识的表示一直是人工智能界的目标。人们针对这项任务提出了各种各样的模型，其复杂程度各不相同。这些模型既可以表示事实，也可以表示有关事实的规则。随着网络的发展，表示可能包含数十亿事实的极其庞大的知识库的需求更加迫切。*资源描述格式*（Resource Description Format，RDF）就是这样一种被广泛采用的数据表示形式。这种表示实际上比早期的知识表示具有少得多的特性，但更适合处理非常庞大的数据量。

与我们之前学习的 E-R 模型类似，RDF 将数据建模为具有属性并与其他对象有联系的对象。RDF 数据可以看作三元组的集合，或者一个图，其中对象和属性值被建模为节点，联系和属性名被建模为边。我们将在 8.1.4 节中学习 RDF 的更多细节。

8.1.2　JSON

JavaScript 对象表示法（JSON）是复杂数据类型的文本表示形式，它被广泛用于在应用程序之间传输数据以及存储复杂数据。JSON 支持整数、浮点数和字符串等基础数据类型，以及数组和“对象”，后者是（属性名，值）对的集合。

图 8-1 显示了使用 JSON 表示数据的示例。由于对象不必遵循任何固定的模式，因此它们基本上与键值映射相同，用属性名作为键，用属性值作为关联的值。

该示例还演示了方括号中显示的数组。在 JSON 中，数组可以看作从整数偏移量到值的映射，方括号语法被视为创建此类映射的一种方便方式。

```
{
    "ID": "22222",
    "name": {
        "firstname: "Albert",
        "lastname: "Einstein"
    },
    "deptname": "Physics",
    "children": [
        {"firstname": "Hans", "lastname": "Einstein" },
        {"firstname": "Eduard", "lastname": "Einstein" }
    ]
}
```

图 8-1　JSON 数据示例

JSON 现在是用于在应用程序和 Web 服务之间通信的主要数据表示形式。许多现代应用使用 Web 服务来存储和检索数据，并在后端服务器上执行计算。Web 服务在 9.5.2 节中有更详细的介绍。应用程序通过发送参数来调用 Web 服务，要么使用字符串或数字等简单值作为参数，要么使用 JSON 处理更复杂的参数。然后 Web 服务使用 JSON 返回结果。例如，电子邮件的用户界面可以为每个这样的任务调用 Web 服务：验证用户身份、获取电子邮件标题信息以显示电子邮件列表、获取电子邮件正文、发送电子邮件等。

368

每个这样的步骤中所交换的数据是复杂的，并且具有内部结构。JSON 表示复杂结构的能力以及允许灵活架构的能力，使之非常适合于此类应用。

许多可用的库能够容易地在 JSON 表示形式与 JavaScript、Java、Python、PHP 等语言中使用的对象表示之间转换数据。JSON 和编程语言数据结构之间接口的便利性在 JSON 的广泛使用中发挥了重要作用。

与关系表示不同，JSON 是冗长的，相同的数据会占用更多的存储空间。此外，解析文本以检索所需字段可能占用大量 CPU 资源。压缩表示形式无须解析就能更为容易地检索值，因而在数据存储中很流行。例如，许多系统都使用一种叫作 BSON（Binary JSON 的缩写）的压缩二进制格式来存储 JSON 数据。

SQL 语言本身也已进行了扩展，以多种方式支持 JSON 表示形式。

- JSON 数据可以被存储为 JSON 数据类型。
- SQL 查询可以由关系数据生成 JSON 数据：

369

  - 有些 SQL 扩展允许在查询结果的每一行中构造 JSON 对象。例如，PostgreSQL 支持 json_build_object() 函数。使用该函数的一个示例是，json_build_object('ID', 12345, 'name', 'Einstein') 返回一个 JSON 对象 {"ID":12345, "name": "Einstein"}。
  - 还有一些 SQL 扩展允许使用聚集函数从行集合来创建 JSON 对象。例如，PostgreSQL 中的 json_agg 聚集函数可以从一组 JSON 对象来创建单个 JSON 对象。Oracle 支持类似的 json_objectagg 聚集函数以及 json_arraytagg 聚集函数（用于创建具有特定对象顺序的 JSON 数组）。SQL Server 支持 FOR JSON AUTO 子句，它可以将每行有一个元素的 SQL 查询结果格式化为 JSON 数组。
- SQL 查询可以使用某种形式的路径结构从 JSON 对象中提取数据。例如，在 PostgreSQL 中，如果 JSON 类型的值为 *v* 并具有属性“ID”，则 *v*->'ID' 将返回 *v* 的“ID”属性的值。Oracle 支持类似的功能，但使用“.”而不是“->”。SQL Server 则通过函数 JSON_VALUE(value, path) 使用特定路径从 JSON 对象中提取值。

遗憾的是，这些扩展的确切语法和语义完全依赖于特定的数据库系统。你可以在本章的参考文献中找到有关这些扩展的更详细的、可在线获取的相关资料。

8.1.3 XML

XML 数据表示添加了用尖括号 <> 括起来的**标签**（tag），以在文本表示中标记信息。标签成对使用，以 <tag> 和 </tag> 来界定标签所引用部分的文本的开始和结尾。例如，文档的标题可以标记如下：

```
<title>Database System Concepts</title>
```

通过将关系名和属性名指定为标签，这些标签可用于表示关系数据，如下所示：

```
<course>
    <course_id> CS-101 </course_id>
    <title> Intro. to Computer Science </title>
    <dept_name> Comp. Sci. </dept_name>
    <credits> 4 </credits>
</course>
```

370

与关系模式不同的是，新标签可以很容易地引入并具有合适的名称，数据是“自描述”的，因为人们可以基于名称来理解或猜测特定数据段的含义。

此外，标签可用来创建层次结构，这对关系模型来说是不可能的。层次结构对于必须在机构之间交换的业务对象的表示来说尤其重要，例如账单、购货单等。

图 8-2 显示了如何用 XML 来表示有关购货单的信息，给出了 XML 的更实际的用法。购货单通常由一个机构生成并发送给另一个机构。购货单包含各种信息，嵌套表示形式允许购货单中的所有信息在单份文档中自然地表示出来。(真实购货单中的信息比这个简化示例中描述的信息要多得多。) XML 提供了标记数据的标准方式，两个机构当然必须就购货单中出现的标签及其含义达成一致。

```
<purchase_order>
    <identifier> P-101 </identifier>
    <purchaser>
        <name> Cray Z. Coyote </name>
        <address> Route 66, Mesa Flats, Arizona 86047, USA </address>
    </purchaser>
    <supplier>
        <name> Acme Supplies </name>
        <address> 1 Broadway, New York, NY, USA </address>
    </supplier>
    <itemlist>
        <item>
            <identifier> RS1 </identifier>
            <description> Atom powered rocket sled </description>
            <quantity> 2 </quantity>
            <price> 199.95 </price>
        </item>
        <item>
            <identifier> SG2 </identifier>
            <description> Superb glue </description>
            <quantity> 1 </quantity>
            <unit-of-measure> liter </unit-of-measure>
            <price> 29.95 </price>
        </item>
    </itemlist>
    <total_cost> 429.85 </total_cost>
    <payment_terms> Cash-on-delivery </payment_terms>
    <shipping_mode> 1-second-delivery </shipping_mode>
</purchase_order>
```

图 8-2　一份购货单的 XML 表示

XQuery 语言是为了支持对 XML 数据的查询而开发的。有关 XML 和 XQuery 的更多细节请参阅第 30 章。尽管有几个供应商提供了可用的 XQuery 实现，但与 SQL 不同，对 XQuery 的采用是相对有限的。

然而，SQL 语言本身已经扩展到能以多种方式支持 XML：

- XML 数据可以存储为 XML 数据类型。
- SQL 查询可以从关系数据生成 XML 数据。这种扩展对于将相关的数据段打包到一份 XML 文档中非常有用，然后可以将该文档发送给另外的应用程序。

  通过使用 XMLAGG 聚集函数，该扩展可以根据单独的行构造出 XML 表示形式，并根据行的集合创建一份 XML 文档。
- SQL 查询可以从 XML 数据类型的值中提取数据。例如，XPath 语言支持“路径表达式”，允许从 XML 文档中提取出所需的数据部分。

你可以在第 30 章中找到关于这些扩展的更多细节。

8.1.4　RDF 和知识图谱

资源描述框架（Resource Description Framework，RDF）是一种基于实体 – 联系模型的数据表示标准。在本小节中我们对 RDF 进行概述。

8.1.4.1　三元组表示

RDF 模型通过**三元组**（triple）的集合来表示数据，三元组可以是以下两种形式之一：

1.（*ID*，*属性名*，*属性值*）。

2.（*ID*1，*联系名*，*ID*2）。

其中 *ID*、*ID*1 和 *ID*2 是实体的标识，实体也被称为 RDF 中的**资源**（resource）。注意，与 E-R 模型不同的是，RDF 模型只支持二元联系，不支持更通用的 *n* 元联系。我们稍后再讨论这个问题。

三元组的第一个属性称为**主题**（subject），第二个属性称为**谓词**（predicate），最后一个属性称为**对象**（object）。因此，三元组具有（主题，谓词，对象）结构。

371~372

图 8-3 展示了大学数据库一小部分内容的三元组表示形式。所有属性值都用引号引起来了，但标识不使用引号。属性和联系名（构成每个三元组的谓词部分）也不使用引号。

```
10101      instance-of    instructor .
10101      name           "Srinivasan" .
10101      salary         "6500" .
00128      instance-of    student .
00128      name           "Zhang" .
00128      tot_cred       "102" .
comp_sci   instance-of    department .
comp_sci   dept_name      "Comp. Sci." .
biology    instance-of    department .
CS-101     instance-of    course .
CS-101     title          "Intro. to Computer Science" .
CS-101     course_dept    comp_sci .
sec1       instance-of    section .
sec1       sec_course     CS-101 .
sec1       sec_id         "1" .
sec1       semester       "Fall" .
sec1       year           "2017" .
sec1       classroom      packard-101 .
sec1       time_slot_id   "H" .
10101      inst_dept      comp_sci .
00128      stud_dept      comp_sci .
00128      takes          sec1 .
10101      teaches        sec1 .
```

图 8-3　大学数据库部分内容的 RDF 表示形式

在我们的示例中，使用 ID 值来标识教师和学生，使用 *course_id* 来标识课程。它们的每个属性都被表示为一个单独的三元组。对象的类型信息由 *instance-of* 联系提供，例如，10101 被标识为一个教师实例，而 00128 是一个学生实例。为了遵循 RDF 语法，Comp.Sci. 系的标识为 comp_sci。该系只显示了 *dept_name* 这一个属性。由于 *section* 的主码是复合的，因此我们创建了新的标识来区分课程段。“sec1” 就标识了一个这样的课程段，图中还显示了其 *semester*、*year* 和 *sec_id* 属性，以及与 CS-101 的 *course* 联系。

图中所示的联系包括在大学模式中出现的 *takes* 和 *teaches*。根据 E-R 模型，教师、学生和课程所属的系分别表示为 *inst_dept*、*stud_dept* 和 *course_dept* 联系。类似地，与课程段相关联的教室也表示为与教室对象（比如我们示例中的 packard-101）的 *classroom* 联系，与课程段相关联的课程表示为课程段和课程之间的 *sec_course* 联系。

373

如我们所见，实体类型信息是使用实体和对象表示类型之间的 *instance-of* 联系来表示的，类型 – 子类型联系也可以表示为类型对象之间的 *subtype* 边。

与 E-R 模型和关系模式不同，RDF 可以轻松地为对象添加新属性，并创建新的联系类型。

8.1.4.2　RDF 的图表示

RDF 表示形式具有非常自然的图解释。实体和属性值可被视为节点，属性名称和联系可被视为节点之间的边。属性 / 联系的名称可被视为相应边的标签。图 8-4 显示了图 8-3 中数据的图表示。对象用椭圆表示，属性值用矩形表示，联系用边和用于标识联系的相关标签表示。为了简洁我们省略了 *instance-of* 联系。

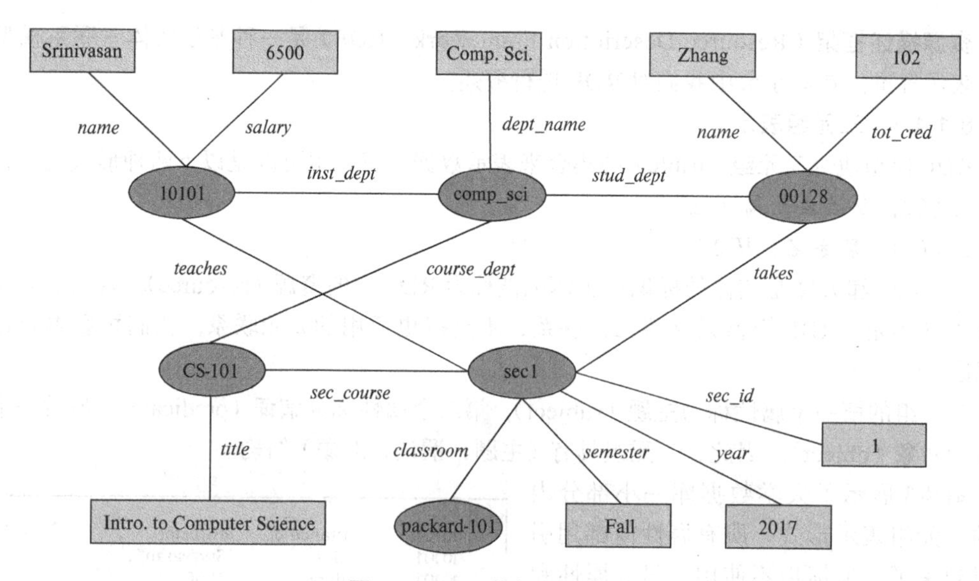

图 8-4　RDF 数据的图表示

利用 RDF 图模型（或其变体和扩展）对信息进行的表示称为**知识图谱**（knowledge graph）。知识图谱被用于各种目的，其中一个应用是存储从各种数据源（诸如维基百科、维基数据以及网络上的其他数据源）采集的事实。一个事实的示例是"华盛顿特区是美国的首都"。这样一个事实可以表示为连接两个节点的带有 *capital-of* 标签的边，一个节点代表华盛顿特区实体，另一个代表美国实体。

374

关于实体的问题可以利用包含相关信息的知识图谱作答。例如，问题"哪个城市是美国的首都？"可以通过查找一条带 *capital-of* 标签并且与美国实体相连的边来回答（如果类型信息可用，则查询还可以验证是否有一条 *instance-of* 边将华盛顿特区连接到表示 *City* 实体类型的节点）。

8.1.4.3　SPARQL

SPARQL 是一种为查询 RDF 数据而设计的查询语言。该语言基于三元组模式，看起来像 RDF 三元组，但可能包含变量。例如，三元组模式

?cid　*title*　"Intro. to Computer Science"

将匹配谓词为"title"且对象为"Intro. to Computer Science"的所有三元组。这里，?cid 是一个可以匹配任何值的变量。

查询可以有多个三元组模式，变量可在三元组之间共享。考虑下面这对三元组：

?cid　*title*　"Intro. to Computer Science"
?sid　*course*　?cid

在图 8-3 所示的大学三元组数据集上，第一个三元组模式匹配 (CS-101, title, "Intro. to Computer Science") 三元组，而第二个三元组模式匹配 (sec1, course, CS-101)。共享参数 ?cid 在两个三元组模式之间确保连接的条件。

现在我们可以展示一个完整的 SPARQL 查询。以下查询旨在检索出选修过课程名为"Intro. to Computer Science"的课程段的所有学生的姓名。

```
select ?name
where {
      ?cid title "Intro. to Computer Science" .
      ?sid course ?cid .
      ?id takes ?sid .
      ?id name ?name .
}
```

这些三元组之间的共享变量确保元组之间的连接条件与每个这样的三元组相匹配。

注意，与 SQL 不同的是，三元组模式中的谓词可以是变量，可以匹配任何联系或属性名。SPARQL 还有很多特性，比如聚集、可选连接（类似于外连接）和子查询。有关 SPARQL 的更多信息，请参阅延伸阅读中的参考文献。 375

8.1.4.4 *n* 元联系的表示

表示为边的联系只能对二元联系建模。知识图谱已经扩展到能存储更复杂的联系。例如，知识图谱已经利用时态信息进行扩展，以记录一个事实为真的时间段，如果美国首都在 2050 年从华盛顿特区迁到纽约，这将用两个事实来表示，一个是截至 2050 年华盛顿为首都的时间段，另一个是 2050 年之后的时间段。

正如我们在 6.9.4 节中看到的，可以通过创建一个人为实体来用二元联系表示 *n* 元联系，该人为实体对应于 *n* 元联系中的元组，并将其与参与到联系中的每个实体相连接。在前面的示例中，我们可以创建一个人为实体 e_1 来表示巴拉克 · 奥巴马从 2008 年至 2016 年担任美国总统的事实。我们将 e_1 与代表奥巴马和美国的实体分别通过 *person* 和 *country* 联系边进行连接，并将 e_1 与值 2008 和 2016 分别通过 *president-from* 和 *president-till* 属性边进行连接。如果我们选择将年份表示为实体，则上面创建的连接到两个年份的边将代表联系而不是属性。

上述思路类似于 E-R 模型中聚集的概念，正如我们在 6.8.5 节中看到的，聚集可以将联系当作实体，这个想法在 RDF 中被称为**实体化**（reification）。实体化在许多知识图谱表示中都有应用，其中诸如有效期这样的额外信息被当作基础边的*限定符*（qualifier）。

其他模型向三元组中添加第四个属性——上下文，这样，它们存储的是**四元组**（quad）而不是三元组。虽然基本联系仍然是二元的，但第四个属性允许上下文实体与联系相关联。诸如有效期这样的信息可以作为上下文实体的属性来处理。

有几个知识库，如 WiKidata、DBPedia、Freebase 和 Yago，它们提供了各种各样知识的 RDF/ 知识图谱表示形式。此外，还有大量面向领域的知识图谱。**链接公开数据**（linked open data）项目旨在使各种知识图谱开源，并进一步在这些独立创建的知识图谱之间建立连接。这种连接允许查询使用来自多个知识图谱的信息以及链接到知识图谱来进行推断。有关此主题的更多信息请参阅本章的参考文献。

8.2 面向对象

对象 - 关系数据模型（object-relational data model）通过提供更加丰富的类型系统（包括复杂数据类型和面向对象）扩展了关系数据模型。关系查询语言（特别是 SQL）需要进行相应的扩展以处理更丰富的类型系统。这种扩展试图在扩展建模能力的同时保持关系的基础，特别是对数据的声明式访问。 376

许多数据库应用程序都是使用面向对象的程序设计语言，（例如 Java、Python 或 C++）编写的，但是它们需要将数据存储到数据库中和从数据库中获取数据。由于面向对象程序设计语言的本地类型系统与数据库支持的关系模型之间存在类型差异，因此只要获取或存储数据，就需要在两种模型之间进行数据转换。仅靠扩展数据库支持的类型系统不足以彻底解决这个问题，必须使用一种不同于程序设计语言的语言（如 SQL）来表达数据库访问，这使得程序员的工作更加艰难。很多应用都需要允许直接访问数据库中数据的程序设计语言结构或扩展，而非通过诸如 SQL 这样的中间语言来访问。

在实践中可以采用三种方式将面向对象特性与数据库系统集成到一起：

1. 构建**对象 - 关系数据库系统**（object-relational database system），为关系数据库系统添加面向对象的特性。
2. 在存储时，把来自程序设计语言的本地面向对象类型系统的数据自动转换为关系表示形式，在检索时则反之。数据转换由**对象 - 关系映射**（object-relational mapping）具体说明。
3. 构建**面向对象的数据库系统**（object-oriented database system），即以本地方式支持面向对象类型系统的数据库系统，并允许面向对象程序设计语言使用其本地类型系统直接访问数据。

我们将在本节中简要介绍前两种方式。第三种方式（即面向对象数据库的方式）虽然在语言集成方面比前两种方式有优势，但鉴于两种原因并没有取得太大的成功：首先，声明式查询对于有效访问数据非常重要，但命令式编程语言并不支持这种查询；其次，通过指针直接访问对象会增加由于指针错误而导致数据库损坏的风险。我们不再进一步介绍面向对象的方式。

8.2.1　对象 - 关系数据库系统

377

在本小节中，我们将概述如何将面向对象特性添加到关系数据库系统中。

8.2.1.1　用户自定义类型

SQL 的对象扩展允许创建结构化的用户自定义类型、对这种类型的引用以及包含这种类型元组的表[⊖]。

```
create type Person
    (ID varchar(20) primary key,
    name varchar(20),
    address varchar(20))
    ref from(ID);
create table people of Person;
```

我们可以创建一个如下所示的新元组：

```
insert into people (ID, name, address) values
    ('12345', 'Srinivasan', '23 Coyote Run');
```

许多数据库系统支持数组和表类型，关系和用户自定义类型的属性可以声明为这种数组或表类型。对这些特性的支持以及语法因数据库系统的不同而差异很大。例如，在 PostgreSQL 中，*integer*[] 表示未指定大小的整数数组，而 Oracle 用 **varray(10) of integer** 这样的语法形式来指定由 10 个整数构成的数组。SQL Server 允许用如下例所示的方式来声明表值类型：

⊖ 结构化类型不同于我们在 4.5.5 节中介绍的更简单的“独特”数据类型。

```
create type interest as table (
      topic varchar(20),
      degree_of_interest int
);
create table users (
      ID varchar(20),
      name varchar(20),
      interests interest
);
```

用户自定义类型还可以有与其关联的方法。只有少数数据库系统（如 Oracle）支持此功能，我们在此不做详细介绍。

8.2.1.2　类型继承

考虑前面定义的 *Person* 类型和 *people* 表。我们想在数据库中存储关于学生和教师的额外信息。由于学生和教师也是人，我们可以在 SQL 中使用继承来定义学生和教师类型： 378

```
create type Student under Person
      (degree varchar(20)) ;
create type Teacher under Person
      (salary integer);
```

Student 和 *Teacher* 都继承了 *Person* 的属性，即 *ID*、*name* 和 *address*。*Student* 和 *Teacher* 被称为 *Person* 的子类型，*Person* 是 *Student* 的超类型，也是 *Teacher* 的超类型。

与属性一样，结构化类型的方法被其子类型继承。但是，子类型可以对方法进行重定义。我们在此不做详细介绍。

8.2.1.3　表继承

表继承允许将一个表声明为另一个表的子表，对应于 E-R 概念中的特化 / 概化。有几个数据库系统支持表继承，但方式不同。

在 PostgreSQL 中，我们可以创建一个 *people* 表，然后按如下方式创建 *students* 和 *teachers* 表作为 *people* 的子表：

```
create table students
      (degree varchar(20))
      inherits people;
create table teachers
      (salary integer)
      inherits people;
```

其结果是，出现在 *people* 表中的每个属性也都出现在 students 和 *teachers* 子表中。

SQL:1999 支持表继承，但需要先指定表类型。因此，在支持 SQL:1999 的 Oracle 中，我们可以使用：

```
create table people of Person;
create table students of Student
      under people;
create table teachers of Teacher
      under people;
```

其中 *Student* 和 *Teacher* 类型已经被声明为 *Person* 的子类型，如前所述。 379

无论哪种情况，我们都可以在 *student* 表中插入一个元组，如下所示：

```
insert into student values ('00128', 'Zhang', '235 Coyote Run', 'Ph.D.');
```

这里我们给从 *people* 继承来的属性以及 *student* 的本地属性赋值。

当我们将 *students* 和 *teachers* 声明为 *people* 的子表时，出现在 *students* 或 *teachers* 中的每个元组都隐式地存在于 *people* 中。因此，如果一个查询使用了 *people* 表，它将不仅找到直接插入此表中的元组，还将找到插入其子表（即 *students* 和 *teachers*）中的元组。但是，该查询只能访问 *people* 中存在的那些属性。SQL 允许我们使用“**only** *people*”代替查询中的 *people*，通过这种方式查找出现在 *people* 中但不在其子表中的元组。

8.2.1.4　SQL 中的引用类型

一些 SQL 实现（如 Oracle）支持引用类型。例如，可以通过引用类型声明来定义 *Person* 类型，如下所示：

```
create type Person
    (ID varchar(20) primary key,
    name varchar(20),
     address varchar(20))
    ref from(ID);
create table people of Person;
```

在缺省情况下，SQL 为元组分配系统定义的标识，但是已经存在的主码值可用于引用元组，所采用的方式是在类型定义中包含 **ref from** 子句，如上所示。

我们可以用 *name* 字段和引用 *Person* 类型的 *head* 字段来定义 *Department* 类型，然后可以创建具有 *Department* 类型的 *departments* 表，如下所示：

```
create type Department (
    dept_name varchar(20),
    head ref(Person) scope people);
create table departments of Department;
```

注意上面的 **scope** 子句实现了从 *departments.head* 到 *people* 关系的外码定义。

向 *departments* 中插入元组时，可以使用：

```
insert into departments
    values ('CS', '12345');
```

380

因为 *ID* 属性被用作对 *Person* 的引用。不然，*Person* 的定义可以指定在创建 *Person* 对象时必须由系统自动生成引用。系统生成的标识可以使用 **ref**(*r*) 来检索，其中 *r* 是查询中所使用的表别名的表名。这样，我们可以创建一个 *Person* 元组，并且可以在子查询中使用这个人的 ID 或姓名来检索对这个元组的引用。当向 *departments* 表中插入元组时，该子查询被用于为 *head* 属性创建值。由于大多数数据库系统不允许在 **insert into** *departments* **values** 语句中使用子查询，因此可以使用如下两个查询来完成此任务：

```
insert into departments
    values ('CS', null);
update departments
    set head = (select ref(p)
        from people as p
        where ID = '12345')
    where dept_name = 'CS';
```

在 SQL:1999 中通过 -> 符号对引用取内容。考虑前面定义的 *departments* 表。我们可以使用此查询来查找所有系负责人的姓名和地址：

```
select head->name, head->address
from departments;
```

像“*head->name*”这样的表达式称为**路径表达式**（path expression）。

由于 *head* 是对 *people* 表中元组的引用，所以上述查询中的 *name* 属性就是 *people* 表中元组的 *name* 属性。引用可用于取代连接运算，在上面的示例中，如果不使用引用，那么 *departments* 的 *head* 字段将被声明为 *people* 表的外码。要找到系负责人的姓名和地址，我们需要显式连接 *departments* 和 *people* 关系。引用的使用大大简化了查询。

我们可以使用 **deref** 运算来返回引用所指向的元组，然后访问其属性，如下所示：

```
select deref(head).name
from departments;
```

8.2.2　对象 - 关系映射

对象 - 关系映射（Object-Relational Mapping，ORM）系统允许程序员定义数据库关系中的元组和编程语言中的对象之间的映射。

381

可以基于属性上的选择条件来检索一个对象或一组对象，即按照选择条件从底层数据库中检索出相关数据，然后基于对象和关系之间预先指定的映射，由检索出的数据创建一个或多个对象。

程序可以更新检索到的对象、创建新对象或指定要删除的对象，并发出保存命令。然后使用从对象到关系的映射来相应地更新、插入或删除数据库中的元组。

对象 - 关系映射系统的主要目标是通过向程序员提供对象模型来减轻他们构建应用程序的工作，同时保留在底层使用鲁棒的关系数据库的好处。还有一个额外的好处是，当操作缓存在内存中的对象时，对象 - 关系系统可以提供比直接访问底层数据库高得多的性能。

对象 - 关系映射系统还提供查询语言，允许程序员直接在对象模型上编写查询。这些查询被转换为底层关系数据库上的 SQL 查询，并由 SQL 查询结果来创建结果对象。

使用 ORM 的一个额外好处是，多个数据库中的任何一个都可用来存储数据，并具有完全相同的高级代码。ORM 从更高级别隐藏了数据库之间细微的 SQL 差异。因此，当使用 ORM 时，从一个数据库到另一个数据库的迁移相对简单，而如果应用程序使用 SQL 与数据库通信，SQL 差异会使这种迁移困难得多。

在负面影响方面，对象 - 关系映射系统在批量数据库更新以及直接用命令式语言编写复杂查询的情况下会出现显著的性能下降。不过可以绕过对象 - 关系映射系统，直接更新数据库，并在发生这种效率低下的情况时直接用 SQL 编写复杂查询。

对于许多应用来说对象 - 关系模型的利大于弊，近年来对象 - 关系映射系统得到了广泛的应用。特别是，Hibernate 已经被广泛应用于 Java，而包括 Django 和 SQLAlchemy 在内的几个 ORM 被广泛应用于 Python。关于为 Java 提供对象 - 关系映射的 Hibernate ORM 系统以及为 Python 提供对象 - 关系映射的 Django ORM 系统的更多信息，将在 9.6.2 节中介绍。

8.3　文本数据

文本数据由非结构化文本组成。术语**信息检索**（information retrieval）通常指非结构化文本数据的查询。在信息检索领域使用的传统模型中，文本信息被组织成文档（document）。

382 在数据库中，文本值属性可以被视为文档。在 Web 上下文中，每个网页都可被视为一份文档。

8.3.1　关键字查询

信息检索系统具备利用某些所需信息来检索文档的能力。所需文档通常用**关键字**（keyword）集合来描述。例如，关键字“数据库系统”可用来定位数据库系统方面的文档，而关键字“股票”和“丑闻”可用来定位股市丑闻方面的文章。文档本身已经与一个关键字集合相关联，通常情况下文档中的所有词都被视为关键字。**关键字查询**（keyword query）会检索出那些关键字集合包含查询中所有关键字的文档。

在最简单的形式下，信息检索系统定位并返回包含查询中全部关键字的所有文档。更复杂的系统会估计文档与查询的相关性，这样，文档可以按照所估计的相关性顺序进行显示。它们利用关键字出现的信息和超链接信息来估计相关性。

关键字搜索最初是针对机构内的文档库或面向领域的文档库，如研究出版物。但是，信息检索对于存储在数据库中的文档也很重要。

基于关键字的信息检索不仅可用于检索文本数据，还可用于检索其他类型的数据，比如视频或音频数据，这些数据与一些描述性关键字相关联。例如，与一部视频电影相关联的关键字可以是它的片名、导演、演员以及类型，而一张图片或一段视频剪辑可能会带有标签，标签就是描述这张图片或这段视频剪辑的关键字。

网络搜索引擎是信息检索系统的核心。它们通过抓取（crawl）网络来检索和存储网页。用户提交关键字查询，而网络搜索引擎的信息检索部分则查找所存储的包含所需关键字的网页。如今的网络搜索引擎已发展到不仅仅检索网页了。当前，搜索引擎旨在通过判断一个查询所涉及的主题并同时呈现被判定为相关的网页以及有关该主题的其他信息，来满足用户的信息需求。例如，给定“板球”这一查询术语，搜索引擎会显示正在进行或最近举行的板球比赛的比分，而不仅仅是与板球相关的排名高的文档。另一个示例是，为了响应“纽约”这一查询，除了与纽约相关的网页之外，搜索引擎还会显示纽约地图和纽约图片。

8.3.2　相关性排名

包含查询中关键字的所有文档的集合可能非常大，特别是，Web 上有数十亿的文档，网络搜索引擎上的大多数关键字查询都会找到数十万包含部分或全部关键字的文档。并非所有的文档都与关键字查询同等相关。因此，信息检索系统估计文档与查询的相关性，并且只返383回排名靠前的文档作为结果。相关性排名不是一门精密科学，但已存在一些普遍认可的方法。

8.3.2.1　使用 TF-IDF 的排名

术语（term）这个词是指文档中出现的关键字，或作为查询的一部分给出的关键字。第一个要解决的问题是，给定一个特定的术语 t，某份特定文档 d 与该术语的相关性如何。一种处理方法是用文档中该术语出现的次数作为对其相关性的度量，这是基于这样的假设：更相关的术语可能在文档中被多次提到。只统计术语的出现次数通常不是一个好的做法：首先，出现次数取决于文档的长度；其次，某个术语出现 10 次的文档的相关性可能并不是只出现 1 次的文档的相关性的 10 倍。

一种用于度量术语 t 与文档 d 的相关性的 $TF(d, t)$ 方法是：

$$TF(d,t) = \log\left(1 + \frac{n(d,t)}{n(d)}\right)$$

这里的 $n(d)$ 表示文档中出现的术语个数，$n(d, t)$ 表示文档 d 中出现术语 t 的次数。注意到这个公式考虑了文档长度。文档中一个术语出现得越多相关性越大，尽管它不是直接正比于出现次数。

许多系统利用其他信息来改进上面的公式。例如，如果术语出现在标题、作者列表或摘要里，则认为文档与该术语更相关。类似地，如果术语在文档中首次出现的位置靠后，则认为该文档可能比首次出现位置靠前的文档的相关性要小。以上观点可以通过对公式 $TF(d, t)$ 的扩展来形式化表示。在信息检索领域，不管实际使用的是什么公式，一份文档与一个术语的相关性称作**术语频率**（Term Frequency，TF）。

一个查询 Q 可能包含多个关键字。一份文档对含有两个或更多关键字的查询的相关性估计，是通过将该文档与每个关键字的相关性度量结合在一起得到的。将度量值结合的一种简单方法是把它们加起来。然而，并非用作关键字的所有术语都是等同的。假设一个查询使用两个术语，其中一个出现频率高，例如"database"，另一个出现频率低，例如"Silberschatz"。包含"Silberschatz"但不包含"database"的文档应比包含"database"但不包含"Silberschatz"的文档的排名靠前。

为了解决这个问题，使用**逆文档频率**（Inverse Document Frequency，IDF）对术语赋权值。逆文档频率定义为：

$$IDF(t) = \frac{1}{n(t)}$$

这里的 $n(t)$ 表示包含术语 t 的文档（在被系统索引的文档中）的数量。一份文档 d 与一个术语集 Q 的**相关性**（relevance）定义为：

384

$$r(d, Q) = \sum_{t \in Q} TF(d, t) * IDF(t)$$

如果允许用户指定查询中术语的权重 $w(t)$，则该度量可以进一步改进，在这种情况下，通过在上述公式中把 $TF(d, t)$ 乘以 $w(t)$，即可将用户定义的权重考虑进去。

上述利用术语频率以及逆文档频率作为文档相关性度量的方法称为 **TF-IDF** 方法。

几乎所有的（英语）文本文档都包含诸如"and""or""a"之类的词，由于它们的逆文档频率非常低，因此这些词对查询目的来说是无用的。信息检索系统定义了一个词集合，称作**停用词**（stop word），它包含 100 个左右最常用的词，当对文档索引时忽略这些词。这类词不作为关键字使用，如果出现在用户提供的关键字中就要被去除。

当一个查询包含多个术语时，另一个需要考虑的因素是这些术语在文档中的**接近度**（proximity）。如果文档中术语的出现彼此靠近，则该文档的排名应该比其中术语的出现彼此疏远的文档要靠前。可以修改 $r(d, Q)$ 公式，将术语的接近度也考虑进去。

给定一个查询 Q，信息检索系统的任务是按照文档与 Q 的相关性的降序返回文档。由于相关的文档可能非常多，因此信息检索系统一般只返回具有最高估计相关度的前几份文档，同时允许用户与系统交互并请求更多的文档。

8.3.2.2　使用超链接的排名

文档之间的超链接可用于决定文档的总体重要性，而不受关键字查询的影响。例如，被许多其他文档链接的文档被认为是更重要的。

网络搜索引擎 Google 引入了 **PageRank**，它基于指向某个页面的那些页面的流行度来度量被指向页面的流行度。利用 PageRank 流行度度量来对查询的结果进行排名，其效果大幅优于以往使用的排名技术，这也使得 Google 能在非常短的时间内成为使用最为广泛的搜索引擎。

注意到许多 Web 页面所指向的那些页面更有可能被访问到，因此这些页面有更高的 PageRank。类似地，具有高 PageRank 的 Web 页面所指向的页面，被访问到的概率也更高，因而有更高的 PageRank。

因此，文档 d 的 PageRank 是基于链接到文档 d 的其他文档的 PageRank 来（循环）定义的。PageRank 可以通过如下所述的一组线性方程来定义：首先，Web 页面被赋予整数标识。定义跳转概率矩阵 T 的 $T[i, j]$ 被设置为沿着从页面 i 引出的链接行进的随机游走者沿链接走向页面 j 的概率。假定从 i 出发的每个链接都具有相同的概率，即 $T[i, j]=1/N_i$，其中 N_i 是从页面 i 引出的链接数目。那么，页面 j 的 PageRank $P[j]$ 可以定义为：

385

$$P[j] = \delta/N + (1-\delta) * \sum_{i=1}^{N}(T[i,j] * P[i])$$

其中 δ 是 0～1 之间的一个常数，通常设为 0.15，N 是页面数。

如上产生的方程组通常使用迭代技术求解，从令每个 $P[i]$ 等于 $1/N$ 开始。迭代过程的每一步利用前次迭代产生的 P 的值计算每个 $P[i]$ 的新值。当在某次迭代中任意 $P[i]$ 值的最大变化低于某个临界值时，迭代过程停止。

注意 PageRank 是一种与关键字查询无关的静态度量，给定一个关键字查询，它通常与文档的 TF-IDF 分数结合使用，以判断文档与关键字查询的相关性。

PageRank 并不是衡量网站流行度的唯一标准。网站被访问的频繁程度信息是另一种有用的流行度的度量。此外，搜索引擎还会跟踪用户在答案返回时点击页面的次数。与页面超链接相关联的锚文本中出现的关键字被视为非常重要，并被赋予更高的术语频率。这些因素和许多其他因素一起被用于对关键字查询的结果进行排名。

8.3.3　检索有效性的度量

关键字查询的结果排名不是一门精密科学。用于衡量信息检索系统回答查询的效果的指标有两个：第一个是**查准率**（precision），度量检索到的文档中真正与查询相关的文档所占的百分比；第二个是**查全率**（recall），度量与查询相关的文档中被检索到的文档所占的百分比。由于搜索引擎返回的结果数量非常多，用户通常会在浏览一定数量（如 10 或 20）的结果后停止浏览，因此查准率和查全率通常是以“@K”度量的，其中 K 是查看的结果数量。因此，人们可以使用查准率 @10 或查全率 @20。

8.3.4　结构化数据和知识图谱上的关键字查询

尽管对结构化数据的查询通常使用查询语言（如 SQL）来完成，但不熟悉模式或查询语言的用户很难从这种数据中获得信息。基于网络信息检索场景中关键字查询的成功经验，支持结构化和半结构化数据上的关键字查询的技术已经被开发出来了。

一种方法是使用图来表示数据，然后在图上执行关键字查询。例如，可以将元组视为图中的节点，并将外码和元组之间的其他连接视为图中的边。然后将关键字搜索建模为在相应的图中查找包含给定关键字的元组，并查找它们之间的连接路径。

386

例如，在大学数据库中查询“Zhang Katz”可能会找到 *student* 中 *name* 字段为“Zhang”的元组、*instructor* 中 *name* 字段为“Katz”的元组，以及在 *advisor* 关系中连接这两个元组的路径。其他的路径（比如学生“Zhang”选修了一门由“Katz”讲授的课程）也可能在该查询的答案中找到。当用户不知道准确的模式，也不想费力去编写一个 SQL 查询来定义想要查找什么的时候，这样的查询就可以用来对数据进行即席浏览和查询。事实上，期望非专业用户用结构化查询语言写出查询是不合理的，而关键字查询就很自然。

由于查询并没有完全定义，因此它们可能会有许多不同类型的答案，这些答案必须是经过排名的。人们提出了许多技术对这种情况下的答案进行排名，包括基于连接路径长度的技术，以及基于指定边的方向和权值的技术。另外，还提出了基于外码链接为元组赋予流行度排名的技术。有关结构化数据的关键字搜索的更多信息，请参阅本章的参考文献，并可在线获取。

此外，知识图谱可以与文本信息一起用于回答查询。例如，可以使用知识图谱为实体提供唯一标识，这些标识用于注解文本文档中提到的实体。在文档中特别提及某人时，可能会用短语“Stonebraker developed PostgreSQL”。从上下文来看，Stonebraker 一词可能被推断为数据库研究者“Michael Stonebraker”，并通过将 Stonebraker 一词链接到“Michael Stonebraker”实体来进行注解。知识图谱可能还记录了 Stonebraker 获得图灵奖的事实。那么，针对“turing award postgresql”的查询请求可以通过使用文档和知识图谱中的信息进行回答[⊖]。

现在的网络搜索引擎除了爬取文档以外，还使用大型知识图谱来回答用户的查询。

8.4 空间数据

数据库系统中对空间数据的支持对于基于空间位置数据的高效存储、索引和查询非常重要。

有两种类型的空间数据尤其重要：

- **地理数据**（geographic data），如道路图、土地使用图、地形海拔图、显示边界的地图、土地所有权地图等。**地理信息系统**（geographic information system）是为存储地理数据而定制的专用数据库系统。地理数据是基于地球圆坐标系的，包括纬度、经度和海拔。
- **几何数据**（geometric data），包括有关建筑、汽车或飞机等物体如何构建的空间信息。几何数据是基于二维或三维欧几里得空间的，具有 x、y 和 z 坐标。

387

许多数据库系统都支持地理和几何数据类型，如 Oracle 的 Spatial 和 Graph、PostgreSQL 的 PostGIS 扩展、SQL Server 以及 IBM DB2 Spatial Extender。

在本节中我们将介绍空间数据的建模和查询。第 14～15 章将介绍索引和查询处理等实现技术。

尽管现在基于**开放地理空间信息联盟**（Open Geospatial Consortium，OGC）标准的表示得到越来越多的支持，但表示地理和几何数据的语法还是因数据库而异。请参阅你所使用的数据库的手册，以了解更多关于该数据库所支持的特定语法。

⊖ 在这个示例中知识图谱可能已经记录了 Stonebraker 开发过 PostgreSQL，但是还有许多其他信息片段可能只存在于文档中，而不存在于知识图谱中。

8.4.1 几何信息表示

图 8-5 说明了如何以规范化的方式在数据库中表示各种几何结构。这里要强调的是，几何信息的表示可以有多种不同方式，我们只描述了其中的几种。

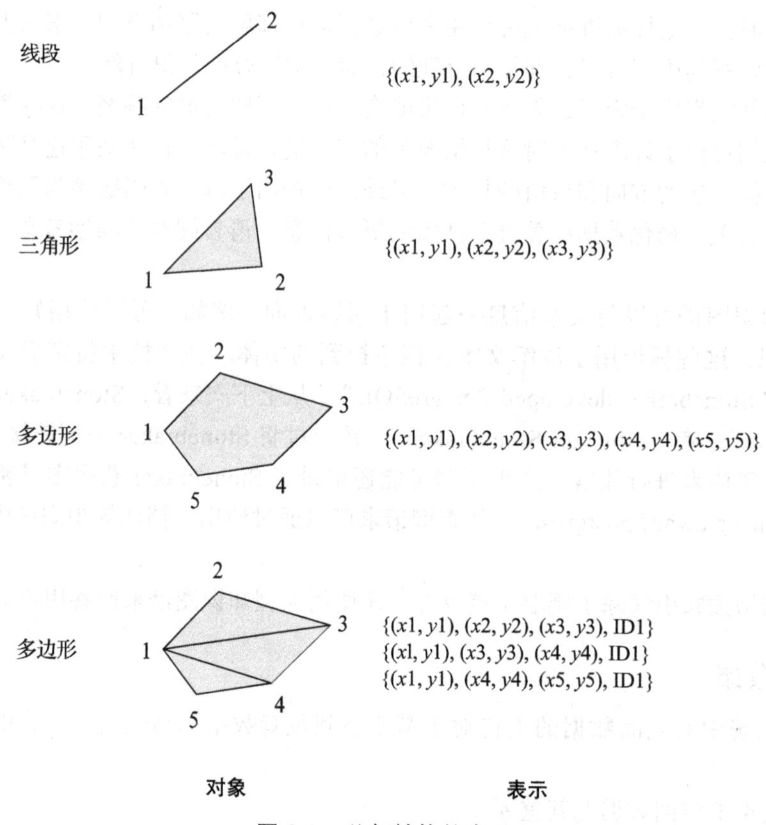

图 8-5　几何结构的表示

线段（line segment）可以用其端点的坐标来表示。比如，在一个地图数据库中，一个点的两个坐标可以是它的纬度和经度。**折线**（polyline）（也称为**线串**（linestring））由相连的线段序列组成，可以用一个包含线段端点坐标的顺序列表来表示。对于任意曲线，我们可以将它划分成一个线段序列，从而用折线来近似地表示。这种表示对于诸如道路这样的二维特征是有用的。这里，道路的宽度相对于整个地图的规模来说足够小，因此可以认为道路是一条线。有些系统还将圆弧（circular arc）作为原语，允许把曲线表示为圆弧序列。

我们可以通过按顺序列出多边形的顶点来表示多边形（polygon），如图 8-5 所示[⊖]。顶点列表指出了多边形区域的边界。在图 8-5 展示的另一种表示方式中，多边形被分割成一组三角形。该过程称为**三角剖分**（triangulation），任意多边形都可以被三角剖分。复杂多边形被赋予一个标识，它所分割出来的每个三角形都带有该多边形的标识。圆和椭圆可以用相应类型来表示，也可以用多边形来近似表示。

折线或多边形的列表表示往往便于进行查询处理。当底层数据库支持时，也可以使用这

⊖ 有些参考文献使用封闭多边形（closed polygon）这个术语来指代我们所谓的多边形，并将折线称为开放多边形。

种非一范式表示。因此我们可以使用固定大小的元组（以第一范式形式）来表示折线，可以赋予折线或曲线一个标识，可以把每条线段表示成一个单独的、带有相应多边形或曲线标识的元组。类似地，多边形的三角剖分表示允许用第一范式关系来表示多边形。

三维空间中的点与线段的表示类似于其在二维空间中的表示，唯一的区别是点多了额外的 *z* 坐标。类似地，当我们移到三维空间时，平面图形（如三角形、矩形及其他多边形）的表示没有太大变化。四面体和长方体可以分别用与三角形和矩形相同的方式来表示。我们可以通过将多面体分割成四面体来表示任意多面体，就像对多边形的三角剖分那样。我们也可以通过列出多面体的面来表示多面体，每个面本身是一个多边形，使用这种表示还需要指出该面的哪一侧是多面体的内侧。

388～389

例如，SQL Server 和 PostGIS 支持**几何**和**地理**类型，每种类型都有点、线串、曲线、多边形等子类型，以及这些类型的集合，称为多点、多线串、多曲线和多多边形。这些类型的文本表示由 OGC 标准定义，并可以使用转换函数转换为内部表示。例如，LINESTRING(1 1, 2 3, 4 4) 定义了一条连接点 (1, 1)、(2, 3) 和 (4, 4) 的线，而 POLYGON((1 1, 2 3, 4 4, 1 1)) 定义了由这些点定义的三角形。函数 *ST_GeometryFromText*() 和 *ST_ GeographyFromText*() 分别将文本表示转换为几何和地理对象。几何和地理类型上的操作返回相同类型的对象，包括函数 *ST_Union*() 和 *ST_Intersection*()，它们分别计算线串和多边形等几何对象的并集和交集。函数名和语法因系统而异，详细信息请参阅相关系统手册。

在地图数据的上下文中，表示道路的各种线段实际上相互连接而构成了图。这种**空间网络**（spatial network）或**空间图**（spatial graph）具有图中顶点的空间位置，以及顶点之间的互连信息，这些信息形成了图的边。边具有各种相关信息，比如距离、车道数、一天中不同时间的平均速度等。

8.4.2　设计数据库

传统上，计算机辅助设计（Computer Aided Design，CAD）系统在编辑或做其他处理时将数据存储在内存中，并且在一次编辑结束时将数据写回文件。这种方式的缺点包括将数据由一种形式转化为另一种形式的开销（编程的复杂性和时间开销），以及即使只需要其中一部分也必须读入整个文件的要求。对于大型设计，如大规模集成电路设计或整架飞机的设计，可能不能将整个设计全放到内存中。面向对象数据库设计者很大程度上受 CAD 系统对数据库的需求的激励。面向对象数据库将设计中的组件表示成对象，并且对象间的连接表明了设计的构造方式。

设计数据库中存储的对象通常是几何对象。总的来说，简单的二维几何对象包括点、线、三角形、矩形和多边形。复杂的二维对象可以通过对简单对象的并、交和差运算来构成。类似地，复杂的三维对象可以用简单对象（如球体、圆柱体和长方体）通过并、交、差运算来构成，如图 8-6 所示。三维表面也可以用**线框模型**（wireframe model）表示，其本质是将表面建模成一组相对简单的对象，如线段、三角形和矩形。

390

设计数据库还存储有关对象的非空间信息，如构造对象的材料。我们通常可以用标准数据建模技术来对这些信息建模。这里我们只关心空间方面。

设计中必须执行各种空间运算。例如，设计者可能想要检索对应于感兴趣的某个特定区域的设计部分。14.10.1 节讨论的空间索引结构对这类任务是有用的。空间索引结构是多维的，处理的是二维或三维数据，而不是仅处理由 B^+ 树提供的简单的一维排序。

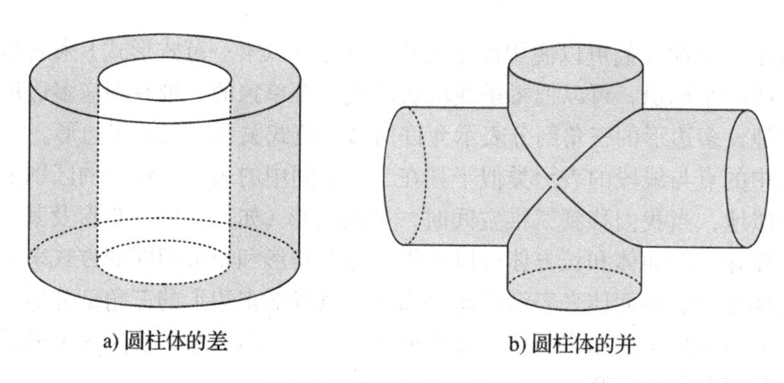

图 8-6　复杂的三维对象

空间完整性约束（如“两根水管不应在同一位置”）对于在设计数据库中防止接口错误是很重要的。如果设计是手工做的，这种错误就会经常发生，并且只有当原型构建出来时才会被检测出来。因此，这些错误修改起来可能代价昂贵。数据库对空间完整性约束的支持可以帮助人们避免设计错误，从而保持设计的一致性。这种完整性检查的实现也同样依赖于高效可用的多维索引结构。

8.4.3　地理数据

地理数据本质上是空间数据，但与设计数据相比有几个方面的不同。地图和卫星图像是地理数据的典型示例。地图不仅可以提供位置信息，如关于边界、河流和道路的信息，而且还可以提供更多与位置相关的详细信息，如海拔、土壤类型、土地使用和年降雨量。

8.4.3.1　地理数据的应用

地理数据库有多种用途，包括在线地图和导航服务，它们在今天无处不在。其他应用包括公共服务设施（如电话、电力和供水系统）的分布网络信息、为生态学家和规划者提供的土地使用信息、跟踪土地所有权的土地记录等。

391

用于公共设施信息的地理数据库随着地下电缆和管道网络的增加变得非常重要。如果没有详细地图，一种设施的施工可能破坏另一种设施的结构，从而导致大范围的服务瘫痪。地理数据库加上使用 GPS 的精确定位系统有助于避免这类问题。

8.4.3.2　地理数据的表示

地理数据可以分为两类。

- **光栅数据**（raster data）。这种数据由二维或更高维的位图或像素图组成。二维光栅图像的典型示例是地区的卫星图像。除实际图像之外，数据还包括图像的位置（例如由它的角的纬度和经度指定）和分辨率（由总像素数或者在地理数据环境中使用更为普遍的每像素覆盖面积来指定）。

  光栅数据通常用**栅格**（tile）表示，每个栅格覆盖固定大小的区域。可以通过显示与区域重叠的所有栅格来显示更大的区域。为了允许在不同的缩放级别显示数据，可为每个缩放级别创建一个单独的栅格集。一旦通过用户界面（例如 Web 浏览器）设置了缩放级别，与待显示区域重叠的该缩放级别的栅格就会被检索和显示出来。

  光栅数据可以是三维的，例如，同样在卫星帮助下测得的不同地区在不同海拔的温度。时间可以形成另一个维度，例如，不同时间上不同点的表面温度度量。
- **向量数据**（vector data）。向量数据由基本几何对象构成，如点、线段、折线、三角形和其他二维多边形，以及圆柱体、球体、长方体和其他三维多面体。在地理数据环境中，点通常用纬度和经度表示，此外在与高度相关的地方还用海拔表示。

地图数据常以向量形式表示。道路常被表示成折线。地理特征（如大型湖泊）甚至政治特征（如州和国家）可以表示成复杂多边形。某些特征（如河流）可以表示成复杂曲线或复杂多边形，这取决于其宽度是否相关。

关于地区的地理信息（如年降雨量）可以以光栅的形式表示成一个数组。为提高空间效率，该数组可以用压缩形式存储。在 24.4.1 节中，我们将采用一种称为*四叉树*（quadtree）的数据结构来研究这种数组的另一种表示。 392

作为另一种选择，我们可以以向量形式用多边形来表示区域信息，其中每个多边形代表一个区域，该区域内部的数组值是相同的。在某些应用中向量表示比光栅表示更简洁。而且对于某些任务它也更为精确，如在表示道路时，将区域划分成像素（可能相当大）会导致位置信息精确度的损失。但是，向量表示不适合于数据本质上基于光栅的那些应用，如卫星图像。

地形信息（topographical information）（即有关表面上每个点的海拔（高度）的信息）可以用光栅形式表示。此外，还可以将表面划分成覆盖（近似）等高区域的多边形，然后以向量形式来表示，其中每个多边形对应于单个海拔值。作为另一种选择，可以对表面进行**三角剖分**（即划分成三角形），每个三角形用它的每个角的纬度、经度和海拔表示。后一种表示称为**三角剖分的不规则网络**（Triangulated Irregular Network，TIN）表示，这种简洁表示对于产生一个区域的三维视图尤其有用。

地理信息系统通常包含光栅和向量两种数据，当显示结果给用户时可以合并这两种类型的数据。例如，地图应用通常包含关于道路、建筑和其他陆标的卫星图像和向量数据。地图显示通常**重叠**（overlay）了不同种类的信息。比如，卫星图像背景上重叠了道路信息，构成一种混合显示。事实上，地图通常由多个层组成，这些层以自底向上的顺序显示，较高层的数据出现在较低层的数据之上。

还有一个值得注意的有趣情况是，即使实际以向量形式存储的信息在发送给用户界面（如 Web 浏览器）之前也可能转换为光栅形式。一个原因是，即使禁用了 JavaScript 的 Web 浏览器也可以显示地图数据；另一个原因可能是，防止终端用户提取和使用向量数据。

地图服务（如 Google Maps 和 Bing Maps）提供了 API，允许用户创建专用的地图显示，包括重叠在标准地图数据上的、面向应用的数据。例如，一个网站可能显示一个区域的地图，将有关餐馆的信息重叠在地图上。这种重叠可以动态地构造，例如，只显示具有特定风格的餐馆，或者允许用户更改缩放级别或平移显示。

8.4.4 空间查询

有许多类型的查询都涉及空间位置。

- **区域查询**（region query）处理的是空间区域。这种查询可以找出部分或全部位于指定区域内的对象。这种查询的一个示例是：找出给定城镇的地理边界内的所有零售店。PostGIS 支持两个几何或地理对象之间的谓词，如 *ST_Contains*()、*ST_Overlaps*()、*ST_Disjoint*() 和 *ST_Touches*()。这些谓词可用于查找包含在某个区域中或者与某个区域相交或不相交的对象。SQL Server 支持同等效果的函数，但名称稍有不同。 393

  假设我们有一个 *shop* 关系，它具有一个 *point* 类型的 *location* 属性，以及一个 *polygon* 类型的地理对象。那么，*ST_Contains*() 函数可用于检索其位置包含在给定多边形中的所有商店。

- **近距查询**（nearness query）要求找出位于特定位置附近的对象。近距查询的一个示例是：找出位于给定点的给定距离内的所有餐馆。**最近邻查询**（nearest-neighbor query）要求找出离特定点最近的对象。例如，我们可能想要找出最近的加油站。注意这种查询不必指定距离的范围，因此即使我们不知道最近的加油站有多远，也可以提交这个查询。

  PostGIS 中的 *ST_Distance*() 函数能给出两个此类对象之间的最小距离，并可用于查找离某个点或区域指定距离内的对象。通过寻找距离最小的对象，可以找到最近的邻居。

- **空间图查询**（spatial graph query）基于空间图（如道路图）来请求信息。例如，一个查询可以通过道路网络或火车网络来查找两个位置之间的最短路径，每个网络都可以表示为空间图。这种查询在导航系统中随处可见。

计算区域的交的查询可以看作计算两个空间关系的**空间连接**（spatial join）。举例来说，一个关系代表降雨量，另一个代表人口密度，而位置则扮演连接属性的角色。一般来说，给定两个关系，其中每个关系都包含空间对象，则两个关系的空间连接要么生成若干对相交的对象，要么生成这些对象对的相交区域。执行空间连接时，可以将空间谓词（例如 *ST_Contains*() 或 *ST_Overlaps*()）用作连接谓词。

一般来说，空间数据查询可能是空间和非空间请求的结合。例如，我们可能想要找出可以提供素食的、每餐花费少于 10 美元的最近的餐馆。

8.5 总结

- 有许多应用领域需要存储比具有固定数量属性的简单表更为复杂的数据。
- SQL 标准包括 SQL 数据定义的扩展与查询语言的扩展，以处理新的数据类型并具有面向对象特征。其中包括对以集合为值的属性、继承以及元组引用的支持。这种扩展试图在扩展建模能力的同时保持关系的基础，尤其是对数据的声明式访问。

394

- 半结构化数据的特点是数据复杂，其模式经常改变。
- 目前，一种流行的构建信息系统的体系结构是创建能够检索数据的 Web 服务，并构建显示数据且允许用户交互的应用程序代码。
- 关系数据模型以多种方式进行了扩展，以支持现代应用的存储和数据交换需求。
  - 一些数据库系统允许每个元组具有不同的属性集。
  - 许多数据表示允许属性取非原子值。
  - 许多数据表示允许对属性进行结构化，直接对 E-R 模型中的复合属性进行建模。
- **JavaScript 对象表示法**（JSON）是复杂数据类型的文本表示形式，广泛用于在应用程序之间传输数据和存储复杂数据。
- XML 表示提供了对记录所包含的属性集合以及这些属性类型表示的灵活性。
- **资源描述框架**（RDF）是一种基于实体 - 联系模型的数据表示标准。RDF 表示具有非常自然的图解释。实体和属性值可被视为节点，属性名和联系可被视为节点之间的边。
- SPARQL 是一种基于三元组模式的、用于查询 RDF 数据的查询语言。
- 面向对象提供了子类型和子表的继承，以及对象（元组）的引用。
- 对象 - 关系数据模型通过提供更丰富的类型系统（包括集合类型和面向对象）来扩展

关系数据模型。

- 对象-关系数据库系统（即基于对象-关系模型的数据库系统）为希望使用面向对象特性的关系数据库用户提供了方便的迁移途径。
- 对象-关系映射系统为存储在关系数据库中的数据提供了一种对象视图。对象是瞬态的，并且没有持久对象标识的概念。对象是由关系数据按需创建的，而且对对象的更新是通过更新关系数据来实现的。对象-关系映射系统已被广泛采用，相比而言对持久化程序设计语言的采用要受限得多。

395

- 信息检索系统用于存储和查询诸如文档这样的文本数据。与数据库系统相比，它使用更简单的数据模型，但能在受限的模型里提供更强大的查询能力。
- 查询试图通过指定关键字集合来定位用户感兴趣的文档。用户心里所想的查询往往不能精确表述，因此，信息检索系统基于潜在的相关性对答案进行排序。
- 相关性排名利用多种类型的信息，如：
  - 术语频率，即每个术语对每份文档的重要性。
  - 逆文档频率。
  - 流行度排名。
- 空间数据管理对于许多应用都很重要。几何和地理数据类型得到了许多数据库系统的支持，其子类型包括点、线串和多边形。区域查询、最近邻查询和空间图查询是一些常用的空间查询类型。

术语回顾

- 宽列
- 稀疏列
- 键值映射
- 映射
- 数组数据库
- 标签
- 三元组
- 资源
- 主题
- 谓词
- 对象
- 知识图谱
- 实体化
- 四元组
- 链接公开数据
- 对象-关系数据模型
- 对象-关系数据库系统
- 对象-关系映射
- 面向对象数据库系统
- 路径表达式
- 关键字
- 关键字查询
- 术语
- 相关性
- TF-IDF
- 停用词
- 接近度
- PageRank
- 查准率
- 查全率
- 地理数据
- 几何数据
- 地理信息系统
- 计算机辅助设计（CAD）
- 折线
- 线串
- 三角剖分
- 空间网络
- 空间图
- 光栅数据
- 栅格
- 向量数据
- 地形信息
- 三角剖分的不规则网络（TIN）

396

- 重叠
- 近距查询
- 最近邻查询
- 区域查询
- 空间图查询
- 空间连接

实践习题

8.1 请给出我们的大学数据库示例中名为 Shankar 的学生的信息，包括来自与 Shankar 对应的 *student* 元组、与 Shankar 对应的 *takes* 元组以及与 *takes* 元组对应的 *course* 元组的信息，分别采用下面的表示形式：

a. 使用 JSON，具有适当的嵌套表示。

b. 使用 XML，具有相同的嵌套表示。

c. 使用 RDF 三元组。

d. 作为一个 RDF 图。

8.2 考虑对如图 8-3 所示的大学模式信息的 RDF 表示形式，用 SPARQL 编写以下查询。

a. 查找名为“Zhang”的所有学生所学的所有课程的名称。

b. 查找一位名为“Zhang”的学生所选修的课程段的所有课程的名称，且课程段由名为“Srinivasan”的教师教授。

c. 查找名为“Srinivasan”的教师的属性名及所有属性值，但不能在你的查询中列举属性名。

8.3 一家汽车租赁公司为其当前车队中的所有车辆维护一个数据库。对于所有车辆，数据库中包含的信息有车辆识别号、牌照号、制造商、型号、购买日期以及颜色。对于特定类型的车辆还包含特殊的数据。

- 卡车：载货容量。
- 跑车：马力、对租用者的年龄要求。
- 面包车：载客数目。
- 越野车：底盘高度、传动系统（四轮或两轮驱动）。

397

为这个数据库构造 SQL 模式定义，在适当的地方使用继承。

8.4 考虑 *Emp* 关系的数据库模式，*Emp* 的属性如下所示，具有被指定为多值属性的类型。

Emp = (*ename*, *ChildrenSet* **multiset**(*Children*), *SkillSet* **multiset**(*Skills*))
Children = (*name*, *birthday*)
Skills = (*type*, *ExamSet* **setof**(*Exams*))
Exams = (*year*, *city*)

用 SQL 定义上述模式，使用 8.2.1.1 节中的 SQL Server 表类型语法声明多重集合属性。

8.5 考虑图 8-7 中展示的实体集合 *instructor* 的 E-R 图。使用 Oracle 或者 PostgreSQL 的语法给出对应于这个 E-R 图的 SQL 模式定义，将 *phone_number* 视为包含 10 个元素的数组。

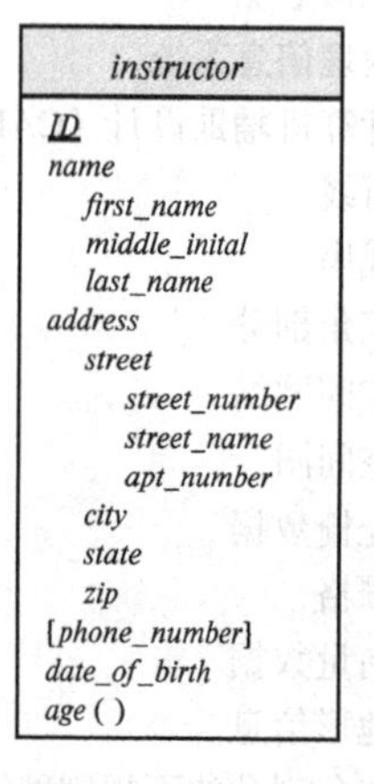

图 8-7 包含复合属性、多值属性和派生属性的 E-R 图

employee (*person_name*, *street*, *city*)
works (*person_name*, *company_name*, *salary*)
company (*company_name*, *city*)
manages (*person_name*, *manager_name*)

图 8-8 实践习题 8.6 的关系数据库

8.6 考虑图 8-8 中所示的关系模式。

a. 用 SQL 给出对应于该关系模式的一个模式定义，但是要使用引用来表达外码联系。

b. 基于上面的模式，用 SQL 编写下面的查询。

i. 找出员工最多的公司。

398

ii. 找出工资发放总额最少的公司。

iii. 找出员工的人均工资比 First Bank Corporation 人均工资高的那些公司。

8.7 计算本章的每道实践习题与查询“SQL relation”之间的相关度（使用术语频率和逆文档频率的恰当定义）。

8.8 展示如何将用于计算 PageRank 的矩阵表示为关系。然后编写一个 SQL 查询，该查询实现用于查找 PageRank 的迭代技术的一个迭代步骤，整个算法可以实现为包含该查询的循环。

8.9 假设 *student* 关系有一个名为 *location* 的点类型的属性，*classroom* 关系有一个多边形类型的 *location* 属性。使用我们前面看到的 PostGIS 空间函数和谓词，用 SQL 编写以下查询：

a. 查找位于 Packard 101 教室内的所有学生的姓名。

b. 查找距离 Packard 101 教室 100 米以内的所有教室，假设所有距离都以米为单位表示。

c. 查找在地理上距离 ID 为 12345 的学生最近的学生的 ID 和姓名。

d. 查找彼此相距小于 200 米的所有成对的学生的 ID 和姓名。

习题

8.10 重新设计实践习题 8.4 中的数据库，使之满足第一范式和第四范式。列出你所设想的所有函数依赖和多值依赖，同时列出在第一范式和第四范式的模式中应该存在的所有的引用完整性约束。

399

8.11 考虑 8.2.1.3 节中的 *people* 表以及继承自 *people* 表的 *students* 表和 *teachers* 表的模式。给出一个表示相同信息的满足第三范式的关系模式。请回想子表上的约束，并给出必须施加在该关系模式上的所有约束，使得关系模式的每个数据库实例也可以用一个带有继承的模式实例来表示。

8.12 考虑图 8-9 中的 E-R 图，其中包含了子类型和子表方式的特化结构。

a. 给出该 E-R 图的一个 SQL 模式定义。

b. 给出一个 SQL 查询，找出不是秘书的所有人的姓名。

c. 给出一个 SQL 查询，打印既不是职员又不是学生的人的姓名。

d. 能否在你创建的模式中创建一个人，使其既是职员又是学生？解释如何创建，否则说明为什么不能创建。

8.13 假设你想要在数据库的一个元组集合上执行关键字查询，其中每个元组只有几个属性，每个属性只含有几个词。在这种情况下，术语频率的概念有意义吗？逆文档频率的概念呢？请解释你的答案，并说明如何使用 TF-IDF 概念来定义两个元组的相似性。

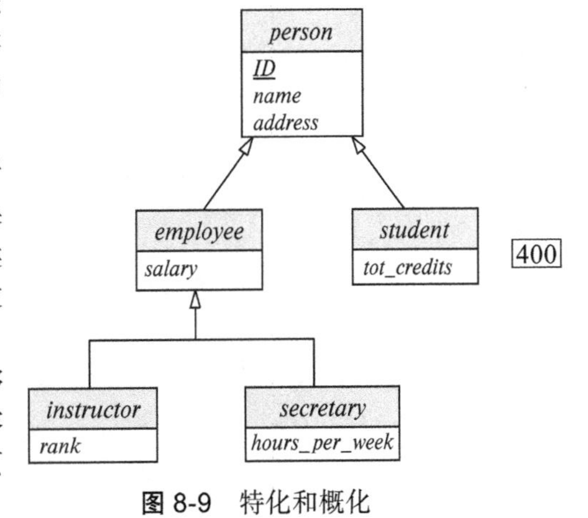

图 8-9 特化和概化

400

8.14 那些希望做宣传的 Web 站点可以加入一个 Web 圈子中，这些站点建立指向圈子中其他站点的链接，以换取圈子中其他站点也建立指向它们的链接。请问：类似这样的圈子对于诸如 PageRank 这样的流行度排名技术有什么影响？

8.15 Google 搜索引擎提供了一个特性，就是 Web 站点能够显示由 Google 提供的广告。这些广告是基于页面内容的。请问：给定页面的内容，Google 该怎样为一个页面挑选应提供的广告呢？

延伸阅读

有关 JSON 的教程请访问 www.w3schools.com/js/js_json_intro.asp。有关 XML 的更多信息请参阅第 30 章，并可在线获取。有关 RDF 的更多信息请访问 www.w3.org/RDF/。Apache Jena 提供了一种 RDF 实现，并支持 SPARQL，关于 SPARQL 的教程请访问 jena.apache.org/tutorials/sparql.html。

POSTGRES（[Stonebraker and Rowe (1986)] 和 [Stonebraker (1986)]）是对象 - 关系系统的早期实现。Oracle 提供了相当完整的对象 - 关系特性的 SQL 实现，而 PostgreSQL 则提供了这些特性的一个更小的子集。有关支持这些特性的更多信息，请参阅它们各自的手册。

[Salton (1989)] 是信息检索系统早期的教科书，而 [Manning et al. (2008)] 是关于此主题的现代教科书。有关 Oracle、PostgreSQL 和 SQL Server 中所支持的空间数据库的信息，可以在它们各自的在线手册中找到。

参考文献

[Manning et al. (2008)]　C. D. Manning, P. Raghavan, and H. Schütze, *Introduction to Information Retrieval*, Cambridge University Press (2008).

[Salton (1989)]　G. Salton, *Automatic Text Processing*, Addison Wesley (1989).

[Stonebraker (1986)]　M. Stonebraker, "Inclusion of New Types in Relational Database Systems", In *Proc. of the International Conf. on Data Engineering* (1986), pages 262-269.

[Stonebraker and Rowe (1986)]　M. Stonebraker and L. Rowe, "The Design of POSTGRES", In *Proc. of the ACM SIGMOD Conf. on Management of Data* (1986), pages 340-355.

401 ~ 402

第 9 章

应用程序开发

几乎对数据库的所有使用都发生在应用程序内部。相应地，几乎用户与数据库之间的所有交互都是通过应用程序间接发生的。在本章中，我们学习用于构建应用程序的工具和技术，并重点关注那些使用数据库来存储和检索数据的交互式应用程序。

任何以用户为中心的应用的一个关键需求都是良好的用户界面。目前，用于数据库所支撑应用的最常见的两种用户界面是 Web 界面和移动应用程序界面。

在本章的开头部分，我们将介绍应用程序和用户界面（9.1 节）以及 Web 技术（9.2 节）。之后，我们将讨论在后端广泛使用 Java Servlet 技术的 Web 应用程序开发（9.3 节），以及使用其他框架的 Web 应用程序开发（9.4 节）。使用 JavaScript 或移动应用技术实现的客户端代码对于构建响应式用户界面至关重要，因此我们将讨论其中一些技术（9.5 节）。然后，我们将概述 Web 应用程序体系结构（9.6 节），并介绍构建大型 Web 应用时的性能问题（9.7 节）。最后，我们将讨论应用安全性问题，这些问题是使应用能够抵御攻击的关键（9.8 节），我们还将讨论加密及其在应用程序中的应用（9.9 节）。

9.1 应用程序和用户界面

尽管许多人和数据库打交道，但很少有人使用查询语言来直接跟数据库系统进行交互。用户与数据库进行交互最常用的方式是通过一个**应用程序**（application program），它在前端提供用户界面，并在后端提供与数据库的接口。这种应用程序通常通过一种基于表格的界面来接收来自用户的输入，然后根据用户的输入要么将数据输入数据库中，要么从数据库中抽取信息，然后产生输出，并将输出展示给用户。

作为应用程序的示例，请考虑一个大学注册系统。和其他这种应用程序类似，注册系统首先需要你标识并认证你自己，通常通过用户名和密码。然后，应用程序使用你的身份从数据库中提取信息，比如你的姓名和你已经注册过的课程，并展示这些信息。应用程序提供大量的接口，让你可以注册课程及查询其他的信息，比如课程信息和教师信息。组织机构使用这种应用程序来自动完成各种任务，例如销售、购买、财会和薪资、人力资源管理以及库存管理等。

即使不能明显地看出来，应用程序也可能正在被使用。例如，一个新闻网站可以提供对单个用户透明定制的页面，即使该用户在和该网站交互时并没有显式填写任何表单。为了做到这一点，它实际上运行了一个应用程序，该程序为每个用户生成一个定制的页面，例如，可以基于用户所浏览文章的历史信息来进行定制。

一个典型的应用程序包括一个处理用户界面的前端部件、一个和数据库通信的后端部件，以及一个包含“业务逻辑”的中间层，也就是对于信息或更新执行特定请求的代码，强制实施诸如为了执行给定任务应该采取什么行动，或者谁可以执行什么任务那样的业务规则。

诸如航班订座那样的应用自 20 世纪 60 年代以来一直在使用。在计算机应用的早期，应用程序在大型“主”计算机上运行，并且用户通过终端与应用程序进行交互，其中一些终端甚至支持表单。个人计算机的发展导致了带有图形用户界面（或称为GUI）的数据库应用的发展。这些界面依赖于在个人计算机上运行的代码，这些代码直接与一个共享的数据库进行通信。这种体系结构被称为*客户－服务器体系结构*（client–server architecture）。这种应用程序有两个缺点：第一，用户机器可以直接访问数据库，从而导致安全风险；第二，对应用程序或数据库的任何更改都要求将位于单台计算机上的应用程序的所有副本一起更新。

已经形成了两种方法来避免上述问题。

- Web浏览器提供一种*通用的前端*（universal front end），供所有类型的信息服务来使用。浏览器使用一种标准的语法——**超文本标记语言**（HyperText Markup Language，HTML）标准，它既支持信息的格式化显示，又支持基于表单的界面创建。HTML标准是独立于操作系统或浏览器的，并且目前几乎每台计算机都安装了Web浏览器。因此一个基于Web的应用程序可被任何连接到互联网的计算机所访问。

  与客户－服务器体系结构不同，为了使用基于Web的应用程序，不需要在客户机上安装任何面向应用的软件。

  然而，复杂用户界面所支持的功能远远超过纯HTML所能提供的功能，这些复杂用户界面目前正被广泛使用，并且是用大多数Web浏览器都支持的脚本语言JavaScript来构建的。与用C编写的程序不同，JavaScript程序可以运行在安全模式下，保证不会导致安全问题。JavaScript程序被透明地下载到浏览器上，并且不需要在用户的计算机上显式安装任何软件。

  在Web浏览器提供用于用户交互的前端的同时，应用程序构成了后端。通常，来自浏览器的请求被发送到Web服务器，它随后执行应用程序以处理请求。有多种技术都可以用于创建运行在后端的应用程序，包括Java服务器端程序、Java服务器页面（Java Server Page，JSP）、动态服务器页面（Active Server Page，ASP），或者诸如PHP和Python那样的脚本语言。

- 应用程序安装在独立的设备上，这些设备主要是移动设备。它们通过API与后端应用程序进行通信，并不能直接访问数据库。后端应用程序提供包括用户身份验证在内的服务，并确保用户只能访问他们有权访问的服务。

  这种方式被广泛应用于移动应用中。构建此类应用的动机之一是为移动设备的小屏幕定制显示。另一个动机是在设备连接到高速网络时允许下载或更新相对较大的应用程序代码，而不是在可能通过较低的带宽或更昂贵的移动网络访问网页时下载此类代码。

404

随着越来越多地将JavaScript代码作为Web前端的一部分来使用，上述两种方法之间的差异目前已经显著减小。后端通常提供一个可以从移动应用程序或JavaScript代码来调用的API，以在后端执行任何必需的任务。事实上，同一个后端通常用于构建多个前端，其中可能包括使用JavaScript的Web前端和多个移动平台（目前主要是Android和iOS）。

9.2　Web基础

在本节中，我们为那些不熟悉Web底层技术的读者，回顾一些万维网背后的基本技术。

9.2.1　统一资源定位符

统一资源定位符（Uniform Resource Locator，URL）是Web上可以访问的每份文档的全球唯一的名称。URL 的一个示例如下：

http://www.acm.org/sigmod

URL 的第一部分表明文档是如何被访问的："http" 表明文档将通过**超文本传输协议**（HyperText Transfer Protocol，HTTP）来访问，这是一个用于传输 HTML 文档的协议；"https" 表示必须使用 HTTP 协议的安全版本，并且它是当前的首选模式。第二部分给出一台具有 Web 服务器的机器的名称。URL 的其余部分是文档在该机器上的路径名，或者是文档在该机器内部的其他唯一标识。

405

URL 可以包含位于 Web 服务器机上的程序的标识，以及传递给该程序的参数。这样的 URL 的一个示例是：

https://www.google.com/search?q=silberschatz

它说明：应该带着参数 q = silberschatz 来执行 www.google.com 服务器上的 search 程序。当接收到一个这样的 URL 请求时，Web 服务器使用给定的参数来执行该程序。该程序返回一个 HTML 文档给 Web 服务器，Web 服务器再将该文档传送到前端。

9.2.2 超文本标记语言

图 9-1 是一个以 HTML 格式表示的表的示例，而图 9-2 展示了浏览器根据表示该表的 HTML 而产生的显示图像。HTML 源文本显示了一些 HTML 标签。每个 HTML 页面应被包含在一个 html 标签内，而该页的主体被包含在一个 body 标签内。表用 table 标签来表示，其中包含的行用 tr 标签来表示。表的标题行具有通过 th 标签指定的表单元，而普通行具有通过 td 标签指定的表单元。我们在这里不再对这些标签进行更详细的介绍；关于 HTML 更详细描述的参考资料，请参阅参考文献。

```
<html>
<body>
<table border>
<tr> <th>ID</th>        <th>Name</th>      <th>Department</th> </tr>
<tr> <td>00128</td> <td>Zhang</td>     <td>Comp. Sci.</td> </tr>
<tr> <td>12345</td> <td>Shankar</td> <td>Comp. Sci.</td> </tr>
<tr> <td>19991</td> <td>Brandt</td>     <td>History</td> </tr>
</table>
</body>
</html>
```

图 9-1 HTML 格式的表格数据

图 9-3 展示了如何指定一个 HTML 表单，它允许用户从菜单中选择人员类型（学生或教师），并允许用户在文本框中输入一个数。图 9-4 展示了图 9-3 的表单是如何在 Web 浏览器中显示的。在表单中展示了两种接受输入的方式，但是 HTML 还支持几种其他的输入方式。form 标签的 action 属性表示当表单被提交时（通过单击 submit 按键），表单数据应被发送到 URL PersonQuery（该 URL 是与页面的 URL 相关联的）。Web 服务器被配置成当这个 URL 被访问时便调用相应的应用程序，并将用户提供的值作为 persontype 和 name（在 select 和 input 域中指定）变量的值。该应用程序生成一个 HTML 文档，该文档随后被传送回去并显

ID	Name	Department
00128	Zhang	Comp. Sci.
12345	Shankar	Comp. Sci.
19991	Brandt	History

图 9-2 图 9-1 中 HTML 源文本的显示

示给用户；我们将在本章的后面看到如何构建这种程序。

```
<html>
<body>
<form action="PersonQuery" method=get>
Search for:
<select name="persontype">
    <option value="student" selected>Student </option>
    <option value="instructor"> Instructor </option>
</select> <br>
Name: <input type=text size=20 name="name">
<input type=submit value="submit">
</form>
</body>
</html>
```

图 9-3 一个 HTML 表单

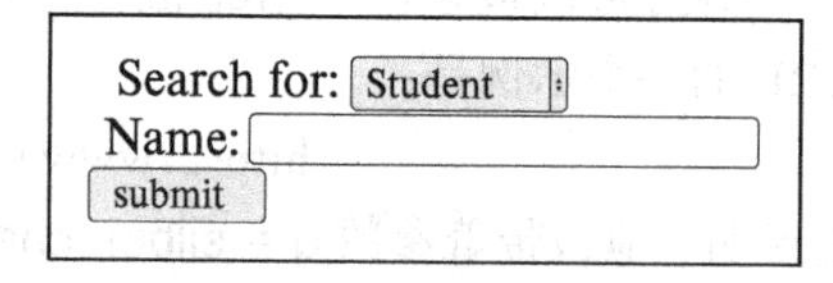

图 9-4 图 9-3 中 HTML 源文本的显示

406
~
407

HTTP 定义了两种方式来将用户在浏览器端输入的值发送到 Web 服务器。get 方法将这样的值编码为 URL 的一部分。例如，如果 Google 搜索页面使用一个表单，它具有 get 方法并带有一个名为 q 的输入参数，而且用户键入了字符串"silberschatz"并提交了表单，则浏览器会向 Web 服务器请求如下的 URL：

https://www.google.com/search?q=silberschatz

post 方法则将为 https://www.google.com 这样的 URL 发送一个请求，并将参数值作为在 Web 服务器和浏览器之间进行交换的 HTTP 协议的一部分来发送。图 9-3 中的表单表明该表单使用的是 get 方法。

尽管可以使用纯文本编辑器来创建 HTML 代码，但是存在若干通过使用图形界面来直接创建 HTML 文本的编辑器。这些编辑器允许从菜单中选择诸如表单、菜单和表这样的结构加入 HTML 文档中，而不是手工敲入生成这些结构的代码。

HTML 支持*样式表*（stylesheet），它可以改变关于如何显示 HTML 格式化结构的缺省定义，以及其他显示属性，比如页面的背景颜色。*层叠式样式表*（Cascading StyleSheet，CSS）标准允许同一个样式表被用于多份 HTML 文档，使得一个网站上的所有页面具有独特而统一的外观。你可以在网上找到更多关于样式表的信息，例如在 www.w3schools.com/css/ 上。

2014 年发布的 HTML5 标准提供了多种形式的输入类型，包括下面这些：

- 日期和时间选择，使用 <input type="date" name="abc"> 和 <input type= "time" name="xyz">。浏览器通常会为此类输入字段显示图形化的日期或时间选择器；输入值被保存在表单属性 abc 和 xyz 中。可选属性 min 和 max 可用于指定可以选择的最小值和最大值。
- 文件选择，使用 <input type="file", name="xyz">，它允许选择一个文件，并且其名称被保存在表单属性 xyz 中。

各种输入类型上的输入限制（约束）包括最小值、最大值、与正则表达式匹配的格式等。例如，<input type="number" name="start" min="0" max="55" step="5" value="0"> 允许用户从 0、5、10、15 等直到 55 的数字中选出一个，其缺省值为 0。

9.2.3 Web服务器和会话

Web服务器（Web server）是运行于服务器机上的程序，它接收来自Web浏览器的请求并以HTML文档的形式将结果发送回去。浏览器和Web服务器通过HTTP进行通信。Web服务器提供了强大的功能，而不只是简单的文档传输。最重要的功能是能够带着用户提供的参数执行程序，并以HTML文档的形式传送回结果。 408

其结果是，Web服务器可以作为中介来提供对各种信息服务的访问。一个新的服务可以通过创建并安装提供该服务的应用程序来建立。**通用网关接口**（Common Gateway Interface，CGI）标准定义了Web服务器如何与应用程序进行通信。为了获取或者存储数据，应用程序通常通过ODBC、JDBC或者其他协议来与数据库服务器进行通信。

图9-5显示了一个使用三层体系结构搭建的Web应用程序，它包括一个Web服务器、一个应用服务器和一个数据库服务器。使用多层服务器增加了系统的开销；CGI接口为每个请求都启动一个新的进程为之服务，这导致了更大的开销。

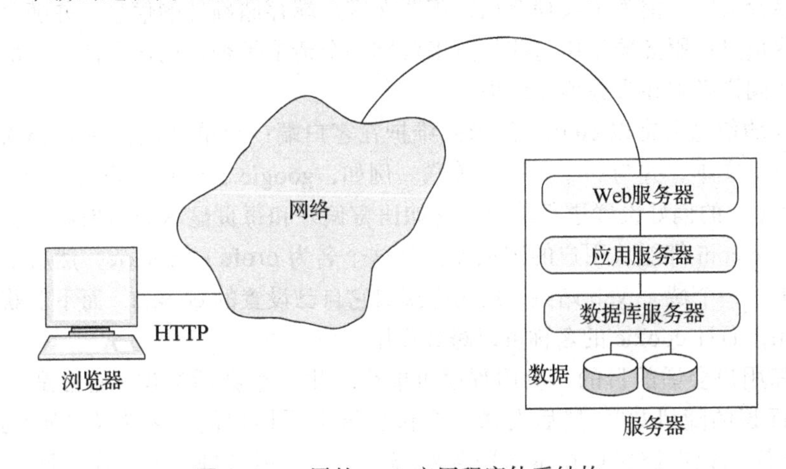

图9-5 三层的Web应用程序体系结构

因此目前大多数Web应用程序使用一种两层的Web应用程序体系结构，其中Web服务器和应用服务器被合并成了单个服务器，如图9-6所示。我们将在后续的章节里更加详细地学习基于两层体系结构的系统。

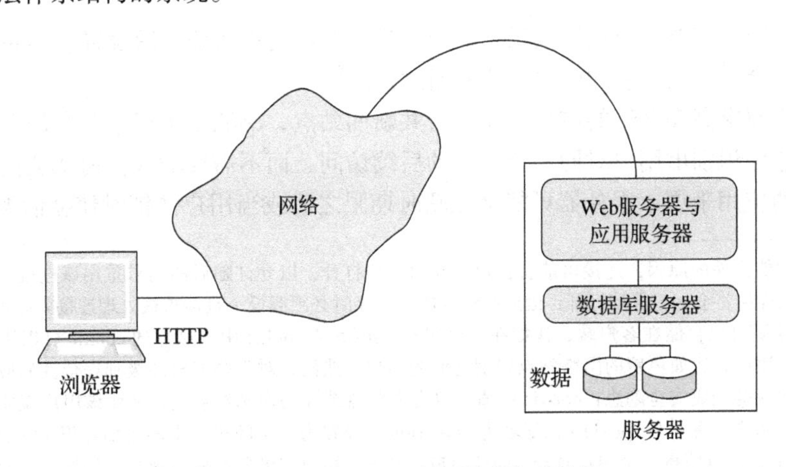

图9-6 两层的Web应用程序体系结构

在客户端与 Web 服务器之间不存在持续的连接；当 Web 服务器接收到一个请求时，会临时创建一个连接来发送请求并接收来自 Web 服务器的响应。但是该连接可能随后会关闭，并且下一个请求可以生成一个新的连接。与此相反，当一个用户登录到一台计算机，或是使用 ODBC 或 JDBC 连接到数据库时，会创建一个会话，并且会话信息被保留在服务器和客户端，直到该会话终止——会话信息诸如用户标识以及用户已设置过的会话选项等。HTTP 是**无连接**（connectionless）的一个重要原因在于：大多数计算机能同时容纳的连接数量是有限的，并且如果 Web 上的大量站点打开与单台服务器的连接，就会超过这个限制，服务器就会拒绝对后续用户的服务。而如果使用无连接的协议，当一个请求被满足时连接就可以马上断开，从而为其他请求留出可用的连接[⊖]。

409

然而，大多数 Web 应用程序需要会话信息来允许有意义的用户交互。例如，应用程序通常会限制对信息的访问，并因此需要对用户进行认证。每次会话应进行一次认证，且会话中进一步的交互不需要重新认证。

尽管连接会关闭，但为了实现会话，需要在客户端存储额外的信息，并随会话中的每个请求返回这些信息；服务器使用这些信息来辨别一个请求是否是用户会话的一部分。关于会话的额外信息同样必须在服务器端维护。

这种额外的信息通常以 **cookie** 的形式维护在客户端；简单来说，一个 cookie 是一小段包含标识信息的文本，并与一个名称相关联。例如，google.com 可能设置一个名为 prefs 的 cookie，它对用户的偏好设置进行编码，比如语言偏好和每页显示的结果数目。对于每个搜索请求，google.com 都能从用户的浏览器得到这个名为 prefs 的 cookie，然后根据指定的偏好来显示结果。一个域（Web 站点）只允许获取它自己设置的 cookie，而不能获取其他域所设置的 cookie，而且 cookie 的名称可以跨域重用。

出于跟踪用户会话的目的，应用程序可能会产生一个会话标识（通常是一个当前没有被用作会话标识的随机数），然后发送一个包含该会话标识的、名为（比如）sessionid 的 cookie。该会话标识也被保存在本地服务器端。当一个请求进来时，应用服务器从客户端请求名为 sessionid 的 cookie。如果客户端并没有存储该 cookie，或者返回的值不是当前在服务器端记录的有效会话的标识，那么应用就认为该请求不是当前会话的一部分。如果 cookie 的值与一个被存储的会话标识相匹配，则该请求就被识别为一个正在进行中的会话的一部分。

410

如果一个应用需要安全地鉴别用户，则它只能在对用户认证之后设置 cookie；例如用户只有在提交了合法的用户名和密码时才能通过认证[⊜]。

对于并不要求高安全性的应用，比如公共新闻站点，cookie 可以永久存储在浏览器端和服务器端；它们识别出用户对同一个网站的后续访问，而不需要输入任何认证信息。对于要求高安全性的应用来说，服务器可能会在超时期限之后或当用户注销时使会话失效（删除会

⊖ 出于性能方面的原因，连接可能会在短时间内保持打开，以允许随后的请求重用该连接。然而，并不能保证该连接将会一直保持打开，因此在设计应用程序时必须假设一旦请求被处理连接就有可能关闭。

⊜ 用户标识可以存储在客户端，比如在一个叫作 userid 的 cookie 中。这样的 cookie 可以用于安全要求较低的应用中，比如免费的网络站点识别它们的用户。然而，对于要求较高级别安全性的应用来说，这样的机制就会造成安全隐患：cookie 的值可以在浏览器端被用户恶意篡改，从而该用户就能够伪装成一位不同的用户。将一个 cookie（比如名为 sessionid）设置为一个随机产生的会话标识（属于一个很大的数字空间），可以使得一个用户冒充（即伪装成）另一个用户的可能性变得极小。另外，一个顺序产生的会话标识则很容易冒充。

话)。(用户通常通过单击一个注销按钮来进行注销，它会提交一个注销表单，其操作就是使当前会话失效。)使一个会话失效仅仅就是从应用服务器端的活跃会话列表中删除该会话标识。

9.3 servlet

Java **Servlet**(Java 服务器端程序)规范定义了一种用于在 Web/ 应用服务器与应用程序之间进行通信的应用编程接口。Java 中的 HttpServlet 类实现了 servlet API 规范；用于实现特定功能的 servlet 类被定义为这个类的子类[⊖]。通常采用 servlet 一词来指代实现了 servlet 接口的 Java 程序(和类)。图 9-7 给出了一个 servlet 的示例；我们稍后会详细解释这段程序。

```
import java.io.*;
import javax.servlet.*;
import javax.servlet.http.*;

@WebServlet("PersonQuery")
public class PersonQueryServlet extends HttpServlet {
    public void doGet(HttpServletRequest request,
                    HttpServletResponse response)
        throws ServletException, IOException
    {
        response.setContentType("text/html");
        PrintWriter out = response.getWriter();
        …检查用户是否已登录…
        out.println("<HEAD><TITLE> Query Result</TITLE></HEAD>");
        out.println("<BODY>");

        String persontype = request.getParameter("persontype");
        String name = request.getParameter("name");
        if(persontype.equals("student")) {
            … 寻找具有指定姓名的学生的代码 …
            … 使用JDBC与数据库进行通信 …
            … 假设已获取到ResultSet rs，并且…
            … 包含属性：ID、姓名与系名…
            String headers = new String[]{"ID", "Name", "Department Name"};
            Util::resultSetToHTML(rs, headers, out);
        }
        else {
            …同上，但是是对于教师的…
        }
        out.println("</BODY>");
        out.close();
    }
}
```

图 9-7　servlet 代码示例

当服务器启动或者当服务器接收到远程的 HTTP 请求来执行一个特定的 servlet 时，servlet 的代码被加载到 Web/ 应用服务器中。servlet 的任务就是处理这种请求，这种请求可能涉及访问数据库以检索出必要的信息，并动态生成一个 HTML 页面来返回给客户端浏览器。

9.3.1 servlet 示例

servlet 通常用于对 HTTP 请求生成动态响应。它们可以访问通过 HTML 表单提供的输

⊖ 虽然我们的示例只使用了 HTTP，但是 servlet 接口也能支持非 HTTP 请求。

入，应用“业务逻辑”来决定提供什么样的响应，然后生成HTML输出并发送回浏览器。servlet代码在Web或应用服务器上执行。

411～412

图9-7为实现图9-3中表单的servlet代码的示例。这个servlet叫作PersonQuery-Servlet，同时该表单指定了action="PersonQuery"。必须告知Web/应用服务器这个servlet是用来处理对PersonQuery的请求的，这是通过使用代码中显示的注释@WebServlet("PersonQuery")来完成的。该表单指定使用HTTP的get机制来进行参数传递，因此servlet的doGet()方法会被调用，正如在代码中所定义的那样。

每次servlet请求都导致在执行调用的内部生成一个新的线程，因此多个请求就可以被并行处理。任何来自网页上的表单菜单和输入域的值，和cookie一样，通过为该请求而创建的HttpServletRequest类的一个对象传入，然后请求的应答通过HttpServletResponse类的一个对象传回。

示例中的doGet()方法通过使用request.getParamter()提取参数persontype和name的值，并在数据库上使用这些值来运行一个查询。用于访问数据库以及从查询结果获取属性值的代码，这里没有展示出来，有关如何使用JDBC去访问数据库的细节请参考5.1.1.5节。我们假设JDBC ResultSet形式的查询结果可通过变量resultset得到。

servlet代码通过将查询结果输出到HttpServletResponse的response对象来将查询结果返回给请求者。将结果输出到response是这样来实现的：首先从response中获取一个PrintWriter对象out，然后将查询结果以HTML格式打印到out。在我们的示例中，查询结果是通过调用Util::resultSetToHTML(resultset, header, out)函数来打印的，如图9-8所示。该函数在ResultSet rs上使用JDBC元数据函数来计算需要打印多少列。列标题数组被传递给这个函数以便打印出来；虽然列名可以使用JDBC元数据来获取到，但数据库的列名可能并不适合显示给用户，因此我们为该函数提供了有意义的列名。

```
import java.io.*;
import javax.servlet.*;
import javax.servlet.http.*;

public class Util {
    public static void resultSetToHTML(ResultSet rs,
                                        String headers[], PrintWriter out) {
        ResultSetMetaData rsmd = rs.getMetaData();
        int numCols = rsmd.getColumnCount();
        out.println("<table border=1>");
        out.println("<tr>");
        for (int i=0; i < numCols; i++)
            out.println("<th>"+ headers[i] + </th>
        out.println("</tr>");
        while (rs.next()) {
            out.println("<tr>");
            for (int i=0; i < numCols; i++)
                out.println("<td>"+ rs.getString(i) + </td>
            out.println("</tr>");
        }
    }
}
```

图9-8　将ResultSet输出为表的功能函数

9.3.2 servlet 会话

请回想一下，浏览器和 Web/ 应用服务器之间的交互是无状态的。也就是说，每当浏览器向服务器发出一个请求时，浏览器都需要连接到服务器，请求某些信息，然后从服务器断开连接。cookie 可以用来识别一个请求与前一个请求是否来自同一个浏览器会话。但是，cookie 构成的是一种低级别的机制，并且程序开发人员需要一种更好的抽象来处理会话。

servlet 的 API 提供了一种跟踪会话并存储会话相关信息的方法。调用 HttpServletRequest 类的 getSession(false) 方法将提取出对应于发出请求的浏览器的 HttpSession 对象。参数值为 true 表示如果该请求是新请求，则必须创建一个新的会话对象。

当 getSession() 方法被调用时，服务器会首先要求客户端返回一个具有指定名称的 cookie。如果客户端并没有该名称的 cookie，或者返回的值与任何正在进行中的会话都不匹配，则该请求就不是正在进行中的会话的一部分。在这种情况下，getSession() 将返回一个空值，并且 servlet 会将用户指引到一个登录页面。

登录页面可以允许用户提供用户名和密码。登录页面所对应的 servlet 可以验证密码与用户是否匹配；例如，通过使用用户名从数据库中检索出密码，并检查输入的密码是否与存储的密码相匹配[⊖]。

如果该用户正常通过认证，登录 servlet 会执行 getSession(true)，它将返回一个新的会话对象。为了创建一个新的会话，服务器会在内部执行以下任务：在客户端浏览器中设置一个 cookie（比如名为 sessionId），该 cookie 用会话标识作为它所关联的值；创建一个新的会话对象，并将会话标识的值与该会话对象相关联。

413～414

servlet 代码还能够在 HttpSession 对象中存储和查找（属性名，值）对，以便在一个会话内的多个请求之间维持状态。例如，在用户被认证并且会话对象被创建之后，登录 servlet 可以通过在 getSession() 所返回的会话对象上执行方法

session.setAttribute("userid", userid)

来将用户的 user-id 存储为会话的一个参数；假定 Java 变量 userid 包含了用户标识。

如果请求就是正在进行中的会话的一部分，那么浏览器就会返回该 cookie 的值，并且通过 getSession() 来返回对应的会话对象。然后 servlet 通过在上面返回的会话对象上执行方法

session.getAttribute("userid")

就能够从会话对象中获取到诸如 user-id 那样的会话参数。如果没有设置 userid 属性，那么该函数会返回一个空值，表明该客户端用户还没有通过认证。

请考虑图 9-7 中的 servlet 代码中的一行："…检查用户是否已登录…"。下面的代码实现了这种检查：如果用户没有登录，则会发送一条错误消息，并在 5 秒钟之后将用户重定向

⊖ 在数据库中存储未加密的密码是一个坏主意，因为任何有权访问数据库内容的人都可能窃取密码，比如系统管理员或黑客。相反，可将散列函数应用于密码，并将结果存储在数据库中；即使有人看到了存储在数据库中的散列结果，也很难推断出原始密码是什么。对用户提供的密码应用相同的散列函数，并将结果与存储的散列结果进行比较。此外，为了确保即使两个用户使用相同的密码，散列值也是不同的，密码系统通常为每个用户存储一个不同的随机字符串（称为 salt），并且它在计算散列值之前将该随机字符串附加到密码上。因此，密码关系将具有模式 user_password(user, salt, passwordhash)，其中 passwordhash 由 hash(append(password, salt)) 来生成。加密在 9.9.1 节中有更详细的描述。

到登录页面。

```
Session session = request.getSession(false);
if (session == null || session.getAttribute(userid) == null) {
    out.println("You are not logged in.");
    response.setHeader("Refresh", "5;url=login.html");
    return();
}
```

9.3.3 servlet 的生命周期

servlet 的生命周期由部署它的 Web/ 应用服务器来控制。当有客户端请求一个特定的 servlet 时，服务器首先检查是否存在该 servlet 的一个实例。如果不存在，Web 服务器就将 servlet 类加载进 Java 虚拟机（Java Virtual Machine，JVM），并创建该 servlet 类的一个实例。另外，服务器调用 init() 方法来初始化该 servlet 实例。请注意，每个 servlet 实例仅在它被加载的时候初始化一次。

在确定 servlet 实例的确存在之后，服务器调用 servlet 的 service 方法，并以一个 request 对象和一个 response 对象作为参数。在缺省情况下，服务器创建一个新的线程来执行 service 方法，因此，一个 servlet 上的多个请求就可以并行执行，而不必等待之前的请求执行完。service 方法视情况调用 doGet 或 doPost。

415

当不再需要的时候，可以通过调用 destroy() 方法来关闭一个 servlet。服务器可以被设置为如果在超时期限内没有对一个 servlet 进行过请求，则自动关闭这个 servlet；超时期限是服务器的一个参数，可以根据应用来适当地对它进行设置。

9.3.4 应用服务器

许多应用服务器都提供了对 servlet 的内置支持。最流行的应用服务器之一是来自 Apache Jakarta 项目的 Tomcat 服务器。支持 servlet 的其他应用服务器包括 Glassfish、JBoss、BEA Weblogic 应用服务器、Oracle 应用服务器以及 IBM 的 WebSphere 应用服务器。

开发 Servlet 应用程序的最佳方式是使用诸如 Eclipse 或 NetBeans 之类的 IDE，它们内置有 Tomcat 或 Glassfish 服务器。

除了基本的 servlet 支持之外，应用服务器通常还提供了各种有用的服务。它们允许应用程序被部署或者停止，并且它们提供了监控应用服务器状态的功能，包括性能统计。许多应用服务器还支持 Java2 企业版（Java 2 Enterprise Edition，J2EE）平台，它对多种任务都提供了支持和 API，比如处理对象以及跨多个应用服务器的并行处理。

9.4 可选择的服务器端框架

有几种 Java Servlet 的可替代方案来处理应用服务器端的请求，包括脚本语言和为诸如 Python 那样的语言而开发的 Web 应用框架。

9.4.1 服务器端脚本

用诸如 Java 或 C 那样的程序设计语言来编写一段即使很简单的 Web 应用程序也是很费时间的一项任务，它需要很多行代码以及熟悉该语言的错综复杂细节的程序员。一种可替代方法，即**服务器端脚本**（server-side scripting），为许多应用的创建提供了一种简单得多的方式。脚本语言提供了可被嵌入 HTML 文档中的结构。

在服务器端脚本中，服务器在传递一个 Web 页面之前会执行嵌入在该页面的 HTML 内容中的脚本。每段脚本在执行时可以生成被加入该页面的文本（或者甚至可能从该页面中被删除内容）。脚本的源码将从该页面中被删除，因此客户端可能根本没察觉到该页面原先含有代码。被执行的脚本也可能包含在数据库上执行的 SQL 代码。许多这样的语言都带有库和工具，它们共同构成了用于 Web 应用程序开发的框架。 416

一些广泛使用的脚本框架包括 Java 服务器页面（JSP）、来自 Microsoft 的 ASP.NET、PHP 以及 Ruby on Rails。这些框架允许用诸如 Java、C#、VBScript 以及 Ruby 那样的语言编写的代码被嵌入 HTML 页面中或者从 HTML 页面中调用这些代码。例如，JSP 允许 Java 代码被嵌入 HTML 页面中，而 Microsoft 的 ASP.NET 和 ASP 支持嵌入的 C# 和 VBScript。

9.4.1.1 Java 服务器页面

接下来我们简要介绍 **Java 服务器页面**（Java Server Pages，JSP），这种脚本语言允许 HTML 程序员将静态的 HTML 和动态生成的 HTML 混合在一起。其动机在于：对于许多动态的 Web 页面，它们的大多数内容仍然是静态的（也就是说，不论该页面何时生成，总是显示相同的内容）。Web 页面的动态内容（比如根据表单的参数生成的那些内容）通常只是页面的一小部分。通过编写 servlet 代码来创建这样的页面会导致大量的 HTML 被编码为 Java 字符串。相反，JSP 允许 Java 代码被嵌入静态的 HTML 中；被嵌入的 Java 代码生成该页面的动态部分。JSP 脚本实际上被转换为 servlet 代码然后进行编译，但是应用程序员却从撰写大量 Java 代码以创建 servlet 的困境中解脱出来了。

图 9-9 所示为一个包含嵌入了 Java 代码的 JSP 页面的源代码文本。通过将脚本中的 Java 代码用 <%…%> 括起来以将其区别于周围的 HTML 代码。该代码使用 request.getParameter() 来获得 name 属性的值。

```
<html>
<head> <title> Hello </title> </head>
<body>
 < % if (request.getParameter("name") == null)
   { out.println("Hello World"); }
   else { out.println("Hello, " + request.getParameter("name")); }
 %>
</body>
</html>
```

图 9-9 一个嵌入了 Java 代码的 JSP 页面

当通过浏览器请求一个 JSP 页面时，应用服务器根据该页面生成 HTML 输出，并将其发送回该浏览器。JSP 页面的 HTML 部分按原样输出[⊖]。在 HTML 输出中，所有在 <%…%> 中嵌入的 Java 代码都被用它向 out 对象打印的文本所代替。在图 9-9 的 JSP 代码中，如果没有值输入给表单参数 name，则脚本打印 “Hello World”；如果输入了一个值，则脚本打印 “Hello”，后面跟着名称。 417

一个更实际的示例可能会执行更复杂的操作，比如使用 JDBC 从数据库中查找值。

⊖ JSP 允许一种更复杂的嵌入，其中的 HTML 代码在 Java 的 if-else 语句内部，并且根据 if 条件的取值是否等于真来按条件得到输出。我们在这里省略细节。

JSP 也支持标签库（tag library）的概念，它允许使用这样的标签：它们看起来非常像 HTML 标签，却是在服务器端解释，并用对应生成的 HTML 代码来取代的。JSP 提供了一个标准的标签集，其中定义了变量和控制流（迭代器，if-then-else），以及基于 Javascript 的表达式语言（但在服务器端解释）。该标签集是可扩展的，并且已经实现了许多标签库。例如，有一个标签库支持对大型数据集的分页显示，还有一个库简化了对日期和时间的显示与解析。

9.4.1.2 PHP

PHP 是一种广泛用于服务器端脚本的脚本语言。PHP 代码可以像类似于 JSP 的方式一样与 HTML 混合使用。字符串“<?php”表示 PHP 代码的开始，而字符串“?>”表示 PHP 代码的结束。下面的代码与图 9-9 中的 JSP 代码执行相同的动作。

```
<html>
<head> <title> Hello </title> </head>
<body>
 <?php if (!isset($_REQUEST['name']))
  { echo 'Hello World'; }
  else { echo 'Hello, ' . $_REQUEST['name']; }
 ?>
</body>
</html>
```

$_REQUEST 数组包含了请求的参数。请注意该数组是通过参数名来索引的；在 PHP 中数组可以用任意的字符串来索引，而不仅仅是数字。isset 函数检查该数组的元素是否已被初始化。echo 函数将它的参数打印到输出的 HTML。两个字符串之间的算子“.”将这些字符串拼连起来。

一个适当配置的 Web 服务器将把名称以“.php”结尾的任意文件解释为 PHP 文件。如果请求该文件，则 Web 服务器将以与处理 JSP 文件类似的方式来处理该文件，并将生成的 HTML 返回给浏览器。

对于 PHP 语言有许多可用的库，包括使用 ODBC（类似于 Java 中的 JDBC）访问数据库的库。

9.4.2 Web 应用框架

418

Web 应用开发框架通过提供如下的功能来简化构建 Web 应用程序的任务：

- 一个支持 HTML 和 HTTP 功能（包括会话）的函数库。
- 一个模板脚本系统。
- 一个控制器，它将诸如表单提交这样的用户交互事件映射为处理该事件的适当函数。该控制器还管理身份认证和会话。一些框架还提供了用于管理身份认证的工具。
- 一种（相对）声明式的方式，说明一个表单具有在用户输入上的验证约束，系统据此生成 HTML 和 JavaScript/Ajax 代码以实现该表单。
- 一个具有对象 - 关系映射的面向对象模型，用于在关系数据库中保存数据（如 9.6.2 节中所述）。

这样，这些框架就以一种集成的方式提供了构建 Web 应用所需的多种特性。通过根据声明式规范来生成表单，以及透明地管理数据访问，这些框架最小化了 Web 应用程序员所需完成的代码量。

这样的框架有许多，它们基于不同的语言。其中一些较为广泛使用的框架包括用于

Python 语言的 Django 框架、在 Ruby 程序设计语言上支持 Rails 框架的 Ruby on Rails、Apache Struts、Swing、Tapestry 以及 WebObjects，它们都是基于 Java/JSP 的。许多这样的框架还使得创建简单的 **CRUD Web** 界面变得容易；也就是说，通过一个对象模型或数据库来生成代码以支持对对象 / 元组的创建、读取、更新和删除的界面。这种工具在使简单应用程序快速运行方面特别有用，并且所生成的代码可以被编辑来构建更复杂的 Web 界面。

9.4.3 Django 框架

用于 Python 的 Django 框架是一个广泛使用的 Web 应用框架。我们通过示例来说明该框架的一些特征。

Django 中的视图是等价于 Java 中 servlet 的函数。Django 需要一种通常在 urls.py 文件中指定的映射，它将 URL 映射为 Django 视图。当 Django 应用服务器接收到一个 HTTP 请求时，它使用 URL 映射来决定要调用哪个视图函数。

图 9-10 显示了我们之前使用 Java servlet 来实现的个人查询任务的示例代码。该代码展示了一个名为 person_query_view 的视图。我们假设 PersonQuery URL 被映射为 person_query_view 视图，并调用自前面图 9-3 所示的 HTML 表单。

```
from django.http import HttpResponse
from django.db import connection

def result_set_to_html(headers, cursor):
    html = "<table border=1>"
    html += "<tr>"
    for header in headers:
        html += "<th>" + header + "</th>"
    html += "</tr>"
    for row in cursor.fetchall():
        html += "<tr>"
        for col in row:
            html += "<td>" + col + "</td>"
        html += "</tr>"
    html += "</table>"
    return html

def person_query_view(request):
    if "username" not in request.session:
        return login_view(request)
    persontype = request.GET.get("persontype")
    personname = request.GET.get("personname")
    if persontype == "student":
        query_tmpl = "select id, name, dept_name from student where name=%s"
    else:
        query_tmpl = "select id, name, dept_name from instructor where name=%s"
    with connection.cursor() as cursor:
        cursor.execute(query_tmpl, [personname])
        headers = ["ID", "Name", "Department Name"]
        return HttpResponse(result_set_to_html(headers, cursor))
```

图 9-10　Django 中的个人查询应用

我们还假设应用的根目录被映射为 login_view。没有显示关于 login_view 的代码，但是我们假定它显示一个登录表单，并且在提交时它调用 authenticate 视图。也没有显示 authenticate 视图，但是我们假定它检查登录名和密码。如果密码通过了验证，那么 authenticate 视图将重定向到 person_query_form，该表单显示我们前面在图 9-3 中看到过的 HTML 代码；如果密码验证失败，那么它将重定向到 login_view。

419～420

请回到图 9-10，person_query_view() 视图首先通过检查会话变量 username 来检查用户是否已登录。如果未设置会话变量，则浏览器将被重定向到登录屏幕。否则，通过连接到数据库来获取被请求的用户信息；用于数据库连接的详细信息在 Django 的配置文件 settings.py 中指定，这在我们的描述中省略了。在连接上打开了一个游标（类似于 JDBC 语句），并使用该游标来执行查询。请注意：cursor.execute 的第一个参数是查询，而参数是通过“%s”来标记的；第二个参数是参数值的列表。然后通过调用 result_set_to_html() 函数来显示数据库查询的结果，该函数将在从数据库中提取出的结果集上进行迭代，并将结果以 HTML 格式输出到一个字符串中；然后将该字符串作为 HttpResponse 返回。

Django 提供了对许多其他功能的支持，例如创建 HTML 表单和验证表单中输入的数据、用于简化验证检查的注释，以及创建 HTML 页面的模板，这些模板与 JSP 页面有些相似。Django 还支持对象 - 关系映射系统，我们将在 9.6.2.2 节中对此进行描述。

9.5 客户端代码和 Web 服务

目前使用最广泛的两类用户界面是 Web 界面和移动应用界面。

虽然早期的 Web 浏览器只显示 HTML 代码，但很快人们就感觉到需要允许代码在浏览器上运行。**客户端脚本语言**（client-side scripting language）是被设计用于在客户端的 Web 浏览器上执行的语言。设计这种脚本语言的主要动机是与用户进行灵活的交互，提供超越 HTML 和 HTML 表单所提供的有限交互能力的功能。此外，与发送到服务器站点进行处理的每个交互相比，在客户端站点执行的程序大大加快了交互速度。

JavaScript 语言是到目前为止使用最为广泛的客户端脚本语言。当今 Web 界面的生成就广泛使用了 JavaScript 脚本语言来构造复杂的用户界面。

任何客户端界面都需要从后端存储和检索数据。直接访问数据库并不是一个好主意，因为这样不仅公开了低层级的细节，而且还使数据库暴露在攻击下。相反，后端提供了通过 Web 服务来存储和检索数据的访问。我们将在 9.5.2 节中讨论 Web 服务。

现今移动应用已被广泛使用，并且用于移动设备的用户界面是非常重要的。虽然在本书中并不涉及移动应用的开发，但我们在 9.5.4 节中提供了一些对移动应用开发框架的建议。

9.5.1 JavaScript

JavaScript 被用于多种任务，包括验证、灵活的用户界面以及与 Web 服务的交互，我们现在来对这些任务进行描述。

421

9.5.1.1 输入验证

用 JavaScript 编写的函数可以用于在用户的输入上执行错误检查（验证），例如日期字符串是否符合正确的格式，或者一个输入的值（例如年龄）是否在适当的范围之内。在输入数据时，甚至在这些数据被发送到 Web 服务器之前，这些检查就已在浏览器上执行了。

使用 HTML5，可以将许多验证约束指定为输入标签的一部分。例如，以下 HTML 代码：

```
<input type="number" name="credits" size="2" min="1" max="15">
```

确保“credits”参数的输入是介于 1 和 15 之间的一个数字。不能使用 HTML5 功能来执行的、更复杂的验证最好使用 JavaScript 来完成。

图 9-11 显示了一个带有用于验证表单输入的 JavaScript 函数的表单示例。该函数在 HTML 文档的 head 部分中被声明。该表单接受一个开始日期和一个结束日期。验证函数确保开始日期不大于结束日期。form 标签表示该验证函数在表单提交时被调用。如果验证失败，则将一个警告框显示给用户；而如果验证成功，则将表单提交给服务器。

```
<html>
<head>
<script type="text/javascript">
    function validate() {
        var startdate = new Date (document.getElementById("start").value);
        var enddate = new Date (document.getElementById("end").value);
        if(startdate > enddate) {
            alert("Start date is > end date");
            return false;
        }
    }
</script>
</head>

<body>
<form action="submitDates" onsubmit="return validate()">
    Start Date: <input type="date" id="start"><br />
    End Date : <input type="date" id="end"><br />
    <input type="submit" value="Submit">
</form>
</body>
</html>
```

图 9-11 用于验证表单输入的 JavaScript 示例

9.5.1.2 响应式用户界面

JavaScript 最重要的优势是能够使用 JavaScript 在浏览器中创建高度响应式用户界面。构建这样一个用户界面的关键是能够动态地修改通过使用 JavaScript 来显示的 HTML 代码。浏览器将 HTML 代码解析为一个内存中的树结构，该树结构是由被称为**文本对象模型**（Document Object Model，DOM）的标准来定义的。JavaScript 代码能够修改该树结构以执行特定的操作。例如，假设一个用户需要输入很多行的数据，例如一份清单中的多个项。那就可以使用一个包含文本框以及其他形式输入方式的表格来收集用户的输入。该表格可能有一个缺省规模，但是如果需要更多的行，则用户可以单击标有（比如）“增加项目”的按钮。可以设置这个按钮去调用 JavaScript 函数，该函数通过向表格中增加额外的一行来修改 DOM 树。

虽然 JavaScript 语言已经被标准化，但是在浏览器之间仍存在差别，特别是在 DOM 模型的一些细节方面。其结果是，在一个浏览器上工作的 JavaScript 代码有可能在另一个浏览器上无法工作。为了避免这种问题，最好使用一个 JavaScript 库，例如 JQuery 库，它允许以一种独立于浏览器的方式来编写代码。库里的函数在内部能够找出正在使用的是哪种浏览器，并向该浏览器发送对应生成的 JavaScript。

诸如 JQuery 那样的 JavaScript 库提供了许多 UI 元素，比如菜单、选项卡、诸如滑块那样的小部件，以及诸如自动完成那样的功能，这些元素可以使用库函数来创建和执行。

HTML5 标准支持多种丰富的用户交互功能，包括拖放、地理定位（允许将用户的位置提供给具有用户许可的应用）、允许根据位置来定制数据 / 界面。HTML5 还支持服务器端事件（Server-Side Event，SSE），它允许后端在发生某些事件时通知前端。

9.5.1.3　与 Web 服务的接口

如今，JavaScript 被广泛用于创建动态网页，它使用统称为 **Ajax** 的几种技术。用 JavaScript 编写的程序可以和 Web 服务器异步通信（也就是说，在后台不阻塞用户与 Web 浏览器的交互），并能够获取数据和显示数据。像 8.1.2 节中描述的 JavaScript 对象表示法（JavaScript Object Notation，JSON）那样的表示形式是最广泛使用的用于数据传输的数据格式，尽管也使用诸如 XML 那样的其他格式。

422 ~ 423

在应用服务器端运行的、用于上述任务的代码的作用是将数据发送给 JavaScript 代码，然后在浏览器上呈现数据。这样的后端服务被称为 Web 服务（Web service），它扮演可以被调用以获取所需数据的函数的角色。这样的服务可以使用 Java Servlet、Python 或许多其他语言框架中的任何一种来实现。

作为使用 Ajax 的一个示例，考虑由许多 Web 应用所实现的自动补全功能。当用户在文本框中键入一个值时，系统会建议对所键入值的补全。这种自动补全对于帮助用户从大量的值中选择一个值是非常有用的，因为下拉列表对于这种情况可能是不可行的。诸如 jQuery 那样的库通过将一个函数与文本框相关联来提供对自动补全的支持；该函数接受文本框中的部分输入，连接到 Web 后端以获取可能的补全，并将它们显示为自动补全的建议。

图 9-12 中所示的 JavaScript 代码使用了 jQuery 库来实现自动补全，并使用 jQuery 库的 DataTables 插件来提供表格形式的数据显示。HTML 代码有一个用于名称的文本输入框，它的 id 属性被设置为 name。该脚本通过使用 jQuery 的 $("#name") 语法将来自 jQuery 库的自动补全函数与该文本框相关联，以定位对于具有 id 为“name”的文本框的 DOM 节点，并随后将 autocomplete 函数与该节点相关联。传递给该函数的 source 属性标识了必须被调用来获得自动补全函数的值的 Web 服务。我们假设已经定义了一个 /autocomplete_name 这样的 servlet，它接受一个 term 参数，其中包含用户迄今为止所键入的字符，即使它们正在被键入。该 servlet 应该返回一个 JSON 数组，其中包含与 term 参数中的字符相匹配的学生 / 教师的姓名。

```
<html> <head>
<script src="https://code.jquery.com/jquery-3.3.1.js"> </script>
<script src="https://cdn.datatables.net/1.10.19/js/jquery.dataTables.min.js"></script>
<script src="https://code.jquery.com/ui/1.12.1/jquery-ui.min.js"></script>
<script src="https://cdn.datatables.net/1.10.19/js/jquery.dataTables.min.js"></script>
<link rel="stylesheet"
    href="https://code.jquery.com/ui/1.12.1/themes/base/jquery-ui.css" />
<link rel="stylesheet"
    href="https://cdn.datatables.net/1.10.19/css/jquery.dataTables.min.css"/>
<script>
    var myTable;
    $(document).ready(function() {
        $("#name").autocomplete({ source: "/autocomplete_name" });
        myTable = $("#personTable").DataTable({
        columns: [{data:"id"}, {data:"name"}, {data:"dept_name"}]
        });
    });
    function loadTableAsync() {
        var params = {persontype:$("#persontype").val(), name:$("#name").val()};
        var url = "/person_query_ajax?" + jQuery.param(params);
        myTable.ajax.url(url).load();
```

图 9-12　使用 JavaScript 和 Ajax 的 HTML 页面

```
    }
</script>
</head> <body>
Search for:
<select id="persontype">
    <option value="student" selected>Student </option>
    <option value="instructor"> Instructor </option>
</select> <br>
Name: <input type=text size=20 id="name">
<button onclick="loadTableAsync()"> Show details </button>
<table id="personTable" border="1">
    <thead>
        <tr> <th>ID</th> <th>Name</th> <th>Dept. Name</th> </tr>
    </thead>
</table>
</body> </html>
```

图 9-12 （续）

这段 JavaScript 代码还展示了如何从 Web 服务检索出数据并随后显示数据。我们的示例代码使用了 jQuery 的 DataTables 插件；还有许多其他的可供选择的库用于显示表格数据。我们假定未显示出来的 person_query_ajax servlet 返回具有给定姓名的学生或教师的 ID、姓名和系名，正如我们前面在图 9-7 中所见过的，但在 JSON 中被编码为一个对象，该对象的 data 属性包含一个行的数组；每一行都是一个年 id、name 和 dept_name 属性的 JSON 对象。

以 myTable 开头的那行显示了 jQuery 的 DataTable 插件是如何与图中稍后展示的 HTML 表相关联的，该表的标识为 personTable。当单击按钮“Show details”时，将调用 loadTableAsync() 函数。此函数首先创建一个 URL 字符串 url，该字符串用于以人员类型和姓名的值为参数来调用 person_query_ajax。在 myTable 上调用的 ajax.url(url).load() 函数使用从 Web 服务中获取的 JSON 数据来填充表的行，而该 Web 服务的 URL 就是我们在上面创建的。这是异步发生的；也就是说，函数会立即返回，但是当获取到数据时，表中的行会被填充为返回的数据。

图 9-13 显示了一个浏览器的屏幕截图，它显示了图 9-12 中代码的结果。

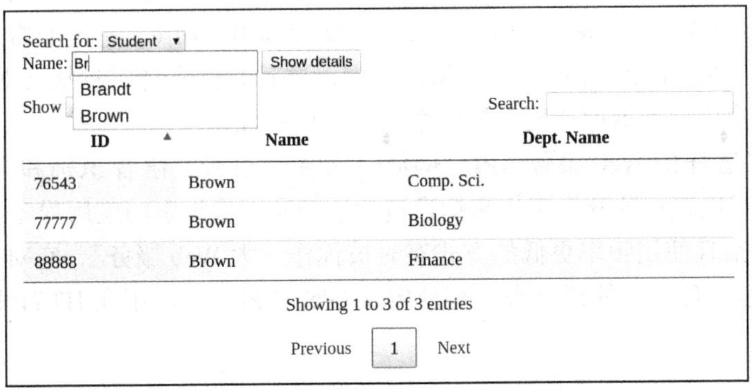

Search for: Student
Name: Br　Show details
Brandt
Brown
Show　Search:

ID	Name	Dept. Name
76543	Brown	Comp. Sci.
77777	Brown	Biology
88888	Brown	Finance

Showing 1 to 3 of 3 entries

Previous 1 Next

图 9-13 由图 9-12 生成的显示屏幕截图

作为使用 Ajax 的另一个示例，请考虑一个网站，它有一个表单允许你选择一个国家，并且一旦选择了一个国家，你就可以从这个国家的州列表中选择一个州。在国家被选定之前，州的下拉列表是空的。Ajax 框架允许在选定一个国家时，从该网站的后台下载州的列表，并且一旦获取到该列表，就把它加到下拉列表中，从而使你可以选择州。

9.5.2 Web 服务

Web 服务（Web service）是一个应用组件，它可以通过 Web 和函数来调用，在效果上类似于应用编程接口。Web 服务请求是使用 HTTP 协议来发送的，它在应用服务器上执行，并且结果会被发送回调用程序。

有两种方式被广泛用于实现 Web 服务。在较简单的称为**表示状态转移**（Representation State Transfer，或 REST）的方式中，通过在应用服务器端对 URL 的标准 HTTP 请求来执行 Web 服务函数的调用，其参数作为标准 HTTP 请求的参数来发送。应用服务器执行该请求（有可能涉及服务器端数据库的更新），生成结果并对结果编码，然后将该结果作为 HTTP 请求的结果返回。当今最广泛使用的结果编码是 JSON 表示形式，尽管我们在前面 8.1.3 节中看到 XML 也可被使用。请求方会解析返回的页面以访问所返回的数据。

在 RESTful 风格的 Web 服务（即使用 REST 的 Web 服务）的许多应用中，请求方是运行在 Web 浏览器中的 JavaScript 代码；该代码使用函数调用的结果来更新浏览器的屏幕。例如，当你在 Web 上的一个地图界面上滚动显示时，地图中需要新增的显示部分可以使用 RESTful 接口通过 JavaScript 代码来获取，然后显示在屏幕上。

424 ~ 426

虽然有些 Web 服务并没有公开的文档记录并且只能由特定的应用在内部使用，但是另一些 Web 服务有文档记载了它们的接口并且可以被任何应用使用。此类服务可能允许无任何限制的使用，可能要求用户在访问该服务之前必须登录，或者可能要求用户或应用开发者为了使用该服务的特权向 Web 服务提供商付费。

如今，有各种各样的 RESTful Web 服务可用，并且大多数前端应用程序使用一个或多个这样的服务来执行后端活动。例如，基于 Web 的电子邮件系统、社交媒体网页，或者基于 Web 的地图服务几乎肯定会使用用于呈现的 JavaScript 代码来构建，并且会使用后端 Web 服务来获取数据以及执行更新。类似地，任何在后端存储数据的移动应用几乎肯定会使用 Web 服务来获取数据和执行更新。

Web 服务也越来越多地用于后端，以利用其他后端系统所提供的功能。例如，基于 Web 的存储系统提供了用于存储和检索数据的 Web 服务 API；这些服务由许多供应商来提供，比如 Amazon S3、Google Cloud Storage 和 Microsoft Azure。它们非常受应用程序开发人员的欢迎，因为它们允许存储非常大量的数据，并且它们支持每秒执行非常大量的操作，且具有远远超出集中式数据库所能支持的范围的可扩展性。

还存在很多这样的 Web 服务 API。例如，文本转语音、语音识别和视觉 Web 服务的 API 允许开发人员以极少的开发工作来构建包含语音和图像识别的应用程序。

一种更加复杂且使用频率更低的方式有时被称作“大 Web 服务”，它对参数和结果使用 XML 编码，使用一种专门的语言来规范地定义 Web API，并使用在 HTTP 协议之上构建的一个协议层。

9.5.3 断连操作

许多应用都希望即使当一个客户端从应用服务器断开连接时仍支持某些操作。例如，一名学生可能希望完成一份申请表单，即使他的笔记本电脑已断开与网络的连接，但在该笔记本电脑重新连接网络时能将表单内容保存回去。作为另一个示例，如果将一个电子邮件客户端构建为一个 Web 应用，那么一个用户可能希望撰写一封电子邮件，即使他的笔记本电脑已从网络断开，但该笔记本电脑重新连接网络时能将邮件发送出去。构建这种应用需要客户端机器中的本地存储。

HTML5 标准支持本地存储，本地存储可以使用 JavaScript 来访问。代码

```
if (typeof(Storage) !== "undefined") { // 浏览器支持本地存储
...
}
```

检查浏览器是否支持本地存储。如果浏览器支持，则可以使用以下函数来存储、加载或删除一个给定键的值。 427

```
localStorage.setItem(key, value)
localStorage.getItem(key)
localStorage.deleteItem(key)
```

为了避免过多的数据存储，浏览器可以限制一个网站最多存储一定量的数据；缺省的最大值通常为 5 MB。

上面的接口只允许存储或检索键 / 值对。检索要求提供一个键；否则，需要扫描整个键 / 值对集合以查找所需的值。应用程序可能需要存储在多个属性上被索引的元组，从而允许基于任何属性的值来进行高效访问。HTML5 支持 IndexedDB，它允许存储在多个属性上具有索引的 JSON 对象。IndexedDB 还支持模式版本，并允许开发人员提供代码来将数据从一个模式版本迁移到下一个版本。

9.5.4 移动应用平台

移动应用（mobile application，或者简称为 mobile app）在今天得到了广泛的应用，并且它们构成了用于一大群用户的主要用户界面。目前使用最广泛的两种移动平台是 Android 和 iOS。这些平台中的每一种都提供了一种方式来构建具有图形化用户界面的应用，并且该图形化用户界面是为小型触摸屏设备而度身定制的。图形化用户界面提供了各种标准的 GUI 功能（比如菜单、列表、按钮、复选框、进度条等），以及显示文本、图像和视频的能力。

移动应用可以被下载、存储并以后使用。因此，用户可以在连接到高速网络时下载应用，然后在连接到低速网络时使用应用。当使用 Web 应用时也可能会进行下载，导致当用户连接到低速网络或数据传输成本较高的网络时会传输大量的数据。此外，移动应用具有在小型设备上工作良好的用户界面，能比 Web 应用更好地调整到小规模的设备。移动应用也可以被编译为机器代码，因此比 Web 应用所需的功耗更低。更重要的是，与（早期的）Web 应用不同，移动应用可以在本地存储数据并允许离线使用。此外，移动应用具有一个完善的授权模型，可以在具有用户授权的情况下使用信息和设备特性，比如位置、摄像头、联系人等。

然而，使用移动应用界面的缺点之一是：为 Android 平台编写的代码只能在该平台上运行，而不能在 iOS 上运行，反之亦然。其结果是，开发人员必须为每个应用编写两次代码，一次用于 Android，一次用于 iOS，除非他们决定完全忽略其中一个平台，但这是不可取的。

创建具有既能在 Android 上也能在 iOS 上运行的高级代码的应用显然是非常重要的。由 Facebook 开发的、基于 JavaScript 的本地响应框架（react native framework）和由 Google 开发的、基于 Dart 语言的 Flutter 框架（Flutter framework）是为支持跨平台开发而设计的。 428（Dart 是一种为开发用户界面而优化的语言，它提供诸如异步函数调用和流上函数那样的功

能。）这两个框架都允许对于 Android 和 iOS 共用大部分应用程序代码，但如果在框架的平台独立部分不支持某些功能，则可以面向底层平台来实现这些功能。

随着高速移动网络的广泛可用，使用移动应用而不使用 Web 应用的一些动机（例如提前下载的能力）就不再那么重要了。新一代的 Web 应用称为**渐进式网络应用**（Progressive Web App，PWA），它将移动应用与 Web 应用的优点结合在一起，其使用量正在不断增加。这些应用是使用 JavaScript 和 HTML5 来构建的，并且是为移动设备量身定制的。

PWA 的一个关键启用功能是对本地数据存储的 HTML5 支持，它甚至允许在设备离线时使用应用。另一个启用功能是支持编译 JavaScript 代码；仅限于编译遵循受限语法的代码，因为编译任意的 JavaScript 代码是不切实际的。这种编译通常是即时完成的，也就是说，它是在需要执行代码时完成的，或者如果它已经执行过多次。因此，通过只使用允许编译的 JavaScript 特性来编写 Web 应用中 CPU 消耗大的部分，可以确保移动设备上 CPU 和代码的节能执行。

PWA 还利用 HTML5 服务工作进程，它允许脚本在浏览器的后台运行，从而与网页分离。此类服务工作进程可用于在本地存储和 Web 服务之间执行后台同步操作，或者接收或推送来自后端服务的通知。HTML5 还允许应用获取设备位置（在用户授权之后），并允许 PWA 使用位置信息。

因此，PWA 可能会越来越多，并取代移动应用的许多（但肯定不是全部）用例。

9.6　应用程序体系结构

为了处理大型应用程序的复杂性，通常将它们划分为若干层：

- *展示*（presentation）层或*用户界面*（user-interface）层，它处理用户的交互。单个应用程序可能有若干个不同版本的展示层，对应于不同类型的界面，例如 Web 浏览器以及手机的用户界面（它的屏幕相对要小很多）。

  在很多实现中，基于**模型－视图－控制器**（Model-View-Controller，MVC）体系结构，展示层/用户界面层本身在概念上可被划分为若干层。**模型**（model）对应于下文所述的业务－逻辑层。**视图**（view）定义数据的显示；单个底层模型根据用于访问应用程序的特定软件/设备可以具有不同的视图。**控制器**（controller）接收事件（用户操作），在模型上执行操作，并返回一个视图给用户。MVC 体系结构在许多 Web 应用框架中已得到应用。

429

- **业务逻辑**（bussiness-logic）层，它提供对数据和数据之上操作的高级视图。我们将在 9.6.1 节中更详细地讨论业务逻辑层。
- **数据访问**（data access）层，它提供业务逻辑层和底层数据库之间的接口。当底层数据库是关系数据库时，许多应用程序使用一种面向对象的语言来编写业务逻辑层，并使用一种面向对象的数据模型。在这种情况下，数据访问层还提供从业务逻辑所使用的面向对象数据模型到数据库所支持的关系模型的映射。我们将在 9.6.2 节中更详细地讨论这种映射。

图 9-14 展示了这些层，以及为了处理来自 Web 浏览器的一条请求所采取的一系列步骤。图中箭头上的标记表示步骤的顺序。当应用服务器接收到请求时，控制器向模型发送一条请求。模型使用业务逻辑来处理该请求，其中可能涉及更新作为模型一部分的对象，接着创建一个结果对象。模型依次使用数据访问层去更新数据库中的信息或从数据库中检索信

息。模型所创建的结果对象被发送到视图模块，它对结果生成一个 HTML 视图以便在 Web 浏览器上显示。该视图可能是根据用于查看结果的设备的特点度身定制的——例如它是一个具有大屏幕的计算机显示器，还是手机上的小屏幕。视图层越来越多地由在客户端而不是在服务器端运行的代码来实现。

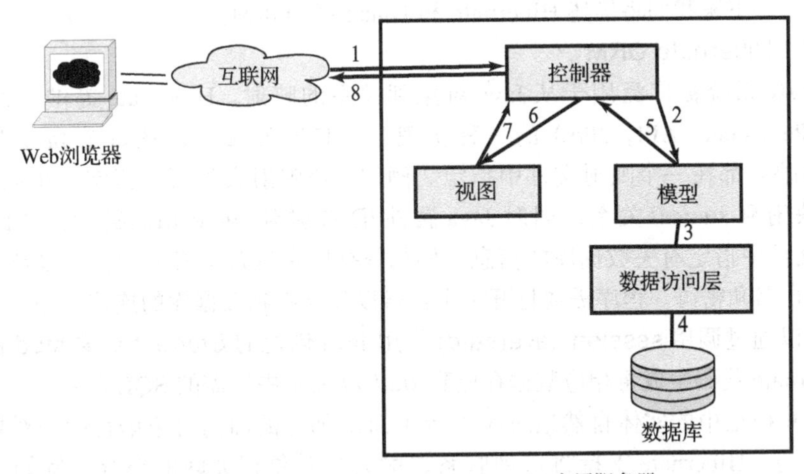

图 9-14　Web 应用程序体系结构

430

9.6.1　业务逻辑层

一个用于管理大学的应用程序的业务逻辑层可能会提供实体的抽象（比如学生、教师、课程、课程段等），以及操作的抽象（比如大学录取学生、学生注册课程等）。实现这些操作的代码保证满足**业务规则**（business rule）；例如，这些代码要保证只有当学生已经修完一门课程的先修课程并且已经交付学费时才能注册该课程。

另外，业务逻辑包含**工作流**（workflow），它描述如何处理一个涉及多个参与者的特定任务。例如，如果一名应试者申请大学，则存在一个工作流规定首先由谁来查看并批准申请，并且如果申请在第一步被批准后，接下来应该由谁来查看该申请，如此等等，直到要么给学生发出入学邀请要么发出拒信为止。工作流管理还需要处理错误情况；例如，如果接收 / 拒绝的最后期限还没到，则可能需要通知主管，使他能够干预并确保该申请被处理。

9.6.2　数据访问层和对象 - 关系映射

在最简单的场景中，业务逻辑层使用与数据库相同的数据模型，数据访问层只是隐藏了与数据库的接口细节。然而，当用面向对象程序设计语言编写业务 - 逻辑层时，很自然地会将数据建模为对象并具有在对象上调用的方法。

在早期的实现中，程序员不得不为了从数据库中获取数据来创建对象以及为了将更新后的对象存回到数据库中而编写代码。然而，这种数据模型之间的人为转换很麻烦并且容易出错。解决这个问题的一种方式是开发一个数据库系统，它能够本地存储对象以及对象之间的联系，并且允许以与内存中对象完全相同的方式来访问数据库中的对象。这种数据库称作**面向对象数据库**（object-oriented database），我们已经在 8.2 节中对其进行过介绍。然而，由于许多技术和商业原因，面向对象数据库并没有取得商业上的成功。

一种可替代方式是使用传统关系数据库来保存数据，但自动建立从关系中的数据到内存中按需创建（因为通常没有足够的内存来存储数据库中所有的数据）的对象的映射，以及反向映射来将更新后的对象以关系的形式保存回数据库。

已经有好几个实现这种**对象－关系映射**（Object-Relational Mapping，ORM）的系统被开发出来了。接下来我们将描述 Hibernate 和 Django 的 ORM。

9.6.2.1 Hibernate ORM

Hibernate 系统被广泛用于从 Java 对象到关系的映射。Hibernate 提供了 Java 持久化 API（Java Persistence API，JPA）的一种实现。在 Hibernate 中，从每个 Java 类到一个或多个关系的映射都在一个映射文件中指定。例如，该映射文件可以指定一个叫作 Student 的 Java 类映射到 *student* 关系，同时 Java 属性 ID 映射到 *student*.ID 属性，如此等等。在 *properties* 文件中指定有关数据库的信息，例如数据库在哪台主机上运行，以及用于连接到数据库的用户名和密码。程序需要打开一个会话以建立起到数据库的连接。一旦会话被建立起来，就可以通过调用 session.save(stud) 将用 Java 创建的 Student 对象 stud 保存到数据库中。Hibernate 代码生成将相应数据存储到 *student* 关系中所需的 SQL 命令。

431

虽然 E-R 模型中的实体自然地对应于诸如 Java 那样的面向对象语言中的对象，但联系通常并不对应。Hibernate 支持将这种联系映射为与对象相关联的集合。例如，*student* 和 *section* 之间的 *takes* 联系可以通过将一个 *section* 的集合与每个 *student* 相关联，并将一个 *student* 的集合与每个 *section* 相关联来建模。一旦指定了适当的映射，Hibernate 就会根据数据库关系 *takes* 来自动填充这些集合，并且对集合的更新也会在提交时反映回数据库关系中。

作为使用 Hibernate 的一个示例，我们按如下方式创建一个对应于 *student* 关系的 Java 类：

```
@Entity public class Student {
        @Id String ID;
        String name;
        String department;
        int tot_cred;
}
```

为了保证准确性，类属性应该被声明为私有的，并应该提供 getter/setter 方法来访问这些属性，但我们省略了这些细节。

从 Student 的类属性到 *student* 关系的属性的映射可以以 XML 格式在映射文件中指定，或者更方便地通过对 Java 代码进行注释的方式。在上面的示例中，注释 @Entity 表示将该类映射到一个数据库关系，在缺省情况下，该关系的名称就是类名，并且该关系的属性在缺省情况下与类属性是相同的。可以使用 @Table 和 @Column 注释来覆盖缺省的关系名和属性名。示例中的 @Id 注释指定 ID 是主码属性。

下面这一小段代码随后创建了一个 Student 对象并将它保存到数据库中。

```
Session session = getSessionFactory().openSession();
Transaction txn = session.beginTransaction();
Student stud = new Student("12328", "John Smith", "Comp. Sci.", 0);
session.save(stud);
txn.commit();
session.close();
```

432

Hibernate 自动生成所需的 SQL **insert** 语句，以便在数据库中创建一个 *student* 元组。

既可以通过主码，也可以通过查询来检索对象，正如下面的代码段所示：

```
Session session = getSessionFactory().openSession();
Transaction txn = session.beginTransaction();
// 通过标识来检索学生对象
Student stud1 = session.get(Student.class, "12328");
        …打印学生信息…
List students =
        session.createQuery("from Student as s order by s.ID asc").list();
for ( Iterator iter = students.iterator(); iter.hasNext(); ) {
        Student stud = (Student) iter.next();
        …打印学生信息…
}
txn.commit();
session.close();
```

可以使用 session.get() 方法并提供单个对象的类和它的主码来检索该对象。被检索的对象可以在内存中进行更新；当正在进行的 Hibernate 会话上的事务被提交时，Hibernate 通过在数据库中的关系上进行相应的更新来自动保存被更新过的对象。

前面的代码片段还显示了用 Hibernate 的 HQL 查询语言表示的一个查询，它基于 SQL，但被设计成允许在查询中直接使用对象。HQL 查询被 Hibernate 自动翻译成 SQL 并执行，然后结果被转换成一个 Student 对象的列表。for 循环遍历这个列表中的对象。

这些特点有助于给程序员提供一个不需要考虑关系存储细节的高级数据模型。然而，Hibernate 和其他对象 - 关系映射系统类似，还允许在数据库中存储的关系上使用 SQL 来编写查询；这种直接的数据库访问绕过了对象模型，对于编写复杂的查询是非常有用的。

9.6.2.2　Django ORM

已经开发出多个适用于 Python 语言的 ORM。Django 框架的 ORM 组件就是最流行的此类 ORM 之一，而 SQLAlchemy 是另一种流行的 Python ORM。

图 9-15 显示了 Django 中对于 Student 和 Instructor 的模型定义。请注意，*student* 和 *instructor* 的所有字段都已定义为 Student 和 Instructor 类中的字段，并具有适当的类型定义。

```
from django.db import models

class student(models.Model):
    id = models.CharField(primary_key=True, max_length=5)
    name = models.CharField(max_length=20)
    dept_name = models.CharField(max_length=20)
    tot_cred = models.DecimalField(max_digits=3, decimal_places=0)

class instructor(models.Model):
    id = models.CharField(primary_key=True, max_length=5)
    name = models.CharField(max_length=20)
    dept_name = models.CharField(max_length=20)
    salary = models.DecimalField(max_digits=8, decimal_places=2)
    advisees = models.ManyToManyField(student, related_name="advisors")
```

图 9-15　Django 中的模型定义

此外，*advisor* 关系在这里被建模为 Student 和 Instructor 之间的多对多联系。这个联系是通过 Instructor 中的一个名为 advisees 的属性来访问的，它存储了一组对 Student 对象的引用。从 Student 到 Instructor 的反向联系是自动创建的，并且该模型指定 Student 类中的反向联系的属性被命名为 advisors；此属性存储一组对 Instructor 对象的引用。

图 9-16 中所示的 Django 视图 person_query_model 说明了如何直接从 Python 语言来访问数据库对象，而无须使用 SQL。表达式 Student.objects.filter() 返回满足指定的筛选条件的所有学生对象；在本例中，返回具有给定姓名的学生。学生的姓名连同他们导师的姓名被一起打印出来。表达式 Student.advisors.all() 返回给定学生的导师（导师对象）列表，然后通过 get_names() 函数来检索并返回这些导师的姓名。对于教师的情况是类似的，教师姓名连同他们所指导的学生的姓名被一起打印出来。

```
from models import Student, Instructor
def get_names(persons):
    res = ""
    for p in persons:
        res += p.name + ", "
    return res.rstrip(", ")

def person_query_model(request):
    persontype = request.GET.get('persontype')
    personname = request.GET.get('personname')
    html = ""

    if persontype == 'student':
        students = Student.objects.filter(name=personname)
        for student in students:
            advisors = students.advisors.all()
            html = html + "Advisee: " + student.name + "<br>Advisors: "
                + get_names(advisors) + "<br> \n"
    else:
        instructors = Instructor.objects.filter(name=personname)
        for instructor in instructors:
            advisees = instructor.advisees.all()
            html = html+"Advisor: " + instructor.name + "<br>Advisees: "
                + get_names(advisees) + "<br> \n"
    return HttpResponse(html)
```

图 9-16　Django 中使用模型的视图定义

Django 提供了一种称作*迁移*（migrate）的工具，它从给定的模型创建数据库关系。模型可以指定版本号。当在具有新版本号的模型上调用迁移工具时，如果数据库中已存在早期版本号，则迁移工具还生成用于将现有数据从旧的数据库模式迁移到新的数据库模式的 SQL 代码。还可以从现有的数据库模式创建 Django 模型。

9.7　应用程序性能

Web 站点可能以每秒数千次请求的速率被来自全球的数百万人所访问，对于最流行的站点来说访问速率甚至更高。确保对这些请求的服务具有较短的响应时间是网站开发人员面临的一个主要挑战。为了做到这点，应用程序开发人员通过利用诸如高速缓存那样的技术来试图加快处理单个请求的速度，并且他们通过使用多个应用服务器来进行并行处理。接下来我们简要描述这些技术。对数据库应用的调优是提高性能的另一种方式，我们将在 25.1 节中讲述。

9.7.1 通过高速缓存减少开销

假设服务于每个用户请求的应用程序代码都需要通过 JDBC 连接到一个数据库。创建一个新的 JDBC 连接可能需要花数毫秒的时间，如果需要支持很高的事务率，那么为每次用户请求打开一个新的连接就不是一个好主意。

433
~
435

连接池（connection pooling）被用来减少这种开销，它是这样工作的：连接池管理器（通常是应用服务器的一部分）创建一个打开的 ODBC/JDBC 连接池（也就是一个集合）。与打开一个新的数据库连接不同，对用户请求提供服务的代码（通常是一个 servlet）从连接池申请（请求）一个连接，然后在该代码（servlet）完成其处理时将连接归还给连接池。如果在请求连接时连接池中没有未使用的连接，则打开一个新的数据库连接（要小心不要超过该数据库能同时支持的最多连接数量）。如果存在很多打开的、在一段时间内没有被使用的连接，则连接池管理器可能会关闭一些打开的数据库连接。许多应用服务器以及较新的 ODBC/JDBC 驱动程序提供了内置的连接池管理器。

如何创建一个连接池的详细信息因应用服务器或 JDBC 驱动程序而异，但大多数实现都需要使用 JDBC 连接的详细信息（比如计算机、端口、数据库、用户标识和密码）以及与连接池相关的其他参数来创建 DataSource 对象。在 DataSource 对象上调用 getConnection() 方法就从连接池得到一个连接。关闭连接则将连接返回给连接池。

某些请求可能会导致向数据库重复提交完全相同的查询。只要数据库中的查询结果没有改变，通过高速缓存先前查询的结果并重新使用它们，可以大大减少与数据库通信的代价。一些 Web 服务器支持这样的查询结果高速缓存；如果不支持，可以在应用程序代码中显式实现高速缓存。

通过高速缓存为响应一个请求而发送的最终 Web 页面可以进一步减少开销。如果新的请求和之前的某个请求具有完全一样的参数，该请求并不执行任何更新并且结果 Web 页面就在高速缓存中，那么该页面就可以重复使用，从而避免了重新计算该页面的开销。可以在网页的片段级别实现高速缓存，然后组装这些片段来创建出完整的网页。

高速缓存的查询结果和高速缓存的 Web 页面都是物化视图的形式。如果底层数据库数据发生了改动，则高速缓存的结果必须被废弃，或者重新计算，甚至增量更新，就如同物化视图的维护（在 16.5 节中介绍）那样。某些数据库系统（比如 Microsoft SQL Server）为应用服务器提供了一种方式来注册对数据库的查询，并且在查询结果改变时得到来自数据库的**通知**（notification）。这种通知机制可以用于确保在应用服务器处高速缓存的查询结果是最新的。

存在几种广泛使用的主存高速缓存系统；其中比较流行的是 **memcached** 和 **Redis**。这两个系统都允许应用程序存储具有关联键的数据，并检索指定键对应的数据。因此，它们充当了散列映射数据结构，允许数据存储在主存中但也可将不常使用的数据从高速缓存移出。

436

例如，利用 memcached，可以使用 memcached.add(key, data) 来存储数据，并使用 memcached.fetch(key) 来提取数据。应用程序首先通过发出 fetch("r:"+key1) 来检查是否已经高速缓存了所需的数据（在此，该键被附加到关系名上，以将数据与可能存储在同一个 memcached 实例中的不同关系区分开来），而不是通过发出数据库查询来从关系 r 中获取具有指定键（比如 key1）的用户数据。如果 fetch 返回空值，则发出数据库查询，把从数据库中提取的数据的副本存储在 memcached 中，然后将数据返回给用户。如果 fetch 确实找到了被请求的数据，则可以在不访问数据库的情况下使用该数据，从而实现更快的访问。

客户端可以连接到多个 memcached 实例，这些实例可以在不同的计算机上运行，并在其中任何一台机器中存储 / 检索数据。如何决定哪些数据存储在哪个实例上的问题被留给了客户端代码。通过跨多台机器对数据存储进行划分，应用程序可以从跨所有机器的可用主存的聚集中获益。

memcached 并不支持高速缓存数据的自动失效，但是应用程序可以跟踪数据库的更改，并对数据库中受更新或删除影响的键值进行更新（使用 memcached_set(key, newvalue)）或删除（使用 memcached_delete(key)）。Redis 提供了非常相似的功能。memcached 和 Redis 都提供了用多种语言表示的 API。

9.7.2 并行处理

处理这种非常重的负载的一种常用方法是采用大量以并行方式运行的应用服务器，每台应用服务器处理一小部分请求。一台 Web 服务器或者一台网络路由器可以被用于将每个客户端请求路由到其中一台应用服务器。来自一个特定客户端会话的所有请求都必须送到同一台应用服务器，因为服务器要维护客户端会话的状态。例如，通过将来自一个特定 IP 地址的所有请求都路由到相同的应用服务器可以确保这种性质。然而，底层数据库是被所有应用服务器所共享的，因此用户看到的是数据库的一个一致性视图。

虽然上述体系结构确保应用服务器并不会成为瓶颈，但它无法防止数据库成为瓶颈，因为只有一个数据库服务器。为了避免数据库的过载，应用程序设计者经常使用高速缓存技术来减少对数据库请求的数量。此外，当数据库需要处理非常大量的数据或者非常重的查询负载时，可以使用第 21～23 章中描述的并行数据库系统。可以通过 Web 服务 API 访问的并行数据存储系统在需要扩展到非常大量的用户的应用程序中也很流行。

9.8 应用程序安全性

应用程序安全性必须处理几个安全威胁和问题，这些威胁和问题超出了由 SQL 授权处理的范围。

437

必须要强制实施安全性的首要地方是在应用程序中。为此，应用程序必须对用户进行认证，并确保用户只允许执行被授权的任务。

由于应用程序代码写得不好，即使数据库系统本身是安全的，也存在许多方式可以使得应用程序的安全性遭受攻击。在本节中，我们首先介绍几种安全性漏洞，它们可以允许黑客采取行动来绕过应用程序所执行的身份认证和授权检查，并且我们将解释如何防止这种漏洞。之后，我们介绍用于安全认证以及用于细粒度授权的技术。然后，我们介绍审计追踪，它可以有助于从未经授权的访问和从错误的更新中恢复。最后，我们通过对数据隐私问题的介绍来结束本节。

9.8.1 SQL 注入

在 SQL 注入（SQL injection）攻击中，攻击者设法获得一个应用程序来执行由攻击者创建的 SQL 查询。在 5.1.1.5 节中，我们看过一个示例，如果将用户输入与一条 SQL 查询直接拼接到一起并提交给数据库，就会造成 SQL 注入漏洞。作为 SQL 注入漏洞的另一个示例，请考虑图 9-3 中所示的表单源文本。假设图 9-7 中所示的相应 servlet 采用以下 Java 表达式来创建一个 SQL 查询串：

```
String query = "select * from student where name like '%"
                + name + "%' "
```

其中 name 是包含由用户输入的字符串的变量，并继而在数据库上执行该查询。利用该 Web 表单的一个恶意攻击者则可以键入诸如 "';<some SQL statement>; --" 那样的字符串来替代一个有效的学生姓名，其中 <some SQL statement> 表示该攻击者所期望的任何 SQL 语句。然后该 servlet 将执行以下字符串：

```
select * from student where name like '%'; <some SQL statement>; -- %'
```

由攻击者插入的引号结束了该字符串，接着的分号终止了该查询，然后由攻击者插入的后续文本被解析为第二条 SQL 查询，而结束引号已经被注释掉了。这样，该恶意用户就成功插入了一条被应用程序执行的任意 SQL 语句。该语句可能导致严重的破坏，因为它可以绕过在应用程序代码中实现的所有安全措施，而在数据库上进行任意的操作。

正如在 5.1.1.5 节中所讨论的，为了避免这种攻击，最好使用预备语句来执行 SQL 查询。当设置预备语句的参数时，JDBC 会自动添加转义字符，从而使得用户提供的引号就不能再终止字符串了。也就是说，增加这种转义字符的功能也可以在将输入字符串拼接到 SQL 查询连接之前就对输入字符串使用，而不使用预备语句。

438

SQL 注入风险的另一个来源是基于表单中指定的选择条件和排序属性来动态创建查询的应用程序。例如，一个应用程序可能允许用户来指定应该使用哪个属性对一个查询的结果进行排序。基于指定的属性可以构造出一条相应的 SQL 查询。假设该应用程序从表单的 orderAttribute 变量中获得属性名，并创建一个如下所示的查询串：

```
String query = "select * from takes order by " + orderAttribute;
```

即使用于获得输入的 HTML 表单通过提供菜单来试图限定所允许的值，恶意用户仍可以发送一个任意的字符串来替代一个有意义的 orderAttribute 值。为了避免这种类型的 SQL 注入，应用程序应该在追加 orderAttribute 变量值之前确保它是所允许的值（在我们的示例中为属性名）。

9.8.2 跨站点脚本和请求伪造

一个允许用户输入诸如评论或姓名那样的文本，然后将其保存并在以后显示给其他用户的网站，很容易受到一种叫作**跨站点脚本**（Cross-Site Scripting，XSS）的攻击。在这种攻击中，恶意用户并不输入有效的姓名或评论，而是输入用诸如 JavaScript 或 Flash 那样的客户端脚本语言编写的代码。当另一个用户阅览所输入的文本时，浏览器会执行脚本，而脚本可能会进行一些操作，比如将私人的 cookie 信息发送给该恶意用户，甚至在该用户可能登录的另一个不同的 Web 服务器上执行操作。

例如，假设在该脚本执行的时候用户恰巧登录进他的银行账户。该脚本就可以将有关银行账户登录的 cookie 信息发送回恶意用户，而他就可以利用该信息连接到银行的 Web 服务器，欺骗它并使它相信该连接来自原始用户。或者，该脚本可以适当设置参数并访问银行网站上的相应网页来执行资金转账。事实上，即使不使用脚本而只采用这样的一行代码就能够使这种特定的问题发生：

```
<img src=
  "https://mybank.com/transfermoney?amount=1000&toaccount=14523">
```

假定 mybank.com/transfermoney 这个 URL 接受指定的参数并执行资金转账。这后一种漏洞又被称作**跨站点请求伪造**（Cross-Site Request Forgery）或 XSRF（有时也称作 CSRF）。

439

XSS 可以用其他的方式来实现，比如引诱用户访问有恶意脚本嵌入其网页的网站。还存在其他更加复杂的 XSS 或 XSRF 攻击类型，我们在此就不再细述。为了防止此类攻击，需要完成两件事。

- **防止你的网站被用来发动 XSS 或 XSRF 攻击。**

  最简单的技术就是禁止在用户输入的任何文本中有任何 HTML 标签。存在检测或去除所有这类标签的函数。这些函数可以用来防止 HTML 标签，并因此防止任何脚本被展示给其他用户。在有些情况下 HTML 格式是有用的，在这些情况下可以使用那种能够解析文本并允许受限的 HTML 结构但不允许其他危险结构的函数。这些函数必须小心地设计，因为如果在图片展示软件中存在一个能被发现的错误，有时包含一个跟图片一样无害的结构也可能是危险的。

- **防止你的网站被从其他站点发动的 XSS 或 XSRF 所攻击。**

  如果用户已经登录到你的网站，并访问了一个不同的易受 XSS 攻击的网站，那么在该用户的浏览器上执行的恶意代码可能在你的网站上执行操作，或者将与你的网站关联的会话信息发送回试图利用它的恶意用户。虽然无法完全阻止这种攻击，但是你可以采取几个步骤来将风险最小化。

  ○ HTTP 协议允许服务器检查一个页面访问的**引用页**（referer），也就是用户为了初始化页面访问而点击的链接所在网页的 URL。通过检查引用页是否有效，例如引用页 URL 是否是同一个网站上的网页，可以防止从用户访问的一个不同网页上发起的 XSS 攻击。

  ○ 除了只使用 cookie 来标识会话外，还可以将会话限制在它被原始验证的 IP 地址上。其结果是，即使一个恶意用户得到了 cookie，他也可能无法从一台不同的计算机登录进来。

  ○ 决不要使用 GET 方法来执行任何更新。这阻止了利用 <img src …> 的攻击，正如我们在前面所看到的。事实上，HTTP 标准指明 GET 方法不应该执行任何更新。

  ○ 如果使用类似 Django 那样的 Web 应用框架，请确保使用该框架提供的 XSRF/CSRF 保护机制。

9.8.3 密码泄露

应用程序开发人员必须处理的另一个问题是在应用程序代码的明文中保存密码。例如，诸如 JSP 脚本那样的程序通常在明文中包含密码。如果这种脚本被保存在一个 Web 服务器可以访问的目录中，那么一个外部用户就可能访问到该脚本的源码，并获取该应用程序所使用的数据库账户的密码。为了避免这种问题，许多应用服务器提供了以加密形式来保存密码的机制，在将密码传送给数据库之前服务器会对其解码。这种机制去除了在应用程序中将密码存储为明文的需求。然而，如果解码密钥也容易被暴露，这种方法就不完全有效了。

440

作为保护易受攻击的数据库密码的另一种措施，许多数据库系统允许将对数据库的访问限制在一个给定的网络地址集合中，通常是运行应用服务器的机器。企图从其他网络地址连接数据库会被拒绝。这样，除非恶意用户能够登录到应用服务器，否则即使他获取了对数据库密码的访问也无法造成任何破坏。

9.8.4　应用级认证

认证（authentication）是指验证连接到应用程序的人 / 软件的身份。最简单的认证形式是，当一个用户连接到应用程序时必须出示密码。遗憾的是，密码容易受到攻击，例如通过试猜或者通过嗅探网络中的数据包（如果密码没有被加密传送）。对于诸如网上银行账户那样的关键应用需要更为鲁棒的模式。加密就是更为鲁棒的认证方案的基础。通过加密的认证将在 9.9.3 节中讲述。

许多应用程序使用**双因素认证**（two-factor authentication），其中两个独立的因素（即信息或进程的片段）被用于识别一个用户。这两个因素不应该具有相同的弱点；例如，如果一个系统只需要两个密码，则两者都可能以同样的方式被泄露（例如通过网络嗅探，或通过用户所使用的计算机上的病毒）。虽然诸如指纹或虹膜扫描那样的生物识别技术可以被用于在认证位置处用户物理在场的情况，但是在跨网络时它们就意义不大了。

在大部分这种双因素认证方案中，密码被用作第一个因素。通过 USB 接口连接的智能卡或其他加密设备可用于基于加密技术的认证（参见 9.9.3 节），它们被广泛用作第二个因素。

（比如说）每分钟生成一个新的伪随机数的一次性密码设备也被广泛用作第二个因素。给每个用户一个这样的设备，并且为了进行自己的认证，用户必须输入在认证时由设备所显示的数字以及密码。每个设备生成一个不同的伪随机数的序列。应用服务器能够生成与给用户的设备相同的伪随机数序列，在认证时停在将显示的数字处，并验证数字是否匹配。此方案要求设备中的时钟和服务器中的时钟同步得相当紧密。

而第二个因素的另一种方式是，每当一个用户希望登录到应用程序时，给用户的手机（其号码是早先已注册的）发送一条包含（随机生成的）一次性密码的短信。用户必须拥有一部具有该号码的手机以接收短信，然后将一次性密码连同他的常规密码一起输入来进行认证。

441

值得注意的是：即使用双因素认证，用户可能仍然容易受到**中间人攻击**（man-in-the-middle attack）。在这种攻击中，一个试图连接到应用程序的用户被转到一个虚假网站，该网站接受用户的密码（包括第二因素密码），并立即使用该密码到原始应用程序中进行认证。在 9.9.3.2 节中描述的 HTTPS 协议被用于为用户认证网站（使得用户不会连接到一个虚假站点，并相信该虚假站点是预期的站点）。HTTPS 协议还对数据进行加密并防止中间人攻击。

当用户访问多个网站时，用户通常会因为不得不在每个网站分别认证而感到不快，而且通常每个网站的密码是不同的。有的系统允许用户向一个中央认证服务进行认证，并且其他网站和应用程序可以通过中央认证服务对用户进行认证；这样相同的密码就可以用来访问多个站点。LDAP 协议被广泛用于对单个组织机构内部的应用程序实现这种认证的中央点；一些组织机构实现了包含用户名和密码信息的 LDAP 服务器，并且应用程序使用 LDAP 服务器来对用户进行认证。

除了认证用户之外，中央认证服务还可以提供其他的服务，例如，给应用程序提供关于用户的信息，比如姓名、电子邮件以及地址信息。这样就不需要在每个应用中分别输入这些信息。正如 25.5.2 节中所述，LDAP 可以被用于这项任务。诸如 Microsoft 的 Active

Directories 那样的其他目录系统也提供了用于认证用户以及用于提供用户信息的机制。

单点登录（single sign-on）系统允许用户只认证一次，并且多个应用可以通过一个认证服务来对用户的身份进行验证，而不需要再次认证。换句话说，一旦用户登录到一个站点，他就不需要在使用相同的单点登录服务的其他站点处输入他的用户名和密码。这种单点登录机制已被长期用于诸如 Kerberos 那样的网络认证协议中，并且目前已经有对于 Web 应用程序的实现可用。

安全断言标记语言（Security Assertion Markup Language，SAML）是一种在不同的安全域之间用于交换认证和授权信息的协议，以便提供跨组织机构的单点登录。例如，假设一个应用程序需要给来自一所特定大学（比如说耶鲁）的所有学生提供访问。该大学可以建立一个基于 Web 的服务来执行认证。假设一位连接到该应用程序的用户具有诸如 joe@yale.edu 这样的用户名。该应用程序就将该用户转向耶鲁大学的认证服务而不直接对该用户进行认证，耶鲁大学的认证服务对该用户进行认证并随后告诉该应用程序该用户是谁，并且可能提供一些额外的信息，比如该用户的类别（学生或教师）或者其他相关的信息。该用户的密码以及其他认证因素不会被透露给该应用程序，并且该用户也不需要对该应用程序显式地注册。不过，当认证用户时，该应用程序必须信任大学的认证服务。

442

OpenID 协议是用于跨组织机构的单点登录的一种可替代方案，其工作方式类似于 SAML。**OAuth** 协议是另一种协议，它允许用户通过共享授权令牌来对特定资源的访问进行授权。

9.8.5 应用级授权

虽然 SQL 标准支持一种相当灵活的基于角色的授权系统（如 4.7 节中所述），但 SQL 授权模型在典型应用中在用户授权管理方面的作用还是非常受限的。例如，假设你希望所有学生都可以看到他们自己的成绩，但是看不到其他任何人的成绩。这样的授权就无法在 SQL 中表示，其原因至少包括两方面。

1. **缺乏终端用户信息**。随着 Web 规模的增长，数据库访问主要来自 Web 应用服务器。终端用户在数据库中通常并没有个人用户标识，并且实际上在数据库中可能只存在单个用户标识来对应于一个应用服务器的所有用户。因此，SQL 中的授权规范在上述场景中就无法使用。

   应用服务器能够认证终端用户，并继而将认证信息传递给数据库。在本小节中我们将假设 syscontext.user_id() 函数返回一个正在执行查询的应用程序用户的标识[㊀]。

2. **缺乏细粒度授权**。如果我们要授权学生只查看他们自己的成绩，授权必须是在单个元组的级别上的。在目前的 SQL 标准中这种授权是不可能的，SQL 标准只允许在整个关系或视图上，或者在关系或视图的指定属性上进行授权。

   我们可以通过为每名学生在 *takes* 关系上创建一个只显示该学生成绩的视图来绕过这种限制。虽然这样在理论上是可行的，但是这将会非常烦琐，因为我们需要为在大学中注册的每一名学生创建一个这样的视图，这是完全不切实际的[㊁]。

㊀ 在 Oracle 中，一个使用 Oracle 的 JDBC 驱动程序的 JDBC 连接可以使用 OracleConnection.setClientIdentifier(userId) 方法来设置终端用户的标识，并且一个 SQL 查询可以使用 sys_context('USERENV', 'CLIENT_IDENTIFIER') 函数来检索用户的标识。

㊁ 数据库系统被设计用于管理大型关系，但是在对诸如视图这样的模式信息的管理方式中会假定数据量较小，以便增强整体性能。

一种可替代方式是创建一个形如

443

```
create view studentTakes as
select *
from takes
where takes.ID= syscontext.user_id()
```

的视图。随后用户被赋予对这个视图的权限，而不是对底层的 *takes* 关系的权限。然而，学生所执行的查询现在就必须在 *studentTakes* 视图上编写，而不是在原始的 *takes* 关系上编写，而且教师所执行的查询可能需要使用不同的视图。其结果是开发应用程序的任务变得更为复杂。

通常情况下，授权任务一般是完全在应用程序中执行的，会绕过 SQL 的授权机制。在应用程序级别，用户被授权访问特定的接口，并可能进一步被限制为只能查看或更新特定的数据项。

虽然在应用程序中执行授权给应用程序开发人员带来了很大的灵活性，但也存在一些问题：

- 检查授权的代码和应用程序的其他代码混合在一起。
- 通过应用程序代码实现授权，而不是在 SQL 中声明式地指定授权，这使得难以确保没有漏洞。由于一个疏忽，一个应用程序可能没有检查权限，从而导致未经授权的用户能够访问机密数据。

验证所有的应用程序都进行了所有必需的授权检查涉及通读所有应用服务器的代码，这在一个大型系统中是一项艰巨的任务。换句话说，应用程序有一个非常大的“表面积”，这使得保护应用程序的任务异常艰难。并且事实上，在各种实际生活应用中都发现了安全漏洞。

相反，如果一个数据库直接支持细粒度授权，则可以在 SQL 级别指定并强制实施授权策略，这样表面积就会小很多。即使一些应用接口无意中省略了所需的授权检查，SQL 级的授权也能够防止未经授权的操作的执行。

一些数据库系统提供了行级的授权机制，正如我们在 4.7.7 节中所看到过的。例如，Oracle 的**虚拟私有数据库**（Virtual Private Database，VPD）允许系统管理员将一个函数与一个关系相关联；该函数返回一个谓词，该谓词必须被加入任何一个使用该关系的查询中（对于被更新的关系可以定义不同的函数）。例如，通过使用我们用来获取应用程序用户标识的语法，对于 *takes* 关系的函数可以返回一个谓词，比如：

444

ID = sys_context.user_id()

这个谓词被加入使用 *takes* 关系的每个查询的 **where** 子句中。其结果是（假定应用程序将 *user_id* 的值设置为学生的 *ID*），每名学生只能看见他选修的课程所对应的元组。

正如我们在 4.7.7 节中所讨论的，像上面那样添加谓词的一个潜在的问题是，它可能会改变一个查询的含义。例如，如果一个用户编写了一条查询来查找所有课程的平均成绩，他最后将只能得到他的平均成绩，而非所有人的平均成绩。虽然系统对于重写的查询会给出“正确的”答案，但是用户可能认为这个答案与他所提交的查询并不对应。

PostgreSQL 和 Microsoft SQL Server 提供了与 Oracle VPD 类似的行级授权支持。有关 Oracle VPD、PostgreSQL 和 SQL Server 的行级授权的更多信息可以在它们各自的在线系统手册中找到。

9.8.6 审计追踪

审计追踪（audit trail）是对于应用程序数据的所有更改（插入、删除和更新）以及某些信息（诸如哪个用户执行了更改和什么时候执行的更改）的日志。如果应用程序的安全性被破坏了，或者即使安全性没有被破坏但是一些更新被错误地执行了，那么审计追踪能够帮助找出发生了什么，以及可能是由谁执行的操作，并且帮助修复由安全漏洞或错误更新所造成的损害。

例如，如果发现一名学生的成绩不正确，则可以检查审计日志，以找出该成绩是什么时候以及如何被更新的，并找出执行这个更新的是哪个用户。然后，大学还可以利用审计追踪来跟踪这个用户所执行的所有更新，从而找出其他的错误或欺骗性的更新并随后将它们更正。

审计追踪还可以用于探查安全漏洞，在安全漏洞中用户的账户易受到攻击并被入侵者访问。例如，在用户每次登录时，他可能被告知在审计追踪中从最近一次登录开始所做过的所有更新，如果用户发现一个更新并不是他所执行的，则有可能该账户已被攻击了。

可以通过在关系的更新操作上定义适当的触发器来创建一个数据库级的审计追踪（利用标识用户名和时间的系统定义变量）。然而，很多数据库系统提供了内置的机制来创建审计追踪，这样使用起来就更加方便了。创建审计追踪的具体细节随数据库系统的不同而不同，详细内容可参考数据库系统的用户手册。

数据库级的审计追踪对于应用来说通常是不够的，因为它们常常无法追踪到应用程序的终端用户是谁。另外，它是在一个较低级别以关系中元组更新的方式来记录更新的，而不是在较高级别以业务逻辑的方式来记录更新的。因此，应用程序通常创建一个更高级别的审计追踪，例如，记录由谁在何时执行了什么操作，以及请求是从哪个 IP 地址发起的。

445

一个相关的问题是如何保护审计追踪本身，防止它被破坏应用程序安全性的用户所修改或删除。一种可能的解决方案是将审计追踪拷贝到另一台入侵者无法访问的机器中，审计追踪中的每条记录一旦生成就被立即复制。更健壮的解决方案是使用如第 26 章中所述的区块链技术；区块链技术将日志存储在多台机器中，并使用散列机制，使得入侵者很难在未被检测到的情况下修改或删除数据。

9.8.7 隐私

在这个可以在线获取越来越多的个人数据的世界里，人们也越来越担心他们的数据隐私。例如，大多数人都希望他们的个人医疗数据保持私密而不会被公开暴露。然而，这些医疗数据又必须开放给治疗病人的医生和急救医疗技术人员。许多国家都具有针对这种数据隐私的法律，定义了数据在什么时候以及对谁可以公开。违反隐私法在某些国家可以导致刑事处罚。必须谨慎创建访问这种隐私数据的应用程序，谨记隐私法。

另一方面，聚集的隐私数据在许多任务中都可以扮演重要的角色，比如检测药物的副作用，或者发现流行病的蔓延。如何使这些数据可以为执行这种任务的研究人员所用，而又不侵犯个人的隐私，这是一个重要的现实问题。作为一个示例，假定一家医院隐藏了患者的姓名，但是给研究人员提供了患者的出生日期和邮政编码（这二者可能对研究人员都有用）。在很多情况下，仅使用这两条信息就可以唯一标识出患者（使用来自外部数据库的信息），从而侵犯了他的隐私。在这种特定情况下，一种解决方案是只提供地址和出生年份而不提供出生日期，这对于研究人员可能就足够了。但这提供不了足够的信息来唯一标识出大部分的人[⊖]。

作为另一个示例，网站通常会收集个人数据，比如地址、电话、电子邮件以及信用卡信息。这种信息在执行交易时可能会需要，比如从商店购买商品。但是，顾客可能不希望这些信息被提供给其他组织机构，或者可能希望其中的部分信息（比如信用卡号）能够在一段时间之后被清除，以避免它们在出现安全漏洞时落入未经授权的人手中。许多网站允许客户指定他们的隐私偏好，并且这些网站随后必须确保遵守这些偏好设置。 446

9.9 加密及其应用

加密是指将数据转换成一种除非使用反向解密过程否则不可读的形式的过程。加密算法使用一个加密密钥来执行加密，并且它们需要一个解密密钥（它可以和加密密钥相同，这是由所使用的加密算法决定的）来执行解密。

加密最早用于传送消息，并使用一个只有发送者和预定接收者才知道的密钥来进行加密。即使消息被敌方截获，不知道密钥的敌方也无法解密和理解该消息。今天，加密被广泛用于在多种应用中保护传输中的数据，比如在网络上传输的数据，以及在移动电话网络上传输的数据。正如我们将在9.9.3节中所看到的，加密还被用于执行一些其他的任务，比如认证。

在数据库环境中，加密被用来以一种安全的方式存储数据，即使数据被一个未授权的用户所获取（例如，一个包含数据的笔记本电脑被盗），如果没有解密密钥，数据也无法被访问。

目前的许多数据库都存储了敏感的客户信息，比如信用卡号、姓名、指纹、签名以及身份标识号码（在美国就是社会保险号）。一个能对这种数据进行访问的罪犯可以将其用于各种非法活动，比如使用信用卡号购买商品，甚至以他人的名义申请信用卡。诸如信用卡公司这样的组织机构利用个人信息来识别谁在请求服务或商品。这种个人信息的泄露使得罪犯可以假冒其他人并获得服务和商品；这种假冒被称作**身份盗窃**（identity theft）。因此，存储这种敏感数据的应用程序必须非常仔细地保护它们不被盗用。

为了减少敏感信息被罪犯获取的机会，目前许多国家和州通过法律要求任何存储了这种敏感信息的数据库必须以加密的形式来存储信息。因此，一家不保护其数据的企业一旦发生数据盗用，就可能被追究刑事责任。因而，加密是任何存储这种敏感信息的应用程序的关键部分。

9.9.1 加密技术

用于数据加密的技术数不胜数。简单的加密技术可能无法提供足够的安全性，因为未经授权的用户可以轻易地将编码破译。作为弱加密技术的一个示例，请考虑用字母表中的下一个字母来替换每个字母的情况。这样，

Perryridge

就变成了

Qfsszsjehf 447

如果未授权用户仅仅看到“Qfsszsjehf”，他可能还不具有充足的信息来破译该编码。然而，如果入侵者看到了大量加密后的分支名称，他就能够使用关于字母相对频率的统计数据来猜

⊖ 对于年纪特别大的人，由于比较稀少，即使只是出生年份加上邮政编码可能都足以唯一标识出一个人，所以对于90岁以上的人，可以提供一个取值范围，比如90岁及以上，而不是人的实际年龄。

测所做的是何种替换（例如，E 是在英语文本中最常用的字母，接下来是 T、A、O、N、I 等）。

一种好的加密技术具有如下性质：

- 对于授权用户而言加密数据和解密数据是相对简单的。
- 加密技术不应该依赖于算法的保密，而应该依赖于被称作*加密密钥*（encryption key）的算法参数，该密钥用于加密数据。在**对称密钥**（symmetric-key）加密技术中，加密密钥也用于解密数据。相反，在**公钥**（public-key，也称作**非对称密钥**（asymmetric-key））加密技术中，存在公钥和私钥两种不同的密钥，分别用于加密和解密数据。
- 即使入侵者已经访问到加密的数据，但确定其解密密钥仍然是极其困难的。在非对称密钥加密的情况下，即使已有公钥，但推断出私钥也是极其困难的。

高级加密标准（Advanced Encryption Standard，AES）是一种对称密钥加密算法，它作为一种加密标准于 2000 年被美国政府所采用，并且目前被广泛使用。该标准基于 **Rijndael 算法**（是根据发明人 V. Rijmen 和 J. Daemen 来命名的）。该算法每次在一个 128 位的数据块上操作，而密钥的长度可以是 128、192 或 256 位。该算法运行一系列步骤，以一种在解码时可逆的方式将数据块中的位打乱，并将其与一个从加密密钥中导出的 128 位的“轮密钥”执行异或操作。对于每一个待加密的数据块都从加密密钥生成一个新的轮密钥。在解密过程中，再次根据加密密钥来生成轮密钥，并且逆转加密过程以便恢复出原始数据。一种称作*数据加密标准*（Data Encryption Standard，DES）的早期标准于 1977 年被采用，并在早期被广泛使用。

对于任意对称密钥加密模式的使用，授权用户必须通过一种安全机制来得到加密密钥。这种要求是一大弱点，因为该模式的安全性并不比加密密钥传送机制的安全性高。

公钥加密（public-key encryption）是另一种可替代模式，它避免了对称密钥加密技术所面临的一些问题。它基于两种密钥：一种是*公钥*（public key），另一种是*私钥*（private key）。每个用户 U_i 有一个公钥 E_i 和一个私钥 D_i。所有公钥都是公开的：任何人都可以看到它们。每个私钥都只被拥有它的那一个用户所知。如果用户 U_1 想要存储加密的数据，U_1 就使用公钥 E_1 加密该数据。解密需要使用私钥 D_1。

因为加密密钥对于每个用户是公开的，所以有可能通过这种模式来安全地交换信息。如果用户 U_1 希望与 U_2 共享数据，那么 U_1 就使用 U_2 的公钥 E_2 来加密数据。由于只有用户 U_2 知道如何对该数据解密，所以信息可以被安全地传送。

448

在给定公钥的情况下，要使公钥加密发挥作用，必须有一种加密模式使得推断出私钥是不可行（也就是说，极其困难）的。这样的模式确实存在，并且建立在如下条件的基础之上：

- 存在一种高效算法用于测试一个数是否为素数。
- 对于求解一个数的素数因子没有高效的算法。

为了这一模式，数据被看作一组整数。我们通过计算两个大型素数 P_1 和 P_2 的积来创建公钥。私钥由 (P_1, P_2) 对构成。如果只知道乘积 P_1P_2，则解密算法无法成功使用；它需要 P_1 和 P_2 单独的值。由于公开的只是乘积 P_1P_2，未授权用户为了窃取数据就需要对 P_1P_2 做因数分解。通过将 P_1 和 P_2 选得足够大（超过 100 位），我们可以使对 P_1P_2 进行因数分解的代价高得令人望而却步（即使在最快的计算机上，计算时间也需要以年来计算）。

关于公钥加密的细节以及这项技术性质的数学证明请参见参考文献。

尽管通过这种模式的公钥加密是安全的，但是它的计算代价非常昂贵。一种广泛用于安全通信的混合模式如下：随机产生一个对称加密密钥（例如基于 AES），使用公钥加密模式以一种安全的方式进行交换，并使用该密钥对其后传输的数据进行对称密钥加密。

字典攻击（dictionary attack）的可能性使得对于诸如标识或名称那样的小值的加密变得复杂，特别是在加密密钥公开可用的情况下。例如，如果出生日期域被加密了，那么当一个攻击者试图对一个特定的加密值 *e* 进行解密时，他可以试着对每个可能的出生日期进行加密，直到找到一个出生日期，其加密后的值与 *e* 匹配。即使加密密钥不是公开可用的，也可以利用数据分布的统计信息来确定一个加密的值在某些情况下代表什么，比如年龄或地址。例如，如果在数据库中 18 岁是最普遍的年龄，则加密后的年龄值中出现最多的通常可被推断出代表 18。

可以通过在加密之前往值的末尾添加额外随机位（并在解密后将其移除）来防止字典攻击。这种额外的位在 AES 中被称为**初始化向量**（initialization vector），或在其他情况下被称为 salt 位，它能针对词典攻击提供良好的保护。

9.9.2 数据库中的加密支持

如今，许多文件系统和数据库系统都支持数据加密。这种加密保护数据免受那些能够访问数据却无法访问解密密钥的人的攻击。在文件系统加密的情况下，待加密的数据通常是大型文件以及包含关于文件信息的目录。

449

而在数据库的情况下，加密可以在多个不同的级别上进行。在最低的级别上，使用对于数据库系统软件可用的密钥，可以加密包含数据库数据的磁盘块。当从磁盘上获取一个块时，先将其解密然后再以平常的方式使用。这种磁盘块级别的加密抵御了那些能访问磁盘内容但不能访问加密密钥的攻击者。

在下一个更高的级别上，可以用加密的形式来存储关系中指定的（或所有的）属性。在这种情况下，关系的每个属性可以具有不同的加密密钥。目前，许多数据库支持特定属性级别上的加密以及整个关系或者数据库中所有关系的级别上的加密。对指定属性的加密通过允许应用程序只对包含诸如信用卡号那样的敏感值的属性进行加密来最小化解密的开销。正如前面所述，加密还需要使用额外的随机位来防止词典攻击。然而，数据库通常并不允许主码和外码属性被加密，并且它们并不支持在加密属性上的索引。

为了访问加密的数据，显然需要一个解密密钥。单个主加密密钥可以用于所有的加密数据；在属性级别的加密中，可以对不同的属性使用不同的加密密钥。在这种情况下，可以将对于不同属性的解密密钥保存在一个文件或关系中（通常被称为“钱夹”），它本身也用主密钥来加密。

因而一个需要访问加密属性的数据库连接必须提供主密钥；除非提供主密钥，否则该连接将无法访问加密的数据。主密钥应该保存在应用程序中（通常在另一台不同的计算机上），或者由数据库用户记住，并在用户连接到数据库时提供。

数据库级别的加密具有需要相对小的时间和空间开销，并且不需要对应用进行修改的优点。例如，如果笔记本电脑数据库中的数据需要防范偷取电脑的窃贼，就可以使用这种加密。类似地，访问数据库备份磁带的人，如果不知道解密密钥则不能访问备份中所包含的数据。

在数据库中执行加密的另一种可替代方案是在数据被发送到数据库之前对其加密。于是，应用必须在将数据发送给数据库之前对其加密，并且当获取到数据时对其解密。与在数据库系统中执行加密不同，这种数据加密方法需要对应用程序进行大量的修改。

9.9.3　加密和认证

基于密码的认证被广泛应用于操作系统以及数据库系统。然而，使用密码具有一些缺450陷，特别是在网络上的时候。如果一个窃听者能够“嗅探”网络上传送的数据，那么当密码在跨网络传送时他就可能发现密码。一旦窃听者具有一个用户名和密码，他就可以假装成合法用户连接到数据库。

一种更为安全的机制涉及**问答**（challenge-response）系统。数据库系统发送一个询问字符串给用户，用户用一个密码作为加密密钥对该询问字符串进行加密，然后返回结果。数据库系统可以通过用同样的密码将字符串解密并检查结果是不是和原始的询问字符串相同来验证用户的身份。这种方案确保没有密码会跨网络传输。

公钥系统可以在问答系统中被用作加密。数据库系统使用用户的公钥来加密询问字符串，并把它发送给用户。用户使用他的私钥对该字符串进行解密，并把结果返回给数据库系统。数据库系统随后检查该应答。这种方案所具有的额外优势是，它不在数据库中存储可能被系统管理员所看到的密码。

将用户的私钥存储在计算机（即使是个人计算机）上是有风险的：如果该计算机受到攻击，该密钥可能会暴露给攻击者，该攻击者随后就可以假冒该用户。**智能卡**（smart card）对于这个问题提供了一种解决方案。在一个智能卡中，密码可以存储在一个嵌入的芯片上；智能卡的操作系统保证该密码绝对不会被读取，但是它允许数据被发送至卡上，以便使用私钥[㊀]来进行加密或解密。

9.9.3.1　数字签名

公钥加密的另一个有趣的应用是用来验证数据真实性的**数字签名**（digital signature）；数字签名扮演了文档上物理签名的电子角色。私钥被用来对数据“签名”，即对数据加密，并且签名后的数据可以被公开。任何人都可以通过使用公钥解密数据来验证该签名，但没有私钥的人无法生成签名的数据。（请注意在这种模式中公钥和私钥角色的互换。）这样，我们就可以对该数据进行**认证**（authenticate）；也就是说，我们可以验证该数据确实是由应该创建这些数据的人所创建的。

另外，数字签名也可以用来确保**不可否认性**（nonrepudiation）。也就是说，在一个人创建了数据之后声称他并没有创建它们（声称没有签署支票的电子等价物）的情况下，我们可以证明那个人肯定创建了该数据（除非他的私钥被泄露给了其他人）。

9.9.3.2　数字证书

通常认证是一个双向的过程，其中一对交互实体的双方都要向对方认证自己的身份。为451了防止一个恶意的站点冒充一个合法的网站，即使当客户端联系网站时，这种成对的认证也是必要的。例如，如果网络路由器被攻击了，并且数据被重新路由到恶意站点的时候，这种冒充就可能发生。

对于用户来说，为了确保与真实的 Web 站点交互，他必须拥有该站点的公钥。这带来了一个问题：用户如何获得公钥——如果公钥存储在该网站上，恶意站点也可以提供一个不同的密钥，并且用户将无法验证所提供的公钥本身是否真实。认证可以通过**数字证书**（digital certificate）系统来处理，其中公钥由一个其公钥公开的认证机构来签名。例如，根认证机构的公钥被保存在标准的 Web 浏览器中。由它们颁发的证书可以通过使用保存的公钥来验证。

㊀ 智能卡也提供其他功能，比如数字化现金存储和支付功能，不过这与我们的内容无关。

两级系统会将证书创建这一巨大负担压到根认证机构上，因此采用多级系统来取而代之，多级系统有一个或多个根认证机构，并在每个根认证机构下有一棵认证机构树。每个机构（除了根机构之外）都有一个其父机构所颁发的数字证书。

由认证机构 A 颁发的一个数字证书由一个公钥 K_A 和一个加密文本 E 构成，通过使用公钥 K_A 可以对 E 进行解密。该加密文本包括被颁发证书的团体的名称以及它的公钥 K_C。在认证机构 A 不是根认证机构的情况下，该加密文本还包含由其父认证机构颁发给 A 的数字证书；这个证书认证了密钥 K_A 本身。（该证书可能依次包含来自更上一级父机构的证书，如此等等。）

为了验证一个证书，通过使用公钥 K_A 解密加密文本 E 从而获得团体的名称（即拥有该网站的组织机构的名称）；另外，如果 A 不是一个根机构，其公钥对于验证者是已知的，那么公钥 K_A 会通过使用 E 中所包含的数字证书进行递归验证；在到达由根机构颁发的证书时递归终止。对证书的验证建立起了一条链，通过该链来认证特定的站点，并且提供该站点的名称以及认证的公钥。

数字证书被广泛用于为用户认证网站，以防止恶意站点冒充其他网站。在 HTTPS 协议（HTTP 协议的安全版本）中，站点向浏览器提供它的数字证书，然后浏览器将证书显示给用户。如果用户接受了该证书，浏览器就使用所提供的公钥来加密数据。一个恶意的站点能够访问该证书，但是却不能访问私钥，因此无法解密由浏览器所发送的数据。只有拥有相应私钥的真实站点才能够解密由浏览器发送的数据。我们注意到加密和解密公钥 / 私钥的代价要远远高于使用对称私钥进行加密 / 解密的代价。为了减少加密代价，HTTPS 实际上在认证之后创建了一个一次性的对称密钥，并在剩余的会话中采用该对称密钥来加密数据。 452

数字证书也可以被用于认证用户。用户必须向站点提交一个包含其公钥的数字证书，站点验证该证书是由一个可信的机构签发的。然后该用户的公钥则可以被用在问答系统中，以确保该用户拥有相应的私钥，并以此认证该用户。

9.10 总结

- 自 20 世纪 60 年代以来使用数据库作为后端并与用户交互的应用程序一直在使用。应用程序体系结构在此期间不断发展。目前，大多数应用程序都使用 Web 浏览器作为它们的前端，并使用数据库作为它们的后端，中间还有一个应用服务器。
- HTML 提供了定义将超链接与表单功能相结合的界面的能力。Web 浏览器通过 HTTP 协议与 Web 服务器进行通信。Web 服务器可以将请求传递给应用程序，并将结果返回给浏览器。
- Web 服务器执行应用程序来实现所需的功能。servlet 是一种广泛使用的机制，为了减少开销，它被用于编写能够作为 Web 服务器进程的一部分来运行的应用程序。还存在很多由 Web 服务器解释并作为 Web 服务器的一部分来提供应用程序功能的服务器端脚本语言。
- 存在几种客户端脚本语言——Javascript 的使用最为广泛——它们在浏览器端提供更丰富的用户交互。
- 复杂的应用程序通常具有多层的体系结构，包括一个实现业务逻辑的模型、一个控制器以及一个用于显示结果的视图机制，可能还包括一个实现了对象 - 关系映射的数据访问层。许多应用程序实现并使用 Web 服务，允许在 HTTP 上调用函数。
- 使用诸如高速缓存各种表单那样的技术（包括查询结果的高速缓存和连接池）以及并

行处理技术来提高应用程序的性能。
- 应用程序开发人员必须密切注意安全问题以防止受到攻击，比如 SQL 注入攻击和跨站点脚本攻击。
- SQL 授权机制是粗粒度的，并且对于处理大量用户的应用程序只具有有限的价值。目前，应用程序完全在数据库系统之外实现了细粒度的、元组级别的授权，以处理大量的应用程序的用户。提供元组级访问控制和处理大量应用程序用户的数据库扩展已经被开发出来，但还没有成为标准。

453

- 保护数据的隐私是数据库应用的一项重要任务。许多国家都有法律规定来保护特定类型的数据，比如信用卡信息或医疗数据。
- 加密在保护信息以及在认证用户和网站中扮演了关键的角色。对称密钥加密和公钥加密是两种相对的但却被广泛应用的加密方法。在许多国家和州，对存储在数据库中的特定敏感数据的加密是法律要求的。
- 加密还在为应用程序认证用户、为用户认证网站以及认证数字签名方面扮演了关键的角色。

术语回顾

- 应用程序
- 数据库的 Web 界面
- 超文本标记语言（HTML）
- 超链接
- 统一资源定位符（URL）
- 表单
- 超文本传输协议（HTTP）
- 无连接协议
- cookie
- 会话
- servlet 及 servlet 会话
- 服务器端脚本
- Java 服务器页面（JSP）
- PHP
- 客户端脚本
- JavaScript
- 文档对象模型（DOM）
- Ajax
- 渐进式 Web 应用
- 应用程序体系结构
- 表示层
- 模型 - 视图 - 控制器（MVC）体系结构
- 业务逻辑层
- 数据访问层
- 对象 - 关系映射
- Hibernate

454

- Django
- Web 服务
- RESTful Web 服务
- Web 应用程序框架
- 连接池
- 查询结果高速缓存
- 应用程序安全性
- SQL 注入
- 跨站点脚本（XSS）
- 跨站点请求伪造（XSRF）
- 认证
- 双因素认证
- 中间人攻击
- 中央认证
- 单点登录
- OpenID
- 授权
- 虚拟私有数据库（VPD）
- 审计追踪
- 加密
- 对称密钥加密
- 公钥加密
- 字典攻击
- 问答
- 数字签名
- 数字证书

实践习题

9.1 虽然 Java 程序通常要比 C 或 C++ 程序运行得慢，但 servlet 却比使用公共网关接口（Common Gateway Interface，CGI）的程序性能要好的主要原因是什么？

9.2 请列出无连接协议相比于保持连接的协议的优点与缺点。

9.3 请考虑一个未经仔细编写的、用于在线购物站点的 Web 应用程序，它将每种商品的价格以隐藏的表单变量的形式保存在发送给客户的网页中；当客户提交表单时，来自隐藏表单变量的信息被用于计算该客户的账单。这种方案中的漏洞在哪里？（存在一个真实的例子，在问题被检测出来并解决之前，在线购物站点的一些客户利用了其中的漏洞。）

9.4 请考虑未经仔细编写的另一个 Web 应用程序，它使用一个 servlet 来检查是否存在活跃的会话，但并不检查用户是否被授权访问该页面，而只依靠指向页面的链接只显示给已授权用户这样的事实。这种方案的风险是什么？（存在一个真实的例子，一所大学的招生站点的申请者在登录该网站后，利用这个漏洞查看了他们并没有被授权查看的信息；然而，该未授权的访问被检测出来了，并且访问该信息的人被取消了录取资格。）

9.5 为什么使用 try-with-resources (try (…){ … }) 语法打开 JDBC 连接很重要？

9.6 请列出使用高速缓存来提高 Web 服务器性能的三种方式。

9.7 netstat 命令（在 Linux 和 Windows 上可用）可以显示一台计算机上活跃的网络连接。请解释如何使用这条命令来确定一个特定的网页是否没有关闭它所打开的连接，或者是否使用了连接池但没有将连接返回给连接池。应该考虑到使用连接池的时候连接可以不立即关闭的事实。 455

9.8 对于 SQL 注入漏洞的检测：

a. 请提议一种用于检测应用程序的方法，以确定它在文本输入上是否容易受到 SQL 注入攻击。

b. SQL 注入可否与除文本框之外的 HTML 输入形式一起发生？如果可以，你将如何检测出漏洞呢？

9.9 为了安全性，一个数据库关系可能对某些属性的值加密。数据库系统为什么不支持加密属性上的索引呢？用你对这个问题的答案来解释为什么数据库系统不允许对主码属性进行加密。

9.10 实践习题 9.9 解决了对特定属性进行加密的问题。然而，一些数据库系统支持对整个数据库的加密。请解释实践习题 9.9 中出现的问题在整个数据库被加密的情况下该如何避免。

9.11 假设某人假冒一家公司并得到了证书授予机构所颁发的证书。这对于被假冒公司所认证的事物（例如购买订单或者程序）以及对于其他公司所认证的事物各有什么影响？

9.12 任何数据库系统中最重要的数据项或许就是用来控制对数据库进行访问的密码。请为密码的安全存储设计一种方案，确保你的方案允许系统检测由试图登录到系统中的用户提供的密码。

习题

9.13 请为下面这个非常简单的应用编写一个 servlet 以及关联的 HTML 代码：允许用户提交一个表单，该表单中包含一个值，比如 n，并且应该得到包含 n 个“*”符号的响应。

9.14 请为下面这个简单的应用编写一个 servlet 以及关联的 HTML 代码：允许用户提交一个表单，该表单包含一个数字，比如 n，并且应该得到一个响应来说明 n 值在此前已经被提交的次数。每个值此前已经被提交的次数应当存储在数据库中。

9.15 请编写一个对用户进行认证的 servlet（基于存储在数据库关系中的用户名和密码），并在认证通过之后设置一个名为 *userid* 的会话变量。

9.16 什么是 SQL 注入攻击？请解释它的工作原理，以及必须采取什么预防措施来防止 SQL 注入攻击。

9.17 请编写管理连接池的伪码。你的伪码中必须包括一个创建连接池的函数（提供数据库连接字符串、数据库用户名和密码作为参数），一个从连接池请求连接的函数，一个将连接释放给连接池的函数以及一个关闭连接池的函数。 456

9.18　请解释术语 CRUD 和 REST。

9.19　目前许多网站都使用 Ajax 来提供丰富的用户界面。请列出两种特征，其中的每一种都不需要查看源码即可表明一个站点是否使用了 Ajax。请利用上述特征来找到三个使用 Ajax 的站点；你可以查看页面的 HTML 源码来检验该网站是否真的使用了 Ajax。

9.20　XSS 攻击：

a. XSS 攻击是什么？

b. 如何使用引用页域来检测 XSS 攻击？

9.21　什么是多因素认证？它是如何有助于防止密码被盗的？

9.22　请考虑 9.8.5 节中所讲述的 Oracle 虚拟私有数据库（Virtual Private Database，VPD）功能，以及一个基于我们的大学模式的应用程序。

a. 应该生成什么谓词（使用子查询）来允许每位教师只看见和他们所讲授的课程段相对应的 *takes* 元组？

b. 请给出一个 SQL 查询，使得添加了谓词的查询的结果是未添加谓词的原始查询结果的一个子集。

c. 请给出一个 SQL 查询，使得添加了谓词的查询的结果中包含这样一个元组——它不在未添加谓词的原始查询的结果中。

9.23　对存储在数据库中的数据进行加密有哪两种好处？

9.24　假定你希望对 *takes* 关系的变化创建一个审计追踪：

a. 定义触发器来建立审计追踪，把日志信息记入一个关系，比如叫作 *takes_trail*。日志信息应该包括用户标识（假设 user_id() 函数提供此信息）和一个时间戳，此外还包括旧值与新值。你还必须提供 *takes_trail* 关系的模式。

b. 上述实现是否能保证由恶意数据库管理员（或者那些设法得到管理员密码的人）所做的更新也会在审计追踪里。请解释你的答案。

9.25　黑客能够欺骗你相信他们的网站实际上是你所信任的一个网站（比如一家银行或者信用卡网站）。这可以通过误导性的电子邮件，甚至通过入侵到网络基础设施并将目的地为（比如说）mybank.com 的网络流量重新路由到黑客的站点来实现。如果你在黑客的站点上输入你的用户名和密码，该站点就会把它记录下来，以后就能用它来侵入你在真实站点处的账户。当你使用一个诸如 https://mybank.com 那样的 URL 时，HTTPS 协议可以用来防止这样的攻击。请解释该协议如何使用数字证书来验证站点的真实性。

457

9.26　请解释什么是用于认证的问答系统。为什么它比传统的基于密码的系统更安全？

项目建议

下面每个都是大型的项目，可以由一组学生在一个学期内完成。项目的难度可以通过增加或者减少功能来容易地调整。

你可以为你的项目选择要么使用 HTML5 的 Web 前端，要么使用 Android 或 iOS 上的移动前端。

项目 9.1　请挑选一个你最喜爱的交互式网站，比如 Bebo、Blogger、Facebook、Flickr、Last.FM、Twitter、WikiPedia；这些只是示例，还有更多其他的交互式网站。这些网站中的大部分都管理着大量的数据，并使用数据库来存储和处理这些数据。请实现一个你挑选的网站的功能的子集。即使实现这种网站的功能的一个有意义的子集也远远超过了一个课程项目的范畴，不过可以找出一组有趣的功能来实现，小到适合一个课程项目即可。

目前流行的大部分网站都大量使用 JavaScript 来创建丰富的界面。由于搭建这种界面非常耗时，因此至少在最初阶段你可能会希望在你的项目中有节制地使用它，然后在时间允许的情况下再给你的界面添加更多的功能。

请利用 Web 应用程序开发框架或者网上可用的 JavaScript 库，比如 jQuery 库，来加快你的前端开发。另一种可替代方案是，在 Android 或 iOS 上作为移动应用来实现该应用程序。

项目 9.2 请创建一个“混搭网站”，它使用诸如 Google 或 Yahoo 地图 API 那样的 Web 服务来创建一个交互式网站。例如，这些地图 API 提供了一种在网页上展示地图，并在地图上重叠其他信息的方式。你可以实现一个餐馆推荐系统，使用用户贡献的有关餐馆的信息，比如位置、风味、价格范围以及评级。用户搜索的结果可以在地图上显示。你可以允许类似 Wikipedia 的功能，比如允许用户添加信息并编辑由其他用户添加的信息，以及可以剔除恶意更新的评级监督。你还可以实现社区功能，比如给由你的朋友提供的评级更高的权重。

458

项目 9.3 你的大学可能使用了一个课程管理系统，比如 Moodle、Blackboard 或 WebCT。请实现这种课程管理系统的一个功能子集。例如，你可以提供作业提交和评分的功能，包括用于学生和教师 / 助教讨论一份特定作业的评分的机制。你还可以提供问卷调查或其他机制来获得反馈。

项目 9.4 请考虑实践习题 6.3（见第 6 章）中的 E-R 模式，它代表某个联赛中关于各队的信息。请设计并实现一个基于 Web 的系统来输入、更新和查看这些数据。

项目 9.5 请设计并实现一个购物车系统，该系统可以让购买者将商品收集到购物车中（你可以决定为每种商品提供什么样的信息），最后一起购买。你可以扩展并使用第 6 章的习题 6.21 的 E-R 模式。你应该检查商品是否有货，并用你觉得适合的方式来处理商品缺货的情况。

项目 9.6 请设计并实现一个基于 Web 的系统来记录某所大学中学生的课程注册信息和课程成绩信息。

项目 9.7 请设计并实现一个系统，它允许记录课程表现信息——具体来说，即每名学生在一门课程的每次作业或考试中所得到的分数，以及对各项成绩进行（加权）求和而得到的课程总成绩。作业 / 考试的数量不预先定义；也就是说，任何时候都可以增加更多的作业或考试。该系统还应该支持等级评定，允许对于不同的等级指定切分点。

你可能希望将它与项目 9.6 中的学生注册系统（可能是由另一个项目组实现的）集成在一起。

项目 9.8 请设计并实现一个基于 Web 的系统，用来在你的大学中预订教室。它必须支持周期性的预订（整个学期中每周固定的天 / 时间），还应该支持在周期性预订中取消指定的讲课。

你可能希望将它与项目 9.6 中的学生注册系统（可能是由另一个项目组实现的）集成在一起，这样可以为课程预订教室，并且取消的讲课或额外增加的讲课可以在单个界面上看到，还会反映到教室的预订中，然后系统通过电子邮件联系学生。

459

项目 9.9 请设计并实现一个系统来管理在线的多项选择题考试。它应该支持考题的分布式提供（比如由助教提供），负责该课程的教师可以编辑考题，并且可以从可用的考题集合中创建试卷。它还应该能够在线管理考试，要么让所有学生都在一个固定的时间参加考试，要么让学生在任何时间都可以考试，但是从开始到结束有一个时间限制（可以支持一种或者两种都支持），并且在规定时间结束时系统可以向学生反馈他们的成绩。

项目 9.10 请设计并实现一个系统来管理电子邮件客户服务。到达的电子邮件进入一个公共的缓冲池中。有一组客户服务代理来答复电子邮件。如果某封电子邮件是正在答复的序列的一部分（用电子邮件的 in-reply-to 域来跟踪），那么这封邮件最好由早先答复过它的那个相同的代理来答复。系统应该跟踪所有到达的邮件和答复，这样代理可以在答复一封电子邮件之前看到客户的提问历史。

项目 9.11 请设计并实现一个简单的电子商场，该电子商场可以在各种类别下（应该形成一种层次结构）列出用于销售或用于购买的商品。你可能还希望支持提醒服务：用户可以在一个特定类别中注册感兴趣的商品，也许还带有一些其他限制，但不用公开展示他的兴趣，并且当这样的商品被列出销售时用户就会接到通知。

项目 9.12 请设计并实现一个基于 Web 的系统来管理一个比赛。许多人会来注册并可能被给予一个初始排名（可能基于以前的表现）。任何人都可以通过比赛挑战其他人，系统会按照比赛结果来调整排名。一种用于调整排名的简单系统仅仅是当胜者原先排在败者后面时，在排名次序中将胜者移到败者的前面。你也可以尝试构建更加复杂的排名调整系统。

项目 9.13　请设计并实现一个出版物列表服务。该服务应该允许输入有关出版物的信息，例如标题、作者、年份、出版物出现的地方以及页数。作者应该是具有诸如姓名、机构、部门、电子邮件、地址和主页那样的属性的单独实体。

你的应用程序应该支持相同数据上的多种视图。例如，你应该提供一位给定作者的所有出版物（比如按年份排序），或者提供来自一家给定机构或部门的作者的所有出版物。你还应该支持在整个数据库上以及在每个视图内通过关键字进行搜索。

项目 9.14　任何组织机构中的一项常见任务是从一组人那里收集结构化的信息。例如：一位经理可能需要让职员输入他们的休假计划；一位教授可能希望从学生中收集关于一个特定主题的反馈；一名组织活动的学生可能希望允许其他学生来注册活动；或者某人可能希望针对某个主题进行在线投票。Google Forms 可以用于此类活动；你的任务是创建与 Google Forms 类似的内容，但需要对谁可以填写表单进行授权。

460

具体地说，请建立一个允许用户轻松创建信息收集活动的系统。当创建一个活动时，该活动的创建者必须定义谁有资格参与；为了达到这个目的，你的系统必须维护用户信息，并且允许定义用户子集的谓词。活动的创建者应当能够指定用户需要提供的一组输入（具有类型、默认值和有效性检查）。活动应当有一个关联的截止时间，并且系统应该能够向尚未提交其信息的用户发送提醒。活动创建者可以选择基于指定的日期 / 时间来自动强制实施截止时间，或者选择登录系统然后宣布截止时间结束。应该生成对于提交的信息的统计信息——为了做到这一点，应当允许活动创建者在输入的信息上创建简单的汇总信息。活动创建者可以选择将某些汇总信息公开以让所有用户都能查看，要么是持续地公开（比如有多少人已经响应），要么是在截止期之后公开（比如平均回馈分值是多少）。

项目 9.15　请使用 jQuery 建立一个函数库来简化 Web 界面的创建。你必须至少实现下面的函数：显示 JDBC 结果集（具有表格形式）的函数，创建不同类型的文本和数值输入（带有验证规则，比如对输入类型和可选范围的验证，通过适当的 JavaScript 代码在客户端强制实施）的函数，基于结果集创建菜单项的函数。还需要实现函数来获得对于指定关系的指定字段的输入，并确保在客户端能够强制实施诸如类型和外码约束那样的数据库约束。外码约束还可以用于提供自动补全或者下拉菜单，以简化对于字段的数据输入任务。

要得到加分，请支持 CSS 样式，允许用户更改诸如颜色和字体那样的样式参数。请建立一个数据库应用样例来说明这些函数的使用。

项目 9.16　请设计并实现一个基于 Web 的多用户日历系统。该系统需要追踪每个人的约会，包括诸如周会那样的多发事件，以及共享事件（事件创建者所做的更新将反映至所有分享该事件的那些人）。请给多用户事件的调度提供界面，事件的创建者可以添加受邀参与该事件的许多用户。请为事件提供电子邮件通知。要得到加分，可以实现一个 Web 服务，该服务可以被用在客户机上运行的提醒程序中。

461

工具

有几种集成开发环境（Integrated Development Environment，IDE）为 Web 应用程序开发提供支持。Eclipse（www.eclipse.org）和 Netbeans（netbeans.org）是流行的开源 IDE。IntelliJ IDEA（www.jetbrains.com/idea/）是一个流行的商用 IDE，它为学生、教师和非商用的开源项目提供免费许可。Microsoft 的 Visual Studio（visualstudio.microsoft.com）还支持 Web 应用程序开发。所有这些 IDE 都支持与应用服务器的集成，以允许直接从 IDE 执行 Web 应用程序。

Apache Tomcat（jakarta.apache.org）、Glassfish（javaee.github.io/glassfish/）、JBoss 企业应用平台（developers.redhat.com/products/eap/overview/）、WildFly（wildfly.org，它是 JBoss 的社区版）和 Caucho's

Resin（www.caucho.com）是支持servlet与JSP的应用服务器。Apache的Web服务器（apache.org）是当今使用最广泛的Web服务器。Microsoft的IIS（Internet信息服务）是一种广泛用于Microsoft Windows平台的Web兼应用服务器，它支持Microsoft的ASP.NET（msdn.microsoft.com/asp.net/）。

jQuery JavaScript库（jquery.com）是用于创建交互式Web界面的最广泛使用的JavaScript库之一。

安卓Studio（developer.android.com/studio/）是一个广泛用于开发安卓应用的IDE。来自Apple公司的XCode（developer.apple.com/xcode/）和AppCode（www.jetbrains.com/objc/）是用于iOS应用程序开发的流行的IDE。基于Dart语言的Google的Flutter框架（flutter.io）和基于JavaScript的Facebook的React Native（facebook.github.io/react-native/）是支持跨安卓和iOS的跨平台应用程序开发的框架。

开放的Web应用程序安全项目（Open Web Application Security Project，OWASP，www.owasp.org）提供了与应用程序安全性相关的各种资源，包括技术文章、指南和工具。

延伸阅读

www.w3schools.com/html上的HTML教程和www.w3schools.com/css上的CSS教程是用于学习HTML和CSS的好资源。关于Java Servlet的教程可以在docs.oracle.com/javaee/7/tutorial/servlets.htm上找到。www.w3schools.com/js上的JavaScript教程是有关JavaScript的学习材料的优秀资源。作为JavaScript教程的一部分，你还可以进一步了解有关JSON和Ajax的更多知识。jQuery教程位于www.w3schools.com/Jquery，它是学习如何使用jQuery的非常好的资源。这些教程允许你修改示例代码并在浏览器中对其进行测试，而无须下载软件。有关.NET框架和有关使用ASP.NET来开发Web应用程序的信息可以在msdn.microsoft.com上找到。 462

你可以分别从hibernate.org/orm和docs.djangoproject.com上的教程与文档中了解有关Hibernate ORM和Django（包括Django ORM）的更多信息。

开放的Web应用程序安全项目（Open Web Application Security Project，OWSAP，www.owasp.org）提供了各种技术资料，比如OWSAP测试指南、描述关键安全风险的OWSAP十大文档以及用于应用程序安全验证的标准。

加密散列函数和公钥加密背后的概念在[Diffie and Hellman (1976)]和[Rivest et al. (1978)]中介绍。对于密码学的一份很好的参考文献是[Katz and Lindell (2014)]，而[Stallings (2017)]是关于密码学和网络安全的教材。

参考文献

[Diffie and Hellman (1976)]　W. Diffie and M. E. Hellman, "New Directions in Cryptography", *IEEE Transactions on Information Theory*, Volume 22, Number 6 (1976), pages 644-654.

[Katz and Lindell (2014)]　J. Katz and Y. Lindell, *Introduction to Modern Cryptography*, 3rd edition, Chapman and Hall/CRC (2014).

[Rivest et al. (1978)]　R. L. Rivest, A. Shamir, and L. Adleman, "A Method for Obtaining Digital Signatures and Public-Key Cryptosystems", *Communications of the ACM*, Volume 21, Number 2 (1978), pages 120-126.

[Stallings (2017)]　W. Stallings, *Cryptography and Network Security - Principles and Practice*, 7th edition, Pearson (2017).

463～464

Resin（www.caucho.com）是支持 servlet 与 JSP 的应用服务器。Apache 的 Web 服务器（apache.org）是当今使用最广泛的 Web 服务器。Microsoft 的 IIS（Internet 信息服务）是一种广泛用于 Microsoft Windows 平台的 Web 与应用服务器，它支持 Microsoft 的 ASP.NET（msdn.microsoft.com/asp.net/）。

[illegible] Swift [illegible]

[illegible] Studio（developer.android.com/studio）[illegible] 是用于开发 Android 应用程序的 IDE。[illegible] Apple 的 XCode（developer.apple.com/xcode）[illegible] iOS [illegible] IDE [illegible] React Native（facebook.github.io/react-native）[illegible]

[illegible] Web 应用程序 [illegible]（Open Web Application Security Project，OWASP）（www.owasp.org）[illegible]

延伸阅读

w3schools.com [illegible] HTML [illegible] CSS [illegible] Java Servlet [illegible] docs.oracle.com/javaee/7/tutorial/servlets.htm [illegible] www.w3schools.com/js [illegible] JavaScript [illegible] Ajax [illegible] jQuery [illegible] www.w3schools.com/jquery [illegible] ASP.NET [illegible] Web 应用程序 [illegible] msdn.microsoft.com [illegible]

[illegible] hibernate.org [illegible] docs.djangoproject.com [illegible] Hibernate ORM [illegible] Django [illegible]

[illegible] Web 应用程序 [illegible]（Open Web Application Security Project，OWASP）（www.owasp.org）[illegible] OWASP [illegible]

[illegible] [Diffie and Hellman (1976)] 和 [Rivest et al. (1978)] 中介绍 [illegible] [Katz and Lindell (2014)] [illegible] [Stallings (2017)] [illegible]

参考文献

[Diffie and Hellman (1976)] W. Diffie and M. E. Hellman, "New Directions in Cryptography", *IEEE Transactions on Information Theory*, Volume 22, Number 6 (1976), pages 644–654.

[Katz and Lindell (2014)] J. Katz and Y. Lindell, *Introduction to Modern Cryptography*, 3rd edition, Chapman and Hall/CRC (2014).

[Rivest et al. (1978)] R. L. Rivest, A. Shamir, and L. Adleman, "A Method for Obtaining Digital Signatures and Public-Key Cryptosystems", *Communications of the ACM*, Volume 21, Number 2 (1978), pages 120–126.

[Stallings (2017)] W. Stallings, *Cryptography and Network Security - Principles and Practice*, 7th edition, Pearson (2017).

第四部分

Database System Concepts, Seventh Edition

大数据分析

关系数据库的传统应用是基于结构化数据的，它们处理来自单个企业的数据。现代数据管理应用通常需要处理非关系形式的数据。更进一步来说，这种应用还需要处理大量的数据，其数据量远远超过单个传统机构所能够产生的数据量。在第 10 章中，我们将学习管理这种数据的技术，这种数据通常被称为大数据。在这一章我们将从使用大数据系统的程序员的角度来介绍大数据。我们从大数据存储系统开始介绍，然后介绍查询技术，包括 MapReduce 框架、代数运算、数据流和图数据库。

大数据的一个主要应用是数据分析，它基本上是指对数据进行处理以推断模式、相关性或用于预测的模型。做出正确决策的经济效益可能是巨大的，做出错误决策的成本也可能是巨大的。因此，机构在收集或购买所需数据以及构建数据分析系统方面都进行了大量投资。在第 11 章中，我们将从总体上介绍数据分析，特别是通过使用过去的数据来预测未来并使用预测来做出决策从而受益匪浅的决策任务。所涵盖的主题包括数据仓库、在线分析处理和数据挖掘。

大 数 据

关系数据库的传统应用是基于结构化数据的，它们处理来自单个企业的数据。现代数据管理应用通常需要处理非关系形式的数据。更进一步来说，这种应用还需要处理大量的数据，其数据量远远超过单个企业所能够产生的数据量。在本章中，我们将研究管理此类数据（通常称为大数据）的技术。

10.1 动机

万维网在 20 世纪 90 年代和 21 世纪 00 年代的发展导致了对海量数据进行存储和查询的需求，这些数据的量远超关系数据库被设计用来管理的企业数据。虽然在早期，网络上的大部分用户可见数据都是静态的，但网站产生了大量的数据，这些数据是关于访问网站的用户、所访问的网页以及访问时间的，它们通常以文本形式存储在网络服务器的日志文件中。网站管理者很快意识到，网络的日志文件中拥有丰富的信息，公司可以用它来更好地了解用户，并向用户投放广告和进行营销活动。这些信息包括用户所访问页面的细节，它们也可以与许多网站收集的用户画像数据（如年龄、性别、收入水平等）相链接。诸如购物网站那样的交易网站还有其他类型的数据，例如用户浏览或购买的是什么产品。在 21 世纪 00 年代，用户生成的数据量（特别是社交媒体数据量）的增长异常迅猛。

这样的数据量很快就远远超出了传统数据库系统所能处理的规模，并且存储和处理都需要高度的并行化。此外，其中的许多数据都采用诸如日志记录那样的文本形式，或者如我们在第 8 章中看到的其他半结构化形式。这些数据以其规模、产生速度和各种格式为特征，一般被称为**大数据**（big data）。

467

大数据与传统的关系数据库在下述衡量指标上形成了对比：

- **量**（volume）：需要存储和处理的数据量比传统数据库（包括传统的并行关系数据库）需要处理的大得多。尽管并行数据库系统有着悠久的历史，但早期的并行数据库被设计用来在数十至数百台机器上工作。相比之下，一些新的应用需要使用数千台并行的机器来存储和处理数据。
- **速度**（velocity）：在当今的网络世界中，数据到达的速度比早期要快得多。数据管理系统必须能够以非常高的速率来接收和存储数据。此外，许多应用需要数据项在到达时就被处理，以便快速检测和响应特定事件（此类系统被称为*流数据系统*（streaming data system））。因此，处理速度对于当今的许多应用都非常重要。
- **多样性**（variety）：数据的关系表示、关系查询语言和关系数据库系统在过去几十年中一直非常成功，它们构成了大多数机构的数据表示的核心。但是显而易见，并不是所有数据都是关系型的。

  正如我们在第 8 章中所看到的，当今各种数据表示被用于不同的目的。虽然当今的许多数据都可以有效表示成关系形式，但是许多数据源具有其他形式的数据，如半结构化数据、文本数据和图数据。SQL 查询语言非常适合在关系数据上表达各种查询，并且已被扩展来处理半结构化数据。但是，许多计算并不能很容易地用SQL表示，或者如果用SQL表示就不能高效地执行。

新一代语言和框架已经被开发出来，用于表达和高效执行对新形式数据的复杂查询。

我们将使用通常意义上的术语“大数据”来表示任何需要高度并行化处理的数据处理需求，不管数据是关系型的还是其他形式的。

在过去十年中，已经开发出了几个系统用于存储和处理大数据，它们使用非常大的机器集群，包含数千台或者在某些情况下包含数万台机器。术语**节点**（node）通常用来指代集群中的机器。

10.1.1 大数据的来源和使用

网络的快速增长是20世纪90年代末和21世纪00年代初数据量巨大增长的关键驱动力。最初的数据来源是网络服务器软件的日志，它记录了用户与网络服务器的交互。坐拥数亿用户（后来增长到数十亿用户）的大型网络公司发现，每个用户每天点击多个链接，他们每天都在产生数万亿字节的数据。网络公司很快认识到网络日志中有许多可用于多种目的的重要信息，比如下面这些： 468

- 决定向哪些用户展示什么帖子、新闻和其他信息，以使他们更积极地参与网站互动。关于用户之前查看过的信息以及具有类似偏好的其他用户查看过的信息是做出这些决策的关键。
- 决定向哪些用户展示哪些广告，以便最大化广告商的收益，同时确保用户看到的广告更可能与其相关。同样，关于用户访问过哪些页面以及用户先前点击过哪些广告的信息是做出此类决策的关键。
- 决定网站应如何组织，以使大多数用户能容易地找到其所需的信息。了解用户通常浏览哪些页面，以及访问特定页面后他们通常查看哪些页面，是做出此类决策的关键。
- 根据页面视图确定用户偏好和趋势，这有助于制造商或供应商决定哪些商品需要增加生产或库存量，哪些商品需要减少生产或库存量。这是更通用的商务智能主题的一部分。
- 广告展示和点击量信息。**点击量**（click-through）是指用户点击广告以获取更多信息的次数，是广告成功获得用户关注的衡量标准。当用户真正购买广告产品或服务时，就会发生一次**转换**（conversion）。当一次点击或转换发生时，通常是要给网站付费的。这使得不同广告的点击量和转换率成为决定网站要显示哪些广告的关键指标。

当今，还有许多其他的海量数据来源。包括如下示例：

- 来自手机应用程序的数据有助于理解用户与应用程序的交互，就像点击网站有助于理解用户与网站的交互一样。
- 来自零售业（在线和离线）的交易数据。早期拥有大量数据的用户包括诸如沃尔玛那样的大型零售连锁店，甚至在网络出现之前的几年里，他们就已使用并行数据库系统来管理和分析他们的数据。 469
- 来自传感器的数据。今天的高端设备通常有大量的传感器来监测设备的健康状况。集中收集这些数据有助于跟踪状态并预测设备出现问题的可能性，有助于在导致故障之前解决问题。越来越多地使用这种传感器并将传感器与嵌入诸如交通工具、建筑物、机械装置那样的其他物体中的计算设备相连接的互联网，通常称为**物联网**（internet of things）。互联网上这些设备的数量现在已经超过了人类的数量。

- 来自通信网络的元数据，包括数据网络的流量和其他监控信息，以及语音网络的呼叫信息。这些数据对潜在问题发生前的检测、问题发生时的检测、容量规划和其他相关决策都很重要。

在“大数据”一词出现之前的几十年里，存储在数据库中的数据量一直在快速增长。但是，网络的极速增长创造了一个转折点，主要的网站必须处理由数亿到数十亿用户产生的数据，这是一个比大多数更早期应用都要大得多的规模。

即使是与网络无关的公司也发现有必要处理非常大量的数据。许多公司采购和分析其他公司产生的大量数据。例如，许多公司都可以使用注有用户配置文件信息的网络搜索历史记录，这些信息可用于做出各种商业决策，例如策划广告宣传活动、计划要生产什么产品以及何时生产等。

如今，公司发现利用社交媒体数据来做商业决策至关重要。在 Twitter 和其他社交媒体网站上可以找到对公司所发布的新产品或现有产品的变化的反应。在诸如 Twitter 那样的社交媒体网站上不仅数据量非常大，而且数据到达速度非常快，需要非常快速的分析和响应。例如，如果一家公司投放了一则广告，并且 Twitter 上有强烈的负面反应，那么该公司将希望快速检测出问题，并可能在损失扩大之前停止使用该广告。因此，大数据已成为当今许多机构各种活动的关键驱动因素。

10.1.2　大数据查询

到目前为止，SQL 是使用最广泛的关系数据库查询语言。然而，大数据应用的查询语言的选择余地更大，它受到要处理更多种类的数据类型并扩展到非常大的数据量 / 高速处理的需求的驱动。

构建能够扩展到大数据量 / 高速处理的数据管理系统需要并行存储和处理数据。构建一个支持 SQL 以及诸如事务（我们将在后面第 17 章中学习）那样的其他数据库特性的关系数据库，并同时通过在大量机器上运行来支持非常高的性能，这不是一项简单的任务。这类应用可分为两类：

470

1. 需要非常高的可扩展性的事务处理系统：事务处理系统支持大量短时间运行的查询和更新。

   如果对支持关系数据库所有特性的要求放松，那么被设计用于支持事务处理的数据库更容易扩展到非常多的机器上。许多需要扩展到非常大的数据量 / 高速处理的事务处理应用可以在没有完整的数据库支持的情况下进行管理。

   此类应用的数据访问的主要模式是使用关联的键存储数据，并使用该键检索数据。这样的存储系统称为键值存储系统。在前面的用户配置文件示例中，用户配置文件数据的键可以是用户的标识。有些应用在概念上需要连接，但通过应用程序代码或物化视图的形式来实现连接。

   例如，在社交网络应用中，当一个用户连接到系统时，系统应该向该用户显示来自其所有朋友的新帖子。如果有关帖子和朋友的数据是以关系形式维护的，那么这就需要一个连接。反之，假设系统在键值存储中为每个用户维护一个对象，包括他们的朋友的信息以及这些朋友的帖子。应用程序代码可以通过首先找出用户的朋友集，然后查询每个朋友的数据对象来找到他们的帖子，以这种方式实现连接而不是在数据库中完成连接。另一种选择如下：每当用户 u_0 发布帖子时，对于该用户的每个朋友 u_i，系统都会向代表 u_i 的数据对象发送一条消息，并且将与该朋友关联的数据用新帖子的摘要进行更新。当用户 u_i 检查更新时，提供朋友帖子摘要视图所需的所有数据都可以在一个地方获得，并且可被快速检索。

这两种备选方案之间存在着权衡，比如，第一种备选方案在查询时代价较高，而第二种备选方案在存储和写入时代价较高[⊖]。但这两种方法都允许应用在不支持连接的情况下在键值存储系统中执行其任务。

2. *需要非常高的可扩展性且支持非关系数据的查询处理系统*：此类系统的典型示例是那些被设计用来对网络服务器和其他应用程序产生的日志进行分析的系统。其他示例包括文档和知识的存储及索引系统，例如那些在网络上支持关键字搜索的系统。

471

许多此类应用所使用的数据存储在多个文件中。设计用于支持此类应用的系统首先需要能够存储大量的大型文件。其次，它必须能够支持对存储在这些文件中的数据进行并行查询。由于数据不一定是关系型的，因此为查询此类数据而设计的系统必须支持任意程序代码，而不仅仅支持关系代数或 SQL 查询。

大数据应用通常需要处理非常大量的文本、图像和视频数据。传统上，这些数据存储在文件系统中，并使用独立的应用程序进行处理。例如，文本数据上的关键字检索以及后续的网络上的关键字检索都会先对文本数据进行预处理，然后使用数据结构（如在预处理步骤中构建的索引）进行查询处理。很明显，我们前面看到的 SQL 结构并不适合执行这样的任务，因为输入数据不是关系型的，输出也可能不是关系型的。

在早些时候，对这些数据的处理是使用独立的程序来完成的，这与在数据库管理系统出现之前组织机构数据的处理方式非常相似。然而，随着数据规模的快速增长，独立程序的局限性变得明显。在大数据的规模非常庞大的情况下，并行处理非常关键。编写能够并行处理数据还能同时处理故障（这在大规模并行中很常见）的程序并不容易。

在本章中，我们学习当今广泛使用的大数据查询技术。这些技术成功的一个关键是，实际上它们允许指定复杂的数据处理任务，同时使得任务能容易地并行化。这些技术使程序员不必处理诸如如何执行并行化、如何处理故障、如何处理机器之间的负载不均衡以及许多其他类似的低层级问题。

10.2 大数据存储系统

大数据上的应用具有极高的可扩展性要求。流行的应用拥有数亿用户，许多应用的负载在一年内甚至几个月内就增长了好几倍。为了应对此类应用的数据管理需求，必须跨数千个计算和存储节点对数据进行划分存储。

在过去二十年中，已经开发和部署了许多用于大数据存储的系统，以满足此类应用的数据管理需要。这些系统包括：

- **分布式文件系统**。它们允许文件跨大量机器存储，同时允许使用传统的文件系统接

⊖ 值得一提的是，Facebook 似乎（基于截至 2018 年的有限公开信息）在其新闻订阅中使用了第一种备选方案，以避免第二种备选方案的高存储开销。

口访问文件。分布式文件系统用于存储大型文件，如日志文件。它们还被用作能支持记录存储的系统的存储层。

472

- **跨多数据库分片**。分片是指跨多个系统对记录进行划分的过程；换言之，记录在系统之间进行划分。分片的一个典型应用案例是跨数据库集合对不同用户对应的记录进行划分。每个数据库都是传统的集中式数据库，可能没有其他数据库的任何信息。客户机软件的工作是跟踪记录是如何划分的，并将每个查询发送给相应的数据库。
- **键值存储系统**。它们允许基于键的方式来存储和检索记录，此外可能提供有限的查询工具。但是，它们不是成熟的数据库系统，它们有时被称为 NoSQL 系统，因为此类存储系统通常不支持 SQL 语言。
- **并行和分布式数据库**。它们提供传统的数据库接口，但跨多台机器存储数据，并且跨多台机器并行执行查询处理。

第 21 章将详细介绍并行和分布式数据库存储系统，包括分布式文件系统和键值存储。在本节中我们从用户级概述这些大数据存储系统。

10.2.1 分布式文件系统

分布式文件系统（distributed file system）跨大量机器存储文件，同时为客户机提供单一文件系统视图。与任何文件系统类似，它是一个由文件名和目录构成的系统，客户机可以使用该系统来识别和访问文件。客户机不需要担心文件存储在哪里。这种分布式文件系统可以存储非常大量的数据，并支持非常大量的并发客户机。此类系统非常适合存储非结构化数据，如网页、网络服务器日志、图像等，这些非结构化数据被存储为大型文件。

在这种情况下，一个具有里程碑意义的系统是 21 世纪 00 年代早期开发的 Google 文件系统（Google File System，GFS），它在 Google 内部被广泛使用。基于 GFS 体系结构的开源 Hadoop 文件系统（HaDoop File System，HDFS）现在也得到了广泛的应用。

分布式文件系统是为大型文件的高效存储而设计的，这些文件的大小从数十兆字节到数百吉字节或更多。

分布式文件系统中的数据跨很多台机器存储。文件被分成多个块。可以跨多台机器将单个文件划分为多个块。此外，每个文件块跨多台（通常是三台）机器进行复制，这样，机器故障就不会导致文件无法访问。

无论是集中式的还是分布式的文件系统通常都支持以下功能：

- 目录系统，允许将文件分层组织到目录和子目录中。
- 从文件名到在每个文件中存储实际数据的块标识序列的映射。
- 能够使用特定标识在块中存储数据和从块中检索数据。对于集中式文件系统，块标识符有助于在存储设备（如磁盘）中定位块。对于分布式文件系统，除了提供块标识外，文件系统还必须提供对块存储位置的定位（机器标识）。事实上，由于复制的原因，文件系统提供了一组带每个块标识的机器标识。

473

图 10-1 显示了 Hadoop 文件系统的体系结构，它由 Google 文件系统的体系结构派生而来。HDFS 的核心是一台运行在被称为**名字节点**（NameNode）的机器上的服务器。所有文件系统请求都发送到名字节点。想要读取已有文件的文件系统客户端程序将文件名（可以是路径，如 /home/avi/book/ch10）发送到名字节点。名字节点存储每个文件的块标识列表，对

于每个块标识，名字节点还保存了存储该块副本的机器的标识。存储 HDFS 中数据块的机器称为**数据节点**（DataNode）。

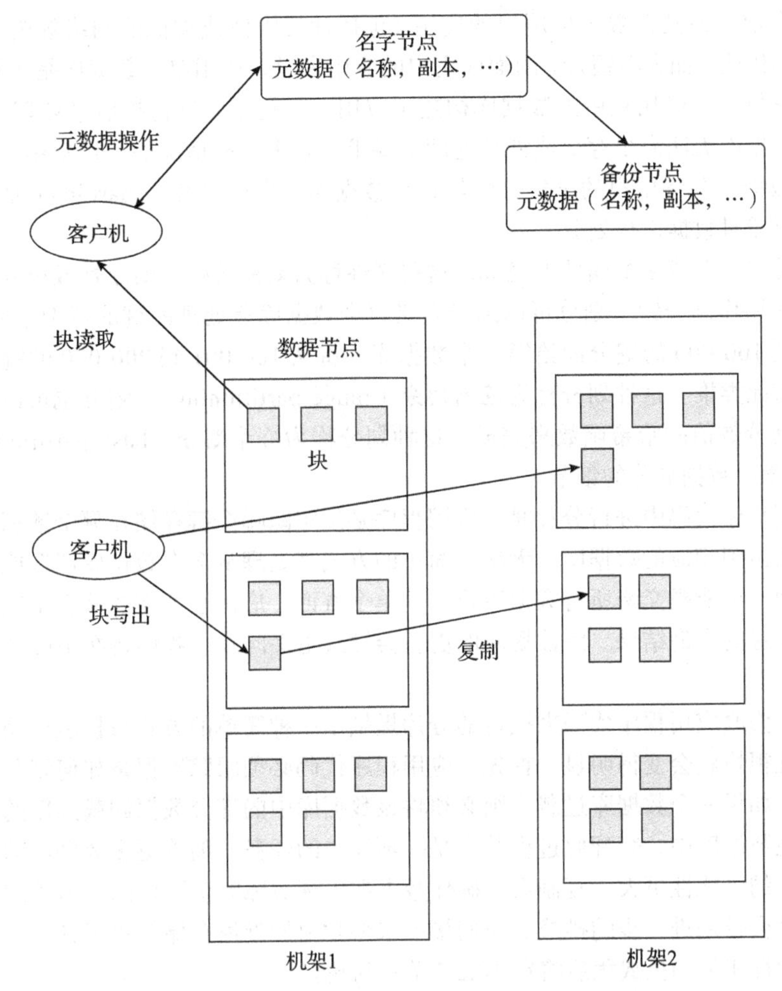

图 10-1 Hadoop 分布式文件系统（HDFS）的体系结构

对于文件读取请求，HDFS 服务器将返回文件中块的块标识列表以及包含每个块的机器的标识列表，然后从存储该块副本的其中一台机器中提取出每个块。

对于文件写入请求，HDFS 服务器创建新的块标识，将每个块标识分配给多台（通常为三台）机器，并将块标识和机器分配返回给客户机。然后，客户机将块标识和块数据发送给存储数据的指定机器。

可以通过使用 HDFS 文件系统 API 的程序来访问文件，这些 API 在多种语言（如 Java 和 Python）中都是可用的，它们允许程序连接到 HDFS 服务器并访问数据。

HDFS 分布式文件系统也可以连接到机器的本地文件系统，这样就可以像访问存储在本地的文件那样访问 HDFS 中的文件。这需要向本地文件系统提供名字节点机器的地址和 HDFS 服务器侦听请求的端口。本地文件系统根据文件路径识别哪些文件访问是针对 HDFS 中的文件的，并向 HDFS 服务器发送相应的请求。

有关分布式系统实现的更多详细信息请参见 21.6 节。

10.2.2　分片

单个数据库系统通常具有足够的存储和性能来处理一家企业的所有事务处理需求。然而，对于拥有数百万甚至数十亿用户的应用（包括社交媒体或类似的网络规模的应用），或者非常大型的机构（如大型银行）的面向用户的应用来说，使用单一数据库是不够的。

假设一家机构已经用集中式数据库构建了应用，但是需要进行扩展来处理更多的用户，并且集中式数据库无法满足存储或处理速度的要求。处理这种情况的一种常用方式是跨多个数据库划分数据，并将用户的子集分配给每个数据库。术语**分片**（sharding）是指跨多个数据库或多台机器对数据进行划分。

474～475

划分通常在一个或多个属性上完成，这些属性称为*划分属性*、*划分键*或*分片键*。用户或账户标识通常用作划分键。划分可以通过定义每个数据库所处理的键的范围来完成。例如，可以将从 1 到 100 000 的键分配给第一个数据库，将从 100 001 到 200 000 的键分配给第二个数据库，依此类推。这种划分称为*范围划分*（range partitioning）。划分也可以通过计算将键值映射到划分数值的哈希函数来完成，这种划分称为*哈希划分*（hash partitioning）。我们将在第 21 章学习数据划分的细节。

当在应用程序代码中进行分片时，应用程序必须跟踪哪个键存储在哪个数据库上，并且必须将查询路由到相应的数据库。无法用简单的方式来处理从多个数据库读取或更新数据的查询，是因为不可能提交跨所有数据库执行的单个查询。应用程序需要从多个数据库中读取数据并计算最终的查询结果。跨数据库的更新会导致更多问题，我们将在 10.2.5 节中讨论这些问题。

虽然通过修改应用程序代码来执行的分片提供了一种简单的方式来扩展应用，但是这种方式的局限性很快就会变得明显。首先，应用程序代码必须跟踪数据是如何划分的，并恰当地路由查询。如果一个数据库过载，则必须将该数据库中的部分数据卸载到新的数据库或现有的某个其他数据库中；管理此过程并不是一项简单的任务。随着更多数据库的加入，导致数据访问丢失的可能性更大。复制需要确保数据在出现故障时仍可访问，但管理副本并确保它们的一致性会带来进一步的挑战。我们接下来将学习的键值存储解决了其中一些问题。与一致性和可用性相关的挑战稍后将在 10.2.5 节中讨论。

10.2.3　键值存储系统

许多网络应用需要存储非常大量（数十亿或在极端情况下的数万亿）但相对较小的记录（大小从几千字节到几兆字节不等）。将每条记录存储为单独的文件是不可行的，因为文件系统（包括分布式文件系统）并不是被设计用来存储如此大量的文件的。

理想情况下，应该使用大规模并行的关系数据库来存储此类数据。但是，构建可以跨大量机器并行运行同时还支持诸如外码约束和事务那样的标准数据库特征的关系数据库系统并不容易。

许多存储系统已经被开发出来，它们可以满足网络应用的需求，存储大量数据，扩展到数千至数万台机器，但通常只提供一个简单的键值存储接口。**键值存储系统**（key-value storage system）（或**键值存储**（key-value store））是提供一种方式来存储或更新具有关联键的记录（值）并使用给定键来检索记录的系统。

并行键值存储跨多台机器来存储划分键，并把更新和查找处理路由到正确的机器。它们还支持复制，并确保副本保持一致性。此外，它们还提供了在需要时向系统添加更多机器的能力，并确保负载在系统中的机器之间自动均衡。不同于在应用程序代码中实现分片的系统，使用并行键值存储的系统不需要担心上述任何问题。因此，当前并行键值存储相比分片得到了更广泛的使用。476

广泛使用的并行键值存储包括 Google 的 Bigtable、Apache HBase、Amazon 的 Dynamo、Facebook 的 Cassandra、MongoDB、Microsoft 的 Azure 云存储以及 Yahoo! 的 Sherpa/PNUTS 等。

虽然好几个键值数据存储将存储在数据存储中的值视为一个不可解释的字节序列，而不查看其内容，但其他数据存储允许某种形式的结构或模式与每条记录相关联。有几个键值存储系统要求所存储的数据遵循特定的数据表示，允许数据存储解释被存储的值，并基于所存储的值执行简单查询。这种数据存储称为**文档存储**（document store）。MongoDB 是一个广泛使用的数据存储，它接受 JSON 格式的值。

键值存储系统的核心基于两个基本函数：put(key,value) 用于存储带关联键的值；get(key) 用于检索与指定键关联的存储值。一些系统，如 Bigtable，还额外提供了对键值的范围查询。文档存储还支持有限形式的数据值查询。

使用键值存储的一个重要动机是，通过将工作分布在由大量机器组成的集群（cluster）中，能够处理非常大量的数据以及查询。记录在集群中的机器之间进行划分（分割），每台机器存储记录的一个子集，并处理这些记录的查找和更新。

值得注意的是，键值存储并不是成熟的数据库，因为它们不提供当前在数据库系统上被视为标准的许多功能。键值存储通常不支持声明式查询（使用 SQL 或任何其他声明式查询语言），也不支持事务（我们将在第 17 章中看到，事务允许原子地提交多个更新，以确保即使在故障时数据库状态也能保持一致，并控制对数据的并发访问，以确保不会因多个事务的并发访问而出现问题）。键值存储通常也不支持基于对非键属性的选择的记录进行检索，尽管某些文档存储确实支持此类检索。

不支持这些功能的一个重要原因是，其中一些功能在非常大的集群上不容易提供，因此，大多数系统为了实现可扩展性而牺牲了这些功能。需要具有可扩展性的应用可能愿意牺牲这些功能来换取可扩展性。

键值存储也被称为 **NoSQL** 系统，以强调它们并不支持 SQL，并且缺乏对 SQL 的支持最初被认为是积极的，而不是一种限制。然而，缺少诸如事务支持和 SQL 支持那样的数据库功能会使应用程序开发更加复杂，这个问题很快就显露出来了。因此，许多键值存储已经发展到支持诸如 SQL 语言和事务那样的功能。477

这些系统提供的用于存储和访问数据的 API 被广泛使用。虽然前面提到的基本的 get() 和 put() 函数很简单，但大多数系统都支持其他功能。作为此类 API 的一个示例，我们提供了 MongoDB API 的简要概述。

图 10-2 展示了通过 JavaScript 的 shell 接口访问 MongoDB 文档存储。这样的 shell 可以通过在安装并配置了 MongoDB 的系统上执行 mongo 命令来打开。MongoDB 还提供了在包括 Java 和 Python 等各种语言中等价的 API 函数。如图所示的 use 命令打开指定的数据库，如果该数据库尚不存在则创建该数据库。db.createCollection() 命令用于创建存储文档的集合；MongoDB 中的文档从根本上讲是一个 JSON 对象。图中的代码创建了 student 和 instructor 两个集合，并将代表学生和教师的 JSON 对象插入这两个集合中。

MongoDB 为插入的对象自动创建标识，这些标识可用作检索对象的键。可以使用 _id 属性获取与对象关联的键，并且在默认情况下会创建基于此属性的索引。

```
show dbs // 展示可用数据库
use sampledb // 使用 sampledb 数据库，如果不存在则创建之
db.createCollection("student") // 创建集合
db.createCollection("instructor")
show collections // 展示数据库中的所有集合

db.student.insert({ "id" : "00128", "name" : "Zhang",
      "dept_name" : "Comp. Sci.", "tot_cred" : 102, "advisors" : ["45565"] })
db.student.insert({ "id" : "12345", "name" : "Shankar",
      "dept_name" : "Comp. Sci.", "tot_cred" : 32, "advisors" : ["45565"] })
db.student.insert({ "id" : "19991", "name" : "Brandt",
      "dept_name" : "History", "tot_cred" : 80, "advisors" : [] })
db.instructor.insert({ "id" : "45565", "name" : "Katz",
      "dept_name" : "Comp. Sci.", "salary" : 75000,
      "advisees" : ["00128","12345"] })

db.student.find() // 以 JSON 格式获取所有学生信息
db.student.findOne({"ID": "00128"}) // 找到一个匹配的学生

db.student.remove({"dept_name": "Comp. Sci."}) // 删除匹配的学生
db.student.drop() // 删掉整个集合
```

图 10-2　MongoDB 的 shell 命令

MongoDB 还支持基于存储值的查询。db.student.find() 函数返回 student 集合中所有对象的集合，而 find-One() 函数则返回集合中的一个对象。这两个函数都可以将 JSON 对象作为参数，该 JSON 对象指定在所需属性上的选择。在我们的示例中，ID 为 00128 的学生被检索出来。类似地，与此选择相匹配的所有对象都可以通过如图所示的 remove() 函数删除。图中显示的 drop() 函数将删掉整个集合。

478

MongoDB 支持各种其他功能，例如在所存储的 JSON 对象的特定属性（诸如 ID 和 name 属性）上创建索引。

由于 MongoDB 的一个关键目标是扩展到非常大的数据规模和查询 / 更新负载，因此 MongoDB 允许多台机器成为单个 MongoDB 集群的一部分。然后在这些机器上对数据进行分片（划分）。我们将在第 21 章中详细学习跨机器的数据划分，并在第 22 章中详细学习对查询的并行处理。本小节中将概述一些关键的思路。

在 MongoDB 中（与许多其他数据库类似），划分是基于一个特定属性的值进行的，这个属性称作**划分属性**（partitioning attribute）或**分片键**（shard key）。例如，如果我们指定 student 集合应按 dept_name 属性进行划分，则特定系的所有对象就存储在一台机器上，但不同系的对象可以存储在不同的机器上。为了确保即使在机器发生故障时也可以访问到数据，每个划分都在多台机器上被复制。在这种方式下，即使一台机器发生故障，该划分中的数据也可以从另一台机器中获取。

来自 MongoDB 客户机的请求被发送到路由器，然后路由器将请求转发到集群中的相应划分。

Bigtable 是另一种键值存储，它要求数据值遵循一定的格式，此格式允许存储系统访问存储值的各个部分。在 Bigtable 中，数据值（记录）可以有多个属性，属性名集合不是预先确定的，并且可以在不同的记录之间变化。因此，属性值的键在概念上由 (记录标识，属性名) 组成。就 Bigtable 而言，每个属性值只是一个字符串。要获取记录的所有属性，可以使用范围查询，或者更准确地说，使用仅包含记录标识的前缀匹配查询。get() 函数返回带值的属性名。为了高效地检索记录的所有属性，存储系统存储按键排序的条目，因此特定记录

的所有属性值都聚集在一起。

虽然 Bigtable 本身的记录标识只是一个字符串，但事实上，记录标识本身可以是层次结构的。例如，一个存储通过网络爬虫获得的页面的应用程序可以将如下形式的 URL：

www.cs.yale.edu/people/silberschatz.html

映射为记录标识：

edu.yale.cs.www/people/silberschatz.html

通过这种表示，cs.yale.edu 的所有 URL 都可以通过一个查询来检索，该查询获取以 edu.yale.cs 为前缀的所有键，这些键将按照排好的键顺序存储在一个连续的键值范围中。类似地，yale.edu 的所有 URL 都有 edu.yale 前缀，并存储在一个连续的键值范围内。

479

虽然 Bigtable 本身不支持 JSON，但是 JSON 数据可以映射到 Bigtable 的数据模型上。例如，考虑以下 JSON 数据：

```
{  "ID": "22222",
   "name": { "firstname: "Albert", "lastname: "Einstein" },
   "deptname": "Physics",
   "children": [
      {"firstname": "Hans", "lastname": "Einstein" },
      {"firstname": "Eduard", "lastname": "Einstein" } ]
}
```

上述数据可以用标识为“22222”的 Bigtable 记录来表示，该记录具有多个属性名，如“name.firstname”“deptname”“children[1].firstname”或“children[2].lastname”。

此外，单个 Bigtable 实例可以为多个应用存储数据，每个应用有多个表，只需简单地将应用名和表名作为记录标识的前缀即可。

许多数据存储系统允许存储数据项的多个版本。版本通常由时间戳来标识，但还可以由整数值来标识，一旦创建数据项的新版本，该整数值就递增。查询处理可以指定数据项的所需版本，也可以选择版本号最高的版本。例如，在 Bigtable 中，键实际上由三部分组成：(记录标识，属性名，时间戳)。Bigtable 可以从 Google 上作为服务被访问到。Bigtable 的开源版本 HBase 被广泛使用。

10.2.4 并行和分布式数据库

并行数据库（parallel database）是在多台机器（统称为集群）上运行的数据库，它被设计用于跨多台机器存储数据，并使用多台机器处理大型查询。并行数据库最初是在 20 世纪 80 年代开发的，因此比现代的大数据系统更早。从程序员的角度来看，并行数据库可以像在单台机器上运行的数据库一样使用。

早期设计的用于事务处理的并行数据库只支持集群中的少量机器，而被设计用于处理大型分析型查询的并行数据库则支持数十至数百台机器。数据在一个集群的多台机器之间复制，以确保数据不会丢失，即使集群中的一台机器发生故障，也可以继续访问这些数据。尽管故障确实会发生并需要处理，但是在拥有数十至数百台机器的系统中，在查询处理过程中出现故障的情况却并不常见。如果查询处理发生在出故障的节点上，则只需使用其他节点上的数据副本重新启动查询就可以了。

如果这样的数据库系统运行在拥有数千台机器的集群上，那么对于处理大量数据并因此运行很长时间的查询来说，在执行查询期间失败的概率会显著增加。在发生故障的情况

480

下重新启动查询不再可行，因为在重新执行查询时很可能再次发生故障。在10.3节将讨论的MapReduce系统中，开发了避免完全重启的技术，只需要对故障机器上的计算进行重做。然而，这些技术带来了巨大的开销。考虑到跨越成千上万个节点的计算只在一些非常大的应用中才需要，即使在今天，大多数并行的关系数据库系统都以运行在数十至数百台机器上的应用为目标，在出现故障时只需重新启动查询。

第22章将详细介绍这种并行和分布式数据库中的查询处理，而第23章则涵盖了这种数据库中的事务处理。

10.2.5　复制和一致性

复制是保证数据可用性的关键，它确保即使存储数据项的某些机器发生故障，也可以访问到数据项。对数据项的任何更新都必须应用于该数据项的所有副本。只要包含副本的所有机器都已启动并相互连接，将更新应用于所有副本就很简单。

然而，由于机器确实会发生故障，这里有两个关键问题。第一个问题是，如何确保在多台计算机上更新数据的事务的原子执行：如果尽管出现了故障，但事务更新过的所有数据项都已成功更新，或者所有数据项都已还原回其原始值，则称该事务的执行是原子的。第二个问题是，当数据项的某些副本位于发生故障的机器上时，如何对已被复制的数据项执行更新。这里的一个关键要求是*一致性*，也就是说，一个数据项的所有活跃副本都具有相同的值，并且每次读取都会看到该数据项的最新版本。有几种可能的解决方案，它们会提供不同程度的故障恢复能力。我们将在第23章中学习这两个问题的解决方案。

我们注意到，第二个问题的解决方案通常要求大多数副本都可用于读取和更新。如果我们有三个副本，这就要求不超过一个失败，但是如果我们有五个副本，那么即使两台机器失败，我们仍然有大部分副本可用。在这些假设下，写入操作不会被阻塞，并且读取操作将看到任意数据项的最新值。

虽然多台机器发生故障的概率相对较低，但网络链路故障可能会导致进一步的问题。特别地，如果一个网络中的两台活跃机器彼此不能相互通信，就称发生了*网络分区*（network partition）。

业已表明，没有协议可以确保*可用性*，即在存在网络分区的情况下，在读写数据的同时还保证一致性的能力。因此，分布式系统需要进行权衡：如果想要高可用性，就需要牺牲一致性，例如允许读取操作看到数据项的旧值，或者允许不同副本具有不同的值。在后一种情况下，如何通过合并更新使副本具有相同值是应用必须处理的任务。某些应用或应用的某些部分可能选择让可用性优先于一致性。但另外的应用或应用的某些部分可能会选择优先考虑一致性，即使付出在发生故障时系统可能不可用的代价。以上问题将在第23章中进行更详细的讨论。

481

注释10-1　构建可扩展的数据库应用

当面临创建可扩展到非常大量的用户的数据库应用的任务时，应用开发者通常必须在运行在单个服务器上的数据库系统和通过运行在大量服务器上实现可扩展性的键值存储之间进行选择。一个支持SQL和原子事务同时具有高度的可扩展性的数据库，应该是理想的系统，截至2018年，仅在云端可用的Google Cloud Spanner和最近开发的开源数据库 CockroachDB 就是仅有的这种数据库。

简单的应用可以只使用键值存储来编写，但是更复杂的应用可以从 SQL 支持中获得很多收益。因此，应用开发人员通常综合使用并行键值存储和数据库。

某些关系（如存储用户账户和用户配置文件数据的关系）经常被查询，但只需要在键上（通常是在用户标识上）进行简单的选择查询。这种关系存储在并行键值存储中。在需要对其他属性进行选择查询的情况下，仍可使用支持在主码之外的属性（如 MongoDB）上进行索引的键值存储。

在更复杂的查询中使用的其他关系，被存储在运行在单台服务器上的关系数据库中。在单台服务器上运行的数据库确实可以利用多核的可用性来并行执行事务，但受单台计算机中能支持的核数量的限制。

大多数关系数据库都支持这样一种复制形式：更新事务只在一个数据库（主数据库）上运行，但更新会传播到运行在其他服务器上的数据库的副本。应用程序可以对这些副本执行只读查询，但与主数据库相比，它们可能会看到滞后几秒钟的数据。从主数据库中卸载只读查询能使系统处理的负载大于单台数据库服务器可以处理的负载。

内存缓存系统（如缓存系统或 Redis）也被用于对存储在数据库中的关系进行可扩展的只读访问。应用可以将某些关系或某些关系的某些部分存储在这样的内存缓存中，该缓存可以跨多台机器进行复制或划分。因此，应用程序可以快速、可扩展地对缓存数据进行只读访问。但是，更新必须在数据库上执行，并且应用程序负责在数据库更新数据的任何时候更新缓存。

482

10.3 MapReduce 范式

MapReduce 范式对并行处理中的一种常见情况进行了建模，其中一些由 map() 函数标识的处理被应用于大量输入记录中的每条记录，然后由 reduce() 函数标识的一些聚集形式被应用于 map() 函数的结果上。map() 函数还允许指定分组键，这样，在 reduce() 函数中指定的聚集将应用于 map() 输出的、由分组键标识的每个组内部。在本节的剩余部分，我们将详细考察 MapReduce 范式以及 map() 和 reduce() 函数。

用于并行处理的 MapReduce 范式具有悠久的历史，可以追溯到几十年前的函数编程和并行处理社区。例如，map 和 reduce 函数在 Lisp 语言中就已得到支持了。

10.3.1 为什么要使用 MapReduce

作为使用 MapReduce 范式的动机的一个示例，我们考虑如下的词汇统计应用，它将大量文件作为输入，并输出每个单词在所有文件中出现的次数。在这里，输入将以存储在目录中的、可能非常大量的文件的形式出现。

我们从考虑单个文件的情况开始。在这里，很容易编写一个程序来读取文件中的单词，并维护内存中的数据结构，以跟踪到目前为止遇到的所有单词及其计数。问题是，如何将上述算法（本质上是顺序的）扩展到一个拥有数万个文件的环境中，每个文件都包含数十至数百兆的数据。按顺序来处理如此大量的数据是不可行的。

一种解决方案是通过将其编码为并行程序来扩展上述方案，该程序将跨多台机器运行，每台机器处理一部分文件。然后，必须整合在每台机器上计算出的本地计数，以获得最终计数。在这种情况下，程序员将负责启动不同机器上的作业，协调它们以及计算出最终答案所需的所有“管道系统”。此外，“管道系统”代码还必须在机器故障的情况下确保程序的完整性，当参与的机器数量非常庞大（例如数千台）并且程序长期运行时，故障会非常频繁。

实现上述需求的“管道系统”代码相当复杂。只编写一次代码并将其重用于所有需要的应用程序中是有意义的。

MapReduce 系统为程序员提供了一种指定应用所需的核心逻辑的方式，MapReduce 系统处理前面提到的管道系统的详细内容。程序员只需要提供 map() 和 reduce() 函数，以及读写数据的可选函数。MapReduce 系统对数据调用程序员提供的 map() 和 reduce() 函数以并行处理数据。程序员不需要知道管道系统及其复杂性；实际上，程序员可以在很大程度上忽略这样一个事实——程序是在多台机器上并行执行的。

483

MapReduce 方法可用于处理各种应用的大量数据。上述词汇统计程序是一类文本和文档处理应用的虚构示例。例如，考虑一个使用关键字并返回包含关键字的文档的搜索引擎。MapReduce 可以用于处理文档和创建文本索引，然后使用文本索引来高效地查找包含特定关键字的文档。

10.3.2 MapReduce 示例 1：词汇统计

词汇统计应用可以通过使用以下函数在 MapReduce 框架中实现，我们用伪码来定义这些函数。请注意，伪码没有采用任何特定的编程语言，它的目的是介绍概念。我们将在后面的章节中描述如何用特定语言编写 MapReduce 代码。

1. 在 MapReduce 范式中，程序员提供的 map() 函数在每条输入记录上被调用，并发出零个或多个输出数据项，然后将其传递给 reduce() 函数。第一个问题是：什么是记录？ MapReduce 系统提供缺省值，将每个输入文件的每一行视为一条记录。这种缺省值对我们的词汇统计应用很有效，但也允许程序员指定他们自己的函数来将输入文件分解为记录。

   对于词汇统计应用，map() 函数可以将每条记录（行）拆分为单独的词并输出多条记录，每条记录都是一个（*word*, *count*）对，其中 *count* 是记录中词的出现次数。实际上，在我们简化的实现中，map() 函数所做的工作甚至更少，它输出它所发现的每个单词，将其计数为 1。这些计数稍后由 reduce() 来增加。用于词汇统计程序的 map() 函数的伪码如图 10-3 所示。

   该函数将记录（行）分解为单独的词[⊖]。每找到一个词，map() 函数将发出（输出）一条 (*word*, 1) 记录。因此，如果文件仅包含句子：

   “One a penny, two a penny, hot cross buns.”

   那么 map() 函数输出的记录将是：

   (“one”, 1), (“a”, 1), (“penny”, 1),(“two”, 1), (“a”, 1), (“penny”, 1),
   (“hot”, 1), (“cross”, 1), (“buns”, 1).

484

   通常，map() 函数为每条输入记录输出一组（*key*, *value*）对。map() 的输出记录的第一个属性（*key*）被称为 reduce 键（reduce key），因为我们接下来要学习的

⊖ 我们省略了如何将一行分解为词的细节。在实际的实现中，在基于空格拆分行以生成词汇列表之前，将删除非字母字符，并将大写字符转换为小写。

reduce 步骤会使用它。

2. MapReduce 系统接受 map() 函数发出的所有（*key*, *value*）对，并对它们进行排序（或至少对它们进行分组），以便将具有特定键的所有记录收集到一起。它将与键匹配的所有记录都分组在一起，并创建所有关联值的列表，然后将（*key*, *list*）对传递给 reduce() 函数。

   在我们的词汇统计示例中，每个键都是一个词，所关联的列表是为不同文件的不同行而生成的计数列表。对于我们的示例数据，此步骤的结果如下：

   ("a", [1,1]), ("buns", [1]) ("cross", [1]), ("hot", [1]), ("one", [1]),
   ("penny", [1,1]), ("two", [1])

   示例中的 reduce() 函数通过增加计数和输出 (*word*, *total-count*) 对来整合词汇计数列表。对于示例输入，reduce() 函数输出的记录如下：

   ("one", 1), ("a", 2), ("penny", 2), ("two", 1), ("hot", 1), ("cross", 1),
   ("buns", 1).

   用于词汇统计程序的 reduce() 函数的伪码如图 10-3 所示。map() 函数生成的计数都是 1，因此 reduce() 函数可以只统计列表中值的数量，但是将这些值相加的处理可以进行一些优化，我们稍后将看到。

```
map(String record) {
    对于 record 中的每个 word
        emit(word, 1).
}

reduce(String key, List value_list) {
    String word = key;
    int count = 0;
    对于 value_list 中的每个 value
        count = count + value
    output(word, count)
}
```

图 10-3 用于统计一组文件中的词汇的 map-reduce 作业伪码

   这里的一个关键问题是，对于许多文件，不同文件中可能会出现许多相同的词。重新组织 map() 函数的输出需要将特定键的所有值放在一起。在具有很多机器的并行系统中，这需要在机器之间交换不同 reduce 键的数据，因此任何特定 reduce 键的所有值都可以在单台机器上使用。这项工作是由**洗牌阶段**（shuffle step）完成的，它在机器之间执行数据交换，然后对（*key*, *value*）对进行排序，将一个键的所有值放在一起。在我们的示例中，注意词实际上是按字母顺序排序的。对 map() 的输出记录进行排序是系统将一个词的所有出现情况收集到一起的一种方式，每个词的列表都是从已排序的记录中创建的。

485

缺省情况下，reduce() 函数的输出会被发送给一个或多个文件，但是 MapReduce 系统允许程序员控制输出的内容。

10.3.3 MapReduce 示例 2：日志处理

日志处理作为使用 MapReduce 范式的另一个示例，它更接近于传统的数据库查询处理，假设我们有一个记录网站访问信息的日志文件，其结构如图 10-4 所示。我们的文件访问信息统计应用的目标是找到在 2013/01/01 和 2013/01/31 之间 slide-dir 目录中的每个文件被访问的次数。该应用说明了分析师在使用 Web 日志文件中的数据时可能会提出的各种问题之一。

```
...
2013/02/21 10:31:22.00EST /slide-dir/11.ppt
2013/02/21 10:43:12.00EST /slide-dir/12.ppt
2013/02/22 18:26:45.00EST /slide-dir/13.ppt
2013/02/22 18:26:48.00EST /exer-dir/2.pdf
2013/02/22 18:26:54.00EST /exer-dir/3.pdf
2013/02/22 20:53:29.00EST /slide-dir/12.ppt
...
```

图 10-4 日志文件

对于我们的日志文件处理应用，输入文件的

每一行都可以作为记录处理。map() 函数将执行以下操作：它首先将输入记录分解为各个字段，即日期、时间和文件名。如果日期在所需日期范围内，map() 函数将发出一条（*filename*, 1）记录，表示该文件名在该记录中出现了一次。用于本例的 map() 函数的伪码如图 10-5 所示。

```
map(String record) {
      String attribute[3];
      基于空格符将 record 分割成 token,
            并把 token 存储于数组中
      String date = attribute[0];
      String time = attribute[1];
      String filename = attribute[2];
      if (date 在 2013/01/01 和 2013/01/31 之间并且
         filename 以 "http://db-book.com/slide-dir" 开头)
            emit(filename, 1).
}
```

图 10-5　用于文件访问统计的 map 函数伪码

洗牌阶段将特定 reduce 键（在我们的示例中是一个文件名）的所有值放到一起作为一个列表。随后针对每个 reduce 键值调用程序员提供的 reduce() 函数（如图 10-6 所示）。reduce() 的第一个参数是 reduce 键本身，而第二个参数是一个列表，它包含了由该 reduce 键的 map() 函数发出的记录中的值。在我们的示例中，把特定键的值加起来就可以得到文件的访问总数。然后这个数字由 reduce() 函数输出。

```
reduce(String key, List value_list) {
      String filename = key;
      int count = 0;
      对于 value_list 中的每个 value
            count = count + value
      output(filename, count)
}
```

图 10-6　用于文件访问统计的 reduce 函数伪码

如果使用由 map() 函数生成的值，所有发出的记录的值都将为“1”，那么我们可以只统计列表中元素的数量。但是，MapReduce 系统支持优化，例如在重新分配输入文件之前，对来自每个输入文件的值执行局部求和。在这种情况下，reduce() 函数接收到的值不一定是 1，然后我们把这些值相加。

486~487

图 10-7 展示了通过 map() 和 reduce() 函数的键、值流的简略视图。图中 mk_i 表示 map 键，mv_i 表示 map 输入值，rk_i 表示 reduce 键，rv_i 表示 reduce 输入值。reduce 的输出未显示。

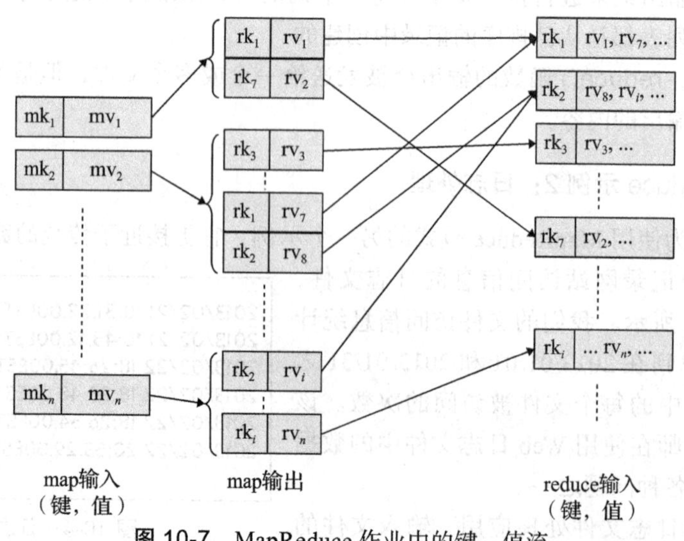

图 10-7　MapReduce 作业中的键、值流

10.3.4 MapReduce 任务的并行处理

到目前为止，我们对 map() 和 reduce() 函数的描述忽略了并行处理的问题。可以在不考虑并行处理的情况下理解 MapReduce 代码的含义。然而，我们使用 MapReduce 范式的目标是实现并行处理。因此，MapReduce 系统在多台机器上并行执行 map() 函数，每个 map 任务处理部分数据，比如一些文件或者在输入文件非常大的情况下甚至是文件的一部分。类似地，reduce() 函数也在多台机器上并行执行，每个 reduce 任务处理 reduce 键的一个子集（注意，对 reduce() 函数的特定调用仍然是针对单个 reduce 键的）。

图 10-8 生动显示了 map 和 reduce 任务的并行执行。在图中，输入文件的划分被表示为 Part *i*，它可以是文件或文件的一部分。用 Map *i* 表示的节点是 map 任务，用 Reduce *i* 表示的节点是 reduce 任务。主节点将 map() 和 reduce() 代码的副本发送给 map 和 reduce 任务。map 任务执行代码，并在根据 reduce 键值进行排序和划分之后，将输出数据写到执行任务的机器上的本地文件中；在每个 Map 节点上会为每个 reduce 任务创建单独的文件。这些文件是通过 reduce 任务跨网络获取的；reduce 任务（来自不同的 map 任务）所获取的文件被归并和排序以确保特定 reduce 键在已排序的文件中是出现在一起的。然后将 reduce 键和值传给 reduce() 函数。 488

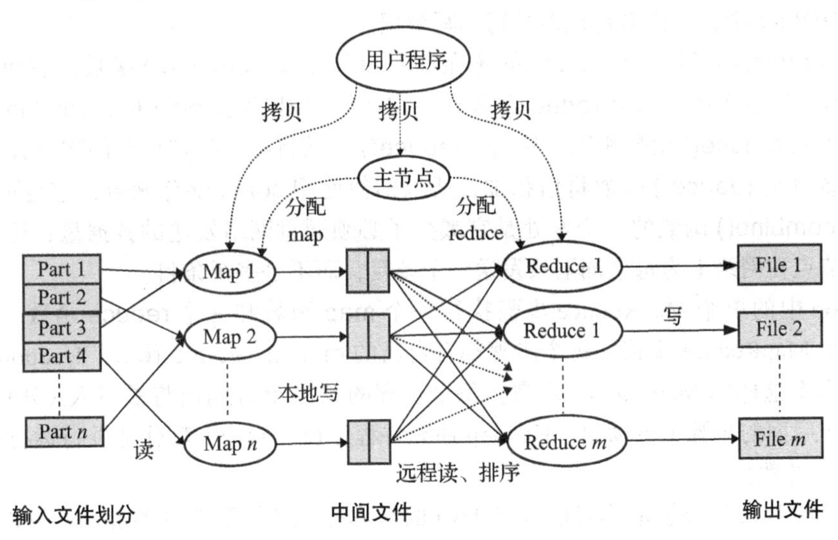

图 10-8 MapReduce 作业的并行处理

MapReduce 系统还需要跨多台机器对文件的输入和输出进行并行化，否则存储数据的单台机器将成为瓶颈。通过使用分布式文件系统（如 Hadoop 文件系统），可以实现文件输入和输出的并行化。正如我们在 10.2 节中所看到的，分布式文件系统允许许多机器在存储文件、跨机器划分文件方面进行合作。此外，可以跨多台（通常是三台）机器复制（拷贝）文件系统数据，因此即使其中一些机器发生故障，也可以从存有故障机器数据副本的其他机器获得数据。

如今，除了诸如 HDFS 那样的分布式文件系统外，MapReduce 系统还能通过使用存储适配器从各种大数据存储系统（如 HBase、MongoDB、Cassandra 和 Amazon Dynamo）进行输入。输出同样可以发送到这些存储系统中的任何一个。

10.3.5 Hadoop 中的 MapReduce

Hadoop 项目提供了用 Java 语言编写的、广泛使用的 MapReduce 开源实现。我们使用 Hadoop 提供的 Java API 来概述它的主要特性。我们注意到 Hadoop 提供了 MapReduce API 的其他几种语言实现，如 Python 和 C++。

与我们的 MapReduce 伪码不同，诸如 Hadoop 那样的现实实现需要为 map() 函数的输入键和值，以及输出键和值指定类型。类似地，还需要指定 reduce() 函数的输入以及输出的键和值的类型。Hadoop 要求程序员将 map() 和 reduce() 函数实现为扩展 Hadoop Mapper 和 Reducer 类的类成员函数。Hadoop 允许程序员提供将文件分解成记录的函数，或者指定文件是这种文件类型：Hadoop 为它们提供了将文件分解成记录的内置函数。例如，TextInputFormat 指定文件应分为多行，每行是一条单独的记录。压缩文件格式目前被广泛使用，Avro、orc 和 Parquet 是 Hadoop 世界中使用最广泛的压缩文件格式（压缩文件格式将在 13.6 节中讨论）。解压是由系统完成的，编写查询的程序员只需要指定一种支持的类型，未压缩的表示形式可用于实现查询的代码。

489

Hadoop 中的输入文件可以来自单台机器的文件系统，但对于大型数据集，单台机器上的文件系统会成为性能瓶颈。Hadoop MapReduce 允许将输入和输出文件存储在分布式文件系统（如 HDFS）中，允许多台机器并行读写数据。

除了 reduce() 函数之外，Hadoop 还允许程序员定义 combine() 函数，它可以在执行 map() 函数的节点上执行部分 reduce() 操作。在我们的词汇统计示例中，combine() 函数将与前面看到的 reduce() 函数相同。然后，reduce() 函数将接收特定词汇的部分计数的列表。因为词汇统计的 reduce() 函数将值相加，所以即使使用 combine() 函数，它也可以正常工作。使用 combine() 函数的一个好处是它减少了必须通过网络发送的数据量：运行 map 任务的每个节点在网络上为每个词汇只发送一个条目，而不是多个条目。

Hadoop 中的单个 MapReduce 步骤执行一个 map 函数和一个 reduce 函数。一个程序可以有多个 MapReduce 步骤，每个步骤都有自己的 map 和 reduce 函数。Hadoop API 允许程序执行多个这样的 MapReduce 步骤。每个步骤的 reduce() 输出将被写入（分布式）文件系统，并在后面的步骤中被读出。Hadoop 还允许程序员控制为一项作业并行运行的 map 和 reduce 任务的数量。

本小节的其余部分假定读者已具备 Java 的基本知识（如果不熟悉 Java，可以跳过本小节的其余部分而不会感到不连续）。

图 10-9 显示了我们前面看到的词汇统计应用在 Hadoop 中的 Java 实现。为了简洁起见，我们省略了 Java import 语句。代码定义了两个类，一个实现 Mapper 接口，另一个实现 Reducer 接口。Mapper 和 Reducer 类是将键和值的类型作为参数的通用类。具体来说，通用的 Mapper 和 Reducer 接口都采用四个类型参数，分别指定输入键、输入值、输出键和输出值的类型。

图 10-9 中的 Map 类的类型定义实现了 Mapper 接口，指定了 map 键的类型为 LongWritable，它实际上是一个长整型，文档的（全部或部分）值为 Text 类型。map 的输出有一个 Text 类型的键，因为该键是一个词，而值的类型是 IntWritable，它是一个整数值。

490

词汇统计示例的 map() 代码使用 StringTokenizer 将输入文本值分解为词，然后对每个词调用 context.write(word, one) 以输出键、值对。请注意，one 是具有数值 1 的 IntWritable 对象。

```
public class WordCount {
    public static class Map extends Mapper<LongWritable, Text, Text, IntWritable> {
        private final static IntWritable one = new IntWritable(1);
        private Text word = new Text();

        public void map(LongWritable key, Text value, Context context)
                                    throws IOException, InterruptedException {
            String line = value.toString();
            StringTokenizer tokenizer = new StringTokenizer(line);
            while (tokenizer.hasMoreTokens()) {
                word.set(tokenizer.nextToken());
                context.write(word, one);
            }
        }
    }
    public static class Reduce extends Reducer<Text, IntWritable, Text, IntWritable> {
        public void reduce(Text key, Iterable<IntWritable> values, Context context)
                                    throws IOException, InterruptedException {
            int sum = 0;
            for (IntWritable val : values) {
                sum += val.get();
            }
            context.write(key, new IntWritable(sum));
        }
    }
    public static void main(String[] args) throws Exception {
        Configuration conf = new Configuration();
        Job job = new Job(conf, "wordcount");

        job.setOutputKeyClass(Text.class);
        job.setOutputValueClass(IntWritable.class);
        job.setMapperClass(Map.class);
        job.setReducerClass(Reduce.class);
        job.setInputFormatClass(TextInputFormat.class);
        job.setOutputFormatClass(TextOutputFormat.class);
        FileInputFormat.addInputPath(job, new Path(args[0]));
        FileOutputFormat.addOutputPath(job, new Path(args[1]));

        job.waitForCompletion(true);
    }
}
```

图 10-9 用 Hadoop 编写的词汇统计程序

MapReduce 系统的基础设施将 map() 调用输出的、具有特定键（在我们的示例中是词）的所有值收集到一个列表中。这样做需要从多个 map 任务到多个 reduce 任务的数据交换；在分布式环境中，必须通过网络发送数据。为了确保特定键的所有值都汇聚到一起，MapReduce 系统通常对 map 函数输出的键进行排序，确保特定键的所有值都按所排的顺序汇聚到一起。每个键的值的列表被提供给 reduce() 函数。

reduce() 输入键的类型与 map 输出键的类型相同。在我们的示例中，reduce() 输入值是一个 Java Iterable<IntWritable> 对象，它包含一个 map 输出值列表（IntWritable 是 map 输出值的类型）。reduce() 的输出键是一个类型为 Text 的词，而输出值是一个类型为 IntWritable 的词汇计数。

在我们的示例中，reduce() 将它从其输入中接收到的值简单相加，就可以得到总数；reduce() 使用 context.write() 函数写出词汇和总计数。

注意在我们的简单示例中，所有的值都是 1，因此 reduce() 只需要统计它接收到的值的数量。但是，一般来说，Hadoop 允许程序员声明 Combiner 类，其 combine() 函数在单个 map 作业的输出上运行，该函数的输出将单个键的多个 map() 输出值替换为单个值。在我们的示例中，combine() 函数仅统计每个词的出现次数，并输出单个值，即 map 任务中的本地词汇计数。然后这些输出被传递给 reduce() 函数，该函数将本地计数相加以获得总计数。Combiner 的工作是减少网络中的流量。

一个 MapReduce 作业运行一个 map 步骤和一个 reduce 步骤。一段程序可以有多个 MapReduce 步骤，每个步骤都有自己的 map 和 reduce 函数设置。main() 函数为每个 MapReduce 作业设置参数，然后执行它。

图 10-9 中的示例代码执行单个 MapReduce 作业，该作业的参数如下：

- 包含该作业的 map 和 reduce 函数的类，由 setMapperClass 和 setReducerClass 方法来设置。
- 分别通过 setOutputKeyClass 和 setOutputValueClass 方法将作业的输出键和值的类型设置为 Text（对于词）和 IntWritable（对于计数）。
- 通过 job.setInputFormatClass 方法将作业的输入格式设置为 TextInputFormat。Hadoop 中的缺省输入格式是 TextInputFormat，它创建一个 map 键，其值是文件中的字节偏移量，并且 map 值是文件中的一行内容。由于允许文件大于 4 GB，因此偏移量的类型为 LongWritable。程序员可以为输入格式类提供他们自己的实现，以便处理输入文件并将文件分解为记录。
- 通过 job.setOutputFormatClass 方法将作业的输出格式设置为 TextOutputFormat。
- 通过 addInputPath 和 addOutputPath 方法设置存储输入文件的目录以及必须创建的输出文件的目录。

491 ～ 492

Hadoop 支持 MapReduce 作业的更多参数，例如要为作业并行运行的 map 和 reduce 任务的数量，以及要分配给每个 map 和 reduce 任务的内存量等。

10.3.6 MapReduce 上的 SQL

MapReduce 的许多应用都是为了使用不容易用 SQL 表示的计算来并行处理大量的非关系型数据。例如，我们的词汇统计程序不容易用 SQL 来表示。有许多 MapReduce 的实际应用都不能用 SQL 来表示。例如，计算“倒排索引”（这是网络搜索引擎高效回答关键字查询的关键）和计算 Google 的 PageRank（这是衡量网站重要性的一个重要指标，被用于对网络搜索查询的答案进行排名）。

然而，有大量应用使用 MapReduce 范式来处理各种类型的数据，这些应用的逻辑可以容易地用 SQL 来表示。如果数据在数据库中，那么使用 SQL 编写此类查询并在并行数据库系统上执行这些查询是有意义的（将在第 22 章中详细讨论并行数据库系统）。对用户来说，使用 SQL 比在 MapReduce 范式中编写代码要容易得多。然而，许多此类应用的数据都存储在文件系统中，当将它们加载到数据库中时，会需要显著的时间和空间开销。

关系运算可以使用 map 和 reduce 步骤来实现，如下所示：

- 关系选择运算可以通过单个 map() 函数实现，不需要 reduce() 函数（或者所使用的 reduce() 函数只简单地输出其输入，而不做任何改变）。
- 关系的分组和聚集函数 γ 可以使用单个 MapReduce 步骤实现：map() 输出记录，其中将分组属性值作为 reduce 键；reduce() 函数接收特定分组键的所有属性值构成的列表，并对其输入列表中的值进行所需的聚集运算。
- 使用单个 MapReduce 步骤可以实现连接运算，考虑等值连接运算 $r \bowtie_{r.A=s.A} s$。我们定

493

义一个 map() 函数，它为每条输入记录 r_i 输出一个（$r_i.A, r_i$）对，类似地，对于每条输入记录 s_i 输出一个（$s_i.A, s_i$）对；map 输出还包括一个标记，用于指明输出来自哪个关系（r 或 s）。对每个连接属性值都调用 reduce() 函数，其中的列表包括具有该连接属性值的所有 r_i 和 s_i 记录。函数将 r 和 s 元组分开，然后输出 r 元组和 s 元组的叉积，因为它们对于连接属性都有相同的值。

我们将细节作为练习留给读者（见实践习题 10.4）。更复杂的任务（例如具有多种运算的查询）可以使用多个阶段的 map 和 reduce 任务来表示。

虽然确实可以使用 MapReduce 范式来表示关系查询，但是这样做对于人来说非常麻烦。用 SQL 编写查询更加简洁和易于理解，但是传统的数据库不允许从文件中访问数据，也不支持并行处理此类查询。

新一代系统已经被开发出来，允许用 SQL 语言（或变体）编写的查询在存储在文件系统中的数据上并行执行。这些系统包括 Apache Hive（最初是由 Facebook 开发的）和由 Microsoft 开发的 SCOPE，两者都使用了 SQL 的变体。还有 Apache Pig（最初是由 Yahoo! 开发的），它使用一种称为 Pig Latin 的、基于关系代数的声明式语言。所有这些系统都允许直接从文件系统读取数据，但允许程序员定义将输入数据转换为记录格式的函数。

所有这些系统都生成一段包含 map 和 reduce 任务序列的程序去执行给定查询。这些程序是在 MapReduce 框架（如 Hadoop）上编译和执行的。这些系统变得非常流行，现在使用这些系统编写的查询比直接使用 MapReduce 范式编写的查询要多得多。

如今的 Hive 实现提供了一个选项，可以将 SQL 代码编译为在并行环境中执行的代数运算树。Apache Tez 和 Spark 是两个广泛使用的、支持在并行环境中执行代数运算树（或 DAG）的平台，我们将在 10.4 节中进行学习。

10.4 超越 MapReduce：代数运算

关系代数构成了关系查询处理的基础，它允许查询被建模为运算树。通过支持代数运算符（这些运算符可以作用于包含具有复杂数据类型的记录的数据集），并返回包含类似复杂数据类型的记录的数据集，可以将此思想扩展到具有更复杂数据类型的环境。 494

10.4.1 代数运算的动机

正如我们在 10.3.6 节中所看到的，关系运算可以通过 map 和 reduce 步骤的序列来表示。以这样的方式来表示任务可能相当麻烦。

例如，如果程序员需要计算两个输入的连接，他们应该能够将其表示为单个的代数运算，而不必通过 map 和 reduce 函数间接地表示出来。访问诸如连接之类的函数可以大大简化程序员的工作。

可以使用各种技术并行执行连接运算，我们将在后面的 22.3 节中看到这些技术。实际上，这样做比使用 map 和 reduce 函数实现连接要有效得多。因此，即使像 Hive 这样的系统（程序员不直接编写 MapReduce 代码）也可以从对诸如连接那样的运算的直接支持中获益。

因此，新一代并行数据处理系统增加了对其他关系运算（如连接）的支持（包括诸如外连接和半连接那样的变体），并支持数据分析的各种其他运算。例如，许多机器学习模型可以被建模为运算符，这些运算符将记录集合作为输入，然后输出记录集合，这些输出记录具有一个额外的属性，该属性包含模型根据记录的其他属性而预测出的值。机器学习算法本身可以被建模为运算符，这些运算符以训练记录集合作为输入并输出学习模型。数据处理通常涉及多个步骤，这些步骤可以建模为序列（流水线）或运算符树。

这些运算的一种统一框架是将它们视为代数运算（algebraic operation），将一个或多个数据集作为输入并输出一个或多个数据集。

回想一下，在关系代数（见 2.6 节）中，每种运算都将一个或多个关系作为输入，并输出一个关系。这些新一代的并行查询处理系统也基于相同的思想，但有几个区别。关键区别在于，输入数据可以是任意类型，而不只是由具有原子数据类型的列组成，就像关系模型那样。回想一下，支持 SQL 所需的扩展关系代数可以将自身限制为简单的算术、字符串和布尔表达式。相反，新一代代数运算符需要支持更复杂的表达式，需要编程语言的全部功能。

有许多框架支持复杂数据上的代数运算，目前使用最广泛的是 Apache Tez 和 Apache Spark。

Apache Tez 提供了适用于系统实现者的低级别的 API。例如，Tez 上的 Hive 将 SQL 查询编译成在 Tez 上运行的代数运算。Tez 程序员可以创建节点树（或者通用的有向无环图，即 DAG），并且提供在每个节点上执行的代码。输入节点将从数据源读取数据并将其传递给其他节点，这些节点对数据进行操作。数据可以跨多台机器进行划分，每个节点的代码可以在每台机器上执行。由于 Tez 并不是真正为应用程序员直接使用而设计的，因此我们不再进一步详细描述它。

495

然而，Apache Spark 提供了更高级别的 API，适用于应用程序员。接下来我们将更详细地描述 Spark。

10.4.2　Spark 中的代数运算

Apache Spark 是一个广泛使用的并行数据处理系统，支持各种代数运算。数据可以从各种存储系统输入或输出至这些存储系统。

正如关系数据库使用关系作为数据表示的主要抽象，Spark 使用一种称为**弹性分布式数据集**（Resilient Distributed Dataset，RDD）的表示，它是可以跨多台机器存储的记录的集合。术语“分布式”（distributed）是指存储在不同机器上的记录，而“弹性”（resilient）是指故障恢复能力：即使其中一台机器发生故障，也可以从存储记录的其他机器中检索出记录。

Spark 中的运算符接受一个或多个 RDD 作为输入，其输出是一个 RDD。存储在 RDD 中的记录的类型不是预先定义的，可以是应用想要的任何类型。Spark 还支持被称作 DataSet 的关系数据表示，我们稍后将对此进行描述。

Spark 为 Java、Scala 和 Python 提供了 API。我们对 Spark 的介绍是基于 Java API 的。

图 10-10 显示了使用 Apache Spark 在 Java 中编写的词汇统计应用，该程序使用 RDD 数据表示形式，其 Java 类型被称为 JavaRDD。注意，JavaRDD 需要一个用尖括号（“<>”）指定的记录类型。在程序中我们有 Java 字符串的 RDD。该程序还有 JavaPairRDD 类型，它存储具有两个特殊类型属性的记录。具有多个属性的记录可以使用结构化数据类型而不是原始数据类型来表示。尽管可以使用任意用户自定义的数据类型，但预定义数据类型仍被广泛使用，预定义数据类型有存储两个属性的 Tuple2、存储三个属性的 Tuple3 以及存储四个属性的 Tuple4。

使用 Spark 处理数据的第一步是将数据从输入表示形式转换为 RDD 表示形式，这是由 spark.read().textfile() 函数完成的，它为输入中的每一行创建一个记录。请注意，输入可以是一个文件或具有多个文件的目录。在多个节点上运行的 Spark 系统实际上会跨多台机器划分 RDD，尽管程序可以将其（在大多数情况下）视为单台机器上的数据结构。在图 10-10 的示例代码中，结果是被称为 lines 的 RDD。

```
import java.util.Arrays;
import java.util.List;
import scala.Tuple2;
import org.apache.spark.api.java.JavaPairRDD;
import org.apache.spark.api.java.JavaRDD;
import org.apache.spark.sql.SparkSession;
public class WordCount {

    public static void main(String[] args) throws Exception {

        if (args.length < 1) {
            System.err.println("Usage: WordCount <file-or-directory-name>");
            System.exit(1);
        }
        SparkSession spark =
            SparkSession.builder().appName("WordCount").getOrCreate();

        JavaRDD<String> lines = spark.read().textFile(args[0]).javaRDD();
        JavaRDD<String> words = lines.flatMap(s -> Arrays.asList(s.split(" ")).iterator());
        JavaPairRDD<String, Integer> ones = words.mapToPair(s -> new Tuple2<>(s, 1));
        JavaPairRDD<String, Integer> counts = ones.reduceByKey((i1, i2) -> i1 + i2);

        counts.saveAsTextFile("outputDir"); // 在此目录中保存输出文件

        List<Tuple2<String, Integer>> output = counts.collect();
        for (Tuple2<String,Integer> tuple : output) {
            System.out.println(tuple);
        }
        spark.stop();
    }
}
```

图 10-10 用 Spark 编写的词汇统计程序

我们的 Spark 程序的下一步是通过在行上调用 s.split(" ") 将每一行拆分为一个词汇数组，此函数基于空格对行进行拆分并返回一个词汇数组，更完整的函数将根据其他标点符号（如句号、分号等）对输入进行拆分。通过调用 map() 函数可以在输入 RDD 的每一行上调用拆分函数，map() 函数在 Spark 中为每条输入记录返回一条记录。在我们的示例中，使用一个名为 flatMap() 的变体，其工作方式如下：与 map() 类似，flatMap() 对每条输入记录调用用户自定义的函数，该函数应返回一个迭代器。Java 迭代器支持 next() 函数，它可用于通过多次调用函数来获取多个结果。flatMap() 函数调用用户自定义函数来获得迭代器，并在迭代器上反复调用 next() 函数以获得多个值，然后返回一个 RDD，该 RDD 包含所有输入记录上所有值的并集。

图 10-10 中所示的代码使用了 Java 8 中引入的“lambda 表达式”语法，它允许简洁地定义函数，而不给它们取名。在 Java 代码中，语法

496~497

```
s -> Arrays.asList(s.split(" ")).iterator()
```

定义了一个函数，该函数以 s 为参数并返回如下表达式：该表达式应用前面描述的拆分函数来创建词汇数组，然后使用 Arrays.asList 将数组转换为列表，最后在列表上应用 iterator() 方法来创建迭代器。如前所述，flatMap() 函数在此迭代器上工作。

以上步骤的结果是一个名为 words 的 RDD，其中每个记录都包含单个词汇。

下一步是创建一个名为 ones 的 JavaPairRDD，它包含 words 中每个词汇的形如

“(word, 1)”的对。如果一个词汇在输入文件中出现多次，那么 words 和 ones 中的记录也会相应地变多。

最后，代数运算 reduceByKey() 实现分组和聚集步骤。在示例代码中，我们通过将 lambda 函数 (i1, i2) -> i1+i2 传递给 reduceByKey() 函数来指定将加法应用于聚集。reduceByKey() 函数在 JavaPairRDD 上工作，按第一个属性分组，并使用提供的 lambda 函数对第二个属性的值进行聚集。当应用于 ones RDD 时，分组将在作为第一个属性的词汇上进行，第二个属性的值（在 ones RDD 中都是 1）将被相加。结果存储在 JavaPairRDD counts 中。

一般来说，任何二进制函数都可用来执行聚集，只要不管它以何种次序应用于值的集合，都能给出同样的结果。

最后，counts RDD 由 saveAsTextFile() 存储到文件系统中。如果 RDD 本身是跨机器划分的，那么函数将创建多个文件，而不是只创建一个文件。

理解如何实现并行处理的关键是弄明白以下内容：

- RDD 可以划分并存储在多台机器上；
- 每种运算可以在多台机器上、在机器上可用的 RDD 划分上并行执行。可以首先对运算的输入进行重新划分，以便在并行执行操作之前将相关记录放到同一台机器上。例如，reduceByKey() 将重新划分输入的 RDD，使属于同一组的所有记录集中在单台机器上。不同组的记录可能在不同的机器上。

Spark 的另一个重要特性是代数运算不需要在函数调用时立即计算，尽管代码似乎暗示这就是要做的事情。相反，图中展示的代码实际上创建了一棵运算树，在我们的代码中，叶操作 textFile() 从文件中读取数据，下一个操作 flatMap() 将 textFile() 操作作为其子操作，mapToPairs() 则将 flatMap() 作为子操作，依此类推。按关系的术语来说，这些操作符可被认为是定义视图，这些视图不会一经定义就立即执行，而是在后面执行。 498

只有在特定运算要求对运算树进行计算时，实际上才会对整棵运算树进行计算。例如，saveAsTextFile() 强制对树进行计算。其他此类函数包括 collect()，它对树进行计算，并将所有记录集中到单台机器上，在那里它们可以随后被处理，例如被打印出来。

这种对树的*延迟计算*（lazy evaluation，即在需要时对树进行计算，而不是在定义树的时候进行计算）的一个重大收益是，在实际计算之前，查询优化器可以将树重写为另一棵树，该树计算出相同的结果，但可能执行得更快。我们将在第 16 章中学习的查询优化技术可以用于优化这样的树。

虽然前面的示例创建了一棵运算树，但通常如果一种运算的结果作为其他不止一种运算的输入，则这些操作可以形成一个*有向无环图*（Directed Acyclic Graph，DAG）结构。这将导致运算具有多个父运算，从而导致 DAG 结构，而树中的运算最多只能有一个父运算。

虽然 RDD 非常适合表示诸如文本数据那样的特定数据类型，但很大一部分大数据应用需要处理结构化数据，其中每条记录可能具有多个属性。Spark 因此引入了 DataSet 类型，它支持带有属性的记录。DataSet 类型与广泛使用的 Parquet、ORC 和 Avro 文件格式（将在后面的 13.6 节详细讨论）能很好地契合，这些格式旨在以压缩方式存储带有多个属性的记录。Spark 还支持可以从数据库读取关系的 JDBC 连接器。

下面的代码说明了在 Spark 中如何读取和处理 Parquet 格式的数据，其中 spark 是前面已经打开的 Spark 会话。

```
Dataset<Row> instructor = spark.read().parquet("...");
Dataset<Row> department = spark.read().parquet("...");
instructor.filter(instructor.col("salary").gt(100000))
      .join(department, instructor.col("dept_name")
      .equalTo(department.col("dept_name")))
      .groupBy(department.col("building"))
      .agg(count(instructor.col("ID")));
```

上面的DataSet<Row>类型使用Row类型，它允许通过名称访问列值。代码从Parquet文件读取*instructor*和*department*关系（在上面的代码中省略了文件名称）。Parquet文件除了值之外还存储元数据，例如列名。这允许Spark为关系创建模式。然后Spark代码对*instructor*关系应用过滤（选择）运算，该操作仅保留工资超过100000的教师，随后基于*dept_name*属性将结果与*department*关系进行连接，在*building*属性（*department*关系上的属性）上执行分组。对于每个分组（这里是每栋建筑）统计*ID*值的数量。

499

定义新的代数运算并将它们用在查询中的能力已被发现对许多应用都非常有用，并导致Spark得到广泛应用。Spark系统还支持将Hive SQL查询编译为Spark运算树，然后执行这些运算树。

Spark还允许除Row以外的类与DataSet一起使用。Spark要求对于类的每个属性*Attrk*，必须定义*getAttrk*()和*setAttrk*()方法，以允许检索和存储属性值。假设我们已经创建了一个*Instructor*类，并且有一个Parquet文件，它的属性与该类的属性相匹配，那么就可以从Parquet文件读取数据，如下所示：

```
Dataset<Instructor> instructor = spark.read().parquet("...").
      as(Encoders.bean(Instructor.class));
```

在这种情况下，Parquet提供输入文件中属性的名称，用于将其值映射到Instructor类的属性。与使用在编译时不知道类型的Row不同，Instructor的属性类型在编译时是已知的，并且可以比使用Row类型更简洁地表示属性类型。此外，Instructor类的方法可以用于访问属性。例如，我们可以使用getSalary()而不是使用col("salary")，这样可以避免将属性名映射到底层记录中的位置时的运行开销。关于如何使用这些结构的更多信息，可以在spark.apache.org上在线获取的Spark文档中找到。

我们对Spark的介绍集中在数据库运算上，但是正如前面提到的，Spark支持许多其他代数运算，例如与机器学习相关的运算，这些运算可以在DataSet类型上调用。

10.5 流数据

数据查询可以以一种即席的方式完成，例如，无论分析师何时想从数据库中提取某些信息，都可以进行查询。数据查询还可以定期执行，例如，可以在每天的开始执行查询，以获得前一天所发生的事务的摘要。

然而，在许多应用程序中需要在连续到达的数据上持续执行查询。术语**流数据**（streaming data）是指以连续方式到达的数据。许多应用领域需要实时处理到达的数据（即当数据到达时立即进行处理，如果有延迟，要保证延迟小于一定界限）。

10.5.1 流数据的应用

下面是一些流数据的示例，以及使用流数据的应用的实时需求。

500

- **股票市场**（stock market）：在股票市场中，所进行的每一笔交易（即股票由某人出售，由他人购买）都用一个元组表示。交易以流的形式发送到处理系统。

  股票市场交易者通过分析交易流来寻找模式，并根据他们观察到的模式做出买卖决策。这些系统中的实时需求在过去曾经以秒为单位，但今天的许多系统要求延迟以十微秒为单位（对于相同模式，通常需要能在他人之前做出反应）。

  股市监管机构可能会使用相同的数据流，但基于不同的目的：看看是否存在表明非法活动的交易模式。在这两种情况下，都需要寻找模式的连续查询，查询的结果用于执行进一步的动作。

- **电子商务**（e-commerce）：在电子商务网站中，每一次购买都被表示为一个元组，所有购买的序列形成一个流。此外，即使没有发生实际购买行为，客户执行的搜索对电子商务网站也有价值；因此，用户执行的搜索也形成了一个流。

  这些流可以用于多种目的。例如，如果开展一个广告活动，电子商务网站可能希望实时监控该活动如何影响搜索和购买。电子商务网站还可能希望检测特定商品的销售高峰，需要通过订购更多的该商品来对销售高峰做出反应。类似地，该网站可能希望监控用户的活动模式，例如频繁退货，并阻止用户进一步的退货或购买。

- **传感器**（sensor）：传感器广泛应用于诸如交通工具、建筑和工厂那样的系统中。这些传感器定期发送读数，因此读数就形成了一个流。流中的读数用于监控系统运行的健康状况。如果某些读数异常，则可能需要采取措施来发出警报，并以最小的延迟来检测和修复任何潜在故障。

  根据系统的复杂性和所需的读数频率，流的数据量可能非常大。在许多情况下，监控是在云中的一个中心设施上完成的，它监控着大量的系统。在这样的系统中，并行处理对于处理输入流中的非常大量的数据至关重要。

- **网络数据**（network data）：任何管理大型计算机网络的组织机构都需要监控网络上的活动，以检测网络问题以及恶意软件（malware）对网络的攻击。被监视的基础数据可以表示为元组流，其中包含由每个监视点（如网络交换机）观察到的数据。这些元组可以包含有关单个网络数据包的信息，例如源地址和目标地址、数据包大小以及生成数据包的时间戳。然而，在这样的流中创建元组的速度非常快，除非使用专用硬件否则无法处理这些元祖。另一种替代方案是，可以聚集数据以降低元组产生的速度：例如，单个元组可以记录诸如源地址和目标地址、时间间隔以及时间间隔内所传输的总字节数那样的数据。

  然后必须处理此聚集流以检测问题。例如，通过观察到遍历特定链接的元组突然减少可以检测出链接失败。从多台主机到单个或几个目标的通信量过大可能表示发生了拒绝服务攻击。从一台主机发送到网络中许多其他主机的数据包可能表明恶意软件试图将自身传播到网络中的其他主机。必须实时检测此类模式，以便修复链接或采取措施阻止恶意软件攻击。

- **社交媒体**（social media）：诸如Facebook和Twitter的社交媒体从用户那里获得连续的消息流（如帖子或微博）。消息流中的每条消息都必须被正确地路由，例如将其发送给朋友或关注者。然后，根据用户偏好、过去的交互或广告费用，对可能传递给订阅者的消息进行排序并按照排好的次序发送消息。

  社交媒体流不仅可以被人类利用，还可以被软件利用。例如，公司可能会关注关

501

于公司的微博，如果有许多微博反映出公司或其产品的负面情绪，则会发出警报。如果一家公司发起一个广告活动，它可能会分析微博，看该活动是否对用户产生了影响。需要跨多个域处理和查询流数据的示例还有很多。

10.5.2 流数据查询

与流数据相反，存储在数据库中的数据有时称为**静态数据**（data-at-rest）。与存储的数据相比，流是无限的，也就是说，从概念上讲流可能永远不会结束。只有在看到流中的所有元组之后才能输出结果的查询将永远无法输出任何结果。例如，询问流中元组个数的查询永远不会给出最终结果。

处理流的无限特性的一种方式是在流上定义**窗口**（window），流上的每个窗口包含具有特定时间戳范围或特定数量的元组。给定输入元组的时间戳的相关信息（例如它们正在增加），我们可以推断特定窗口中的所有元组何时能被看到。有鉴于此，流数据的一些查询语言要求在流上定义窗口，查询可以针对一个或几个元组窗口，而不是一个流。

502

另一种选择是输出流中某个特定点的正确结果，但随着更多元组的到达输出会更新。例如，计数查询可以输出在特定时间点看到的元组数，当更多元组到达时，查询根据新的计数更新其结果。

基于上述两种选择，已开发出好几种查询流数据的方法。

1. **连续查询**（continuous query）。在这种方式中，输入数据流被视为对关系的插入，关系上的查询可以用 SQL 编写，或者使用关系代数运算。这些查询可以被记为**连续查询**，即持续运行的查询。对初始数据的查询结果在系统启动时输出。每个输入的元组都可能导致在连续查询的结果中插入、更新或删除元组。连续查询的输出是对查询结果的更新流，因为底层数据库被输入流更新了。

   这种方式在用户希望查看满足某些条件的数据库的所有插入的应用中有一些优势。然而，这种方式的一个主要缺点是，如果输入率很高，那么查询结果的使用者会被连续查询的大量更新所淹没。尤其对于输出聚集值的应用，这种方式是不合适的，因为用户可能希望看到一段时间内的最终聚集结果，而不是插入每个输入元组时的每个中间结果。

2. **流式查询语言**（stream query language）。第二种方式是通过扩展 SQL 或关系代数来定义查询语言，在这种方式中，流的处理与存储的关系是不同的。

   大多数流式查询语言使用应用于流的窗口操作，并创建与窗口内容对应的关系。例如，流上的窗口操作可以为一天中的每小时创建元组集合，因此每个集合都是一个关系。在每个这样的元组集合上可以执行关系运算，包括聚集、选择以及与存储的关系数据或其他流的窗口的连接，以产生输出。

   我们将在 10.5.2.1 节中提供对流式查询语言的概述。这些语言在语言层将流数据与存储的关系分开，并要求在执行关系运算之前应用窗口操作。这样做可以确保在只看到流的一部分之后输出结果。例如，如果一个流保证元组具有递增的时间戳，那么当一个时间戳晚于窗口结束点的元组出现后，就可以推断出该基于时间的窗口没有更多的元组了。此时就可以输出该窗口的聚集结果。

   有些流不能保证元组具有递增的时间戳。然而，这样的流将包含**标点**（punctuation），也就是一种元数据元组，它表明所有未来的元组将具有大于某个值的

503

时间戳。这些标点被定期发出，窗口操作符可以使用这些标点来决定聚集结果（例如每小时窗口的聚集）何时完成并可以输出这些标点。

3. **流上的代数运算符**（algebraic operator on stream）。第三种方式是允许用户编写对每个输入元组执行的运算符（用户自定义函数）。元组由输入路由到运算符，运算符的输出可以路由到另一个运算符、系统输出或存储到数据库中。运算符可以跨被处理的元组来维护内部状态，从而允许它们对输入数据进行聚集。它们还可以用来在数据库中持久地存储数据，以供长期使用。

　　近年来，这种方式已得到广泛使用，我们稍后将对其进行更详细的描述。

4. **模式匹配**（pattern matching）。第四种选择是定义模式匹配语言，允许用户编写多条规则，每条规则都有一个模式和一个动作。当系统找到与特定模式匹配的元组子序列时，将执行与该模式对应的动作。这种系统被称为**复杂事件处理**（Complex Event Processing，CEP）系统。流行的复杂事件处理系统包括 Oracle Event Processing、Microsoft StreamInsight 和 FlinkCEP（这是 Apache Flink 项目的一部分）。

我们将在本小节的后面更详细地讨论流式查询语言和代数运算。

许多流处理系统将数据保存在内存中，并且不提供持久性保证，它们的目标是以最小的延迟产生结果，以实现基于流数据分析的快速响应。输入的数据也可能需要存储在数据库中，以便今后处理。为了支持这两种查询模式，许多应用使用所谓的 **lambda 架构**（lambda architecture），其中输入数据的一个副本被提供给流处理系统，另一个副本被提供给数据库进行存储和后续处理。这种架构允许快速开发流处理系统，而不必担心与持久性相关的问题。然而，流媒体系统和数据库系统是分离的，从而导致了下面这些问题：

- 查询可能需要用不同语言编写两次，一次用于流媒体系统，一次用于数据库系统。
- 流式查询可能无法有效地访问存储的数据。

支持带持久性存储的流式查询以及跨流和存储数据的查询的系统可以避免这些问题。

10.5.2.1 SQL 的流式扩展

504

5.5.2 节描述了 SQL 窗口操作，但流式查询语言支持那些 SQL 窗口函数所不支持的更多窗口类型。例如，不能使用 SQL 窗口函数来指定包含每小时元组的窗口。然而，需要注意的是，可以以更间接的方式用 SQL 来指定此类窗口上的聚集，首先计算出一个只包含时间戳的小时分量的额外属性，再在小时属性上进行分组。流式查询语言中的窗口函数简化了对此类聚集的指定。通常被支持的窗口函数包括：

- **滚动窗口**（tumbling window）：每小时窗口是滚动窗口的一个示例。窗口不重叠但彼此相邻。窗口由其窗口大小（例如小时数、分钟数或秒数）指定。
- **跳跃窗口**（hopping window）：每 20 分钟计算一次的小时窗口就是跳跃窗口的一个示例。类似于滚动窗口，窗口宽度是固定的，但相邻窗口可以重叠。
- **滑动窗口**（sliding window）：滑动窗口是在每个输入元组周围具有特定大小（基于时间或元组数量）的窗口。SQL 标准支持滑动窗口。
- **会话窗口**（session window）：会话窗口将执行多个运算的用户建模为会话的一部分。会话窗口由用户和超时间隔来标识，并包含一个运算序列，以便每个运算都在从上一个运算算起的超时间隔内发生。例如，如果超时间隔为 5 分钟，用户在上午 10 点执行第一个操作，在上午 10:04 执行第二个操作，在上午 11 点执行第三个操作，则前两个操作是一个会话的一部分，而第三个操作是不同会话的一部分。还可以指定最长持续时间，因此一旦持续时间到期，即使在超时间隔内执行了某些操作，会话窗口也会关闭。

指定窗口的具体语法因实现而异。假设我们有一个关系 *order*(*orderid*, *datetime*, *itemid*, *amount*)。在 Azure Stream Analytics 中，可以通过以下滚动窗口指定每个商品每小时的订单总金额：

```
select item, System.Timestamp as window_end, sum(amount)
from order timestamp by datetime
group by itemid, tumblingwindow(hour, 1)
```

每个输出元组都有一个时间戳，其值等于窗口结束的时间戳。可以使用关键字 *System.Timestamp* 来访问时间戳，如上面的查询所示。

支持流的 SQL 扩展区分了不同的流，其中元组具有隐式时间戳，并且期望接收可能具有无限数量的元组和关系，这些关系的内容在任何时候都是固定的。例如，与订单关联的客户、供应商和商品可被视为关系，而不是流。窗口化查询的结果被视为关系，而不是流。

505

允许在流和关系之间进行连接，连接的结果是流，连接结果元组的时间戳与输入流元组的时间戳相同。两个流之间的连接存在的问题是，一个流中的早期元组可能与另一个流中较晚出现的元组匹配，这种连接条件需要将整个流存储一段可能无限长的时间。为了避免这个问题，流式 SQL 系统只允许在有连接条件来限制匹配的元组之间的时间差的情况下进行流到流的连接。两个元组的时间戳至多有 1 小时的差异就是这种条件的一个示例。

10.5.3 流上的代数运算

虽然对流式数据的 SQL 查询非常有用，但在许多应用中 SQL 查询并不是很适合。有了流处理的代数运算方法，就可以为实现代数运算提供用户自定义的代码，还可以提供许多诸如选择和窗口聚集那样的预定义的代数运算。

要执行计算，输入的元组必须路由给使用元组的运算符，并且运算符的输出必须路由给其使用者。实现中的一项关键任务是在系统输入、运算符和输出之间提供容错的元组路由。Apache Storm 和 Kafka 是支持这种数据路由的广泛使用的实现。

元组的*逻辑路由*（logical routing）是通过创建一个以运算符为节点的有向无环图（Directed Acyclic Graph，DAG）来完成的。节点之间的边定义了元组流。运算符输出的每个元组沿着运算符节点的所有出边发送给使用结果的运算符。每个运算符从其所有入边接收元组。图 10-11a 描述了流元组通过 DAG 结构的逻辑路由。操作节点在图中表示为“Op”节点。流处理系统的入口点是 DAG 的数据源节点，这些节点使用流来源中的元组并将它们注入流处理系统。流处理系统的出口点是数据接收节点，通过数据接收退出系统的元组可以存储在数据存储或文件系统中，也可以以其他方式输出。

实现流处理系统的一种方式是将图指定为系统配置的一部分，当系统开始处理元组时读取该图，然后使用该图来路由元组。Apache Storm 流式处理系统就是使用配置文件来定义图的系统的一个示例，该图在 Storm 系统中称为*拓扑结构*（topology）。数据源节点在 Storm 系统中称为*喷口*（spout），而运算符节点称为*螺栓*（bolt），边连接这些节点。

创建这种路由图的另一种方式是使用**发布 - 订阅**（publish-subscribe）系统。发布 - 订阅系统允许发布带有关联主题的文档或其他形式的数据。订阅者相应地订阅特定的主题。每当发布特定主题的文档时，文档的副本将被发送给订阅该主题的所有订阅者。发布 - 订阅系统也简称为 **pub-sub** 系统。

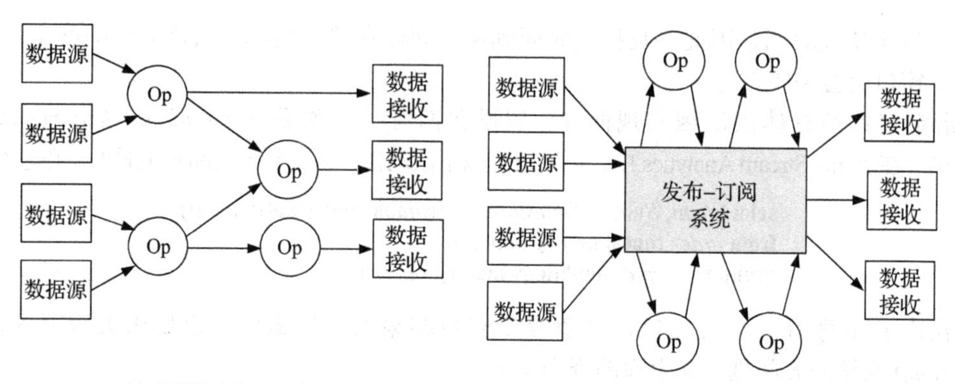

a) 流式数据流的DAG表示　　b) 流式数据流的发布–订阅表示

图 10-11　使用 DAG 和发布 – 订阅表示的流式路由

当发布 – 订阅系统用于在流处理系统中路由元组时，元组被视为文档，并且每个元组都用主题标记。系统的入口点在概念上“发布”元组，每个元组都有一个相关的主题。运算符订阅一个或多个主题，系统将具有特定主题的所有元组路由到该主题的所有订阅者。运算符还可以将其输出发布回发布 – 订阅系统，这些输出带有关联的主题。

发布 – 订阅方法的一个主要优势是，可以相对轻松地将运算符添加到系统中或从系统中删除。图 10-11b 描述了使用发布 – 订阅表示的元组路由。每个数据源都被分配一个唯一的主题名称；每个运算符的输出也被分配一个唯一的主题名称。每个运算符订阅其输入的主题，并发布与其输出对应的主题。数据源发布与其关联的主题，而数据接收器订阅那些输出到该接收器的运算符的主题。

Apache Kafka 系统使用发布 – 订阅模型来管理流中元组的路由。在 Kafka 系统中，为某个主题发布的元组将被保存一段特定的时间（称为保存期），即使当前没有该主题的订阅者。订阅器通常在可能的最早时间处理元组，但如果由于失效而延迟或暂时停止处理，则在保存时间到期之前这些元组仍可用于处理。

22.8 节提供了路由的更多细节，特别是关于如何在并行系统中实现发布 – 订阅。

506~507

接下来要讨论的细节是如何实现代数运算。我们之前看到了如何使用来自文件和其他数据源的数据作为输入来进行代数运算。

Apache Spark 允许将流式数据源用作此类运算的输入。关键问题是，在整个流被处理完之前，某些运算可能不会输出任何结果，这可能需要花费无限的时间。为了避免这个问题，Spark 将流分解为**离散化流**（discretized stream），其中特定时间窗口内的流数据被视为代数运算符的数据输入。当该窗口中的数据被用完后，运算符将产生其输出，就像它所处理的数据源是文件或关系那样。

然而，上述方法存在的问题是在执行任何代数运算之前必须对流进行离散化。其他系统（如 Apache Storm 和 Apache Flink）支持流式运算，它们将流作为输入并输出另一个流。这对于诸如映射或关系选择那样的运算很简单，每个输出元组从输入元组继承一个时间戳。在整个流被处理完之前，关系聚集运算和 reduce 操作可能无法产生任何输出。为了支持这些操作，Flink 支持一种将流分解为窗口的窗口操作，聚集在每个窗口内计算并在窗口完成后输出。需要注意的是输出被视为流，其中元组具有基于窗口结束点的时间戳[⊖]。

⊖ 有些系统根据窗口的处理时间生成时间戳，但这样做会导致输出时间戳不确定。

10.6 图数据库

图是数据库需要处理的一种重要数据类型。例如，具有多个路由器和它们之间的连接的计算机网络可以建模为一个图，其中路由器作为节点，网络连接作为边。道路网络是另一种常见的图类型，其中道路交叉口被建模为节点，交叉口之间的道路连接作为边。带有超链接的网页是图的另一个示例，其中网页可以建模为节点，它们之间的超链接可作为边。

事实上，考虑一家企业的 E-R 模型，每个实体都可以被建模为图的一个节点，并且每个二元联系都可以被建模为图的一条边。三元联系和更高阶的联系更难建模，但正如我们在 6.9.4 节中所看到的，如果需要可以将此类联系建模为一组二元联系。

可以使用关系模型的以下两种关系来表示图：

1. node(ID, label, node_data)

2. edge(fromID, toID, label, edge_data)

其中，node_data 和 edge_data 分别包含与节点和边相关的所有数据。

508

对于复杂的数据库模式来说，仅使用两个关系来建模一个图就过于简单了。例如，应用需要对许多类型的节点（每个节点都有自己的一组属性）和许多类型的边（每个边都有自己的一组属性）进行建模。相应地，我们可以有多个关系来存储不同类型的节点，并有多个关系来存储不同类型的边。

尽管图数据可以很容易地存储在关系数据库中，但是图数据库（如广泛使用的 Neo4j）还提供了一些额外的特性：

- 它们允许将关系标识为节点或边的表示，并提供用于定义这种关系的特殊语法。
- 它们支持设计用于轻松表示路径查询的查询语言，而这在 SQL 中可能很难表示。
- 它们为此类查询提供了高效的实现，执行查询的速度比用 SQL 表示并在常规数据库上执行的速度快得多。
- 它们为诸如图可视化那样的其他特性提供了支持。

作为图查询的一个示例，我们考虑 Neo4j 支持的、用 Cypher 查询语言表示的一个查询。假设输入图具有与学生（存储在 *student* 关系中）和教师（存储在 *instructor* 关系中）对应的节点，以及从 *student* 到 *instructor* 的类型为 *advisor* 的边。我们省略了如何在 Neo4j 中创建这样的节点和边的类型的细节，并假定存在针对这些类型的恰当的模式。然后我们可以编写以下查询：

```
match (i:instructor)<-[:advisor]-(s:student)
where i.dept_name= 'Comp. Sci.'
return i.ID as ID, i.name as name, collect(s.name) as advisees
```

注意查询中的 **match** 子句通过 *advisor* 关系将 *instructor* 连接至 *student*，这被建模为一个图路径，该路径通过使用语法 (*i*:*instructor*)<-[:*advisor*]-(*s*:*student*) 反向遍历 *advisor* 边（边由 *student* 指向 *instructor*）。这个步骤从根本上说执行了 *instructor*、*advisor* 和 *student* 关系的连接。然后查询根据教师的 ID 和姓名进行分组，并将教师指导的所有学生收集到一个名为 advisees 的集合中。我们省略了细节，感兴趣的读者可以参考 neo4j.com/developer 上提供的在线教程。

Neo4j 还支持边的递归遍历。例如，假设我们希望找到课程的直接和间接先修课程，其中 *course* 关系使用 node 类型建模，*prereq*(*course_id*, *prereq_id*) 关系使用 edge 类型建模。然后我们可以编写以下查询：

match (*c1*:*course*)−[:*prereq* *1…]−>(*c2*:*course*)
509
return *c*1.*course_id*, *c*2.*course_id*

这里，注解“*1…”表示我们要考虑具有多条 *prereq* 边的路径，至少有 1 条边（最低数量是 0，一门课程可以作为它自己的先修课程出现）。

我们注意到 Neo4j 是一个集中式的系统并且（截至 2018 年）不支持并行处理。然而，有许多应用需要处理非常大的图，而并行处理是此类应用的关键。

在非常大的图上计算 PageRank（我们在前面的 8.3.2.2 节见过）是在大图上进行复杂计算的一个很好的示例，在这种大图中每个网页对应一个节点，从一个网页到另一个网页的每个超链接对应一条边。今天的网络图有数千亿个节点和数万亿条边。社交网络是超大图的另一个示例，它包含数十亿的节点和边，在这些图上的计算包括寻找最短路径（以找到人与人之间的连接）和基于社交网络的边计算人们有多大影响力。

有两种常用的并行图处理方法：

1. **map-reduce 和代数框架**：图可以表示为关系，许多并行图算法的独立步骤可以表示为连接。因此，图可以存储在并行存储系统中，跨多台机器进行划分。然后，我们可以使用 map-reduce 程序、代数框架（如 Spark）或并行关系数据库实现来跨多个节点并行处理图算法的每个步骤。

   这种方法在许多应用中都很有效。然而，当执行遍历图中长路径的迭代计算时，这些方法非常低效，因为它们通常在每次迭代中都读取整个图。

2. **批量同步处理框架**：用于图算法的**批量同步处理**（Bulk Synchronous Processing，BSP）框架将图算法制定为与以迭代方式操作的顶点相关联的计算。与前面的方法不同，这里的图通常存储在内存中，顶点是跨多台机器划分的，最重要的是，不必在每次迭代中读取图。

   图的每个顶点（节点）都有与其关联的数据（状态）。与程序员在 MapReduce 框架中提供 map() 和 reduce() 函数的方式类似，在 BSP 框架中程序员提供为图的每个节点执行的方法。这些方法可以将消息发送到相邻节点，并从图的相邻节点接收消息。在每次迭代（称为**超步**（superstep））中，执行与每个节点相关联的方法，该方法可使用任何输入的消息，更新与该节点相关联的数据，还可以选择向相邻节点发送消息。在一次迭代中发送的消息在下一次迭代中由接受方接收。如果在每个顶点执行的方法决定不再进行计算，那么它们可以投票停止。如果在某次迭代中，所有顶点都投票停止，并且没有消息发送出去，那么计算就可以停止。
510

   计算结果包含在每个节点的状态中。状态可以作为计算结果来收集和输出。

批量同步处理的思想相当古老，但是已经被 Google 开发的 Pregel 系统所普及，它为 BSP 框架提供了一个容错的实现。Apache Giraph 系统是 Pregel 系统的开源版本。

Apache Spark 的 GraphX 组件支持大图上的图计算。它提供了一个基于 Pregel 的 API，以及许多其他以图为输入并输出图的运算。GraphX 支持的运算包括应用于图的顶点和边的映射函数、使用 RDD 的图连接以及以如下方式工作的聚集运算：使用一个用户自定义函数来创建发送到每个节点的所有邻居的信息，并使用另一个用户自定义函数来对消息进行聚集。所有这些运算都可以并行执行以处理大图。

有关如何在此类环境中编写图算法的更多信息，请参阅本章末尾“延伸阅读”部分中的参考文献。

10.7 总结

- 现代数据管理应用通常需要处理的数据不一定是关系形式的，而且这些应用还需要处理大量的数据，数据量远远超过单个传统组织机构所能够生成的数据量。
- 越来越多的数据传感器的使用导致传感器和嵌入在别的对象中的其他计算设备连接到互联网，这通常被称为“物联网”。
- 现在大数据应用的查询语言的选择种类繁多，是因为这些应用需要处理更为多样的数据类型，以及需要扩展到非常大的数据量/高速度。
- 构建能够扩展至大容量/高速度数据的数据管理系统需要并行存储和处理数据。
- 分布式文件系统允许文件跨多台机器存储，同时允许使用传统文件系统接口访问文件。
- 键值存储系统允许基于键来存储和检索记录，另外还可以提供有限的查询功能。这些系统不是成熟的数据库系统，它们有时被称为 NoSQL 系统。
- 并行和分布式数据库提供传统的数据库接口，但它们跨多台机器存储数据，并跨多台机器并行执行查询处理。

511

- MapReduce 范式对并行处理中的一种常见情况进行建模，其中一些由 map() 函数标识的处理被应用于大量输入记录中的每条记录，然后一些由 reduce() 函数标识的聚集形式被应用于 map() 函数的结果。
- Hadoop 系统提供了采用 Java 语言的、广泛使用的 MapReduce 开源实现。
- 有大量应用使用 MapReduce 范式进行各种类型的数据处理，其逻辑可以很容易地用 SQL 表示。
- 关系代数构成了关系查询处理的基础，允许查询被建模为运算树。通过支持能够处理包含复杂数据类型的记录的数据集的代数运算符，并返回包含类似复杂数据类型的记录的数据集，此思想被扩展到具有更复杂数据类型的环境中。
- 有许多应用需要在连续到达的数据上连续执行查询。术语**流数据**是指以连续方式到达的数据。许多应用领域需要实时处理输入的数据。
- 图是数据库需要处理的重要数据类型。

术语回顾

- 量
- 速度
- 转换
- 物联网
- 分布式文件系统
- 名字节点服务器
- 数据节点机
- 分片
- 划分属性
- 键值存储系统
- 键值存储
- 文档存储
- NoSQL 系统
- 分片码
- 并行数据库
- reduce 键
- 洗牌阶段
- 流数据
- 静态数据
- 流上的窗口
- 连续查询
- 标点
- lambda 架构
- 滚动窗口

- 跳跃窗口
- 滑动窗口
- 会话窗口
- 发布 – 订阅系统
- pub-sub 系统
- 离散化流
- 超步

512

实践习题

10.1　假设需要存储非常大量的小文件，每个文件的大小为 2 KB。如果需要在分布式文件系统和分布式键值存储之间做出选择，你会选择哪一种？请解释原因。

10.2　假设需要在一个分布式文档存储（如 MongoDB）中存放大量学生的数据。另外，假设每名学生的数据对应于 *student* 和 *takes* 关系中的数据。你将如何表示有关学生的上述数据，以确保能够高效地访问特定学生的所有数据？请给出一名学生的数据表示作为示例。

10.3　假设希望为大量用户存储水电费账单，其中每份账单都由客户 ID 和日期来标识。如果查询请求特定客户在特定日期范围内的账单，你该如何把账单存储在支持范围查询的键值存储中？

10.4　使用单个 MapReduce 步骤，给出用于计算连接 $r \bowtie_{r.A=s.A} s$ 的伪码，假设对 r 和 s 的每个元组调用 map() 函数。还假设 map() 函数可以使用 context.relname() 来找到关系的名称。

10.5　以下用于处理非常大的数据的 Apache Spark 代码片段的概念性问题是什么？注意，collect() 函数返回一个 Java 集合，Java 集合（从 Java 8 开始）支持 map 和 reduce 函数。

```
JavaRDD<String< lines = sc.textFile("logDirectory");
int totalLength = lines.collect().map(s -> s.length())
                       .reduce(0,(a,b) -> a+b);
```

10.6　Apache Spark：

a. Apache Spark 如何并行地执行计算？

b. 解释“Apache Spark 以一种延迟的方式在 RDD 上执行转换”。

c. 对 Apache Spark 中的运算进行延迟计算有哪些好处？

10.7　给定文档集合，对于每个词 w_i，令 n_i 表示该词在集合中出现的次数。N 是所有文档中出现的词汇总数。接下来，考虑文档中所有连续词汇对（w_i, w_j），用 $n_{i,j}$ 表示所有文档中词汇对（w_i, w_j）出现的次数。

513

编写一段 Apache Spark 程序，给定一个目录中的文档集合，计算 N、所有（w_i, n_i）对和所有（(w_i, w_j), $n_{i,j}$）对。然后输出满足 $n_{i,j} / N \geqslant 10 * (n_i / N) * (n_j / N)$ 的所有词汇对。如果两个词汇彼此独立出现，则这些词汇对出现的频率将达到预期的 10 倍或 10 倍以上。

你将在 RDD 上找到对最后一步有用的连接运算，以将相关计数汇总在一起。为简单起见，可不考虑跨行的词汇对。同样为了简单起见，还假设词汇都是小写的并且没有标点符号。

10.8　使用滚动窗口运算符考虑以下查询：

```
select item, System.Timestamp as window_end, sum(amount)
from order timestamp by datetime
group by itemid, tumblingwindow(hour, 1)
```

使用普通的 SQL 构造而不使用滚动窗口运算符来给出等价的查询。假定可以使用 to_seconds(timestamp) 函数把时间戳转换为一个整数值，它表示自（比如说）1970 年 1 月 1 日午夜以来经过的秒数。你还可以假设通常的算术函数是可用的，以及返回 $\leqslant a$ 的最大整数的函数 floor(a) 也可用。

10.9　假设你希望将大学模式建模为一个图。对于以下每个关系，请解释关系是否可以作为节点或作为边来建模：

(i) *student*，(ii) *instructor*，(iii) *course*，(iv) *section*，(v) *takes*，(vi) *teaches*。

该模型是否表示了各课程段（section）和课程（course）之间的联系？

习题

10.10 给出用户访问的网页的相关网络日志信息可供网站使用的四种方式。

10.11 大数据的特点之一是数据的多样性。解释为什么这种特性导致需要 SQL 之外的语言来处理大数据。

10.12 假设你的公司已经构建了一个运行在集中式数据库上的数据库应用，但即使使用高端计算机和在数据上创建的适当索引，系统也无法处理事务负载，从而导致查询处理速度变慢。你有哪些选择来允许应用处理事务负载？

514

10.13 map-reduce 框架对于在文档集合上创建倒排索引非常有用。倒排索引为每个词存储一个包含它的所有文档 ID 的列表（通常也会存储文档中的偏移量，但在这个问题中我们忽略它们）。

例如，如果输入文档的 ID 和内容如下：

1: data clean

2: data base

3: clean base

那么倒排列表就是

data: 1, 2

clean: 1, 3

base: 2, 3

给出在给定文件集（每个文件都是一份文档）上创建倒排索引的 map 和 reduce 函数的伪码。假设可以使用 context.getDocumentID() 函数来获取文档 ID，并且在文档的每行调用一次 map 函数。为每个词输出的倒排列表应该是用逗号分隔的文档 ID 的列表。文档 ID 通常是有序的，但在这个问题中你不需要费心地对它们进行排序。

10.14 填写以下空白，以完成 Apache Spark 程序，该程序计算文件中每个词汇的出现次数。为了简单起见，我们假设词汇只以小写形式出现，并且没有标点符号。

```
JavaRDD<String> textFile = sc.textFile("hdfs://...");
JavaPairRDD<String, Integer> counts =
    textFile.____________(s -> Arrays.asList(s.split(" ")).____________())
    .mapToPair(word -> new __________).reduceByKey((a, b) -> a + b);
```

10.15 假设流不能按照元组时间戳的顺序传递元组。流应该提供哪些额外信息，以便流式查询处理系统可以决定何时看到一个窗口中的所有元组？

10.16 请解释如何使用发布 – 订阅系统（如 Apache Kafka）在流上执行多个运算。

工具

515

除了一些商业工具外，还有各种各样的开源大数据工具可用。此外，云平台上还提供了许多这种工具。我们在下面列出了几种流行的工具，以及可以找到它们的 URL。Apache HDFS（hadoop.apache.org）是一种广泛使用的分布式文件系统实现。开源的分布式 / 并行键值存储包括 Apache HBase（hbase.apache.org）、Apache Cassandra（cassandra.apache.org）、MongoDB（www.mongodb.com）以及 Riak（basho.com）。

托管的云存储系统包括 Amazon S3 存储系统（aws.amazon.com/s3）和 Google Cloud Storage（cloud.google.com/storage）。托管的键值存储包括 Google BigTable（cloud.google.com/bigtable）和 Amazon DynamoDB（aws.amazon.com/dynamodb）。

Google Spanner（cloud.google.com/spanner）和开源的 CockroachDB（www.cockroachlabs.com）是可扩展的、支持 SQL 和事务的并行数据库，并具有强一致性的存储。

开源的 MapReduce 系统包括 Apache Hadoop（hadoop.apache.org）和 Apache Spark（spark.apache.org），而 Apache Tez（tez.apache.org）支持使用代数运算符的 DAG 进行数据处理。还有来自 Amazon

Elastic MapReduce（aws.amazon.com/emr）（还支持 Apache HDF 和 Apache HBase）和 Microsoft Azure（azure.microsoft.com）的基于云的产品是可用的。

Apache Hive（hive.apache.org）是一种流行的开源 SQL 实现，它运行在 Apache MapReduce、Apache Tez 和 Apache Spark 之上。这些系统被设计用于支持在多台机器上并行运行的大型查询。Apache Impala（impala.apache.org）是一个运行在 Hadoop 上的 SQL 实现，被设计用于处理大量查询，并以最小的延迟返回查询结果。支持并行处理的云上托管的 SQL 产品包括 Amazon EMR（aws.amazon.com/emr）、Google Cloud SQL（cloud.google.com/sql）和 Microsoft Azure SQL（azure.microsoft.com）。

Apache Kafka（kafka.apache.org）和 Apache Flink（flink.apache.org）是开源的流处理系统，Apache Spark 也提供对流式处理的支持。托管的流处理平台包括 Amazon Kinesis（aws.amazon.com/kinesis）、Google Cloud Dataflow（cloud.google.com/dataflow）和 Microsoft Stream Analytics（azure.microsoft.com）。开源的图处理平台包括 Neo4J（neo4j.com）和 Apache Giraph（giraph.apache.org）。

延伸阅读

[Davoudian et al. (2018)] 提供了一个很好的 NoSQL 数据存储的综述，包括数据模型查询和内部结构。关于 Apache Hadoop 的更多信息（包括有关 HDFS 和 Hadoop MapReduce 的文档）可以在 Apache Hadoop 的主页 hadoop.apache.org 上找到。关于 Apache Spark 的信息可以在 Spark 的主页 spark.apache.org 上找到。关于 Apache Kafka 流数据平台的信息可以在 kafka.apache.org 上找到，关于 Apache Flink 的流处理的详细信息可以在 flink.apache.org 上找到。批量同步处理在 [Valiant (1990)] 中介绍。Pregel 系统的描述（包括其对批量同步处理的支持）可在 [Malewicz et al. (2010)] 中找到，关于其等价的开源软件 Apache Giraph 的信息可以在 giraph.apache.org 上找到。

516

参考文献

[Davoudian et al. (2018)] A. Davoudian, L. Chen, and M. Liu, "A Survey of NoSQL Stores", *ACM Computing Surveys*, Volume 51, Number 2 (2018), pages 2-42.

[Malewicz et al. (2010)] G. Malewicz, M. H. Austern, A. J. C. Bik, J. C. Dehnert, I. Horn, N. Leiser, and G. Czajkowski, "Pregel: a system for large-scale graph processing", In *Proc. of the ACM SIGMOD Conf. on Management of Data* (2010), pages 135-146.

[Valiant (1990)] L. G. Valiant, "A Bridging Model for Parallel Computation", *Communications of the ACM*, Volume 33, Number 8 (1990), pages 103-111.

517
～
518

第11章

Database System Concepts, Seventh Edition

数据分析

决策制定任务大大受益于通过使用关于过去的数据去预测未来，并根据预测来做出决策。例如，在线广告系统需要决定向每个用户显示什么广告。对当前用户以及其他用户的过往行为和用户简介的分析，是决定用户最有可能对哪条广告做出响应的关键。在这里，单次决策的价值很低，但随着决策量的增加，做出正确决策的总体价值就会很高。在价值范围的另一端，制造商和零售商需要在商品实际销售之前的好几个月就决定生产或库存哪些商品。根据过往销售情况和其他指标来预测各类商品的未来需求，是避免某些商品生产过剩或库存过剩，以及另一些商品生产不足或库存不足的关键。一旦预测错误，可能因某些商品库存未售出而导致金钱损失，或因某些商品短缺而损失潜在的收益。

术语**数据分析**（data analytics）泛指对数据进行处理，以推断出模式、相关性或用于预测的模型。分析的结果随后将用于驱动商业决策。

做出正确决策的经济利益是巨大的，做出错误决策的成本也是巨大的。因此，组织机构投入了大量资金来收集或购买所需的数据，并构建用于数据分析的系统。

11.1 分析概述

大公司有各种各样的数据来源，他们需要用这些数据来做出商业决策。这些不同来源的数据可能存储在不同的模式下。出于性能原因（以及组织控制方面的原因），数据源通常不允许公司的其他部门根据需要检索数据。

因此，组织机构通常将来自多个数据源的数据收集到一个位置，称为*数据仓库*（data warehouse）。数据仓库位于一个单独的站点上，使用统一的模式（此模式通常被设计用来支持高效分析，即使以冗余存储为代价）从多个数据源收集数据。因此，它们为用户提供了一个统一的数据接口。然而，当今的数据仓库还从非关系型的数据源收集和存储数据，而对非关系型数据源统一模式是不可能的。有些来源的数据是有错误的，这些错误可以使用业务约束来检测和纠正；此外，组织机构可能从多种来源收集数据，而从不同来源收集到的数据中可能存在重复。这些收集数据、对数据进行清理 / 去重并将数据加载到数据仓库的步骤称为*提取、转换和加载*（Extract,Transform and Load，ETL）任务。我们将在11.2节中学习构建和维护数据仓库的相关问题。

519

分析的最基本形式是生成聚集和报告，以对组织机构有意义的方式汇总数据。分析人员需要获得许多不同的聚集，并比较这些聚集以了解数据中隐含的模式。聚集（在某些情况下是底层数据）通常以图形化方式表示为图表，便于人们将数据可视化。显示关键组织机构参数（如销售、开支、产品收益等）的汇总图表的仪表板是监控组织机构运行健康状况的常用方式。分析人员还需要对数据进行可视化，可视化以能够突出异常或洞察业务变化原因的方式展现。

支持超高效分析的系统很受分析人员的欢迎，其对大型数据的聚集查询几乎能够实时应答（而不是在几十分钟或几小时之后才应答）。这类系统称为*联机分析处理*（OnLine

Analytical Processing，OLAP）系统。我们将在 11.3 节中讨论联机分析处理，其中我们将介绍多维数据的概念、OLAP 操作和多维摘要的关系表示。我们还将在 11.3 节中讨论数据的图形化表示和可视化。

统计分析是数据分析的一个重要部分。目前有几种为统计分析而设计的工具，包括开源的 R 语言 / 环境，以及诸如 SAS 和 SPSS 那样的商用系统。R 语言现今被广泛使用，除了统计分析的特性外，它还支持用于数据图形化显示的功能。可以使用大量的 R 包（库）来实现各种各样的数据分析任务，包括许多机器学习算法。R 已经与数据库以及诸如 Apache Spark 那样的大数据系统相集成，Apache Spark 允许在大型数据集上并行执行 R 程序。统计分析本身是一个大的领域，在本书中我们不再对它进一步讨论。可以在本章末尾的延伸阅读部分找到提供更多信息的参考文献。

不同形式的预测是分析的另一个关键方面。例如，银行需要决定是否向贷款申请人提供贷款，而在线广告商需要决定向特定用户显示哪条广告。另一个示例是，制造商和零售商需要决定生产哪些商品或要订购的商品数量。

这些决策由分析过去数据和根据过去预测未来的技术来驱动。例如，贷款违约的风险可以按如下方法预测。首先，银行检查以往客户的贷款违约历史，找出客户的关键特征，如工资、教育水平、工作历史等，这有助于预测贷款违约情况。然后，银行使用所选择的特性来构建一个预测模型（例如决策树，我们将在本章后面学习此内容）。随后当客户申请贷款时，该特定客户的特征被输入模型，该模型将做出预测，例如估计出贷款违约的可能性。该预测被用于做出业务决策，比如是否向客户提供贷款。

520

类似地，分析人员可能会查看过往销售历史，并以此来预测未来销售情况，以决定生产或订购的种类与数量，或如何定位广告的目标人群。例如，汽车公司可能会搜索客户属性，这些属性有助于预测出购买不同类型汽车的人群。它可能会发现，其大部分小型跑车都是由年收入超过 5 万美元的年轻女性购买的。那么该公司就可以将其营销目标定为吸引更多这样的女性来购买其小型跑车，并且可以避免因试图吸引其他类别的人群购买这些跑车而浪费资金。

机器学习技术是在数据中发现模式并根据这些模式做出预测的关键技术。**数据挖掘**（data mining）领域将机器学习研究人员发明的知识发现技术与高效的实现技术相结合，使它们能够用在超大型数据库上。11.4 节将讨论数据挖掘。

术语**商务智能**（Business Intelligence，BI）的使用与数据分析有着相似的意义。术语**决策支持**（decision support）具有相关的但更狭义的意义，它侧重于报表和聚集，但不包含机器学习或数据挖掘。决策支持任务通常使用 SQL 查询来处理大规模数据。决策支持查询与**联机事务处理**（online transaction processing）查询相反，联机事务处理中的每次查询通常只读取少量数据，并可能执行少量的、小的更新。

11.2 数据仓库

大型组织机构具有复杂的内部组织结构，因此不同的数据可能位于不同的地点，或者在不同的操作系统中，或者在不同的模式下。例如，生产问题数据和顾客意见数据可能存储在不同的数据库系统中。组织机构经常从外部数据源购买数据（比如用于产品推广的邮件列表，或由信用机构提供的客户信用评分），并将这些数据用于决定客户的信誉度[⊖]。

⊖ 信用机构是一类公司，它们从多个数据源收集消费者信息，并为每个消费者计算信用评分。

公司决策者需要访问来自多个这种数据源的信息。在各个数据源上分别构建查询既麻烦又低效。而且，数据源可能只存储当前数据，而决策者可能还需要访问历史数据；例如，有关在过去几年里购买模式如何改变的信息可能非常重要。数据仓库对这些问题提供了一种解决方案。 521

数据仓库（data warehouse）是将从多个数据源中收集来的信息以统一模式存储在单个站点上的仓库（或归档）。一旦收集完毕，数据会存储很长时间，以便允许访问历史数据。因此，数据仓库给用户提供了一个单独的、统一的数据接口，易于编写决策支持查询。而且，通过从数据仓库访问用于支持决策的信息，决策者可以保证在线的事务处理系统不受决策支持负载的影响。

11.2.1　数据仓库成分

图 11-1 展示了一个典型的数据仓库的体系结构，并阐明了数据收集、数据存储，以及查询和对数据分析的支持。下面是创建数据仓库时需要说明的一些问题。

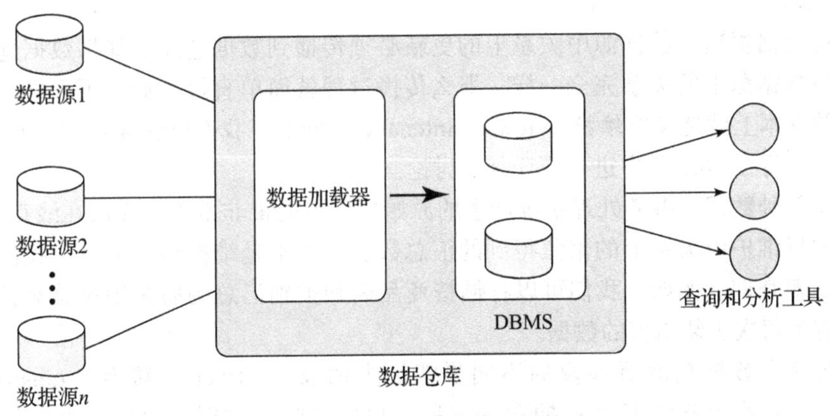

图 11-1　数据仓库体系结构

- **何时和如何收集数据**。在收集数据的**源驱动体系结构**（source-driven architecture）中，数据源或者连续性地（在发生事务处理时）或者周期性地（例如每个晚上）传输新的信息。在**目标驱动体系结构**（destination-driven architecture）中，数据仓库周期性地给数据源发送需要新数据的请求。

  除非数据源的更新被"同步地"复制到数据仓库，否则数据仓库不会与数据源保持完全的同步更新。同步复制的代价可能很昂贵，所以很多数据仓库并不使用同步复制，而仅在足够老、已全部完成复制的数据上执行查询。根据惯例，分析人员乐于使用前一天的数据，因此数据仓库应该加载截止到前一天结束时的数据。然而，越来越多的组织机构需要更多的最新数据。数据的新鲜度需求取决于应用。对于某些应用程序来说，几个小时内的数据可能就足够了；其他需要对事件进行实时响应的应用可使用（10.5 节中描述的）流处理基础设施，而不依赖于数据仓库基础设施。 522

- **使用何种模式**。独立构建的各个数据源很可能具有不同的模式。事实上，它们甚至可能使用不同的数据模型。数据仓库的任务之一就是进行模式集成，并将数据转化成集成后的模式，然后再进行存储。其结果是，存储在数据仓库中的数据可看作数据源数据的一个物化视图，而不单单是数据源数据的一份拷贝。

- **数据转换和清理**。对数据的纠正和预处理任务称为**数据清理**（data cleansing）。数据源经常传送大量略微不一致的数据，这种不一致性是可以纠正的。例如，姓名经常拼错，地址中可能有街道、地区或者城市名称的拼写错误，或者邮编输入错误。这些可以通过参考有关每个城市的街道名和邮编的数据库来被纠正到合理的范围。这种任务所需要的数据大致匹配，称为**模糊查找**（fuzzy lookup）。

  从多个数据源收集的地址列表可能有重复，需要在**合并 - 清除操作**（merge-purge operation）中去除这些重复（这种操作也称为**去重**（deduplication））。同一所住宅中的多个人的记录可以合并到一起，这样每所住宅只需投递一封邮件，此操作称为**住宅操作**（householding）。

  数据除了要被清理，可能还需要采用多种方式进行**转换**（transform），例如改变度量单位，或者通过将来自多个源关系的数据进行连接从而将数据转换为一种不同的模式。数据仓库一般有图形化工具来支持数据转换。这些工具允许将转换表示为框，并通过在框之间连上边来表示数据的流动。条件框能把数据路由至转换过程中合适的下一步。

- **如何传播更新**。数据源中关系上的更新必须传播到数据仓库。如果数据仓库中的关系与数据源中的关系完全一样，那么传播过程就简单直接。如果不一样，更新传播问题基本上就是*视图维护*（view-maintenance）问题，我们已在 4.2.3 节中讨论过此问题，并将在 16.5 节中进行更详细的讨论。

- **汇总何种数据**。事务处理系统产生的原始数据可能量非常大，无法在线存储。然而，通过只维护由关系上的聚集得到的汇总数据，而不是维护整个关系，我们就可以应答许多查询。例如，我们可以存储按商品名和类别汇总的服装销售总额，而不是存储有关每次服装销售的数据。

523

将数据存入数据仓库所涉及的不同步骤称为**抽取**（extract）、**转换**（transform）和**加载**（load），或者称为 ETL 任务；抽取指的是从数据源收集数据，而加载指的是把数据装入数据仓库中。在支持用户自定义函数或 MapReduce 框架的当今的数据仓库中，数据可以被提取、加载到仓库中，然后进行转换。这些步骤就称为**抽取**（extract）、**加载**（load）和**转换**（transform），或者称为 ELT 任务。ELT 方法允许使用并行处理框架来进行数据转换。

11.2.2　多维数据与数据仓库模式

典型的数据仓库具有为数据分析而设计的模式，使用诸如 OLAP 那样的工具。**数据仓库模式**（data warehouse schema）中的关系一般分为*事实表*和*维表*。**事实表**（fact table）记录关于单个事件的信息，诸如销售信息，事实表通常很大。一张记录零售商店销售信息的表就是事实表的一个典型示例，其中每个元组对应一件售出商品。事实表的属性可以分为*维属性*和*度量属性*。**度量属性**（measure attribute）存储能够执行聚集的量化信息；*sales* 表的度量属性可以包括售出商品的数量以及商品价格。与之相对，**维属性**（dimension attribute）是对度量属性及度量属性的摘要进行分组与查看的维度。*sales* 表的维属性可以包括商品标识、商品售出日期、商品售出地点（商店）、购买该商品的顾客等。

能够使用维属性和度量属性建模的数据称为**多维数据**（multidimensional data）。

为了最小化存储需求，维属性通常是一些短的标识，作为引用其他被称作**维表**

（dimension table）的表的外码。例如，*sales* 事实表可能有维属性 *item_id*、*store_id*、*customer_id* 和 *date*，以及度量属性 *number* 和 *price*。*store_id* 属性是引用 *store* 维表的外码，*store* 还有其他属性，比如商店位置（城市、州、国家）。*sales* 表的 *item_id* 属性是引用 *item_info* 维表的外码，*item_info* 还包含其他信息，诸如商品名称、商品所属类别以及其他商品细节信息，如颜色和尺寸。*customer_id* 属性是引用 *customer* 表的外码，*customer* 包含诸如顾客姓名和地址那样的属性。我们还可以将 *date* 属性看作引用 *date_info* 表的外码，*date_info* 给出每个日期的月、季和年的信息。

图 11-2 给出了结果模式。这种具有一张事实表、多张维表以及从事实表到维表的外码的模式称为**星型模式**（star schema）。更复杂的数据仓库设计可能具有多级维表；例如，*item_info* 表可能有 *manufacturer_id* 属性，它是引用给出厂商细节信息的另一张表的外码。这种模式称为**雪花模式**（snowflake schema）。复杂数据仓库设计也可能有不止一张事实表。

524

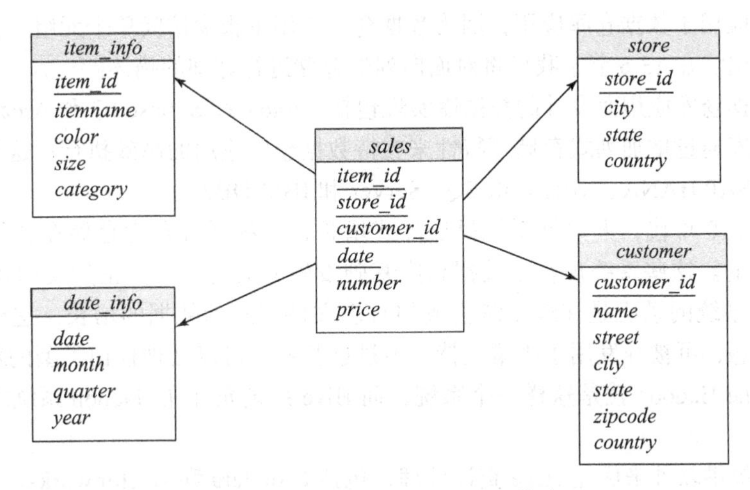

图 11-2　某个数据仓库的星型模式

11.2.3　数据仓库的数据库支持

数据库系统是为事务处理而设计的，与支持数据仓库系统的设计需求有所不同。一个关键的区别是，事务处理数据库需要支持许多小的查询，这些查询除了读取外可能还涉及更新。相反，通常数据仓库需要处理的查询要少得多，但是每个查询访问的数据量要大得多。

最重要的是，当新记录被插入数据仓库的关系中时，旧记录一旦不再需要就可能被删除以便给新数据腾出空间，通常来讲，记录一旦添加到关系中就不会再被更新。因此，数据仓库不需要为并发控制付出任何开销。（如第 17～18 章所述，如果并发事务读取和写入相同的数据，可能使结果数据不一致。并发控制以确保对数据库没有错误更新的方式来限制并发访问。）并发控制的开销很大程度上不仅体现在查询处理所花费的时间方面，也体现在空间占用上，因为数据库常常存储数据的多个版本，以避免在小的更新事务和长的只读事务之间的冲突。在数据仓库中并不需要这些开销。

数据库通常把一个元组的所有属性存储在一起，再把元组顺序存放在文件中。这种存储设计被称为面向行的存储（row-oriented storage）。相反，在**面向列的存储**（column-oriented storage）中，一个关系的每个属性被存储在单独的文件中，来自相邻元组的值被存放在文件

525 中的相邻位置上。假设数据类型的大小固定，一个关系的第 i 个元组在属性 A 上的取值可以通过访问与属性 A 对应的文件并读取偏移量为属性 A 的值的大小（以字节为单位）的（i–1）倍的位置处的值而得到。

面向列的存储与面向行的存储相比，至少有两个主要优势。

1. 当查询只需要访问一个具有大量属性的关系中的几个属性时，并不需要从磁盘读取其余属性到内存中。相反，在面向行的存储中，如果一些属性和查询所用的属性相邻存储，那么不仅要把这些不相干的属性提取到内存中，而且它们还可能被预取到处理器高速缓存中，浪费了缓存空间和内存的带宽。
2. 把相同类型的值存储在一起提高了压缩效率；压缩不仅可以大大降低磁盘存储的成本，而且可以大大缩短从磁盘检索数据的时间。

另一方面，面向列的存储的缺点是储存或获取单个元组需要多次 I/O 操作。

根据这些折中的结果，面向列的存储没有被广泛用于事务处理应用。然而，面向列的存储现今被广泛应用于数据仓库应用，因为数据仓库应用中很少访问单个元组，而是需要扫描和聚集多个元组。在 13.6 节中我们将对面向列的存储进行详细的描述。

完全为数据仓库应用而设计的数据库实现包括 Teradata、Sybase IQ 和 Amazon Redshift。许多传统数据库通过增加列式存储等特性来支持数据仓库应用的高效执行；这些传统数据库包括 Oracle、SAP HANA、Microsoft SQL Server 和 IBM DB2。

在 21 世纪 10 年代，大数据系统呈爆炸式增长，这些系统是为存储在文件中数据的查询处理而设计的。这些系统现在是数据仓库基础设施的关键部分。正如我们在 10.3 节中所看到的，这类系统的动机是在线系统生成的日志文件形式的数据的增长，这种数据中有很多有价值的信息，可被开发用于决策支持。不过这些系统可以处理任何类型的数据，包括关系数据。Apache Hadoop 就是这样一个系统，而 Hive 系统允许在 Hadoop 系统之上执行 SQL 查询。

许多公司提供软件来优化 Hive 查询处理，包括 Cloudera 和 Hortonworks。Apache Spark 是另一个常用的大数据系统，它支持对存储在文件中的数据进行 SQL 查询。包含带列的记录的压缩文件结构（如 Orc 和 Parquet）越来越多地用于存储此类日志记录，并简化了与 526 SQL 的集成。我们将在 13.6 节中对这些文件格式进行更详细的讨论。

11.2.4 数据湖

尽管数据仓库花了很多精力确保使用一种通用的数据模式来简化查询数据的工作，但在某些情况下，组织机构希望存储数据，但不希望付出创建通用模式和将数据转换为通用模式的成本。术语**数据湖**（data lake）表示可以用多种格式存储数据的一种存储库，包括结构化记录和非结构化文件格式。与数据仓库不同，数据湖不需要预先处理数据这样的前期工作，但在创建查询时则需要更多的工作。由于数据可能以多种不同的格式存储，因此查询工具也需要相当灵活。Apache Hadoop 和 Apache Spark 是查询此类数据的常用工具，因为它们对非结构化和结构化数据的查询都能够支持。

11.3 联机分析处理

数据分析通常涉及寻找当数据值以“有趣”的方式分组时所表现出的模式。举个简单的示例，如果要找出哪些系承担了高强度的教学职责，汇总每个系的学时是一种方法。在零售业务中，我们可能根据产品、销售日期或月份、产品的颜色或规模，或者购买产品的顾客资料（如年龄段和性别）对销售进行分组。

11.3.1 多维数据上的聚集

考虑这样一个应用，一家商店想要找出流行的服装款式。我们假设衣服的特征包括它们的商品名、颜色和尺寸，并且我们有一个关系 *sales*，它的模式是：

sales (*item_name*, *color*, *clothes_size*, *quantity*)

假设 *item_name* 可以取的值为 skirt、dress、shirt、pants；*color* 可以取的值为 dark、pastel、white；*clothes_size* 可以取的值为 small、medium、large；并且 *quantity* 是一个整数值，表示某个给定条件 {*item_name*, *color*, *clothes_size*} 下的商品总数量。*sales* 关系的一个实例如图 11-3 所示。

统计分析通常需要在多个属性上进行分组。*sales* 关系的 *quantity* 属性是一个度量属性，因为它度量了售出商品的数量，而 *item_name*、*color* 和 *clothes_size* 是维属性。（*sales* 关系更为现实的版本可能还有其他维属性，例如时间和销售地点，以及其他度量属性，例如销售的货币值。）

为了分析多维数据，管理者可能希望查看如图 11-4 所示的表中那样显示的数据。该表显示了 *item_name* 和 *color* 不同组合情况下的商品总数。*clothes_size* 的值指定为 all，意味着显示的数值是在 *clothes_size* 的所有值上的汇总（也就是说，我们希望把“small”“medium”和“large”的商品都汇总到单个组里）。

item_name	*color*	*clothes_size*	*quantity*
dress	dark	small	2
dress	dark	medium	6
dress	dark	large	12
dress	pastel	small	4
dress	pastel	medium	3
dress	pastel	large	3
dress	white	small	2
dress	white	medium	3
dress	white	large	0
pants	dark	small	14
pants	dark	medium	6
pants	dark	large	0
pants	pastel	small	1
pants	pastel	medium	0
pants	pastel	large	1
pants	white	small	3
pants	white	medium	0
pants	white	large	2
shirt	dark	small	2
shirt	dark	medium	6
shirt	dark	large	6
shirt	pastel	small	4
shirt	pastel	medium	1
shirt	pastel	large	2
shirt	white	small	17
shirt	white	medium	1
shirt	white	large	10
skirt	dark	small	2
skirt	dark	medium	5
skirt	dark	large	1
skirt	pastel	small	11
skirt	pastel	medium	9
skirt	pastel	large	15
skirt	white	small	2
skirt	white	medium	5
skirt	white	large	3

图 11-3 *sales* 关系示例

clothes_size **all**

item_name \ *color*	dark	pastel	white	total
skirt	8	35	10	53
dress	20	10	5	35
shirt	14	7	28	49
pants	20	2	5	27
total	62	54	48	164

图 11-4 *sales* 关于 *item_name* 和 *color* 的交叉表

图 11-4 中的表是一个**交叉表**（cross-tabulation，或简写为 cross-tab）的示例，也可称为**数据透视表**（pivot-table）。一般说来，一张交叉表是从一个关系（如 *R*）导出来的，由 *R* 的一个属性（如 *A*）的值构成列标题，并且由 *R* 的另一个属性（如 *B*）的值构成行标题。例如，在图 11-4 中，*color* 属性对应于 *A*（取值为“dark”“pastel”和“white”），而 *item_name* 属

性对应于 B（取值为“skirt”“dress”“shirt”和“pants”）。

数据透视表中的每个单元可记为（a_i, b_j），其中 a_i 代表 A 的一个取值，b_j 代表 B 的一个取值。数据透视表中不同单元的值按照如下方式由关系 R 推导出来：如果对于任何（a_i, b_j）值，R 中最多只存在一个元组，则该单元中的值就由那一个元组导出（如果存在那个元组）。例如，它可以是该元组中一个或多个其他属性的值。如果对于一对（a_i, b_j）值存在多个元组，则该单元中的值必须由具有该值的这些元组上的聚集导出。在我们的示例中，所用的聚集是所有不同 *clothes_size* 上的 *quantity* 属性值之和，如图 11-4 中的交叉表上方的“*clothes_size*: all”所表明的那样。这样，单元 (skirt, pastel) 的值就是 35，因为 *sales* 关系中有三个元组满足该条件，它们的值分别为 11、9 和 15。

在我们的示例中，交叉表还另有一列和一行，用来存储一行 / 一列中所有单元的总和。大多数交叉表都有这样的汇总行和汇总列。

二维的交叉表被推广到 n 维，可视作一个 n 维立方体，称为**数据立方体**（data cube）。图 11-5 展示了 *sales* 关系上的一个数据立方体。该数据立方体有三个维度：*item_name*、*color* 和 *clothes_size*，其度量属性是 *quantity*。每个单元由这三个维度的值确定。正如交叉表一样，数据立方体中的每个单元包含了一个值。在图 11-5 中，一个单元包含的值显示在该单元的一个面上；该单元其他可见的面显示为空白。所有的单元都包含值，即使它们并不可见。某一维的取值可以是 all，在这种情况下单元就包含该维上所有值的汇总数据，和交叉表的情形一样。

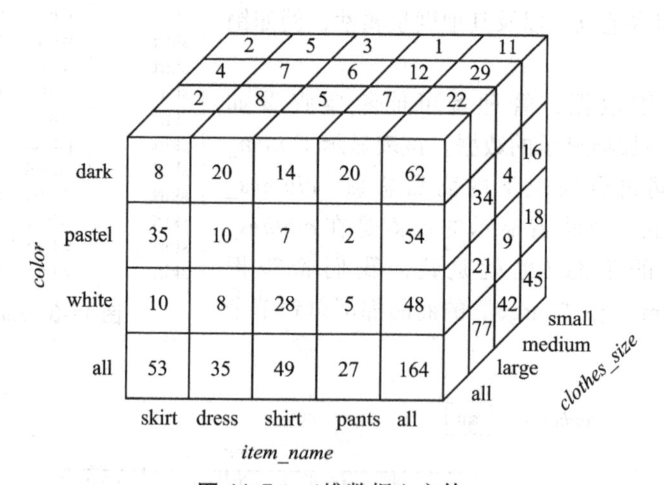

图 11-5　三维数据立方体

将元组分组进行聚集的不同方式有很多。在图 11-5 的示例中，有 3 种颜色、4 类商品以及 3 种尺码，导致立方体的规模为 3×4×3=36。要是把汇总值也包括进来，我们就得到一个 4×5×4 的立方体，其规模为 80。事实上，对于一个 n 维的表，可在其 n 个维度[⊖]的 2^n 个子集中的每个子集上进行分组并执行聚集操作。

联机分析处理（OnLine Analytic Processing，OLAP）系统允许数据分析人员通过交互式地（interactively）选择交叉表中的属性，来在相同的数据上查看不同内容的交叉表。每个交叉表是在多维数据立方体上的一个二维视图。例如，数据分析人员可以选择一个在 *item_*

⊖ 在所有 n 个维度的集合上分组仅在表中含有重复数据的情况下才有意义。

name 和 *clothes_size* 上的交叉表，或者选择一个在 *color* 和 *clothes_size* 上的交叉表。改变交叉表中使用的维的操作叫作**旋转**（pivoting）。

OLAP 系统允许分析人员对于一个固定的 *clothes_size* 值（比如说是 large，而不是跨所有尺码的总和）来查看在 *item_name* 和 *color* 上的交叉表。这样的操作称为**切片**（slicing），因为它可以看作查看一个数据立方体的某一片。该操作有时也叫作**切块**（dicing），特别是当有多个维度的值被固定的时候。

当用交叉表来观察一个多维立方体时，不属于交叉表部分的维属性的值显示在交叉表的上方。如图 11-4 所示，这种属性的值可以是 all，表示交叉表中的数据是该属性所有值的汇总。切片 / 切块仅由这些属性所选的特定值构成，这些值显示在交叉表的上方。

528～530

OLAP 系统允许用户按照期望的粒度级别来观察数据。从较细粒度数据（通过聚集）转到较粗粒度的操作称作**上卷**（rollup）。在我们的示例中，从 *sales* 表上的数据立方体出发，在 *clothes_size* 属性上通过上卷操作得到我们的示例交叉表。相反的操作，也就是从较粗粒度数据转到较细粒度数据，称作**下钻**（drill down）。较细粒度数据不可能由较粗粒度数据产生，它们必须由原始数据产生，或者由更细粒度的汇总数据产生。

分析人员可能希望从不同的细节层次观察一个维度。例如，考虑一个类型为 **datetime** 的属性，它包括一天的日期和时间。使用精确到秒（或者更细粒度）的时间可能是无意义的：因为一个只对一天中的大致时间感兴趣的分析人员可能只查看小时的值。一个对一周中按天销售情况感兴趣的分析人员可能会将日期映射到一周的某天并只查看映射后的信息。还有的分析人员可能会对一个月、一个季度或全年的聚集数据感兴趣。

一个属性的不同细节层次可以组织成一种**层次结构**（hierarchy）。图 11-6a 展示了在 **datetime** 属性上的一种层次结构。作为另一个示例，图 11-6b 展示了地理位置的层次结构：city 在层次结构的最底层，state 在它上层，country 在更上一层，region 在最顶层。在前面的示例中，衣服可以按类别分组（例如男装或女装）；这样，在关于衣服的层次结构中，*category* 将在 *item_name* 之上。在实际值的层面上，短裙和连衣裙在女装类别之下，而短裤和衬衫在男装类别之下。

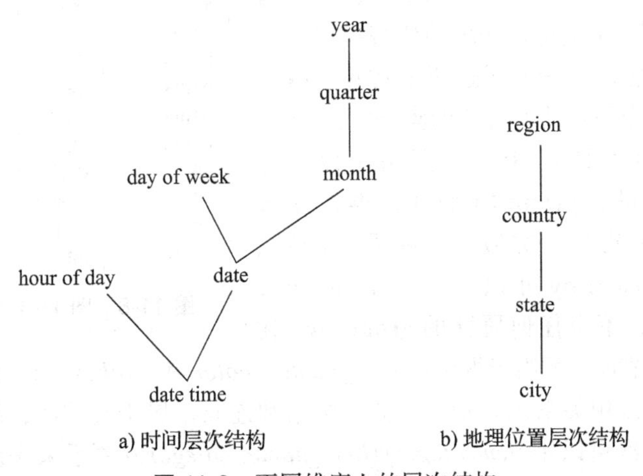

a) 时间层次结构　　b) 地理位置层次结构

图 11-6　不同维度上的层次结构

531

分析人员可能对查看区分为男装和女装的服装销售情况感兴趣，而对单个值不感兴趣。在查看了女装和男装层次上的聚集值之后，分析人员可能想要沿层次结构下钻（drill down the hierarchy）以查看单个值。查看细节层次的分析人员也可能沿层次结构上卷（drill up the hierarchy）以查看较粗粒度层次上的聚集值。两种层次可以显示在同一张交叉表中，如图 11-7 所示。

clothes_size: **all**

category	*item_name*	*color* dark	pastel	white	total	
womenswear	skirt	8	35	10	53	
	dress	20	10	5	35	
	subtotal	28	45	15		88
menswear	pants	14	7	28	49	
	shirt	20	2	5	27	
	subtotal	34	9	33		76
total		62	54	48		164

图 11-7 带有 *item_name* 上层次结构的 *sales* 交叉表

11.3.2 交叉表的关系表示

交叉表与通常存储在数据库中的关系表是不同的，因为交叉表中列的数量依赖于实际的数据。数据值的变化可能导致增加更多的列，这对于数据存储来说是不期望见到的。然而，交叉表视图展现给用户的效果是令人满意的。对于没有汇总值的交叉表，可以把它直接表示为具有固定列数的关系形式。对于有汇总行/列的交叉表的表示形式，可以通过引入一个特殊值 all 来表示小计的值，如图 11-8 所示。实际上，SQL 标准使用 *null* 值代替 **all**，但为了避免与通常的空值混淆，我们将继续沿用 **all**。

item_name	*color*	*clothes_size*	*quantity*
skirt	dark	**all**	8
skirt	pastel	**all**	35
skirt	white	**all**	10
skirt	**all**	**all**	53
dress	dark	**all**	20
dress	pastel	**all**	10
dress	white	**all**	5
dress	**all**	**all**	35
shirt	dark	**all**	14
shirt	pastel	**all**	7
shirt	white	**all**	28
shirt	**all**	**all**	49
pants	dark	**all**	20
pants	pastel	**all**	2
pants	white	**all**	5
pants	**all**	**all**	27
all	dark	**all**	62
all	pastel	**all**	54
all	white	**all**	48
all	**all**	**all**	164

图 11-8 图 11-4 中数据的关系表示

考虑元组（skirt, **all**, **all**, 53）和（dress, **all**, **all**, 35）。我们通过消除在 *color* 和 *clothes_size* 上具有不同值的各个元组，并将 *quantity* 的值替换成一个聚集值（即数量的总和），得到了这两个元组。**all** 值可以被看作代表一个属性的所有值的集合。在 *color* 和 *clothes_size* 维度上具有 **all** 值的元组可以通过在 *item_name* 列上进行 **group by** 操作，再在 *sales* 关系上进行聚集而得到。类似地，利用在 *color*、*clothes_size* 上的 **group by** 可以得到在 *item_name* 上取 **all** 值的元组，不带任何属性的 **group by**（在 SQL 中可直接将其省略）可用于得到在 *item_name*、*color* 和 *clothes_size* 上取 **all** 值的元组。

532

层次结构也可以用关系来表示。例如，短裙和连衣裙属于女装类，而短裤和衬衫属于男装类，这样的层次可以用 *itemcategory*(*item_name*, *category*) 关系来表示。该关系可以跟 *sales* 关系进行连接，得到一个包含各个商品所属类别的关系。在该连接关系上进行聚集操作，我们就可以得到带有层次结构的交叉表。作为另一个示例，城市的层次结构可以用单个关系 *city_hierarchy*(ID, *city*, *state*, *country*, *region*) 来表示，也可以用多个关系来表示，每个关系把层次结构中某层的值映射到其下一层。我们在这里假设城市有唯一的标识，它存储在 ID 属性中，用来避免在两个同名的城市之间发生混淆，比如说，在美国密苏里州的 Springfield 和在美国伊利诺伊州的 Springfield。

11.3.3 SQL 中的 OLAP

使用 OLAP 系统的分析人员需要交互式地生成多个聚集的答案，而不希望等待数分钟或数小时。这最初引发了对 OLAP 专用系统的开发（请参阅注释 11-1）。如今，许多数据库系统实现了 OLAP，并用 SQL 结构来表示 OLAP 查询。正如我们在 5.5.3 节中看到的，有些 SQL 实现，例如 Microsoft SQL Server 和 Oracle，支持使用 **pivot** 子句来创建交叉表。给定来自图 11-3 的 *sales* 关系，使用如下查询：

533

```
select *
from sales
pivot (
      sum(quantity)
      for color in ('dark','pastel','white')
)
order by item_name;
```

返回图 11-9 所示的交叉表。注意，**pivot** 子句中的 **for** 子句指定了 *color* 的哪些值应该在 pivot 结果中作为属性名出现。*color* 属性本身并不出现在结果中，但其他所有属性都被保留，另外，新产生的属性的值被设定为来自 *quantity* 属性。在多个元组都对一个给定单元贡献值的情况下，**pivot** 子句中的聚集运算指定了应该如何对这些值进行汇总。在上面的示例中，*quantity* 值被求总和。

item_name	*clothes_size*	*dark*	*pastel*	*white*
dress	small	2	4	2
dress	medium	6	3	3
dress	large	12	3	0
pants	small	14	1	3
pants	medium	6	0	0
pants	large	0	1	2
shirt	small	2	4	17
shirt	medium	6	1	1
shirt	large	6	2	10
skirt	small	2	11	2
skirt	medium	5	9	5
skirt	large	1	15	3

图 11-9 对图 11-3 的 *sales* 关系进行 SQL pivot 操作的结果

注释 11-1 OLAP 的实现

最早的 OLAP 系统使用内存中的多维数组来存储数据立方体，被称作**多维 OLAP**（Multidimentional OLAP，MOLAP）系统。后来，OLAP 工具被集成到关系系统中，数据被存储到关系数据库里。这样的系统被称为**关系 OLAP**（Relational OLAP，ROLAP）系统。复合系统将一些汇总数据存在内存中，将基本数据和另一些汇总数据存在关系数据库中，被称为**混合 OLAP**（Hybrid OLAP，HOLAP）系统。

许多 OLAP 系统被实现为客户－服务器系统。服务器端包含关系数据库和任何 MOLAP 数据立方体。客户端系统通过与服务器通信获得数据的视图。

在一个关系上计算整个数据立方体（所有的分组）的一种朴素方法是使用任何一种标准算法来计算聚集操作，一次计算一个分组。朴素算法需要对关系进行大量的扫描操作。有一种简单的优化是从聚集（*item_name, color, clothes_size*）中，而不是从原始关系中计算（*item_name, color*）上的聚集。从另一个聚集而不是从原始关系来计算聚集可以显著减少所读取的数据量。还能更进一步地改进，例如，通过单趟数据扫描计算出多个分组。

早期的 OLAP 实现预先计算并存储整个数据立方体，即对维属性的所有子集进行分组。预先计算可使 OLAP 查询在几秒钟内得出结果，即使数据集可能包含数百万的元组，总计达到千兆字节的数据。然而，对于 n 维属性，有 2^n 个分组，属性上的层次结构进一步增加了这个数量。其结果是，整个数据立方体通常大于形成数据立方体的原始关系，而且在许多情况下存储整个数据立方体是不可行的。

除了预先计算并存储所有可能的分组之外，预先计算并存储某些分组，并按需计算其他分组也是有意义的。从原始关系中计算查询可能需要相当长的时间，取而代之的做法是从其他预先计算出的查询中计算这些查询。例如，假设某个查询要求按（*item_name, color*）进行分组，它没有预先计算出来。如果我们已经预先计算出来（*item_name, color, clothes_size*）上的汇总，则该查询的结果可以根据此汇总计算得出。对于在用于存储预计算结果的可用存储空间受限的条件下如何选择一个好的用于预先计算的分组集，请查看参考文献中的文献。

注意，pivot 子句本身并不计算我们在图 11-4 的数据透视表中所看到的小计的值。但是，我们可以首先使用立方体操作，像马上就要讲的那样生成图 11-8 所示的关系表示，然后对这个表示应用 pivot 子句以得到等价的结果。在这种情况下，**all** 值必须也被列在 **for** 子句中，并且 **order by** 子句需要做调整使得 **all** 被排在最后。

534～535

如果我们仅使用基本的 **group by** 结构，那么通过单个 SQL 查询无法生成数据立方体中的数据，因为聚集是对维属性的若干个不同的分组来计算的。仅使用基本的 **group by** 结构，我们将不得不编写许多单独的 SQL 查询，再使用 union 运算将它们合并起来。SQL 支持一种特殊语法，能够简洁地指定多个 group by 操作。

正如我们在 5.5.4 节中所看到的，SQL 支持 **group by** 结构的泛化形式以执行 **cube** 和 **rollup** 操作。**group by** 子句中的 **cube** 和 **rollup** 结构允许在单个查询中运行多个 **group by** 查询，其结果以单个关系的形式返回，其样式类似于图 11-8 中的关系。

再次考察我们的零售商店示例，关系如下：

sales (*item_name, color, clothes_size, quantity*)

如果我们想使用单独的 group by 查询来生成整个数据立方体，就必须为下面八组 group by 属性的每一组单独编写一条查询：

{ (*item_name, color, clothes_size*), (*item_name, color*), (*item_name, clothes_size*), (*color, clothes_size*), (*item_name*), (*color*), (*clothes_size*), () }

其中 () 表示空的 **group by** 列表。

正如我们在 5.5.4 节中所看到的，**cube** 结构允许我们在一条查询中完成这些任务：

```
select item_name, color, clothes_size, sum(quantity)
from sales
group by cube(item_name, color, clothes_size);
```

上述查询产生了一个模式如下的关系：

(*item_name*, *color*, *clothes_size*, **sum**(*quantity*))

这样，该查询的结果实际上是一个关系，对于在特定分组中不出现的那些属性，在结果元组中包含 *null* 作为其值。例如，在 *clothes_size* 上进行分组所产生的元组模式是（*clothes_size*, **sum**(*quantity*)）。通过在 *item_name* 和 *color* 上加入 *null*，可以把它们转换成（*item_name*, *color*, *clothes_size*, **sum**(*quantity*)）上的元组。

数据立方体关系通常相当庞大。上述的 cube 查询有 3 种可能的颜色、4 种可能的商品名和 3 种尺寸，共有 80 个元组。图 11-8 的关系是在 *item_name* 和 *color* 上进行 **group by cube** 所生成的，可以在 **select** 子句中指定一个额外的列，它对 *clothes_size* 显示 **all**。

为了用 SQL 来生成上述关系，如我们在前面 5.5.4 节中所看到的，可以用 **grouping** 函数将 *null* 替换为 **all** 值。**grouping** 函数将 OLAP 操作产生的那些空值与实际存储在数据库中或由外连接产生的“普通”空值区分开来。回顾可知，如果 **grouping** 函数的参数是由 **cube** 或 **rollup** 产生的空值，则返回 1，否则返回 0。然后我们可以在 **grouping** 的调用结果上运用 **case** 表达式，将 OLAP 产生的空值替换为 **all**。那么就能由以下查询计算得到图 11-8 中的关系，其中出现的 *null* 值都被替换为 **all**：

536

```
select case when grouping(item_name) = 1 then 'all'
            else item_name end as item_name,
       case when grouping(color) = 1 then 'all'
            else color end as color,
       'all' as clothes_size, sum(quantity) as quantity
from sales
group by cube(item_name, color);
```

除了 **rollup** 产生的 **group by** 查询更少一些之外，**rollup** 结构与 **cube** 结构基本一样。我们看到，**group by cube** (*item_name*, *color*, *clothes_size*) 生成使用某些属性（或者全部属性，或者不用任何属性）可以产生的全部八种实现 **group by** 查询的方式。在下面的查询中：

```
select item_name, color, clothes_size, sum(quantity)
from sales
group by rollup(item_name, color, clothes_size);
```

group by rollup(*item_name*, *color*, *clothes_size*) 只产生四个分组：

{ (*item_name*, *color*, *clothes_size*), (*item_name*, *color*), (*item_name*), () }

注意，**rollup** 中属性的次序会带来差别；最后一个属性（在我们的示例中是 *clothes_size*）只出现在一个分组中，倒数第二个属性出现在两个分组中，以此类推，第一个属性出现在除了一个（空分组）之外的所有分组中。

为什么我们希望在 **rollup** 中使用特定分组？这些分组对于层次结构（例如图 11-6 中所示）经常具有实际利益。对于位置的层次结构（*Region*, *Country*, *State*, *City*），我们可能希望用 *Region* 来分组，以得到不同区域的销售情况。之后我们可能希望“下钻”到每个区域内部的国家层面，这意味着我们将以 *Region* 和 *Country* 来分组。继续下钻，我们可能希望以 *Region*、*Country* 和 *State* 分组，然后以 *Region*、*Country*、*State* 和 *City* 来分组。**rollup** 结构允许我们为了更深层的细节而设定这种下钻的序列。

正如我们先前在 5.5.4 节中看到的，可以在单个的 **group by** 子句中使用多个 **rollup** 和 **cube**。例如，下面的查询：

537

```
select item_name, color, clothes_size, sum(quantity)
from sales
group by rollup(item_name), rollup(color, clothes_size);
```

产生了以下分组：

{ (*item_name*, *color*, *clothes_size*), (*item_name*, *color*), (*item_name*), (*color*, *clothes_size*), (*color*), () }

为了理解其原因，我们注意到 **rollup**(*item_name*) 产生了两个分组——{(*item_name*), ()}，并且 **rollup**(*color*, *clothes_size*) 产生了三个分组——{(*color*, *clothes_size*), (*color*), ()}。这两部分的笛卡儿积得到上面显示的六个分组。

rollup 和 **cube** 子句都不能完全控制所产生的分组。例如，我们不能使用它们来指定我们只想要的分组是 {(*color*, *clothes_size*), (*clothes_size*, *item_name*)}。通过使用 **grouping sets** 结构可以产生这种受限的分组，在这种结构中可以指定所使用的特定分组。为了只得到 {(*color*, *clothes_size*), (*clothes_size*, *item_name*)} 这两个分组，我们可以编写如下查询：

```
select item_name, color, clothes_size, sum(quantity)
from sales
group by grouping sets ((color, clothes_size), (clothes_size, item_name));
```

为查询多维 OLAP 模式已开发了专门的语言，这使得一些常见的任务能够用比 SQL 更容易的方式来表达。这些语言包括 Microsoft 开发的 MDX 和 DAX 查询语言。

11.3.4 报表和可视化工具

报表生成器是从数据库生成人们可读的概要报告的工具。它将查询数据库与创建格式化文本和概要图表（例如条形图或饼状图）集成在一起。例如，一张报表可能会显示每个销售区域在过去的两个月中每个月的总销售额。

应用开发人员可以利用报表生成器的格式化工具来指定报表的格式。变量可以用来储存诸如月、年那样的参数以及定义报表中的域。表、图、条形图或其他的图可以通过对数据库的查询来定义。查询定义可以利用存储在变量里的参数值。

一旦在报表生成器工具上定义了一个报表结构，就可以保存它并可以在任何时候执行它来生成报表。报表生成器系统提供了多种工具来组织表格输出，如定义表和列的标题，显示表中每一组的小计，自动将长表格分成若干页并在每一页末尾显示本页小计等。

图 11-10 是格式化报表的一个示例。报表中的数据是对有关订单的信息进行聚集而产生的。

许多供应商都提供报表生成工具，例如 SAP Crystal Reports 和 Microsoft（SQL Server Reporting Services）。一些应用程序套件，例如 Microsoft Office，提供了将来自数据库的格式化查询结果直接嵌入文档中的方式。Crystal Reports 或者诸如 Excel 那样的电子表格所提供的图表生成工具可用于从数据库访问数据，并生成表格化的数据展示或者使用图表或图的图形化展示。这种图表可以被嵌入文本文档中。图表最初由执行数据库查询产生的数据创

538

建；查询在需要的时候可以重新执行并重新生成图表，以生成完整报表的当前版本。

Acme 供应有限公司
季度销售报告

日期：2009 年 1 月 1 日至 3 月 31 日

<table>
<tr><th>地区</th><th>类别</th><th>销售额</th><th>小计</th></tr>
<tr><td rowspan="3">北部</td><td>计算机硬件</td><td>1 000 000</td><td rowspan="3">1 500 000</td></tr>
<tr><td>计算机软件</td><td>500 000</td></tr>
<tr><td>所有类别</td><td></td></tr>
<tr><td rowspan="3">南部</td><td>计算机硬件</td><td>200 000</td><td rowspan="3">600 000</td></tr>
<tr><td>计算机软件</td><td>400 000</td></tr>
<tr><td>所有类别</td><td></td></tr>
<tr><td></td><td></td><td>销售总额</td><td>2 100 000</td></tr>
</table>

图 11-10 一张格式化报表

数据可视化（data visualization）技术不仅限于基本图表类型的数据图形化表示，它对于数据分析非常重要。数据可视化系统帮助用户检查大量数据，并以可视化的方式去检测模式。数据的可视化展示（如地图、图表和其他图形化表示形式）能够简洁地将数据呈现给用户。单块图形屏幕可以编码与很多文本屏幕同样多的信息。

例如，如果用户想知道一种疾病的发生是否与患者的地理位置相关，那么可以用一种特殊的颜色（比如红色）在地图上对患者的位置进行编码。用户就可以快速发现问题发生的位置。然后，用户就能形成关于为什么会在这些位置出现问题的假设，并可以根据数据库定量地验证这些假设。

作为另一个示例，关于取值的信息可以被编码成一种颜色，并可以用与像素一样小的屏幕区域来显示。为了检查两种商品之间的关联性，我们可以使用二维像素矩阵，其中每行、每列都表示一种商品。同时购买两种商品的事务所占百分比可以编码为像素的颜色强度。关联度高的商品在屏幕上将显示为亮像素点——这在较暗的背景下很容易被发现。

539

近年来，为基于 Web 的数据可视化和仪表板（能够展示关于关键组织信息的多张图表）的创建已开发出许多工具。这些工具包括 Tableau（www.tableau.com)、FusionCharts（www.fusioncharts.com）、plotly（plot.ly)、Datawrapper（www.datawrapper.de） 和 Google Charts（developers.google.com/chart）等。由于它们的展示是基于 HTML 和 JavaScript 的，因此它们可以在各种浏览器和移动设备上使用。

交互是可视化的关键元素。例如，用户可以“下钻”到感兴趣的区域，比如从一个显示全年总销售额的聚集视图转移到一个特定年份的月销售额图表。分析人员可能希望交互式地添加选择条件以对数据的子集进行可视化。诸如 Tableau 那样的数据可视化工具为交互式可视化提供了一组丰富的特性。

11.4 数据挖掘

术语**数据挖掘**（data mining）泛指分析大型数据库以发现有用模式的处理过程。类似于人工智能中的知识发现（也叫机器学习）或统计分析，数据挖掘试图从数据中发现规则和模式。然而，数据挖掘与传统机器学习和统计的不同之处在于，它处理大量的、主要存储在磁盘上的数据。如今，许多机器学习算法也能在非常大量的数据上工作，这模糊了数据挖掘和机器学习之间的区别。数据挖掘技术构成了**数据库中的知识发现**（Knowledge Discovery in Databases，KDD）过程的一部分。

从数据库中发现的某些类型的知识可以用一个**规则**（rule）集来表示。下面是一条非形式化描述的规则的示例："年收入超过 50 000 美元的年轻女性是最有可能购买小型跑车的人群。"当然，这样的规则并不总是正确的，就像我们将要看到的那样，它具有"支持度"和"置信度"。其他类型的知识可用将不同变量相互联系起来的等式来表达。更一般地，通过对数据库中过去的实例应用机器学习技术所发现的知识被表示为**模型**（model），然后再用模型来为新实例预测结果。模型的输入是实例的特征或属性，模型的输出是预测结果。

可能有用的模式的可能类型是多样的，找到不同类型的模式可采用不同的技术。我们将学习一些模式的示例，看看从一个数据库中如何自动导出它们。

数据挖掘通常具有人工的成分，包括预处理数据使之成为算法可接受的形式，以及对发现的模式进行后期处理，以找出可能有用的新颖模式。从给定数据库中发现的模式可能不止一种类型，可能需要人工交互以选出有用的模式类型。由于这种原因，数据挖掘在现实生活中实际上是一种半自动的处理过程。然而在我们的描述中，我们重点集中在挖掘的自动化方面。

540

11.4.1 数据挖掘任务的类型

数据挖掘最广泛的应用是那些需要某种形式的**预测**（prediction）的应用。例如，当一个人申请信用卡时，信用卡公司要预测这个人是否有信用风险。预测基于这个人的已知属性，比如年龄、收入、债务以及过去的债务偿还历史。做出预测的规则来源于过去和现在的信用卡持有人的相同属性以及所观察到的他们的行为，比如他们是否拖欠过信用卡还款。其他类型的预测包括：预测哪些客户可能转到竞争者那边去（可以给这些客户提供特别的折扣以吸引他们不离开），预测哪些人有可能响应推销邮件（"垃圾邮件"），或者预测使用哪种电话卡可能是欺诈。

另一类应用是寻找**关联**（association），比如可能会被一起购买的书籍。如果某位顾客购买了一本书，在线书店可以建议购买其他相关的书籍。如果某人购买了一架照相机，系统可以建议可能需要同照相机一起购买的附件。好的销售人员了解这类模式并利用它们来进行额外的销售。挑战在于这个过程的自动化。其他类型的关联可能带来因果关系的发现。例如，发现某种新引进的药与心脏病之间的意外关联，从而发现这种药可能会在某些人群中引发心脏病。因而将这种药从市场上撤出。

关联是**描述性模式**（descriptive pattern）的一个示例。**聚类**（cluster）是这种模式的另一个示例。例如，一百多年前在一口水井周围发现了一连串的伤寒病例，这使人们发现水井中的水受到了污染且正在传播伤寒病菌。疾病聚类检测即使在现在也一直保持着其重要性。

11.4.2 分类

抽象地说，**分类**（classification）问题是这样的：给出属于某几个类之一的项，并给出项的过去实例（称为**训练实例**（training instance））以及它们所属的类，问题是预测一个新项所属的类。新实例的类是未知的，因此必须使用该实例的其他属性来预测它所属的类。

作为一个示例，假设信用卡公司要决定是否给一位申请者发放信用卡。该公司有关于该申请者的各种信息，如他的年龄、教育背景、年收入和当前债务情况，这些信息可用来做出决策。

为了做出决策，公司根据每位客户的付款历史给当前或以往客户的样本集中的每位客户分配一个优、良、中或差的信用等级。这些实例构成了训练实例的集合。

然后，公司尝试学习出规则或模型，从而根据有关个人的信息而不是根据实际的付款历史（对于新客户无法得到这类信息），将一位新申请者的信誉等级设为优、良、中或差。有很多用于分类的技术，本小节我们将概述其中的几种。541

11.4.2.1 决策树分类器

决策树分类器是一种广泛使用的分类技术。顾名思义，**决策树分类器**（decision tree classifier）使用一棵树：每个叶节点有一个相关联的类，并且每个内部节点有一个与其关联的谓词（或者更一般地说是一个函数）。图 11-11 展示了决策树的一个示例。为保持示例的简洁性，我们只使用了两个属性：教育水平（最高学位）和收入。

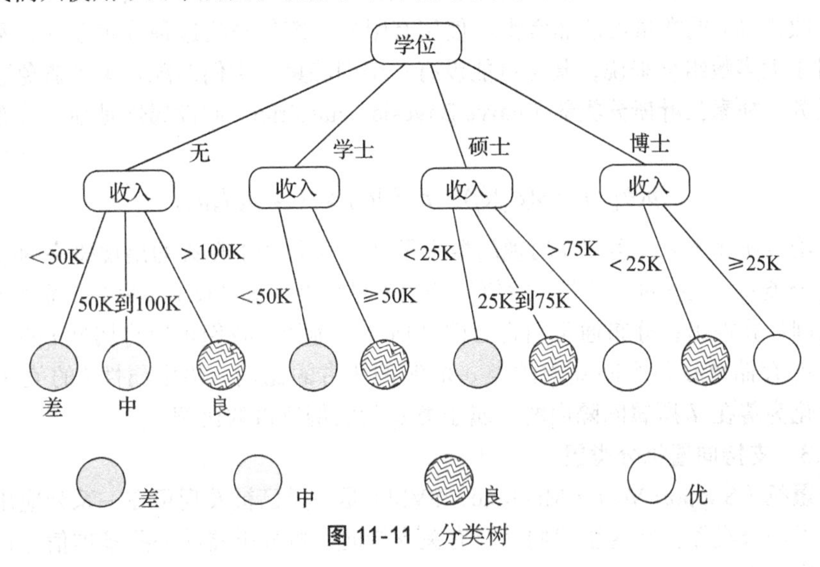

图 11-11 分类树

为了对一个新实例进行分类，我们从根节点开始遍历这棵树直至到达叶节点：在内部节点上我们使用该数据实例计算谓词（或函数），以找出应该走到哪个孩子节点。这个过程一直持续到我们到达叶节点为止。例如，如果一个人的学位是硕士且其收入是 40K，我们从根开始沿着标记为“硕士”的边走，通过标记为“25K 到 75K”的边到达叶节点。该叶节点的类别是“良”，因此我们预测这个人的信用风险等级是良。

从给定的训练集构建决策树分类器有很多技术。我们省略了细节，但你可以从延伸阅读部分提供的参考文献中了解更多细节。542

11.4.2.2 贝叶斯分类器

贝叶斯分类器（Bayesian classifier）在训练数据中寻找每个类的属性值分布；当给定一个新实例 d 时，对于每个类 c_j，使用分布信息估计实例 d 属于类 c_j 的概率，记为 $p(c_j|d)$，下面将简要介绍其所用的方式。具有最大概率的类成为实例 d 预测所属的类。

为了找到实例 d 属于类 c_j 的概率 $p(c_j|d)$，贝叶斯分类器使用如下所示的**贝叶斯定理**（Bayes' theorem）：

$$p(c_j|d) = \frac{p(d|c_j)p(c_j)}{p(d)}$$

其中 $p(d \mid c_j)$ 是在给定类 c_j 的前提下产生实例 d 的概率，$p(c_j)$ 是类 c_j 出现的概率，而 $p(d)$ 是实例 d 出现的概率。其中，由于 $p(d)$ 对所有类来说都是一样的，因此可被忽略。$p(c_j)$ 可简化为属于类 c_j 的训练实例所占的比例。

例如，让我们考虑只有一个属性 *income* 用于分类的特殊情况，并假设我们需要对收入为 76 000 美元的人进行分类。我们假设可以把收入值划分到几个桶中，并假定包含 76 000 的桶所包含的收入值范围是（75 000，80 000）。假设在优类的实例中，收入在（75 000，80 000）的概率为 0.1，而在良类实例中，收入在（75 000，80 000）的概率为 0.05。再假设共有 0.1 比例的人被分类为优，而有 0.3 比例的人被分类为良。那么，对于优类，$p(d \mid c_j)\ p(c_j)$ 的值是 0.01，而对于良类，它的值是 0.015。因此这个人就会被划分到良类中。

一般情况下，分类需要考虑多个属性。因而，要找到 $p(d \mid c_j)$ 的精确值是困难的，因为它需要从用于分类的属性值的所有组合中找到实例 c_j 的分布。这种组合（比如具有学位值和其他属性的收入桶）的数量可能非常大。使用有限的训练集来找这种分布会导致不正确的分类决策，对于大多数组合来说，甚至可能没有一个训练集与它们匹配。为了避免这个问题并简化分类任务，**朴素贝叶斯分类器**（naive Bayesian classifier）假设属性是独立分布的，从而估计：

$$p(d|c_j) = p(d_1|c_j) * p(d_2|c_j) * \cdots * p(d_n|c_j)$$

也就是说，给定所属类 c_j，实例 d 出现的概率是 d 的每个属性值 d_j 的出现概率的乘积。

对于每个类 c_j，根据每个属性 i 的值的分布来导出概率 $p(d_i \mid c_j)$。该分布通过属于每个类 c_j 的训练实例计算得出；分布通常用直方图来估计。例如，我们可以将属性 i 的值域分成相等的间隔，并存储落在每个间隔内的类 c_j 的实例所占的比例。给定属性 i 的值 d_i，$p(d_i \mid c_j)$ 的值就可简化为落在 d_i 所属间隔内的、属于类 c_j 的实例所占的比例。

543

11.4.2.3　支持向量机分类器

支持向量机（Support Vector Machine，SVM）是一类已被发现可在一系列应用中给出非常精确的分类的分类器。在这里我们介绍有关支持向量机分类器的一些基本信息；更深入的信息请参阅参考文献。

支持向量机分类器最好用几何方式来理解。在最简单的情况下，考虑在一个二维平面上的点集，有些点属于类 A，有些点属于类 B。我们给定一些类别已知（A 或者 B）的点作为训练集，并且需要用这些训练点构建一个点分类器。这种情况如图 11-12 所示，其中属于类 A 的点用 X 标记，而属于类 B 的那些点用 O 标记。

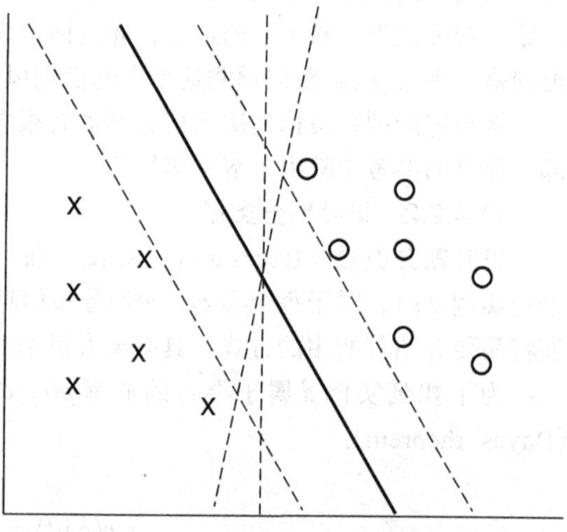

图 11-12　支持向量机分类器示例

假设我们可以在平面上画一条直线，使得属于类 A 的所有点都位于一边，且属于类 B 的所有点都位于另一边。那么，这条直线就可以用来对新的点进行分类，这些新的点的类别我们事先并不知道。但可能会存在很多这样的线，它们能够把类 A 中的点和类 B 中的点区分开来。图 11-12 给出了几条这样的线。支持向量机分类器选择这样的线：它到每个类（来自训练数据集中的点）最近点的距离都最大。然后用这条线（称作最高限界线（maximum margin line））把其他点分到类 A 或类 B 中去，这取决于这些点位于这条线的哪一边。在图 11-12 中，最高限界线用粗体标出，而其他线用虚线画出。 544

上述直观方式可以泛化到多于二维的场景，允许使用多个属性进行分类；在这种情况下，分类器会找一个划分平面，而不是一条线。进而，首先使用一种被称作核函数（kernel function）的特定函数对输入点进行转换，支持向量机分类器可以找到对点集进行分离的非线性曲线。这在不能用直线或平面来分离点的情况下是很重要的。由于噪声的存在，一个类中的某些点可能位于其他类的点的中间。在这种情况下，可能不存在任何直线或者有意义的曲线来分离这两个类中的点，那么，会选择把这些点最准确地分到两个类中的线或曲线。

虽然支持向量机的基本规划是用于二分类器的，即只对两个类进行分类，但是它们也可以用于对多个类进行分类，如下所示：如果存在 N 个类，我们建立 N 个分类器，分类器 i 执行二分类，它把一个点要么分到类 i，要么分到不属于类 i。给定一个点，每个分类器 i 还输出一个值，表示给定点和类 i 的关联程度。然后我们在给定点上应用所有 N 个分类器，并选出关联度值最高的类。

11.4.2.4 神经网络分类器

神经网络分类器利用训练数据训练人工神经网络。现有大量关于神经网络的文献，在这里我们不提供细节，仅概述神经网络分类器的一些关键性质。

神经网络由几层“神经元”组成，每一层都与前一层中的神经元相连。问题的输入实例被送入第一层；每一层的神经元都是基于应用于前一层输入的某些函数而被“激活”的。应用于每个神经元的函数计算输入神经元的激活值的加权组合，并基于此加权组合产生输出。因此，一层中一个神经元的激活值会影响下一层中各神经元的激活值。最后的输出层通常有一个神经元对应于要处理的分类问题的每一个类。对于给定输入，具有最大激活值的神经元决定了该输入的预测类别。

神经网络成功的关键是上述计算中所使用的权重。这些权重是根据训练数据学习得到的。最初将它们置为某些默认值，然后使用训练数据来学习权重。通常，训练是这样来进行的：将每个输入应用到神经网络的当前状态，并检查预测结果是否正确。如果预测错误，则使用反向传播算法（backpropagation algorithm）调整网络中神经元的权重，使预测更接近于当前输入所对应的正确输出。重复此过程会产生一个经过训练的神经网络，然后可以用它对新的输入进行分类。

近年来，神经网络在诸如视觉（如图像中目标的识别）、语音识别和自然语言翻译那样的早期被认为难度很大的任务上取得了很大的成功。视觉任务的一个简单示例是给定一张动物图片（如猫或狗），并识别图片中的物种；这类问题本质上是分类问题。其他示例包括识别图像中出现的目标，并为每个识别出的目标分配一个类别标签。 545

深度神经网络（deep neural network）是一种层数很多的神经网络，它已被证明在给定大量训练实例的任务中非常成功。术语**深度学习**（deep learning）指创建这类深度神经网络并在非常大量的训练实例上训练网络的机器学习技术。

11.4.3 回归

回归（regression）处理的是值的预测，而不是类的预测。给定一组变量的值 $X_1, X_2, \cdots, X_n$，我们希望预测变量 Y 的值。例如，我们可以将教育程度当作一个数值，将收入当作另一个数值，我们希望在这两个变量的基础上预测出违约的可能性，它可以是违约发生机会的百分比，或是违约所涉及的数额。

一种方式是推断系数 $a_0, a_1, \cdots, a_n$，使得

$$Y = a_0 + a_1 * X_1 + a_2 * X_2 + \cdots + a_n * X_n$$

找到这样的线性多项式称作**线性回归**（linear regression）。一般来说，我们期望找到一条适合数据的曲线（用多项式或其他公式来定义），所以该过程又称作**曲线拟合**（curve fitting）。

由于数据中的噪声或由于该关系不完全是多项式的，这种拟合可能只是一种近似，因此回归旨在找到能给出可能最好的拟合的系数。在统计学里有求解回归系数的标准技术。我们在此不讨论那些技术，但在参考文献中提供了有关文献。

11.4.4 关联规则

零售商店经常会对人们购买的不同商品之间的关联感兴趣。有关这种关联的示例是：

- 买面包的人很有可能也买牛奶。
- 购买《数据库系统概念》（*Database System Concepts*）这本书的人很有可能也买《操作系统概念》(*Operating System Concepts*) 这本书。

关联信息可以有多种使用方式。当一位顾客购买了一本特定的书，在线书店可以建议相关的书籍。杂货店可以决定将面包放在靠近牛奶的地方，便于购物者更快地完成其购物任务，因为它们通常是一起被购买的。或者，商店可以将它们放在同一排货架的两头，并将其他相关商品放在中间，以吸引购物者在从这一排货架的一头走到另一头时也购买中间这些商品。商店对一种商品打折，可能不会对另一种与之关联的商品打折，因为顾客不管怎样都很可能购买另外这种商品。

546

关联规则的一个示例是：

$$bread \Rightarrow milk$$

在杂货店采购的上下文环境中，该规则说明购买面包的顾客也倾向于购买牛奶的概率很高。一条关联规则一定有一个相关的**个体总数**（population）：该个体总数由一个**实例**（instance）集构成。在杂货店示例中，个体总数可能包含所有的杂货店购买行为；每次购买行为是一个实例。在书店的情况下，个体总数可能包含所有购过书的人，不管他们是何时购买的。每位顾客就是一个实例。在书店的示例中，分析人员决定什么时候购书是不重要的；而对于杂货店示例来说，分析人员可以决定关注于单次购买行为，忽略同一位顾客多次光顾的情况。

规则有相关的*支持度*和相关的*置信度*。它们是在个体总数的上下文环境中定义的。

- **支持度**（support）度量的是同时满足规则前提和结论的个体总数所占的比例。

  例如，假设包括牛奶和螺丝刀的购买行为仅占所有购买行为的 0.001，则规则

  $$milk \Rightarrow screwdrivers$$

  的支持度很低。该规则甚至可能没有什么统计学意义——也许仅有一次购买行为既包括牛奶又包括螺丝刀。商业机构通常对具有低支持度的规则不感兴趣，因为那些规则只有少数顾客参与，不值得考虑。

  另一方面，如果所有购买行为的 50% 都包含牛奶和面包，则涉及面包和牛奶（没有其他商品）的规则的支持度相对较高，并且这样的规则可能是值得注意的。至

于到底多少才是值得考虑的最小支持度取决于应用。

- **置信度**（confidence）度量的是当前提为真时结论为真的频率。例如，如果在包括面包的购物行为中有 80% 又包括了牛奶，则规则

$$bread \Rightarrow milk$$

的置信度为 80%。具有较低置信度的规则是没有意义的。在商业应用中，规则的置信度通常比 100% 小很多，而在其他领域，例如在物理学中，规则可能具有较高的置信度。

注意，虽然 $bread \Rightarrow milk$ 与 $milk \Rightarrow bread$ 具有相同的支持度，但它们的置信度可能会有很大差异。

547

11.4.5 聚类

直观地，聚类是指在给定数据中找到点的簇的问题。**聚类**（clustering）问题可以从不同方式的距离度量中形式化而来。一种方式是将它表述为把点分组为 k 个集合（对于给定的 k）的问题，使得这些点到它们所属聚类质心（centroid）的平均距离最小[⊖]。另一种方式是对点分组使得每个聚类中每对点之间的平均距离最小。还有其他一些定义，详细信息请参见参考文献。但所有这些定义背后的意图都是将相似的点一起划分到一个单独的集合中去。

另一类聚类出现在生物学分类系统中。（这种分类系统并不打算对类进行预测，而是试图将相关项目聚类到一起。）例如，豹和人被聚类到哺乳动物类，而鳄鱼和蛇被聚类到爬行动物类。哺乳动物和爬行动物都属于脊椎动物类。哺乳动物的聚类还有子聚类，例如食肉类和灵长类。我们由此得到**层次聚类**（hierarchical clustering）。给定不同物种的特性，生物学家创建了一个复杂的层次聚类模式，将相关物种一起聚合到不同的层次等级中。

统计学界已经对聚类进行了深入研究。数据库研究提供了能够对非常庞大的数据集（无法放入内存）聚类的可伸缩聚类算法。

聚类的一个有趣应用是预测一个人可能对何种新电影（或书，或音乐）感兴趣，该应用基于以下几点：

1. 此人以往对电影的喜好。
2. 有类似以往喜好的其他人。
3. 这些人对新电影的喜好。

这个问题的一种解决方案如下：为了找到过去有相似喜好的人，我们根据他们对电影的喜好创建人的聚类。聚类的精度可以通过下述方法改进：基于他们的相似性对以往的电影聚类，这样即使有些人并没有观看相同的电影，如果他们曾经观看过相似的电影，那么他们也将被聚类到一起。我们可以重复这个聚类过程，交替地对人聚类，然后对电影，然后再对人，以此类推，直到达到平衡为止。给定一个新的用户，我们基于该用户对已看过的电影的喜好，找出与该用户最相似的用户聚类。然后我们可以预测，该新用户可能会对受该用

548

⊖ 一个点集的质心被定义为一个点，它在每个维度上的坐标是该集合中所有点在相应维度上坐标的平均值。以二维为例，点集 $\{(x_1, y_1), (x_2, y_2), \cdots, (x_n, y_n)\}$ 的质心由 $\left(\frac{\sum_{i=1}^{n} x_i}{n}, \frac{\sum_{i=1}^{n} y_i}{n}\right)$ 给定。

户所在聚类欢迎的电影聚类中的电影感兴趣。事实上，这个问题是协同过滤（collaborative filtering）的一个实例，用户们协同地完成过滤信息的任务以找出感兴趣的信息。

11.4.6 文本挖掘

文本挖掘（text mining）将数据挖掘技术应用到文本文档中。有很多不同的文本挖掘任务。其中一项这样的任务就是**情感分析**（sentiment analysis）。例如，假设一家公司希望发现用户对新产品的反应如何。通常来说，网上会有大量的产品评论——例如，不同用户在电子商务平台上的评论。阅读每一篇评论来发现用户反应对人来说是不现实的。取而代之的是，这家公司可以分析评论，以找出该产品评论的情感（sentiment）；情感可以是积极的、消极的或中性的。诸如妙极了（excellent）、好（good）、很好（awesome）、漂亮（beautiful）等特定词语的出现与积极情感相关，而诸如差（bad）、一般般（average）、不中用（worthless）、质量差（poor quality）等与消极情感相关。情感分析技术可以用来分析评论，并给出一个反映评论的广泛意义的总体得分。

另一项任务是**信息抽取**（information extraction），它从非结构化文本描述或半结构化数据（如文档中的数据表格化展示）中创建结构化信息。该过程的一个关键子任务是**实体识别**（entity recognition），即识别文本中提到的实体并消除歧义的任务。例如，一篇文章可能会提到 Michael Jordan 这个名字。至少有两位名人叫 Michael Jordan：一位是篮球运动员，而另一位是著名的机器学习领域教授。**消歧**（disambiguation）是指在特定的文章中找出被引用的是这两位名人中哪一位的过程，这可以根据文章的上下文来实现；在这种情况下，出现在体育类文章中的 Michael Jordan 这个名字可能指的是那位篮球运动员，而出现在机器学习论文中的这个名字可能指的是那位教授。在实体识别之后，可以使用其他技术来学习出实体的属性以及实体之间的联系。

信息抽取可以有多种使用方式。例如，它可以用来分析客户支持的对话或发布在社交媒体上的评论，以判断客户的满意度，并决定何时需要干预以留住客户。服务提供者可能想知道一个正面或负面的评价针对的是服务的哪些方面，比如价格、质量、卫生或服务提供者的行为；信息抽取技术可以用来推断一篇文章或文章中的一部分是关于哪些方面的，并推断出相关联的情感。还可以抽取出诸如服务位置那样的属性，这些属性对于采取纠正措施非常重要。

从网络上大量的文档和其他资源中提取出的信息对于许多任务都是有价值的。这种提取出的信息可以用图来表示，称为**知识图谱**（knowledge graph），我们在 8.1.4 节中已经对此做了概述。网络搜索引擎使用这种知识图谱来为用户查询生成更有意义的应答。

549

11.5 总结

- 数据分析系统分析由事务处理系统收集的在线数据以及从其他数据源收集的数据，以帮助人们做出商业决策。决策支持系统有不同的形式，包括 OLAP 系统和数据挖掘系统。
- 数据仓库有助于收集和归档重要的运行数据。数据仓库用于基于历史数据的决策支持和分析，例如趋势预测。对来自输入数据源的数据进行清理通常是数据仓库中的一项重大任务。数据仓库的模式一般是多维的，包括一张或几张非常大的事实表以及几张很小的维表。

- 联机分析处理（OLAP）工具帮助分析人员用不同的方式查看汇总数据，使他们能够洞察一个组织机构的运行。
  - OLAP 工具工作在以维属性和度量属性为特性的多维数据之上。
  - 数据立方体由以不同方式汇总的多维数据构成。预先计算数据立方体有助于提高汇总数据上的查询速度。
  - 交叉表的显示允许用户一次查看多维数据的两个维度以及汇总数据。
  - 下钻、上卷、切片和切块是用户使用 OLAP 工具执行的一些操作。
- SQL 标准提供了一系列用于数据分析的操作符，包括 **cube**、**rollup** 和 **pivot**。
- 数据挖掘是一个能半自动地分析大型数据库以找出有用模式的过程。数据挖掘的应用有许多，比如基于以往示例的数值预测、发现购买行为之间的关联，以及人和电影的自动聚类。
- 分类处理的是：基于训练用例的属性和训练用例实际所属的类别，通过利用测试用例的属性来预测测试用例所属的类别。分类器类型有多种，例如：
  - 决策树分类器，它通过基于训练用例所构造的一棵树来执行分类，该树的叶节点具有类别标签。
  - 基于概率论的贝叶斯分类器。
  - 支持向量机是另一种广泛使用的分类技术。
  - 神经网络，特别是深度学习，在视觉、语音识别、语言理解和翻译领域的分类与相关任务中都已取得了很大的成功。

550

- 关联规则识别经常同时出现的项，比如同一位顾客可能购买的一些商品。相关性找出与期望关联水平的偏离。
- 其他类型的数据挖掘包括聚类和文本挖掘。

术语回顾

- 决策支持系统
- 商务智能
- 数据仓库
  - 数据收集
  - 源驱动体系结构
  - 目标驱动体系结构
  - 数据清理
  - 抽取、转换、加载（ETL）
  - 抽取、加载、转换（ELT）
- 数据仓库模式
  - 事实表
  - 维表
  - 星型模式
  - 雪花模式
- 面向列的存储
- 联机分析处理（OLAP）
- 多维数据
  - 度量属性
  - 维属性
  - 层次结构
  - 交叉表 / 旋转
  - 数据立方体
  - 上卷和下钻
  - SQL: **group by cube**、**group by rollup**
- 数据可视化
- 数据挖掘
- 预测
- 分类
  - 训练数据
  - 测试数据
- 决策树分类器
- 贝叶斯分类器
  - 贝叶斯定理
  - 朴素贝叶斯分类器

- 支持向量机（SVM）
- 回归
- 神经网络
- 深度学习
- 关联规则
- 聚类

551

- 文本挖掘
  - 情感分析
  - 信息抽取
  - 命名实体识别
  - 知识图谱

实践习题

11.1 与目标驱动体系结构相比，请描述用于数据仓库的数据收集的源驱动体系结构的优缺点。

11.2 请画一张图来表示附录 A 中的大学示例中的 *classroom* 关系如何在面向列的存储结构中存储。

11.3 考虑 *takes* 关系。请写出能够计算如下交叉表的 SQL 查询：该交叉表各有一列对应于 2017 年和 2018 年，并有一列对应于 **all** 值；各有一行对应于每门课程，并有一行对应于 **all** 值。表中的每个单元应该包含在相应年份选修过相应课程的学生人数，对应于 **all** 值的列包含所有年份的聚集值，对应于 **all** 值的行包含所有课程的聚集值。

11.4 考虑图 11-2 描述的数据仓库模式。给出一条 SQL 查询，按照商店和日期，以及商店和日期上的层次结构来汇总销售数量和价格。

11.5 分类可以使用*分类规则*（classification rule）完成，分类规则有*条件*（condition）、*类*（class）和*置信度*（confidence）；置信度是满足条件且确实属于特定类的输入所占百分比。

例如，用于信用评级的一条分类规则可能是这样的：条件为薪水介于 30 000 美元和 50 000 美元之间且教育水平为大学毕业，对应的信用评级类为良好，置信度为 80%。第二条规则可能是：条件为薪水介于 30 000 美元和 50 000 美元之间且教育水平为高中，对应的信用评级类为较好，置信度为 80%。第三条规则可能是：条件为薪水超过 50 001 美元，对应的信用评级类为优秀，置信度为 90%。请给出与上述规则相对应的决策树分类器。

请展示如何扩展该决策树分类器来记录置信度的值。

11.6 考虑这样一个分类问题：分类器预测一个人是否患有一种特定的疾病。假设 95% 的被测试者并没有患这种病。用 *pos* 表示*真阳*的比例，则测试用例的 *pos* 为 5%；并用 *neg* 表示*真阴*的比例，则测试用例的 *neg* 为 95%。考虑下列分类器：

- 分类器 C_1 总是预测阴性（当然这是一个相当没用的分类器）。
- 分类器 C_2 将 80% 的实际患病的人预测为阳性，但也将 5% 的没患病的人预测为阳性。
- 分类器 C_3 将 95% 的实际患病的人预测为阳性，但也将 20% 的没患病的人预测为阳性。

552

对于每个分类器，令 *t_pos* 表示*真阳*（true positive）的比例，即分类器预测为阳性且此人确实患有该疾病的情况的比例。令 *f_pos* 表示*假阳*（false positive）的比例，即分类器预测为阳性但此人未患有该疾病的情况的比例。令 *t_neg* 表示*真阴*（true negative）的比例，*f_neg* 表示*假阴*（false negative）的比例，具体定义与上面相似，但针对那些分类器给出的预测为阴性的情况。

a. 为每个分类器计算如下指标：

  i. *正确率*（accuracy），其定义为 (*t_pos* + *t_neg*) / (*pos* + *neg*)，即分类器给出正确分类结果的比例。

  ii. *召回率*（recall），也称为*敏感度*（sensitivity），其定义为 *t_pos* / *pos*，即那些真实类别为阳性的样本中有多少被分类为阳性。

  iii. *准确率*（precision），其定义为 *t_pos* / (*t_pos*+*f_pos*)，即有多少被预测为阳性的预测是正确的。

  iv. *特异度*（specificity），其定义为 *t_neg* / *neg*。

b. 如果你想用分类结果去对这种疾病进行进一步筛查，你会如何选择这些分类器？

c. 如果你想利用分类结果开始药物治疗，但药物可能会对不患有该疾病的人产生有害影响，你会如何选择这些分类器？

习题

11.7 在支持数据仓库的数据库系统中，为什么面向列的存储具有潜在的优势？

11.8 将每个 *takes* 和 *teaches* 关系看作事实表；它们没有显式的度量属性，但是假设每个表都有一个 *reg_count* 度量属性，其属性值总是 1。在每种情况下，维属性和维表是什么？结果模式是星型模式还是雪花模式？

11.9 考虑图 11-2 的星型模式。假设一名分析人员发现，从 2018 年 4 月到 2018 年 5 月，月度总销售额（所有 *sales* 元组的 *price* 值的总和）没有增长，而是下降了。该分析人员想要检查销售额的下降是否是由特定的商品类别、商店或顾客国籍所导致的。

553

a. 该分析人员应该从哪些聚集开始检查，以及需要执行哪些相关的下钻操作？

b. 请写出 SQL 查询，列出导致销售额下降的商品类别，按各类别对销售额下降的影响程度排序，影响最大的类别排在最前面。

11.10 假设一家服装商店所有交易的一半都购买了牛仔裤，该商店所有交易的三分之一购买了 T 恤衫。再假设购买牛仔裤的交易中有一半也购买了 T 恤衫。请写出你能从上述信息中推导出来的所有（非平凡的）关联规则，并给出每条规则的支持度和置信度。

11.11 一本书中部、章、节和小节的组织和聚类有关。请解释其原因以及是什么形式的聚类。

11.12 以你喜欢的体育运动为例，建议一支运动队如何利用预测挖掘技术。

工具

可用的数据仓库系统包括 Teradata、Teradata Aster、SAP IQ（以前称为 Sybase IQ）和 Amazon Redshift，它们都支持跨大量机器的并行处理。包括 Oracle、SAP HANA、Microsoft SQL Server 和 IBM DB2 在内的许多数据库通过增加诸如列存储那样的特性来支持数据仓库应用。有很多商用 ETL 工具，包括来自 Informatica、Business Objects、IBM InfoSphere、Microsoft Azure Data Factory、Microsoft SQL Server Integration Services、Oracle Warehouse Builder 和 Pentaho Data Integration 的工具。开源的 ETL 工具包括 Apache NiFi（nifi.apache.org)、Jasper ETL（www.jaspersoft.com/data-integration）和 Talend（sourceforge.net/projects/talend-studio）。Apache Kafka（kafka.apache.org）也可以用于构建 ETL 系统。

大多数数据库厂商提供了 OLAP 工具作为其数据库系统一部分，或作为附加应用。其中包括来自 Microsoft、Oracle、IBM 和 SAP 的 OLAP 工具。Mondrian OLAP 服务器（github.com/pentaho/mondrian）是开源的 OLAP 服务器。Apache Kylin（kylin.apache.org）是开源的分布式分析引擎，它可以处理存储在 Hadoop 中的数据，构建 OLAP 立方体并将其存储在 HBase 键值存储中，然后使用 SQL 查询所存储的立方体。很多公司也为特定应用（如客户关系管理）提供了分析工具。

可视化工具包括 Tableau（www.tableau.com)、FusionCharts（www.fusioncharts.com)、plotly（plot.ly)、Datawrapper（www.datawrapper.de）和 Google Charts（developers.google.com/chart）。

554

Python 语言在机器学习任务中非常流行，因为有许多可用于机器学习任务的开源库。出于同样的原因，R 语言也被广泛用于统计分析和机器学习。Python 中常用的实用程序库包括提供数组和矩阵运算的 NumPy（www.numpy.org)，提供线性代数、优化和统计函数的 SciPy（www.scipy.org）以及提供数据的关系抽取的 Pandas（pandas.pydata.org）。Python 中常用的机器学习库包括给 SciPy 添加了图像处理与机器学习功能的 SciKit-Learn（scikit-learn.org）。Python 中的深度学习库包括 Google 开发的 Keras（keras.io）和 TensorFlow（www.tensorflow.org）；TensorFlow 提供了多种语言的 API，特别是对 Python 有良好的支持。文本挖掘由自然语言处理库（如 NLTK（www.nltk.org））与网络信息爬取库（如 Scrapy(scrapy.org)）所提供。可视化由诸如 Matplotlib(matplotlib.org)、Plotly(plot.ly) 和 Bokeh(bokeh.pydata.org) 那样的库来提供。

数据挖掘的开源工具包括 RapidMiner（rapidminer.com)、Weka（www.cs.waikato.ac.nz/ml/weka)

和 Orange（orange.biolab.si）。商用工具包括 SAS Enterprise Miner、IBM Intelligent Miner 和 Oracle Data Mining。

延伸阅读

[Kimball et al. (2008)] 和 [Kimball and Ross (2013)] 提供了讲述数据仓库与多维建模的教科书。

[Mitchell (1997)] 是有关机器学习的经典教材，它详细讲述了分类技术。[Goodfellow et al. (2016)] 是一本关于深度学习的权威教材。[Witten et al. (2011)] 和 [Han et al. (2011)] 提供了讲述数据挖掘的教科书。[Agrawal et al. (1993)] 介绍了关联规则的概念。

关于 R 语言和环境的信息可于 www.r-project.org 查阅；关于 SparkR 包的信息可于 spark.apache.org/docs/latest/sparkr.html 查阅，该包为 Apache Spark 提供了 R 前端。

[Chakrabarti (2002)]、[Manning et al. (2008)] 和 [Baeza-Yates and Ribeiro-Neto (2011)] 提供了描述信息检索的教材，它们深入讲述了有关文本和超文本数据的数据挖掘任务，比如分类与聚类。

参考文献

[Agrawal et al. (1993)] R. Agrawal, T. Imielinski, and A. Swami, "Mining Association Rules between Sets of Items in Large Databases", In *Proc. of the ACM SIGMOD Conf. on Management of Data* (1993), pages 207-216.

555

[Baeza-Yates and Ribeiro-Neto (2011)] R. Baeza-Yates and B. Ribeiro-Neto, *Modern Information Retrieval*, 2nd edition, ACM Press (2011).

[Chakrabarti (2002)] S. Chakrabarti, *Mining the Web: Discovering Knowledge from HyperText Data*, Morgan Kaufmann (2002).

[Goodfellow et al. (2016)] I. Goodfellow, Y. Bengio, and A. Courville, *Deep Learning*, MIT Press (2016).

[Han et al. (2011)] J. Han, M. Kamber, and J. Pei, *Data Mining: Concepts and Techniques*, 3rd edition, Morgan Kaufmann (2011).

[Kimball and Ross (2013)] R. Kimball and M. Ross, "The Data Warehouse Tookit: The Definitive Guide to Dimensional Modeling", John Wiley and Sons (2013).

[Kimball et al. (2008)] R. Kimball, M. Ross, W. Thornthwaite, J. Mundy, and B. Becker, "The Data Warehouse Lifecycle Toolkit", John Wiley and Sons (2008).

[Manning et al. (2008)] C. D. Manning, P. Raghavan, and H. Schütze, *Introduction to Information Retrieval*, Cambridge University Press (2008).

[Mitchell (1997)] T. M. Mitchell, *Machine Learning*, McGraw Hill (1997).

[Witten et al. (2011)] I. H. Witten, E. Frank, and M. Hall, *Data Mining: Practical Machine Learning Tools and Techniques with Java Implementations*, 3rd edition, Morgan Kaufmann (2011).

556

存储管理和索引

尽管数据库系统提供了数据的高级视图，但最终必须将数据以位的形式存储在一个或多个存储设备上。如今，绝大多数数据库系统都将数据存储在磁盘上，而将对性能有更高要求的数据存储在基于闪存的固态硬盘上。数据库系统将数据提取到主存中进行处理，并将数据写回到存储器以保持持久性。数据也被复制到磁带和其他备份设备以进行归档存储。存储设备的物理特性在存储数据的方式中起着主要作用，特别是因为对磁盘上一段随机数据的访问要比主存访问慢得多。磁盘访问需要花费数十毫秒，基于闪存的存储访问需要花费 20 到 100 微秒，而主存访问只需要花费十分之一微秒。

第 12 章从物理存储介质的概述开始，包括磁盘和基于闪存的固态硬盘（SSD）。然后，该章介绍可以最大限度地减少由于设备故障而导致数据丢失的概率的机制，包括 RAID。该章的结尾讨论高效的磁盘块访问技术。

第 13 章介绍如何将记录映射到文件，然后将文件映射到磁盘上的位。然后，该章介绍对磁盘数据的主存缓冲区的高效管理技术。该章还会介绍在数据分析系统中使用的面向列的存储。

许多查询只涉及文件中的小部分记录。索引是一种结构，它有助于快速定位关系的所需记录，而无须检查所有记录。第 14 章将介绍数据库系统中使用的几种类型的索引。

第 12 章

Database System Concepts, Seventh Edition

物理存储系统

在前面各章中，我们强调了数据库较高层的模型。例如，在概念层或逻辑层上，我们认为关系模型中的数据库是表的集合。实际上，数据库的逻辑模型正是数据库用户所关注的恰当层次。这是因为数据库系统的目标是简化和协助对数据的访问；数据库系统的用户不应当被系统实现的物理细节所困扰。

然而，在本章以及在第 13～16 章中，当描述实现前面章节中所介绍的数据模型和语言的各种方法时，我们将在更高的层次之下进行探讨。我们从底层存储介质的特性开始，特别关注于磁盘和基于闪存的固态硬盘，然后讨论如何通过使用多个存储设备创建高可靠性的存储结构。

12.1 物理存储介质概述

在大多数计算机系统中存在多种数据存储类型。根据访问数据的速度、购买介质时每单位数据的成本，以及介质的可靠性可以对这些存储介质进行分类。有代表性的可用介质包括以下这几种。

- **高速缓存**（cache）。高速缓存是最快且最昂贵的存储形式。高速缓存相对较小，由计算机系统硬件来管理它的使用。在数据库系统中我们不会考虑对高速缓存的管理。然而值得注意的是，在设计查询处理的数据结构和算法时，数据库实现者们确实注意到了高速缓存的影响，我们将在本章的后面再来回顾这个问题。
- **主存**（main memory）。主存是用于存放可被操作的数据的存储介质。通用机器指令在主存上执行。个人计算机中的主存可以包含数十个 GB 的数据，大型服务器系统中的主存甚至可以包含成百上千 GB 的数据，一般情况下对于很大的数据库而言，主存对于整个数据库的存储来说还是太小（或者太昂贵），但是许多企业数据库是可以放入主存的。然而，在发生电源故障或者系统崩溃的情况下，主存中的内容会丢失，因此主存被认为是**易失**（volatile）的。
- **闪存**（flash memory）。闪存不同于主存的地方是即使在电源关闭（或故障）时数据也可被保存下来。也就是说，它是**非易失**（non-volatile）的。闪存的每字节代价比主存要低，但是比磁盘的每字节代价要高。

  闪存广泛应用于诸如照相机和手机之类设备中的数据存储。闪存也被用来在“USB 闪存驱动器”（也称为“闪盘”）中存储数据，它可以插入计算机设备的通用串行总线（Universal Serial Bus，USB）插槽中。

  闪存也越来越多地被用作个人计算机以及服务器中磁盘的替代品。**固态硬盘**（Solid-State Drive，SSD）在内部使用闪存来存储数据，但提供与磁盘类似的接口，允许以块为单位来存储或检索数据；这种接口称为面向块的接口（block-oriented interface）。块规模通常从 512 字节到 8 KB 不等。截至 2018 年，1 TB 的 SSD 大约花费 250 美元。我们将在 12.4 节提供关于闪存的详细信息。

559

- **磁盘存储器**（magnetic-disk storage）。用于长期在线数据存储的主要介质是磁盘驱动器，它也被称为**硬盘驱动器**（Hard Disk Drive，HDD）。磁盘和闪存类似，都是非易失的：也就是说，磁盘存储器不会因为电源故障和系统崩溃而丢失数据。磁盘有时可能会发生故障而导致数据被破坏，但这种故障与系统崩溃和电源故障相比非常罕见。

  为了访问存储在磁盘上的数据，系统必须先将数据从磁盘移到主存，在主存中数据才能够被访问到。在系统执行完指定的操作后，必须将被修改过的数据写回磁盘。

  多年来，磁盘容量一直在稳步增长。截至 2018 年，磁盘规模从 500 GB 到 14 TB 不等，且 1 TB 磁盘的价格约为 50 美元，而 8 TB 磁盘的价格约为 150 美元。尽管磁盘比 SSD 便宜得多，但在每秒可支持的数据访问操作数量方面，它的性能却较低。我们将在 12.3 节中提供有关磁盘的详细信息。

- **光学存储器**（optical storage）。*数字视频磁盘*（Digital Video Disk，DVD）是一种光存储介质，它通过使用激光光源进行数据的写入和读回。蓝光 DVD（Blu-ray DVD）格式的容量是 27 GB 到 128 GB，这取决于所支持的层的数量。尽管 DVD 最初的（并且仍然是主要的）用途是存储视频数据，但它们能够存储任何类型的数字式数据，包括数据库内容的备份。DVD 不适合存储活跃的数据库数据，因为访问一段给定数据所需的时间与访问磁盘上数据所花费的时间相比可能相当长。 560

  一些 DVD 版本是只读的，数据在生产 DVD 的工厂中被写入，另一些版本支持*写一次*（write-once），允许 DVD 被写入一次，但不能重写，还有一些版本可以多次重写。只能写入一次的盘片称为**写一次读多次**（Write-Once,Read-Many，WORM）盘。

自动光盘机（jukebox）系统包含少量驱动器和大量可按要求（通过机械手）自动装入某一驱动器的盘片。

- **磁带存储器**（tape storage）。磁带存储器主要用于备份数据和归档数据。归档（archival）数据指的是必须长期安全保存的数据，通常是出于法律原因。磁带比磁盘便宜，并可以安全地存储数据很多年。但是，对数据的访问要慢得多，因为磁带必须从磁带的开头按顺序访问；磁带可以很长，访问数据需要数十至数百秒。因为这个原因，磁带存储器被称为**顺序访问**（sequential-access）的存储器。相对而言，磁盘和 SSD 存储器被称为**直接访问**（direct-access）的存储器，因为可以从磁盘上的任何位置读取数据。

  磁带具有很大的容量（目前可用的有 1 TB 到 12 TB 的容量），并且可以从磁带驱动器卸下。磁带驱动器往往很昂贵，但是单个磁带通常比具有相同容量的磁盘便宜得多。其结果是，磁带非常适合进行便宜的归档存储以及在不同地点之间转移大量的数据。磁带的两个常见用例是大型视频文件的归档存储以及大容量科学数据的存储，这些数据可以多达许多 PB（1 PB = 10^{15} 字节）。

  磁带库（自动光盘机）用于保存大量的磁带，无须人工干预即可自动存储和检索磁带。

根据不同存储介质的速度和成本，可以把它们按层次结构组织起来（见图 12-1）。层次越高的存储介质的成本越贵，但是速度越快。当我们沿着层次结构向下，存储介质每比特的成本下降，但是访问时间会增加。这种权衡是合理的：如果在其他性质相同的情况下，一个给定的存储系统比另外的存储系统快且便宜，那么就没有理由使用那种又慢又昂贵的存储器了。

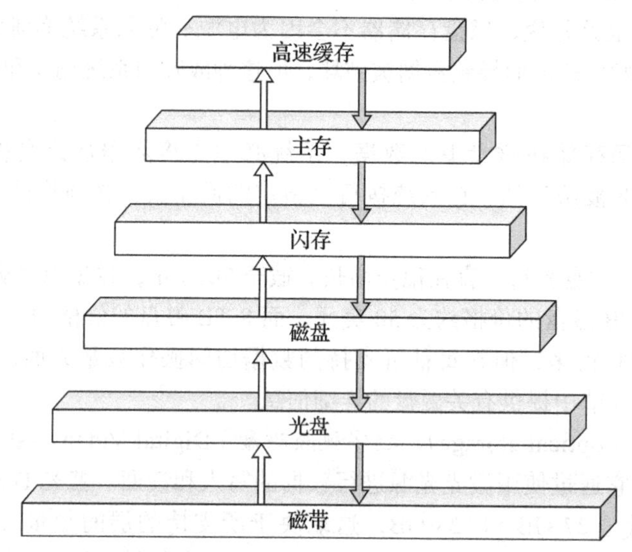

图 12-1　存储设备的层次结构

最快的存储介质（例如高速缓存和主存）称为**主存储器**（primary storage）。层次结构中主存储介质的下一层介质（例如闪存和磁盘）称为**辅助存储器**（secondary storage），或**在线存储器**（online storage）。层次结构中最底层的介质（如磁带和光盘）称为**三级存储器**（tertiary storage），或**离线存储器**（offline storage）。

不同存储系统除了速度和成本不同之外，还存在存储易失性的问题。在图 12-1 所示的层次结构中，从主存向上的存储系统都是易失的，而从闪存向下的存储系统都是非易失的。为了安全保存，必须将数据写到非易失的存储器中。我们将在后面第 19 章中详述面对系统故障时安全存储数据的主题。

12.2　存储器接口

磁盘以及基于闪存的固态硬盘通过高速互连连接到计算机系统。磁盘通常支持**串行 ATA**（Serial ATA，SATA）接口或**串行连接的 SCSI**（Serial Attached SCSI，SAS）接口。SAS 接口通常仅在服务器中使用。SATA 的 SATA-3 版本名义上支持每秒传输 6 GB 的数据，实际允许每秒最多传输 600 MB 的数据，而 SAS 的版本 3 所支持的数据传输速率为每秒 12 GB。**非易失性存储器标准**（Non-Volatile Memory Express，NVMe）接口是为了更好地支持 SSD 而开发的逻辑接口标准，并且通常与 PCIe 接口一起使用（PCIe 接口提供计算机系统内部的高速数据传输）。

而磁盘通常可以通过电缆直接连接到计算机系统的磁盘接口，它们也可以被远程放置并通过高速网络连接到计算机。在**存储区域网**（Storage Area Network，SAN）体系结构中，大量的磁盘通过高速网络与许多服务器机相连。通常采用一种称作独立磁盘冗余阵列（Redundant Arrays of Independent Disks，RAID）（将在后面 12.5 节中介绍）的存储组织技术来对磁盘进行本地组织，以便为服务器提供一个非常大的并且非常可靠的磁盘的逻辑视图。在存储区域网中使用的互连技术包括：iSCSI，它允许在 IP 网络上发送 SCSI 命令；光纤通

561～562

道（Fiber Channel，FC），它支持每秒 1.6 GB 至 12 GB 的传输速率，具体取决于其版本；以及 InfiniBand，它提供了非常低延迟的高带宽网络通信。

附网存储（Network Attached Storage，NAS）是 SAN 的一种替代方案。NAS 很像 SAN，但是它通过使用诸如 NFS 或 CIFS 那样的网络文件系统协议来提供文件系统接口，而不是看似一张大磁盘的网络存储。近年来，**云存储**（cloud storage）的使用也在增长，数据被存储在云端并通过 API 访问。如果数据与数据库不在同一位置，云存储的延迟会非常高，达到数十到数百毫秒，因此作为数据库的底层存储它并不理想。但是，应用程序通常使用云存储来存储对象。我们将在 21.7 节中进一步讨论基于云的存储系统。

12.3　磁盘

磁盘为现代计算机系统提供了大部分的辅助存储。尽管磁盘容量每年都在稳定增长，但是大型应用对存储的需求也在非常快速地增长，在有些情况下甚至比磁盘容量的增长速度还要快。"网络规模"的超大型数据库需要数千到数万张磁盘来存储它们的数据[⊖]。

近年来，SSD 存储容量迅速增长，并且 SSD 的成本显著下降；SSD 的可承受性越来越强，加之它们的性能更好，这使得 SSD 在一些应用中越来越成为磁盘存储的竞争对手。然而，在 SSD 上存储每字节的成本大约是在磁盘上存储每字节的成本的六到八倍，这样的事实意味着磁盘在许多应用中仍然是存储非常大量数据的首选。此类数据的示例包括视频和图像数据，以及访问频率较低的数据，比如许多 Web 级应用中的用户生成数据。然而，SSD 已经越来越成为企业数据的首选。

12.3.1　磁盘的物理特性

图 12-2 显示了磁盘的示意图，而图 12-3 显示了实际磁盘的内部结构。每张磁盘的**盘片**（platter）具有扁平的圆形形状。它的两个表面被磁性材料覆盖，并且信息被记录在其表面上。盘片是由硬质金属或玻璃制成的。

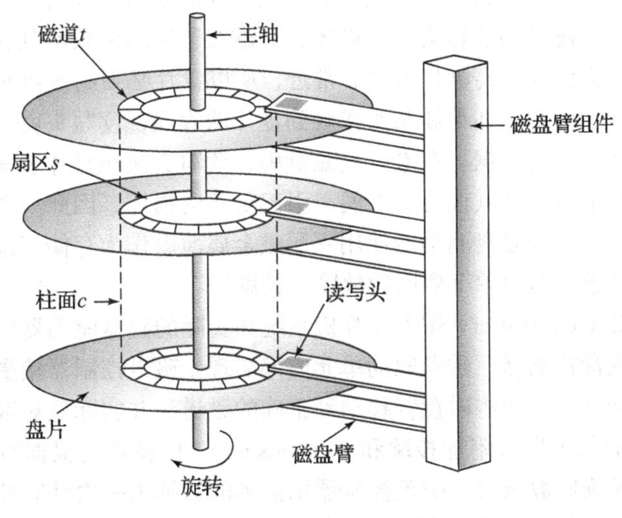

图 12-2　磁盘的示意图

⊖ 我们将在后面的第 21 章中学习如何在并行计算系统中跨多个节点来对这样大量的数据进行分区。

图 12-3　实际磁盘的内部结构

在使用磁盘时，驱动电机以恒定的高速旋转磁盘，通常是每分钟 5400 到 10 000 转，具体取决于型号。有一个读写头正好位于盘片表面的上方。盘片的表面被逻辑地划分为**磁道**（track），磁道又被划分为**扇区**（sector）。**扇区**（sector）是从磁盘读出和写入信息的最小单位。扇区的大小通常为 512 字节，并且当今的磁盘具有 20 亿到 240 亿个扇区。内侧磁道（离转轴更近的地方）比外侧磁道的长度更短，且外侧磁道比内侧磁道拥有更多的扇区。

563～564

通过反转磁性材料磁化的方向，**读写头**（read-write head）将信息磁化存储到扇区上。

磁盘盘片的每一面都有一个读写头，读写头通过在盘片上移动来访问不同的磁道。一张磁盘通常包括很多个盘片，所有磁道的读写头被安装在一个被称为**磁盘臂**（disk arm）的单独装置上，并且一起移动。安装在转轴上的磁盘盘片和安装在磁盘臂上的读写头合在一起被称为**磁头 - 磁盘装置**（head-disk assembly）。因为所有盘片上的读写头是一起移动的，所以当一个盘片上的读写头位于第 i 条磁道上时，所有其他盘片的读写头也都在它们相应盘片的第 i 条磁道上。由此，所有盘片的第 i 条磁道合在一起被称为第 i 个**柱面**（cylinder）。

为了增大记录密度，读写头尽可能地靠近磁盘盘片的表面。读写头一般悬浮于离盘片表面仅数微米的位置上；磁盘的旋转会产生微风，而磁头装置的形状使其在微风作用下恰好浮于盘片表面之上。因为读写头离盘片表面非常近，所以盘片必须制作得非常平。

读写头损坏是一个问题。如果读写头接触到盘片的表面，读写头就会刮掉磁盘上的记录介质，并破坏存放在那里的数据。在老一代磁盘中，读写头接触盘片表面所刮掉的介质在空气中飘浮并散落到其他盘片及其读写头之间，引起更多的损坏，因此一个读写头的损坏可能导致整张磁盘失效。当今的磁盘驱动器使用一层磁金属薄膜作为存储记录的介质。它们对整张磁盘的故障不太敏感，但对单个扇区的故障比较敏感。

磁盘控制器（disk controller）作为计算机系统和实际的磁盘驱动器硬件之间的接口。在现代磁盘系统中，磁盘控制器在磁盘驱动单元内部实现。磁盘控制器接受高层次的读或写扇区的命令，然后开始操作，如将磁盘臂移动到正确的磁道，并实际地对数据进行读或写。磁盘控制器为它所写的每个扇区附加**校验和**（checksum），校验和是根据写到扇区中的数据计算得出的。当从扇区读回数据时，磁盘控制器用读到的数据再一次计算校验和，并将其与存储的校验和进行比较。如果数据被破坏，则新计算出的校验和与存储的校验和不匹配的可能性就很高。如果发生了这样的错误，磁盘控制器就会重读几次；如果错误继续发生，磁盘控制器就会发出一个读取失败的信号。

磁盘控制器执行的另一个有趣的任务是**坏扇区的重映射**（remapping of bad sector）。如果磁盘控制器在磁盘初始格式化或尝试写入一个扇区时检测到该扇区已损坏，它会把这个扇区在逻辑上映射到一个不同的物理位置（从为此目的而留出的额外扇区池中分配）。重映射被记录在磁盘上或非易失性存储器中，并且写操作在新的位置上执行。

12.3.2 磁盘的性能度量

磁盘质量的主要度量指标是容量、访问时间、数据传输率和可靠性。 565

访问时间（access time）是从发出读或写请求到数据开始传输之间的时间。为了访问（即读或写）磁盘上指定扇区的数据，磁盘臂必须先移动到正确磁道的上方，然后等待磁盘旋转，直到指定的扇区出现在它下方。磁盘臂重定位的时间称为**寻道时间**（seek time），并且它随磁盘臂必须移动距离的增大而增大。典型的寻道时间在 2～20 毫秒之间，依赖于目标磁道距离磁盘臂初始位置有多远。较小的磁盘因为读写头需要移动的距离较短而通常有较短的寻道时间。

平均寻道时间（average seek time）是寻道时间的平均值，是在一个（均匀分布的）随机请求的序列上测量得出的。如果所有的磁道包含相同数量的扇区，同时我们忽略读写头开始移动和结束移动所花费的时间，那么我们可以得到平均寻道时间是最坏情况下寻道时间的三分之一。考虑到前面忽略的那些因素，平均寻道时间大约是最大寻道时间的一半。当前的平均寻道时间在 4～10 毫秒之间，取决于磁盘的型号㊀。

一旦读写头到达所需的磁道，等待被访问的扇区出现在读写头下所花费的时间称为**旋转延迟时间**(rotational latency time)。当今磁盘的转速在每分钟 5400 转（每秒 90 转）到每分钟 15 000 转（每秒 250 转）之间，或者等价地说，在每转 4 毫秒到每转 11.1 毫秒之间。在平均情况下，磁盘需要旋转半周才能使所要访问的扇区的开始处出现在读写头的下方。因此磁盘的**平均延迟时间**（average latency time）是磁盘旋转一整周时间的一半。具有更高旋转速度的磁盘被用于需要最小化延迟时间的应用中。

这样，访问时间就是寻道时间和延迟时间的总和，平均访问时间在 5～20 毫秒之间，这取决于磁盘的型号。一旦被访问数据的第一个扇区来到读写头的下方，数据传输就开始了。**数据传输率**（data-transfer rate）是从磁盘获取数据或者向磁盘存储数据的速率。目前的磁盘系统支持每秒 50 MB 至 200 MB 的最大传输率。对于磁盘的内侧磁道，传输率明显低于最大传输率，因为它们具有较少的扇区。例如，一张具有最大传输率为每秒 100 MB 的磁盘，其内侧磁道的持续传输率约为每秒 30 MB。

磁盘 I/O 请求通常由文件系统产生，但可以由数据库系统直接产生。每个请求都指定要引用的磁盘上的地址；该地址采用块号（block number）的形式。**磁盘块**（disk block）是存储分配和检索的逻辑单元，而当今的块规模通常在 4 KB 到 16 KB 之间。数据以块为单位在磁盘和主存之间传输。术语**页面**（page）通常用来指块，尽管在一些上下文（如闪存）中，它们指的是不同的东西。 566

从磁盘请求块的序列可以分为顺序访问模式或随机访问模式。在**顺序访问**（sequential

㊀ 较小的 2.5 英寸直径的磁盘比较大的 3.5 英寸磁盘具有更短的磁盘臂运动距离，因此具有较低的寻道时间。其结果是，对于需要最小化延迟时间的应用来说，2.5 英寸的磁盘已经成为首选，尽管 SSD 越来越适合这种应用。较大的 3.5 英寸直径的磁盘具有每字节更低的价格，并在价格是重要因素的数据存储应用中使用。

access）模式中，连续的请求是针对连续编号的块，这些块位于相同的磁道上或相邻的磁道上。为了在顺序访问中读取块，对于第一个块可能需要磁盘寻道，但后续的请求要么不需要寻道，要么需要向相邻的磁道寻道，这比向更远的磁道寻道要快。在顺序访问模式下，数据传输速率是最高的，因为寻道时间最短。

相反，在**随机访问**（random access）模式中，连续的请求是针对随机分布在磁盘上的块的。每一个这样的请求都需要一次寻道。**每秒I/O操作**（I/O Operations per Second，IOPS）数，即在一秒钟内可以由磁盘满足的随机块访问数量，取决于磁盘的访问时间、块的规模和数据传输速率。使用4 KB的块规模，当今的磁盘支持50到200 IOPS，具体取决于型号。由于每次寻道只读取少量（一个块）的数据，随机访问模式下的数据传输速率明显低于顺序访问模式下的数据传输速率。

最后一个经常使用的磁盘度量指标是**平均故障时间**（Mean Time To Failure，MTTF）[㊀]，这是磁盘可靠性的度量指标。磁盘（或其他任何系统）的平均故障时间是：平均说来我们可以期望系统无任何故障连续运行的时间量。据生产商声称，当今磁盘的平均故障时间在500 000到1 200 000小时之间，大约57到136年。事实上，这里声称的平均故障时间是基于新磁盘发生故障的概率计算出的。这里给出的数字的意思是说，对于给定的1000张相对新的磁盘，如果MTTF是1 200 000小时，则平均说来，在1200小时内这些磁盘中将会有一张发生故障。平均故障时间为1 200 000小时并不意味着该磁盘预期可以工作136年！大多数磁盘预期的使用期限在5年左右，并且一旦使用了几年之后，其故障发生率会显著提高。

12.4 闪存

有两种类型的闪存，即NOR闪存和NAND闪存。NAND闪存是主要用于数据存储的变体。从NAND闪存读取数据需要从NAND闪存获取一整页（page）数据（在非常普遍的情况下是4096字节）到主存中。因此，NAND闪存中的页类似于磁盘中的扇区。

567

使用NAND闪存构建的固态磁盘（Solid-State Disk，SSD）提供与磁盘存储相同的面向块的接口。与磁盘相比，SSD可以提供快得多的随机访问：对于SSD，检索一页数据的延迟时间从20到100微秒不等，而磁盘上的随机访问则需要花费5到10毫秒。SSD的数据传输速率比磁盘要高，并且通常受到互连技术的限制；根据SSD的具体型号，带SATA接口的传输速率约为每秒500 MB，使用NVMe-PCIe接口的数据传输速率可达到每秒3 GB，相比之下，磁盘传输速率的每秒最大值约为200 MB。固态硬盘的功耗也明显低于磁盘。

闪存的写入稍有些复杂。写一个闪存页面通常需要花费大约100微秒。但是，一旦写入，就不能直接重写闪存页。相反，必须先将其擦除然后再重写。擦除操作必须在一组页（称为**擦除块**（erase block），即擦除块中的所有页）上执行，并花费2到5毫秒。一个擦除块（在闪存文献中通常就只称为“块”）通常为256 KB到1 MB，并包含128到256个页。另外，一个闪存页可以被擦除的次数是有限的，通常约为100 000到1 000 000次。一旦达到这个限制，在存储位中就可能发生错误。

闪存系统通过将逻辑页号映射到物理页号来限制慢的擦除速度和更新限制的影响。当一

㊀ 术语**平均故障间隔时间**（Mean Time Between Failures，MTBF）通常用于在磁盘驱动器的上下文中指代MTTF，尽管在技术上讲MTBF只应该用于故障后可修复并且可能再次失效的系统的上下文中；因而MTBF将是MTTF和修复的平均时间的总和。磁盘在故障后几乎永远无法修复。

个逻辑页被更新时，它可以被重新映射到已被擦除的任何物理页，并且它原来的位置可以随后被擦除。每个物理页都有一个小的存储区域来保存它的逻辑地址；如果逻辑地址被重新映射到一个不同的物理页，则原来的物理页被标记为已删除。因此，通过扫描物理页，我们可以发现每个逻辑页的位置。为了快速访问，逻辑到物理的页面映射被复制到内存中的**转换表**（translation table）中。

包含多个删除页的块将定期被擦除，要注意先将这些块中未被删除的页复制到一个不同的块（转换表会对这些未删除的页面进行更新）中。由于每个物理页只能更新固定的次数，因此被擦除多次的物理页被指定给“冷数据”，即很少被更新的数据；而尚未被擦除多次的页用于存储“热数据”，即被频繁更新的数据。这种跨物理块均匀分布擦除操作的原则称作**损耗均衡**（wear leveling），而且通常是由闪存控制器透明地执行的。如果一个物理页由于过量更新被损坏，它可以不再被使用，而不影响整个闪存。

所有上述动作通过一个叫作**闪存转换层**（flash translation layer）的软件层执行。在这一层之上，闪存看起来和磁盘存储器一样，都提供同样的面向页 / 扇区的接口，只不过闪存存储要快得多。因此，文件系统和数据库存储结构可以看到相同的底层存储结构的逻辑视图，无论它是闪存还是磁盘存储器。

568

注释 12-1 存储类存储器

虽然闪存是使用最广泛的非易失性存储器类型，但多年来已经开发了许多可替代的非易失性存储器技术。这些技术中有几种允许对单个字节或字进行直接的读和写访问，避免了以页为单位的读取或写入（并且也避免了 NAND 闪存的擦除开销）。这种类型的非易失性存储器被称为**存储类存储器**（storage class memory），因为它们可以被视为大型非易失性存储器块。由英特尔和 Micron 开发的 3D-XPoint 存储器技术是近年来发展起来的存储类存储器技术。在每字节成本、访问延迟和容量方面，3D-XPoint 存储器位于主存和闪存之间。基于 3D-XPoint 的英特尔 Optane SSD 于 2017 年开始启动，并且 Optane 持久性存储器模块于 2018 年公布。

SSD 的性能通常被表示为：

1. 每秒读取随机块的数量，标准是对 4 KB 的块而言。虽然一些模型支持更高的速率，但 2018 年的典型值是大约每秒随机读取 10 000 个 4 KB 的块（也称为 10 000 IOPS）。

   与磁盘不同，SSD 可以支持并行的多个随机请求，通常支持 32 个并行请求；一个带有 SATA 接口的闪存磁盘在一秒钟内支持近 100 000 个随机的 4 KB 块的读取，以及 32 个请求的并行发送，而使用 NVMe PCIe 连接的 SSD 可以支持每秒超过 350 000 个随机的 4 KB 块的读取。对于不具有并行性的速率，这些数值被指定 QD-1，并且 QD-*n* 表示 *n* 维并行，其中 QD-32 是最常用的数值。
2. 顺序读取和顺序写入的数据传输速率。对于带 SATA 3 接口的 SSD，顺序读取和顺序写入的典型速率均为每秒 400 到 500 MB，对于使用 PCIe 3.0x4 接口之上的 NVMe 的 SSD，则为每秒 2 到 3 GB。
3. 每秒写入随机块的数量，标准是对 4 KB 的块而言。2018 年的典型值是：对于 QD-1（无并行性）每秒写入约 40 000 个随机的 4 KB 块，对于 QD-32 约为 100 000 个 IOPS，尽管有些模型对于 QD-1 和 QD-32 都支持更高的速率。

混合硬盘驱动器（hybrid disk drive）是将磁盘存储器与较少量的闪存结合起来的硬盘系统，它被用作频繁访问数据的缓存。频繁访问但很少更新的数据很适合于缓存在闪存中。

569

现代 SAN 和 NAS 系统支持磁盘和 SSD 的组合使用，并且可以将它们配置为把 SSD 用作驻留在磁盘上的数据的缓存。

12.5　RAID

尽管磁盘驱动器的容量一直在迅速增长，但是有些应用（特别是 Web、数据库和多媒体数据应用）的数据存储需求增长太快，以至于需要大量的磁盘来存储这些应用的数据。

如果磁盘是被并行访问的，那么在一个系统中拥有大量磁盘就有机会提高数据的读或写速率。几种独立的读或写操作也可以并行执行。此外，这种组织方式提供了提高数据存储可靠性的潜力，因为可以在多张磁盘上存储冗余信息。因此一张磁盘的故障不会导致数据的丢失。

为了提高性能和可靠性，人们已经提出了统称为**独立磁盘冗余阵列**（Redundant Array of Independent Disk，RAID）的多种磁盘组织技术。

在过去，系统设计者认为由多个较小且廉价的磁盘构成的存储系统是使用大而昂贵的磁盘的一种划算的可替代方案；较小磁盘的每兆字节的价格比较大磁盘的便宜。事实上，RAID 中的 I 现在代表的意思是*独立*（independent），原先代表的是*廉价*（inexpensive）。然而现在，所有的磁盘物理上都比较小，且较大容量磁盘每兆字节的价格实际上也降低了。使用 RAID 系统是因为它们有更高的可靠性和更高的执行效率，而不再是因为经济原因。使用 RAID 的另一个关键理由是它更易于管理和操作。

12.5.1　通过冗余提高可靠性

让我们首先考虑可靠性问题。在 N 张磁盘组成的集合中至少一张磁盘发生故障的概率比单张特定磁盘发生故障的概率要高得多。假设一张磁盘发生故障的平均时间为 100 000 小时（稍大于 11 年）。那么，由 100 张磁盘组成的阵列中某些磁盘的平均故障时间为 100 000/100=1000 小时（约 42 天），这个时间一点也不长！如果我们只存储了数据的一份拷贝，那么任何一张磁盘发生故障都将导致大量数据的丢失（正如在 12.3.1 节中讨论的那样）。如此高频率的数据丢失是不可接受的。

引入**冗余**（redundancy）是解决该可靠性问题的一种方案，即存储正常情况下并不需要的额外信息，但这些信息在发生磁盘故障时可用于重建丢失的信息。这样，即使有一张磁盘发生了故障，数据也不会丢失，从而延长了有效的平均故障时间（我们只统计导致数据丢失或数据不可用的故障）。

570

引入冗余最简单（但最昂贵）的方法是复制每张磁盘。这种技术称为**镜像**（mirroring）（或者有时称为*影子*（shadowing））。这样，一张逻辑磁盘由两张物理磁盘组成，并且每一次写操作都要在两张磁盘上执行。如果其中一张磁盘发生故障，那么数据可以从另一张磁盘读出。只有当第一张磁盘的故障被修复之前，第二张磁盘也发生了故障时，数据才会丢失。

镜像磁盘的平均故障时间（这里的故障是指数据的丢失）依赖于单张磁盘的平均故障时间和**平均修复时间**（mean time to repair），平均修复时间是替换发生故障的磁盘并且恢复这张磁盘上的数据所花费的（平均）时间。假设两张磁盘发生故障是相互独立的，即一张磁盘的故障和另一张磁盘的故障之间没有联系。那么，如果单张磁盘的平均故障时间是 100 000 小时，且平均修复时间是 10 小时，则镜像磁盘系统的**平均数据丢失时间**（mean time to data loss）为 100 000^2/(2*10)=500*10^6 小时，即 57 000 年！（在这里，我们不再探究推导过程，参考文献里提供了具体细节。）

你应该意识到磁盘故障之间的独立性假设是不合理的。电源故障与诸如地震、火灾和洪水那样的自然灾害，可能导致两张磁盘在同一时间被毁坏。当磁盘逐渐老化，发生故障的可能性将随之增加，当第一张磁盘被修复时，第二张磁盘发生故障的概率也会增加。尽管有所有这些方面需要考虑，但是，镜像磁盘系统仍然比单一磁盘系统提供了更高的可靠性。现在已有平均数据丢失时间在 500 000 到 1 000 000 小时（或 55 年到 110 年）的镜像磁盘系统可用。

电源故障是特别需要关注的方面，因为它们比自然灾害的发生频繁得多。如果在电源发生故障时没有正在向磁盘传输数据，那么电源故障就不必考虑。然而，即使有磁盘镜像，如果正在对两张磁盘上相同的块进行写操作，并且在两个块完全写完之前电源发生故障，那么这两个块将处于不一致的状态。解决这个问题的方法是，先写一份拷贝，再写另一份。这样，两份拷贝中有一份总是一致的。当我们在电源发生故障后重新启动时，需要做一些额外的动作来从不完全的写操作中恢复。这个问题将在实践习题 12.6 中讨论。

12.5.2　通过并行提高性能

现在让我们考虑对多张磁盘进行并行访问的好处。通过磁盘镜像，处理读请求的速率将翻倍，因为读请求可以被发送到任意一张磁盘上（只要组成一对的两张磁盘都是可用的，而且一般情况下总是如此）。每个读操作的传输速率和单一磁盘系统中的传输速率是一样的，但是每单位时间内读操作的数目将翻倍。

对于多张磁盘，我们还可以通过跨多张磁盘进行**数据拆分**（striping data）来提高传输率。数据拆分最简单的构成形式是跨多张磁盘将每个字节按比特分开。这种拆分称为**比特级拆分**（bit-level striping）。例如，如果我们有一个由八张磁盘组成的阵列，我们将每个字节的第 i 位写到第 i 张磁盘上。在这样的组织方式中，每张磁盘都参与每次访问（读或写），所以每秒可被处理的访问数和单张磁盘所处理的大致是一样的，但是在相同时间内，每次访问所读取的数据量是单张磁盘上的八倍。

571

块级拆分（block-level striping）是将块拆分到多张磁盘。它把磁盘阵列看成单张大型磁盘，并且它给块进行逻辑编号，我们假设块编号从 0 开始。对于 n 张磁盘的阵列，块级拆分将磁盘阵列逻辑上的第 i 个块分派到第 $(i \bmod n)+1$ 张磁盘上；它使用磁盘的第 $\lfloor i/n \rfloor$ 个物理块来存储逻辑块 i。例如，有 8 张磁盘，逻辑块 0 存储在磁盘 1 的第 0 个物理块上；而逻辑块 11 存储在磁盘 4 的第 1 个物理块上。在读一个大型文件时，块级拆分可以同时从 n 张磁盘上并行地获取 n 个块，从而获得对于大型读操作的高数据传输率。当读取单个块时，数据传输率与一张磁盘上的一样，但是剩下的 $n-1$ 张磁盘可以有空执行其他操作。

块级拆分相较于比特级拆分具有几个优势，包括每秒支持更多数量的块读取，以及单个块读取的延迟较低。其结果是，在任何实际系统中都不使用比特级拆分。

总之，磁盘系统中的并行有两个主要的目的：

1. 对多个小型访问操作（块访问）进行负载平衡，以提高这种访问的吞吐量。
2. 对大型访问进行并行，以减少大型访问的响应时间。

12.5.3　RAID 级别

镜像提供了高可靠性，但它很昂贵。拆分提供了高数据传输率，但并未提高可靠性。各种替代方案旨在通过结合磁盘拆分和“奇偶校验块”，以较低的代价提供冗余。

正如我们将看到的，RAID 系统中的块被划分为若干组。对于一个给定的块集合，可以计算**奇偶校验块**（parity block）并将其存储在磁盘上；奇偶校验块的第 i 位被计算为集合中所有块的第 i 位的“异或”（XOR）。如果一个集合中任何一块的内容由于故障而丢失，则通过计算集合中剩余块的位异或与奇偶校验块可以恢复出该块的内容。

每当一个块被写入时，必须重新计算其集合的奇偶校验块并将其写入磁盘。奇偶校验块的新值可以通过两种方式来计算：（i）从磁盘读取集合中的所有其他块并计算新的奇偶块；（ii）用被更新块的旧值和新值与奇偶校验块的旧值进行异或计算。

这些方案具有成本和性能之间的不同权衡，并且被分成若干 **RAID 级别**（RAID level）[㊀]。图 12-4 表示了在实际中使用的四个级别。在图中，P 表示纠错位，且 C 表示数据的第二份拷贝。对于所有的级别，该图描绘了四张磁盘的数据，而图中描绘的额外磁盘用来存储用于故障恢复的冗余信息。

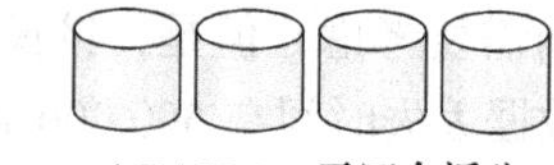

a) RAID 0：无冗余拆分

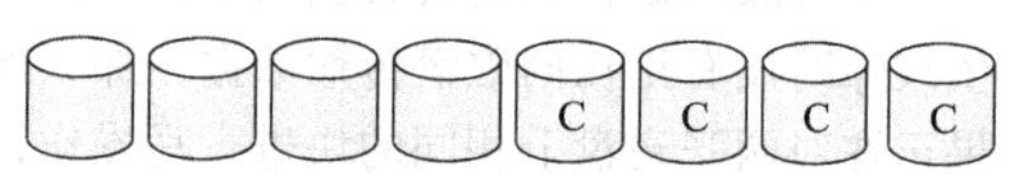

b) RAID 1：镜像磁盘

c) RAID 5：块交叉分布的奇偶校验

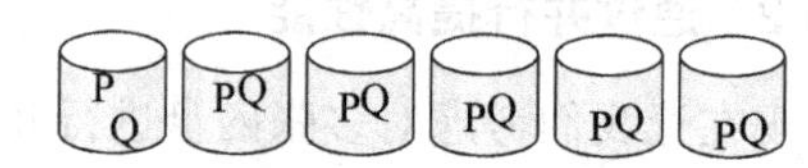

d) RAID 6：P+Q冗余

图 12-4 RAID 级别

572

- **RAID 0 级**（RAID level 0）指具有块级拆分但没有任何冗余（例如镜像或奇偶校验位）的磁盘阵列。图 12-4a 给出了一个规模为 4 的磁盘阵列。
- **RAID 1 级**（RAID level 1）指具有块级拆分的磁盘镜像。图 12-4b 给出了一个有镜像的组织形式，它存储四张磁盘的数据。

  请注意一些厂商使用术语 **RAID 1+0 级**（RAID level 1+0）或 **RAID 10 级**（RAID level 10）来指代带拆分的镜像，并且它们使用术语 RAID 1 级来指代不带拆分的镜像。不带拆分的镜像也可以与磁盘阵列一起使用，以呈现为单张大型的可靠磁盘：如果每张磁盘有 M 块，则逻辑块 0 到 M−1 存储在磁盘 0 上，逻辑块 M 到 2M−1 存储在磁盘 1（第二张磁盘）上，依次类推，且每块磁盘都被镜像[㊁]。
- **RAID 5 级**（RAID level 5）指块交叉分布的奇偶校验。数据和奇偶校验都被划分到所有的 N+1 张磁盘中。对于 N 个逻辑块的每一组，其中一张磁盘存储奇偶校验，且另外 N 张磁盘存储这些块。对于 N 个块的不同集合，奇偶校验块存储在不同的磁盘上。因此，所有磁盘都可以参与满足读请求[㊂]。

573

图 12-4c 展示了这种方法的设置，P 是跨所有磁盘分布的。例如，在五张磁盘组

㊀ 共有七个不同的 RAID 级别，编号为 0 到 6；级别 2、3 和 4 在实际中不再使用，因此在本教材中没有介绍。

㊁ 请注意，一些厂商使用术语 RAID 0+1 来指代 RAID 的一个版本，该版本使用拆分来创建一个 RAID 0 阵列，并将此阵列镜像到另一个阵列。它与 RAID 1 的区别在于如果一张磁盘发生故障，则包含该磁盘的 RAID 0 阵列变为不可用。由于镜像的阵列仍然可以使用，因此没有数据丢失。当一张磁盘发生故障时，这一安排不如 RAID 1，因为 RAID 0 阵列中的其他磁盘在 RAID 1 中可以继续使用，但是在 RAID 0+1 中仍然不可用。

㊂ 在 RAID 4 级（实际未使用）中，所有奇偶校验块都存储在一张磁盘上。这张磁盘对读是没用的，并且如果有很多随机写入，它的负载也会比其他磁盘都要高。

成的阵列中，逻辑块 $4k$、$4k+1$、$4k+2$、$4k+3$ 对应的奇偶校验块被标记为 P_k，存储在第 k mod 5 张磁盘中；余下的四张磁盘中相应的块存储从 $4k$ 到 $4k+3$ 这四个数据块。下面的表描述了从 0 到 19 这前 20 个块和它们的奇偶校验块是如何安排的。以后的块上所示的模式是重复的。

P0	0	1	2	3
4	P1	5	6	7
8	9	P2	10	11
12	13	14	P3	15
16	17	18	19	P4

请注意奇偶校验块不能将块的奇偶校验存储在同一张磁盘上，如果这样，一张磁盘发生故障会导致数据以及奇偶校验的丢失，并因此无法恢复数据。

- **RAID 6 级**（RAID level 6），P+Q 冗余方案，它和 RAID 5 级非常相似，但是存储了额外的冗余信息，以应对多张磁盘发生故障的情况。RAID 6 不使用奇偶校验，而是使用诸如里德 – 所罗门编码（Reed-Solomon code）（请参见参考文献）之类的纠错码。如图 12-4d 所示，与 RAID 5 级对每 4 位数据存储 1 位奇偶校验位不同，它为每 4 位数据存储 2 位冗余数据，这样，系统可容忍两张磁盘发生故障。

  图中的字母 P 和 Q 表示对于一个数据块的给定集合要包含两个对应的纠错块。块的布局是 RAID 5 的扩展。例如，对于六张磁盘，与逻辑块 $4k$、$4k+1$、$4k+2$ 和 $4k+3$ 对应的标记为 P_k 和 Q_k 的两个奇偶校验块被存储在第 k mod 6 和第 $(k+1)$ mod 6 张磁盘中，并且其他四张磁盘的相应块存储从 $4k$ 至 $4k+3$ 的四个数据块。

最后我们要注意的是，对于这里描述的基础 RAID 方案已经提出了几个变种，并且不同的厂商采用不同的术语来描述其变种。一些厂商支持创建多个单独的 RAID 阵列然后跨 RAID 阵列来拆分数据的嵌套方案；单个阵列选择 RAID 1 级、5 级或 6 级中的一个。在本章末尾的延伸阅读部分提供了有关这种思想的进一步信息的参考文献。

12.5.4　硬件问题

RAID 可以在不改变硬件层且仅使用软件修改的基础上实现，这样的 RAID 实现称为**软件 RAID**（software RAID）。然而，通过构建支持 RAID 的专用硬件也会带来下面将介绍的很大的好处。具有专用硬件支持的系统称为**硬件 RAID**（hardware RAID）系统。

574

硬件 RAID 实现可以使用非易失性 RAM 在执行写操作之前记录它们。如果发生电源故障，在系统恢复时，它可以从非易失性 RAM 获取有关未完成的任何写操作的信息，并完成这些写操作。然后就可以开始正常的操作。

相反，软件 RAID 需要做额外的工作来检测在电源故障之前可能已经部分写入的块。对于 RAID 1 级，要扫描所有的磁盘块，以查看两张磁盘上的任何一对块是否具有不同的内容。对于 RAID 5 级，需要对每个块组扫描磁盘并重新计算奇偶校验，并与存储的奇偶校验进行比较。这样的扫描需要花很长时间，并且它们是使用磁盘可用带宽的一小部分在后台进行的。有关在检测到不一致时如何将数据恢复到最新值的详细信息，请参见实践习题 12.6；我们将在 19.2.1 节中重新讨论此问题。在此阶段 RAID 系统被称作正在重新同步（resynchronizing 或 resynching）；在进行重新同步的过程中允许正常的读和写操作，但在此阶段出现磁盘故障会导致不完整写入的块的数据丢失。硬件 RAID 并没有这个限制。

即使所有的写操作都正确完成，也有很小的概率发生磁盘中的某个扇区在某个时刻变得不可读，即便先前它已经被成功写入了。个别扇区上数据丢失的原因多种多样，从制造缺陷到一条磁道在相邻磁道重复写入时发生数据损坏不一而足。这样丢失的数据是先前被成功写入的，有时被称为*潜在故障*（latent failure）或*位腐*（bit rot）。当发生这样的故障时，如果发现得早，则数据可以通过 RAID 组织中的剩余磁盘进行恢复。但是，如果这样的故障未被发现，并且在某块其他磁盘的一个扇区存在潜在故障，那么单张磁盘故障可能导致数据丢失。

为了尽量减小这种数据丢失的概率，良好的 RAID 控制器会执行**擦洗**（scrubbing），也就是说，在磁盘空闲时期，对每张磁盘的每一个扇区进行读取，如果发现任何扇区无法读取，则从 RAID 组织的剩余磁盘中对数据进行恢复，并将其写回到该扇区中。（如果物理扇区损坏，磁盘控制器将逻辑扇区地址重新映射到磁盘上不同的物理扇区。）

服务器硬件通常被设计成允许**热交换**（hot swapping）；也就是说，故障磁盘可以被移除并替换为新磁盘而无须关闭电源。RAID 控制器可以检测到一张磁盘被一张新磁盘所替换，可以立即进行旧磁盘上的数据的重建，并将这些数据写入新磁盘。热交换减少了平均修复时间，因为更换磁盘不必等到系统关闭时才进行。事实上，现在的许多关键系统都以 24 × 7 的时间表运行，也就是说：它们一天运行 24 小时，一周运行 7 天。因而没有时间来关闭系统和替换故障磁盘。进一步说，许多 RAID 实现给每个阵列（或者给磁盘阵列的一个集合）都分配了一个备用磁盘。如果有一张磁盘发生故障，备用磁盘会立即代替故障磁盘。其结果是，平均修复时间被显著降低了，数据丢失的概率也减小了。故障磁盘可以在空闲时更换。

575

在 RAID 系统中，电源供应、磁盘控制器甚或系统互联都可能成为使 RAID 系统停止工作的单点故障。为了避免这种可能性，好的 RAID 实现提供多个冗余电源（具有备用电池，即使在电源故障时它们仍能继续工作）。这样的 RAID 系统还拥有多个磁盘接口和多个互联以使 RAID 系统连接到计算机系统（或者连接到计算机系统的网络）。因而，任何单个部件的故障不会使 RAID 系统停止工作。

12.5.5 RAID 级别的选择

在选择 RAID 级别时应该考虑的因素有：

- 额外磁盘存储的需求所带来的货币成本；
- 在每秒 I/O 操作数量方面的性能需求；
- 磁盘故障时的性能；
- 重建过程（即故障磁盘上的数据在新磁盘上重建的过程）中的性能。

重建故障磁盘上数据的时间可能很长，并且时间随所使用的 RAID 级别的不同而不同。对于 RAID 1 级来说重建是最简单的，因为数据可以从另一张磁盘拷贝得到。对于其他级别，我们需要访问阵列中所有其他磁盘来重建故障磁盘的数据。如果需要提供连续可用的数据，如高性能数据库所做的那样，那么 RAID 系统的**重建性能**（rebuild performance）将是一个重要因素。此外，因为重建时间可能占用很大部分的恢复时间，所以重建性能也会影响平均数据丢失时间。

RAID 0 级被用于一些高性能应用程序中，其中的数据安全并不是至关重要的，但并不是在其他任何地方都如此。

RAID 1 级提供了最佳的写入性能，因此在诸如数据库系统的日志文件存储这样的应用中很受欢迎。RAID 5 级具有比 RAID 1 级更低的存储开销，但是它具有更高的写入时间开销。对于经常读取数据而很少写入数据的应用来说，RAID 5 级是首选。

磁盘存储容量多年来一直在迅速增长。磁盘容量曾一度每 13 个月有效翻番；尽管目前的增长率远远下降了，但容量还在继续快速增长。磁盘存储的每字节成本以与容量增长大致相同的速率下降。其结果是，对于许多具有中等存储需求的现有数据库应用来说，镜像所需的额外磁盘存储的货币成本已经变得相对较小了（但是，对于诸如视频数据存储之类的存储密集型应用而言，额外磁盘存储的货币成本仍然是一个重要的问题）。近年来，磁盘访问速度没有显著提升，而每秒所需的 I/O 操作数量却大大增加，尤其是对于 Web 应用服务器而言。 576

RAID 5 级对于随机写入有相当大的开销，因为单个随机块写入需要两次块读取（以获得块和奇偶校验块的旧值）和两次块写入才能将这些块写回。相反，对于大规模顺序写入的开销较低，因为在大多数情况下，可以根据新块计算出奇偶校验块而无须进行任何读取。因此，对于具有中等存储需求和高随机 I/O 需求的许多应用来说，RAID 1 级是首选的 RAID 级别。

RAID 6 级提供了比 1 级或 5 级更高的可靠性，因为它可以承受两张磁盘的故障而不会丢失数据。就正常运行期间的性能而言，它类似于 RAID 5 级，但它的存储成本高于 RAID 5 级。RAID 6 级被用于数据安全性非常重要的应用中。由于潜在的扇区故障并不少见，并且可能需要花费很长时间才能被发现和修复，因此它被认为越来越重要了。在检测到并修复潜在故障之前，其他磁盘的故障类似于该扇区的两张磁盘的故障情况，并导致该扇区的数据丢失。与 6 级不同，在这种场景下 RAID 1 级和 5 级会遭受数据丢失的影响。

镜像还可以扩展为将副本存储在三张而不是两张磁盘上，来抵抗两张磁盘的故障。尽管三重冗余方案被用在分布式文件系统中，但在 RAID 系统中并不常用。在分布式文件系统中数据存储在多台机器中，因为机器发生故障的可能性远大于磁盘发生故障的可能性。

RAID 系统的设计者还需要做出一些其他决定。例如，一个阵列中应该有多少张磁盘？每个奇偶校验位应保护几位数据？如果阵列中的磁盘越多，数据传输率就越高，但是系统将会越昂贵。如果一个奇偶校验位保护的数据位数越多，存储奇偶校验位的空间开销就会越小，但是这会增加在第一张发生故障的磁盘被修复之前第二张磁盘也发生故障的概率，从而导致数据丢失。

12.5.6 其他的 RAID 应用

RAID 的概念已经被推广到其他存储设备，包括 SSD 里面的闪存设备、磁带阵列，甚至还有无线系统上的数据广播。单个闪存页的数据丢失率高于磁盘的扇区。诸如 SSD 之类的闪存设备在内部实现 RAID，以确保该设备不会由于闪存页面的丢失而丢失数据。当应用于磁带阵列时，即使在磁带阵列中的一盘磁带被毁坏的情况下，RAID 结构也可以恢复数据。当应用于数据广播时，数据块被拆分成小单元，并连同奇偶校验单元一起被广播。如果其中一个单元由于某种原因没有被接收到，它可以从其他的单元中重新构造出来。

12.6 磁盘块访问

磁盘 I/O 的请求由带查询处理子系统的数据库系统生成，查询处理子系统负责大部分的磁盘 I/O。每个请求都指定磁盘上的一个磁盘标识和一个逻辑块号。如果数据库数据存储在操作系统文件中，则请求将指定文件中的文件标识和块号。数据以块为单位在磁盘和主存之间传输。 577

正如我们前面所看到的，从磁盘请求块的序列可以分为顺序访问模式和随机访问模式。在*顺序访问*（sequential access）模式中，连续请求针对的是同一磁道或相邻磁道上的连续块号。相反，在*随机访问*（random access）模式中，连续请求针对的是随机分布在磁盘上的块。每个这样的请求都需要一次寻道，从而导致更长的访问时间和每秒更少的随机 I/O 操作数。

通过最小化访问次数，特别是最小化随机访问次数，已经开发出多种技术来提高块访问速度。我们下面将描述这些技术。对于存储在磁盘上的数据来说，减少随机访问的数量非常重要。与磁盘相比，SSD 所支持的随机访问要快得多，因此随机访问对 SSD 的影响较小，但是从 SSD 访问数据仍然可以从下面介绍的某些技术中受益。

- **缓冲**（buffering）。从磁盘读取的块暂时存储在内存缓冲区中，以满足将来的请求。缓冲是通过操作系统和数据库系统共同运作的。关于数据库缓冲我们将在 13.5 节进行更详细的讨论。
- **预读**（read-ahead）。当一个磁盘块被访问时，相同磁道的连续块也被读入内存缓冲区中，即便没有针对这些块的即将发生的请求。在顺序访问的情况下，当许多块被请求时，这种**预读**可以确保它们已经在内存中了，从而减少了磁盘寻道和读取每个块的旋转延迟。操作系统也经常对操作系统文件的连续块执行预读。但是，预读对于随机块访问并不是很有用。
- **调度**（scheduling）。如果需要把一个柱面上的几个块从磁盘传输到主存，我们可以按这些块经过读写头下面的顺序请求这些块，从而节省访问时间。如果所需的块在不同的柱面上，则按照能使磁盘臂移动最短距离的顺序请求块是有利的。**磁盘臂调度**（disk-arm-scheduling）算法试图把对磁道的访问按照能增加所处理的访问数量的方式排序。通常使用的算法是**电梯算法**（elevator algorithm），这种算法的工作方式与许多电梯的工作方式是一样的。假设一开始，磁盘臂从最内侧的磁道向磁盘的外侧移动。在电梯算法的控制下，对每条有访问请求的磁道，磁盘臂都在那条磁道处停下，为这条磁道的请求提供服务，然后继续向外移动，直到没有对更外侧磁道的请求在等待。此时，磁盘臂掉转方向并向内侧移动，同样在每条有请求的磁道处停下，直到它到达这样一条磁道：没有更靠近中心的有请求的磁道。接着，它掉转方向并开始一个新的周期。

  磁盘控制器通常对读请求进行重排序以提高性能，因为磁盘控制器清楚地知道磁盘上块的组织、磁盘盘片的旋转位置和磁盘臂的位置。为了实现这种重排序，磁盘控制器接口必须允许将多个请求添加到队列中；结果可能以与请求顺序不同的顺序返回。
- **文件组织**（file organization）。为了减少块访问时间，我们可以按照与我们所预期的数据访问方式相接近的方式来组织磁盘上的块。例如，如果我们预计一个文件将被顺序访问，那么理想情况下我们应该把文件的所有块连续存储在相邻柱面上。现代磁盘从操作系统隐藏了确切的块位置，但使用块的逻辑编号来提供彼此相邻的块的连续编号。通过将文件的连续块分配给连续编号的磁盘块，操作系统可确保按顺序存储这样的文件。

  在一长串连续块中存储大型文件给磁盘块分配带来了挑战。相反，操作系统一次将连续块（区（extent））的一些编号分配给一个文件。分配给一个文件的不同的区可能在磁盘上互不相邻。如果块是随机分配的，对文件的顺序访问需要在每个区上寻道一次，而不是在每个块上寻道一次。在足够大的区上，寻道成本相对于数据传输成本

578

来说可以降到最低。

经过一段时间，一个具有多次少量增补的连续文件可能会变得**碎片化**（fragmented）；也就是说，它的块散布在整张磁盘上。为了减少碎片，系统可以对磁盘上的数据进行一次备份，然后再恢复整张磁盘。恢复操作将每个文件的块连续地（或几乎连续地）写回。一些系统（如不同版本的 Windows 操作系统）提供扫描磁盘然后移动块以减少碎片的工具。根据这些技术而实现的性能提升可能非常显著。

- **非易失性写缓冲区**（non-volatile write buffer）。因为主存的内容在发生电源故障时会丢失，所以关于数据库更新的信息必须被记录到磁盘上以便在可能的系统崩溃中幸免于难。出于这种原因，更新密集型数据库应用的性能，如事务处理系统的性能，高度依赖于磁盘写操作的延迟。

  我们可以使用非易失性随机访问存储器（Non-Volatile Random-Access Memory，NVRAM）来加速写磁盘的速度。NVRAM 的内容不会因电源故障而丢失。在早期，NVRAM 使用带备用电池的 RAM 来实现，但是闪存在当前是非易失性写缓冲的主要介质。其思想是，当数据库系统（或操作系统）请求将一个块写到磁盘时，磁盘控制器将该块写到**非易失性写缓冲区**，并立即通知操作系统该写入已成功完成。控制器随后可以通过最小化磁盘臂移动的方式将数据写入磁盘上的目标位置，比如使用电梯算法。如果在不使用非易失性写缓冲区的情况下完成这种写入的重新排序，则在系统崩溃的情况下，数据库状态可能会变得不一致；我们将在后面第 19 章中学习的恢复算法取决于以指定顺序执行的写入。当数据库系统请求一个块的写入时，只有当 NVRAM 缓冲区已满时，它才会注意到延迟。在从系统崩溃中恢复时，NVRAM 中所有未执行的缓冲写操作的内容都将被写回磁盘。NVRAM 缓冲区出现在特定的高端磁盘中，但在 RAID 控制器中更常见。

579

除了上述低级别的优化之外，通过巧妙地设计查询处理算法，可以在更高级别进行最小化随机访问的优化。我们将在第 15 章中学习高效的查询处理技术。

12.7　总结

- 大多数计算机系统中都存在几种类型的数据存储形式。根据访问数据的速度、每单位数据购买存储器的成本以及可靠性来对它们进行分类。可用的介质包括高速缓存、主存、闪存、磁盘、光盘和磁带。
- 磁盘是机械设备，并且数据访问需要读写头移动到所需的柱面，然后盘片的旋转必须将所需的扇区带到读写头下方。因此，磁盘具有很高的数据访问延迟。
- 与磁盘相比，SSD 具有更低的数据访问延迟和更高的数据传输带宽。但是，它们每字节的成本也比磁盘更高。
- 磁盘很容易发生故障，这可能导致存储在磁盘上的数据丢失。我们可以通过保留数据的多个副本来减少无法挽回的数据丢失的可能性。
- 镜像大大降低了数据丢失的可能性。基于独立磁盘冗余阵列（RAID）的更复杂的方法提供了更多好处。通过把数据拆分到多张磁盘上，这些方法提高了大型访问上的高吞吐率；通过引入跨磁盘的冗余，它们极大地提升了可靠性。
- 有几种不同的 RAID 组织形式，每种具有不同的成本、性能和可靠性特征。最常用的是 RAID 1 级（镜像）和 RAID 5 级。

- 已经开发了几种技术来优化磁盘块访问，例如预读、缓冲、磁盘臂调度、预取和非易失性写缓冲区。

580

术语回顾

- 物理存储介质
  - 高速缓存
  - 主存
  - 闪存
  - 磁盘
  - 光学存储器
  - 磁带存储器
- 易失性存储器
- 非易失性存储器
- 顺序访问
- 直接访问
- 存储接口
  - 串行 ATA（SATA）
  - 串行连接的 SCSI（SAS）
  - 非易失性存储器标准（NVMe）
  - 存储区域网（SAN）
  - 附网存储（NAS）
- 磁盘
  - 盘片
  - 硬盘
  - 磁道
  - 扇区
  - 读写头
  - 磁盘臂
  - 柱面
  - 磁盘控制器
  - 校验和
  - 坏扇区的重映射
- 磁盘块
- 磁盘性能度量
  - 访问时间
  - 寻道时间
  - 延迟时间
  - 每秒 I/O 操作数（IOPS）
  - 旋转延迟
  - 数据传输率
  - 平均故障时间（MTTF）
- 闪存
  - 擦除块
  - 损耗均衡
  - 闪存转换表
  - 闪存转换层
- 存储类存储器
  - 3D-XPoint
- 独立磁盘冗余阵列（RAID）
  - 镜像
  - 数据拆分
  - 比特级拆分
  - 块级拆分
- RAID 级别
  - 0 级（块级拆分，无冗余）
  - 1 级（块级拆分，镜像）
  - 5 级（块级拆分，分布的奇偶校验）
  - 6 级（块级拆分，P+Q 冗余）
- 重建的性能
- 软件 RAID
- 硬件 RAID
- 热交换
- 磁盘块访问的优化
  - 磁盘臂调度
  - 电梯算法
  - 文件组织
  - 碎片整理
  - 非易失性写缓冲区
  - 日志磁盘

581

实践习题

12.1 SSD 可用作存储器和磁盘之间的存储层，数据库的某些部分（例如某些关系）可以存储在 SSD 上，而其余部分可以存储在磁盘上。另一种可选方案是，SSD 可用作磁盘的缓冲区或缓存；经常使用的块将驻留在 SSD 层上，而不经常使用的块将驻留在磁盘上。

a. 如果你需要支持实时查询，这些查询必须在有保证的短时间内得到答案，你会选择两种备选方案中的哪一种？请解释为什么。

b. 如果你有一个非常大型的客户（customer）关系，该关系中仅有一些磁盘块被经常访问，而其他块很少被访问，你将选择这两种备选方案中的哪一种？

12.2 一些数据库以这样的方式使用磁盘：仅使用外侧磁道中的扇区，而不使用内侧磁道中的扇区。这样做可能有什么优势？

12.3 闪存：

a. 如何在内存中创建闪存转换表？它用于将逻辑页号映射到物理页号。

b. 假设你有一个 64 GB 的闪存系统，页面规模为 4096 字节。假设每一页有 32 位的地址，并且转换表用数组形式存储，则该闪存转换表将有多大？

c. 如果经常有大范围的连续逻辑页号被映射到连续物理页号，请建议如何缩减转换表的规模。

582

12.4 考虑如下所示的四张磁盘上的数据和奇偶校验块的安排方式：

磁盘 1	磁盘 2	磁盘 3	磁盘 4
B_1	B_2	B_3	B_4
P_1	B_5	B_6	B_7
B_8	P_2	B_9	B_{10}
⋮	⋮	⋮	⋮

B_i 表示数据块，P_i 表示奇偶校验块。奇偶校验块 P_i 是数据块 B_{4i-3} 到 B_{4i} 的奇偶校验块。如果这种安排方式有问题，会是什么问题？

12.5 数据库管理员可以选择将多少张磁盘组织到单个 RAID 5 级阵列中？在成本、可靠性、故障期间的性能以及重建期间的性能方面，在减少磁盘数量与增加磁盘数量之间如何取舍？

12.6 当一个磁盘块正在被写的时候发生电源故障会导致该块只被写了一部分。假设这种被写了部分内容的块可以被检测出来。一个原子的写块操作要么对磁盘块完全写入，要么什么都不写（即不存在写部分内容的情况）。请建议使用以下 RAID 模式获得原子的块写入效果的方案。你的方案应该包括从故障中恢复的工作。

a. RAID 1 级（镜像）

b. RAID 5 级（块级拆分，分布的奇偶校验）

12.7 将一个大型文件的所有块存储在连续的磁盘块上会最大限度地减少顺序读取文件期间的寻道。为什么这样做不切实际？为了最大限度地减少顺序读取期间的寻道次数，操作系统实际上会做什么？

习题

12.8 请列出你日常使用的计算机上用到的物理存储介质，并给出每种介质上数据存取的速度。

12.9 磁盘控制器对坏扇区的重映射是如何影响数据检索速度的？

12.10 操作系统尝试确保文件的连续块被存储在连续的磁盘块上。为什么这么做对磁盘非常重要？如果改用 SSD，这样做是否仍然重要，还是无关紧要？请解释为什么。

583

12.11 RAID 系统通常允许更换发生故障的磁盘而不需要停止对系统的访问。因此，故障磁盘中的数据必须在系统运行的同时被重建，并被写到更换的磁盘上。哪一级 RAID 会在重建和正在进行的磁盘访问之间产生最少的干扰？请解释你的答案。

12.12 在 RAID 系统的上下文中擦洗是什么？为什么擦洗很重要？

12.13 如果你有一些数据不能在磁盘故障时丢失，并且应用是写密集的。你会如何存储这些数据？

延伸阅读

[Hennessy et al. (2017)] 是一本流行的计算机体系结构方面的教科书，其内容涵盖了对高速缓存以

及存储器组织的介绍。

可以从磁盘驱动器制造商（例如 Hitachi、Seagate、Maxtor 和 Western Digital）的网站获得当今的磁盘驱动器的说明书。可以从 SSD 制造商（例如 Crucial、Intel、Micron、Samsung、SanDisk、Toshiba 和 Western Digital）的网站获得当今的 SSD 的说明书。

[Patterson et al. (1988)] 提供了对 RAID 级别的早期介绍，并有助于术语的标准化。[Chen et al. (1994)] 提出了对 RAID 原理和实现的综述。

可以在 [Cisco (2018)] 的 "Introduction to RAID" 一章中找到对大多数现代 RAID 系统所支持的 RAID 级别的全面介绍，其中包括嵌套的 RAID 级别 10、50 和 60，它们将 RAID 级别 1、5 和 6 与 RAID 级别 0 中的拆分结合在一起。里德－所罗门编码在 [Pless (1998)] 中有介绍。

参考文献

[Chen et al. (1994)] P. M. Chen, E. K. Lee, G. A. Gibson, R. H. Katz, and D. A. Patterson, "RAID: High-Performance, Reliable Secondary Storage", *ACM Computing Surveys*, Volume 26, Number 2 (1994), pages 145–185.

[Cisco (2018)] *Cisco UCS Servers RAID Guide*. Cisco (2018).

[Hennessy et al. (2017)] J. L. Hennessy, D. A. Patterson, and D. Goldberg, *Computer Architecture: A Quantitative Approach*, 6th edition, Morgan Kaufmann (2017).

[Patterson et al. (1988)] D. A. Patterson, G. Gibson, and R. H. Katz, "A Case for Redundant Arrays of Inexpensive Disks (RAID)", In *Proc. of the ACM SIGMOD Conf. on Management of Data* (1988), pages 109–116.

[Pless (1998)] V. Pless, *Introduction to the Theory of Error-Correcting Codes*, 3rd edition, John Wiley and Sons (1998).

584 ~ 586

数据存储结构

在第12章中我们学习了物理存储介质的特性，重点研究了磁盘和固态硬盘，并了解了在RAID结构中如何使用多个磁盘来开发快速可靠的存储系统。在本章中，我们重点介绍存储在底层存储介质上的数据的组织，以及如何访问数据。

13.1 数据库存储架构

持久性数据存储在非易失性存储器中，正如我们在第12章中看到的，它们通常是磁盘或固态硬盘。磁盘和固态硬盘都是块结构设备，也就是说，以块为单位读或写数据。相反地，数据库则处理记录，它通常比块小很多（尽管在某些情况下记录可能有些非常大的属性）。

大多数数据库使用操作系统文件作为存储记录的中间层，它抽象出底层块的一些细节。可是，为了保证有效访问，同时支持故障恢复（我们将在第19章介绍），数据库也必须了解块。因此，在13.2节中，我们学习单条记录是如何存储在文件中的，并考虑块的结构。

给定一个记录的集合，接下来需要决定如何在文件结构中组织它们；例如，它们可以按顺序存储，比如按它们被创建的时间顺序，或者按任意顺序。13.3节将学习几种备选的文件组织方案。

随后，13.4节将介绍数据库如何组织数据字典中关于关系模式和存储组织的数据。数据字典中的信息对很多任务都至关重要，例如，当给定关系名称时定位并检索此关系的记录。

CPU要访问的数据必须在主存中，然而持久性数据必须驻留在非易失性存储器上，如磁盘或固态硬盘。对于那些比主存还大的数据库（这是一种常见的情况），数据必须从非易失性存储器中获取，并且如果数据被更新则还要保存回去。13.5节描述了数据库如何利用被称作数据库缓冲区的一块内存区域去存储从非易失性存储器中获取的块。

587

一种数据存储方法是将特定列的所有值存储在一起，而不是将特定行的所有属性存储在一起，此方法已被发现对于分析型查询处理非常管用。这种想法被称作*面向列的存储*（column-oriented storage），我们将在13.6节中讨论。

一些应用需要快速访问数据，并且数据规模足够小，使得整个数据库可以放入数据库服务器机的主存中。在这种情况下，我们可以在内存中保存整个数据库的一个副本[⊖]。能把整个数据库存储在内存中并且能够优化内存数据结构和查询处理以及其他被数据库使用的算法以便利用内存驻留的数据，这种数据库被称为**主存数据库**（main-memory database）。主存数据库中的存储组织将在13.7节进行讨论。我们注意到，允许直接访问单独字节或者缓存行的非易失性内存被称为*存储级内存*（storage class memory），它正在开发中。主存数据库架构能针对此存储进行进一步优化。

⊖ 为了安全起见，不仅当前的数据库能放入内存，还应该有合理的保证，即在不远的将来，尽管存在组织机构增长的可能性，该数据库还能继续放入内存。

13.2　文件组织

一个数据库被映射为多个不同的文件，这些文件由底层的操作系统来维护。这些文件永久地驻留在磁盘上。一个**文件**（file）在逻辑上被组织为记录的一个序列。这些记录被映射到磁盘块上。在操作系统中文件被作为一种基本结构来提供，所以我们将假定底层的*文件系统*（file system）是存在的。我们需要考虑用文件来表示逻辑数据模型的不同方式。

每个文件还从逻辑上被分成定长的存储单元，称为**块**（block）。块是存储分配和数据传输的单位。大多数数据库在缺省情况下使用 4 至 8 KB 的块规模，但是当创建数据库实例时，许多数据库允许指定块的规模。更大的块规模在某些数据库应用中是有用的。

一个块可能包括几条记录；一个块所包含的确切的记录集合是由所使用的物理数据组织形式来决定的。我们假定*没有比块更大的记录*。这个假定对多数数据处理应用都是现实的，例如我们的大学示例。当然，还有几种大数据项的类型，例如图像，它可能比一个块要大很多。在 13.2.2 节我们会简要地讨论如何通过单独存储大数据项并在记录中存储指向该数据项的指针来处理这种大的数据项。

此外，我们还要求*每条记录被完全包含在单个块中*；换句话说，没有记录是一部分包含在一个块中，另一部分包含在另一个块中的。这个限制简化并加快了对数据项的访问。

588

在关系数据库中，不同关系的元组通常具有不同的规模。把数据库映射到文件的一种方法是使用多个文件，在任意给定的文件中只存储一种固定长度的记录。另一种选择是构造自己的文件，使之能够容纳多种长度的记录；然而，定长记录文件比变长记录文件更容易实现。用于定长记录文件的很多技术可以应用到变长的情况。因此，我们首先考虑定长记录文件，随后考虑变长记录的存储。

13.2.1　定长记录

作为一个示例，让我们考虑由我们的大学数据库中的 *instructor* 记录构成的一个文件。此文件中的每条记录（伪码形式）被定义为：

```
type instructor = record
        ID varchar (5);
        name varchar(20);
        dept_name varchar (20);
        salary numeric (8,2);
    end
```

假设每个字符占 1 个字节，numeric(8,2) 占 8 个字节。假设我们为属性 *ID*、*name* 和 *dept_name* 分配每个属性可以容纳的最大字节数，而不是分配可变的字节数。那么，*instuctor* 记录占 53 个字节。一种简单的方法是使用头 53 个字节来存储第一条记录，接下来的 53 个字节存储第二条记录，以此类推（见图 13-1）。

然而这种简单的方法存在两个问题：

1. 除非块的大小恰好是 53 的倍数（这是不太可能的），否则一些记录会跨过块的边界，即一条记录的一部分存储在一个块中，另一部分存储在另一个块中。于是，读或写这样一条记录就需要两次块访问。
2. 从这种结构中删除一条记录是困难的。被删除记录所占据的空间必须由文件中的其他记录来填充，或者我们必须用一种方式来标记被删除的记录以使得它们可以被忽略。

为了避免第一个问题，我们在一个块中只分配它能完整容纳的最多记录的数目（这个数目可以容易地通过将块大小除以记录大小计算出来，并抛弃小数部分）。每个块中余下的字节就不被使用了。

记录 0	10101	Srinivasan	Comp. Sci.	65000
记录 1	12121	Wu	Finance	90000
记录 2	15151	Mozart	Music	40000
记录 3	22222	Einstein	Physics	95000
记录 4	32343	El Said	History	60000
记录 5	33456	Gold	Physics	87000
记录 6	45565	Katz	Comp. Sci.	75000
记录 7	58583	Califieri	History	62000
记录 8	76543	Singh	Finance	80000
记录 9	76766	Crick	Biology	72000
记录 10	83821	Brandt	Comp. Sci.	92000
记录 11	98345	Kim	Elec. Eng.	80000

图 13-1　包含 *instructor* 记录的文件

当一条记录被删除时，我们可以把紧跟其后的记录移动到被删记录先前占据的空间中，依此类推，直到被删记录后面的每条记录都向前做了移动（见图 13-2）。这种方式需要移动大量的记录。简单地将文件的最后一条记录移到被删记录所占据的空间中可能更容易一些（见图 13-3）。

记录 0	10101	Srinivasan	Comp. Sci.	65000
记录 1	12121	Wu	Finance	90000
记录 2	15151	Mozart	Music	40000
记录 4	32343	El Said	History	60000
记录 5	33456	Gold	Physics	87000
记录 6	45565	Katz	Comp. Sci.	75000
记录 7	58583	Califieri	History	62000
记录 8	76543	Singh	Finance	80000
记录 9	76766	Crick	Biology	72000
记录 10	83821	Brandt	Comp. Sci.	92000
记录 11	98345	Kim	Elec. Eng.	80000

图 13-2　针对图 13-1 中的文件，删除记录 3 并且移动其后所有记录

记录 0	10101	Srinivasan	Comp. Sci.	65000
记录 1	12121	Wu	Finance	90000
记录 2	15151	Mozart	Music	40000
记录 11	98345	Kim	Elec. Eng.	80000
记录 4	32343	El Said	History	60000
记录 5	33456	Gold	Physics	87000
记录 6	45565	Katz	Comp. Sci.	75000
记录 7	58583	Califieri	History	62000
记录 8	76543	Singh	Finance	80000
记录 9	76766	Crick	Biology	72000
记录 10	83821	Brandt	Comp. Sci.	92000

图 13-3　针对图 13-1 中的文件，删除记录 3 并且移动最后一条记录

移动记录以占据被删记录所释放的空间的做法并不理想，因为这样做需要额外的块访问。由于插入通常比删除更频繁，因此让被删记录所占据的空间空着，一直等到后面的插入操作重新使用这个空间，这样做是可以接受的。仅在被删记录上做一个简单的标记是不够的，因为当执行插入时，很难找到这个可用的空间。因此我们需要引入额外的结构。

在文件的开头，我们分配特定数量的字节作为**文件头**（file header）。文件头将包含有关文件的各种信息。到目前为止，我们需要在文件头中存储的只有内容被删除的第一条记录的地址。我们用这第一条记录来存储第二条可用记录的地址，依次类推。我们可以直观地把这些存储的地址看作指针（pointer），因为它们指向一条记录的位置。于是，被删除的记录形成了一条链表，通常称为**自由链表**（free list）。图 13-4 给出的是图 13-1 中的文件在删除第 1、4 和 6 条记录后的自由链表。

文件头				
记录 0	10101	Srinivasan	Comp. Sci.	65000
记录 1				
记录 2	15151	Mozart	Music	40000
记录 3	22222	Einstein	Physics	95000
记录 4				
记录 5	33456	Gold	Physics	87000
记录 6				
记录 7	58583	Califieri	History	62000
记录 8	76543	Singh	Finance	80000
记录 9	76766	Crick	Biology	72000
记录 10	83821	Brandt	Comp. Sci.	92000
记录 11	98345	Kim	Elec. Eng.	80000

图 13-4　针对图 13-1 中的文件，删除第 1、4 和 6 条记录后的自由链表

589
～
591

在插入一条新记录时，我们使用文件头所指向的记录，并改变文件头的指针以指向下一条可用记录。如果没有可用的空间，我们就把新记录加到文件末尾。

对定长记录文件的插入和删除很容易实现，因为被删除记录留出的空间恰好是插入记录所需要的空间。如果我们允许文件中的记录是变长的，这样的匹配将不再成立。被插入的记录可能无法放入一条被删除记录所释放的空间中，或者它只能占用这个空间的一部分。

13.2.2　变长记录

变长记录（variable-length record）在数据库系统中的出现有几个原因。最常见的原因是变长域的出现，比如字符串。其他的原因包括包含重复域的记录类型（比如数组或者多重集合），以及文件中多种记录类型的出现。

实现变长记录存在不同的技术，任何这样的技术都必须解决两个不同的问题：

1. 如何表示单条记录，使得此记录的单个属性能够被轻松地提取，即使这些属性是变长的；
2. 如何在一个块中存储变长的记录，使得一个块中的记录能够被轻松地提取。

具有变长属性的记录的表示通常包含两个部分：首先是带有定长信息的初始部分，其结构对于相同关系的所有记录都是一样的，紧接着是变长属性的内容。诸如数字值、日期或定长字符串那样的固定长度的属性，被分配存储它们的值所需的字节数。诸如可变长字符串类型那样的变长属性，在记录的初始部分中被表示为一个（偏移量，长度）对，其中偏移量表

示在记录中该属性的数据开始的位置，而长度表示变长属性的字节长度。在记录的初始定长部分之后，变长属性的值是连续存储的。因此，无论是固定长度还是可变长度，记录的初始部分都存储着有关每个属性的固定长度的信息。

图 13-5 显示了这样一个记录表示的示例。该图显示了一条 *instructor* 记录，其前三个属性 *ID*，*name* 和 *dept_name* 是变长字符串，其第四个属性 *salary* 是一个大小固定的数值。我们假设偏移量和长度的值分别存储在 2 个字节中，即每个属性共占 4 个字节。*salary* 属性假设用 8 个字节存储，并且每个字符串占用与其拥有的字符数同样多的字节数。

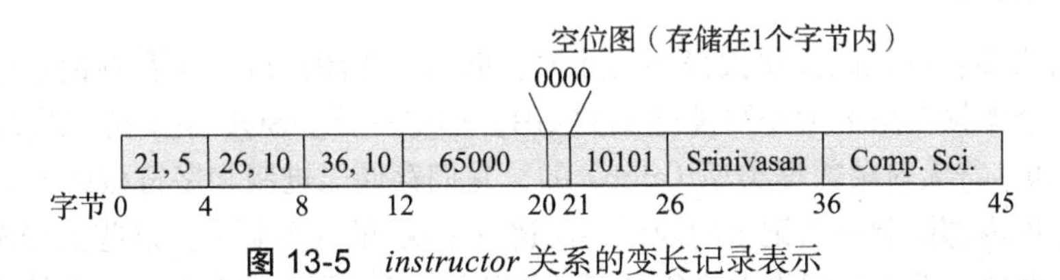

图 13-5　*instructor* 关系的变长记录表示

这个图也说明了**空位图**（null bitmap）的使用，它表示记录的哪个属性是空值。在这个特定的记录中，如果 *salary* 是空值，位图的第四位将被设置为 1，存储在第 12 至 19 字节之间的 *salary* 值将被忽略。由于记录有四个属性，尽管更多属性可能需要更多字节，但该记录的空位图只占用 1 个字节。在某些表示中，空位图存储在记录的开头，并且对于取空值的属性，根本不存储数据（值或偏移量 / 长度）。这种表示以提取记录属性的额外工作为代价来节省一些存储空间。对于记录拥有大量字段并且大多数字段都是空的某些应用来说，这样的表示特别有用。

我们接下来处理在块中存储变长记录的问题，**分槽的页结构**（slotted-page structure）一般用于在块中组织记录，如图 13-6㊀所示。每个块的开始处有一个块头，其中包含以下信息：

- 块头中记录项的数量；
- 块中自由空间的末尾处；
- 一个由包含每条记录的位置和大小的项组成的数组。

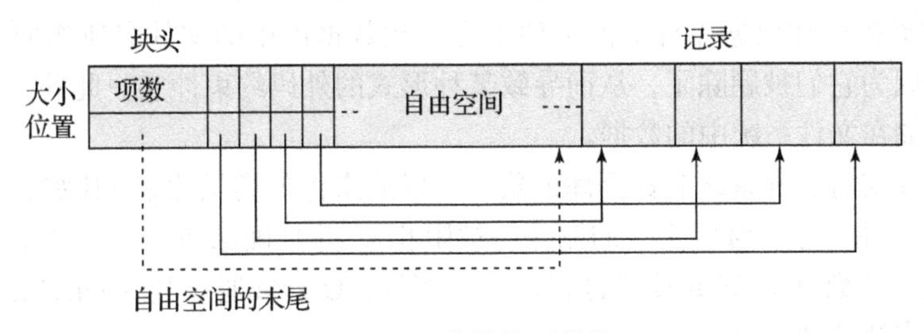

图 13-6　分槽的页结构

实际上记录从块的末尾处开始在块中连续分配空间。块中的自由空间是连续的，位于块头数组的最后一项和第一条记录之间。如果插入一条记录，在自由空间的尾部给这条记录分配空间，并且将包含这条记录的大小和位置的项加到块头中。

如果一条记录被删除，它所占用的空间被释放，并且它的项被置为 *deleted*（比如这条记录的大小被置为 −1）。此外，块中位于被删除记录之前的记录将被移动，使得由删除而产生的自由空间能被重新使用，并且所有自由空间仍然存在于块头数组的最后一项和第一条记

592
~
593

㊀ 在这里，“页”和“块”同义。

录之间。块头中的自由空间末尾指针也要做适当修改。只要块中还有空间，使用类似的技术可以使记录增长或缩短。移动记录的代价并不太高，因为块的大小是有限的：典型的值为4到8 KB。

分槽的页结构要求没有指针直接指向记录。取而代之，指针必须指向块头中记有记录实际位置的项。在支持指向记录的间接指针的同时，这种间接层次允许移动记录以防止在块的内部出现碎片空间。

13.2.3 大对象存储

数据库常常要存储比磁盘块大得多的数据。例如一张图片或一段音频记录的大小可能是数MB，而一个视频对象的大小可能达到数GB。回忆一下，SQL是支持二进制大对象数据类型（blob）和字符大对象数据类型（clob）的，它们存储二进制和字符型的大对象。

许多数据库内部限制一条记录的规模不能比一个块[⊖]的规模更大。这些数据库允许记录在逻辑上包含大对象，但是它们将大对象与记录的其他（短）属性分开存储，尽管大对象与这些属性一起出现在记录中。一个指向大对象的（逻辑）指针被存储到包含该大对象的记录中。

大对象（large object）可以以文件形式存储在被数据库管理的一个文件系统区域中，或者作为文件结构存储在数据库中并被数据库管理。在后一种情况下，这种数据库中的大对象可以选用B^+树文件组织来表示，以便允许对此对象内任何位置的高效访问，我们将在14.4.1节中讨论B^+树。B^+树文件组织允许我们读取一个完整的对象，或对象中指定的字节范围，以及插入和删除对象的一部分。

可是，在数据库中存储特别大的对象导致了一些性能问题。通过数据库接口访问大对象的效率就是一个需要关注的问题。第二个问题是关于数据库备份的大小。许多企业周期性地创建“数据库转储”，换句话说，就是其数据库的备份拷贝；在数据库中存储大对象会导致数据库转储规模的大量增长。

许多应用因此选择在数据库之外的文件系统中来存储特别大的对象，比如视频数据。在这种情况下，应用程序可以将文件名（通常是文件系统中的路径）存储为数据库中记录的一个属性。将数据存储在数据库外部的文件中会导致数据库中的文件名所指向的文件并不存在，这可能是因为它们被删除了，从而导致某种形式的外码约束冲突。此外，数据库授权控制不适用于存储在文件系统中的数据。

594

一些数据库支持文件系统和数据库的集成，以此来保证满足约束（比如，如果数据库有指针指向某个文件，那么对此文件的删除将被阻止），并且确保访问授权被执行。文件能通过文件系统接口和数据库SQL接口进行访问。例如，Oracle通过其SecureFiles和数据库文件系统特性来支持这种集成。

13.3 文件中记录的组织

迄今为止，我们学习了如何在一个文件结构中表示记录。关系是记录的集合。给定一个记录的集合，下一个问题就是如何在文件中组织它们。在文件中组织记录的几种可能的方式包括：

- **堆文件组织**（heap file organization）。任意记录可以放在文件中的任何地方，只要那

⊖ 这种限制有助于简化缓冲区管理；正如我们将在13.5节看到的，磁盘块在被访问之前会被放到一个叫作缓冲区的内存区域内。大于一个块的记录会在块之间被切分，这些块可能位于缓冲区中的不同区域，因此不能保证在内存的一段相邻区域中。

个地方有空间存放这条记录。记录是没有顺序的。通常每个关系使用一个单独的文件或者一个文件的集合。我们将在 13.3.1 节讨论堆文件组织。

- **顺序文件组织**（sequential file organization）。根据每条记录中“搜索码”的值顺序存储记录。13.3.2 节描述了这种组织方式。
- **多表聚簇文件组织**（multitable clustering file organization）。通常，一个单独的文件或者文件集合被用来存储一个关系的记录。然而，在*多表聚簇文件组织*中，多个不同关系的记录被存储在相同的文件中，事实上是一个文件中的相同块上，以便减少特定连接操作的代价。13.3.3 节描述了多表聚簇文件组织。
- **B^+ 树文件组织**（B^+-tree file organization）。13.3.2 节中描述的传统顺序文件组织的确支持顺序访问，即使存在插入、删除和更新操作，且这些操作可能改变记录的顺序。然而，在面对大量这种操作的时候，顺序访问的效率将大打折扣。在 14.4.1 节我们将学习另外一种组织记录的方式，称作 *B^+ 树文件组织*。B^+ 树文件组织和第 14 章描述的 B^+ 树索引结构有关，它可以提供对记录的高效顺序访问，即使存在大量插入、删除或更新操作。此外，它支持基于搜索码的、针对特定记录的、非常高效的访问。
- **散列文件组织**（hashing file organization）。在每条记录的某些属性上计算一个散列函数。散列函数的结果确定了记录应放到文件的哪个块中。14.5 节描述了这种组织方式；它与第 14 章所描述的索引结构密切相关。

595

13.3.1 堆文件组织

在堆文件组织中，记录可以存储在对应于一个关系的文件中的任何位置。记录一旦被放在特定位置，通常不会被移动[㊀]。

当一条记录被插入一个文件中时，一种选择位置的方式是总把它加到文件的末尾。可是，如果记录被删除，使用这种释放的空间来存储新记录是有意义的。对于数据库系统来说，不用顺序搜索文件的所有块，就能高效地找到具有自由空间的块是很重要的。

大多数数据库使用一种叫作**自由空间图**（free-space map）的节省空间的数据结构，以便跟踪具有自由空间来存储记录的块。自由空间图通常被表示成一个数组，对关系中的每个块，该数组都包含一个项。每个项表示一个比例 f，即在块中至少有比例为 f 的空间是自由的。例如在 PostgreSQL 中，一个项占 1 个字节，并且存储在项中的值必须除以 256 以得到自由空间的比例。数组被存储在文件中，在需要时数组所在的块被读进内存[㊁]。只要记录被插入、删除或者改变大小，如果占用比例的变化足以影响项的值，那么项必须在自由空间图中被更新。一个针对具有 16 个块的文件的自由空间图的示例如下所示。我们假设用 3 位来存储占有比例；在第 i 个位置的值应该除以 8 以得到块 i 的自由空间比例。

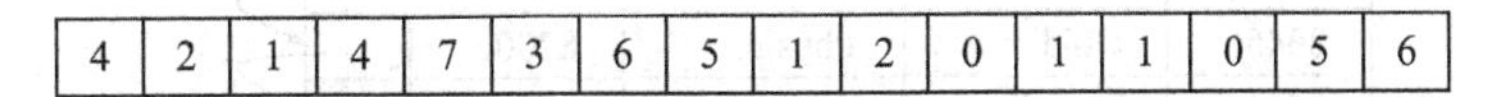

例如，值 7 表示此块中至少有 7/8 的空间是自由的。

为了找到一个可以存储给定大小的新记录的块，数据库可以扫描自由空间图以找到一个具有足够自由空间的块来存储那条记录。如果不存在那样的块，将给关系分配一个新块。

㊀ 记录可能偶尔被移动，例如，如果数据库对关系的记录进行排序；但是注意，即使此关系因排序而被重新排列，随后的插入和更新也可能导致记录不再有序。

㊁ 通过数据库缓冲区，我们将在 13.5 节讨论它。

尽管这种扫描比实际获取块来找到自由空间要快得多，但对于大型文件它仍然非常慢。为了进一步加速定位具有足够自由空间的块的任务，我们可以创建二级自由空间图，比如它的每个项表示主自由空间图的 100 个项。每个项存储了其对应的主自由空间图中 100 个项之内的最大值。下面的自由空间图是我们之前示例的二级自由空间图，它的每个项对应于主自由空间图的 4 个项。

596

4	7	2	6

利用 1 个项来代表主自由空间图中的 100 项，扫描二级自由空间图只需花费扫描主自由空间图的 1/100 的时间；一旦找到表示足够自由空间的合适的项，就可以检查它所对应的、在主自由空间图中的 100 个项，以找到具有足够自由空间的块。那样的块必然存在，因为二级自由空间图中的项存储了主自由空间图中相应项的最大值。为了处理非常大的关系，我们可以利用相同的思路来创建二级之上的更多级自由空间图。

每当图中一个项被更新就将自由空间图写入磁盘，这将是非常昂贵的。取而代之，自由空间图被周期性地写入磁盘；因此，磁盘上的自由空间图可能是过时的，当数据库启动时，它可能会得到关于自由空间的过时数据。其结果是，自由空间图可能声明一个块具有自由空间，但其实该块并没有；当此块被获取时，这种错误将会被检测出来，然后可以通过进一步搜索自由空间图来处理此错误，以找到另外一个块。另一方面，自由空间图可能声明一个块没有自由空间，但其实该块有；通常这不会导致除了存在未使用的自由空间之外的任何问题。为了修正这些错误，关系被定期扫描，错误空间图被重新计算并写到磁盘。

13.3.2　顺序文件组织

顺序文件（sequential file）是为了高效处理按某个搜索码的顺序排序的记录而设计的。**搜索码**（search key）是任意的属性或者属性的集合。它无须是主码，甚至也无须是超码。为了能够按搜索码的顺序快速检索记录，我们通过指针把记录链接起来。每条记录的指针指向按搜索码顺序排列的下一条记录。此外，为了最大限度地减少顺序文件处理中的块访问数量，我们按搜索码的顺序，或者尽可能地接近搜索码的顺序物理地存储记录。

图 13-7 展示了来自我们大学示例的由 *instructor* 记录组成的顺序文件。在该例中，记录按搜索码顺序存储，这里使用 *ID* 作为搜索码。

10101	Srinivasan	Comp. Sci.	65000	
12121	Wu	Finance	90000	
15151	Mozart	Music	40000	
22222	Einstein	Physics	95000	
32343	El Said	History	60000	
33456	Gold	Physics	87000	
45565	Katz	Comp. Sci.	75000	
58583	Califieri	History	62000	
76543	Singh	Finance	80000	
76766	Crick	Biology	72000	
83821	Brandt	Comp. Sci.	92000	
98345	Kim	Elec. Eng.	80000	

图 13-7　*instructor* 记录组成的顺序文件

顺序文件组织形式允许记录按排列的顺序读取；这对于显示目的以及我们将在第 15 章中学习的特定的查询处理算法都非常有用。

然而，在插入和删除时维护记录的物理顺序是困难的，因为由单个的插入或删除而导致很多记录的移动是代价很高的。我们可以按照前面看到的那样，使用指针链表来管理删除。对于插入操作，我们应用如下两条规则：

1. 在文件中定位按搜索码顺序位于待插入记录之前的那条记录。
2. 如果在这条记录所在块中有一条自由的记录（即删除后留下来的空间），就在这里插入新的记录。否则，将新记录插入一个溢出块（overflow block）中。无论哪种情况都要调整指针，使其能按搜索码顺序把记录链接在一起。

597

图 13-8 展示了图 13-7 所示文件在插入记录（32222, Verdi, Music, 48000）之后的情况。图 13-8 中的结构允许快速插入新的记录，但是迫使顺序处理文件的应用程序不得不按与记录的物理顺序不一样的顺序来处理记录。

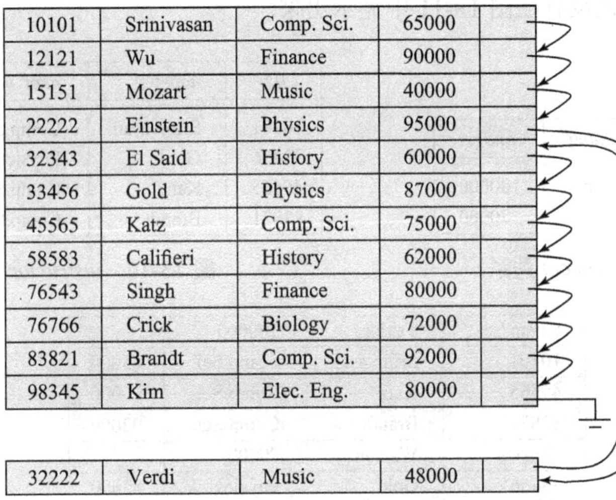

10101	Srinivasan	Comp. Sci.	65000	
12121	Wu	Finance	90000	
15151	Mozart	Music	40000	
22222	Einstein	Physics	95000	
32343	El Said	History	60000	
33456	Gold	Physics	87000	
45565	Katz	Comp. Sci.	75000	
58583	Califieri	History	62000	
76543	Singh	Finance	80000	
76766	Crick	Biology	72000	
83821	Brandt	Comp. Sci.	92000	
98345	Kim	Elec. Eng.	80000	

32222	Verdi	Music	48000	

图 13-8 执行插入后的顺序文件

如果需要存储在溢出块中的记录相对较少，这种方式会工作得很好。然而一段时间之后，搜索码顺序和物理顺序之间的相似性最终可能会完全丧失，在这种情况下，顺序处理将变得十分低效。此时，文件应该被**重组**（reorganized），使得它再次在物理上按顺序存放。这种重组的代价是很高的，并且必须在系统负载低的时候执行。需要重组的频率依赖于新记录插入的频率。在插入很少发生的极端情况下，使文件在物理上总保持有序是可能的。在这种情况下，不需要图 13-7 中的指针域。

我们将在 14.4.1 节描述 B^+ 树文件组织，即使存在很多插入、删除与更新操作，它也能够提供高效的顺序访问，而不需要昂贵的重组。

13.3.3 多表聚簇文件组织

大多数关系数据库系统将每个关系存储在一个单独的文件中，或者一组单独的文件中。因此，在这样的设计中，每个文件以及每个块只存储一个关系的记录。

598

但是在某些情况下，在单个块中存储不止一个关系的记录会很有用。为了理解在一个块中存储多个关系的记录的好处，考虑针对大学数据库的如下 SQL 查询：

```
select dept_name, building, budget, ID, name, salary
from department natural join instructor;
```

这个查询计算 *department* 和 *instructor* 关系的连接。因此，对于 *department* 的每个元组，系统必须找到具有相同 *dept_name* 值的 *instructor* 元组。理想情况下，这些记录通过索引（index）的帮助来定位，我们将在第 14 章中讨论索引。然而，不管这些记录如何定位，它们都需要从磁盘传输到主存中。在最坏的情况下，每条记录驻留在不同的块上，迫使我们为查询所需的每条记录执行一次读块操作。

599 作为一个具体的示例，分别考虑图 13-9 和图 13-10 中的 *department* 与 *instructor* 关系（为了简单起见，我们只包括了前面所用到的关系中的元组的一个子集）。在图 13-11 中，我们展示了一个为高效执行涉及 *department* 和 *instructor* 的自然连接的查询而设计的文件结构。针对特定 *dept_name* 的所有 *instructor* 元组被存储在该 *dept_name* 所对应的 *department* 元组的附近。我们说这两个关系在 *dept_name* 码上是聚簇的。我们假设每条记录包含它所属的关系的标识，尽管这没有在图 13-11 中显示出来。

dept_name	*building*	*budget*
Comp.Sci.	Taylor	100000
Physics	Watson	70000

图 13-9　*department* 关系

ID	*name*	*dept_name*	*salary*
10101	Srinivasan	Comp.Sci.	65000
33456	Gold	Physics	87000
45565	Katz	Comp.Sci.	75000
83821	Brandt	Comp.Sci.	92000

图 13-10　*instructor* 关系

Comp.Sci.	Taylor	100000	
10101	Srinivasan	Comp.Sci.	65000
45565	Katz	Comp.Sci.	75000
83821	Brandt	Comp.Sci.	92000
Physics	Watson	70000	
33456	Gold	Physics	87000

图 13-11　多表聚簇文件结构

尽管没有在图中描述，为了减少存储开销，也有可能针对一组元组（来自两个关系）只存储一次 *dept_name* 属性的值，该属性定义了聚簇。

这种结构允许对连接进行高效处理。当读取 *department* 关系的一个元组时，将包含这个元组的整个块从磁盘拷贝到主存中。因为相应的 *instructor* 元组存储在靠近 *department* 元组的磁盘上，所以包含 *department* 元组的块也包含了处理查询所需的 *instructor* 关系的元组。如果一个系有太多教师，以至于 *instructor* 记录不能存储在一个块中，则其余的记录出现在临近的块中。

如图 13-11 所示，**多表聚簇文件组织**（multitable clustering file organization）是一种在每个块中存储两个或更多关系的相关记录的文件组织形式[⊖]。**聚簇码**（cluster key）是一种属性，它定义了哪些记录被存储在一起；在我们之前的示例中，聚簇码是 *dept_name*。600

尽管多表聚簇文件组织可以加快特定的连接查询，但它也会导致对其他类型的查询的处

⊖ 注意，cluster 这个词经常被用来指代共同构成一个并行数据库的一组机器；cluster 这个词的这种用法和多表聚簇的概念是没有关系的。

理变慢。例如，在我们前面的示例中，

```
select *
from department;
```

与将每个关系存储在单独文件中的方案相比，这个查询需要访问更多的块，因为每个块现在包含明显少得多的 *department* 记录。为了在特定块中高效定位 *department* 关系的所有元组，我们可以用指针把这个关系的所有记录链接起来；可是读取块的数量并不受使用这种链接的影响。

何时使用多表聚簇依赖于数据库设计者所认为的最频繁的查询类型，多表聚簇的谨慎使用可以在查询处理中产生显著的性能提升。

多表聚簇被 Oracle 数据库系统所支持。聚簇可以通过使用带有特定聚簇码的**创建聚簇**（create cluster）命令来创建。对**创建表**（create table）命令的扩展可以用来指定将一个关系存储在特定聚簇中，此命令将特定属性用作聚簇码。这样可以将多种关系分配到一个聚簇上。

13.3.4　划分

许多数据库允许将一个关系中的记录划分为更小的关系，这些关系分别进行存储。这种**表划分**（table partitioning）通常基于一个属性值来完成；例如在一个会计数据库中，*transaction* 关系中的记录可以根据年份划分成对应于每个年份的更小关系，比如 *transaction*_2018、*transaction*_2019 等。查询可以基于 *transaction* 关系来编写，但是被翻译成面向年份的关系的查询。大多数访问都针对当前年份的记录，并且包含一个基于年份的选择。查询优化器能够重写这种查询，使其仅仅访问对应于所需年份的更小关系，并且查询优化器能够避免读取对应于其他年份的记录。例如，查询

```
select *
from transaction
where year=2019
```

将只访问 *transaction_2019* 关系，而忽略其他关系。而一个没有选择条件的查询将读取所有关系。

某些操作的代价随关系的规模一同增长，比如找到一条记录的自由空间；通过缩小每个关系的规模，划分有助于减少这种开销。划分也可以用来将一个关系的不同部分存储到不同的存储设备上；比如，在 2019 年，*transaction_2018* 和早些年的交易不会被频繁访问，可以存储到磁盘上，而 *transaction_2019* 可以存储在 SSD 上，以便更快速地访问。 601

13.4　数据字典存储

到目前为止，我们只考虑了关系本身的表示。一个关系数据库系统需要维护关于关系的数据，比如关系的模式。一般来说，这种“关于数据的数据”被称为**元数据**（metadata）。

关系模式和关于关系的其他元数据存储在一种称作**数据字典**（data dictionary）或**系统目录**（system catalog）的结构中。系统必须存储的信息类型有：

- 关系的名称；
- 每个关系中属性的名称；
- 属性的域和长度；
- 在数据库上定义的视图的名称，以及这些视图的定义；

- 完整性约束（例如码约束）。

此外，很多系统为系统的用户保存了下列数据：

- 用户的名称、用户的缺省模式、用于认证用户的密码或其他信息；
- 关于每个用户的授权信息。

进一步地，数据库可能还会存储关于关系和属性的统计数据和描述数据。例如，每个关系中元组的数量，或者每个属性上不同值的数量。

数据字典也可能记录关系的存储组织（堆、顺序、散列等），以及每个关系的存储位置：

- 如果关系被存储在操作系统文件中，数据字典将会记录包含每个关系的单个文件（或多个文件）的名称。
- 如果数据库把所有关系存储在单个文件中，数据字典可能将包含每个关系的记录的块记在诸如链表那样的数据结构中。

我们将在第 14 章中学习索引，我们将看到有必要存储关于每个关系的每个索引的信息：

602

- 索引的名称；
- 被索引的关系的名称；
- 在其上定义索引的属性；
- 构造的索引的类型。

实际上，所有这些元数据信息组成了一个微型数据库。一些数据库系统使用专用的数据结构和代码来存储这些元数据。通常人们更倾向于将关于数据库的数据存储为数据库本身中的关系。通过使用数据库关系来存储系统元数据，我们简化了系统的总体结构，并且利用数据库的全部能力来对系统数据进行快速访问。

关于如何通过关系来表示系统元数据的准确选择必须由系统设计者来决定。我们在图 13-12 中展示了一个小型数据字典的模式图，它存储了上面提到的部分信息。这个模式仅仅是示例性的；真正的实现存储了比此图所展示的多得多的信息。读者可以参阅所使用的数据库的指南，看看系统元数据维护了什么信息。

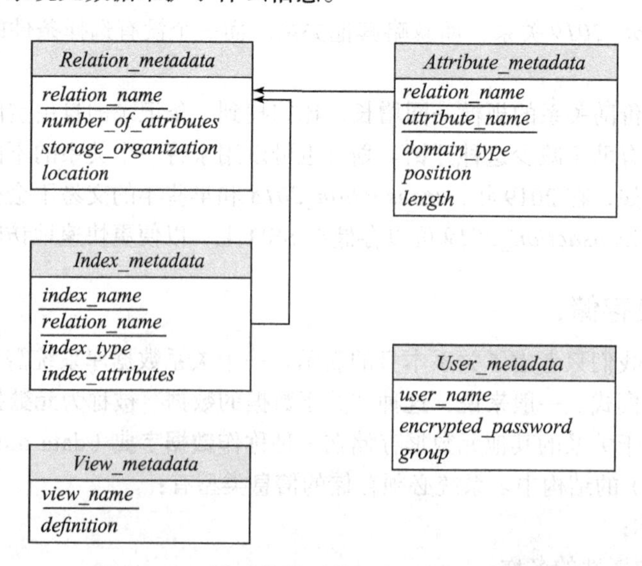

图 13-12　描述部分系统元数据的关系模式

在所展示的元数据表示中，假定 *Index_metadata* 关系的 *index_attributes* 属性包含由一个或多个属性组成的列表，它可以表示成诸如“*dept_name, building*”那样的字符串。因此，*Index_metadata* 关系不符合第一范式；尽管它可以被规范化，但是上面的表示可能对于存取数据而言更加有效。数据字典通常存储为非规范化的形式，以便实现快速存取。 603

只要数据库系统需要从关系中检索记录，它就必须首先通过 *Relation_metadata* 关系来查找关系的位置和存储组织，然后使用该信息去获取记录。

但是，*Relation_metadata* 关系本身的存储组织和位置必须被记录在其他地方（例如，在数据库自身的代码中，或者在数据库中的一个固定位置），因为我们需要这些信息来找到 *Relation_metadata* 的内容。

因为系统元数据被频繁访问，所以大多数数据库将其从数据库读入内存数据结构中，这种数据结构可被很高效地访问。这是在数据库开始处理任何查询之前作为数据库启动的一部分来完成的。

13.5 数据库缓冲区

服务器上的主存规模这些年来增长得很快，很多中等规模的数据库可以被放入内存中。可是，一个服务器有很多对其内存的需求，它能分配给数据库的内存量可能比数据库的规模要小很多，即使是对于中等规模的数据库。很多大型数据库比服务器的可用内存要大得多。

因此，即使在今天，在大多数数据库中，数据库数据仍主要存放在磁盘上，并且这些数据必须被放入内存以进行读取或者更新；更新过的数据块必须随后写回磁盘。

因为从磁盘访问数据远比从内存访问数据要慢，所以数据库系统的一个主要目标就是尽量减少在磁盘和内存之间传输的块数量。减少磁盘访问次数的一种方式是在主存中保留尽可能多的块。这样做的目标是最大化要访问的块已经在主存中的概率，这样就不需要访问磁盘。

因为在主存中保留所有块是不可能的，我们需要管理主存中用于存储块的可用空间的分配。**缓冲区**（buffer）是主存中用于存储磁盘块的拷贝的那部分。每个块总有一份拷贝存放在磁盘上，但是磁盘上的拷贝可能比缓冲区中的版本旧。负责缓冲区空间分配的子系统称为**缓冲区管理器**（buffer manager）。

13.5.1 缓冲区管理器

当数据库系统中的程序需要磁盘上的块时，它向缓冲区管理器发出请求（即调用）。如果这个块已经在缓冲区中，则缓冲区管理器将这个块在主存中的地址传给请求者。如果这个块不在缓冲区中，则缓冲区管理器首先在缓冲区中为这个块分配空间，如果需要，可能会把一些其他块移出主存，为这个新块腾出空间。被移出的块仅当它在最近一次写回磁盘后被修改过才被写回磁盘。然后，缓冲区管理器把被请求的块从磁盘读入缓冲区，并将这个块在主存中的地址传给请求者。缓冲区管理器的内部动作对发出磁盘块请求的程序是透明的。 604

如果熟悉操作系统的概念，你会发现缓冲区管理器看起来和大多数操作系统中的虚拟存储管理器没有什么不同。它们的一点区别是数据库的规模会比机器的硬件地址空间要大，因此存储器地址不足以对所有磁盘块进行寻址。此外，为了更好地为数据库系统服务，缓冲区管理器必须使用比典型的虚拟存储管理方案更加复杂的技术。

13.5.1.1 缓冲区替换策略

当缓冲区中没有剩余空间时，一个块必须被**移出**（evicted），即在新块读入缓冲区之前，必须把一个块从缓冲区中去除。多数操作系统使用**最近最少使用**（Least Recently Used，LRU）方案，即最近最少访问的块被写回磁盘，并从缓冲区中移走。这种简单的方式在改进后可用于数据库应用（参见 13.5.2 节）。

13.5.1.2　被钉住的块

一旦一个块被读入缓冲区，数据库进程就可以从缓冲存储器中读取该块的内容。然而，当块正在被读取时，如果一个并发进程移出了这个块，并把它替换成另一个不同的块，那么读原来块的内容的读取操作将读到不正确的数据；如果一个块被移出时它正在被写入，那么写入操作将最终损坏被替换的块的内容。

因此，在一个进程从缓冲块中读取数据之前，确保此块不会被移出是很重要的。为此，进程在该块上执行**钉住**（pin）操作；缓冲区管理器绝不会移出一个被钉住的块。当进程完成数据读取后，它将执行**解除钉住**（unpin）操作，允许该块在必要时被移出。应该仔细编写数据库代码从而避免钉住太多的块：如果在缓冲区中所有块都被钉住了，那么没有块能被移出，也就没有其他块能被读入缓冲区。如果发生这种情况，那么数据库将不能执行任何进一步的处理！

多个进程能从缓冲区的一个块中读取数据。要求每个进程在访问数据前执行钉住操作，并在完成访问后执行解除钉住操作。直到所有对块执行了钉住操作的进程都解除钉住之后，该块才能被移出。一种简单的方式可以确保这个性质，那就是为每个缓冲块维护**钉住计数**（pin count）。对每个钉住操作增加该计数，且对每个解除钉住操作减少该计数。仅当一个页面的钉住计数等于 0 时，它才能被移出。

13.5.1.3　缓冲区上的共享排他锁

605　从页面增加或删除元组的进程可能需要移动此页面的内容；在此期间，任何其他进程都不应读取该页的内容，因为这些内容可能是不一致的。数据库缓冲区管理器允许进程获取缓冲区上的共享排他锁。

我们将在第 18 章学习锁的更多细节，但是这里我们讨论缓冲区管理器的内容中的一种受限形式的封锁。由缓冲区管理器提供的封锁系统允许数据库进程在访问一个块之前，以共享模式或者排他模式封锁该缓冲块，并且在访问完成之后释放封锁。下面是用于封锁的一些规则：

- 任意数量的进程可以在一个块上同时拥有共享锁。
- 每次只允许一个进程获得排他锁，并且当一个进程执有排他锁时，其他进程不能执有此块上的共享锁。因此，只有当没有其他进程在缓冲块上执有封锁的时候排他锁才能被授予。
- 如果一个进程请求块上的排他锁，但此块已经以共享或者排他模式被封锁，那么在早期封锁被释放之前，该请求一直处于等待状态。
- 如果一个进程请求块上的共享锁，而且此块没有被封锁或者已经被共享锁封锁，则此锁可以被授予；但是，如果另一个进程持有该块的排他锁，则共享锁只有在排他锁被释放后才能被授予。

按如下方式获得并释放封锁：

- 在一个块上执行任何操作之前，进程必须钉住这个块，就像我们之前看到的那样。随后获得封锁，且必须在对块解除钉住之前释放封锁。

- 在从缓冲块读数据之前，进程必须获取此块上的共享锁。当完成数据读取时，进程必须释放此锁。
- 在更新缓存块内容之前，进程必须获取此块上的排他锁；该锁必须在更新完成后释放。

这些规则确保当另外的进程在读块时该块不能被更新。反过来说，当另外的进程正在更新块的时候，此块不能被读取。这些规则保证了缓冲区访问的安全。可是，为了保护数据库系统，以及防止并发访问引发的问题，这些措施是不够的：还需要采取进一步的措施。我们将在第 17～18 章进一步讨论这些问题。

13.5.1.4 块写出

仅当另一个块需要缓冲空间时才写出一个块是可能的。但是，不用等到需要缓冲空间时，而是在产生这种需求之前写出更新过的块，这么做是有意义的。然后，当需要缓冲区中的空间时，一个已经被写出过的块可以被移出，只要它当前没有被钉住。 606

可是，为了数据库系统能够从崩溃中恢复（见第 19 章），有必要限制一个块能被写回磁盘的时间。例如，大多数恢复系统要求，当块上正在进行更新时，该块不能被写回磁盘。为了满足这个要求，希望将块写回磁盘的进程必须获取块上的共享锁。

大多数数据库有一个进程，可以连续监测更新过的块并将块写回磁盘。

13.5.1.5 块的强制写出

某些情况下，需要把块写回磁盘，以确保磁盘上的数据处于一致性状态。这样的写操作称为块的**强制写出**（forced output）。我们将在第 19 章看到强制写出的原因。

主存的内容乃至缓冲区的内容会在崩溃时丢失，然而磁盘上的数据（通常）在崩溃时得以幸免。将强制写出与日志机制一起使用，以确保当执行更新的事务被提交时，有足够的数据写回磁盘，从而保证事务的更新不会丢失。具体是如何完成的，我们将在第 19 章细致地介绍。

13.5.2 缓冲区替换策略

对缓冲区中的块的替换策略而言，其目标是减少对磁盘的访问。对通用程序来说，精确预言哪些块将被访问是不可能的。因此，操作系统使用过去的块访问模式来预测未来的访问。通常假设最近被访问过的块很可能被再次访问。因此，如果必须替换一个块，则替换最近最少访问的块。这种策略称为**最近最少使用**（Least Recently Used，LRU）的块替换策略。

在操作系统中，LRU 是一个可以接受的替换策略。然而，数据库系统能够比操作系统更准确地预测未来的访问模式。用户对数据库系统的请求包括若干步。通过查看执行用户请求的操作所需的每一步，数据库系统通常可以预先确定哪些块将是需要的。因此，与依赖过去来预测将来的操作系统不同，数据库系统至少可以得到关于不远的将来的信息。

为了说明未来块访问的相关信息是如何使我们改进 LRU 策略的，考虑如下 SQL 查询的处理：

select *
from *instructor* **natural join** *department*;

607

假设我们所选择的处理这个请求的策略由图 13-13 所示的伪码程序给出。（我们将在第 15 章学习其他更高效的策略。）

```
for each instructor 中的元组 i do
    for each department 中的元组 d do
        if i[dept_name] = d[dept_name]
        then begin
                令 x 为下列式子定义的元组：
                x[ID] := i[ID]
                x[dept_name] := i[dept_name]
                x[name] := i[name]
                x[salary] := i[salary]
                x[building] := d[building]
                x[budget] := d[budget]
                将元组 x 包含进 instructor ⋈ department 的结果中
            end
    end
end
```

图 13-13　计算连接的过程

假设此例中的两个关系存储在不同的文件中。在这个示例中，我们可以看到，一旦 *instructor* 中的一个元组被处理过，就不再需要这个元组了。因此，一旦处理完 *instructor* 元组构成的一个完整块，这个块就不再需要存储在主存中了，尽管它刚刚被使用过。一旦 *instructor* 块中最后一个元组被处理完毕，就应该命令缓冲区管理器释放这个块所占用的空间。这种缓冲区管理策略称为**立即丢弃**（toss-immediate）策略。

现在考虑包含 *department* 元组的块。对 *instructor* 关系的每个元组，我们需要检查 *department* 元组的每个块。当一个 *department* 块处理完毕后，我们知道在所有其他 *department* 块被处理完之前，这个块是不会被访问的。因此，最近最常使用的 *department* 块将是最后一个要被再次访问的块，而最近最少使用的 *department* 块会是接着要访问的块。这个假设正好与构成 LRU 策略基础的假设相反。实际上，在上述过程中块替换的最优策略是**最近最常使用**（Most Recently Used，MRU）策略。如果必须从缓冲区中移出一个 *department* 块，MRU 策略将选择最近最常使用的块（当块正在被使用时不能被替换）。

608

在我们的示例中，要使 MRU 策略正确工作，系统必须把当前正在处理的 *department* 块钉住。在块中最后一个 *department* 元组处理完毕后，这个块就被解除钉住，并成为最近最常使用的块。

除了使用系统所拥有的关于被处理的请求的知识，缓冲区管理器还可以使用有关一个请求将访问特定关系的概率的统计信息。例如，我们在 13.4 节见过的数据字典是数据库中最常被访问的部分之一，因为每个查询的处理都需要访问数据字典。因此，缓冲区管理器应尽量不把数据字典从主存中移出，除非有其他因素决定了它非这样做不可。在第 14 章中，我们将讨论文件的索引。因为对文件索引的访问可能比文件本身更频繁，所以除非迫不得已，缓冲区管理器一般不会把索引块从主存中移出。

理想的数据库块替换策略需要关于数据库操作的知识，包括正在执行的操作和将来会执行的操作。没有哪个策略能够很好地处理所有可能的情况。实际上，绝大多数数据库系统都使用 LRU 策略，尽管这种策略有其缺点。在实践问题和习题中我们将探究其他可选择的策略。

除了块被再次访问的时间以外，缓冲区管理器所使用的块替换策略还受其他因素的影响。如果系统并发地处理来自多个用户的请求，并发控制子系统（见第 18 章）可能需要延迟某些请求，以保证数据库的一致性。如果缓冲区管理器从并发控制子系统获得了关于哪些请求被延迟的信息，它就可以使用这些信息来改变它的块替换策略。具体地说，活跃的（非延迟的）请求所需要的块可以保留在缓冲区中，以牺牲被延迟的请求所需要的块为代价。

崩溃 - 恢复子系统（见第 19 章）对块替换施加了严格的约束。如果一个块被修改过，则不允许缓冲区管理器将这个块在缓冲区中的新版本写回磁盘，因为这将破坏旧的版本。取而代之的做法是，块管理器在写出块之前，必须向崩溃 - 恢复子系统寻求许可。崩溃 - 恢复子系统在允许缓冲区管理器写出所需的块之前，可能要求将另一些特定的块强制写出。在第 19 章中，我们将精确定义缓冲区管理器与崩溃 - 恢复子系统之间的交互。

13.5.3 写操作的重排序与恢复

数据库缓冲区允许在内存中执行写操作，并在以后将其输出到磁盘，输出的顺序可能与执行写出的顺序不同。文件系统也经常对写操作重新排序。但是，这种重新排序可能会导致在发生系统崩溃时磁盘上的数据不一致。

609

为了理解文件系统背景下的问题，假设文件系统使用链表跟踪哪些块是文件的一部分。另外假设它在链表末尾插入一个新节点的方式是：首先为新节点写入数据，然后更新前一个节点的指针。进一步假设写操作被重新排序，因此指针先被更新，并且在写入新节点之前系统崩溃。那么节点的内容将和之前磁盘上曾写入的内容一样，这就导致了数据结构的损坏。

为了应对这种数据结构损坏的可能性，早期的文件系统必须在系统重新启动时执行*文件系统一致性检查*，以确保数据结构是一致的。如果不一致，就必须采取额外的措施把它们恢复到一致状态。这些检查会导致崩溃后系统重启的长时间延迟，随着磁盘系统容量的增加，这种延迟会变得更长。

如果文件系统按精心选择的顺序更新元数据，那么在许多情况下，它可以避免不一致的问题。但是这样做意味着诸如磁盘臂调度之类的优化无法完成，从而影响更新的效率。如果有可用的非易失性写缓冲区，可以用它来对非易失性 RAM 执行顺序的写操作，然后在写入磁盘时再重新排序。

然而，大多数磁盘没有非易失性写缓冲区；相反，现代文件系统分配一个磁盘，用于按执行顺序存储写操作的日志。这样的磁盘称为**日志磁盘**（log disk）。对于每次写操作，日志都包含待写入的块的编号和要写入的数据，日志的顺序与执行写操作的顺序一致。对日志磁盘的所有访问都是顺序的，基本上消除了寻道时间，并且多个连续的块可以一次性写入，使得写入日志磁盘的速度比随机写入快好几倍。和以前一样，数据还必须写到它们在磁盘上的实际位置，但是对实际位置的写操作可以之后完成；可以对写操作进行重新排序，以最小化磁盘臂的移动。

如果在对实际磁盘位置的某些写操作完成之前系统崩溃，当系统恢复时，它会读取日志磁盘，以找到尚未完成的那些写操作，然后执行这些操作。在执行写操作后，记录将从日志磁盘中删除。

支持上述日志磁盘的文件系统称为**日志文件系统**（journaling file system）。即使没有单独的日志磁盘，也可以通过将数据和日志保存在同一个磁盘上来实现日志文件系统。这样做会以更低性能为代价来降低资金成本。

大多数现代文件系统在写入诸如文件分配信息那样的文件系统元数据时实现日志并使用日志磁盘。日志文件系统允许快速重启，无须进行此类文件系统的一致性检查。

但是，应用程序执行的写操作通常不会被写入日志磁盘。相反，数据库系统实现了自己的日志形式，以确保在发生故障时，即使对写操作进行了重新排序，也可以安全地恢复出数

610 据库的内容，我们将在第 19 章中学习数据库日志。

13.6 面向列的存储

传统数据库把元组的所有属性存储在一条记录中，再把元组存放在如我们刚才看到的文件中。这种存储设计被称为*面向行的存储*（row-oriented storage）。

相反，在**面向列的存储**（column-oriented storage）中，关系的每个属性都被单独存储，来自相邻元组的属性值存储在文件中相邻的位置上，面向列的存储也被称为**柱状存储**（columnar storage）。图 13-14 展示了 *instructor* 关系如何被存储在面向列的存储中，其每个属性被分别存储。

10101	Srinivasan	Comp.Sci.	65000
12121	Wu	Finance	90000
15151	Mozart	Music	40000
22222	Einstein	Physics	95000
32343	ElSaid	History	60000
33456	Gold	Physics	87000
45565	Katz	Comp.Sci.	75000
58583	Califieri	History	62000
76543	Singh	Finance	80000
76766	Crick	Biology	72000
83821	Brandt	Comp.Sci.	92000
98345	Kim	Elec.Eng.	80000

图 13-14 *instructor* 关系的柱状表示

在面向列的存储的最简单形式中，每个属性都存储在一个单独的文件中。此外，每个文件都被*压缩*（compressed）以减小其规模。（我们将在本节后面讨论在单个文件中连续存储列的更复杂的方案。）

如果查询需要访问表中第 *i* 行的全部内容，则检索出每列中第 *i* 个位置的值，并使用这些值来重构该行。因此，面向列的存储的缺点是：获取单个元组的多个属性需要多次 I/O 操作。因此，它不适用于从关系的几行中获取多个属性的查询。

然而，面向列的存储非常适合于数据分析查询，这种查询处理关系的许多行，但通常只访问一些属性。原因如下：

- **减少 I/O**。当查询只需要访问具有大量属性的关系的几个属性时，其余属性并不需要从磁盘提取到内存中。相反，在面向行的存储中，无关的属性也从磁盘提取到内存中。减少 I/O 可以显著降低查询执行的代价。 611
- **提高 CPU 缓存性能**。当查询处理器获取特定属性的内容时，在现代 CPU 架构中，多个连续的字节（称为缓存线）被从内存提取到 CPU 缓存中。以后要访问这些字节，如果它们在缓存中，访问速度要比必须从主存中提取它们快得多。但是，如果这些相邻的字节包含查询不需要的属性值，那么将它们提取到缓存中会浪费内存带宽，并耗尽可能用于其他数据的缓存空间。面向列的存储不存在这个问题，因为相邻的字节来自同一列，数据分析查询通常连续访问所有这样的值。
- **提高压缩效率**。与压缩以行格式存储的数据相比，将同一类型的值存储在一起显著提高了压缩的效率；在按行存储的情况下，相邻属性的类型不同，从而降低了压缩的效率。压缩大大减少了从磁盘检索数据所花费的时间，磁盘通常是许多查询中代价最高的组件。如果压缩后的文件存储在内存中，那么内存存储空间也相应减少，这一点尤其重要，因为主存比磁盘存储要昂贵很多。

- **向量处理**。许多现代的 CPU 体系结构支持**向量处理**（vector processing），它允许 CPU 操作并行地应用于一个数组的多个元素上。通过按列存储数据，可以对操作进行向量处理，例如将属性与常量进行比较，这对于在关系上应用选择条件很重要。向量处理还可以用于并行计算多个值的聚集，而不是一次聚集一个值。

因为这些优点，面向列的存储被越来越多地用于数据仓库应用中，其中的查询主要是数据分析查询。应该注意的是，需要仔细设计索引和查询处理技术以获得面向列的存储的性能优势。我们在 14.9 节中概述了基于位图表示的索引和查询处理技术，它们非常适合于面向列的存储；我们还在 24.3 节中提供了进一步的细节。

使用面向列的存储的数据库称为**列存储**（column store），而使用面向行的存储的数据库称为**行存储**（row store）。

值得注意的是，面向列的存储确实有几个缺点，这使得它们不适用于事务处理。

- **元组重构的代价**。正如我们前面所看到的，从单独的列中重构元组可能代价高昂，如果需要重构许多列，则会抵消列表示的优势。尽管元组重构在事务处理应用中很常见，但是数据分析应用通常只从数据仓库中存储在“事实表”内的许多列中输出几列。

612

- **元组删除和更新的代价**。在压缩表示中删除或更新单个元组需要对被压缩为一个单元的整个元组序列进行重写。由于更新和删除在事务处理应用中很常见，因此，如果将大量元组压缩为一个单元，那么面向列的存储将导致这些操作的昂贵代价。

  相反，数据仓库系统通常不支持元组的更新，而只支持插入新的元组和一次性批量删除大量旧的元组。插入是在关系表示的末尾完成的，也就是说，新的元组将被追加到关系中。由于数据仓库中不会出现小的删除和更新，因此可以将属性值的大型序列存储和压缩为一个单元，从而实现比小序列更好的压缩。

- **解压的代价**。从压缩表示中提取数据需要解压（decompression），在最简单的压缩表示中，解压需要从文件开头读取所有数据。事务处理查询通常只需要获取少量记录；在这种情况下，顺序访问很昂贵，因为许多不相关的记录都可能需要解压，以访问少量的相关记录。

由于数据分析查询倾向于访问许多连续的记录，因此在解压上花费的时间通常不会被浪费。但是，其实数据分析查询并不需要访问不满足选择条件的记录，应该跳过这些记录的属性以减少磁盘 I/O。

为了能够跳过这些记录的属性值，列存储的压缩表示允许从文件中的任意点开始解压，跳过文件的前面部分。这可以通过在每 10 000 个值（例如）之后重新开始压缩来实现。通过跟踪文件中每组 10 000 个值的数据起始位置，可以访问第 i 个值，方法是转到组 $\lfloor i/10\,000 \rfloor$ 的起始位置并从那里开始解压。

ORC 和 Parquet 是许多大数据处理应用中使用的柱状文件表示。在 ORC 中，面向行的表示被转换成面向列的表示：占用数百兆字节的元组序列被分解成被称为**拆分**（stripe）的列表示。一个 ORC 文件包含几个这样的拆分，每个拆分占用大约 250 MB。

图 13-15 说明了 ORC 文件格式的一些细节。每个拆分都有索引数据，后跟行数据。行数据区域为第一列存储值序列的压缩表示，后面是第二列的压缩表示，依此类推。拆分的索

613 引数据区域为每个属性存储该属性的每组（比如说）10 000个值的拆分内的起始点[⊖]。该索引对于快速访问所需的元组或元组序列是有用的；如果包含选择的查询确定在某些组中没有满足选择条件的元组，则该索引允许查询跳过这些组。ORC文件在拆分页脚和文件页脚中存储了其他几条信息，我们在这里跳过这些信息。

有些列存储系统允许经常一起访问的多个列存储在一起，而不是将每个列拆分到不同的文件中。因此，这样的系统允许一系列的选择，范围从纯粹的面向列的存储（其中每个列都单独存储）到纯粹的面向行的存储（其中所有列存储在一起）。选择 614 将哪些属性存储在一起取决于查询的工作负载。

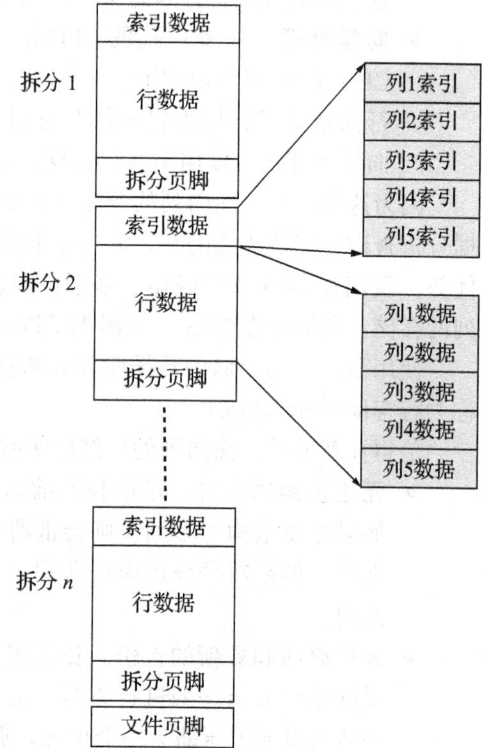

图 13-15 ORC文件格式中的柱状数据表示

即使在面向行的存储系统中，也可以通过将关系从逻辑上分解为多个关系来获得面向列的存储的某些好处。例如，*instructor*关系可以分解为三个关系，分别为（*ID*, *name*）、（*ID*, *dept_name*）和（*ID*, *salary*）。然后，只访问姓名的查询不需要获取*dept_name*和*salary*属性。但是，在这种情况下，相同的*ID*属性出现在三个元组中，导致了空间的浪费。

一些数据库系统在不使用压缩的情况下，对磁盘块内的数据使用面向列的表示方式[⊜]。因此，一个块包含一组元组的数据，该组元组的所有属性都存储在同一个块中。这种方案在事务处理系统中很有用，因为检索所有属性值不需要多次磁盘访问。同时，在块中使用面向列的存储提供了更高效的内存访问和缓存使用的优势，以及在数据上使用向量处理的可能性。但是，此方案不允许在只检索少量属性时跳过不相关的磁盘块，也不提供压缩的好处。因此，这种表示介于纯粹的面向行的存储和纯粹的面向列的存储之间。

一些数据库（如SAP HANA）支持两个底层存储系统，一个是为事务处理而设计的面向行的，另一个是为数据分析而设计的面向列的。元组通常是在面向行的存储中创建的，但当之后不再可能以面向行的方式访问它们时，它们会被迁移到面向列的存储中。这种系统称为**混合的行/列存储**（hybrid row/column store）。

在其他情况下，应用将事务性数据存储在面向行的存储中，但要定期（例如，每天一次或每天几次）将数据复制到数据仓库，数据仓库可能使用面向列的存储系统。

Sybase IQ是使用面向列的存储的早期产品之一，但是现在有几个研究项目和公司已经开发了基于列存储的数据库系统，包括C-Store、Vertica、MonetDB、VectorWise等。更多详细信息请参阅本章末尾的延伸阅读。

⊖ ORC文件包含一些其他信息，在这里被我们忽略了。

⊜ 压缩可以应用于磁盘块中的数据，但访问这些数据需要解压，并且解压后的数据可能不再适合放入一个块中。需要对数据库代码（包括缓冲区管理）进行重大修改以处理此类问题。

13.7　主存数据库的存储组织

如今，主存规模足够大，并且主存足够便宜，许多组织机构的数据库能完全放入内存。这样大量主存可以通过给数据库缓冲区分配大量内存来使用，这将允许整个数据库被加载到缓冲区中，避免读取数据的磁盘 I/O 操作；更新后的块仍然需要写回磁盘以供持久使用。因此，这样的设置能够比只有数据库的一部分能放入缓冲区中的方式提供好得多的性能。

615

但是，如果整个数据库都能放进内存，则可以通过定制存储组织和数据库数据结构，来利用数据全部在内存中这一事实，从而显著提升性能。**主存数据库**（main-memory database）是所有数据都驻留在内存中的数据库；主存数据库系统通常利用这一事实来优化性能。特别是，它们完全不使用缓冲区管理器。

作为一个可以对内存驻留的数据进行优化的示例，考虑在给定记录指针的情况下访问记录的代价。对于基于磁盘的数据库，记录存储在块中，指向记录的指针由块标识符和块内的偏移量或槽号组成。要跟随这样的记录指针需要检查相应的块是否在缓冲区中（通常通过使用内存散列索引来完成），如果在缓冲区中，则找到它所在的位置，如果不在缓冲区中，则必须读取它。所有这些动作都会占用大量的 CPU 周期。

相反，在主存数据库中，可以保留指向内存中记录的直接指针，对记录的访问只是对内存指针的遍历，这是一种非常高效的操作。只要记录不被移动，保留这种直接指针就是可能的。事实上，这种移动的一个原因（即加载到缓冲区和从缓冲区中移出）已经不再是问题。

如果记录存储在块内分槽的页结构中，则在删除其他记录或调整其他记录的大小时，记录可能会在块内移动。在这种情况下，用直接指针指向记录是不可能的，尽管可以通过分槽页头部中的项对记录进行一种间接访问。可能需要锁定块，以确保在另一个进程读取其数据时记录不会被移动。为了避免这些开销，许多主存数据库不使用分槽的页结构来分配记录。相反，它们直接在主存中分配记录，并确保记录不会因为其他记录的更新而被移动。但是，直接分配记录的一个问题是：如果重复插入和删除变长记录，内存可能会变得碎片化。数据库必须确保主存不会随着时间的推移而碎片化，无论是使用适当设计的内存管理方案，还是通过定期执行内存压缩；后一种方案将导致记录移动，但可以在不获取块上的锁的情况下完成。

如果在主存中使用了面向列的存储模式，那么列的所有值会存储在连续的内存位置上。但是，如果有对关系的追加，要确保连续分配将重新分配现有数据。为了避免这种开销，列的逻辑数组可以被划分为多个物理数组。用间接表来存储指向所有物理数组的指针。该模式如图 13-16 所示。为了找到逻辑数组的第 i 个元素，先使用间接表来定位包含第 i 个元素的物理数组，然后计算适当的偏移量并在该物理数组中进行查找。

还有其他一些方式可以对主存数据库的处理进行优化，我们将在后面的章节中看到。

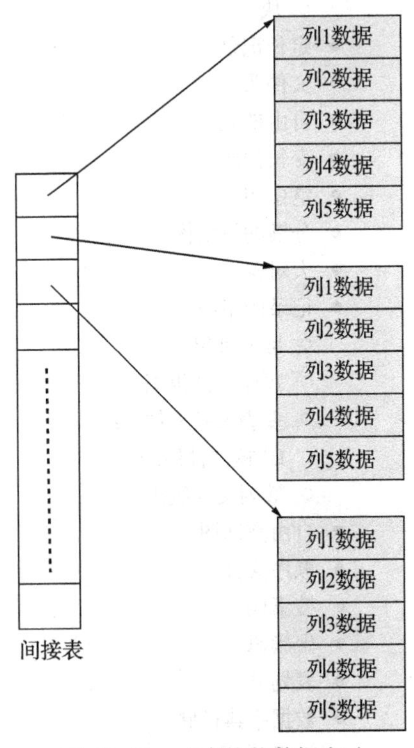

图 13-16　内存柱状数据表示

616

13.8 总结

- 我们可以把一个文件逻辑地组织成映射到磁盘块上的记录序列。把数据库映射到文件的一种方式是使用多个文件，在任意给定文件中只存储一种固定长度的记录。另一种方式是构造文件，使之能适应多种长度的记录。分槽页的方法被广泛应用于在磁盘块中处理变长记录。
- 因为数据以块为单位在磁盘存储器和主存之间传输，所以让一个单独的块包含相关联的记录并将文件记录分配到不同的块中是可取的。如果仅通过一次块访问就可以存取所需的几条记录，我们就节省了磁盘访问次数。因为磁盘访问通常是数据库系统性能的瓶颈，将记录仔细分配到块中可以获得显著的性能提升。
- 数据字典也称为系统目录，用于记录元数据，元数据是关于数据的数据，例如关系名、属性名和类型、存储信息、完整性约束以及用户信息。

617

- 减少磁盘访问数量的一种方式是在主存中保留尽可能多的块。因为在主存中保留所有的块是不可能的，我们需要为块的存储而管理主存中可用空间的分配。**缓冲区**（buffer）是主存的一部分，可用于存储磁盘块的拷贝。负责分配缓冲区空间的子系统称为**缓冲区管理器**（buffer manager）。
- 面向列的存储系统给很多数据仓库应用提供了良好的性能。

术语回顾

- 文件组织
  - 文件
  - 块
- 定长记录
- 文件头
- 自由链表
- 变长记录
- 空位图
- 分槽的页结构
- 大对象
- 记录的组织
  - 堆文件组织
  - 顺序文件组织
  - 多表聚簇文件组织
  - B^+ 树文件组织
  - 散列文件组织
- 自由空间图
- 顺序文件
- 搜索码
- 聚簇码
- 表划分
- 数据字典存储
  - 元数据
  - 数据字典

618

  - 系统目录
- 数据库缓冲区
  - 缓冲区管理
  - 被钉住的块
  - 移出块
  - 块的强制写出
  - 共享排他锁
- 缓冲区替换策略
  - 最近最少使用（LRU）
  - 立即丢弃
  - 最近最常使用（MRU）
- 块的写出
- 块的强制写出
- 日志磁盘
- 日志文件系统
- 面向列的存储
  - 柱状存储
  - 向量处理
  - 列存储
  - 行存储
  - 拆分
  - 混合行/列存储
- 主存数据库

实践习题

13.1 考虑从图 13-3 的文件中删除记录 5。比较下列实现删除的技术的相对优点：

a. 将记录 6 移到记录 5 所占用的空间，并将记录 7 移到记录 6 所占用的空间。

b. 将记录 7 移到记录 5 所占用的空间。

c. 标记记录 5 被删除，不移动任何记录。

13.2 给出经过下面每一步后图 13-4 中文件的结构：

a. 插入 (24556, Turnamian, Finance, 9800)。

b. 删除记录 2。

c. 插入 (34556, Thompson, Music, 67000)。

13.3 考虑 *section* 和 *takes* 关系。给出这两个关系的一个实例，包括 3 个课程段，每个课程段有 5 名学生选课。给出对这些关系使用多表聚簇的一种文件结构。

13.4 考虑自由空间图的位图表示，其中对文件中的每个块，在位图中维护两个比特位。如果块的 0%～30% 是满的，则这两位用 00 表示；如果块的 30%～60% 是满的，则这两位用 01 表示；如果块的 60%～90% 是满的，则这两位用 10 表示；如果块内 90% 以上是满的，则这两位用 11 表示。即使对于很大的文件这样的位图也可以保存在内存中。

a. 概括对一个块使用两位而不是本章前面描述的一位的两个优点和一个缺点。

b. 描述在插入和删除记录时如何保持位图的更新。

c. 概括位图技术与自由链表相比在搜索自由空间和更新自由空间信息方面的优势。

13.5 能够快速发现一个块是否存在于缓冲区中，假如存在则找到它驻留在缓冲区中的具体位置，这样做是很重要的。假设数据库缓冲区的规模非常庞大，针对这个任务，你该使用什么样的（内存）数据结构？

13.6 假设你们的大学有非常大量的 *takes* 记录，这些记录是多年来积累的。解释该如何对 *takes* 关系进行表分区，以及它可以提供哪些好处。并解释该技术的一个潜在缺陷。

619

13.7 对于下面的每种情况，给出一个关系代数表达式和一个查询处理策略的示例：

a. MRU 优于 LRU。

b. LRU 优于 MRU。

13.8 PostgreSQL 通常使用一个小的缓冲区，并让操作系统的缓冲区管理器来管理其余可用于文件系统缓冲的主存。(a) 这种方式的好处是什么？(b) 请解释这种方式的一个重大局限。

习题

13.9 在变长记录表示中，用空位图来表示属性是否为空值。

a. 对于变长字段，如果值为空，那么偏移量字段和长度字段中应该存储什么？

b. 在一些应用中，元组拥有非常大量的属性，其中大多数属性为空。你能否更改记录表示，使得一个空值属性的开销仅为空位图中的一个位？

13.10 请解释为什么在磁盘块上分配记录会显著影响数据库系统的性能。

13.11 列出下列存储关系数据库的每种策略的两个优点和两个缺点：

a. 在一个文件中存储一个关系。

b. 在一个文件中存储多个关系（甚至可能是整个数据库）。

13.12 在顺序文件组织中，为什么即使当前只有一条溢出记录，也要使用一个溢出块？

13.13 给出 *Index_metadata* 关系的规范化形式，并解释为什么使用规范化的形式会导致更差的性能。

13.14 标准的缓冲区管理器假定每个块的大小和读取代价都是相同的。设想一个缓冲区管理器使用对象引用率而不是 LRU，对象引用率是指一个对象在此前的 *n* 秒内被访问的频率。假设我们要在缓冲区中存储变长和读取代价可变（例如网页，它的读取代价取决于它从哪个站点被获取）的对象。试建议缓冲区管理器可以如何选择要从缓冲区中移出哪个块。

620

延伸阅读

[Hennessy et al. (2017)] 是一本流行的计算机体系结构方面的教科书，其内容涵盖了地址变换缓冲器、高速缓冲存储器以及内存管理单元的硬件特性。

特定数据库系统的存储结构都记录在它们各自的系统使用手册中，例如 IBM DB2、Oracle、Microsoft SQL Server 以及 PostgreSQL。这些手册可以在线访问。

[Chou and Dewitt (1985)] 给出了数据库系统中缓冲区管理的算法，以及一种性能评估算法。大部分操作系统教材（包括 [Silberschatz et al. (2018)]）都讨论了操作系统中的缓冲区管理。

[Abadi et al. (2008)] 给出了面向列和面向行的存储的比较，包括与查询处理和优化相关的问题。

Sybase IQ 是 20 世纪 90 年代中期开发的第一个成功商用的面向列的数据库，它是为分析而设计的。MonetDB 和 C-Store 是作为学术研究项目而开发的、面向列的数据库。面向列的数据库 Vertica 是从 C-Store 发展而来的商用数据库，而 VectorWise 是从 MonetDB 发展而来的商用数据库。顾名思义，VectorWise 支持数据的向量处理，因此对许多分析查询有着非常高的处理率。[Stonebraker et al. (2005)] 描述了 C-store，[Idreos et al. (2012)] 概述了 MonetDB 项目，而 [Zukowski et al. (2012)] 描述了 VectorWise。

ORC 和 Parquet 柱状文件格式的开发是为了支持在 Apache Hadoop 平台上运行的大数据应用的数据压缩存储。

参考文献

[Abadi et al. (2008)] D. J. Abadi, S. Madden, and N. Hachem, "Column-Stores vs. Row-Stores: How Different Are They Really?", In *Proc. of the ACM SIGMOD Conf. on Management of Data* (2008), pages 967-980.

[Chou and Dewitt (1985)] H. T. Chou and D. J. Dewitt, "An Evaluation of Buffer Management Strategies for Relational Database Systems", In *Proc. of the International Conf. on Very Large Databases* (1985), pages 127-141.

[Hennessy et al. (2017)] J. L. Hennessy, D. A. Patterson, and D. Goldberg, *Computer Architecture: A Quantitative Approach*, 6th edition, Morgan Kaufmann (2017).

[Idreos et al. (2012)] S. Idreos, F. Groffen, N. Nes, S. Manegold, K. S. Mullender, and M. L. Kersten, "MonetDB: Two Decades of Research in Column-oriented Database Architectures", *IEEE Data Engineering Bulletin*, Volume 35, Number 1 (2012), pages 40-45.

621

[Silberschatz et al. (2018)] A. Silberschatz, P. B. Galvin, and G. Gagne, *Operating System Concepts*, 10th edition, John Wiley and Sons (2018).

[Stonebraker et al. (2005)] M. Stonebraker, D. J. Abadi, A. Batkin, X. Chen, M. Cherniack, M. Ferreira, E. Lau, A. Lin, S. Madden, E. J. O'Neil, P. E. O'Neil, A. Rasin, N. Tran, and S. B. Zdonik, "C-Store: A Column-oriented DBMS", In *Proc. of the International Conf. on Very Large Databases* (2005), pages 553-564.

[Zukowski et al. (2012)] M. Zukowski, M. van de Wiel, and P. A. Boncz, "Vectorwise: A Vectorized Analytical DBMS", In *Proc. of the International Conf. on Data Engineering* (2012), pages 1349-1350.

622

索 引

许多查询只涉及文件中的一小部分记录。例如，类似“找出物理系中的所有教师”或者“找出 *ID* 是 22201 的学生的总学分”这样的查询，就只涉及 *instructor* 或 *student* 记录的一小部分。如果系统读取 *instructor* 关系中的每一个元组去检查 *dept_name* 值是否为“物理”，那么这样的操作方式是低效的。类似地，只是为了查找对应于 *ID* 是“22201”的一个元组而读取整个 *student* 关系也是低效的。在理想情况下，系统应该能够直接定位这些记录。为了允许这种访问方式，我们设计了与文件相关联的附加结构。

14.1 基本概念

数据库系统中文件索引的工作方式非常类似于本书中的索引。如果我们希望了解本书中某个特定主题（用一个词或者短语指定）的内容，可以在书后的索引中查找该主题，找到它所出现的页，然后阅读这些页，寻找我们需要的信息。索引中的词是按顺序排列的，因此，要找到我们所需要的词就容易了。而且，索引比书小得多，这进一步减少了所需的精力。

数据库系统中的索引与图书馆中书的索引所起的作用一样。例如，为了检索一条具有给定 *ID* 的 *student* 记录，数据库系统会查找索引，找到相应记录所在的磁盘块[⊖]，然后取出该磁盘块以得到所需的 *student* 记录。

索引对于数据库中查询的高效处理至关重要。如果没有索引，每个查询最终都将读取它所使用的每个关系的全部内容；对于仅获取几条记录的查询（例如，单条 *student* 记录，或者 *takes* 关系中对应于单个学生的记录）来说，这样做的代价将是高得离谱的。

623

通过维护学生 *ID* 的有序列表来实现 *student* 关系上的索引在非常大的数据库上不会非常管用，因为：(i) 索引本身会非常庞大；(ii) 即使保持有序索引减少了搜索时间，但查找一名学生仍然会相当耗时；(iii) 在学生从数据库中添加或删除时更新有序列表可能代价非常昂贵。在数据库系统中使用了更复杂的索引技术。我们将在本章中讨论其中几种技术。

有两种基本的索引类型。

- **顺序索引**（ordered index）：基于值的顺序排序。
- **散列索引**（hash index）：基于将值平均分布到若干桶中。一个值所属的桶是由一个函数决定的，该函数称为*散列函数*（hash function）。

我们将考虑用于顺序索引的几种技术。没有哪一种技术是最好的，只能说某种技术对特定的数据库应用是最适合的。对每种技术的评价必须基于下面这些因素。

- **访问类型**（access type）：能有效支持的访问类型。访问类型可以包括找到具有特定属性值的记录，以及找到属性值落在某个特定范围内的记录。
- **访问时间**（access time）：在查询中使用该技术找到一个特定数据项或数据项集所花费的时间。

⊖ 正如在前面的章节中我们使用磁盘（disk）一词来指代持久性存储设备，比如磁盘和固态驱动器。

- **插入时间**（insertion time）：插入一个新数据项所花费的时间。该值包括找到插入这个新数据项的正确位置所花费的时间，以及更新索引结构所花费的时间。
- **删除时间**（deletion time）：删除一个数据项所花费的时间。该值包括找到待删除项所花费的时间，以及更新索引结构所花费的时间。
- **空间开销**（space overhead）：索引结构所占用的额外空间。倘若这种额外空间的规模适度，通常值得牺牲一定的空间来换取性能的提升。

我们通常希望在一个文件上建立多个索引。例如，我们可能按作者、主题或者书名来查找一本书。

用于在文件中查找记录的属性或属性集被称为**搜索码**（search key）。请注意这种码（key）的定义与*主码*（primary key）、*候选码*（candidate key）以及*超码*（superkey）中使用的定义不同。（遗憾的是）码在实践中具有广为接受的重复含义。使用搜索码的概念，我们认为，如果一个文件上有多个索引，那么它就有多个搜索码。

624

14.2　顺序索引

为了能够快速、随机地访问文件中的记录，我们可以使用索引结构。每个索引结构与一个特定的搜索码相关联。正如书的索引或者图书馆目录一样，**顺序索引**（ordered index）按照排好的顺序存储搜索码的值，并将每个搜索码与包含该搜索码的记录关联起来。

被索引的文件中的记录本身也可以按照某种排序顺序存储，正如图书馆中的书按某些属性（如杜威十进制数）存放一样。一个文件可以有多个索引，分别基于不同的搜索码。如果包含记录的文件按顺序排列，则**聚集索引**（clustering index）是这样一种索引：其搜索码还定义了文件的次序。聚集索引也称为**主索引**（primary index）；*主索引*这个术语可能看起来表示建立在主码上的索引，但实际上这种索引可以建立在任何搜索码上。聚集索引的搜索码常常是主码，但也并非必须如此。搜索码指定的次序与文件的排列次序不同的索引被称为**非聚集索引**（nonclustering index）或**辅助索引**（secondary index）。经常使用术语"聚集的"（clustered）和"非聚集的"（nonclustered）来代替"聚集"（clustering）和"非聚集"（nonclustering）。

在 14.2.1 至 14.2.3 节中，我们假定所有文件都按照某种搜索码顺序存储。这种在搜索码上有聚集索引的文件称作**索引顺序文件**（index-sequential file）。它们代表了在数据库系统中最早采用的索引模式之一。它们是针对既需要顺序处理整个文件又需要随机访问单条记录的应用而设计的。在 14.2.4 节中我们将介绍辅助索引。

图 14-1 显示了取自我们大学示例中 *instructor* 记录的一个顺序文件。在图 14-1 所示的示例中，记录按照教师 *ID* 的次序顺序存储，教师 *ID* 被用作搜索码。

625

14.2.1　稠密索引和稀疏索引

索引项（index entry）或**索引记录**（index record）由一个搜索码值和指针构成。这些指针指向具有该搜索码值的一条或多条记录。指向一条记录的指针由磁盘块的标识和标识出块内记录的磁盘块内偏移量所组成。

我们可以使用的顺序索引有两类。

- **稠密索引**（dense index）：在稠密索引中，对于文件中的每个搜索码值都有一个索引项。在稠密聚集索引中，索引记录包括搜索码值以及指向具有该搜索码值的第一条数据记录的指针。具有相同搜索码值的其余记录会顺序地存储在第一条记录之后，由于该索引是聚集索引，因此记录是根据相同的搜索码值排序的。

在稠密非聚集索引中，索引必须存储指向具有相同搜索码值的所有记录的指针列表。

10101	Srinivasan	Comp. Sci.	65000
12121	Wu	Finance	90000
15151	Mozart	Music	40000
22222	Einstein	Physics	95000
32343	El Said	History	60000
33456	Gold	Physics	87000
45565	Katz	Comp. Sci.	75000
58583	Califieri	History	62000
76543	Singh	Finance	80000
76766	Crick	Biology	72000
83821	Brandt	Comp. Sci.	92000
98345	Kim	Elec. Eng.	80000

图 14-1 *instructor* 记录的顺序文件

- **稀疏索引**（sparse index）：在稀疏索引中，只为某些搜索码值建立索引项。只有当关系按搜索码排列次序存储时才能使用稀疏索引。换句话说，只有索引是聚集索引时才使用稀疏索引。和稠密索引中的情况一样，每个索引项也包括一个搜索码值和指向具有该搜索码值的第一条数据记录的指针。为了定位一条记录，我们找到所具有的最大搜索码值小于或等于我们所找记录的搜索码值的索引项。我们从该索引项指向的记录开始，然后沿着文件中的指针查找，直到找到所需记录为止。

图 14-2 和图 14-3 分别显示了为 *instructor* 文件建立的稠密索引和稀疏索引。假如我们现在要查找 *ID* 是"22222"的教师记录。利用图 14-2 的稠密索引，我们可以顺着指针直接找到所需记录。因为 *ID* 是主码，所以只存在一条这样的记录，于是搜索完成。如果我们使用稀疏索引（见图 14-3），就找不到对于"22222"的索引项。因为"22222"之前的最后一项是"10101"（按数字排序），于是我们循着该指针查找。然后我们按顺序读取 *instructor* 文件，直到找到所需记录。

索引				
10101	10101	Srinivasan	Comp. Sci.	65000
12121	12121	Wu	Finance	90000
15151	15151	Mozart	Music	40000
22222	22222	Einstein	Physics	95000
32343	32343	El Said	History	60000
33456	33456	Gold	Physics	87000
45565	45565	Katz	Comp. Sci.	75000
58583	58583	Califieri	History	62000
76543	76543	Singh	Finance	80000
76766	76766	Crick	Biology	72000
83821	83821	Brandt	Comp. Sci.	92000
98345	98345	Kim	Elec. Eng.	80000

图 14-2 稠密索引

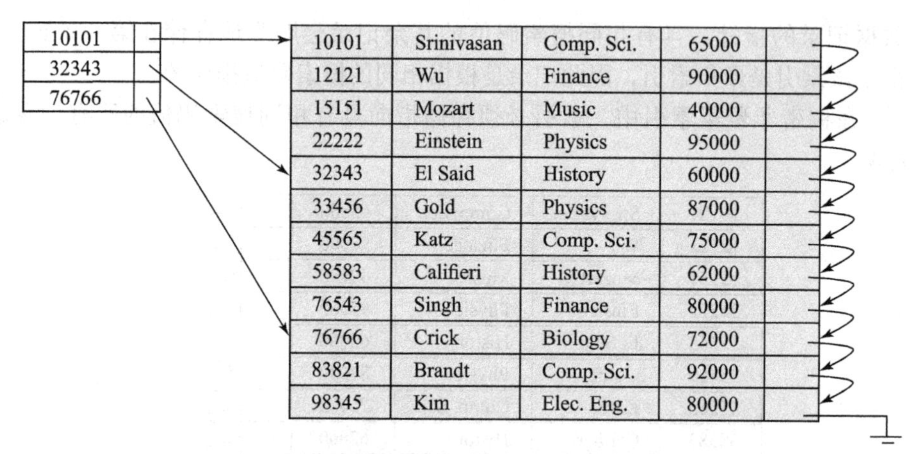

图 14-3　稀疏索引

考虑一本（印刷好的）字典。每页页眉都列出了该页中按字母序出现的第一个单词。字典的每页顶部的单词共同构成了字典页面内容的一个稀疏索引。

作为另一个示例，假设搜索码值并不是主码。图 14-4 展示了对于以 *dept_name* 为搜索码的 *instructor* 文件的稠密聚集索引。请注意在这种情况下，*instructor* 文件按照搜索码 *dept_name* 排序，而不是 *ID*，否则在 *dept_name* 上的索引将成为非聚集索引。假设我们正在查找历史系的记录。利用图 14-4 的稠密索引，我们沿着指针直接找到第一条历史系记录。我们处理此记录，并沿着该记录中的指针定位到按搜索码 *dept_name* 排序的下一条记录。我们继续处理记录，直到遇到一条不是历史系的记录。

626

Biology
Comp. Sci.
Elec. Eng.
Finance
History
Music
Physics

76766	Crick	Biology	72000
10101	Srinivasan	Comp. Sci.	65000
45565	Katz	Comp. Sci.	75000
83821	Brandt	Comp. Sci.	92000
98345	Kim	Elec. Eng.	80000
12121	Wu	Finance	90000
76543	Singh	Finance	80000
32343	El Said	History	60000
58583	Califieri	History	62000
15151	Mozart	Music	40000
22222	Einstein	Physics	95000
33465	Gold	Physics	87000

图 14-4　搜索码为 *dept_name* 的稠密索引

正如我们已经看到的那样，利用稠密索引通常可以比稀疏索引更快地定位一条记录。但是，稀疏索引也有比稠密索引优越的地方：它们占用的空间较小，并且它们所需的插入和删除时的维护开销也较小。

系统设计者必须在存取时间和空间开销之间进行权衡。尽管有关这一权衡的决策依赖于具体的应用，但是为每个块建一个索引项的稀疏索引不失为一种较好的折中方案。原因在于，处理一个数据库查询的开销主要由把块从磁盘读到主存中所花费的时间来决定。一旦我们将块放入主存，扫描整个块的时间就是可以忽略的。使用这样的稀疏索引，可以定位包含所要查找的记录的块。这样，只要记录不在一个溢出块（参见 13.3.2 节）中，就能使块访问次数最小，同时能保持索引的规模（以及空间开销）尽可能小。

627

要使上述技术完全通用，必须考虑具有相同搜索码值的记录跨多个块的情况。可以很容易地修改我们的方案来处理这样的情况。

14.2.2 多级索引

假设我们在具有1 000 000个元组的关系上建立了稠密索引。索引项比数据记录要小，因此我们假设一个4 KB的块中可以容纳100个索引项。这样，我们的索引需要占用10 000个块。假如该关系具有100 000 000个元组，那么索引就需要占用1 000 000个块，或者4 GB的空间。这样大型的索引以顺序文件的方式存储在磁盘上。

如果索引足够小且可以完全放在主存中，那么查找一个索引项的搜索时间就会很短。但是，如果索引过大而不能完全放在主存中，那么当需要时，就必须从磁盘中获取索引块。(即便一个索引比一台计算机的主存小，但主存还需要处理许多其他任务，因此有可能不能将整个索引放在主存中。) 于是搜索索引中的一个项就需要多次读取磁盘块。

可以在索引文件上使用二分法搜索来定位一个索引项，但是搜索的开销依然很大。如果索引会占据 b 个块，二分法搜索需要读取 $\lceil \log_2(b) \rceil$ 个块。($\lceil x \rceil$ 表示大于或等于 x 的最小整数，即向上取整。) 请注意被读取的块彼此不相邻，所以每次读取需要一次随机（即非顺序）的I/O操作。对于有10 000个块的索引，二分法搜索需要14次随机读块操作。在读一个随机块平均花费10毫秒的磁盘系统上，索引搜索将耗时140毫秒。这也许看上去不是很长，但是一秒钟内我们在单张磁盘上只能进行7次索引搜索，而一会儿我们将会看到，一种更高效的搜索机制可以让我们一秒钟内执行更多次搜索。请注意，如果使用了溢出块，那么二分法搜索就只能在非溢出块上使用，并且实际成本甚至可能高于上面的对数界限。一次顺序搜索需要读取 b 个顺序块，这将耗费更长的时间（尽管在某些情况下，顺序块读取的较低成本可能导致顺序搜索比二分法搜索要快）。因此，搜索一个大型索引可能是一个相当耗时的过程。

628

为了处理这个问题，我们像对待其他任何顺序文件那样对待索引，并且在原始的索引上构造一个稀疏的外层索引，现在我们把原始索引称为内层索引，如图14-5所示。请注意索引项总是有序排列的，这使得外层索引可以是稀疏的。为了定位一条记录，我们首先在外层索引上使用二分法搜索来找到其最大搜索码值小于或等于我们所需搜索码值的记录。指针指向一个内层索引块。我们扫描这个块，直到找到其最大搜索码值小于或等于所需搜索码值的记录。这条记录里的指针指向包含我们所查找记录的文件的块。

629

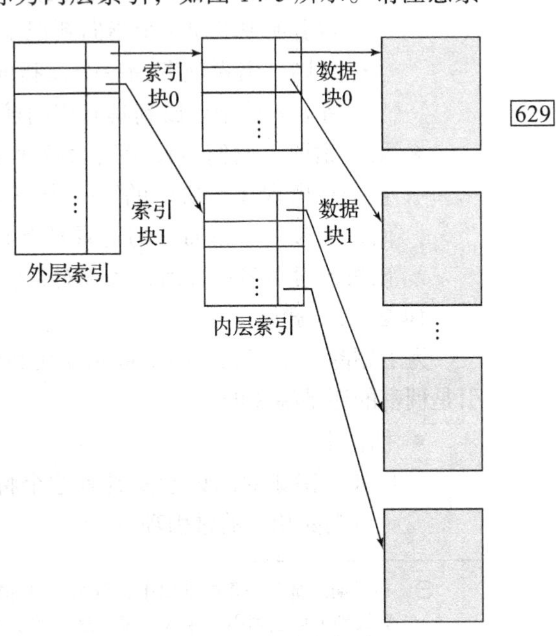

图14-5 二级稀疏索引

在我们的示例中，具有10 000个块的内层索引需要外层索引中有10 000个索引项，这些索引项仅占用100个块。如果我们假设外层索引已经在主存中，那么当使用多级索引时，一次搜索只需要读取一个索引块，而不像使用二分法搜索时读取14个块。其结果是，我们每秒可以执行14倍那么多的索引查找。

如果我们的文件极其庞大，甚至外层索引也可能大到不能放进主存。对于一个具有100 000 000

个元组的关系，内层索引将占用 1 000 000 个块，且外层索引将占用 10 000 个块，或者 40 MB。因为在主存中有很多需求，所以有可能不能为这个特定的外层索引预留出那么多的主存。在这种情况下，可以再创建另一级索引。事实上，可以根据需要多次重复此过程。具有两级或两级以上的索引称为**多级索引**（multilevel indices）。利用多级索引搜索记录与用二分法搜索记录相比所需要的 I/O 操作要少得多[⊖]。

多级索引和树型结构紧密相关，比如用于内存索引的二叉树。稍后我们将在 14.3 节中讨论这种关系。

14.2.3 索引更新

无论采用何种形式的索引，每当文件中有记录插入或删除时，每个索引都必须更新。进而，在文件中的记录被更新的情况下，其搜索码属性受更新影响的任何索引也必须更新。例如，如果一位教师所在的系发生了变化，那么在 *instructor* 的 *dept_name* 属性上的索引也必须相应地更新。这种记录更新可以被设计为删除一条旧记录，然后插入一条具有新值的记录，这会导致对索引的一次删除后接对索引的一次插入。其结果是，我们只需要考虑在索引上的插入和删除，不需要显式地考虑更新。

我们首先介绍单级索引的更新算法。

14.2.3.1 插入

系统首先用出现在待插入记录中的搜索码值执行查找。系统根据索引是稠密的还是稀疏的来进行下一步操作。

630

- 稠密索引：
  1. 如果该搜索码值并未出现在索引中，系统就在索引中适当的位置插入带有该搜索码值的索引项。
  2. 否则执行如下操作。
     a. 如果索引项存储的是指向具有相同搜索码值的所有记录的指针，那么系统就在索引项中增加一个指向新记录的指针。
     b. 否则，索引项存储一个仅指向具有相同搜索码值的第一条记录的指针，系统把待插入的记录放到具有相同搜索码值的其他记录之后。
- 稀疏索引：我们假设索引为每个块保存一个索引项。如果系统创建了一个新的块，它会将出现在新块中的第一个搜索码值（按照搜索码的次序）插入索引中。另一方面，如果这条新插入的记录具有它所在块中的最小搜索码值，那么系统就更新指向该块的索引项；否则，系统对索引不做任何改动。

14.2.3.2 删除

为了删除一条记录，系统首先要找到待删除的记录。系统下一步要执行的操作取决于索引是稠密的还是稀疏的。

- 稠密索引：
  1. 如果待删除的记录是具有这个特定搜索码值的唯一的一条记录，则系统就从索引中删除相应的索引项。

[⊖] 在早期的基于磁盘的索引中，每级索引都对应于一个物理存储单元。因此，我们可以在磁道、柱面和磁盘级别上创建索引。今天看来，这样的层次结构是不合理的，因为磁盘子系统隐藏了磁盘存储的物理细节，并且磁盘数和每张磁盘的盘片数与柱面数或每条磁道的字节数相比是非常小的。

2. 否则执行如下操作。
   a. 如果索引项存储的是指向具有相同搜索码值的所有记录的指针，那么系统就从索引项中删除指向待删除记录的指针。
   b. 否则，索引项存储一个仅指向具有该搜索码值的第一条记录的指针。在这种情况下，如果待删除的记录是具有该搜索码值的第一条记录，系统就更新索引项，使其指向下一条记录。

- 稀疏索引：
  1. 如果索引中并不包含具有待删除记录搜索码值的索引项，则索引不必做任何改动。
  2. 否则系统执行如下操作。
     a. 如果待删除记录是具有该搜索码值的唯一记录，则系统用下一个搜索码值（按搜索码次序）的索引记录来替换相应的索引记录。如果下一个搜索码值已经有了一个索引项，则删除而不是替换该索引项。
     b. 否则，如果该搜索码值的索引项指向待删除的记录，系统就更新索引项，使其指向具有相同搜索码值的下一条记录。

631

多级索引的插入和删除算法是对上述算法的一个简单扩展。在插入或删除时，系统对最底层索引进行如上所述的更新。而对于第二层而言，最底层索引不过是一个包含记录的文件。因此，如果在最底层索引中发生了任何改变，系统就对第二层索引进行如上所述的更新。如果还有更高层的索引，可以采用同样的技术来对其进行更新。

14.2.4 辅助索引

辅助索引必须是稠密的，对每个搜索码值都有一个索引项，并且对文件中的每条记录都有一个指针。而聚集索引可以是稀疏的，只存储部分搜索码值，因为正如前面所描述的那样，通过顺序访问文件的一部分，总可以找到带有中间搜索码值的记录。如果辅助索引只存储部分搜索码值，则具有中间搜索码值的记录可能存在于文件中的任何位置，我们通常只能通过扫描整个文件才能找到它们。

候选码上的辅助索引看起来就像是稠密聚集索引，只不过索引中由连续值所指向的记录并不是顺序存放的。然而，一般来说，辅助索引的结构可能和聚集索引不同。如果聚集索引的搜索码不是候选码，则索引只要指向具有该搜索码的特定值的第一条记录就足够了，因为其他的记录可以通过对文件进行顺序扫描而获得。

反之，如果辅助索引的搜索码不是候选码，则仅仅指向具有每个搜索码值的第一条记录是不够的。具有相同搜索码值的其余记录可能分布在文件的任何位置，因为记录是按聚集索引的搜索码而不是按辅助索引的搜索码次序存放的。因此，辅助索引必须包含指向所有记录的指针。

如果一种关系可以有不止一条包含相同搜索码值的记录（即两条或多条记录对于索引属性可以具有相同的值），则搜索码被称为**非唯一性搜索码**（nonunique search key）。

在非唯一性搜索码上实现辅助索引的一种方式如下：与主索引的情况不同，这种辅助索引中的指针并不直接指向记录。相反，索引中的每个指针都指向一个桶，该桶继而又包含指向文件的指针。图14-6显示了一个辅助索引的结构，该索引在 *instructor* 文件的 *dept_name* 搜索码上使用了一个附加的间接指针层。

632

然而，这种方式有几个缺点。首先，由于附加的间接指针层可能需要随机I/O操作，因此索引访问需要花费更长的时间；其次，如果一个码很少或没有重复，那么将整个块分配给其关联的桶会浪费大量的空间。在本章的后面，我们将学习更有效的实现辅助索引的可替代方案，它们避免了这些缺点。

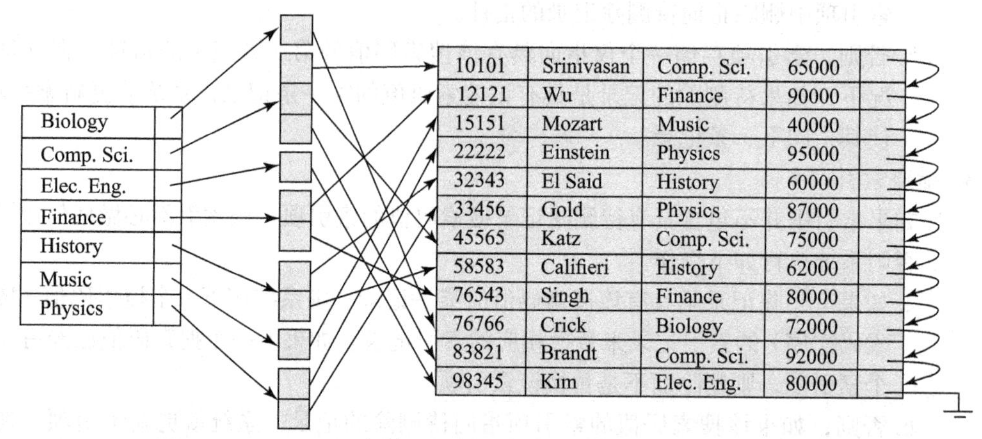

图 14-6　*instructor* 文件上的辅助索引，基于 *dept_name* 非候选码

按照聚集索引的顺序进行顺序扫描是高效的，因为文件中记录的物理存储顺序和索引的顺序是一致的。但是，我们不能（除了极少数特殊情况外）使存储文件的物理顺序既和聚集索引的搜索码顺序一致，又和辅助索引的搜索码顺序一致。由于辅助码的顺序和物理码的顺序不同，如果我们想要按辅助码的顺序对文件进行顺序扫描，那么每读一条记录都可能需要从磁盘读入一个新的块，这是非常慢的。

前面介绍的删除和插入过程也适用于辅助索引；所采取的操作是所介绍的那些针对稠密索引的操作，稠密索引对于文件中的每条记录都存储一个指针。如果一个文件有多个索引，则无论何时修改该文件，都必须更新每个索引。

辅助索引提高了使用除了聚集索引的搜索码之外的码的查询性能。但是，它们会给修改数据库带来很大的开销。数据库的设计者可根据对查询与修改的相对频率的估计来决定哪些辅助索引是可取的。

14.2.5　多码索引

虽然我们迄今所看到的示例在搜索码中只有单个属性，但一般来说，一个搜索码可以有多个属性。包含多个属性的搜索码被称为**复合搜索码**（composite search key）。这种索引的结构和任何其他索引都相同，唯一的区别在于搜索码不是单个属性，而是一个属性列表。这种搜索码可以表示为形如（$a_1, \cdots, a_n$）的值的元组，其中索引属性是 $A_1, \cdots, A_n$。搜索码值按字典序（lexicographic ordering）排列。例如，对于具有两个属性的搜索码的情况，如果 $a_1 < b_1$，或 $a_1 = b_1$ 且 $a_2 < b_2$，则 $(a_1, a_2) < (b_1, b_2)$。字典序和单词的字母次序基本一致。

633

作为一个示例，考虑 *takes* 关系上的一个索引，并且其复合搜索码为（*course_id, semester, year*）。这样一个索引对于查找在特定学期 / 学年注册了特定课程的所有学生是有用的。复合码上的有序索引还可以用来高效地回答几种其他类型的查询，就如我们将在 14.6.2 节中见到的那样。

14.3　B^+ 树索引文件

索引顺序文件组织主要的缺点在于，随着文件的增大，索引查找的性能和数据顺序扫描的性能都会下降。虽然这种性能下降可以通过对文件的重新组织来弥补，但是我们不希望频繁地进行重组。

B^+ 树索引（B^+-tree index）结构是使用最广泛的、在数据插入和删除的情况下仍能保持其执行效率的几种索引结构之一。B^+ 树索引采用**平衡树**（balanced tree）结构，其中从树根到树叶的每条路径的长度都是相同的。树中每个非叶节点（除根节点之外）有 $\lceil n/2 \rceil$ 到 n 个孩子，其中 n 对于特定的树是固定的；根节点有 2 到 n 个孩子。

我们将看到 B^+ 树结构会增加文件插入和删除的性能开销，同时会增加空间开销。但是即使对于频繁更新的文件来说，这种开销也是可接受的，因为避免了文件重组的代价。此外，由于节点有可能是半空的（如果它们具有最少孩子节点数），这将造成一些空间的浪费。但是，考虑到 B^+ 树结构所带来的性能优势，这种空间开销也是可以接受的。

14.3.1　B^+ 树的结构

B^+ 树索引是一种多级索引，但是其结构不同于多级索引顺序文件。我们目前假设没有重复的搜索码值，也就是说，每个搜索码都是唯一的，并且最多出现在一条记录中；我们稍后将考虑非唯一性搜索码的问题。

典型的 B^+ 树节点如图 14-7 所示。它最多包含 $n-1$ 个搜索码值 K_1，K_2，…，K_{n-1}，以及 n 个指针 $P_1, P_2, \cdots, P_n$。一个节点内的搜索码值是有序存放的，因此，如果 $i<j$，那么 $K_i<K_j$。

图 14-7　典型的 B^+ 树节点

634

我们首先考察**叶节点**（leaf node）的结构。对 $i = 1, 2, \cdots, n-1$，指针 P_i 指向具有搜索码值 K_i 的一条文件记录。指针 P_n 有特殊的作用，我们将稍后讨论。

图 14-8 是 *instructor* 文件的 B^+ 树的一个叶节点，其中我们设 n 等于 4，且搜索码是 *name*。

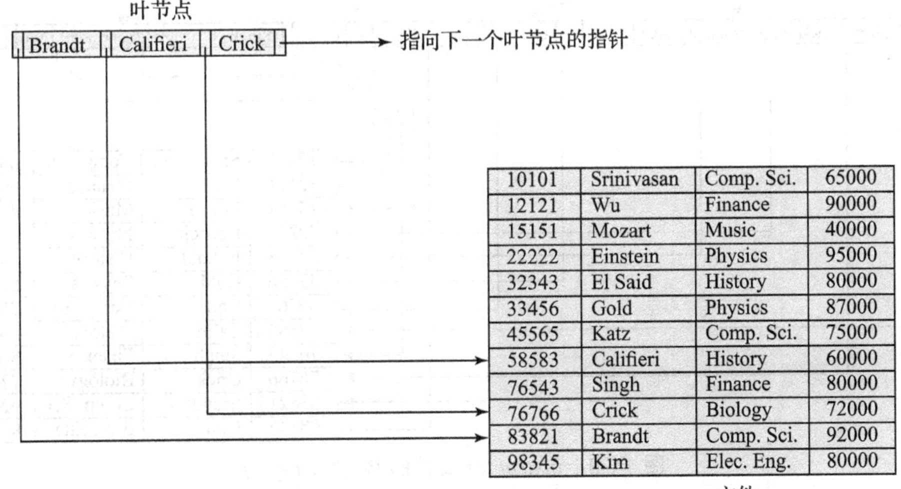

10101	Srinivasan	Comp. Sci.	65000
12121	Wu	Finance	90000
15151	Mozart	Music	40000
22222	Einstein	Physics	95000
32343	El Said	History	80000
33456	Gold	Physics	87000
45565	Katz	Comp. Sci.	75000
58583	Califieri	History	60000
76543	Singh	Finance	80000
76766	Crick	Biology	72000
83821	Brandt	Comp. Sci.	92000
98345	Kim	Elec. Eng.	80000

图 14-8　*instructor* 的 B^+ 树索引（$n = 4$）的一个叶节点

现在我们已经知道了叶节点的结构，下面来看一看搜索码值是如何赋给特定节点的。每个叶节点最多可有 $n-1$ 个值。我们允许叶节点包含最少 $\lceil (n-1)/2 \rceil$ 个值。在我们的 B^+ 树示例

中 $n = 4$，每个叶节点必须包含最少 2 个并且最多 3 个值。

如果 L_i 和 L_j 是叶节点且 $i < j$（即在树中 L_i 位于 L_j 的左边），则 L_i 中的每个搜索码值 v_i 均小于 L_j 中的每个搜索码值 v_j。

如果 B^+ 树索引被用作稠密索引（这是通常情况），每个搜索码值都必须出现在某个叶节点中。

现在我们可以来解释指针 P_n 的作用了。因为按照叶节点所包含的搜索码值，在叶节点上有一个线性的次序，我们用 P_n 将叶节点按搜索码次序链接在一起。这种次序有利于对文件进行高效的顺序处理。

B^+ 树的**非叶节点**（nonleaf node）形成叶节点之上的一个多级（稀疏）索引。非叶节点的结构和叶节点的结构相同，只不过非叶节点中所有指针都是指向树节点的。一个非叶节点可以最多容纳 n 个指针，同时必须至少容纳 $\lceil n/2 \rceil$ 个指针。一个节点中的指针数称为该节点的扇出（fanout）。非叶节点也被称为**内部节点**（internal node）。

635

让我们考虑一个包含 m 个指针的节点（$m \leqslant n$）。对于 $i = 2, 3, \cdots, m-1$，指针 P_i 指向的子树所包含的搜索码值均小于 K_i 且大于或等于 K_i-1。指针 P_m 指向子树中所包含搜索码值大于或等于 K_m-1 的那部分，而指针 P_1 指向子树中所包含搜索码值小于 K_1 的那部分。

根节点与其他非叶节点不同，它包含的指针数可以少于 $\lceil n/2 \rceil$；但是，除非整棵树只由一个节点组成，否则根节点必须至少包含两个指针。对任意的 n，总可以构造出满足上述要求的 B^+ 树。

图 14-9 展示了对于 *instructor* 文件（$n = 4$）的一棵完整的 B^+ 树。为了简化起见，我们省略了空指针。图中不包含箭头的任何指针区域都可理解为具有空值。

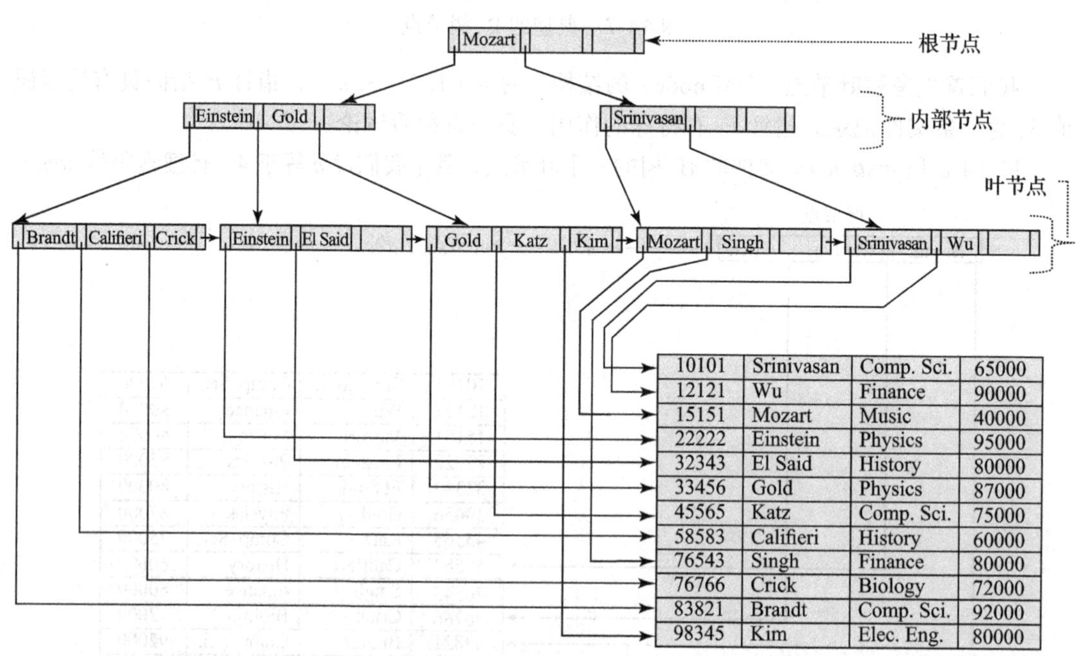

图 14-9　*instructor* 文件的 B^+ 树（$n = 4$）

图 14-10 展示了 *instructor* 文件的另一棵 B^+ 树，这次 $n = 6$。可以观察到这棵树的高度小于前面 $n = 4$ 的树。

636

这些示例的 B^+ 树都是平衡的。也就是说，从根到叶节点的每条路径的长度都相同。对于 B^+ 树来说这是一个必需的性质。实际上，B^+ 树中的“B”就表示“平衡”（balanced）的意思。正是 B⁺ 树的这一平衡性质保证了对于查找、插入和修改的良好性能。

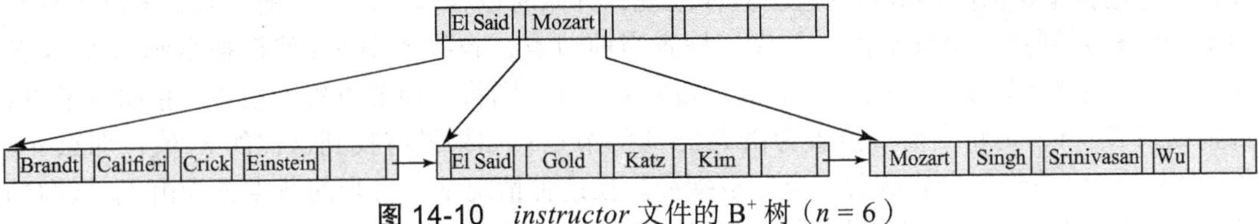

图 14-10 *instructor* 文件的 B^+ 树（$n = 6$）

一般来说，搜索码可能有重复项。处理非唯一性搜索码情况的一种方式是修改树结构，使得每个搜索码在叶节点处存储的次数与它在记录中出现的次数相同，并且每个副本指向一条记录。如果 $i < j$ 则 $K_i < K_j$ 的条件需要修改为 $K_i \leqslant K_j$。但是，这种方式会导致内部节点处的搜索码值重复，使得插入和删除过程更加复杂且代价昂贵。另一种可选方案是存储一个带每个搜索码值的记录指针的集合（或桶），正如我们在前面所看到的。这种方式更为复杂，并可能导致访问效率低下，特别是在对于特定码的记录指针数量非常多的情况下。

大多数数据库实现按照如下方式使得搜索码是唯一的：假设 r 关系所需的搜索码属性 a_i 是非唯一的。令 A_p 为 r 的主码。那么在建立索引时使用唯一性复合搜索码（a_i, A_p）来代替 a_i。（能与 a_i 一起保证唯一性的任何一组属性都可以用来代替 A_p。）例如，如果我们希望在 *instructor* 关系的 *name* 属性上创建一个索引，那么我们实际将在复合搜索码（*name*, *ID*）上创建一个索引，因为 ID 是 *instructor* 的主码。使用此索引可以高效地处理仅在 *name* 上进行的索引查找，正如我们很快将看到的那样。14.3.5 节将更详细地介绍处理非唯一性搜索码的问题。

在我们的示例中，我们展示了在一些非唯一性搜索码上的索引，例如 *instructor.name*。为简单起见，假定不存在重复项；实际上，大多数数据库会自动在内部添加额外的属性，以确保不存在重复项。

14.3.2 B⁺ 树的查询

让我们考虑如何处理 B⁺ 树上的查询。假设我们要找出搜索码具有给定值 v 的记录。图 14-11 给出了执行这项任务的函数 *find*(v) 的伪码，在此假设没有重复项，也就是说，最多有一条记录具有特定的搜索码。我们将在本小节的后面讨论非唯一性搜索码的问题。

```
function find(v)
/* 假设没有重复码，并且如果存在这样一条搜索码值为 v 的记录，
 * 则返回指向该记录的指针，否则返回空 */
   置 C = 根节点
   while (C 不是叶节点) begin
        令 i = 满足 v≤C.Ki 的最小值
        if 没有这样的 i then begin
             令 Pm = 该节点中最后一个非空指针
             置 C=C.Pm
        end
        else if (v=C.Ki) then 置 C=C.Pi+1
        else 置 C = C.Pi /* v < C.Ki */
   end
   /* C 是叶节点 */
   if 有某个 i，满足 Ki = v
        then 返回 Pi
        else 返回空 ; /* 不存在码值等于 v 的记录 */
```

图 14-11 B⁺ 树的查询

直观地看，如果树中存在指定的值，那么该函数就从树的根节点开始，并向下遍历树直到到达包含指定值的叶节点为止。具体地说，开始时以根节点作为当前节点，该函数重复如下步骤直到到达一个叶节点。首先，检查当前节点，查找最小的 i 使得搜索码值 K_i 大于或等于 v。假设找到了这样的值，那么，如果 $K_i = v$，则将当前节点置为由 P_{i+1} 指向的节点，否则如果 $K_i > v$，则将当前节点置为由 P_i 指向的节点；如果没有找到这样的 K_i 值，那么 $v > K_{m-1}$，其中 P_m 是节点中的最后一个非空指针。在这种情况下，将当前节点置为由 P_m 指向的节点。重复上述过程，向下遍历树直至到达叶节点为止。

在叶节点处，如果存在 $K_i = v$ 的搜索码值，则我们沿着指针 P_i 找到具有搜索码值 K_i 的记录。然后此函数返回指向该记录的指针 P_i。如果在叶节点中没有找到等于 v 值的搜索码，即在该关系中不存在具有码值为 v 的记录，则函数 *find* 返回空值以表明查找失败。

B^+ 树也可以用于查找搜索码值在特定区间 [*lb*, *ub*] 内的所有记录。例如，利用在 *instructor* 的 *salary* 属性上的 B^+ 树，我们可以查找工资在特定范围（比如 [50 000, 100 000]，换句话说，即介于 50 000 和 100 000 之间的所有工资）内的所有 *instructor* 记录。这样的查询称作**范围查询**（range query）。

我们可以创建一个 *findRange*(*lb*, *ub*) 过程来执行这样的查询，如图 14-12 所示。该过程执行以下操作。它首先以类似于 *find*(*lb*) 的方式遍历至一个叶节点；该叶节点可能包含值 *lb*，也可能不包含值 *lb*。然后该过程遍历该叶节点以及随后的叶节点中的记录，以收集指向具有码值 $C.K_i$ 且满足 $lb \leqslant C.K_i \leqslant ub$ 的所有记录的指针，并将这些指针放入一个 resultSet 结果集。当 $C.K_i > ub$ 或树中没有更多码时，此过程停止。

```
function findRange(lb, ub)
/* 返回具有搜索码值 V 且满足 lb≤V≤ub 的所有记录 */
    置 resultSet = {};
    置 C = 根节点
    while (C 不是叶节点 ) begin
        令 i = 满足 lb≤C.Ki 的最小值
        if 没有这样的 i then begin
            令 Pm = 节点中最后一个非空指针
            置 C=C.Pm
        end
        else if (lb = C.Ki) then 置 C = C.Pi+1
        else 置 C = C.Pi /* lb < C.Ki */
    end
    /*C 是叶节点 */
    令 i 是满足 Ki≥lb 的最小值
    if 不存在这样的 i
        then 置 i = 1 + C 中码的数量 /* 强制移动至下一个叶节点 */
    置 done= false;
    while (not done) begin
        令 n = C 中码的数量
        if (i≤n 且 C.Ki≤ub) then begin
            把 C.Pi 加入 resultSet
            置 i = i +1
        end
        else if (i≤n 且 C.Ki > ub)
            then 置 done = true;
        else if (i > n 且 C.Pn+1 不为空 )
            then 置 C = C.Pn+1 并且 i = 1 /* 移至下一个叶节点 */
        else 置 done = true; /* 右侧没有更多的叶节点 */
    end
    return resultSet;
```

图 14-12　B^+ 树上的范围查询

一种实际的实现可能提供 findRange 的一个版本以支持迭代接口，迭代接口类似于我们在 5.1.1 节中看到的由 JDBC ResultSet 所提供的那种。这种迭代接口会提供一个 next() 方法，该方法可以被反复调用以获取连续记录。next() 方法可以通过与 findRange 相似的方式在叶节点级别进行遍历，但是每次调用只执行一步，并记录它停止的位置，这样连续的 next() 调用将遍历相继的项。为了简单起见，我们省略了细节，并将迭代接口的伪码作为练习留给感兴趣的读者。

现在我们考虑在 B^+ 树索引上查询的代价。在处理一个查询的过程中，我们需要遍历树中从根到某个叶节点的一条路径。如果文件中有 N 个搜索码值，那么这条路径的长度不超过 $\lceil \log_{\lceil n/2 \rceil}(N) \rceil$。

637～639

典型的节点规模被选为和磁盘块的规模一样大，磁盘块的规模通常为 4 KB。如果搜索码的规模为 12 字节，并且磁盘指针的规模为 8 字节，那么 n 大约为 200。即使采用更保守的估计——搜索码规模为 32 字节，n 也大约为 100。在 $n = 100$ 的情况下，如果在文件中我们有 100 万个搜索码值，那么一次查找也只需要访问 $\lceil \log_{50}(1\,000\,000) \rceil = 4$ 个节点。因此，为遍历从根到叶的路径最多只需要从磁盘读 4 个块。树中的根节点通常被频繁访问，很可能就在缓冲区中，因此通常只要从磁盘读取 3 个或更少的块。

B^+ 树结构与内存中树结构（如二叉树）之间的一个重要区别在于节点的规模及其所导致的树的高度的不同。在二叉树中，每个节点都很小且最多有两个指针。在 B^+ 树中，每个节点都很大，通常是一个磁盘块的规模，并且一个节点可以有大量的指针。因此，B^+ 树一般胖而矮，不像二叉树那样瘦而高。在平衡二叉树中，用于查找的路径长度可达 $\lceil \log_2(N) \rceil$，其中 N 是待索引文件中的记录数。当 $N = 1\,000\,000$ 时，这与上例中的情况一样，平衡二叉树大约需要访问 20 个节点。如果每个节点在不同的磁盘块上，那么处理一次查找就需要读 20 个块，相比之下 B^+ 树只需读 4 个块。这样的差别对于磁盘来说是显著的，因为一次块读取可能要求一次磁盘臂寻道，一张磁盘上的一次磁盘臂寻道再加上块读取需要花费大约 10 毫秒。对于闪存来说，这一差异并没有那么明显，在闪存中 4 KB 页面的一次读取需要花费 10 到 100 微秒，但仍然存在差异。

在向下遍历到叶子层之后，在唯一搜索码的单个值上的查询需要再执行一次随机 I/O 操作来获取任何匹配的记录。

在向下遍历到叶子层之后，范围查询还有额外的代价：必须检索给定范围内的所有指针。这些指针位于连续的叶节点中，因此，如果要检索 M 个这样的指针，则最多需要访问 $\lceil M/(n/2) \rceil + 1$ 个叶节点来检索指针（因为每个叶节点至少有 $n / 2$ 个指针，即使是两个指针也可能被拆分到两个页面上）。除此代价之外，我们还需要增加访问实际记录的成本。对于辅助索引，每条这样的记录可能位于不同的块上，这可能在最坏的情况下导致 M 次随机 I/O 操作。对于聚集索引，这些记录将在连续的块中，且每个块包含多条记录，从而会显著降低成本。

现在，让我们考虑非唯一码的情况。如前所述，如果我们希望在不是候选码的属性 a_i 上创建索引，并因此可能具有重复项，那么我们实际上将在无重复项的一个复合码上创建索引。复合码是通过向 a_i 添加额外的属性（如主码）来创建的，以确保唯一性。假设我们在复合码 (a_i, A_p) 上创建一个索引，而不是在 a_i 上创建索引。

那么，一个重要的问题是：我们如何使用上述索引来检索出对于 a_i 具有给定值 v 的所有元组？通过使用函数 *findRange*(lb, ub) 可以容易地回答这个问题，其中 $lb = (v, -\infty)$ 且 $ub =$

640 (v, ∞)，这里 $-\infty$ 和 ∞ 表示 A_p 可能的最小值和最大值。通过上面的函数调用将返回具有 $a_i=v$ 的所有记录。a_i 上的范围查询也可以类似地处理。这些范围查询能非常高效地检索指向记录的指针，尽管检索记录可能代价很昂贵，正如前面所述。

14.3.3　B⁺ 树的更新

当从一个关系中插入或者删除一条记录时，该关系上的索引必须相应地更新。请回想一下，对记录的更新可以被建模为对旧记录的删除，后接对新记录的插入。因此我们仅考虑插入和删除的情况即可。

插入和删除要比查找更加复杂，因为一个节点可能由于插入而变得过大导致需要**拆分**（split），或变得过小（少于$\lceil n/2 \rceil$个指针）而需要**合并**（coalesce）（即组合节点）。此外，当一个节点被拆分或一对节点被合并时，我们必须保持树的平衡性。为了揭示 B⁺ 树的插入和删除背后的思想，我们暂时假设节点从来不会变得过大或过小。在这种假设下，插入和删除将按如下定义的方式执行。

- **插入**：使用与 find() 函数查找（见图 14-11）相同的技术，我们首先找到搜索码值将出现的叶节点。然后在叶节点中插入一项（即一个搜索码值和记录指针对），使得插入后搜索码仍然有序。
- **删除**：使用和查找相同的技术，我们通过在待删除记录的搜索码值上执行查找，找到包含待删除项的叶节点；如果存在具有相同搜索码值的多个项，就遍历所有这些具有相同搜索码值的项，直到找到指向待删除记录的项。然后我们从叶节点中移除该项。该叶节点中位于待删除项右边的所有项都左移一个位置，以便在删除该项后不会留下空隙。

现在我们通过处理节点拆分和节点合并来考虑插入和删除的一般情况。

14.3.3.1　插入

现在我们考虑在插入时一个节点必须被拆分的一个示例。假设要往 *instructor* 关系中插入一条 *name* 值为“Adams”的记录。然后我们需要往图 14-9 的 B⁺ 树中插入一个对应于“Adams”的项。按照查找算法，我们发现“Adams”应出现在包含“Brandt”“Califieri”和“Crick”的叶节点中。该叶节点中已没有插入搜索码值“Adams”所需的空间。因此，该节点被拆分（split）为两个节点。图 14-13 表示在插入“Adams”时由于叶节点拆分而形成的两个叶节点。其中一个叶节点中的搜索码值为“Adams”和“Brandt”，而另一个为“Califieri”和“Crick”。一般说来，我们将这 n 个搜索码值（叶节点中原有的 $n-1$ 个值再加上待插入的值）分为两组，将前$\lceil n/2 \rceil$个值放在原来的节点中，并将剩下的值放在一个新创建的节点中。641

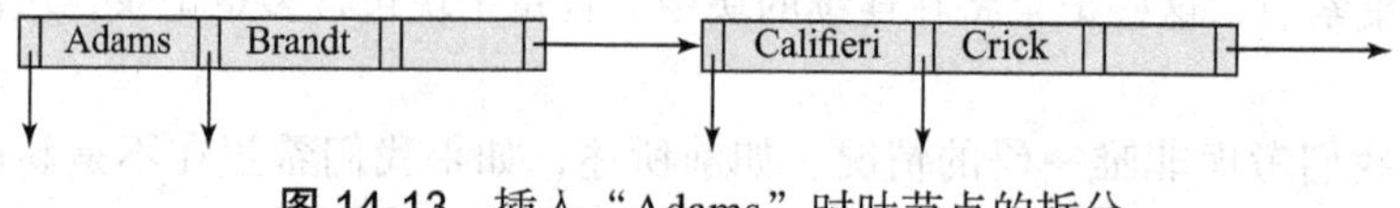

图 14-13　插入“Adams”时叶节点的拆分

在拆分一个叶节点后，我们必须将新的叶节点插入 B⁺ 树结构中。在我们的示例中，新节点以“Califieri”作为其最小搜索码值。我们需要将具有此搜索码值以及指向新节点的指针的项插入被拆分的叶节点的父节点中。图 14-14 中的 B⁺ 树展示了插入后的结果。因为在父节点中有空间来容纳新项，所以可以执行此插入而无须进一步拆分节点。若没有空间，则父节点必须被拆分，并需要在父节点的父节点中再插入一项。在最坏情况下，到根节点的路径上的所有节点都必须被拆分。如果根节点本身也被拆分，那么整棵树就变得更深了。

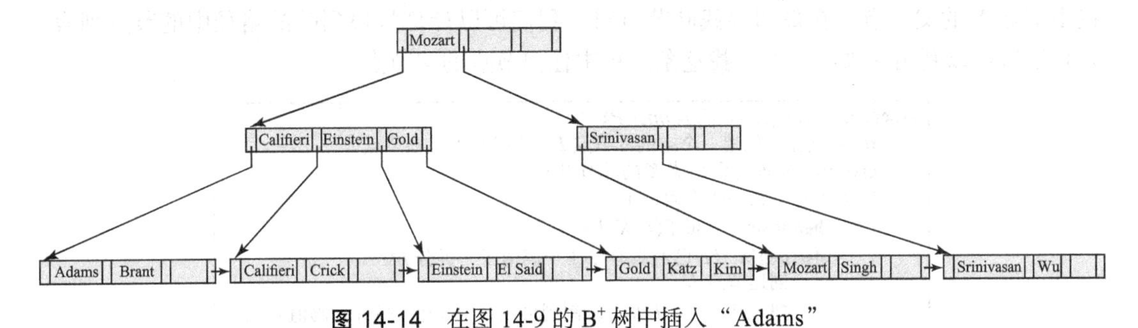

图 14-14　在图 14-9 的 B^+ 树中插入“Adams”

非叶节点的拆分与叶节点的拆分略有不同。图 14-15 展示了在图 14-14 所示的树中插入具有搜索码“Lamport”的记录的结果。将要插入“Lamport”的叶节点已经含有“Gold”“Katz”和“Kim”项，因此叶节点需要被拆分。从拆分中产生的新的右侧节点含有搜索码值“Kim”和“Lamport”。必须把一个（Kim, *n*1）项添加到父节点中，其中 *n*1 是指向新节点的指针。然而，父节点中没有空间来增加新的项，因此父节点必须被拆分。为此，父节点在概念上被临时扩张，新的项被添加，然后过满节点被立刻拆分。

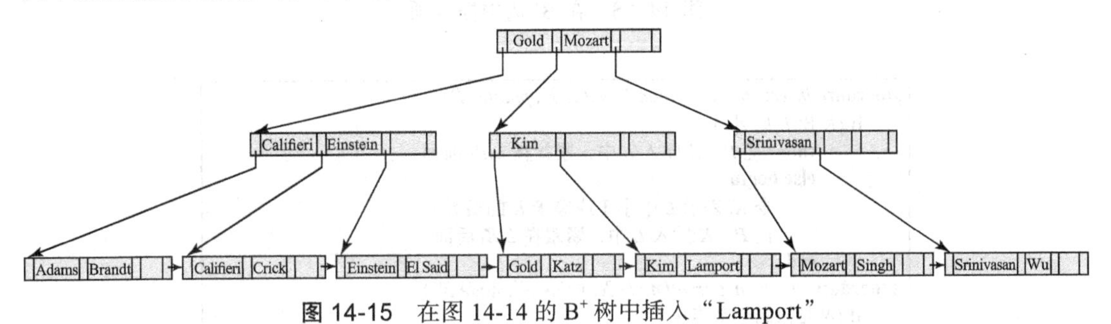

图 14-15　在图 14-14 的 B^+ 树中插入“Lamport”

当拆分一个过满的非叶节点时，孩子指针将在原始节点和新创建的节点之间进行划分。在我们的示例中，原始节点保留了前三个指针，且右边新创建的节点得到了剩下的两个指针。但是，对搜索码值的处理略有不同。位于移动到右边节点的指针之间的搜索码值（在我们的示例中，该值为“Kim”）和指针一起移动，而位于留在左边的指针之间的搜索码值（在我们的示例中是“Califieri”和“Einstein”）保持不变。

642

但是，对位于留在左边的指针和移动到右边节点的指针之间的搜索码值要区别对待。在我们的示例中，搜索码值“Gold”位于三个移动到左边节点的指针以及两个移动到右边节点的指针之间。因此“Gold”值不会被添加到任意一个拆分节点中。相反，（Gold, *n*2）项被添加到父节点中，其中 *n*2 是指向拆分所产生的新创建的节点的指针。在本例中，父节点就是根节点，并且它有足够的空间来插入新项。

往 B^+ 树中进行插入的通用技术是确定必须发生插入的叶节点 *l*。如果产生拆分，则将新节点插入节点 *l* 的父节点中。如果这一插入导致拆分，就沿着树向上递归处理，直到一个插入不再产生拆分或创建了一个新的根节点为止。

图 14-16 以伪码形式概述了插入算法。*insert* 过程用两个辅助过程 *insert_in_leaf* 和 *insert_in_parent* 将一个码值－指针对插入索引中，这两个辅助过程如图 14-17 所示。在伪码

中，L、N、P 和 T 表示指向节点的指针，而 L 被用于代表叶节点。$L.K_i$ 和 $L.P_i$ 分别表示节点 L 中的第 i 个值和第 i 个指针；$T.K_i$ 和 $T.P_i$ 也是类似含义。该伪码还利用 *parent*(N) 函数来找出节点 N 的父节点。在最初寻找叶节点时，我们可以计算从根到叶的路径中的节点列表，并且以后可以利用它来高效地寻找这条路径中任何节点的父节点。

```
procedure insert(value K, pointer P)
    if（树为空）创建一个空的叶节点 L，同时它也是根节点
    else 找到应该包含码值 K 的叶节点 L
    if (L 具有不到 n−1 个码值 )
        then insert_in_leaf (L, K, P)
        else begin  /*L 已经具有 n−1 个码值了，拆分 L*/
            创建节点 L′
            把 L.P1，…，L.Kn−1 复制到可以容纳 n 个（指针，码值）
                对的内存块 T 中
            insert_in_leaf (T, K, P)
            令 L′.Pn = L.Pn；令 L.Pn = L′
            从 L 中删除 L.P1 到 L.Kn−1
            把 T.P1 到 T.K⌈n/2⌉从 T 复制到 L 中，L 以 L.P1 作为开始
            把 T.P⌈n/2⌉+1 到 T.Kn 从 T 复制到 L′ 中，L′ 以 L′.P1 作为开始
            令 K′ 为 L′ 中的最小码值
            insert_in_parent(L, K′, L′)
        end
```

图 14-16　在 B⁺ 树中插入项

```
procedure insert_in_leaf (node L, value K, pointer P)
    if (K 比 L.K1 小 )
        then 把 P、K 插入 L 中，紧接在 L.P1 前面
        else begin
            令 Ki 表示 L 中小于或等于 K 的最大值
            把 P、K 插入 L 中，紧跟在 L.Ki 后面
        end
procedure insert_in_parent(node N, value K′, node N′)
    if (N 是树的根节点 )
        then begin
            创建一个新的，包含 N、K′、N′ 的节点 R /*N 和 N′ 都是指针 */
            令 R 为树的根节点
            return
        end
    令 P = parent(N)
    if (P 有不到 n 个指针 )
        then 将 (K′, N′) 插入 P 中，紧跟在 N 后面
        else begin /* 拆分 P*/
            将 P 复制到可以容纳 P 和 (K′, N′) 的内存块 T 中
            将 (K′, N′) 插入 T 中，紧跟在 N 后面
            删除 P 中所有项；创建节点 P′
            把 T.P1，…，T.P⌈(n+1)/2⌉复制到 P
            令 K″ = T.K⌈(n+1)/2⌉
            把 T.P⌈(n+1)/2⌉+1，…，T.Pn+1 复制到 P′
            insert_in_parent(P, K″, P′)
        end
```

图 14-17　用于往 B⁺ 树中插入项的辅助过程

643 ~ 644

insert_in_parent 过程的接收参数为 N、K'、N'，其中节点 N 已被拆分为 N 和 N'，而 K' 是 N' 中最小的值。该过程修改 N 的父节点以记录此拆分。*insert_into_index* 和 *insert_in_* *parent* 过程都使用一块临时内存区 T 来存储即将被拆分的节点的内容。这些过程可以修改为把被拆分节点的数据直接复制到新创建的节点，以减少数据复制的时间。然而，临时内存区 T 的使用简化了这些过程。

14.3.3.2　删除

现在我们来考虑导致树节点包含过少指针的删除操作。首先，让我们从图 14-14 的 B^+ 树中删除“Srinivasan”。得到的 B^+ 树如图 14-18 所示。现在我们来考虑删除是怎样执行的。首先通过使用我们的查找算法来定位“Srinivasan”的项。当我们从叶节点中把“Srinivasan”的项删除时，叶节点就只剩下一个“Wu”项了。因此，在我们的示例中，由于 $n=4$ 且 $1<\lceil(n-1)/2\rceil$，要么必须将该节点同一个兄弟节点合并，要么必须在节点之间重新分配项，以保证每个节点至少是半满的。在我们的示例中，具有“Wu”项的太空的节点可以同它的左兄弟节点进行合并。我们通过把两个节点中的项移动到左兄弟节点并且删除现在为空的右兄弟节点来合并节点。节点一旦被删除，我们也必须删除父节点中指向刚刚删除的节点的项。

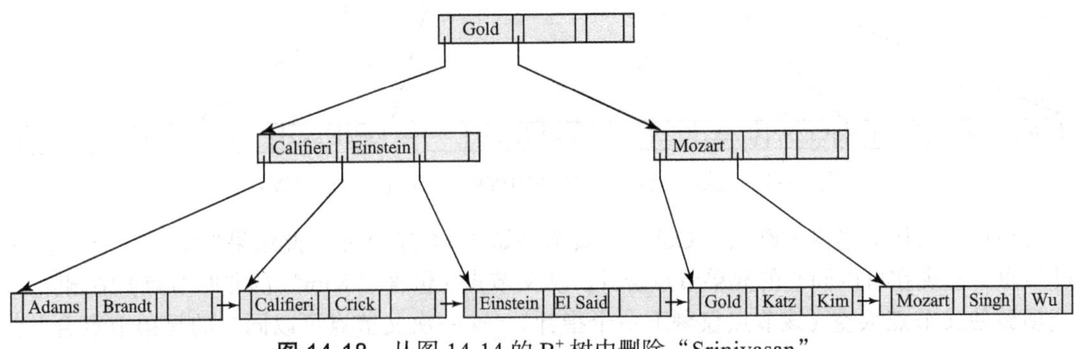

图 14-18　从图 14-14 的 B^+ 树中删除“Srinivasan”

在我们的示例中，(Srinivasan，*n*3）是要被删除的项，其中 *n*3 是指向包含“Srinivasan”的叶节点的指针。(在这种情况下，在非叶节点中将要删除的项和已经从叶节点中删除的项正好具有相同的值；对于大多数删除情况并不是这样)。在删除上述项以后，具有搜索码值“Srinivasan”和两个指针的父节点现在只有一个指针（节点中最左边的指针）并且没有搜索码值。因为对于 $n=4$ 来说，$1<\lceil n/2\rceil$，父节点就太空了。(对于较大的 n，一个变得太空的节点将仍然具有一些值以及指针。)

645

在这种情况下，我们考虑一个兄弟节点，在我们的示例中，唯一的兄弟节点就是包含搜索码“Califieri”“Einstein”和“Gold”的非叶节点。如果可能，我们会尝试将该节点与其兄弟节点合并。但是在这种情况下，合并是不可能的，因为该节点和它的兄弟节点一共拥有 5 个指针，超过了最大数量 4。这种情况下的解决方案是在该节点和它的兄弟节点之间**重新分配**（redistribute）指针，使得每个节点至少含有$\lceil n/2\rceil=2$ 个孩子指针。为此，我们将最右边的指针从左兄弟节点（指向包含“Gold”的叶节点的节点）移动到太空的右兄弟节点。但是，太空的右兄弟节点现在拥有两个指针，即其最左边的指针和新移进来的指针，而没有值将它们分开。事实上，将它们分开的值不会出现在这两个节点的任意一个中，而是出现在父节点中，位于从父节点指向该节点的指针从父节点指向其兄弟节点的指针之间。在我们的示例中，“Mozart”值分开了这两个指针，并且在重新分配后出现在右兄弟节点中。指针的重新分配也意味着父节点中的“Mozart”值将不再正确地分开两个兄弟节点中的搜索码值。事实上，现在正确分开两个兄弟节点中搜索码值的值是“Gold”，它在重新分配之前在左兄弟节点中。

其结果是，正如图 14-18 中的 B^+ 树所示，在兄弟节点之间重新分配指针之后，“Gold”值被移动到父节点，而原先父节点中的“Mozart”值下移到右兄弟节点。

接下来我们从图 14-18 的 B^+ 树中删除搜索码值“Singh”和“Wu”。其结果在图 14-19 中展示。删除这些值中的第一个值不会使叶节点太空，但是删除第二个值会使叶节点太空。将此太空的节点同它的兄弟节点进行合并是不可能的，因此执行值的重新分配：将搜索码值“Kim”移动到包含“Mozart”的节点中，其结果如图 14-19 中的树所示。分开两个兄弟节点的值在父节点中被更新了，从“Mozart”变成了“Kim”。

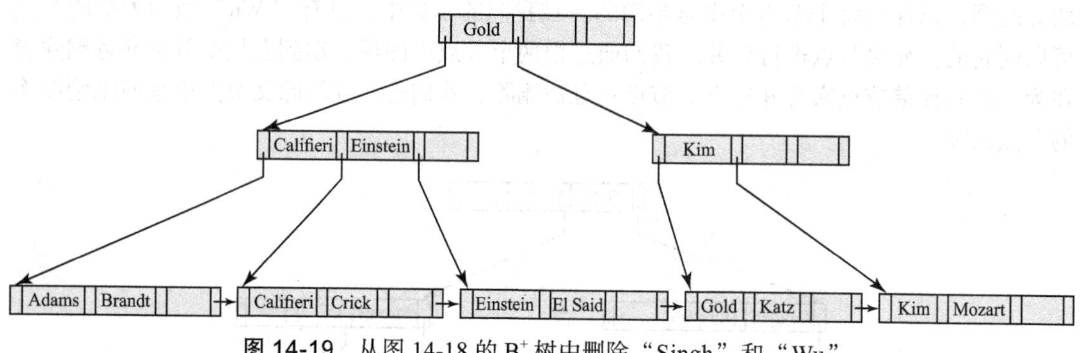

图 14-19　从图 14-18 的 B^+ 树中删除“Singh”和“Wu”

现在我们从上述树中删除“Gold”，其结果如图 14-20 所示。此结果导致了一个太空的叶节点，它现在可以同它的兄弟节点合并。从父节点（包含“Kim”的非叶节点）中删除一个项致使父节点太空（该节点仅剩下一个指针）。这一次父节点可以同它的兄弟节点合并。这次合并使得搜索码值“Gold”从父节点下移到合并的节点中。作为此次合并的结果，从其父节点中删除了一项，而该父节点正好是树的根节点。这次删除导致根节点仅剩下一个孩子指针，且没有搜索码值，违反了根节点必须至少有两个孩子的要求。其结果是，根节点被删除，其唯一的孩子节点成为根节点，并且 B^+ 树的深度减 1。

646

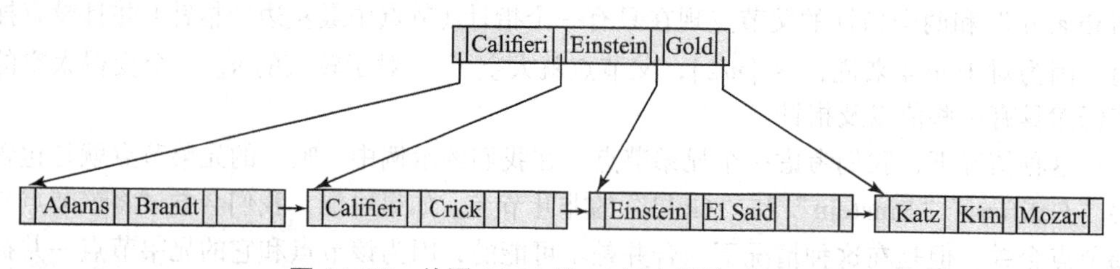

图 14-20　从图 14-19 的 B^+ 树中删除“Gold”

值得注意的是，在进行删除操作后，在 B^+ 树的非叶节点中出现的码值可能在树的任何叶节点中都不存在。例如，在图 14-20 中，“Gold”值已经从叶子层被删除，但是它仍存在于非叶节点中。

一般地，为了在 B^+ 树中删除一个值，我们在该值上执行查找并进行删除。如果节点太小，我们把它从它的父节点中删除。这种删除会导致删除算法的递归应用，直至到达树的根节点。在删除后父节点要保持足够满，否则要进行重新分配。

图 14-21 给出了从 B^+ 树进行删除的伪码。过程 *swap_variables*(N, N') 仅仅交换两个（指

针）变量 N 和 N' 的值，这种交换对树本身毫无影响。伪码使用条件“指针 / 值太少”。对于非叶节点，这个条件意味着少于 $\lceil n/2 \rceil$ 个指针；对于叶节点，这个条件意味着少于 $\lceil (n-1)/2 \rceil$ 个值。伪码通过从相邻节点借一个项来实现项的重新分布。我们也可以通过在两个节点间平均划分项来实现项的重新分布。伪码涉及从一个节点中删除一个项 (K, P)。对于叶节点，指向一个项的指针实际上在码值前面，因此指针 P 在码值 K 的前面。而对于内部节点，P 则跟在码值 K 的后面。

```
procedure delete(value K, pointer P)
    找到包含（K, P）的叶节点 L
    delete_entry(L, K, P)

procedure delete_entry(node N, value K, pointer P)
    从 N 中删除 (K, P)
    if ( N 是根节点 and N 只剩下一个子节点 )
    then 使 N 的子节点成为该树的新的根节点并删除 N
    else if (N 有太少的值 / 指针 )  then begin
        令 N' 为 parent(N) 的前一个或后一个孩子节点
        令 K' 为 parent(N) 中指针 N 和 N' 之间的值
        if (N 和 N' 中的项能放入单个节点中 )
            then begin  /* 合并节点 */
                if  (N 是 N' 的前一个节点 ) then swap_variables(N, N')
                if  (N 不是叶节点 )
                    then 将 K' 以及 N 中所有的指针和值附加到 N' 中
                    else 将 N 中所有 (K_i, P_i) 对附加到 N' 中；令 N'.P_n=N.P_n
                delete_entry (parent(N), K', N)；删除节点 N
            end
        else begin /* 重新分配：从 N' 借来一个项 */
            if (N' 是 N 的前一个节点 ) then begin
                if (N 是非叶节点 ) then begin
                    令 m 满足：N'.P_m 是 N' 中的最后一个指针
                    从 N' 中去除 (N'.K_{m-1}, N'.P_m)
                    插入 (N'.P_m, K')，并通过将其他指针和值右移使之成为
                        N 中的第一个指针和值
                    用 N'.K_m-1 替换 parent(N) 中的 K'
                end
                else begin
                    令 m 满足：(N'.P_m, N'.K_m) 是 N' 中的最后一个
                        指针 / 值对
                    从 N' 中去除 (N'.P_m, N'.K_m)
                    插入 (N'.P_m, N'.K_m)，并通过将其他指针和值右移使之成为
                        N 中的第一个指针和值
                    用 N'.K_m 替换 parent(N) 中的 K'
                end
            end
            else  …与 then 的情况对称…
        end
    end
```

图 14-21　从 B^+ 树中删除项

14.3.4　B^+ 树更新的复杂度

虽然 B^+ 树上的插入和删除操作比较复杂，但它们需要的 I/O 操作相对较少，这是一个重要的优点，因为 I/O 操作很昂贵。可以看出，在最坏情况下一次插入所需的 I/O 操作数与

$\log_{\lceil n/2 \rceil}(N)$ 成正比，其中 n 是节点中指针的最大数量，而 N 是被索引文件中的记录数量。

647~648

只要搜索码没有重复值，在最坏情况下删除过程的复杂度也与 $\log_{\lceil n/2 \rceil}(N)$ 成正比；我们将在本章的后面讨论非唯一性搜索码的情况。

换言之，从 I/O 操作这方面来说，插入和删除操作的代价与 B^+ 树的高度呈正比，因此代价较低。正是 B^+ 树上的操作速度使它成为数据库实现中常用的索引结构。

实际上，对 B^+ 树的操作所导致的 I/O 操作比最坏边界情况下要少。如果扇出为 100，并且假设对叶节点的访问是均匀分布的，那么叶节点的父节点被访问的可能性是叶节点的 100 倍。相反，在相同扇出的情况下，B^+ 树中的非叶节点总数比叶节点数的 1/100 略多。其结果是，对于经常使用的 B^+ 树来说，如今内存规模为几个 GB 是很常见的，即使关系非常大，在访问非叶节点时，大多数非叶节点很可能已经在数据库缓冲区中了。因此，执行一次查找通常只需要一次或两次 I/O 操作。对于更新来说，发生节点拆分的概率相应地也非常小。根据插入的顺序，扇出为 100 时，只有 1/100 到 1/50 的插入会导致节点拆分，并需要写不止一个块。因此，平均来说，一次插入操作只需要略多于一次的 I/O 操作就可以写出更新后的块。

尽管 B^+ 树只保证节点至少是半满的，但如果按随机顺序插入项，则平均来说节点可能超过三分之二是满的。另一方面，如果有序地插入项，则节点将仅为半满的。（我们把它作为一个练习留给读者，弄清楚在后一种情况下，为什么节点应该只是半满的。）

14.3.5 非唯一性搜索码

到目前为止，我们假设搜索码是唯一的。还记得我们之前在 14.3.1 节中描述过如何通过创建包含原始搜索码和额外属性的复合搜索码来使搜索码唯一，原始搜索码和额外属性一起可以在所有记录中是唯一的。

额外的属性可以是记录 ID，它是指向该记录的指针，也可以是主码，或者是在具有相同搜索码值的所有记录中其值具备唯一性的任何其他属性。这种额外的属性称为**唯一化**（uniquifier）属性。

可以使用我们在 14.3.2 节中看到的范围搜索来执行具有原始搜索码属性的搜索；另一种可替代方案是，我们可以创建 *findRange* 函数的变体，该变体仅以原始搜索码值作为参数，并且在比较搜索码值时忽略唯一化属性的值。

还可以修改 B^+ 树结构以支持重复的搜索码。插入、删除和查询方法都必须进行相应的修改。

- 一种可替代方法是每个码值只在树中存储一次，并且维护一个带有搜索码值的记录指针的桶（或列表），以处理非唯一性搜索码。这种方法节省空间，因为它只存储一次码值；但是，当实现 B^+ 树时，它会产生一些复杂的问题。如果桶保存在叶节点中，那么需要额外的代码来处理可变规模的桶，以及处理增长得比叶节点规模还大的桶。如果桶存储在单独的块中，则可能需要一次额外的 I/O 操作来获取记录。

649

- 另一种选项是每条记录存储一次搜索码值；如果在插入过程中发现叶节点已满，则此方法允许以通常的方式拆分叶节点。然而，这种方法使得在内部节点上处理拆分和搜索要复杂得多，因为两个叶节点可能包含相同的搜索码值。它还有更高的空间开销，因为码值的存储次数与包含该值的记录数量相同。

与唯一性搜索方法相比，这两种方法的主要问题在于记录删除的效率。（这两种方法的查找和插入的复杂度与唯一性搜索码方法是相同的。）假设一个特定的搜索码值出现了很多次，并且要删除其中一条具有该搜索码的记录。该删除可能需要搜索具有相同搜索码值的多个项，还可能需要跨多个叶节点，才能找到与待删除的特定记录相对应的项。因此，删除操作在最坏情况下的复杂度可能与记录的数量呈线性关系。

相比之下，使用唯一性搜索码方法可以高效地删除记录。当要删除一条记录时，根据该记录来计算复合搜索码值，然后用于查找索引。由于该值是唯一的，因此可以利用从根到叶的单趟遍历来找到相应的叶子层项，而无须对叶子层的进一步访问。最差情况下的删除代价是记录数的对数，正如我们在前面所看到的。

由于删除效率低下，以及重复的搜索码所导致的其他复杂问题，大多数数据库系统中的 B^+ 树实现都只处理唯一性搜索码，并且它们会自动添加记录 ID 或其他属性，以使非唯一性搜索码变得唯一。

14.4 B^+ 树扩展

本节讨论对 B^+ 树索引结构的几种扩展和变种。

14.4.1 B^+ 树文件组织

正如在 14.3 节中所提到的，索引顺序文件组织的主要缺点是随着文件的增大性能会下降：随着文件的增大，变得无序的索引项和实际记录所占的比例越来越高，并且被存储在溢出块中。我们通过在文件上使用 B^+ 树索引来解决索引查找时性能下降的问题。我们通过使用 B^+ 树的叶子层来组织包含实际记录的磁盘块，可以解决存储实际记录的性能下降问题。我们不仅把 B^+ 树结构作为索引来使用，而且把它作为一种文件中记录的组织方式来使用。在 **B^+ 树文件组织**（B^+-tree file organization）中，树的叶节点存储的是记录而不是指向记录的指针。图 14-22 给出了一个 B^+ 树文件组织的示例。由于记录通常比指针大，一个叶节点中能存储的最多记录数量比一个非叶节点中能存储的指针数量要少。然而，叶节点仍然要求至少是半满的。

650

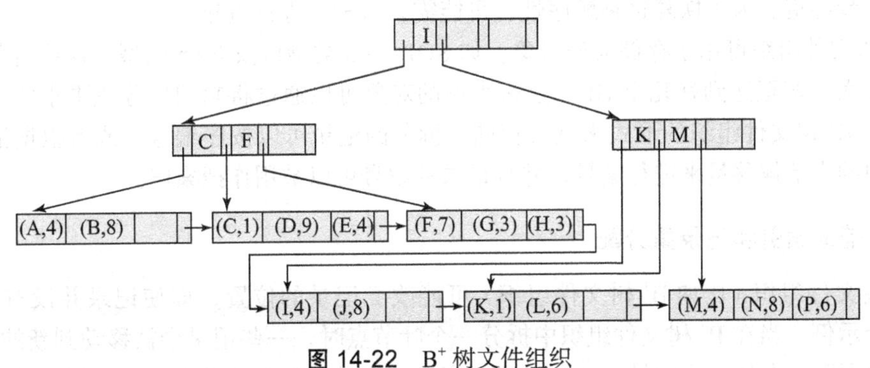

图 14-22 B^+ 树文件组织

从一个 B^+ 树文件组织中插入和删除记录的处理与 B^+ 树索引中项的插入和删除的处理方式是一样的。当插入一条具有给定码值 v 的记录时，系统通过 B^+ 树搜索来找到树中 $\leqslant v$ 的最大码，并定位到应该包含该记录的块。如果定位到的块有足够的自由空间来存放记录，则系统就将该记录存放在该块中。否则，就像 B^+ 树的插入那样，系统将该块拆分成两个，重新分配其中的记录（按 B^+ 树码的次序），以给新记录创造空间。这种拆分以通常的形式在 B^+

树中向上传播。当我们删除一条记录时，系统首先从包含它的块中将它删除。如果一个块 B 由此变得不到半满，则将 B 中的记录和一个相邻块 B' 中的记录重新分配。假定记录大小固定，每个块所包含的记录数至少应是它所能包含的最大记录数的一半。系统按照通常的方式更新 B^+ 树的非叶节点。

当我们用 B^+ 树作为文件组织方式时，空间的利用尤为重要，因为记录所占的空间很可能比码和指针所占的空间要多得多。通过在拆分和合并时在重新分配的过程中涉及更多的兄弟节点，我们可以提高 B^+ 树中的空间利用率。这种技术对于叶节点和非叶节点都适用，并且它的工作方式如下。

在插入时，如果一个节点已满，系统就尝试把它的一些项重新分配到与它相邻的一个节点中，以给新项腾出空间。如果因为相邻节点本身已满而导致这种尝试失败，系统就要拆分该节点，并在一个相邻节点和通过拆分原始节点而得到的两个节点这三者之间均匀分配所有的项。由于这三个节点总共包含的项比两个节点所能容纳的项多 1 个，因此每个节点将大约为三分之二满。更确切地说，每个节点至少有 $\lfloor 2n/3 \rfloor$ 个项，其中 n 是此节点能容纳的最多项数。($\lfloor x \rfloor$ 表示小于或等于 x 的最大整数，即忽略它的小数部分（如果有的话）。)

651

在删除一条记录时，如果节点中的项数少于 $\lfloor 2n/3 \rfloor$，系统就试图从一个兄弟节点借来一个项。如果两个兄弟节点中都有 $\lfloor 2n/3 \rfloor$ 个记录，那么系统就不是借来一项，而是把这个节点和两个兄弟节点中的所有项均匀地重新分配到其中两个节点中，并删除第三个节点。我们能用这种方法是因为项的总数是 $3\lfloor 2n/3 \rfloor -1$，它小于 $2n$。当使用三个相邻节点来进行重新分配时，每个节点中能保证有 $\lfloor 3n/4 \rfloor$ 个项。一般地，如果重新分配过程涉及 m 个节点（$m-1$ 个兄弟节点），每个节点能保证包含至少 $\lfloor (m-1)n/m \rfloor$ 个项。然而，随着参与到重新分配过程中的兄弟节点的增多，更新的代价也变得更高。

请注意在 B^+ 树索引或 B^+ 树文件组织中，树中彼此相邻的叶节点可能位于磁盘上的不同位置。当在一个记录集合上新创建一个文件组织的时候，可以把磁盘上基本连续的块分配给树中连续的叶节点。由此，对叶节点的顺序扫描就相当于磁盘上几乎是顺序的扫描。随着树中插入和删除操作的发生，这种顺序性逐渐丧失，并且对叶节点的顺序访问需要越来越频繁地等待磁盘寻道。为了恢复这种顺序性，可能需要对索引进行重建。

B^+ 树文件组织可用于存储大型对象，如 SQL clob 类型以及 blob 类型，这些对象可能比磁盘块还大，甚至达到好几个 GB。这么大型的对象可以通过将它们拆分成更小的记录序列并组织成 B^+ 树文件组织的形式来进行存储。拆分的记录可以按序编号，或者根据记录在大型对象中的字节偏移量来进行编号，并且记录的编号可以被用作搜索码。

14.4.2　辅助索引和记录重分配

一些文件组织（比如 B^+ 树文件组织）可能改变记录的位置，即使记录并没有被更新。作为一个示例，当在 B^+ 树文件组织中拆分一个叶节点时，一些记录会被移动到新的节点中。在这种情况下，存储了指向被重新分配过的记录的指针的所有辅助索引都必须被更新，即使记录中的值可能并没有改变。每个叶节点可能包含相当多的记录，而每条记录都可能在每个辅助索引上的不同位置。因此，一个叶节点的拆分可能需要数十甚至数百次 I/O 操作来更新所有被影响到的辅助索引，从而导致这个操作的代价极其高昂。

对于这个问题的一种广泛使用的解决方案如下：在辅助索引中，我们不存储指向被索引记录的指针，而是存储主索引搜索码属性的值。例如，假设我们有一个建立在 *instructor* 关系

652

的 *ID* 属性上的主索引；还有一个建立在 *dept_name* 上的辅助索引，这个辅助索引中与每个系的名称存放在一起的是相应记录中教师的 *ID* 值所构成的列表，而不是指向这些记录的指针。

于是，由于叶节点拆分而导致的记录的重新分配就不需要对任何这样的辅助索引进行任何更新了。然而，用辅助索引来定位一条记录现在就需要两步：首先用辅助索引找到主索引搜索码的值，然后用主索引来找到对应的记录。

上述方法大大降低了由文件重组导致的索引更新的代价，尽管它也增加了使用辅助索引访问数据的代价。

14.4.3　对字符串的索引

在字符串属性上创建 B^+ 树索引会引起两个问题。第一个问题是字符串可能是变长的。第二个问题是字符串可能会很长，导致节点扇出较少，并相应地增加了树的高度。

对于变长搜索码，即使节点都是满的，不同的节点也可能会有不同的扇出。如果一个节点已满，则它必须被拆分，也就是说，这个节点已经没有空间来增加一个新的搜索项，不管原来它有多少项。同样地，节点的合并或者项的重新分配取决于节点中所使用空间的比例，而不是根据节点所能容纳的最大项数。

通过使用一种称作**前缀压缩**（prefix compression）的技术可以增加节点的扇出。利用前缀压缩，不用在非叶节点处存储整个搜索码值。只存储每个搜索码值的一个前缀，使得这个前缀足以在由该搜索码分开的两棵子树中的码值之间进行区分。例如，如果我们有一个建立在姓名上的索引，则非叶节点的码值可以是姓名的一个前缀；如果由搜索码分开的两棵子树中跟“Silberschatz”最相近的值分别是“Silas”和“Silver”，则在非叶节点处存储“Silb”就足够了，而不用存储全名“Silberschatz”。

14.4.4　B^+ 树索引的批量加载

如我们先前看到的，在 B^+ 树中插入一条记录需要一些 I/O 操作，并且 I/O 操作数在最坏情况下与树的高度成比例，树的高度通常还比较小（即便对于大型关系，一般为 5 或者更少）。

现在考虑在大型关系上构建 B^+ 树的情况。假设关系比主存大很多，并且我们在关系上构建一个非聚集索引，而该索引也比主存要大。在这种情况下，当我们扫描关系并且往 B^+ 树中添加项时，要访问的每个叶节点很可能在它被访问时并不在数据库缓冲区中，因为对项没有特定的排序。在这种对块的随机访问中，每次给叶节点添加一个项，就需要一次磁盘寻道来获取包含叶节点的块。当另一个项被加到该块中之前，该块有可能已从磁盘缓冲区中被逐出，导致需要另一次磁盘寻道来将该块写回到磁盘。这样，对于每次插入的项可能都需要一次随机读操作和一次随机写操作。

653

例如，如果关系包含 1 亿条记录，并且磁盘上的每次 I/O 操作大约需要花费 10 毫秒，那么将至少需要花费 100 万秒的时间来创建索引，这仅仅是读叶节点的开销，甚至还没有计算将更新后的节点写回到磁盘的开销。很明显，这样的时间开销非常巨大；相反，如果每条记录占用 100 个字节，并且磁盘子系统可以以每秒 50 MB 的速度传输数据，那么仅需要花费 200 秒的时间来读取整个关系。

将大量的项一次性插入一个索引中被称为索引的**批量加载**（bulk loading）。对一个索引执行批量加载的一种高效的方式如下：首先，为关系创建一个包含索引项的临时文件，然后，在待构建索引的搜索码上对文件进行排序，最后，扫描排好序的文件并且将项插入索引中。后面的 15.4 节描述了对大型关系进行排序的高效算法，即使对于一个很大的文件也可以用这些算法来排序，并且其 I/O 代价相当于几次文件读取的代价，前提是有合理数量的主存可用。

在将项插入 B^+ 树之前先对它们进行排序具有明显的优势。当把项按次序进行插入时，进入一个特定叶节点的所有项将会连续出现，并且叶节点只需要被写出一次。如果 B^+ 树开始时为空，在批量加载期间就不需要从磁盘中读取节点。因此，即便可能有许多项要插入一个节点中，每个叶节点也只需要一次 I/O 操作。如果每个叶节点包含 100 个项，则叶子层将包含 100 万个节点，导致创建叶子层只需 100 万次 I/O 操作。如果连续的叶节点被分配到连续的磁盘块，并且只需要很少的磁盘寻道，那么这些 I/O 操作甚至也可以是顺序进行的。对于磁盘来说，相比于随机 I/O 操作需要每块 10 毫秒，大部分顺序 I/O 操作估计只需要每块 1 毫秒。

我们将在后面的 15.4 节中研究大型关系排序的代价，但是作为一种粗略的估计，通过在把项插入 B^+ 树之前先对它们进行排序，索引可以在远少于 1000 秒的时间内就被构建好，否则需要花费 1 000 000 秒的时间来构建磁盘上的索引。

如果 B^+ 树初始时是空的，那么就可以从叶子层自底向上来更快地构建它，而不是使用常规的插入过程。在**自底向上的 B^+ 树构建**（bottom-up B^+-tree construction）中，像我们刚描述的那样对项进行排序之后，我们将排序好的项拆分到块中，并保持一个块中有该块能容纳的那么多项，由此产生的块形成了 B^+ 树的叶子层。每个块中的最小值以及指向该块的指针被用来构建 B^+ 树下一层中的项，并且指向叶子块。树的每个更高一层可以类似地利用与下一层的每个节点相关联的最小值来构建，直到创建根节点为止。我们把具体细节留给读者作为练习。

654

在一个关系上创建索引时，大多数数据库系统实现了基于项排序和自底向上构建的高效技术，尽管在向已带有索引的关系一次添加一个元组时，它们使用常规的插入程序。如果一次添加非常多的元组到一个已经存在的关系中，那么一些数据库系统会建议应该删除该关系上的索引（除了主码上的任何索引），并且在插入元组后重新构建这些索引，以利用高效的批量加载技术。

14.4.5　B 树索引文件

B 树索引（B-tree index）和 B^+ 树索引是类似的。这两种方法的主要区别在于 B 树去除了搜索码值的冗余存储。在图 14-9 的 B^+ 树中，搜索码“Einstein”“Gold”“Mozart”和“Srinivasan”在非叶节点和叶节点中均出现了。每个搜索码值都出现在某些叶节点中，有的还在非叶节点中重复出现。

在 B^+ 树中，搜索码值可能同时出现在非叶节点和叶节点中。与 B^+ 树不同，B 树只允许搜索码值出现一次（如果它们是唯一的）。图 14-23 所示的 B 树表示了与图 14-9 中的 B^+ 树相同的搜索码值。由于 B 树中的搜索并不重复，我们可以比相应的 B^+ 树索引使用更少的树节点来存储索引。然而，由于出现在非叶节点中的搜索码不会出现在 B 树中的其他地方，我们不得不在非叶节点中为每个搜索码包含一个额外的指针域。这些额外的指针要么指向文件记录，要么指向相应搜索码所对应的桶。

值得注意的是，许多数据库系统手册、行业文献中的文章以及行业专家都使用术语 B 树来指代我们称作 B^+ 树的数据结构。事实上，在当前的用法中这样定义也是合理的，因为术语 B 树和 B^+ 树被认为是同义词。尽管如此，在本书中我们还是按照它们原本的定义来使用 B 树和 B^+ 树，以避免这两种数据结构之间的混淆。

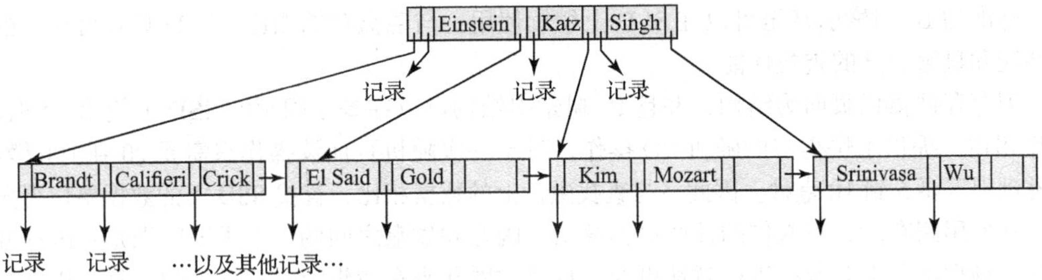

图 14-23　等价于图 14-9 中的 B^+ 树的 B 树

一种广义的 B 树叶节点如图 14-24a 所示；非叶节点出现在图 14-24b 中。叶节点和 B^+ 树中的叶节点一样。在非叶节点中，指针 P_i 与我们在 B^+ 树中使用的树指针一样，而指针 B_i 是桶或文件记录的指针。在图 14-24 的广义 B 树中，叶节点中有 $n-1$ 个码，而非叶节点中有 655
$m-1$ 个码。这种差异的出现是因为非叶节点必须包含指针 B_i，这样就减少了这些节点所能容纳的搜索码个数。显然 $m < n$，但 m 和 n 的具体关系取决于搜索码和指针的相对规模。

P_1	K_1	P_2	…	P_{n-1}	K_{n-1}	P_n

a) 叶节点

P_1	B_1	K_1	P_2	B_2	K_2	…	P_{m-1}	B_{m-1}	K_{m-1}	P_m

b) 非叶节点

图 14-24　典型的 B 树节点

在 B 树中进行一次查找所访问的节点数取决于搜索码所在的位置。B^+ 树上的一次查找需要遍历从树根到某个叶节点的一条路径。相反，在 B 树中有时在到达叶节点之前就能找到想要的值。然而，B 树中存储在叶子层的码大约是存储在非叶子层的码的 n 倍，并且，由于 n 一般很大，因此较快找到特定值的优势会相对小一些。而且比起 B^+ 树来，B 树的非叶节点中出现的搜索码较少，这一事实意味着 B 树的扇出较少，因而比相应的 B^+ 树的深度可能要大。因此，在 B 树中查找某些值会更快，而查找另一些值则会更慢，虽然总的来说查找时间仍然与搜索码数量的对数成正比。

B 树中的删除更加复杂。在 B^+ 树中，被删除的项总会出现在叶节点中。在 B 树中，被删除的项可能出现在非叶节点中。必须从包含被删除项的节点所在的子树中选择正确的值来作为替代。具体来说，如果搜索码 K_i 被删除，则出现在指针 P_{i+1} 的子树中的最小搜索码必须被移到原先被 K_i 所占用的字段中。如果叶节点现在包含的项太少，还需采取进一步的操作。与此相比，B 树中的插入只比 B^+ 树中的插入稍微复杂一点。

B 树在空间上的优势对于大型索引而言意义不大，并且通常不能抵消我们已提到的那些不足。因此，差不多所有的数据库系统实现都采用 B^+ 树数据结构，即使（正如我们先前讨论过的那样）它们将此数据结构称为 B 树。

14.4.6　闪存上的索引

到目前为止，我们对于索引的描述都假设数据是驻留在磁盘上的。虽然这种假设在大部分情况下仍然是事实，但是闪存容量已急速增长，并且每 GB 的闪存价格已相应下跌，使得对于许多应用来说，基于闪存的 SSD 存储现在已经替代了磁盘存储。656

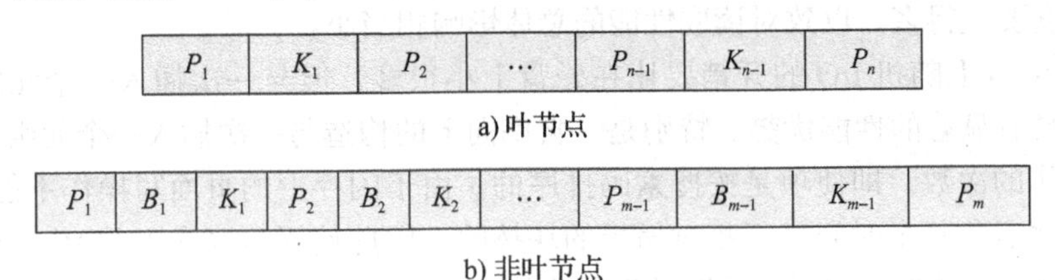

标准的 B⁺ 树索引甚至可以在 SSD 上继续使用，与磁盘存储相比，SSD 具有可接受的更新性能和显著提升的查找性能。

闪存存储器以页面为结构，并且 B^+ 树索引结构可以在基于闪存的 SSD 上使用。SSD 和磁盘相比，提供了快得多的随机 I/O 操作，对于一次随机页面读操作只需要 20 到 100 微妙，而磁盘则需要 5 到 10 毫秒。因此，与查找磁盘上的数据相比，查找 SSD 上的数据要快得多。

在使用闪存时，写操作的性能更为复杂。闪存和磁盘之间的一个重要区别是：闪存并不允许在物理级别上对数据进行就地更新，尽管它看起来在逻辑上是这样做的。每次更新都会变成对整个闪存页面的拷贝和写入，并要求随后擦除该页的旧拷贝。写一个新的页面可以在 20 到 100 微秒内完成，但最终旧页面需要被擦除，以释放页面供进一步的写操作。擦除是在包含多个页面的块级别进行的，并且擦除一个块需要花费 2 到 5 毫秒。

对于闪存来说，最佳的 B^+ 树节点规模要小于磁盘，因为闪存页面比磁盘块要小；树节点规模与闪存页面相匹配是有意义的，因为在更新节点时，较大的节点会导致多次的页面写操作。虽然较小的页面会导致更高的树和更多的 I/O 操作来访问数据，但使用闪存时随机页面读取的速度要快得多，以致对读取性能的总体影响相当小。

尽管在 SSD 上随机 I/O 的开销要比在磁盘上小很多，但与一次插入一个元组相比，批量加载仍然具有显著的性能优势。特别是，自底向上的构造与一次插入一个元组相比，减少了页面写操作的次数，即使项是按搜索码排序的。由于闪存上的页面写操作不能就地完成，并且需要在之后的某个时间进行相对昂贵的块擦除，因此使用自底向上的 B^+ 树构建方式减少了页面写操作的数量，提供了显著的性能优势。

已经提出了对 B^+ 树的几种扩展和替代方案来用于闪存，其重点放在减少由于页面重写而导致的擦除操作的次数。一种方案是将缓冲区添加到 B^+ 树的内部节点上，并在较高级别的缓冲区中临时记录更新，再以惰性方式将更新下推到更低级别。其关键思想是：当一个页面被更新时，多个更新将一起执行，从而减少每次更新的页面写操作次数。另一种方案是创建多棵树并将它们合并；日志结构合并树及其变体正是基于这种思想的。事实上，这两种方案对于降低磁盘上写操作的代价也是有用的；我们将在 14.8 节中概述这两种方案。

14.4.7 主存上的索引

如今的主存容量足够大，价格也足够便宜，以至于许多组织机构都能买得起足够的主存，以将它们的所有操作数据都装入内存。B^+ 树可以用于对内存中的数据进行索引，而无须更改结构。但是，有些优化还是能进行的。

657

首先，由于内存比磁盘空间昂贵，因此必须设计主存数据库中的内部数据结构以减少空间需求。我们在 14.4.1 节中看到的提高 B^+ 树存储利用率的技术可以用来减少 B^+ 树的内存使用。

对于内存中的数据来说，需要遍历多个指针的数据结构是可以接受的，这与基于磁盘的数据不同。在基于磁盘的数据中，遍历多个页面的 I/O 代价会过于昂贵。因此，主存数据库中的树结构可以相对较深，这与 B^+ 树不同。

高速缓存和主存之间的速度差以及数据在主存和高速缓存之间以缓冲行（cache-line）（通常约为 64 字节）为单位进行传输的事实，导致了这样的情况：高速缓存和主存之间的联系与主存和磁盘之间的联系是不同的（尽管速度差异较小）。当读取一个内存位置时，如果它存在于高速缓存中，则 CPU 可以在 1 或 2 个纳秒内完成读取，而一次高速缓存未命中将导致从主存读取数据的延迟为 50 至 100 纳秒。

带有能存放进一个高速缓存行的小节点的 B^+ 树已被发现能够提供对于内存数据的非常好的性能。这样的 B^+ 树完成索引操作的高速缓存未命中数比高而瘦的树结构（比如二叉树）少得多，因为每次节点遍历都可能导致一次高速缓存未命中。与具有与高速缓存行相匹配的节点的 B^+ 树相比，具有大型节点的树往往具有更多的高速缓存未命中数，因为在一个节点内定位数据要么需要跨多个高速缓存行对该节点内容进行完全扫描，要么需要进行二分搜索，二分搜索也会导致多次高速缓存未命中。

对于数据并不能完全放入内存但是经常使用的数据通常驻留内存的数据库，下面的思想可用于创建 B^+ 树结构，该结构在磁盘上和内存中都能提供良好的性能。大型节点可用于优化基于磁盘的访问，但不是将一个节点中的数据视为码与指针的单个大型数组，而是将一个节点中的数据结构化为树，树中具有与高速缓存行的规模相匹配的较小节点。与线性扫描数据或在节点内使用二分搜索不同，大型 B^+ 树节点内的树结构可用于以最少的高速缓存未命中次数来访问数据。

14.5 散列索引

散列是在主存中构建索引的一种广泛使用的技术；可以临时创建这种索引以处理连接运算（正如我们将在 15.5.5 节中看到的那样），它也可以是主存数据库中的永久性结构。尽管散列文件组织形式并没有被广泛使用，但散列已经被用作文件中记录的一种组织方式。我们最初只考虑内存中的散列索引，在本节的后面我们将考虑基于磁盘的散列。 658

在对散列的描述中，我们将使用术语**桶**（bucket）来表示可以存储一条或多条记录的存储单元。对于内存中的散列索引，桶可以是索引项或记录的链表。对于基于磁盘的索引，桶可以是磁盘块的链表。在**散列文件组织**（hash file organization）中，桶存储实际的记录，而不是记录的指针；这种结构只对驻留在磁盘上的数据才有意义。我们下面的描述并不依赖于桶存储的是记录指针还是实际记录。

形式化地，令 K 表示所有搜索码值的集合，并令 B 表示所有桶地址的集合。**散列函数**（hash function）h 是从 K 到 B 的函数。令 h 表示一个散列函数。对于内存中的散列索引，桶的集合只是一个指针数组，其中第 i 个桶位于偏移量为 i 的位置。每个指针存储包含该桶中的项的链表的头。

为了插入一条带有搜索码 K_i 的记录，我们计算 $h(K_i)$，它给出了该记录的桶的地址。我们将该记录的索引项添加到偏移量为 i 处的列表中。请注意散列索引的其他变种以不同的方式来处理一个桶中有多条记录的情况；这里描述的是使用最广泛的变种，称为**溢出链**（overflow chaining）。

使用溢出链的散列索引也称为**闭寻址**（closed addressing）（或者，不太常见的说法是，**闭散列**（closed hashing））。在某些应用程序中使用了另一种称为开寻址的可替代散列方案，但由于开寻址并不支持高效的删除，因此不适用于大多数数据库索引应用。我们不再进一步考虑它。

散列索引能高效地支持搜索码上的相等查询。要对搜索码值 K_i 执行查找，我们只需计算 $h(K_i)$，然后搜索具有该地址的桶。假设两个搜索码 K_5 和 K_7 具有相同的散列值，即 $h(K_5) = h(K_7)$。如果我们对 K_5 执行查找，那么桶 $h(K_5)$ 包含了具有搜索码值 K_5 的记录以及具有搜索码值 K_7 的记录。因此，我们必须检查桶中每条记录的搜索码值，以验证该记录是不是我们想要的记录。

与 B^+ 树索引不同，散列索引并不支持范围查询；例如，对于一条希望检索出满足

$l \leqslant v \leqslant u$ 的所有搜索码值 v 的查询，就无法使用散列索引来高效地回答。

删除也同样简单。如果待删除的记录的搜索码值是 K_i，则我们计算 $h(K_i)$，然后搜索对应的桶以找到该记录并从桶中删除该记录。如果使用链表表示法，从链表中进行删除是很简单的。

在基于磁盘的散列索引中，当我们插入一条记录时，如前所述，我们通过在搜索码上使用散列来定位桶。现在假设桶中有存储记录的空间，那么，记录可以被存储在那个桶中。如果该桶没有足够的空间，就说发生了**桶溢出**（bucket overflow），我们通过使用**溢出桶**（overflow bucket）来处理桶的溢出。如果一条记录必须被插入桶 b 中，并且 b 已经满了，则系统会给 b 提供一个溢出桶，并将该记录插入溢出桶中。如果溢出桶也满了，则系统将提供另一个溢出桶，依此类推。一个给定桶的所有溢出桶都链接在一起并存放在链表中，如图 14-25 所示。对于溢出链，给定搜索码 k，那么查找算法不仅必须搜索桶 $h(k)$，还要搜索链接到桶 $h(k)$ 的溢出桶。

659

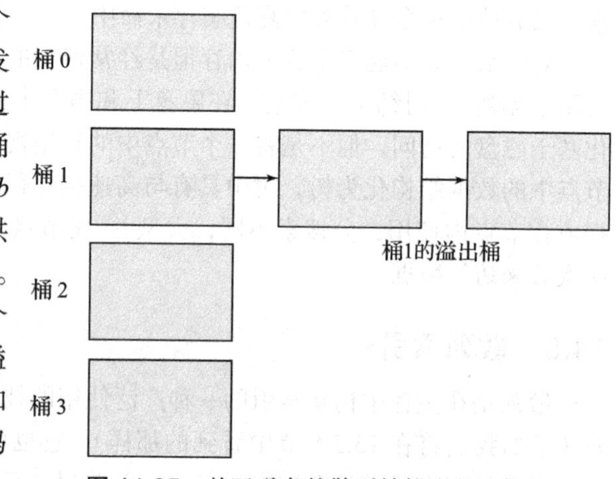

图 14-25　基于磁盘的散列结构中的溢出链

如果对于给定数量的记录没有足够的桶，则可能发生桶溢出。如果事先知道被索引记录的数量，则可以分配所需数量的桶；我们将很快看到如何处理记录数量变得明显超过最初预期的情况。如果给某些桶分配的记录比其他桶要多，那么也可能发生桶溢出，从而导致即使在其他桶仍有大量自由空间的时候仍有一个桶溢出。

如果多条记录可能具有相同搜索码，则可能会在记录的分布中发生这种**偏斜**（skew）。但是，即使每个搜索码只有一条记录，如果所选择的散列函数导致搜索码的分布不均匀，则偏斜也可能发生。通过仔细选择散列函数，可以将此问题的可能性降到最低，以确保码在桶之间的分布是均匀和随机的。然而，某些偏斜仍可能出现。

为了降低桶溢出的概率，桶的数量被选择为 $(n_r / f_r)*(1+d)$，其中 n_r 表示记录的数量，f_r 表示每个桶容纳的记录的数量，d 是一个避让因子，通常约为 0.2。当避让因子为 0.2 时，桶中大约 20% 的空间将是空的。但好处是减少了溢出的概率。

尽管分配的桶比所需的多一些，但是桶溢出仍然可能发生，特别是在记录的数量因增加而超过了最初的预期的情况下。

660

如上所述的散列索引称为**静态散列**（static hashing），在创建这种索引时，桶的数量是固定的。静态散列的一个问题是：我们需要知道有多少条记录将存储在索引中。如果随着时间的推移添加了大量的记录，导致记录远远多于桶，则查找将不得不搜索存储在单个桶中或者在一个或多个溢出桶中的大量记录，并因而变得低效。

为了处理这个问题，可以使用可增长数量的桶来重建散列索引。例如，如果记录数变为桶数的两倍，则可以使用比以前多一倍的桶来重建索引。但是，重建索引的缺点是：如果关系很大，则可能需要花费很长时间来重建，从而导致正常处理的中断。一些已经被提出的方案允许以更增量的方式来增加桶的数量。此类方案称为**动态散列**（dynamic hashing）技术，线性散列（linear hashing）技术和可扩展散列（extendable hashing）技术就是两种这样的方案，有关这些技术的更多详细信息请参阅 24.5 节。

14.6 多码访问

到现在为止，我们都隐式地假设只使用建立在一个属性上的一个索引来处理关系上的查询。但是对于特定类型的查询来说，如果存在多个索引则使用多个索引，或者使用建立在多属性搜索码上的一个索引，这样才是比较有利的。

14.6.1 使用多个单码索引

假设 *instructor* 文件有两个索引：一个建立在 *dept_name* 上，一个建立在 *salary* 上。考虑如下查询："找出金融系中工资为 $80 000 的所有教师。"我们写作：

```
select ID
from instructor
where dept_name = 'Finance' and salary = 80000;
```

有三种策略可用于处理这个查询：

1. 利用 *dept_name* 上的索引来找出属于金融系的所有记录。再检查每条这样的记录看是否满足 *salary* = 80000。
2. 利用 *salary* 上的索引来找出工资等于 $80 000 的教师的所有记录。再检查每条这样的记录看是否满足 *dept_name* 是 "Finance"。

661

3. 利用 *dept_name* 上的索引来找出指向属于金融系的所有记录的指针。类似地，利用 *salary* 上的索引来找出指向工资为 $80 000 的教师的所有记录的指针。计算这两个指针集合的交集。交集中的那些指针指向金融系中工资等于 $80 000 的教师的记录。

上面三种策略中只有第三种利用了多个索引的优势。然而，如果下面所有条件都成立，则即使这种策略也可能是一种糟糕的选择：

- 金融系的记录有很多。
- 工资为 $80 000 的教师的记录有很多。
- 金融系中工资为 $80 000 的教师的记录只有几条。

如果这些条件都成立，为了得到一个很小的结果集，我们必须扫描大量的指针。一种被称为"位图索引"的索引结构在某些情况下可以极大地加速在第三种策略中使用的交运算。我们将在 14.9 节中概述位图索引。

14.6.2 多码索引

在这种情况下另一种可选的策略是在复合搜索码（*dept_name*，*salary*）上建立和使用索引，也就是说，该搜索码由系名和教师工资的串接组成。

我们可以使用前述复合搜索码上的有序（B^+ 树）索引来高效地回答具有如下形式的查询：

```
select ID
from instructor
where dept_name = 'Finance' and salary = 80000;
```

如下查询也能被高效地处理，因为它们对应于搜索属性上的一个范围查询。这样的查询在搜索码的第一个属性（*dept_name*）上指定一个相等条件并在搜索码的第二个属性（*salary*）上指定一个范围。

```
select ID
from instructor
where dept_name = 'Finance' and salary < 80000;
```

我们甚至可以使用搜索码（*dept_name*，*salary*）上的顺序索引来高效地回答下面这种单662个属性上的查询：

```
select ID
from instructor
where dept_name = 'Finance';
```

相等条件 *dept_name* = "Finance" 等价于一个范围查询，该范围查询的下界是（Finance, $-\infty$)，上界是 (Finance, $+\infty$)。仅在 *dept_name* 属性上进行的范围查询也能以类似的方式来处理。

然而，使用单个复合搜索码上的顺序索引结构是有一定缺点的。作为示例，考虑下面的查询：

```
select ID
from instructor
where dept_name < 'Finance' and salary < 80000;
```

通过使用搜索码（*dept_name*，*salary*）上的顺序索引，我们可以回答这个查询：对于按字母次序小于 "Finance" 的每个 *dept_name* 值，系统定位出 *salary* 值为 80000 的那些记录。然而，由于文件中记录的次序，每条记录可能位于不同的磁盘块中，从而导致大量 I/O 操作。

这个查询和前面两个查询的区别在于：在第一个属性（*dept_name*）上的条件是比较条件而不是相等条件。这个条件不能对应于该搜索码上的一个范围查询。

为了加快一般的复合搜索码查询处理（它可以有一个或多个比较运算），我们可以使用若干特殊结构。我们将在 14.9 节中考虑*位图索引*（bitmap index）。另外一种称为 R 树（R-tree）的结构也可用于这一目的。R 树是 B^+ 树的一种扩展，用于处理多个维度上的索引，我们将在 14.10.1 节中进行讨论。

14.6.3　覆盖索引

覆盖索引（covering index）存储了一些属性（但不是搜索码属性）的值，以及指向记录的指针的索引。存储额外的属性值对于辅助索引是有用的，因为它们使我们仅仅使用索引就能够回答一些查询，甚至不需要查找实际的记录。

例如，假设我们有一个在 *instructor* 关系的 *ID* 属性上的非聚集索引。如果把 *salary* 属性的值与记录指针一起存储，我们就可以回答那些对 *salary* 值（但不是对另一个属性 *dept_name*）的查询，而不需要访问 *instructor* 记录。

通过在搜索码（*ID*, *salary*）上创建索引能够达到同样的效果，但是一个覆盖索引能够减663小搜索码的规模，它允许非叶节点中有更大的扇出，从而可能降低索引的高度。

14.7　索引的创建

尽管 SQL 标准并没有指定用于创建索引的任何特定语法，但大多数数据库都支持创建和删除索引的 SQL 命令。正如我们在 4.6 节中所看到的，可以使用以下语法来创建索引，大多数数据库都支持这种语法。

```
create index <index-name> on <relation-name> (<attribute-list>);
```

属性列表（attribute-list）是构成索引搜索码的关系的属性列表。可以使用如下形式的命令来删除索引：

drop index <index-name>;

例如，要在 *instructor* 关系上定义一个名为 *dept_index* 的索引，并将 *dept_name* 作为搜索码，我们写作：

create index *dept_index* **on** *instructor* (*dept_name*);

要声明一个属性或属性列表是候选码，我们可以使用语法 **create unique index** 代替上面的 **create index**。支持多种索引类型的数据库还允许将索引类型指定为索引创建命令的一部分。请参阅你的数据库系统手册，以了解可用的索引类型以及指定索引类型的语法。

当用户提交可以从使用一个索引中获益的一条 SQL 查询时，SQL 查询处理器会自动使用该索引。

索引对于参与到查询的选择条件或连接条件中的属性非常有用，因为它们可以显著降低查询的代价。请考虑一个查询：检索 ID 为 12345 的特定学生的 *takes* 记录（用关系代数表示为 $\sigma_{ID=12345}(takes)$）。如果在 *takes* 的 ID 属性上存在索引，那么只需几次 I/O 操作就可以获得指向所需记录的指针。由于学生通常只选修几十门课程，因此即使获取实际的记录也只需要几十次 I/O 操作。相反，如果没有这个索引，数据库系统将被迫读取所有 *takes* 记录并选择那些具有匹配的 ID 值的记录。如果有大量学生，读取一个完整的关系的代价可能会非常昂贵。

但是，索引确实是有代价的，因为每当更新底层关系时，都必须更新索引。创建太多索引会减慢更新处理的速度，因为每次更新还必须更新所有受影响的索引。

有时性能问题在测试过程中很明显，例如，如果一个查询需要花费数十秒，那么很明显它是相当慢的。但是，假设每个查询需要花费 1 秒来扫描一个没有索引的大型关系，而使用索引来检索相同记录只需要 10 毫秒。如果测试人员一次运行一个查询，即使没有索引，查询响应也很快。但是，假设这些查询是一个注册系统的一部分，有 1000 名学生在 1 小时内使用该系统，并且每名学生的操作需要执行 10 个这样的查询。对于在 1 小时（即 3600 秒）内提交的查询，总执行时间将为 10 000 秒。这样学生可能会发现注册系统非常慢，甚至完全没有响应。相比之下，如果存在所需的索引，那么 1 小时内提交的查询所需的执行时间将是 100 秒，并且注册系统的性能将会非常好。 664

因此，在构建应用程序时，重要的是找出哪些索引对于性能是重要的，并在应用程序启动之前创建它们。

如果一个关系被声明为具有主码，大多数数据库系统会自动在主码上创建索引。每当向关系中插入一个元组时，可以使用该索引来检查是否违反主码约束（即在主码值上有没有重复项）。如果在主码上没有索引，则每当插入一个元组时，就必须扫描整个关系以确保满足主码约束。

尽管大多数数据库系统不会自动创建索引，但通常在外码属性上创建索引也是一个好主意。大多数连接运算都在外码和主码属性之间进行，并且包含此类连接的查询（在被引用表上还有选择条件）并不少见。请考虑一个查询：$takes \bowtie \sigma_{name=\text{Shankar}}(student)$，其中 *takes* 的外码属性 *ID* 引用 *student* 的主码属性 *ID*。由于可能很少有学生名叫 Shankar，因此可以使用外码属性 *takes.ID* 上的索引来高效地检索与这些学生相对应的 *takes* 元组。

许多数据库系统提供了工具来帮助数据库管理员跟踪在系统上执行的是什么样的查询和更新，并根据查询和更新的频率来推荐要创建的索引。这些工具被称为索引优化向导或顾问。

最近，一些基于云的数据库系统还支持完全自动地创建索引而无须数据库管理员干预，只要系统发现这样做可以避免重复的关系扫描。

14.8　写优化索引结构

B^+ 树索引结构的一个缺点是：随机写操作会导致性能非常差。请考虑一个索引太大而无法放入内存的情况；由于大部分空间都在叶子层，而且现在内存规模都相当大，为了简单起见，我们假设索引的更高层可以放入内存。

现在假设写或插入的执行顺序与索引的排列顺序并不匹配。那么，每次写 / 插入可能会接触到不同的叶节点；如果叶节点的数量明显大于缓冲区的规模，那么大多数这样的叶节点访问将需要一次随机读操作以及随后的写操作来把更新后的叶子页面写回到磁盘。在具有磁盘的系统上，如果访问时间为 10 毫秒，则索引将支持每张磁盘每秒不超过 100 次的写 / 插入；这是一种乐观的估计，它假设寻道占用了大部分时间，并且磁头没有在读与写叶子页面之间进行移动。在带有基于闪存的 SSD 的系统上，随机 I/O 速度要快得多，但是一次页面写操作仍然有很高的代价，因为它（最终）需要一次页面擦除，这是一种昂贵的操作。因此，对于每秒需要支持非常大量的随机写 / 插入的应用来说，基本的 B^+ 树结构并不理想。

665

已经提出了几种可替代的索引结构来处理具有高的写 / 插入速率的工作负载。**日志结构合并树**（log-structured merge tree）或 LSM 树及其变体是写优化的索引结构，它们已被非常广泛地采用。缓冲树是一种可替代方法，它可用于多种搜索树结构。我们将在本节的剩余部分概述这些结构。

14.8.1　LSM 树

一棵 LSM 树由几棵 B^+ 树组成，从称作 L_0 的内存树开始，然后是对于某个 k 值的磁盘树 $L_1, L_2, \cdots, L_k$，其中 k 称为级。图 14-26 描述了对于 $k = 3$ 的一棵 LSM 树的结构。

索引查找是通过在每棵树 $L_0, \cdots, L_k$ 上使用单独的查找操作并归并这些查找的结果来执行的。（目前我们假设只有插入，没有更新或删除；更新 / 删除情况下的索引查找更加复杂，我们将在稍后讨论。）

当一条记录被首次插入一棵 LSM 树中时，它被插入内存中的 B^+ 树结构 L_0 中。会为这棵树分配相当大的内存空间。随着插入处理的增多，树会增长，直到填满分配给它的内存。此时，我们需要将数据从内存结构移动到磁盘上的 B^+ 树中。

666

如果 L_1 树为空，则将整棵内存树 L_0 写到磁盘以创建初始树 L_1。但是，如果 L_1 不为空，则按码的递增次序扫描 L_0 的叶子层，并将这些项与 L_1 的叶子层项进行归并（也按码的递增次序扫描）。采用自底向上的构建过程来用归并的项创建新的 B^+ 树。然后，用带有归并项的新树去替换旧的 L_1。在这两种情况下，L_0 中的项被移动到 L_1 之后，L_0 中的所有项以及旧的 L_1（如果存在）都将被删除。然后可以对内存中现在为空的 L_0 进行插入。

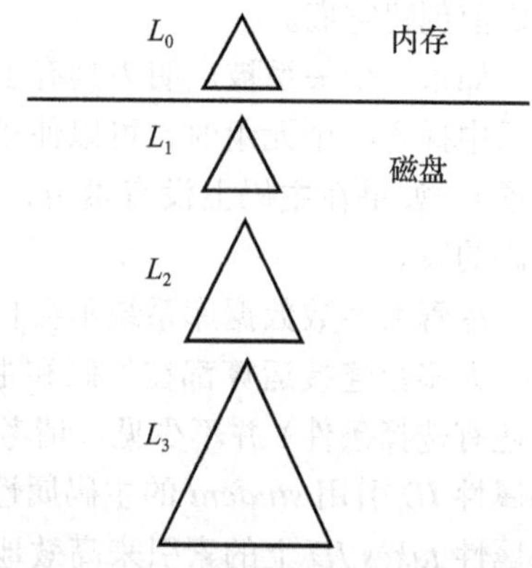

图 14-26　三级的日志结构合并树

请注意，旧 L_1 树的叶子层中的所有项（包括叶节点中那些没有任何更新的项）都将被复制到新树中，而不是在现有 L_1 树的节点上执行更新。这样做有以下好处：

1. 新树的叶子是按顺序分配的，避免了后续归并过程中的随机 I/O 操作。
2. 叶子是满的，避免了页面拆分时可能出现的部分占用叶子的开销。

但是，使用如上所述的 LSM 结构是有代价的：每次将 L_0 中的一组项复制到 L_1 时，都会复制树的全部内容。有两种技术可用于降低这种代价：

1. 使用多个级别，L_{i+1} 级树的最大规模是 L_i 级树的最大规模的 k 倍。因此，每条记录在一个特定级别上最多被写 k 次。级别数与 $\log_k(I/M)$ 成比例，其中 I 是项数，M 是能放入内存树 L_0 中的项数。
2. 每个级别（除 L_0 之外）最多可以有 b 棵树，而不是只有 1 棵树。当把 L_0 树写到磁盘时，将创建一棵新的 L_1 树，而不是将 L_0 与现有的 L_1 树归并。当有 b 棵这样的 L_1 树时，它们被归并到一棵单独的新的 L_2 树中。类似地，当在 L_i 级有 b 棵树时，它们被归并到一棵新的 L_{i+1} 树中。

   LSM 树的这种变体称为**阶梯式合并索引**（stepped-merge index）。与每个级别只有一棵树相比，阶梯式合并索引显著降低了插入的代价，但由于可能需要搜索多棵树，因此它可能导致查询代价的增加。24.1 节中描述的基于位图的结构称为布隆过滤器（Bloom filter），用于通过高效地检测在一棵特定树中不存在某个搜索码来减少查找的次数。布隆过滤器占用的空间非常小，但它们在降低查询成本方面非常有效。

所有关于这些 LSM 树的变体的详细信息可以在 24.2 节中找到。

到目前为止，我们只描述了插入和查找。删除是以一种有趣的方式来处理的。删除并不是直接查找一个索引项并删除它，而是插入一个新的**删除项**（deletion entry），该项指明要删除的是哪个索引项。插入一个删除项的过程与插入一个普通索引项的过程是相同的。 667

但是，查找必须执行额外的步骤。如前所述，查找操作从所有树中检索出项，并按码值的顺序来归并它们。如果某个项有一个删除项，则这两个项具有相同的码值。因此，查找操作将找到该码的删除项和待删除的原始项。如果找到一个删除项，则过滤掉要删除的项，不将其作为查找结果的一部分返回。

当归并树时，如果其中一棵树包含一个项，而另一棵树包含一个匹配的删除项，则在合并过程中会匹配这些项（这两个项有相同的码），并且这两个项都会被丢弃。

通过插入更新项，更新的处理方式与删除类似。查找操作需要将更新项与原始项进行匹配并返回最新的值。当一棵树有一个项，而另一棵树有其匹配的更新项时，更新实际上是在合并过程中进行的；合并过程会找到具有相同码的记录和更新记录，然后应用更新并丢弃更新项。

LSM 树最初是为了减少磁盘的写和寻道的开销而设计的。基于闪存的 SSD 对于随机 I/O 操作的开销相对较低，因为它们并不需要寻道，所以 LSM 树的变体所提供的避免随机 I/O 的优势对于 SSD 来说并不是特别重要。

但是，请回想一下：闪存并不允许就地更新，并且即便将单个字节写到一个页面也需要将整个页面重写到一个新的物理位置；最终需要擦除该页面的原始位置，这是一种相对昂贵的操作。与传统的 B^+ 树相比，使用 LSM 树的变体来减少写的次数，可以在 LSM 树与 SSD 一起使用时提供显著的性能优势。

在 Google 的 BigTable 系统以及在 Apache Hbase（BigTable 的开源克隆版）中，使用了 LSM 树的一种变体，它类似于阶梯式归并索引，每层中有多棵树。这些系统构建在分布式文件系统之上，分布式文件系统允许追加文件，但不支持对现有数据的更新。LSM 树并不执行就地更新的事实使得 LSM 树非常适合于这些系统。

随后，大量的 BigData 存储系统（比如 Apache Cassandra、Apache AsterixDB 和 MongoDB）都增加了对 LSM 树的支持，大多数实现版本在每一层中都有多棵树。在 MySQL（使用 MyRocks 存储引擎）和嵌入式数据库系统 SQLite4 和 LevelDB 中也支持 LSM 树。

14.8.2 缓冲树

668

缓冲树是日志结构归并树方法的一种可替代方案。**缓冲树**（buffer tree）背后的关键思想是：将一个缓冲区与 B^+ 树的每个内部节点（包括根节点）相关联；这在图 14-27 中有形象的描述。我们首先概述如何处理插入和查找，然后概述如何处理删除和更新。

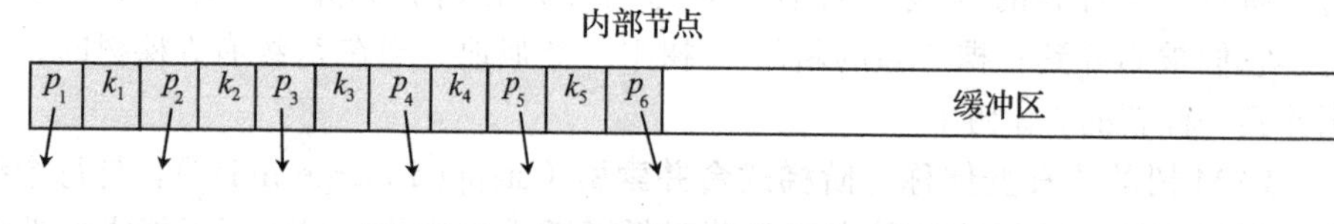

图 14-27　缓冲树中一个内部节点的结构

当一条索引记录被插入缓冲树时，该索引记录将被插到根的缓冲区，而不是遍历树直至叶节点。如果该缓冲区已满，则将缓冲区中的每条索引记录推到树的下一层的相应孩子节点中。如果孩子节点是内部节点，则索引记录被添加到孩子节点的缓冲区中；如果缓冲区已满，则该缓冲区中的所有记录都将被类似地向下推。一个缓冲区中的所有记录在被下推之前都已按搜索码排序。如果子节点是叶节点，则索引记录以通常的方式插入叶节点中。如果该插入导致叶节点过满，则将按通常的 B^+ 树方式拆分该节点，拆分可能会传播到父节点。对一个过满的内部节点的拆分是以通常的方式完成的，另外还有一个步骤是拆分缓冲区；缓冲项可根据它们的码值在两个拆分节点之间进行划分。

查找是通过以通常的方式遍历 B^+ 树结构来完成的，以找到包含与查找码相匹配的记录的叶节点。但是还有一个额外的步骤：在查找遍历的每个内部节点处，必须检查节点的缓冲区，以查看是否有与查找码相匹配的任何记录。范围查找与在普通 B^+ 树中一样进行，但它们还必须检查在被访问的任何叶节点之上的所有内部节点的缓冲区。

假设一个内部节点的缓冲区所容纳的记录数是孩子节点的 k 倍。那么，平均说来，每次将把 k 条记录下推到每个孩子节点（不管孩子节点是内部节点还是叶节点）。在下推之前对记录进行排序可以确保所有这些记录都是连续推送的。用于插入的缓冲树方式的好处是：从存储器访问孩子节点以及将更新的节点写回的代价是在 k 条记录之间平均分摊（分担）的。当 k 足够大时，与常规 B^+ 树中的插入相比，节省的开销是相当可观的。

可以使用删除项或更新项以类似于 LSM 树的方式来处理删除和更新。另一种可替代方案是：使用普通的 B^+ 树算法来处理删除和更新。但其风险是：与使用删除 / 更新项时的代价相比，每次删除 / 更新的 I/O 代价更高。

缓冲树在 I/O 操作数上提供了比 LSM 树的变体更好的、最坏情况下的复杂度边界。在读代价方面，缓冲树明显快于 LSM 树。但是，缓冲树上的写操作涉及随机 I/O，与使用 LSM 树的变体的顺序 I/O 操作相比需要更多次寻道。对于磁盘存储器而言，寻道的高代价导致缓冲树在写密集型工作负载上的性能比 LSM 树要差。因此，LSM 树更广泛地适用于对于存储在磁盘上的数据的写密集型工作负载。但是，由于随机 I/O 操作在 SSD 上是非常高效的，而且缓

669

冲树与 LSM 树相比，总体上执行的写操作更少，因此缓冲树可以在 SSD 上提供更好的写性能。几种为闪存而设计的索引结构都利用了缓存树所引入的缓冲区概念。

缓冲树的另一种好处是：将缓冲区与内部节点相结合以减少写操作次数的关键思想可以用于任何类型的树结构索引。例如，缓冲区被用来支持诸如 R 树（我们将在 14.10.1 节中学习）那样的空间索引以及其他类型的索引的批量加载，而对于这些类型的索引来说，排序和自底向上的构建是不适用的。

缓冲树已被实现为 PostgreSQL 中**通用搜索树**（Generalized Search Tree，GiST）索引结构的一部分。GiST 索引允许执行用户自定义代码来实现节点上的搜索、更新和拆分操作，并已用于实现 R 树和其他空间索引结构。

14.9　位图索引

位图索引是为多码上的简单查询而设计的一种特殊类型的索引，尽管每个位图索引都是建立在单个码之上的。我们在本节中描述位图索引的关键特性，并将在 24.3 节中提供进一步的详细信息。

为了使用位图索引，关系中的记录必须被顺序编号，比如从 0 开始顺序编号。对于给定的一个 *n* 值，必须能容易地检索到编号为 *n* 的记录。如果记录是规模固定的并且位于文件的连续块上，则实现这一点特别容易。这样的话，记录号就可以容易地转化为一个块编号和一个用于识别块内记录的编号。

请考虑具有这样一个属性的关系，该属性只能从少量值（例如从 2 到 20）中取一个值。例如，请考虑 *instructor_info* 关系，它（除了 *ID* 属性外）有一个 *gender* 属性，它只能取 m（男）或 f（女）值。假设这个关系还有一个 *income_level* 属性，它存储收入级别，这里的收入被分成 5 级：*L1* 为 0～9999，*L2* 为 10 000～19 999，*L3* 为 20 000～39 999，*L4* 为 40 000～74 999，*L5* 为 75 000～∞。在这里，原始数据可以取很多值，但是数据分析者将这些值划分成少数几个区间以简化数据分析。图 14-28 的左侧展示了此关系的一个实例。

记录编号	*ID*	*gender*	*income_level*
0	76766	m	L1
1	22222	f	L2
2	12121	f	L1
3	15151	m	L4
4	58583	f	L3

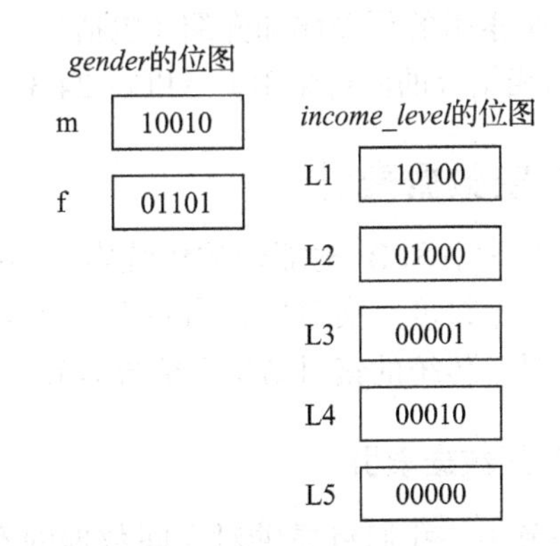

图 14-28　*instructor_info* 关系上的位图索引

位图（bitmap）就是位的一个简单数组。在其最简单的形式中，*r* 关系在 *A* 属性上的**位图索引**（bitmap index）是由 *A* 能取的每个值所对应的位图构成的。每个位图都有和关系中的记录数相等数量的位。如果编号为 *i* 的记录在 *A* 属性上的值为 v_j，则值为 v_j 的位图中的第 *i* 个位被置为 1，而该位图上的其他所有位被置为 0。

670

在我们的示例中，对于值 m 和 f 分别有一个位图。如果编号为 *i* 的记录的 *gender* 值为

m，则 m 的位图中的第 *i* 位被置为 1，而 m 的位图中的其他所有位被置为 0。类似地，f 的位图中取值为 1 的位对应于在 *gender* 属性上取值为 f 的记录，而其他所有位都取值为 0。图 14-28 展示了在 *instructor_info* 关系的 *gender* 与 *income_level* 属性上的位图索引，以及对应的关系实例。

我们现在考虑什么时候位图索引是有用的。检索具有值 m（或者值 f）的所有记录的最简单方式是：简单地读取该关系中的所有记录，并选出那些值为 m（或者 f）的记录。位图索引实际上并不能有助于加快这种选择的速度。尽管它可以让我们只读取具有一种特定性别的那些记录，但是有可能文件的每个磁盘块最终都需要被读取。

事实上，位图索引主要在对多个码进行选择操作时才有用。假设我们除了 *gender* 上的位图索引之外，还创建了 *income_level* 属性上的位图索引，正如我们在前面描述的那样。

现在请考虑选择收入在 10 000～19 999 区间的女性的一个查询。这个查询可以表示为：

```
select *
from instructor_info
where gender = 'f' and income_level = 'L2';
```

为了计算这个选择，我们取 *gender* 值为 f 的位图和 *income_level* 值为 *L*2 的位图，并执行这两个位图的**交**（intersection）（逻辑与）运算。换句话说，我们计算出了一个新的位图，如果前面两个位图的第 *i* 位都取值为 1，则新位图的第 *i* 位也取值为 1；否则取值为 0。在图 14-28 的示例中，*gender*=f 的位图（01101）和 *income_level*=*L*2 的位图（01000）的交得到位图 01000。

671

因为第一个属性可以取 2 个值，并且第二个属性可以取 5 个值，我们可以认为平均 10 条记录中只有 1 条记录能满足这两个属性上的组合条件。如果有更多的条件，则满足所有条件的记录在所有记录中所占的比例可能就相当小了。这样，系统可通过如下方式来计算出查询结果：在交操作得到的位图中找出取值为 1 的所有位，然后检索出相应的记录。如果满足条件的记录所占比例很大，则扫描整个关系仍然是代价更低的一种可选方案。

有关位图索引的更多详细介绍（包括如何高效实现聚集运算、如何加快位图运算以及将 B^+ 树与位图相结合的混合索引）可以在 24.3 节中找到。

14.10　时空数据索引

诸如散列索引和 B^+ 树那样的传统索引结构不适用于对空间数据的索引，空间数据通常具有两个或多个维度。类似地，当元组具有与其关联的时间区间，并且查询可能指定时间点或时间区间时，传统的索引结构可能导致较差的性能。

14.10.1　空间数据索引

在本小节中，我们将提供对空间数据的索引技术的概览。更多详情可以在 24.4 节中找到。空间数据是指二维或更高维空间中的点或区域的数据。例如，餐厅的位置由（纬度，经度）对进行标识，它是空间数据的一种形式。类似地，一个农场或湖泊的空间范围可以用多边形来标识，且每个角落都由（纬度，经度）对来标识。

空间数据上的查询有多种形式，需要使用索引来高效地支持这些查询。可以通过在复合属性（纬度，经度）上创建一棵 B^+ 树来回答这样一个查询：查找在精确指定的（纬度，经度）对处的餐馆。然而，这样的 B^+ 树索引却不能高效地回答这样一个查询：查找在一个用户所在位置方圆500米范围内的所有餐馆，这些餐馆是由（纬度，经度）对来标识的。这样的索引也不能高效地回答这样一个查询：查找位于感兴趣的矩形区域内的所有餐馆。这两种都是**范围查询**（range query），范围查询检索指定区域内的对象。这样的索引也不能高效地回答这样的查询：查找离一个指定位置最近的餐馆；这样的查询是**最近邻**（nearest neighbor）查询的一个示例。

空间索引的目标是支持不同形式的空间查询，特别是范围查询和最近邻查询，因为它们被广泛使用。

为了理解如何索引由两个或多个维度组成的空间数据，我们首先考虑对一维数据中的点进行索引。诸如二叉树和B^+树那样的树结构是通过将空间分成更小的部分来操作的。例如，二叉树的每个内部节点都将一个一维区间一分为二。位于左边分区中的点进入左子树；位于右边分区中的点进入右子树。在一棵平衡的二叉树中，分区的选择使得存储在子树中的大约一半的点落在每个分区中。类似地，B^+树的每一层都将一个一维区间拆分成多个部分。 672

我们可以利用这种直觉来为二维空间以及更高维的空间创建树结构。一种称为**k-d树**（k-d tree）的树结构是早期用于多维索引的结构之一。一棵k-d树的每一层都把空间分成两个部分。在树顶层的节点处分区是沿着一个维度进行的，在下一层节点中则沿着另一个维度进行，依此类推，各维循环往复。分区的进行方式是这样的：在每个节点处，存储在子树中的大约一半的点落在一边，且另一半落在另一边。当一个节点的点数少于给定的最大点数时，分区停止。

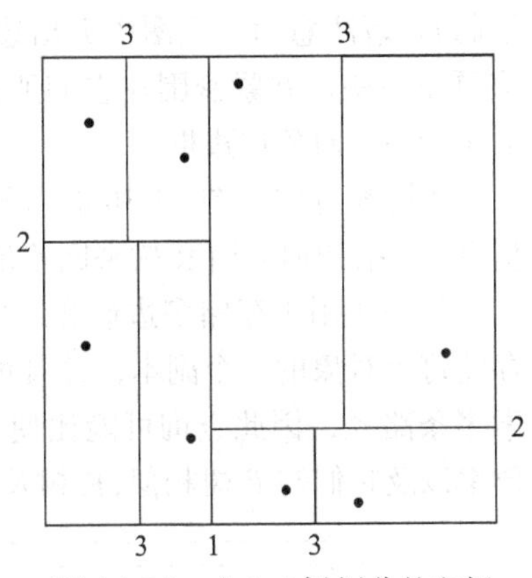

图14-29 由k-d树划分的空间

图14-29显示了二维空间中的一组点，以及代表这一组点的k-d树，其中叶节点中的最大点数被设置为1。图中的每条线（外部框除外）对应于k-d树中的一个节点。图中线的编号表示相应节点出现在树中的层级。

矩形范围查询是查找在指定的矩形区域内的点，可以使用k-d树来高效地回答：这种查询本质上指定了每个维度上的区间。例如，一个范围查询可能查找所有x维度在50到80之间并且y维度在40到70之间的所有点。请回想一下，每个内部节点都在一个维度上划分空间，就像在B^+树中一样。从根节点开始，可以通过以下递归过程来执行范围搜索： 673

1. 假设节点是一个内部节点，令它在点x_i处按一个特定的维度（比如说x）被拆分。左子树中的项所具有的x值$< x_i$，且右子树中的项所具有的x值$\geq x_i$。如果查询范围包含x_i，则在两个孩子上递归地执行搜索。如果查询范围在x_i的左侧，则只对左孩子执行递归搜索，否则只在右子树上执行搜索。
2. 如果节点是叶节点，则检索查询范围中包含的所有项。

最近邻搜索更为复杂，我们在这里不做描述，但使用k-d树也可以相当高效地回答最近邻查询。

k-d-B树（k-d-B tree）对k-d树进行了扩展，允许每个内部节点有多个孩子节点以降低树的高度，就像B树扩展了二叉树一样。k-d-B树比k-d树更适合辅助存储器。如上所述的范围搜索可以容易地扩展到k-d-B树，并且使用k-d-B树也可以相当高效地回答最近邻查询。

对于空间数据有许多可供选择的索引结构。**四叉树**（quadtree）不是一次按一个维度对数据进行划分，而是在树的每个节点处将一个二维空间分为四个象限。具体细节可以在

24.4.1 节中找到。

对诸如线段、矩形和其他多边形那样的空间区域进行索引带来了新的问题。用于此项任务的有 k-d 树和四叉树的扩展方法。一个关键的思想是：如果一条线段或一个多边形穿越一条分割线，则它会沿着分割线被分割，并在其各部分所在的每棵子树中进行表示。一条线段或一个多边形的多次出现可能导致存储效率以及查询效率低下。

一种称为 **R 树**（R-tree）的存储结构对于跨越空间区域的对象（比如线段、矩形和其他多边形）以及点进行索引是有用的。R 树是一种平衡树结构，索引对象存储在叶节点中，这很像 B^+ 树。但是，与每个树节点关联的不是值的范围，而是矩形**边框**（bounding box）。叶节点的边框是与包含叶节点中存储的所有对象的轴平行的最小矩形。类似地，内部节点的边框是与包含其孩子节点边框的轴平行的最小矩形。一个对象（比如多边形）的边框被类似地定义为与包含该对象的轴平行的最小矩形。

每个内部节点存储孩子节点的边框以及指向孩子节点的指针。每个叶节点存储被索引的对象。

674

图 14-30 显示了一组矩形（用实线绘制）和对应于该组矩形的 R 树节点的边框（用虚线绘制）。请注意为了在图中突出边框，被显示的边框内留有额外的空间。实际上，这些框应该更小一些，并紧密围住它们所包含的对象。也就是说，边框 B 的每条边应紧接 B 中包含的至少一个对象或边框。

R 树本身位于图 14-30 的右侧。图中边框 i 的坐标被表示为 BB_i。有关 R 树的更多详细信息（包括如何使用 R 树来回答范围查询的详细信息）可以在 24.4.2 节中找到。

与一些用于存储多边形和线段的、诸如 R* 树和区间树那样的可替代结构不同，R 树只存储每个对象的一个副本，并且可以轻松地保证每个节点至少是半满的。但是，由于必须搜索多条路径，因此查询可能比使用某些可替代方案要慢。然而，由于 R 树具有更好的存储效率以及它们与 B 树相似，R 树及其变体在支持空间数据的数据库系统中得到了广泛的应用。

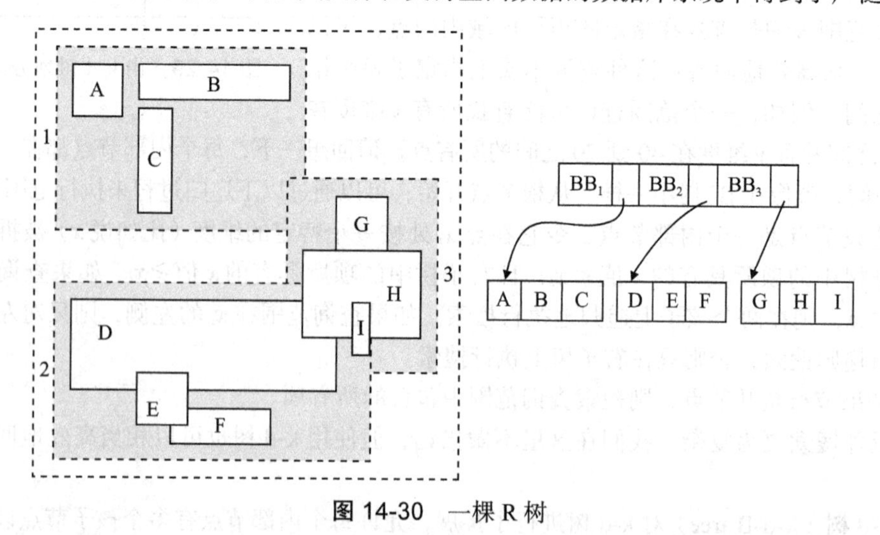

图 14-30　一棵 R 树

14.10.2　时态数据索引

时态数据是指具有一个关联的时间段的数据，如 7.10 节所述。与一个元组关联的时间段表示在这段时间内元组是有效的。例如，一个特定的课程标识可能在某个时间点更改其主题。因此，在给定的时间区间内，一个课程标识与一个主题相关联，在这段时间区间之外，相同的课程标识就与不同的主题相关联。这可以通过在 *course* 关系中拥有两个或更多元组来建模，这些元组具有相同的 *course_id*，但有不同的 *title* 值，每个元组都有它自己的有效时间区间。

一个**时间区间**（time interval）有一个开始时间和一个结束时间。另外，一个时间区间还指示该区间是在开始时间处开始，还是在开始时间之后开始，即该区间在开始时间处是**闭**的还是**开**的。类似地，时间区间指示它在结束时间处是闭的还是开的。为了表示元组当前有效这样的事实，在它下次被更新之前，结束时间在概念上被设置为无穷（可以用一个适当大的时间来表示它，比如 9999-12-31 的午夜）。

675

一般说来，一个特定事实的有效期不可能只由一个时间区间组成；例如，一名学生可以一个学年在一所大学注册，下一学年休假，再下一学年再注册。学生在大学注册的有效期显然不是单个时间区间。但是，任何有效期都可以用多个区间来表示，因此，一个具有任意有效期的元组可以用多个元组来表示，每个元组都有一个有效期且该有效期为单个时间区间。因此当建模时态数据时，我们只考虑时间区间。

假设给定属性 a 的值 v 和一个时间点 t_1，我们希望检索一个元组的值。可以在 a 上创建一个索引，并使用它来检索对于属性 a 取值为 v 的所有元组。如果搜索码值的时间区间数量很少，这样一个索引可能是足够的，但通常来说该索引可以检索出大量的元组，它们的时间区间并不包括时间 t_1。

更好的解决方案是使用诸如 R 树那样的空间索引，将被索引元组视为具有两个维度，一个是被索引的属性 a，另一个是时间维度。在这种情况下，元组形成了一条线段，维度 a 具有值 v，并且元组的有效时间区间被作为时间维度中的区间。

导致诸如 R 树之类的空间索引的使用复杂化的一个问题是：结束时间可以是无限的（可能由一个非常大的值来表示），而空间索引通常假定边框是有限的，并且如果边框非常大，则性能可能很差。这个问题可以用下述方式来处理：

- 所有当前元组（即那些结束时间无穷大的元组，结束时间可能由一个大的时间值来表示）与结束时间有限的那些元组分开存储在单独的索引中。当前元组上的索引可以是（*a*, *start_time*）上的 B^+ 树索引，其中 a 是被索引的属性且 *start_time* 是开始时间，而非当前元组上的索引将会是诸如 R 树那样的空间索引。
- 查找在时间点 t_i 处码值为 v 的元组需要搜索这两个索引；当前元组索引上的搜索将针对 $a=v$ 且 $start\_ts \leqslant t_i$ 的元组，这可以通过简单的范围查询来完成。可以类似地处理具有时间范围的查询。

与使用针对多维数据而设计的空间索引不同，我们可以使用专门的索引，例如区间 B^+ 树，这些索引被设计用于在单个维度中对区间进行索引，并提供比 R 树索引更好的复杂度保证。然而，大多数数据库实现发现对于时间区间使用 R 树索引比实现另一种类型的索引更为简单。

请回想一下，对于时态数据，只要具有相同主码值的元组具有不重叠的时间区间，就可能有不止一个元组对于主码具有相同的值。在插入一个新元组或更新现有元组的有效时间区间时，可以使用主码属性上的时态索引来高效地确定时态主码约束是否被违反。

676

14.11 总结

- 许多查询只涉及文件中的少部分记录。为了减少搜索这些记录的开销，我们可以为存储数据库的文件创建*索引*（index）。

- 我们可以使用的索引有两种类型：稠密索引和稀疏索引。稠密索引对每个搜索码值都包含索引项，而稀疏索引只对某些搜索码值包含索引项。
- 如果搜索码的排列次序和关系的排列次序相匹配，则该搜索码上的索引被称为*聚集索引*（clustering index）。其他的索引被称为*非聚集索引*（nonclustering index）或*辅助索引*（secondary index）。辅助索引提高了这种查询的性能：查询使用的搜索码不是聚集索引的搜索码。但是，辅助索引增加了修改数据库的开销。
- 索引顺序文件是数据库系统中使用的最古老的索引模式之一。为了允许按照搜索码次序快速检索记录，记录被顺序存储，并且无序记录被链接在一起。为了允许快速的随机访问，我们使用一种索引结构。
- 索引顺序文件组织的主要缺陷是：随着文件的增大，性能会下降。为了克服这个缺陷，我们可以使用B^+*树索引*（B^+-tree index）。
- B^+树索引采用*平衡*（balanced）树的形式，在平衡树中从树根到树叶的每条路径的长度都相等。B^+树的高度与以N为底取关系中记录数的对数成正比，其中每个非叶节点存储N个指针，N的值通常约为50或100。B^+树比诸如AVL树那样的其他平衡二叉树结构要矮得多，因此定位记录所需的磁盘访问也较少。
- B^+树上的查找是直接而且高效的。然而，插入和删除要更复杂一些，但仍然是高效的。在B^+树上进行查找、插入和删除所需的操作数与以N为底取关系中记录数的对数成正比，其中每个非叶节点存储N个指针。
- 我们可以用B^+树来索引一个包含记录的文件，也可以用它来组织文件中的记录。
- B树索引和B^+树索引类似。B树的主要优点在于它去除了搜索码值的冗余存储。主要缺点在于整体的复杂性以及对于给定的节点规模减小了扇出。在实践中，系统设计者几乎无一例外地倾向于选择B^+树索引而不是B树索引。

677

- 散列是在主存中和基于磁盘的系统中构建索引的一种广泛使用的技术。
- 诸如B^+树那样的顺序索引可用于基于相等条件的选择，并且该条件只涉及单个属性。当一个选择条件涉及多个属性时，我们可以对根据多个索引检索到的记录标识进行交运算。
- 对于每秒需要支持非常大量的随机写/插入的应用来说，基本的B^+树结构并不理想。已经提出了几种备选的索引结构，以处理具有较高的写/插入率的工作负载，包括日志结构归并树和缓冲树。
- 对于索引属性只有非常少量的几个可区分值的情况，位图索引提供了一种非常紧凑的表达形式。位图上的交运算相当快，这使得它成为支持多属性上的查询的一种理想方式。
- R树是B树的一种多维扩展；随着诸如R^+树和R*树这样的变体的出现，它们已在空间数据库中得到了广泛应用。以常规方式划分空间的索引结构（比如四叉树）有助于处理空间连接查询。
- 有许多用于索引时态数据的技术，包括使用空间索引和区间B^+树专用索引。

术语回顾

- 索引类型
    - 顺序索引

- 散列索引
- 评估因子
  - 访问类型
  - 访问时间
  - 插入时间
  - 删除时间
  - 空间开销
- 搜索码
- 顺序索引
  - 顺序索引
  - 聚集索引
  - 主索引
  - 非聚集索引
  - 辅助索引
  - 索引顺序文件
- 索引项
- 索引记录
- 稠密索引
- 稀疏索引
- 多级索引
- 非唯一性搜索码
- 复合搜索码
- B^+ 树索引文件
  - 平衡树
  - 叶节点
  - 非叶节点
  - 内部节点
  - 范围查询
  - 节点拆分
  - 节点合并
  - 指针重分布
  - 唯一化
- B^+ 树扩展
  - 前缀压缩
  - 批量加载
  - 自底向上的 B^+ 树构建
- B 树索引
- 散列文件组织
  - 散列函数
  - 桶
  - 溢出链
  - 闭寻址
  - 闭散列
  - 桶溢出
  - 偏斜
  - 静态散列
  - 动态散列
- 多码访问
- 覆盖索引
- 写优化索引结构
  - 日志结构归并（LSM）树
  - 阶梯式归并索引
  - 缓冲树
- 位图索引
- 位图交
- 空间数据索引
  - 范围查询
  - 最近邻查询
  - k-d 树
  - k-d-B 树
  - 四叉树
  - R 树
  - 边框
- 时态索引
- 时间区间
- 闭区间
- 开区间

678

实践习题

14.1 索引加快了查询处理，但是在作为潜在搜索码的每个属性上或者每个属性组合上创建索引，通常是个坏主意，请解释为什么。

14.2 在同一个关系的不同搜索码上建立两个聚集索引一般来说是否可行？请解释你的答案。

14.3 用下面的码值集合建立一棵 B^+ 树：

（2, 3, 5, 7, 11, 17, 19, 23, 29, 31）

679

假设树初始为空，按升序添加这些值。当一个节点所能容纳的指针数是下列情况时，请分别构造 B^+ 树：

a. 4　　b. 6　　c. 8

14.4 对于实践习题 14.3 中的每一棵 B^+ 树，请给出下列各操作后树的形状：

a. 插入 9。

b. 插入 10。

c. 插入 8。

d. 删除 23。

e. 删除 19。

14.5 考虑 14.4.1 节描述的修改后的 B^+ 树重分布模式。请问树的预期高度与 n 之间的函数关系是什么？

14.6 请给出 B^+ 树函数 findRangeIterator() 的伪码，该伪码类似于函数 findRange()，只不过它返回的是如 14.3.2 节所述的一个迭代对象。另外，请给出迭代类的伪码，包括迭代对象中的变量和 next() 方法。

14.7 如果按照已排好的次序插入索引项，那么 B^+ 树的每个叶节点的占用率如何？请解释为什么。

14.8 假设你有一个具有 n_r 个元组的关系 r，需要在 r 上建立一个辅助的 B^+ 树索引。

a. 请给出通过一次插入一条记录的方式来建立 B^+ 树索引的代价公式。假设每个块平均可容纳 f 个索引项，并且树的叶子层之上的所有层都在内存中。

b. 假设一次随机磁盘访问要花费 10 毫秒，在一个具有 1000 万条记录的关系上建立索引的代价是多大？

c. 请写出 14.4.4 节中概述的自底向上构建 B^+ 树的伪码。你可以假设存在一个可以高效排序大型文件的函数。

14.9 为什么在一系列插入之后，B^+ 树文件组织的叶节点可能会丧失顺序性？

680

a. 请解释为什么会丧失顺序性。

b. 为了最大限度地减少顺序扫描中的寻道次数，对于一个相当大的 n，很多数据库在 n 个块的范围内分配叶子页面。当分配 B^+ 树的第一个叶子时，n 块单元中只有一块被使用，并且剩下的页都是空闲的。如果有一个页面被拆分，并且它的 n 块单元中有空闲页面，则新的页可以使用该空间。如果 n 块单元满了，则分配另一个 n 块单元，并且前 $n/2$ 个叶子页面被放入一个 n 块单元中，剩余的放入第二个 n 块单元中。为了简单起见，假设没有删除操作。

i. 假设没有删除操作，在第一个 n 块单元存满之后，已分配空间的占用率在最坏情况下是多少？

ii. 有没有可能出现这样的情况：分配给一个 n 节点块单元的叶节点是不连续的，也就是说，有可能有两个叶节点被分配到一个 n 节点块中，但是二者之间的另一个叶节点被分配给了另一个不同的 n 节点块？

iii. 在缓冲空间对于存储一个 n 页的块来说是足够的这一合理假设下，B^+ 树的叶子层扫描在最坏情况下需要多少次寻道？请把该数字和每次只为叶子页面分配一个块的最坏情况进行比较。

iv. 为了提高空间利用率而将值重新分配给兄弟节点的技术如果与前述用于叶子块的分配方案一起使用可能会更有效。请解释为什么。

14.10 假设给你一个数据库模式和一些经常执行的查询。你将如何利用这些信息来决定要创建什么样的索引？

14.11 在诸如 LSM 树或阶梯式归并索引那样的写优化树中，只有当一层满了时，该层中的项才会归并到下一层。当有多个读取但没有更新时，试建议如何更改此策略以提高读取性能。

14.12 与 LSM 树相比，缓存树做了哪些权衡？

14.13 请考虑如图 14-1 所示的 *instructor* 关系。

a. 在 *salary* 属性上构建一个位图索引，把 *salary* 的值分成 4 个区间：小于 50 000 的，50 000 到 60 000 以下的，60 000 到 70 000 以下的，70 000 及以上的。

b. 请考虑一个查询：查找在金融系中工资为 80 000 或更高的所有教师。概述回答该查询的步骤，并给出为回答这个查询而构建的最终位图和中间位图。

681

14.14 假设你有一个包含 x、y 坐标和餐馆名称的关系。还假设要询问的查询的唯一形式如下：指定一个点，并询问该点处是否正好有餐厅。那么哪种类型的索引比较好，R 树还是 B 树？为什么？

14.15 假设你有一个空间数据库，它支持圆形区域的区域查询，但不支持最近邻查询。请给出一种利用多个区域查询来找到最近邻的算法。

习题

14.16 什么时候使用稠密索引比使用稀疏索引更可取？请解释你的答案。

14.17 聚集索引和辅助索引之间有何区别？

14.18 对于实践习题 14.3 中的每棵 B^+ 树，请给出下列查询中涉及的步骤：

a. 找出搜索码值为 11 的记录。

b. 找出搜索码值在 7 和 17 之间（包括 7 和 17）的记录。

14.19 14.3.5 节中提出的处理非唯一性搜索码的解决方案是给搜索码增加一个额外的属性。这种变化会给 B^+ 树的高度带来什么样的影响？

14.20 假设有一个关系 $r(A, B, C)$，带有一个搜索码 (A, B) 上的 B^+ 树索引。

a. 用这个索引来查找满足 $10<A<50$ 的记录，最坏情况下的代价是多少？请用获取的记录数目 n_1 和树的高度 h 来度量。

b. 用这个索引来查找满足 $10<A<50 \wedge 5<B<10$ 的记录，最坏情况下的代价是多少？请用满足此选择的记录数目 n_2 以及上面定义的 n_1 和 h 来度量。

c. 当 n_1 和 n_2 满足什么条件的时候，此索引是查找满足 $10<A<50 \wedge 5<B<10$ 的记录的一种高效方式。

14.21 假设你必须在大量的名称上建立一个 B^+ 树索引，这些名称的最大长度可能相当大（比如 40 个字符），并且这些名称长度的平均值本身也大（比如 10 个字符）。请解释如何使用前缀压缩来最大化非叶节点的平均扇出。

14.22 假设一个关系以 B^+ 树文件组织的形式存储。假设辅助索引存储的记录标识是指向磁盘上记录的指针。

682

a. 如果在文件组织中发生了节点拆分，则会对辅助索引产生什么影响？

b. 更新辅助索引中所有被影响到的记录，代价是什么？

c. 如何通过将文件组织的搜索码作为逻辑记录标识来解决这个问题？

d. 使用这样的逻辑记录标识会带来何种附加的代价？

14.23 与 B^+ 树索引相比，写优化索引做了哪些权衡？

14.24 一个存在位图（existence bitmap）对于每个记录位置都有一个位，如果记录存在，则该位被置为 1；如果该位置没有记录（例如，如果记录被删除了），则该位被置为 0。请说明如何根据其他位图来计算出存在位图。通过对空（null）值使用位图，确保你的技术即使在存在空值的情况下也能工作。

14.25 通过将有效时间视为时间区间，在概念上可以使用能够索引空间区间的空间索引来索引时态数据。这样做有什么问题，该如何解决此问题？

14.26 关系的某些属性可能包含敏感数据，并且可能需要以加密的方式存储。数据加密是如何影响索引方案的？特别是，它会如何影响试图按排列次序存储数据的方案？

延伸阅读

B 树索引最早由 [Bayer and McCreight (1972)] 和 [Bayer (1972)] 引入。B^+ 树在 [Comer (1979)]、[Bayer and Unterauer (1977)] 和 [Knuth (1973)] 中讨论。[Gray and Reuter (1993)] 对 B^+ 树实现中的问题提供了很好的描述。

日志结构归并（LSM）树在 [O'Neil et al. (1996)] 中介绍，而阶梯归并树由 [Jagadish et al. (1997)] 提出。缓冲树在 [Arge (2003)] 中提出。[Vitter (2001)] 提供了对外存数据结构和算法的全面综述。

位图索引在 [O'Neil and Quass (1997)] 中描述。它们最先是在 AS 400 平台上的 IBM Model 204 文件管理器中引入的。它们在特定类型的查询上提供了非常大的加速比，并且现在已在大多数数据库系统上实现了。

[Samet (2006)] 和 [Shekhar and Chawla (2003)] 提供了介绍空间数据结构和空间数据库的教科书。[Bentley (1975)] 描述了 k-d 树，并且 [Robinson (1981)] 描述了 k-d-B 树。R 树最初出现在 [Guttman (1984)] 中。

683

参考文献

[Arge (2003)] L. Arge, "The Buffer Tree: A Technique for Designing Batched External Data Structures", *Algorithmica*, Volume 37, Number 1 (2003), pages 1-24.

[Bayer (1972)] R. Bayer, "Symmetric Binary B-trees: Data Structure and Maintenance Algorithms", *Acta Informatica*, Volume 1, Number 4 (1972), pages 290-306.

[Bayer and McCreight (1972)] R. Bayer and E. M. McCreight, "Organization and Maintenance of Large Ordered Indices", *Acta Informatica*, Volume 1, Number 3 (1972), pages 173-189.

[Bayer and Unterauer (1977)] R. Bayer and K. Unterauer, "Prefix B-trees", *ACM Transactions on Database Systems*, Volume 2, Number 1 (1977), pages 11-26.

[Bentley (1975)] J. L. Bentley, "Multidimensional Binary Search Trees Used for Associative Searching", *Communications of the ACM*, Volume 18, Number 9 (1975), pages 509-517.

[Comer (1979)] D. Comer, "The Ubiquitous B-tree", *ACM Computing Surveys*, Volume 11, Number 2 (1979), pages 121-137.

[Gray and Reuter (1993)] J. Gray and A. Reuter, *Transaction Processing: Concepts and Techniques*, Morgan Kaufmann (1993).

[Guttman (1984)] A. Guttman, "R-Trees: A Dynamic Index Structure for Spatial Searching", In *Proc. of the ACM SIGMOD Conf. on Management of Data* (1984), pages 47-57.

[Jagadish et al. (1997)] H. V. Jagadish, P. P. S. Narayan, S. Seshadri, S. Sudarshan, and R. Kanneganti, "Incremental Organization for Data Recording and Warehousing", In *Proceedings of the 23rd International Conference on Very Large Data Bases*, VLDB '97 (1997), pages 16-25.

[Knuth (1973)] D. E. Knuth, *The Art of Computer Programming, Volume 3*, Addison Wesley, Sorting and Searching (1973).

[O'Neil and Quass (1997)] P. O'Neil and D. Quass, "Improved Query Performance with Variant Indexes", In *Proc. of the ACM SIGMOD Conf. on Management of Data* (1997), pages 38-49.

[O'Neil et al. (1996)] P. O'Neil, E. Cheng, D. Gawlick, and E. O'Neil, "The Log-structured Merge-tree (LSM-tree)", *Acta Inf.*, Volume 33, Number 4 (1996), pages 351-385.

[Robinson (1981)] J. Robinson, "The k-d-B Tree: A Search Structure for Large Multidimensional Indexes", In *Proc. of the ACM SIGMOD Conf. on Management of Data* (1981), pages 10-18.

[Samet (2006)] H. Samet, *Foundations of Multidimensional and Metric Data Structures*, Morgan Kaufmann (2006).

[Shekhar and Chawla (2003)] S. Shekhar and S. Chawla, *Spatial Databases: A TOUR*, Pearson (2003).

[Vitter (2001)] J. S. Vitter, "External Memory Algorithms and Data Structures: Dealing with Massive Data", *ACM Computing Surveys*, Volume 33, (2001), pages 209-271.

684
~
686

第六部分

Database System Concepts, Seventh Edition

查询处理和优化

用户查询必须在驻留于存储设备中的数据库内容上执行。通常可以方便地将查询分解为较小的运算，大致对应于关系代数运算。第15章描述如何处理查询，并给出用于实现单个运算的算法，然后概述如何同步执行多个运算来处理查询。所介绍的算法包括那些可以在比主存大得多的数据上工作的算法，以及那些针对内存数据进行优化的算法。

有许多处理查询的可替代方式，并且这些方式的代价可能会有很大的变化。查询优化是指找到执行给定查询的最低代价的方法的过程。第16章描述查询优化的过程，包括用于估计查询计划代价的技术，以及用于生成备选查询计划并选择最低代价计划的技术。这一章还描述了诸如物化视图那样的其他优化技术，以加快查询处理。

687
~
688

第 15 章

Database System Concepts, Seventh Edition

查询处理

查询处理（query processing）是指从数据库中提取数据所涉及的一系列活动。这些活动包括：将用高层数据库语言表示的查询语句翻译为能在文件系统的物理层上使用的表达式、各种查询优化转换，以及查询的实际执行。

15.1 概述

查询处理所涉及的步骤如图 15-1 所示。基本步骤包括：

1. 语法分析与翻译。
2. 优化。
3. 执行。

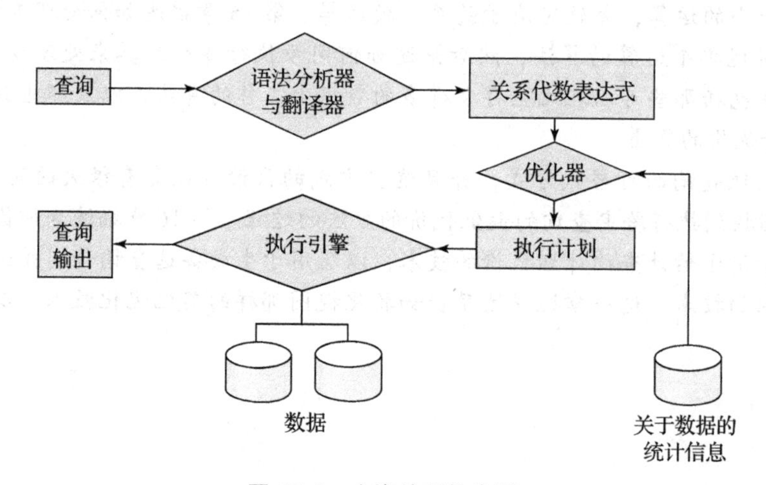

图 15-1 查询处理的步骤

查询处理开始之前，系统必须将查询语句翻译成可使用的形式。诸如 SQL 这样的语言是适合人使用的，但是它并不适合于查询的系统内部表示。一种更有用的内部表示是建立在扩展的关系代数基础上的。

因此，系统在查询处理中必须采取的第一步操作是把查询语句翻译成系统的内部表示形式。该翻译过程类似于编译器的语法分析器所做的工作。在产生查询语句的系统内部表示形式的过程中，语法分析器检查用户查询的语法，验证出现在查询中的关系名就是数据库中的关系名，等等。系统构造该查询的语法分析树表示形式，然后将之翻译成关系代数表达式。如果查询是用视图形式来表示的，在翻译阶段还要用定义该视图的关系代数表达式来替换所有对该视图的引用[⊖]。大多数编译器教科书都详细介绍了语法分析。

689

⊖ 对于物化视图，定义视图的表达式已经执行并存储了结果。因此，可以使用存储的关系，而不是使用由定义视图的表达式来替换的视图。递归视图的处理与此不同，它通过不动点过程来处理，正如 5.4 节和 27.4.7 节所讨论的那样。

给定一个查询，通常会有多种用于计算结果的方法。例如，我们已经看到在 SQL 中，一个查询能够用几种不同的方式来表示。可以用其中的一种方式来将每条 SQL 查询本身翻译成关系代数表达式。此外，一个查询的关系代数表达式仅仅部分指定了如何执行查询；通常有多种方式来执行关系代数表达式。作为一个示例，请考虑查询：

```
select salary
from instructor
where salary < 75000;
```

该查询可以翻译成下面两个关系代数表达式中的任意一个：

- $\sigma_{salary<75000}\ (\Pi_{salary}\ (instructor))$
- $\Pi_{salary}\ (\sigma_{salary<75000}\ (instructor))$

进而，我们可以通过几种不同算法中的一种来执行每种关系代数运算。例如，为了实现前面的选择，我们可以搜索 *instructor* 中的每个元组来找出满足工资小于 75000 的元组。如果在 *salary* 属性上有 B^+ 树索引可用，那么我们可以改用索引来定位元组。

为了全面说明如何执行一个查询，我们不仅要提供关系代数表达式，还要对表达式加上带指令的注释来说明如何执行每种运算。这些注释可以说明为一种具体运算所采用的算法，或要使用的一个具体索引或多个索引。带有“如何执行”注释的关系代数运算称为**执行原语**（evaluation primitive）。用于执行一个查询的原语操作序列称为**查询执行计划**（query-execution plan 或 query-evaluation plan）。图 15-2 展示了对于我们的示例查询的一个执行计划，图中为选择运算指定了一个具体的索引（图中用“索引 1”表示）。**查询执行引擎**（query-execution engine）接受一个查询执行计划，执行该计划并把结果返回给查询。

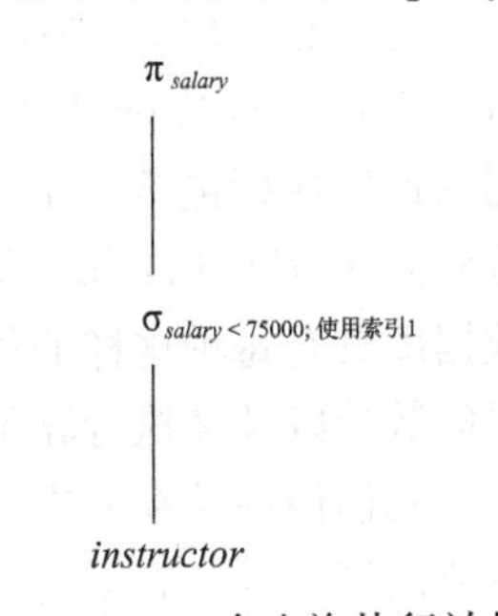

图 15-2　一个查询执行计划

对于给定查询的不同执行计划会有不同的代价。我们不能寄希望于用户写出具有最高效率执行计划的查询语句。相反，构造具有最小查询执行代价的查询执行计划应当是系统的责任。这项工作叫作*查询优化*（query optimization）。第 16 章将详细介绍查询优化。

一旦选定了查询计划，就用该计划来执行查询并输出查询的结果。

上面为查询的处理而描述的步骤序列是示意性的；并不是所有数据库系统都完全遵从这些步骤。例如，一些数据库系统并不使用关系代数表示形式，而是采用基于给定的 SQL 查询结构的、带注释的语法分析树表示形式。然而，我们此处所讲述的概念构成了数据库中查询处理的基础。

为了优化一个查询，查询优化器必须知晓每种运算的代价。尽管精确计算出代价是困难的，因为这依赖于许多参数（比如运算实际能利用的内存），但对每种运算的执行代价得出一个粗略的估计是可能的。

在本章中，我们学习如何在一个查询计划中执行单个运算，以及如何估计它们的代价；在第 16 章中我们将回到查询优化的讨论。15.2 节概述如何度量一个查询的代价。15.3 节到 15.6 节介绍单个关系代数运算的执行。某些运算可以组合成**流水线**（pipeline），其中的每种运算都在其输入元组上开始工作，即使这些元组是由另一种运算所产生的。在 15.7 节中，我们讨论在一个查询执行计划中如何协调多种运算的执行，特别是如何使用流水线化的运算

690
691

来避免将中间结果写到磁盘。

15.2　查询代价的度量

对于一个查询可能存在多种执行计划，重要的是要能够根据它们的（估计）代价来比较不同的备选方案，并选择最佳的方案。为此，我们必须估计单个运算的代价，并结合它们来得到一个查询执行计划的代价。在本章的后面我们会学习每种运算的执行算法，还会概述如何估计运算的代价。

查询执行的代价可以以不同资源的形式来进行度量，这些资源包括磁盘存取、执行一个查询所用的 CPU 时间，还有并行和分布式数据库系统中的通信代价。（我们将在第 21～23 章中来讨论并行和分布式数据库系统。）

对于驻留在磁盘上的大型数据库，从磁盘访问数据的 I/O 代价通常是最主要的代价；因此，早期的代价模型在估计查询运算的代价时主要关注的是 I/O 代价。然而，随着闪存容量变得越来越大且价格越来越便宜，当今大多数组织机构的数据都能够以合算的方式存储在固态硬盘（SSD）上。此外，主存的规模也有了显著的增长，并且近年来主存的成本已经降低到足以使许多组织机构能够合算地将组织机构的数据存储在主存中以进行查询，尽管这些数据当然必须存储在闪存或磁盘存储中以确保持久性。

当数据驻留在内存或 SSD 上时，I/O 代价并不总是最主要的代价，并且在计算查询执行代价时，必须包括 CPU 代价。为了简化表示，在我们的模型中我们并不包括 CPU 代价，但请注意：CPU 代价可以通过简单的估计来近似得出。例如，PostgreSQL（截至 2018 年）使用的代价模型包括：（i）每个元组的 CPU 代价，（ii）处理每个索引项的 CPU 代价（除 I/O 代价外），以及（iii）每个算子或函数（比如算术算子、比较算子和相关的函数）的 CPU 代价。数据库具有每种这样的代价的缺省值，这些值可以分别乘以被处理元组的数量、被处理索引项的数量以及被执行算子和函数的数量。缺省值可以作为配置参数被更改。

我们使用从存储中传输的块数以及随机 I/O 访问数作为估计查询执行计划的代价的两个重要因素，这二者中的每一个都需要在磁盘存储器上进行磁盘寻道。如果磁盘子系统传输一个数据块平均要花费 t_T 秒，并且平均的块访问时间（磁盘寻道时间加上旋转延迟）为 t_S 秒，那么一个传输 b 个块并执行 S 次随机 I/O 访问的运算将要花费 $b*t_T+S*t_S$ 秒。

t_T 和 t_S 的值必须针对所使用的磁盘系统进行标定。我们在此总结了性能数据；有关存储系统的完整细节请参阅第 12 章。假设一个块的规模为 4 KB 且每秒传输率为 40 MB，在 2018 年高端磁盘的典型值为 $t_S=4$ 毫秒且 $t_T=0.1$ 毫秒[⊖]。

692

尽管 SSD 并不执行物理寻道操作，但它们在启动 I/O 操作时有一个开销；我们将从发出 I/O 请求到返回第一个字节的数据的延迟作为 t_S。对于在 2018 年使用 SATA 接口的中档 SSD，t_S 大约为 90 微秒，而对于一个 4 KB 的块，传输时间 t_T 大约为 10 微秒。因此，SSD 可以支持每秒大约 10 000 次随机的 4 KB 块读取，并且它们在使用标准的 SATA 接口进行顺序读取时支持每秒 400 MB 的吞吐量。使用 PCIe 3.0x4 接口的 SSD 具有更小的 t_S（20 到 60 微秒），以及高得多的传输速率（约为 2 GB/ 秒），对应于 2 微秒的 t_T，并允许每秒 50 000 到

⊖ 存储设备规范经常提到传输率，以及一秒内可以执行的随机 I/O 操作数。t_T 值可以用块规模除以传输率来计算，而 t_S 可以用 $(1/N)-t_T$ 来计算，其中 N 是设备所支持的每秒随机 I/O 操作数，因为一次随机 I/O 操作执行一次随机 I/O 访问，后接一个块的数据传输。

15 000 次随机的 4 KB 块的读取，这取决于具体的型号[⊖]。

对于已经存在于主存中的数据，读操作是以高速缓存行为单元的，而不是磁盘块。但是，假设读取了整块的数据，对于内存中的数据而言，传输 4 KB 的块的时间 t_T 小于 1 微秒。从内存获取数据的延迟 t_S 小于 100 纳秒。

考虑到不同存储设备在速度方面的广泛差异，在理想情况下数据库系统必须执行测试寻道和块传输来估计特定系统 / 存储设备的 t_S 和 t_T，这是软件安装过程的一部分。不能自动推断这些数值的数据库通常允许用户将这些数值指定为配置文件的一部分。

通过区分块读和块写，我们可以进一步改进代价估计。在磁盘上块写的代价通常是块读代价的两倍，因为磁盘系统在写操作之后要读回扇区以验证写操作是否成功。在 PCIe 闪存上，写吞吐量可能比读吞吐量低 50% 左右，但由于 SATA 接口的速度有限，这种差异几乎完全被掩盖了，导致写吞吐量与读吞吐量是匹配的。但是，吞吐量数字并不反映当块被重写时所需的擦除代价。为了简单起见，我们忽略了这个细节。

我们给出的代价估计并不包括将运算的最终结果写回到磁盘的代价。当需要时应单独考虑这些代价。我们考虑的所有算法的代价都取决于主存中的缓冲区规模。在最佳情况下，如果数据能放入缓冲区中，则可以将数据读入缓冲区，而不需要再次访问磁盘。在最坏情况下，我们可以假设缓冲区只能容纳几个数据块——每个关系大约有一个块。然而，由于现今有大型主存可用，这种最坏情况的假设过于悲观。事实上，通常有大量的主存可用于处理查询，而我们的代价估计使用一个运算 M 可用的内存量作为参数。在 PostgreSQL 中，出于代价估计的目的，一个查询可用的总内存被称为有效缓存规模，假设在缺省情况下为 4 GB；如果一个查询有多个并发运行的算子，则必须将可用内存在这些算子之间进行划分。

693

此外，虽然我们假设数据最初必须从磁盘读取，但也有可能待访问的块已经存在于内存缓冲区中。同样，为了简单起见，我们忽略了这种影响；其结果是，计划执行期间的实际磁盘访问代价可能小于估计代价。为了（至少部分地）计算缓冲区驻留，PostgreSQL 使用以下“技巧”：随机页面读取的代价被假定为实际随机页面读取代价的 1/10，以模拟 90% 的读取块被发现驻留在高速缓存中的情况。此外，为了模拟 B^+ 树索引的内部节点经常被遍历的情况，大多数数据库系统假设所有内部节点都存在于内存缓冲区中，并且假设索引的遍历只会导致对于叶节点的单次随机 I/O 的开销。

假设计算机中没有其他活动在进行，一个查询执行计划的**响应时间**（response time）（即执行该计划所需的壁钟时间）就是所有这些代价的总和，并可用作计划代价的度量。遗憾的是，如果不实际执行计划，就很难估计计划的响应时间，有如下两个原因：

1. 响应时间依赖于当查询开始执行时缓冲区的内容；在对查询进行优化时，这样的信息是无法获取的，而且即便可以获取也很难用于计算。

⊖ 这里使用的每秒 I/O 操作数的值是针对串行 I/O 请求的情况的，通常在 SSD 的规范中表示为 QD-1。SSD 可以支持并行的多个随机请求，通常支持 32 到 64 个并行请求；如果并行发送多个请求，带 SATA 接口的 SSD 支持每秒近 100 000 次随机的 4 KB 块的读取，而 PCIe 磁盘可以支持每秒超过 350 000 次随机的 4 KB 块的读取；这些数值被称为 QD-32 或 QD-64 数值，具体取决于并行发送的请求数。在我们的代价模型中我们并没有探讨并行请求，因为在本章中我们只考虑串行查询处理算法。22.6 节中讨论的共享内存的并行查询处理技术可以用来利用 SSD 的并行请求能力。

2. 在具有多个磁盘的系统中，响应时间依赖于访问在磁盘之间是如何分布的，如果没有对分布在磁盘上的数据的详细了解这是很难估计的。

有趣的是，以额外的资源消耗为代价，一项计划可能获得更好的响应时间。例如，如果一个系统有多张磁盘，一项计划 *A* 需要额外的磁盘读取，但它跨多张磁盘并行地执行读操作，它可能比另一项计划 *B* 完成得更快，*B* 有较少的磁盘读取但它一次只从一张磁盘读取。然而，如果一个查询的许多实例同时使用计划 *A* 来运行，那么整体响应时间可能实际上比同样的实例使用计划 *B* 来执行要长，因为计划 *A* 带来更多的磁盘负载。

694

其结果是，优化器通常努力去将查询计划的总的**资源消耗**（resource consumption）降到最低，而不是努力将响应时间降到最低。我们用于估计总的磁盘访问时间（包括寻道和数据传输）的模型就是一个这样的基于资源消耗的查询代价模型的示例。

15.3　选择运算

在查询处理中，**文件扫描**（file scan）是数据访问的最低级别的运算。文件扫描是用于定位和检索满足选择条件的记录的搜索算法。在关系系统中，若关系保存在一个单独的专用文件中，则采用文件扫描就可以读取整个关系。

15.3.1　文件扫描的使用和索引的选择

请考虑一个关系上的选择运算，该关系的所有元组都共同存储在一个文件中。执行选择最直接的方式如下：

- **A1（线性搜索）**。在线性搜索中，系统扫描每一个文件块，并对所有记录都进行测试，看它们是否满足选择条件。需做一次初始搜索来访问文件的第一个块。如果文件的块不是连续存储的，则可能需要额外的搜索，不过为了简化起见我们忽略这种情况。

  虽然线性搜索算法比用于实现选择运算的其他算法速度要慢，但它可用于任何文件，而不用管文件的顺序、索引的可用性，以及选择运算的性质。我们将要学习的其他算法并不能应用于所有情况，但在可用的情况下它们一般都比线性搜索要快。

线性扫描以及其他选择算法的代价估计如图 15-3 所示。在该图中，我们使用 h_i 表示 B^+ 树的高度，并假设从根到叶的路径中的每个节点都需要一次随机的 I/O 操作。大多数现实生活中的优化器均假设树的内部节点在内存缓冲区中，因为它们是被频繁访问的，并且 B^+ 树中通常只有不到百分之一的节点是非叶节点。通过设置 $h_i = 1$，可以对代价公式进行相应的简化，从根到叶的一次遍历仅仅需要一次随机 I/O。

索引结构称为**存取路径**（access path），因为它们提供了定位和存取数据的一条路径。在第 14 章中，我们曾指出按照与物理顺序近似对应的次序去读取文件的记录是高效的。请回想一下，*聚集索引*（clustering index，也称为*主索引*（primary index））是这样一种索引：它允许按照与一个文件中的物理顺序相对应的次序去读取该文件的记录。不是聚集索引的索引称为*辅助索引*（secondary index）或*非聚集索引*（nonclustering index）。

695

使用索引的搜索算法称为**索引扫描**（index scan）。我们用选择谓词来指导我们在查询处理中选择要使用的索引。使用索引的搜索算法如图 15-3 所示。

	算法	代价	原因
A1	线性搜索	$t_S+b_r*t_T$	一次初始搜索加上 b_r 次块传输，其中 b_r 表示文件中的块数量
A1	线性搜索，码上的等值比较	平均情形 $t_S+(b_r/2)*t_T$	因为最多有一条记录满足条件，所以一旦找到所需的记录，扫描就可以终止。但在最坏的情形下，仍需要 b_r 次块传输
A2	B^+ 树聚集索引，码上的等值比较	$(h_i+1)*(t_T+t_S)$	（其中 h_i 表示索引的高度。）索引搜索遍历树的高度，再加上一次 I/O 来获取记录；每个这样的 I/O 操作需要一次寻道和一次块传输
A3	B^+ 树聚集索引，非码上的等值比较	$h_i*(t_T+t_S)+t_S+b*t_T$	树的每一层有一次寻道，第一个块有一次寻道。这里 b 是包含具有指定搜索码记录的块数，所有这些记录都是要读取的。假定这些块是顺序存储（因为是聚集索引）的叶子块并且不需要额外的寻道
A4	B^+ 树辅助索引，码上的等值比较	$(h_i+1)*(t_T+t_S)$	这种情形和聚集索引类似
A4	B^+ 树辅助索引，非码上的等值比较	$(h_i+n)*(t_T+t_S)$	（其中 n 是所获取记录的数量。）在这里，索引遍历的代价和 A3 一样，但是每条记录可能存储在不同的块上，需要对每条记录进行一次寻道。如果 n 值比较大，代价可能会非常昂贵
A5	B^+ 树聚集索引，比较	$h_i*(t_T+t_S)+t_S+b*t_T$	和 A3、非码上的等值比较的情形一样
A6	B^+ 树辅助索引，比较	$(h_i+n)*(t_T+t_S)$	和 A4、非码上的等值比较的情形一样

图 15-3 选择算法的代价估计

696

- **A2（聚集索引，码上的等值比较）**。对于具有聚集索引的码属性上的等值比较，我们可以使用该索引来检索出满足相应等值条件的单条记录。代价估计如图 15-3 所示。为了模拟索引的内部节点位于内存缓冲区中的常见情况，可以将 h_i 设置为 1。
- **A3（聚集索引，非码上的等值比较）**。当选择条件指定的是基于一个非码属性 A 的等值比较时，我们可以通过使用聚集索引来检索到多条记录。与前一种情况唯一不同的是，在这种情况下可能需要获取多条记录。然而，因为文件是依据搜索码进行排序的，所以这些记录在文件中必然是连续存储的。代价估计如图 15-3 所示。
- **A4（辅助索引，等值比较）**。指定等值条件的选择可以使用一个辅助索引。若等值条件是在一个码上的，则该策略可检索到单条记录；若索引字段不是码，则可能检索到多条记录。

  在第一种情况下，只有一条记录被检索到。这种情况下的代价与聚集索引（情形 A2）是一样的。

  在第二种情况下，每条记录可能驻留在不同的块上，这可能导致每检索到一条记录就需要一次 I/O 操作，且每次 I/O 操作都需要一次寻道和一个块的传输。如果每条记录位于不同的磁盘块中并且块的获取是随机排序的，那么在这种情况下最坏情形的代价是 $(h_i+n)*(t_S+t_T)$，其中 n 是所获取的记录数量。如果要检索大量记录，最坏情形的代价甚至可能会变得比线性搜索还要差。

  如果内存缓冲区较大，那么包含记录的块可能已经在缓冲区中了。通过考虑包含记录的块已经位于缓冲区中的概率，可以构建对选择运算的平均或期望代价的估计。对于大型缓冲区，该估计值会远低于最坏情形下的估计值。

在包括 A2 在内的某些算法中，因为记录存储在树的叶子层，所以使用 B^+ 树文件组织可以节省一次存取。

正如14.4.2节所描述的，当记录以B^+树文件组织或可能需要重新配置记录的其他文件组织的方式存储时，辅助索引通常不存储指向记录的指针㊀。相反，辅助索引存储的是B^+树文件组织中用作搜索码值的属性值。通过这种辅助索引存取一条记录的代价会更昂贵：首先搜索辅助索引以找到B^+树文件组织的搜索码值，然后查找B^+树文件组织来找到这些记录。697如果使用这种索引，为辅助索引描述的代价公式必须进行适当的修改。

15.3.2　涉及比较的选择

请考虑形如$\sigma_{A \leq v}(r)$的选择。我们可以使用线性搜索，或按以下方法之一使用索引来实现该选择运算：

- **A5（聚集索引，比较）**。当选择条件是比较表达式时，可以使用有序的聚集索引（如B^+树聚集索引）。对于形如$A>v$或$A \geqslant v$的比较条件，可按以下方式使用A上的聚集索引来引导对元组的检索：对于$A \geqslant v$，我们在索引中寻找值v，以检索出文件中满足值$A \geqslant v$的首个元组。从该元组开始直到文件末尾进行一次文件扫描就可返回满足该条件的所有元组。对于$A>v$，文件扫描从第一个满足$A>v$的元组开始。这种情况下的代价估计跟情形A3是一样的。

  对于形如$A<v$或$A \leqslant v$的比较，一次索引查找都不需要。对于$A<v$，我们只是从文件头开始使用简单的文件扫描，并且一直到遇上（但不包含）首个满足$A=v$的元组为止。$A \leqslant v$的情形是类似的，只是继续扫描到遇上（但不包含）首个满足$A>v$的元组为止。在这两种情况下，索引都没有什么用处。

- **A6（辅助索引，比较）**。我们可以使用有序的辅助索引来指导涉及$<$、$\leqslant$、$\geqslant$、$>$的比较条件的检索。扫描最底层的索引块要么从最小值开始直到v为止（对于$<$及$\leqslant$的情形），要么从v开始直到最大值为止（对于$>$及$\geqslant$的情形）。

  辅助索引提供了指向记录的指针，但为了得到实际的记录，我们需要通过使用指针来获取记录。由于连续的记录可能位于不同的磁盘块上，因此在这一步每获取一条记录都可能需要一次I/O操作。和前面一样，每次I/O操作都需要一次磁盘寻道和一次块传输。如果检索到的记录的数量很多，使用辅助索引的代价甚至可能比使用线性搜索还要大。因此，辅助索引应该仅在选择得到的记录非常少时使用。

只要提前知道匹配元组的数量，查询优化器就可以根据代价估计在使用辅助索引和使用线性搜索之间进行选择。但是，如果在编译时无法准确知道匹配元组的数量，则这两种选择都可能导致糟糕的性能，具体取决于匹配元组的实际数量。

为了处理上述情况，当辅助索引可用但匹配记录的数量无法精确知晓时，PostgreSQL使用了一种称为*位图索引扫描*（bitmap index scan）㊁的混合算法。位图索引扫描算法首先创建一个位图，其位数与关系中的块数相同，所有位都初始化为0。然后，该算法使用辅助索引来查找匹配元组的索引项，但它不会立即获取这些元组，而是执行以下操作：698当找到每个索引项时，该算法从索引项中获得块号，并将位图中的相应位设置为1。

一旦处理完所有的索引项之后，将扫描位图以找出位被设置为1的所有块。它们正是那

㊀ 请回想一下：如果用B^+树文件组织来存储关系，则当叶节点被分裂或合并时，或者当记录被重新分配时，记录可能会在块之间进行移动。

㊁ 此算法不应与使用位图索引的扫描相混淆。

些包含匹配记录的块。接着对关系进行线性扫描，但跳过位未被设置为1的那些块，只获取位被设置为1的那些块，然后在每个块内部使用扫描来检索出块中的所有匹配记录。

在最坏的情况下，这种算法只比线性扫描的代价稍高，但是在最好的情况下，它比线性扫描的代价要低得多。类似地，在最坏的情况下，它只比使用辅助索引扫描来直接获取元组的代价稍高，但在最好的情况下，它比辅助索引扫描的代价要低得多。因此，这种混合算法保证其性能绝不会比数据库实例的最佳计划差得太多。

这种算法的一种变体会收集所有的索引项，并对它们进行排序（使用我们将在本章后面学习的排序算法），然后执行关系扫描，跳过没有任何匹配项的块。使用上述位图可能比对索引项进行排序的代价要低。

15.3.3 复杂选择的实现

到此为止，我们只考虑了形如 *A op B* 的简单选择条件，其中 *op* 是相等或比较运算。现在我们来考虑更复杂的选择谓词。

- **合取**（conjunction）。**合取选择**是如下形式的选择：

$$\sigma_{\theta_1 \wedge \theta_2 \wedge \cdots \wedge \theta_n}(r)$$

- **析取**（disjunction）：**析取选择**是如下形式的选择：

$$\sigma_{\theta_1 \vee \theta_2 \vee \cdots \vee \theta_n}(r)$$

  满足单个简单条件 θ_i 的所有记录的并集满足析取条件。

- **否定**（negation）：选择操作 $\sigma_{\neg\theta}(r)$ 的结果就是对条件 θ 取值为假的 r 的元组的集合。如果没有空值，该集合就只是 r 中不在 $\sigma_\theta(r)$ 内的那些元组的集合。

  我们可以通过使用下列算法之一来实现涉及多个简单条件的合取或析取的选择运算。

- **A7（使用一个索引的合取选择）**。首先判断对于其中一个简单条件中的一个属性是否存在一条存取路径可用。若存在，则可以用从A2到A6的一种选择算法来检索满足该条件的记录。然后在内存缓冲区中，通过测试每条检索到的记录是否满足其余的简单条件来最终完成这个运算。

  为减少代价，我们选择一个 θ_i 以及从A1到A6的一种算法，它们的组合可使 $\sigma_{\theta_i}(r)$ 的代价最小。算法A7的代价由所选算法的代价决定。

699

- **A8（使用组合索引的合取选择）**。对于某些合取选择可能可以使用合适的**组合索引**（composite index，即多个属性上的一个索引）。如果选择指定的是两个或多个属性上的等值条件，并且在这些属性字段的组合上又存在组合索引，则可以直接搜索该索引。索引的类型将决定使用A2、A3或A4算法中的哪一个。

- **A9（使用标识交集的合取选择）**。另一种可选的用于实现合取选择运算的方法涉及利用记录指针或记录标识。这种算法要求在各个条件所涉及的字段上都有带记录指针的索引。该算法对每个索引进行扫描，以获取那些指向满足单个条件的元组的指针。所有检索到的指针的交集就是那些满足合取条件的元组的指针集合。然后该算法利用这些指针来获取实际的记录。如果并非所有单个条件上均有索引可用，则该算法要用剩余条件对检索到的记录进行测试。

  算法A9的代价是扫描各个索引的代价的总和，再加上对检索到的指针列表的交集中的记录进行获取的代价。通过对指针列表进行排序并按序检索记录能够减少此代价。因此，（1）把指向一个块中记录的所有指针归并到一起，这样只需通过单次I/O

操作就可以获取该块中被选出的所有记录，并且（2）按序读取块，使磁盘臂的移动最少。15.4 节将描述排序算法。

- **A10（使用标识并集的析取选择）**。如果析取选择的所有条件上均有可用的存取路径，则扫描每个索引以获取满足单个条件的元组的指针。检索到的所有指针的并集就产生出指向满足析取条件的所有元组的指针的集合。然后我们利用这些指针去检索实际的记录。

  然而，即使只有其中一个条件不存在存取路径，我们也不得不对关系进行线性扫描来找出满足条件的元组。因此，如果在析取式中存在一个这样的条件，那么最有效的存取方法就是线性扫描，在扫描的过程中对每个元组进行析取条件的测试。

700　具有否定条件的选择的实现留给读者作为练习（见实践习题 15.6）。

15.4　排序

数据排序在数据库系统中发挥着重要的作用，其原因有两个：首先，SQL 查询会指明对输出进行排序；其次，对于查询处理而言同等重要的是，有几种关系运算，比如连接运算，如果对输入关系先进行排序，能够得到高效的实现。因此，我们在这里先讨论排序，然后在 15.5 节中再讨论连接运算。

通过在排序码上建立索引然后使用该索引按序读取关系，我们可以完成对关系的排序。然而，这一过程仅仅在*逻辑*上通过索引对关系进行排序，而没有在*物理*上进行排序。因此，按序读取元组可能导致每读一条记录就要访问一次磁盘（磁盘寻道加上块传输）。由于记录数量可能比磁盘块的数量多得多，因此这样做的代价会非常昂贵。出于这样的原因，有时需要在物理上对记录进行排序。

人们已经对排序问题进行过广泛的研究，既有针对主存中能够完全容纳的关系的研究，又有针对比内存更大的关系的研究。在第一种情况下，诸如快速排序那样的标准排序技术是可用的。在这里，我们讨论如何处理第二种情况。

15.4.1　外排序 - 归并算法

对不能全部放入内存中的关系进行的排序称为**外排序**（external sorting)。对于外排序最常用的技术是**外排序 - 归并**（external sort-merge）算法。接下来我们讲述外排序 - 归并算法。令 M 表示主存的缓冲区中可用于排序的块数，即在可用的主存中能缓冲多少个磁盘块的内容。

1. 在第一阶段，创建多个排好序的**归并段**（run)；每个归并段都是排过序的，但仅包含关系的部分记录。

```
i = 0;
repeat
    读入关系的 M 个块或者关系的剩余部分，
        以较小者为准；
    对关系在内存中的部分进行排序；
    将排好序的数据写到归并段文件 R_i 中；
    i = i + 1;
until 到达关系末尾
```

2. 在第二阶段，对归并段进行*归并*。暂且假定归并段的总数 N 小于 M，因此我们可以为每个归并段分配一个块，并且还有剩下的空间能为输出保留一个块。归并阶段的操作如下：

701

为 N 个归并段文件 R_i 各读入一个块到内存缓冲块中；
repeat
　　从所有缓冲块中（按序）挑选第一个元组；
　　把该元组写到输出中，并将其从缓冲块中删除；
　　if 任何一个归并段 R_i 的缓冲块为空 **and not** 到达 R_i 的末尾
　　　　then 将 R_i 的下一块读入缓冲块；
until 所有的输入缓冲块均为空

归并阶段的输出是已排好序的关系。输出文件也被缓冲以减少磁盘写操作的次数。上面的归并操作是对标准内存排序－归并算法所使用的两路归并的推广；由于该算法对 N 个归并段进行归并，故称它为 **N 路归并**（N-way merge）。

一般而言，若关系比内存大得多，则在第一阶段可能产生 M 个甚至更多的归并段，并且在归并阶段为每个归并段分配一个块是不可能的。在这种情况下，归并操作需要分多趟进行。由于内存足以容纳 $M-1$ 个输入缓冲块，因此每趟归并可以用 $M-1$ 个归并段作为输入。

初始趟（pass）以如下方式工作：它对前 $M-1$ 个归并段进行归并（如前面第 2 项所述）以得到单个归并段作为下一趟的输入。然后，它对接下来的 $M-1$ 个归并段进行类似的归并，如此下去，直到它处理完所有的初始归并段为止。此时，归并段的数量减少为原来的 $1/(M-1)$。如果归并后的归并段数量仍大于或等于 M，则以第一趟创建的归并段作为输入进行下一趟归并。每一趟归并后归并段的数量均减少为原来的 $1/(M-1)$。如有需要，归并趟将不断重复，直到归并段数量小于 M 为止；然后最后一趟排序输出。

图 15-4 显示了对一个示例关系进行外排序－归并的步骤。为了方便说明，我们假定一个块中只能容纳一个元组（$f_r=1$），并且假定内存最多容纳三个块。在归并阶段，两个块用于输入，另一个块用于输出。

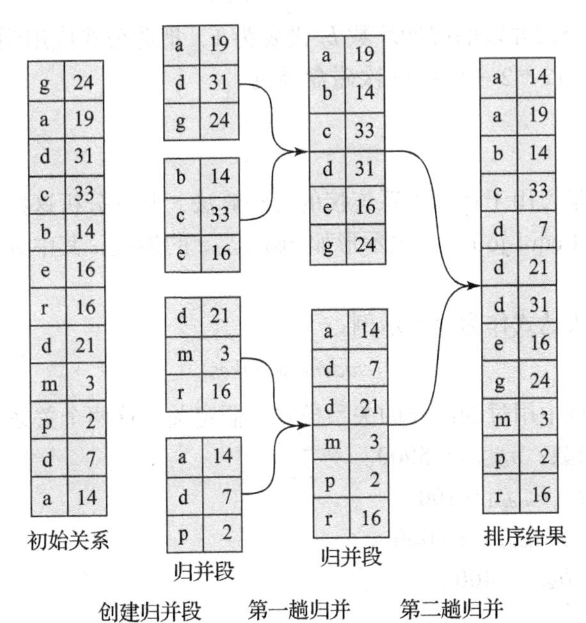

图 15-4 使用排序－归并的外排序

15.4.2 外排序 - 归并的代价分析

我们以这样的方式来计算外排序 - 归并的磁盘存取代价：令 b_r 代表包含关系 r 的记录的块数。在第一阶段读入关系的每个块并将它们重新写出，共需 $2b_r$ 次块传输。初始归并段的数量为 $\lceil b_r/M \rceil$。在归并过程中，每次在一个归并段中读入一个块会导致大量的寻道；为了减少寻道次数，一次读取或写出更多数量的块，表示为 b_b，这就要求将 b_b 个缓冲块分配给每个输入的归并段和输出的归并段。然后，在每趟归并中可以归并 $\lfloor M/b_b \rfloor -1$ 个归并段，将归并段数量减少到原来的 $1/(\lfloor M/b_b \rfloor -1)$。总共所需的归并趟数为 $\lceil \log_{\lfloor M/b_b \rfloor -1}(b_r/M) \rceil$。每趟这样的归并读入关系的每个块一次且写出关系的每个块一次，其中有两种例外情况。首先，最后一趟可以只产生排序输出而不用将其结果写到磁盘。其次，可能存在在某一趟中既没有读入又没有写出的归并段——例如，某一趟有 $\lfloor M/b_b \rfloor$ 个归并段需要归并，其中 $\lfloor M/b_b \rfloor -1$ 个被读入并归并，而有一个归并段在该趟中却未被访问。忽略因后一种情况而节省的（相对少的）磁盘存取，关系外排序的块传输的总数为：

702

$$b_r(2\lceil \log_{\lfloor M/b_b \rfloor -1}(b_r/M) \rceil + 1)$$

把该公式应用到图 15-4 中的示例上，将 b_b 设置为 1，我们算出共需 12*(4+1)=60 次块传输，可以从图中验证这一结果。值得注意的是，上面的这些值并不包括将最后结果写出的代价。

我们还需要加上磁盘寻道的代价。在产生归并段阶段需要为读取每个归并段的数据而寻道，也要为写出归并段而寻道。每一趟归并需要为读取数据而进行大约 $\lceil b_r/b_b \rceil$ 次寻道[⊖]。尽管输出是顺序写出的，如果它和输入归并段在相同的磁盘上，磁头在连续块的写操作之间可能已经移开了。因此我们需要为每趟归并加上总共 $2\lceil b_r/b_b \rceil$ 次寻道，除了最后一趟以外（因为我们假定最终结果并不写回磁盘）。

703

$$2\lceil b_r/M \rceil + \lceil b_r/b_b \rceil(2\lceil \log_{\lfloor M/b_b \rfloor -1}(b_r/M) \rceil - 1)$$

如果我们把分配给每个归并段的缓冲块数 b_b 设置为 1，把此公式应用到图 15-4 中的示例上，我们算出共需 8 + 12 * (2 * 2 − 1) = 44 次磁盘寻道。

15.5 连接运算

在本节中，我们学习用于计算关系连接的几种算法，并且分析这些算法的相应代价。

我们用**等值连接**（equi-join）来表示形如 $r \bowtie_{r.A=s.B} s$ 的连接，其中 A 和 B 分别为关系 r 与 s 的属性或属性集。

我们使用下面的表达式作为运行示例：

$$student \bowtie takes$$

并且使用我们在第 2 章中用过的同样的关系模式。假定关于这两个关系有如下信息：

- *student* 的记录数：$n_{student} = 5000$。
- *student* 的块数：$b_{student} = 100$。
- *takes* 的记录数：$n_{takes} = 10\,000$。
- *takes* 的块数：$b_{takes} = 400$。

⊖ 更准确地说，由于我们是单独读取每个归并段的，并且在读到一个归并段末尾的时候可能读到少于 b_b 个块，因此我们可能对于每个归并段都需要一次额外的寻道。为了简单起见我们省略了这个细节。

15.5.1 嵌套 – 循环连接

图 15-5 展示了一个计算两个关系 r 和 s 的 θ 连接 $r \bowtie_\theta s$ 的简单算法。由于该算法主要由一对嵌套的 **for** 循环构成，因此它被称为**嵌套 – 循环连接**（nested-loop join）算法。由于关于 r 的循环包含了关于 s 的循环，因而关系 r 称为连接的**外层关系**（outer relation），而关系 s 称为连接的**内层关系**（inner relation）。算法使用了 $t_r \cdot t_s$ 这个记号，其中 t_r 和 t_s 表示元组；$t_r \cdot t_s$ 表示将元组 t_r 和 t_s 的属性值拼接而成的一个元组。

```
for each 元组 t_r in r do begin
  for each 元组 t_s in s do begin
    测试元组对 (t_r, t_s) 是否满足连接条件 θ
    如果满足，把 t_r · t_s 加到结果中
  end
end
```

图 15-5 嵌套 – 循环连接

与用于选择的线性文件扫描算法类似，嵌套 – 循环连接算法不需要索引，并且不管连接条件是什么，该算法均可使用。对此算法进行扩展来计算自然连接是简单明了的，因为自然连接可以表示为一个 θ 连接后接去掉重复属性的投影运算。唯一需要修改的是一个额外的步骤：在将元组 $t_r \cdot t_s$ 加入结果之前先删除其中重复的属性。

嵌套 – 循环连接算法的代价昂贵，因为该算法要检查两个关系中的每一对元组。请考虑嵌套 – 循环连接算法的代价。需要考虑的元组对的数量是 $n_r * n_s$，其中 n_r 表示 r 中的元组数，n_s 表示 s 中的元组数。对于 r 中的每一条记录，我们必须对 s 执行一次完整的扫描。在最坏的情况下，缓冲区只能容纳每个关系的一个块，这时共需 $n_r * b_s + b_r$ 次块传输，其中 b_r 和 b_s 分别代表包含 r 和 s 的元组的块数。对内层关系 s 上的每次扫描我们只需一次寻道，因为它是顺序读取的，读取 r 一共需要 b_r 次寻道，这样得到总的寻道次数为 $n_r + b_r$。在最好的情况下，内存有足够空间同时容纳两个关系，此时每个块只需要读一次；因此，只需 $b_r + b_s$ 次块传输，再加上两次寻道。 704

如果其中一个关系能完全放入主存中，那么把这个关系作为内层关系是有好处的，因为这样内层关系就只需要读一次。所以，如果 s 小到可以装入主存，那么我们的策略只需 $b_r + b_s$ 次块传输和两次寻道——其代价与两个关系都能装入内存的情形相同。

现在请考虑 *student* 与 *takes* 的自然连接。暂时假设在这两个关系上没有任何索引，并且我们也不想创建任何索引。我们可以用嵌套循环来计算连接；假定在连接中 *student* 是外层关系，*takes* 是内层关系。那么我们需要检查 $5000 * 10\,000 = 50 * 10^6$ 对元组。在最坏的情况下，块传输的次数是 $5000 * 400 + 100 = 2\,000\,100$，加上 $5000 + 100 = 5100$ 次寻道。然而在最好的情况下，两个关系我们都可以只读取一次并执行计算。这样的计算最多需要 $100 + 400 = 500$ 次块传输，再加上两次寻道——大大优于最坏的情况。如果我们把 *takes* 用作外层循环的关系，并把 *student* 用作内层循环，那么我们最后这种策略在最坏情况下需要 $10\,000 * 100 + 400 = 1\,000\,400$ 次块传输，再加上 10 400 次磁盘寻道。块传输的次数明显减少了，尽管寻道的次数增加了，不过假定 $t_S = 4$ 毫秒，且 $t_T = 0.1$ 毫秒，总的代价还是减少了。

15.5.2 块嵌套 – 循环连接

因缓冲区太小而内存中不能完全容纳任何一个关系时，如果我们以基于每个块的方式而不是以基于每个元组的方式来处理关系，那么仍然可以省却不少块的访问。图 15-6 展示了**块嵌套 – 循环连接**（block nested-loop join），它是嵌套 – 循环连接的一个变种，其中内层关系的每个块与外层关系的每个块形成一对。在每个块对的内部，一个块中的每个元组与另一块中的每个元组形成一对，以生成全体元组对。和前面一样，满足连接条件的所有元组对被 705

添加到结果中。

块嵌套 – 循环连接与基本的嵌套 – 循环连接的代价的主要差别在于：在最坏的情况下，对于外层关系中的每个块，内层关系 s 的每个块只需要读一次，而不是对于外层关系中的每个元组读一次。因此，在最坏情况下总共需要 $b_r * b_s + b_r$ 次块传输，其中 b_r 和 b_s 分别代表包含 r 和 s 的记录的块数。对内层关系的每次扫描都需要一次寻道，对外层关系的扫描需要每个块寻道一次，这样总共是 $2 * b_r$ 次寻道。如果内存不能容纳任何一个关系，使用较小的关系作为外层关系会更有效。在最好的情况下，内存能够容纳内层关系，则需要 $b_r + b_s$ 次块传输以及仅有的两次寻道（在这种情况下我们选择把较小的关系作为内层关系）。

```
for each 块 Br of r do begin
  for each 块 Bs of s do begin
    for each 元组 tr in Br do begin
      for each 元组 ts in Bs do begin
        测试元组对（tr, ts）是否满足连接条件
        如果满足，把 tr · ts 加到结果中
      end
    end
  end
end
```

图 15-6　块嵌套 – 循环连接

现在请回到我们使用块嵌套 – 循环连接算法来计算 *student* ⋈ *takes* 的示例。在最坏的情况下，我们必须为 *student* 的每一个块读取 *takes* 的所有块。因此，在最坏情况下共需 100∗400+100=40 100 次块传输，再加上 2∗100=200 次寻道。这个代价与基本的嵌套 – 循环连接在最坏情况下所需的 5000∗400+100=2 000 100 次块传输外加 5100 次寻道相比，是一个显著的改进。而最好情况下的代价保持不变——100+400=500 次块传输和两次寻道。

706

嵌套 – 循环与块嵌套 – 循环过程的性能可以进一步地改进：

- 如果自然连接或等值连接中的连接属性构成内层关系的码，则对于每个外层关系元组，内层循环一旦找到了首个匹配元组就可以终止。
- 在块嵌套 – 循环算法中，我们可以不使用磁盘块作为外层关系分块的单位，而是以内存中最多能容纳的规模作为单位，当然同时要留出足够的空间用于内层关系及输出的缓冲区。换言之，如果内存有 M 个块，我们一次读取外层关系的 $M-2$ 个块，并且当读取到内层关系的每一个块时，我们把它与外层关系的所有 $M-2$ 个块进行连接。这种改进使内层关系的扫描次数从 b_r 次减少到 $b_r/(M-2)$ 次，这里的 b_r 是外层关系所占的块数。这样，全部代价为 $\lceil b_r/(M-2) \rceil * b_s + b_r$ 次块传输和 $2\lceil b_r/(M-2) \rceil$ 次寻道。
- 我们可以对内层循环轮流做向前和向后的扫描。这种扫描方法对磁盘块的请求进行排序，使得从上一次扫描以来留在缓冲区中的数据可以被重用，从而减少所需的磁盘存取次数。
- 若在内层循环的连接属性上有索引可用，我们可以用更高效的索引查找来替代文件扫描。这种优化将在 15.5.3 节中介绍。

15.5.3　索引嵌套 – 循环连接

在嵌套 – 循环连接（见图 15-5）中，若在内层循环的连接属性上有索引可用，则可以用索引查找来替代文件扫描。对于外层关系 r 中的每一个元组 t_r，可以利用索引来查找 s 中将与元组 t_r 满足连接条件的元组。

这种连接方法称为**索引嵌套 – 循环连接**（indexed nested-loop join），它可以在已有索引或者为了执行该连接而专门建立临时索引的情况下使用。

在 s 中查找与给定元组 t_r 满足连接条件的元组本质上是在 s 上进行选择。例如，考虑

student ⋈ *takes*。假设我们有一个 *ID* 为“00128”的 *student* 元组，那么 *takes* 中相关的元组就是满足选择条件“*ID* = 00128”的那些元组。

索引嵌套-循环连接的代价可以如下计算：对于外层关系 r 中的每一个元组，需要在 s 的索引上执行一次查找，并检索相关的元组。在最坏的情况下，缓冲区中的空间只能容纳 r 的一个块和索引的一个块。那么，读取关系 r 需要 b_r 次 I/O 操作，这里的 b_r 代表包含 r 的记录的块数；每次 I/O 需要一次寻道和一次块传输，因为磁头可能在每次 I/O 之间被移动过。对于 r 中的每个元组，我们都在 s 上执行一次索引查找。那么，连接的时间代价可用 $b_r(t_T + t_S) + n_r * c$ 来计算，其中 n_r 是关系 r 中的记录数，c 是使用连接条件在 s 上进行单个选择的代价。在 15.3 节中我们已经知道对单个选择算法（可能使用索引）如何估计代价；这种估计可以使我们得到 c 的值。

707

代价公式表明：如果两个关系 r 和 s 上均有索引可用，通常使用元组较少的关系作为外层关系最为高效。

例如，请考虑 *student* ⋈ *takes* 的索引嵌套-循环连接，其中 *student* 作为外层关系。还假设 *takes* 在连接属性 *ID* 上有聚集的 B^+ 树索引，其中每个索引节点平均包含 20 个索引项。由于 *takes* 有 10 000 个元组，树的高度为 4，并且还需要一次访问来找到实际数据。由于 $n_{student}$ 是 5000，总代价为 $100 + 5000 * 5 = 25\,100$ 次磁盘访问，其中每次访问都需要一次寻道和一次磁盘块传输。相反，正如我们此前看到过的，对于块嵌套-循环连接需要 40 100 次块传输加上 200 次寻道。尽管块传输的次数减少了，寻道的代价实际上却增加了。因为一次寻道的代价比一次块传输要高，所以总的代价还是增加了。然而，如果我们在 *student* 关系上具有一个选择能使得行数显著减少，那么索引嵌套-循环连接可以比块嵌套-循环连接快得多。

15.5.4 归并-连接

归并-连接（merge-join）算法（又称**排序-归并-连接**（sort-merge-join）算法）可用于计算自然连接和等值连接。令 $r(R)$ 和 $s(S)$ 为要计算自然连接的关系，并令 $R \cap S$ 表示两个关系的公共属性。假定两个关系均按属性 $R \cap S$ 排序，那么它们的连接可以通过与排序-归并算法中的归并阶段非常类似的处理过程来计算。

15.5.4.1 归并-连接算法

归并-连接算法如图 15-7 所示。在该算法中，*JoinAttrs* 表示 $R \cap S$ 中的属性；并且 $t_r \bowtie t_s$ 表示元组属性的拼接，后接去除重

```
pr := r 的第一个元组的地址;
ps := s 的第一个元组的地址;
while (ps ≠ null and pr ≠ null) do
    begin
      t_s := ps 所指向的元组;
      S_s := {t_s};
      让 ps 指向 s 的下一个元组;
      done := false;
      while (not done and ps ≠ null) do
        begin
          t_s' := ps 所指向的元组;
          if (t_s'[JoinAttrs] = t_s[JoinAttrs])
            then begin
                   S_s := S_s ∪ {t_s'};
                   让 ps 指向 s 的下一个元组;
                 end
            else done := true;
        end
      t_r := pr 所指向的元组;
      while (pr ≠ null and t_r[JoinAttrs] < t_s[JoinAttrs]) do
        begin
          令 pr 指向 r 的下一个元组;
          t_r := pr 所指向的元组;
        end
      while (pr ≠ null and t_r[JoinAttrs] = t_s[JoinAttrs]) do
        begin
          for each t_s in S_s do
            begin
              将 t_s ⋈ t_r 加入结果中;
            end
          令 pr 指向 r 的下一个元组;
          t_r := pr 所指向的元组;
        end
    end.
```

图 15-7 归并-连接

复属性的投影，其中 t_r 和 t_s 是对于 *JoinAttrs* 取值相同的元组。归并 - 连接算法为每个关系分配一个指针。这些指针一开始指向相应关系的第一个元组。随着算法的进行，这些指针遍历整个关系。一个关系中在连接属性上具有相同值的一组元组被读入 S_s 中。图 15-7 中的算法要求每个 S_s 元组集合都能装入主存；我们稍后将讨论如何扩展该算法以避免这一要求。接下来，读入另一关系中相应的元组（如果有），并在读入的同时加以处理。

图 15-8 给出了两个在它们的连接属性 $a1$ 上排好序的关系。在图 15-8 所示的关系上具体地执行一遍归并 - 连接算法的步骤是有启发意义的。

pr →

a1	a2
a	3
b	1
d	8
d	13
f	7
m	5
q	6

r

ps →

a1	a3
a	A
b	G
c	L
d	N
m	B

s

图 15-8　用于归并 - 连接的已排序关系

图 15-7 的归并 - 连接算法要求内存能容纳在连接属性上具有相同值的所有元组构成的每个集合 S_s。即使关系 s 很大，这个要求通常也可以满足。如果对于某些连接属性值来说，S_s 大于可用内存，则对于这种集合 S_s 可以执行块嵌套 - 循环连接，以将它们与 r 中对于连接属性取值相同的元组所对应的块进行匹配。

708 ～ 709

如果任意一个输入关系 r 或 s 未按连接属性排序，那么可以先对它们进行排序，然后再使用归并 - 连接算法。归并 - 连接算法也可以容易地从自然连接扩展到更一般的等值连接的情况。

15.5.4.2　代价分析

一旦关系已排序，在连接属性上具有相同值的元组就是连续存放的。所以已排序的每个元组只需要读一次，并且每个块也只需要读一次。由于两个文件都只需遍历一遍（假设所有的 S_s 集合均可装入内存），那么归并 - 连接方法是高效的。所需的块传输次数等于两个文件的块数之和：$b_r + b_s$。

假设为每个关系分配 b_b 个缓冲块，则所需的磁盘寻道次数为 $\lceil b_r/b_b \rceil + \lceil b_s/b_b \rceil$。由于寻道代价远比数据传输高，只要还有额外的内存可用，那么为每个关系分配多个缓冲块是有意义的。例如，对于每个 4 KB 的块，$t_T = 0.1$ 毫秒，$t_S = 4$ 毫秒，缓冲区规模为 400 个块（或者 1.6 MB），那么对于每 40 毫秒的传输时间将有 4 毫秒的寻道时间；换句话说，寻道时间将只占传输时间的 10%。

如果 r 和 s 中的任意一个输入关系未在连接属性上排序，那么必须先对它们进行排序；进而必须把排序代价加到上述代价上。假如一些集合 S_S 并不能装入内存，则代价将有轻微的增加。

假设将归并 - 连接方案应用到我们的 *student* ⋈ *takes* 示例上。这里的连接属性是 *ID*。假定这两个关系已在连接属性 *ID* 上排过序。在这种情况下，归并 - 连接需要总共 400+100=500 次块传输。如果我们假设在最坏情况下，每个输入关系仅分配到一个缓冲块（即 $b_b = 1$），则总共还需要 $400 + 100 = 500$ 次寻道；实际上 b_b 可以设置得远比这个值大，因为我们仅需要对两个关系分配缓冲块，并且寻道的代价会显著减小。

710

假设这两个关系没有排序，并且内存规模也属于最差情形：只有 3 个块。则代价计算如下所示：

1. 使用在 15.4 节中得到的公式，我们可以看到对 *takes* 关系进行排序需要 $\lceil \log_{3-1}(400/3) \rceil = 8$ 趟归并。那么对 *takes* 关系进行排序需要 $400 * (2 \lceil \log_{3-1}(400/3) \rceil + 1) = 6800$ 次块传

输，再加上将结果写出的另外400次块传输。排序所需的寻道次数是$\lceil 400/3 \rceil + 400 * (2 * 8 - 1) = 6268$次，加上写出结果所需的400次寻道，总共是6668次寻道，因为对于每个归并段只有一个缓冲块可用。

2. 类似地，对*student*关系进行排序需要$\lceil \log_{3-1}(100/3) \rceil = 6$趟归并，以及$100*(2\lceil \log_{3-1}(100/3) \rceil + 1) = 1300$次块传输，还有将结果写出的另外100次块传输。对*student*进行排序所需的寻道次数为$2 * \lceil 100/3 \rceil + 100 * (2 * 6 - 1) = 1168$，加上写出结果所需的100次寻道，总共是1268次寻道。

3. 最后，归并这两个关系需要400+100=500次块传输和500次寻道。

因此，在关系未排序并且内存规模仅为3个块的情况下，总的代价是9100次块传输外加8932次寻道。

在内存规模为25个块并且关系未排序的情况下，先排序然后进行归并－连接的代价如下所示：

1. 对*takes*关系的排序可以只用一个归并步骤完成，总共只需要$400*(2\lceil \log_{24}(400/25) \rceil + 1) = 1200$次块传输。类似地，对*student*的排序需要300次块传输。把排序结果写到磁盘需要$400 + 100 = 500$次块传输，并且归并步骤还需要500次块传输来读回数据。把这些代价加起来一共是2500次块传输。

2. 如果我们假设为每个归并段仅分配一个缓冲块，在这种情况下对*takes*进行排序并把排序结果写到磁盘所需的寻道次数是$2*\lceil 400/25 \rceil + 400 + 400 = 832$次。并且类似地，对于*student*来说需要$2*\lceil 100/25 \rceil + 100 + 100 = 208$次寻道，再加上在归并－连接阶段读取已排序数据的$400 + 100$次寻道。把这些代价加起来得到总代价为1640次寻道。

   通过为每个归并段分配更多的缓冲块，寻道次数能够显著地减少。例如，如果为每个归并段和归并*student*的4个归并段的输出都分配5个缓冲块，则代价从208次寻道降到$2 * \lceil 100/25 \rceil + \lceil 100/5 \rceil + \lceil 100/5 \rceil = 48$次寻道。如果归并－连接阶段为缓冲*take*和*student*分配12个块，则归并－连接阶段的寻道次数将从500次降到$\lceil 400/12 \rceil + \lceil 100/12 \rceil = 43$次。这样，寻道的总数就是251次。

711

因此，如果关系未被排序且内存规模是25个块，那么总代价是2500次块传输再加上251次寻道。

15.5.4.3 混合归并－连接

当两个关系在连接属性上都存在辅助索引时，可以对未排序的元组执行归并－连接运算的一个变种。该算法通过索引来扫描记录，从而按顺序检索记录。但这种变种有一个很大的缺陷，因为记录可能分散在文件的多个块中，所以每个元组的存取都可能导致一个磁盘块的访问，这样的代价是很大的。

为避免这种代价，我们可以使用一种混合的归并－连接技术，该技术把索引与归并－连接结合在一起。假设有一个关系已排序，另一个未排序，但在连接属性上有B^+树辅助索引。**混合归并－连接算法**（hybrid merge-join algorithm）把已排序关系与B^+树辅助索引的叶子项进行归并。所得到的结果文件包含已排序关系的元组和未排序关系的元组地址。然后，将该结果文件按未排序关系的元组地址进行排序，从而能够对相关元组按照物理存储顺序进行高效的检索，以最终完成连接。对此技术进行扩展以处理两个未排序关系的工作留给读者作为练习。

15.5.5　散列 – 连接

类似于归并 – 连接算法，散列 – 连接算法可用于实现自然连接和等值连接。在散列 – 连接算法中，用散列函数 h 来划分两个关系的元组。其基本思想是把每个关系的元组划分成在连接属性值上具有相同散列值的集合。

我们假设：

- h 是将 $JoinAttrs$ 的值映射到 $\{0, 1, \cdots, n_h\}$ 的散列函数，其中 $JoinAttrs$ 表示用于自然连接的 r 与 s 的公共属性。
- $r_0, r_1, \cdots, r_{n_h}$ 表示 r 元组的分区，最开始每个分区都是空集。每个元组 $t_r \in r$ 被放入分区 r_i 中，其中 $i = h(t_r[JoinAttrs])$。
- $s_0, s_1, \cdots, s_{n_h}$ 表示 s 元组的分区，最开始每个分区都是空集。每个元组 $t_s \in s$ 被放入划分 s_i 中，其中 $i=h(t_s[JoinAttrs])$。

散列函数 h 应当具有我们在第 14 章中讨论过的“良好”特性——随机性和均匀性。关系的分区如图 15-9 所示。

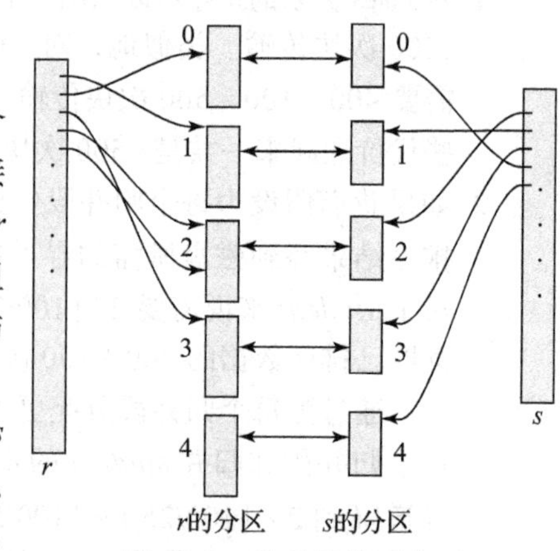

图 15-9　关系的散列分区

15.5.5.1　基本思想

散列 – 连接算法背后的思想是这样的：假设一个 r 元组与一个 s 元组满足连接条件，那么它们对于连接属性就会取相同的值。若该值被散列成某个值 i，则 r 元组必在 r_i 中且 s 元组必在 s_i 中。因此，r_i 中的 r 元组只需与 s_i 中的 s 元组相比较，r_i 中的 r 元组没有必要与其他任何分区里的 s 元组相比较。

712

例如，如果 d 是 *student* 中的一个元组，c 是 *takes* 中的一个元组，h 是元组属性 ID 上的散列函数，那么只有在 $h(c)=h(d)$ 时才必须比较 d 与 c。若 $h(c) \neq h(d)$，则 c 与 d 对于 ID 的取值必不相等。然而，如果 $h(c) = h(d)$，我们必须检查 c 与 d 在它们的连接属性上的值是否相同，因为有可能 c 与 d 有不同的 ID 值却有相同的散列值。

图 15-10 显示了**散列 – 连接**（hash-join）算法计算关系 r 与 s 的自然连接的详细过程。与归并 – 连接算法类似，$t_r \bowtie t_s$ 表示元组 t_r 和 t_s 的属性的拼接，后接去除重复属性的投影。在对关系进行分区后，散列 – 连接代码的其余部分在各个分区上对 i（$i = 0, 1, \cdots, n_h$）执行单独的索引嵌套 – 循环连接。为此，算法先在每个 s_i 上**构造**（build）散列索引，然后用 r_i 的元组进行**探查**（probe）（即在 s_i 中查找）。关系 s 就是**构造用输入**（build input），而 r 是**探查用输入**（probe input）。

s_i 上的散列索引是在内存中构造的，因此并不需要访问磁盘以检索元组。用于构造此散列索引的散列函数与前面使用的散列函数 h 必须是不同的，但仍然只应用于连接属性上。在索引嵌套 – 循环连接的过程中，系统使用此索引来检索与探查用输入中的记录相匹配的那些记录。

构造阶段与探查阶段只需对构造用输入与探查用输入都进行单次遍历。很容易将此散列 – 连接算法推广到计算更普遍的等值连接。

必须选择足够大的 n_h 值，使得对于每个 i，在内存中可以容纳构造关系的 s_i 分区中的元组以及分区上的散列索引。内存中可以不必容纳探查用关系的分区。最好用较小的输入关系作为构造关系。如果构造关系的规模是 b_s 个块，那么要使每个 n_h 分区的规模都小于或等于 M，n_h 必须至少是 b_s/M。更准确地说，我们还必须考虑该分区上散列索引占用的额外空间，因此 n_h 应当相应地取得更大一点。为了简单起见，在分析中我们有时忽略了散列索引所需的空间。 713

```
/* 对 s 进行分区 */
for each 元组 t_s in s do begin
  i := h(t_s[JoinAttrs]);
  H_{s_i} := H_{s_i} ∪ {t_s};
end
/* 对 r 进行分区 */
for each 元组 t_r in r do begin
  i := h(t_r[JoinAttrs]);
  H_{r_i} := H_{r_i} ∪ {t_r};
end
/* 对每个分区执行连接 */
for i := 0 to n_h do begin
  读 H_{s_i}，并在其上构造内存散列索引；
  for each 元组 t_r in H_{r_i} do  begin
    探查 H_{s_i} 上的散列索引，并定位出满足 t_s[JoinAttrs]=t_r[JoinAttrs] 的
      所有元组 t_s;
    for each 匹配的元组 t_s in H_{s_i} do begin
      将 t_r ⋈ t_s 加入结果中；
    end
  end
end
```

图 15-10 散列 – 连接

15.5.5.2 递归分区

如果 n_h 的值大于或等于内存块数，因为没有足够的缓冲块，关系的分区就不可能一趟完成。这时，完成关系的分区需要重复多趟。在每一趟中，输入能够被划分的最多分区数与可用于输出的缓冲块数同样多。一趟产生的每个桶在下一趟中被单独读入并再次分区以产生更小的分区。一趟中使用的散列函数与上一趟中使用的散列函数不同。系统不断重复对输入的这种分区过程直到构造用输入的每个分区都能被内存容纳为止。这种分区被称为**递归分区**（recursive partitioning）。 714

在 $M>n_h+1$（或等价地，$M>(b_s/M)+1$，这可以（近似）简化为 $M>\sqrt{b_s}$）时，关系不需要进行递归分区。例如，请考虑如下情形：内存规模是 12 MB，分成 4 KB 大小的块，则内存可以容纳总共 3 K(3072) 个块。我们可以使用这种规模的内存对规模高达 3 K*3 K 个块（即 36 GB）的关系进行分区。类似地，为了避免递归分区，1 GB 规模的关系仅需要多于 $\sqrt{256\text{ K}}$ 个内存块，或 2 MB。

15.5.5.3 溢出处理

当 s_i 上的散列索引大于主存时，构造关系 s 的分区 i 中会发生**散列表溢出**（hash-table overflow）。如果构造关系中存在很多元组对于连接属性取值都相同，或者如果散列函数并不符合随机性与均匀性，则会发生散列表溢出。在这两种情况下，某些分区会具有多于平均数的元组，而另一些分区的元组数则较少，因而这种分区被称为是**偏斜的**（skewed）。

我们可以通过增加分区的数量使得每个分区的期望规模（包括该分区上的散列索引在内）

比内存规模略小的方式，来处理少量的偏斜。分区数会因此有少量增加，增加的数量称为**避让因子**（fudge factor），这个因子通常是用15.5.5节中描述的方法计算出的散列分区数量的20%左右。

即使我们采用避让因子，在分区的规模上采取了保守的态度，溢出仍然在所难免。散列表溢出可以通过溢出分解或溢出避免来进行处理。在构造阶段如果检测出散列索引溢出，则执行**溢出分解**（overflow resolution）。溢出分解的过程是这样的：对于任意的 i，若发现 s_i 太大，就使用一个不同的散列函数将其进一步划分成更小的分区。类似地，r_i 也使用该新的散列函数进行分区，并且只有匹配的分区中的元组才需要连接。

与溢出分解相反，**溢出避免**（overflow avoidance）执行谨慎的分区，使得在构造阶段绝不会有溢出发生。在溢出避免的方式中，首先将构造关系 s 划分成许多小的分区，然后把某些分区按照这样的方式合并在一起：每个合并后的分区都能被放入内存中。探查用关系 r 必须按照与 s 上的合并分区相同的方式来进行划分，但 r_i 的规模无关紧要。

如果在 s 中有大量元组对于连接属性取值相同，那么溢出分解与溢出避免技术在某些分区上可能会失效。在那种情况下，我们并不采用创建内存散列索引然后用嵌套－循环连接对分区进行连接的方式，而是在那些分区上使用其他的连接技术，比如块嵌套－循环连接。

15.5.5.4　散列－连接的代价

现在我们来考虑散列－连接的代价。我们的分析假定不存在散列表的溢出。首先，请考虑不需要递归分区的情况。

715

- 对两个关系 r 和 s 的分区需要对这两个关系进行一次完整的读入并随后将它们写回。该操作需要 $2(b_r+b_s)$ 次块传输，这里的 b_r 和 b_s 分别代表包含关系 r 和 s 的记录的块数。在构造与探查阶段每个分区要读入一次，这又需要 b_r+b_s 次块传输。分区所占用的块数可能比 b_r+b_s 略多，因为有的块是部分满的。由于每个 n_h 分区都可能有一个部分满的块，而这个块需写回和读入各一次，因此对于每个关系而言，存取这种部分满的块至多增加 $2n_h$ 次的开销。从而，散列－连接估计需要
$$3(b_r + b_s) + 4n_h$$
次块传输。其中 $4n_h$ 的开销与 b_r+b_s 相比通常相当小，从而可以被忽略。
- 假设为输入缓冲和每个输出缓冲分配了 b_b 个块，分区总共需要 $2(\lceil b_r/b_b\rceil+\lceil b_s/b_b\rceil)$ 次寻道。在构造和探查阶段，对于每个关系的每个 n_h 分区仅需要一次寻道，因为每个分区都可以被顺序地读取。这样，散列－连接需要 $2(\lceil b_r/b_b\rceil+\lceil b_s/b_b\rceil)+2n_h$ 次寻道。

现在来考虑需要递归分区的情况。我们再次假设为缓冲每个分区分配了 b_b 个块。每一趟预计可将每个分区的规模减小为原来的 $1/(\lfloor M/b_b\rfloor-1)$；各趟不断重复直到每个分区的规模最多占 M 个块为止。则对 s 进行分区所需的趟数预计为 $\lceil\log_{\lfloor M/b_b\rfloor-1}(b_s/M)\rceil$。

- 由于在每一趟中，需对 s 的每一个块进行读入和写出，为了对 s 进行分区总共需要 $2b_s\lceil\log_{\lfloor M/b_b\rfloor-1}(b_s/M)\rceil$ 次块传输。对 r 进行分区的趟数与对 s 进行分区的趟数是一样的，由此，连接估计需要
$$2(b_r + b_s)\lceil\log_{\lfloor M/b_b\rfloor-1}(b_s/M)\rceil + b_r + b_s$$
次块传输。
- 忽略构造和探查过程中相对较少的寻道次数，使用递归划分的散列－连接需要
$$2(\lceil b_r/b_b\rceil + \lceil b_s/b_b\rceil)\lceil\log_{\lfloor M/b_b\rfloor-1}(b_s/M)\rceil$$
次磁盘寻道。

例如，请考虑自然连接 *takes* ⋈ *student*。内存规模是 20 个块，*student* 关系被划分成 5 个分区，每个分区的规模是 20 个块，这种规模正好能装入内存。分区只需要一趟。*takes* 关系被类似地划分成 5 个分区，每个分区的规模是 80 个块。忽略写出部分满的块的代价，则代价是 3(100 + 400) = 1500 次块传输。在分区过程中有足够的内存给输入和 5 个输出中的每一个分配缓冲区（即 $b_b = 3$），导致 $2(\lceil 100/3 \rceil + \lceil 400/3 \rceil) = 336$ 次寻道。

716

若内存规模较大，则散列 - 连接的性能可以得到提高。当内存中可以容纳整个构造用输入时，n_h 可设置为 0；不管探查用输入的规模如何，不必将关系划分成临时文件，散列 - 连接算法就可以快速执行。其估计代价下降为 $b_r + b_s$ 次块传输和两次寻道。

如果外层关系很小，并且索引查找仅从内层（被索引的）关系中获取几个元组，则索引嵌套 - 循环连接的代价可能比散列 - 连接要低得多。但是，在使用辅助索引并且外层关系中的元组数量很多的情况下，索引嵌套 - 循环连接与散列 - 连接相比，代价可能非常昂贵。如果在查询优化时知道外层关系中的元组数量，则可以在那时选择最佳的连接算法。然而在某些情况下，例如当外层输入上存在选择条件时，优化器基于可能不精确的估计做出决策。外层关系中的元组数只能在运行时知道，例如在执行选择之后。有些系统允许在运行时，在发现外层输入中的元组数之后，再在两个算法之间进行动态选择。

15.5.5.5　混合散列 - 连接

混合散列 - 连接（hybrid hash-join）算法执行另一种优化；当内存规模相对较大但还不足以容纳整个构造关系时，该算法是有用的。散列 - 连接算法的分区阶段需要为所创建的每个分区提供最少一个内存块作为缓冲区，另外还有一个内存块作为输入缓冲区。为了减少寻道的影响，将使用更多数量的块作为缓冲区；令 b_b 表示用作输入和每个分区的缓冲区的块数。因此，总共需要 $(n_h + 1) * b_b$ 个内存块来对两个关系进行分区。如果内存大于 $(n_h + 1) * b_b$ 个块，我们可以用剩余的内存（$M-(n_h + 1) * b_b$ 个块）来缓冲构造用输入的第一个分区（即 s_0），从而不需要将其写出后再读回来。更进一步，可以用这样的方式来设计散列函数：使得 s_0 上的散列索引能装入 $M-(n_h + 1) * b_b$ 个块中，以便在对 s 的分区结束时，s_0 完全在内存中且可以在 s_0 上建立散列索引。

当系统对 r 进行分区时，r_0 中的元组也不必写到磁盘；而是在系统产生这些元组时，就利用它们去探查驻留在内存中的 s_0 上的散列索引，并产生连接的输出元组。r_0 中的元组在用于探查后就可以丢弃了，因此 r_0 分区并不占用任何内存空间。这样，对于 r_0 与 s_0 的每一块就节省了一次写访问和一次读访问。系统将其他分区中的元组按通常方式写出，以后再连接它们。如果构造用输入只是略大于内存，混合散列 - 连接可以极大地降低代价。

717

若构造关系的规模为 b_s，则 n_h 近似等于 b_s / M。因此，混合散列 - 连接在 $M \gg (b_s / M) * b_b$ 或 $M \gg \sqrt{b_s * b_b}$ 时最有用，其中的记号 >> 表示远大于。例如，设块的规模为 4 KB，构造关系的规模为 5 GB，且 b_b 为 20。那么，混合散列 - 连接算法在内存规模远大于 20 MB 时是有用的；现今计算机通常拥有数个 GB 或更大的内存规模。假如我们用 1 GB 来执行连接算法，那么 s_0 将接近 1 GB，从而混合散列 - 连接将比散列 - 连接节省将近 20% 的代价。

15.5.6　复杂连接

嵌套 - 循环连接与块嵌套 - 循环连接可在任何连接条件下使用。其他的连接技术比嵌套 - 循环连接及其变种的效率更高，但它们只能处理简单的连接条件，比如自然连接或等值连接。如果采用 15.3.3 节中用于处理复杂选择的技术，我们可以用高效的连接技术来实现具有复杂连接条件的连接，比如合取式和析取式。

请考虑下面带有合取条件的连接：

$$r \bowtie_{\theta_1 \wedge \theta_2 \wedge \cdots \wedge \theta_n} s$$

前述的一种或多种连接技术可用于单个条件上的连接：$r \bowtie_{\theta_1} s$、$r \bowtie_{\theta_2} s$、$r \bowtie_{\theta_3} s$，等等。我们可以先计算这些较简单的连接中的一个（$r \bowtie_{\theta_i} s$），再来计算整个连接；中间结果中的每对元组由 r 的一个元组与 s 的一个元组组成。完整的连接结果由中间结果中满足剩余条件的那些元组组成：

$$\theta_1 \wedge \cdots \wedge \theta_{i-1} \wedge \theta_{i+1} \wedge \cdots \wedge \theta_n$$

这些条件可在 $r \bowtie_{\theta_i} s$ 中的元组产生时进行测试。

具有析取条件的连接可按如下方式来计算。请考虑：

$$r \bowtie_{\theta_1 \vee \theta_2 \vee \cdots \vee \theta_n} s$$

该连接可以通过对单个连接 $r \bowtie_{\theta_i} s$ 中的记录取并集来计算：

$$(r \bowtie_{\theta_1} s) \cup (r \bowtie_{\theta_2} s) \cup \cdots \cup (r \bowtie_{\theta_n} s)$$

718　15.6 节将讲述用于计算关系的并集的算法。

15.5.7　空间数据上的连接

我们提出的连接算法没有对要连接的数据的类型进行特定的假设，但它们确实假设使用的是标准的比较运算，例如相等、小于或大于，其中的值是线性有序的。

空间数据上的选择和连接条件涉及比较算子，该算子检查一个区域是否包含或重叠另一个区域，或检查一个区域是否包含一个特定点；并且这些区域可以是多维的。比较也可能涉及点之间的距离，例如，在二维空间中找到一个最接近给定点的点集。

归并 – 连接并不能用于此类比较运算，因为在二维或多维的空间数据上没有简单的排序次序。基于散列的数据分区也不适用，因为无法确保满足重叠或包含谓词的元组能被散列成相同的值。无论条件多么复杂，总是可以使用嵌套 – 循环连接，但是它在大型数据集上的效率可能很低。

但是，如果有适当的空间索引可用，则可以使用索引嵌套 – 循环连接。在 14.10 节中，我们看到了几种类型的空间数据索引，包括 R 树、k-d 树、k-d-B 树和四叉树。有关这些索引的附加详细信息请参见 24.4 节。这些索引结构能够基于诸如包含、被包含或重叠这样的谓词来高效地检索空间数据，并且还能够高效地用于查找最近邻。

当今大多数主流的数据库系统都包含对空间数据索引的支持，并且在利用空间比较条件来处理查询时使用这些索引。

15.6　其他运算

其他关系运算以及扩展关系运算（比如去重、投影、集合运算、外连接以及聚集）可以按 15.6.1 节到 15.6.5 节所概述的方式来实现。

15.6.1　去重

我们可以通过排序的方法来容易地实现去重。作为排序的结果，相同的元组会彼此邻近地出现，那就删除所有相同元组只保留一个副本即可。对于外排序 – 归并而言，在创建归并段时就可以发现重复元组，并在将归并段写到磁盘之前去除重复元组，从而减少块传输的次数。剩余的重复元组可在归并过程中去除，并且最后的有序归并段是没有重复元组的。在最坏情形下，去重的估计代价与对该关系进行排序的最坏情形下的估计代价是一样的。

我们也可通过散列来实现去重，就像在散列 - 连接算法里一样。首先，基于整个元组上的一个散列函数对关系进行分区。接下来读入每个分区，并创建一个内存散列索引。在创建散列索引时，只有不在索引中的元组才被插入；否则，该元组就被丢弃。在分区中的所有元组都被处理完后，将散列索引中的元组写到结果中。其估计代价与在散列 - 连接中处理构造关系（分区并读入每个分区）的代价是一样的。 719

由于去重的代价相对较高，SQL 要求由用户显式请求去除重复，否则会保留重复。

15.6.2 投影

我们可以通过如下方式来容易地实现投影：首先对每个元组执行投影，所得到的关系中可能有重复记录，然后去除重复记录。去重可按 15.6.1 节中描述的方法来进行。若投影列表中的属性包含关系的一个码，则不会存在重复，因此就不必去重。广义投影可以用与投影一样的方式来实现。

15.6.3 集合运算

要实现并、交与集差运算，我们首先对两个关系进行排序，然后对每个已排序的关系扫描一次以产生结果。在 $r \cup s$ 中，当对两个关系进行的并发扫描发现在两个文件中存在相同元组时，只保留其中一个元组。$r \cap s$ 的结果将只包含在两个关系中都出现的那些元组。类似地，通过只保留 r 中那些不出现在 s 中的元组，我们可以实现集差 $r-s$。

对于所有这些运算，两个排好序的输入关系仅需扫描一次，因此如果两个关系按相同的次序排好序，其代价为 b_r+b_s 次块传输。假设最坏情况下每个关系只有一个缓冲块，则总共需要 b_r+b_s 次磁盘寻道再加上 b_r+b_s 次块传输。通过分配额外的缓冲块可以减少寻道的次数。

若关系一开始并未排序，则还要包含排序的代价。在执行集合运算时，任何排序次序均可使用，只要两个输入具有相同的排序次序即可。

散列提供了实现这些集合运算的另一种方式。对于每种运算的第一步使用相同的散列函数对两个关系进行分区，并由此创建出分区 $r_0, r_1, \cdots, r_{n_h}$ 以及 $s_0, s_1, \cdots, s_{n_h}$。然后根据运算的不同，系统对 $i=0, 1, \cdots, n_h$ 的每个分区执行这些步骤：

- $r \cup s$

1. 在 r_i 上构建一个内存散列索引。
2. 把 s_i 中的元组加入该散列索引中，条件是这些元组尚未出现在该散列索引中。
3. 把散列索引中的元组加入结果中。 720

- $r \cap s$

1. 在 r_i 上构建一个内存散列索引。
2. 对于 s_i 中的每个元组，探查该散列索引，仅当它已经出现在散列索引中才将该元组输出到结果中。

- $r-s$

1. 在 r_i 上构建一个内存散列索引。
2. 对于 s_i 中的每个元组，探查该散列索引，如果该元组出现在散列索引中则将其从散列索引中删除。
3. 把散列索引中剩余的元组加入结果中。

注释 15-1　响应关键字查询

文档上的关键字搜索在网络搜索场景中得到了广泛的应用。在其最简单的形式中，关键字查询提供一组关键字 $K_1, K_2, \cdots, K_n$，并且其目标是从文档集合 D 中查找文档 d_i，使得 d_i 包含查询中的所有关键字。现实生活中的关键字搜索更为复杂，因为它需要根据各种指标对文档进行排名，比如 TF-IDF 和 PageRank，正如我们之前在 8.3 节中看到的。

通过使用索引（通常称为**倒排索引**（inverted index））可以高效地定位包含特定关键字的文档，该索引将每个关键字 K_i 映射到包含 K_i 的文档的标识列表 S_i 上。该列表是保持有序的。例如，如果文档 d_1、d_9 和 d_{21} 包含术语"Silberschatz"，则关键字 Silberschatz 的倒排列表为"$d_1; d_9; d_{21}$"。可以使用压缩技术来减少倒排列表的规模。一个 B^+ 树索引可用于将每个关键字 K_i 映射到其关联的倒排列表 S_i。

为了响应一个具有关键字 $K_1, K_2, \cdots, K_n$ 的查询，我们为每个关键字 K_i 检索倒排列表 S_i，然后计算它们的交 $S_1 \cap S_2 \cap \cdots \cap S_n$ 以找到出现在所有列表中的文档。由于列表是有序的，因此可以使用所有列表的并发扫描来归并列表，从而高效地实现交运算。许多信息检索系统返回包含几个（即使不是全部）关键字的文档；可以容易地修改归并步骤以便输出包含 n 个关键字中至少 k 个的文档。

为了支持关键字查询结果的排名，可以在每个倒排列表中存储额外的信息，包括术语的逆文档频率，以及每份文档的 PageRank、术语的词频以及术语在文档中出现的位置。这些信息可用于计算出分数，接着用分数来对文档进行排名。例如，关键字出现得彼此靠近的文档在关键字接近度方面的得分可能高于关键字出现得彼此距离较远的文档。关键字邻近度得分可以与 TF-IDF 得分和 PageRank 相结合来计算一个总分数。然后文件就按这个分数进行排名。由于大多数网络搜索只检索前几个答案，因此搜索引擎结合了许多优化，这些优化有助于高效地找到前几个答案，而无须计算出完整的列表，然后再查找排名。提供更多细节的参考文献可在本章末尾的延伸阅读部分找到。

15.6.4　外连接

请回想一下 4.1.3 节中描述的外连接运算。例如，自然左外连接 *takes* ⟕ *student* 包含了 *takes* 与 *student* 的连接，此外，对于在 *student* 中没有匹配元组的每个 *takes* 元组 t（即 t 中的 *ID* 不在 *student* 中），把如下的元组 t_1 加入结果中：对于 *takes* 模式中的全部属性，元组 t_1 与元组 t 具有相同的值；元组 t_1 的其余属性（来自 *student* 模式）取空值。

我们可以通过使用以下两种策略之一来实现外连接运算：

1. 计算相应的连接，然后将适当的元组加入连接结果中以得到外连接结果。请考虑左外连接运算与两个关系：$r(R)$ 和 $s(S)$。为了执行 $r ⟕_\theta s$，我们首先计算 $r \bowtie_\theta s$，并将结果存为临时关系 q_1。接着，我们计算 $r - \prod_R(q_1)$ 以得到 r 中未参与到 θ 连接中的那些元组。我们可以采用前面介绍过的用于计算连接、投影以及集差的任何算法来计算外连接。对于 s 的属性，我们用空值来填充所有这些元组，然后将其加到 q_1 中以得到外连接的结果。

   右外连接运算 $r ⟖_\theta s$ 等价于 $s ⟕_\theta r$，因此可以用与左外连接对称的方式来实现。要实现全外连接运算 $r ⟗ s$，我们可以先计算连接 $r \bowtie s$，然后和前面一样，将左和右外连接运算的额外元组全部加入。

2. 对连接算法加以修改。可以容易地将嵌套－循环连接算法扩展为计算左外连接：只要把与内层关系中任何元组都不匹配的外层关系中的元组在填充空值后写到输出中即可。然而，要将嵌套－循环连接扩展为计算全外连接是困难的。

自然外连接与具有等值连接条件的外连接可以通过扩展归并－连接与散列－连接算法来计算。可以对归并－连接进行如下扩展来计算完全外连接：当两个关系的归并完成后，将任一关系中与另一个关系中任何元组都不匹配的元组填充空值后写到输出中。类似地，通过只将来自一个关系的不匹配的元组（填充空值后）写出，我们可以扩展归并－连接以计算左、右外连接。由于关系是排好序的，能够容易地检测出一个元组是否与另一个关系的任意元组相匹配。例如，当 *takes* 与 *student* 的归并－连接完成后，元组将按 *ID* 的排序次序读入，并且对于每个元组能容易地判断在另一个关系中是否存在与之匹配的元组。

721～722

使用归并－连接算法实现外连接的估计代价同相应连接的估计代价是一样的。唯一的差异在于结果的规模，以及为了写出结果而由此产生的块传输，而这一点我们在之前的代价估计中并没有考虑。

对散列－连接算法进行扩展来计算外连接的方法留给读者作为练习（见习题 15.21）。

15.6.5　聚集

请回忆 3.7 节中讲述的聚集函数（算子）。例如，函数

```
select dept_name, avg (salary)
from instructor
group by dept_name;
```

计算大学中每个系的平均工资。

聚集运算可以用与去重相同的方式来实现。我们或者使用排序或者使用散列，就像我们在去重中所做的那样，只不过基于分组属性（在前面的示例中是 *dept_name*）。但是，我们不是去除对于分组属性取值相同的元组，而是将它们聚集成组，并对每一组应用聚集运算以得到结果。

对于诸如 **min**、**max**、**sum**、**count** 和 **avg** 那样的聚集函数而言，实现聚集运算的估计代价和去重的代价是一样的。

我们可以在组的构造过程中就实现 **sum**、**min**、**max**、**count** 和 **avg** 的聚集运算，而不是收集到一个组中的所有元组后再进行聚集运算。对于 **sum**、**min** 与 **max** 的情况，当在同一组中发现了两个元组时，系统用包含被聚集列的相应的 **sum**、**min** 或 **max** 值的单个元组去替换它们。对于 **count** 运算，系统为每个组维护一个已发现元组的运行计数器。最后，通过下述方式实现 **avg** 运算：在组构造的过程中计算每一组的总和与总数，最后用总和除以总数就得到平均值。

如果结果集的所有元组可以装入内存，则基于排序和基于散列的实现都不必将任何元组写到磁盘上。随着元组的读入，就可以将它们插入一个有序的树结构中或插入一个散列索引中。当我们使用动态聚集技术时，对于每个组只需保存一个元组。因此，内存中将容纳有序树结构或散列索引，并且可仅用 b_r 次块传输（和 1 次寻道）来处理聚集，而用其他方法则需要 $3b_r$ 次块传输（和最坏情况下多达 $2b_r$ 次寻道）。

723

15.7　表达式执行

目前为止，我们只学习了如何执行单个关系运算。现在我们考虑如何执行包含多种运算的表达式。一种显而易见的表达式执行方式是以一种恰当的次序每次只执行一个运算；每次执行的结果被**物化**（materialized）到一个临时关系中以备后用。这种方式的缺点是需要构造

临时关系，这些临时关系（除非它们非常小）必须写到磁盘上。另一种可替代方式是在**流水线**（pipeline）中同时执行多个运算，将一个运算的结果传递给下一个，而不必保存临时关系。

在 15.7.1 节与 15.7.2 节中，我们分别介绍物化方法与流水线方法。我们将会看到这两种方法的代价相差很大，但是在有的情况下只有物化方法可行。

15.7.1　物化

为了直观地理解如何执行一个表达式，最容易的方式是看一看以**算子树**（operator tree）对表达式所做的图形化表示。请考虑如下表达式（其图形化表示见图 15-11）：

$$\Pi_{name}(\sigma_{building = \text{“Watson”}}(department) \bowtie instructor)$$

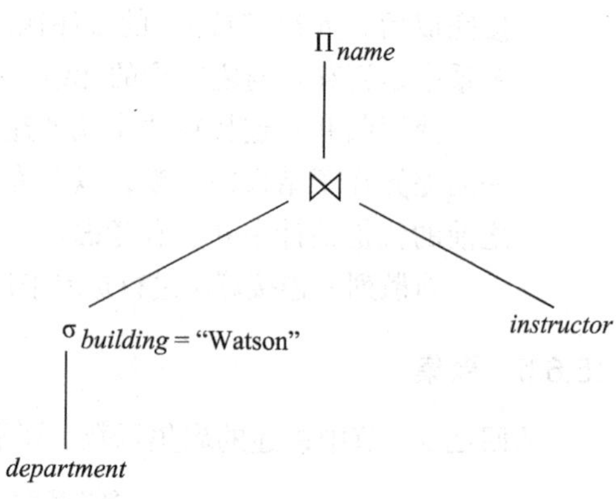

图 15-11　一个表达式的图形化表示

如果应用物化方法，我们从表达式中的最底层运算（在树的底部）开始。在我们的示例中，只有一个这样的运算：*department* 上的选择运算。最底层运算的输入是数据库中的关系。我们使用前面学习过的算法来执行这些运算，并且将结果存储在临时关系中。我们可以使用这些临时关系来执行树中更高一层的运算；这时的输入要么是临时关系，要么是存储在数据库中的关系。在我724们的示例中，连接的输入是 *instructor* 关系以及在 *department* 上通过选择建立的临时关系。现在可以执行连接，并创建另一个临时关系。

通过重复该过程，我们最终可以执行位于树的根节点处的运算，从而得到表达式的最终结果。在我们的示例中，通过使用由连接创建的临时关系作为输入来执行根节点处的投影运算投影，就得到了最终的结果。

刚才描述的执行方式被称为**物化执行**（materialized evaluation），因为每个中间运算的结果都被创建（物化），然后用于下一层运算的执行。

物化执行的代价不单单是所涉及的运算代价的总和。当计算算法的估计代价时，我们忽略了将运算结果写到磁盘的代价。为了计算按这种方式执行一个表达式的代价，必须把所有运算的代价相加，还要加上把中间结果写到磁盘的代价。假设结果记录在缓冲区中积累，并且当缓冲区已满时，再把它们写到磁盘上。写出的块数 b_r 可按 n_r/f_r 来估计，其中 n_r 是结果关系 r 中元组的估计数，f_r 是结果关系的块因子（blocking factor），也就是每个块中可容纳的 r 的记录数。除了传输时间之外，还可能需要一些磁盘寻道，因为磁头在连续的写操作之间可能会进行移动。寻道的次数可以估计为 b_r/b_b，其中 b_b 是输出缓冲块的规模（以块数计算）。

双缓冲（double buffering）（使用两块缓冲区，其中一块用于连续执行算法，而另一块用于写出结果）通过并行执行 CPU 活动与 I/O 活动，允许算法执行得更快。通过为输出缓冲区分配额外的块以及一次写出多个块，可以减少寻道的次数。

15.7.2　流水线

通过减少产生的临时文件数，我们可以提高查询执行的效率。减少临时文件数是通过将多个关系运算组合成一个运算的流水线来实现的，其中一个运算的结果将传送到流水线中的下一个运算。刚刚描述的这种执行方式叫作**流水线执行**（pipelined evaluation）。

例如，请考虑表达式（$\prod_{a1,a2}(r \bowtie s)$）。如果采用物化方式，执行中将涉及创建存放连接结果的临时关系，然后为了执行投影又将此连接结果读回。这些运算可按如下方式组合：当连接运算产生一个它的结果元组时，马上将该元组传送给投影运算去处理。通过将连接与投影组合起来，我们避免了中间结果的创建，从而直接产生最终结果。

725

创建运算的流水线可以带来两种好处：

1. 它消除了读和写临时关系的代价，从而减少了查询执行代价。请注意，我们前面看到过的用于每个运算的代价公式都包括从磁盘读取结果的代价。如果运算 o_i 的输入是从前面的运算 o_j 流水线化而来的，则 o_i 的代价就不应包括从磁盘读取输入的代价；我们前面看到过的代价公式可以做相应的修改。
2. 如果一个查询执行计划的根算子及其输入被合并在流水线中，那么就可以迅速开始产生查询结果。如果在结果生成时就把它们显示给用户，这可能相当有用，因为否则在用户看到任何查询结果之前可能会存在一个长时间的延迟。

15.7.2.1 流水线的实现

通过将构成流水线的多种运算组合起来构造成一个单独的复合运算，我们可以实现一条流水线。尽管对于一些频繁发生的情况，这种方法可能行得通，但一般而言，需要在一条流水线的构建中能够重用单个运算的代码。

在图 15-11 的示例中，三个运算全都可放入一条流水线中；该流水线在产生选择的结果时就把它们传送给连接。继而，它又在产生连接的结果时把它们传送给投影。由于一个运算的结果不必长时间保存，因此对内存的要求不高。然而，由于采用流水线，各个运算并非总是能立即获得所有输入来进行处理。

流水线可按以下两种方式之一来执行：

1. 在一条**需求驱动流水线**（demand-driven pipeline）中，系统不停地向位于流水线顶端的运算发出需要元组的请求。每当一个运算收到需要元组的请求时，它就计算待返回的下一个（若干个）元组并返回这些元组。若该运算的输入不是流水线化的，则待返回的下一个（若干个）元组可以从输入关系计算出来，同时系统跟踪到目前为止已经返回了哪些元组。若该运算具有一些流水线化的输入，那么它也发出请求以获得来自其流水线输入的元组。该运算使用它从其流水线输入接收到的元组，并为其输出计算这些元组，然后把它们上传到它的父节点。
2. 在一条**生产者驱动流水线**（producer-driven pipeline）中，各运算并不等待产生元组的请求，而是**积极地**（eagerly）生产元组。生产者驱动流水线中的每一个运算都被建模成系统中一个单独的进程或线程，它从其流水线化的输入中取出元组流，并产生一个元组流作为其输出。

726

我们接下来描述需求驱动流水线和生产者驱动流水线是如何实现的。

需求驱动流水线中的每个运算都可以作为**迭代算子**（iterator）来实现，该迭代算子提供以下函数：open()、next() 及 close()。在调用 open() 之后，对 next() 的每次调用都返回该运算的下一个输出元组。该运算的实现为了在需要的时候得到它的输入元组，就在其输入上依次调用 open() 和 next()。函数 close() 告知迭代算子不再需要元组了。迭代算子维护在两次调用之间它的执行**状态**（state），使得相继的 next() 请求可以接收到相继的结果元组。

例如，对于一个采用线性搜索来实现选择运算的迭代算子，open() 操作开始一个文件的扫描，并且该迭代算子的状态记录了文件中已经扫描到的位置。当调用 next() 函数时，文件扫描从前次记录的位置继续执行；如果通过扫描文件找到了满足选择条件的下一个元组，则在将找到该元组的位置存储到迭代状态中之后再将该元组返回。一个归并 - 连接迭代算子的 open() 操作将打开其输入，并且若输入尚未排序则还将对输入进行排序。当调用 next() 时，迭代算子将返回下一个匹配的元组对。迭代算子的状态信息将包含每次输入已经被扫描到的位置。迭代算子的实现细节留给读者在实践习题 15.7 中去完成。

另一方面，生产者驱动流水线以不同的方式实现。对于生产者驱动流水线中的每一对相邻的运算，系统会创建一个缓冲区来保存从一个运算传递给下一个运算的元组。对应于不同运算的进程或线程会并发执行。流水线底部的每个运算不断产生输出元组，并将它们放入其输出缓冲区中，直到该缓冲区已满。当得到流水线中更低层的输入元组时，流水线任何其他层的运算会产生输出元组，直到它的输出缓冲区已满。一旦运算使用了来自流水线输入的元组，它便会将该元组从其输入缓冲区中移除。不管在哪种情况下，一旦输出缓冲区已满，运算便会等待，直到它的父运算将元组从该缓冲区中移除，以便该缓冲区中有空间容纳更多的元组。此时，运算会产生更多的元组，直到该缓冲区再次变满为止。运算重复这样的过程，直到已经生成所有的输出元组为止。

只有当一个输出缓冲区已满，或者当一个输入缓冲区已空，并且需要更多的输入元组来产生更多的输出元组时，系统才有必要在各运算之间进行切换。在并行处理系统中，一个流水线中的各运算可能在不同的处理器上并发运行（参见 22.5.1 节）。

使用生产者驱动流水线方式可以被看作将数据从一棵运算树的底层**推**（push）上去的过程；而使用需求驱动流水线方式可被看成从运算树的顶层将数据**拉**（pull）上来的过程。在生产者驱动流水线中，元组的产生是*积极的*，而在需求驱动流水线中，元组是按需**消极地**（lazily）产生的。需求驱动流水线比生产者驱动流水线使用得更为普遍，因为它更容易实现。但是，生产者驱动流水线在并行处理系统中非常有用。生产者驱动流水线也已被发现比需求驱动流水线在现代 CPU 上的效率更高，因为它比需求驱动流水线减少了函数调用的次数。生产者驱动流水线越来越多地应用在为高性能查询执行而产生机器代码的系统中。

727

15.7.2.2　流水线的执行算法

可以对查询计划进行注释以标记被流水线化的边；这样的边称为**流水线边**（pipelined edge）。相反，非流水线化的边称为**阻塞边**（blocking edge）或**物化边**（materialized edge）。由流水线边连接的两个算子必须并发执行，因为一个算子在另一个算子生成元组的时候消耗这些元组。由于一个计划可以有多条流水线边，因此一组由流水线边连接起来的所有算子必须并发执行。一个查询计划可以拆分成子树，使得每棵子树内只有流水线边，并且两棵子树之间的边是非流水线的。每棵这样的子树都称为**流水线段**（pipeline stage）。查询处理器一次执行一条流水线段的计划，并在单个流水线段内并发执行所有算子。

有些运算本质上是**阻塞运算**（blocking operation），比如排序。也就是说，在输入的所有元组被检查完之前，它们可能不能输出任何结果[⊖]。但有趣的是，阻塞算子可以在生成元组时消耗这些元组，并可以在生成元组时向其消耗者输出这些元组；这类运算实际上在两个或多个段中执行，并且阻塞实际上发生在运算的两个段之间。

例如，外排序 - 归并运算实际上有两个步骤：（i）产生归并段；（ii）归并。产生归并段的步骤可以在由排序输入产生元组的同时就接收这些元组，因此可以与排序输入进行流水线

⊖ 如果得知输入满足一些特殊的性质，例如已经被排序或者被部分排序，那么诸如排序那样的阻塞运算就可能能够较早地输出元组。然而，在缺少这种信息的情况下，阻塞运算便不能提早输出元组。

连接。另一方面，归并步骤可以在生成元组时就将这些元组发送给它的消费者，因此可以与排序运算的消费者进行流水线连接。但归并步骤只能在产生归并段的步骤完成后才能启动。因此，我们可以将排序－归并算子建模为两个子算子，它们通过非流水线边相互连接，但是每个子算子都可以通过流水线边分别连接到它们的输入和输出。

诸如连接那样的其他操作本质上并不阻塞，但是特定的执行算法可能是阻塞的。例如，索引嵌套－循环连接算法在得到外部关系的元组时就可以输出结果元组。因此它在其外部（左侧）关系上是流水线化的；但是，它在其索引（右侧）输入上是阻塞的，因为必须在可以执行索引嵌套－循环连接算法之前就完全构建好索引。

散列－连接算法是对两个输入都阻塞的运算，因为它要求在它输出任何元组之前对其两个输入进行完全的检索和分区。散列－连接将其每个输入进行分区，然后在每个分区上每次执行多个构造－探查步骤。因此，散列－连接算法有三个步骤：(i) 对第一个输入进行分区；(ii) 对第二个输入进行分区；(iii) 进行构造－探查步骤。每个输入的分区步骤可以在由输入产生元组的同时就接收这些元组，因此可以与其输入进行流水线连接。构造－探查步骤可以在生成元组时就将这些元组输出给其消费者，因此可以与其消费者进行流水线连接。但是这两个分区步骤通过非流水线边连接到构造－探查步骤，因为构造-探查只能在对两个输入完成分区之后才能启动。

728

混合散列－连接可以被看作在探查关系上是部分流水线化的，因为当为探查关系接收到元组时，它就可以输出来自第一个分区的元组。然而，不在第一个分区中的元组只有在接收到整个流水线输入关系后才能输出。如果构造用输入可以全部放入内存，则混合散列－连接可以在其探查用输入上提供完全的流水线执行，或者如果构造用输入可以大部分放入内存，则混合散列－连接可以提供近似的流水线执行。

图 15-12a 展示了连接两个关系 r 和 s 然后在结果上执行聚集的查询；为了简单起见，省略了连接谓词、分组属性和聚集函数的详细信息。图 15-12b 展示了对于查询使用散列－连接和内存散列聚集的一个流水线计划。流水线边用普通线显示，阻塞边用粗体线显示。流水线段用虚线框包围起来。请注意散列－连接被拆分成了三个子算子。有两个子算子被显示为缩写的 *Part.*，分别表示对 r 和 s 的分区。第三个子算子缩写为 *HJ-BP*，它执行散列－连接的构造和探查阶段。*HA-IM* 算子是内存散列聚集算子。从分区算子到 *HJ-BP* 算子的边是阻塞边，因为 *HJ-BP* 算子只能在分区算子完成执行后才能开始执行。从关系（假设使用关系扫描算子进行扫描）到分区算子的边是流水线边，从 *HJ-BP* 算子到 *HA-IM* 算子的边也是流水线边。所生成的流水线段包含在虚线框中。

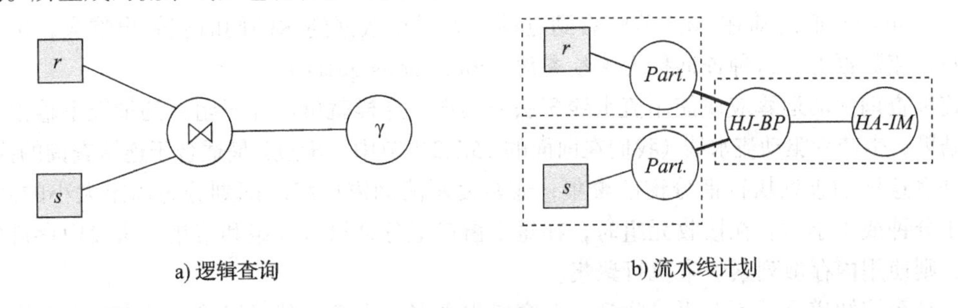

a) 逻辑查询　　b) 流水线计划

图 15-12　带流水线的查询计划

一般来说，对于每条物化边，我们需要增加将数据写到磁盘的代价，并且执行算子的代

729 价应该包括从磁盘读取数据的代价。但是，当物化边位于单个算子的子算子之间时，例如在产生归并段和归并之间，物化的代价已计入算子的代价中，就不应再被添加了。

在某些应用中，需要一种在其输入和输出上都是流水线化的连接算法。如果两个输入均在连接属性上排过序，并且连接条件是等值连接，则可以使用归并－连接，并且它的输入和输出都是流水线化的。

然而，在更常见的情况下，我们希望流水线化的连接的两个输入并没有排过序，另一种可替代方案是**双流水线连接**（double-pipelined join）技术，如图 15-13 所示。该算法假定两个输入关系 r 和 s 的输入元组都是流水线化的。对于两个关系可用的元组被放入单个队列中等待处理。特殊的队列项称作 End_r 和 End_s，作为文件结束的标记，在 r 和 s 的所有元组都被产生之后该特殊项被（分别地）插入队列中。为了高效地执行，应该在关系 r 和 s 上构建 730 适当的索引。随着元组被添加到 r 和 s 中，索引也必须保持更新。当在 r 和 s 上使用散列索引时，由此产生的算法被称为**双流水线散列－连接**（double-pipeline hash-join）技术。

```
doneᵣ := false;
doneₛ := false;
r := Ø;
s := Ø;
result := Ø;
while not doneᵣ or not doneₛ do
  begin
     if 队列为空 then 等待, 直到队列非空;
     t:= 队列中的头一项;
     if t = Endᵣ then doneᵣ := true
       else if t = Endₛ then doneₛ := true
         else if t 来自输入 r
           then
              begin
                 r := r ∪ {t};
                 result := result ∪ ({t} ⋈ s);
              end
           else /* t 来自输入 s*/
              begin
                 s := s ∪ {t};
                 result := result ∪ (r ⋈ {t});
              end
  end
```

图 15-13　双流水线连接算法

图 15-13 中的双流水线连接算法假设两个输入都可以放入内存。在两个输入比内存大的情况下，仍然可以和平常一样使用双流水线连接技术直到可用内存已满为止。当可用内存变满时，截止到那时已经到达的 r 和 s 元组可以分别被当作分区 r_0 和 s_0。随后到来的 r 和 s 元组被各自分派到分区 r_1 和 s_1，并被写到磁盘，且不会添加到内存索引中。但是，在分配到 r_1 和 s_1 的元组被写到磁盘之前，它们会被分别用来探查 s_0 和 r_0。因此，r_1 和 s_0 的连接以及 s_1 和 r_0 的连接也是以流水线方式执行的。当 r 和 s 已被全部处理后，必须执行 r_1 元组和 s_1 元组的连接以完成连接运算；我们先前看到过的任何连接技术都可以用来连接 r_1 和 s_1。

15.7.3　对于连续流数据的流水线

流水线也适用于数据以连续的方式进入数据库中的场景，例如，从持续监测环境数据的传感器接收输入的情况。这种数据被称为*数据流*（data stream），正如我们之前在 10.5 节中看到过的。为了在数据到达的同时就做出响应，可以把查询写在流数据上。这种查询称为*连续查询*（continuous query）。

连续查询中的运算应该使用流水线算法来实现，这样就可以在不阻塞的情况下输出流水线的结果。生产者驱动流水线（我们在前面的 15.7.2.1 节中讨论过）最适合于连续查询的执行。

许多这样的查询执行带分窗的聚集；通常使用滚动窗口将时间划分为固定大小的间隔，比如 1 分钟或 1 小时。在接收元组时，在每个窗口上分别执行分组和聚集；假设内存规模足够大，则使用内存散列索引来执行聚集。

一旦系统知道今后不会再接收到一个窗口中更多的元组，就可以输出该窗口上的聚集结果。如果能确保元组是按时间戳顺序到达的，则下一个窗口的元组的到达就代表着不会再接收到更早窗口的更多元组。如果元组可能无序到达，则数据流必须带有标点来表示所有未来元组的时间戳都将大于某个指定的值。一个标点的到达允许输出这样的窗口的聚集结果：该窗口的结束时间戳小于或等于由该标点指定的时间戳。

15.8 内存中的查询处理

到目前为止，我们所描述的查询处理算法都关注于最小化 I/O 代价。在本节中，我们讨论对查询处理技术的扩展，这些扩展通过使用高速缓存感知的查询处理算法和查询编译来帮助对内存访问代价的最小化。然后我们讨论面向列的存储的查询处理。我们在本节中描述的算法为驻留在内存中的数据提供了显著的优势；它们对于驻留在磁盘上的数据也非常有用，因为一旦数据被放入内存缓冲区中，它们就可以加快处理速度。 731

15.8.1 高速缓存感知算法

当数据驻留在内存中时，访问速度要比数据驻留在磁盘上甚至比驻留在 SSD 上的情况要快得多。但是，必须记住：访问已经存在于 CPU 高速缓存中的数据可以比访问内存中的数据快 100 倍。现代的 CPU 有多个级别的高速缓存。目前常用的 CPU 具有：一个规模约为 64 KB 的 L1 高速缓存，其延迟约为 1 纳秒；一个规模约为 256 KB 的 L2 高速缓存，其延迟约为 5 纳秒；以及一个规模约为 10 MB 的 L3 高速缓存，其延迟为 10 到 15 纳秒。相反，读取内存中的数据会导致 50 到 100 纳秒的延迟。为了简单起见，在本小节的其余部分中我们忽略 L1、L2 和 L3 高速缓存级别之间的差异，并假设只存在单个的高速缓存级别。

正如我们在 14.4.7 节中看到过的，高速缓存和主存之间的速度差异，以及数据在主存和高速缓存之间以高速缓存行（cache-line）（通常约 64 字节）为单位传输的事实，导致了这样一种情况：高速缓存和主存之间的关系与主存和磁盘之间的关系没有什么不同（尽管有更小的速度差异）。但还存在一点区别：主存的内容缓冲的是基于磁盘的数据并由数据库系统来控制，但 CPU 高速缓存是由内置在计算机硬件中的算法来控制的。因此，数据库系统不能直接控制高速缓存中保存的内容。

但是，查询处理算法被设计成可以充分利用高速缓存来优化性能。以下是为实现这一点的一些方式：

- 为了对内存中的关系进行排序，我们使用外排序 - 归并算法，所选择的归并段规模应使归并段能被高速缓存容纳；假设我们关注的是 L3 高速缓存，则每个归并段的规模应为数 MB。接着我们在每个归并段上使用内存排序算法；由于归并段能放入高速缓存，因此在对归并段排序时，高速缓存未命中的可能性最小。然后归并已排好序的归并段（所有归并段都在内存中）。归并对于高速缓存而言是高效的，因为对归并段的访问是顺序的：当从内存访问一个特定的词时，所获取的高速缓存行将包含来自该归并段的接下来将访问到的词。

  要对大于内存的关系进行排序，我们可以使用具有规模大得多的归并段的外排序 - 归并，但使用我们刚才描述的内存排序 - 归并技术来执行大型归并段的内存排序。
- 散列 - 连接要求在构造关系上探查索引。如果构造关系能被内存容纳，则可以在整个关系上构建一个索引；但是，可以通过将关系划分为较小的部分，使得构造关系的每个分区以及索引都能被高速缓存容纳，从而最大化探查期间的高速缓存命中。每个分区都是单独处理的，具有一个构造和探查阶段；由于构造分区及其索引能被高速缓存容纳，因此在构造和探查阶段，高速缓存未命中都是最小化的。 732

对于大于内存的关系，散列－连接的第一个阶段应该对两个关系进行分区，以便对于每个分区，这两个关系的分区能够一起被放入内存中。然后在将其内容提取到内存中之后，可以使用刚才描述的技术在每个这样的分区上执行散列－连接。

- 可以这样组织元组中的属性：倾向于被一起访问的属性连续排列。例如，如果一个关系经常用于聚集，那么那些用作分组的属性和那些被聚集的属性可以连续存储。其结果是，如果在一个属性上出现了高速缓存未命中，则被获取的高速缓存行将包含可能马上就要使用到的属性。

高速缓存感知算法在现代数据库系统中越来越重要，因为内存规模通常足够大，以至于很多数据都是驻留在内存中的。

如果必需的数据项并不在高速缓存中，则在从内存检索该数据项并将其加载到高速缓存中时会出现处理过程的**停滞**（stall）。为了继续利用发出请求并导致停滞的 CPU 核，操作系统维护多个执行线程，而 CPU 核可以在这些线程上工作。我们将在第 22 章中学习的并行查询处理算法可以使用在单个 CPU 核上运行的多个线程；如果一个线程停滞，则另一个线程可以开始执行，这样 CPU 核就可以得到更好的利用。

15.8.2　查询编译

如果数据驻留在内存中，CPU 代价会成为瓶颈，并且最小化 CPU 代价可以带来显著的优势。传统的数据库查询处理器充当执行一个查询计划的解释器。但是，由于解释的原因，会有很大的开销：例如，为了访问记录的一个属性，查询执行引擎可能会重复查找关系的元数据，以找出记录内属性的偏移量，因为相同代码必须适用于所有关系。对一种运算所处理的每条记录都执行函数调用也会导致很大的开销。

为了避免由于解释而产生的开销，现代主存数据库将查询计划编译成机器码或中间级字节码。例如，编译器可以在编译时计算一个属性的偏移量，并生成其中偏移量为常数的代码。编译器还可以以最小化函数调用的方式来组合多个函数的代码。通过这些以及其他相关的优化，我们发现编译后代码的执行速度比解释后代码执行得更快，最高可快 10 倍。

733

15.8.3　面向列的存储

在 13.6 节中，我们看到在数据分析应用中，可能只需要一个大型模式的几个属性，并且在这种情况下，按列存储而不是按行存储关系可能是有益的。单个属性（或少量属性）上的选择运算在列存储中的代价显著降低，因为只需要访问相关属性。但是，由于访问每个属性都需要访问它自己的数据，因此检索许多属性的代价较高，并且如果数据存储在磁盘上，则可能导致额外的寻道。

由于列存储允许一次性高效地访问一个给定属性的许多值，因此它们非常适合于利用现代处理器的向量处理功能。此功能允许在多个属性值上并行执行特定的运算（例如比较和聚集）。在将查询计划编译成机器码时，编译器可以生成处理器所支持的向量处理指令。

15.9　总结

- 对于一个查询，系统必须执行的第一种操作就是将该查询翻译成系统的内部表示形式。（对于关系数据库系统而言）这种内部形式通常是基于关系代数的。在产生查询的内部形式的处理过程中，语法分析器检查用户查询的语法，验证出现在查询中的关系名就是数据库中的关系名，等等。如果查询是用视图来表达的，语法分析器就把所有对视图名的引用替换成计算该视图的关系代数表达式。

- 给定一个查询，通常存在多种用于计算结果的方法。查询优化器的责任是将用户输入的查询转换成等价的、执行效率更高的查询形式。第 16 章将介绍查询优化。
- 可以通过执行线性扫描或者利用索引来处理简单的选择运算。可以通过计算简单选择结果的并和交来处理复杂选择。
- 可以通过外排序 – 归并算法来对大于内存的关系进行排序。
- 涉及自然连接的查询可以用多种方式来处理，具体取决于索引的可用性以及关系的物理存储形式。
  - 若连接的结果规模几乎与两个关系的笛卡儿积相当，则采用*块嵌套 – 循环*（block nested-loop）连接策略是有益的。
  - 若存在可用索引，则可以使用*索引嵌套 – 循环*（indexed nested-loop）连接。 734
  - 若关系是排好序的，则*归并 – 连接*（merge join）可能是可取的。在连接计算之前对关系排序可能是有益的（为了能使用归并 – 连接策略）。
  - *散列 – 连接*（hash-join）算法把关系划分成多个部分，使得一个关系的每个部分都能被内存容纳。划分过程是利用连接属性上的散列函数来进行的，使得相应的分区对可以独立地进行连接。
- 去重、投影、集合运算（并、交、差）和聚集都可以通过排序或者散列来实现。
- 外连接运算可以通过对连接算法的简单扩展来实现。
- 散列与排序在这种意义下是对偶的：诸如去重、投影、聚集、连接和外连接之类的任何能用散列来实现的运算也可用排序来实现，反之亦然，也就是说，任何能用排序来实现的运算也能用散列来实现。
- 一个表达式可以通过物化的方式来执行，在物化执行中系统计算每个子表达式的结果并将其存到磁盘上，然后用它来计算父表达式的结果。
- 流水线在父表达式中的结果被产生时就使用这些结果，这样有助于避免将许多子表达式的结果写到磁盘。

术语回顾

- 查询处理
- 执行原语
- 查询执行计划
- 查询执行引擎
- 查询代价度量
- 顺序 I/O
- 随机 I/O
- 文件扫描
- 线性搜索
- 使用索引的选择
- 存取路径
- 索引扫描
- 合取选择
- 析取选择
- 复合索引
- 标识的交
- 外排序
- 外排序 – 归并
- 归并段
- *N* 路归并
- 等值连接
- 嵌套 – 循环连接
- 块嵌套 – 循环连接
- 索引嵌套 – 循环连接
- 归并 – 连接
- 排序 – 归并连接

735

- 混合归并－连接
- 散列－连接
  - 构造
  - 探查
  - 构造用输入
  - 探查用输入
  - 递归分区
  - 散列表溢出
  - 偏斜
  - 避让因子
  - 溢出分解
  - 溢出避免
- 混合散列－连接
- 空间连接
- 算子树
- 物化执行
- 双缓冲
- 流水线执行
  - 需求驱动流水线（消极，拉式）
  - 生产者驱动流水线（积极，推式）
  - 迭代算子
  - 流水线段
- 双流水线连接
- 连续查询执行

实践习题

15.1 （在本题中为了简单起见）假设一个块中只能放入一个元组，并且内存最多容纳 3 个块。当应用排序－归并算法对下述元组按第一个属性进行排序时，请给出各趟所产生的归并段：(kangaroo, 17)、(wallaby, 21)、(emu, 1)、(wombat, 13)、(platypus, 3)、(lion, 8)、(warthog, 4)、(zebra, 11)、(meerkat, 6)、(hyena, 9)、(hornbill, 2)、(baboon, 12)。

15.2 请考虑图 15-14 中的银行数据库，其中主码以下划线标出，还有下面的 SQL 语句：

branch(*branch_name*, *branch_city*, *assets*)
customer (*customer_name*, *customer_street*, *customer_city*)
loan (*loan_number*, *branch_name*, *amount*)
borrower (*customer_name*, *loan_number*)
account (*account_number*, *branch_name*, *balance*)
depositor (*customer_name*, *account_number*)

图 15-14　银行数据库

```
select T.branch_name
from branch T, branch S
where T.assets > S.assets and S.branch_city = "Brooklyn"
```

请写出一个与此查询等价的、高效的关系代数表达式，并论证你的选择。

15.3 设关系 $r_1(A, B, C)$ 和 $r_2(C, D, E)$ 具有如下性质：r_1 有 20 000 个元组，r_2 有 45 000 个元组，一个块中可容纳 25 个 r_1 元组或 30 个 r_2 元组。使用以下每种连接策略来执行 $r_1 \bowtie r_2$，请估计各需要多少次块传输和寻道：

736

a. 嵌套－循环连接　　b. 块嵌套－循环连接　　c. 归并－连接　　d. 散列－连接

15.4 如果索引是辅助索引并且存在多个元组在连接属性上有相同的值，则 15.5.3 节中讲述的索引嵌套－循环连接算法的效率不高。这种算法为什么效率不高？请描述一种利用排序来减少内层关系元组的检索代价的方式。在什么条件下这种算法比混合归并－连接算法更有效？

15.5 令 r 和 s 是没有索引的关系，并且假设这两个关系也没有排序。假设内存无限大，那么计算 $r \bowtie s$ 的代价最小（就 I/O 操作而言）的方式是什么？该算法需要多大内存？

15.6 请考虑图 15-14 的银行数据库，其中主码用下划线标出。假设在 *branch* 关系的 *branch_city* 上有 B⁺ 树索引可用，此外别无其他索引可用。请列出处理下述包含否定的选择的不同方式：

a. $\sigma_{\neg(branch\_city < \text{"Brooklyn"})}(branch)$

b. $\sigma_{\neg(branch\_city = \text{"Brooklyn"})}(branch)$

c. $\sigma_{\neg(branch\_city < \text{"Brooklyn"} \vee assets < 5000)}(branch)$

15.7 请写出实现索引嵌套－循环连接的迭代算子的伪码，其中外层关系是流水线化的。要求伪码必须定义标准的迭代算子函数 open()、next() 和 close()。请给出在不同调用之间迭代算子必须维护的状态信息是什么。

15.8 请设计基于排序的算法和基于散列的算法，用于计算关系的除法运算（关于除法运算的定义请参见实践习题 2.9）。 737

15.9 如果为每个归并段增加缓冲块数量，而用于缓冲归并段的可用内存总量保持不变，请问这对于归并这些归并段的代价有什么影响？

15.10 请考虑下述扩展的关系代数运算。请描述如何使用排序和散列来实现每种运算。

a. **半连接**（semijoin）（$\ltimes_\theta$）。多重集的半连接算子 $r \ltimes_\theta s$ 的定义如下：如果一个元组 r_i 在 r 中出现 n 次，则如果至少有一个元组 s_j 使得 r_i 和 s_j 满足谓词 θ，那么 r_i 在 $r \ltimes_\theta$ 的结果中出现 n 次；否则 r_i 不会出现在结果中。

b. **反半连接**（anti-semijoin）（$\overline{\ltimes}_\theta$）。多重集的反半连接算子 $r \overline{\ltimes}_\theta s$ 的定义如下：如果一个元组 r_i 在 r 中出现 n 次，则如果在 s 中不存在任何元组 s_j，使得 r_i 和 s_j 满足谓词 θ，那么 r_i 在 $r \overline{\ltimes}_\theta$ 的结果中出现 n 次；否则 r_i 不出现在结果中。

15.11 假设一个查询只检索一个运算的前 K 条结果，并在这样的检索之后就终止。对于这样的查询，需求驱动流水线和生产者驱动流水线（带缓冲）哪一种方式更好？请解释你的答案。

15.12 当今的 CPU 包括一个*指令高速缓存*（instruction cache），它缓存最近使用的指令。由于正在执行的指令集发生更改，导致指令高速缓存上的高速缓存未命中，从而使得函数调用的开销巨大。

a. 请解释与需求驱动流水线相比，为什么带缓冲的生产者驱动流水线可能有更高的指令高速缓存命中率。

b. 请解释为什么通过在一次调用 next() 时生成多个结果并将它们一起返回来修改需求驱动流水线可以提高指令高速缓存命中率。

15.13 假设给定一个有 n 个关键字的集合，你希望找到包含至少其中 k 个关键字的文档。假设你还有一个关键字索引，它为你提供包含指定关键字的文档标识的（已排序的）列表。请给出一种高效的算法来找到所需的文档集。

15.14 请建议如何对一份包含单词（比如“leopard”）的文档进行索引，以便通过使用更泛化的概念（比如“carnivore”或“mammal”）的查询能够高效地检索该文档。你可以假设概念层次不是很深，因此每个概念只有几个泛化（但是，一个概念可以有大量的特化）。你还可以假设具有一个函数，该函数返回文档中每个单词的概念。请建议一个使用特化概念的查询并说明它如何使用更泛化的概念来检索文档。 738

15.15 请解释嵌套-循环连接算法（参见 15.5.1 节）为什么在以面向列的方式存储的数据库上性能不好。请给出一个性能更好的可替代算法，并解释为什么你的解决方案更好。

15.16 请考虑以下查询。对于每个查询，请指明面向列的存储是否可能是有益的，并解释原因。

a. 获取 ID 为 12345 的学生的 *ID*、*name* 与 *dept_name*。

b. 将 *takes* 关系按 *year* 和 *course_id* 分组，并找出对于每个（*year*, *course_id*）组合的学生总数。

习题

15.17 假设你需要对一个 40 GB 的关系进行排序，使用 4 KB 规模的块以及 40 GB 规模的内存。假设一次寻道的代价是 5 毫秒，而磁盘传输速率是每秒 40 MB。

a. 对于 $b_b=1$ 和 $b_b=100$ 的情况，以秒为单位分别计算对该关系进行排序的代价。

b. 在上述每种情况下，各需要多少遍归并？

c. 假设使用一个闪存设备来替代磁盘，并且它的延迟为 20 微秒，而传输速率是每秒 400 MB。在这样的设置下，对于 $b_b=1$ 和 $b_b=100$ 的情况，以秒为单位分别重新计算对关系排序的代价。

15.18 为什么不应当要求用户显式地选择查询处理策略？是否存在希望用户清楚竞争的查询处理策略的代价的情形？请解释你的答案。

15.19　请设计一种混合归并 – 连接算法的变体来用于这种情况：两个关系都在物理上没有排序，但各自都有连接属性上的有序的辅助索引。

15.20　请估计通过你在习题 15.19 中给出的解决方案执行 $r_1 \bowtie r_2$ 所需的磁盘块传输以及寻道次数，其中 r_1 和 r_2 在实践习题 15.3 中定义。

15.21　15.5.5 节中讲述的散列 – 连接算法计算两个关系的自然连接。请描述如何扩展散列 – 连接算法以计算自然左外连接、自然右外连接和自然全外连接。（提示：在散列索引中保存每个元组的额外信息，以检测在探查关系中是否有任何元组与散列索引中的元组相匹配。）请试着将你的算法用到 *takes* 与 *student* 关系上。

739

15.22　假设你要计算 $_{A}\gamma_{sum(C)}(r)$ 和 $_{A,B}\gamma_{sum(C)}(r)$。请描述如何利用对 r 的一次排序来一起计算这两个表达式。

15.23　请用伪码编写实现排序 – 归并算法的一个版本的迭代算子，其中最后一次归并的结果使用流水线传给其消费者。要求伪码必须定义标准的迭代算子函数 open()、next() 和 close()。请说明在不同调用之间迭代算子必须维护的状态信息是什么。

15.24　请解释如何将混合散列 – 连接算子拆分为子算子以对流水线进行建模。并解释此拆分与散列 – 连接算子的拆分有何不同。

15.25　假设你需要使用排序 – 归并对关系 r 进行排序，并且将结果与一个已排好序的关系 s 进行归并 – 连接。

a. 请描述在这种情况下，如何将排序算子拆分为子算子以对流水线进行建模。

b. 即使归并 – 连接的两个输入都来自排序 – 归并运算的输出，同样的思想还是适用的。然而，可用的内存必须在两个归并运算之间进行共享（归并 – 连接算法本身只需要很少的内存）。必须共享内存对于每个排序 – 归并运算的代价有什么影响？

延伸阅读

[Graefe (1993)] 给出了关于查询执行技术的优秀综述。[Faerber et al. (2017)] 描述了主存数据库的实现技术，包括用于主存数据库的查询处理技术，而 [Kemper et al. (2012)] 描述了使用内存列式数据进行查询处理的技术。[Samet (2006)] 提供了描述空间数据结构的教科书，而 [Shekhar and Chawla (2003)] 提供了描述空间数据库的教科书，包括索引和查询处理技术。关于文档索引以及高效计算关键字查询答案的排名的技术的教科书描述，请参见 [Manning et al. (2008)]。

参考文献

[Faerber et al. (2017)]　F. Faerber, A. Kemper, P.-A. Larson, J. Levandoski, T. Neumann, and A. Pavlo, “Main Memory Database Systems”, *Foundations and Trends in Databases*, Volume 8, Number 1-2 (2017), pages 1-130.

[Graefe (1993)]　G. Graefe, “Query Evaluation Techniques for Large Databases”, *ACM Computing Surveys*, Volume 25, Number 2 (1993).

740

[Kemper et al. (2012)]　A. Kemper, T. Neumann, F. Funke, V. Leis, and H. Mühe, “HyPer: Adapting Columnar Main-Memory Data Management for Transaction AND Query Processing”, *IEEE Data Engineering Bulletin*, Volume 35, Number 1 (2012), pages 46-51.

[Manning et al. (2008)]　C. D. Manning, P. Raghavan, and H. Schütze, *Introduction to Information Retrieval*, Cambridge University Press (2008).

[Samet (2006)]　H. Samet, *Foundations of Multidimensional and Metric Data Structures*, Morgan Kaufmann (2006).

741 ~ 742

[Shekhar and Chawla (2003)]　S. Shekhar and S. Chawla, *Spatial Databases: A TOUR*, Pearson (2003).

查询优化

为了处理一个给定的查询，尤其是复杂查询，通常会有许多种可能的策略，**查询优化**（query optimization）就是从这许多策略中选出最高效的查询执行计划的处理过程。我们并不期望用户编写出能够被高效处理的查询。相反，我们期望系统构造一个能够让查询执行代价最小化的查询执行计划。这正是查询优化起作用的地方。

优化一方面发生在关系代数级别，在关系代数中系统尝试找到一个与给出的表达式等价但执行起来更为高效的表达式；另一方面是为查询处理选择一种详细的策略，比如对一种运算的执行选择所用的算法，选择所使用的特定索引，等等。

一种好的查询策略和一种差的查询策略在代价（从执行时间的角度看）方面通常会有相当大的区别，并且可能会相差好几个数量级。因此，即使查询只执行一次，系统为查询处理选择一种好的策略而花费一定量的时间是值得的。

16.1 概述

请考虑下面对于查询“找出音乐系中所有教师的姓名以及每位教师所教授的课程的名称”的关系表达式[⊖]：

$$\Pi_{name,title}(\sigma_{dept\_name=\text{"Music"}}(instructor \bowtie (teaches \bowtie \Pi_{course\_id,title}(course))))$$

上述表达式中的子表达式 $instructor \bowtie teaches \bowtie \Pi_{course\_id,title}(course)$ 能产生一个非常庞大的中间结果。然而，我们只对这个中间结果的少数元组感兴趣，也就是那些与音乐系的教师有关的元组，并且只对这个关系的九个属性中的两个感兴趣。由于我们只关心在 *instructor* 关系中与音乐系有关的那些元组，因此没有必要考虑不满足 *dept_name*=“Music”条件的那些元组。通过减少需要访问的 *instructor* 关系的元组数量，我们也就减小了中间结果的规模。现在我们将查询表示为如下的关系代数表达式：

$$\Pi_{name,title}((\sigma_{dept\_name=\text{"Music"}}(instructor)) \bowtie (teaches \bowtie \Pi_{course\_id,title}(course)))$$

它与我们原先的代数表达式等价，但它产生的中间关系更小。初始表达式以及转换后的表达式如图 16-1 所示。

一个执行计划确切地定义了每种运算应使用的算法，以及运算之间的执行应该如何协调。图 16-2 说明了图 16-1b 的表达式的一个可能的执行计划。正如我们已看到的，对于每种关系运算可以使用几种不同的算法，从而产生可替代的执行计划。在图 16-2 中，对于其中一个连接运算选择了散列 - 连接，而对于另一个则在连接属性 *ID* 上将关系排序后，选用归并 - 连接。假定所有边都是流水线化的，除了被标记为物化的边之外。对于流水线化的

⊖ 请注意：*course* 在 (*course_id*, *title*) 上的投影是必需的，因为 *course* 和 *instructor* 都有一个公共属性 *dept_name*；如果我们不使用投影来去掉这个属性，则上述使用自然连接的表达式会仅返回音乐系的课程，尽管某些音乐系的教师可能讲授其他系的课程。

边，生产者的输出直接送给消费者，而不会被写出到磁盘；另一方面，对于物化的边，输出将被写到磁盘，然后再由消费者从磁盘读取。在图 16-2 的执行计划中不存在物化的边，尽管一些运算符（如排序和散列 – 连接）可以使用其间有物化的边的子运算符来表示，正如我们在 15.7.2.2 节中所看到的。

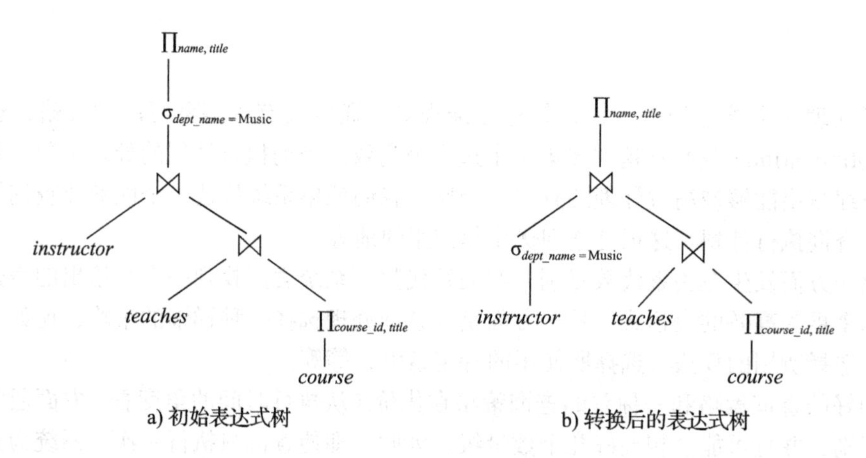

图 16-1　等价的表达式

给定一个关系代数表达式，查询优化器的任务是产生一个查询执行计划，该计划能计算出与给定表达式相同的结果，并且以代价最小的方式（或至少是不比最小执行代价大多少的方式）来产生结果。

744

我们在图 16-1 中看到的表达式未必会产生对于计算结果具有最低代价的执行计划，因为它仍然计算整个 *teaches* 关系与 *course* 关系的连接。下面的表达式给出了相同的最终结果，但是产生了更小的中间结果，因为它只将 *teaches* 与对应于音乐系的 *instructor* 元组进行连接，然后将此结果再与 *course* 进行连接。

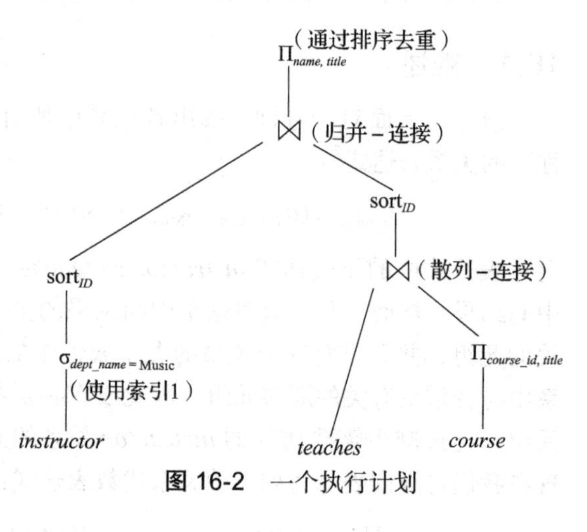

图 16-2　一个执行计划

$$\Pi_{name,title}((\sigma_{dept\_name=\text{“Music”}}(instructor) \bowtie teaches) \bowtie \Pi_{course\_id,title}(course))$$

不管查询是如何编写的，优化器的工作就是为查询找到代价最小的计划。

为了找到代价最小的查询执行计划，查询优化器需要产生一些能与给定表达式得到相同结果的备选计划，并选出代价最小的一个。查询执行计划的产生涉及三个步骤：（1）产生逻辑上与给定表达式等价的表达式；（2）以可替代的方式对所产生的表达式做注释，以产生备选的查询计划；（3）估计每个执行计划的代价，并选择估计代价最小的那一个。

在查询优化器中步骤（1）～（3）是交叉的：先产生一些表达式并加以注释从而产生执行计划，然后进一步产生一些表达式并加以注释，依此类推。随着执行计划的产生，通过使用关于关系的统计信息（比如关系的规模和索引的深度）来估计它们的代价。

为了实现第一步，查询优化器必须产生与给定表达式等价的表达式。这是通过等价规则的形式来实现的，等价规则说明了如何将一个表达式转换成逻辑上等价的另一个表达式。我们将在16.2节中描述这些规则。

在16.3节中，我们将描述如何估计一个查询计划中每种运算的结果的统计规模。将这些统计结果应用到第15章中的代价公式就可以估计出单个运算的代价。把这些单个运算的代价合并起来就能够确定出执行给定关系代数表达式的代价估计，就如在15.7节中概述的那样。 745

在16.4节中，我们将讲述如何选择一个查询执行计划。可以基于执行计划的代价估计来进行选择。由于代价是一种估计值，故所选计划未必是代价最小的计划；但是，只要估计得好，该计划很可能就是代价最小的计划，或其代价并不比最小代价大多少。

最后，物化视图有助于加速对特定查询的处理。在16.5节中，我们将学习如何“维护”物化视图（即，使它们保持最新）以及如何利用物化视图来执行查询优化。

注释 16-1 查看查询执行计划

许多数据库系统都提供了一种方式来查看为了执行给定查询而选择的执行计划。通常最好使用由数据库系统提供的GUI来查看执行计划。但是，如果你使用的是命令行界面，有许多数据库都支持“**explain** <query>”命令的变体，该命令的变体可以显示为指定的查询<query>而选择的执行计划。其确切的语法随不同的数据库而异：

- PostgreSQL使用如上所示的语法。
- Oracle采用**explain plan for**语法。但是，该命令将生成的计划存储在一个称为*plan_table*的表中，而不是直接显示它。查询“**select** * **from table** (*dbms_xplan.display*);”将显示存储的计划。
- DB2使用与Oracle类似的方法，但需要执行程序db2exfmt来显示存储的计划。
- SQL Server需要在提交查询之前执行命令**set showplan_text on**；然后，当提交查询而不是执行查询时，显示执行计划。
- MySQL使用与PostgreSQL相同的**explain** <query>语法，但输出的是一个其内容并不容易理解的表。但是，在**explain**命令之后执行**show warnings**会以更具可读性的格式来显示执行计划。

计划的估计代价也与计划一起显示。值得注意的是：代价通常并不以有任何外部意义的单位来表示，比如秒或I/O操作，而是以优化器所采用的任何代价模型的单位来表示。诸如PostgreSQL之类的某些优化器显示两个代价估计数字：第一个表示输出第一个结果的估计代价，第二个表示输出所有结果的估计代价。

16.2 关系表达式的转换

一个查询可以被表示成几种不同的形式，每种形式具有不同的执行代价。在这一节里，我们不仅考虑给定的关系表达式，而且考虑可选的等价表达式。

如果两个关系代数表达式在每个合法的数据库实例上都会产生相同的元组集，则称这两个表达式是**等价的**（equivalent）。（请回忆一下，一个合法的数据库实例是指满足数据库模式中指定的所有完整性约束的数据库实例。）请注意：元组的顺序是无关紧要的；两个表达式可能以不同的顺序产生元组，但只要元组集是一样的，就认为它们是等价的。

在 SQL 中，输入和输出都是元组的多重集合，并且关系代数的多重集版本（已在注释 3-1、注释 3-2 以及注释 3-3 中描述）被用于执行 SQL 查询。如果在每个合法的数据库上，关系代数多重集（multiset）版本中的两个表达式产生相同的元组多重集合，则称这两个表达式是等价的。本章中的讨论是基于关系代数的。我们将对关系代数的多重集版本的扩充留给读者作为练习。

16.2.1　等价规则

等价规则（equivalence rule）说明两种不同形式的表达式是等价的。既然这两种表达式在任何有效的数据库上都产生相同的结果，那么我们可以用第二种形式的表达式代替第一种形式的表达式，或者反之，用第一种形式的表达式代替第二种形式的表达式。优化器利用等价规则来将表达式转换成逻辑上等价的其他表达式。

下面描述关系代数表达式上的一些等价规则。图 16-3 展示了某些等价式。我们用 θ、θ_1、θ_2 等来表示谓词，用 L_1、L_2、L_3 等来表示属性列表，并且用 E、E_1、E_2 等来表示关系代数表达式。关系名 r 是关系代数表达式的一个特例，并且可以用在 E 出现的任何地方。

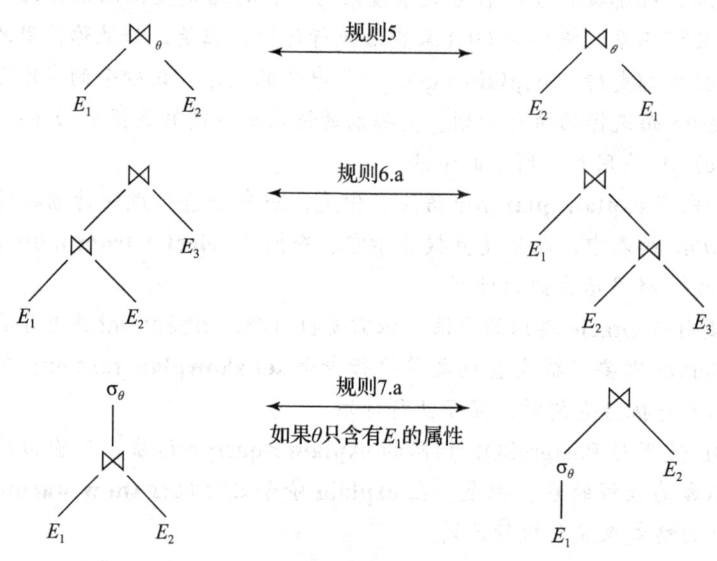

图 16-3　等价表达式的图形化表示

1. 合取选择运算可分解为单个选择运算的序列。该变换称为 σ 的级联：

$$\sigma_{\theta_1 \wedge \theta_2}(E) \equiv \sigma_{\theta_1}(\sigma_{\theta_2}(E))$$

746 ~ 747

2. 选择运算满足**交换律**（commutative）：

$$\sigma_{\theta_1}(\sigma_{\theta_2}(E)) \equiv \sigma_{\theta_2}(\sigma_{\theta_1}(E))$$

3. 在一系列投影运算中只有最后一个运算是必需的，其余的可以省略。该转换也可称为 $\prod$ 的级联：

$$\prod_{L_1}(\prod_{L_2}(\cdots(\prod_{L_n}(E))\cdots)) \equiv \prod_{L_1}(E)$$

其中 $L_1 \subseteq L_2 \subseteq \cdots \subseteq L_n$。

4. 选择运算可与笛卡儿积以及 θ 连接相结合：

a. $\sigma_\theta(E_1 \times E_2) \equiv E_1 \bowtie_\theta E_2$。

该表达式就是 θ 连接的定义。

b. $\sigma_{\theta_1}(E_1 \bowtie_{\theta_2} E_2) \equiv E_1 \bowtie_{\theta_1 \wedge \theta_2} E_2$

5. θ 连接运算满足交换律：

$$E_1 \bowtie_\theta E_2 \equiv E_2 \bowtie_\theta E_1$$

请回忆一下：自然连接算子就是 θ 连接算子的一个特例；因此自然连接也满足交换律。

交换律规则的左右两端的属性顺序是不同的，因此如果考虑属性顺序，该等式是不成立的。由于我们使用的关系代数版本中每个属性都必须有一个名称以便被引用，因此属性的顺序实际上并不重要，除非在最终显示结果的时候。当顺序确实重要时，可以对等价规则的其中一端增加一个投影运算以对属性进行适当的重排。但是为了简化起见，我们省略了该投影并且在我们所有的等价规则中都忽略属性的顺序。 748

6. a. 自然连接运算满足**结合律**（associative）：

$$(E_1 \bowtie E_2) \bowtie E_3 \equiv E_1 \bowtie (E_2 \bowtie E_3)$$

b. θ 连接满足以下方式的结合律：

$$(E_1 \bowtie_{\theta_1} E_2) \bowtie_{\theta_2 \wedge \theta_3} E_3 \equiv E_1 \bowtie_{\theta_1 \wedge \theta_3} (E_2 \bowtie_{\theta_2} E_3)$$

其中 θ_2 只涉及 E_2 与 E_3 的属性。由于其中的任意一个条件都可为空，因此这说明笛卡儿积（×）运算也满足结合律。连接运算满足交换律和结合律对于查询优化中连接的重新排序是很重要的。

7. 选择运算在如下两个条件下对 θ 连接运算满足分配律：

a. 当选择条件 θ_1 中的所有属性只涉及被连接的其中一个表达式（比如 E_1）的属性时，选择运算对 θ 连接运算满足分配律：

$$\sigma_{\theta_1}(E_1 \bowtie_\theta E_2) \equiv (\sigma_{\theta_1}(E_1)) \bowtie_\theta E_2$$

b. 当选择条件 θ_1 只涉及 E_1 的属性，并且 θ_2 只涉及 E_2 的属性时，选择运算对 θ 连接运算满足分配律：

$$\sigma_{\theta_1 \wedge \theta_2}(E_1 \bowtie_\theta E_2) \equiv (\sigma_{\theta_1}(E_1)) \bowtie_\theta (\sigma_{\theta_2}(E_2))$$

8. 投影运算在如下条件下对 θ 连接运算满足分配律：

a. 令 L_1 与 L_2 分别代表 E_1 与 E_2 的属性。假设连接条件 θ 只涉及 $L_1 \cup L_2$ 中的属性，那么：

$$\Pi_{L_1 \cup L_2}(E_1 \bowtie_\theta E_2) \equiv (\Pi_{L_1}(E_1)) \bowtie_\theta (\Pi_{L_2}(E_2))$$

b. 请考虑连接 $E_1 \bowtie_\theta E_2$。令 L_1 与 L_2 分别代表 E_1 与 E_2 的属性集；令 L_3 是 E_1 中出现在连接条件 θ 中但不在 L_1 中的属性；令 L_4 是 E_2 中出现在连接条件 θ 中但不在 L_2 中的属性。那么：

$$\Pi_{L_1 \cup L_2}(E_1 \bowtie_\theta E_2) \equiv \Pi_{L_1 \cup L_2}((\Pi_{L_1 \cup L_3}(E_1)) \bowtie_\theta (\Pi_{L_2 \cup L_4}(E_2)))$$

对于外连接运算 ⟗、⟕ 与 ⟖，类似的等价规则也成立。 749

9. 集合的并与交运算满足交换律：

a. $E_1 \cup E_2 \equiv E_2 \cup E_1$

b. $E_1 \cap E_2 \equiv E_2 \cap E_1$

集合的差运算不满足交换律。

10. 集合的并与交运算满足结合律：

a. $(E_1 \cup E_2) \cup E_3 \equiv E_1 \cup (E_2 \cup E_3)$

b. $(E_1 \cap E_2) \cap E_3 \equiv E_1 \cap (E_2 \cap E_3)$

11. 选择运算对并、交和集差运算满足分配律：

a. $\sigma_\theta(E_1 \cup E_2) \equiv \sigma_\theta(E_1) \cup \sigma_\theta(E_2)$

b. $\sigma_\theta(E_1 \cap E_2) \equiv \sigma_\theta(E_1) \cap \sigma_\theta(E_2)$

c. $\sigma_\theta(E_1 - E_2) \equiv \sigma_\theta(E_1) - \sigma_\theta(E_2)$

d. $\sigma_\theta(E_1 \cap E_2) \equiv \sigma_\theta(E_1) \cap E_2$

e. $\sigma_\theta(E_1 - E_2) \equiv \sigma_\theta(E_1) - E_2$

如果将“-”替换成“∪”，则上述等价规则不成立。

12. 投影运算对并运算满足分配律：

$$\Pi_L(E_1 \cup E_2) \equiv (\Pi_L(E_1)) \cup (\Pi_L(E_2))$$

前提是 E_1 与 E_2 具有相同的模式。

13. 在如下条件下，选择运算对聚集运算满足分配律。令 G 是一组属性的集合，并且 A 是一组聚集表达式的集合。当 θ 仅涉及 G 中的属性时，下面的等价规则成立：

$$\sigma_\theta({}_G\gamma_A(E)) \equiv {}_G\gamma_A(\sigma_\theta(E))$$

14. a. 全外连接满足交换律：

$$E_1 ⟗ E_2 \equiv E_2 ⟗ E_1$$

b. 左外连接与右外连接不满足交换律。但是，左外连接和右外连接可以按如下方式交换：

$$E_1 ⟕ E_2 \equiv E_2 ⟖ E_1$$

15. 在某些情况下，选择运算对左外连接和右外连接满足交换律。具体而言，当选择条件 θ_1 只涉及被连接的其中一个表达式（比如 E_1）中的属性时，下面的等价规则成立：

750

a. $\sigma_{\theta_1}(E_1 ⟕_\theta E_2) \equiv (\sigma_{\theta_1}(E_1)) ⟕_\theta E_2$

b. $\sigma_{\theta_1}(E_2 ⟖_\theta E_1) \equiv (E_2 ⟖_\theta (\sigma_{\theta_1}(E_1)))$

16. 在某些情况下，外连接可以被替换为内连接。具体而言，如果每当 E_2 的属性为空时，θ_1 都有能够计算出假值或未知值这样的性质，那么以下等价规则成立：

a. $\sigma_{\theta_1}(E_1 ⟕_\theta E_2) \equiv \sigma_{\theta_1}(E_1 \bowtie_\theta E_2)$

b. $\sigma_{\theta_1}(E_2 ⟖_\theta E_1) \equiv \sigma_{\theta_1}(E_2 \bowtie_\theta E_2)$

满足上述性质的谓词 θ_1 被称为在 E_2 上是**空拒绝**（null rejecting）的。例如，如果 θ_1 具有 $A<4$ 这样的形式，其中 A 是 E_2 的一个属性，那么每当 A 为空时，θ_1 将被计算出未知值，并且其结果是：在 $E_1 ⟕_\theta E_2$ 中但不在 $E_1 \bowtie_\theta E_2$ 中的任何元组都将被 σ_{θ_1} 拒绝。因此，我们可以将外连接替换为内连接（反之亦然）。

更一般地，如果 θ_1 形如 $\theta_1^1 \wedge \theta_1^2 \wedge \cdots \wedge \theta_1^k$，则条件成立，并且至少有一个项 θ_1^i 是形如 e_1 *relop* e_2 的，其中 e_1 和 e_2 是涉及 E_2 的至少一个属性的算术或字符串表达式，且 *relop* 是 $<$、$\leqslant$、$=$、$\geqslant$、$>$ 中的一个。

这只列出了等价规则的一部分。更多的等价规则将在习题中讨论。

一些对于连接成立的等价规则对于外连接并不成立。例如，当规则 15.a 或规则 15.b 中指定的条件成立时，选择运算对外连接不满足分配律。为了了解这一点，我们看如下表达式：

$$\sigma_{year=2017}(instructor ⟕ teaches)$$

并考虑一位无论在哪一年都根本不授课的教师的情况。在上面的表达式中，左外连接为每位这样的教师保留一个元组，它对于 *year* 取空值。然后选择运算移除这些元组，因为谓词 *null*=2017 的执行结果为 *unknown*，并且这样的教师不会出现在结果中。但是，如果我们将选择运算下推至 *teaches*，则产生的表达式为：

$$instructor ⟕ \sigma_{year=2017}(teaches)$$

此表达式在语法上是正确的，因为选择谓词只包含 *teaches* 的属性，但结果是不同的。对于一位根本不授课的教师，*instructor* 元组出现在 $instructor ⟕ \sigma_{year=2017}(teaches)$ 的结果中，但不出现在 $\sigma_{year=2017}(instructor ⟕ teaches)$ 的结果中。然而，下面的等价规则确实成立：

$$\sigma_{year=2017}(instructor ⟕ teaches) \equiv \sigma_{year=2017}(instructor \bowtie teaches)$$

作为另一个示例，与内连接不同，外连接不满足结合律。我们使用一个自然左外连接的示例来展示这一点。对于自然右外连接和自然全外连接，以及对于外连接运算的相应 θ 连接版本，也可以构造出类似的示例。 751

设关系 $r(A, B)$ 是由单个元组 (1, 1) 构成的关系，$s(B, C)$ 是由单个元组 (1, 1) 构成的关系，并且 $t(A, C)$ 是没有元组的空关系。对于这个示例，

$$(r ⟕ s) ⟕ t \not\equiv r ⟕ (s ⟕ t)$$

要明白这一点，首先请注意 $(r ⟕ s)$ 生成了一个模式为 (A, B, C) 的结果，其中具有一个元组 (1, 1, 1)。计算该结果与关系 t 的左外连接将生成一个模式为 (A, B, C) 且具有一个元组 (1, 1, 1) 的结果。接下来，我们看表达式 $r ⟕ (s ⟕ t)$，并注意到 $s ⟕ t$ 产生一个模式为 (A, B, C) 且具有一个元组 (*null*, 1, 1) 的结果。计算这个结果与 r 的左外连接会产生一个模式为 (A, B, C) 且具有一个元组 (1, 1, *null*) 的结果。

16.2.2　转换示例

下面来说明等价规则的用法。使用我们的大学示例，其关系模式为：

instructor(*ID*, *name*, *dept_name*, *salary*)
teaches(*ID*, *course_id*, *sec_id*, *semester*, *year*)
course(*course_id*, *title*, *dept_name*, *credits*)

在 16.1 节的示例中，表达式：

$$\Pi_{name,title}\,(\sigma_{dept\_name=\text{“Music”}}\,(instructor \bowtie (teaches \bowtie \Pi_{course\_id,title}(course))))$$

被转换成以下表达式：

$$\Pi_{name,title}\,((\sigma_{dept\_name=\text{“Music”}}\,(instructor)) \bowtie (teaches \bowtie \Pi_{course\_id,title}(course)))$$

转换后的表达式等价于原始代数表达式，但产生较小规模的中间关系。我们可以使用规则 7.a 来实现这一转换。请记住，规则只说明两个表达式是等价的，并未说明孰优孰劣。

针对一个查询或查询的一部分，可以一条接一条地连续使用多条等价规则。作为一个示例，假设对我们原先的查询加以修改，将注意力限制在 2017 年讲授一门课程的那些教师上。新的关系代数查询为：

$$\Pi_{name,title}\,(\sigma_{dept\_name=\text{“Music”} \wedge year\,=\,2017}\,(instructor \bowtie (teaches \bowtie \Pi_{course\_id,title}(course))))$$ 752

我们不能把选择谓词直接应用到 *instructor* 关系上，因为该谓词同时牵涉 *instructor* 和 *teaches* 两个关系的属性。然而，我们可以先应用规则 6.a（自然连接的结合律）把连接 $instructor \bowtie (teaches \bowtie \Pi_{course\_id,title}(course))$ 转换成 $(instructor \bowtie teaches) \bowtie \Pi_{course\_id,title}(course)$：

$$\Pi_{name,title}\,(\sigma_{dept\_name=\text{“Music”} \wedge year\,=\,2017}\,((instructor \bowtie teaches) \bowtie \Pi_{course\_id,title}(course)))$$

然后使用规则 7.a，可将我们的查询改写为：

$$\Pi_{name,title}\,((\sigma_{dept\_name=\text{“Music”} \wedge year\,=\,2017}\,(instructor \bowtie teaches)) \bowtie \Pi_{course\_id,title}(course))$$

让我们检查这个表达式内的选择子表达式。利用规则 1，我们可以把选择条件分解为两个选择条件，以得到以下子表达式：

$$\sigma_{dept\_name = \text{"Music"}} (\sigma_{year\ =\ 2017}\ (instructor \bowtie teaches))$$

上述两个表达式均选出满足 dept_name= “Music” 及 course_id=2017 的元组。但是，后一种表达式形式提供了进一步应用规则 7.a（“尽早执行选择”）的机会，并得到如下子表达式：

$$\sigma_{dept\_name = \text{"Music"}}\ (instructor) \bowtie \sigma_{year\ =\ 2017}\ (teaches)$$

初始表达式以及经过上述所有转换后的最终表达式的图形化表示如图 16-4 所示。我们也可以应用规则 7.b 来直接得到等价的最终表达式，而不必用规则 1 将选择条件分解为两个选择条件。事实上，规则 7.b 本身可由规则 1 及规则 7.a 推导出来。

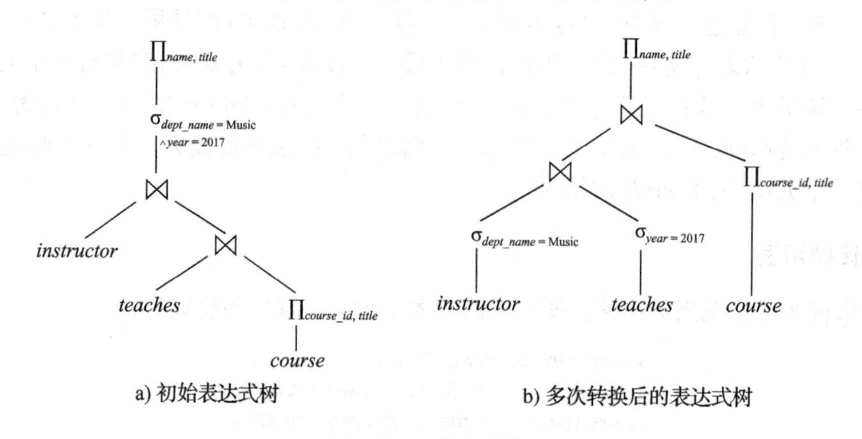

753

图 16-4　多次转换

若一组等价规则中的任意一条规则都不能由其他规则的组合推导出来，则称这组等价规则为**最小的**（minimal）等价规则集。上例表明 16.2.1 节中的等价规则集不是最小的。与原始表达式等价的表达式可以用不同的方式来产生。当我们使用非最小化等价规则集时，产生表达式的不同方式的数量也会增加。因此，查询优化器使用最小的等价规则集。

现在请考虑我们的示例查询的如下形式：

$$\Pi_{name,title}\ ((\sigma_{dept\_name = \text{"Music"}}\ (instructor) \bowtie teaches) \bowtie \Pi_{course\_id,title}(course))$$

当计算如下子表达式时：

$$(\sigma_{dept\_name = \text{"Music"}}\ (instructor) \bowtie teaches)$$

我们得到具有如下模式的一个关系：

$$(ID,\ name,\ dept\_name,\ salary,\ course\_id,\ sec\_id,\ semester,\ year)$$

通过基于等价规则 8.a 及 8.b 的投影下推，我们可以从该模式中去除几个属性。必须保留的属性只是那些要么出现在查询结果中要么需要在后续运算中处理的属性。通过去除不必要的属性，减少了中间结果的列数，从而减小了中间结果的规模。在我们的示例中，我们所需要的 *instructor* 与 *teaches* 的连接的属性只有 *name* 和 *course_id*，因此可将表达式修改为：

$$\Pi_{name,title}\ ((\Pi_{name,course\_id}\ ((\sigma_{dept\_name = \text{"Music"}}\ (instructor)) \bowtie teaches)) \bowtie \Pi_{course\_id,title}(course))$$

投影 $\Pi_{name,course\_id}$ 减小了中间连接结果的规模。

16.2.3 连接次序

一种好的连接运算次序对于减小临时结果的规模很重要。因此，大多数查询优化器在连接次序上花费了很多工夫。正如等价规则 6.a 中提到的，自然连接运算满足结合律。所以，对于任意关系 r_1、r_2 和 r_3：

$$(r_1 \bowtie r_2) \bowtie r_3 \equiv r_1 \bowtie (r_2 \bowtie r_3)$$

虽然这两个表达式是等价的，但计算它们的代价可能不同。请再次考虑表达式：

$$\Pi_{name,title}((\sigma_{dept\_name=\text{“Music”}}(instructor)) \bowtie teaches \bowtie \Pi_{course\_id,title}(course))$$

754

我们可以选择先计算 $teaches \bowtie \Pi_{course\_id,title}(course)$，然后再将结果与

$$\sigma_{dept\_name=\text{“Music”}}(instructor)$$

进行连接。

但是，$teaches \bowtie \Pi_{course\_id,title}(course)$ 可能是一个大型关系，因为对于每门课程该关系都包含一个元组。相反，

$$\sigma_{dept\_name=\text{“Music”}}(instructor) \bowtie teaches$$

可能是一个小型关系。为了说明这一点，我们注意到：一所大学拥有的教师数量比课程数量少，并且由于一所大学拥有很多系，因此很可能只有一小部分大学教师和音乐系相关联。这样，在前述表达式得到的结果中，对于音乐系教师所讲授的每门课程有一个元组。因此，我们需要保存的临时关系将比先计算 $teaches \bowtie \Pi_{course\_id,title}(course)$ 而要保存的临时关系要小。

为了执行我们的查询还需要考虑其他因素。我们并不关心属性在连接中出现的次序，因为在显示结果之前改变这种次序很容易。因此，对于任何关系 r_1、r_2：

$$r_1 \bowtie r_2 \equiv r_2 \bowtie r_1$$

也就是说，自然连接满足交换律（等价规则 5）。

利用自然连接的交换律与结合律（等价规则 5 与等价规则 6），请考虑如下关系代数表达式：

$$(instructor \bowtie \Pi_{course\_id,title}(course)) \bowtie teaches$$

请注意，在 $\Pi_{course\_id,title}(course)$ 与 $instructor$ 之间没有公共属性，所以此连接就是笛卡儿积。若在 $instructor$ 中有 a 个元组，并且在 $\Pi_{course\_id,title}(course)$ 中有 b 个元组，这个笛卡儿积将产生 $a*b$ 个元组，对于每个可能的教师元组和课程元组对都有一个元组（无须考虑该教师是否讲授该课程）。这个笛卡儿积会产生一个非常庞大的临时关系。然而，如果用户输入的是上述表达式，我们可以用自然连接的结合律与交换律把这个表达式转换成更高效的表达式：

$$(instructor \bowtie teaches) \bowtie \Pi_{course\_id,title}(course)$$

16.2.4 等价表达式的枚举

查询优化器可以使用等价规则来系统地产生与给定的查询表达式等价的表达式。表达式的代价是根据 16.3 节中讨论的统计信息来计算的。16.4 节中描述的基于代价的查询优化器可以计算每种备选方案的代价，并挑选出代价最低的备选方案。

755

从概念上讲，对等价表达式的枚举可以通过图 16-5 中概述的方式来实现。其处理过程如下：给定一个查询表达式 E，其等价表达式集合 EQ 最初只包含 E。现在，将 EQ 中的每

个表达式与每条等价规则匹配。如果任何表达式 $E_i \in EQ$ 的一个子表达式 e_j（作为一种特例，e_j 可以是 E_i 本身）与一条等价规则的一边相匹配，那么优化器就产生 E_i 的一个拷贝 E_k，其中 e_j 被替换成与该规则的另一边相匹配，并将 E_k 加入 EQ 中。该过程不断进行，直到不再有新表达式产生为止。通过适当选择一组等价规则，等价表达式的集合是有限的，并且可以保证该过程能够终止。

```
procedure genAllEquivalent (E)
EQ = {E}
repeat
    将 EQ 中的每个表达式 Ei 与每条等价规则 Rj 进行匹配
    if Ei 的任何子表达式 ei 与 Rj 的一边相匹配
      创建一个与 Ei 等价的新表达式 E′，其中 ei 被替换成与 Rj 的另一边相匹配
      如果 E′ 尚未在 EQ 中，则将其添加到 EQ 中
until 不再有新的表达式可以被添加到 EQ 中
```

图 16-5 产生所有等价表达式的过程

例如，给定一个表达式 $r \bowtie (s \bowtie t)$，交换律可以与子表达式 $(s \bowtie t)$ 相匹配，并将创建一个新的表达式 $r \bowtie (t \bowtie s)$。交换律也与 $r \bowtie (s \bowtie t)$ 的根处的连接相匹配，并创建一个新的表达式 $(s \bowtie t) \bowtie r$。结合律和交换律可以继续应用于所生成的新的表达式。但是应用任何等价规则最终都只会生成先前已经生成的表达式，因此该过程将终止。

上述过程无论在空间上还是在时间上代价都极其昂贵。但是采用如下两种关键思想，优化器可以很大程度地减少空间和时间上的开销。

1. 如果在子表达式 e_i 上使用等价规则把表达式 E_1 转换成表达式 E'，那么除了 e_i 及其转换之外，E' 与 E_1 有相同的子表达式。即使是 e_i 及其转换形式通常也共享许多相同的子表达式。表达式表示技术允许两个表达式指向共享的子表达式，这样可以显著减少对空间的需求。

756

2. 不必总是用等价规则产生所有可以产生的表达式。正如我们将在 16.4 节中看到的那样，如果优化器考虑执行的代价估计，那么它可以避免检查某些表达式。通过使用诸如此类的技术，可以减少优化所需的时间。

通过利用这些技术和其他技术来减少优化时间，等价规则可以用来枚举可替代计划，这些计划的代价可以计算出来；然后从这些备选计划中选出代价最低的计划。在 16.4.2 节中，我们将讨论基于等价规则和代价的查询优化的高效实现。

一些查询优化器以启发式的方式来使用等价规则。通过这种方法，如果一条等价规则的左侧与查询计划中的一棵子树相匹配，则该子树被重写为与该规则的右侧相匹配。重复这个过程直到查询计划不能再被进一步重写为止。必须谨慎挑选规则，使得在应用一条规则时代价能降低，并且重写必须是最终能终止的。虽然这种方法可以用执行得相当快的方式来实现，但不能保证它会找到最优的计划。

还有一种查询优化器侧重于连接次序的选择，它通常是查询代价的一个关键因素。我们将在 16.4.1 节中讨论连接次序的优化算法。

16.3 表达式结果的统计信息估计

一种运算的代价依赖于它的输入的规模和其他统计信息。给定一个表达式，比如 $r \bowtie (s \bowtie t)$，为了估计 r 与 $(s \bowtie t)$ 连接的代价，我们需要有一些统计信息的估计值，比如 $s \bowtie t$ 的规模。

在这一节中，我们首先列出存储在数据库系统目录中的关于数据库关系的一些统计信息，然后展示如何使用这些存储的统计信息去估计各种关系运算结果的统计信息。

给定一个查询表达式，我们把它看作一棵树；可以从底层运算开始估计它们的统计信息，并继续对高层运算进行处理，直到到达树的根为止。计算出的规模估计被作为这些统计数据的一部分，并可以用来计算树中单个运算的算法的代价，可以将这些代价加到一起来找到整个查询计划的代价，正如我们在第15章中看到过的。

在这一节的后面有件事情将会变得清晰：这样的估计并不十分精确，因为估计基于一种可能并不严谨的假设。因此，一个具有最小执行代价估计的查询执行计划可能事实上并不具有最小的实际执行代价。然而，实践经验告诉我们：即使估计并不精确，具有最小代价估计的计划通常具有与实际最小执行代价相等或接近的代价。

757

16.3.1 目录信息

数据库系统目录存储了有关数据库关系的下列统计信息：

- n_r，关系 r 中的元组数。
- b_r，包含关系 r 中元组的块数。
- l_r，关系 r 中一个元组的字节数。
- f_r，关系 r 的块因子——一个块中能容纳的关系 r 的元组数。
- $V(A, r)$，关系 r 中出现的对于属性 A 的非重复值的数量。该值与 $\Pi_A(r)$ 的规模相同。如果 A 是关系 r 的码，则 $V(A, r)$ 等于 n_r。

如果需要，最后一个统计值 $V(A, r)$ 也可以针对属性集合进行维护，而不仅仅针对单个属性。因此，对于一个给定的属性集 $\mathcal{A}$，$V(\mathcal{A}, r)$ 就是 $\Pi_{\mathcal{A}}(r)$ 的规模。

如果我们假设关系 r 的元组在物理上被共同存储在一个文件中，则下面的等式成立：

$$b_r = \left\lceil \frac{n_r}{f_r} \right\rceil$$

关于索引的统计信息（比如 B^+ 树索引的高度和索引中叶节点的页数）也在目录中维护。

如果我们希望维护准确的统计信息，那么在每次修改关系时，都必须同时更新这些统计信息。这种更新导致了大量的开销。因此，许多系统并不在每次修改时都更新统计信息，而是当系统处于轻负载时才进行更新。其结果是，用于选择一种查询处理策略的统计信息可能并不完全精确。然而，如果在统计信息更新的间隔内并没有发生太多的更新，那么统计信息将足够精确，以对不同计划的相对代价进行良好评估。

这里提到的统计信息是简化过的。现实的优化器经常维护更深入的统计信息，以提高执行计划的代价评估的精确度。例如，大多数数据库将每个属性的取值分布存储成一张**直方图**（histogram）：在直方图中，属性的取值被拆分成若干个区间，并且对于每个区间，直方图将属性值落在每个区间中的元组个数与该区间相关联。图16-6展示了一个对于整数型属性取值在1到25之间的直

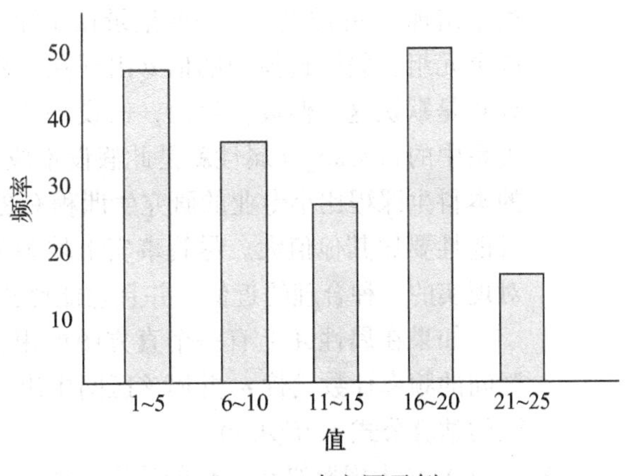

图 16-6 直方图示例

方图示例。

作为直方图的一个示例，*person* 关系的 *age* 属性的取值范围可分成 0～9, 10～19, …，90～99（假设最大年龄是 99 岁）。对于每个区间，我们存储一个计数，用于统计那些 *age* 值落在该区间的 *person* 元组的个数。

758

图 16-6 所示的直方图是**等宽直方图**（equi-width histogram），因为它将值的范围划分为规模相等的区间。相反，**等深直方图**（equi-depth histogram）调整了区间的边界，使得每个区间具有相同数量的值。因此，等深直方图仅存储区间划分的边界，而不需要存储值的数量。例如，以下是对于图 16-6 中的等宽直方图的数据的等深直方图：

$$(4, 8, 14, 19)$$

该直方图显示有 1/5 的元组年龄 <4 岁，另外 1/5 的元组年龄 $\geqslant 4$ 岁但 <8 岁，依此类推，最后 1/5 的元组年龄 $\geqslant 19$ 岁。有关元组总数的信息也存储在等宽直方图中。等深直方图要优于等宽直方图，因为它们提供更好的估计信息，并占用更少的空间。

数据库系统中使用的直方图还可以记录每个区间中不同值的数量，以及该区间中具有某些属性值的元组数量。在我们的示例中，直方图可以存储位于每个区间中的不同年龄值的数量。如果没有这样的直方图信息，优化器就必须假定值的分布是均匀的；也就是说，每个区间具有相同数量的不同值。

在许多数据库应用中，与其他值相比，某些值出现得非常频繁。为了更好地评估指定了这些值的查询，许多数据库对于某个 n 值（比如 5 或 10）存储了 n 个最频繁值的列表，以及每个值出现的次数。在我们的示例中，如果 4、7、18、19 和 23 是五个最常出现的值，那么数据库就可以存储每个这样的年龄的人数。然后直方图只存储这五个年龄值以外的相关统计数据，因为我们已经对这些值有了确切的计数。

759

直方图只占用很少的空间，因此几个不同属性上的直方图可以存储在系统目录中。

16.3.2 选择规模估计

对一个选择运算的结果规模的估计依赖于选择谓词。我们首先考虑单个的相等谓词，然后考虑单个的比较谓词，最后考虑谓词的组合。

- $\sigma_{A=a}(r)$：如果 a 是一个出现次数有可用统计值的频繁出现的值，则可以直接使用该值作为选择的规模估计。

  否则，如果没有可用的直方图，我们假设取值是均匀分布的（即每个值以同样的概率出现），并假设 r 的一些记录在属性 A 上的取值为 a，则选择结果估计有 $n_r / V(A, r)$ 个元组。关于选择中的值 a 出现在一些记录中的假设通常是成立的，而且代价估计总是默认这一假设。然而，假设每个值以同样的概率出现通常是不现实的，*takes* 关系中的 *course_id* 属性就是此假设不成立的一个示例。我们有理由预期一门受欢迎的本科生课程比小专业的研究生课程有更多的学生。因此，某些 *course_id* 值出现的可能性要比其他值大。尽管事实上均匀分布假设通常不成立，但在许多情况下它是对现实的一种合理的近似，并且它能使我们的阐述相对简单。

  如果在属性 A 上有一个直方图可用，则可以定位出包含值 a 的区间，然后用该区间的频率计数代替 n_r 并用该区间中出现的不同值的数量代替 $V(A, r)$ 来修改上面提到的估算公式 $n_r / V(A, r)$。

- $\sigma_{A \leqslant v}(r)$：请考虑形如 $\sigma_{A \leqslant v}(r)$ 的选择。假设属性的最小值和最大值（$\min(A, r)$ 和 $\max(A, r)$）

都存储在目录中。假设值是均匀分布的，我们可以对满足条件 $A \leqslant v$ 的记录数进行如下估计：

○ 若 $v < \min(A, r)$，则为 0；

○ 若 $v \geqslant \max(A, r)$，则为 n_r；

○ 否则，为 $n_r \cdot \dfrac{v - \min(A, r)}{\max(A, r) - \min(A, r)}$。

如果在属性 A 上有一个直方图可用，就可以得到更精确的估计，我们将细节留给读者作为练习。

在某些情况下，比如查询是存储过程的一部分，在对查询进行优化时无法得到 v 的值。在这种情况下，我们假设大约有一半的记录将满足比较条件。也就是说，我们假设结果具有 $n_r/2$ 个元组；这个估计可能非常不精确，但这是在没有任何进一步信息的情况下所能采取的最好办法了。

760

注释 16-2 计算与维护统计信息

从概念上讲，关系上的统计信息可以被理解为物化视图，当关系被修改时统计信息应该被自动维护。遗憾的是，如果对于数据库的每一次插入、删除和更新都保持最新的统计信息，开销是非常昂贵的。另一方面，优化器一般并不需要准确的统计信息：百分之几的误差可能导致选出一个不是完全最优的计划，但是这个被选出的备选计划的代价可能比最优计划的代价仅高出不到百分之几。因此，近似的统计信息是可以接受的。

利用统计信息可以近似这一事实，数据库系统减少了生成和维护统计信息的代价，如下所示：

- 统计信息通常是从基础数据的样本计算出的，而不用检查整个数据集合。例如，一个相当准确的直方图可以通过数千个元组的样本计算出来，尽管一个关系包含百万或亿万条记录。然而，所使用的样本必须是**随机样本**（random sample）。不是随机抽样的样本可能过度表现关系的一部分，并给出误导的结果。例如，如果我们采用教师的样本来计算工资的直方图，如果样本过于表现低工资的教师，则直方图就会导致错误的估计。目前的数据库系统经常使用随机抽样来生成统计信息。关于抽样的文献请参见在线的参考文献。
- 不是对于每次数据库更新都维护统计信息。事实上，一些数据库系统从不自动更新统计信息。它们依靠数据库管理员定期运行一条命令来更新统计信息。Oracle 和 PostgreSQL 提供了一条称作 **analyze** 的 SQL 命令来产生指定关系或所有关系上的统计信息。IBM DB2 提供了一条称作 **runstats** 的等价命令。相关细节请查阅系统手册。你应该意识到：由于不正确的统计信息，优化器有时会选出非常糟糕的计划。许多数据库系统（比如 IBM DB2、Oracle 和 SQL Server）会在特定的时间点自动更新统计信息。例如，系统可以近似跟踪一个关系中有多少个元组，并且当元组数量显著变化时重新计算统计信息。另一种方法是将关系扫描所估计的基数和执行查询时的实际基数进行比较，并且如果它们差异显著，则对该关系启动统计信息的更新。

- 复杂选择：
- **合取**（conjunction）：合取选择是形如

$$\sigma_{\theta_1 \wedge \theta_2 \wedge \cdots \wedge \theta_n}(r)$$

的选择运算。我们可以这样来估计这种选择的结果规模：对于每个 θ_i，我们按照之前描述的那样估计选择运算 $\sigma_{\theta_i}(r)$ 的规模，记为 s_i。这样，关系中一个元组满足选择条件 θ_i 的概率就是 s_i/n_r。

上述概率称为选择运算 $\sigma_{\theta_i}(r)$ 的**中选率**（selectivity）。假设各条件是相互独立的，则一个元组满足全部条件的概率就是所有这些概率的简单乘积。因此，我们可以将满足全部选择条件的元组数量估计为：

$$n_r * \frac{s_1 * s_2 * \cdots * s_n}{n_r^n}$$

- **析取**（disjunction）：析取选择是形如

$$\sigma_{\theta_1 \vee \theta_2 \vee \cdots \vee \theta_n}(r)$$

的选择运算。满足单个简单条件 θ_i 的所有记录的并集满足析取条件。

如前所述，令 s_i/n_r 代表一个元组满足条件 θ_i 的概率。那么该元组满足整个析取式的概率为 1 减去该元组不满足任何一个条件的概率：

$$1-\left(1-\frac{s_1}{n_r}\right)*\left(1-\frac{s_2}{n_r}\right)*\cdots*\left(1-\frac{s_n}{n_r}\right)$$

我们将该值乘以 n_r 就得到满足该选择条件的元组数的估计。

- **否定**（negation）：在没有空值的情况下，选择运算 $\sigma_{\neg\theta}(r)$ 的结果就简单地由不在 $\sigma_\theta(r)$ 中的 r 的元组组成。我们已知如何估计 $\sigma_\theta(r)$ 中的元组数，因此 $\sigma_{\neg\theta}(r)$ 中的元组数被估计为 n_r 减去 $\sigma_\theta(r)$ 中的估计元组数。

我们可以通过估计对条件 θ 的求值结果为未知的元组数量然后从上面忽略空值的估算中减去该数量的方式来考虑空值。对该数量的估计需要在目录中维护额外的统计信息。

16.3.3 连接规模估计

761 ~ 762

在本小节中，我们考虑如何估计连接结果的规模。

笛卡儿积 $r \times s$ 包含 $n_r * n_s$ 个元组。$r \times s$ 中的每个元组占用 $l_r + l_s$ 个字节，据此我们可以计算出笛卡儿积的规模。

估计自然连接的规模在某种程度上要比估计选择或笛卡儿积的规模更复杂一些。令 $r(R)$ 和 $s(S)$ 为两个关系。

- 若 $R \cap S = \emptyset$ ——两个关系没有共同的属性——则 $r \bowtie s$ 与 $r \times s$ 的结果是一样的，并且我们可以使用估算笛卡儿积的技术。
- 若 $R \cap S$ 是 R 的码，则我们可知 s 的一个元组至多与 r 的一个元组相连接。因此，$r \bowtie s$ 中的元组数不会超过 s 中的元组数。$R \cap S$ 是 S 的码的情况同刚刚描述的情况相对称。若 $R \cap S$ 构成了 S 中引用 R 的外码，则 $r \bowtie s$ 中的元组数正好与 s 中的元组数相等。
- 最困难的情况是当 $R \cap S$ 既不是 R 的码也不是 S 的码的时候。在这种情况下，与进行选择运算的情况一样，我们假定每个值是等概率出现的。考虑 r 的元组 t，并假定 $R \cap S=\{A\}$。我们估计元组 t 在 $r \bowtie s$ 中产生

$$\frac{n_s}{V(A,s)}$$

个元组，因为该值就是 s 中对于属性 A 取给定值的平均元组数。请考虑 r 中的所有元组，我们估计在 $r \bowtie s$ 中有

$$\frac{n_r * n_s}{V(A,s)}$$

个元组。请注意，如果在前述估算中将 r 与 s 的角色颠倒，那么我们估计在 $r \bowtie s$ 中有

$$\frac{n_r * n_s}{V(A,r)}$$

个元组。在 $V(A,s) \neq V(A,r)$ 时，这两种估计是不同的。若发生这种情况，就可能有未参与到连接中的悬摆元组存在。因此这两个估计值中的较小者可能更加准确。

如果对于 r 中属性 A 的 $V(A,r)$ 值与对于 s 中属性 A 的 $V(A,s)$ 值相等的情况较少，则前述连接规模的估计可能太高。然而，在真实世界中这种情形很少发生，因为在大部分现实关系中，悬摆元组要么并不存在，要么只占元组总数的一小部分。

更重要的是，前面的估计取决于这样的假设：每个值是等概率出现的。若这个假设不成立，则必须采用更复杂的技术来估算结果的规模。例如，如果我们在两个关系的连接属性上都有直方图，并且两个直方图都有相同的区间，那么我们就可以在每个区间内使用上述估计技术，用值落入该区间的行数来代替 n_r 或 n_s，并用该区间中不同取值的个数来代替 $V(A, r)$ 或 $V(A, s)$。然后我们把得到的每个区间的规模估计值加到一起就得到总的规模估计值。我们把两个关系在连接属性上都有直方图但直方图的区间不一样的情况留给读者作为练习。

763

对于 θ 连接 $r \bowtie_\theta s$，我们可以通过把它重写成 $\sigma_\theta(r \times s)$ 的形式，并利用笛卡儿积的规模估计和 16.3.2 节中的选择规模估计，来估计它的规模。

为了说明对连接规模的所有这些估计方式，请考虑表达式：

$$student \bowtie takes$$

假设有关这两个关系的目录信息如下：

- $n_{student}$ = 5 000；
- n_{takes} = 10 000；
- $V(ID, takes)$ = 2 500，这意味着只有一半的学生选过课（这是不现实的，但是我们用它来表明即使在这种情况下我们的规模估计也是正确的），并且在平均情况下，选课的学生每人选了四门课。

请注意，因为 *ID* 是 *student* 的主码，所以 $V(ID, student) = n_{student}$ = 5 000。

takes 中的 *ID* 属性是 *student* 上的外码，并且 *takes.ID* 上没有空值，因为 *ID* 是 *takes* 主码的一部分。因此，$student \bowtie takes$ 的规模恰好是 n_{takes}，这个值就是 10 000。

现在，我们在不使用外码信息的情况下计算 $student \bowtie takes$ 的规模估计值。由于 $V(ID, takes)$ = 2 500 并且 $V(ID, student)$ = 5 000，我们得到的两个估计值是 5 000*10 000/2 500=20 000 以及 5 000*10 000/5 000=10 000，并且我们取较小的值。在这种情况下，这些估计值的较小者与我们早先用外码信息计算出的结果是相同的。

16.3.4 其他运算的规模估计

接下来我们概述如何估计其他关系代数运算的结果规模。

- **投影**（projection）：形如 $\Pi_A(r)$ 的投影的估计规模（记录数或元组数）为 $V(A, r)$，因为投影去除了重复元组。
- **聚集**（aggregation）：${}_G\gamma_A(r)$ 的规模就是 $V(G, r)$，因为对于 G 的每一个不同取值，在 ${}_G\gamma_A(r)$ 中都有一个元组与之对应。
- **集合运算**（set operation）：如果一个集合运算的两个输入是对同一个关系的选择，我们可以将该集合运算重写成析取、合取或否定。例如，$\sigma_{\theta_1}(r) \cup \sigma_{\theta_2}(r)$ 可以重写成 $\sigma_{\theta_1 \vee \theta_2}(r)$。类似地，只要参与集合运算的两个关系是对同一个关系的选择，我们就可以把交集重写成合取，并且可以使用否定来重写集差。这样我们就可以使用 16.3.2 节中对涉及合取、析取和否定的选择的估计方法。

  如果输入并不是对相同关系的选择，我们可以按这样的方式进行规模的估计：将 $r \cup s$ 的规模估计为 r 与 s 的规模之和；将 $r \cap s$ 的规模估计为 r 与 s 的规模的最小值；将 $r - s$ 的规模估计为与 r 的规模相同。所有这三种估计可能都不精确，但提供了规模的上界。
- **外连接**（outer join）：将 $r ⟕ s$ 的规模估计为 $r \bowtie s$ 的规模加上 r 的规模；对 $r ⟖ s$ 的估计与对 $r ⟕ s$ 的估计是对称的；将 $r ⟗ s$ 的规模估计为 $r \bowtie s$ 的规模加上 r 和 s 的规模。所有这三种估计可能都不精确，但提供了规模的上界。

764

16.3.5 不同取值个数的估计

前面讨论的规模估计取决于诸如直方图之类的统计信息，或者至少依赖于一个属性不同取值的数量。虽然这些统计信息可以预先计算并存储在数据库中的关系中，但是我们需要为中间结果而计算它们。请注意，在中间结果 E_i 中对不同属性值的数量的估计和对结果规模数量的估计有助于我们在使用 E_i 的下一级中间结果中估计规模和不同属性值的数量。

对于选择来说，选择结果中的一个属性（或属性集）A 的不同取值数量 $V(A,\sigma_\theta(r))$ 可以按如下方式进行估计。

- 若选择条件 θ 强制 A 取一个特定值（例如 $A=3$），则 $V(A,\sigma_\theta(r)) = 1$。
- 若 θ 强制 A 取一个指定值的集合中的一个值（例如 $A = 1 \vee A = 3 \vee A = 4$），则 $V(A,\sigma_\theta(r))$ 为这些指定值的个数。
- 若选择条件 θ 形如 A *op* v，其中 *op* 为一个比较运算符，则 $V(A,\sigma_\theta(r))$ 可估计为 $V(A,r)*s$，这里 s 是该选择运算的中选率。
- 对于选择的所有其他情况，我们假设 A 值的分布独立于选择条件所指定的值的分布，那么可以得到 $\min(V(A, r), n_{\sigma_\theta(r)})$ 这样的近似估计值。对于这种情况，可以使用概率理论推导出更精确的估计，但上述近似估计已经相当好了。

对于连接来说，连接结果中的一个属性（或属性集）A 的不同取值个数 $V(A, r \bowtie s)$ 可以按如下方式进行估计。

765

- 若 A 中的所有属性全来自 r，则 $V(A, r \bowtie s)$ 可估计为 $\min(V(A,r), n_{r \bowtie s})$。并且类似地，若 A 中的所有属性全来自 s，则 $V(A, r \bowtie s)$ 可估计为 $\min(V(A, s), n_{r \bowtie s})$。
- 若 A 包含 r 的属性 $A1$ 和 s 的属性 $A2$，则 $V(A, r \bowtie s)$ 可估计为：

$$\min(V(A1,r) * V(A2-A1,s), V(A1-A2,r) * V(A2,s), n_{r \bowtie s})$$

请注意有些属性可能既在 $A1$ 中又在 $A2$ 中，并且令 $A1-A2$ 和 $A2-A1$ 分别代表只来自 r 的 A 中的属性和只来自 s 的 A 中的属性。同上，通过使用概率理论可以推导出更精确的估计，但上述近似估计已经相当好了。

对于投影来说不同取值的估计是直截了当的：它们在 $\Pi_A(r)$ 中是和在 r 中一样的。这一点对于聚集的分组属性也同样成立。为了简便起见，对于 **sum**、**count** 和 **average** 的结果，我们可以假设所有的聚集值各不相同。对于 **min**(A) 和 **max**(A)，不同取值的个数可估计为 min($V(A, r)$，$V(G, r)$)，这里的 G 代表分组属性。我们略去对其他运算的不同取值估计的详细介绍。

16.4 执行计划的选择

由于表达式中的每种运算都可用不同的算法来实现，所以产生表达式仅仅是查询优化过程的一部分。一个执行计划准确定义了对于每种运算应该使用什么算法以及应该如何协调各运算的执行。

利用通过 16.3 节中的技术估计的统计信息以及对于第 15 章中描述的各种算法和执行方法的代价估计，我们可以对一个给定的执行计划进行代价评估。

基于代价的优化器（cost-based optimizer）搜索与给定查询等价的所有查询执行计划的空间，并选择估计代价最小的那一个。我们已经看到如何使用等价规则来产生等价计划。然而，采用任意等价规则的基于代价的优化是相当复杂的。我们首先在 16.4.1 节中介绍基于代价的优化的一个较简单的版本，其中仅涉及连接次序和连接算法的选择。然后，在 16.4.2 节中我们将简要描述如何创建一个基于等价规则的通用的优化器，而不过多深入细节。

对于复杂查询来说，搜索所有可能计划的空间的代价过于昂贵。大多数优化器采用启发式方法来降低查询优化的代价，同时承担找不到最优计划的潜在风险。我们将在 16.4.3 节中学习一些这样的启发式方法。

766

16.4.1 基于代价的连接次序选择

SQL 中最常见的查询类型是由数个关系的连接构成的，并带有连接谓词以及在 **where** 子语中指定的选择。在本小节中，我们考虑如何为这类查询选择最优的连接次序的问题。

对于一个复杂的连接查询，等价于该查询的不同查询计划的数量可能很多。作为一个示例，请考虑表达式：

$$r_1 \bowtie r_2 \bowtie \cdots \bowtie r_n$$

其中的连接是以没有指定任何次序的方式来表示的。当 $n = 3$ 时，存在 12 种不同的连接次序：

$$\begin{array}{llll}
r_1 \bowtie (r_2 \bowtie r_3) & r_1 \bowtie (r_3 \bowtie r_2) & (r_2 \bowtie r_3) \bowtie r_1 & (r_3 \bowtie r_2) \bowtie r_1 \\
r_2 \bowtie (r_1 \bowtie r_3) & r_2 \bowtie (r_3 \bowtie r_1) & (r_1 \bowtie r_3) \bowtie r_2 & (r_3 \bowtie r_1) \bowtie r_2 \\
r_3 \bowtie (r_1 \bowtie r_2) & r_3 \bowtie (r_2 \bowtie r_1) & (r_1 \bowtie r_2) \bowtie r_3 & (r_2 \bowtie r_1) \bowtie r_3
\end{array}$$

一般而言，对于 n 个关系来说，存在 $(2(n-1))!/(n-1)!$ 种不同的连接次序。（我们将此表达式的计算留到实践习题 16.12 中完成）。对于涉及少量关系的连接而言，此数量还是可以接受的。例如对于 $n = 5$，此数量是 1680。然而，随着 n 的增加，这个数量迅速增长。对于 $n = 7$，此数量是 665 280；对于 $n = 10$，此数量大于 176 亿！

幸运的是，不必产生与给定表达式等价的所有表达式。例如，假设我们希望找到以下表达式的最佳连接次序：

$$(r_1 \bowtie r_2 \bowtie r_3) \bowtie r_4 \bowtie r_5$$

该表达式表示：r_1、r_2 和 r_3 首先进行连接（以某种次序），其结果再与 r_4 和 r_5 进行连接（以某种次序）。计算 $r_1 \bowtie r_2 \bowtie r_3$ 有 12 种不同的连接次序，而计算其结果再与 r_4 和 r_5 的连接又有 12 种次序。因此，看起来需要检查 144 种连接次序。然而，一旦我们为关系子集 $\{r_1, r_2, r_3\}$ 找到了最佳的连接次序，就可以用这种次序来进一步与 r_4 和 r_5 进行连接，并且可以忽略 $r_1 \bowtie r_2 \bowtie r_3$ 的代价更大的所有连接次序。这样，我们就不必检查 144 种连接次序，而只需检查 12+12 种次序。

利用这种思想，我们可以开发一个*动态规划*（dynamic-programming）算法来寻找最佳连接次序。动态规划算法存储计算结果并将其重用，这个过程能大大减少执行时间。

我们现在考虑如何找到对于 n 个关系的集合 $S=\{r_1, r_2, \cdots, r_n\}$ 的最佳连接次序，其中每个关系都可能有选择条件，并且提供了关系 r_i 之间的一组连接条件。我们假设关系都有唯一的名称。

图 16-7 给出了实现动态规划算法的一个递归过程，并且作为 FindBestPlan(S) 来调用，其中 S 是上面的关系集合。该过程在可能的最早时刻就在单个关系上使用选择，也就是当关系被访问时。理解该过程最容易的方式是假设所有连接都是自然连接，尽管对于任何连接条件该过程无须改变就能工作。对于任意的连接条件，两个子表达式的连接可以被理解为包含与两个子表达式的属性相关的所有连接条件。

767

```
procedure FindBestPlan(S)
    if (bestplan[S].cost ≠ ∞) /* bestplan[S] 已经计算好了 */
      return bestplan[S]
    if(S 只包含一个关系）
      使用 S 上的选择条件（如果有），根据访问 S 的最佳方式设置 bestplan[S].plan 和 bestplan[S].cost
    else for each S 的非空子集 S1，且 S1 ≠ S
      P1 = FindBestPlan(S1)
      P2 = FindBestPlan(S − S1)
      for each 连接 P1 和 P2 的结果的算法 A
          // 对于索引嵌套 - 循环连接，外层关系可以是 P1 或 P2
          // 类似地，对于散列 - 连接，构造关系可以是 P1 或 P2
          // 假设备选方案被视为单独的算法
          // 假设 A 的成本并不包括读取输入的成本
          if 算法 A 是索引嵌套 - 循环
            令 Po 和 Pi 表示 A 的外层和内层输入
            if Pi 有单个关系 ri，并且 ri 在连接属性上有一个索引
              plan= “执行 Po.plan；使用 A 对 Po 和 ri 进行连接的结果”，将 Pi 上的任何选择条件作为连接
                    条件的一部分执行
              cost = Po.cost + A 的代价
            else/* 不能使用索引嵌套 - 循环连接 */
              cost = ∞
          else
            plan= “执行 P1.plan，P2.plan；使用 A 对 P1 和 P2 进行连接的结果”
            cost = P1.cost + P2.cost + A 的代价
          if cost < bestplan[S].cost
            bestplan[S].cost = cost
            bestplan[S].plan = plan
  return bestplan[S]
```

768

图 16-7 用于连接次序优化的动态规划算法

此过程将它计算出的执行计划存储在一个以关系集为索引的关联数组 *bestplan* 中。该

关联数组的每个元素包含两部分：S 的最佳计划的代价和该计划本身。如果尚未计算过 *bestplan*[*S*]，则假设 *bestplan*[*S*].*cost* 的值被初始化为 ∞。

该过程首先检查是否已经算出对于给定关系集 S 计算连接的最佳执行计划（并将其存储在关联数组 *bestplan* 中）；若是，则它返回已经计算出的计划。

如果 S 只包括一个关系，则访问 S（将 S 上的选择也考虑在内，如果有的话）的最佳方式被记录在 *bestplan* 中。这个过程可能涉及用一个索引来标识元组，然后取出元组（通常称为*索引扫描*（index scan）），或者扫描整个关系表（通常称为*关系扫描*（relation scan））[㊀]。如果除了通过索引扫描保证的那些选择条件之外，S 上还存在其他选择条件，则往计划中添加一个选择运算以确保 S 上的所有选择都被满足。

否则，如果 S 包括不止一个关系，该过程会尝试将 S 划分成两个不相交子集的每一种方式。对于每一种划分，该过程对每个子集递归地找出最佳计划，然后考虑所有可能的算法来连接这两个子集的结果。请注意，由于索引嵌套－循环连接可能要么使用输入 $P1$ 要么使用 $P2$ 来作为内层输入，因此我们将这两种备选方案视为两种不同的算法。构建与探查输入的选择也使我们将散列－连接的两种选择视作两种不同的算法。

考虑每种备选方案的代价，并选择代价最低的方案。所考虑的连接代价不应包括读取输入的代价，因为我们假设输入是从前面的算子流水线过来的，该算子可以是关系 / 索引扫描，或者是前面的连接。请回想诸如散列－连接那样的一些算子，它们可以看作具有子算子，这些子算子之间具有阻塞（物化）的边，但是连接的输入和输出边是流水线化的。我们在第15章中看到的连接代价公式可以先进行适当的修改以忽略读取输入关系的代价，然后再来使用。请注意，索引嵌套－循环连接的处理方式与其他连接技术不同：在这种情况下，计划和代价都是不同的，因为我们并不对内层输入执行关系 / 索引扫描，并且索引查找代价已包含在索引嵌套－循环连接的代价中。

该过程从将 S 划分成两个集合的所有可选方案中选出代价最低的计划以及用于连接这两个集合的结果的算法，代价最低的计划及其代价被存放在数组 *bestplan* 中并由该过程返回。该过程的时间复杂度可被证明为 $O(3^n)$（请参见实践习题16.13）。

769

由关系集的连接而生成的元组的次序对于找到总体上最佳的连接次序也很重要，因为它可以影响进一步连接的代价。例如，如果使用归并－连接，则需要对输入执行潜在的代价高昂的排序运算，除非该输入已在连接属性上排过序。

若一种特定的元组排序次序对于后面的运算可能有用，我们称其为**有趣的排序次序**（interesting sort order）。例如，$r_1 \bowtie r_2 \bowtie r_3$ 所产生的结果在 r_4 或 r_5 的公共属性上进行排序可能有用，但若产生的结果仅仅在 r_1 与 r_2 的公共属性上进行排序就没有什么用处。在计算 $r_1 \bowtie r_2 \bowtie r_3$ 时，使用归并－连接可能比使用其他一些连接技术的代价要高，但它可以提供以有趣的排序次序排好序的输出。

因此，仅为有 n 个给定关系的集合的每个子集找出最佳连接次序是不够的。相反，我们必须为每个子集、为该子集连接结果的每种有趣的排序次序找出最佳连接次序。*bestplan* 数组现在可以由 [S, o] 来索引，其中 S 是一组关系，o 是一种有趣的排序次序。然后可以修改 FindBestPlan 函数以考虑有趣的排序次序；我们将细节留给读者作为练习（参见实践习题16.11）。

㊀ 如果一个索引包括用于查询的一个关系的所有属性，则可以执行*仅限索引的扫描*（index-only scan），它从索引中检索所需的属性值，而不用取出实际的元组。

n 个关系的子集总数是 2^n，但有趣的排序次序的数量一般不多。因此，约有 2^n 个连接表达式需要存储。用于寻找最佳连接次序的动态规划算法可以加以扩展来处理排序次序。具体来说，在考虑排序－归并连接时，如果一个输入（可能是一个关系，或者是一个连接运算的结果）未在连接属性上排序，则必须添加排序代价，但如果已排过序则不必添加排序代价。

扩展算法的代价取决于关系的每个子集的有趣排序次序的数量；由于在实践中已发现这个数量很少，因此代价仍保持在 $O(3^n)$。当 $n = 10$ 时，该数量约为 59 000，相比于 176 亿种不同的连接次序来说好多了。更重要的是，所需的存储比原先少得多，因为对于 $r_1, \cdots, r_{10}$ 的 1024 个子集的每种有趣排序次序，我们只需保存一种连接次序。虽然这两个数据仍随 n 迅速增长，但是通常发生的连接一般不到 10 个关系参与，因而可以很容易地处理。

图 16-7 所示的代码实际上对将 S 划分为两个不相交子集的每种可能的方式考虑了两次，因为这两个子集中的每一个都可以扮演 $S1$ 的角色。两次考虑划分并不影响正确性，但浪费时间。这部分代码可以按如下方式进行优化：找到 $S1$ 中按字母次序最小的关系 r_i，以及 $S-S1$ 中按字母次序最小的关系 r_j，并且仅当 $r_i<r_j$ 时执行循环。这样做可以确保每个划分只考虑一次。

此外，该代码还考虑了所有可能的连接次序，包括包含笛卡儿积的那些；例如，如果两个关系 r_1 和 r_3 并不具有连接这两个关系的任何连接条件，该代码仍会考虑 $S=\{r_1, r_3\}$ 的情况，这会产生笛卡儿积。考虑到连接条件是有可能的，并且可以修改代码只生成不会导致笛卡儿积的划分。这种优化可以为许多查询节省大量的时间。更多关于非笛卡儿积连接次序枚举的详细信息，请参阅本章末尾的延伸阅读部分。

770

16.4.2 采用等价规则的基于代价的优化

我们刚才看到的连接次序优化技术可以处理最常见的查询类型，这些查询执行一组关系的内连接。然而，许多查询使用其他的功能，例如聚集、外连接以及嵌套查询，这些是无法通过连接次序的选择来解决的，但可以通过使用等价规则来处理。

在本小节中，我们概述如何创建一个通用的、采用等价规则的、基于代价的优化器。正如我们之前所见，等价规则有助于探索具有多种多样运算的可替代方案，比如外连接、聚合和集合运算。如果需要进一步的运算，则可以添加等价规则，例如按序返回 top-K 结果的算子。

在 16.2.4 节中，我们看到了一个优化器如何系统地产生与给定查询等价的所有表达式。产生等价表达式的过程可以按如下方式修改为产生所有可能的执行计划：添加一类新的被称为**物理等价规则**（physical equivalence rule）的等价规则，它允许将诸如连接那样的逻辑运算转换成诸如散列－连接或嵌套－循环连接这样的物理运算。通过将这类规则添加到原来的等价规则中，该过程可以产生所有可能的执行计划。然后可以使用前述的代价估计技术来选出最优的（即代价最低的）计划。

然而，即使我们并不考虑执行计划的产生，16.2.4 节中介绍的过程的代价也非常昂贵。为了使该方法高效地工作，需要以下技术：

1. 一种节省空间的表达式表示形式，以避免在应用等价规则时产生相同子表达式的多个副本。
2. 用于检测相同表达式重复推导的有效技术。
3. 一种基于**识记**（memorization）的动态规划形式。当一个子表达式第一次被优化时，识记存储其最优的查询执行计划；通过返回已经被识记的计划来处理优化相同子表达式的后续请求。
4. 通过维护到任何时刻为止对任意子表达式产生的代价最低的计划，并且对比到目前为止为该子表达式已找到的代价最低计划的代价更高的任何计划进行剪枝，以避免产生所有可能的执行计划，这样的一种技术。

具体细节要更为复杂。此方法由 Volcano 研究项目率先提出，并且 SQL Server 的查询优化器也是基于此技术的。包含更多信息的资料请参见参考文献。

16.4.3 优化中的启发式方法

基于代价优化的一个缺点是优化本身的代价。虽然查询优化的代价可以通过巧妙的算法来降低，但一个查询的不同执行计划的数量可能非常大，并且从这个集合里找到最优计划仍需要很多计算代价。因此，查询优化器使用**启发式方法**（heuristic）来减少优化的代价。 771

下述规则是启发式规则的一个示例，此规则用于对关系代数查询进行转换：

- 尽早执行选择。

一个启发式优化器会直接使用这条规则，而不验证通过这种转换代价是否降低。在 16.2 节的第一个转换示例中，选择运算被下推到连接中。

我们说前述规则是启发式的，因为这条规则通常会但并非总是有助于降低代价。使用该规则会导致代价增加的一个示例是：考虑一个表达式 $\sigma_\theta(r \bowtie s)$，其中条件 θ 只涉及 s 中的属性。选择当然可以先于连接执行。然而，若 r 相比于 s 来说相当小，并且如果在 s 的连接属性上存在索引，但在 θ 所引用的属性上没有索引，那么先执行选择很可能不是个好主意。先执行选择意味着直接对 s 进行选择，这需要对 s 中的所有元组进行一次扫描。就本示例而言，通过使用索引计算连接，然后去除不满足选择条件的元组，代价可能会更小。（用于连接次序优化的动态规划算法特别处理了这种情况。）

投影运算像选择运算一样可以减少关系的规模。因此，每当我们需要产生一个临时关系时，只要有可能就立即应用任何投影是有好处的。这种好处带来了伴随“尽早执行选择”而来的另一条启发式规则：

- 尽早执行投影。

通常选择先于投影执行比较好，因为选择具有大大减小关系规模的潜力，并且选择能够利用索引来存取元组。一个类似于用于启发式选择规则的示例可以向你证明该启发式规则并非总能降低代价。

基于连接次序枚举的优化器通常使用启发式转换来处理连接以外的结构，并将基于代价的连接次序选择算法应用于仅涉及连接和选择的子表达式。这种启发式方法的细节大部分是面向单个优化器的，因而我们不做介绍。

大多数现实的查询优化器有更多的启发式方法来降低优化的代价。例如，许多查询优化器（比如 System R 优化器[⊖]）并不考虑所有的连接次序，而只对特定类型的连接次序进行搜索。System R 优化器仅考虑每个连接的右运算对象是原始关系 $r_1, r_2, \cdots, r_n$ 之一的那些连接次序。这种连接次序称为**左深连接次序**（left-deep join order）。左深连接次序用于流水线执行特别方便，因为右运算对象是一个已存储的关系，从而只有一个输入的每个连接是流水线化的。 772

图 16-8 说明了左深连接树与非左深连接树之间的区别。考虑所有左深连接次序所花费的时间代价是 $O(n!)$，这比考虑所有连接次序的时间要少得多。使用动态规划的优化方法，System R 优化器可以在 $O(n2^n)$ 的时间内找到最佳连接次序。请把这一代价同找出总体上最

⊖ System R 是 SQL 最初的实现之一，而且它的优化器开创了基于代价的连接次序优化的思想。

佳的连接次序所需的时间 $O(3^n)$ 进行比较。System R 优化器使用启发式方法来将选择与投影沿着查询树往下推。

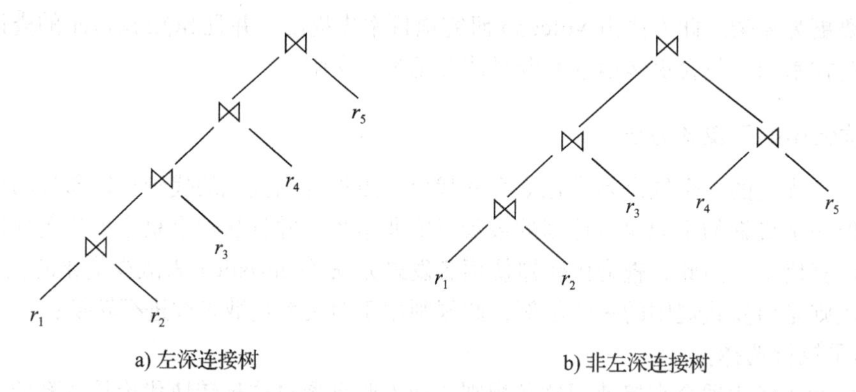

图 16-8　左深连接树

一种减少连接次序选择代价的启发式优化方法最初被 Oracle 的某些版本采用，该方法大体上是这样工作的：对于一个 n 路连接，它考虑 n 个执行计划。每个计划使用一种左深连接次序，并从 n 个关系中的一个不同的关系开始进行。通过基于对可用存取路径的排名反复选择参与下一个连接的"最佳"关系，该启发式方法为 n 个执行计划中的每一个都构造出连接次序。并基于可用的存取路径，为每个连接要么选择嵌套－循环连接，要么选择排序－归并连接。最后，该启发式方法基于使在内层关系上没有索引可用的嵌套－循环连接的次数最少并使排序－归并连接的次数最少的原则，以启发式方式从 n 个执行计划中选出一个。

一些系统已经采用了这样的查询优化方法：对于查询的某些部分采用启发式计划选择，而对于查询的另一些部分采用基于生成备选存取计划的基于代价的选择方式。在 System R 及其后续的 Starburst 项目中采用的方法是一个基于 SQL 嵌套块概念的层次化过程。这里描述的基于代价的优化技术被独立地应用到查询的每个块上。诸如 IBM DB2 和 Oracle 那样的一些数据库产品中的优化器就基于上述方法，并进行了扩展来处理诸如聚集那样的其他运算。对于复合 SQL 查询（使用了∩、∪或－运算），优化器单独处理每个组成部分，然后将它们的执行计划组合起来形成总体执行计划。

773

许多优化器允许为查询优化指定一个成本预算。当超过**优化成本预算**（optimization cost budget）时会终止对最优计划的搜索，并返回到那时为止所找到的最优计划。预算本身可以被动态设置，例如，如果为一个查询找到一个低开销的计划，则该预算会降低，其前提是：如果到目前为止所找到的最优计划的代价已经很低，那就没有理由再花费很多时间去优化查询。另一方面，如果到目前为止所找到的最优计划代价昂贵，那么投入更多的时间到优化中就是有意义的，这会带来执行时间的明显减少。为了更好地利用这一思想，优化器通常先采用代价低的启发式方法来找到一个计划，然后在基于启发式选择计划的预算下，开始基于代价的完全优化。

许多应用会反复执行同样的查询，不过查询中的常数值不一样。例如，一个大学的应用程序可能反复执行一个查询来查找一名学生所注册的课程，不过每次针对不同的学生使用学生 ID 的不同值。作为一种启发式方法，许多优化器只对查询进行一次优化并将该查询执行计划进行高速缓存，无论该查询最初提交的时候使用了什么样的常数值。每当该查询再次执行时，尽管可能对于常数使用的是新值，但被缓存的查询计划还是会被重用（对于常数使用新值）。虽然针对新的常数的最优计划可能不同于针对初始值的最优计划，但是作为启发式方法，被高速缓存的计划是可重用的[㊀]。查询计划的高速缓存和重用被称为**计划高速缓存**（plan caching）。

即使采用启发式方法，基于代价的查询优化仍会给查询处理带来相当的开销。然而，基于代价的查询优化所增加的开销通常被查询执行时间的节省所抵消，查询执行时间主要花费在慢速的磁盘存取上。好的计划与差的计划在执行时间方面的区别可能很大，这使得查询优化非常重要。在那些定期运行的应用程序中实现的节省更为显著，因为其中的查询可以只优化一次，而选中的查询计划可以在每次执行查询时使用。因此，大部分商用系统都包含了相对复杂的优化器。参考文献给出了对实际数据库系统的查询优化器进行描述的参考资料。

16.4.4 嵌套子查询的优化

SQL 在概念上将 **where** 子句中的嵌套子查询当成接受参数并且要么返回一个单独值要么返回一个值的集合（可能为空集）的函数。这些参数是在嵌套子查询中用到的来自外层查询的变量（这些变量称作**相关变量**（correlation variable））。例如，假设我们有下面的查询，来查找在 2019 年讲授一门课程的所有教师的姓名：

774

```
select name
from instructor
where exists (select *
              from teaches
              where instructor.ID = teaches.ID
                  and teaches.year = 2019);
```

从概念上讲，该子查询可视为一个函数，它接受一个参数（这里是 *instructor.ID*），并返回（具有同一 *ID* 的）教师在 2019 年讲授的所有课程的集合。

SQL（在概念上）通过以下方式来执行整个查询：计算外层查询的 **from** 子句中的关系的笛卡儿积，然后对结果中的每个元组用 **where** 子句中的谓词进行测试。在上述示例中，该谓词测试子查询运算结果是否为空。在实践中，**where** 子句中的谓词可以用作连接谓词，或者用作作为关系上选择的一部分来执行的选择谓词，或者用作为了避免笛卡儿积而执行的连接的选择谓词。随后，通过调用作为函数的子查询，执行 **where** 子句中涉及嵌套子查询的谓词，因为它们通常代价昂贵。

通过将嵌套子查询作为函数来调用的方式执行嵌套子查询的技术称为**相关执行**（correlated evaluation）。相关执行的效率不是很高，因为子查询对于外层查询中的每一个元组都进行单独的运算。这可能导致大量的随机磁盘 I/O 操作。

因此，SQL 优化器尽可能地试图将嵌套子查询转换成连接的形式。高效的连接算法有助于避免昂贵的随机 I/O。在不能进行转换的情况下，优化器将子查询当作一个单独的表达式，单独优化它们，然后再通过相关执行来执行它们。

作为将嵌套子查询转换为连接的一次尝试，前述示例中的查询可以在关系代数中重写为如下连接：

$$\Pi_{name}(instructor \bowtie_{instructor.ID=teaches.ID \wedge teaches.year=2019} teaches)$$

㊀ 对于学生注册的查询，计划对于任何学生 ID 几乎肯定是相同的。但是如果一个查询涉及一个范围内的学生 ID，并且返回这个范围内所有学生 ID 的注册信息，则与范围很大的情况相比，范围很小的情况可能会有不同的最优计划。

遗憾的是，上述查询不太正确，因为在 SQL 实现中使用的是关系代数算子的多重集版本，其结果是在关系代数查询的结果中，在 2019 年讲授多节课的一位教师会出现多次。尽管该教师在 SQL 查询结果中只会出现一次。使用关系代数算子的集合版本也无济于事，因为如果存在两位具有相同姓名的教师在 2019 年授过课，如果使用关系代数的集合版本，该姓名将只出现一次，但在 SQL 查询结果中会出现两次。（我们注意到：如果查询输出包含 *instructor* 的主码，即 *ID*，则关系代数的集合版本将给出正确的结果。）

775

为了正确地反映 SQL 的语义，结果中元组的重复次数不应该因为重写而改变。关系代数的半连接运算为这个问题提供了一种解决方案。**半连接**（semijoin）算子 $r \ltimes_\theta s$ 的多重集版本定义如下：如果一个元组 r_i 在 r 中出现 n 次，且至少有一个元组 s_j 使得 r_i 和 s_j 一起满足谓词 θ，则 r_i 在 $r \ltimes_\theta$ 的结果中出现 n 次，否则 r_i 不会出现在结果中。半连接算子 $r \ltimes_\theta s$ 的集合版本可以定义为 $\Pi_R(r \bowtie_\theta s)$，其中 R 是 r 的模式中的属性集。半连接算子的多重集版本输出相同的元组，但在半连接结果中每个元组 r_i 的重复次数与在 r 中 r_i 的重复次数相同。

使用多重集半连接算子可将前面的 SQL 查询转换为以下等价的关系代数形式：

$$\Pi_{name}(instructor \ltimes_{instructor.ID=teaches.ID \wedge teaches.year=2019} teaches)$$

多重集关系代数中的上述查询给出了与 SQL 查询相同的结果，包括重复的计数。该查询可以等价地写成：

$$\Pi_{name}(instructor \ltimes_{instructor.ID=teaches.ID} (\sigma_{teaches.year=2019}(teaches)))$$

下面使用 **in** 子句的 SQL 查询等价于使用 **exists** 子句的前述 SQL 查询，并且可以使用半连接将其转换为相同的关系代数表达式。

```
select name
from instructor
where instructor.ID in (select teaches.ID
                        from teaches
                        where teaches.year = 2019);
```

反半连接对于 **not exists** 查询是有用的。多重集**反半连接**（anti-semijoin）算子 $r \overline{\ltimes}_\theta s$ 的定义如下：如果一个元组 r_i 在 r 中出现 n 次，且 s 中不存在任何元组 s_j 使得 r_i 和 s_j 满足谓词 θ，则 r_i 在 $r \overline{\ltimes}_\theta s$ 的结果中出现 n 次，否则 r_i 不出现在结果中。反半连接算子也被认为是**反连接**（anti-join）算子。

请考虑如下 SQL 查询：

```
select name
from instructor
where not exists (select *
                  from teaches
                  where instructor.ID = teaches.ID
                        and teaches.year = 2019);
```

776

使用反半连接算子，可以将前面的查询转换为以下关系代数形式：

$$\Pi_{name}(instructor \overline{\ltimes}_{instructor.ID=teaches.ID}(\sigma_{teaches.year=2019}(teaches)))$$

一般来说，具有如下形式的查询：

```
select A
from r_1, r_2, ..., r_n
where P_1 and exists (select *
                      from s_1, s_2, ..., s_m
                      where P_2^1 and P_2^2);
```

其中 P_2^1 是仅引用子查询中的 s_i 关系的谓词，且 P_2^2 是引用来自外层查询的关系 r_i 的谓词。上述查询可以转换为：

$$\Pi_A((\sigma_{P_1}(r_1 \times r_2 \times \ldots \times r_n)) \ltimes_{P_2^2} \sigma_{P_2^1}(s_1 \times s_2 \times \ldots \times s_m))$$

如果使用 **not exists** 而不是 **exists**，则应该在关系代数查询中用反半连接去替换半连接。如果使用 **in** 子句来代替 **exists**，则可以通过在半连接谓词中添加一个相应的谓词来适当地修改该关系代数查询，正如我们前面的示例所示。

用带有连接、半连接或反半连接的查询去替换嵌套查询的过程称为**去除相关**（decorrelation）。正如在实践习题 15.10 中探究的，通过修改连接算法，可以高效地实现半连接和反半连接算子。

请考虑在标量子查询中使用聚集的下述查询，它找出在 2019 年讲授过一个以上课程段的教师。

```
select name
from instructor
where 1 < (select count(*)
           from teaches
           where instructor.ID = teaches.ID
                 and teaches.year = 2019);
```

上面的查询可以使用半连接来重写，如下所示：

$$\Pi_{name}(instructor \ltimes_{(instructor.ID=TID)\wedge(1<cnt)}({}_{ID\ \textbf{as}\ TID}\gamma_{\textbf{count}(*)\ \textbf{as}\ cnt}(\sigma_{year=2019}(teaches))))$$

请注意：子查询有一个谓词 *instructor.ID=teaches.ID*，并且聚集是没有分组子句的。去除相关查询将该谓词移到半连接条件中，并且聚集现在依照 *ID* 进行分组。谓词 1<(子查询) 已变成半连接谓词。直观地说，该子查询为每个 *instructor.ID* 执行单独的计数；按 *ID* 分组可以确保对每个 *ID* 分别计算计数。 777

当嵌套子查询使用聚集时，或者当嵌套子查询被用作标量子查询时，去除相关显然更加复杂。事实上，对于子查询的特定情况是不可能去除相关的。例如，作为标量子查询使用的子查询只期望返回一个结果；如果它返回不止一个结果，则会出现运行时异常，这是去除相关查询不可能做到的。此外，在理想情况下是否去除相关应该以基于代价的方式来进行，这取决于去除相关是否降低了代价。一些查询优化器使用扩展的关系代数结构来表示嵌套子查询，并将从嵌套子查询到半连接、反半连接等的转换表示为等价规则。我们并不试图给出用于通用情况的算法，你可以在在线的参考文献里查看相关的项目。

可以从上述讨论中推断出，复杂的嵌套子查询的优化是一项困难的任务，并且许多优化器仅做了少量的去除相关工作。只要有可能，最好避免使用复杂的嵌套子查询，因为我们不能确信查询优化器会成功地将它们转换成一种可以高效执行的形式。

16.5 物化视图

当定义一个视图的时候，一般来说数据库只存储定义该视图的查询。与此相反，**物化视图**（materialized view）是一种其内容已经计算并存储过的视图。物化视图在这种意义下被认为是冗余数据：其内容可以通过视图定义和数据库内容的其他部分推导出来。然而在许多情况下，读一个物化视图的内容要比通过执行定义该视图的查询来计算出该视图的内容的代价要低得多。

在一些应用中，物化视图对于提高性能很重要。请考虑下面这个视图，它给出每个系的薪水总额：

```
create view department_total_salary(dept_name, total_salary) as
select dept_name, sum (salary)
from instructor
group by dept_name;
```

假设需要频繁地查询一个系的薪水总额。计算这个视图需要读取属于一个系的每个 *instructor* 元组，并累加薪水值，这是一项耗时的工作。相比而言，如果薪水总额的视图定义被物化了，则只要在物化视图中查找单个元组就可以得到薪水总额[⊖]。

778

16.5.1 视图维护

物化视图的一个问题是它们必须能够在视图定义所使用的数据变化时保持最新。例如，如果一位教师的 *salary* 值更新了，那么物化视图会变得与基础数据不一致，并且它必须进行更新。这种保持物化视图与基础数据同步更新的任务称作**视图维护**（view maintenance）。

视图可以通过人工编写的代码来进行维护：更新 *salary* 值的每段代码可以被修改为也对相应系的薪水总额进行更新。然而，这种方法比较容易出错，因为它很容易遗漏某些更新 *salary* 的地方，从而导致物化视图和基础数据不再匹配。

另一种维护物化视图的选择是对视图定义中每个关系的插入、删除和更新定义触发器。触发器必须考虑导致触发器触发的变化来对物化视图的内容进行修改。达到这个目的的一种简单方式就是在每次更新时，对该物化视图完全重新进行计算。

一种更好的选择是只对物化视图受到影响的部分进行修改，称为**增量的视图维护**（incremental view maintenance）。在 16.5.2 节中我们将描述如何执行增量的视图维护。

现代数据库系统对增量的视图维护提供了更直接的支持。数据库系统编程人员不再需要为了视图维护定义触发器。取而代之的是，一旦一个视图被声明为物化视图，数据库系统就计算该视图的内容并在基础数据变化时对其内容进行增量更新。

大多数数据库系统执行**立即的视图维护**（immediate view maintenance）；也就是说，只要发生更新，增量的视图维护就作为更新事务的一部分被立即执行。一些数据库系统还提供**延迟的视图维护**（deferred view maintenance），即视图维护被延迟到更晚的时候执行。例如，可能在白天收集更新，而在晚上进行物化视图更新。这种方法减少了更新事务的开销。但是，使用延迟视图更新的物化视图可能与定义它们所使用的基础关系不一致。

16.5.2 增量的视图维护

为了理解如何增量地维护物化视图，我们从考虑单个运算开始，然后看看如何处理一个完整的表达式。

可能导致一个物化视图变得过时的关系的改变操作包括插入、删除和更新。为了简化描述，我们将一个元组的更新操作替换为删除该元组，然后插入更新后的元组。这样我们就只需要考虑插入和删除。对一个关系或表达式的改变（插入和删除）称作它的**差异**（differential）。

779

16.5.2.1 连接运算

请考虑物化视图 $v = r \bowtie s$。假设对 r 的修改是插入一组元组，记为 i_r。如果 r 的旧值记

⊖ 对于一所中等规模的大学而言这种差距可能并不总是很大，但是在其他场景下差别可能非常大。例如，如果物化视图从一个包含数千万元组的销售关系中计算每种产品的销售总额，则从基础数据计算聚集值和查询物化视图之间的差别可能是几个数量级的。

为 r^{old}，且 r 的新值记为 r^{new}，则有 $r^{new}=r^{old} \cup i_r$。现在，该视图的旧值 v^{old} 由 $r^{old} \bowtie s$ 给出，且新值 v^{new} 由 $r^{new} \bowtie s$ 给出。我们可以将 $r^{new} \bowtie s$ 重写为 $(r^{old} \cup i_r) \bowtie s$，再将它重写为 $(r^{old} \bowtie s) \cup (i_r \bowtie s)$。也就是：

$$v^{new} = v^{old} \cup (i_r \bowtie s)$$

因此，为了更新物化视图 v，我们仅需将 $i_r \bowtie s$ 元组加入物化视图的旧的内容中去。对 s 的插入按完全对称的方式来进行处理。

现在，假设对 r 的修改是删除一组元组，记为 d_r。使用与上面同样的推理，我们得到：

$$v^{new} = v^{old} - (d_r \bowtie s)$$

对 s 的删除按完全对称的方式来进行处理。

16.5.2.2 选择和投影运算

请考虑一个视图 $v = \sigma_\theta(r)$。如果对 r 的修改是插入一组元组，记为 i_r，则 v 的新值可以如下计算：

$$v^{new} = v^{old} \cup \sigma_\theta(i_r)$$

类似地，如果对 r 的修改是删除一组元组 d_r，则 v 的新值可以如下计算：

$$v^{new} = v^{old} - \sigma_\theta(d_r)$$

投影是一种处理起来更加困难的运算。请考虑一个物化视图 $v = \Pi_A(r)$。假设关系 r 建立在模式 $R = (A, B)$ 上，它包含两个元组 $(a, 2)$ 和 $(a, 3)$，则 $\Pi_A(r)$ 只有单个元组 (a)。如果我们从 r 中删除元组 $(a, 2)$，就不能从 $\Pi_A(r)$ 中删除元组 (a)：如果我们这样做，则结果将是一个空关系，而事实上 $\Pi_A(r)$ 仍有单个元组 (a)。其原因是相同的元组 (a) 可由两条途径得到，从 r 中删除一个元组只是去除了得到元组 (a) 的其中一条途径，但另一条途径仍然存在。

这个理由也给了我们一种直观的解决方案：对于诸如 $\Pi_A(r)$ 那样的投影中的每个元组，我们将保留一个计数，记录该元组由几条途径得到。

780

当从 r 中删除一组元组 d_r 时，对于 d_r 中的每个元组 t，我们做以下操作：令 $t.A$ 表示 t 在属性 A 上的投影。我们在物化视图中找到 $(t.A)$，并对其存储的计数减 1；如果计数变为 0，则从物化视图中删除 $(t.A)$。

处理插入是相对直接的。当把一组元组 i_r 插入 r 中时，对于 i_r 中的每个元组 t，我们做以下操作：如果 $(t.A)$ 已经在物化视图中存在，则对其存储的计数加 1；如果不存在，则将 $(t.A)$ 加入物化视图中，同时将其计数值设置为 1。

16.5.2.3 聚集运算

聚集运算的处理过程在某种程度上与投影类似。SQL 中的聚集运算有 **count**、**sum**、**avg**、**min** 和 **max**。

- **计数**（count）：请考虑一个物化视图 $v = {}_G\gamma_{count(B)}(r)$，它按属性 G 对 r 进行分组，然后计算对属性 B 的计数。

  当把一组元组 i_r 插入关系 r 中时，对于 i_r 中的每个元组 t，我们做以下操作：我们在物化视图中查找分组 $t.G$，如果该分组不存在，则将 $(t.G, 1)$ 加入物化视图中；如果分组 $t.G$ 存在，则对该分组的计数值加 1。

  当从 r 中删除一组元组 d_r 时，对于 d_r 中的每个元组 t，我们做以下操作：我们在物化视图中找到分组 $t.G$，并对该分组的计数值减 1；如果计数值变为 0，则从物化视图中删除分组 $t.G$ 的元组。

- **求和**（sum）：请考虑一个物化视图 $v = {}_G\gamma_{sum(B)}(r)$。

当把一组元组 i_r 插入 r 中时，对于 i_r 中的每个元组 t，我们做以下操作：我们在物化视图中查找分组 $t.G$，如果该分组不存在，则将 $(t.G, t.B)$ 加入物化视图中；另外，与我们为投影所做的处理类似，我们存储一个与 $(t.G, t.B)$ 相关联的计数值 1。如果分组 $t.G$ 存在，则将 $t.B$ 的值加到该分组的聚集值上，并对该分组的计数值加 1。

当从 r 中删除一组元组 d_r 时，对于 d_r 中的每个元组 t，我们做以下操作：我们在物化视图中找到分组 $t.G$，并将该分组的聚集值减去 $t.B$ 的值。我们还要将该分组的计数值减去 1，并且如果计数值变为 0，则从物化视图中删除分组 $t.G$。

如果不保留附加的计数值，我们就无法区分一个分组的总和值为 0 的情况与一个分组的最后一个元组被删除的情况。

- **平均**（avg）：请考虑一个物化视图 $v = {}_G\gamma_{avg(B)}(r)$。

  在一次插入或删除时直接更新平均值是不可能的，因为这不仅依赖于旧的平均值和被插入 / 删除的元组，而且还依赖于分组的元组数。

  781

  相反，为了处理 **avg** 这种情况，我们用如前所述的方式维护 **sum** 和 **count** 聚集值，并且用总和除以计数来得到平均值。

- **最小，最大**（min, max）：请考虑一个物化视图 $v = {}_G\gamma_{min(B)}(r)$。（**max** 的情形完全类似。）

  r 上的插入处理是直截了当的，这类似于 **sum** 的情况。在删除时维护聚集值 **min** 和 **max** 可能要更昂贵一些。例如，如果从 r 中删除了一个分组中对应于最小值的元组 t，我们就必须查看同一个分组中 r 的其他元组以找到新的最小值。在 (G, B) 上创建有序索引是一个好主意，因为它可以帮助我们非常高效地找到一个分组的新的最小值。

16.5.2.4 其他运算

对集合运算交（intersection）的维护如下：给定物化视图 $v = r \cap s$，当插入一个元组到 r 中时，我们检查它是否出现在关系 s 中，如果是，就将它加入 v 中。当从 r 中删除一个元组时，如果它在交集中存在，我们就将其从交集中删除。对于并（union）和集差（set difference）那样的其他集合运算，可采用类似的方式进行处理；我们将处理细节留给读者。

外连接与连接的处理方式几乎完全一致，除了要做一些额外的工作。对于从 r 中删除的情况，我们必须处理 s 中不再同 r 中任何元组相匹配的元组；对于往 r 中插入的情况，我们必须处理 s 中原先不与 r 中任何元组相匹配的元组。我们再次将处理细节留给读者。

16.5.2.5 表达式的处理

到目前为止，我们已经明白了如何对单个运算的结果进行增量更新。为了处理一个完整的表达式，我们可以从最小的子表达式开始，推导出用于计算每一个子表达式结果的增量变化的表达式。

例如，当一组元组 i_r 被插入关系 r 中时，我们希望增量更新物化视图 $E_1 \bowtie E_2$。我们假设 r 只在 E_1 中使用，并假设要插入 E_1 中的元组集由表达式 D_1 给出，那么表达式 $D_1 \bowtie E_2$ 给出了要插入 $E_1 \bowtie E_2$ 中的元组集。

对于有关表达式的增量视图维护的更进一步细节请参见在线的参考文献。

16.5.3 查询优化和物化视图

通过将物化视图看作普通的关系可以执行查询优化。然而，物化视图为优化提供了更有利的机会。

- 重写查询以利用物化视图：

  假设有物化视图 $v = r \bowtie s$ 可用，而且用户提交了一个查询 $r \bowtie s \bowtie t$。与直接优化用户所提交的查询相比，将该查询重写为 $v \bowtie t$ 可以提供更高效的查询计划。因此，查询优化器的工作应该包括知道何时可以利用物化视图来提高查询速度。

782

- 将对物化视图的使用替换成该视图的定义：

  假设有物化视图 $v = r \bowtie s$ 可用，但其上没有任何索引，并且用户提交了一个查询 $\sigma_{A=10}(v)$。还假设 s 在公共属性 B 上有索引，并且 r 在属性 A 上有索引。对于该查询最好的执行计划可能是将 v 替换成 $r \bowtie s$，这将导致查询计划 $\sigma_{A=10}(r) \bowtie s$；通过分别使用 $r.A$ 和 $s.B$ 上的索引可以高效地执行选择和连接。相比而言，直接在 v 上执行选择可能需要对 v 执行一次完全的扫描，这样的代价可能会更高。

  在线的参考文献给出了有关如何利用物化视图高效地执行查询优化的研究的链接。

16.5.4 物化视图和索引选择

另外一个相关的优化问题是**物化视图选择**（materialized view selection），顾名思义，就是“物化哪组视图最好？”此决策必须基于系统的**工作负载**（workload），即反映系统通常负载的一系列查询和更新运算。一个简单的标准是：所选择的一组物化视图应能够使查询和更新的工作负载所耗费的总执行时间最短，包括维护物化视图所花费的时间。数据库管理员通常会修改这个标准，以考虑不同查询和更新的不同重要性：有些查询和更新可能需要快速响应，但其他查询和更新也可以接受慢速响应。

索引在这样的意义上就像物化视图一样：它们也是导出的数据，可以提高查询速度，也可能减慢更新速度。因此，尽管**索引选择**（index selection）的问题更简单一些，但它与物化视图选择的问题是密切相关的。我们将在 25.1.4.1 节和 25.1.4.2 节中更详细地讨论索引和物化视图选择的问题。

大多数数据库系统提供了一些工具来帮助数据库管理员进行索引和物化视图的选择。这些工具检查查询和更新的历史信息，并推荐索引和可进行物化的视图。Microsoft SQL Server Database Tuning Assistant、IBM DB2 Design Advisor 和 Oracle SQL Tuning Wizard 都是这种工具的示例。

16.6 查询优化中的高级主题

除了到目前为止我们已经介绍过的那些之外，还有许多优化查询的方法。在本节中我们介绍其中的几种。

783

16.6.1 top-*K* 优化

许多查询获取在某些属性上已排序的结果，并且对于某特定 K 值，只需要前 K 个结果。有时约束 K 是显式指定的。例如，一些数据库支持 **limit** K 子句，它导致只返回前 K 个结果给查询。另一些数据库支持能指定类似限制的可替代方式。在其他情况下，查询可能没有指定这样的限制，但优化器可能允许指定一个暗示，表明尽管查询会产生更多结果，但是只有查询的前 K 个结果可能被检索。

当 K 值较小时，如果一个查询优化计划先产生整个结果集，然后排序并生成前 K 个结果，这样做效率会非常低下，因为绝大部分计算出来的中间结果都要被舍弃。已经提出了一些技术来优化这类 top-*K* 查询（top-*K* querie）。一种方法是使用能够产生有序结果的流水线计划。另一种方法是估计将会出现在 top-*K* 输出中的、排序属性上的最大值，并且引入删除更大的值的选择谓词。如果产生了超过 top-*K* 的额外元组则丢弃它们，并且如果产生的元组过少则改变选择条件并重新执行查询。有关 top-*K* 优化工作方面的文献资料请参见参考文献。

16.6.2　连接最小化

当通过视图产生查询时，有时进行连接的关系数比计算该查询所必须进行连接的关系数要多。例如，一个视图 *v* 可能包含 *instructor* 和 *department* 的连接，但是对视图 *v* 的一次使用可能只涉及 *instructor* 的属性。*instructor* 的连接属性 *dept_name* 是引用 *department* 的外码。假设 *instructor.dept_name* 已经被声明为**非空**（not null），则可以去掉与 *department* 的连接而对查询不产生任何影响。因为在上述假设下，与 *department* 的连接既没有 *instructor* 中删除任何元组，也没有产生 *instructor* 元组的额外拷贝。

像上面这样从连接中去掉一个关系就是连接最小化的一个示例。事实上，连接最小化也可被运用到其他情况中。有关连接最小化的参考资料请参见参考文献。

16.6.3　更新的优化

更新查询通常涉及 **set** 和 **where** 子句中的子查询，这些子查询也必须在更新优化中考虑进去。必须仔细处理涉及一个被更新列上的选择的更新（例如，给工资大于或等于 $100 000 的所有职员加薪 10%）。如果更新是在通过索引扫描来执行选择的过程中完成的，那么一个被更新的元组可能会在扫描之前被再次插入索引中并再次被扫描遇到；这样相同职员的元组可能被不正确地更新多次（在这种情况下是无限多次）。如果更新涉及的子查询的结果被该更新所影响，也会出现类似的问题。

784

一次更新影响到与该更新相关联的查询的执行的问题被称为**万圣节问题**（Halloween problem）（因为 IBM 首次发现这个问题是在万圣节，所以以此命名）。这个问题可以通过这样的方式来避免：首先执行定义更新的查询，创建受到影响的元组列表，并在最后一步再更新元组和索引。然而，把执行计划以这种方式分割增加了执行的代价。更新计划可以通过检查万圣节问题是否会发生来进行优化，如果不会发生，则更新可以在查询被处理的时候执行，从而减少更新的开销。例如，如果更新并不影响索引属性，则万圣节问题就不会发生。即使影响索引属性，如果更新减小索引值，而索引扫描以升序扫描，更新过的元组在扫描期间就不会被再次遇到。在这种情况下，即使在执行查询的同时也可以更新索引，从而降低了总体代价。

导致大量更新的更新查询还可以通过这种方式来优化：将更新批量收集起来，然后分别对每个受影响的索引应用这批更新。当将批量的更新应用到一个索引上时，先按该索引的索引次序对这批更新进行排序，这种排序可以大大减少更新索引所需要的随机 I/O 数量。

这种更新优化在大多数数据库系统中都有实现。关于这类优化的参考资料请参见参考文献。

16.6.4　多查询优化和共享式扫描

当一批查询被一起提交时，查询优化器可能会利用不同查询之间共同的子表达式，仅执行它们一次并且在需要的时候重用它们。复杂的查询可能在查询的不同部分有重复的子表达式，可以利用类似的方法来降低查询执行的代价。这种优化称为**多查询优化**（multi-query optimization)。

消除公共子表达式(common subexpression elimination)通过这样的方式来优化一段程序中由不同表达式所共享的子表达式:计算并存储该子表达式的结果,并且在子表达式出现的任何地方重用该结果。消除公共子表达式是被编程语言的编译器应用于算术表达式上的一种标准的优化方法。利用为每一批查询所选择的执行计划中的公共子表达式的做法在数据库查询执行中也一样有用,并且在一些数据库中已有实现。然而,多查询优化在某些情况下可以做得更好:一个查询通常有一个以上的执行计划,相比于为每个查询选择代价最小的执行计划而付出的努力,明智地选择查询执行计划的集合可能会提供更多的共享和更低的代价。有关多查询优化的更多细节可以在参考文献所引用的文献中找到。

共享查询之间的关系扫描是一些数据库中实现的另一种受限形式的多查询优化。**共享式扫描**(shared-scan)优化的工作方式如下:并不是对于需要扫描一个关系的每一个查询,都一次性地从磁盘上反复读取该关系,而是从磁盘上读取一次数据,然后流水线地传递给每一个查询。共享式扫描优化在多个查询都扫描单个大型关系("事实表"可作为一种典型)时特别有用。 785

16.6.5 参数化查询优化

我们在16.4.3节中看到的计划高速缓存是许多数据库中采用的一种启发式方法。请回想一下,在计划高速缓存的情况下,如果一个查询是带有一些常数被调用的,则优化器选择的计划被高速缓存,并且如果查询再次被提交,可以被重复使用,即使查询中的常数是不同的。例如,假设一个查询将系的名称作为参数,并检索该系的所有课程。在计划高速缓存的情况下,当查询第一次被执行时选中一个计划,比如针对音乐系的,如果再对其他任何系执行该查询,则该计划被重用。

如果最优查询计划受查询中常数的确切值的影响并不大,则通过计划高速缓存这样重用计划是合理的。然而,如果计划受到常数值的影响,则参数化查询优化是一种可替代的方案。

在**参数化查询优化**(parametric query optimization)中,查询在不为其参数提供具体值的情况下进行优化,例如前面示例中的 *dept_name*。然后,优化器输出几个计划,分别对于不同的参数值是最优的。一个计划只有在对于参数的一些可能的取值是最优的情况下才会被优化器输出。优化器输出的备选计划集合被存储起来。当一个带有其参数的具体值的查询被提交时会使用此前计算出的备选计划集合中的最低代价的计划,而不用执行一个完整的优化。找到这种最低代价的计划所需的时间通常要远远小于重新优化的时间。关于参数化查询优化的参考资料请参见参考文献。

16.6.6 自适应查询处理

正如我们在前面提到的,查询优化基于最接近的估计。因此,优化器有时可能会选择一个结果表现非常糟糕的计划。在执行时选择特定算子的自适应算子为这个问题提供了部分解决方案。例如,SQL Server 支持一个自适应的连接算法,该算法检查其外层输入的规模,并根据外层输入的规模要么选择嵌套-循环连接,要么选择散列-连接。

许多系统还包括在查询执行期间监控计划行为的能力,并相应地调整计划。例如,假设发现在计划执行(或计划的子部分的执行)的早期阶段系统收集的统计信息与优化器的估计值有很大不同,以至于所选计划明显是次优的。那么一个自适应的系统可以中止执行,使用在初始执行期间收集的统计信息选择一个新的查询执行计划,并使用新的计划重新开始执行；在旧计划执行期间收集的统计信息确保不再选出旧计划。此外，系统必须避免重复的中786止和重新启动；在理想情况下，系统应该确保查询执行的总体代价接近于如果优化器有准确的统计信息将选出的计划。这种自适应查询处理的具体标准和机制是复杂的，在在线参考文献中有相关引用。

16.7　总结

- 给定一个查询，一般存在多种方法来计算结果。系统负责将用户输入的查询转换成能够更高效执行的等价查询。为处理查询找出一种好的策略的过程称为查询优化。
- 复杂查询的执行涉及多次的磁盘存取。由于从磁盘传输数据的速度相对于主存速度和计算机系统的 CPU 速度来说要慢，因此进行一定程度的处理来选择一种能够最小化磁盘存取次数的方法是值得的。
- 有很多等价规则可用于将一个表达式转化成等价的表达式。我们使用这些规则来系统地产生与给定查询等价的所有表达式。
- 每个关系代数表达式都代表一个特定的运算序列。选择查询处理策略的第一步就是找到一个关系代数表达式，使得它与给定的表达式等价并且据估计有更小的执行代价。
- 数据库系统为执行一种运算所选择的策略取决于每个关系的规模和列中取值的分布情况。数据库系统可以为每个关系 r 存储统计信息，从而能够基于这些可靠的信息来进行策略选择。这些统计信息包括：
  - 关系 r 中的元组数；
  - 关系 r 中一条记录（元组）的字节数；
  - 关系 r 中出现的一个特定属性的不同取值的数量。
- 许多数据库系统使用直方图来存储一个属性在每一个取值区间内的取值个数。直方图通常使用采样来进行计算。
- 关于关系的统计信息使得我们可以估计各种运算的结果规模以及执行运算的代价。当有多个索引可用来辅助一个查询的处理过程时，这些统计信息特别有用。这些结787构的存在在查询处理策略的选择上有很大影响。
- 对于每个表达式可以通过等价规则来产生可选的执行计划，然后跨所有表达式来选出代价最小的计划。有几种优化技术可用来减少需要产生的可选表达式和计划的数量。
- 我们使用启发式方法来减少要考虑的计划的数量，从而减少优化的代价。用于关系代数查询转换的启发式规则包括“尽早执行选择”“尽早执行投影”和“避免笛卡儿积”。
- 物化视图可以用来加速查询处理。当基础关系发生修改时，需要用增量视图维护来高效地更新物化视图。利用涉及一种运算的输入差异的代数表达式，可以计算该运算的差异。与物化视图相关的其他问题包括如何借助可用的物化视图进行查询优化以及如何选择需要物化的视图。
- 已经提出了许多先进的优化技术，比如 top-K 优化、连接最小化、更新优化、多查询优化和参数化查询优化。

术语回顾

- 查询优化
- 表达式转换
- 表达式的等价
- 等价规则

  - 连接的交换律
  - 连接的结合律
- 等价规则的最小集
- 等价表达式的枚举
- 统计信息的估计
- 目录信息
- 规模估计
  - 选择
  - 中选率
  - 连接
- 直方图
- 不同取值数的估计
- 随机样本
- 执行计划的选择
- 执行技术的相互作用
- 基于代价的优化
- 连接次序的优化
  - 动态规划算法
  - 左深连接次序
  - 有趣的排序次序
- 启发式优化
- 计划高速缓存
- 存取计划选择
- 相关执行
- 去除相关
- 半连接
- 反半连接
- 物化视图
- 物化视图的维护
  - 重新计算
  - 增量维护
  - 插入
  - 删除
  - 更新
- 使用物化视图的查询优化
- 索引的选择
- 物化视图的选择
- top-*K* 优化
- 连接最小化
- 万圣节问题
- 多查询优化

788

实践习题

16.1 请从 dbbook.com 下载大学数据库模式和大型的大学数据集。在你喜欢的数据库上创建大学模式，并加载大型的大学数据集。请使用注释 16-1 中描述的 **explain** 功能来查看数据库在如下所述的不同情况下选择的计划。

a. 编写在 *student.name*（不带索引）上带相等条件的查询，并查看所选择的计划。

b. 在 *student.name* 属性上创建一个索引，并查看为上述查询所选择的计划。

c. 创建连接两个关系或三个关系的简单查询，并查看所选择的计划。

d. 创建一个计算带分组的聚集的查询，并查看所选择的计划。

e. 创建一个 SQL 查询，其所选计划使用了半连接运算。

f. 创建一个使用 **not in** 子句的 SQL 查询，带有一个使用聚集的子查询。请观察选择的是什么计划。

g. 创建一个查询，对其所选择的计划使用相关执行（相关执行的表达方式随不同数据库而异，但大多数数据库将显示一个带有子计划或子查询的过滤算子或投影算子）。

h. 创建一个 SQL 更新查询，它更新一个关系中的单个行。查看为该更新查询所选择的计划。

789

i. 创建一个 SQL 更新查询，它更新一个关系中大量的行，并使用子查询来计算新值。查看为该更新查询所选择的计划。

16.2 试证明以下等价式成立。请解释如何应用它们来提高特定查询的效率：

a. $E_1 \bowtie_\theta (E_2 - E_3) \equiv (E_1 \bowtie_\theta E_2 - E_1 \bowtie_\theta E_3)$。

b. $\sigma_\theta({}_A\gamma_F(E)) \equiv {}_A\gamma_F(\sigma_\theta(E))$，其中 θ 仅使用 A 的属性。

c. $\sigma_\theta(E_1 ⟕ E_2) \equiv \sigma_\theta(E_1) ⟕ E_2$，其中 θ 仅使用 E_1 的属性。

16.3 对于下面的每对表达式，请给出关系实例说明每对表达式是不等价的：

a. $\Pi_A(r-s)$ 与 $\Pi_A(r) - \Pi_A(s)$。

b. $\sigma_{B<4}({}_A\gamma_{\max(B)\text{ as }B}(r))$ 与 ${}_A\gamma_{\max(B)\text{ as }B}(\sigma_{B<4}(r))$。

c. 在上述表达式中，若出现 max 的两个地方都用 min 去替换，表达式等价吗？

d. $(r ⟖ s) ⟖ t$ 与 $r ⟖ (s ⟖ t)$。换言之，自然右外连接不满足结合律。

e. $\sigma_\theta(E_1 ⟕ E_2)$ 与 $E_1 ⟕ \sigma_\theta(E_2)$，其中 θ 仅使用 E_2 的属性。

16.4 SQL 允许关系有重复元组（见第 3 章）。并且关系代数的多重集版本在注释 3-1、注释 3-2 以及注释 3-3 中有定义。请检查等价规则 1～7.b 中哪些对于关系代数运算的多重集版本是满足的。

16.5 请考虑关系 $r_1(A, B, C)$、$r_2(C, D, E)$ 和 $r_3(E, F)$，它们的主码分别为 A、C 和 E。假设 r_1 有 1000 个元组，r_2 有 1500 个元组，r_3 有 750 个元组。请估计 $r_1 \bowtie r_2 \bowtie r_3$ 的规模，并给出一种高效的策略来计算该连接。

16.6 请考虑实践习题 16.5 中的关系 $r_1(A, B, C)$、$r_2(C, D, E)$ 及 $r_3(E, F)$。假设除了整个模式外不存在主码。令 $V(C, r_1)$ 为 900，$V(C, r_2)$ 为 1100，$V(E, r_2)$ 为 50，$V(E, r_3)$ 为 100。假设 r_1 有 1000 个元组，r_2 有 1500 个元组，r_3 有 750 个元组。请估计 $r_1 \bowtie r_2 \bowtie r_3$ 的规模，并给出一种高效的策略来计算该连接。

16.7 假设 *department* 关系在 *building* 上有 B^+ 树索引可用，此外别无其他索引可用。那么处理下列涉及否定的选择的最佳方式是什么？

790

a. $\sigma_{\neg(building < \text{"Watson"})}(department)$

b. $\sigma_{\neg(building = \text{"Watson"})}(department)$

c. $\sigma_{\neg(building < \text{"Watson"} \vee budget < 50000)}(department)$

16.8 请考虑如下查询：

```
select *
from r, s
where upper(r.A) = upper(s.A);
```

其中“upper”是一个函数，它将其输入参数中所有小写字母替换成相应的大写字母后返回。

a. 请找出你所使用的数据库系统为这个查询产生的计划。

b. 有些数据库系统对这个查询会采用可能非常低效的（块）嵌套 – 循环连接。请简要解释对于这个查询如何使用散列 – 连接或者归并 – 连接。

16.9 请给出使下列表达式等价的条件：

$$_{A,B}\gamma_{agg(C)}(E_1 \bowtie E_2) \quad \text{与} \quad (_A\gamma_{agg(C)}(E_1)) \bowtie E_2$$

其中 *agg* 表示任何聚合运算。如果 *agg* 是 **min** 或 **max** 中的一个，那么上述条件可以如何放宽？

16.10 请考虑优化中的有趣次序问题。假设有一个查询，它计算一个关系集合 S 的自然连接。给定 S 的一个子集 $S1$，则 $S1$ 的有趣次序是什么？

16.11 请修改 FindBestPlan(S) 函数以创建 FindBestPlan(S, O) 函数，其中 O 是 S 所需的排序次序，并考虑有趣的排序次序。空（*null*）次序表示次序是不相关的。提示：一个算法 A 可以给出期望的次序 O；否则可能需要添加排序运算以获得期望的次序。如果 A 是归并 – 连接，则必须在两个输入上调用 FindBestPlan，并为输入指定所需的次序。

16.12 请说明对于 n 个关系存在 $(2(n-1))!/(n-1)!$ 种不同的连接次序。

提示：一棵**完全二叉树**（complete binary tree）中每个内部节点都正好有两个孩子节点。利用以下事实：拥有 n 个叶节点的不同的完全二叉树的数量为：

$$\frac{1}{n}\binom{2(n-1)}{(n-1)}$$

如果你愿意，你也可以从具有 n 个节点的二叉树的数量公式推导出具有 n 个节点的完全二叉树的数量公式。具有 n 个节点的二叉树的数量为：

791

$$\frac{1}{n+1}\binom{2n}{n}$$

这个数字就是**卡特兰数**(Catalan number),并且它的衍生式可以在任何一本有关数据结构或算法的标准教材中找到。

16.13 请证明计算连接次序的最小时间代价是 $O(3^n)$。假设你可以在常量时间内存储和查找一个关系集合的有关信息(比如该集合的最佳连接次序以及该连接次序的代价)。(如果你感觉做本题有困难,至少证明更宽松的时间界限 $O(2^{2^n})$。)

16.14 如果像在 System R 优化器中那样只考虑左深连接树,请证明找到最高效的连接次序所花费的时间大约为 $n2^n$。假定只存在一个有趣的排序次序。

16.15 请考虑图 16-9 的银行数据库,其中主码用下划线标识。请为这个关系数据库构建以下 SQL 查询。

a. 在 *account* 关系上写一个嵌套查询,对于每家名称以 B 打头的分行,找出该分行具有最大余额的所有账户。

b. 不使用嵌套子查询重写前面的查询;换言之,去除查询的相关性,但是使用 SQL。

c. 使用半连接给出等价于该查询的关系代数表达式。

d. 给出一个过程(类似于 16.4.4 节中描述的那样)用于去除此类查询的相关性。

branch(*branch_name*, *branch_city*, *assets*)
customer (*customer_name*, *customer_street*, *customer_city*)
loan (*loan_number*, *branch_name*, *amount*)
borrower (*customer_name*, *loan_number*)
account (*account_number*, *branch_name*, *balance*)
depositor (*customer_name*, *account_number*)

图 16-9 银行数据库

习题

16.16 假设 *department* 关系在 (*dept_name*, *building*) 上有 B^+ 树索引可用。则处理下列选择的最佳方式是什么?

$$\sigma_{(building\ <\ \text{“Watson”})\ \wedge\ (budget\ <\ 55000)\ \wedge\ (dept\_name\ =\ \text{“Music”})}(department)$$

792

16.17 请使用 16.2.1 节中的等价规则,说明如何通过一系列转换来推导出下列等价式:

a. $\sigma_{\theta_1 \wedge \theta_2 \wedge \theta_3}(E) \equiv \sigma_{\theta_1}(\sigma_{\theta_2}(\sigma_{\theta_3}(E)))$。

b. $\sigma_{\theta_1 \wedge \theta_2}(E_1 \bowtie_{\theta_3} E_2) \equiv \sigma_{\theta_1}(E_1 \bowtie_{\theta_3}(\sigma_{\theta_2}(E_2)))$,其中 θ_2 仅使用 E_2 的属性。

16.18 请考虑两个表达式 $\sigma_\theta(E_1 ⟕ E_2)$ 和 $\sigma_\theta(E_1 \bowtie E_2)$。

a. 请用一个示例来说明这两个表达式一般不等价。

b. 请给出谓词 θ 上的一个简单条件,如果满足该条件就确保这两个表达式是等价的。

16.19 如果只要两个表达式等价,都可以通过使用一系列等价规则从一个表达式推导出另一个,那么就称一个等价规则集是完备的。我们在 16.2.1 节中考虑的等价规则集是完备的吗?提示:请考虑等价式 $\sigma_{3=5}(r) \equiv \{\ \}$。

16.20 请解释如何使用直方图来估算形如 $\sigma_{A \leqslant v}(r)$ 的选择的规模。

16.21 假设两个关系 r 和 s 在属性 $r.A$ 和 $s.A$ 上分别有直方图,但是所取区间不同。请给出如何使用直方图来估计 $r \bowtie s$ 的规模的建议。提示:进一步细分每个直方图的区间。

16.22 请考虑如下查询:

```
select A, B
from r
where r.B < some (select B
                  from s
                  where s.A = r.A)
```

请说明如何使用多重集版本的半连接运算来去除这个查询的相关性。

16.23 请从插入和删除两个方面描述如何增量维护下面运算的结果：

a. 并和集差。

b. 左外连接。

16.24 请给出一个定义物化视图的表达式的示例以及这样两种情况（存在有关输入关系与差异的统计信息集）：在一种情况下，增量视图维护要优于重新计算；而在另一种情况下，重新计算更优。

793

16.25 假设你希望得到 $r \bowtie s$ 在 r 的一个属性上排序的结果，并且对于某个相对较小的 K 值，只想要前 K 个结果。请给出执行该查询的一种较好方式。

a. 当在引用 s 的关系 r 的外码上进行连接时，这里的外码属性被申明为非空。

b. 当不是在外码上进行连接时。

16.26 请考虑一个关系 $r(A, B, C)$，它在属性 A 上有索引。请给出一个查询的示例，仅使用索引就能回答该查询，而不用查看关系中的元组。（仅使用索引而不必访问实际关系的查询计划称为仅用索引（index-only）的计划。）

16.27 假定你有一个更新查询 U。请给出一个 U 上的简单充分条件，使得不论选择任何执行计划或者是否存在索引，它都能确保不会发生万圣节问题。

延伸阅读

[Selinger et al. (1979)] 的创造性工作描述了 System R 优化器中的存取路径选择，System R 优化器是最早的关系查询优化器之一。Starburst 中的查询处理在 [Haas et al. (1989)] 中描述，这构成了 IBM DB2 中查询优化的基础。

[Graefe and McKenna (1993)] 描述了 Volcano，它是一个基于等价规则的查询优化器。Volcano 与它的后继 Cascades ([Graefe (1995)]) 一起构成了 Microsoft SQL Server 中的查询优化的基础。[Moerkotte (2014)] 为查询优化提供了广泛的教科书式的介绍，包括用于连接次序优化以避免考虑笛卡儿积的动态规划算法的优化。避免生成具有笛卡儿积的计划可以大幅降低通用查询的优化代价。

本章的参考文献可在线获取，它为研究各种优化技术提供参考，包括带有聚集的查询优化、带有外连接的查询优化、嵌套子查询的优化、top-K 查询的优化、连接最小化的优化、更新查询的优化、物化视图维护和视图匹配、索引和物化视图选择、参数化查询优化以及多查询优化。

参考文献

[Graefe (1995)] G. Graefe, "The Cascades Framework for Query Optimization", *Data Engineering Bulletin*, Volume 18, Number 3 (1995), pages 19-29.

[Graefe and McKenna (1993)] G. Graefe and W. McKenna, "The Volcano Optimizer Generator", In *Proc. of the International Conf. on Data Engineering* (1993), pages 209-218.

[Haas et al. (1989)] L. M. Haas, J. C. Freytag, G. M. Lohman, and H. Pirahesh, "Extensible Query Processing in Starburst", In *Proc. of the ACM SIGMOD Conf. on Management of Data* (1989), pages 377-388.

[Moerkotte (2014)] G. Moerkotte, *Building Query Compilers*, available online at http://pi3.informatik.uni-mannheim.de/~moer/querycompiler.pdf, retrieved 13 Dec 2018 (2014).

794 ~ 796

[Selinger et al. (1979)] P. G. Selinger, M. M. Astrahan, D. D. Chamberlin, R. A. Lorie, and T. G. Price, "Access Path Selection in a Relational Database System", In *Proc. of the ACM SIGMOD Conf. on Management of Data* (1979), pages 23-34.

第七部分

事务管理

术语**事务**指的是构成单一的逻辑工作单元的操作的集合。比如，将钱从一个账户转到另一个账户就是一个事务，该事务包括两次更新，每次更新一个账户。

事务的所有操作要么全部执行，要么由于出错而撤销未完成事务的部分影响，这一点非常重要。这个特性叫作**原子性**。此外，一旦事务成功执行，其影响必须保存在数据库中——系统故障不应导致数据库遗忘已成功完成的事务。这种特性叫作**持久性**。

在一个有多个事务并发执行的数据库系统中，如果对共享数据的更新不加以控制，那么事务就可能看到由其他事务的更新引起的不一致的中间状态，这种情况会导致对数据库中所存储数据的错误更新。因此，数据库系统必须提供隔离机制以保证事务不受其他并发执行事务的影响，这种特性叫作**隔离性**。

第 17 章详细阐述事务的概念，包括事务的原子性、持久性、隔离性和由事务抽象提供的其他特性。特别地，该章通过可串行化的概念来准确描述隔离性的定义。

第 18 章阐述几种有助于实现隔离性的并发控制技术。第 19 章阐述数据库的恢复管理部件，它实现了原子性与持久性。

总体来说，数据库系统的事务管理部件使得应用程序开发人员能够把注意力集中在单个事务的实现上，而不必考虑并发和容错的问题。

797
～
798

第 17 章

Database System Concepts, Seventh Edition

事　　务

通常，从数据库用户的角度来看，数据库中多个操作的集合被认为是一个独立的单元。例如，从顾客的角度来看，将资金从支票账户转移到储蓄账户是一次单一的操作；而在数据库系统中，这是由几个操作组成的。有一点是最基本的：这些操作要么全都发生，要么由于发生故障而全都不发生。资金从支票账户支出而未转入储蓄账户的情况是不可接受的。

构成单一逻辑工作单元的操作集合称作事务。即使有故障，数据库系统也必须保证事务的正确执行——要么执行整个事务，要么属于该事务的操作一个也不执行。此外，数据库系统必须以一种能避免引入不一致性的方式来管理事务的并发执行。在资金转账的示例中，一个计算顾客总金额的事务可能在资金转账事务从支票账户支出金额之前查看支票账户余额，而在资金存入储蓄账户之后查看储蓄账户余额。其结果是，它会得到不正确的结果。

本章介绍事务处理的基本概念。有关并发事务处理和故障恢复的详细情况分别在第 18 章和第 19 章中介绍。

17.1　事务的概念

事务（transaction）是访问并可能更新各种数据项的一个程序执行**单元**（unit）。事务通常由高级数据操纵语言（代表性的是 SQL）或编程语言（例如，C++ 或 Java）编写的用户程序发起，这种编程语言带有用 JDBC 或 ODBC 表示的嵌入式数据库访问。事务用形如 **begin transaction** 和 **end transaction** 的语句（或函数调用）来界定。事务由 **begin transaction** 与 **end transaction** 之间所执行的全部操作组成。

799

这些步骤的集合必须作为一个单一的、不可分割的单元出现。因为事务是不可分割的，要么执行其全部操作，要么就根本不执行。因此，如果一个事务开始执行，但是无论任何原因故障了，事务对数据库所做的任何可能的修改都必须被撤销。无论事务本身是否故障（例如，如果它除以零），或者操作系统崩溃，或者计算机本身停止运行，这项要求都要满足。正如我们将看到的，确保满足这一要求是困难的，因为对数据库的一些修改可能仅仅存放在事务的主存变量中，而另一些可能已经被写入数据库并存储在磁盘上。这种“全或无”的特性被称为**原子性**（atomicity）。

此外，由于事务是一个单一的单元，它的操作不能看起来是被不属于事务的其他数据库操作分隔开的。尽管希望表现这种用户级别的事务印象，但我们知道现实情况是完全不同的。即使单条 SQL 语句也会涉及对数据库的多次单独访问，而一个事务可能会由多条 SQL 语句构成。因此，数据库系统必须采取特殊操作来确保事务正常执行而不被来自并发执行的数据库语句所干扰。这种特性被称为**隔离性**（isolation）。

即使系统能保证一个事务的正确执行，如果此后系统崩溃，并导致系统“忘记”了该事务，那么这项工作的意义也不大。因此，即使发生系统崩溃，事务的操作也必须是持久的。这种特性被称为**持久性**（durability）。

因为上述三种特性，事务就成了构造与数据库交互的一种理想方式。这使我们必须加强对事务本身的一项要求。事务必须保持数据库的一致性——如果事务从一个一致的数据库开始以原子方式隔离地运行，那么该数据库在事务结束时必须重新保持一致。这种一致性要求超越了我们此前已看到过的数据完整性约束（比如主键约束、引用完整性、**check** 约束以及诸如此类的约束）。相反，我们期望事务能超越完整性约束，以确保保留那些依赖于应用程序的一致性约束，这些约束太过复杂以至于无法使用 SQL 的数据完整性结构来声明。如何做到这一点则是编写事务代码的程序员的职责。这种特性被称为**一致性**（consistency）。

更简明地重申上述内容，即我们要求数据库系统维护事务的以下特性：

- **原子性**。事务的所有操作在数据库中要么全部正确反映出来，要么完全不反映。
- **一致性**。以隔离方式执行事务（即，没有其他事务的并发执行）以保持数据库的一致性。
- **隔离性**。尽管多个事务可能并发执行，但系统保证：对于任何一对事务 T_i 和 T_j，在 T_i 看来，T_j 要么在 T_i 开始之前已经完成执行，要么在 T_i 完成之后 T_j 才开始执行。因此，每个事务都感觉不到系统中有其他事务在并发地执行。 800
- **持久性**。在一个事务成功完成之后，它对数据库的改变必须是永久的，即使出现系统故障也是如此。

这些特性通常被称为 **ACID 特性**，ACID 这一缩写来源于四种特性的英文首字母。

正如我们此后将看到的，确保隔离性有可能对系统性能造成很大的不利影响。出于这种原因，一些应用在隔离性上妥协了。我们首先学习严格执行 ACID 特性，然后学习这些折中方案。

17.2 一个简单的事务模型

因为 SQL 是一种强大而复杂的语言，所以我们采用一种简单的数据库语言来开始学习事务，该语言关注数据何时从磁盘移动到主存以及何时从主存移动到磁盘。我们忽略 SQL 的**插入**（insert）和**删除**（delete）操作，并推迟到 18.4 节再去考虑它们。在简单语言中，对数据的实际操作仅限于算术运算。之后我们会在一个真实的、基于 SQL 的、具备更丰富运算集合的环境中讨论事务。在简单模型中的数据项只包含单个数据值（在示例中是一个数字）。每个数据项通过名称来标识（在示例中通常是一个字母，即 A、B、C 等）。

我们将采用由几个账户以及一个访问和更新这些账户的事务集合所构成的一个简单的银行应用来阐明事务的概念。事务采用以下两种操作来访问数据：

- read(X)，从数据库把数据项 X 传送给一个也称为 X 的变量，X 位于属于执行 read 操作的事务的主存缓冲区中。
- write(X)，从执行 write 的事务的主存缓冲区中把变量 X 的值传送给数据库中的数据项 X。

知道一个数据项的变化是否只出现在主存中或者是否已经被写入磁盘上的数据库中是很重要的。在实际的数据库系统中，write 操作不一定导致立即更新磁盘上的数据。write 操作的结果可以临时存储在其他地方，以后再写到磁盘上。但是对于目前来说，我们假设 write 操作是立即更新数据库的。我们将在 17.3 节中进一步讨论存储问题，并在第 19 章中讨论当将主存中的数据库数据写入磁盘上的数据库中时所存在的问题。 801

令 T_i 是从账户 A 转账 \$50 到账户 B 的事务。这个事务可以被定义为：

T_i: read(A);
$A := A - 50$;
write(A);
read(B);
$B := B + 50$;
write(B).

现在让我们逐个考虑 ACID 特性（为了便于讲解，我们不按 A-C-I-D 的次序来讲述它们）。

- **一致性**：这里的一致性要求是事务的执行不改变 A 和 B 的总和。如果没有一致性要求，金额可能会被事务凭空创造或销毁！容易验证，如果数据库在一个事务执行之前是一致的，那么在该事务执行之后数据库仍将保持一致性。

  确保单个事务的一致性是编写该事务的应用编程人员的责任。完整性约束的自动测试给这项任务带来了便利，正如我们已经在 4.4 节中讨论过的那样。

- **原子性**：假设就在事务 T_i 执行之前，账户 A 和 B 分别有 \$1000 和 \$2000。现在假设在事务 T_i 执行的过程中发生了故障，导致 T_i 的执行没有成功完成。进一步假设故障发生在 write(A) 操作执行之后 write(B) 操作执行之前。在这种情况下，数据库中反映出来账户 A 和 B 分别有 \$950 和 \$2000。这次故障导致系统丢失了 \$50。特别地，我们注意到 $A+B$ 的和不再维持原状。

  这样，由于该故障，系统的状态不再反映数据库本应描述的现实世界的真实状态。我们把这种状态称为**不一致状态**（inconsistent state）。必须保证这种不一致性在数据库系统中是不可见的。但是请注意，系统必然会在某些时刻处于不一致状态。即使事务 T_i 能成功执行，仍然存在一个时刻使得账户 A 的金额是 \$950 且账户 B 的金额 \$2000，这显然是一个不一致的状态。然而这一状态最终会被账户 A 的金额是 \$950 且账户 B 的金额是 \$2050 这个一致性状态所取代。这样，如果一个事务从未开始或者保证完成，那么除了在该事务的执行期间，这样的不一致状态应该是不可见的。这就是需要原子性的原因：如果具有原子性，那么事务的所有操作要么在数据库中全部反映出来，要么根本不反映。

  802

  保证原子性背后的基本思想如下：数据库系统（在磁盘上）记录事务要执行写操作的任何数据项的旧值。这种信息记录在一个称为*日志*（log）的文件中。如果该事务没能完成它的执行，数据库系统从日志中恢复出旧值，使得看上去好像该事务从未执行过一样。我们将在 17.4 节中进一步讨论这些想法。保证原子性是数据库系统的责任，具体来说，这项工作由称作**恢复系统**（recovery system）的数据库组件处理，这将在第 19 章中详细讲述。

- **持久性**：一旦事务成功执行，并且发起事务的用户被告知资金转账已经发生，系统就必须保证任何系统故障都不会导致与这次资金转账相关的数据丢失。持久性保证一旦事务成功完成，该事务对数据库所做的所有更新就都是持久的，即使在事务执行完成后出现了系统故障也是如此。

  现在我们假设计算机系统的故障可能导致主存中数据的丢失，但已写入磁盘的数据决不会丢失。第 19 章将讨论如何防止磁盘上的数据丢失。我们可以通过确保以下两条中的任何一条来保证持久性：

  1. 由事务所执行的更新在事务结束前已经写入磁盘。
  2. 有关事务已执行的更新的信息被写入磁盘，并且这些信息足以使数据库在故障后重新启动数据库系统时重建这些更新。

第 19 章将介绍的数据库恢复系统负责除了保证原子性之外还保证持久性。

- **隔离性**：如果几个事务并发地执行，那么即使每个事务都能确保一致性和原子性，它们的操作也会以某种不希望的方式交叉执行，导致不一致的状态。

  正如我们先前看到的，例如，在事务将资金从 *A* 转账到 *B* 的执行过程中，当扣款总额已经写入 *A* 且加款总额尚未写入 *B* 时，数据库暂时是不一致的。如果第二个并发运行的事务在这个中间时刻读取 *A* 和 *B* 并计算 *A*+*B*，那么它将看到不一致的值。进一步来说，如果第二个事务随后基于它读取的不一致的值对 *A* 和 *B* 执行更新，那么即使两个事务都完成了，数据库仍可能处于不一致的状态。

  一种避免事务并发执行而产生问题的途径是串行地执行事务，即一个接一个地执行事务。然而，正如我们将在 17.5 节中所看到的那样，事务的并发执行能显著地改善性能。因此，人们提出了另一些解决方案，它们允许多个事务并发地执行。

  我们将在 17.5 节中讨论由事务的并发执行所引起的问题。事务的隔离性确保事务并发执行所得到的系统状态与这些事务以某种次序一次执行一个后所得到的状态是等价的。我们将在 17.6 节中进一步讨论隔离性的原则。确保隔离性是数据库系统中称作**并发控制系统**（concurrency-control system）的部件的责任，对此我们将在第 18 章中讨论。

803

17.3　存储器结构

为了理解如何确保事务的原子性和持久性，我们必须更好地理解数据库中的各种数据项是如何存储和访问的。

在第 12 章中，我们看到存储介质可以通过它们的相对速度、容量以及从故障中快速恢复的能力来区分，可分为易失性存储器或非易失性存储器。这里回顾这些术语，并介绍另一类被称作稳定存储器的存储器。

- **易失性存储器**（volatile storage）。驻留在易失性存储器中的信息通常在系统崩溃后不会幸存。这种存储器的示例包括主存储器和高速缓冲存储器。对易失性存储器的访问是相当快的，一方面是因为存储器本身的访问速度快，另一方面是因为可以直接访问易失性存储器中的任何数据项。
- **非易失性存储器**（non-volatile storage）。驻留在非易失性存储器中的信息会在系统崩溃后幸免于难。非易失性存储器的示例包括用于在线存储的、诸如磁盘和闪存那样的二级存储设备，以及用于存档存储的、诸如光介质和磁带那样的三级存储设备。根据目前的技术水平，非易失性存储器比易失性存储器慢，特别是对于随机访问。然而，二级存储设备和三级存储设备都容易受到故障的影响，可能导致信息丢失。
- **稳定存储器**（stable storage）。驻留在稳定存储器中的信息永远不会丢失（应该对永远不会持有保留态度，因为理论上的永远不会是不能保证的。例如，尽管可能性非常小，也有可能出现黑洞吞噬地球从而永久地销毁所有数据！）。尽管稳定存储器在理论上是不可能得到的，但是可以通过技术的高精度近似使得数据丢失的可能性微乎其微。为了实现稳定存储器，我们可以将信息复制到几个非易失性存储器介质（通常是磁盘）中，这些介质采用独立的故障模式。更新必须小心以保证在对稳定存储器更新的过程中所发生的故障不会导致信息丢失。19.2.1 节将讨论稳定性存储器的实现。

804

各种存储类型之间的区别在实际中没有我们介绍的这么明显。例如，某些系统（如RAID控制器）提供备用电池，使得一些主存可以在系统崩溃和电源故障中幸免于难。

为了保持事务的持久性，需要将它的修改写入稳定存储器。类似地，为了保持事务的原子性，在对磁盘上的数据库进行任何更改之前需要先将日志记录写入稳定存储器。一个系统所能保证的持久性和原子性的程度取决于它的稳定存储器的实现到底有多么稳定。在某些情况下，磁盘上的单个备份就足够了，但是对于其数据非常有价值和事务非常重要的应用程序来说需要多个备份，或者换句话说，需要更接近于理想化的稳定存储器概念。

17.4　事务的原子性和持久性

正如我们先前所注意到的，事务并非总能成功地执行。这种事务被称为**中止**（aborted）了。如果要确保原子性，中止的事务必须对数据库的状态不造成影响。因此，中止的事务对数据库所做过的任何改变必须撤销。一旦中止的事务造成的变更已被撤销，我们就说该事务**已回滚**（rolled back）。管理事务中止是恢复机制职责的一部分。这么做的典型方式是维护一个**日志**（log）。事务对数据库所做的每个修改都会首先被记录到日志中。我们记录执行修改的事务标识、被修改的数据项标识以及数据项的旧值（修改前的）和新值（修改后的）。然后数据库本身才会被修改。对日志的维护提供了通过重做修改来保证原子性和持久性的可能，以及在事务执行期间发生故障的情况下通过撤销修改来保证原子性的可能。第19章将会讨论关于基于日志的恢复的详细信息。

成功完成其执行的事务被称为**已提交**（committed）了。一个执行过更新的已提交事务使数据库进入一种新的一致性状态，即使出现系统故障，这个状态也必须保持。

一旦事务已经提交，我们不能通过中止它来撤销其造成的影响。撤销已提交事务所造成的影响的唯一方式是执行一个**补偿事务**（compensating translation）。例如，如果一个事务给一个账户增加了$20，其补偿事务应当从该账户减去$20。然而，并非总是能够创建这样的补偿事务。因此，编写和执行补偿事务的责任就留给了用户，而不是通过数据库系统来处理。

我们需要更准确地定义一个事务的成功完成意味着什么。为此我们建立了一个简单的抽象事务模型。事务必须处于以下状态之一：

805

- **活跃**（active）状态，为初始状态，当事务执行时就处于这种状态。
- **部分提交**（partially committed）状态，在最后一条语句被执行之后。
- **失效**（failed）状态，在发现正常执行不能再继续之后。
- **中止**（aborted）状态，在事务已回滚并且数据库已被恢复到它在事务开始前的状态之后。
- **提交**（committed）状态，在成功完成之后。

事务相应的状态图如图17-1所示。只有在一个事务已进入提交状态后，我们才说该事务已提交。类似地，仅当一个事务已进入中止状态，我们才说该事务已中止。如果一个事务要么是提交的要么是中止的，它就被称为是已经**终止**（terminated）的。

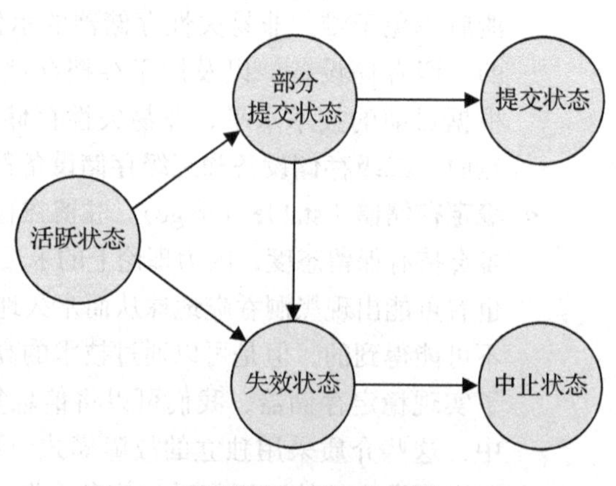

图17-1　事务状态图

事务一开始就进入活跃状态。当事务完成它的最后一条语句后就进入了部分提交状态。此刻，事务已经完成了其执行，但事务仍有可能不得不中止，由于实际输出可能仍然临时驻留在主存中，因此一个硬件故障可能阻止其成功完成。

数据库系统接着往磁盘上写入足够的信息，确保即使在出现故障的情况下，事务所执行的更新也能在系统重启后重新创建。当最后一条这样的信息写完后，事务就进入提交状态。

正如先前所提到的，我们现在假设故障并不会引起磁盘上的数据丢失。第19章将讨论处理磁盘上数据丢失的技术。

在系统判定一个事务不能继续进行其正常执行后（例如，由于硬件或逻辑错误），该事务就进入失效状态。这种事务必须回滚。这样，该事务就进入中止状态。此刻，系统有两种选择：

806

- 它可以**重启**（restart）事务，但仅当引起事务中止的原因是某些硬件错误或不是由于事务的内部逻辑而产生的软件错误。重启的事务被看成一个新事务。
- 它可以**杀死**（kill）事务，这样做通常是由于某些内部的逻辑错误，只有通过重写应用程序才能改正这种错误，或者是由于输入错误，或者是由于所需数据在数据库中没有找到。

在处理**可见的外部写**（observable external write），比如写到用户的屏幕或者发送电子邮件时，我们必须要小心。由于写的结果可能已经在数据库系统的外部看到过，所以一旦发生这种写操作，就不能再被抹去。大多数系统只允许这种写操作在事务进入提交状态后发生。实现这种模式的一种方式是为数据库系统将与这种外部写相关的任何值都临时存储在数据库中的一个特殊关系里，并且仅当事务进入提交状态后才执行真正的写操作。如果在事务已进入提交状态而外部写操作尚未完成之前，系统出现了故障，那么数据库系统将在系统重启时（使用非易失性存储器中的数据）执行外部写操作。

在某些情况下处理外部写操作会更加复杂，例如，假设外部动作是在自动取款机上提取现金，并且系统恰好在现金被实际提取之前发生故障（我们假定现金能够自动提取）。当系统重新启动时再提取出现金是没有意义的，因为用户可能已经离开了取款机。在这种情况下，需要在系统重新启动时执行一个补偿事务，比如将现金存回到用户的账户中。

作为另一个示例，考虑一个用户在Web上进行预订。有可能在预订事务刚刚提交后数据库系统或应用服务器就发生崩溃。也有可能在预订事务刚刚提交后跟用户的网络连接就发生丢失。在任何一种情况下，即使事务已经提交，但外部写并没有发生。为了处理这种情况，应用程序必须被设计成这样的：当用户重新连接到网络应用程序时，他可以看到他的事务是否成功执行。

对于特定应用来说，允许活跃事务向用户显示数据也可能是所期望的，特别是运行数分钟或数小时的长周期事务。遗憾的是，除非愿意牺牲事务的原子性，否则我们不能允许这种可见的数据输出。

17.5 事务的隔离性

事务处理系统通常允许多个事务并发地执行。正如我们先前所看到的，允许多个事务并发更新数据会引起许多数据一致性的复杂问题。在存在事务并发执行的情况下保证一致性需要额外的工作。如果坚持事务是**串行地**（serially）执行的话将简单得多——即一次执行一个

807

事务，每个事务仅当前一个事务执行完后才开始。然而，对于允许并发来说有两条很好的理由：

- **提高吞吐量和资源利用率**。一个事务由多个步骤组成。一些步骤涉及 I/O 活动，而另一些步骤涉及 CPU 活动。计算机系统中的 CPU 与磁盘可以并行运作。因此，I/O 活动可以与 CPU 的处理并行进行，从而可以利用系统的 CPU 与 I/O 并行性来并行运行多个事务。当一个事务在一张磁盘上进行读或写时，另一个事务可以在 CPU 中运行，而第三个事务又可以在另一张磁盘上执行读或写。所有这些情况都增加了系统的**吞吐量**——即在一段给定时间内所执行的事务的数量。相应地，处理器与磁盘的**利用率**也提高了，换句话说，处理器与磁盘花在空闲上或者没有执行任何有用的工作上的时间减少了。
- **减少等待时间**。一个系统上可能混杂运行着各种事务，一些是短事务，一些是长事务。如果这些事务串行地运行，那么短事务可能得等待前面的长事务完成，这可能导致在事务运行中难以预测的延迟。如果各事务是运行在数据库的不同部分上，那么让它们并发运行会更好，这样就可以在它们之间共享 CPU 周期和磁盘存取。并发执行减少了在事务运行中难以预测的延迟。此外，它还减少了**平均响应时间**（average response time）：一个事务从它提交到完成所需的平均时间。

在数据库中使用并发执行的动机本质上与操作系统中使用**多道程序**（multiprogramming）的动机是一样的。

当多个事务并发运行时，隔离性可能被违背，这导致即使每个单独的事务都是正确的，但数据库的一致性也可能被破坏。在这一节中，我们提出调度的概念以帮助识别哪些执行是可以保证隔离性并进而保证数据库一致性的。

数据库系统必须控制并发事务之间的交互，以防止它们破坏数据库的一致性。系统通过称为**并发控制机制**（concurrency-control scheme）的一系列机制来做到这一点。我们将在第 18 章中学习并发控制机制，目前我们主要关注正确的并发执行的概念。

请再次考虑 17.1 节中的简化银行系统，其中有多个账户以及一组存取和更新这些账户的事务。令 T_1 和 T_2 是将资金从一个账户转移到另一个账户的两个事务。事务 T_1 从账户 A 转 \$50 到账户 B，它被定义为：

```
T1: read(A);
    A := A - 50;
    write(A);
    read(B);
    B := B + 50;
    write(B).
```

事务 T_2 从账户 A 将存款余额的 10% 转到账户 B。它被定义为：

```
T2: read(A);
    temp := A * 0.1;
    A := A - temp;
    write(A);
    read(B);
    B := B + temp;
    write(B).
```

注释 17-1　并发性趋势

计算领域的一些当前趋势带来了大量可能的并发性的增长。随着数据库系统利用这种并发性来提高系统的整体性能，并发运行事务的数量可能越来越多。

早期的计算机只有一个处理器。因此，在那样的计算机中没有任何真正意义上的并发性。唯一的并发性是操作系统创建的表面并发性，它在几个不同的任务或进程之间共享处理器。现代计算机可能有很多个处理器。每个处理器称为一个**核**，单个处理器芯片可能包含多个核，并且几个这样的芯片可能在单个系统中连接在一起，使得所有芯片共享一个公共的系统内存。此外，并行数据库系统可能包含多个这样的系统。并行数据库体系结构将在第 20 章中讨论。

由多个处理器和多核提供的并行性有两种用途。一种是并行执行单个长时间运行的查询的不同部分，以加快查询执行的速度。另一种是允许大量查询（通常是较小的查询）并发地执行，例如支持大量的并发用户。第 21 章到第 23 章将描述用于构建并行数据库系统的算法。

假设账户 A 和 B 的当前值分别是 \$1000 和 \$2000。还假设这两个事务以 T_1 后接 T_2 的次序一次一个地执行。该执行顺序如图 17-2 所示。在图中，指令步骤的次序自顶向下按时间顺序排列，T_1 的指令出现在左栏中，而 T_2 的指令出现在右栏中。在图 17-2 中的执行发生之后，账户 A 与 B 的最终值分别为 \$855 与 \$2145。因此，在账户 A 与 B 中的资金总数（即 $A+B$ 的总和）在两个事务执行之后保持不变。

类似地，如果这些事务按照 T_2 后接 T_1 的次序一次一个地执行，那么相应的执行顺序如图 17-3 所示。同样，正如所预期的，$A+B$ 之和保持不变，并且账户 A 与 B 的最终值分别为 \$850 与 \$2150。

T_1	T_2
read(A) $A := A - 50$ write(A) read(B) $B := B + 50$ write(B) commit	
	read(A) $temp := A * 0.1$ $A := A - temp$ write(A) read(B) $B := B + temp$ write(B) commit

图 17-2　调度 1：一个串行调度，其中 T_2 跟在 T_1 之后

T_1	T_2
	read(A) $temp := A * 0.1$ $A := A - temp$ write(A) read(B) $B := B + temp$ write(B) commit
read(A) $A := A - 50$ write(A) read(B) $B := B + 50$ write(B) commit	

图 17-3　调度 2：一个串行调度，其中 T_1 跟在 T_2 之后

刚才描述的执行顺序称为**调度**（schedule）。它们表示指令在系统中执行的时间顺序。显然，一组事务的一个调度必须包含这些事务的全部指令，并且这些指令必须保持它们在每个单独事务中出现的顺序。例如，在任何一个有效调度中，事务 T_1 中的 write(A) 指令必须出

现在 read(B) 指令之前。请注意，我们在调度中包括了 commit 操作以表示事务已经进入提交状态。在下面的讨论中，我们将称第一种执行顺序（T_2 跟在 T_1 之后）为调度 1，而称第二种执行顺序（T_1 跟在 T_2 之后）为调度 2。

808～810

这些调度是**串行的**：每个串行调度由来自各个事务的指令序列组成，其中属于一个单独事务的指令在该调度中是一起出现的。请回顾来自组合数学的一个众所周知的公式，我们知道，对于有 n 个事务的一个集合，存在 n 的阶乘（$n!$）种不同的有效串行调度。

当数据库系统并发执行多个事务时，相应的调度就不再是串行的。若有两个并发执行的事务，操作系统可能先对一个事务执行一小段时间，然后切换上下文环境，对第二个事务执行一段时间，接着又切换回第一个事务执行一段时间，等等。在多个事务的情形下，所有事务之间是共享 CPU 时间的。

因为来自两个事务的各种指令现在可能是交叉的，所以多种执行顺序是有可能的。一般而言，在 CPU 切换到另一个事务之前准确预测将要执行一个事务的多少条指令是不可能的[⊖]。

回到前面的示例，假设两个事务是并发执行的。一种可能的调度如图 17-4 所示。当它执行完成后，我们到达的状态与事务按照 T_1 后接 T_2 的次序串行执行的状态一样。$A+B$ 之和的确是保持不变的。

811

并非所有的并发执行都能得到正确的状态。举例说来，请考虑如图 17-5 所示的调度，在该调度执行之后，我们到达的状态是账户 A 与 B 的最终值分别为 \$950 与 \$2100。这个最终状态是一个*不一致状态*，因为我们在并发执行的过程中多出了 \$50。实际上，通过两个事务的执行 $A+B$ 之和未能保持不变。

T_1	T_2
read(A)	
$A := A - 50$	
write(A)	
	read(A)
	$temp := A * 0.1$
	$A := A - temp$
	write(A)
read(B)	
$B := B + 50$	
write(B)	
commit	
	read(B)
	$B := B + temp$
	write(B)
	commit

图 17-4　调度 3：等价于调度 1 的一个并发调度

T_1	T_2
read(A)	
$A := A - 50$	
	read(A)
	$temp := A * 0.1$
	$A := A - temp$
	write(A)
	read(B)
write(A)	
read(B)	
$B := B + 50$	
write(B)	
commit	
	$B := B + temp$
	write(B)
	commit

图 17-5　调度 4：一个导致不一致状态的并发调度

如果并发执行的控制完全由操作系统负责，那么许多调度都是可能的，包括像刚才描述的那种使数据库处于不一致状态的调度也是可能的。保证所执行的任何调度都能使数据库处于一致性状态是数据库系统的任务。数据库系统中负责完成此项任务的是**并发控制**（concurrency-control）部件。

⊖ 对于具有 n 个事务的一个集合来说，可能的调度数量是非常大的。有 $n!$ 个不同的串行调度。考虑事务的步骤可以交错的所有可能方式，可能调度的总数要比 $n!$ 大得多。

在并发执行的情况下，我们通过保证所执行的任何调度的效果都与没有任何并发执行的调度效果一样来确保数据库的一致性。也就是说，调度应该在某种意义上等价于一个串行调度。这种调度被称为**可串行化的**（serializable）调度。

17.6 可串行化

在考虑数据库系统的并发控制部件如何保证串行化之前，我们先考虑如何确定一个调度是可串行化的。显然，串行调度是可串行化的，但是如果多个事务的步骤交错执行，则很难确定一个调度是否是可串行化的。由于事务就是程序，要准确地确定一个事务执行哪些操作以及不同事务的操作如何交互是有困难的。出于这种原因，我们将不会考虑一个事务在一个数据项上能够执行的不同类型的操作，而只考虑两种操作 read 和 write。我们假设：在一个数据项 Q 上的 read(Q) 指令和 write(Q) 指令之间，一个事务可以对驻留在该事务本地缓冲区中的 Q 的拷贝上执行任意的操作序列。按这种模式，从调度的角度来看，一个事务的重要操作就仅仅在于它的 read 与 write 指令。commit 操作尽管也是相关的，但是我们将在 17.7 节才考虑它。因此，我们在调度中可能只展示 read 与 write 指令，如图 17-6 所示。

812

T_1	T_2
read(A)	
write(A)	
	read(A)
	write(A)
read(B)	
write(B)	
	read(B)
	write(B)

图 17-6　调度 3：只展示 read 与 write 指令

在本节中，我们讨论不同形式的等价调度，但是重点关注一种称为**冲突可串行化**（conflict serializability）的特殊形式。

让我们考虑一个调度 S，S 中含有分别属于事务 T_i 与 T_j（$i \neq j$）的两条连续指令 I 与 J。如果 I 与 J 引用不同的数据项，则交换 I 与 J 不会影响调度中任何指令的结果。然而，若 I 与 J 引用相同的数据项 Q，则这两条指令步骤的次序可能是重要的。由于只处理 read 与 write 指令，我们需要考虑的情况有四种：

1. I = read(Q)，J = read(Q)。I 与 J 的次序无关紧要，因为不论该次序如何，T_i 与 T_j 读取的 Q 值总是相同的。

813

2. I = read(Q)，J = write(Q)。若 I 先于 J，则 T_i 不会读取到由 T_j 在指令 J 中所写入的 Q 值。若 J 先于 I，则 T_i 读取到由 T_j 所写入的 Q 值。因此，I 与 J 的次序是重要的。
3. I = write(Q)，J = read(Q)。I 与 J 的次序是重要的，其原因与前一种情况类似。
4. I = write(Q)，J = write(Q)。由于两条指令均为 write 操作，这些指令的次序对 T_i 与 T_j 并没有什么影响。然而，S 的下一条 read(Q) 指令所读取的值将受到影响，因为数据库里只保留两条 write 指令中后一条的结果。如果在 S 的指令 I 与 J 之后再没有其他的 write(Q) 指令，则 I 与 J 的次序直接影响由调度 S 所产生的数据库状态中 Q 的最终值。

因此，只有在 I 与 J 全为 read 指令的情况下，两条指令执行的相对顺序才是无关紧要的。

如果 I 与 J 是由不同事务在相同数据项上执行的操作，并且其中至少有一条指令是 write 操作，那么我们说 I 与 J 是**冲突**的。

为了说明冲突指令的概念，我们考虑图 17-6 中的调度 3。T_1 的 write(A) 指令与 T_2 的 read(A) 指令相冲突。然而，T_2 的 write(A) 指令与 T_1 的 read(B) 指令不冲突，因为这两条指令访问的是不同的数据项。

令 I 与 J 是调度 S 的连续指令。若 I 与 J 是属于不同事务的指令且 I 与 J 并不冲突，则可以交换 I 与 J 的次序来产生一个新的调度 S'。S 与 S' 是等价的，因为除了 I 与 J 外，在两个调度中所有其他指令出现的次序都是相同的，而 I 与 J 的顺序则无关紧要。

在图 17-6 的调度 3 中，由于 T_2 的 write(A) 指令与 T_1 的 read(B) 指令并不冲突，我们可以交换这些指令来产生一个等价的调度，即图 17-7 中所示的调度 5。不管系统初始状态如何，调度 3 与调度 5 都产生出相同的最终系统状态。814

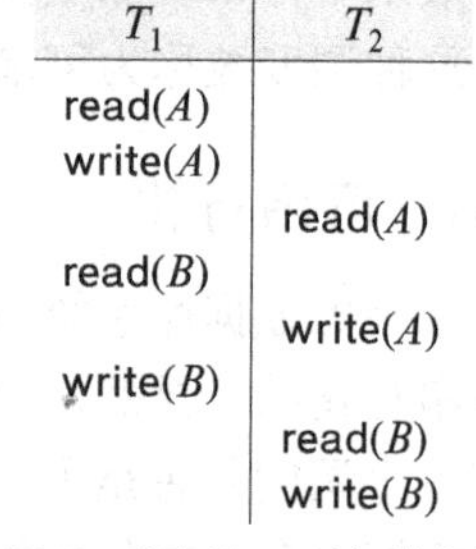

T_1	T_2
read(A)	
write(A)	
	read(A)
read(B)	
	write(A)
write(B)	
	read(B)
	write(B)

图 17-7　调度 5：交换调度 3 的一对指令后的调度

我们继续交换非冲突的指令：

- 将 T_1 的 read(B) 指令与 T_2 的 read(A) 指令进行交换。
- 将 T_1 的 write(B) 指令与 T_2 的 write(A) 指令进行交换。
- 将 T_1 的 write(B) 指令与 T_2 的 read(A) 指令进行交换。

经过这些交换的最终结果是一个串行调度，即图 17-8 所示的调度 6。请注意调度 6 和调度 1 完全一样，但它只显示了 read 和 write 指令。因此，我们已经说明了调度 3 等价于一个串行调度。这种等价性意味着：不管初始系统的状态如何，调度 3 将与某个串行调度产生相同的最终状态。

T_1	T_2
read(A)	
write(A)	
read(B)	
write(B)	
	read(A)
	write(A)
	read(B)
	write(B)

图 17-8　调度 6：与调度 3 等价的一个串行调度

如果调度 S 可以经过一系列非冲突指令的交换而转换成调度 S'，则称 S 与 S' 是**冲突等价的**[⊖]。815

并非所有的串行调度相互之间都是冲突等价的。例如，调度 1 和调度 2 就不是冲突等价的。

冲突等价的概念引出了冲突可串行化的概念：若一个调度 S 与一个串行调度是冲突等价的，则称调度 S 是**冲突可串行化**的。因此，因为调度 3 冲突等价于串行调度 1，所以调度 3 是冲突可串行化的。

最后，请考虑图 17-9 所示的调度 7，该调度仅包含事务 T_3 与 T_4 中的重要操作（即 read 与 write 操作）。这个调度不是冲突可串行化的，因为它既不等价于串行调度 <T_3，T_4>，也不等价于串行调度 <T_4，T_3>。

T_3	T_4
read(Q)	
	write(Q)
write(Q)	

图 17-9　调度 7

为了确定一个调度是否是冲突可串行化的，我们现在给出一种简单而有效的方法。请考虑一个调度 S。我们由 S 构造出一个有向图，称为**优先图**（precedence graph）。该图由两部分组成 $G=(V, E)$，其中 V 是顶点集，而 E 是边集。顶点集由参与到调度中的所有事务组成，边集由满足下列三个条件之一的所有 $T_i \rightarrow T_j$ 的边组成：

1. 在 T_j 执行 read(Q) 之前，T_i 执行 write(Q)；
2. 在 T_j 执行 write(Q) 之前，T_i 执行 read(Q)；
3. 在 T_j 执行 write(Q) 之前，T_i 执行 write(Q)。

如果在优先图中存在一条 $T_i \rightarrow T_j$ 的边，则在等价于 S 的任何串行调度 S' 中，T_i 必须出现在 T_j 之前。

图 17-10　a）调度 1 的优先图；b）调度 2 的优先图

例如，调度 1 的优先图如图 17-10a 所示，图中只有单条 $T_1 \rightarrow T_2$ 的边，因为 T_1 的所有指令均在执行 T_2 的首 816

⊖ 我们使用冲突等价这个术语来区分我们刚刚定义等价的方式和我们在本节后面将讨论的其他定义方式。

条指令之前执行。类似地，图 17-10b 表示的是调度 2 的优先图，该图仅有单条 $T_2 \rightarrow T_1$ 的边，因为 T_2 的所有指令均在执行 T_1 的首条指令之前执行。

调度 4 的优先图如图 17-11 所示。因为 T_1 执行 read(A) 先于 T_2 执行 write(A)，所以图中含有一条 $T_1 \rightarrow T_2$ 的边。又因为 T_2 执行 read(B) 先于 T_1 执行 write(B)，所以图中还含有一条 $T_2 \rightarrow T_1$ 的边。

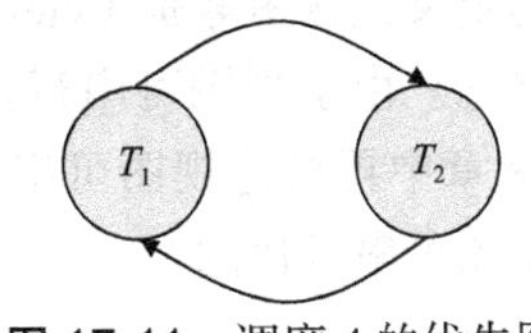

图 17-11 调度 4 的优先图

如果关于 S 的优先图中有环，则调度 S 是非冲突可串行化的；如果优先图中无环，则调度 S 是冲突可串行化的。

通过寻找与优先图的偏序相一致的线性次序可以得到事务的**可串行化次序**（serializability order）。该过程称为**拓扑排序**（topological sorting）。一般而言，通过拓扑排序可以得到几种可能的线性次序。例如，图 17-12a 中的优先图就有两种可接受的线性次序展示在图 17-12b 与图 17-12c 中。

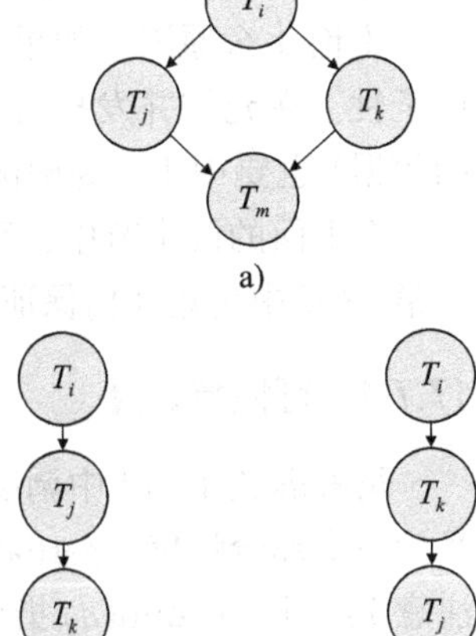

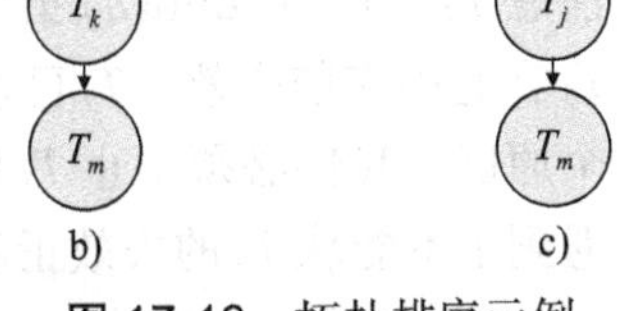

图 17-12 拓扑排序示例

因此，为了测试冲突可串行化性，我们需要构造优先图并调用一个环路检测算法。环路检测算法可在关于算法的标准教材中找到。诸如基于深度优先搜索的环路检测算法需要 n^2 数量级的运算，其中 n 是图中的顶点数（即事务数）[⊖]。

回顾之前的示例，请注意调度 1 与调度 2 的优先图（图 17-10）的确不包含环路。而调度 4 的优先图（图 17-11）却包含一个环路，这说明该调度不是冲突可串行化的。

有可能存在两个调度，它们产生相同的结果，但它们不是冲突等价的。例如，考虑事务 T_5，它从账户 B 转账 \$10 到账户 A。将调度 8 定义为图 17-13 中所示的那样。我们说调度 8 不与串行调度 <T_1，T_5> 冲突等价，因为在调度 8 中，T_5 的 write(B) 指令与 T_1 的 read(B) 指令是冲突的。这在优先图中产生了一条 $T_5 \rightarrow T_1$ 的边。类似地，我们看到 T_1 的 write(A) 指令与 T_5 的 read 指令是冲突的，从而产生了一条 $T_1 \rightarrow T_5$ 的边。这表示优先图中有环路，并且调度 8 不是可串行化的。然而，执行调度 8 或者执行串行调度 <T_1，T_5> 之后，账户 A 与 B 的最终值是相同的，即分别为 \$960 与 \$2040。

T_1	T_5
read(A) $A := A - 50$ write(A)	
	read(B) $B := B - 10$ write(B)
read(B) $B := B + 50$ write(B)	
	read(A) $A := A + 10$ write(A)

图 17-13 调度 8

817

从这个示例可以看出，存在比冲突等价不那么严格的调度等价性定义。对于系统来说，为了确定调度 8 与串行调度 <T_1，T_5> 产生的结果相同，系统必须分析 T_1 与 T_5 所执行的计算，而不只是分析 read 和 write 操作。通常说来，这种分析难以实现并且计算代价是昂贵的。在我们的示例中，最后的结果和串行调度是一样的，是因为这样的数学事实：加法和减法运算是可交换的。虽然这在我们的简单示例中可能很容易看出来，但是一般情况下并非如此容易，因为一个事务可能会被表示为一条复杂的 SQL 语句，一段具有 JDBC 调用的 Java 程序，等等。

⊖ 相反，如果我们用边的数量来衡量复杂度，这就与活跃事务之间的实际冲突数相对应，那么基于深度优先的环路检测是线性的。

不过，存在一些纯粹基于 read 与 write 操作的调度等价性的其他定义。其中一种这样的定义是视图等价（view equivalence)，该定义引出了视图可串行化（view serializability）的概念。由于视图可串行化的计算复杂度很高，故在实践中并未使用[⊖]。因此，我们推迟到第 18 章中再讨论视图可串行化，但是为了表述的完整性，在这里请注意调度 8 的示例并不是视图可串行化的。

818

17.7 事务的隔离性和原子性

至此，我们隐含地假定在没有事务失效的前提下学习调度。现在我们讨论在并发执行过程中事务失效所产生的影响。

不论什么原因，如果一个事务 T_i 失效了，我们需要撤销该事务的影响以确保该事务的原子性。在允许并发执行的系统中，原子性要求依赖于 T_i 的任何事务 T_j（即 T_j 读取了 T_i 写的数据）也要中止。为确保这一点，我们需要对系统中所允许的调度类型设置一些限制。

在下面的两小节中，我们从事务失效恢复的角度讲述什么样的调度是可接受的。我们将在第 18 章中讲述如何保证只产生这种可接受的调度。

17.7.1 可恢复调度

请考虑图 17-14 中调度 9 的一部分，其中事务 T_7 只执行一条指令，即 read(A)。我们称其为一次**部分调度**（partial schedule)，因为我们没有包括对 T_6 的 commit 或 abort 操作。请注意 T_7 在执行 read(A) 指令后立即提交了。因此，T_7 提交时 T_6 仍处于活跃状态。现在假定 T_6 在它提交前失效。T_7 已读取了由 T_6 写过的数据项 A。因此，我们说 T_7 **依赖**于 T_6。由于这个原因，我们必须中止 T_7 以保证原子性。但是 T_7 已经提交，不能再中止了。这样，我们就遇到了不能从 T_6 的失效正确恢复的情形。

819

T_6	T_7
read(A)	
write(A)	
	read(A)
	commit
read(B)	

图 17-14　调度 9 是一个不可恢复的调度

调度 9 是不可恢复（nonreconverable）调度的一个示例。一个**可恢复调度**是这样的调度：对于每对事务 T_i 和 T_j，如果 T_j 读取了由 T_i 之前所写过的数据项，则 T_i 的提交操作出现在 T_j 的提交操作之前。为了使调度 9 的示例是可恢复的，T_7 应该推迟到 T_6 提交之后再提交。

17.7.2 无级联调度

即使一个调度是可恢复的，要从事务 T_i 的失效中正确恢复，我们可能需要回滚若干事务。如果有事务读取了由事务 T_i 所写的数据项就会发生这种情况。作为一个示例，请考虑图 17-15 所示的部分调度。事务 T_8 写了 A 的值，随后事务 T_9 读取了 A。事务 T_9 写的 A 值又被事务 T_{10} 读取。假定此时 T_8 失效，T_8 必须回滚。由于 T_9 依赖于 T_8，则事务 T_9 必须回滚。由于 T_{10} 依赖于 T_9，则 T_{10} 必须回滚。这种因单个事务失效而导致一系列事务回滚的现象称为**级联回滚**（cascading rollback)。

820

T_8	T_9	T_{10}
read(A)		
read(B)		
write(A)		
	read(A)	
	write(A)	
		read(A)
abort		

图 17-15　调度 10

级联回滚导致要撤销大量的工作，因而是不希望发生的。对调度施加限制以避免发生级联回滚的情况是必要的。这样的调度称为无级联（cascadeless）

⊖ 测试视图可串行化已被证明是 NP- 完全问题，这意味着几乎肯定不存在高效的视图可串行化测试算法。

调度。规范地说，**无级联调度**是这样的一种调度：对于每对事务 T_i 和 T_j 都满足如果 T_j 读取了先前由 T_i 所写的一个数据项，则 T_i 的提交操作必须出现在 T_j 的这一读操作之前。容易验证每一个无级联调度都是可恢复的。

17.8 事务的隔离性级别

可串行性是一个有用的概念，因为当程序员编写事务代码时，它允许程序员忽略与并发性相关的问题。只要每个事务具有在单独执行时保持数据库一致性的性质，那么可串行性就能确保事务的并发执行是保持一致性的。然而，对于某些应用来说，需要保证可串行性的协议可能只允许极小的并发度。在这种情况下，可以采用较弱级别的一致性。为了保证数据库的正确性，使用较弱级别的一致性给程序员增加了额外的负担。

SQL 标准也允许一个事务被指定为：它可以以一种对其他事务来说是不可串行化的方式执行。例如，一个事务可能在**未提交读**（read uncommitted）的隔离性级别上执行，它甚至允许该事务读取被一个尚未提交的事务所写入的一个数据项。SQL 为那些并不要求精确结果的长事务提供这种特征。如果这些事务以可串行化的方式执行，它们就会干扰其他事务，造成其他事务的执行被延迟。

由 SQL 标准规定的**隔离性级别**（isolation level）如下所示：

- **可串行化**（serializable）通常保证可串行化的执行。然而，正如我们将要简要解释的，一些数据库系统以在某些情况下可能允许非可串行化执行的方式来实现这种隔离性级别。
- **可重复读**（repeatable read）只允许读取已提交的数据，并进一步要求在一个事务两次读取一个数据项期间，其他事务不得更新该数据项。但是，该事务对于其他事务来说可能不是可串行化的。例如，当一个事务在查找满足某些条件的数据时，它可能找到一些由一个已提交事务所插入的数据，但可能找不到由同一个事务所插入的其他数据。
- **已提交读**（read committed）只允许读取已提交数据，但并不要求可重复读。例如，在事务两次读取一个数据项期间，另外的事务可以更新该数据项并提交。
- **未提交读**（read uncommitted）允许读取未提交数据。这是 SQL 允许的最低隔离性级别。

821

以上所有的隔离性级别附带都不允许**脏写**（dirty write），即如果一个数据项已经被另外一个尚未提交或中止的事务写过，则不允许对该数据项再执行写操作。

许多数据库系统缺省情况下在已提交读的隔离性级别上运行。在 SQL 中，除了接受系统的缺省设置之外，还可以显式地设置隔离性级别。例如，语句

set transaction isolation level serializable

将隔离性级别设置为可串行化，其他任何隔离性级别也都是可以设定的。Oracle、PostgreSQL 和 SQL Server 均支持上述语法。Oracle 使用如下语法：

alter session set isolation_level = serializable

而 DB2 使用语法“change isolation level”以及它自己提供的隔离性级别的缩写。修改隔离性级别必须作为事务的第一条语句来执行。

缺省情况下，大多数数据库在执行完单条语句后立即提交它们。必须关闭对单条语句的这

种**自动提交**（automatic commit）以允许多条语句作为单个事务来运行。start transaction 命令确保在后面的 commit 或 rollback 之前，后续的 SQL 语句都作为单个事务来执行。如所预想的那样，commit 操作提交在其之前的 SQL 语句，而 rollback 回滚在其之前的 SQL 语句。（SQL Server 使用 begin transaction 来代替 start transaction，而 Oracle 和 PostgreSQL 将 begin 视为与 start transaction 相同。）

诸如 JDBC 和 ODBC 之类的 API 提供了关闭自动提交的功能。在 JDBC 中，Connection 接口的 setAutoCommit 方法（我们在 5.1.1.8 节中看到过）可以通过调用 setAutoCommit(false) 来关闭自动提交，或者通过调用 setAutoCommit(true) 来打开自动提交。此外，在 JDBC 中，Connection 接口的 setTransactionIsolation(int level) 方法可以使用以下任何一个参数来调用：

- Connection.TRANSACTION_SERIALIZABLE
- Connection.TRANSACTION_REPEATABLE_READ
- Connection.TRANSACTION_READ_COMMITTED
- Connection.TRANSACTION_READ_UNCOMMITTED

以便设置事务相应的隔离性级别。

应用程序设计者可能会为了提高系统性能而决定接受较弱的隔离性级别。正如我们将在 17.9 节和第 18 章中所看到的，确保可串行化可能会迫使一个事务等待另一个事务，或者在某些情况下，由于该事务无法再作为可串行化执行的一部分来运行而中止。虽然为了性能而承担数据库一致性的风险可能看起来是短视的，但是如果我们可以确保可能出现的不一致性是和应用程序无关的，则这种权衡就是合理的。

822

有很多方法可以实现隔离性级别。只要这种实现能够确保可串行化，则数据库应用程序的设计者或者应用程序的用户就不需要知道这些实现的细节，除非需要处理性能问题。遗憾的是，尽管隔离性级别被设置为**可串行化**，一些数据库系统实际上实现的是较弱的隔离性级别，它并不排除所有非可串行化执行的可能性，我们将在 17.9 节中再次讨论这个问题。如果采用较弱的隔离性级别，无论是显式还是隐式，应用程序设计者都必须知晓一些实现细节，以避免或者最小化由缺乏可串行化而带来的不一致的可能性。

注释 17-2 现实世界中的可串行化

可串行化调度是保证一致性的理想方式，但是在日常生活中，我们不会强制实施如此严格的要求。一个提供商品销售的网站可能会列出一种有现货的商品，但是在用户选择该商品并结账的过程中，该商品可能不再可售。从数据库的角度来看，这应该就是一种不可重复读。

作为另一个示例，请考虑针对航空旅行的座位选择。假设一名旅客已经预订好行程，并且现在正在为每次航班选择座位。许多航空公司的网站允许用户浏览各次航班并选择座位，然后要求用户确认其选择。而与此同时，其他旅客也可能正在选择同一架航班的座位或者更改他们所选择的座位。因此，该旅客所看到的空余座位实际上是变化的，但是该旅客所看到的只是截止到当他开始座位选择流程时的空余座位的一个快照。

即使两名旅客同时选择座位，他们很可能选择不同的座位，如果是这样就不会发生真正的冲突。然而，事务是非可串行化的，因为每名旅客所读取的数据是其他旅客更新后的结果，这导致优先图中存在环路。如果两名旅客同时执行的座位选择事实上选择的是相同的座位，则其中一位将不会获得他所选择的座位。不过，这种情况很容易解决，只要在更新的空余座位信息上，要求这名旅客重新执行选择即可。

通过一个时刻只允许一名旅客选择一次特定航班的座位可以保证可串行化。然而，这样做可能会带来严重的延迟，因为旅客需要等待他们的航班变得可供选择座位，特别是一名旅客花费很长时间来做出选择的话，可能会给其他旅客带来严重的问题。取而代之的做法是，任何这类的事务通常可以拆分成一个需要用户交互的部分以及一个专门在数据库上运行的部分。在上述示例中，数据库事务将检查旅客选中的座位是否仍然可用，并且如果可用才更新数据库中的座位选择信息。可串行化是只针对在数据库上运行的事务而保证的，并不考虑用户交互的情况。

17.9 隔离性级别的实现

至此，我们已经知道调度必须具有什么样的性质才能保证数据库处于一致性状态，并允许以安全的方式来处理事务的失效。

我们可以使用多种**并发控制**策略来保证：即使在有多个事务并发执行时，不管操作系统在这些事务之间如何分配分时资源（例如 CPU 时间），都只产生可接受的调度。

作为并发控制策略的一个简单示例，请考虑如下情况：一个事务在它开始前获得整个数据库上的**锁**（lock），并在它提交之后释放这个锁。在一个事务持有锁的期间，其他任何事务都不允许获得这个锁，因此必须等待该锁被释放。由于采用了封锁策略，一次只能执行一个事务。所以只会产生串行调度。这样的调度很明显是可串行化的，并且容易验证它们也是可恢复的和无级联的。

像这样的并发控制策略会导致性能低下，因为它迫使事务等到前面的事务结束后才能开始。换句话说，它提供的并发程度很低（实际上，根本没有并发度）。正如我们在 17.5 节中看到过的那样，并发执行具有显著的性能优势。

并发控制策略的目标是提供高度的并发性，同时保证所产生的所有调度都是冲突或视图可串行化、可恢复并且无级联的。

在这里，我们概述一些最重要的并发控制机制是如何工作的，然后到第 18 章再介绍相关细节。

17.9.1 锁

事务可以只封锁它访问的那些数据项，而不用封锁整个数据库。在这种策略下，事务必须在足够长的时间内持有锁以保证可串行化，但是这一时期又要足够短以不会过度影响性能。麻烦的情况是数据项的访问取决于 where 子句的 SQL 语句，对此我们将在 17.10 节中讨论。在第 18 章中，我们将介绍两阶段封锁协议，这是一种简单但被广泛用来确保可串行化的技术。简单地说，两阶段封锁要求一个事务有两个阶段，在第一个阶段它获得锁但并不释放任何锁，在第二个阶段事务释放锁但并不获得锁。（实际上，通常只有当事务完成它的操作并且被提交或者被中止时才释放锁。）

823~824

如果我们有共享的和排他的两种类型的锁，则封锁的结果将进一步得到改进。共享锁用于事务读取的数据，而排他锁用于事务写的数据。许多事务可以同时持有相同数据项上的共享锁，但是只有当其他任何事务在一个数据项上不持有任何锁（无论是共享锁或是排他锁）的前提下，一个事务才允许持有该数据项上的排他锁。使用这两种锁模式以及两阶段封锁可以在仍然保证可串行化的同时允许数据的并发读取。

17.9.2　时间戳

另一类用来实现隔离性的技术是为每个事务分配一个**时间戳**（timestamp），通常是当事务开始的时候。对于每个数据项，系统维护着两个时间戳。数据项的读时间戳保留读取该数据的那些事务的最大（也就是最近的）时间戳。数据项的写时间戳保留写过该数据项当前值的事务的时间戳。时间戳用来确保在事务访问冲突的情况下，事务按照事务时间戳的次序来访问每个数据项。当不能访问时，违例事务将会被中止，并且分配一个新的时间戳重新开始。

17.9.3　多版本和快照隔离

通过维护数据项的多个版本，可以允许一个事务读取一个数据项的旧版本，而不是被另一个未提交事务或者在串行化次序中应该排在后面的事务所写的新版本。有很多的多版本并发控制技术，其中一个在实践中被广泛应用，是称为**快照隔离**（snapshot isolation）的技术。

在快照隔离中，我们可以想象每个事务在它开始时有其自己的数据库版本或者快照[⊖]。它从这个私有版本中读取数据，因此和其他事务所做的更新隔离开来。如果事务更新数据库的话，该更新只出现在其私有版本中，而不是在实际的数据库本身中。如果事务提交，则和这些更新有关的信息被保存，使得这些更新被应用到"真正的"数据库。

当一个事务 *T* 进入部分提交状态时，只有在没有其他并发事务修改了 *T* 想要更新的数据项的情况下，*T* 才能进入提交状态。其结果是，不能被提交的事务被中止。

快照隔离确保读数据的尝试永远无须等待（不像封锁的情况）。只读事务不会被中止，只有修改数据的那些事务有微小的被中止的风险。由于每个事务读取它自己的数据库版本或快照，读数据并不会导致此后其他事务的更新尝试需要等待（不像封锁的情况）。因为大部分事务是只读的（并且大多数其他事务读数据的情况多于它们的更新），这通常是与锁相比带来性能改善的一个主要原因。

825

可事与愿违的是，快照隔离的问题是它提供了太多的隔离。考虑两个事务 *T* 和 *T'*。在一个可串行化执行中，要么 *T* 看到 *T'* 所做的所有更新，要么 *T'* 看到 *T* 所做的所有更新，因为在可串行化次序中一个事务必须跟在另一个事务之后。在快照隔离的情况下，存在任何事务都不能看到对方更新的情况。这种情况在可串行化执行中是不会出现的。在许多（事实上是大多数）情况下，两个事务的数据访问并不会冲突，因此没有什么问题。然而，如果 *T* 读取 *T'* 更新的某些数据项并且 *T'* 读取 *T* 更新的某些数据项，则可能两个事务都无法读取对方所做的更新。正如我们将在第 18 章中所看到的那样，其结果可能会导致数据库的不一致状态，而这在任何可串行化执行中当然是不会出现的。

Oracle、PostgreSQL 和 SQL Server 提供快照隔离的选项。Oracle 和 PostgreSQL 9.1 之前的 PostgreSQL 版本使用快照隔离实现了**可串行化**隔离性级别。其结果是，它们的可串行化实现在特殊情况下会导致允许非可串行化的执行。而 SQL Server 在标准级别以外增加了一个称为**快照**的附加的隔离性级别，以提供快照隔离的选项。PostgreSQL 9.1 之后的版本实现了一种称为可串行化快照隔离的并发控制形式，它在确保可串行化的同时提供了快照隔离的优势。

⊖　在现实中，不会拷贝整个数据库。只有被改变的那些数据项才会被保留多个版本。

17.10 事务的 SQL 语句表示

在 4.3 节中，我们介绍了指定事务开始和结束的 SQL 语法。现在我们已经看到了一些在保证事务的 ACID 特性时的问题，我们准备好来考虑在用一系列 SQL 语句表示事务时如何保证这些特性，而不是像到目前为止我们所考虑的简单读和写的受限模型。

在简单模型中，我们假设存在一个数据项的集合。虽然简单模型允许改变数据项的值，但是并不允许创建或删除数据项。然而在 SQL 中，insert 语句创建新的数据且 delete 语句删除数据。事实上，这两条语句都是 write 操作，因为它们改变了数据库，但是它们与其他事务操作的交互与我们在简单模型中看到的是不同的。作为一个示例，请考虑插入或删除会如何与下述 SQL 查询相冲突，该查询查找工资超过 $90 000 的所有教师：

```
select ID, name
from instructor
where salary > 90000;
```

采用 *instructor* 示例关系（见附录 A.3），我们发现只有 Einstein 和 Brandt 满足条件。现在假设在我们运行该查询的差不多同一时间，另外一个用户插入一条新的名为 " James " 的工资为 $100 000 的教师数据。

826

```
insert into instructor values ('11111', 'James', 'Marketing', 100000);
```

我们的查询结果取决于该插入是先于还是后于查询而运行的。在这两个事务的并发执行中，在直觉上很显然它们是冲突的，然而这种冲突通过简单模型无法捕捉。这种情况被称为**幻象现象**（phantom phenomenon），因为冲突可能存在于“幻象”数据上。

我们的简单事务模型要求提供一个具体的数据项作为操作的参数来执行在该数据项上的操作。在我们的简单模型中，只要查看 read 和 write 步骤就可以发现哪些数据项被引用。但是在 SQL 语句中，被引用的特定数据项（元组）可能是由 where 语句谓词来决定的。因此，如果在事务多次运行之间数据库中的值发生改变，那么即使是同一个事务，如果不止一次运行的话，也可能在它每次运行时引用不同的数据项。在我们的示例中，只有当查询在插入之后发生时，'James' 元组才会被引用。令 T 表示查询，并令 T' 表示插入。如果 T' 先发生，则在优先图中有一条 $T' \rightarrow T$ 的边。然而，在查询 T 先发生的情况下，尽管在幻象数据上的实际冲突强制 T 的串行化次序在 T' 之前，但在优先图中的 T 和 T' 之间是没有边的。

上面谈到的问题表明：并发控制仅考虑事务要访问的元组是不够的，出于并发控制的目的，还需要考虑事务用于找到待访问元组的信息。用于寻找元组的信息可能会被插入或删除所更新，或者在有索引的情况下，该信息甚至还可能由于搜索码属性的更新而更新。例如，如果采用封锁来进行并发控制，则用于追踪关系中元组的数据结构以及索引结构都必须被恰当地封锁。然而，这种封锁可能会在某些情况下导致较低的并发度。在插入、删除以及带有谓词的查询中都保证可串行化的同时，还能够最大化并发度的索引封锁协议将在 18.4.3 节中讨论。

让我们再次考虑查询：

```
select ID, name
from instructor
where salary> 90000;
```

以及以下 SQL 更新：

```
update instructor
set salary = salary * 0.9
where name = 'Wu';
```

827 我们在判断查询到底是否和该更新语句相冲突时面临一种有趣的现象。如果查询读取整个 *instructor* 关系，则它读取与 'Wu' 的数据相关的元组并与更新冲突。然而，如果存在可用的索引，使得查询可以直接访问"*salary* > 90000"的那些元组，则查询根本就不会访问 'Wu' 的数据，因为在示例关系中 'Wu' 的原始工资为 $90 000，且在更新后减少到 $81 000。

但是，使用上述方法，看起来好像一个冲突的存在依赖于系统的底层查询处理决策，而与两条 SQL 语句含义的用户层观点无关！并发控制的一种可替代方法是如果一次插入、删除或更新会影响一个谓词所选择的元组集，则将其视为与关系上的谓词相冲突。在上述查询示例中，谓词是"*salary* > 90000"，并且一个将'Wu'的工资从 $90 000 更新为一个比 $90 000 更高的值的更新，或者一个将'Einstein'的工资从高于 $90 000 的值更新到低于或等于 $90 000 的值的更新都会和该谓词相冲突。基于这种思想的封锁称为**谓词锁**（predicate locking），谓词锁经常使用索引节点上的锁来实现，我们将在 18.4.3 节中看到。

17.11　总结

- 事务是访问并可能更新各种数据项的程序执行单元。理解事务这个概念对于理解与实现数据库中的数据更新是很关键的，只有这样并发执行与各种形式的故障才不会导致数据库处于不一致状态。
- 事务需要具备 ACID 特性：原子性、一致性、隔离性和持久性。
  - 原子性保证一个事务的所有效果在数据库中要么全部反映出来，要么根本不反映；故障不能让数据库处于某个事务部分执行过的状态。
  - 一致性保证若数据库一开始是一致的，则事务（单独）执行后数据库仍处于一致性状态。
  - 隔离性保证并发执行的事务是相互隔离的，每个事务都感觉不到有其他事务在跟它一起并发执行。
  - 持久性保证一旦事务提交，该事务的修改就不会丢失，即使出现了系统故障。
- 事务的并发执行可提高事务的吞吐量和系统的利用率，还减少事务的等待时间。
- 计算机中各种类型的存储介质包括易失性存储器、非易失性存储器和稳定存储器。828 诸如 RAM 之类的易失性存储器中的数据在计算机崩溃时会丢失。诸如磁盘之类的非易失性存储器中的数据在计算机崩溃时不会丢失，但是偶尔会由于诸如磁盘崩溃之类的故障而丢失。稳定存储器中的数据永远不会丢失。
- 必须支持在线访问的稳定存储器是用磁盘镜像或者其他形式的、提供冗余数据存储的 RAID 来近似模拟的。对于离线或归档的情况，稳定存储器可以由存储在物理上安全的位置中的数据的多个磁带备份所构成。
- 当多个事务在数据库上并发执行时，数据的一致性可能不再保持。因此，系统必须控制并发事务之间的交互。
  - 由于事务是保持一致性的单元，所以事务的串行执行能保证一致性。
  - 调度捕获影响事务并发执行的关键操作，如 read 和 write 操作，而忽略事务执行的内部细节。

 - 我们要求通过一组事务的并发处理所产生的任何调度的执行效果等价于当这些事务按某种次序串行执行时的调度所产生的效果。
 - 保证这个特性的系统被称为保证了可串行化。
 - 存在几种不同的等价概念，从而引出了冲突可串行化与视图可串行化的概念。
- 由事务并发执行所产生的调度的可串行化可以通过多种称作并发控制机制中的一种来保证。
- 我们可以通过为一个给定调度构造优先图并搜索图中是否存在环路来测试该调度是否是冲突可串行化的。然而，存在更高效的并发控制策略可用来保证可串行化。
- 调度必须是可恢复的，以确保：若事务 a 看到事务 b 的影响，则当 b 随后中止时，那么 a 也要中止。
- 调度最好是无级联的，这样不会由于一个事务的中止而引发其他事务的级联中止。无级联性是通过只允许事务读取已经提交过的数据来保证的。
- 数据库的并发控制管理部件负责处理并发控制策略。相关技术包括封锁、时间戳排序和快照隔离。第 18 章阐述并发控制策略。

829

- 数据库系统提供的隔离性级别比可串行化要弱，以允许对并发性的限制更少，并因而提升性能。这会引入一些应用程序认为可以接受的不一致性风险。
- 由于存在幻象现象，要确保在出现 SQL 的 update、insert 和 delete 操作的情况下的正确并发执行就需要格外仔细。

术语回顾

- 事务
- ACID 特性
 - 原子性
 - 一致性
 - 隔离性
 - 持久性
- 不一致状态
- 存储器类型
 - 易失性存储器
 - 非易失性存储器
 - 稳定存储器
- 并发控制系统
- 恢复系统
- 事务状态
 - 活跃的
 - 部分提交的
 - 失效的
 - 中止的
 - 提交的
 - 终止的
- 补偿事务
- 事务
 - 重启
 - 杀死
- 可见的外部写
- 并发执行
- 串行执行
- 调度
- 操作冲突
- 冲突等价
- 冲突可串行化
- 可串行化测试
- 优先图
- 可串行化次序
- 可恢复调度
- 级联回滚
- 无级联调度
- 隔离性级别
 - 可串行化
 - 可重复读
 - 已提交读
 - 未提交读

- 脏写
- 自动提交
- 并发控制
- 封锁
- 时间戳次序
- 快照隔离
- 幻象现象
- 谓词锁

830

实践习题

17.1 假设存在一个永远不出现故障的数据库系统。这样的系统还需要恢复管理器吗?

17.2 请考虑一个文件系统，比如你最喜欢的操作系统上的文件系统。

a. 创建和删除文件分别包括哪些步骤，向文件中写数据呢?

b. 试说明原子性和持久性问题与创建和删除文件以及向文件中写数据有什么关系。

17.3 数据库系统实现者比文件系统实现者更注重 ACID 特性，为什么会这样?

17.4 可以使用哪种或哪些类型的存储器来确保持久性? 为什么?

17.5 既然每一个冲突可串行化调度都是视图可串行化的，为什么还强调冲突可串行化而不是视图可串行化呢?

17.6 请考虑图 17-16 所示的优先图，相应的调度是冲突可串行化的吗? 请解释你的答案。

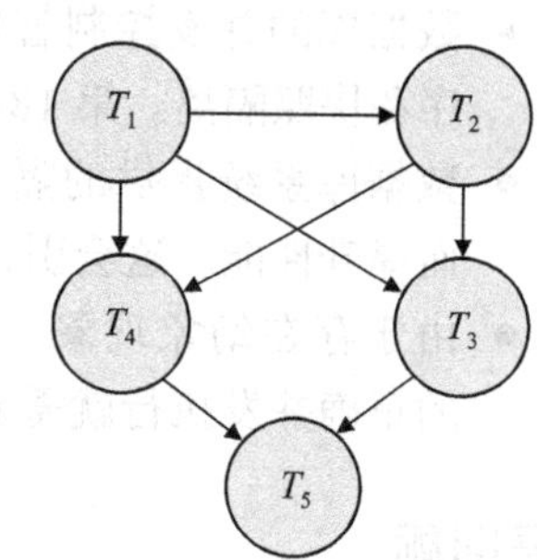

图 17-16　实践习题 17.6 的优先图

17.7 什么是无级联调度? 为什么要求无级联调度? 是否存在要求允许级联调度的情况? 请解释你的回答。

17.8 发生**丢失更新**（lost update）异常是指如果事务 T_j 读取了一个数据项，然后另一个事务 T_k 写该数据项（可能基于先前的读取），这之后 T_j 再写该数据项。于是 T_k 所做的更新就丢失了，因为 T_j 所做的更新忽视了 T_k 所写的值。

831

a. 请给出一个表明丢失更新异常的调度示例。

b. 请给出一个表明在**已提交读**隔离性级别下可能发生丢失更新异常的调度示例。

c. 请解释为什么在**可重复读**隔离性级别下丢失更新异常不可能发生。

17.9 请考虑一个银行数据库，其数据库系统采用快照隔离。请描述一种特定场景，其中出现的非可串行化执行会给银行带来问题。

17.10 请考虑一个航空公司数据库，其数据库系统采用快照隔离。请描述一种特定场景，其中出现了非可串行化执行，但是航空公司可能为了获得更好的整体性能而愿意接受这种场景。

17.11 一个调度的定义假设操作是可以完全按时间排列的。请考虑一个在具有多个处理器的系统上运行的数据库系统，它并不总是能对于运行在不同处理器上的操作确定一种准确的次序。但是，一个数据项上的操作是完全可以排序的。

以上情况是否给冲突可串行化的定义带来问题? 请解释你的答案。

习题

17.12 请列出 ACID 特性，并解释每种特性的用途。

17.13 在一个事务的执行期间会经过几种状态，直到它最后提交或终止。请列出一个事务可能经过的、所有可能的状态序列。请解释每种状态转换可能出现的原因。

17.14 请解释术语串行调度和可串行化调度之间的区别。

17.15 请考虑以下两个事务:

T_{13}: read(A);
read(B);
if $A = 0$ **then** $B := B + 1$;
write(B).

```
T14: read(B);
     read(A);
     if B = 0 then A := A + 1;
     write(A).
```

832

令一致性需求为 $A=0 \vee B=0$，初值是 $A=B=0$。

a. 请说明包括这两个事务的每一个串行执行都保持了数据库的一致性。

b. 请给出 T_{13} 和 T_{14} 的一次并发执行，它产生了不可串行化的调度。

c. 存在产生可串行化调度的 T_{13} 和 T_{14} 的并发执行吗？

17.16 请给出具有两个事务的一个可串行化调度的示例，其中事务的提交次序与串行化的次序是不同的。

17.17 什么是可恢复的调度？为什么要求调度的可恢复性？存在需要允许出现不可恢复调度的情况吗？请解释你的回答。

17.18 为什么数据库系统的确支持事务的并发执行，尽管需要额外的开销来确保并发执行并不会引发任何问题？

17.19 请解释为何已提交读隔离性级别保证调度是无级联的。

17.20 对于以下每种隔离性级别，请给出一个满足指定的隔离性级别但并不是可串行化调度的示例：

a. 未提交读。

b. 已提交读。

c. 可重复读。

17.21 假设除了 read 和 write 操作之外，我们还允许一个操作 pred_read(r, P)，它读取关系 r 中满足谓词 P 的所有元组。

a. 请给出一个使用 pred_read 操作的调度示例，它展示了幻象现象并且其结果是非可串行化的。

b. 请给出一个调度的示例，其中一个事务在关系 r 上使用 pred_read 操作，另一个并发事务从 r 中删除一个元组，但是该调度中没有出现幻象冲突。（为此，你需要给出关系 r 的模式，并且显示待删除元组的属性值。）

833

延伸阅读

[Gray and Reuter (1993)] 提供了涵盖事务处理的概念、技术和实现细节，包括并发控制和恢复问题的详尽教科书。[Bernstein and Newcomer (1997)] 提供了涵盖事务处理多个方面的教科书。

[Eswaran et al. (1976)] 对可串行化的概念进行了形式化描述，这同 System R 的并发控制方面的工作相关联。

涵盖事务处理具体方面（如并发控制和恢复）的参考文献在第 18 章和第 19 章中有引用。

参考文献

[Bernstein and Newcomer (2009)] P. A. Bernstein and E. Newcomer, *Principles of Transaction Processing*, 2nd edition, Morgan Kaufmann (2009).

[Eswaran et al. (1976)] K. P. Eswaran, J. N. Gray, R. A. Lorie, and I. L. Traiger, "The Notions of Consistency and Predicate Locks in a Database System", *Communications of the ACM*, Volume 19, Number 11 (1976), pages 624-633.

[Gray and Reuter (1993)] J. Gray and A. Reuter, *Transaction Processing: Concepts and Techniques*, Morgan Kaufmann (1993).

834

第 18 章

并发控制

在第 17 章中，我们了解了事务的一个基本特性是隔离性。然而，当数据库中有几个事务并发执行时，隔离性可能不一定能够保持。为了确保事务的隔离性，系统必须对并发事务之间的交互加以控制；这种控制是通过各种称为*并发控制*（concurrency-control）机制中的一种来实现的。在本章中，我们考虑对并发执行事务的管理，并且我们忽略故障。在第 19 章中，我们将看到系统如何从故障中进行恢复。

正如我们将会看到的，存在多种并发控制的机制。没有哪种机制明显是最好的；每种机制都有优势。在实践中，最常用的机制有*两阶段封锁*（two-phase locking）和*快照隔离*（snapshot isolation）。

18.1 基于锁的协议

确保隔离性的方式之一是要求对数据项以互斥的方式进行访问；也就是说，当一个事务访问某个数据项时，其他任何事务都不能修改该数据项。实现这个需求最常用的方法是：仅当一个事务当前持有一个数据项上的**锁**（lock）的情况下，该事务才能够访问这个数据项。我们曾在 17.9 节中介绍过封锁的概念。

18.1.1 锁

给一个数据项加锁可能存在多种模式。在本节中，我们只考虑两种模式：

1. **共享的**。如果一个事务 T_i 获得了数据项 Q 上的**共享模式锁**（shared-mode lock）（记为 S），则 T_i 可以读 Q，但不能写 Q。
2. **排他的**。如果一个事务 T_i 获得了数据项 Q 上的**排他模式锁**（exclusive-mode lock）（记为 X），则 T_i 既可以读又可以写 Q。

835

我们要求每个事务都要根据自己将对数据项 Q 执行的操作类型**申请**（request）Q 上适当的锁。事务将请求发送给并发控制管理器。事务只有在并发控制管理器**授予**（grant）它所需的锁后才能继续其操作。这两种锁模式的使用允许多个事务读取一个数据项但是限制一次只能有一个事务进行写访问。

为了更普遍地说明这个问题，给定一组锁模式，我们可以在它们上面按如下方式定义一个**相容函数**（compatibility function）：令 A 与 B 代表任意的锁模式，假设一个事务 T_i 请求数据项 Q 上的 A 模式锁，而事务 T_j（$T_i \neq T_j$）当前在数据项 Q 上执有 B 模式锁。尽管存在 B 模式锁，如果事务 T_i 可以立即获得 Q 上的锁，那么我们就说 A 模式锁与 B 模式锁是**相容的**（compatible）。这样的一个函数可以通过矩阵方便地表示出来。在本节中所讨论的两种锁模式之间的相容关系由图 18-1 所示的 comp 矩阵给出。当且仅当 A 模式与 B 模式相容时，该矩阵的一个元素 comp(A, B) 具有 true 值。

	S	X
S	true	false
X	false	false

图 18-1 锁相容性矩阵 comp

请注意，共享模式与共享模式是相容的，而与排他模式不相容。在任何时候，一个特定数据项上可同时（被不同事务）持有多个共享模式的锁。此后的排他模式锁请求必须一直等待直到当前持有的这些共享模式锁被释放为止。

事务通过执行 lock-S(Q) 指令来申请数据项 Q 上的共享锁。类似地，事务通过 lock-X(Q) 指令来申请排他锁。事务通过 unlock(Q) 指令来对数据项 Q 解锁。

要访问一个数据项，事务 T_i 必须首先给该数据项加锁。如果该数据项已经被另外的事务以一种不相容的模式封锁了，则在被其他事务所持有的所有不相容模式的锁被释放之前，并发控制管理器不会授予该锁。因此，T_i 只好**等待**，直到被其他事务所持有的所有不相容的锁被释放为止。

事务 T_i 可以释放它在先前的某个时刻加在一个数据项上的锁。请注意，一个事务只要还在访问一个数据项，它就必须持有该数据项上的锁。此外，要求事务在它对一个数据项进行最后一次访问之后立即释放该数据项上的锁也未必是可取的，因为有可能不能保证可串行化。

作为一个示例，请再次考虑我们在第 17 章中介绍的银行示例。令 A 与 B 是被事务 T_1 与 T_2 访问的两个账户。事务 T_1 从账户 B 转 \$50 到账户 A（见图 18-2）。事务 T_2 显示账户 A 与 B 上的总金额，即 $A+B$ 的总和（见图 18-3）。

```
T1: lock-X(B);
    read(B);
    B := B − 50;
    write(B);
    unlock(B);
    lock-X(A);
    read(A);
    A := A + 50;
    write(A);
    unlock(A).
```

图 18-2 事务 T_1

```
T2: lock-S(A);
    read(A);
    unlock(A);
    lock-S(B);
    read(B);
    unlock(B);
    display(A + B).
```

图 18-3 事务 T_2

836

假设账户 A 与 B 的金额分别为 \$100 与 \$200。如果这两个事务串行执行，无论是以 T_1、T_2 还是 T_2、T_1 的顺序执行，那么事务 T_2 将显示的值为 \$300。然而，如果这两个事务是并发执行的，则有可能出现如图 18-4 中所示的调度 1。在那种情况下，事务 T_2 显示 \$250，这是不对的。出现这种错误的原因是事务 T_1 过早释放了数据项 B 上的锁，从而导致事务 T_2 看到了一种不一致的状态。

T_1	T_2	并发控制管理器
lock-X(B)		
		grant-X(B, T_1)
read(B)		
$B := B - 50$		
write(B)		
unlock(B)		
	lock-S(A)	
		grant-S(A, T_2)
	read(A)	
	unlock(A)	
	lock-S(B)	
		grant-S(B, T_2)
	read(B)	
	unlock(B)	
	display($A + B$)	
lock-X(A)		
		grant-X(A, T_1)
read(A)		
$A := A + 50$		
write(A)		
unlock(A)		

图 18-4 调度 1

该调度显示了由事务执行的操作以及并发控制管理器授权锁的时刻。申请锁的事务在并发控制管理器授权锁之前不能执行它的下一个操作。因此，锁的授予必然是在事务的锁申请操作与下一个操作的时间间隔之内。至于在此期间内授权锁的准确时间并不重要；我们不妨假设锁正好在事务的下一个操作之前授予。因此，在本章余下部分所描述的所有调度中，我们将去掉描述并发控制管理器操作的那一栏。我们让你去推断锁是何时授予的。

837

现在假定延迟到事务结束时才释放锁。事务 T_3 对应于 T_1，它延迟了锁的释放（见图 18-5）；事务 T_4 对应于 T_2，它也延迟了锁的释放（见图 18-6）。

```
T3: lock-X(B);
    read(B);
    B := B - 50;
    write(B);
    lock-X(A);
    read(A);
    A := A + 50;
    write(A);
    unlock(B);
    unlock(A).
```

图 18-5　事务 T_3（具有延迟解锁的事务 T_1）

```
T4: lock-S(A);
    read(A);
    lock-S(B);
    read(B);
    display(A + B);
    unlock(A);
    unlock(B).
```

图 18-6　事务 T_4（具有延迟解锁的事务 T_2）

你可以验证，在调度 1 中导致显示不正确总额 \$250 的读写序列，对于 T_3 和 T_4 来说没有再出现的可能了。也可以用其他的调度，但在任何调度当中，T_4 将不会显示出不一致的结果；稍后我们将明白其中的缘由。

遗憾的是，封锁可能导致一种不受欢迎的情形。请考察如图 18-7 所示的关于 T_3 与 T_4 的部分调度。由于 T_3 持有在 B 上的排他模式锁，而 T_4 正在申请 B 上的共享模式锁，所以 T_4 等待 T_3 释放 B 上的锁；类似地，由于 T_4 持有在 A 上的共享模式锁，而 T_3 正在申请 A 上的排他模式锁，所以 T_3 等待 T_4 释放 A 上的锁。于是，我们进入了这样一种哪个事务都不能继续其正常执行的状态。这种情形称为**死锁**（deadlock）。当死锁发生时，系统必须回滚这两个事务中的一个。一旦一个事务被回滚，被该事务锁住的数据项就被解锁。另一个事务就可以访问这些数据项，从而继续它的执行。我们将在 18.2 节中再回来讨论死锁处理的问题。

838

T_3	T_4
lock-X(*B*)	
read(*B*)	
B := *B* − 50	
write(*B*)	
	lock-S(*A*)
	read(*A*)
	lock-S(*B*)
lock-X(*A*)	

图 18-7　调度 2

我们如果不使用封锁，或者如果我们对数据项进行读或写之后太早解锁，就可能会得到不一致的状态。另一方面，在申请对另一个数据项加锁之前，如果我们并不对当前数据项解锁，则可能会发生死锁。在某些情形下有办法避免死锁，正如我们将在 18.1.5 节中所看到的。然而，一般而言，如果我们希望避免不一致状态而采取封锁，则死锁是随之而来的必然产物。死锁显然比不一致性状态更可取，因为它们可以通过回滚事务来解决，而不一致状态可能引发数据库系统所不能处理的实际问题。

我们将要求在系统中的每一个事务都遵从称为**封锁协议**（locking protocol）的一组规则，这些规则规定事务何时可以对每个数据项进行加锁和解锁。封锁协议限制了可能的调度数量。所有这些调度组成的集合是所有可能的可串行化调度的一个真子集。我们将讲述几种封锁协议，它们只允许冲突可串行化的调度，进而保证隔离性。在此之前，我们需要介绍一些术语。

839

令 $\{T_0, T_1, \cdots, T_n\}$ 是参与到调度 S 中的一组事务。如果存在一个数据项 Q，使得 T_i 在 Q 上持有 A 模式锁，并且后来 T_j 在 Q 上持有 B 模式锁，且 comp(A, B)=false，则我们称在 S 中 T_i **先于**（precede）T_j，记为 $T_i \rightarrow T_j$。如果 $T_i \rightarrow T_j$，那么这种先序意味着在任何等价的串行调度中，T_i 必须出现在 T_j 之前。请注意，这张图与我们在 17.6 节中用于检测冲突可串行性的优先图是类似的。指令之间的冲突对应于锁模式之间的不相容性。

如果调度 S 是对于一组遵从封锁协议规则的事务的一种可能的调度，我们称 S 在给定的封锁协议下是**合法的**（legal）。当且仅当一种封锁协议的所有合法调度都是冲突可串行化的，我们称它**保证**（ensure）了冲突可串行化；换句话说，对于所有合法的调度，其关联的→关系是无环的。

18.1.2 锁的授予

当一个事务申请对一个数据项加一种特定模式的锁并且没有其他事务在相同数据项上持有一种冲突模式的锁时，则该锁可以被授予。然而，必须小心防止出现下面的情形：假设事务 T_2 在一个数据项上持有共享模式锁，并且另一个事务 T_1 申请在该数据项上的排他模式锁。那么 T_1 必须等待 T_2 释放共享模式锁。同时，事务 T_3 可能申请相同数据项上的共享模式锁，这个锁请求与已授予 T_2 的锁是相容的，因此 T_3 可以被授权共享模式锁。此时 T_2 可能释放锁，但 T_1 还必须等待 T_3 完成。可是，可能又有一个新的事务 T_4 申请在相同数据项上的共享模式锁，并在 T_3 释放锁之前先被授予了锁。事实上，有可能存在一个事务的序列，其中每个事务都申请对该数据项加共享模式锁，并且每个事务都在它被授予锁后的一小段时间内释放锁，但是 T_1 总是不能得到该数据项上的排他模式锁。事务 T_1 可能永远不能继续执行，这被称为**饿死**（starved）。 840

我们可以通过按如下方式授权锁来避免事务的饿死：当一个事务 T_i 申请对一个数据项 Q 加特定模式 M 的锁时，并发控制管理器授权该锁的条件是：

- 在 Q 上持有与 M 冲突模式的锁的其他事务是不存在的。
- 正在等待对 Q 加锁且先于 T_i 提出其锁申请的事务是不存在的。

这样的话，一个锁请求就绝不会被其后面提出的锁申请所阻塞。

18.1.3 两阶段封锁协议

保证可串行化的一种协议是**两阶段封锁协议**（two-phase locking protocol）。该协议要求每个事务分两个阶段提出加锁和解锁申请。

1. **增长阶段**（growing phase）：一个事务可以获得锁，但不能释放任何锁。

2. **缩减阶段**（shrinking phase）：一个事务可以释放锁，但不能获得任何新锁。

起初，一个事务处于增长阶段。事务根据需要获得锁。一旦该事务释放了一个锁，它就进入了缩减阶段，并且它不能再发出加锁请求。

例如，事务 T_3 与 T_4 是两阶段的。与此相反，事务 T_1 与 T_2 不是两阶段的。请注意，解锁指令不必非得出现在事务的末尾。例如，就事务 T_3 的情况而言，我们可以把 unlock(B) 指令移到紧接 lock-X(A) 指令的后面，并且仍然保持两阶段封锁的特性。

我们可以证明两阶段封锁协议确保了冲突可串行化。请考虑任意事务，在调度中该事务获得其最后锁的位置（事务增长阶段的结束点）称为该事务的**封锁点**（lock point）。这样，多个事务可以根据它们的封锁点进行排序，实际上，这种次序就是对于这些事务的一种可串行化次序。我们将此证明留作练习（参见实践习题 18.1）。

两阶段封锁并不保证不会发生死锁。不难发现事务 T_3 与 T_4 是两阶段的，但是在调度 2 中（见图 18-7），它们却发生了死锁。

请回想一下，在 17.7.2 节中，除了希望调度可串行化之外，调度还应该是无级联的。在两阶段封锁协议下，级联回滚是可能发生的。作为一个示例，请考虑如图 18-8 所示的部分调度。每个事务都遵循两阶段封锁协议，但在 T_7 的 read(A) 步骤之后 T_5 发生故障会导致 T_6 与 T_7 的级联回滚。

841

T_5	T_6	T_7
lock-X(A) read(A) lock-S(B) read(B) write(A) unlock(A)		
	lock-X(A) read(A) write(A) unlock(A)	
		lock-S(A) read(A)

图 18-8 在两阶段封锁下的部分调度

级联回滚可以通过将两阶段封锁修改为称作**严格两阶段封锁协议**（strict two-phase locking protocol）来避免。这种协议不但要求封锁是两阶段的，而且还要求事务所持有的所有排他模式锁必须在事务提交后方可释放。这个要求保证未提交事务所写的任何数据在该事务提交之前均以排他模式封锁，从而防止其他任何事务读取这些数据。

两阶段封锁的另一种变体是**强两阶段封锁协议**（rigorous two-phase locking protocol），它要求在事务提交之前保留所有的锁。我们可以容易地验证在强两阶段封锁的条件下，事务可以按其提交的次序串行化。

请考察下面两个事务，对于它们我们只给出了一些较为重要的 read 与 write 操作：

T_8: read(a_1);
read(a_2);
...
read(a_n);
write(a_1).

T_9: read(a_1);
read(a_2);
display($a_1 + a_2$).

如果我们采用两阶段封锁协议，则 T_8 必须以排他模式封锁 a_1。因此，两个事务的任何并发执行都相当于一种串行执行。然而请注意，T_8 仅在其执行的末尾（当它写 a_1 时）才需要 a_1 上的排他锁。因此，如果 T_8 开始时以共享模式封锁 a_1，随后将该锁变更为排他锁的话，那么我们可以获得更高的并发度，因为 T_8 与 T_9 可以同时访问 a_1 与 a_2。

842

这样的观察引导我们对基本的两阶段封锁协议加以改进，使之允许**锁转换**（lock conversion）。我们将提供一种用于将共享锁升级为排他锁并将排他锁降级为共享锁的机制。我们通过**升级**（upgrade）来表示从共享到排他模式的转换，并通过**降级**（downgrade）来表示从排他到共享的转换。锁转换并不允许随意进行。在某种程度上，升级只能发生在增长阶段，而降级只能发生在缩减阶段。

回到我们的示例，事务 T_8 与 T_9 可在改进后的两阶段封锁协议下并发执行，如图 18-9 中的不完全调度所示，在此只给出了一些封锁指令。

T_8	T_9
lock-S(a_1)	
	lock-S(a_1)
lock-S(a_2)	
	lock-S(a_2)
lock-S(a_3) lock-S(a_4)	
	unlock(a_1) unlock(a_2)
lock-S(a_n) upgrade(a_1)	

图 18-9 带有锁转换的不完全调度

请注意，事务试图升级数据项 Q 上的锁时可能必须等待。这种强制性等待会发生在另一个事务当前以共享模式封锁 Q 的情况下。

与基本的两阶段封锁协议类似，具有锁转换的两阶段封锁只产生冲突可串行化的调度，并且事务可以根据它们的封锁点进行串行化。此外，如果排他锁直到事务结束才释放的话，那么调度是无级联的。

对于一组事务，可能存在不能通过两阶段封锁协议得到的冲突可串行化的调度。然而，为了通过非两阶段封锁协议来得到冲突可串行化调度，我们或者需要关于事务的额外信息，或者要求数据库中的数据项集合有一定的结构或次序。在本章后面当我们考虑其他封锁协议时，我们将看到一些示例。

严格两阶段封锁与强两阶段封锁（含锁转换）在商用数据库系统中被广泛使用。

843

有一种简单却广泛使用的机制，它基于来自一个事务的读、写请求，自动地为该事务产生恰当的封锁和解锁指令：

- 当事务 T_i 发出 read(Q) 操作时，系统就产生一条 lock-S(Q) 指令，让该 read(Q) 指令紧随其后。
- 当事务 T_i 发出 write(Q) 操作时，系统检查 T_i 是否已在 Q 上持有共享锁。若有，则系统发出 upgrade(Q) 指令，后接该 write(Q) 指令。否则，系统发出 lock-X(Q) 指令，后接该 write(Q) 指令。
- 当一个事务提交或回滚后，该事务持有的所有锁都被释放。

18.1.4 封锁的实现

锁管理器（lock manager）可以实现为一个进程，它从事务处接受消息并以应答的形式发送消息。锁管理器进程针对封锁请求消息采用锁授予的消息来进行应答，或者采用要求事务回滚的消息（在发生死锁的情况下）来进行应答。对于解锁消息只需要用一个确认来回答，但可能引发对其他等待事务的授予消息。

锁管理器使用这样的数据结构：它为目前已加锁的每个数据项维护一个记录的链表，每一个请求对应于链表中的一条记录，并按请求到达的顺序排序。它使用一个以数据项名称为索引的散列表来查找一个数据项的链表（如果有的话）；这个表叫作**锁表**（lock table）。对于一个数据项，链表中的每条记录记载了是由哪个事务提出的请求，以及它请求什么模式的锁。该记录还记载该请求在当前是否已被授予。

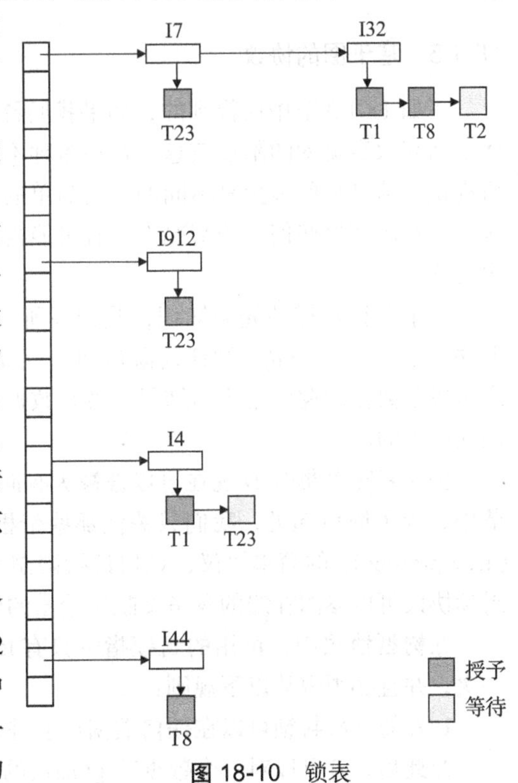

图 18-10 锁表

图 18-10 展示了一个锁表的示例。该表包含对于五个不同数据项 I4、I7、I23、I44 和 I912 的封锁。锁表采用溢出链，因此对于在锁表中的每一个表项都有一个数据项的链表。对于每一个数据项都有一个已经授予锁或者正在等待锁的

事务的列表。已经授予锁的用深色阴影填充的方块表示，而等待请求则用浅色阴影填充的方块表示。为了保持图形简洁我们省略了锁的模式。例如，从图中可以看出，T23 已经在 I912 和 I7 上被授予锁，并且正在等待 I4 上的锁。

虽然图上并没有显示出来，但锁表还应当维护一个基于事务标识的索引，这样它可以高效地确定一个给定事务所持有的锁集合。

锁管理器以这种方式来处理请求：

- 当一条锁请求消息到达时，如果相应数据项的链表存在，则它在该链表的末尾增加一条记录。否则，它创建一个仅包含对于该请求的记录的新链表。

844

  在当前没有被封锁的数据项上的锁请求总是被授予的。但是，如果事务请求当前已被封锁的一个数据项上的锁，只有当该请求与当前持有的锁相容并且所有先前的请求都已被授予锁的条件下，锁管理器才为该请求授予锁。否则，该请求只好等待。
- 当锁管理器收到来自一个事务的解锁消息时，它将对应于该事务的数据项链表中的记录删除。然后它检查随后的记录，如果有，则如前段所述，就看该请求现在能否被授权。如果能，锁管理器授权该请求并处理其后的记录，如果还有，则类似地一个接一个地处理。
- 如果一个事务中止，则锁管理器删除该事务产生的任何等待请求。一旦数据库系统采取适当动作撤销了该事务（见 19.3 节），该中止事务持有的所有锁将被它释放。

845

这个算法保证了对于锁请求没有饿死现象，因为在一个先前接收到的请求正在等待授予锁时，后来的请求不可能被授予。我们稍后将在 18.2.2 节中学习如何检测和处理死锁。20.3.1 节描述了另一种可替代的实现——一种对于锁申请 / 授予利用共享内存取代消息传递的方式。

18.1.5 基于图的协议

正如 18.1.3 节中所提到的，如果我们希望开发非两阶段的协议，我们需要有关每个事务将如何存取数据库的附加信息。存在多种不同的模型可以为我们提供这些附加信息，每一种所提供的信息量的多少是不同的。最简单的模型要求我们事先知道有关数据库的项被访问的次序。在已知这些信息的情况下，有可能构造出非两阶段的封锁协议，并且仍然保证冲突可串行化。

为了获得这样的先验知识，我们在所有数据项的集合 $D=\{d_1,d_2,\cdots, d_h\}$ 上强制实施一种偏序→：如果 $d_i \rightarrow d_j$，则任何既访问 d_i 又访问 d_j 的事务必须首先访问 d_i 再访问 d_j。这种偏序可以是数据的逻辑组织的结果或者是数据的物理组织的结果，或者也可以只是为了并发控制而施加的。

偏序意味着集合 D 现在可以被视为有向无环图，称为**数据库图**（database graph）。在本节中，为了简单起见，我们只关注那些带根的树构成的图。我们将给出一种称为树型协议（tree protocol）的简单协议，该协议被限制为只使用排他锁。对于其他更为复杂的基于图的封锁协议可以参阅在线的参考文献中给出的引用。

在**树型协议**中，可用的封锁指令只有 lock-X。每个事务 T_i 对一个数据项最多只能封锁一次，并且必须遵从以下规则：

1. T_i 的首次封锁可以在任何数据项上进行。
2. 此后，T_i 可以对一个数据项 Q 加锁的前提是 T_i 当前持有 Q 的父项上的锁。

3. 对数据项解锁可以随时进行。

4. 一个数据项被 T_i 加锁并解锁之后，T_i 不能随后再对该数据项加锁。

在树型协议下的所有合法调度是冲突可串行化的。

为了说明这种协议，请考察图 18-11 的数据库图。下面四个事务是在该图上遵守树型协议的。我们只展示了加锁和解锁指令：

846

T_{10}: lock-X(B); lock-X(E); lock-X(D); unlock(B); unlock(E); lock-X(G); unlock(D); unlock(G).
T_{11}: lock-X(D); lock-X(H); unlock(D); unlock(H).
T_{12}: lock-X(B); lock-X(E); unlock(E); unlock(B).
T_{13}: lock-X(D); lock-X(H); unlock(D); unlock(H).

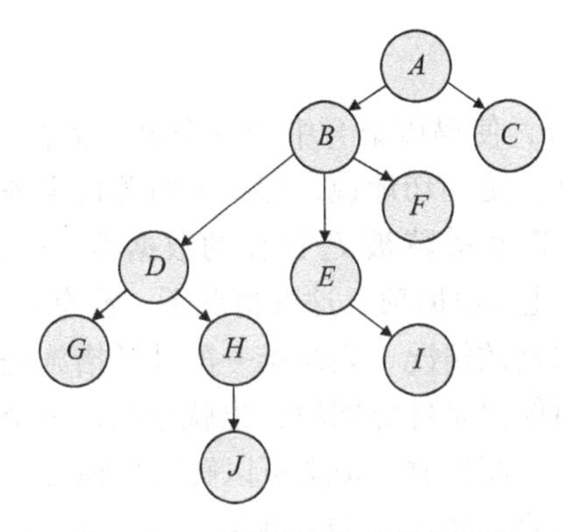

图 18-11 树型结构的数据库图

这四个事务所参与的一个可能的调度如图 18-12 所示。请注意，在事务 T_{10} 的执行过程中，T_{10} 持有两棵不相交（disjoint）子树上的锁。

请注意，图 18-12 所示的调度是冲突可串行化的。可以证明树型协议不仅保证了冲突可串行化，而且这种协议还保证了不会产生死锁。

图 18-12 中的树型协议并不保证可恢复性和无级联性。为了保证可恢复性和无级联性，可以将协议修改为在事务结束前不允许释放排他锁。在事务结束之前一直持有排他锁降低了并发度。这里有一种提高并发度的可替代方案，但它只保证可恢复性：对于每一个带有未提交写的数据项，我们记录是哪个事务最后对该数据项执行过写操作的。每当一个事务 T_i 执行对未提交数据项的读操作时，我们就在最后对该数据项执行写操作的事务上记录一个 T_i 的**提交依赖**（commit dependency）。然后，在有事务 T_i 的提交依赖的所有事务提交完成之前，T_i 不允许提交。如果这些事务中有任何一个中止，那么 T_i 也必须被中止。

T_{10}	T_{11}	T_{12}	T_{13}
lock-X(B)			
	lock-X(D) lock-X(H) unlock(D)		
lock-X(E) lock-X(D) unlock(B) unlock(E)			
		lock-X(B) lock-X(E)	
	unlock(H)		
lock-X(G) unlock(D)			
			lock-X(D) lock-X(H) unlock(D) unlock(H)
		unlock(E) unlock(B)	
unlock(G)			

图 18-12 在树型协议下的可串行化调度

847

与两阶段封锁不同，树型协议不会产生死锁，因此无须回滚，在这一点上树型封锁协议要优于两阶段封锁协议。树型封锁协议胜过两阶段封锁协议的另一个优点是可以在较早的时候释放锁。较早解锁可以缩短等待时间，并增加并发度。

然而，该协议也有缺点：在某些情况下，一个事务可能必须给它根本不访问的数据项加锁。例如，一个事务需要访问图 18-11 所示数据库图中的数据项 A 与 J，则该事务不仅要给 A 与 J 加锁，而且还要给数据项 B、D 与 H 加锁。这种额外的封锁导致封锁开销的增加，可能造成额外的等待时间，并且可能引起并发度的降低。此外，如果事先没有得到哪些数据项需要加锁的知识，事务就必须给树的根加锁，这样会大大降低并发度。

对于一组事务来说，可能存在不能通过树型协议来得到的冲突可串行化调度。事实上，一些在两阶段封锁协议下可行的调度在树型协议下是不可行的，反之亦然。我们在习题中对这种调度的示例进行了探讨。

848

18.2　死锁处理

如果存在一个事务的集合，使得该集合中的每个事务都在等待该集合中的另一个事务，那么我们说系统处于死锁状态。更确切地说，存在一组等待事务 $\{T_0, T_1, \cdots, T_n\}$，其中 T_0 正等待被 T_1 锁住的数据项，而 T_1 正等待被 T_2 锁住的数据项，…，而 T_{n-1} 正等待被 T_n 锁住的数据项，而 T_n 正等待被 T_0 锁住的数据项。这种情况下，没有一个事务能继续执行。

此时，对于这种不希望出现的情况，系统唯一的补救措施是采取激进的操作，如回滚陷入死锁的某些事务。事务有可能只是部分回滚：也就是说，一个事务可以回滚到这样的一个点，它在该点处获得了一个锁，而释放该锁就可以解除死锁。

有两种主要的方法用于处理死锁的问题。我们可以使用**死锁预防**（deadlock prevention）协议来保证系统永不进入死锁状态。另一种可选的方法是，我们可以允许系统进入死锁状态，然后试着用**死锁检测**（deadlock detection）与**死锁恢复**（deadlock recovery）机制进行恢复。正如我们将要看到的那样，这两种方法均有可能引起事务回滚。如果系统进入死锁状态的概率相对较高，则通常使用的是预防机制；否则，使用检测与恢复机制会更有效。

请注意，检测与恢复机制是需要开销的，这不仅包括在运行时维护必要的信息以及执行检测算法的代价，还要包括从死锁中恢复所固有的潜在损失。

18.2.1　死锁预防

预防死锁有两种方法。一种方法是通过对封锁请求进行排序，或要求同时获得所有的锁来保证不会发生循环等待。另一种方法更接近于死锁恢复，每当等待有可能导致死锁时，它就执行事务回滚而不是等待锁。

在第一种方法下，最简单的机制要求每个事务在它开始执行之前封锁它的所有数据项。此外，要么在一个步骤中全部封锁这些数据项，要么全不封锁。这种协议有两个主要的缺点：在事务开始之前，通常很难预知哪些数据项需要封锁；数据项使用率可能很低，因为许多数据项可能被封锁但却长时间不被使用。

防止死锁的另一种方法是对所有的数据项施加一种次序，同时要求事务只能按次序规定的顺序来封锁数据项。我们曾经在树型协议中看到过这样的一种机制，其中采用了数据项的一种偏序。

这种方法的一个变种是使用数据项的整体次序，并与两阶段封锁配合使用。一旦一个事务封锁了一个特定的数据项，它就不能申请在次序中位于该数据项前面的那些数据项上的锁。只要在事务开始执行的时候，它要访问的数据项集合是已知的，该机制就很容易实现。如果使用了两阶段封锁，那么底层的并发控制系统就不需要更改：所有需要保证的就是按照

849

正确的次序来请求锁。

防止死锁的第二种方法是使用抢占与事务回滚。在抢占机制中，若一个事务 T_j 所申请的锁被事务 T_i 持有，则授予 T_i 的锁可能通过回滚 T_i 而被**抢占**（preempted），并将该锁授予 T_j。为了控制抢占，我们基于一个计数器或者基于系统时钟来给每个事务在它开始时赋予一个唯一的时间戳。系统仅使用这些时间戳就可以决定一个事务是应当等待还是回滚。并发控制仍使用封锁。若一个事务被回滚，则该事务重启时仍保持其原有的时间戳。已经提出过两种不同的利用时间戳的死锁预防机制：

1. **等待－死亡**（wait-die）机制是一种非抢占技术。当事务 T_i 申请的数据项当前被 T_j 持有时，仅当 T_i 的时间戳小于 T_j 的时间戳（即，T_i 比 T_j 老）的情况下，才允许 T_i 等待。否则，T_i 回滚（死亡）。

   例如，假设事务 T_{14}、T_{15} 及 T_{16} 的时间戳分别为 5、10 与 15。如果 T_{14} 申请的数据项被 T_{15} 持有，则 T_{14} 将等待。如果 T_{16} 申请的数据项被 T_{15} 持有，则 T_{16} 将回滚。

2. **伤害－等待**（wound-wait）机制是一种抢占技术。它与等待－死亡机制相对应。当事务 T_i 申请的数据项当前被 T_j 持有时，仅当 T_i 的时间戳大于 T_j 的时间戳（即，T_i 比 T_j 年轻）的情况下，才允许 T_i 等待。否则，T_j 回滚（T_j 被 T_i 伤害）。

   回到我们前面的示例，对于事务 T_{14}、T_{15} 及 T_{16}，如果 T_{14} 申请的数据项被 T_{15} 持有，则 T_{14} 将从 T_{15} 抢占该数据项，并且 T_{15} 将回滚。如果 T_{16} 申请的数据项被 T_{15} 持有，则 T_{16} 将等待。

这两种机制都面临的主要问题是可能发生不必要的回滚。

另一种预防死锁的简单方法是基于**锁超时**（lock timeout）的。在这种方法中，申请锁的事务至多等待一段指定的时间。若在那段时间内锁尚未授予给该事务，则称该事务超时，并且该事务自己回滚并重启。如果确实存在死锁，陷入死锁的一个或多个事务将超时并回滚，使得其他事务得以继续执行。这种机制介于死锁预防与死锁检测及恢复之间，在死锁预防中绝不会发生死锁，而死锁检测与恢复将在 18.2.2 节讨论。

超时机制的实现极其容易，并且如果事务是短事务且长时间等待很可能是由死锁引发时，该机制运作良好。然而，一般而言很难确定一个事务在超时之前应该等待多长时间。一旦发生死锁，等待时间太长会导致不必要的延迟。如果等待时间太短，即便没有死锁也可能引起事务的回滚，造成资源的浪费。这种机制还可能产生饿死。因此，基于超时机制的适用性是有限的。 850

18.2.2 死锁检测与恢复

如果系统没有采用能保证不产生死锁的一些协议，那么就必须采用检测与恢复机制。需要定期调用检查系统状态的算法以确定是否发生了死锁。如果发生死锁，则系统必须试着从死锁中恢复。为了做到这一点，系统必须：

- 维护当前将数据项分配给事务的有关信息，以及任何悬而未决的数据项请求信息。
- 提供一个使用这些信息来判断系统是否进入了死锁状态的算法。
- 当检测算法判定存在死锁时，则从死锁中恢复。

在本节中，我们详细讲述这些问题。

18.2.2.1 死锁检测

死锁可以用一种称为**等待图**（wait-for graph）的有向图来精确描述。等待图由 $G=(V,E)$ 的对组成，其中 V 是顶点集，E 是边集。顶点集由系统中的所有事务组成，边集 E 中的每个

元素是一个有序对 $T_i \rightarrow T_j$。如果 $T_i \rightarrow T_j$ 属于 E，则存在从事务 T_i 到 T_j 的一条有向边，表示事务 T_i 正在等待事务 T_j 释放一个 T_i 所需的数据项。

当事务 T_i 申请的数据项当前被事务 T_j 持有时，那么 $T_i \rightarrow T_j$ 的边被插入等待图中。只有当事务 T_j 不再持有事务 T_i 所需的数据项时，这条边才被删除。

当且仅当等待图中包含环路时，系统中存在死锁。陷入该环路中的每个事务被称为处于死锁状态。为了检测死锁，系统需要维护等待图，并周期性地激活一个在等待图中搜索环路的算法。

为说明这些概念，请考虑图 18-13 中的等待图，它描述了下面的情形：

- 事务 T_{17} 正在等待事务 T_{18} 与 T_{19}。
- 事务 T_{19} 正在等待事务 T_{18}。
- 事务 T_{18} 正在等待事务 T_{20}。

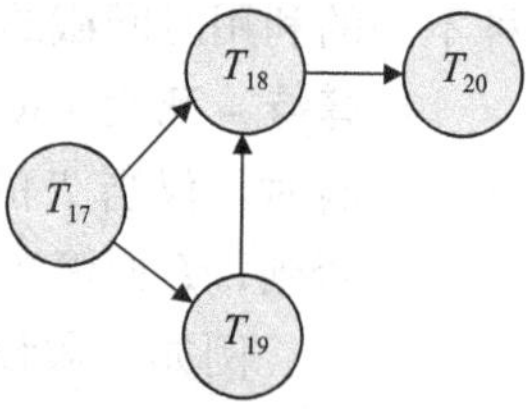

851

图 18-13 无环等待图

由于该等待图没有环路，因此系统没有处于死锁状态。

现在假设事务 T_{20} 申请被 T_{19} 持有的一个数据项。边 $T_{20} \rightarrow T_{19}$ 被加入等待图中，得到图 18-14 中所示的系统新的状态。此时，该等待图中包含了环路：

$$T_{18} \rightarrow T_{20} \rightarrow T_{19} \rightarrow T_{18}$$

这意味着事务 T_{18}、T_{19} 与 T_{20} 都陷入死锁。

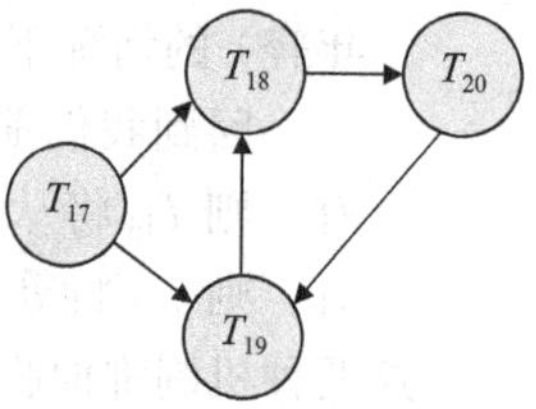

由此引出了这样的问题：我们应该何时调用检测算法？答案取决于两个因素：

1. 死锁发生的频率如何？
2. 有多少事务将受到死锁的影响？

图 18-14 具有一个环路的等待图

如果死锁频繁发生，则检测算法应该更频繁地调用。已分配给处于死锁状态的事务的数据项在死锁解除之前不能被其他事务获取。此外，等待图中环路的数量也可能增长。在最坏的情况下，我们要在每个分配请求不能立即满足时就调用检测算法。

852

18.2.2.2 从死锁中恢复

当检测算法判定存在死锁时，系统必须从死锁中**恢复**（recover）。解除死锁最常用的解决方案是回滚一个或多个事务。需要采取的动作有三个。

1. **选择牺牲者**。给定一组死锁的事务，我们必须决定回滚哪一个（或哪一些）事务以打破死锁。我们应该回滚那些将产生最低代价的事务。遗憾的是，最低代价这个术语并不准确。有很多因素会影响回滚的代价，其中包括：

   a. 事务已经计算了多久，以及在完成其指定任务之前该事务还将计算多长时间。

   b. 该事务已使用了多少数据项。

   c. 为了完成事务还需要使用多少数据项。

   d. 回滚时将牵涉多少事务。

2. **回滚**。一旦我们决定了必须回滚一个特定的事务，我们还必须决定这个事务应该回滚多远。

   最简单的解决方案是**完全回滚**：中止该事务，尔后重新启动它。然而，将事务只回滚到可以解除死锁的地方会更有效。这种**部分回滚**要求系统维护关于所有正在运行的事务的额外的状态信息。确切地说，需要记录事务执行的封锁申请/授予以及更新的序列。死锁检测机制应当确定：为了打破死锁，选定的事务需要释放哪些锁。选定的事务必须回滚到这样一个点：它在此获得了这些锁中的第一个，并撤销它在此之后的所有动作。恢复机制必须能够执行这种部分回滚。而且，事务必须能够在部分回滚之后恢复执行。有关内容请参见在线的参考文献。

3. **饿死**。在一个系统中，如果选择牺牲者主要是基于代价因素，那么有可能发生同一个事务总是被选为牺牲者的情况。这样一来，这个事务就总是不能完成其指定的任务，这样就发生了**饿死**。我们必须保证一个事务被选为牺牲者的次数是有限（较少）的。最常用的解决方案是在代价因素中包含回滚的次数。

18.3 多粒度

在到目前为止所讲述的并发控制机制中，我们将每个单独的数据项用作进行同步执行的单元。

853

然而，在某些情况下把几个数据项聚为一组，并将它们作为一个单独的同步单元会是有益的。例如，如果一个事务 T_i 需要访问一整个关系，并使用一种对元组进行封锁的封锁协议，则事务 T_i 必须给关系中的每个元组加锁。显然，获得许多这样的封锁是费时的；更糟的是，锁表可能变得非常大，以致内存无法容纳它。如果 T_i 能够发出封锁整个关系的单个锁请求则会更好。另一方面，如果事务 T_j 只需存取几个元组，那么它就不应要求给整个关系加锁，否则并发性就丧失了。

我们需要的是一种允许系统来定义多级**粒度**（granularity）的机制。这通过允许各种规模的数据项并定义一种数据粒度的层次结构（其中小粒度数据项嵌套在大粒度数据项中）来实现。这种层次结构可以图形化地表示为树。请注意，我们在这里所描述的树与树型协议（见 18.1.5 节）所使用的树是有显著差异的。多粒度树中的非叶节点表示了与其后裔节点相联系的数据。在树型协议中，每个节点都是一个独立的数据项。

作为一个示例，请考虑图 18-15 所示的树。它由四层节点组成，最高层表示整个数据库，其下是 *area* 类型的节点，该数据库恰好由这些域组成。每个域随之又以 *file* 类型的节点作为它的子节点，每个域恰好由作为其子节点的那些文件组成。任何文件不能同时属于多个域。最后，每个文件由 *record* 类型的节点组成。和前面一样，文件恰好由作为其子节点的那些记录组成，并且任何记录不能同时属于多个文件。

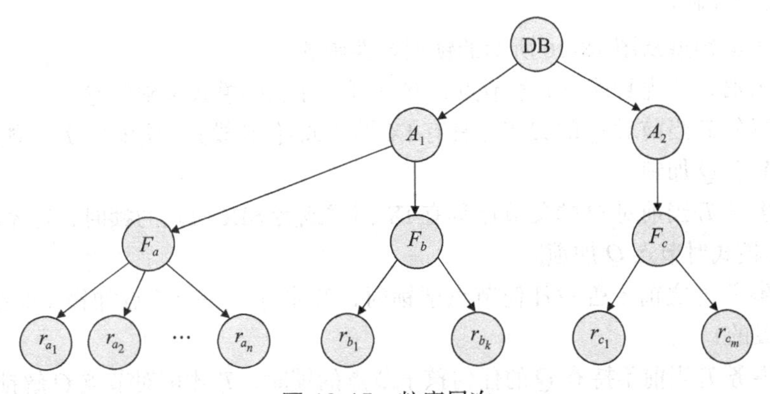

图 18-15 粒度层次

树中的每个节点都可以单独加锁。正如我们在两阶段封锁协议中所做的那样，我们将使用**共享**锁与**排他**锁模式。当事务对一个节点以共享模式或者以排他模式加锁时，该事务也以同样的锁模式隐含地封锁这个节点的全部后裔节点。例如，若事务 T_i 得到了图 18-15 中文件 F_c 上的以排他模式的**显式锁**（explicit lock），则 T_i 也具有属于该文件的所有记录上的以排他模式的**隐式锁**（implicit lock）。它就没有必要显式地给 F_c 中的单条记录逐个加锁。

854

假设事务 T_j 希望封锁文件 F_b 的记录 r_{b_6}。由于 T_i 显式地封锁了 F_b，这意味着 r_{b_6} 也被（隐式地）封锁。但是，当 T_j 发出对 r_{b_6} 加锁的请求时，r_{b_6} 并没有被显式地加锁！系统如何判定 T_j 是否可以封锁 r_{b_6} 呢？ T_j 必须从树根到记录 r_{b_6} 进行遍历。只要此路径上有任意节点以不相容的模式封锁，则 T_j 就必须延迟。

现在假设事务 T_k 希望封锁整个数据库。为此，它只需给层次结构的根节点加锁。不过，请注意 T_k 给根节点加锁不会成功，因为目前 T_i 在树的一部分（具体地说，在文件 F_b）上持有锁。但是，系统怎样来判定根节点是否可以加锁呢？一种可能的方式是搜索整棵树。然而，这种解决方案破坏了多粒度封锁机制的初衷。获取这种知识的一种更高效的方式是引入一类称为**意向锁模式**（intention lock mode）的新的锁模式。如果一个节点加上了意向模式的锁，则意味着要在树的较低层（也就是说，在更细的粒度上）进行显式加锁。在一个节点被显式加锁之前，该节点的全部祖先节点均要加上意向锁。因此，一个事务不必搜索整棵树就能判定它能否成功地给一个节点加锁。希望给一个节点（比如说 Q）加锁的事务必须遍历树中从根到 Q 的一条路径。在遍历树的过程中，该事务以意向模式对各节点加锁。

存在一种与共享模式相关联的意向模式，并且存在一种与排他模式相关联的意向模式。如果一个节点被加上了**意向共享（IS）模式**锁，那么将在树的较低层进行显式封锁，但只能加共享模式锁。类似地，如果一个节点被加上了**意向排他（IX）模式**锁，那么将在树的较低层进行显式封锁，可以加排他模式或共享模式的锁。最后，若一个节点被加上了**共享意向排他（SIX）模式**锁，则以该节点为根的子树以共享模式被显式封锁，并且将在树的更低层显式地加排他模式的锁。这些锁模式的相容函数如图 18-16 所示。

855

	IS	IX	S	SIX	X
IS	true	true	true	true	false
IX	true	true	false	false	false
S	true	false	true	false	false
SIX	true	false	false	false	false
X	false	false	false	false	false

图 18-16　相容性矩阵

多粒度封锁协议采用这些锁模式来保证可串行化。它要求一个试图封锁节点 Q 的事务 T_i 必须遵守这些规则：

- 事务 T_i 必须遵从图 18-16 所示的锁相容性函数。
- 事务 T_i 必须首先封锁树的根节点，并且可以任意的模式来封锁它。
- 仅当事务 T_i 当前对 Q 的父节点具有 IX 模式或者 IS 模式的锁时，T_i 才能以 S 或 IS 模式对节点 Q 加锁。
- 仅当事务 T_i 当前对 Q 的父节点具有 IX 模式或者 SIX 模式的锁时，T_i 才能以 X、SIX 或 IX 模式对节点 Q 加锁。
- 仅当事务 T_i 之前未曾对任何节点解锁时，T_i 才可对一个节点加锁（也就是说，T_i 是两阶段的）。
- 仅当事务 T_i 当前不持有 Q 的任何孩子节点的锁时，T_i 才可对节点 Q 解锁。

请注意，多粒度协议要求封锁按自顶向下（根到叶）的次序获得，而锁的释放则按自底向上（叶到根）的次序。正如在两阶段锁协议中的情况一样，在多粒度协议中死锁是可能发生的。

作为该协议的一个示例，请考虑图 18-15 所示的树以及这些事务：

- 假设事务 T_{21} 读取 F_a 文件中的 r_{a_2} 记录。那么，T_{21} 需要给数据库、域 A_1 以及 F_a（并按此顺序）加 IS 模式的锁，最后以 S 模式封锁 r_{a_2}。
- 假设事务 T_{22} 要修改 F_a 文件中的 r_{a_9} 记录。那么，T_{22} 需要给数据库、域 A_1 以及 F_a 文件（并按此顺序）加 IX 模式的锁，最后以 X 模式封锁 r_{a_9}。
- 假设事务 T_{23} 要读取 F_a 文件中的所有记录。那么，T_{23} 需给数据库和域 A_1（并按此顺序）加 IS 模式的锁，最后以 S 模式封锁 F_a。
- 假设事务 T_{24} 要读取整个数据库。它在以 S 模式封锁数据库之后就可以读取。

我们注意到事务 T_{21}、T_{23} 与 T_{24} 可以并发地访问数据库。事务 T_{22} 可以与 T_{21} 并发执行，但不能与 T_{23} 或 T_{24} 并发执行。

这种协议增强了并发性并减少了封锁开销。它在由如下事务类型混合而成的应用中尤其有用：

- 只访问几个数据项的短事务。
- 根据整个文件或一组文件来生成报表的长事务。

856

一条 SQL 查询可能需要获得的锁数量通常可以根据查询执行的关系扫描操作来进行估计。例如，关系扫描将在关系级别上获取锁，而预期只获取少数记录的索引扫描可能在关系级别上获取意向锁，并在元组级别上获取常规锁。在一个事务获取非常大量的元组锁的情况下，锁表可能会变得过满。为了处理这种情况，锁管理器可以执行**锁升级**（lock escalation），将许多较低级别的锁替换为单个较高级别的锁；在我们的示例中，单个关系锁可以替换大量的元组锁。

18.4 插入操作、删除操作与谓词读

到目前为止，我们一直把注意力集中在 read 与 write 操作上。这就限制了事务只能处理已存在于数据库中的数据。一些事务不仅需要访问已经存在的数据项，而且要能够创建新的数据项；还有一些事务需要具备删除数据项的能力。为了考察这样的事务如何影响并发控制，我们引入这些额外的操作。

- delete(Q)：从数据库中删除数据项 Q。
- insert(Q)：插入一个新的数据项 Q 到数据库中并赋予 Q 一个初值。

在 Q 已被删除之后，事务 T_i 试图执行 read(Q) 操作将导致 T_i 中的逻辑错误。类似地，在 Q 被插入之前，事务 T_i 试图执行 read(Q) 操作也会导致 T_i 中的逻辑错误。试图删除一个并不存在的数据项也是一种逻辑错误。

18.4.1 删除

要理解**删除**（delete）指令的存在是怎样影响并发控制的，我们必须弄清**删除**指令何时与另一个指令发生冲突。令 I_i 与 I_j 分别是 T_i 与 T_j 的指令，它们按连贯的顺序出现于调度 S 中。令 I_i = delete(Q)。我们考虑以下几种 I_j 指令。

- I_j = read(Q)。I_i 与 I_j 冲突。如果 I_i 出现在 I_j 之前，则 T_j 将出现逻辑错误。如果 I_j 出现在 I_i 之前，则 T_j 可以成功执行 read 操作。
- I_j = write(Q)。I_i 与 I_j 冲突。如果 I_i 出现在 I_j 之前，则 T_j 将出现逻辑错误。如果 I_j 出现在 I_i 之前，则 T_i 可以成功执行 write 操作。
- I_j = delete(Q)。I_i 与 I_j 冲突。如果 I_i 出现在 I_j 之前，则 T_j 将出现逻辑错误。如果 I_j 出

现在 I_i 之前，则 T_i 将出现逻辑错误。

- I_j = insert(Q)。I_i 与 I_j 冲突。假设数据项 Q 在执行 I_i 与 I_j 之前并不存在。那么，若 I_i 出现在 I_j 之前，则 T_i 将出现逻辑错误。如果 I_j 出现在 I_i 之前，则没有逻辑错误。类似地，假设 Q 在执行 I_i 与 I_j 之前已经存在，那么，如果 I_j 出现在 I_i 之前则会出现逻辑错误，反之则不会。

857

我们可以总结如下：

- 在两阶段封锁协议下，在一个数据项可以被删除之前，需要获得该数据项上的排他锁。
- 在时间戳排序协议下，必须执行类似于为 write 操作所进行的测试。假设事务 T_i 发出 delete(Q)：
  - 如果 TS(T_i)<R-timestamp(Q)，则 T_i 将要删除的 Q 值已被满足 TS(T_j)>TS(T_i) 的事务 T_j 读取。因此，delete 操作被拒绝，并且 T_i 回滚。
  - 如果 TS(T_i)<W-timestamp(Q)，则满足 TS(T_j)>TS(T_i) 的事务 T_j 已经写过 Q。因此，这个 delete 操作被拒绝，并且 T_i 回滚。
  - 否则，执行 delete 操作。

18.4.2　插入

我们已经看到 insert(Q) 操作与 delete(Q) 操作是冲突的。类似地，insert(Q) 操作与 read(Q) 操作或 write(Q) 操作是冲突的。在一个数据项存在之前不能对它执行 read 或 write 操作。

由于一次 insert(Q) 给数据项 Q 赋予一个值，因此出于并发控制的目的处理 insert 操作类似于处理 write 操作：

- 在两阶段封锁协议下，如果 T_i 执行 insert(Q) 操作，那么 T_i 在新创建的数据项 Q 上被赋予排他锁。
- 在时间戳排序协议下，如果 T_i 执行 insert(Q) 操作，那么 R-timestamp(Q) 与 W-timestamp(Q) 的值被设成 TS(T_i)。

18.4.3　谓词读和幻象现象

考虑事务 T_{30}，它在大学数据库上执行以下 SQL 查询：

```
select count(*)
from instructor
where dept_name = 'Physics' ;
```

858

事务 T_{30} 需要访问 *instructor* 关系中属于物理系的所有元组。

令 T_{31} 为一个执行以下 SQL 插入的事务：

```
insert into instructor
        values (11111, 'Feynman', 'Physics', 94000);
```

令 S 是包含事务 T_{30} 与 T_{31} 的一个调度。由于下面的原因，我们预计冲突是可能存在的：

- 如果 T_{30} 在计算 count(*) 时使用了 T_{31} 新插入的元组，则 T_{30} 就读取了被 T_{31} 写入的一个值。因此，在等价于 S 的串行调度中，T_{31} 必须先于 T_{30}。
- 如果 T_{30} 在计算 count(*) 时并未使用 T_{31} 新插入的元组，则在等价于 S 的串行调度中，T_{30} 必须先于 T_{31}。

这两种情况中的第二种让人感到奇怪。T_{30} 与 T_{31} 并没有访问共同的元组，但它们却相互冲突了！事实上，T_{30} 与 T_{31} 是在一个幻象元组上发生了冲突。如果并发控制是在元组粒度上进行的，则这样的冲突将难以发现。其结果是，系统也许不能防止出现非可串行化的调度。这个问题是**幻象现象**（phantom phenomenon）的一个实例。

幻象现象不仅可能伴随插入操作而发生，也会伴随更新操作发生。请考虑我们在 17.10 节中看到过的情景：事务 T_i 利用索引去找到仅满足 *dept_name* =“ Physics”的元组，因此它并不读取具有其他系名的任何元组。如果另一个事务 T_j 更新这些元组中的一个，并把它的系名改为物理系，那么一个类似于上述幻象现象的问题就会出现：T_i 和 T_j 会彼此冲突，尽管它们并没有访问任何共同的元组。这个问题也是幻象现象的一个示例。一般来说，幻象现象的根源在于谓词读取与插入或更新相冲突，从而导致新 / 更新的元组满足谓词。

为了防止这些问题，我们允许 T_{30} 阻止其他事务在关系 *instructor* 上创建 *dept_name* =“Physics”的新元组，并且阻止将一个现有的 *instructor* 元组的系名更新为物理系。

为了找到满足 *dept_name* =“ Physics”的所有 *instructor* 元组，T_{30} 必须要么搜索整个 *instructor* 关系，要么至少搜索该关系上的一个索引。到现在为止，我们隐含地假设一个事务所访问的数据项仅仅只是元组。然而，T_{30} 是读取关系中有哪些元组这类信息的事务的一个示例，而 T_{31} 则是更新这种信息的事务的一个示例。

显然，仅仅封锁要访问的元组是不够的，还必须封锁用来找到被事务所访问的元组的信息。

对用于找出元组的信息的封锁可以通过将一个数据项与关系关联在一起来实现，该数据项代表了一种用于查找关系中元组的信息。读取关系中有哪些元组这样的信息的事务（比如事务 T_{30}）必须以共享模式封锁对应于该关系的数据项。对于关系中有哪些元组这样的信息进行更新的事务（比如事务 T_{31}）必须以排他模式封锁该数据项。这样，T_{30} 与 T_{31} 将在一个真实的数据项上发生冲突，而不是在幻象上发生冲突。类似地，使用索引来检索元组的事务必须封锁索引本身。

859

请不要将在多粒度封锁中对整个关系的封锁与对对应于关系的数据项的封锁相混淆。通过封锁该数据项，事务只是阻止了其他事务对关系中有哪些元组这样的信息进行修改。对元组的封锁仍然是需要的。直接访问一个元组的事务可以被授予该元组上的锁，即使有另一个事务在对应于该关系本身的数据项上持有排他锁。

封锁对应于关系的一个数据项或者封锁整个索引的主要缺点是并发程度低——往一个关系中插入不同元组的两个事务也不能并发执行。

更好的解决方法是使用**索引封锁**（index-locking）技术，它避免了封锁整个索引。往关系中插入元组的任何事务必须在该关系上所维护的每一个索引中插入有关信息。通过使用索引封锁协议，我们可以消除幻象现象。为了简单起见，我们将只考虑 B^+ 树索引。

正如我们在第 14 章中看到的那样，每一个搜索码值与索引中的一个叶节点相关联。查询通常使用一个或多个索引来访问关系。插入操作必须在关系上的所有索引中插入新的元组。在我们的示例中，我们假定在 *instructor* 的 *dept_name* 属性上存在一个索引。那么，事务 T_{31} 必须修改包含键值“ Physics”的叶节点。如果 T_{30} 读取同一个叶节点来定位属于物理系的所有元组，则 T_{30} 与 T_{31} 在该叶节点上就发生了冲突。

通过将幻象现象实例转换为对索引叶节点上封锁的冲突，**索引封锁协议**利用了关系上索引的可用性。该协议运作如下：

- 每个关系必须至少有一个索引。
- 只有首先通过一个关系上的一个或多个索引找到元组后，事务 T_i 才可以访问该关系的元组。为了达到索引封锁协议的目的，一个关系的扫描被视为对其中一个索引上所有叶节点的扫描。
- 执行查找（不管是范围查找还是点查找）的事务 T_i 必须在它要访问的所有索引叶节点上获得共享锁。
- 在没有更新关系 r 上的所有索引之前，事务 T_i 不能插入、删除或更新关系 r 中的元组 t_i。事务必须获得插入、删除或更新所影响的所有索引叶节点上的排他锁。对于插入与删除，受影响的叶节点是那些（在插入后）包含或（在删除前）曾包含元组搜索码值的叶节点。对于更新，受影响的叶节点是那些（在修改前）曾包含搜索码旧值的叶节点，以及（在修改后）包含搜索码新值的叶节点。

860

- 元组上照常获得锁。
- 必须遵循两阶段封锁协议的规则。

请注意，索引封锁协议并不关注索引内部节点的并发控制问题。最小化封锁冲突的索引上的并发控制技术将在 18.10.2 节中介绍。

对一个索引叶节点的封锁阻止了对该节点的任何更新，即使这个更新实际上并没有与谓词发生冲突。一种称为键值封锁的变体将在 18.10.2 节中作为索引并发控制的一部分来介绍，它可以使这样的假的锁冲突最小化。

正如 17.10 节中所指出的，事务之间所存在的冲突看起来取决于低级别的系统查询处理的决策，而与在用户级别看待两个事务的含义无关。并发控制的一种可替代方法需要给查询中的谓词加共享锁，比如在 *instructor* 关系上的谓词"*salary* > 90000"。然后，该关系的插入和删除都必须检查看它们是否满足谓词。若满足，则存在锁冲突，并强制插入和删除等待直到谓词锁被释放为止。对于更新，元组的初始值和最终值都要检查是否满足谓词。这些冲突的插入、删除和更新影响被谓词选中的元组集合，因此不能允许它们与已获得（共享的）谓词锁的查询一起并发执行。我们称这种协议为**谓词封锁**（predicate locking）[⊖]。谓词封锁在实践中并未采用，因为相比于索引封锁协议，它的实现代价很昂贵，但又并不能带来显著的额外优势。

18.5　基于时间戳的协议

到目前为止我们所讲述的封锁协议中，每一对冲突事务之间在执行时的次序是由这个事务对中的每个成员都申请但涉及不相容模式的第一个锁来决定的。另一种决定可串行化次序的方法是事先选定事务之间的一种次序，其中最常用的方法是采用时间戳排序（timestamp-ordering）机制。

18.5.1　时间戳

对于系统中的每个事务 T_i，我们把一个唯一的、固定的时间戳和它关联起来，此时间戳记为 TS(T_i)。该时间戳是在事务 T_i 开始执行之前由数据库系统所赋予的。若一个事务 T_i 已

[⊖] 术语谓词封锁用于在谓词上使用共享锁和排他锁的协议的一个版本，因此更加复杂。我们在此给出的版本仅具有在谓词上的共享锁，也被称作**精确封锁**（precision locking）。

被赋予时间戳 TS(T_i)，此时有一个新的事务 T_j 进入系统，那么 TS(T_i) < TS(T_j)。可以采用两种简单的方法实现这种机制。

861

1. 使用**系统时钟**（system clock）的值作为时间戳；也就是说，事务的时间戳等于该事务进入系统时时钟的值。
2. 使用**逻辑计数器**（logical counter），每赋予一个新的时间戳，该计数器就递增计数；也就是说，事务的时间戳等于该事务进入系统时计数器的值。

事务的时间戳决定了可串行化的次序。因此，若 TS(T_i) < TS(T_j)，则系统必须保证所产生的调度等价于事务 T_i 出现在事务 T_j 之前的这样一个串行调度。

要实现这种机制，我们将每个数据项 Q 与两个时间戳值相关联：

1. **W-timestamp**(Q) 表示成功执行 write(Q) 的任意事务的最大时间戳。
2. **R-timestamp**(Q) 表示成功执行 read(Q) 的任意事务的最大时间戳。

每当有新的 read(Q) 或 write(Q) 指令执行时，这些时间戳就被更新。

18.5.2 时间戳排序协议

时间戳排序协议（timestamp-ordering protocol）保证任何有冲突的 read 和 write 操作按时间戳的次序执行。该协议运作方式如下：

- 假设事务 T_i 发出 read(Q)。
  - 若 TS(T_i) < W-timestamp(Q)，则 T_i 需要读取的 Q 值已被覆盖。因此，read 操作被拒绝，并且 T_i 回滚。
  - 若 TS(T_i) ⩾ W-timestamp(Q)，则执行 read 操作，并且 R-timestamp(Q) 被设为 R-timestamp(Q) 与 TS(T_i) 两者中的最大值。
- 假设事务 T_i 发出 write(Q)。
  - 若 TS(T_i) < R-timestamp(Q)，则 T_i 产生的 Q 值是先前所需要，并且系统已假定该值决不会再被产生。因此，系统拒绝该 write 操作并回滚 T_i。
  - 若 TS(T_i) < W-timestamp(Q)，则 T_i 试图写入的 Q 值是过时的。因此，系统拒绝这个 write 操作并回滚 T_i。
  - 其他情况，执行 write 操作，并将 W-timestamp(Q) 设置为 TS(T_i)。

862

事务 T_i 如果由于发出 read 或是 write 操作而被并发控制机制回滚，那么系统会赋予它一个新的时间戳并重新启动它。

为了说明这种协议，我们考虑事务 T_{25} 与 T_{26}。事务 T_{25} 显示了账户 A 与 B 的内容：

```
T25: read(B);
     read(A);
     display(A + B).
```

事务 T_{26} 从账户 B 转 \$50 到账户 A，然后显示两个账户的内容：

```
T26: read(B);
     B := B − 50;
     write(B);
     read(A);
     A := A + 50;
     write(A);
     display(A + B).
```

在介绍时间戳协议下的调度中，我们将假设事务就在它的第一条指令之前被赋予一个时间戳。因此，在如图 18-17 所示的调度 3 中，$TS(T_{25}) < TS(T_{26})$，从而这是满足时间戳协议的一种可能的调度。

T_{25}	T_{26}
read(B)	
	read(B) $B := B - 50$ write(B)
read(A)	
	read(A)
display($A + B$)	
	$A := A + 50$ write(A) display($A + B$)

图 18-17　调度 3

我们注意到前面的执行过程也可以由两阶段封锁协议来产生。不过，存在可能满足两阶段封锁协议却可能不满足时间戳协议的调度，反之亦然（参见习题 18.27）。

时间戳排序协议保证了冲突可串行化，这因为冲突的操作是按时间戳顺序进行处理的。

该协议保证没有死锁，因为没有事务会发生等待。但是，如果有一系列冲突的短事务引起长事务的反复重启，则可能存在长事务饿死的现象。如果一个事务遭受反复重启，那么与之冲突的事务应当暂时阻塞，以使该事务能够完成。

该协议可能产生不可恢复的调度。然而，协议可以进行扩展，用以下几种方式之一来保证调度是可恢复的：

- 通过在事务末尾一起执行所有的写操作能保证可恢复性和无级联性。这些写操作必须具有下述意义的原子性：在写操作正在执行的过程中，任何事务都不允许访问已写过的任何数据项。
- 可恢复性和无级联性也可以通过使用一种受限的封锁形式来保证，由此，对未提交数据项的读操作就被推迟到更新该数据项的事务提交之后（参见习题 18.28）。
- 可恢复性可以通过跟踪未提交写操作来单独保证，如果事务 T_i 读取了其他事务所写的值，那么只有在任何写事务都提交之后，T_i 才允许提交。在 18.1.5 节中概述过的提交依赖可以用作这个目的。

863

如果时间戳排序协议只应用于元组，那么该协议将容易受到我们在 17.10 节和 18.4.3 节中看到过的幻象问题的影响。

为了避免这个问题，时间戳排序协议可以应用于事务所读取的所有数据，包括关系元数据和索引数据。在基于锁的并发控制的上下文中，18.4.3 节中描述的索引封锁协议是避免幻象问题的更有效的可替代方案；请回想一下，索引封锁协议除了获得元组上的锁之外，还获得索引节点上的锁。时间戳排序协议也可以进行类似的修改，将每个索引节点视为具有关联的读写时间戳的数据项，并对这些数据项也应用时间戳排序测试。时间戳排序协议的这种扩展版本避免了幻象问题，并确保甚至具有谓词读情况的可串行化。

18.5.3　Thomas 写规则

我们现在给出对时间戳排序协议的一种修改，它允许的潜在并发程度比 18.5.2 节的协议高。让我们考虑图 18-18 所示的调度 4 并应用时间戳排序协议。由于 T_{27} 先于 T_{28} 开始，我们假定 $TS(T_{27}) < TS(T_{28})$。T_{27} 的 read(Q) 操作成功执行，T_{28} 的 write(Q) 操作也成功执行。当 T_{27} 试图执行它的 write(Q) 操作时，我们发现 $TS(T_{27}) <$ W-timestamp(Q)，因为 W-timestamp(Q) $= TS(T_{28})$。所以，T_{27} 的 write(Q) 操作被拒绝并且事务 T_{27} 必须回滚。

T_{27}	T_{28}
read(Q)	
	write(Q)
write(Q)	

图 18-18　调度 4

864

虽然时间戳排序协议要求事务 T_{27} 回滚，但这是不必要的。由于 T_{28} 已经写过了 Q，那么 T_{27} 想要写的值将永远不会被读到。满足 $TS(T_i) < TS(T_{28})$ 的任何事务 T_i 试图进行 read(Q)

操作时均被回滚，因为 $TS(T_i) < W\text{-timestamp}(Q)$。满足 $TS(T_j) > TS(T_{28})$ 的任何事务 T_j 必须读由 T_{28} 所写的 Q 值，而不是 T_{27} 想要写的值。

这些观察产生了时间戳排序协议的一种修改版本，它在特定的情况下可以忽略过时的 write 操作。协议中有关 read 操作的规则保持不变，但用于 write 操作的协议规则与 18.5.2 节的时间戳排序协议略有不同。

对时间戳排序协议所做的这种修改称为 **Thomas 写规则**：假设事务 T_i 发出 write(Q)，

1. 若 $TS(T_i) < R\text{-timestamp}(Q)$，则 T_i 产生的 Q 值是先前所需要的，并且已经假定该值永远也不会被产生了。因此，系统拒绝该 write 操作并回滚 T_i。
2. 若 $TS(T_i) < W\text{-timestamp}(Q)$，则 T_i 试图写入的 Q 值已过时。因此，这个 write 操作可被忽略。
3. 其他情况，系统执行 write 操作，并将 W-timestamp(Q) 设置为 $TS(T_i)$。

这些规则与 18.5.2 节的那些规则之间的区别在于第二条规则，如果 T_i 发出 write(Q) 且 $TS(T_i) < W\text{-timestamp}(Q)$，那么时间戳排序协议要求 T_i 回滚。然而修改后的协议对这种情况的处理是，在 $TS(T_i) \geqslant R\text{-timestamp}(Q)$ 时，我们忽略过时的 write 操作。

通过忽略写，Thomas 写规则允许非冲突可串行化但是也正确的调度。这些所允许的非冲突可串行化调度满足视图可串行化（view serializable）调度的概念（参见注释 18-1）。Thomas 写规则实际上是通过删除事务发出的过时的 write 操作来利用视图可串行化的。对事务的这种修改使得可以产生在本章中介绍的其他协议所不能产生的可串行化调度。例如，图 18-18 所示的调度 4 是非冲突可串行化的，因此在两阶段封锁协议、树型协议或时间戳排序协议中都是不可能的。在 Thomas 写规则下，T_{27} 的 write(Q) 操作将被忽略，所产生的是视图等价于串行调度 $<T_{27}, T_{28}>$ 的一个调度。

865

注释 18-1 视图可串行化

存在另一种比冲突等价的限制更宽松的等价形式，但这种等价形式与冲突等价一样，是只基于事务的 read 与 write 操作的。

请考虑两个调度 S 与 S'，其中参与到两个调度中的事务集是相同的。若满足下面三个条件，那么调度 S 与 S' 就称为是**视图等价**的：

1. 对于每个数据项 Q，若事务 T_i 在调度 S 中读取了 Q 的初始值，那么在调度 S' 中 T_i 也必须读取 Q 的初始值。
2. 对于每个数据项 Q，若在调度 S 中，事务 T_i 执行了 read(Q) 并且所读取的那个值是由事务 T_j 执行 write(Q) 操作而产生的，则在调度 S' 中，T_i 的 read(Q) 操作所读取的 Q 值也必须是由 T_j 的同一个 write(Q) 操作而产生的。
3. 对于每个数据项 Q，若在调度 S 中（如果有任何）事务执行了最后的 write(Q) 操作，则在调度 S' 中该事务也必须执行最后的 write(Q) 操作。

条件 1 与条件 2 保证了在两个调度中的每个事务都读取相同的值，从而执行相同的计算。条件 3 以及条件 1 和条件 2 一起保证了两个调度产生出相同的最终系统状态。

视图等价的概念引出了视图可串行化的概念。如果一个调度视图等价于一个串行调度，则我们说这个调度是**视图可串行化**的。

作为一个示例，假设我们在调度 4 中增加事务 T_{29}，并由此得到以下视图可串行化的调度（调度 5）：

T_{27}	T_{28}	T_{29}
read (Q)		
	write(Q)	
write (Q)		
		write(Q)

实际上，调度 5 视图等价于串行调度 <T_{27}，T_{28}，T_{29}>，因为在两个调度中 read(Q) 指令均是读取 Q 的初始值，并且两个调度中 T_{29} 均执行最后的写 Q。

每个冲突可串行化的调度也是视图可串行化的，但存在非冲突可串行化的视图可串行化调度。事实上，调度 5 就不是冲突可串行化的，因为每对连续指令均冲突，从而交换指令是不可能的。

请注意，在调度 5 中事务 T_{28} 与 T_{29} 执行 write(Q) 操作前都没有执行 read(Q) 操作。这样的写操作称作**盲写**（blind write）。盲写存在于任何非冲突可串行化的视图可串行化调度中。

18.6　基于有效性检查的协议

在大部分事务是只读事务的情况下，事务之间发生冲突的概率较低。因此，即使在没有并发控制机制监控的情况下，许多这样的事务的执行也不会破坏系统的一致性状态。并发控制机制带来了代码执行的开销和可能的事务延迟，采用减小开销的可替代方案可能是更好的。减小开销所面临的困难是我们事先并不知道哪些事务将陷入冲突中。为获得这种知识，我们需要一种监控（monitoring）系统的机制。

有效性检查协议（validation protocol）要求每个事务 T_i 在其生命周期中按两个或三个不同的阶段执行，这取决于该事务是一个只读事务还是一个更新事务。这些阶段顺序地罗列如下：

1. **读阶段**。在这一阶段中，系统执行事务 T_i。它读取各数据项的值并将它们保存在 T_i 的局部变量中。T_i 的所有 write 操作都是对局部的临时变量进行的，并不对数据库进行真正的更新。
2. **有效性检查阶段**。对事务 T_i 进行有效性检查的测试（下面将会介绍）。这将决定是否允许 T_i 继续执行到写阶段而不违反可串行性。如果事务的有效性检查的测试失败，则系统终止这个事务。
3. **写阶段**。若事务 T_i 通过了有效性检查的测试，则保存 T_i 所执行的任何 write 操作结果的临时局部变量被拷入数据库。对于只读事务忽略这个阶段。

每个事务必须按以上所示的次序经历这些阶段。然而，并发执行事务的三个阶段是可以交叉执行的。

为了执行有效性检查的测试，我们需要知道事务的各个阶段是何时进行的。为此，我们将三个不同的时间戳与每个事务 T_i 相关联。

1. *StartTS*(T_i)：事务 T_i 开始其执行的时间。
2. *ValidationTS*(T_i)：事务 T_i 完成其读阶段并开始其有效性检查阶段的时间。
3. *FinishTS*(T_i)：事务 T_i 完成其写阶段的时间。

我们利用 *ValidationTS*(T_i) 时间戳的值，通过时间戳排序技术来决定可串行化的次序。

因此，值 $\text{TS}(T_i)=ValidationTS(T_i)$，并且若 $\text{TS}(T_j)<\text{TS}(T_k)$，则产生的任何调度必须等价于其中事务 T_j 出现在事务 T_k 之前的一个串行调度。

事务 T_i 的**有效性检查测试**要求满足 $\text{TS}(T_k) < \text{TS}(T_i)$ 的所有事务 T_k 必须满足下面两个条件之一：

1. $FinishTS(T_k) < StartTS(T_i)$。因为 T_k 在 T_i 开始之前就已完成其执行，故可串行化次序实际上是保证的。
2. T_k 所写的数据项集合与 T_i 所读的数据项集合并不相交，并且在 T_i 开始其有效性检查阶段之前，T_k 就完成了其写阶段（$StartTS(T_i) < FinishTS(T_k) < ValidationTS(T_i)$）。这个条件保证 T_k 与 T_i 的写并不重叠。因为 T_k 的写并不影响 T_i 的读，又因为 T_i 不可能影响 T_k 的读，从而可串行化次序实际上是保证的。

作为一个示例，请再次考虑事务 T_{25} 与 T_{26}。假设 $\text{TS}(T_{25}) < \text{TS}(T_{26})$。那么，在图 18-19 的调度 6 中的有效性检查阶段是成功的。请注意，只有在 T_{26} 的有效性检查阶段之后才执行写实际的变量。因此，T_{25} 读取 B 与 A 的旧值，并且这个调度是可串行化的。

T_{25}	T_{26}
read(B)	
	read(B)
	$B := B - 50$
	read(A)
	$A := A + 50$
read(A)	
<validate>	
display($A + B$)	
	<validate>
	write(B)
	write(A)

图 18-19 调度 6，通过采用有效性检查产生的一个调度

有效性检查机制自动预防了级联回滚，因为只有发出写操作的事务提交之后实际的写才发生。然而，存在长事务被饿死的可能性，原因是一系列冲突的短事务引起长事务的反复重启。为了避免饿死，与之冲突的事务应当暂时阻塞，以使该长事务能够完成。

还要注意的是，有效性检查的条件只会导致一个事务 T 在 T 启动之后才完成的一组事务 T_i 上被验证，因而这组事务的串行次序排在 T 之前。在有效性检查的测试中，可以忽略在 T 启动前就完成了的事务。串行次序在 T 之后的事务 T_i（也就是说，它们满足 $validationTS(T_i) > validationTS(T)$）也是可以忽略的；当验证此类事务 T_i 时，如果在 T_i 启动后 T 完成，则将针对 T 进行有效性检查。

866~868

有效性检查机制中，由于事务是乐观地执行的，并假定它们能够完成执行并且最终是有效的，因此也称为**乐观的并发控制**（optimistic concurrency-control）机制。与之相反，封锁和时间戳排序是悲观的，因为每当检测到一个冲突时，它们就强迫事务等待或回滚，即使该调度有可能是冲突可串行化的。

可以使用 $TS(T_i) = StartTS(T_i)$ 而不是 $ValidationTS(T_i)$，这不会影响可串行化。但是，这样做可能会导致事务 T_i 在满足 $\text{TS}(T_j) < \text{TS}(T_i)$ 的事务 T_j 之前进入有效性检查阶段。从而对 T_i 的有效性检查就需要等待 T_j 完成，这样它的读写集合才是完全已知的。使用 $ValidationTS$ 可以避免这个问题。

18.7 多版本机制

到目前为止讨论的并发控制机制要么通过延迟一项操作，要么通过中止发出操作的事务来保证可串行化。例如，read 操作可能由于恰当的值还未写出而延迟；或者因为它要读取的值已被覆盖而被拒绝执行（也就是说，发出 read 操作的事务必须被中止）。如果每个数据项的旧拷贝被保存在系统中，那么这些困难就可以避免。

在**多版本并发控制**（multiversion concurrency control）机制中，每个 write(Q) 操作创建 Q 的一个新**版本**。当事务发出一个 read(Q) 操作时，并发控制管理器选择 Q 的一个版本进行读取。并发控制机制必须保证对于读取版本的选择能以保证可串行化的方式进行。出于性能方面的考虑，一个事务能够容易且快速地判定应该读取数据项的哪个版本也是很关键的。

869

18.7.1　多版本时间戳排序

时间戳排序协议可以被扩展为多版本协议。对于系统中的每个事务 T_i，我们将一个静态的唯一性时间戳与之关联，记为 TS(T_i)。正如 18.5 节中所述，数据库系统在事务开始执行之前赋予这个时间戳。

对于每个数据项 Q，有一个版本序列 $<Q_1, Q_2, \cdots, Q_m>$ 与之关联，每个版本 Q_k 包含三个数据字段：

1. **Content** 是 Q_k 版本的值。
2. **W-timestamp**(Q) 是创建 Q_k 版本的事务的时间戳。
3. **R-timestamp**(Q) 是所有成功地读取过 Q_k 版本的任意事务的最大时间戳。

事务（比如 T_i）通过发出 write(Q) 操作来创建数据项 Q 的一个新版本 Q_k。该版本的内容字段保存 T_i 所写的值。系统将 W-timestamp 与 R-timestamp 初始化为 TS(T_i)。每当一个事务 T_j 读取 Q_k 的内容且 R-timestamp(Q_k) < TS(T_j) 时，系统就更新 Q_k 的 R-timestamp 的值。

下面介绍的**多版本时间戳排序机制**（multiversion timestamp-ordering scheme）保证了可串行化。该机制运作如下：假设事务 T_i 发出一个 read(Q) 或 write(Q) 操作。令 Q_k 表示 Q 的如下版本：其写时间戳是小于或等于 TS(T_i) 的最大写时间戳。

1. 如果事务 T_i 发出 read(Q)，则返回的值是 Q_k 版本的内容。
2. 如果事务 T_i 发出 write(Q)，且若 TS(T_i) < R-timestamp(Q_k)，则系统回滚事务 T_i。另一方面，若 TS(T_i) = W-timestamp(Q_k)，则系统覆盖 Q_k 的内容；否则（若 TS(T_i) > R-timestamp(Q_k)），则创建 Q 的一个新版本。

第一条规则的合理性是显然的。事务会读取时间上在它之前的最新版本。第二条规则在一个事务执行写操作进行得“太迟”时强制它中止。更确切地说，如果 Ti 试图写入其他事务可能已经读取了的版本，那么我们不能允许该写操作成功。

对于数据项 Q，其 W-timestamp 为 t 的 Q_i 版本的**有效区间**（valid interval）定义如下：如果 Q_i 是 Q 的最新版本，则其区间为 $[t, \infty]$；否则，令 Q 的下一个版本的时间戳为 s，则其有效区间为 $[t, s)$。你可以容易地验证时间戳为 t_i 的事务的读取是否返回其有效区间包含 t_i 的版本的内容。

870

不再需要的版本根据以下规则来删除：假设有一个数据项的两个版本 Q_k 与 Q_j，并且这两个版本的 W-timestamp 都小于系统中最老事务的时间戳，那么 Q_k 和 Q_j 这两个版本中较旧的版本将不再会被用到，并且可以删除。

多版本时间戳排序机制具有读取请求永不失败并且永不等待的理想性质。在典型的数据库系统中，读操作比写操作更为频繁，因而这个优点对于实践来说可能是至关重要的。

然而，这种机制也存在两种不理想的性质。首先，读取一个数据项要求更新 R-timestamp 字段，于是产生两次潜在的磁盘访问而不是一次。其次，事务之间的冲突是通过回滚而不是通过等待来解决的。这种备选方案的开销可能很大。18.7.2 节描述了降低这种开销的一种算法。

这种多版本时间戳排序机制并不保证可恢复性和无级联性。按照与基本的时间戳排序机制一样的方式对它进行扩展，可以使之成为可恢复的和无级联的。

18.7.2 多版本两阶段封锁

多版本两阶段封锁协议尝试将多版本并发控制的优点与两阶段封锁的优点结合起来。这种协议在**只读事务**与**更新事务**之间进行区分。

更新事务执行强两阶段封锁；也就是说，它们持有全部锁直至事务结束。因此，可以按照它们提交的次序来进行串行化。一个数据项的每个版本都有单独的时间戳，在这种情况下的时间戳并不是真正基于时钟的时间戳，而只是一个计数器，我们称之为 ts-counter，它在提交处理期间递增。

在只读事务开始执行之前，数据库系统通过读取 ts-counter 的当前值来赋予该事务的时间戳。只读事务在执行读操作时遵从多版本时间戳排序协议。因此，当一个只读事务 T_i 发出 read(Q) 时，返回的值是具有小于或等于 TS(T_i) 的最大时间戳的版本的内容。

当更新事务读取一个数据项时，它获得该数据项上的共享锁并读取该数据项的最新版本。当更新事务想写一个数据项时，它首先要获得该数据项上的排他锁，然后创建一个该数据项的新版本。写操作在新版本上进行，并且新版本的时间戳最初置为 ∞，它大于任何可能的时间戳。

当更新事务 T_i 完成其操作后，它会进入提交过程；在同一时间只允许有一个更新事务执行提交。首先，T_i 将它所创建的每个版本的时间戳设置为 ts-counter 的值加 1；然后，T_i 将 ts-counter 增加 1，并且提交。

只读事务将看到 ts-counter 的旧值直到 T_i 成功提交。其结果是，在 T_i 提交之后启动的只读事务将看到由 T_i 更新的值，而那些在 T_i 提交之前启动的事务将看到 T_i 更新之前的值。无论是哪种情况，只读事务均不必等待加锁。多版本两阶段封锁也保证调度是可恢复的和无级联的。

871

版本删除类似于多版本时间戳排序所采用的方式。假设有一个数据项的两个版本 Q_k 与 Q_j，并且两个版本的时间戳都小于或等于系统中最老的只读事务的时间戳。则 Q_k 与 Q_j 这两个版本中较旧的将不再会被使用，并可以把它删除。

注释 18-2 多版本与数据库实现

请考虑一个数据库系统，它通过保证对于主码属性的任何值仅存在一个元组来实现主码约束。创建具有相同主码的记录的第二个版本看起来会违反主码约束。然而，由于这两个版本在任何时候都没有同时存在于数据库中，因此从逻辑上讲并没有违反主码约束。所以，必须对基本的主码约束实施进行修改，以允许多条记录具有相同的主码，只要它们是同一条记录的不同版本就行。

接下来，请考虑元组的删除问题。元组的删除可以通过创建该元组的一个新版本来实现，该新版本的时间戳照常创建，但需要加入一个特殊的标记来表示该元组已被删除。读取这样一个元组的事务会直接跳过该元组，因为它已被删除。

进一步地，请考虑外码依赖的实施问题。请考虑这样的情况：关系 r 中的属性 $r.B$ 是引用关系 s 中属性 $s.B$ 的外码。一般来讲，如果在关系 r 中存在元组 t_r 使得 $t_r.B = t_s.B$，则删除 s 中的元组 t_s 或更新 s 中元组 t_s 的主码属性将会违反外码约束。对于多版本协议，如果执行删除 / 更新操作的事务的时间戳为 ts_i，则对应的违反约束条件就是存在这样的

元组版本 t_r，具有的附加条件是 t_r 的有效区间包含 ts_i。

最后，请考虑关系 r 的属性 $r.B$ 上的索引的情况。如果一条记录 t_i 的多个版本具有相同的 B 值，则索引应指向该记录的最新版本，且最新版本应该有指针指向早先的版本。然而，如果对属性 $t_i.B$ 进行更新的话，那么索引就需要为记录 t_i 的不同版本分别维护：一个索引项对应 $t_i.B$ 的旧值，并且另一个索引项对应 $t_i.B$ 的新值。当记录的旧版本被删除时，在索引中任何与旧版本相对应的索引项也必须被删除。

18.8　快照隔离

872

快照隔离是一种特殊类型的并发控制机制，它在商用和开源系统中被广泛接受，这些系统包括 Oracle、PostgreSQL 和 SQL Server。我们在 17.9.3 节中介绍过快照隔离。在这里，我们将更详细地考察它是如何工作的。

从概念上讲，快照隔离在事务开始它的执行时给它一份数据库的“快照”。然后，事务在该快照上以与其他并发事务完全隔离的方式操作。快照中的数据值仅包括由已经提交的事务所写的值。这种隔离对于只读事务来说是理想的，因为它们不用等待，并且也不会被并发管理器中止。

更新数据库的事务与其他更新数据库的事务之间存在潜在的冲突。在允许事务提交之前，必须对所执行的更新进行有效性检查。我们将在本节的后面描述有效性检查是如何进行的。更新被控制在事务的私有工作空间中，直到事务通过有效性检查，到那时更新才被写到数据库。

当事务 T 被允许提交时，将事务 T 变为提交状态并且将 T 所做的所有更新都写到数据库必须在概念上作为一个原子操作来执行，以保证为其他事务所创建的任何快照要么包括事务 T 的所有更新，要么任何这样的更新都不包括。

18.8.1　快照隔离中的多版本

为了实现快照隔离，事务被给予两个时间戳。第一个时间戳 $StartTS(T_i)$, 是事务 T_i 开始的时间。第二个时间戳 $CommitTS(T_i)$ 是事务 T_i 请求有效性检查的时间。

请注意，只要没有两个事务被给予相同的时间戳，时间戳就可以使用壁钟时间。但它们通常是从计数器分配来的，该计数器在每次有事务进入其有效性检查阶段时就递增。

快照隔离是基于多版本的，并且更新数据项的每个事务都会创建该数据项的一个版本。版本只有一个时间戳，它就是写时间戳，标示创建该版本的时间。事务 T_i 所创建的版本的时间戳被设置为 $CommitTS(T_i)$。(由于对数据库的更新只能在事务 T_i 的有效性检查之后进行，因此在创建一个版本时 $CommitTS(T_i)$ 是可用的[㊀]。)

当事务 T_i 读取一个数据项时，具有时间戳≤ $StartTS(T_i)$ 的数据项的最新版本将返回给 T_i。因此，T_i 并不会看到在 T_i 启动之后才提交的任何事务的更新，但会看到在它启动之前提交的所有事务的更新。其结果是，实际上 T_i 所看到的是在它启动时的数据库的一个快照[㊁]。

873

㊀ 许多实现甚至在事务开始有效性检查之前就创建版本；由于此时版本的时间戳不可用，因此时间戳最初被设置为无穷大，并在有效性检查时更新为正确的值。在实际的实现中还采用了进一步的优化，但是为了简单起见，我们忽略了它们。

㊁ 为了高效地找到对于给定时间戳的一个数据项的正确版本，许多实现不仅存储创建版本时的时间戳，还存储创建下一个版本时的时间戳。下一版本的时间戳可以被视为该版本的无效时间戳（invalidation timestamp），该版本在创建时间戳和无效时间戳之间是有效的。一个数据项的当前版本的无效时间戳被设置为无穷大。

18.8.2 更新事务的有效性检查步骤

决定是否允许一个更新事务的提交是需要谨慎的。两个并发执行的事务可能潜在地会更新同一个数据项。由于两个事务以隔离的方式操作并使用它们各自的私有快照，因此两个事务都看不到对方所做的更新。如果两个事务都被允许写到数据库，则第一个更新的写操作将被第二个覆盖。结果导致了**更新丢失**（lost update）。必须防止更新丢失。快照隔离有两个变种，都防止了更新的丢失。它们被称为*先提交者胜*（first committer wins）和*先更新者胜*（first updater wins）。两种方法都基于检查事务的并发事务。

如果事务 T_j 在从 T_i 开始执行直到 T_i 开始有效性检查的任何时刻处于活跃状态或部分提交状态，则称它与给定事务 T_i 是**并发**的。形式化地，如果下述之一成立，则 T_j 与 T_i 是并发的。

$$StartTS(T_j) \leqslant StartTS(T_i) \leqslant CommitTS(T_j)$$

或者

$$StartTS(T_i) \leqslant StartTS(T_j) \leqslant CommitTS(T_i)$$

按照**先提交者胜**，当事务 T_i 开始有效性检查时，以下操作在分配其 $CommitTS$ 之后作为有效性检查的一部分来执行。（为了简单起见，我们假设一次只有一个事务执行有效性检查，尽管实际的实现确实支持并发的有效性检查。）

- 检查是否存在与 T 并发的任何事务，对于 T 打算写出的某些数据项，该事务是否已经将更新写到了数据库。这可以通过检查 T_i 打算写出的每个数据项 d 来完成，检查是否存在数据项 d 的一个版本的时间戳介于 $StartTS(T_i)$ 和 $CommitTS(T_i)$ 之间[⊖]。
- 如果发现这样的数据项，则 T_i 中止。
- 如果没有发现这样的数据项，则 T 提交，并且将其更新写到数据库。

这种方法被称为“先提交者胜”，因为如果事务发生冲突，使用上述规则第一个进行检查的事务将成功地写出它的更新，而随后的事务则被迫中止。有关如何实现以上检查的细节将在实践习题 18.15 中讨论。

按照**先更新者胜**，系统采用一种仅用于更新操作的封锁机制（读操作不受此影响，因为它们并不获得锁）。当事务 T_i 试图更新一个数据项时，它请求该数据项的一个写锁。如果没有并发事务持有该锁，则获得该锁后 T_i 执行以下步骤：

874

- 如果这个数据项已经被任何并发事务更新，则 T_i 中止。
- 否则 T_i 能够继续执行其操作，包括可以提交。

然而，如果另一个并发事务 T_j 已经持有该数据项的写锁，则 T_i 不能继续执行，并且遵循以下规则：

- T_i 等待直到 T_j 中止或提交。
  - 如果 T_j 中止，则该锁被释放并且 T_i 可以获得该锁。当获得该锁后，执行前面描述的对于并发事务所做更新的检查：如果有另一个并发事务更新过该数据项，则 T_i 中止；否则 T_i 执行其操作。
  - 如果 T_j 提交，则 T_i 必须中止。

当事务提交或中止时，锁被释放。

这种方法被称为“先更新者胜”，因为如果事务发生冲突，第一个获得锁的事务被允许

⊖ 还有一些可替代实现是基于跟踪事务的读和写集合的。

提交并执行其更新。其后试图更新的那些事务被中止，除非第一个更新事务随后由于某些其他原因中止了。（作为等着看第一个更新事务 T_j 是否中止的一种可替代方案是，随后的更新事务 T_i 可以在发现它所想要的写锁被 T_j 持有时就立刻中止。）

18.8.3 串行化问题和解决方案

快照隔离在实践中很有吸引力，因为读取大量数据的事务（通常用于数据分析）并不会干扰较短的更新事务（通常用于事务处理）。使用两阶段封锁的话，这种长的只读事务将会长时间阻塞更新事务，这通常是不可接受的。

值得注意的是，诸如主码约束和外码约束那样的由数据库强制实施的完整性约束并不能在快照上进行检查；否则，两个并发事务可能插入具有相同主码值的两个元组，或者一个事务可能插入一个已并发地从被引用表中删除的外码值。这个问题是作为在提交时有效性检查的一部分，通过检查数据库当前状态而不是快照上的这些约束来处理的。

即使有了上述的修复，快照隔离机制仍然存在一个严重的问题，正如我们所介绍的以及它在实践中所实现的那样：*快照隔离并***不能***保证可串行化！*

接下来，我们给出在快照隔离下可能的不可串行化执行的示例。然后，我们概述一些数据库所支持的*可串行化快照隔离*的技术，它扩展了快照隔离技术来确保可串行化。不支持可串行化快照隔离的快照隔离实现通常支持 SQL 扩展，以允许程序员即使使用快照隔离也能确保串行化；我们将在本节的末尾来学习这些扩展。

875

- 请考虑图 18-20 中所示的事务调度。有两个并发事务 T_i 和 T_j 都要读取数据项 A 和 B。T_i 设置 A=B，然后写 A；而 T_j 设置 B=A，然后写 B。由于 T_i 和 T_j 是并发的，在快照隔离下任何事务在其快照中都看不到对方的更新。但是，因为它们更新的是不同的数据项，不管系统采用先更新者胜策略或者是先提交者胜策略，两者都可以提交。

T_i	T_j
read(A)	
read(B)	
	read(A)
	read(B)
A=B	
	B=A
write(A)	
	write(B)

图 18-20　快照隔离下的非可串行化调度

  但是，该执行是不可串行化的，因为它会导致交换 A 和 B 的值，而任何可串行化的调度会将 A 和 B 都设置为相同的值：要么是 A 的初始值，要么是 B 的初始值，这取决于 T_i 和 T_j 的次序。

  容易看出，优先图存在一个环路。在优先图中存在从 T_i 到 T_j 的一条边，因为 T_i 在 T_j 写 B 之前先读取 B 的值。优先图中也存在从 T_j 到 T_i 的一条边，因为 T_j 在 T_i 写 A 之前先读取 A 的值。因为优先图中存在环路，导致该调度是非可串行化的。

  一对事务中的每一个都读取对方所写的一个数据项，但是两个事务所写的数据项集合并不存在任何共同的数据项，这种情况称为**写偏斜**（write skew）。

- 作为另一个写偏斜的示例，请考虑一个银行场景。假设银行通过完整性约束限制一位客户的支票账户和储蓄账户的余额之和不能为负。假设一位客户的支票账户余额和储蓄余额分别为 \$100 和 \$200。假设事务 T_{36} 通过读取这两个余额来验证该完整性约束之后，再从支票账户中取出 \$200。假设并发执行事务 T_{37} 也是经过完整性约束验证之后，从储蓄账户中取出 \$200。由于每个事务都在其各自的快照上验证该完整性约束，如果它们并发执行的话，那么任何一方都会相信取款后的余额之和为 \$100，因此其取款并不违反该约束。由于这两个事务更新的是不同的数据项，它们并不存

876

在任何更新冲突，因而在快照隔离下它们两个都可以提交。

遗憾的是，在 T_{36} 和 T_{37} 都提交后的最终状态中，余额之和为负 $100，违反了完整性约束。这种违反决不会出现在 T_{36} 和 T_{37} 的任何串行执行中。

- 很多财务应用创建连续的序列号，例如在给账单编号时，通过将当前最大的账单号加 1 来得到新账单的编号的值。如果两个这样的事务并发执行，那么每一个事务在其快照中都会看到相同的账单集合，并且每个都会创建具有相同账单号的新账单。两个事务都通过快照隔离的有效性检验测试，因为它们并不更新任何相同的元组。然而，这样的执行不是可串行化的，由此产生的数据库状态无法通过这两个事务的任何串行执行来得到。创建具有相同编号的两个账单可能会导致严重的法律问题。

  上述问题实际上是我们曾在 18.4.3 节中见到过的幻象现象的一个示例。因为每个事务执行的插入与另一个事务为了找到最大账单号而执行的读操作冲突，但是这种冲突不能通过快照隔离检测到[⊖]。

上面列出的问题似乎表明快照隔离技术易受许多可串行化问题的影响，并且不应该使用。但是，由于以下两种原因，可串行化问题相对来说是少见的：

1. 数据库在提交时而不是在快照上必须检查完整性约束，这一事实有助于避免许多情况下的不一致性。例如，我们在前面看到过的财务应用示例中，账单编号很可能已经声明为主码。数据库系统将在快照之外检测主码冲突，并回滚这两个事务中的一个。

   已经证明，当在快照隔离下执行时，主码约束确保了在一个流行的事务处理基准程序 TPC-C 中的所有事务都不存在非串行化问题。这被视为此类问题很少出现的一个表征。然而，它们确实偶尔发生，并且当它们发生时必须对它们加以处理[⊜]。

2. 在许多应用中存在一些数据项易受诸如写偏斜之类的可串行化问题的影响，但事务在其他的数据项上会冲突，从而确保这些事务不能并发执行；其结果是，在快照隔离下执行这些事务仍然保持了可串行化。

877

然而，快照隔离可能会导致不可串行化。对于许多应用来说，由于快照隔离而导致的不可串行化执行的影响并不严重。例如，考虑一个大学应用程序，该应用程序通过在允许注册之前统计当前注册人数来实现对于一门课程的注册限制。快照隔离可能允许超出班级注册的限制。然而，这种情况可能很少发生，并且如果确实发生了，在一个班上多出一名学生通常不是一个大问题。快照隔离允许长的读事务在不阻塞更新事务的情况下执行，这一事实对于许多这样的应用程序来说，是一个巨大的优势，足以让它们可以忍受偶尔出现的小毛病。

对于许多诸如金融应用之类的其他应用来说，不可串行化可能是不可接受的。这里有几种可能的解决方案。

- 如果数据库系统支持的话，可以采用修改后的快照隔离形式，称为可串行化快照隔离。这种技术以确保可串行化的方式扩展了快照隔离技术。
- 有些系统允许不同的事务在不同的隔离性级别下运行，这可以用来避免上面提到的可串行化问题。
- 一些支持快照隔离的系统为 SQL 程序员提供了在 SQL 中使用 for update 子句来创

⊖ SQL 标准使用术语幻象问题来指代不可重复的谓词读，这导致一些人声称快照隔离避免了幻象问题；然而，在我们的幻象冲突的定义下，这种说法是无效的。

⊜ 例如，在孟买 I.I.T. 的财务应用中，财务审计人员发现重复账单号的问题实际上发生过几次。该应用中账单号并未作为主码（其原因过于复杂，这里不予解释）。

建人为冲突的方式，该子句可用于确保可串行化性。

我们在下面简要概述每种这样的解决方案。

自 9.1 版以来，PostgreSQL 实现了一种称为可串行化快照隔离的技术，它确保了可串行化；此外，从 9.1 版开始之后的 PostgreSQL 版本还包括一种基于索引封锁的技术，以避免幻象问题。

可串行化快照隔离（Serializable Snapshot Isolation，SSI）协议背后的直观意义如下：假设我们跟踪事务之间的所有冲突（即写 - 写、读 - 写和写 - 读冲突）。请回顾 17.6 节，如果事务 T_1 和 T_2 在一个元组上有冲突的操作并且 T_1 的操作在 T_2 的操作之前，那么我们可以构造一个事务的优先图，图中有一条从 T_1 到 T_2 的有向边。正如我们在 17.6 节中看到过的，确保可串行化性的一种方式是在事务优先图中查找环路，并在找到环时回滚事务。

由于快照隔离导致不可串行化的主要原因是读写冲突，即当事务 T_1 写入对象的一个版本，并且事务 T_2 随后读取该对象的较早版本，快照隔离无法跟踪这类冲突。这种冲突可以用从 T_2 到 T_1 的读写冲突边来表示。

878 已经证明，在快照隔离允许不可串行化调度的所有情况下，一定存在一个事务同时具有读写冲突的入边和读写冲突的出边（在冲突图中的所有其他情况下的环路都由快照隔离规则所捕获）。因此，可串行化快照隔离实现跟踪并发事务之间的所有读写冲突，以检测是否有一个事务同时具有读写冲突的入边和出边的情况。如果检测到这种情况，则会回滚读写冲突中所涉及的一个事务。这种检查比跟踪所有的冲突并寻找环路的代价要小得多，尽管它可能导致一些不必要的回滚。

还值得一提的是，PostgreSQL 用来防止幻象的技术使用了索引锁，但是这些锁不是以两阶段的方式来持有的。相反，它们用于检测并发事务之间的潜在冲突，并且即使在事务提交之后也必须保留一段时间才能允许对其他的并发事务进行检查。PostgreSQL 使用的索引封锁技术也不会导致任何死锁。

SQL Server 提供了允许一些事务在快照隔离下运行而允许另一些事务在可串行化隔离性级别下运行的选项。在快照隔离性级别下运行长的只读事务而在可串行化隔离性级别下运行更新事务，这样的方式确保只读事务并不会阻止更新事务，同时还确保不会发生上述异常。

在至少截止到 Oracle 12c 之前的 Oracle 版本中（据我们所知），以及在 9.1 版之前的 PostgreSQL 版本中，可串行化隔离性级别实际上实现的是快照隔离。其结果是，即使把隔离性级别设置为可串行化，数据库也可能允许某些不可串行化的调度。

如果应用程序必须在快照隔离下运行，则应用程序开发者可以在几种这样的数据库上，通过向 SQL 的 select 查询追加 for update 子句来防止特定的快照异常，如下例所示：

```
select *
from instructor
where ID = 22222
for update;
```

添加 for update 子句会使系统出于并发控制的目的将读取的数据作为已被更新过的来对待。在图 18-20 所示的第一个写偏斜的示例中，如果将 for update 子句附加到读取 A 和 B 值的选择查询中，则只允许两个并发事务中的一个进行提交，因为两个事务都被视为更新了 A 和 B。

存在规范的方法（参见在线的参考文献）来判断一组给定的混合事务的运行是否存在快照隔离下的非可串行化的风险，并且决定引入何种冲突（例如采用 for update 子句）来保证可串行化。这些方法只有在我们事先知道要执行什么样的事务的情况下才有效。在一些应用中，所有事务都来自一个预先确定的事务集合，这使得这种分析成为可能。然而，如果应用允许不受限制的、即席的事务，则这种分析是不可能的。

879

18.9 实践中的弱一致性级别

在 17.8 节中，我们讨论了 SQL 标准所指定的隔离性级别：可串行化、可重复读、已提交读和未提交读。在本节中，我们首先简要介绍与弱于可串行化的一致性级别相关的一些较老的技术，并将它们与 SQL 标准级别相联系。然后我们将讨论涉及用户交互事务的并发控制问题，我们曾在 17.8 节中简要讨论过该问题。

18.9.1 二级一致性

二级一致性（degree-two consistency）的目的是在不必保证可串行化的前提下防止级联中止。用于二级一致性的封锁协议采用与我们用于两阶段封锁协议的相同的两类锁模式：共享模式（S）和排他模式（X）。当事务访问一个数据项时必须持有适当的锁模式，但是两阶段行为并不是必需的。

与两阶段封锁的情况相反，这里的共享锁可以在任何时候释放，并且锁可以在任何时候获得，然而排他锁只有在事务要么提交要么中止后才能释放。这种协议并不保证可串行化。实际上，事务有可能两次读取同一个数据项并得到不同的结果，在图 18-21 中，T_{32} 在 T_{33} 写 Q 值之前读取 Q 值，并在 T_{33} 写 Q 值之后又读取该值。

T_{32}	T_{33}
lock-S(Q) read(Q) unlock(Q)	
	lock-X(Q) read(Q) write(Q) unlock(Q)
lock-S(Q) read(Q) unlock(Q)	

图 18-21 具有二级一致性的非可串行化调度

读取不是可重复读的，但是由于排他锁直到事务提交前一直被持有，没有事务可以读取未提交的值。因此，二级一致性是已提交读隔离性级别的一种特殊实现。

有趣的是，请注意在二级一致性下，扫描索引的事务可能会看到在扫描过程中被更新的记录的两个版本，并且也可能两个版本都不会看到！例如，请考虑一个关系 $r(A,B,C)$，其主码是 A，并在属性 B 上有一个索引。现在，请考虑使用属性 B 上的索引和二级一致性扫描关系 r 的一个查询。假设存在对一个元组 $t_1 \in r$ 的并发更新，它将属性 $t_1.B$ 从 v_1 更新到 v_2。这样的更新需要从索引中删除与值 v_1 对应的索引项，并插入与 v_2 对应的新的索引项。现在，对 r 的扫描可能会在删除旧元组后扫描与 v_1 对应的索引节点，但在将更新后的元组插入该节点之前访问与 v_2 对应的索引节点。那么，即使扫描本应看到 t_1 的旧值或者它的新值，但扫描将完全错过此元组。此外，使用二级一致性的扫描可能会在删除之前访问 v_1 对应的节点，并在插入之后访问 v_2 对应的节点，从而看到 t_1 的两个版本，一个来自更新之前而另一个来自更新之后。（如果扫描和更新都使用两阶段封锁的话，则不会出现这个问题。）

880

18.9.2 游标稳定性

游标稳定性（cursor stability）是二级一致性的一种形式，它是为利用游标对关系中的元组进行迭代的程序而设计的。游标稳定性不封锁整个关系，而是保证：

- 当前正被迭代处理的元组以共享模式封锁。一旦该元组被处理，元组上的锁就可以被释放。

- 任何被修改的元组以排他模式封锁，直至事务提交。

这些规则保证能得到二级一致性。但封锁方式不是以两阶段方式进行的，并且不保证可串行化。在实践中游标稳定性用于频繁访问的关系上，以作为一种提高并发度和改善系统性能的方式。尽管可能存在非可串行化的调度，采用游标稳定性的应用程序必须以确保数据库一致性的方式编码。所以，游标稳定性的使用受限于具有简单一致性约束的特殊情况。

当数据库支持时，快照隔离是比二级一致性以及游标稳定性更好的一种可选方案，因为它提供了一种类似的甚至更好的并发级别，同时降低了不可串行化执行的风险。

18.9.3 跨用户交互的并发控制

并发控制协议通常考虑的是并不涉及用户交互的事务。请考虑来自 17.8 节的涉及用户交互的航班座位选择的示例。假设我们从初始时将座位空闲情况显示给用户到确定座位选择的所有步骤看作单个事务。

如果使用两阶段封锁，一次航班上座位的整个集合都以共享模式封锁，直到用户完成选座，在此期间其他任何事务不允许更新座位的分配情况。显然，这种封锁是非常糟糕的，因为一个用户可能要花很长的时间来做出选择，甚至放弃事务但却不显式地取消它。可以采用时间戳协议或者有效性检验来代替，它们避免了封锁引发的问题，但是这两种协议会在另一个用户 *B* 更新座位分配信息时中止用户 *A* 的事务，即使用户 *B* 所选择的座位与用户 *A* 所选择的座位并不冲突。快照隔离在这种情况下是一种好的选择，因为只要 *B* 并没有选择和 *A* 相同的座位，用户 *A* 的事务就不会被中止。

881

然而，即便一个事务已经提交，但只要任何其他并发的事务仍然是活跃的，快照隔离就需要数据库记录关于该事务所执行的更新的信息，这对于长事务来说会出现问题。

另一种选择是将涉及用户交互的事务划分成两个或者更多的事务，使得没有事务跨越用户交互。如果我们的选座事务按照这样进行划分，则第一个事务将读取空闲座位，而第二个事务将完成所选座位的分配。如果第二个事务编写不慎，就会在它分配所选座位给用户时，没有检查该座位是否同时被分配给某位其他用户，从而导致更新丢失的问题。为避免这个问题，正如我们在 17.8 节中所概述的，第二个事务只有在座位没有被同时分配给某位其他用户时才能执行座位的分配。

上述思想在一种可替代的并发控制机制中泛化了，该机制使用存储在元组中的版本号来避免更新丢失。每个关系的模式通过添加一个额外的版本号（version_number）属性而更改，当创建元组时该属性的值被初始化为 0。当一个事务（第一次）读取它试图更新的一个元组时，它记录该元组的版本号。读操作作为一个独立的事务在数据库上执行，因此任何可获取的锁可以被立即释放。更新在本地完成，并通过原子性执行的以下步骤（即作为单个数据库事务的一部分）作为提交过程的一部分拷贝到数据库中：

- 对于每个被更新的元组，事务检查当前的版本号是否等于事务第一次读取该元组时的版本号。

  1. 如果版本号匹配，则执行数据库中该元组的更新，并且它的版本号加 1。

  2. 如果版本号不匹配，则事务中止，回滚它所执行的所有更新。

- 如果对于所有更新元组的版本号检查都成功，则事务提交。值得注意的是，时间戳可以用来代替版本号，而对该机制没有任何影响。

882

请注意前述机制和快照隔离之间的相似性。版本号检查实现了在快照隔离中使用的先提交者胜规则，而且即使在事务很长时间都活跃的情况下也可使用它。然而，与快照隔离不同，事务所执行的读操作可能并不对应于数据库的一个快照。并且与基于有效性检查的协议不同，事务所执行的读操作并不进行有效性检查。

我们将以上的机制称为**无读有效性检查的乐观并发控制**（optimistic concurrency control without read validation）。无读有效性检查的乐观并发控制提供了一种弱的可串行化级别，然而它并不保证可串行化。这种机制的一个变种是在提交的时候除了对写操作进行有效性检查之外，还采用版本号对读操作进行有效性检查，以保证事务所读取的元组在初次读取之后并没有被更新。这种机制等价于我们在前面看到过的乐观并发控制机制。

这种机制已经被应用程序开发人员广泛用在涉及用户交互的事务处理中。该机制的一个有吸引力的特征是它可以在数据库系统顶层上轻松地实现。有效性检查和更新步骤作为提交过程的一部分执行，进而作为一个单独的事务在数据库中完成，并采用数据库的并发控制机制来保证提交过程的原子性。该机制也被用在 Hibernate 的对象 – 关系映射系统（见 9.6.2 节）和其他对象 – 关系映射系统中，并被称为乐观的并发控制（即使在缺省情况下读操作并不进行有效性检查）。因此，Hibernate 和其他对象 – 关系映射系统将透明的版本号检查作为提交处理过程的一部分来执行。（在 Hibernate 中涉及用户交互的事务被称为**会话**（conversation），以将它们与常规事务区分开来；使用版本号的有效性检查对于这些事务尤为有用。）

然而，应用程序开发人员必须意识到不可串行化执行的潜在可能，并且他们必须将他们对该机制的使用限制在不可串行化并不会造成严重问题的应用程序上。

18.10 并发控制的高级主题

索引结构可以使用特殊用途的并发控制技术，而不是使用两阶段封锁，这会带来并发度的提升。相反，当使用主存数据库时，可以简化索引的并发控制。此外，并发控制操作常常成为主存数据库中的瓶颈，因此设计了诸如无闩锁数据结构之类的技术来减少并发控制的开销。与在读和写级别检测冲突不同，可以将诸如计数器增量之类的操作视为基本操作，并根据操作之间的冲突来执行并发控制。特定的应用需要保证事务的完成时间。已经为这些应用开发了专门的并发控制技术。

883

18.10.1 在线索引创建

当我们处理大量的数据（以兆字节为单位）时，诸如创建索引这样的操作可能要花很长的时间，可能需要数小时甚至几天。当操作完成后，索引内容必须与关系的内容一致，并且对关系的所有进一步更新都必须维护索引。

确保数据和索引一致的一种方式是在创建索引时阻止对关系的所有更新，例如通过获得关系上的共享锁来实现。在创建了索引并更新了关系的元数据以反映索引的存在之后，该锁可以被释放。随后的更新事务将找到索引，并作为事务的一部分来执行索引的维护。

但是，上述方法会使系统在很长时间内无法对关系进行更新，这是不可接受的。相反，大多数数据库系统支持**在线索引创建**（online index creation），这样即使在创建索引时也允许进行关系的更新。在线索引创建可按如下方式进行：

1. 获取关系的一个快照并使用它来创建索引；同时，系统会将在快照创建之后所发生的对该关系的所有更新都记录在日志中。

2. 当快照数据上的索引完成之后，由于缺少后续的更新，因此该索引尚未准备好使用。此时，对关系的更新日志被用于更新索引。但是在执行索引更新时，在关系上可能会发生进一步的更新。

3. 索引更新因而获取关系上的共享锁以防止进一步更新，并将所有剩余更新应用于索引。此时，索引与关系的内容是一致的。然后，更新关系的元数据以指示新索引的存在。随后释放所有锁。

在此之后执行的任何事务都将看到索引的存在；如果事务更新了关系，它还将更新索引。

创建立即维护的物化视图，作为更新在视图中所使用的任何关系的事务的一部分，也可以从与在线索引构建类似的在线构建技术中获益。定义视图的查询在参与关系的一个快照上执行，并在日志中记录随后的更新。这些更新在具有锁的最后阶段应用于物化视图，并类似于在线索引创建的情况来补上更新。

如果在所有元组上实现模式更改的时候封锁关系，则诸如添加 / 删除属性或约束那样的模式更改也会产生重大影响。

884

- 对于添加或删除属性，可以为每个元组保留一个版本号，并且可以在后台或在访问它们时随时更新元组；版本号用于确定模式更改是否已经应用于该元组，并且如果尚未应用模式更改，则将其应用于该元组。
- 添加约束要求必须检查现有数据以确保满足约束。例如，在 ID 属性上添加一个主码或唯一码约束需要检查现有的元组，以确保没有两个元组具有相同的 ID 值。在线添加此类约束的方式与在线索引构建类似，即通过在关系的一个快照上检查约束，同时保留快照之后所发生的更新日志这样的方式。然后必须检查日志中的更新，以确保它们并不会违反约束。在最后一个弥补阶段，将在日志中任何剩余的更新上检查约束，并对关系元数据进行添加，同时持有该关系上的共享锁。

18.10.2　索引结构中的并发

可以将对索引结构的访问当作像对其他任何数据库结构的访问，并应用前面讨论过的并发控制技术。然而，由于索引经常被访问，它们将成为一个很大的锁争用点，从而导致较低的并发程度。幸运的是，索引并非必须被视为其他的数据库结构；尽早以非两阶段的方式来释放索引锁、以最大限度地提高并发度是可取的。事实上，对于一个事务来说，它在一个索引上两次执行查找，并发现索引的结构在两次查找之间发生了变化，但只要索引查找返回的是正确的元组集合，那么这种情况就是完全可以接受的。通俗地讲，只要保持索引的准确性，就可以接受对索引进行不可串行化的并发访问；接下来，我们将这个概念进行形式化。

对于索引操作的**操作可串行化**的定义如下：如果存在一种操作的可串行化顺序与在并发执行中每个索引操作所看到的结果是一致的，并且与所有操作执行之后索引的最终状态也一致，则称在这个索引上的索引操作的并发执行是可串行化的。索引并发控制技术必须确保索引操作的任何并发执行都是可串行化的。

我们概述两种用于管理对 B^+ 树并发访问的技术，以及一种防止幻象现象的索引并发控制技术。在线的参考文献中引用了用于 B^+ 树的其他技术以及用于其他索引结构的技术。我们所讲述的在 B^+ 树上用于并发控制的技术是基于封锁的，但既不采用两阶段封锁也不采用树型协议。查找、插入和删除的算法就是在第 14 章中所使用的那些，只做了细微的修改。

第一种技术称为**蟹行协议**（crabbing protocol）：

- 当搜索一个键值时，蟹行协议首先以共享模式封锁根节点。当沿树向下遍历时，它在孩子节点上获得共享锁，以便向更深处遍历。在获得孩子节点上的锁以后，它释放在父节点上的锁。重复该过程直至它到达一个叶节点为止。

885

- 当插入或删除一个键值时，蟹行协议采取如下动作：
  - 它采取与搜索相同的协议直至它到达所希望的叶节点。到此为止，它只获得（和释放）过共享锁。
  - 它以排他方式封锁该叶节点，并且插入或删除该键值。
  - 如果它需要分裂一个节点或将一个节点与其兄弟节点合并，或者在兄弟节点之间重新分配键值，那么蟹行协议用排他模式封锁该节点的父节点。在执行这些操作之后，它释放该节点和兄弟节点上的锁。

    如果父节点需要分裂、合并或重新分布键值，该协议保留父节点上的锁，并以相同的方式进一步向上传播分裂、合并或重新分布键值的操作。否则，它释放父节点上的锁。

该协议得名于螃蟹通过横移前进的方式：先移动一侧的腿，然后移动另一侧的腿，并如此交替进行。当该协议沿着树从上往下和从下往上（发生分裂、合并或重新分布的情况）进行时的封锁过程，与螃蟹横行的方式是类似的。

一旦一个特定操作释放了一个节点上的锁，别的操作就可以访问该节点。在沿树向下的搜索操作之间以及沿树向上传播分裂、合并或重新分布的操作之间有可能存在死锁。通过释放操作所持有的锁再从树根重启搜索操作的方式，系统可以容易地处理这种死锁。

用于短时间内持有的而不是以两阶段方式持有的锁，通常被称为**闩锁**（latch）。闩锁在数据库内部使用，以实现在共享数据结构上的互斥。在上述情况下，锁的持有方式并不确保在插入或删除操作期间的互斥，但索引操作的执行结果是可串行化的。

第二种技术达到了更高的并发度，甚至避免了在申请另一个节点上的锁的同时持有一个节点上的锁，从而避免了死锁并提高了并发度。这种技术使用了一种修改版的 B^+ 树，称为 **B-link 树**（B-link tree）；B-link 树要求每个节点（包括内部节点，而不仅仅是叶节点）维护指向其右兄弟的指针。这种指针之所以是必需的是因为在分裂一个节点时所引发的查找可能不仅需要搜索该节点，还需要搜索该节点的右兄弟。

与蟹行协议不同，**B-link 树封锁协议**（B-link-tree locking protocol）一次只在一个内部节点上持有锁。在请求孩子节点上（当向下遍历时）或父节点上（当在分裂或合并期间向上遍历时）的锁之前，该协议释放在当前内部节点上的锁。这样做可能会导致异常：例如，在释放一个节点上的锁和请求父节点上的锁之间，在兄弟节点上的并发插入或删除可能会导致父节点上的分裂或合并，并且原来的父节点可能不再是当孩子节点被封锁时该孩子节点的父节点。该协议检测和处理这些情况，在确保操作可串行化的同时避免操作之间的死锁，并且与蟹行协议相比提高了并发度。

886

在没有检测到谓词读和插入或更新之间的冲突的情况下，幻象现象可能会导致发生不可串行化的执行。我们在 18.4.3 节中看到过的索引封锁技术通过以两阶段方式封锁索引的叶节点来防止幻象现象。一些索引并发控制机制不封锁整个索引叶节点，而是在单个键值上使用**键值封锁**，并允许从同一个叶节点插入或删除其他键值。因此，键值封锁提供了更高的并发度。

然而，直接使用键值封锁会发生幻象现象；为了防止幻象现象，可以使用 **next-key 封锁**技术。在这种技术中，每次索引查找不仅必须封锁查找范围内找到的键（或者在点查找的情况下是单个键），而且必须封锁下一个键值，即刚好大于范围内最后一个键值的键值。此外，每次插入不仅必须封锁被插入的值，而且必须封锁下一个键值。因此，如果一个事务尝试插入在另一个事务的索引查找范围内的一个值，则两个事务将在被插入键值的下一个键值上发生冲突。类似地，删除也必须封锁待删除值的下一个键值，以确保能够检测到与其他查询的后续范围查找所发生的冲突。

18.10.3　主存数据库中的并发控制

对于存储在硬盘上的数据，I/O 操作的成本通常占事务处理成本的主导地位。当磁盘 I/O 成为系统中代价的瓶颈时，从优化诸如并发控制成本之类的其他较小的成本中所获得的收益就很小了。但是，在磁盘 I/O 不再是瓶颈的主存数据库中，系统就可以从减少诸如查询处理成本之类的其他成本中获益，正如我们在 15.8 节中所看到过的；现在，我们考虑如何降低在主存数据库中并发控制的成本。

正如我们在 18.10.2 节中所看到的，用于基于磁盘的索引结构上的操作的并发控制技术获取单个节点上的锁，以增加对于并发访问索引的可能性。但是，这样的封锁方式会增加获取锁的成本。在主存数据库中，数据是在内存中的，索引操作的执行时间非常短。因此，以粗粒度来执行封锁可能是可以接受的：例如，可以使用单个闩锁（即，短期锁）来封锁整个索引，执行操作，然后释放闩锁。我们发现所减少的封锁开销据是可以弥补稍微减少的并发度的，并提高了整体性能。

887

还有另一种提高内存索引性能的方式，它使用原子指令在根本不获取任何闩锁的情况下来进行索引更新。不需要闩锁而支持并发操作的数据结构实现称为**无闩锁数据结构**（latch-free data structure）实现。

请考虑一个链表，其中每个节点都有一个 *value* 值和一个 *next* 指针，并且链表头存储在 *head* 变量中。图 18-22 中所示的 *insert*() 函数在对于相同的链表不存在并发的代码调用的情况下，可以在链表的开头正确地插入一个节点[⊖]。

```
insert(value, head) {
    node = new node
    node->value = value
    node->next = head
    head = node
}
```

图 18-22　并发插入时不安全的插入代码

但是，如果两个进程在同一个链表上并发执行 *insert*() 函数，则可能这两个进程都会读取相同的 *head* 变量的值，并且在那之后两个进程都会更新该变量。最后的结果将包含被插入的两个节点中的一个，而被插入的另一个节点将会丢失。

防止此类问题的一种方式是在链表上获取排他闩锁（短期锁），执行 *insert*() 函数，然后释放闩锁。可以修改 *insert*() 函数以获取和释放在链表上的闩锁。

一种可替代的实现在实践中速度更快，它使用一条原子的 *compare-and-swap*() 指令（简称为 CAS），其工作原理如下：指令 CAS(*var*,*oldval*,*newval*) 接受三个参数，即一个 *var* 变量和两个值（*oldval* 和 *newval*）。该指令自动执行以下操作：检查 *var* 的值是否等于 *oldval*，如果相等，则将 *var* 设置为 *newval*，并返回成功。如果值不相等，则返回失败。大多数现代的处理器体系结构都支持该指令，并且它的执行速度非常快。

⊖　我们假设所有的参数都是通过引用来传递的。

图 18-23 中所示的 *insert_latchfree*() 函数是 *insert*() 的一种修改，即使在同一个链表上并发进行插入且不获得任何闩锁的情况下，该函数也能正常工作。使用此代码，如果两个进程同时读取 *head* 的旧值，然后都执行 CAS 指令，其中一个进程将发现 CAS 指令返回成功，而另一个进程将发现它返回失败，因为 *head* 值在它被读取时到 CAS 指令执行时之间发生了变化。然后，**repeat** 循环使用 *head* 的新值重试插入，直到它成功为止。

```
insert_latchfree(head, value) {
    node = new node
    node->value = value
    repeat
        oldhead = head
        node->next = oldhead
        result = CAS(head, oldhead, node)
    until (result == success)
}

delete_latchfree(head) {
    /* 此函数不太安全；请参见正文中的解释。*/
    repeat
        oldhead = head
        newhead = oldhead->next
        result = CAS(head, oldhead, newhead)
    until (result == success)
}
```

图 18-23 在链表上无闩锁的插入和删除

图 18-23 中所示的 *delete_latchfree*() 函数类似地使用比较与交换指令从链表的头部执行删除，而不使用闩锁。（在这种情况下，链表以堆栈形式使用，因为删除发生在链表的头部。）但是，它有一个问题：在某些罕见的情况下，它并不能正常工作。问题可能发生在进程 P_1 执行删除时，假定节点 n_1 在链表的头部，同时第二个进程 P_2 删除前两个元素 n_1 和 n_2，然后在链表的头部重新插入 n_1，其下一个元素是另一个元素，比如说 n_3。如果 P_1 在 P_2 删除 n_1 前读取它，但在 P_2 重新插入 n_1 后执行 CAS，则 P_1 的 CAS 操作将成功，但将链表头设置为指向已被删除的 n_2，这使链表处于不一致的状态。这个问题被称为 *ABA* 问题。

一种解决方案是为每个指针保留一个计数器，每次更新指针时该计数器会递增。CAS 指令应用于 (指针 , 计数器) 对上；在 64 位处理器上的大多数 CAS 实现都支持这种 128 位的双重 compare-and-swap。这样就可以避免 ABA 问题，因为尽管重新插入 n_1 会导致链表头指向 n_1，但计数器会不同，使得 P_1 的 CAS 操作失败。对于 ABA 问题和上述解决方案的更多详细信息，请参见实践习题 18.16 的在线解决方案。通过这样的修改，插入和删除都可以在不获得闩锁的情况下并发执行。还有其他的解决方案并不需要双重 compare-and-swap，但是更为复杂。

从链表尾部删除（以实现队列）以及诸如散列索引和搜索树之类更复杂的数据结构也可以无闩锁方式来实现。最好是使用由标准库提供的无闩锁数据结构实现（常常称为**无锁数据结构**实现），例如 C++ 的 Boost 库，或者 Java 中的 ConcurrentLinkedQueue 类；请不要自行实现，因为你在并发访问之间可能会由于“竞态条件”而引入错误，那将很难检测或调试。

888～889

由于当今的多处理器 CPU 有很多核，因此在内存索引和其他内存数据结构的场景中，已经发现无闩锁实现的性能明显优于需获得闩锁的实现。

18.10.4　长事务

事务的概念最初是在数据处理应用的环境中发展起来的，其中大多数事务都是非交互式的，并且持续时间很短。当这个概念应用于涉及人机交互的数据库系统时，就会出现严重的问题。此类事务具有这些关键性质：

- **持续时间长**。一旦人与活跃事务进行交互，从计算机的角度来看，该事务将成为**长事务**，因为人的响应时间相对于计算机速度更慢。此外，在应用的设计中，人类活动可能需要数小时、数天甚至更长的时间。因此，事务可能对于人类以及机器来说都是持续时间很长的。
- **未提交数据的暴露**。由于事务可能中止，因此长事务生成并显示给用户的数据是未提交的。因此其结果是，用户和其他事务可能会被迫读取未提交的数据。如果多个用户在一个项目上进行合作，那么用户事务可能需要在事务提交之前交换数据。
- **子任务**。交互事务可能由用户启动的一组子任务组成。用户可能希望中止子任务，而不必导致整个事务的中止。
- **可恢复性**。由于系统崩溃而导致交互式的长事务中止是不可接受的。必须将活动事务恢复到崩溃前不久的状态，以使丢失的人工工作相对较少。
- **性能**。在一个交互式事务系统中的良好性能被定义为快速的响应时间。这个定义与非交互系统的定义形成了对比，在非交互系统中的目标是高吞吐量（每秒处理的事务数量）。具有高吞吐量的系统可以有效利用系统资源。但是，在交互式事务的情况下，最昂贵的资源是用户。如果效率和用户的满意度是优化的，则响应时间应该很快（从人的角度来看）。在任务需要花很长时间的情况下，响应时间应该是可预测的（即响应时间的方差应该很小），以便用户可以很好地管理他们的时间。

890

18.8 节中描述的快照隔离与 18.9.3 节中描述的*无读有效性检查的乐观并发控制*协议都可以为这些问题提供部分解决方案。后一种协议实际上是专门为了处理涉及用户交互的长事务而设计的。虽然无读有效性检查的乐观并发控制并不能保证串行化，但它得到了相当广泛的应用。

然而，当事务持续时间较长时，更新冲突的可能性更大，从而导致额外的等待或中止。这些考虑因素是我们在本节剩余部分所探讨的并发执行和事务恢复正确性的可替代概念的基础。

18.10.5　利用操作的并发控制

请考虑由两个账户 A 和 B 组成的一个银行数据库，其一致性要求是 $A+B$ 的总和保持不变。请考虑图 18-24 的调度。虽然该调度并不是冲突可串行化的，但它使 $A+B$ 的和保持不变。它还说明了关于不可串行化的正确性概念的两个要点。

1. 正确性取决于对于数据库的特定的一致性约束。
2. 正确性取决于每个事务所执行操作的性质。

891

T_1	T_2
read(A) $A := A - 50$ write(A)	
	read(B) $B := B - 10$ write(B)
read(B) $B := B + 50$ write(B)	
	read(A) $A := A + 10$ write(A)

图 18-24　一个非冲突可串行化调度

虽然两阶段封锁确保了可串行化，但在特定数据项上发生大量事务冲突的情况下，它可能导致并发性较差。在这种情况下，时间戳和有效性检查的协议也有类似的问题。

通过将**读**和**写**之外的一些操作视为基本的低层操作并扩展并发控制来处理它们，可以提高并发度。

请考虑我们在 16.5.1 节中见过的物化视图维护的情况。假设存在一个关系 *sales*(*date*, *custID*, *itemID*, *amount*) 和一个物化视图 *daily_sales_total*(*date*, *total_amount*)，后者记录每天的总销售额。如果使用视图立即维护方式，则每个销售事务都必须将对物化视图的更新作为该事务的一部分。对于销售量大并且每一个事务都在更新 *daily_sales_total* 关系中的同一条记录的情况，如果在物化视图上使用两阶段封锁，那么并发度将相当的低。

对于物化视图执行并发控制的一种更好的方式如下：请注意每个事务将对 *daily_sales_total* 关系中的一条记录增加某个值，但并不需要查看该值。使用一个增量 increment(*v*,*n*) 操作是有意义的，它将变量 *v* 加上一个值 *n*，而使 *v* 的值对于事务是不可见的；我们将很快看到如何实现这一点。在我们的销售示例中，一个事务在插入一个销量为 *n* 的 *sales* 元组时调用该增量操作，该操作的第一个参数是物化视图 *daily_sales_total* 中相应元组的 *total_amount* 值，并且第二个参数是值 *n*。

increment 操作并不以两阶段方式来封锁变量，但是应该在变量上串行执行单个操作。因此，如果在同一个变量上并发启动两个增量操作，则一个操作必须在另一个操作被允许开始之前就得完成。这可以通过在启动操作之前获得变量 *v* 上的排他（闩）锁并在操作完成其更新后释放该闩锁来确保。增量操作也可以使用比较并交换（compare-and-swap）操作来实现，而不需要获得闩锁。

应该允许两个调用 increment 操作的事务并发执行，以避免并发控制的瓶颈。事实上，由两个事务执行的增量操作并不会相互冲突，因为不管这些操作执行的次序如何，最终结果都是相同的。如果其中一个事务回滚，则 increment(*v*, *n*) 操作必须通过执行 increment(*v*, –*n*) 操作来进行回滚，该操作给原始值加一个负值。这个操作被称为**补偿操作**（compensating operation）。

但是，如果一个事务 *T* 希望读取物化视图，那么它显然与执行增量操作的任何并发事务相冲突；*T* 读取的值取决于另一个事务是在 *T* 之前还是之后串行执行。

我们可以通过定义一种**增量锁**（increment lock）来限定一种封锁协议以处理前述情况。增量锁与自身相容，但与共享锁和排他锁不相容。图 18-25 显示了对于共享模式、排他模式和增量模式这三种锁模式的锁相容性矩阵。

	S	X	I
S	true	false	false
X	false	false	false
I	false	false	true

图 18-25　带有增量锁模式的锁相容性矩阵

892

作为对于操作的特殊用途并发控制的另一个示例，请考虑在 B^+ 树索引上的插入操作，正如我们在 18.10.2 节中所看到过的，它可以提前释放锁。在这种情况下，不存在特殊的锁模式，但是以两阶段方式持有叶节点上的锁（或使用 next-key 封锁）可以确保可串行化，正如我们在 18.10.2 节中看到过的那样。插入操作可能修改过 B^+ 树索引的几个节点。其他事务可能在处理其他操作时进一步读取和更新过这些节点。为了回滚插入，我们必须删除由 T_i 插入的记录；删除是插入的补偿操作。其结果是一棵正确的、一致的 B^+ 树，但不一定与 T_i 开始之前得到的树具有完全相同的结构。

虽然操作封锁可以确保以可串行化的方式进行，但在某些情况下违反可串行化也可能是可接受的，它甚至可以不保证以可串行化的方式来使用。请考虑音乐会门票的情况，其中每个事务都需要访问和更新门票的销售总额。我们可以有一种操作 increment_condition(*v*, *n*),

只要结果值≥0就给 v 加 n；如果结果值≥0，则该操作返回成功状态，否则返回失败。请考虑一个执行购票的事务 T_i。为了预订三张票，事务可以执行 increment_condition(*avail_tickets*, –3)，其中 *avail_tickets* 变量代表可以售出票的数量。返回成功表示有足够的可售票，并减少可售票，而返回失败则表示可售票数量不足。

如果 *avail_tickets* 变量以两阶段方式封锁，那么并发度将非常差，即使在有许多可售票的时候，客户也会被迫等待早期事务的提交才能进行预订。通过执行 increment_condition 操作可以大大提高并发度，而不需要在 *avail_tickets* 上以两阶段方式持有任何锁；相反，只需在该变量上获得排他锁，执行操作，然后释放锁。

事务 T_i 还需要执行其他步骤，例如收款；如果诸如付款那样的其中一个后续步骤失败，则必须通过执行一个补偿操作来回滚增量操作；如果原始操作给 *avail_tickets* 加 $-n$，则补偿操作给 *avail_tickets* 加 $+n$。

893

两个 increment_condition 操作可能看起来是彼此相容的，类似于我们在前面看到过的 increment 操作。但事实并非如此。请考虑两个购买单张票的并发事务，并假设只剩下一张票。操作执行的次序对于哪一个操作成功和哪一个操作失败有明显的影响。然而，许多现实世界中的应用程序允许操作在它们执行时持有短期锁并在操作结束时释放这些锁以增加并发度，即使在某些情况下会以损失可串行化为代价。

18.10.6　实时事务系统

在特定的应用中，约束条件还包括必须完成任务的**截止时间**（deadline）。这类应用的示例包括工厂管理、交通控制和调度。当把截止时间考虑在内时，执行的正确性就不再仅仅是数据库一致性的问题了。确切地说，我们要关心错过了多少个截止时间，以及它们错过了多少时间。截止时间的特征如下：

- **硬截止时间**（hard deadline）。如果任务未按其截止时间完成，则可能会出现严重的问题，比如系统崩溃。
- **严格截止时间**（firm deadline）。如果任务在截止时间之后完成，则其价值为零。
- **软截止时间**（soft deadline）。如果任务在截止时间之后完成，则其价值削减，并随着延迟程度的增加，其价值趋近于零。

具有截止时间的系统称为**实时系统**（real-time system）。

实时系统中的事务管理必须将截止时间考虑在内。如果并发控制协议决定事务 T_i 必须等待，则可能导致 T_i 错过截止时间。在这种情况下，抢占持有锁的事务并允许 T_i 进行下去可能是更可取的。但是，必须小心使用抢占，因为被抢占的事务所损失的时间（由于回滚和重新启动）可能会导致被抢占事务错过其截止时间。遗憾的是，在给定的情况下很难确定是回滚还是等待更可取。

由于在从磁盘读取数据时延迟的不可预测性，如果必须满足实时约束，则通常使用主存数据库。然而，即使数据驻留在主存中，锁等待、事务中止等也会造成执行时间的差异。研究人员在用于实时数据库的并发控制方面投入了大量的精力。他们已经扩展了封锁协议，来为截止时间早的事务提供更高的优先级。他们已发现乐观的并发协议在实时数据库中运行得很好；也就是说，这些协议甚至比扩展的封锁协议造成的错过截止时间更少。在线的参考文献为实时数据库领域的研究提供了参考文献。

18.11 总结

- 当多个事务在数据库中并发执行时，数据的一致性可能不再能保持。系统有必要控制并发事务之间的相互影响，并且这种控制通过多种被称为并发控制机制中的一种来实现的。 894
- 为了保证可串行化，我们可以使用各种并发控制机制。所有这些机制要么延迟一种操作，要么中止发出该操作的事务。最常用的机制是封锁协议、时间戳排序机制、有效性检查技术与多版本机制。
- 封锁协议是一组规则，这些规则阐明了一个事务何时可能对数据库中的每个数据项进行封锁和解锁。
- 两阶段封锁协议仅在一个事务未曾解锁任何数据项的情况下才允许该事务封锁一个新的数据项。该协议保证可串行化，但不能避免死锁。在没有关于数据项以何种方式被访问的信息的情况下，两阶段封锁协议对于保证可串行化既是必要的又是充分的。
- 严格的两阶段封锁协议仅在事务结束时才允许释放排他锁，其目的是保证结果调度的可恢复性和无级联性。强两阶段封锁协议仅在事务结束时才释放所有锁。
- 各种封锁协议并不能防止死锁。预防死锁的一种方式是使用数据项的一种排序，并且按照与该排序一致的次序来申请锁。
- 另一种预防死锁的方式是使用抢占与事务回滚。为了控制抢占，我们给每个事务赋予一个唯一的时间戳。系统使用这些时间戳来决定一个事务是应该等待还是回滚。伤害 - 等待机制就是一种抢占机制。
- 如果没有预防死锁，系统必须通过使用死锁检测与恢复机制来处理它们。为此，系统构造了一个等待图。当且仅当等待图中包含环路时，系统处于死锁状态。当检测算法判定死锁存在时，系统为了打破死锁要回滚一个或多个事务。
- 在有些情况下把几个数据项聚为一组，并将它们视作一个聚集的数据项来处理，其效果可能更好，这就导致了粒度的多个层次。我们允许各种规模的数据项，并且我们定义了数据项的层次，其中小数据项嵌套在大数据项之中。这种层次结构可以形象地表示为树。在这种多粒度封锁协议中，按从根到叶的次序获得锁；解锁则按从叶到根的次序进行。在高层级上使用意向锁模式来得到更好的并发度而不影响可串行化。 895
- 时间戳排序机制通过事先在每对事务之间选择一种次序来保证可串行性。在系统中的每个事务都关联一个唯一的、固定的时间戳。事务的时间戳决定了可串行化的次序。因此，如果事务 T_i 的时间戳小于事务 T_j 的时间戳，则该机制保证所产生的调度等价于事务 T_i 出现在事务 T_j 之前的一个串行调度。只要违反了这样的次序，该机制就通过回滚事务来保证这一点。
- 在大部分事务是只读事务的情形下，这些事务之间冲突的概率因而较低，而有效性检查机制就是一种合适的并发控制方法。在系统中的每个事务关联一个唯一的、固定的时间戳。可串行化次序是由事务的时间戳来决定的。在这种机制中的事务绝不会被延迟。不过，事务必须通过有效性检查才能完成。如果事务并未通过有效性检查，则系统将它回滚到其初始状态。
- 多版本并发控制机制基于在每个事务写数据项时为该数据项创建一个新版本。当发出读操作时，系统选择其中的一个版本进行读取。通过利用时间戳，并发控制机制保证按照确保可串行化的方式来选择要读取的版本。读操作总是成功的。

  - 在多版本时间戳排序中，写操作可能导致事务的回滚。
  - 在多版本两阶段封锁中，写操作可能导致锁等待或者死锁。
- 快照隔离是一种基于有效性检查的多版本并发控制协议，与多版本两阶段封锁不同，它并不需要将事务声明为只读或更新的。快照隔离并不保证可串行化，但是却被许多数据库系统所支持。可串行化快照隔离是对快照隔离的一种扩展，它保证了可串行化。
- 仅当要删除元组的事务在待删除元组上具有排他锁时，**删除**操作才可以执行。往数据库中插入新元组的事务在该元组上被授予排他锁。
- 插入可能导致幻象现象，这时插入与查询发生逻辑冲突，尽管两个事务可能没有存取共同的元组。如果封锁仅加在被事务所访问的元组上，那么这种冲突就检测不到。在关系中用于查找元组的数据上需要封锁。索引封锁技术通过在特定索引节点上获得锁来解决这个问题。这些锁保证所有冲突的事务在实际的数据项上发生冲突，而不是在幻象上。

896

- 弱一致性级别用于一些应用中，在这些应用中查询结果的一致性不是至关重要的，并且使用可串行化会导致查询反过来影响事务的处理。二级一致性是这种更弱的一致性级别之一；游标稳定性是二级一致性的一种特例，而且已被广泛应用。
- 对于跨用户交互的事务的并发控制是一项有挑战性的任务。应用程序通常实现一种基于采用在元组中存储的版本号来验证写操作的机制；这种机制提供了弱的可串行化级别，并且可以在应用层实现，而无须修改数据库。
- 可以为特殊的数据结构开发特殊的并发控制技术。通常，特殊的技术被应用到 B^+ 树中以允许更高的并发度。这些技术允许对 B^+ 树进行非可串行化的访问，但它们保证 B^+ 树的结构是正确的，并且它们保证对数据库本身的存取是可串行化的。无闩锁数据结构用于实现在主存数据库中的高性能索引和其他数据结构。

术语回顾

- 并发控制
- 锁类型
  - 共享模式（S）锁
  - 排他模式（X）锁
- 锁
  - 相容性
  - 申请
  - 等待
  - 授予
- 死锁
- 饿死
- 封锁协议
- 合法调度
- 两阶段封锁协议
  - 增长阶段
  - 缩减阶段
  - 封锁点
  - 严格两阶段封锁

897

  - 强两阶段封锁
- 锁转换
  - 升级
  - 降级
- 基于图的协议
  - 树型协议
  - 提交依赖
- 死锁处理
  - 预防
  - 检测
  - 恢复
- 死锁预防
  - 顺序加锁
  - 抢占锁
  - 等待 – 死亡机制
  - 伤害 – 等待机制
  - 基于超时的机制
- 死锁检测

- 等待图
- 死锁恢复
  - 全部回滚
  - 部分回滚
- 多粒度
  - 显式锁
  - 隐式锁
  - 意向锁
- 意向锁模式
  - 意向共享（IS）
  - 意向排他（IX）
  - 共享意向排他（SIX）
- 多粒度封锁协议
- 时间戳
  - 系统时钟
  - 逻辑计数器
  - W-timestamp(Q)
  - R-timestamp(Q)
- 时间戳排序协议
  - Thomas 写规则
- 基于有效性检查的协议
  - 读阶段
  - 有效性检查阶段
  - 写阶段
  - 有效性测试
- 多版本时间戳排序
- 多版本两阶段封锁
  - 只读事务
  - 更新事务
- 快照隔离
  - 更新丢失
  - 先提交者胜
  - 先更新者胜
  - 写偏斜
  - Select for update
- 插入和删除操作
- 幻象现象
- 索引封锁协议
- 谓词锁
- 弱一致性级别
  - 二级一致性
  - 游标稳定性
- 无读有效性检查的乐观并发控制
- 会话
- 索引中的并发
  - 蟹行协议
  - B-link 树
  - B-link 树封锁协议
  - next-key 封锁
- 无闩锁数据结构
- 比较并交换（CAS）指令

898

实践习题

18.1　请证明两阶段封锁协议保证冲突可串行化，并且事务可以根据它们的封锁点来串行化。

18.2　请考虑下面两个事务：

T_{34}: read(A);
　　read(B);
　　if A = 0 **then** $B := B + 1$;
　　write(B).

T_{35}: read(B);
　　read(A);
　　if B = 0 **then** $A := A + 1$;
　　write(A).

请给事务 T_{34} 与 T_{35} 增加封锁和解锁指令，使它们遵从两阶段封锁协议。这两个事务的执行会导致死锁吗？

18.3　强两阶段封锁带来了什么好处？它与其他形式的两阶段封锁相比有何异同？

18.4　请考虑一个按有根的树的形式来组织的数据库。假设我们在每对节点之间插入一个虚拟节点。请证明：如果我们在由此构成的新树上遵从树型协议，我们可以得到的并发度比我们在原始树上遵从树型协议要更高。

18.5 请用示例证明：存在在树型封锁协议下可行而在两阶段封锁协议下不可行的调度，反之亦然。

18.6 在持久化程序设计语言中，封锁并不是显式进行的。当然，当被访问时该对象（或相应的页）必须加锁。大部分现代的操作系统允许用户在页面上设置访问保护（不许访问、读、写），并且违反存取保护的内存访问将导致违反保护错误（例如，请参见 UNIX 的 mprotect 命令）。请说明访问保护机制在持久化程序设计语言中如何用于页级封锁。

18.7 请考虑除了 read 与 write 操作之外还包含原子操作 **increment** 的一个数据库系统。令 V 是数据项 X 的值。操作

899

increment(X) by C

在一个原子步骤中将 X 的值设为 $V+C$。如果事务不执行 read(X)，则事务并不能获知 X 的值。

假设增量操作以增量模式对数据项加锁，所采用的相容矩阵如图 18-25 所示。

a. 请证明：如果所有事务按相应的模式封锁它们所访问的数据，则两阶段封锁保证了可串行化。

b. 请证明：包含**增量**（**increment**）模式的封锁可以提高并发度。

18.8 在时间戳排序中，**W-timestamp**(Q) 表示成功执行 write(Q) 的任意事务的最大时间戳。现在，假设我们将其定义为成功执行 write(Q) 的最近事务的时间戳。这种措辞上的变化会带来什么不同吗？解释你的答案。

18.9 采用多粒度封锁可能比采用单封锁粒度的等价系统需要更多或更少的锁。请针对每种情况各举一例，并比较所允许的相对并发量。

18.10 对于下面的每种协议，请说明促使你建议使用该协议的实际应用方面的因素以及建议不使用该协议的因素：

- 两阶段封锁
- 具有多粒度封锁的两阶段封锁
- 树型协议
- 时间戳排序
- 有效性检查
- 多版本时间戳排序
- 多版本两阶段封锁

18.11 请解释为什么用于事务执行的下述技术会比仅仅使用严格两阶段封锁能够提供更好的性能：跟基于有效性检查技术中一样，首先执行事务而无须获得任何锁，也不向数据库执行任何写操作。但跟有效性检查技术不一样的是，它既不执行有效性检查也不在数据库上执行写操作，而是采用严格的两阶段封锁重新运行事务。（提示：请考虑等待磁盘 I/O 的情况。）

900

18.12 请考虑时间戳排序协议以及两个事务，一个事务写两个数据项 p 和 q，另一个事务读这两个相同的数据项。试给出一个调度，使得对于 write 操作的时间戳测试失败，并引起第一个事务的重启，进而引发另一个事务的级联中止。请说明这是怎样导致这两个事务都被饿死的。（当两个或多个进程执行操作，但由于与其他进程的交互作用而无法完成它们的任务时，这种情形称作**活锁**（livelock）。）

18.13 请设计一种基于时间戳的、能避免幻象现象的协议。

18.14 假设我们采用 18.1.5 节的树型协议来管理对 B^+ 树的并发访问。由于在影响到根节点的插入中可能发生分裂，所以看来插入操作在它完成整个操作之前都不能释放任何锁。那么在什么情况下它有可能提前释放锁呢？

18.15 快照隔离协议采用有效性检验步骤，在事务 T 执行写一个数据项之前，检查是否有与 T 并发的一个事务已经写过该数据项。

a. 一种简单的实现方式是对于每个事务采用一个开始时间戳和一个提交时间戳，另外还有一个*更新集合*（update set），它是被该事务所更新的数据项的集合。请解释如何利用事务时间戳以及更新集合来执行对于先提交者胜机制的有效性检查。你可以假设有效性检查和其他

提交处理步骤是串行执行的，也就是说，一次只针对一个事务。

b. 请解释如何改进上述机制，即不采用更新集合，而是为每个数据项关联一个写时间戳，来作为先提交者胜机制提交过程的一部分实现有效性检验步骤。同样地，你可以假设有效性检查和其他提交处理步骤是串行执行的。

c. 先更新者胜机制可以采用如上所述的时间戳来实现，除了当获得排他锁之后立刻执行有效性检查，而不是在提交时执行检查。

i. 请解释如何给数据项分配写时间戳来实现先更新者胜机制。

ii. 请说明由于封锁的原因，如果在提交时重复有效性检查，则结果也不会发生变化。

iii. 请解释在这种情况下，为什么没有必要串行地执行有效性检查和其他提交处理步骤。

18.16 请考虑如图 18-23 所示的 *insert_latchfree*() 和 *delete_latchfree*() 函数。 901

a. 请解释在重新插入一个已删除节点时，ABA 问题是如何发生的。

b. 假设我们邻近 *head* 存储一个计数器 *cnt*。还假设 DCAS((*head*,*cnt*),(*oldhead*,*oldcnt*),(*newhead*,*newcnt*)) 自动在 128 位的值 (*head*,*cnt*) 上执行比较并交换。请修改 *insert_latchfree*() 和 *delete_latchfree*() 来使用 DCAS 操作以避免 ABA 问题。

c. 由于大多数处理器只使用 64 位地址中的 48 位来实际寻址内存，请解释在不支持 DCAS 操作的情况下，如何使用另外的 16 位来实现一个计数器。

习题

18.17 严格的两阶段封锁提供了哪些好处？会产生哪些弊端？

18.18 大部分数据库系统实现都采用严格的两阶段封锁。请说明这种协议流行的三点理由。

18.19 请考虑树型协议的一个变种，它称为森林（forest）协议。数据库按有根的树的森林的方式来组织。每个事务 T_i 必须遵守以下规则：

- 在每棵树中的首次封锁可以在任何数据项上进行。
- 树中的第二次以及所有后续的封锁仅当待申请节点的父节点上当前被封锁时才能发出申请。
- 数据项解锁可在任何时候进行。
- 在事务 T_i 对一个数据项解锁之后，T_i 不能再次封锁该数据项。

请证明森林协议并不保证可串行化。

18.20 在什么情况下避免死锁比允许死锁发生再检测死锁的代价更小？

18.21 如果通过死锁避免机制避免了死锁后，那么仍有可能饿死吗？请解释你的答案。

18.22 在多粒度封锁中，在隐式封锁与显式封锁之间有什么不同？

18.23 尽管 SIX 模式在多粒度封锁中是有用的，但排他意向共享（XIS）模式却没有什么用。为什么它是无用的？

18.24 多粒度协议的规则指出，仅当事务 T_i 当前对一个节点 Q 的父节点持有 IX 模式或者 IS 模式的封锁时，T_i 才可以 S 模式或 IS 模式封锁节点 Q。已知 SIX 和 S 锁比 IX 和 IS 锁更强，为什么该协议不允许当父节点以 SIX 模式或 S 模式封锁时，对一个节点以 S 或 IS 模式进行封锁？ 902

18.25 假设一个数据库的锁层次由数据库、关系和元组组成。

a. 如果事务需要从关系 r 中读取大量元组，那么它应该获得哪些锁？

b. 现在假设事务希望在读取大量元组之后更新 r 中的少量元组。那么它应该获得哪些锁？

c. 如果在运行时事务发现它实际上需要更新非常大量的元组（在获得锁之后，假设只能更新少量元组）。这会给锁表带来什么问题，并且数据库可以采取什么措施来避免这个问题？

18.26 当一个事务在时间戳排序下回滚时，它被赋予一个新的时间戳。为什么它不能简单地保持其老的时间戳？

18.27 请证明：存在在两阶段封锁协议下可行但在时间戳协议下不可行的调度，反之亦然。

18.28 在时间戳协议的一种修改版中，我们要求测试一个提交位来判定一个 read 请求是否必须等待。请解释该提交位如何防止级联中止。为什么这种测试对于 write 请求是不必要的？

18.29 正如实践习题 18.15 中所讨论的，快照隔离可以采用时间戳有效性检验的形式来实现。然而，与保证可串行化的多版本时间戳排序机制不同，快照隔离并不保证可串行化。请解释导致这种差异的、在两种协议之间关键的区别。

18.30 请列出实践习题 18.15 中所描述的基于时间戳实现的先提交者胜版本的快照隔离、与 18.9.3 节中所描述的无读有效性检验的乐观并发控制机制之间的主要相似点和区别。

18.31 请考虑一个关系 $r(A, B, C)$ 和一个执行以下操作的事务 T：在 r 中找到 A 的最大值，并在 r 中插入一个新的元组，其中的 A 值为 1+ 最大的 A 值。假设使用索引来找到最大的 A 值。

a. 假设事务以 S 模式封锁它读取的每个元组，以 X 模式封锁它创建的元组，并且不执行其他的封锁。现在假设有两个 T 的实例同时运行。请解释执行结果为何是不可串行化的。

903

b. 现在假设 $r.A$ 被声明为主码。在这种情况下，是否可能发生上述不可串行化的执行？请解释为什么。

18.32 请解释幻象现象。为什么尽管采用两阶段封锁协议，这种现象仍可能导致不正确的并发执行？

18.33 请解释使用二级一致性的原因。这种方法具有什么缺点？

18.34 请给出带有键值封锁调度的示例，以说明如果查找、插入或删除并不对下一个键值进行封锁的话，则可能发生未被发现的幻象现象。

18.35 许多事务更新一个公共项（例如，一家支行的现金余额）和若干私有项（例如，多个个人账户余额）。请解释你可以如何通过对事务的操作进行排序来提高并发度（和吞吐量）。

18.36 请考虑下面的封锁协议：所有数据项都被编号，并且当一个数据项被解锁时，只有更大编号的数据项才可以被封锁。锁可以在任何时候释放。只使用排他锁。请用一个示例说明这种协议并不保证可串行化。

延伸阅读

[Gray and Reuter (1993)] 提供了涵盖事务处理的概念、包括并发控制的概念和实现细节的详尽教科书。[Bernstein and Newcomer (1997)] 提供了涵盖事务处理的各个方面、包括并发控制的教科书。

两阶段封锁协议由 [Eswaran et al. (1976)] 引入。用于多粒度数据项的封锁协议来自 [Gray et al. (1975)]。基于时间戳的并发控制机制来自 [Reed (1983)]。有效性检查的并发控制机制来自 [Kung and Robinson (1981)]。[Reed (1983)] 引入了多版本时间戳排序。多版本树型封锁算法出现在 [Silberschatz (1982)] 中。

[Gray et al. (1975)] 中引入了二级一致性。在 SQL 中提供的一致性或隔离性级别在 [Berenson et al. (1995)] 中得到了解释和评论，同一篇论文中还介绍了快照隔离技术。可串行化快照隔离由 [Cahill et al. (2009)] 引入；[Ports and Grittner (2012)] 描述了在 PostgreSQL 中实现的可串行化快照隔离。

[Bayer and Schkolnick (1977)] 和 [Johnson and Shasha (1993)] 研究了 B^+ 树中的并发性。蟹行与 B-link 树技术由 [Kung and Lehman (1980)] 和 [Lehman and Yao (1981)] 引入。在 ARIES 中使用的键值封锁技术提供了非常高的 B^+ 树访问的并发度，并在 [Mohan (1990)] 和 [Mohan and Narang (1992)] 中进行了描述。[Faerber et al. (2017)] 提供关于主存数据库的综述，包括对内存数据库中并发控制的介绍。无闩锁数据结构的 ABA 问题以及该问题的解决方案在 [Dechev et al. (2010)] 中讨论。

904

参考文献

[Bayer and Schkolnick (1977)] R. Bayer and M. Schkolnick, "Concurrency of Operating on B-trees", *Acta Informatica*, Volume 9, Number 1 (1977), pages 1-21.

[Berenson et al. (1995)] H. Berenson, P. Bernstein, J. Gray, J. Melton, E. O'Neil, and P. O'Neil, "A Critique of ANSI SQL Isolation Levels", In *Proc. of the ACM SIGMOD Conf. on Management of Data* (1995), pages 1-10.

[Bernstein and Newcomer (2009)] P. A. Bernstein and E. Newcomer, *Principles of Transaction Processing*, 2nd edition, Morgan Kaufmann (2009).

[Cahill et al. (2009)] M. J. Cahill, U. Röhm, and A. D. Fekete, "Serializable isolation for snapshot databases", *ACM Transactions on Database Systems*, Volume 34, Number 4 (2009), pages 20:1-20:42.

[Dechev et al. (2010)] D. Dechev, P. Pirkelbauer, and B. Stroustrup, "Understanding and Effectively Preventing the ABA Problem in Descriptor-Based Lock-Free Designs", In *IEEE Int'l Symp. on Object/Component/Service-Oriented Real-Time Distributed Computing, (ISORC)* (2010), pages 185-192.

[Eswaran et al. (1976)] K. P. Eswaran, J. N. Gray, R. A. Lorie, and I. L. Traiger, "The Notions of Consistency and Predicate Locks in a Database System", *Communications of the ACM*, Volume 19, Number 11 (1976), pages 624-633.

[Faerber et al. (2017)] F. Faerber, A. Kemper, P.-A. Larson, J. Levandoski, T. Neumann, and A. Pavlo, "Main Memory Database Systems", *Foundations and Trends in Databases*, Volume 8, Number 1-2 (2017), pages 1-130.

[Gray and Reuter (1993)] J. Gray and A. Reuter, *Transaction Processing: Concepts and Techniques*, Morgan Kaufmann (1993).

[Gray et al. (1975)] J. Gray, R. A. Lorie, and G. R. Putzolu, "Granularity of Locks and Degrees of Consistency in a Shared Data Base", In *Proc. of the International Conf. on Very Large Databases* (1975), pages 428-451.

[Johnson and Shasha (1993)] T. Johnson and D. Shasha, "The Performance of Concurrent B-Tree Algorithms", *ACM Transactions on Database Systems*, Volume 18, Number 1 (1993), pages 51-101.

[Kung and Lehman (1980)] H. T. Kung and P. L. Lehman, "Concurrent Manipulation of Binary Search Trees", *ACM Transactions on Database Systems*, Volume 5, Number 3 (1980), pages 339-353.

905

[Kung and Robinson (1981)] H. T. Kung and J. T. Robinson, "Optimistic Concurrency Control", *ACM Transactions on Database Systems*, Volume 6, Number 2 (1981), pages 312-326.

[Lehman and Yao (1981)] P. L. Lehman and S. B. Yao, "Efficient Locking for Concurrent Operations on B-trees", *ACM Transactions on Database Systems*, Volume 6, Number 4 (1981), pages 650-670.

[Mohan (1990)] C. Mohan, "ARIES/KVL: A Key-Value Locking Method for Concurrency Control of Multiaction Transactions Operations on B-Tree indexes", In *Proc. of the International Conf. on Very Large Databases* (1990), pages 392-405.

[Mohan and Narang (1992)] C. Mohan and I. Narang, "Efficient Locking and Caching of Data in the Multisystem Shared Disks Transaction Environment", In *Proc. of the International Conf. on Extending Database Technology* (1992), pages 453-468.

[Ports and Grittner (2012)] D. R. K. Ports and K. Grittner, "Serializable Snapshot Isolation in PostgreSQL", *Proceedings of the VLDB Endowment*, Volume 5, Number 12 (2012), pages 1850-1861.

[Reed (1983)] D. Reed, "Implementing Atomic Actions on Decentralized Data", *Transactions on Computer Systems*, Volume 1, Number 1 (1983), pages 3-23.

[Silberschatz (1982)] A. Silberschatz, "A Multi-Version Concurrency Control Scheme With No Rollbacks", In *Proc. of the ACM Symposium on Principles of Distributed Computing* (1982), pages 216-223.

906

| 第 19 章 |
Database System Concepts, Seventh Edition

恢复系统

计算机系统像其他任何设备一样会发生故障。故障的原因多种多样，包括磁盘故障、电源故障、软件错误、机房失火，甚至人为破坏。一旦有任何故障发生，就可能丢失信息。因此，数据库系统必须预先采取措施，以确保第 17 章中介绍的事务的原子性和持久性能够保持。**恢复机制**（recovery scheme）是数据库系统必不可少的组成部分，它可以将数据库恢复到故障发生前的一致性状态。

恢复机制还必须提供**高可用性**（high availability），即数据库应该在很高的百分比时间内可用。为了在机器出现故障时（以及为硬件 / 软件升级和维护而计划的机器停机时）支持高可用性，恢复机制必须支持使数据库的备份拷贝与数据库主拷贝的当前内容保持同步的能力。如果具有主拷贝的计算机出现故障，则可以在备份拷贝上继续进行事务处理。

19.1 故障分类

系统可能发生的故障有很多种，每种故障需要不同的方式来处理。本章中，我们将只考虑如下类型的故障：

- **事务故障**（transaction failure）。有两种错误可能造成事务执行失败：
  - **逻辑错误**（logical error）。事务由于某些内部情况而无法继续其正常执行，这样的内部情况诸如非法输入、找不到数据、溢出或超出资源限制。
  - **系统错误**（system error）。系统进入一种不良状态（如死锁），其结果是事务无法继续其正常执行。但该事务可以在之后的某个时间重新执行。

907

- **系统崩溃**（system crash）。硬件故障，或者是数据库软件或操作系统的漏洞，导致易失性存储器内容的丢失，并使得事务处理停止。但非易失性存储器内容完好无损且没被破坏。

  硬件错误和软件漏洞致使系统终止，但不破坏非易失性存储器内容的假设被称为**故障 - 停止假设**（fail-stop assumption）。设计良好的系统在硬件和软件层有大量的内部检查，一旦有错误发生就会将系统停止。因此，故障 - 停止假设是合理的。

- **磁盘故障**（disk failure）。在数据传输操作中由于磁头损坏或故障造成磁盘块上的内容丢失。其他磁盘上的数据拷贝，或三级介质（如 DVD 或磁带）上的归档备份可用于从这种故障中恢复。

要确定系统该如何从故障中恢复，我们需要识别用于存储数据的那些设备的故障方式。其次，我们必须考虑这些故障方式是如何影响数据库内容的。然后，我们可以提出在故障发生后仍保证数据库一致性以及事务原子性的算法。这些算法称为恢复算法，由两部分组成：

1. 在正常事务处理中采取措施，保证存在足够的信息可用于故障恢复。
2. 故障发生后采取措施，将数据库内容恢复到某个保证数据库一致性、事务原子性及持久性的状态。

19.2 存储器

正如我们在第13章中所看到的，数据库中的各种数据项可在多种不同存储介质上存储并访问。在17.3节中。我们看到存储介质可以按照它们的相对速度、容量和对故障的恢复性来划分。我们把存储器分为三类：

1. **易失性存储器**（volatile storage）。
2. **非易失性存储器**（non-volatile storage）。
3. 稳定存储器（stable storage）。

稳定存储器，或更准确地说是接近稳定的存储器，在恢复算法中起到至关重要的作用。 908

19.2.1 稳定存储器的实现

要实现稳定存储器，我们需要在多个非易失性存储介质（通常是磁盘）中以独立的故障模式复制所需信息，并且以可控的方式更新信息，以保证在数据传输中发生的故障不会破坏所需信息。

回顾前面（从第12章开始）讲过RAID系统保证单个磁盘的故障（即使发生在数据传输中）不会导致数据丢失。最简单并且最快的RAID形式是镜像磁盘，即在不同的磁盘上为每个磁盘块保存两份拷贝。RAID的其他形式代价低一些，但性能也差一些。

但是，RAID系统不能防止由于诸如火灾或洪水之类的灾难而导致的数据丢失。许多系统通过将归档备份存储在磁带上并转移到其他地方来防止这种灾难。但是，由于磁带不能被连续不断地移至其他地方，最后一次磁带被移至其他地方以后所做的更新可能会在这样的灾难中丢失。更安全的系统在远程站点为稳定存储器的每个块保存一份拷贝，除在本地磁盘系统进行块存储外，还通过计算机网络写到远程去。由于在往本地存储器输出块的同时也要输出到远程系统，一旦输出操作完成，即使发生火灾或洪水那样的灾难，输出结果也不会丢失。我们将在19.7节学习这种*远程备份*（remote backup）系统。

在本节剩余的部分中，我们将讨论如何在数据传输中保护存储介质不受故障影响。在内存和磁盘存储器之间进行块传送有以下几种可能结果：

- **成功完成**（successful completion）。被传输的信息安全到达其目的地。
- **部分失败**（partial failure）。传输过程中发生故障，目的地块中有不正确信息。
- **完全失败**（total failure）。传输过程中故障发生得足够早，目的地块未被写入任何信息。

我们要求，如果发生**数据传输故障**（data-transfer failure），系统能检测到并且调用恢复过程将块恢复到一致性状态。为满足这个要求，系统必须为每个逻辑数据库块维护两个物理块；在镜像磁盘的情况下，两个块在同一地点；在远程备份的情况下，一个块在本地，而另一个在远程站点。输出操作的执行如下：

1. 将信息写入第一个物理块。
2. 当第一次写成功完成时，将相同信息写入第二个物理块。
3. 只有第二次写成功完成后，输出才算完成。 909

如果在对块进行写的过程中系统发生故障，有可能一个块的两份拷贝互相之间不一致。在恢复过程中，对于每一个块，系统需要检查它的两份拷贝。如果它们相同并且没有检测到错误存在，则不需要采取进一步动作。（回顾前面，磁盘块中的某些错误（如部分写块）可由存储在每个块中的校验和检测到。）如果系统检测到一个块中有错误，则可以用另一个块的内容来替换这一块的内容。如果两个块都没有检测出错误，但它们的内容不一致，那么系统可以用第二块的值替换第一块的内容，或者用第一块的值替换第二块的内容。不管用哪种方法，恢复过程都保证，对稳定存储器的写要么完全成功（即更新所有拷贝），要么不产生任何变化。

在恢复过程中要求比较每一对相应块的开销太大。通过使用少量非易失性 RAM，跟踪正在进行的对块的写操作，我们可以大大降低开销。在恢复时，只需比较正在写的块。

将块写到远程站点的协议类似于将块写到镜像磁盘系统的协议，我们在第 12 章讨论过了，特别是在实践习题 12.6 中。

我们可以将这个过程很容易地扩展为允许为稳定存储器的每一个块使用任意多数量的拷贝。尽管使用大量拷贝比使用两份拷贝发生故障的可能性要低，但通常只用两份拷贝来模拟稳定存储器是合理的。

19.2.2　数据访问

正如我们在第 12 章中所看到的，数据库系统常驻留于非易失性存储器（通常是磁盘），在任何时候都只有数据库的部分内容在内存中。（在主存数据库中，整个数据库都驻留于内存，但拷贝仍驻留于非易失性存储器，以便当主存内容丢失时数据能够保存。）数据库被分成称为**块**（block）的定长存储单位。块是数据传输到磁盘或从磁盘输出的单位，可能包含多个数据项。我们假设没有数据项跨两个或多个块。这种假设对于大多数数据处理应用（例如银行或大学应用）来说都是现实的。

事务从磁盘向主存输入信息，然后将信息输出回磁盘。输入和输出操作以块为单位完成。驻留在磁盘上的块称为**物理块**（physical block），临时驻留在主存中的块称为**缓冲块**（buffer block）。内存中用于临时驻留块的区域称为**磁盘缓冲区**（disk buffer）。

磁盘和主存之间的块移动是由下面两种操作引发的：

910

1. input(A) 传送物理块 A 至主存。
2. output(B) 传送缓冲块 B 至磁盘，并替换磁盘上相应的物理块。

这一机制如图 19-1 所示。

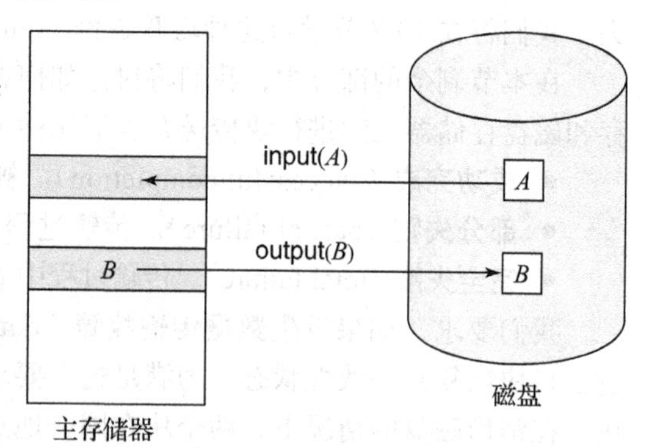

图 19-1　块存储操作

概念上，每个事务 T_i 有一个私有工作区，用于保存所访问及更新的数据项的拷贝。系统在事务初始化时创建该工作区；系统在事务提交或中止时删除它。事务的工作区中保存的每个数据项 X 记为 x_i。事务 T_i 通过将数据从系统缓冲区移入其工作区或从其工作区移出数据到系统缓冲区来与数据库系统进行交互。我们使用以下两个操作来传送数据。

1. read(X) 将数据项 X 的值赋予局部变量 x_i。该操作执行如下：
   a. 若 X 所在块 B_X 不在主存，则发指令执行 input(B_X)。
   b. 将缓冲块中 X 的值赋予 x_i。
2. write(X) 将局部变量 x_i 的值赋予缓冲块中的数据项 X。该操作执行如下：
   a. 若 X 所在块 B_X 不在主存，则发指令执行 input(B_X)。
   b. 将 x_i 的值赋予缓冲块 B_X 中的 X。

注意，这两个操作都可能需要将块从磁盘传送到主存。但是，它们都没有特别指明需要将块从主存传送到磁盘。

911

缓冲块被最终写到磁盘，要么是因为缓冲区管理器因其他用途需要内存空间，要么是因为数据库系统希望将 B 的变化反映到磁盘上。如果数据库系统发指令执行 output(B)，我们就称数据库系统对缓冲块 B 执行**强制输出**（force-output）。

当事务首次需要访问数据项 X 时，它必须执行 read(X)。然后，事务对 X 的所有更新都作用于 x_i。在事务执行中的任何时间点，事务都可以执行 write(X)，以在数据库中反映 X 的变化；在对 x_i 进行最后的写之后，当然必须做 write(X)。

对 X 所在的缓冲块 B_X 的 output(B_X) 操作不需要在 write(X) 执行后立即执行，因为块 B_X 可能包含其他仍在被访问的数据项。因此，可能过一段时间后才真正执行输出。注意，如果在 write(X) 操作执行后但在 output(B_X) 操作执行前系统崩溃，X 的新值并未写入磁盘，于是就丢失了 X 的新值。正如我们很快会看到的，数据库系统执行额外的动作来保证，即使发生了系统崩溃，由已提交事务所做的更新也不会丢失。

19.3 恢复与原子性

再来考虑我们简化的银行系统和事务 T_i，它将 50 美元从账户 A 转到账户 B，A 和 B 的初始值分别为 1000 美元和 2000 美元。假设在 T_i 执行过程中，在 output(B_A) 之后，但在 output(B_B) 执行之前，发生了系统崩溃，其中 B_A 和 B_B 表示 A 和 B 所在的缓冲块。由于内存的内容丢失，我们无法知道事务的结局。

当系统重新启动时，A 的值会是 950 美元，而 B 的值会是 2000 美元，这显然和事务 T_i 的原子性需求不一致。遗憾的是，通过检查数据库状态没有办法来发现在系统崩溃发生前哪些块已经被输出，哪些块还没有。有可能事务已经完成了，对稳定存储器上的数据库初始状态 A 和 B 的值进行了更新，分别为 1000 美元和 1950 美元；也可能事务根本没有对稳定存储器产生任何影响，A 和 B 的值就是初始的 950 美元和 2000 美元；或者更新后的 B 已经输出了，而更新后的 A 还没有输出；或更新后的 A 已经输出了，而更新后的 B 还没有输出。

我们的目标是要么执行 T_i 对数据库的所有修改，要么不执行其任何修改。但是，若执行多处数据库修改，就可能需要多个输出操作，并且故障可能发生于某些修改完成后而全部修改完成前。

为达到保持原子性的目标，我们必须在修改数据库本身之前，首先向稳定存储器输出信息，描述要做的修改。我们将看到，这种信息能帮助我们确保已提交事务所做的所有修改都反映到数据库中（或者在故障后的恢复过程中反映到数据库中）。如果执行修改的事务失败（中止），我们还需要存储有关被修改的任意项的旧值的信息。此信息可以帮助我们撤销失效事务所做的修改。

912

最常用的恢复技术是基于日志记录的，本章我们将详细描述**基于日志的恢复**（log-based recovery）。还有另一种被称为影子拷贝的方法，被用于文本编辑器但不用于数据库系统中；这种方法在注释 19-1 中进行了概述。

注释 19-1 影子拷贝和影子分页

在**影子拷贝**（shadow-copy）模式下，想要更新数据库的事务首先创建数据库的一个完整拷贝。所有更新在数据库的这个新拷贝上进行，而不去动那个原来的拷贝（影子拷贝）。如果在任何时间点上事务需要被中止，系统仅仅删除这个新拷贝。数据库的旧拷贝没有受到影响。数据库的当前拷贝由一个指针来标识，称作数据库指针，它存放在磁盘上。

如果事务部分提交（即，执行了它的最后一条语句），那么它按如下方式提交。首先，要求操作系统确保数据库新拷贝的所有页面都已写出到磁盘上。（UNIX 系统使用 fsync 命令来达到此目的。）在操作系统将所有页面都写到磁盘上之后，数据库系统更新数据库指针，让它指向数据库的新拷贝；然后新拷贝变成数据库的当前拷贝。之后删掉数据库的旧拷贝。从更新后的数据库指针写到磁盘上这一时间点开始，事务才能说是已经**提交**了。

影子拷贝的实现实际上依赖于对数据库指针的写是原子的；也就是说，或者它的所有字节全部写出，或者没有任何字节写出。磁盘系统提供对整个块或至少是对一个磁盘扇区的原子更新。换句话说，只要我们确保数据库指针完全处于单个扇区中，磁盘系统就能保证原子地更新数据库指针。而我们通过将数据库指针存放在块的开头来保证数据库指针完全处于单个扇区中。

影子拷贝模式普遍用于文本编辑器（保存文件等价于事务提交，不保存文件就退出等价于事务中止）。影子拷贝可用于小的数据库，但拷贝一个大型数据库代价极其昂贵。影子拷贝的一个变种称作**影子分页**（shadow-paging），它采用如下方式来减少拷贝的代价：此种模式使用一个页表来保存指向所有页面的指针；页表自身和所有更新了的页面被拷贝到一个新的位置。事务没有更新的任何页面都不拷贝，而新的页表只存储一个指向原来页面的指针。当事务提交时，它原子地更新指向页表的指针去指向新的拷贝，这里页表的作用和数据库指针相同。

遗憾的是，影子分页对于并发事务效果不是很好，在数据库中没有被广泛使用。

19.3.1　日志记录

使用最为广泛的记录数据库修改的结构就是**日志**（log）。日志是**日志记录**（log record）的序列，它记录了数据库中的所有更新活动。

日志记录有几种。**更新日志记录**（update log record）描述一次数据库写操作，它具有以下字段：

- **事务标识**（transaction identifier），是执行 write 操作的事务的唯一标识。
- **数据项标识**（data-item identifier），是所写数据项的唯一标识。通常是数据项在磁盘上的位置，包括该数据项所驻留的块的块标识以及块内偏移量。
- **旧值**（old value），是数据项的写前值。
- **新值**（new value），是数据项写后应取的值。

我们将一条更新日志记录表示为 $<T_i, X_j, V_1, V_2>$，表明事务 T_i 对数据项 X_j 执行写操作。写之前 X_j 的值是 V_1，写之后 X_j 的值是 V_2。还有其他专门的日志记录用于记录事务处理过程中的重要事件，如事务的开始以及事务的提交或中止。如下是一些日志记录类型：

- <T_i start>。事务 T_i 开始。
- <T_i commit>。事务 T_i 提交。
- <T_i abort>。事务 T_i 中止。

后面我们将介绍几种其他类型的日志记录。

每次事务执行写操作时，在数据库被修改前创建该写操作的日志记录并把它加到日志中是非常关键的。一旦日志记录已存在，我们就可以根据需要将修改输出到数据库中。并且，我们有能力对已经输出到数据库的修改进行*撤销*，我们是利用日志记录中的旧值字段来进行撤销的。

为了从系统故障和磁盘故障中恢复时能使用日志记录，日志必须存放在稳定存储器中。现在我们假设每条日志记录创建后立即写入稳定存储器上日志的尾部。在19.5节中，我们将看到什么时候放宽这个要求是安全的，以便减少写日志带来的开销。注意，日志包含了所有数据库活动的完整记录，所以日志中存储的数据量会变得大得离谱，在19.3.6节中，我们将展示什么时候可以安全地清除日志信息。

913
~
914

19.3.2 数据库修改

正如我们前面已经注意到的，事务在对数据库进行修改前创建了一条日志记录。日志记录使得系统在事务必须被中止的情况下能够对事务所做的修改进行撤销；并且在事务已经提交但在修改被存放到磁盘上的数据库之前系统崩溃的情况下，还能够对事务所做的修改进行重做。为了使我们能够理解在恢复中这些日志记录所起的作用，我们需要考虑事务在进行数据项修改中所采取的步骤：

1. 事务在主存中自己私有的那部分空间执行某些计算。
2. 事务修改主存的磁盘缓冲区中包含该数据项的数据块。
3. 数据库系统执行output操作，将数据块写到磁盘中。

如果一个事务执行了对磁盘缓冲块或磁盘本身的更新，我们说这个事务*修改了数据库*；而事务在主存中私有部分所进行的更新不算数据库修改。如果一个事务直至提交时都没有修改数据库，就说它采用了**延迟修改**（deferred-modification）技术。如果在事务仍然活跃时就发生数据库修改，就说它采用了**立即修改**（immediate-modification）技术。延迟修改的开销是，事务需要做更新过的所有数据项的本地拷贝；并且，如果一个事务读它更新过的数据项，它必须从自己的本地拷贝中读。

我们在本章中描述的恢复算法支持立即修改。正如所描述的那样，即使对于延迟修改它们也能正确工作，但是当与延迟修改一起使用时可以进行优化来减少开销；我们将细节留作练习。

恢复算法必须考虑多种因素，包括：

- 有可能一个事务已经提交了，虽然它所做的某些数据库修改还仅仅存在于主存的磁盘缓冲区中，而不在磁盘上的数据库中。
- 有可能处于活跃状态的事务已经修改了数据库，而后来发生的故障导致这个事务需要中止。

由于执行所有的数据库修改之前必须先创建日志记录，所以系统可以使用数据项修改前的旧值和要写给数据项的新值。这就要求系统能够执行适当的*撤销*和*重做*操作。

915

- **撤销操作**使用一条日志记录，将该日志记录中指定数据项置为日志记录中包含的旧值。
- **重做操作**使用一条日志记录，将该日志记录中指定数据项置为日志记录中包含的新值。

19.3.3 并发控制与恢复

如果并发控制机制允许被一个事务T_1修改过的数据项X在T_1提交前进而被另一个事

务 T_2 修改，那么通过将 X 重置为它的旧值（T_1 更新之前 X 的值）来撤销 T_1 的影响的同时也会撤销 T_2 的影响。为避免这种情况，恢复算法通常要求如果一个数据项被一个事务修改了，那么在该事务提交或中止前不允许其他事务修改该数据项。

这一要求可以通过对被更新的任意数据项获取排他锁并且持有该锁直至事务提交来保证；换句话说，通过使用严格的两阶段封锁来保证。快照隔离性和基于有效性检查的并发控制技术在有效性检查时、在修改数据项之前，也要获取数据项上的排他锁，并持有该锁直至事务提交；其结果是，即使使用这些并发控制协议，上述要求也能得到满足。

我们将在 19.8 节中讨论在特定情况下该如何放松上述要求。

在采用快照隔离或有效性检测进行并发控制时，事务所做的数据库更新（概念上地）被延迟到事务部分提交时；延迟修改技术与这些并发控制机制自然吻合。然而，值得注意的是，快照隔离的某些实现采用了立即修改技术，但根据需要提供了一个逻辑快照：当事务需要读被并发的事务所更新的一个数据项时，就生成（已经更新了的）该数据项的一份拷贝，在数据项的这份拷贝上，并发事务所做的更新被回滚。类似地，数据库立即修改技术与两阶段封锁自然吻合，但延迟修改也可以和两阶段封锁一起使用。

916

19.3.4　事务提交

当一个事务的 commit 日志记录（这是事务的最后一条日志记录）被输出到稳定存储器后，我们就说这个事务**提交**了；此时所有更早的日志记录都已经被输出到稳定存储器。于是，在日志中就有足够的信息来保证：即使发生系统崩溃，事务所做的更新也可以被重做。如果系统崩溃发生在 <T_i commit> 日志记录被输出到稳定存储器之前，事务 T_i 将被回滚。这样，包含 commit 日志记录的块的输出是单个的原子动作，它导致一个事务的提交[⊖]。

对于大多数基于日志的恢复技术，包括我们在本章中描述的技术，在一个事务提交时不是必须立即将包含被该事务修改了的数据项的块输出到稳定存储器，而是可以在以后的某个时候再输出。我们将在 19.5.2 节进一步讨论这个问题。

19.3.5　使用日志来重做和撤销事务

现在，我们概述如何使用日志来从系统崩溃中进行恢复以及在正常操作中对事务进行回滚。但是，我们将故障恢复和回滚过程的细节介绍推迟到 19.4 节。

考虑简化了的银行系统。令 T_0 是一个事务，它从账户 A 转 50 美元到账户 B：

```
T0: read(A);
    A := A – 50;
    write(A);
    read(B);
    B := B + 50;
    write(B).
```

令 T_1 是一个事务，它从账户 C 中取出 100 美元：

```
T1: read(C);
    C := C – 100;
    write(C).
```

⊖　一个块的输出可以通过一些技术而成为原子的，比如在 19.2.1 节中描述的处理数据传输故障的技术。

日志中包含的与这两个事务相关的信息部分如图 19-2 所示。

图 19-3 显示了一种可能的顺序，在这种顺序中，作为 T_0 和 T_1 的执行结果，对于数据库系统和日志都发生了实际输出[⊖]。

917

<T_0 start>
<T_0, A, 1000, 950>
<T_0, B, 2000, 2050>
<T_0 commit>
<T_1 start>
<T_1, C, 700, 600>
<T_1 commit>

图 19-2　系统日志中相应于 T_0 和 T_1 的部分

日志	数据库
<T_0 start>	
<T_0, A, 1000, 950>	
<T_0, B, 2000, 2050>	
	A = 950
	B = 2050
<T_0 commit>	
<T_1 start>	
<T_1, C, 700, 600>	
	C = 600
<T_1 commit>	

图 19-3　相应于 T_0 和 T_1 的系统日志与数据库状态

使用日志，系统可以应对任何故障，只要它不导致非易失性存储器中信息的丢失。恢复机制使用两个恢复过程，这两个过程都利用日志来找到被每个事务 T_i 更新过的数据项的集合，以及它们相应的旧值和新值。

- redo(T_i)。该过程将事务 T_i 更新过的所有数据项的值都置成新值。通过重做来执行更新的顺序是非常重要的；当从系统崩溃中恢复时，如果对特定数据项的多次更新的执行顺序不同于它们原来的执行顺序，那么该数据项的最终状态将是一个错误的值。大多数的恢复算法，包括我们在 19.4 节中描述的算法，都没有把每个事务的重做单独地执行，而是对日志进行一次扫描，在扫描过程中每遇到一条日志记录就执行重做动作。这种方式能确保更新顺序被保持，并且效率更高，因为仅需要整体读一遍日志，而不是为每个事务读一遍日志。
- undo(T_i)。该过程将事务 T_i 更新过的所有数据项的值都恢复成旧值。我们在 19.4 节所描述的恢复机制中：
  - 撤销操作不仅将数据项恢复成它们的旧值，而且作为撤销过程的一个部分，还写日志记录来记下所执行的更新。这些日志记录是特殊的 redo-only 日志记录，因为它们不需要包含所更新数据项的旧值。请注意，当在撤销过程中使用此类日志记录时，“旧值”实际上是正在回滚的事务写入的值，“新值”是正在通过撤销操作恢复的原始值。

    与重做过程一样，执行撤销操作的顺序是非常重要的；我们还是将细节推迟到 19.4 节介绍。

918

  - 当对于事务 T_i 的撤销操作完成后，写一条 <T_i abort> 日志记录，表明 undo 完成了。

  正如我们将在 19.4 节中看到的那样，如果事务在正常的处理中被回滚，或者在系统崩溃后的恢复中既没有发现事务 T_i 的 commit 记录，也没有发现它的 abort 记录，那么 undo(T_i) 过程对于每个事务只执行一次。其结果是，每个事务在日志中最终都有

⊖ 请注意，如果使用延迟修改技术，就不能得到这种顺序，因为在 T_0 提交之前数据库不会被修改，对于 T_1 也类似。

一条 commit 记录，或者有一条 abort 记录。

发生系统崩溃之后，系统为保证原子性而查阅日志以确定哪些事务需要进行重做，哪些事务需要进行撤销。

- 如果日志中包括 <T_i start> 记录，但既不包括 <T_i commit>，也不包括 <T_i abort> 记录，这样的事务 T_i 需要进行撤销。
- 如果日志中包括 <T_i start> 记录，以及 <T_i commit> 或 <T_i abort> 记录，这样的事务 T_i 需要进行重做。如果日志中包括 <T_i abort> 记录还要重做 T_i，看来比较奇怪。要明白这是为什么，请注意如果在日志中有 <T_i abort> 记录，日志中也会有撤销操作所写的那些 redo-only 日志记录。于是，这种情况下最终结果将是对 T_i 所做的修改进行撤销。这一丁点儿冗余简化了恢复算法，并使得整个恢复时间变得更短。

作为例证，回到我们的银行示例，有事务 T_0 和 T_1，按照 T_1 跟在 T_0 后面的顺序依次执行。假定在事务完成之前系统崩溃。我们将考虑三种情况。在图 19-4 中显示了各种情况下的日志状态。

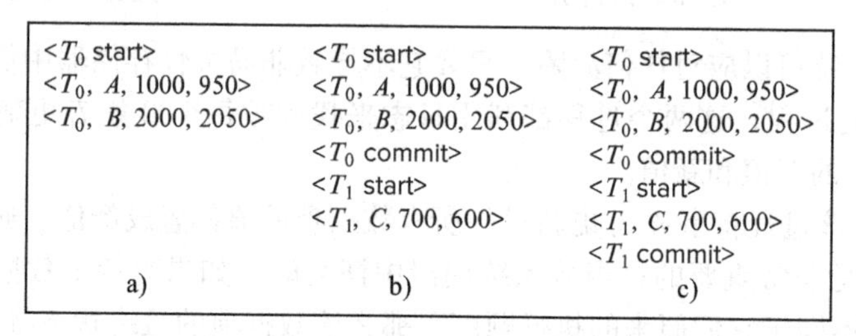

图 19-4　在三种不同时间显示的同一份日志

首先，我们假定崩溃恰好发生在事务 T_0 的

write(B)

步骤的日志记录已经被写到稳定存储器之后（见图 19-4a）。当系统重新启动时，它在日志中找到记录 <T_0 start>，但是没有相应的 <T_0 commit> 或 <T_0 abort> 记录。这样，事务 T_0 必须被撤销，于是执行 undo(T_0)。其结果是，（磁盘上）账户 A 和 B 的值被分别恢复成 1000 美元和 2000 美元。

其次，我们假定崩溃恰好发生在事务 T_1 的

write(C)

步骤的日志记录已经被写到稳定存储器之后（见图 19-4b）。当系统重新启动时，需要采取两种恢复动作。因为 <T_1 start> 记录出现在日志中，但是没有 <T_1 commit> 或 <T_1 abort> 记录，所以必须执行 undo(T_1)。因为日志中既包括 <T_0 start> 记录，又包括 <T_0 commit> 记录，所以必须执行 redo(T_0)。在整个恢复过程结束时，账户 A、B 和 C 的值分别为 950 美元、2050 美元和 700 美元。

919

最后，我们假定崩溃恰好发生在日志记录

<T_1 commit>

已经被写到稳定存储器之后（见图 19-4c）。当系统重新启动时，因为 <T_0 start> 记录和 <T_0 commit> 记录都在日志中，并且 <T_1 start> 记录和 <T_1 commit> 记录也都在日志中，所以 T_0 和 T_1 都必须重做。在系统执行 redo(T_0) 和 redo(T_1) 恢复过程后，账户 A、B 和 C 的值分别为 950 美元、2050 美元和 600 美元。

19.3.6 检查点

当发生系统故障时，我们必须查阅日志，决定哪些事务需要重做，哪些事务需要撤销。原则上，我们需要搜索整个日志来确定上述信息。这种方式有两个主要的困难：

1. 搜索过程太耗时。
2. 根据我们的算法，大多数需要重做的事务已经将其更新写入数据库中。尽管重做它们不会造成不良后果，但会使恢复过程变得更长。

为降低这种开销，我们引入**检查点**。

下面我们描述一种简单的检查点机制，它在检查点操作过程中不允许执行任何更新，在执行检查点的过程中将所有修改过的缓冲块都输出到磁盘。我们后面会讨论如何通过放松这两条要求来修改检查点和恢复过程，以提供更高的灵活性。

920

检查点的执行过程如下：

1. 将当前位于主存的所有日志记录输出到稳定存储器。
2. 将所有修改过的缓冲块输出到磁盘。
3. 将一条形如 <checkpoint L> 的日志记录输出到稳定存储器，其中 L 是执行检查点时正活跃的事务的列表。

检查点执行过程中，不允许事务执行任何更新动作，如往缓冲块中写入或写日志记录。我们将在 19.5.2 节中会讨论如何强制满足这个要求。

日志中加入 <checkpoint L> 记录使得系统提高了其恢复过程的效率。考虑在检查点前已完成的事务 T_i。对于这样的事务，在日志中 <T_i commit> 记录（或 T_i < abort> 记录）出现在 <checkpoint> 记录之前。T_i 所做的任何数据库修改都必然已在检查点前或作为检查点本身的一部分写入数据库。因此，在恢复时就不必再对 T_i 执行 redo 操作了。

在系统崩溃发生之后，系统检查日志以找到最后一条 <checkpoint L> 记录（这可以通过从日志尾端开始反向搜索日志，直至找到第一条 <checkpoint L> 记录来实现）。

只需要对 L 中的事务，以及 <checkpoint L> 记录写到日志中之后才开始执行的所有事务进行 redo 或 undo 操作。让我们把这个事务集合记为 T。

- 对 T 中所有事务 T_k，若日志中既没有 <T_k commit> 记录，也没有 <T_k abort> 记录，则执行 undo(T_k)。
- 对 T 中所有事务 T_k，若日志中有 <T_k commit> 记录或 <T_k abort> 记录，则执行 redo(T_k)。

请注意，要找出事务集合 T，并确定 T 中的每个事务是否有 commit 或 abort 记录出现在日志中，我们只需要检查从最后一条 checkpoint 日志记录开始的日志部分。

作为一个示例，考虑事务集合 $\{T_0, T_1, \cdots, T_{100}\}$。假设最近的检查点发生在事务 T_{67} 和 T_{69} 执行的过程中，而 T_{68} 和下标小于 67 的所有事务在检查点之前都已完成。于是，在恢复机制中只需要考虑事务 $T_{67}, T_{69}, \cdots, T_{100}$。其中已完成（即已提交或已终止）的需要重做；否则就是未完成的，需要撤销。

考虑检查点日志记录中的事务集合 L。对于 L 中的每一个事务 T_i，如果它没有提交，那么为了撤销该事务，可能需要出现在检查点日志记录之前的该事务的所有日志记录。然而，一旦检查点完成，位于最早出现的 <T_i start> 日志记录之前的所有日志记录就不再需要了，这里的 T_i 是 L 中的事务。只要数据库系统需要回收被这些记录占用的空间，就可以清掉这些日志记录。

921

在检查点过程中不允许事务对缓冲块或日志执行任何更新，这一要求可能会引起麻烦，因为在检查点进行的过程中事务处理就必须停下来。**模糊检查点**（fuzzy checkpoint）是一种即使在缓冲块正在被写出时也允许事务执行更新的检查点。19.5.4 节将对模糊检查点机制进行描述。在 19.9 节中，我们描述一种检查点机制，它不仅是模糊的，甚至不要求在做检查点时将所有修改过的缓冲块输出到磁盘中。

19.4　恢复算法

到目前为止，在对故障恢复的讨论中，我们确定了需要对哪些事务进行重做，对哪些事务进行撤销，但是我们没有给出执行这些动作的详细算法。现在我们来给出使用日志记录从事务故障中恢复的完整的**恢复算法**（recovery algorithm），以及将最近的检查点与日志记录结合起来以从系统崩溃中进行恢复的算法。

本节描述的恢复算法要求被未提交事务更新过的数据项不能被任何其他事务修改，直至更新它的事务要么提交要么中止。这一限制我们在 19.3.3 节中曾经讨论过。

19.4.1　事务回滚

首先考虑正常操作时（即，不是从系统崩溃中恢复时）的事务回滚。事务 T_i 的回滚执行如下：

1. 从后往前扫描日志，对于所发现的 T_i 的每条形如 $<T_i, X_j, V_1, V_2>$ 的日志记录：
   a. 将值 V_1 写到数据项 X_j。
   b. 往日志中写一条特殊的 redo-only 日志记录 $<T_i, X_j, V_1>$，其中 V_1 是在本次回滚中数据项 X_j 被恢复成的值。有时这种日志记录被称作**补偿日志记录**（compensation log record）。这种日志记录中不需要 undo 信息，因为我们根本不需要去撤销这样的 undo 操作。后面我们会解释如何使用这些日志记录。
2. 一旦发现了 <T_i start> 日志记录，就停止反向扫描，并往日志中写一条 <T_i abort> 日志记录。

请注意，事务所做的或者我们为事务做的每个更新动作，包括将数据项恢复成其旧值的动作，现在都记录到日志中了。在 19.4.2 节中，我们将看到为什么这是个好办法。

922

19.4.2　系统崩溃后的恢复

当崩溃发生后数据库系统重启时，恢复动作分两阶段进行：

1. 在**重做阶段**，系统通过从最后一个检查点开始正向扫描日志来重演所有事务的更新。被重演的日志记录包括在系统崩溃之前已被回滚的事务的日志记录，以及在系统崩溃发生时还没有提交的事务的日志记录。

   这个阶段还确定在崩溃发生时未完成从而必须被回滚的所有事务。这种未完成事务要么在检查点时是活跃的，因而会出现在检查点记录的事务列表中，要么是在检查点之后开始的；而且，这种未完成事务在日志中既没有 <T_i abort> 记录，也没有 <T_i commit> 记录。

   扫描日志的过程中所采取的具体步骤如下：
   a. 将待回滚事务的列表 undo-list 初始化设定为 <checkpoint L> 日志记录中的列表 L。
   b. 一旦遇到形为 $<T_i, X_j, V_1, V_2>$ 的正常日志记录，或形为 $<T_i, X_j, V_2>$ 的 redo-only 日

志记录，就执行重做操作；也就是说，将值 V_2 写给数据项 X_j。

c. 一旦发现形为 <T_i start> 的日志记录，就把 T_i 加到 undo-list 中。

d. 一旦发现形为 <T_i abort> 或 <T_i commit> 的日志记录，就把 T_i 从 undo-list 中去掉。

在重做阶段的末尾，undo-list 中包括在系统崩溃之前尚未完成的所有事务，即既没有提交也没有完成回滚的那些事务。

2. 在**撤销阶段**，系统回滚 undo-list 中的所有事务。它通过从尾端开始反向地扫描日志来执行回滚。

a. 一旦发现属于 undo-list 中的事务的日志记录，就执行撤销动作，就像在一个失败事务的回滚过程中发现了该日志记录一样。

b. 当系统发现 undo-list 中的事务 T_i 的 <T_i start> 日志记录，它就往日志中写一条 <T_i abort> 日志记录，并把 T_i 从 undo-list 中去掉。

c. 一旦 undo-list 变为空，即系统已经找到了初始位于 undo-list 中的所有事务的 <T_i start> 日志记录，则撤销阶段结束。

923

当恢复过程的撤销阶段结束之后，就可以重新开始正常的事务处理了。

请注意，在重做阶段从最近的检查点记录开始重演每一条日志记录。换句话说，重启恢复的这个阶段重复检查点之后执行并且其日志记录已经存到稳定存储器中的日志的所有更新动作。这些动作包括未完成事务的动作和为回滚失败事务而执行的动作。这些动作按照它们原先执行的次序被重复执行；因此，这一过程称作**重复历史**（repeating history）。虽然这看起来很浪费，但即使对失败事务也重复历史，这种做法简化了恢复机制。

图 19-5 展示了在正常操作中由日志所记录的动作，以及在故障恢复中执行的动作的一个示例。在图中展示的日志中，在系统崩溃之前，事务 T_1 已提交，事务 T_0 已被完全回滚。请注意，在 T_0 的回滚中如何恢复数据项 B 的值。还请注意检查点记录，它的活跃事务列表中包含 T_0 和 T_1。

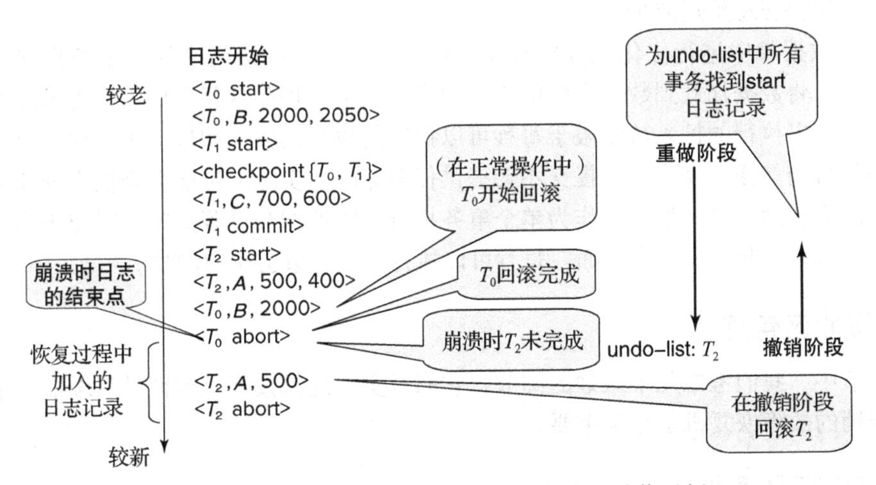

图 19-5 记录在日志中的动作和恢复中的动作示例

当从崩溃中恢复时，在重做阶段，系统对最后一个检查点记录之后的所有操作执行重做。在这个阶段中，undo-list 列表中初始时包含 T_0 和 T_1；当 T_1 的 commit 日志记录被发现时，先从列表中去掉 T_1，而当 T_2 的 start 日志记录被发现时，T_2 被加到列表中。当事务 T_0 的 abort 日志记录被发现时，T_0 从 undo-list 中去掉，只剩 T_2 在 undo-list 中。撤销阶段从

924 尾端开始反向扫描日志，当发现 T_2 更新 A 的日志记录时，就将 A 恢复成旧值，并往日志中写一条 redo-only 日志记录。当发现 T_2 的 start 记录时，就为 T_2 添加一条 abort 记录。由于 undo-list 中不再包含任何事务了，撤销阶段终止，恢复完成。

19.4.3　提交处理的优化

提交事务需要将其日志记录强制写到磁盘。如果对每个事务分别进行日志刷新，则每次提交都会产生大量的写日志开销。使用**组提交**（group-commit）技术可以提高事务提交的速率。使用这种技术，系统不会在事务一完成就试图立即强制写日志，而是等待几个事务完成，或者事务完成执行后经过一段时间，然后统一提交正在等待的一组事务。写入稳定存储器上日志的块将包含多个事务的记录。通过谨慎选择组的规模和最长等待时间，系统可以确保在写入稳定存储器时块被写满，且不会使事务过度等待。这种技术使得每个提交事务的平均输出操作更少。

如果将日志记录到硬盘，则写入数据块可能需要 5 到 10 毫秒。因此，如果没有组提交，每秒最多可以提交 100 到 200 个事务。如果 10 个事务的记录占用一个磁盘块，则组提交允许每秒提交 1000 到 2000 个事务。

如果将日志记录到闪存，不使用组提交时，写入一个块可能需要大约 100 微秒，每秒可提交 10 000 个事务。如果 10 个事务的记录占用一个磁盘块，那么组提交允许在闪存上每秒提交 100 000 个事务。使用闪存时组提交的另一个好处是，它可以使同一页面的写入次数最少，从而使擦除操作的次数最少，而擦除操作可能是很昂贵的。（回忆一下，闪存存储系统将逻辑页重新映射到预擦除的物理页，从而避免在写入页时延迟。但作为旧版本页的垃圾回收的一部分，擦除操作最终必须执行。）

尽管组提交减少了日志带来的开销，但它会导致执行更新的事务的提交稍有延迟。当提交速率较低时，这种延迟与收益相比是不值当的，但是当事务提交速率较高时，实际上使用组提交可以使提交总延迟减少。

除了在数据库中进行优化之外，程序员还可以采取一些措施来提升事务提交性能。例如，考虑一个将数据加载到数据库中的应用程序。如果该程序将每次插入作为单独的事务执行，则每秒可以执行的插入数受限于每秒可以执行的块写入数。如果应用程序在启动下一次插入之前等待当前插入完成，组提交不会提供任何好处，实际上可能会降低系统速度。但是在这种情况下，通过将一批插入作为单个事务执行，则性能会显著提升。对应于多次插入的日志记录就可以一起写入一个页面。每秒可以执行的插入数会相应增加。925

19.5　缓冲区管理

在本节中，我们考虑几个微妙的细节，它们对实现确保数据一致性且只增加少量与数据库交互开销的故障恢复机制非常重要。

19.5.1　日志记录缓冲

到目前为止，我们假设每条日志记录在创建时都被输出到了稳定存储器。该假设增加了大量系统执行的开销，其原因有几个。通常，向稳定存储器的输出是以块为单位进行的。在大多数情况下，一条日志记录比一个块要小得多。因此，每条日志记录的输出被转化成为在物理层面大得多的输出。另外，正如我们在 19.2.1 节中所看到的，向稳定存储器输出一个块可能涉及在物理层上的好几个输出操作。

将一个块输出到稳定存储器的代价非常大，因此最好是一次输出多条日志记录。为了达到这个目的，我们将日志记录写到主存的日志缓冲区中，日志记录在输出至稳定存储器以前临时保存在那儿。在日志缓冲区中可以集中多条日志记录，然后再用一次输出操作输出到稳定存储器中。稳定存储器中的日志记录顺序必须与它们被写入日志缓冲区的顺序完全一致。

由于使用了日志缓冲区，日志记录在被输出到稳定存储器之前可能有相当长一段时间只存在于主存（易失性存储器）中。由于系统发生崩溃时这种日志记录会丢失，我们必须对恢复技术增加一些额外要求以保证事务的原子性：

- 在日志记录 <T_i commit> 输出到稳定存储器后，事务 T_i 进入提交状态。
- 在日志记录 <T_i commit> 输出到稳定存储器前，与事务 T_i 有关的所有日志记录必须已经输出到稳定存储器。
- 在主存中的数据块输出到数据库（非易失性存储器）前，与该块中数据有关的所有日志记录必须已经输出到稳定存储器。

  这一条规则称为**先写日志**（Write-Ahead Logging，WAL）规则。（严格地说，WAL 规则只要求日志中的 undo 信息已经被输出到了稳定存储器中，而 redo 信息允许以后再写。这一区别与 undo 信息和 redo 信息分别存储在不同的日志记录中的系统是相关的。）

以上三条规则表明，在某些情况下特定的日志记录必须已经输出到了稳定存储器中。提前输出日志记录不会造成任何问题。因此，当系统发现需要将一条日志记录输出到稳定存储器时，如果主存中有足够的日志记录填满整个日志记录块，就将该块整个输出。如果没有足够的日志记录填充该块，那么就将主存中的所有日志记录合并填入一个部分填满的块，并输出到稳定存储器。 926

将缓冲的日志写到磁盘有时被称为**强制日志**（log force）。

19.5.2 数据库缓冲

在 19.2.2 节中，我们描述了两层存储结构的使用。系统将数据库存储在非易失性存储器（磁盘）中，并且在需要时将数据块调入主存。由于主存通常比整个数据库小得多，所以有可能在需要将块 B_2 调入内存的时候覆盖主存中的块 B_1。如果 B_1 已经被修改过，那么 B_1 必须在输入 B_2 前就先输出。与 13.5.1 节中讨论的一样，这种存储层次类似于操作系统中标准的虚拟内存概念。

人们可能期望事务在提交时会强制将修改过的所有块都输出到磁盘。这样的策略称作**强制**策略。另一种是**非强制**策略，即使一个事务修改过的某些块还没有写回到磁盘，也允许它提交。本章所描述的所有恢复算法即使在非强制策略的情况下也能正确工作。非强制策略使得事务能更快地提交；而且它允许在一个块输出到稳定存储器之前可以将多次更新积聚起来，这可以大大减少频繁更新的块的输出操作数量。因此，大多数系统所采用的标准方式是非强制策略。

类似地，人们可能期望被一个仍然活跃的事务修改过的块都不应该被写出到磁盘。这一策略被称作**非抢占**策略。另一种是**抢占**策略，允许系统将修改过的块写到磁盘，即使做这些修改的事务还没有完全提交。只要遵守先写日志规则，即使采用抢占策略，我们在本章中学习的所有恢复算法也都能正确工作。而且，非抢占策略不适合于执行大量更新的事务，因为缓冲区可能被已更新过但又不能被移出到磁盘的页面所占满，以致事务不能继续进行。因此，大多数系统所采用的标准方式是抢占策略。

为阐明先写日志要求的必要性，我们考虑银行示例中的事务 T_0 和 T_1。假设日志的状态是：

<T_0 start>

<T_0, A, 1000, 950>

并假设事务 T_0 发指令执行 read(B)。假如 B 所在的块不在主存中，并且主存已满。假设选择将 A 所在的块输出到磁盘上。如果将该块输出到磁盘后发生系统崩溃，数据库中账户 A、B 和 C 的值分别是 950 美元、2000 美元和 700 美元，这是不一致的数据库状态。但是，由于有 WAL 要求，日志记录

927

<T_0, A, 1000, 950>

必须在 A 所在块输出之前先输出到稳定存储器中。系统可以在恢复时使用该日志记录将数据库恢复到一致性状态。

当要将块 B_1 输出到磁盘时，与 B_1 中的数据相关的所有日志记录必须在 B_1 输出之前先被输出到稳定存储器中。重要的是，在块 B_1 正在输出时，不能往块 B_1 中执行写，因为这样的写会违反先写日志规则。我们可以通过使用特殊方式的封锁来保证没有正在进行的写：

- 在事务对一个数据项执行写操作之前，它要获得数据项所在块上的排他锁。该锁在更新执行完后被立即释放。
- 当一个块要被输出时，采取以下动作序列：
  - 获得该块上的排他锁，以确保没有任何事务正在对该块执行写操作。
  - 将日志记录输出到稳定存储器，直至与块 B_1 相关的所有日志记录都输出完成。
  - 将块 B_1 输出到磁盘。
  - 一旦块输出完成，就释放锁。

缓冲块上的锁与用于事务并发控制的锁无关，按照非两阶段的方式释放这样的锁对于事务可串行性没有任何影响。这种锁（以及其他类似的短期持有的锁）通常称作**闩锁**。

缓冲块上的锁还可以用来保证在检查点进行的过程中缓冲块不被更新，而且不产生日志记录。可以通过要求在检查点操作开始执行之前必须获得在所有缓冲块上的排他锁以及在日志上的排他锁来实施这一限制。一旦检查点操作完成就可以释放这些锁。

数据库系统通常有一个在缓冲块间不断循环、将修改过的缓冲块输出回磁盘的进程。在输出缓冲块时当然必须遵循上述封锁协议。由于不断输出修改过的缓冲块，缓冲区中**脏块**（dirty block）（即在缓冲区中被修改过，但还没有输出的块）的数目被减到最小。于是，在检查点过程中需要输出的块的数目被减到最小；而且，当需要从缓冲区中移出一个块时，很可能就有不脏的块可以被移出，使得输入马上就可以进行，而不必等待输出的完成。

928

19.5.3　操作系统在缓冲区管理中的作用

我们可以用下面两种方法之一来管理数据库缓冲区：

1. 数据库系统保留部分主存作为缓冲区，并对它进行管理，而不是让操作系统来管理。数据库系统按照 19.5.2 节中的那些要求来管理数据块的传输。

   这种方法的缺点是限制了主存使用的灵活性。缓冲区必须足够小，使其他应用有足够满足其需要的主存。但是，即使其他应用并未运行，数据库也不能使用所有可用

的内存。类似地，非数据库应用也不能使用为数据库缓冲区保留的那部分内存，即使数据库缓冲区的一些页面并未使用。

2. 数据库系统在操作系统提供的虚拟内存中实现其缓冲区。由于操作系统知道系统中所有进程的内存需求，所以理想情况是由它决定哪些缓冲块在什么时候必须被强制输出到磁盘中。但是，为保证 19.5.1 节中介绍的先写日志要求，不应由操作系统自己来写出数据库缓冲页，而应由数据库系统强制输出缓冲块。数据库系统在将相关日志记录写入稳定存储器后，强制输出缓冲块至数据库中。

   遗憾的是，几乎所有当今的操作系统都完全控制虚拟内存。操作系统保留了磁盘空间用来存储当前不在主存的那些虚拟内存页，这些空间称为**交换区**（swap space）。如果操作系统决定输出一个块 B_X，该块就被输出到磁盘上的交换区中，并且没有办法让数据库系统去控制缓冲块的输出。

   因此，如果数据库缓冲区在虚拟内存中，在数据库文件和虚拟内存中的缓冲区之间的数据传输必须由数据库系统管理，它可以确保满足我们讨论的先写日志的要求。

   这种方法可能导致数据到磁盘的额外输出。如果块 B_X 由操作系统输出，则那个块不是输出到数据库中，而是输出到用于操作系统虚拟内存的交换区中。当数据库系统需要输出 B_X，操作系统可能需要先从它的交换区输入 B_X。因此，可能需要不止一次 B_X 输出，而是两次 B_X 输出（一次是由操作系统进行，另一次是由数据库系统进行）和一次额外的 B_X 输入。

929

尽管两种方法都有一些缺点，但总要择其一，除非把操作系统设计成满足数据库日志的要求。

19.5.4 模糊检查点

19.3.6 节中所描述的检查点技术要求在检查点执行过程中，对数据库的所有更新暂缓执行。若缓冲区中页面的数量很大，则完成一个检查点的时间会很长，这会导致事务处理中难以接受的中断。

为避免这种中断，可以修改检查点技术，使之允许在 checkpoint 记录写入日志后、但在修改过的缓冲块写到磁盘前就开始做更新。这样产生的检查点称为**模糊检查点**。

由于只有在写入 checkpoint 记录之后才把页面输出到磁盘，系统有可能在所有页面写完之前崩溃。这样，磁盘上的检查点可能是不完全的。一种处理不完全检查点的方法是：将最后一个完全检查点记录在日志中的位置存在磁盘上固定的位置 last_checkpoint 上。系统在写入 checkpoint 记录时不更新该信息。而在写 checkpoint 记录前，创建所有修改过的缓冲块的列表。只有在修改过的缓冲块列表中的所有缓冲块都输出到磁盘上之后，last_checkpoint 信息才会更新。

即使使用模糊检查点，正在输出到磁盘的缓冲块也不能更新，尽管其他缓冲块可以被并发地更新。必须遵守先写日志协议，使得与一个块相关的（undo）日志记录在该块输出前已先写到稳定存储器中。

19.6 非易失性存储器上数据丢失的故障

到目前为止，我们只考虑了一种情况，就是故障导致了驻留在易失性存储器中的信息丢失，而非易失性存储器中的内容保持完整无损。尽管导致非易失性存储器中内容丢失的故障极少，我们仍然需要准备好对这种类型的故障加以处理。在本节中，我们只讨论磁盘存储器。这些讨论也适用于其他类型的非易失性存储器。

基本的机制是周期性地将整个数据库的内容**转储**（dump）到稳定存储器中，比如一天一次。例如，我们可以将数据库转储到一个或多个磁带。如果发生了一种故障导致物理的数据库块丢失，系统就可以用最近的转储来将数据库复原到之前的一致性状态。一旦这种复原完成，系统再利用日志将数据库系统恢复到最近的一致性状态。

一种数据库转储的方式要求在转储过程中不能有事务处于活跃状态，并且执行一个类似于检查点的过程：

930

1. 将当前位于主存的所有日志记录输出到稳定存储器中。
2. 将所有缓冲块输出到磁盘中。
3. 将数据库的内容拷贝到稳定存储器中。
4. 将 <dump> 日志记录输出到稳定存储器中。

第 1、2 和 4 步对应于 19.3.6 节中检查点采用的那三个步骤。

为从非易失性存储器数据丢失中恢复，系统通过利用最近一次转储将数据库复原到磁盘中。然后，根据日志，重做自最近一次转储发生后所做的所有动作。注意，不必执行任何撤销操作。

在非易失性存储器部分故障的情况下，例如单个块或少数块故障，则只需要对那些块进行复原，并只对那些块执行重做。

数据库内容的转储也称为**归档转储**（archival dump），因为我们可以将转储归档，以后可以用它们来查看数据库的旧状态。数据库转储和缓冲区的检查点很类似。

大多数的数据库系统还支持 **SQL 转储**（SQL dump），它将 SQL DDL 语句和 SQL 插入语句写到文件中，这些语句可以被重执行，以重新创建数据库。当将数据移植到数据库的不同实例中或数据库软件的不同版本中时，这样的转储非常有用，因为在另一个数据库实例或数据库软件版本中，物理位置或布局可能是不同的。

这里描述的简单转储过程开销较大，原因有以下两个。首先，整个数据库必须拷贝到稳定存储器中，这导致大量的数据传输。其次，由于在转储过程中要中止事务处理，这样就浪费了 CPU 周期。研制了**模糊转储**（fuzzy dump）机制以允许在转储过程中事务仍处于活跃状态。这类似于模糊检查点机制；详细描述可参见参考文献。

19.7　使用远程备份系统的高可用性

传统的事务处理系统是集中式或客户 - 服务器系统。这类系统容易受到诸如火灾、洪水或地震之类的环境灾害的影响。如今的应用程序需要可以在系统故障或环境灾难的情况下正常工作的事务处理系统，这样的系统必须提供**高可用性**。也就是说，系统不可用的时间必须非常短。

我们可以在一个称为**主站点**（primary site）的站点上执行事务处理，并用一个**远程备份**（remote backup）站点来复制主站点的所有数据，以此实现高可用性。远程备份站点有时也称为**辅助站点**（secondary site）。在主站点执行更新时，远程站点必须与主站点保持同步。我们通过将所有日志记录从主站点发送到远程备份站点来实现同步。远程备份站点必须与主站点物理隔离。例如，我们可以将其放在不同的地方，以便主站点遭受火灾、洪水或地震灾

931

难时不会损坏远程备份站点[⊖]。图 19-6 显示了远程备份系统的体系结构。

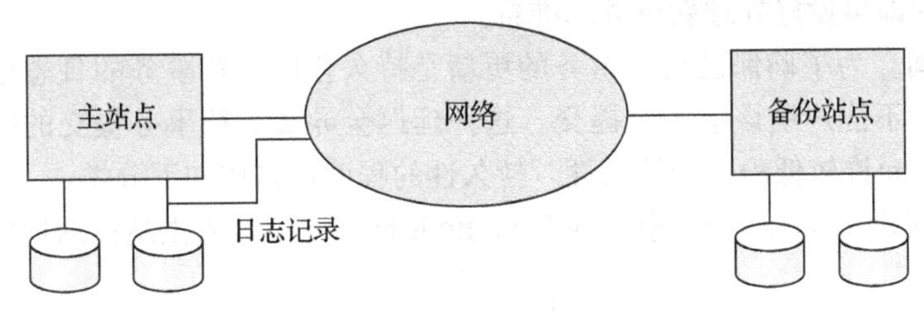

图 19-6 远程备份系统的体系结构

当主站点出现故障时，远程备份站点将接管处理。但首先，它使用来自主站点的数据拷贝（可能已过时）和从主站点接收的日志记录来执行恢复。实际上，远程备份站点所执行的恢复动作就是当主站点恢复时将在主站点上执行的动作。在远程备份站点上，可以使用标准恢复算法（稍做修改）进行恢复。一旦执行完恢复，远程备份站点将开始处理事务。

远程备份系统相比单站点系统的可用性大大提高，因为即使主站点上的所有数据都丢失了，系统也可以恢复。

在设计远程备份系统时，必须解决以下几个问题：

- **故障检测**。当主站点失效时，远程备份系统能够检测到是非常重要的。通信线路故障可能会欺骗远程备份系统，使其误以为主站点已发生故障。为了避免这个问题，我们在主站点和远程备份站点之间维护几个具有独立故障模式的通信链路。例如，可以使用几个独立的网络连接，可能包括电话线上的调制解调器连接。这些连接可以通过操作员的手动干预进行备份，操作员可以通过电话系统进行通信。
- **控制权移交**。当主站点发生故障时，备份站点将接管处理并成为新的主站点。移交控制权的决定可以手动完成，也可以使用数据库系统供应商提供的软件自动完成。

  此时，查询必须被发送到新的主站点。为了自动完成此转变，许多系统会将旧主站点的 IP 地址分配给新主站点。现有的数据库连接将失效，但当应用程序尝试重新打开连接时，它将连接到新的主站点。有些系统使用**高可用性代理机**作为代替。应用程序客户端不直接连接到数据库，而是通过代理进行连接。该代理将应用程序请求透明地路由到当前主站点。（可以同时有多台机器作为代理，以处理代理机出现故障的情况。请求可以通过任何活跃代理机来路由。）

  当原始主站点恢复时，它既可以扮演远程备份站点的角色，也可以重新接管主站点的角色。在这两种情况下，旧主站点都必须接收在旧主站点关闭时由备份站点所执行的更新日志。旧的主站点必须通过在本地执行更新来赶上日志中的更新。之后，旧的主站点可以充当远程备份站点。如果必须将控制权转移回原主站点，则新的主站点（即旧的备份站点）可以假装故障，导致旧的主站点来接管。
- **恢复时间**。如果远程备份站点的日志增长到很大，恢复就会花很长时间。远程备份站点可以定期处理它已接收的 redo 日志记录，并可以执行检查点，以便删除日志的早期部分。这样，可以显著缩短远程备份站点接管之前的延迟。

  热备份配置（hot-spare configuration）可以使被备份站点接管的过程几乎在瞬间完成。在此配置中，远程备份站点会在 redo 日志记录到达时持续处理它们，并在本

932

⊖ 由于地震会在很广的范围内造成破坏，因此通常需要在不同的地震带进行备份。

地执行更新。一旦检测到主站点故障，备份站点就通过回滚未完成的事务来完成恢复，然后即可做好处理新事务的准备。

- **提交时间**。为了确保已提交事务的更新是持久化的，在事务的日志记录到达备份站点之前，不能声明该事务已提交。这种延迟会导致等待事务提交的时间更长，因此某些系统允许较低程度的持久性。持久性的程度可以按如下分类：
  - **一方保险**（one-safe）。事务在其 commit 日志记录写入主站点的稳定存储器后立即提交。

    此机制的问题在于，当备份站点接管处理时，已提交事务的更新可能没有到达备份站点。因此，这些更新看起来好像丢失了。当主站点恢复时，无法直接合并丢失的更新，因为更新可能与在备份站点上执行的后续更新相冲突。因此，可能需要人为干预才能使数据库回到一致性状态。
  - **两方强保险**（two-very-safe）。事务在其 commit 日志记录写入主站点和备份站点的稳定存储器后立即提交。

    此机制的问题是，如果主站点或备份站点故障，则无法继续进行事务处理。933因此，尽管数据丢失的概率要小得多，但可用性实际上比单站点情况下的要小。
  - **两方保险**（two-safe）。如果主站点和备份站点都处于活跃状态，则此机制与两方强保险相同。如果只有主站点是活跃的，则只要将事务的 commit 日志记录写入主站点的稳定存储器中，就允许该事务提交。

    此机制提供了比两方强保险机制更好的可用性，同时避免了一方保险机制所面临的事务丢失问题。它会导致比一方保险机制的提交速度慢，但好处通常大于成本。

大多数数据库系统现在都支持复制备份拷贝，并支持热备份和从主站点到备份站点的快速切换。许多数据库系统还允许复制多个备份，这种功能可用于提供处理计算机故障的本地备份，以及应对灾难的远程备份。

尽管更新事务不能在备份服务器上执行，但许多数据库系统允许在备份服务器上执行只读查询。通过在备份服务器上起码执行一些只读事务，可以减少主站点上的负载。快照隔离可以在备份服务器上使用，以便为读者提供数据的事务一致性视图，同时确保不会阻止在备份服务器上执行更新。

远程备份也得到文件系统级别的支持，通常由网络文件系统或 NAS 来实现，而在磁盘级别的支持通常由存储区域网络（SAN）来实现。通过确保在主站点上执行的所有块写入也在备份站点上复制，可使远程备份站点与主站点保持同步。文件系统级和磁盘级备份可用于复制数据库数据和日志文件。如果主站点发生故障，备份系统可以使用其数据和日志文件的副本来恢复。但是，为了确保在备份站点上恢复能正确工作，文件系统级的复制必须按照始终确保遵守先写日志（WAL）规则的方式进行。为此，如果数据库强制输出一个块到磁盘，然后在主站点上执行其他更新动作，则在备份系统上执行后续更新之前，也必须在备份站点强制输出相应块到磁盘。

实现高可用性的另一种方式是使用*分布式数据库*（distributed database），在多个站点复制数据。然后需要事务来更新它们所更新的任意数据项的所有副本。我们在第 23 章研究分布式数据库，包括复制。如果实现恰当，分布式数据库可以提供比远程备份系统更高的可用性级别，但是实现和维护起来更复杂、更昂贵。

终端用户通常与应用程序交互，而不是直接与数据库交互。为了确保应用程序的可用性，并支持每秒处理大量请求，应用程序可以在多个应用程序服务器上运行。来自客户端的请求在服务器之间进行**负载均衡**（load-balanced）。负载均衡器确保只要单个应用服务器正常工作，就将来自特定客户机的所有请求都发送到该应用服务器。如果应用服务器出现故障，客户端请求将路由到其他应用服务器，从而用户可以继续使用该应用程序。尽管用户可能会注意到这个小的中断，但是应用服务器可以通过跨应用服务器共享会话信息来确保用户不会被强制再次登录。 934

19.8 锁的提前释放与逻辑撤销操作

在事务处理中使用到的任何索引（例如 B^+ 树）都可以被当作正常的数据来对待，但是为了提高并发度，我们可以采用 18.10.2 节描述的 B^+ 树并发控制算法，允许按非两阶段的方式提前释放锁。作为提前释放锁的结果，有可能一个 B^+ 树节点的值被事务 T_1 更新过，插入了项 (V_1, R_1)，然后又被另一个事务 T_2 更新，它在同一个节点中插入项 (V_2, R_2)，使得项 (V_1, R_1) 甚至在 T_1 执行完成之前就被改变了[㊀]。在这种情况下，我们不能通过用 T_1 执行其插入前的旧值代替节点内容的方式来撤销事务 T_1，因为这也会撤销事务 T_2 所执行的插入；事务 T_2 可能仍然会提交（或者可能已经提交了）。在这个示例中，对 (V_1, R_1) 插入的影响进行撤销的唯一方式是执行一个相应的删除操作。

在本节的其余部分，我们讨论如何扩展 19.4 节中的恢复算法，来支持锁的提前释放。

19.8.1 逻辑操作

有一类操作由于提前释放锁，因此需要逻辑撤销操作，这类操作的示例是插入和删除操作；我们把这样的操作称作**逻辑操作**（logical operation）。这种提前的锁释放不仅对索引很重要，而且对于频繁存取和更新的其他系统数据结构上的操作也很重要；这样的示例包括追踪包含一个关系中各条记录的块、一个块中的自由空间以及一个数据库中的空闲块的数据结构。如果在这样的数据结构上执行操作后不提前释放锁，事务就倾向于串行执行，影响系统性能。

基于哪些操作与哪些其他操作有冲突，冲突可串行化理论被扩展到操作中。例如，如果 B^+ 树的两个插入操作插入不同的码值，即使它们都更新相同索引页中重叠的区域，它们互相也不冲突。但是，如果使用相同的码值，则插入和删除操作与其他的插入和删除操作冲突，也与读操作冲突。关于这一主题的更多信息请参阅参考文献。

操作在执行时需要获得低级别锁（lower-level lock），操作完成就释放它们；然而，相应事务必须按两阶段方式持有高级别锁（higher-level lock），以防止并发事务执行冲突动作。例如，当在一个 B^+ 树页面上执行插入操作时，就获取在该页面上的一个短期锁，以允许该页中的项在插入过程中在页内挪动；一旦页面更新完成，就释放这个短期锁。这样的提前释放锁使得第二个插入可以在同一页面上执行。但是，每个事务必须获得在待插入或删除的码值上的锁，并按两阶段方式持有该锁，以防止并发的事务在相同码值上执行冲突的读、插入或删除操作。 935

一旦释放了低级别锁，就不能用被更新数据项的旧值来对操作进行撤销，而必须通过执行一个补偿操作来撤销；这样的操作称作**逻辑撤销操作**（logical undo operation）。重要的是，在操作中获得的低级别锁要足以执行后来对操作的逻辑撤销，其理由在后面的 19.8.4 节中解释。

㊀ 回顾可知一个项包括一个码值和一个记录标识，或在 B^+ 树文件组织的叶层次情况下，则包括一个码值和一条记录。

19.8.2　逻辑撤销日志记录

为了允许操作的逻辑撤销，在执行修改索引的操作之前，事务先创建一条 <T_i, O_j, operation-begin> 日志记录，其中 O_j 是操作实例的唯一标识[⊖]。当系统执行这个操作时，它按正常方式为这个操作所执行的所有更新创建更新日志记录。于是，对于该操作所执行的每次更新，通常的旧值和新值信息照样写出；需要记录旧值信息以防在该操作完成之前事务需要回滚。当操作结束时，它写一条形如 <T_i, O_j, operation-end, U> 的 operation-end 日志记录，其中 U 表示撤销（undo）信息。

例如，如果操作往 B^+ 树中插入了一个项，则 undo 信息 U 会指出要执行的是删除操作，并指明是哪一棵 B^+ 树，以及从树中删除哪个项。记录关于操作信息的这类日志被称作**逻辑日志**。与此相对，记录关于旧值和新值信息的日志被称作**物理日志**，对应的日志记录称作**物理日志记录**。

注意在上述机制中，逻辑日志仅用于撤销，不用于重做；重做操作完全使用物理日志记录来执行。这是因为系统故障之后的数据库状态可能反映一个操作的某些更新，但不反映其他操作的更新，这取决于在故障之前哪些缓冲块已被写到磁盘。像 B^+ 树这样的数据结构会处于不一致的状态，逻辑重做和逻辑撤销操作都不能在不一致的数据结构上执行。要执行逻辑重做或撤销，磁盘上的数据库状态必须是**操作一致的**，即不应该存在任何操作的部分影响。然而，正如我们将要看到的，在逻辑撤销操作执行之前、恢复机制的重做阶段中，物理重做处理以及使用物理日志记录的撤销处理都确保逻辑撤销操作所访问的数据库部分处于操作一致的状态。

936

如果一个操作在一行上执行多次与执行一次的结果相同，则称该操作是**幂等的**（idempoent）。往 B^+ 树中插入一个项这样的操作可能不是幂等的，因此恢复算法必须保证已经执行过的操作不能再被执行。另一方面，物理日志记录是幂等的，因为无论所记录的更新被执行一次或多次，相应数据项都会是同样的值。

19.8.3　有逻辑撤销的事务回滚

当回滚事务 T_i 时，从后往前扫描日志，按如下方式处理对应于事务 T_i 的日志记录：

1. 在扫描中遇到的物理日志记录像以前描述的那样处理，除了下面马上要简短描述的需跳过的那些记录。使用操作生成的物理日志记录对未完成的逻辑操作进行撤销。
2. 由 operation-end 记录标记的已完成的逻辑操作的回滚是不同的。一旦系统发现一条 <T_i, O_j, operation-end, U> 日志记录，就做以下特殊动作：
   a. 它通过使用日志记录中的 undo 信息 U 来回滚该操作。在对操作的回滚中，它将所执行的更新记入日志，就像操作首次被执行时所进行的更新一样。

   在操作回滚的最后，数据库系统不产生 <T_i, O_j, operation-end, U> 日志记录，而是产生 <T_i, O_j, operation-abort> 日志记录。

   b. 随着对日志反向扫描的继续进行，系统跳过事务 T_i 的所有日志记录，直至遇到 <T_i, O_j, operation-begin> 日志记录。在系统找到 operation-begin 日志记录之后，就重新按正常的方式处理事务 T_i 的日志记录。

请注意，系统在回滚中将所执行更新的物理 undo 信息记入日志，而不是使用 redo-only 补偿日志记录。这是因为在逻辑撤销执行的过程中可能发生系统崩溃，当恢复时系统必须完成逻辑撤销；要做到这一点，重启的恢复将使用物理 undo 信息去撤销之前

⊖ operation-begin 日志记录在日志中的位置可以用作唯一标识。

undo 的部分影响，然后再重新执行逻辑撤销。

还请注意，在回滚中当遇到 operation-end 日志记录时就跳过物理日志记录能够保证，一旦操作完成，物理日志记录中的旧值就不会被用来进行回滚。

937

3. 如果系统遇到一条 <T_i, O_j, operation-abort> 日志记录，它就跳过前面所有的记录（包括 O_j 的 operation-end 记录），直至它找到 <T_i, O_j, operation-begin> 记录。

   仅在要回滚的事务事先已经部分回滚了的情况下才会遇到 operation-abort 日志记录。回忆一下，逻辑操作可能不是幂等的，因此逻辑撤销操作不能被多次执行。在前面的回滚过程中发生崩溃，并且事务已经被部分回滚的情况下，前面那些日志记录必须被跳过，以防止同一操作的多次回滚。

4. 与前面一样，当遇到 <T_i start> 日志记录时，事务回滚就完成了，系统在日志中添加一条 <T_i abort> 记录。

如果在逻辑操作进行的过程中发生故障，则当事务回滚时不会找到该操作的 operation-end 日志记录。但是，对于该操作所执行的每一次更新，在日志中都有其 undo 信息，是以物理日志记录中的旧值的形式存在的。物理日志记录将被用来回滚未完成的操作。

938

现在，假设当系统崩溃发生时一个操作的撤销正在进行中，如果崩溃发生时一个事务正在回滚，就可能发生这样的事情。那么就会找到在操作 undo 过程中所写的物理日志记录，使用这些物理日志记录就能撤销此部分的 undo 操作本身。继续进行日志的反向扫描，会遇到原来操作的 operation-end 记录，于是会再次执行 undo 操作。使用物理日志记录回滚之前 undo 操作的部分影响使数据库进入一致性状态，从而使得逻辑撤销操作可以重新执行。

图 19-7 显示了由两个事务所产生的日志的示例，这些事务对一个数据项的值进行增加或减少。事务 T_0 在操作 O_1 完成后提前释放数据项 C 上的锁使得事务 T_1 能够用 O_2 去更新该数据项，甚至不用等到 T_0 完成，但这就使逻辑撤销成为必要。逻辑撤销操作需要对数据项增加或减少一个值，而不是恢复数据项的旧值。

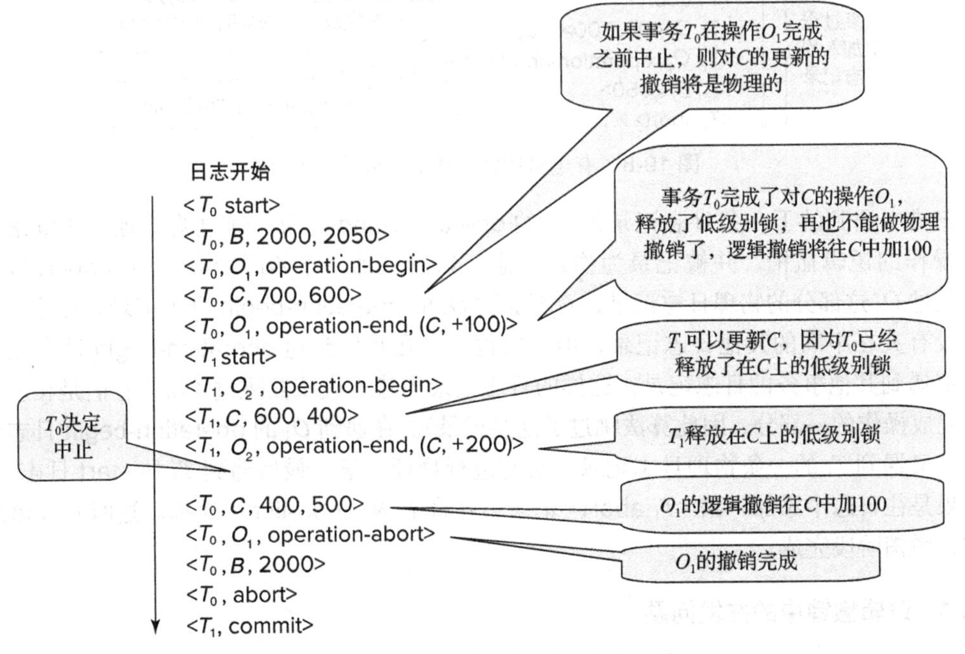

图 19-7　有逻辑撤销操作的事务回滚

图中的注释说明，在操作完成之前，回滚可以执行物理撤销；在操作完成并释放低级别锁之后，undo 必须通过减少或增加一个值来执行，而不是恢复旧值。在图中的示例中，T_0 通过给 C 增加 100 来回滚操作 O_1；另一方面，对于数据项 B，它没有受锁提前释放的影响，可以进行物理的撤销。请注意，T_1 对 C 执行过更新并提交了，它的更新 O_2（给 C 增加 200）在 O_1 的撤销之前就执行了，尽管 O_1 被撤销，这个更新仍被保持下来。

图 19-8 显示了一个使用逻辑撤销日志从系统崩溃中恢复的示例。在这个示例中，做检查点时，事务 T_1 是活跃的，正在执行操作 O_4。在重做阶段，O_4 在检查点日志记录之后的动作被重做。当系统崩溃时，T_2 正在执行操作 O_5，但是操作尚未完成。在重做阶段结束时，undo-list 中包含 T_1 和 T_2。在撤销阶段，使用物理日志记录中的旧值对操作 O_5 进行撤销，将 C 置成 400；使用 redo-only 日志记录将此操作记到日志中。接下来遇到 T_2 的 start 记录，导致将 <T_2 abort> 记到日志中，并将 T_2 从 undo-list 中去掉。

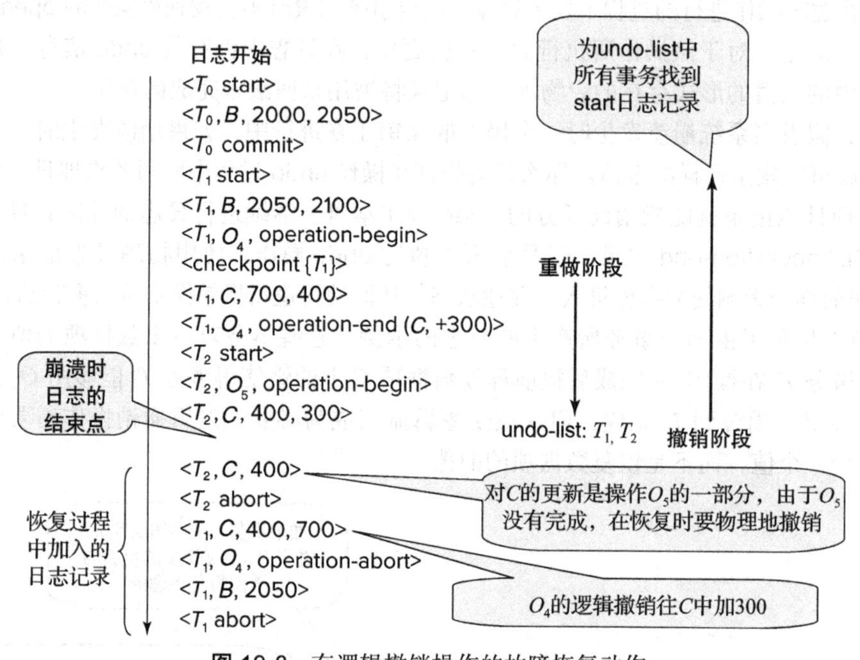

图 19-8　有逻辑撤销操作的故障恢复动作

扫描中遇到的下一条日志记录是 O_4 的 operation-end 记录；通过给 C 增加 300 来执行这个操作的逻辑撤销，并被记录为物理日志，然后增加一条 O_4 的 operation-abort 日志记录。跳过 O_4 这部分的物理日志记录，直至遇到 O_4 的 operation-begin 日志记录。在这个示例中，没有夹在中间的其他日志记录，但一般说来，在我们到达 operation-begin 日志记录之前可能遇到其他事务的日志记录；这样的日志记录当然不应该被跳过（除非它们是相应事务的已完成操作的一部分，因此算法跳过了这些记录）。在遇到 O_4 的 operation-begin 日志记录之后，又遇到 T_1 的一条物理日志记录，对它进行物理回滚。最后遇到 T_1 的 start 日志记录；其结果是往日志中添加一条 <T_1 abort> 记录，并将 T_1 从 undo-list 中删掉。这时候 undo-list 为空，撤销阶段完成。

939

19.8.4　逻辑撤销中的并发问题

正如前面已经提到过的，操作中获取的低级别锁要足以支持后来对该操作的逻辑撤销的执行，这一点很重要；否则，在正常处理中执行的并发操作可能导致撤销阶段中的问题。例如，假设对事务 T_1 的操作 O_1 的逻辑撤销与并发执行的事务 T_2 的操作 O_2 会在数据项层次冲突，O_2 没完成时 O_1 已完成了。还假设系统崩溃时两个事务都没提交。O_2 的物理更新日志记录可能出现在 O_1 的 operation-end 记录之前或之后，在恢复过程中 O_1 的逻辑撤销中所做的更新可能会完全或部分地被 O_2 的物理撤销中所写的旧值所覆盖。如果 O_1 已获得了 O_1 逻辑撤销所需的所有低级别锁，上述问题就不会发生，因为这样的话，就不会有上述并发执行的 O_2 了。

如果原始操作和它的逻辑撤销操作都访问同一个页面（这样的操作被称作物理逻辑操作，将在 19.9 节中讨论），则上述封锁要求容易满足。否则，在决定需要获得什么样的低级别锁时，要考虑具体操作的细节。例如，B^+ 树上的更新操作可以获得对根节点的短期锁，以确保操作的串行执行。关于采用逻辑撤销日志的 B^+ 树并发控制与恢复的文献，请参阅参考文献。在参考文献中还有文献是关于另外的方法（称作多级恢复），该方法放松了这种封锁要求。 940

19.9 ARIES

ARIES 恢复方法是最新恢复方法的最好示例。我们在 19.4 节中描述的恢复技术以及 19.8 节中描述的逻辑撤销日志技术都是仿效 ARIES 的，但为了突出关键概念和便于理解已被大大简化了。不同的是，ARIES 使用了好些缩短恢复时间并减少检查点开销的技术。特别地，ARIES 能够避免重做许多已执行过的日志操作，并减少日志信息量。其代价是增加了复杂度，但物有所值。

在 ARIES 和我们先前介绍的恢复算法之间有四个主要区别，ARIES：

1. 使用**日志序列号**（Log Sequence Number，LSN）来标识日志记录，并将 LSN 存储在数据库页中，以标识哪些操作已经在数据库页面上执行过了。
2. 支持**物理逻辑重做**（physiological redo）操作，它是物理的是指受影响的页被物理地标识出来，但在页内可以是逻辑的。

   例如，如果采用分槽的页结构（见 13.2.2 节），从页中删除一条记录会导致该页中许多其他记录的变动。采用物理重做日志，必须为该页中受记录变动影响的所有字节记录日志，而采用物理逻辑日志，可以记录下删除操作，其结果是日志记录会小得多。重做该删除操作将删除那条记录并根据需要变动其他记录。
3. 使用**脏页表**（dirty page table）来最大程度减少恢复时不必要的重做。正如前面所说的，脏页是那些在内存中已更新而磁盘上的版本到现在为止还未更新的页。
4. 使用模糊检查点机制，只记录脏页信息和相关的信息，甚至不需要将脏页写到磁盘。它不是在检查点时将脏页写入磁盘，而是连续地在后台刷新脏页面。

我们将在本节剩下的部分给出 ARIES 的概览。参考文献中列出了一些参考文献，它们提供了对 ARIES 的完整描述。 941

19.9.1 数据结构

ARIES 中每条日志记录都有一个唯一标识该记录的日志序列号（LSN）。该标号概念上只是一个逻辑标识，日志中记录产生越晚，其标号的值越大。实际上，LSN 是以一种也可用于定位磁盘上日志记录的方式产生的。典型地，ARIES 将一份日志分成多个日志文件，其中每个文件有一个文件号。当一个日志文件增长到某种限度，ARIES 将后面的日志记录添加到一个新的日志文件中；该新日志文件的文件号比前面日志文件的大 1。这样，LSN 就由一个文件号以及在该文件中的偏移量组成。

每个页也维护一个叫**日志页序列号**（PageLSN）的标识。每当在页面上执行（无论是物理的还是物理逻辑的）更新操作时，该操作将其日志记录的 LSN 存储在该页的 PageLSN 字段中。在恢复的重做阶段，LSN 值小于或等于该页的 PageLSN 值的任何日志记录将不在该页上执行，因为它们的动作已经反映在该页上了。稍后我们会讲到，通过结合将记录 PageLSN 作为检查点过程的一部分这样的机制，ARIES 甚至能够避免去读许多所记录的操作已经反映在磁盘上的页。这样，恢复时间被大大缩短了。

要在物理逻辑重做操作中保证幂等性，PageLSN 是必不可少的，因为对一个已实施过物理逻辑重做操作的页面再次实施会造成对页面的错误更改。

页面正在执行更新时不应往磁盘上写，因为在磁盘上的页面处于部分更新状态的情况下，物理逻辑操作不能被重做。因此，ARIES 使用缓冲页上的闩锁来防止页面在正在更新时被写入磁盘。只有在更新完成并且更新的日志记录已被写入日志之后，才释放缓冲页闩锁。

每条日志记录也包含同一事务的前一条日志记录的 LSN，该值存放在 PrevLSN 字段中，使得一个事务的日志记录能够被由后往前获取，而不必读整个日志。在事务回滚过程中会产生一些特殊的 redo-only 日志记录，在 ARIES 中称为**补偿日志记录**（Compensation Log Record,CLR），它们和我们前面讲的恢复机制中的 redo-only 日志记录的作用相同。而且这些 CLR 还起到我们机制中 operation-abort 日志记录的作用。CLR 有一个额外的字段，叫作 UndoNextLSN，它记录当事务被回滚时，下一个需要被撤销的日志的 LSN。该字段和我们早先讲的恢复机制中的 operation-abort 日志记录中操作标识的作用相同，它有助于跳过那些已经被回滚的日志记录。

脏页表（DirtyPageTable）包含一个在数据库缓冲区中已更新过的页面的列表。它为每一页保存其 PageLSN 和一个称为 RecLSN 的字段，RecLSN 有助于标识已经实施于该页在磁盘上的版本的日志记录。当一个页面被插入脏页表（当它在缓冲池中被首次修改）时，RecLSN 的值被设置成日志的当前末尾。只要页被写入磁盘，该页就从脏页表中移除。

942

检查点日志记录包含脏页表和活跃事务的列表。检查点日志记录也为每个事务记录其 LastLSN，即该事务所写的最后一条日志记录的 LSN。磁盘上一个固定的位置还记录了最后一条（完成的）检查点日志记录的 LSN。

图 19-9 描述了 ARIES 中使用的一些数据结构。图中显示的日志记录前面加上了其 LSN 作为前缀；在实际实现中，这可能并不显式存储，而是通过在日志中的位置推断出来。日志记录中的数据项标识分两部分显示，例如 4894.1；第一部分标明页号，第二部分标明页内的一条记录（我们假定页内记录组织采用分槽的页结构）。请注意对日志的显示是最新的记录在顶部，在磁盘上较老的日志记录在图中较低的位置显示。

每个页面（无论在缓冲区中还是在磁盘上）有一个相关联的 PageLSN 字段。你可以验证，最后一条日志记录是对页面 4894 进行更新，它的 LSN 是 7567。通过将缓冲区中页面的 PageLSN 与稳定存储器中对应页面的 PageLSN 进行比较，你可以看到脏页表包含了缓冲区中从稳定存储器取来后被修改过的所有页面的条目。脏页表中的 RecLSN 条目反映出当页面被加到脏页表中时日志末端的 LSN，它应该大于或等于稳定存储器上该页的 PageLSN。 943

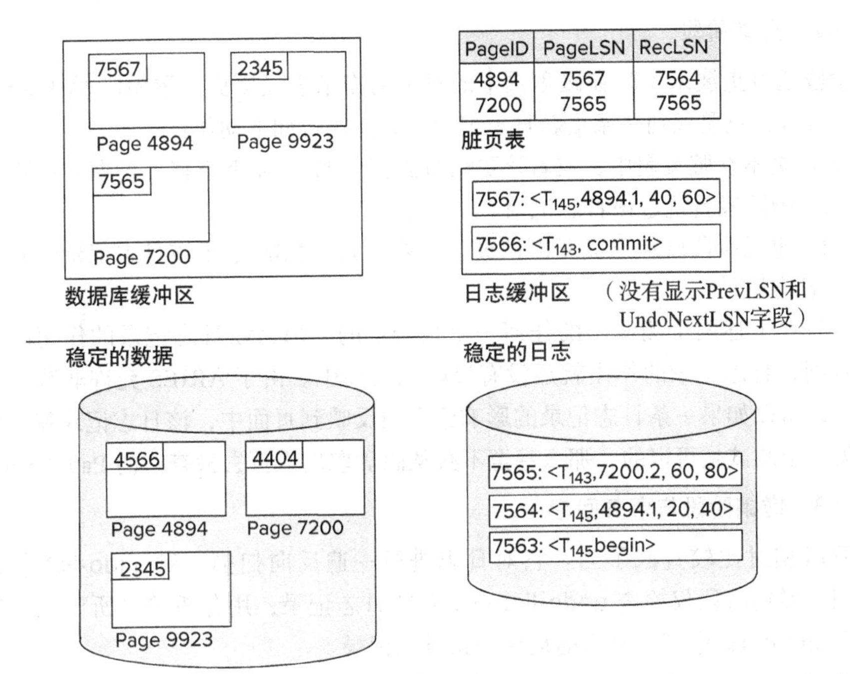

图 19-9 ARIES 中使用的数据结构

19.9.2 恢复算法

ARIES 从系统崩溃中恢复的过程经历三个阶段。

- **分析阶段**：这一阶段决定哪些事务要撤销，哪些页在崩溃时是脏页，以及重做阶段应从哪个 LSN 开始。
- **重做阶段**：这一阶段从分析阶段决定的位置开始，执行重做，重复历史，将数据库恢复到崩溃发生前的状态。
- **撤销阶段**：这一阶段回滚在崩溃发生时所有未完成的事务。

19.9.2.1 分析阶段

分析阶段找到最后的、已完成的检查点日志记录，并从该记录读入脏页表。然后将 RedoLSN 设置为脏页表中那些页的 RecLSN 的最小值。如果没有脏页，就将 RedoLSN 设置为检查点日志记录的 LSN。重做阶段从 RedoLSN 开始扫描日志，该点之前的日志记录已经反映到磁盘上的数据库页中。分析阶段将待撤销的事务列表 undo-list 初始设置为检查点日志记录中的事务列表。分析阶段也为 undo-list 中的每个事务从检查点日志记录中读取其最后一条日志记录的 LSN。

分析阶段从检查点开始继续正向扫描。只要找到一条不在 undo-list 中的事务的日志记录，就把该事务添加到 undo-list。只要找到一个事务的 end 日志记录，就把该事务从 undo-list 中删除。到分析阶段结束时，留在 undo-list 中的所有事务将在后面的撤销阶段中被回滚。分析阶段也记录 undo-list 中每个事务的最后一条记录，留待撤销阶段中使用。

一旦分析阶段发现一条在页面上更新的日志记录，它还更新脏页表。如果该页不在脏页表中，分析阶段就将它添加进脏页表，并设置该页的 RecLSN 为该日志记录的 LSN。

19.9.2.2 重做阶段

重做阶段通过重演未反映在磁盘页中的每个动作来重复历史。重做阶段从 RedoLSN 开944始正向扫描日志，只要找到一条更新日志记录，它就执行如下动作：

- 如果该页不在脏页表中，或者该更新日志记录的 LSN 小于脏页表中该页的 RecLSN，那么重做阶段就跳过该日志记录。
- 否则，重做阶段就从磁盘调出该页，如果其 PageLSN 小于该日志记录的 LSN，就重做该日志记录。

注意，只要上述两个测试中的任何一个是否定的，那么该日志记录的作用已经反映到页面中；否则，日志记录的作用就还没有反映到页面中。由于 ARIES 允许非幂等的物理逻辑日志记录，所以如果一条日志记录的影响已经被反映到页面中，该日志记录就不应该被重做。如果第一个测试是否定的，那么甚至不必从磁盘取出该页去检查它的 PageLSN。

19.9.2.3 撤销阶段与事务回滚

撤销阶段相对比较直截了当。它对日志进行一遍反向扫描，对 undo-list 中的所有事务进行撤销。撤销阶段仅检查 undo-list 中事务的日志记录；用分析阶段所记录的最后一个 LSN 来找到 undo-list 中每个日志的最后一条日志记录。

每当找到一条更新日志记录，就用它来执行一次撤销（无论是在正常处理过程的事务回滚中，还是在重启动的撤销阶段中）。撤销阶段产生一个包含撤销执行动作（必须是物理逻辑的）的 CLR，并将该 CLR 的 UndoNextLSN 设置为该更新日志记录的 PrevLSN 值。

如果遇到一个 CLR，则它的 UndoNextLSN 值指明了该事务需要撤销的下一条日志记录的 LSN；该事务在其后面的日志记录已经被回滚了。对于除 CLR 之外的其他日志记录，其 PrevLSN 字段指明该事务需要撤销的下一条日志记录的 LSN。在撤销阶段中的每一步，要执行的下一条日志记录都是在 undo-list 的所有事务中的下一条日志记录 LSN 值最大的。

图 19-10 描述了 ARIES 基于一个日志样例所执行的恢复动作。我们假设磁盘上最后一个完成的检查点指针指向 LSN 为 7568 的检查点日志记录。在图中用箭头指示日志记录中的 PrevLSN 值，用虚线箭头指示 LSN 为 7565 的一条补偿日志记录的 UndoNextLSN 值。分析阶段从 LSN 7568 开始，当分析阶段完成时，RedoLSN 应为 7564。于是，重做阶段必须从 LSN 为 7564 的日志记录开始。请注意，该 LSN 小于检查点日志记录的 LSN，因为 ARIES 检查点算法不把修改过的页面刷新到稳定存储器。在分析阶段结束时脏页表中会包含页面 4894、来自检查点日志记录中的页面 7200，以及被 LSN 为 7570 的日志记录修改过的页面 2390。在本例中分析阶段结束时，需要被撤销的事务列表中仅包括 T_{145}。

945上述示例的重做阶段从 LSN 7564 开始，对其页面出现在脏页表中的日志记录进行重做。撤销阶段仅需要对事务 T_{145} 进行撤销，因此从它的 LastLSN 值 7567 开始一直反向扫描，直至在 LSN 7563 处遇到 <T_{145} start> 记录。

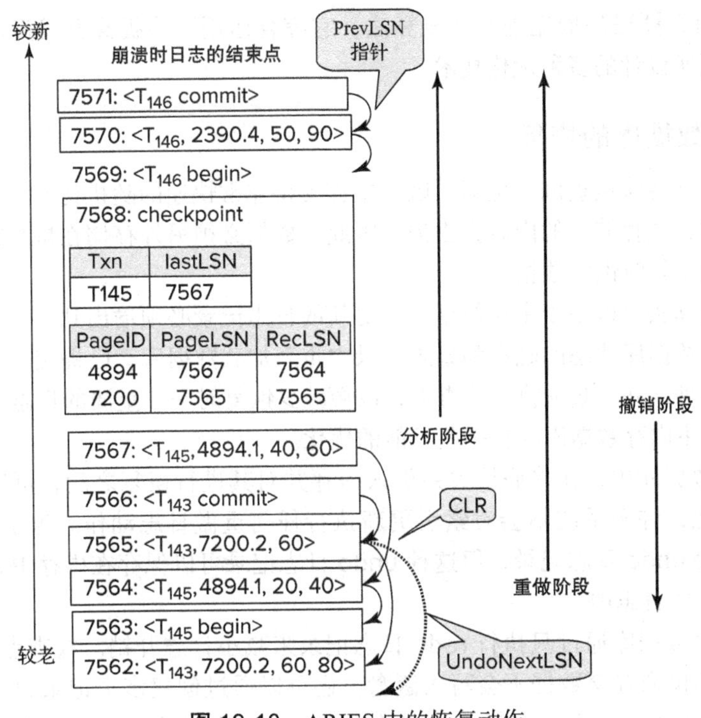

图 19-10 ARIES 中的恢复动作

19.9.3 其他特性

ARIES 提供的其他关键特性包括：

- **嵌套的顶层动作**（nested top action）。ARIES 允许对即使事务回滚也不应该被撤销的那些操作记日志；例如，如果一个事务给一个关系分配一个页面，那么即使该事务回滚，此页面分配也不能被撤销，因为其他事务可能已经在这个页面上存储记录了。这种不能被回滚的操作称作嵌套的顶层动作。这样的操作可以建模为其撤销动作是什么都不做的操作。在 ARIES 中，这种操作通过创建一个虚拟的 CLR 来实现，通过设置其 UndoNextLSN 使得事务回滚时跳过由此操作产生的日志记录。
- **恢复独立性**（recovery independence）。有些页面能够独立于其他页面进行恢复，所以它们甚至能够在别的页面正在恢复时使用。如果一个磁盘的某些页面出错，则无须停止其他页面的事务处理就能恢复这些页面。

946

- **保存点**（savepoint）。事务能够记录保存点，并能部分回滚到一个保存点。这对于死锁处理特别有用，因为事务能够被回滚到某个点以允许释放必要的锁，然后从那个点重新开始。

  程序员还可以使用保存点来部分地撤销一个事务，然后继续执行；对于处理在事务执行中检测出的特定类型的错误，这种方法会是很有用的。
- **细粒度封锁**（fine-grained locking）。ARIES 恢复算法可以和允许在索引中元组级封锁而不是页级封锁的索引并发控制算法一起使用。这显著提高了并发度。
- **恢复最优化**（recovery optimization）。脏页表能被用于在重做时预先提取页，而不是仅当系统找到一条要被应用到页面的日志记录时才去获取该页。重做也可能是不按顺序的：当页面正在从磁盘提取时，重做可以被推迟，在页面被取出来后，重做再执行。同时，可以继续处理其他日志记录。

总之，ARIES算法是最先进的恢复算法，它综合运用了为提高并发度、减少日志开销和缩短恢复时间所设计的多种优化技术。

19.10　主存数据库的恢复

主存数据库支持快速查询和更新，因为主存支持非常快速的随机访问。但是，在系统故障和系统关闭时，主存储器的内容会丢失。因此，数据必须另外存储在持久或稳定的存储器上，以便在系统恢复时恢复数据。

传统的恢复算法可以用于主存数据库。更新的日志记录必须输出到稳定存储器。在恢复时，从用于恢复数据库状态的磁盘和日志记录中重新加载数据库。已提交事务修改过的数据块仍必须写入磁盘，并且必须执行检查点，以便减少恢复时必须重演的日志量。

但是，对于主内存数据库存在一些可能的优化。

- 在主存数据库中，在将底层关系引入内存并对其进行恢复之后，可以很快地重建索引。因此，许多系统不会对索引更新执行任何重做日志动作。为了支持事务中止，仍然需要undo日志记录，但这种undo日志记录可以保存在内存中，不需要写入稳定存储上的日志中。

947

- 一些主存数据库通过只执行redo日志记录来减小日志开销。检查点是定期进行的，既可以确保未提交数据不会写入磁盘，还可以通过创建多个记录版本来避免对记录进行原地更新。恢复包括重新加载检查点，然后执行重做操作。（由未提交事务创建的记录版本最终必须被垃圾回收掉。）
- 快速恢复对于主存数据库至关重要，因为在完成任何事务处理之前，必须加载整个数据库并执行恢复动作。

  因此，几种主存数据库使用多核来并行执行恢复，以最小化恢复时间。为此，可以对数据和日志记录进行分区，一个分区的日志记录只影响相应数据分区中的数据。然后，每个核负责执行特定分区的恢复操作，它可以与其他核并行执行恢复操作。

注释19-2　非易失性RAM

一些新推出的非易失性存储系统支持对单个字的直接访问，而不是要求必须读取或写入整个页面。这种非易失性RAM系统也称为**存储级内存**（Storage Class Memory，SCM），支持非常快的随机访问，其延迟和带宽与RAM访问相当。这种非易失性RAM的内容可以在电源故障下保存下来，像闪存一样；但又像RAM那样提供直接访问。就容量和每兆字节的成本而言，当代非易失性存储器位于RAM和闪存之间。

为处理NVRAM存储已经专门研制了恢复技术。特别是可以避免redo日志，尽管可以使用undo日志来处理事务中止。在设计这种恢复技术时，必须考虑到诸如NVRAM的原子性更新那样的问题。

19.11　总结

- 计算机系统与其他机械或电子设备一样容易发生故障。造成故障的原因有很多，包括磁盘故障、电源故障和软件错误。这些情况都造成了数据库系统的信息丢失。

948

- 除系统故障外，事务也可能因各种原因而失败，例如破坏了完整性约束或发生死锁。
- 数据库系统的一个不可或缺的组成部分就是恢复机制，它负责检测故障并将数据库恢复至故障发生前的某一状态。

- 计算机中的各种存储器类型有易失性存储器、非易失性存储器和稳定存储器。易失性存储器（如RAM）中的数据在计算机死机时会丢失。非易失性存储器（如磁盘）中的数据在计算机死机时不会丢失，只是偶尔由于诸如磁盘崩溃之类的故障才会丢失。稳定存储器中的数据从不丢失。
- 必须联机访问的稳定存储器用镜像磁盘或RAID的其他形式来模拟，它们提供冗余数据存储。脱机或归档的稳定存储器可能由数据的多个磁带备份组成，并存放在物理上安全的地方。
- 一旦发生故障，数据库系统的状态可能不再一致，即它不能反映数据库应该描述的现实世界状态。为保持一致性，我们要求每个事务都必须是原子的。恢复机制的责任就是要确保原子性和持久性。
- 在基于日志的机制中，所有的更新都记入日志，并被存放在稳定存储器中。当事务的最后一条日志记录（即该事务的commit日志记录）被输出到稳定存储器时，就认为这个事务已提交。
- 日志记录中包括所有更新过的数据项的旧值和新值。当系统崩溃后需要对更新进行重做时，就使用新值。如果在正常操作中事务中止，回滚事务所做的更新需要用到旧值；在事务提交之前发生系统崩溃的情况下，回滚事务所做的更新也需要用到旧值。
- 在延迟修改机制中，事务执行时所有write操作要延迟到事务提交时才执行，那时，系统在执行延迟写的过程中会用到日志中与该事务有关的信息。延迟修改机制的日志记录中不需要包含被更新数据项的旧值。
- 为减少搜索日志和重做事务的开销，我们可以使用检查点技术。
- 现代恢复算法基于重复历史的概念，在恢复的重做阶段重演（自最后一个已完成的检查点以来）正常操作中所执行的所有动作。重复历史的做法将系统状态恢复到系统崩溃之前最后一条日志记录输出到稳定存储器时的状态。然后从这个状态开始通过执行撤销阶段来进行撤销，撤销阶段反向处理未完成事务的日志记录。 949
- 未完成事务的撤销写出特殊的redo-only日志记录和一条abort日志记录。然后，就可以认为该事务已完成，不必再次对它进行撤销。
- 在事务处理所基于的存储模型中，主存储器中有一个日志缓冲区、一个数据库缓冲区和一个系统缓冲区。系统缓冲区中有系统对象代码的页面和事务的本地工作区。
- 恢复系统的高效实现需要尽可能减少向数据库和稳定存储器写入的次数。日志记录在开始时可以保存在易失性的日志缓冲区中，但是当下述情况之一发生时必须写到稳定存储器：
    - 在<T_i, commit>日志记录可以被输出到稳定存储器之前，与事务T_i相关的所有日志记录必须已经被输出到稳定存储器。
    - 在主存中的一个数据块输出到（非易失性存储器中的）数据库之前，与该块中的数据相关的所有日志记录必须已经被输出到稳定存储器。
- 远程备份系统提供了很高程度的可用性，即使在主站点遭受火灾、洪水或地震的破坏时也允许事务处理继续进行。主站点上的数据和日志记录连续不断地备份到远程备份站点。如果主站点发生故障，远程备份站点就执行特定的恢复动作，然后接管事务处理。
- 现代恢复技术支持高并发封锁技术，例如那些用于B^+树并发控制的封锁技术。这些技术允许提前释放通过插入或删除这样的操作获得的低级别锁，从而允许别的事务执行其他的这类操作。低级别锁被释放之后，不能进行物理撤销，而需要进行逻辑撤销，比如用删除来对插入做撤销。事务持有高级别锁以确保并发的事务不会执行可能导致一个操作的逻辑撤销无法完成的动作。

- 为从造成非易失性存储器中数据丢失的故障中恢复，我们必须周期性地将整个数据库的内容转储到稳定存储器——例如每天一次。如果发生了导致物理数据库块丢失的故障，我们使用最近的一次转储将数据库恢复至之前的某个一致性状态。一旦完成该恢复，我们再用日志将数据库系统恢复至最近的一致性状态。

950

- ARIES 恢复机制是技术水平最先进的机制，它支持好些能够提供更高并发度、削减日志开销以及最小化恢复时间的特性。它也是基于重复历史的，并允许逻辑撤销操作。该机制连续不断地刷新页面，从而不需要在检查点发生时刷新所有页面。它使用日志序列号（LSN）来实现各种优化以减少恢复所花的时间。

术语回顾

- 恢复机制
- 故障分类
  - 事务故障
  - 逻辑错误
  - 系统错误
  - 系统崩溃
  - 数据传输失败
- 故障 - 停止假设
- 磁盘故障
- 存储器类型
  - 易失性存储器
  - 非易失性存储器
  - 稳定存储器
- 块
  - 物理块
  - 缓冲块
- 磁盘缓冲区
- 强制输出
- 基于日志的恢复
- 日志
- 日志记录
- 更新日志记录
- 延迟修改

951

- 立即修改
- 未提交修改
- 检查点
- 恢复算法
- 重启动恢复
- 物理撤销
- 物理日志
- 事务回滚
- 重做阶段
- 撤销阶段
- 重复历史
- 缓冲区管理
- 日志记录缓冲
- 先写日志（WAL）
- 强制日志
- 数据库缓冲
- 闩锁
- 操作系统与缓冲区管理
- 模糊检查点
- 高可用性
- 远程备份系统
  - 主站点
  - 远程备份站点
  - 辅助站点
- 故障检测
- 控制权移交
- 恢复时间
- 热备份配置
- 提交时间
  - 一方保险
  - 两方强保险
  - 两方保险

- 锁提前释放
- 逻辑操作
- 逻辑日志
- 逻辑撤销
- 非易失性存储器数据丢失
- 归档转储
- 模糊转储
- ARIES
    - 日志序列号（LSN）
    - 页面序列号（PageLSN）
    - 物理逻辑重做
    - 补偿日志记录（CLR）
    - 脏页表
    - 检查点日志记录
    - 分析阶段
    - 重做阶段
    - 撤销阶段

实践习题

19.1 请解释为什么 undo-list 中事务的日志记录必须由后往前处理，而执行重做时日志记录则由前往后处理。

19.2 请解释检查点机制的目的。应该间隔多长时间执行一次检查点？执行检查点的频率对以下各项有何影响：
- 无故障发生时的系统性能？
- 从系统崩溃中恢复所需的时间？
- 从介质（磁盘）故障中恢复所需的时间？

19.3 某些数据库系统允许系统管理员在*正常日志*（用于从系统崩溃中恢复）和*归档日志*（用于从介质（磁盘）故障中恢复）这两种日志形式之间进行选择。采用 19.4 节中的恢复算法，对于每种情况，一条日志记录在什么时候可以被删除？

19.4 请描述如何对 19.4 节的恢复算法进行修改，以实现保存点和执行到保存点的回滚。（保存点在 19.9.3 节中描述。）

19.5 假设在数据库中使用延迟修改技术。

952

a. 更新日志记录的旧值部分还需要吗？为什么？

b. 如果没有将旧值存放在更新日志记录中，则显然无法对事务进行撤销。其结果是需要对恢复的重做阶段做怎样的修改？

c. 通过将更新过的数据项保存在事务的本地存储中，并且直接从数据库缓冲区中读没有更新过的数据项，可以实行延迟的修改。请给出如何高效地实现对数据项的读，要保证事务看到它自己的更新。

d. 如果事务执行大量的更新，那么上述技术会带来什么问题？

19.6 影子分页方案需要对页表进行拷贝。假设页表表示成 B^+ 树形式。

a. 假设更新仅对叶节点的项进行，并且没有插入或删除，请说明如何在 B^+ 树的新拷贝和影子拷贝之间共享尽可能多的节点。

b. 即使做了上述优化，对于执行少量更新的事务，日志方案仍然比影子拷贝方案开销小得多。请解释这是为什么。

19.7 假设我们（错误地）修改了 19.4 节的恢复算法，对于事务回滚中执行的动作不记日志。于是当从系统崩溃中恢复时，早先已经回滚了的事务就会被放到 undo-list 中，并且被再次回滚。请给出一个示例，说明在恢复的撤销阶段执行的动作怎么会导致不正确的数据库状态。（提示：考虑一个数据项，它被已中止事务更新过，然后又被一个提交了的事务更新。）

19.8 一个事务执行时分配给一个文件的磁盘空间不应该被释放，即使该事务被回滚了。请解释这是为什么，并解释 ARIES 如何保证这样的动作不被回滚。

19.9 假设一个事务删除了一条记录，甚至在这个事务提交之前，所产生的自由空间就被分配给了另一个事务插入的一条记录。

a. 如果需要回滚第一个事务的话，会产生什么问题?

b. 如果使用页级别封锁，而不是元组级别封锁，那么还会出现这个问题吗?

953

c. 如果支持元组级别封锁，请建议如何通过在特殊的日志记录中记下提交后的动作并在提交后执行它们，来解决这个问题。要确保在你给出的方案中这样的动作恰好被执行一次。

19.10 请解释为什么交互式事务的恢复比批处理事务的恢复更难处理。是否有简单的方法来处理这个难题?（提示：考虑用于提取现金的自动取款机事务。）

19.11 有时事务在完成提交之后不得不撤销，因为它被错误地执行了，比如由于银行出纳员的错误输入。

a. 举例说明采用通常的事务撤销机制来撤销这样的事务会导致不一致状态。

b. 处理这种情况的一种途径是使整个数据库回到错误事务提交前的状态（称作*及时点*（point-in-time）恢复）。在这种方案中，及时点之后提交的事务回滚其影响。

请对 19.4 节的恢复算法加以修改，使用数据库转储来实现及时点恢复。

c. 及时点之后的无错误事务可以在逻辑上重新执行，但不能使用它们的日志记录重新执行，为什么?

19.12 我们描述的恢复技术中假设块是被原子地写入磁盘的。然而，当发生电源故障时，一个块可能被部分写入：其中一些扇区被写入，而另一些尚未写入。

a. 部分块写入会导致什么问题?

b. 可以使用类似于那些用于验证扇区读取的技术去检测部分块写入。请解释原因。

c. 请解释如何使用 RAID 1 来对部分写入的块进行恢复，将块要么恢复为其旧值，要么恢复为其新值。

19.13 Oracle 数据库系统使用 undo 日志记录来提供快照隔离下的数据库的快照视图。事务 T_i 所看到的快照视图反映了当 T_i 开始时所有已提交事务的更新，以及 T_i 的更新；所有其他事务的更新对 T_i 是不可见的。

请描述一种缓冲处理机制，它能给事务提供缓冲区中页面的一个快照视图。说明如何使用日志来生成快照视图的细节。你可以假设操作及其撤销动作只影响单个页面。

954

习题

19.14 从 I/O 开销的角度解释易失性存储器、非易失性存储器和稳定存储器这三种存储器之间的区别。

19.15 稳定存储器是不可能实现的。

a. 请解释为什么不能。

b. 请解释数据库系统如何处理这个问题。

19.16 如果与某块有关的某些日志记录没有在该块输出到磁盘之前先被输出到稳定存储器中，请解释数据库可能会变得怎样不一致。

19.17 请概述非窃取的和强制的缓冲区管理策略的缺点。

19.18 假设使用了两阶段封锁，但排他锁是提前释放的，也就是说，封锁不是以严格的两阶段方式实现的。举例说明当使用基于日志的恢复算法时，事务回滚为什么会导致错误的最终状态。

19.19 物理逻辑撤销日志可以显著减小日志开销，特别是对于分槽的页结构这种记录组织形式。请解释这是为什么。

19.20 请解释为什么逻辑撤销日志被广泛使用，而逻辑重做日志（除了物理逻辑重做日志）很少使用。

19.21 考虑图 19-5 中的日志。假设恰好在 <T_0 abort> 日志记录被写出之前系统崩溃。请解释在系统恢复时会发生什么。

19.22 假设有一个事务已运行了很长时间，但仅做了很少的更新。

a. 如果使用 19.4 节的恢复算法，该事务对恢复时间的影响有多大? 如果用 ARIES 恢复算法呢?

b. 该事务对于删除旧的日志记录的影响是什么?

19.23 考虑图 19-7 中的日志。假设在恢复中、恰好在操作 O_1 的 operation abort 日志记录被写出之前发生了崩溃，请解释当系统再次恢复时会发生什么。

19.24 请对于下述情况，从开销的角度，对基于日志的恢复和影子拷贝机制进行比较：数据要被加入新分配的磁盘页中（换句话说，如果事务中止的话，没有旧值需要被恢复）。

955

19.25 在 ARIES 恢复算法中：

a. 如果在分析阶段开始时，某个页面不在检查点脏页表中，我们需要将任何重做记录应用于该页吗？为什么？

b. RecLSN 是什么，如何应用它来尽可能减少不必要的重做？

19.26 请解释系统崩溃和“灾难”之间的区别。

19.27 对于以下各项需求，给出在远程备份系统中持久性程度最合适的选择：

a. 必须避免数据丢失，但丧失一些可用性是可以接受的。

b. 事务提交必须迅速完成，甚至可以承受在灾难发生时丢失一些已提交事务的代价。

c. 要求高级别的可用性和持久性，但事务提交协议的运行时间较长是可以接受的。

延伸阅读

[Gray and Reuter (1993)] 是一本提供恢复相关信息的优秀教科书资料来源，书中包括有意思的实现和历史细节。[Bernstein and Goodman (1981)] 是关于并发控制与恢复的一本早期教科书资料来源。[Faerber et al. (2017)] 概述了主存数据库，包括其恢复技术。

[Gray (1978)] 和 [Gray et al. (1981)] 概述了 System R 的恢复机制（还包括对 System R 的并发控制和其他方面的全面介绍）。[Haerder and Reuter (1983)] 全面介绍了恢复的原则。[Mohan et al. (1992)] 描述了 ARIES 恢复方法。很多数据库都提供了高可用性特性；可以在它们的在线手册中查阅更多的相关细节。

参考文献

[Bayer et al. (1978)] R. Bayer, R. M. Graham, and G. Seegmuller, editors, *Operating Systems: An Advanced Course*, volume 60 of *Lecture Notes in Computer Science*, Springer Verlag (1978).

[Bernstein and Goodman (1981)] P. A. Bernstein and N. Goodman, “Concurrency Control in Distributed Database Systems”, *ACM Computing Surveys*, Volume 13, Number 2 (1981), pages 185-221.

[Faerber et al. (2017)] F. Faerber, A. Kemper, P.-A. Larson, J. Levandoski, T. Neumann, and A. Pavlo, “Main Memory Database Systems”, *Foundations and Trends in Databases*, Volume 8, Number 1-2 (2017), pages 1-130.

[Gray (1978)] J. Gray. “Notes on Data Base Operating System”, In *[Bayer et al. (1978)]*, pages 393-481. Springer Verlag (1978).

956

[Gray and Reuter (1993)] J. Gray and A. Reuter, *Transaction Processing: Concepts and Techniques*, Morgan Kaufmann (1993).

[Gray et al. (1981)] J. Gray, P. R. McJones, and M. Blasgen, “The Recovery Manager of the System R Database Manager”, *ACM Computing Surveys*, Volume 13, Number 2 (1981), pages 223-242.

[Haerder and Reuter (1983)] T. Haerder and A. Reuter, “Principles of Transaction-Oriented Database Recovery”, *ACM Computing Surveys*, Volume 15, Number 4 (1983), pages 287-318.

[Mohan et al. (1992)] C. Mohan, D. Haderle, B. Lindsay, H. Pirahesh, and P. Schwarz, “ARIES: A Transaction Recovery Method Supporting Fine-Granularity Locking and Partial Rollbacks Using Write-Ahead Logging”, *ACM Transactions on Database Systems*, Volume 17, Number 1 (1992), pages 94-162.

957 ~ 958

第八部分

Database System Concepts, Seventh Edition

并行和分布式数据库

数据库系统可以是集中式的，其中一台服务器机器执行数据库上的操作。数据库系统也可以设计为利用并行计算机的体系结构。分布式数据库跨多台地理上分散的机器。

第 20 章首先概述在服务器系统上运行的数据库系统的体系结构，这些体系结构用于集中式和客户－服务器体系结构中。然后，概述并行计算机体系结构，以及为不同类型的并行计算机设计的并行数据库体系结构。最后，概述分布式数据库系统构建中的体系结构问题。

第 21 章讨论用于并行和分布式数据库系统中的数据存储和索引技术。其中包括数据分区和复制。键值存储提供了完整数据库系统的某些特征，该章讨论了键值存储及其优缺点。

第 22 章讨论用于并行和分布式数据库系统中的查询处理算法。该章专注于决策支持系统中的查询处理。这样的系统需要在非常大量的数据上执行查询，而跨多个节点查询的并行处理对于在可接受的响应时间内处理查询至关重要。该章介绍并行排序和连接、流水线、MapReduce 系统的实现以及并行流处理。

第 23 章讨论如何在并行和分布式数据库系统中实现事务处理。除了支持并发控制和恢复之外，这类系统还必须处理涉及数据复制和涉及某些节点故障的问题。该章介绍为分布式数据库、分布式并发控制、副本一致性以及为了性能和可用性而进行的一致性权衡所设计的原子提交协议和共识协议。

959
～
960

第 20 章

Database System Concepts, Seventh Edition

数据库系统体系结构

数据库系统的体系结构在很大程度上受到其运行所在的底层计算机系统的影响，特别是在处理器、内存体系结构、网络以及并行式和分布式需求这些方面。在这一章中，我们提供数据库体系结构的一种高级视图，重点是其如何受到底层硬件以及并行和分布式处理需求的影响。

20.1 概述

最早的数据库是在单台支持多任务的物理机器上运行的，这种*集中式数据库系统*（centralized database system）仍然被广泛使用。如今在集中式数据库系统上运行的企业级应用可能拥有成千上万的用户，数据库规模从兆字节到数百吉字节不等。

并行数据库系统（parallel database system）是 20 世纪 80 年代末开始开发的，用于在大量计算机上并行执行任务。它是为处理高端企业应用而开发的，集中式数据库无法满足这类应用在事务处理性能、处理决策支持查询的时间和存储容量方面的要求。这些数据库被设计成在数百台机器上并行运行。如今，并行数据库的增长不仅仅是由企业应用驱动的，更多的是由网络级应用驱动的，这些应用可能有数百万到数亿用户，并且可能需要处理拍字节级别的数据。

并行数据存储系统（parallel data storage system）主要被设计用来存储和检索基于码的数据。与并行数据库不同，数据存储系统通常对事务提供非常有限的支持，而且它们缺乏对声明性查询的支持。另外，这样的系统能够在非常多（成千上万）的机器上并行运行，这是大多数并行数据库无法处理的规模。

此外，数据通常在不同的数据库系统上生成和存储，从而需要跨多个数据库执行查询和更新事务。这一需求导致了*分布式数据库系统*（distributed database system）的发展。如今，在分布式数据库环境中开发的容错技术在确保大规模并行数据库和数据存储系统的极高的可靠性和可用性方面也发挥了关键作用。

961

本章从传统的集中式体系结构入手，学习数据库系统的体系结构，包括并行和分布式数据库体系结构。第 21 章讨论并行和分布式数据存储以及索引问题。第 22 章讨论并行和分布式查询处理问题，第 23 章讨论并行和分布式事务处理问题。

20.2 集中式数据库系统

集中式数据库系统是运行在单个计算机系统上的系统。这种数据库系统范围很广，既包括运行在移动设备或个人计算机上的单用户数据库系统，也包括运行在具有多个 CPU 核、磁盘以及任何 CPU 核都可以访问的大量主存的服务器上的高性能数据库系统。集中式数据库系统广泛用于企业级应用。

我们区分使用计算机的两种方式：作为单用户系统和作为多用户系统。智能手机和个人电脑属于第一类。典型的**单用户系统**（single user system）是由单个人使用的系统，通常只有一个处理器（一般有多个核）、一个或两个磁盘[⊖]。典型的**多用户系统**（multiuser system）有多个磁盘、大量内存和多个处理器。这种系统为大量与系统远程连接的用户服务，所以被称为**服务器系统**（server system）。

为单用户系统设计的数据库系统一般不提供多用户数据库所提供的许多功能。特别是，它可能只支持非常简单的并发控制方案，因为对数据库的高并发访问是不太可能的。故障恢复支持在这样的系统中可能是非常基本的（例如，在更新之前对数据做一个备份），或者在某些情况下甚至是不存在的。这样的系统可能不支持SQL，而是提供用于数据访问的API。这种数据库系统被称为**嵌入式数据库**（embedded database），因为其通常被设计为链接到单个应用程序，并且只能从该应用程序来访问。

相比之下，多用户数据库系统支持我们之前学习过的全部事务特性。这类数据库通常被设计为**服务器**（server），为从应用程序接收到的请求服务，可以是SQL查询形式的请求，也可以是使用API对特定数据进行检索、存储或更新的请求。

962

如今所使用的大多数通用计算机系统都有几个多核处理器（通常是1到4个），每个多核处理器有几个核（通常是4到8个）。主存在所有处理器之间共享。具有这样少量的核和共享内存的并行被称为**粗粒度并行**（coarse-grained parallelism）。

在单处理器系统上运行的操作系统支持多任务，允许多个进程以分时方式运行在同一个处理器上。因此，不同进程的动作可能是交错的。为单处理器机器设计的数据库长期以来一直被设计为允许多个进程或线程并发访问共享的数据库结构。因此，在处理真正并行运行的多个进程时的许多问题（例如对数据的并发访问）已经由为单处理器机器设计的数据库解决。其结果是，为分时的单处理器机器设计的数据库系统可以相对容易地适应在粗粒度并行系统上运行。

在粗粒度并行机器上运行的数据库通常不会尝试将单个查询划分给多个处理器，而是将每个查询运行在单个处理器上，允许多个查询的并发执行。因此，这样的系统支持更高的吞吐量，也就是说，允许每秒运行更多的事务，尽管单个事务不会运行得更快。近年来，甚至移动电话也支持多个核了，此类系统在不断发展，以支持对单个查询的并行处理。

细粒度并行（fine-grained parallelism）的机器则拥有大量的处理器，在这类机器上运行的数据库系统试图对用户提交的单个任务（例如查询）进行并行化。

总的来说，并行性已成为软件系统设计中的一个关键问题，特别是在数据库系统的设计中。其结果是，并行数据库系统正日益成为规范，虽然它曾经是在专门设计的硬件上运行的专用系统。我们将在20.4节中学习并行数据库系统的体系结构。

20.3 服务器系统体系结构

服务器系统可以大致分为事务服务器和数据服务器两类。

- **事务服务器**（transaction-server）系统也称为**查询服务器**（query-server）系统，它提供了一个接口，客户端可以向该接口发送请求来执行操作，作为响应，服务器执行操作并将结果发送回客户端。通常，客户端将事务发送到服务器系统，在服务器系统中执行事务，且结果被发送回负责显示数据的客户端。可以使用SQL或通过专门的应用程序接口来表达请求。

⊖ 回想一下，我们使用术语磁盘（disk）来指代硬盘和固态驱动器。

- **数据服务器系统**（data-server system）允许客户端以诸如文件、页面或对象为单位来发送读取或更新数据的请求，从而与服务器进行交互。例如，文件服务器提供了一个文件系统接口，客户端可以在其中创建、更新、读取和删除文件。数据库系统的数据服务器提供了更多的功能，支持小于文件大小的数据单元，如页面、元组或对象。这类服务器为数据提供索引工具，并且提供事务工具，以便在客户端或进程发生故障时，数据绝不会处于不一致的状态。

963

其中，事务服务器体系结构是迄今为止使用更为广泛的体系结构，尽管并行数据服务器被广泛用于处理网络规模的流量。我们将在 20.3.1 节和 20.3.2 节中详细描述事务服务器和数据服务器的体系结构。

20.3.1　事务服务器体系结构

当今典型的事务服务器系统由访问共享内存中数据的多个进程组成，如图 20-1 所示。构成数据库系统的组成部分的进程包括：

964

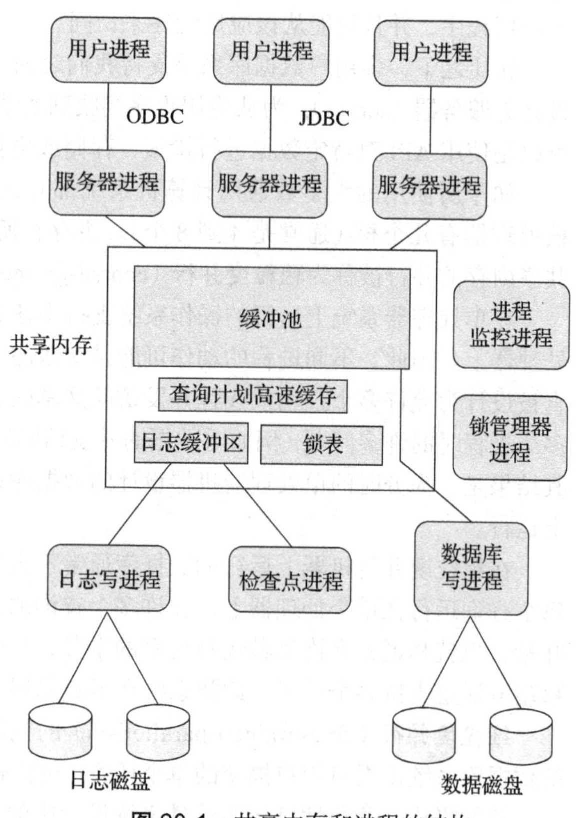

图 20-1　共享内存和进程的结构

- **服务器进程**（server process）。该进程接收用户查询（事务），执行并将结果返回。查询可以从用户界面、运行嵌入式 SQL 的用户进程，或者通过 JDBC、ODBC 等协议提交到服务器进程。有些数据库系统对每个用户会话使用一个单独的进程，有些数据库系统对所有用户会话使用一个数据库进程，但使用多个线程来让多个查询并发执行。（**线程**（thread）类似于进程，但是多个线程作为同一个进程的一部分执行，并且一个进程中的所有线程都在同一虚拟内存空间中运行。一个进程中的多个线程可以并发执行。）许多数据库系统使用混合体系结构，具有多个进程，每个进程运行多个线程。
- **锁管理器进程**（lock manager process）。该进程实现锁管理器功能，包括锁授予、锁释放和死锁检测。
- **数据库写进程**（database writer process）。有一个或多个进程不断地将修改过的缓冲块输出到磁盘。
- **日志写进程**（log writer process）。该进程将日志记录从日志记录缓冲区输出到稳定的存储器上。服务器进程简单地将日志记录添加到共享内存的日志记录缓冲区中，并且如果需要强制输出日志，就会请求日志写进程输出日志记录（回想一下，强制输出日志导致内存中的日志内容被输出到稳定的存储器上）。
- **检查点进程**（checkpoint process）。该进程定期执行检查点操作。

- **进程监控进程**（process monitor process）。该进程监控其他进程，并且一旦有进程失败，它将为失败进程执行恢复动作，比如中止失败进程正在执行的任何事务，然后重新启动该进程。

共享内存包含所有的共享数据，比如：

- 缓冲池。
- 锁表。
- 日志缓冲区，包含待输出到稳定存储器上的日志记录。
- 高速缓存的查询计划，它在同一个查询再次提交时可以重用。

所有数据库进程都可以访问共享内存中的数据。由于多个进程可能读取或更新共享内存中的数据结构，所以必须有一种机制来确保**互斥**（mutual exclusion），也就是说，确保一次最多只有一个进程来修改数据结构，而且当数据结构正在被其他进程写时不能有进程读该数据结构。

注释 20-1　原子操作指令

1. **test-and-set**(M) 指令原子性地执行下述两项操作：（1）测试，即读取内存地址 M 处的值；（2）将该值置为 1，test-and-set 指令返回它在第 1 步中读取到的值。

   假设将代表排他锁的内存地址 M 的初始值设置为 0。一个希望获取该锁的进程执行 test-and-set(M) 指令。如果它是在 M 上执行指令的唯一进程，则读取并返回的值将为 0，向进程表示它已获取锁，并且 M 将被设置为 1。当使用锁的进程结束时，通过将 M 设置回 0 来释放该锁。

   如果在锁被释放之前第二个进程执行 test-and-set(M) 指令，则返回的值将为 1，表示其他进程已经拥有锁。该进程可以周期性地在 M 上重复执行 test-and-set 指令，直到它得到返回值 0，表示它在另一个进程释放锁后获得了该锁。

   现在，如果两个进程并发执行 test-and-set(M) 指令，其中一个进程的返回值将为 0，而另一个进程的返回值将为 1。这是因为读取操作和设置操作是原子性地一起执行的。第一个进程在读取值的同时也会将其设置为 1，第二个进程会发现 M 已经被设置为 1。因此，只有一个进程获得锁，从而确保互斥。

2. **compare-and-swap** 指令是与 test-and-set 指令相似的另一种原子操作指令，但它接受参数 (M, V_o, V_n)，其中 M 是内存地址，V_o 和 V_n 是两个值（分别指代旧值和新值）。该指令原子性地执行如下操作：它将 M 的取值与 V_o 相比较。如果二者匹配，则将 M 的值更新为 V_n，并返回成功；如果二者不匹配，则不更新 M 的值，并返回失败。

   与 test-and-set 的情况相似，我们使用内存地址 M 来代表一个锁，其取值初始时为 0。一个希望获取该锁的进程执行 compare-and-swap(M, 0, id) 指令，其中 id 可以是任意的非零值，通常是进程的标识。如果没有进程获得该锁，compare-and-swap 指令将在 M 中存储进程标识后返回成功；否则，该指令将返回失败。

   compare-and-swap 指令相较 test-and-set 指令在实现上的优势在于，如果将进程标识用作 V_n，只需读取 M 的内容就可以容易地发现哪个进程获得了锁。

这种互斥可以借助于被称为信号量的操作系统功能来实现。另一种实现方法开销更小，它使用计算机硬件支持的**原子操作指令**（atomic instruction），如 test-and-set 或者 compare-and-swap。这些指令的详细信息请参考注释 20-1。现在所有的多处理器系统都支持 test-and-set 或 compare-and-swap 原子操作指令。有关这些指令的更多详细信息可以在操作系统教科书中找到。

注意，原子操作指令可以用于互斥，这相当于支持排他锁，但它们不直接支持共享锁。因此，它们不能直接用于实现数据库中通用的锁。但是，原子操作指令可用于实现短时间锁，也称为闩锁，以用于数据库中的互斥。

为了避免消息传递的开销，在许多数据库系统中，服务器进程通过直接更新锁表（在共享内存中）来实现锁，而不是向锁管理器进程发送锁请求消息（锁表如图 18-10 所示）。

由于多个服务器进程可以同时访问共享内存中的锁表，因此进程必须确保对锁表访问的互斥。这通常是通过获取锁表上的互斥锁来完成的，方法是在代表锁表上的锁的内存位置上使用 test-and-set 或 compare-and-swap 指令。

通过直接更新共享内存中锁表的方式，按以下步骤执行希望获得锁的事务：

1. 获得锁表上的互斥锁（闩锁）。
2. 使用我们在 18.1.4 节中所见的过程，检查是否可以分配请求的锁。如果可以，则更新锁表以表示已分配锁；否则，更新锁表以表示锁请求在该锁的队列中。
3. 释放锁表上的互斥锁。

如果由于锁冲突而无法立即获取锁，则事务可以定期读取锁表，以检查是否由于锁释放使得锁可以分配给它，下面将对此进行介绍。

锁释放按以下步骤进行：

1. 获得锁表上的互斥锁。
2. 对于即将被释放的锁，从锁表中删除其记录项。
3. 如果有任何其他挂起的锁请求该数据项，且锁现在可以分配给该请求，锁表将被更新以将这些请求标记为已分配。锁请求可被授予的规则如 18.1.4 节所述。
4. 释放锁表上的互斥锁。

965～967

为了避免对锁表进行重复检查（忙碌等待（busy waiting）现象的一个示例），锁请求代码可以使用操作系统信号量来等待锁授予的通知。然后，锁释放代码必须使用信号量机制通知等待事务其锁已被授予。

即使系统通过共享内存处理锁请求，也仍然使用锁管理器进程进行死锁检测。

20.3.2 数据服务器与数据存储系统

数据服务器系统最初是为支持从面向对象数据库访问数据而开发的，面向对象数据库允许程序员使用允许创建、检索和更新持久对象的编程语言。

面向对象数据库的许多目标应用（如计算机辅助设计（CAD）系统）都需要在检索到的数据上进行大量计算。例如，CAD 系统可以存储计算机芯片或建筑物的模型，并且可以在检索到的模型上进行诸如仿真之类的计算，这在 CPU 耗时方面的代价可能很昂贵。

如果所有的计算都在服务器端完成，那么服务器就会过载。相反，在这种环境中，将数据存储在单独的数据服务器上，在需要时将数据提取到客户端，在客户端执行所有处理，然后将新的或更新后的数据存储回数据服务器，这是有意义的。这样，利用客户端的处理能力可以执行计算，而服务器只需要存储和获取数据，不需要执行任何计算。

最近，已经开发了许多并行数据存储系统来处理非常大量的数据和事务。这样的系统不必支持 SQL，而是提供用于存储、检索和更新数据项的 API。存储在此类系统中的数据项可以是元组，也可以是以 JSON 或 XML 等格式表示的对象，甚至可以是文件或文档。

我们使用术语**数据项**（data item）来指代元组、对象、文件和文档，也交替使用术语*数据服务器*（data server）和*数据存储系统*（ata storage system）。

数据服务器支持整个数据项的通信，在数据项非常大的情况下，也可能支持仅与数据项的指定部分（例如，指定的块）的通信，而不要求提取或存储整个数据项。

早期存储系统中的数据服务器支持称作*页面传送*（page shipping）的概念，其中通信单元是可能包含多个数据项的数据库页面。如今不再使用页面传送，因为存储系统不会向客户端公开底层的存储布局。

20.3.3　客户端高速缓存

968

客户端应用程序与服务器（无论是事务服务器还是数据服务器）之间的通信时间代价（毫秒）与本地内存引用（小于 100 纳秒）相比是很高的。即使数据服务器与客户端处于同一位置，在网络上发送消息并得到响应（称为*网络往返时间*（network round-trip time）或*网络延迟*（network latency））的时间也可能接近毫秒。

因此，在客户端运行的应用程序采用几种优化策略来减少网络延迟的影响。同样的策略在并行数据库系统中也是适用的，其中查询处理所需的一些数据可能存储在与使用查询的计算机不同的计算机上。优化策略包括如下内容：

- **预取**（prefetching）。如果通信单元是单个的小数据项，那么与传输的数据量相比，消息传递的开销是很高的。特别是，如果事务在网络上反复请求数据项，那么网络延迟可能会导致严重延迟。

  因此，当一个数据项被请求时，同时发送可能在不久的将来使用的其他数据项可能是有意义的。在数据项被请求之前就对数据项进行提取称为**预取**。

- **数据高速缓存**（data caching）。在单个事务范围内，代表事务的发送到客户端的数据可在客户端高速缓存。即使在事务完成后，数据也可被高速缓存，从而允许同一客户端上的后续事务使用高速缓存的数据。

  然而，**高速缓存一致性**（cache coherency）是一个问题：即使事务找到高速缓存的数据，也必须确保这些数据是最新的，因为它们可能在高速缓存后被不同的客户端更新甚至删除。因此，必须仍然与服务器交换消息，以检查数据的有效性并获取数据上的锁，除非应用愿意使用可能过时的数据。此外，在事务高速缓存数据后可能有新的元组被插入，而新元组可能不在高速缓存中。事务可能需要联系服务器来找到这样的元组。

- **锁高速缓存**（lock caching）。如果数据的使用主要是在客户端之间进行划分的，而客户端很少请求其他客户端也请求的数据，那么锁也可以在客户端高速缓存。假设客户端在高速缓存中找到一个数据项，并且它还找到访问高速缓存中该数据项所需的锁。那么，就可以在不与服务器进行任何通信的情况下继续进行该访问。但是，服务器必须跟踪被高速缓存的锁，如果客户端向服务器请求锁，服务器必须从高速缓存该锁的任何其他客户端**回调**（call back）数据项上的所有冲突锁。如果将机器故障纳入考量，此任务变得更加复杂。

- **自适应锁粒度**（adaptive lock granularity）。如果一个事务需要对事务过程中发现的多个数据项加锁，并且获取每个锁都需要与数据服务器进行往返通信，则该事务仅在

969

锁的获取上就可能浪费大量时间。在这种情况下，可以使用多粒度锁来避免多重请求。例如，如果一个页面中存储了多个数据项，那么单个的页面锁（处于较粗的粒度）可以避免获取多个数据项锁（处于较细的粒度）的需求。该策略在锁争用很少的情况下运行良好，但在争用较多的情况下，获取粗粒度锁会显著影响并发度。

锁降级（lock de-escalation）是在出现较高争用时一种自适应降低锁粒度的方式。锁降级通过数据服务器向客户端发送对锁进行降级的请求而启动，客户端通过获取粒度更细的锁，然后释放粒度较粗的锁以进行响应。

当切换到更细的粒度时，如果某些锁是针对当前未被客户端的任何事务锁定的高速缓存数据项的，则可以从高速缓存中删除该数据项，而不是在其上获取粒度更细的锁。

20.4 并行系统

并行系统通过并行使用大量的计算机来提高处理速度和 I/O 速度。并行计算机正变得越来越普及，相应地，对并行数据库系统的研究变得更加重要。

在并行处理中，许多操作是同时执行的，与串行处理不同。在串行处理中，计算步骤是按顺序执行的。**粗粒度**（coarse-grain）并行机由少量能力强大的处理器组成，而**大规模并行机**或**细粒度并行机**使用数千个更小的处理器。现在几乎所有的高端服务器都提供了一定程度的粗粒度并行，它们至多具有两个或四个处理器，每个处理器可以具有 20 到 40 个核。

大规模并行计算机与粗粒度并行机的区别在于，大规模并行计算机所支持的并行程度要高得多。在大量处理器之间共享内存是不切实际的。其结果是，大规模并行计算机通常是利用大量的计算机来构建的，每台计算机都有自己的内存，而且通常也有自己的磁盘集。每台这样的计算机在系统中被称为**节点**（node）。

规模在数百到数千个节点或更多节点的并行系统被安置在**数据中心**（data center），数据中心是容纳大量服务器的设施。数据中心为数据中心内部以及外部世界提供高速网络连接。过去十年中，数据中心的数量和规模都有了巨大的增长，现代数据中心可能拥有数十万台服务器。

20.4.1 并行数据库的动机

随着计算机使用得越来越多，组织机构对事务的需求也在增加。此外，万维网的发展创造了许多拥有数百万浏览者的网站，从浏览者那里收集的数据越来越多，在许多公司形成了非常庞大的数据库。

970

并行数据库系统背后的驱动力是，应用程序必须查询非常庞大的数据库（具有 PB 级别的规模，即 1000TB，或相当于 10^{15} 字节）或必须每秒处理大量的事务（具有每秒数千个事务的规模）。集中式和客户 - 服务器数据库系统不够强大，不足以处理此类应用。

如今 Web 规模的应用通常需要数百到数千个节点（在某些情况下，可能需要数万个节点）来处理 Web 上的大量用户。

组织机构正在使用这些规模日益增长的数据（例如有关人们购买哪些商品、用户点击哪些 Web 链接以及人们何时打电话的数据）来计划其活动和定价。用于此类目的的查询称为**决策支持查询**（decision-support query），并且此类查询所需的数据可能会达到太字节。单节点系统没有能力以所需的速率处理如此大量的数据。

数据库查询的面向集合特性自然会导致其本身的并行化。许多商用和研究系统已经证明了并行查询处理的能力和可扩展性。

长期以来，由于计算系统的成本大大降低，并行机已变得越来越普遍，而且价格相对便宜。单台计算机本身已经成为使用多核架构的并行机。因此，即使对于小型组织机构，并行数据库的价格也相当合理。

可支持数百个节点的并行数据库系统已经上市几十年了，但自 21 世纪初以来，此类产品的数量有了显著的增长。用于并行数据存储（如 Hadoop 文件系统（Hadoop File System，HDFS）和 HBase）以及用于查询处理（如 Hadoop Map Reduce 和 Hive 等）的开源平台也得到了广泛的应用。

值得注意的是，应用程序通常是这样构建的：可以在很多应用服务器上并行执行，应用服务器通过网络与数据库服务器进行通信，而数据库服务器本身可能是一个并行系统。本小节描述的并行体系结构不仅可以用于数据库中的数据存储和查询处理，还可以用于应用程序的并行处理。

20.4.2 并行系统的性能度量

对数据库系统的性能主要有两种衡量方式：（1）**吞吐量**（throughput），在给定时间间隔内可以完成的任务数；（2）**响应时间**（response time），从提交单个任务开始到完成该任务所花费的时间。处理大量小型事务的系统可以通过并行处理许多事务来提高吞吐量。处理大型事务的系统可以通过并行执行每个事务的子任务来提高响应时间和吞吐量。

971

计算机系统内的并行处理可以加速数据库系统的活动，允许对事务的更快响应，以及每秒执行更多的事务。可以利用底层计算机系统提供的并行性来处理查询。

并行性研究中的两个重要问题是加速比和扩展比。通过增加并行度在更短的时间内运行一个给定的任务称为**加速比**（speedup）。通过增加并行度来处理更大的任务称为**扩展比**（scaleup）。

考虑一个在具有一定数量的处理器和磁盘的并行系统上运行的数据库应用。现在假设我们通过增加处理器、磁盘以及系统其他部件的数量来扩大系统规模。目标是使任务处理的时间与所分配的处理器和磁盘的数量成反比。假设在较大机器上执行一项任务的时间是 T_L，在较小机器上执行相同任务的时间是 T_S。由于并行性而获得的加速比定义为 T_S/T_L。当较大系统拥有的资源（处理器、磁盘等）是较小系统的资源的 N 倍时，如果获得的加速比是 N，那么称并行系统实现了**线性加速比**（linear speedup）。如果获得的加速比小于 N，则称系统实现了**亚线性加速比**（sublinear speedup）。图 20-2 描述了线性和亚线性的加速比[⊖]。

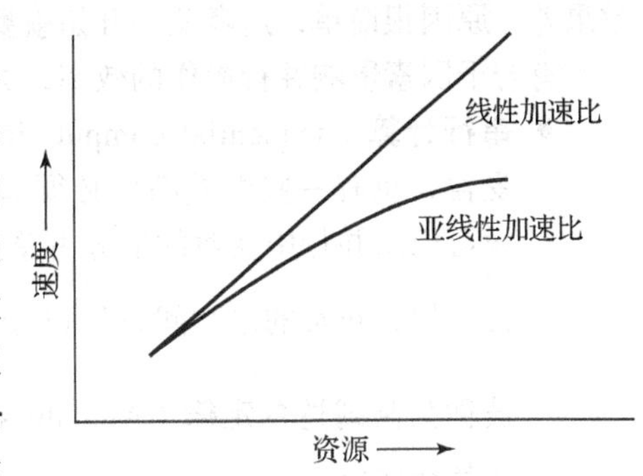

图 20-2 资源增加时的加速比

扩展比对应的是通过提供更多资源在相同时间内处理更大任务的能力。令 Q 是一项任务，且 Q_N 是一项比 Q 大 N 倍的任务。假设 Q 在给定机器 M_S 上的执行时间是 T_S，且任务 Q_N 在比 M_S 大 N 倍的并行机器 M_L 上的执行时间是 T_L。于是扩展比定义为 T_S/T_L。如果 $T_L=T_S$，则称并行系统 M_L 在任务 Q 上实现了**线性扩展比**（linear scaleup）。如果 $T_L>T_S$，则称系统实现了**亚线**

972

⊖ 在某些情况下，并行系统可能提供超线性加速比，也就是说，一个规模大 N 倍的系统可能提供大于 N 的加速比。这是有可能发生的，比如，因为不能放入较小系统主存中的数据确实能放入较大系统的主存中，所以避免了磁盘 I/O。类似地，与较小系统相比，数据可以放在较大系统的高速缓存中，减少了内存访问，这可能导致超线性加速比。

性扩展比（sublinear scaleup）。图 20-3 描述了线性和亚线性的扩展比（其中的资源随问题规模成比例增长）。根据度量任务的规模的方式，与并行数据库系统相关的扩展比有两种：

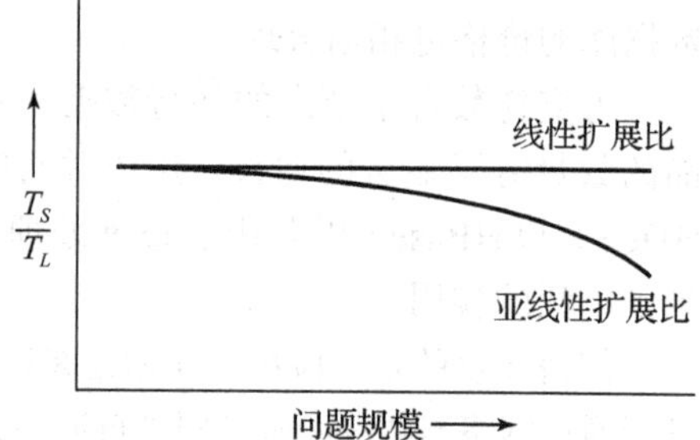

图 20-3　问题规模和资源增加时的扩展比

- 在**批量型扩展比**（batch scaleup）中，数据库规模增大，而任务是那些运行时间依赖于数据库规模的大型作业。这种任务的一个示例是扫描一个其规模与数据库规模成正比的关系。于是，数据库规模可以作为问题规模的度量。批量型扩展比也应用于科学应用中，例如，执行 N 倍更细分辨率[⊖]的天气模拟，或进行 N 倍时间长度的模拟。
- 在**事务型扩展比**（transaction scaleup）中，数据库事务的提交率增加，并且数据库规模的增长与事务率成正比。这类扩展比适用于事务是小更新类的事务处理系统，例如银行账户的存款和取款，而且创建的账户越多，事务率增长就越高。这种事务处理特别适合并行执行，因为事务可以在分散的节点上并发地、相互独立地运行，而且即使数据库增大了，每个事务也大致耗费同样多的时间。

扩展比通常是度量并行数据库系统效率的更重要的指标。数据库系统中并行化的目的通常是保证即使数据库规模和事务数量增长，数据库系统也能以可接受的速度继续运行。通过提高并行性来增强系统能力，为企业的发展提供了一条路径，这比用速度更快的机器（即使有这样的机器存在）来替换集中式系统的方式要更平稳。然而，在使用扩展比进行度量时，我们还必须关注绝对性能数目，具有线性扩展比的机器可能比没达到线性扩展比的机器执行效果差，原因很简单，后者从一开始就要快得多。

973

有若干因素影响并行操作的效率，并且可能同时降低加速比与扩展比。

- **串行计算**（sequential computation）。许多任务都有一些组成部分可以从并行处理中受益，也有一些组成部分必须串行执行。考虑一项花费时间 T 串行运行的任务。假设可以从并行中受益的部分占总执行时间的比例是 p，并且该部分由 n 个节点并行执行。那么花费的总时间将是 $(1-p)T + (p/n)T$，加速比将为 $\frac{1}{(1-p)+(p/n)}$。（这一公式被称为**阿姆达尔定律**（Amdahl's law）。）如果 p 取 $\frac{9}{10}$，那么即使 n 非常大，最大可能的加速比也是 10。

现在考虑问题规模增加时的扩展比。如果任务的串行化部分所花费的时间随问题规模的增长而增加，则扩展比也会类似地受限。假设问题的执行时间中占比为 p 的部分从增加的资源中受益，而占比为 $1-p$ 的部分是串行的，不会从增加的资源中受益。那么对于一个规模增长为 n 倍的问题，当资源增加到 n 倍时，扩展比将为 $\frac{1}{n(1-p)+p}$。（这一公式被称为**古斯塔夫森定律**（Gustafson's law）。）然而，如果串行部分所花费的时间不随着问题规模的增长而增加，那么它对扩展比的影响将小于问题规模对扩展比的影响。

- **启动代价**（start-up cost）。存在与单个进程初始化相关的启动代价。在包括数以千计的

⊖ 例如，进行天气模拟时，将特定区域的大气层划分为边长 200 米的立方体的设定可能需要修改为边长 100 米的立方体的设定，以使用更精细的分辨率，因此立方体的数量将增大到 8 倍。

进程的并行操作中，*启动时间*（start-up time）可能掩盖实际处理时间，降低加速比。

- **干扰**（interference）。由于在并行系统中执行的进程经常访问共享资源，因此在每个新进程与原有进程竞争共同持有的资源（例如系统总线、共享磁盘，甚至锁）时，就会发生干扰，使速度降低。这种现象会同时影响加速比和扩展比。
- **偏斜**（skew）。我们通过将单项任务分解为多个并行的步骤来减小平均步骤的规模。然而，最慢的步骤的服务时间将决定整个任务的服务时间。通常很难将一项任务分解为多个规模完全相等的部分，因而规模分配的方式是*偏斜*的。例如，如果将规模为 100 的任务分成 10 个部分，并且分解是偏斜的，则有可能有些任务的规模小于 10，而另一些任务的规模大于 10，即使有一项任务的规模刚好是 20，那么并行地运行这些任务所得到的加速比也只能是 5，而不是我们所期望的 10。

974

20.4.3　互连网络

并行系统包括一套组件（处理器、存储器和磁盘），这些组件之间通过**互连网络**（interconnection network）相互通信。图 20-4 显示了几种普遍使用的互连网络类型：

- **总线**（bus）。所有系统组件可以通过一条单独的通信总线来发送数据并接收数据。这种互连形式如图 20-4a 所示。早期使用的总线互连用于连接网络中的多个节点，而现在它不再用于此项任务。但是，总线互连仍然用于连接单个节点内的多个 CPU 和内存单元，并且它在处理器数量较少时工作良好。然而，它并不能随着并行度增大而很好地进行扩展，因为总线在同一时间只能处理来自一个组件的通信。随着一个节点中 CPU 和内存库数量的增加，诸如环或网格互连之类的其他互连机制如今甚至被用于单个节点。

975

- **环**（ring）。组件是作为一个环（圆圈）中排列的节点，且每个节点与它在环中相邻的两个节点相连接，如图 20-4b 所示。与总线不同，每个链接可以与环中的其他链接并发地传输数据，从而获得更好的可扩展性。但是，要将数据从环上的一个节点传输到另一个节点，可能需要通过大量的链接。特别是，假设可以在环的任意一个方向上进行通信，则在具有 n 个节点的环上可能需要通过多达 $n/2$ 个链接。此外，如果环中的节点数增加，那么传输延迟也会增加。
- **网格**（mesh）。组件是网格中的节点，且每个组件都和网格中的所有邻接组件相连接。在二维网格中，每个节点与（最多）四个邻接节点相连接；而在三维网格中，每个节点与（最多）六个邻接节点相连接。图 20-4c 显示了一个二维网格。没有直接连接的节点间的相互通信可以通过将消息经由一系列直接互连的中间节点路由的方式来进行。随着组件数目的增加，通信链路的数目也随之增大，因此当并行度增大时，网格的通信能力能更好地扩展。

  网格互连用于将处理器中的多个核或单台服务器中的多个处理器相互连接。每个处理器核都可以直接访问连接到处理器核的一组内存，但是系统通过网格互连发送消息透明地从其他内存库中获取数据。

  然而，网格互连不再用于节点互连，因为传输数据所需的链接数量随着节点数量的增加而显著增加（在最坏的情况下，将数据从一个节点传输到另一个节点所需的链接数量与节点数的平方根成正比）。如今的并行系统节点数量非常多，因此网格互连将慢得没有实际意义。
- **超立方体**（hypercube）。组件按二进制编号，如果两个组件编号的二进制表示正好相差 1 位，那么它们之间是相互连接的。于是，n 个组件中的每一个将与 $\log(n)$ 个其他组件相连接。图 20-4d 显示了一个具有 8 个节点的超立方体。在超立方体互连中，一个组件发出的消息至多经由 $\log(n)$ 个链接到达任何其他组件。比较而言，在网格体系结构中，一个组件与另一些组件的距离可能是 $2(\sqrt{n}-1)$ 个链接。（如果网格互连在网格的边缘进行绕接，那么距离可能是 $\sqrt{n}$ 个链接。）因此，超立方体中的通信延迟显著低于网格中的通信延迟。

976

在早期，超立方体被用于大规模并行计算机中的节点互连，但现在它们不再经常使用。

- **树形**（tree-like）。数据中心的服务器系统通常安装在机架上，每个机架最多可容纳大约 40 个节点。构建节点数量较多的系统时将使用多个机架。一个关键问题是如何互连这样的节点。

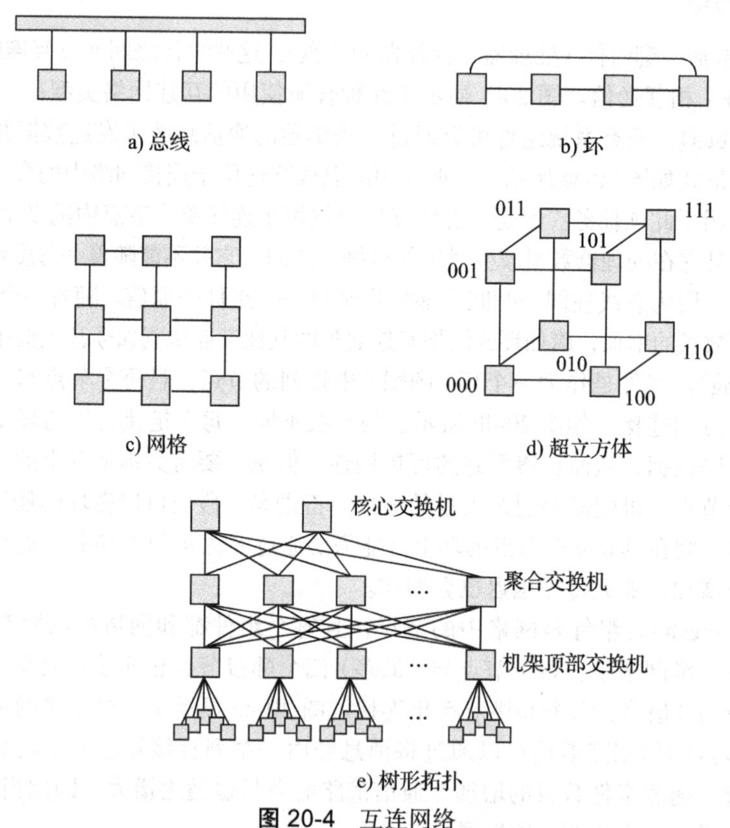

图 20-4　互连网络

为了连接机架内的节点，通常在机架顶部安装一台网络交换机。通常使用 48 端口交换机，因此单台交换机可用于连接一个机架中的所有服务器。当今的网络交换机通常支持为连接到交换机的每台服务器同时提供 1～10Gbps 的带宽，也有可用带宽为 40～100Gbps 的更昂贵的网络互连。

多台机架顶部交换机（也称为**边缘交换机**（edge switch））可以依次连接到另一台交换机（称为**聚合交换机**（aggregation switch）），以便允许机架之间的互连。如果机架数量较多，可以将机架分为组，用一台聚合交换机连接一组机架，并且所有聚合交换机依次连接到一台**核心交换机**（core switch）。这种体系结构是三层**树拓扑**

(tree topology）结构。树顶部的核心交换机还提供与外部网络的连接。

组织机构内部的局域网通常采用这种基本的树形结构，它的一个问题是：如果一个机架中的多台机器试图与来自其他机架的机器进行大量数据的通信，那么机架之间的可用带宽就往往不够。通常，聚合交换机的互连支持10～40Gbps的更高的带宽，100Gbps的互连也是可用的。更高容量的互连可以通过并行使用多个互连来创建。但是，如果一个机架中有足够多的服务器试图以其全部连接带宽与其他机架中的服务器通信，那么即使是这样的高速链路也可能饱和。

为了避免树形结构的带宽瓶颈，数据中心通常将每个机架顶部（边缘）交换机连接到多台聚合交换机。每台聚合交换机依次链接到下一层的多个核心交换机。这种互连拓扑称为**树形拓扑**（tree-like topology），图20-4e展示了一个三层树形拓扑。树形拓扑也被称为**胖树拓扑**（fat-tree topology），尽管最初胖树拓扑指的是这样一种树拓扑：其中树中较高的边的带宽比树中较低的边的带宽要更高。

树形架构的好处在于，每台机架顶部交换机可以通过与其连接的任何聚合交换机路由其消息，与树拓扑相比，大大增加了机架间带宽。类似地，每台聚合交换机可以通过其所连接的任何核心交换机与另一台聚合交换机通信，从而增加了聚合交换机之间的可用带宽。此外，即使一台聚合或边缘交换机发生故障，也有通过其他交换机的可选路径。使用适当的路由算法，即使一台交换机发生故障，网络也可以继续运行，使网络具有容错性（fault-tolerant），至少对一台或几台交换机的故障如此。

977

三层树形架构可以处理具有数万台机器的**集群**（cluster）。尽管与树拓扑相比，树形拓扑大大提高了机架间带宽，但如果并行处理应用（包括并行存储和并行数据库系统）的设计方式能够减少机架间流量的话，则其性能是最好的。

树形拓扑及其变体在当今的数据中心中得到了广泛应用。数据中心中复杂的互连网络称为**数据中心网络**（data center fabric）。

虽然网络拓扑结构对于可扩展性非常重要，但网络性能的一个关键是用于单个链路的网络技术。流行的技术包括：

- **以太网**（Ethernet）。当今网络连接的主流技术是以太网技术。随着时间的推移，以太网标准不断发展，目前使用的主要版本是1GB以太网和10GB以太网，它们分别支持每秒1GB和10GB的带宽。40GB以太网和100GB以太网技术也是可用的，只是成本更高，其使用率在不断提高。以太网协议可以在较便宜的铜电缆上短距离使用，并在光纤上长距离使用。
- **光纤通道**（fiber channel）。光纤通道协议标准被设计用于存储系统和计算机之间的高速互连，并且它主要用于实现存储区域网（如20.4.6节所述）。多年以来，标准的不同版本支持不断增长的带宽。截至2011年，支持每秒16GB的带宽；自2016年起，支持每秒32GB和128GB的带宽。
- **无限带宽**（infiniband）。无限带宽标准是为与数据中心的互连而设计的。它专门为高性能计算应用而设计，这些应用不仅需要非常高的带宽，而且需要非常低的延迟。无限带宽标准不断发展，至2007年链接速度达到每秒8GB，至2014年可用链接速度为每秒24GB。还可以聚合多个链路以提供每秒120GB至290GB的带宽。

  对于许多应用来说，和消息传递相关的延迟与带宽同样重要。无限带宽的一个主要优点是它支持低至0.5～0.7微秒的延迟。相比之下，在未优化的局域网中，以太网延迟高达数百微秒，而延迟优化的以太网实现仍然有几微秒的延迟。

一种用于降低延迟的重要技术是允许应用程序直接与硬件接口，绕过操作系统来发送和接收消息。利用网络栈的标准实现，应用程序向操作系统发送消息，操作系统继而与硬件接口，硬件接着将消息传递给另一台计算机，然而在另一台计算机中硬件再与操作系统接口，继而操作系统与应用程序接口以传递消息。对直接访问网络接口并绕过操作系统的支持，大大减少了通信延迟。

978

另一种减少延迟的方法是使用**远程直接内存访问**（Remote Direct Memory Access，RDMA），这是一种允许一个节点上的进程直接读取或写入另一个节点上的内存的技术，而不需要消息的显式传递。硬件支持确保 RDMA 能够以非常高的速率、非常低的延迟传输数据。实现 RDMA 可以使用无限带宽、以太网或其他网络技术，以在节点之间进行物理通信。

20.4.4　并行数据库体系结构

并行机器有若干种体系结构模型。图 20-5 所示的是其中最重要的几种。（图中，M 表示内存，P 表示处理器，圆柱体表示磁盘。）

979

- **共享内存**（shared memory）。所有处理器共享一个公共的内存（见图 20-5a）。
- **共享磁盘**（shared disk）。一组节点共享一组公共的磁盘，每个节点有自己的处理器和内存（见图 20-5b）。共享磁盘系统有时又称作**集群**。
- **无共享**（shared nothing）。一组节点既不共享公共的内存，又不共享公共的磁盘（见图 20-5c）。
- **层次**（hierarchical）。这种模型是前三种体系结构的混合（见图 20-5d）。这种模型是当今使用最广泛的模型。

在 20.4.5～20.4.8 节，我们将对各种模型进行详细介绍。

请注意，图 20-5 以抽象的方式显示了互连网络。不要将图中所示的互连网络理解为一定是总线，事实上，在实际中使用的是其他互连网络。例如，网格网络在处理器中使用，树形网络通常用于互连节点。

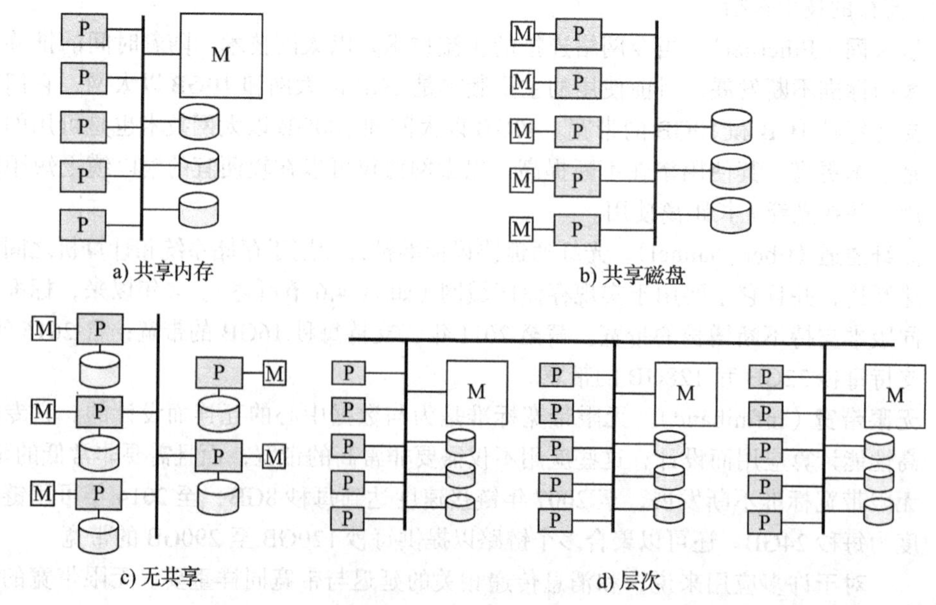

图 20-5　并行数据库体系结构

20.4.5 共享内存

在**共享内存**体系结构中，处理器可以访问公共内存，通常是通过互连网络进行访问的。磁盘也被处理器共享。共享内存的好处是进程之间的通信非常高效。存放在共享内存中的数据可以被任何进程访问，而不需要随软件移动。一个进程可以通过向内存中写（这通常只需要不到一微秒的时间）的方式来向其他进程传送消息，这比通过通信机制来传递消息要快得多。

具有 4 到 8 个核的多核处理器现在不仅在台式计算机上很常见，甚至在手机上也较普遍了。高端处理系统（如英特尔的 Xeon 处理器）中，每个 CPU 有多至 28 个核，一块板上有多至 8 个 CPU，而 Xeon Phi 协处理器系统截至 2018 年包含大约 72 个核，并且这些数字一直在稳步增大。核数量不断增加的原因是集成电路中诸如逻辑门等功能的规模一直在稳步缩减，从而允许更多的门包装在单个芯片中。在给定的硅面积内，可以容纳的晶体管数量大约每一年半到两年翻一番[⊖]。

由于一个处理器核心所需的门的数量没有相应地增加，在一个芯片上拥有多个处理器是有意义的。为了保持片上多处理器和传统处理器之间的区别，使用术语**核**（core）来表示片上处理器。因此，我们说机器有一个多核处理器。

980

单个处理器上的所有核通常访问共享内存。此外，一个系统可有多个可以共享内存的处理器。门数量增加的另一个影响是主存的规模稳步增长且主存的每字节成本在降低。

鉴于低成本多核处理器的可用性，以及低成本的大量内存的并发可用性，近年来共享内存并行处理已变得越来越重要。

20.4.5.1 共享内存体系结构

在早期的体系结构中，处理器通过总线连接到内存，所有处理器核和内存库共享单条总线。通过公共总线访问共享内存的一个缺点是，总线或互连网络成为瓶颈，因为它被所有处理器共享。在处理器数量达到某种程度之后，添加更多的处理器并没有帮助，因为处理器将大部分时间花费在等待轮到它在总线上访问内存。

其结果是，现代共享内存体系结构将内存直接与处理器关联，每个处理器都有本地连接的内存，可以很快地访问。但是，每个处理器也可以访问与其他处理器关联的内存，快速的处理器间通信网络确保以相对较低的开销获取数据。由于存在取决于访问内存哪个部分的内存访问速度的差异，因此这种体系结构通常被称为**非统一内存体系结构**（Non-Uniform Memory Architecture，NUMA）。

图 20-6 展示了具有多个处理器的现代共享内存系统的体系结构。注意，每个处理器都有一组直接连接到它的内存，并且处理器由一个快速互连系统连接。处理器还连接到与外部存储器接口的 I/O 控制器。

981

因为共享内存体系结构需要在核之间和处理器之间进行专门的高速互连，所以在共享内存系统中可以互连的核 / 处理器的数量相对较少。其结果是，共享内存并行性的规模被限制为最多有几百个核。

⊖ 英特尔的共同创始人戈登·摩尔早在 20 世纪 60 年代就预言，晶体管数量呈指数级增长。他的预言通常被称为**摩尔定律**（Moore's law），尽管从技术上讲，这并不是定律（law），而是一种观察和预言。在过去的几十年中，处理器的速度也随着功能规模的减小而提升，但这种趋势在 21 世纪初结束了，因为难以在功耗和产热不大幅度增加的情况下使得处理器时钟频率超过几千兆赫。摩尔定律有时被错误地理解为预测了处理器速度的指数增长。

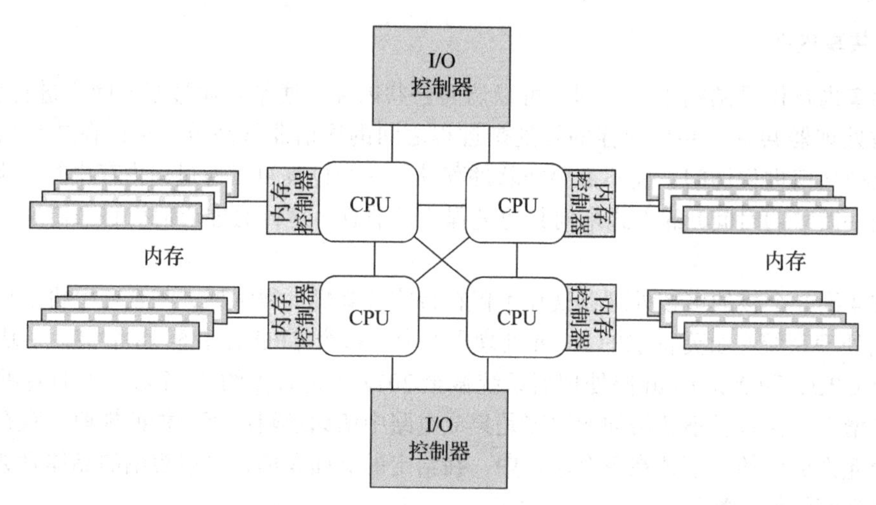

图 20-6　现代共享内存系统的体系结构

处理器体系结构包括高速缓存，因为对高速缓存的访问要比对主存的访问快得多（与访问主存接近 100 纳秒相比，可以在几纳秒内访问高速缓存）。在共享内存体系结构中，大型高速缓存尤其重要，因为大型高速缓存有助于最大限度地减少对共享内存访问的次数。

如果指令需要对不在高速缓存中的数据项进行访问，则必须从主存中提取该数据项。由于主存比处理器慢得多，当核等待来自主存的数据时，可能会损失大量潜在的处理速度。这些等待被称为**高速缓存未命中**（cache miss）。

许多处理器体系结构支持一种称为**超线程**（hyper-threading）或**硬件线程**（hardware thread）的功能，其中单个物理核以两个或多个逻辑核或线程的形式出现。不同的进程可以映射到不同的逻辑核。与单个物理核对应的逻辑核中只有一个可以在任何时候实际执行。但是逻辑核的动机是，如果在高速缓存未命中的一个逻辑核的块上运行的代码等待从内存中提取数据，那么物理核的硬件可以开始执行其他逻辑核中的一个，而不是在等待从内存中提取数据时处于空闲状态。

典型的多核处理器有多级高速缓存。L1 级高速缓存访问速度最快，但也是最小的；L2 和 L3 等较低级别的高速缓存较慢（尽管仍然比主存快很多），但比 L1 级高速缓存要大得多。较低的高速缓存级别通常在单个处理器上的多个核之间共享。在图 20-7 所示的高速缓存体系结构中，L1 和 L2 级高速缓存分别是 4 个核的本地缓存，而 L3 级高速缓存由处理器的所有核所共享。数据以**高速缓存行**（cache line）为单位读入或写出到高速缓存，高速缓存行通常由 64 个连续字节组成。

982

20.4.5.2　高速缓存一致性

只要存在多个核或处理器，其中每个核或处理器都有自己的高速缓存，**高速缓存一致性**（cache coherency）就是一个问题。在一个核上完成更新时，如果第二个核上的本地高速缓存包含受影响内存位置的旧值，那么这个核心可能看不到已完成的更新。因此，每当内存位置发生更新，缓存在其他高速缓存上的该内存位置内容的副本都必须失效。

核心0	核心1	核心2	核心3
L1级高速缓存	L1级高速缓存	L1级高速缓存	L1级高速缓存
L2级高速缓存	L2级高速缓存	L2级高速缓存	L2级高速缓存
共享的L3级高速缓存			

图 20-7　多级高速缓存系统

在许多处理器体系结构中，这种失效是

懒散地完成的。也就是说，在写入高速缓存和将失效消息分发到其他高速缓存之间可能存在一定的时间延迟。此外，当处理在高速缓存端接收到的失效消息时，还可能存在进一步的延迟。(要求执行立即失效总是会导致严重的性能损失，所以在当今系统中不会这样做。）因此，一个处理器上发生写入而另一个处理器上的后续读取可能看不到被更新的值的情况很可能发生。

如果进程希望看到更新的内存位置却没有看到，那么缺乏这种高速缓存一致性可能会导致问题。因此，现代处理器支持**内存屏障**（memory barrier）指令，它确保了在屏障之前的加载/存储操作与屏障之后的加载/存储操作之间的特定顺序。例如，x86体系结构上的**存储屏障**（store barrier）指令（sfence）确保在发出任何进一步的加载/存储操作之前，将指令之前所有已完成的更新而导致的作废消息发送到所有高速缓存，在此之前处理器必须等待。类似地，**负载屏障**（load barrier）指令（lfence）确保在发出进一步的加载/存储操作之前所有接收到的作废消息已被应用。mfence指令执行上述两项任务。

内存屏障指令必须与进程间同步协议一起使用，以确保协议正确执行。不使用内存屏障，如果高速缓存不是“强”一致性的，则可能发生以下情况。考虑这样一种情况：进程$P1$首先更新内存位置A，然后更新位置B；在不同核或处理器上运行的并发进程$P2$首先读取B，然后读取A。对于一致性的高速缓存，如果$P2$看到B更新后的值，那么它也必须看到A更新后的值。但是，在缺乏高速缓存一致性的情况下，写可能会无序传播，因此$P2$可能会看到B更新后的值，但看到A的旧值。虽然许多体系结构不允许写的无序传播，但由于缺乏高速缓存的一致性，可能会导致其他微妙的错误。但是，在每次这样的写之后执行sfence指令，并在每次读取之前执行lfence指令，将始终确保读取看到的是高速缓存一致性的状态。其结果是，在上面的示例中，只有在看到A更新后的值时，才会看到B更新后的值。

值得注意的是，程序不需要包含任何额外的代码来处理高速缓存的一致性，只要在访问数据之前获取锁并且只在执行更新之后释放锁即可，因为锁的获取和释放功能通常包括了所需的内存屏障指令。具体来说，在数据项实际被解锁之前，sfence指令作为锁释放代码的一部分执行。类似地，作为锁获取功能的一部分，lfence在锁定数据项后立即执行，所以是在读取该项之前执行。因此，读取者保证看到的是对数据项写入的最新值。 983

各种语言支持的同步原语也在内部执行内存屏障指令，其结果是，使用这些原语的程序员无须考虑缺乏缓存的一致性。

还有一个值得注意的有趣现象是，许多处理器体系结构使用内存位置的硬件级共享和排他锁的形式来确保高速缓存的一致性。MESI协议是一种广泛使用的协议，可以将其理解为如下内容：封锁是在包含多个内存位置的高速缓存行级别进行的，而不是在单个内存位置上支持锁，因为高速缓存行是访问高速缓存的单位。封锁是在硬件中而不是软件中实现的，以提供所需的高性能。

MESI协议跟踪每个高速缓存行的状态，这些高速缓存行可以被修改（在排他封锁后更新）、排他封锁（已封锁但尚未修改，或已写回内存）、共享封锁或作废。对内存位置的读会在包含该位置的高速缓存行上自动获取共享锁，而内存写在执行写之前会在高速缓存行上获取排他锁。与数据库封锁不同，内存锁请求不必等待，而是立即撤销冲突的锁。因此，排他锁请求会自动使高速缓存行的所有高速缓存副本失效，并撤销高速缓存行上的所有共享锁。对称地，共享锁请求会导致撤销任何现有的排他锁，然后将内存位置的最新副本提取到高速缓存中。

原则上，可以确保这种基于锁的高速缓存一致性协议具有“强”的高速缓存一致性，从而使内存屏障指令冗余。然而，许多实现包含一些加速处理的优化，例如允许延迟传递无效消息，但代价是不保证高速缓存的一致性。其结果是，许多处理器体系结构都需要内存屏障指令来确保高速缓存一致性。

20.4.6　共享磁盘

在**共享磁盘**模型中，每个节点都有自己的处理器和内存，但所有节点都可以通过互连网络直接访问所有磁盘。与共享内存体系结构相比，这种体系结构有两个优点。首先，共享磁盘系统可以扩展以拥有比共享内存系统更多的处理器。其次，它给出了一种经济的方法来提供一定程度的**容错**（fault tolerance）：如果一个节点发生故障，其他节点可以接管这个节点的任务，因为数据库驻留在所有节点都可以访问的磁盘上。

如第 12 章所述，我们可以使用 RAID 体系结构来使磁盘子系统本身具有容错性，即使单个磁盘发生故障，系统也可以正常工作。在一个 RAID 系统中，大量存储设备的存在也提供了一定程度的 I/O 并行性。

984

存储区域网（Storage-Area Network，SAN）是一种高速局域网，被设计用于将大型存储设备（磁盘）组连接到使用数据的节点（见图 20-8）。存储设备在物理上由多个磁盘组成的阵列构成，但提供一个逻辑磁盘或一组磁盘的视图，以隐藏底层磁盘的详细信息。例如，逻辑磁盘可能比任何物理磁盘都要大很多，并且可以通过添加更多的物理磁盘来增加逻辑磁盘的规模。处理节点可以像访问本地磁盘一样访问磁盘，尽管它们在物理上是分开的。

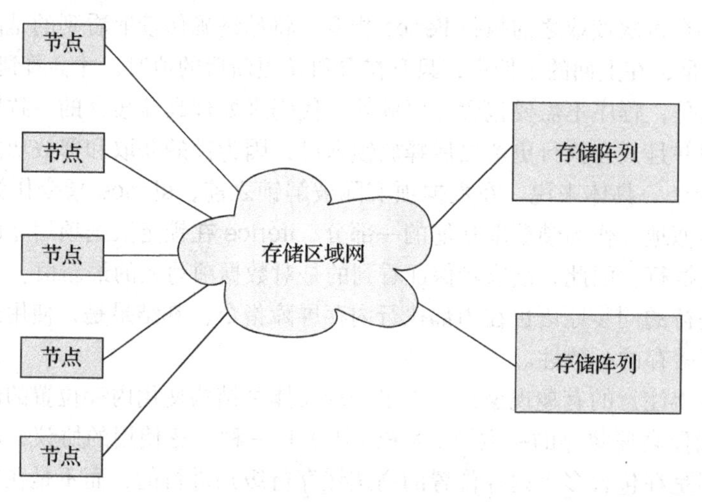

图 20-8　存储区域网

存储区域网通常是带冗余构建的，例如节点之间有多条路径，因此，如果诸如链接或到网络的连接这样的组件发生故障，网络将继续工作。

存储区域网非常适合构建共享磁盘系统。具有存储区域网的共享磁盘体系结构在不需要很高的并行度但的确需要高可用性的应用中得到了认可。

与共享内存系统相比，共享磁盘系统可以扩展到更多数量的处理器，但是节点间的通信速度较慢（在没有通信专用硬件的情况下，最长可达几毫秒），因为它必须通过通信网络。

共享磁盘系统的一个限制是，到共享磁盘系统中存储器的网络连接带宽通常小于访问本地存储器的可用带宽。因此，存储器访问可能成为瓶颈，限制了可扩展性。

20.4.7　无共享

985

在**无共享**系统中，每个节点由一个处理器、一个内存以及一个或多个磁盘组成。这些节点通过高速互连网络进行通信。一个节点作为该节点所拥有的一个或多个磁盘上的数据的服务器来运作。由于本地磁盘访问由每个节点上的本地磁盘提供，因此无共享模型克服了要求所有 I/O 通过单个互连网络的缺点。

此外，无共享系统的互连网络（如树形互连网络）通常被设计成可扩展的，因此其传输容量随着节点的增加而增加。因此，无共享架构更具可扩展性，并可以轻松支持大量的节点。

无共享系统的主要缺点是通信成本和非本地磁盘访问成本比共享内存或共享磁盘体系结构中的成本要高，因为发送数据涉及两端的软件交互。

由于具有很高的可扩展性，无共享体系结构被广泛用于处理非常大的数据量，支持对数千个节点或极端情况下甚至数万个节点的可扩展性。

20.4.8　层次

层次体系结构结合了共享内存、共享磁盘和无共享体系结构的特点。在顶层，系统由通过互连网络连接的节点组成，彼此之间不共享磁盘或内存。因此，顶层是一种无共享的体系结构。系统的每个节点实际上可以是一个带有几个处理器的共享内存系统。或者，每个节点可以是共享磁盘系统，共享一组磁盘的每个系统又可以是共享内存系统。因此，一个系统可以被构建为层次结构，具有几个处理器的共享内存体系结构在底层，顶层是无共享体系结构，中间可能是一个共享磁盘的体系结构。图 20-5d 描述了一个层次体系结构，其中共享内存节点在无共享体系结构中被连接在一起。

当今的并行数据库系统通常运行在层次体系结构上，其中每个节点都支持共享内存的并行性，多个节点以无共享方式互连。

20.5　分布式系统

在**分布式数据库系统**（distributed database system）中，数据库存储在节点上，而节点位于地理上分散的**站点**（site）中。分布式系统中的节点通过各种通信媒体（如高速专用网络或 Internet）相互通信。它们不共享主存或磁盘。分布式系统的通用结构如图 20-9 所示。

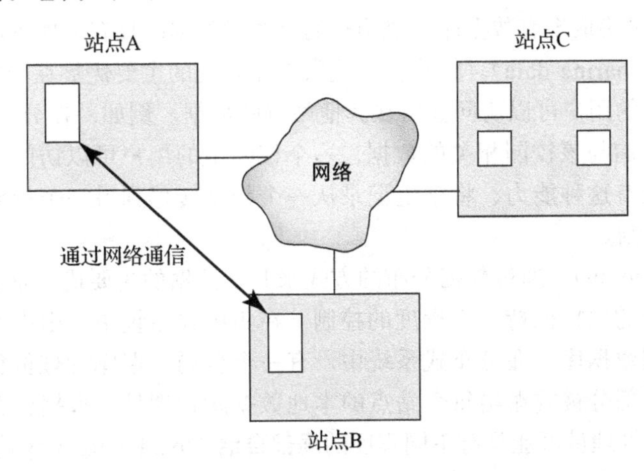

图 20-9　一个分布式系统

986

无共享并行数据库和分布式数据库之间的主要区别包括如下方面：

- 分布式数据库具有地理上分散的站点。其结果是，与单个数据中心内的网络相比，分布式数据库的网络连接具有更低的带宽、更高的延迟和更大的故障概率。

  因此，构建在分布式数据库上的系统需要了解网络延迟、故障以及物理数据位置。我们将在本节的后续部分讨论这些问题。具体而言，通常需要将数据的副本保存在靠近终端用户的数据中心。
- 并行数据库系统解决了节点故障的问题。但是，某些故障（特别是那些因地震、火灾或其他自然灾害造成的故障）可能会影响整个数据中心，导致大量节点失效。即使在整个数据中心出现故障的情况下，分布式数据库系统也需要继续工作，以确保高可用性。这就需要跨地理上分散的数据中心来复制数据，以确保常见的自然灾害不会影响所有的数据中心。尽管实现细节可能有所不同，但在并行数据库和分布式数据库中，用于确保高可用性的复制和其他技术是类似的。
- 分布式数据库可以单独管理，每个站点保留一定程度的操作自主权。这种数据库通常是集成现有数据库的结果，以允许查询和事务跨越数据库边界。但是，与那些通过集成现有数据库而构建的分布式数据库相比，为提供地理分布性而构建的分布式数据库可能是集中式管理的。
- 分布式数据库中的节点往往在规模和功能上差异更大，而并行数据库中的节点往往具有相似的容量。

987

- 在分布式数据库系统中，我们区分局部事务和全局事务。**局部事务**（local transaction）是仅从启动事务的节点访问数据的事务。**全局事务**（global transaction）则是这样的事务：要么访问与启动事务的节点不同的节点中的数据，要么访问多个不同节点中的数据。

如今的 Web 级应用运行在数据管理系统上，这种系统结合了对并行性和分布性的支持。在数据中心内，并行性用于处理高负载，而跨数据中心的分布性用于确保甚至发生自然灾害的情况下的高可用性。在功能的较低端，这种系统可能是仅支持诸如按键存储和检索数据等有限功能的分布式数据存储系统，可能不支持模式、查询语言或事务，所有这样的高级功能都必须由应用程序来管理。在功能的较高端，则存在支持模式、查询语言和事务的分布式数据库系统。然而，这种系统的一个特点是集中式管理。

相比之下，通过集成现有数据库系统构建的分布式数据库具有一些不同的特性。

- **共享数据**（sharing data）。构建分布式数据库系统的主要优势在于提供一种环境，其中一个站点的用户可以访问驻留在其他站点的数据。例如，在分布式的大学系统中，每个校园存储与该校园相关的数据，一个校园中的用户可以访问另一个校园中的数据。如果没有这种能力，将学生记录从一个校园转移到另一个校园将不得不依赖于某些外部机制。
- **自治**（autonomy）。通过数据分布的方式来共享数据的主要优点是，每个站点都可以对本地存储的数据保持一定程度的控制。在集中式系统中，由中心站点的数据库管理员来控制数据库。在分布式系统中，有一个全局数据库管理员负责整个系统。这些职责的一部分被委派给每个站点的本地数据库管理员。根据分布式数据库系统的设计，每个管理员可能具有不同程度的**局部自治**（local autonomy）。

在**同构分布式数据库**（homogeneous distributed database）系统中，节点共享一个通用的全局模式（尽管某些关系可能只存储在某些节点上），所有节点都运行同一个分布式数据库管理软件，并且节点在处理事务和查询时都积极合作。

但是，在许多情况下，必须通过将多个已经存在的数据库系统链接在一起来构建分布式数据库，每个系统都有自己的模式，并且可能运行不同的数据库管理软件。这些站点可能彼此不了解，并且它们可能只提供有限的设施用于在查询和事务处理方面进行合作。这种系统有时被称为**联邦数据库系统**（federated database system）或**异构分布式数据库系统**（heterogeneous distributed database system）。

988

分布式数据库中的节点通过广域网（Wide-Area Network，WAN）进行通信。虽然广域网的带宽比局域网大得多，但带宽通常由多个用户 / 应用程序共享，相对于局域网带宽来说较昂贵。因此，跨广域网通信的应用通常具有较低的带宽。

广域网中的通信还必须与明显的**延迟**（latency）相抗衡：消息可能花费多至数百毫秒才能在全世界传递，这既是由于光速的延迟，也是由于在消息路径中许多路由器的排队延迟。广域设置中的延迟是一个根本问题，只能减少到一定程度。因此，数据和计算资源在地理上分散的应用程序必须仔细地设计，以确保延迟不会过度影响系统性能。

广域网还必须应对网络链路故障，这在局域网中相对少见。特别是，网络链路故障可能会导致两个活动的站点无法相互通信，这种情况被称为**网络分区**[⊖]（network partition）。在网络分区的情况下，用户或应用程序可能无法访问所需的数据。因此，网络分区会影响系统的**可用性**（availability）。23.4 节将讨论在网络分区情况下数据的可用性和一致性之间的权衡。

20.6　并行和分布式系统中的事务处理

事务的原子性是构建并行和分布式数据库系统时的一个重要问题。如果事务跨两个节点运行，除非系统设计者当心，否则它可能在一个节点上提交，并在另一个节点上中止，从而导致不一致的状态。事务提交协议确保不会发生这种情况。两阶段提交协议（two-Phase Commit protocol，2PC）是其中最广泛使用的协议。

2PC 协议将在 23.2.1 节中详细描述，其关键思想如下：每个节点执行事务，直到事务进入部分提交状态，然后将提交决策留给一个单独的协调节点，此时处于该节点的事务被称为处于就绪（ready）状态。仅当事务在其执行的每个节点上都达到就绪状态时，协调器才决定提交事务；否则（例如，事务在任意节点上中止），协调器决定中止事务。执行事务的每个节点必须遵循协调器的决定。如果一个节点在事务处于就绪状态时发生故障，那么当该节点从故障中恢复时，它要么提交要么中止事务，具体取决于协调器的决策。

989

并发控制是并行和分布式数据库中的另一个问题。由于事务可以访问多个节点上的数据项，因此多个节点上的事务管理器可能需要协调来实现并发控制。如果使用封锁，则可以在包含被访问数据项的节点上执行本地封锁，但涉及源自多个节点的事务时也有可能出现死锁。因此，死锁检测需要跨多个节点进行。故障在分布式系统中更常见，因为不仅计算机会发生故障，通信链路也会发生故障。数据项的复制是分布式数据库在发生故障时继续运行的关键，这使得并发控制进一步复杂化。我们将在 23.3 节（描述基于封锁的技术）和 23.3.4 节（描述基于时间戳的技术）中描述分布式数据库的并发控制技术。

基于单个程序单元执行的多种操作的标准事务模型通常不适合执行跨越数据库边界的

⊖ 不要将术语网络分区（network partitioning）与术语数据分区（data partitioning）相混淆，数据分区是指将数据项分区，这些分区可以存储在不同的节点上。

任务，这些数据库不能或不会合作执行诸如2PC之类的协议。基于用于通信的持久消息（persistent messaging）的替代方法通常用于此类任务，持久消息将在23.2.3节中进行讨论。

当要执行的任务很复杂，涉及多个数据库和与人的多次交互时，任务的协调和为任务而确保事务的性质就变得更加复杂。*工作流管理系统*（workflow management system）是为帮助执行这些任务而设计的系统。

20.7 基于云的服务

传统上，企业购买并运行执行数据库和应用程序的服务器。维护服务器的成本很高，包括建立服务器机房基础设施，处理各种故障，如空调和电源故障，更不用说CPU、磁盘和服务器的其他组件的故障。此外，如果需求突然增加，很难增加基础设施来服务于需求，而如果需求下降，基础设施可能处于闲置状态。

而在**云计算**（cloud computing）模型中，企业的应用程序是在由另一家公司管理的基础设施上执行的，这种公司通常是承载由许多不同企业/用户使用的大量机器的数据中心。服务供应商不仅可以提供硬件，还可以支持诸如数据库和应用软件之类的平台。

许多供应商都提供云服务，主要的供应商如Amazon、Microsoft、IBM和Google。作为云服务的先驱之一，Amazon最初建立了一个纯粹用于内部使用的大型计算基础设施，之后，它发现了商机，将计算基础设施作为服务提供给其他用户。云服务在短短几年内变得非常流行。

990

20.7.1 云服务模型

利用云计算的方式有几种，如图20-10所示。其中包括基础设施即服务模型、平台即服务模型和软件即服务模型。

- 在**基础设施即服务**（infrastructure-as-a-service）模型中，企业租用计算设施，例如，企业可以租用一台或多台带磁盘存储空间的物理机器。

  更常见的是，云计算供应商提供了**虚拟机**（Virtual Machine，VM）的一种抽象，在用户看来，虚拟机是真正的机器。但这些机器不是“真实的”机器，而是由软件模拟的，软件允许单台真正的计算机模拟几台独立的计算机。*容器*（container）是虚拟机的低成本替代品，本节稍后将进行介绍。多台虚拟机可以在单台服务器上运行，并且多个容器可以在单台虚拟机或服务器上运行。

991

  通过运行一个带许多机器的非常大型的数据中心，云服务供应商可以利用规模经济，以比企业使用自己的基础设施低得多的成本来提供计算能力。

  云计算的另一个主要优势是云服务供应商通常拥有大量的机器，具有备用容量，因此企业可以根据需要租用更多（虚拟）机器以满足需求，并在轻负载时释放它们。在短时间内扩大或收缩容量的能

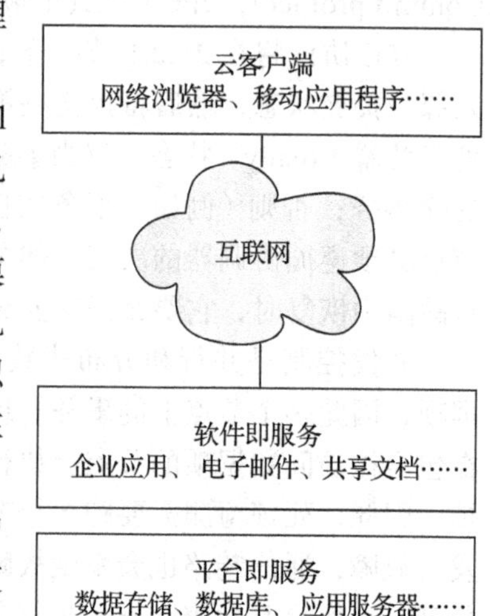

图20-10　云服务模型

力通常被称为**弹性**（elasticity）。

服务器系统按需弹性供应的上述好处导致了基础设施即服务平台的广泛采用，特别是被那些预计计算使用量将迅速增长的公司采用。然而，由于在企业外部存储数据的潜在安全风险，云计算在诸如银行之类的高安全性企业需求中的使用仍然有限。

在基础设施即服务模型中，客户企业在云服务供应商提供的虚拟机上运行自己的软件，包括数据库系统，客户端必须安装数据库系统并处理诸如备份和恢复之类的维护问题。

- 在**平台即服务**（platform-as-a-service）模型中，服务供应商不仅提供计算基础设施，还部署和管理应用软件所使用的平台，如数据存储、数据库和应用服务器。客户端必须安装和维护应用软件，例如*企业资源规划*（Enterprise Resource Planning，ERP）系统，这些系统运行在诸如应用服务器、数据库服务或数据存储服务之类的平台提供服务上。
  - ○ **基于云的数据存储**（cloud-based data storage）平台提供应用程序可以用来存储和检索数据的服务。服务供应商负责提供足够的存储量和计算能力，以支持在数据存储平台上的负载。这类存储系统可以支持数以百万计的文件，这些文件通常很大，规模从数兆字节到数千兆字节不等。或者，这类存储系统可以支持数十亿个数据项，这些数据项通常很小，从数百字节到数兆字节不等。此类分布式文件系统和数据存储系统将在 21.6 节和 21.7 节中进行讨论。使用基于云存储的数据库应用程序可以在同一个云（即同一组机器）上运行，也可以在另一个云上运行。

    基于云存储的主要吸引力之一是，它可以付费使用，而不必担心购买、维护和管理运行此类服务的计算机系统。此外，如果需求增加，可以通过支付更高的费用来增加运行服务的服务器的数量，而无须实际购买和部署更多的服务器。当然，服务供应商必须部署额外的服务器，但它们从规模经济中获益；与最终用户自行部署相比，部署成本（特别是部署时间）大大降低了。 992

    基于云的数据存储的费用通常基于所存储的数据量、输入数据存储系统的数据量以及从数据存储系统输出的数据量而定。
  - ○ **数据库即服务**（database-as-a-service）平台提供客户端可以访问和查询的数据库。与存储服务不同，数据库即服务平台提供数据库的功能，例如使用 SQL 或其他查询语言进行查询，而数据存储系统不提供这种功能。早期提供的数据库即服务仅支持在单个节点上运行的数据库，尽管节点本身可以有大量的处理器、内存和存储。最近，并行数据库系统在云上作为服务被提供。
- 在**软件即服务**（software-as-a-service）模型中，服务供应商将应用软件作为服务提供。客户端不需要处理诸如软件安装或升级之类的问题，这些任务被留给服务供应商。客户端可以直接使用软件即服务供应商提供的接口（如 Web 接口）或提供前端并以应用软件作为后端的移动应用程序接口。

虚拟机的概念是在 20 世纪 60 年代发展起来的，它允许运行不同操作系统的用户同时共享昂贵的计算机主机。虽然计算机现在便宜得多了，但是与向计算机供电和维护计算机相关的成本仍然存在，虚拟机允许多个并发用户共享此成本。虚拟机还可以使将服务移动到新机器的任务更轻松：虚拟机可以在一台物理服务器上关闭，并以很少的延迟或停机时间在另一台物理服务器上重新启动。此功能对于硬件故障或升级时的快速恢复特别重要。

虽然多台虚拟机可以在一台真实的机器上运行，但是每台虚拟机都有很高的开销，因为它在内部运行了整个操作系统。当单个组织机构希望运行许多服务时，如果它为每个服务创建一台单独的虚拟机，则开销可能非常高。如果在一台计算机（或虚拟机）上运行多个应用程序，则通常会出现两个问题：（1）每个应用程序都试图侦听同一个网络端口，从而在网络端口上发生冲突；（2）应用程序需要不同版本的共享库，从而导致冲突。

993

容器解决了这两个问题；应用程序运行在一个容器中，该容器有自己的 IP 地址和自己的一组共享库。每个应用程序可以由多个进程组成，所有进程都在同一个容器中运行。使用容器运行应用程序的成本比每个应用程序在自己的虚拟机中运行的成本要低得多，因为许多容器可以共享同一个操作系统内核。每个容器似乎都有自己的文件系统，但文件都存储在跨所有容器的公共底层文件系统中。容器中的进程可以通过文件系统和进程间通信来相互交互，但它们只能通过网络连接与来自其他容器的进程进行交互。

图 20-11 描述了一组应用程序的不同部署备选方案。图 20-11a 展示了多个应用程序运行在单台机器上、共享库和操作系统内核的备选方案。图 20-11b 展示了在单台机器上运行多个虚拟机，且每个应用程序在自己的虚拟机上运行的备选方案。在单台真实的机器上运行的不同虚拟机由一个称为*管理程序*（hypervisor）的软件层来管理。图 20-11c 显示了使用容器的替代方法，每个容器都有自己的库，并且多个容器在单台机器上运行。由于容器的开销较低，所以单台机器可以比虚拟机支持更多的容器。

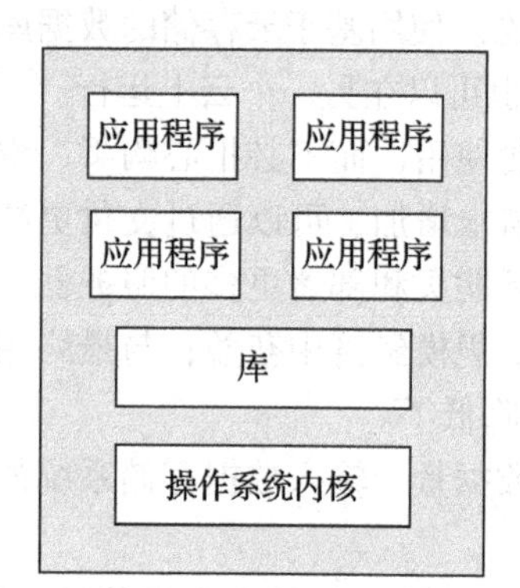

a) 单台机器上运行多个应用程序

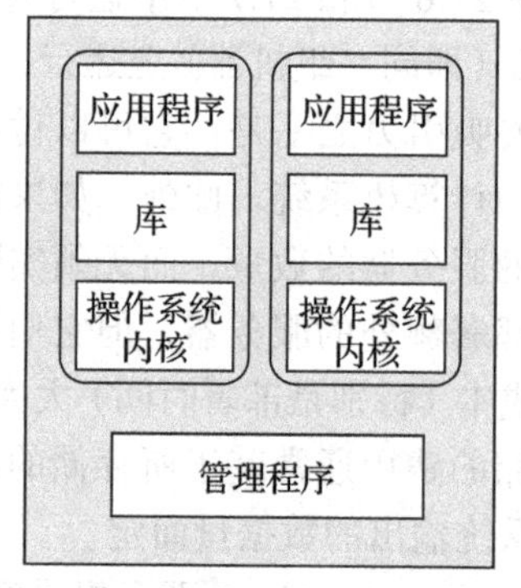

b) 一台机器上运行多个虚拟机，每个应用程序在自己的虚拟机上运行

c) 一台机器上运行多个容器，每个应用程序在自己的容器中运行

图 20-11　应用程序部署备选方案

容器为弹性提供了低成本的支持，因为更多的容器可以很快部署到现有的虚拟机上，而不是启动新的虚拟机。

如今许多应用程序都是作为多个**服务**（service）的集合而构建的，每个服务都作为一个单独的进程运行，提供一个网络 API。也就是说，服务提供的功能是通过创建到进程的网络连接并通过网络连接发送服务请求来调用的。这种应用程序体系结构将应用程序构建为小型服务的集合，被称为**微服务体系结构**（microservices architecture）。容器非常适用于微服务体系结构，因为它提供了一种非常低开销的机制来执行支持每个服务的进程。

994

Docker 是一个应用非常广泛的容器平台，而 **Kubernetes** 是一个不但提供容器而且提供微服务平台的非常流行的平台。Kubernetes 允许应用程序声明式地指定其容器需求，并自动部署和链接多个容器以执行应用程序。它还可以管理多个 pod，允许多个容器共享存储器

(文件系统）和网络（IP 地址），同时允许容器保留自己的共享库副本。此外，它还可以通过在需要时控制额外容器的部署来管理弹性。Kubernetes 可以通过在运行相同应用程序副本的所有容器的集合中平衡 API 请求来支持应用程序的可伸缩性。API 的用户不需要知道正在运行的服务的 IP 地址（每个对应于一个容器），而是可以连接到单个 IP 地址。负载均衡器将请求从公共 IP 地址分发到一组运行服务的容器（每个容器都有自己的 IP 地址）。

20.7.2　云服务的优缺点

许多企业正在受益于云计算和服务的模型。云模型节省了客户企业需要维持大量系统支持人员的开支，并允许新企业无须对计算系统进行大规模的前期资本投入即可开始运营。此外，随着企业需求的增长，可以根据需要增加更多的资源（计算和存储）。云计算供应商通常拥有非常大的计算机集群，使得供应商可以轻松地按需分配资源。

云计算用户必须愿意接受其数据被另一个组织机构持有。这可能会在安全和法律责任方面带来各种风险。如果云供应商遭遇安全漏洞，客户数据可能会泄露，导致客户面临来自其顾客的法律挑战。然而，客户无法直接控制云供应商的安全性。如果云供应商选择在国外存储数据（或数据副本），这些问题就会变得更加复杂。不同的法律管辖区的隐私法有所不同。例如，如果一家德国公司的数据在纽约的服务器上被复制，那么美国的隐私法可能会代替德国或欧盟的隐私法而使用，或作为德国或欧盟的隐私法的补充而使用。云供应商可能需要向美国政府发布客户数据，即使客户从不知道其数据将存储在一个美国管辖的位置。特定的云供应商为其客户提供不同程度的控制，以决定其数据如何在地理位置上分布以及如何被复制。

尽管存在缺点，但云服务的好处足够大，以致这种服务的市场正在迅速增长。

20.8　总结

- 集中式数据库系统完全运行在单台计算机上。为多用户系统设计的数据库系统需要支持完整的事务特征集。此类系统通常设计为服务器，通过 SQL 或其自己的 API 接受来自应用程序的请求。 995
- 具有少量核的并行称为粗粒度并行。具有大量处理器的并行称为细粒度并行。
- 事务服务器有多个进程，可能在多个处理器上运行。因此，这些进程需要访问公共数据，如数据库缓冲区，系统将这种数据存储在共享内存中。除了处理查询的进程之外，还有执行诸如锁和日志管理以及检查点之类的任务的系统进程。
- 对共享内存的访问由基于机器级原子操作指令（test-and-set 或 compare-and-swap）的互斥机制来控制。
- 数据服务器系统向客户端提供原始数据。这种系统努力通过在客户端高速缓存数据和封锁来尽量减少客户端和服务器之间的通信。并行数据库系统采用类似的优化。
- 并行数据库系统由通过快速互连网络连接的多个处理器和多个磁盘组成。对于单个事务，加速比度量通过增加并行性可以提高多少处理速度。扩展比度量通过增加并行性可以增加处理多少事务。干扰、偏斜和启动成本是获得理想加速比和扩展比的障碍。
- 并行系统的组件通过几种可能的互连网络进行连接：总线、环、网格、超立方体或树形拓扑。
- 并行数据库体系结构包括共享内存、共享磁盘、无共享和层次体系结构。这些体系结构在可扩展性与通信速度之间有不同的权衡。

- 现代共享内存体系结构将一些内存与每个处理器相关联，形成了非统一内存体系结构（NUMA）。由于每个处理器都有自己的高速缓存，因此存在确保高速缓存一致性的问题，即在多个处理器的高速缓存之间的数据一致性。
- 存储区域网络是一种特殊类型的局域网，它被设计用来提供大型存储设备库与多台计算机之间的快速互连。
- 分布式数据库系统是部分独立的数据库系统的集合，它们（理想情况下）共享一个公共模式，并协调处理访问非本地数据的事务。

996

- 云服务可以在不同的层次上提供：基础设施即服务模型为客户提供了一个虚拟机，客户可以在该虚拟机上安装自己的软件；平台即服务模型除了提供虚拟机之外，还提供数据存储、数据库和应用服务器，但是客户端需要安装和维护应用程序软件；软件即服务模型提供应用软件和底层平台。
- 使用云服务的组织机构必须考虑各种各样的技术、经济和法律问题，以确保数据的隐私与安全以及足够的性能，尽管数据可能存储在远程位置。

术语回顾

- 集中式数据库系统
  - 单用户系统
  - 多用户系统
  - 服务器系统
  - 嵌入式数据库
  - 服务器
  - 粗粒度并行
  - 细粒度并行
- 服务器系统体系结构
  - 事务服务器
  - 查询服务器
  - 数据服务器系统
  - 服务器进程
- 互斥
- 原子操作指令
- 数据高速缓存
- 并行系统
  - 粗粒度并行机
  - 大规模并行机
  - 细粒度并行机
  - 数据中心

997

- 决策支持查询
- 性能度量
  - 吞吐量
  - 响应时间
  - 线性加速比
  - 亚线性加速比
  - 线性扩展比
  - 亚线性扩展比
- 串行计算
- 阿姆达尔定律
- 启动代价
- 互连网络
  - 总线
  - 环
  - 网格
  - 超立方体
  - 树形
  - 边缘交换机
- 聚合交换机
- 以太网
- 光纤通道
- 无限带宽
- 远程直接内存访问（RDMA）
- 并行数据库体系结构
  - 共享内存
  - 共享磁盘
  - 集群
  - 无共享
  - 层次
- 摩尔定律
- 非统一内存体系结构（NUMA）

- 高速缓存未命中
- 超线程
- 硬件线程
- 高速缓存
- 共享磁盘
- 容错
- 存储区域网（SAN）
- 分布式数据库系统
- 局部自治
- 同构分布式数据库
- 联邦数据库系统
- 异构分布式数据库系统
- 延迟
- 网络分区
- 可用性
- 云计算
- 基础设施即服务
- 平台即服务
- 基于云的数据存储
- 数据库即服务
- 软件即服务
- 微服务体系结构

实践习题

20.1　多用户系统一定是并行系统吗？为什么？

20.2　诸如 compare-and-swap 和 test-and-set 之类的原子操作指令也作为许多体系结构上指令的一部分执行内存界定。从共享内存中数据被原子操作指令实现的互斥所保护的角度，解释执行内存界定的动机是什么，并解释在解除互斥之前进程应该做什么。

20.3　还有一种体系结构不是将共享结构存储在共享内存中，而是将其存储在特定进程的本地内存中，并通过与该进程的进程间通信访问来共享数据。这种体系结构的缺点是什么？

20.4　请解释用于事务并发控制的闩锁和锁之间的区别。

20.5　假设一个事务是用 C 语言编写的且带有嵌入式 SQL，并且大约 80% 的时间用在执行 SQL 代码上，剩下 20% 的时间用在执行 C 代码上。如果仅对 SQL 代码采用并行，那么可以期望达到多大的加速比？请解释。　998

20.6　考虑共享内存系统中的一对进程，进程 *A* 更新一个数据结构，然后设置一个标志来指示更新已完成。进程 *B* 监控该标志，并仅当它发现该标志已设置后才开始处理该数据结构。请解释在写入可能被重新排序的内存体系结构中可能出现的问题，并解释如何使用 sfence 和 lfence 指令来确保该问题不会发生。

20.7　在共享内存体系结构中，为什么访问内存位置的时间可能会因所访问的内存位置而异？

20.8　大多数并行机器的操作系统在进程请求内存时在本地内存区域分配内存，以及避免将进程从一个核移动到另一个核。为什么这些优化对于 NUMA 体系结构很重要？

20.9　一些数据库操作（如连接）在数据（例如连接中涉及的一个关系）能放入内存时与数据不能放入内存的情况相比，可以观察到速度上的显著差异。请说明这个事实是如何解释**超线性加速比**（superlinear speedup）现象的，在这种现象中，应用观察到的加速比大于分配给它的资源量。

20.10　同构分布式数据库系统和联邦分布式数据库系统之间的关键区别是什么？

20.11　为什么客户端可能选择只订购基本的基础设施即服务模型，而不订购其他云服务模型提供的服务？

20.12　假设数据在外部存储器上，为什么云计算服务通过使用虚拟机而不是在服务供应商的实际机器上直接运行来最好地支持传统数据库系统？

习题

20.13　考虑一家拥有一组站点的银行，每个站点运行一个数据库系统。假设数据库交互的唯一方式是使用持久消息传递在它们之间进行电子转账。这样的系统是否满足分布式数据库的条件？为什么？

20.14　假设有一家成长中的企业，其需求已经超出其当前的计算机系统的能力，并且要购买一台新的并行计算机。如果企业的发展导致每单位时间内更多的事务，但单个事务的长度没有改变，那么哪一项性能度量是最相关的？是加速比、批量型扩展比还是事务型扩展比？为什么？　999

20.15 数据库系统通常实现为一组访问共享内存的进程（或线程）。

a. 如何控制对共享内存区域的访问？

b. 两阶段封锁是否适用于对共享内存中的数据结构进行串行访问？请解释你的答案。

20.16 允许用户进程访问数据库系统的共享内存区域是否明智？请解释你的答案。

20.17 在事务处理系统中，哪些因素会妨碍线性加速比？在共享内存、共享磁盘和无共享体系结构中，哪些因素可能是最重要的？

20.18 如今的内存系统被划分为多个模块，每个模块都可以在给定的时间为一个单独的请求服务，这与早期的体系结构不同，早期的体系结构只有一个到内存的接口。这种内存体系结构对共享内存系统中可以支持的处理器数量有什么影响？

20.19 假设有数据项 $d_1, d_2, \cdots, d_n$，每个 d_i 都受存储在内存位置 M_i 中的锁的保护。

a. 描述如何通过使用 test-and-set 指令来实现 lock-X(d_i) 和 unlock(d_i)。

b. 描述如何通过使用 compare-and-swap 指令来实现 lock-X(d_i) 和 unlock(d_i)。

20.20 在无共享系统中，远程节点的数据访问可以通过远程过程调用或发送消息来完成。但是远程直接内存访问（RDMA）为这种数据访问提供了一种快得多的机制。请解释原因。

20.21 假设一家主要的数据库供应商提供其数据库系统（例如，Oracle、SQL Server、DB2）作为云服务。这适用于哪种云服务模型？为什么？

20.22 如果一家企业在平台即服务模型下的云服务上使用自己的 ERP 应用程序，那么当该企业将 ERP 系统升级到新版本时会受到什么限制？

1000

延伸阅读

[Hennessy et al. (2017)] 提供了对于计算机体系结构领域的精彩介绍，包括我们在本章介绍的共享内存体系结构与高速缓存一致性、并行计算体系结构和云计算主题。[Gray and Reuter (1993)] 提供了描述事务处理的经典教科书，包括客户 - 服务器和分布式系统的体系结构。[Ozsu and Valduriez (2010)] 提供了介绍分布式数据库系统的教科书。[Abts and Felderman (2012)] 提供了对数据中心网络的概述。

参考文献

[Abts and Felderman (2012)] D. Abts and B. Felderman, "A Guided Tour of Datacenter Networking", *Communications of the ACM*, Volume 55, Number 6 (2012), pages 44–51.

[Gray and Reuter (1993)] J. Gray and A. Reuter, *Transaction Processing: Concepts and Techniques*, Morgan Kaufmann (1993).

[Hennessy et al. (2017)] J. L. Hennessy, D. A. Patterson, and D. Goldberg, *Computer Architecture: A Quantitative Approach*, 6th edition, Morgan Kaufmann (2017).

[Ozsu and Valduriez (2010)] T. Ozsu and P. Valduriez, *Principles of Distributed Database Systems*, 3nd edition, Prentice Hall (2010).

1001
~
1002

| **第21章** |
Database System Concepts, Seventh Edition

并行和分布式存储

正如我们在第20章中所讨论的，并行用于提供加速比，因为提供了诸如处理器和磁盘之类的更多的资源，所以查询执行得更快。并行还用于提供扩展比，通过提高并行度，可以在不增加响应时间的情况下处理不断增加的工作负载。

在本章中，我们将讨论并行数据库系统中的数据存储和索引技术。

21.1 概述

我们首先在21.2节和21.3节中描述如何在多个节点之间划分数据，然后在21.4节中讨论数据复制，在21.5节中讨论并行索引。我们的介绍侧重于无共享并行数据库系统，但是我们介绍的技术也适用于分布式数据库系统，其中数据以地理上分布的方式存储。

运行在大量节点上的文件系统称为分布式文件系统，这是并行系统中一种广泛使用的数据存储的方式。我们将在21.6节中讨论分布式文件系统。

近年来，并行数据存储和索引技术广泛应用于非关系数据的存储，包括非结构化的文本数据和XML、JSON或其他格式形式的半结构化数据。这些数据通常以并行的**键值存储**（key-value store）形式存储，即将数据项和相关联的键存储在一起。我们介绍的关系数据的并行存储技术也可用于21.7节中讨论的键值存储。我们使用术语**数据存储系统**（data store system）既指代键值存储，又指代并行数据库系统的数据存储和访问层。

第22章将讨论并行和分布式数据库中的查询处理，而第23章将讨论并行和分布式数据库中的事务处理。

21.2 数据分区

在其最简单的形式中，**I/O并行**（I/O parallelism）是指通过在多个磁盘上对数据进行划分而减少从磁盘检索数据所需的时间[⊖]。

在最底层，RAID系统允许跨多个磁盘对块进行划分，从而允许对块进行并行访问。正如我们在12.5节中所看见的，块通常以轮转法的方式分配给不同的磁盘。例如，如果有n个磁盘，其编号从0到n–1，轮转法分配方式将块i分配给编号为i除以n的模（i mod n）的磁盘。但是，RAID系统所支持的块级分区技术并不对关系的哪个元组存储在哪个磁盘或节点上提供任何控制。因此，并行数据库系统通常不使用块级分区方式，而是在元组级执行划分。

在具有多个节点（计算机）的系统中，每个节点都拥有多个磁盘，分区可能被指定到单个磁盘的级别。但是，并行数据库系统通常侧重于跨节点对数据进行划分，并由每个节点上的操作系统决定将块分配给节点内的哪些磁盘。

在并行存储系统中，关系的元组在多个节点之间被划分（分散），因此每个元组都驻留在一个节点上；这种分区方式被称为**水平分区**（horizontal partitioning）。针对水平分区已经提出了几种划分策略，我们将在后面进行学习。

⊖ 与前面的章节一样，我们使用磁盘这个术语来指代持久存储设备，如磁盘和固态驱动器。

我们注意到在13.6节中讨论的列式存储的背景下，垂直分区（vertical partitioning）与水平分区是正交的。(作为垂直分区的一个示例，关系 $r(A, B, C, D)$ 的主码是 A，如果许多查询需要 B 的值，而 C 和 D 的值占用空间较多，却不被许多查询所需要，则关系 r 可以垂直分区为 $r(A, B)$ 和 $r(A, C, D)$。) 一旦元组被水平分区，它们可以在每个节点上以垂直分区的方式存储。

我们还注意到，有几家数据库厂商使用术语分区（partitioning）来表示将关系 r 的元组划分为多个物理关系 $r_1, r_2, \cdots, r_n$，其中每个物理关系 r_i 都存储在单个节点中。关系 r 并不存储，但被视为由查询 $r_1 \cup r_2 \cup \cdots \cup r_n$ 所定义的视图。这种关系的节点内分区（intra-node partitioning）通常用于确保频繁访问的元组与不经常访问的元组分开存储，并且不同于跨节点的水平分区。节点内分区在25.1.4.3节中有更详细的描述。

在本章的其余部分以及随后的章节中，我们使用术语分区来指跨多个节点的水平分区。

21.2.1　分区策略

我们提出了三种对元组进行划分的基本数据分区策略（data-partitioning strategy）。假设在 $N_1, N_2, \cdots, N_n$ 这 n 个节点上对数据进行分区。

1004

- **轮转法**（round-robin）。该策略按任意顺序扫描关系，并将扫描期间获取的第 i 个元组发送到节点号为 $N_{((i-1) \bmod n)+1}$ 的节点。轮转法模式确保了元组在节点之间的均匀分布；也就是说，每个节点的元组数与其他节点大致相同。
- **散列分区**（hash partitioning）。该分散策略将来自给定关系模式的一个或多个属性指定为分区属性。选择的散列函数的值域为 $\{1, 2, \cdots, n\}$。原始关系的每个元组都在分区属性上散列。如果散列函数的返回值为 i，则元组被放置在节点 N_i 上[⊖]。
- **范围分区**（range partitioning）。该策略通过将连续的属性值范围分配给每个节点来分布元组。它选择一个分区属性 A 和一个**分区向量**（partitioning vector）$[v_1, v_2, \cdots, v_{n-1}]$，使得如果 $i<j$，那么 $v_i<v_j$。关系按如下方式划分：考虑元组 t，满足 $t[A]=x$。如果 $x<v_1$，那么 t 被分配到节点 N_1 上。如果 $x \geqslant v_{n-1}$，那么 t 被分配到节点 N_n 上。如果 $v_i \leqslant x < v_{i+1}$，那么 t 被分配到节点 N_{i+1} 上。

图21-1展示了一个范围分区向量的示例。在该示例中，小于15的值被映射到节点1。在[15, 40)范围内的值，即大于或等于15但小于40的值，被映射到节点2；在[40, 75)范围内的值，即大于或等于40但小于75的值，被映射到节点3；而大于75的值被映射到节点4。

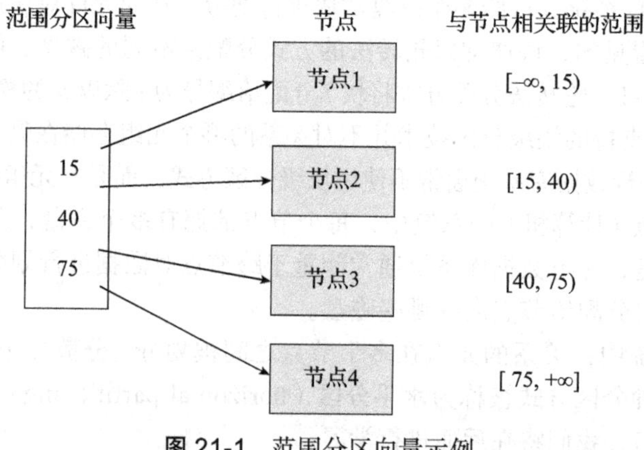

图21-1　范围分区向量示例

⊖ 散列函数的设计将在24.5.1.1节中讨论。

现在我们考虑在关系被更新时如何维护分区。

1. 当在一个关系中插入一个元组时，将根据分区策略将该元组发送到相应的节点。 1005
2. 如果删除一个元组，那么首先根据该元组分区属性的值找到其位置（对于轮转法，将对所有分区进行搜索）。然后，从元组所在的位置删除该元组。
3. 如果更新一个元组，如果使用的是轮转法分区或者如果更新不影响分区属性，那么元组的位置不受影响。

   但是，如果使用范围分区或散列分区，且更新影响了分区属性，那么元组的位置可能会被影响。在这种情况下：

   a. 从原始位置删除初始元组。

   b. 更新后的元组将根据所使用的分区策略被插入并发送到适当的节点。

21.2.2　分区技术的对比

一旦一个关系在多个节点之间进行分区，我们就可以使用所有节点并行地对其进行检索。类似地，当一个关系被分区时，它可以被并行地写出到多个节点。因此，使用 I/O 并行读取或写出整个关系的传输速率要比不使用 I/O 并行快得多。然而，读取整个关系或扫描一个关系只是访问数据的一种方式。访问数据的方式可分为以下几类：

1. 扫描整个关系。
2. 按关联性定位元组（例如，*employee_name* = “Campbell”）；这些查询称为**点查询**（point query），查找指定属性为指定值的元组。
3. 定位出指定属性值在指定范围内（例如，10000＜*salary*＜20000）的所有元组；这些查询称为**范围查询**（range query）。

不同的分区技术支持这些访问类型的效率是在不同级别的：

- **轮转法**（round-robin）。此方案非常适合对于每个查询都希望按顺序读取整个关系的应用。在这种方案中，处理点查询和范围查询都是复杂的，因为 *n* 个节点中的每一个都必须用于搜索。
- **散列分区**（hash partitioning）。此方案最适合基于分区属性的点查询。例如，如果基于 *telephone_number* 属性对关系进行分区，那么我们回答查询“查找 *telephone_num-ber* = 555-3333 的员工的记录”，就可以通过对 555-3333 应用散列分区函数，然后搜索该节点来进行查询。将查询定向到单个节点节省了在多个节点上初始化查询的启动成本，并使其他节点有空去处理其他查询。 1006

  散列分区对于顺序扫描整个关系也很有用。如果散列函数是一个很好的随机函数，并且分区属性构成了关系的一个码，那么每个节点中的元组数目是大致相同的，没有太大的差异。因此，扫描关系所花费的时间约为在单节点系统中扫描关系所需时间的 1/*n*。

  然而，此方案不太适用于非分区属性上的点查询。基于散列的分区也不太适合于回答范围查询，因为通常来讲，散列函数不保持范围内的邻近性。因此，为回答范围查询需要扫描所有节点。
- **范围分区**（range partitioning）。此方案非常适合分区属性上的点查询和范围查询。对于点查询，我们可以参考分区向量来定位元组所在的节点。对于范围查询，我们参考分区向量来查找元组可能驻留的节点范围。在这两种情况下，搜索范围都缩小到可能正好具有任何感兴趣元组的节点。

此功能的一种优势在于，如果在查询范围内只有几个元组，则查询通常被发送到一个节点，而不是所有节点。由于其他节点可用于回答其他查询，因此范围分区可以在保持良好响应时间的同时提高吞吐量。另一方面，如果查询范围内有许多元组（当查询范围是关系域的较大部分时），则必须从几个节点检索出许多元组，从而在这些节点上造成 I/O 瓶颈（热点）。在这个**执行偏斜**（execution skew）的示例中，所有处理都发生在一个或仅仅几个分区中。相比之下，散列分区和轮转法分区法将使所有节点都参与此类查询，从而为大致相同的吞吐量提供了更快的响应时间。

分区类型也会影响其他的关系运算，比如连接，我们将在 22.3 节和 22.4.1 节中看到。因此，分区技术的选择也取决于需要执行的操作。一般来说，散列分区或范围分区优先于轮转法分区。

分区对于大型关系非常重要。受益于并行存储的大型数据库通常有一些小的关系。对于这样的小型关系，分区并不是一个好主意，因为每个节点最后都只有几个元组。只有当每个节点包含至少几个磁盘块的数据时，分区才是有价值的。在大型系统中，小型关系最好不分区，而中型关系可以跨某些节点分区，但不是跨所有节点分区。

21.3 分区中的偏斜处理

1007

当一个关系被分区时（通过一种非轮转法的技术），元组的分布可能存在偏斜，在某些分区中放置的元组百分比较高，而在其他分区中放置的元组较少。这种数据分布的非均衡性称为**数据分布偏斜**（data distribution skew）。数据分布偏斜可能由以下两个因素之一引起：

- **属性值偏斜**（attribute-value skew），它指的是一些值出现在许多元组的分区属性中这一事实。分区属性值相同的所有元组最终都在同一个分区中，从而导致偏斜。
- **分区偏斜**（partition skew），它指的是即使没有属性偏斜，分区中可能存在负载不均衡的事实。

无论使用的是范围分区还是散列分区，属性值偏斜都可能导致分区偏斜。如果不仔细选择分区向量，范围分区可能会导致分区偏斜。如果选择了一个好的散列函数，那么散列分区不太可能导致分区偏斜。

如 20.4.2 节所述，即使是小的偏斜也会导致性能的显著下降。随着并行度的提高，偏斜问题越来越严重。例如，如果将 1000 个元组的关系划分为 10 个部分，并且该划分是偏斜的，则可能存在一些规模小于 100 的分区和一些规模大于 100 的分区；如果即使有一个分区的规模碰巧是 200，那么通过并行访问这些分区我们所获得的加速比只有 5，而不是我们所希望的 10。如果同一个关系必须分成 100 个部分，那么一个分区平均有 10 个元组。如果即使一个分区有 40 个元组（这是可能的，因为分区的数量很大），那么我们通过并行访问它们而获得的加速比将是 25，而不是 100。因此，我们看到由于偏斜而导致的加速比损失随着并行度的增加而增加。

除了元组分布的偏斜之外，如果查询倾向于更频繁地访问某些分区而不是另一些分区，那么即使元组分布没有偏斜，也可能存在**执行偏斜**（execution skew）。例如，假设一个关系按元组的时间戳进行分区，并且大多数查询都查阅最近的元组；那么，即使所有分区都包含相同数量的元组，包含最新元组的分区也将承受更高的负载。

在本节的剩余部分中，我们将考虑几种处理倾斜的方法。

21.3.1　平衡的范围分区向量

通过选择一个**平衡的范围分区向量**（balanced range-partitioning vector），使元组在所有节点间均匀分布，可以避免范围分区中的数据分布偏斜。

通过排序可以构造一个平衡的范围分区向量，如下所示。首先根据分区属性对关系进行排序。然后，按排序顺序扫描关系。每读取 1 / *n* 的关系之后，下一个元组的分区属性值被添加到分区向量中。这里，*n* 表示待构造的分区数量。

1008

这种方法的主要缺点是在进行初始排序时会产生额外的 I/O 开销。通过使用预计算的每个关系的每个属性的属性值的频数表或**直方图**（histogram），可以减少用于构造平衡的范围分区向量的 I/O 开销。图 21-2 展示了一个整数值属性的直方图示例，该属性的取值范围为 1 到 25。在给定分区属性直方图的情况下，构造一个平衡的范围分区函数是很简单的。直方图只占用很少的空间，因此几个不同属性上的直方图可以存储在系统目录中。如果没有存储直方图，则可以通过对关系进行采样来近似地计算出直方图，即仅使用关系的随机选择的磁盘块的一个子集中的元组。使用随机样本可以在比对关系排序花费少得多的时间内构造直方图。

前述创建范围分区向量的方法解决了数据分布偏斜的问题；处理执行偏斜的扩展方案留给读者作为练习（见实践习题 21.3）。

上述方法的一个缺点是它是静态（static）的：分区是在某个时刻决定的，并且不会随着元组的插入、删除或修改而自动更新。只要系统检测到数据分布中存在偏斜，就可以重新计算分区向量，并重新对数据进行分区。但是，重新分区的成本可能相当高，并且周期性地重新分区会导致高负载，从而影响正常的处理。21.3.2 节和 21.3.3 节将讨论避免偏斜的动态技术，这种技术可以以连续且破坏性较小的方式进行调整。

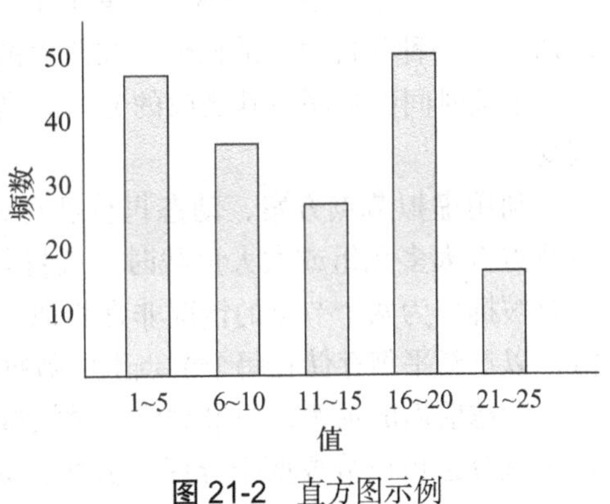

图 21-2　直方图示例

21.3.2　虚拟节点分区

1009

另一种最小化偏斜影响的方法是使用虚拟节点（virtual node）。在**虚拟节点**方法中，我们假设虚拟节点数是真实节点数的数倍。可以使用前面描述的任何分区技术，但是要将元组和工作映射到虚拟节点而不是真实节点[⊖]。

接下来将虚拟节点映射到真实节点。将虚拟节点映射到真实节点的一种方式是轮转分配；因此，如果存在 *n* 个编号为 1 到 *n* 的真实节点，则虚拟节点 *i* 被映射到真实节点 $((i-1) \bmod n)+1$。其思想是，即使由于偏斜，一个范围比其他范围有更多的元组，这些元组将跨多个虚拟节点范围被分开。将虚拟节点轮转分配给真实节点可将额外的工作分配给多个真实节点，这样就不必由一个节点来承担所有的负担。

⊖ 虚拟节点方法也称为**虚拟处理器**（virtual processor）方法，这是本书早期版本中使用的一个术语；由于虚拟处理器这一术语现在虚拟机背景中通常用作不同的含义，所以我们现在使用虚拟节点这个术语。

实现这种映射的一种更复杂的方式是跟踪每个虚拟节点中的元组数，以及每个虚拟节点上的负载（例如每秒访问的次数），然后以平衡被存储元组的数量以及真实节点上负载的方式，将虚拟节点映射到真实节点。这样，数据分布偏斜和执行偏斜都可以被最小化。

此后，系统必须记录此映射并使用它将访问路由到正确的真实节点。如果虚拟节点以连续整数编号，则此映射可以存储为一个具有 *m* 项的数组 *virtual_to_real_map*[]，这里 *m* 是虚拟节点的数量；这个数组的第 *i* 个元素存储虚拟节点 *i* 映射到的真实节点。

虚拟节点方法还有另一个好处是它允许**存储弹性**（elasticity of storage），也就是说，随着系统负载的增加，可以向系统添加更多的资源（节点）来处理负载。当添加新节点时，一些虚拟节点将*迁移*（migrate）到新的真实节点上，这可以在不影响任何其他虚拟节点的情况下完成。如果映射到每个虚拟节点的数据量很小，则可以相对快速地完成将虚拟节点从一个节点到另一个节点的迁移，从而最大限度地减少中断。

21.3.3 动态再分区

虽然虚拟节点方法可以通过范围分区和散列分区来减少偏斜，但如果数据分布随时间而变化，导致某些虚拟节点具有非常大量的元组或非常高的执行负载，则它的表现不会很好。例如，如果分区是根据记录的时间戳完成的，则随着更多记录的插入，最后一个时间戳范围将获得越来越多的记录，而其他范围将不会获得任何新的记录。因此，即使初始分区是平衡的，但随着时间的推移，它可能会变得越来越偏斜。

通过完全重新计算分区方案就可以解决偏斜。然而，基于新的分区方案对数据重新分区通常是一种代价很高的操作。在前面的示例中，我们最终会将大量记录从每个分区移动到另一个按时间戳顺序在其之前的分区。当处理大量数据时，这种重新分区的代价将高得难以接受。

1010

利用虚拟节点方案，动态再分区可以通过有效的方式来完成。其基本思想是当一个虚拟节点有太多元组或太大负载时，就将其拆分为两个虚拟节点；这个思想与 B^+ 树节点在满载时被拆分为两个节点的情况非常相似。然后，可以将一个新创建的虚拟节点迁移到不同节点，以重新平衡存储在每个节点上的数据或每个节点上的负载。

考虑前面的示例，如果对应于时间戳 2017-01-01 到 *MaxDate* 范围的虚拟节点变得过满，那么该分区可以分成两个分区。例如，如果此范围中有一半元组的时间戳小于 2018-01-01，则一个分区中元组的时间戳从 2017-01-01 到 2018-01-01，且另一个分区中元组的时间戳从 2018-01-01 到 *MaxDate*。为了重新平衡真实节点中元组的数量，我们只需要将一个虚拟节点移动到一个新的真实节点。

这种动态再分区方式在如今的并行数据库和并行数据存储系统中得到了非常广泛的应用。在数据存储系统中，术语**表**（table）指的是数据项的集合。表被划分为多个**表块**（tablet）。一个表划分为表块的数量远远大于系统中真实节点的数量，因此表块对应于虚拟节点。

系统需要维护一个**分区表**（partition table），它提供从分区码范围到表块标识的映射，以及表块数据所在的真实节点。图 21-3 显示了一个分区表的示例，其中分区码是日期。Tablet0 存储码值小于 2012-01-01 的记录。Tablet1 存储码值大于或等于 2012-01-01 但小于 2013-01-01 的记录。Tablet2 存储码值大于或等于 2013-01-01 但小于 2014-01-01 的记录，以此类推。最后，Tablet6 存储码值大于或等于 2017-01-01 的记录。

值	表块ID	节点ID
2012-01-01	Tablet0	Node0
2013-01-01	Tablet1	Node1
2014-01-01	Tablet2	Node2
2015-01-01	Tablet3	Node2
2016-01-01	Tablet4	Node0
2017-01-01	Tablet5	Node1
MaxDate	Tablet6	Node1

图 21-3　分区表示例

读取请求必须为分区属性指定一个值，该值用于标识可能包含具有该码值的记录的表块；未为分区属性指定值的请求必须发送到所有表块。读取请求是通过这样的方式来处理的：使用分区码值 v 来标识其码值范围包含 v 的表块，然后将请求发送到表块所在的真实节点。通过为每个表块维护分区码属性上的索引，可以在该节点上高效地处理该请求。

1011

写出、插入和删除请求的处理方式是类似的，使用上面所描述的读取机制，将请求路由到正确的表块和真实节点。

上述方案允许在表块变得太大时进行拆分；与表块相对应的码的范围被拆分为两个，新创建的表块将获得码的范围的一半。然后，码范围映射到新表块的记录将从原表块移动至新表块。分区表将被更新以反映拆分情况，这样请求就将正确导向到相应的表块。

如果由于大量的请求或者由于节点上的数据太多，导致一个真实节点过载，那么可以将该节点上的一些表块移动到负载较低的另一个真实节点上。在一个真实节点拥有大量数据、另一个真实节点拥有较少数据的情况下，表块也可以类似移动。最后，如果一个新的真实节点加入系统，那么一些表块可以从现有节点移动到新节点。只要将表块移动到不同的真实节点，分区表都会更新；随后的请求将发送到正确的真实节点。

图 21-4 展示了在值大于或等于 2017-01-01 的 Tablet6 被一分为二之后，来自图 21-3 的分区表的情况：Tablet6 现在的值大于或等于 2017-01-01，但小于 2018-01-01，而新的表块 Tablet7 的值大于或等于 2018-01-01。这种划分可能是由于对 Tablet6 进行大量的插入而造成的，这使得它非常巨大；这种划分重新平衡了表块的规模。

值	表块ID	节点ID
2012-01-01	Tablet0	Node0
2013-01-01	Tablet1	Node0
2014-01-01	Tablet2	Node2
2015-01-01	Tablet3	Node2
2016-01-01	Tablet4	Node0
2017-01-01	Tablet5	Node1
2018-01-01	Tablet6	Node1
MaxDate	Tablet7	Node1

图 21-4　表块划分和表块移动后的分区表示例

还要注意的是，原来在 Node1 中的 Tablet1 现在已经移动到图 21-4 中的 Node0 了。这样的表块移动可能是因为 Node1 由于数据过多或请求数量过大而过载。

大多数并行数据存储系统将分区表存储在**主**（master）节点上。但是，为了支持每秒大量的请求，通常会将分区表复制到访问数据的所有客户端节点或多个**路由器**（router）。路由器接受来自客户端的读/写请求，并根据请求中指定的码值将请求转发到包含表块/虚拟节点的恰当的真实节点。

1012

另一种完全分布的方法是由一种基于散列的分区方案来支持的，该分区方案称作**一致性散列**（consistent hashing）。在一致性散列方法中，码被散列到一个大空间，例如32位的整数。此外，节点（或虚拟节点）的标识也散列到相同的空间。码 k_i 可以被逻辑映射到节点 n_j，节点 n_j 的散列值 $h(n_j)$ 是满足 $h(n_j) < h(k_i)$ 的所有节点中取值最大的那个。但是为了确保将每个码都分配给一个节点，散列值被视为位于一个类似于时钟表面的圆环上，其中最大散列值 *maxhash* 后紧跟着0。然后，当我们从 $h(k_i)$ 开始在圆环中逆时针移动时，码 k_i 被逻辑映射到在所有节点中其散列值 $h(n_j)$ 最接近的那个节点 n_j。

在不需要主节点或路由器的情况下，基于此思想开发了**分布式散列表**（distributed hash table）；但需要每个参与节点跟踪其他几个对等节点，并以协作的方式实现路由。新节点可以加入系统，并通过以完全对等的方式遵循指定的协议来进行集成，而无须主节点。请参阅本章末尾的延伸阅读部分，以获取提供更多详细信息的参考资料。

21.4 复制

在节点数目较多的情况下，并行系统中至少有一个节点会发生故障的概率明显大于单节点系统。如果任何一个节点出现故障，一个设计糟糕的并行系统就会停止工作。假设单个节点失效的概率很小，系统失效的概率与节点数呈线性增长。例如，如果单个节点每5年会发生一次故障，那么一个有100个节点的系统每18天就会发生一次故障。

因此，并行数据存储系统必须能从节点的故障中复原。不仅在节点发生故障时不应丢失数据，而且系统应继续可用（available），也就是说，即使在这种故障期间也应继续工作。

为了确保元组不会在节点故障时丢失，元组会跨至少两个节点（通常是三个节点）复制。如果一个节点失效，它所存储的元组仍然可以从元组被复制的其他节点处访问[㊀]。

在单个元组的级别上跟踪副本将导致存储和查询处理方面的巨大开销。相反，复制是在分区（表块、节点或虚拟节点）级别完成的。也就是说，每个分区都被复制；分区副本的位置被记录为分区表的一部分。

1013

图21-5显示了一个带有表块复制的分区表。每个表块在两个节点上被复制。

值	表块ID	节点ID
2012-01-01	Tablet0	Node0,Node1
2013-01-01	Tablet1	Node0,Node2
2014-01-01	Tablet2	Node2,Node0
2015-01-01	Tablet3	Node2,Node1
2016-01-01	Tablet4	Node0,Node1
2017-01-01	Tablet5	Node1,Node0
2018-01-01	Tablet6	Node1,Node2
MaxDate	Tablet7	Node1,Node2

图21-5 带有复制的图21-4中的分区表

㊀ 高速缓存也会导致数据的复制，但目的在于加快访问速度。由于数据可能随时从高速缓存中移出，高速缓存无法确保在发生故障时的可用性。

数据库系统跟踪故障的节点；对存储在故障节点上的数据的请求会自动路由到存储数据副本的备份节点。关于如何处理存储在当前故障节点上的一个或多个副本的问题，将在 21.4.2 节中进行简要说明，并在 23.4 节中进行更详细的介绍。

21.4.1　副本的位置

复制到两个节点可在单节点发生故障时防止数据丢失 / 不可用，而复制到三个节点甚至可以在两个节点发生故障时提供保护。如果复制分区的所有节点都失效，显然无法防止数据丢失 / 不可用。使用低成本商用机进行数据存储的系统通常使用三向复制，而使用更可靠机器的系统通常使用双向复制。

并行系统中有多种可能的故障模式。单个节点可能由于某些内部故障而失效。此外，如果机架存在一些问题（例如，整个机架的供电故障或机架中的网络交换机故障），那么机架中的所有节点都有可能失效，使得机架中的所有节点都不可访问。此外，整个数据中心也有可能发生故障，比如因为火灾、洪水或大规模停电。

因此，必须谨慎选择存储分区副本的节点的位置，以最大限度地提高即使在故障期间也至少有一个副本可供访问的概率。这种复制可以在数据中心内或跨数据中心进行。

- **数据中心内复制**：由于单节点故障是最常见的故障模式，因此分区通常会被复制到另一个节点。

  对于数据中心网络中常用的树状互连拓扑（如 20.4.3 节所述），机架内的网络带宽远高于机架间的网络带宽。其结果是，复制到与第一个节点位于相同机架内的另一个节点会减少机架之间的网络需求。但为了处理机架故障的可能性，分区也会被复制到不同机架上的节点。

- **跨数据中心复制**：为了处理整个数据中心出现故障的可能性，分区也可以在一个或多个地理上分散的数据中心进行复制。地理分散对于应对诸如地震或风暴之类的灾害非常重要，这些灾害可能会关闭一个地理区域内的所有数据中心。

  对于许多 Web 应用，跨远程网络的往返延迟会显著影响性能，这一问题随着 Ajax 应用程序的使用而更加严重，Ajax 应用程序需要在浏览器和应用程序之间进行多轮通信。为了解决这个问题，用户被连接到地理位置离他们最近的应用服务器，并且数据复制以这样的方式来完成：其中一个副本与应用服务器位于同一数据中心（或者至少地理位置临近应用服务器）。

1014

假设节点 N_1 上的所有分区都被复制到单个节点 N_2 上，并且 N_1 失效。那么，节点 N_2 将必须处理原本应该发送到 N_1 的所有请求，以及路由到节点 N_2 的请求。其结果是，节点 N_2 将不得不执行两倍于系统中其他节点的工作，从而导致在节点 N_1 故障期间的执行偏斜。

为了避免这个问题，驻留在一个节点（比如 N_1）上的分区副本被分发到多个其他节点上。例如，考虑一个具有 10 个节点且双向复制的系统。假设节点 N_1 拥有分区 p_1 到 p_9 的一个副本。那么，分区 p_1 的另一个副本可以存储在 N_2 上，p_2 存储在 N_3 上，以此类推，一直到 p_9 存储在 N_{10} 上。然后，在 N_1 发生故障的情况下，节点 N_2 到 N_{10} 将平等地分担额外的工作，而不是将所有额外的工作背负在单个节点上。

21.4.2　更新与副本的一致性

由于每个分区都被复制，所以对分区中元组的更新必须在分区的所有副本上执行。对于在创建后从未被更新的数据，可以在任何副本上执行读取，因为所有副本都具有相同的值。如果存储系统确保所有副本都原子性地被排他封锁并更新（例如，使用我们将在 23.2.1 节中看到的两阶段提交协议），那么元组的读取可以在任何副本上执行（在获得共享锁之后），并将读取到元组的最新版本。

如果数据被更新，而副本没有被原子地更新，则不同副本可能暂时具有不同的值。因此，读取可能会读到不同的值，这取决于它所访问的那个副本。大多数应用要求对元组的读取请求必须接收到该元组的最新版本；基于读取旧版本的更新可能会导致*丢失更新问题*（lost update problem）。

1015

确保读取获取最新值的一种方式是将每个分区的一个副本视为**主副本**（master replica）。所有更新都被发送到主副本，然后传播到其他副本。读取操作也被发送到主副本，这样读取操作可以获得任何数据项的最新版本，即使更新尚未应用到其他的副本。

如果主副本失效，则为该分区分配一个新的主副本。重要的是要确保旧主副本执行的每个更新操作也被新主副本看到。此外，旧主副本可能在失效之前更新了一些副本，但没有更新完全部副本；新主副本必须完成更新所有副本的任务。我们将在 23.6.2 节中讨论具体细节。

知道哪个节点是每个分区的（当前）主副本很重要。这种信息可以跟分区表一起存储。具体来说，除了分配给该分区的码值范围之外，分区表还必须记录存储分区副本的位置，进而还有哪个副本是当前的主副本。

更新副本通常采用三种解决方案。

- *两阶段提交*（2PC）协议，该协议确保事务执行的多个更新被原子性地应用于多个站点，23.2 节将进行详细介绍。此协议可与副本一起使用，以确保对元组的所有副本原子性地执行更新。

  我们现在假设所有副本都可用并且可以被更新。23.4 节将讨论当某些副本可能无法访问时，如何允许两阶段提交在出现故障时继续执行的问题。

- 持久消息传递系统将在 23.2.3 节中介绍，它保证消息一旦发送即被传递。持久消息传递系统可按如下方式用于更新副本：对元组的更新将注册为持久消息，并被发送到元组的所有副本。一旦消息被记录，持久消息传递系统保证将其传递到所有副本。因此，所有副本最终都会得到更新；该性质称为副本的**最终一致性**（eventual consistency）。

  但是，在消息传递中可能会有延迟，在这段时间内，某些副本可能应用了更新，而其他副本则没有应用更新。为了确保读取到一致的版本，只能在主副本上执行读取，在主副本上是最先进行更新的。（如果具有元组主副本的站点失效，则在确保应用了所有挂起的具有更新的持久性消息之后，另一个副本可以作为主副本进行接管。）具体细节将在 23.6.2 节中介绍。

- *共识协议*（consensus protocol）可用于管理副本的更新，此类协议允许在某些副本可能无法访问时，甚至在出现故障时继续更新副本。与前面的协议不同，即使没有指定的主副本，共识协议也可以工作。我们将在 23.8 节中学习共识协议。

1016

21.5 并行索引

并行数据存储系统中的索引可以分为两类：局部索引和全局索引。在下面的讨论中，当使用虚拟节点分区时，应该将术语*节点*理解为虚拟节点（或等价的表块）。

- **局部索引**（local index）是建立在存储于特定节点中的元组上的索引；通常情况下，

这样的索引将建立在给定关系的所有分区上。索引内容与数据存储在相同的节点上。

- **全局索引**（global index）是建立在跨多个节点存储的数据上的索引；全局索引可用于高效地查找匹配的元组，而不管元组存储在何处。

  虽然全局索引的内容可以存储在单个中心位置，但这种方案会导致较差的可伸缩性；因此，全局索引的内容应该跨多个节点进行分区。

关系上的**全局主索引**（global primary index）是对关系的元组进行分区的属性上的全局索引。分区属性 K 上的全局索引是通过只在每个分区中的 K 上创建局部索引来构建的。

对于要检索具有 K 的特定码值 k_1 的元组的查询，可以通过首先找到哪个分区可以保存码值 k_1，然后使用该分区中的局部索引来查找所需元组的方式来回答。

例如，假设基于 ID 属性对 *student* 关系进行分区，并在 ID 属性上构建一个全局索引。需要做的所有工作就只是在每个分区的 ID 上构建一个局部索引。图 21-6a 展示了在 *student* 关系的属性 ID 上的全局主索引；图中没有显式给出局部索引。

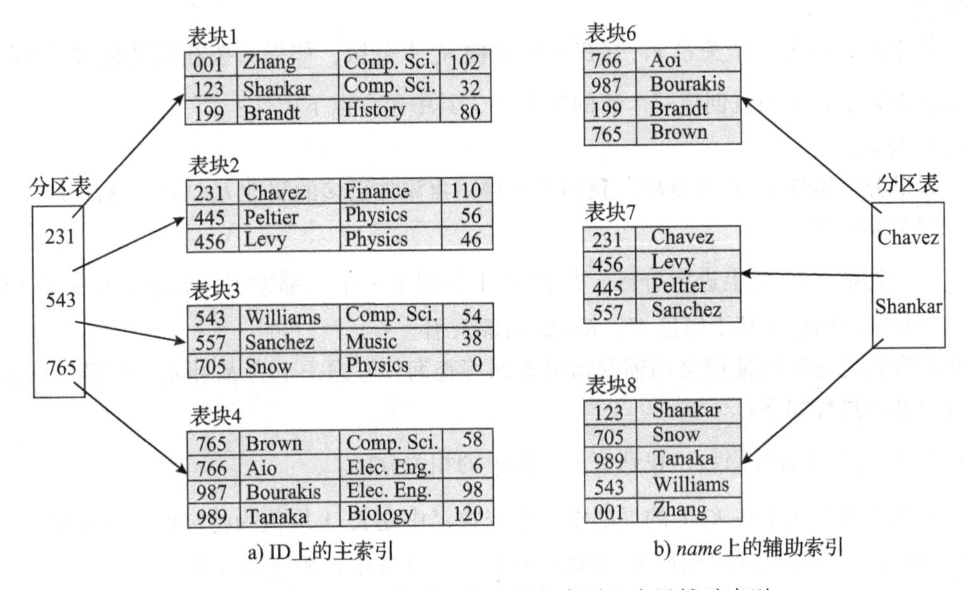

图 21-6　*student* 关系上的全局主索引和全局辅助索引

对于期望检索 ID 为特定值（比如 557）的元组的查询，可以按如下方式来回答：首先使用 ID 上的分区函数，先找到哪个分区可以包含指定的 ID 值 557；然后将查询发送到相应的节点，该节点使用 ID 上的局部索引来定位所需的元组。

请注意，ID 是 *student* 关系的主码；但是，即使分区属性不是主码，上述方案也可以工作。如果分区函数本身是基于值的范围的，则可以扩展该方案来处理范围查询；基于散列的分区方案不支持范围查询。

关系上的**全局辅助索引**（global secondary index）是这样一种全局索引：其索引属性与对元组进行分区的属性不匹配。

假设分区属性是 K_p，而索引属性是 K_i，$K_p \neq K_i$，一种回答在 K_i 属性上的选择查询的方法如下：如果在关系的每个分区中的 K_i 上都创建了一个局部索引，则查询将发送到每个分区，并使用局部索引来查找匹配的元组。如果分区数量很多，这种使用局部索引的方法效率很低，因为必须查询每个分区，即使只有一个或几个分区包含匹配的元组。

1017

我们现在通过使用一个示例来说明一种构建全局辅助索引的有效方案。再次考虑在 ID 属性上分区的 *student* 关系，并假设要在 *name* 属性上构建一个全局索引。构建这种索引的一种简单方式是创建一组 (*name*, ID) 元组，让每个 *student* 元组对应一个元组；我们称这组元组为 *index_name*。现在，*index_name* 元组按 *name* 属性进行分区。此后，*index_name* 的每个分区上都建立基于 *name* 的局部索引。此外，在分区属性 ID 上创建一个全局索引。图 21-6 b 展示了 *student* 关系的 *name* 属性上的辅助索引；图中没有显式地给出局部索引。

现在，对于需要检索具有给定姓名的学生的查询可以按如下方式来处理：首先检查 *index_name* 的分区函数来找到哪个分区可以存储具有给定姓名的 *index_name* 元组；然后将查询发送到该分区，该分区使用 *name* 上的局部索引来查找相应的 ID 值。接下来，ID 值上的全局索引将用于查找所需的元组。

注意在上面的示例中，分区属性 ID 没有重复项；因此，仅将索引码 *name* 和属性 ID 添加到 *index_name* 关系中就足够了。否则，必须添加更多的属性以确保元组可以被唯一标识，如下所述。

一般来说，给定一个关系 r，它在一组属性 K_p 上分区，如果希望在属性集 K_i 上创建一个全局辅助索引，我们就创建一个新的关系 r_i^s，其中包含以下属性：

1018

1. K_i 与 K_p。
2. 如果分区属性 K_p 有重复项，我们将不得不再添加更多的属性 K_u，使得 $K_p \cup K_u$ 是被索引关系的码。

 关系 r_i^s 在 K_i 上进行分区，并在 K_i 上创建了一个局部索引。此外，在关系 r 的每个分区上创建了基于属性 (K_p, K_u) 的局部索引。

我们现在考虑如何使用全局辅助索引来回答查询。考虑一个为 K_i 指定特定值 v 的查询。该查询的处理过程如下：

1. 利用 K_i 上的分区函数，找到值为 v 的 r_i^s 的相关分区。
2. 使用上述分区中在 K_i 上的局部索引来查找 r_i^s 中在 K_i 上取值为特定值 v 的元组。
3. 将前述结果中的元组按照 K_p 的值进行分区，并发送到相应的节点。
4. 在每个节点上，将上一步中接收到的元组与 r 的 $K_p \cup K_u$ 属性上的局部索引一起使用，以查找匹配的 r 元组。

注意，r_i^s 关系本质上是由 $r_i^s = \Pi_{K_i, K_p, K_u}(r)$ 定义的物化视图。每当 r 的元组被插入、删除或更新时，物化视图 r_i^s 必须相应地更新。

还要注意，在某些节点上对 r 元组的更新可能会导致在其他节点上对 r_i^s 元组的更新。例如，在图 21-6 中，如果 ID 为 001 的姓名由 Zhang 更新为 Yang，那么表块 8 上的 (Zhang, 001) 元组将被更新为 (Yang, 001)；由于 Zhang 和 Yang 都属于辅助索引的同一个分区，因此不会影响到其他分区。另一方面，如果姓名由 Zhang 更新为 Bolin，那么 (Zhang, 001) 元组将从表块 8 中删除，而表块 6 将添加一个新的项 (Bolin, 001)。

对辅助索引的上述更新作为更新基本关系的同一事务的一部分执行，需要跨多个节点原子性地提交更新。23.2 节将讨论的两阶段提交可用于此项任务。基于持久消息传递的替代方案也可以如 23.2.3 节所述的那样使用，前提是可以接受有些过时的辅助索引。

21.6 分布式文件系统

分布式文件系统（distributed file system）跨大量机器存储文件，同时为客户端提供单一文件系统视图。与任何文件系统一样，有文件名和目录的系统，客户端可以使用它来标识和访问文件。客户端不需要关心文件的存储位置。 1019

第一代分布式文件系统的目标是允许客户机访问存储在一个或多个文件服务器上的文件。相比之下，我们所关注的新一代分布式文件系统旨在跨大量的节点来分布文件块。这种分布式文件系统可以存储海量的数据，并支持大量的并发客户端。在这种背景下，一个具有里程碑意义的系统是Google文件系统（Google File System，GFS），它是在21世纪初开发的，在Google内部得到了广泛使用。开源的Hadoop文件系统（Hadoop File System，HDFS）是基于GFS体系结构的，目前应用非常普遍。

分布式文件系统通常是为有效地存储大文件而设计的，这些文件的规模从数十兆字节到数百吉字节甚至更大。然而，它们是被设计用来存储中等数量的此类文件，数量在数百万量级；它们通常不是设计用于存储数十亿个不同的文件。相比之下，我们前面看到的并行数据存储系统是为存储非常大量（数十亿或更多）的数据项而设计的，这些数据项的大小可以从小规模（几十字节）到中等规模（几兆字节）。

与并行数据存储系统一样，分布式文件系统中的数据是跨大量节点存储的。由于文件可以比数据存储系统中的数据项大得多，因此文件被分成多个块。单个文件的块可以跨多台计算机分区。此外，每个文件块跨多台（通常是三台）机器复制，这样机器故障就不会导致文件变得不可访问。

文件系统通常支持两种*元数据*（metadata）：

1. 目录系统，它允许将文件分层组织到目录和子目录中。

2. 从文件名到在每个文件中存储实际数据的块标识序列的映射。

对于集中式文件系统的情况，块标识有助于在诸如磁盘之类的存储设备中定位块。对于分布式文件系统的情况，除了提供块标识外，文件系统还必须提供对块的存储位置的定位（节点标识）；事实上，由于复制，文件系统提供了一组节点标识以及每个块的标识。

在本节的其余部分中，我们将描述Hadoop文件系统（Hadoop File System，HDFS）的组织结构，如图21-7所示；HDFS的体系结构源自Google文件系统。在HDFS中存储数据块的节点（机器）称为**数据节点**（datanode）。块具有一个关联的ID，数据节点将块ID映射到其本地文件系统中存储块的位置。

文件系统元数据也可以跨多个节点分区，但除非仔细设计，否则可能会导致性能下降。GFS和HDFS采用了一种更简单、更实用的方法，将文件系统元数据存储在单个节点上，在HDFS中称为**名字节点**（namenode）。 1020

由于所有元数据读取都必须经过名字节点，因此如果需要磁盘访问来满足元数据读取，那么每秒可以满足的请求数量将非常小。为了确保可接受的性能，HDFS名字节点将整个元数据缓存在内存中；这样，内存规模就成为文件系统可以管理的文件和块的数量的限制因素。为了减少内存大小，HDFS使用非常大的块规模（通常为64MB）来减少名字节点必须为每个文件而跟踪的块的数量。尽管如此，大多数机器上有限的主存量限制了名字节点只能支持有限数量的文件（数百万量级）。然而，当主存规模为数吉字节且块规模为数十兆字节时，HDFS系统可以轻松地处理许多拍字节的数据。

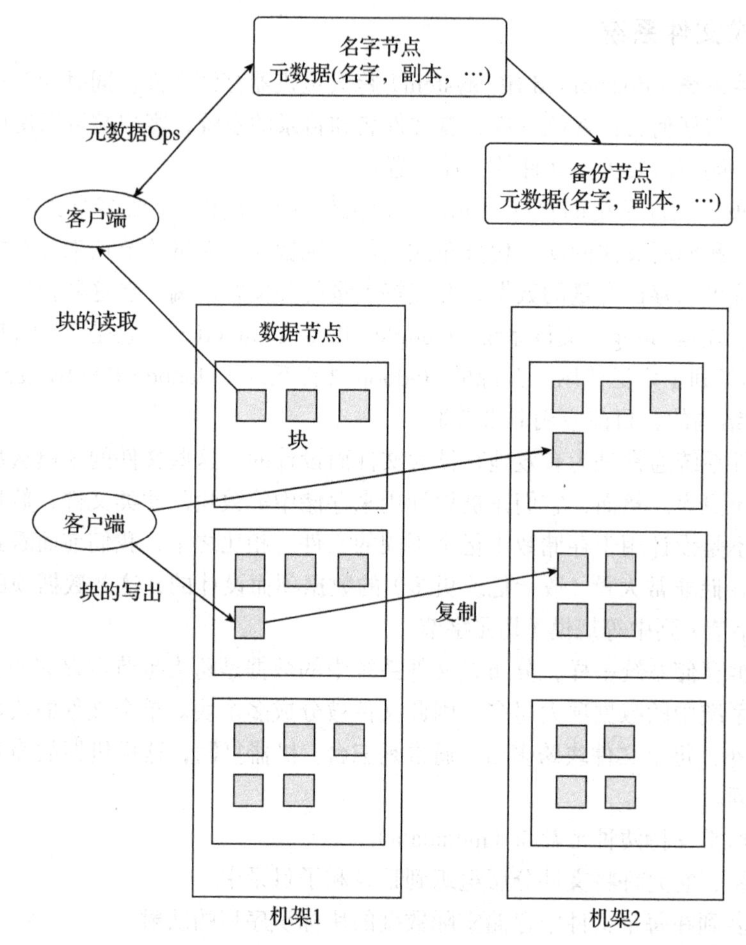

图 21-7　Hadoop 分布式文件系统（HDFS）体系结构

在具有大量数据节点的任何系统中，数据节点故障是经常发生的。要处理数据节点故障，必须将数据块复制到多个数据节点。如果一个数据节点发生故障，仍然可以从存储数据块副本的其他数据节点之一读取到该块。复制到三个数据节点被广泛采用，以提供高可用性，而不需要支付太高的存储开销。

我们现在考虑 HDFS 如何满足文件打开和读取请求。首先，客户端使用文件名联系名字节点。名字节点查找包含文件数据的块的 ID 列表，并将块 ID 列表以及包含每个块的副本的节点集返回给客户端。然后，客户端联系文件的每个块的任何一个副本，将块的 ID 发送给它以检索出块。如果特定副本没有响应，则客户端可以联系任何其他副本。

为了满足写请求，客户端首先联系名字节点，名字节点分配块，并决定哪些数据节点应该存储每个块的副本。元数据记录在名字节点上并发送回客户端。然后，客户端将块写到所有副本。作为减少网络流量的一种优化，HDFS 实现可以选择在同一机架中存储两个副本；在这种情况下，对一个副本执行块写入，然后将数据复制到同一机架上的第二个副本。当所有副本都处理了对一个块的写操作时，将向客户端发送一条确认消息。

在更新文件时，复制引入了数据在副本之间的一致性问题。作为一个示例，假设更新数据块的一个副本，但是由于系统故障，另一个副本并没有被更新；这样系统最终可能会出现跨副本的不一致状态。读取到什么值将取决于访问到哪个副本，这是不可接受的情况。

虽然数据存储系统使用我们在第 23 章中学习的技术通常需要处理一致性问题，但某些诸如 HDFS 之类的分布式文件系统采用了不同的方法，即不允许更新。换句话说，文件可以被追加，但写入的数据无法更新。当文件的每个块被写入时，这些块被复制到副本中。在关闭（close）文件之前，即所有数据都已写入该文件，并且块已在其所有副本上成功写入，该文件无法被读取。数据写入文件的模型有时称为**写一次读多次**（write-once-read-many）访问模型。诸如 GFS 之类的其他分布式文件系统允许更新，并在写入副本时检测因故障导致的特定不一致状态；但是，并不支持事务（原子地）更新。

对于分布式文件系统的许多应用来说，不能更新文件只能对文件进行追加的限制不是问题。需要更新的应用应该使用支持更新的数据存储系统，而不是使用分布式文件系统。

1021 ~ 1022

21.7　并行的键值存储

许多 Web 应用需要存储非常大量（数十亿）相对较小的记录（规模从数千字节到数兆字节不等）。存储必须跨数千个节点分布。在分布式文件系统中以文件的形式存储这样的记录是不可行的，因为文件系统不是设计用来存储如此大量的小文件的。理想情况下，应该使用大规模并行关系数据库来存储此类数据。但是，21 世纪初期可用的并行关系数据库并不是为工作在大规模节点上而设计的；它们也不支持在不对正在进行的活动造成重大干扰的情况下轻松地向系统添加更多节点的能力。

为了满足这些 Web 应用的需要，开发了一系列并行的键值存储系统。**键值存储**（key-value store）提供了一种方式来存储或更新具有关联键的数据项（值），并检索具有给定键的数据项。一些键值存储将数据项视为无解释的字节序列，而另一些则允许模式与数据项关联。如果系统支持为数据项定义模式，则系统可以在数据项的特定属性上创建和维护辅助索引。

键值存储支持表上的两种非常基本的功能：put(table, key, value)，用于在表中存储具有关联键的值；get(table, key)，用于检索与特定键关联的存储值。此外，它们还可以支持其他功能，例如使用 get(table, key1, key2) 来实现在键值上的范围查询。

此外，许多键值存储支持某种形式的灵活模式。

- 有些键值存储允许将列名指定为模式定义的一部分，类似于关系数据存储。
- 另一些键值存储则允许将列添加到单个元组中或从单个元组中删除；这样的键值存储有时称为**宽列存储**（wide-column store）。这种键值存储支持诸如 put(table, key, columname, value) 和 get(table, key, columname) 那样的功能，前者将值存储在由键所标识的行的特定列中（如果该列不存在，则创建该列），后者检索由键标识的特定行的特定列的值。此外，delete(table, key, columname) 从行中删除特定的列。
- 还有一些键值存储允许与键一起存储的值具有复杂的结构，通常基于 JSON；它们有时称为**文档存储**（document store）。

为存储值指定（部分）模式的能力允许键值存储执行数据存储上的选择谓词；一些存储也使用该模式来支持辅助索引。

我们使用术语键值存储来包含所有上述类型的数据存储；但是，有些人使用术语键值存储来更具体地指代那些不支持任何形式的模式并将值视为无解释的字节序列的数据存储。

1023

并行键值存储通常支持弹性，据此可以根据需要逐渐增加或减少节点数量。在添加节点的情况下，表块可以移动到新节点。为了减少节点数量，可以将表块从某些节点移开，然后将这些节点从系统中移除。

广泛使用的支持灵活列（也称为宽列存储）的并行键值存储包括来自 Google 的 Bigtable、Apache HBase、Apache Cassandra（最初由 Facebook 开发）以及来自 Microsoft 的 Microsoft Azure Table Storage 等。支持模式的键值存储包括来自 Google 的 Megastore 和 Spanner，以及来自 Yahoo! 的 Sherpa/PNUTS。支持半结构化数据（也称为文档存储）的键值存储包括 Couchbase、来自 Amazon 的 DynamoDB 以及 MongoDB 等。Redis 和 Memcached 是并行的内存键值存储，广泛用于高速缓存数据。

键值存储并不是完全成熟的数据库，因为它们没有提供今天在数据库系统上被视为标准的许多特性。键值存储通常不支持的特性包括声明性查询（使用 SQL 或任何其他声明式查询语言）、对事务的支持以及对基于非键属性的选择来高效检索记录的支持（传统数据库使用辅助索引来支持这种检索）。实际上，它们通常并不支持键以外的属性的主码约束，也不支持外码约束。

21.7.1　数据表示

作为 Web 应用数据管理需求的一个示例，考虑一个用户的配置文件，它需要被一个组织运行的许多不同的应用程序访问。配置文件包含各种属性，并且经常会向配置文件中存储的属性进行添加。某些属性可能包含复杂的数据。对于这样复杂的数据，简单的关系表示通常是不够的。

许多键值存储都支持 JavaScript *对象表示法*（JavaScript Object Notation，JSON），这种表示法越来越多地用于对复杂数据的表示（JSON 在 8.1.2 节中介绍过）。JSON 表示在记录包含的属性集以及这些属性的类型方面提供了灵活性。还有其他一些键值存储（如 Bigtable）为复杂数据定义了它们自己的数据模型，包括对具有非常大量的可选列的记录的支持。

在 Bigtable 中，记录不是作为单个值存储的，而是被拆分为单独存储的成员属性。因此，属性值的键在概念上由（记录标识符，属性名）组成。就 Bigtable 而言，每个属性值只是一个字符串。为获取一条记录的所有属性，要使用范围查询，或者更准确地说，使用仅由记录标识符组成的前缀匹配查询。get() 函数将属性名和值一同返回。为了高效地检索记录的所有属性，存储系统按键的顺序存储条目，因此特定记录的所有属性值都聚集在一起。

1024

事实上，记录标识符本身可以是有层次结构的，尽管对于 Bigtable 本身来说，记录标识符只是一个字符串。例如，存储从 Web 爬虫检索到的页面的应用程序可以把表单的 URL

www.cs.yale.edu/people/silberschatz.html

映射到记录标识符

edu.yale.cs.www/people/silberschatz.html

这样页面就按照有用的顺序聚集在一起。

数据存储系统通常允许存储数据项的多个版本。版本通常由时间戳来标识，但也可以由一个整数值来标识，每当创建数据项的一个新版本时该整数值就递增。读取可以指定数据项的所需版本，或者可以选择具有最高版本号的版本。例如在 Bigtable 中，键实际上由三部分组成：（记录标识符，属性名，时间戳）。

有些键值存储支持行的列式存储（columnar storage），行的每一列都单独存储，为每行存储行键和列值。这种表示允许扫描高效地检索所有行的指定列，而不必从存储中检索出其他列。相反，如果行以通常的方式存储，并且所有列值都与行一起存储，则对存储的顺序扫描将获取并不需要的列，从而降低性能。

此外，某些键值存储支持**列族**（column family）的概念，它将一组一组的列分组为列族。对于给定的行，特定列族中的所有列都存储在一起，但来自其他列族中的列则单独存储。如果一组列经常一起检索，则与单独存储和检索这些列的列式存储或可能导致从存储中检索出并不需要的列的行存储相比，将它们存储为列族可以实现更高效的检索。

21.7.2　存储与检索数据

在本节中，我们使用术语表块来指代分区，如 21.3.3 节所述。我们还使用术语**表块服务器**来指代充当特定表块的服务器的节点；与表块相关的所有请求都会发送到该表块的表块服务器[㊀]。表块服务器可以是具有表块副本的节点中的一个，并扮演如 21.4.1 节中讨论的主副本的角色[㊁]。

1025

我们使用术语**主**站点指代存储分区信息主副本的站点，包括对于每个表块来说，该表块的键的范围、存储表块副本的站点以及该表块的当前表块服务器[㊂]。主站点还负责跟踪表块服务器的运行状况；在表块服务器节点出现故障的情况下，主站点会将包含表块副本的其他节点中的一个指定为该表块的新表块服务器。如果某个节点过载或系统中添加了新节点，主站点还负责重新分配表块以平衡系统中的负载。

对于每个进入系统的请求，必须标识与键对应的表块，并将请求路由到表块服务器。如果单个主站点负责此项任务，它可能会过载。相反，路由任务以以下两种方式之一并行执行：

- 通过将分区信息复制到客户端站点；客户端使用的键值存储 API 查找存储在客户端的分区信息副本，以确定将请求路由到何处。这种方式在 BigTable 和 HBase 中使用。
- 通过将分区信息复制到一组路由器站点，这些站点将请求路由到拥有适当表块的站点。请求可以发送到任意一个路由器站点，该路由器站点会将请求转发到正确的表块主站点。例如，在 PNUTS 系统中使用了这种方式。

由于在实际拆分或移动表块与更新路由器（或客户端）的分区信息之间可能存在间隔，因此在做出路由决策时，分区信息可能已过时。当请求到达标识的表块主节点时，该节点会检测到表块已被拆分，或者该站点不再存储表块的（主）副本。在这种情况下，请求被返回到路由器，并指示路由不正确；然后路由器从主节点检索最新的表块映射信息，并将请求重新路由到正确的目的地。

图 21-8 描述了一种大致基于 PNUTS 架构的云数据存储系统的体系结构。其他的系统提供了类似的功能，尽管它们的体系结构可能有所不同。例如，BigTable/HBase 并没有单独的路由器；分区和表块服务器映射信息存储在 Google 文件系统 /HDFS 中，客户端从文件系统读取信息，并决定向哪里发送它们的请求。

㊀ HBase 使用术语区域和区域服务器来代替术语表块和表块服务器。

㊁ 在 BigTable 和 HBase 中，复制由底层分布式文件系统来处理；表块数据存储在文件中，并且选择包含表块文件副本的节点之一作为表块服务器。

㊂ 术语表块控制器被 PNUTS 用来指代主站点。

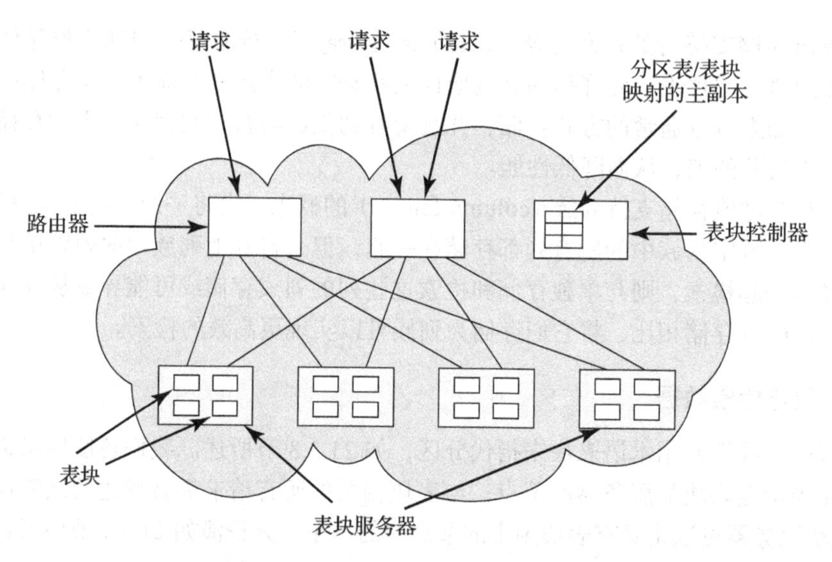

图 21-8　云数据存储系统的体系结构

21.7.2.1　地理上的分布式存储

有几种键值存储支持将数据复制到地理上分布的位置；其中一些还支持跨地理分布的位置对数据进行分区，允许不同的分区在不同的位置集合中复制。

1026

在地理上分布的一个关键动机是容错，即使整个数据中心因诸如火灾或地震之类的灾难而出现故障，容错性也能使系统继续运行；事实上，地震可能会导致一个区域内的所有数据中心失效。第二个关键动机是允许数据的一个副本驻留在靠近用户的地理区域；跨世界来获取所需数据可能会导致数百毫秒的延迟。

在地理上复制数据的一个关键性能问题是跨地理区域的延迟远远高于数据中心内的延迟。然而某些键值存储支持地理上的分布式复制，需要事务等待来自远程位置的更新确认。某些键值存储支持将更新异步复制到远程位置，允许事务提交，而无须等待来自远程位置的更新确认。但是，如果在更新被复制之前出现故障，则有丢失更新的风险。某些键值存储允许应用来选择是等待来自远程位置的确认，还是在本地执行更新后尽快提交。

支持在地理上复制的键值存储包括 Apache Cassandra、来自 Google 的 Megastore 和 Spanner、来自 Microsoft 的 Windows Azure Storage、来自 Yahoo! 的 PNUTS/Sherpa 等。

1027

21.7.2.2　索引结构

在键值存储中每个表块中的记录都在键上建立了索引；通过在键上聚集存储记录，可以高效地支持范围查询。B^+ 树文件组织是一种不错的选择，因为它支持对聚集存储记录的索引。

广泛使用的键值存储 BigTable 和 HBase 构建在文件*不可改变的*分布式文件系统之上；也就是说，文件一旦创建就无法被更新。因此，B^+ 树索引或文件组织不能存储在不可变文件中，因为 B^+ 树需要更新，而不可变文件上不能进行更新。

相反，BigTable 和 HBase 系统使用*日志结构归并树*（LSM 树）的*阶梯式归并*的变种，我们在 14.8.1 节中介绍了 LSM 树，并将在 24.2 节中进行更详细的描述。LSM 树不会对现有树执行更新，而是使用新数据或者通过归并现有树来创建新树。因此，它非常适合在只支持不可变文件的分布式文件系统上使用。LSM 树还有一个额外的优势，它支持聚集存储的记录，并且可以支持很高的插入和更新率，这在键值存储的许多应用中都非常有用。有几种键值存储使用了 LSM 树结构，比如 Apache Cassandra 和 MongoDB 使用的 WiredTiger 存储结构。

21.7.3　对事务的支持

大多数键值存储对事务的支持是有限的。例如，键值存储通常支持对单个数据项的原子性更新，并确保对数据项的更新是串行的，也就是说，一个接一个地进行更新。由于操作是串行执行的，因此在单个操作级别上的可串行化是自动满足的。请注意，在单个数据项上串行执行更新并不能保证事务级别的可串行化，因为一个事务可能访问不止一个数据项。

某些键值存储（如 Google 的 Megastore 和 Spanner）为跨多个节点的 ACID 事务提供了全面支持。但是，大多数键值存储并不支持跨多个数据项的事务。

我们将在后面看到，一些键值存储提供了一种 test-and-set 操作，可以帮助应用程序实现有限形式的并发控制。

21.7.3.1　并发控制

某些键值存储通过封锁来支持并发控制，比如来自 Google 的 Megastore 和 Spanner 系统。分布式并发控制中的问题将在第 23 章中讨论。Spanner 还支持基于时间戳的版本和数据库快照。23.5.1 节将讨论在 Spanner 中实现的多版本并发控制技术的细节。

但是，大多数其他键值存储支持在单个数据项（可能有多个列，或者可能是 MongoDB 中的 JSON 文档）上的原子操作，如 BigTable、PNUTS/Sherpa 和 MongoDB。

1028

某些键值存储（如 HBase 和 PNUTS）提供原子性的 test-and-set 函数，该函数允许对数据项进行更新，条件是数据项的当前版本与特定的版本号相同；检查（test）和更新（set）是原子地执行的。此功能可用于实现有限形式的基于有效性的并发控制，如 23.3.7 节所述。

有些数据存储支持在数据项上的原子增量操作和存储过程的原子执行。例如，HBase 支持 incrementColumnValue() 和 checkAndPut() 操作，前者原子性地读取并增加列值；后者原子性地检查数据项上的条件，并仅当检查成功时更新数据项。HBase 还支持存储过程的原子执行，这在 HBase 术语中被称作“协处理器”。这些过程在单个数据项上运行，并被原子地执行。

21.7.3.2　原子提交

BigTable、HBase 和 PNUTS 支持对单行进行多个更新的原子提交；但是，这些系统全都不支持跨不同行的原子更新。

作为上述限制的结果之一，这些系统全都不支持辅助索引；对数据项的更新将需要对辅助索引进行更新，而这是不能原子执行的。

有些系统（如 PNUTS）支持具有延迟更新的辅助索引或物化视图；对数据项的更新将导致对辅助索引或物化视图的更新被添加到消息传递服务中，该服务被传递到需要应用更新的节点。这些更新保证被传递并随后应用；但是，在应用更新之前，辅助索引可能与基础数据不一致。PNUTS 也以同样的延迟方式支持视图维护。对于此类辅助索引或物化视图的更新，没有事务性的保证，只能尽力保证更新何时到达其目的地。23.6.3 节中将讨论延迟维护的一致性问题。

相比之下，Google 开发的 Megastore 和 Spanner 系统支持跨多个数据项的事务的原子提交，这些数据项可以跨多个节点分布。这些系统使用两阶段提交（在 23.2 节中讨论）来确保跨多个节点的原子提交。

21.7.3.3　故障处理

如果一个表块服务器节点出现故障，则应为另一个具有表块副本的节点分配为该表块提供服务的任务。主节点负责检测节点故障并重新分配表块服务器。

当新节点接管为表块服务器时，它必须恢复表块的状态。为了确保对表块的更新不受节点故障的影响，对表块的更新将记录在日志中，并且日志本身也被复制。当一个站点出现故障时，该站点上的表块被分配到其他站点；每个表块的新主站点负责使用日志执行恢复操作，以使其表块副本处于最新状态，这之后可以在表块上执行更新和读取。

1029

作为一个示例，在 BigTable 中，映射信息存储在索引结构中，并且索引与实际的表块数据存储在文件系统中。表块数据更新不会立即刷新，但日志数据会。文件系统确保文件系统数据被复制，并且即使在集群中的几个节点出现故障时也会是可用的。因此，当重新分配表块时，该表块的新服务器可以访问到最新的日志数据。

另一方面，Yahoo! 的 Sherpa/PNUTS 系统显式地将表块复制到集群中的多个节点，并使用持久消息传递系统来实现日志。持久消息传递系统在多个站点复制日志记录，以确保在发生故障时的可用性。当新节点接管为表块服务器时，它必须应用在接管表块服务器之前、由先前的表块服务器生成的所有挂起的日志记录。

为了确保在出现故障时的可用性，数据必须被复制。如 21.4.2 节所述，复制的一个关键问题是保持副本相互之间的一致性。不同的系统以不同的方式实现副本的原子更新。Google BigTable 和 Apache HBase 使用底层文件系统（BigTable 使用 GFS，而 HBase 使用 HDFS）提供的复制功能，而不是它们亲自去实现复制。有趣的是，GFS 和 HDFS 都不支持对一个文件的所有副本进行原子更新；相反，它们支持追加到文件，这些追加将复制到文件块的所有副本上。只有当追加已应用到所有副本时，追加才会成功。系统故障可能导致追加只应用到某些副本上；使用序列号可以检测这种不完整的追加，并在检测到时进行清除。

某些系统（如 PNUTS）使用持久消息传递服务来对更新进行日志；消息传递服务保证更新将传递到所有副本。另一些系统（如 Google 的 Megastore 和 Spanner）使用一种称为分布式共识的技术来实现一致性复制，正如我们将在 23.8 节中讨论的那样。这样的系统需要大多数副本都可用才能执行更新。还有一些系统（如 Apache Cassandra 和 MongoDB）允许用户来控制必须有多少副本可用才能执行更新。将该值设置得低可能会导致更新冲突，稍后必须解决此问题。我们将在 23.6 节讨论这些问题。

21.7.4　不使用声明式查询的管理

键值存储并不提供任何查询处理功能，例如 SQL 语言支持，甚至不提供诸如连接那样的低级原语。许多使用键值存储的应用程序可以在没有查询语言支持的情况下进行管理。在这些应用程序中，访问数据的主要模式是使用关联的键来存储数据，并使用该键去检索数据。在用户配置文件的示例中，用户配置文件数据的键将是用户的标识。

1030

有些应用需要连接，但连接要么通过应用程序代码、要么通过物化视图的形式来实现。例如，在一个社交网络应用中，应该向每个用户显示来自其所有好友的新帖子，这在概念上是需要连接的。

计算连接的一种方法是在应用程序代码中实现它，通过这样的过程：首先找到给定用户的好友集合，然后查询代表每个好友的数据对象，以查找他们最近的帖子。

另一种可选的方法如下：每当一个用户发帖时，对于该用户的每个好友将发送一条消息，代表该好友的数据对象和与该好友关联的数据都会用新帖子的摘要去更新。当该用户检查更新时，所有必需的数据都在某处可用，并且可以被快速检索。

这两种方法都可以在对连接没有任何底层支持的情况下使用。这两种备选方案之间存在权衡，例如第一种备选方案在查询时间上的成本较高，而第二种备选方案在存储成本和写入时间上的成本较高。

21.7.5 性能优化

当使用数据存储系统时，数据的物理位置由存储系统决定，并对客户端隐藏。当存储需要被连接的多个关系时，就通信成本而言，单独对每个关系进行分区可能是次优的。例如，如果两个关系的连接是频繁计算的，那么最好是在它们的连接属性上以完全相同的方式进行分区。正如我们将在 22.7.4 节中看到的，这样做将允许在每个存储站点并行地计算连接，而无须数据传输。

为了支持这样的场景，一些数据存储系统允许模式设计者指定一个关系的元组应与它们引用的另一个关系的元组存储在同一个分区中，通常使用外码来进行引用。此功能的典型用途是将与特定实体相关的所有元组存储在同一个分区中；这些元组的集合称为**实体群**（entity group）。

此外，许多数据存储系统（如 HBase）支持*存储函数*（stored function）或*存储过程*（stored procedure）。存储函数 / 过程允许客户端调用元组（或实体群）上的函数，不是在本地获取元组并执行，而是在存储元组的分区上执行该函数。如果存储的元组较大，而函数 / 过程的结果较小，则存储函数 / 过程尤其有用，因为减少了数据传输。

许多数据存储系统提供了一些功能，例如支持在一段时间后自动删除数据项的旧版本，甚至删除早于某个指定时间段的数据项。

1031

21.8 总结

- 在过去的 20 年中，并行数据库在商用方面获得了广泛的接受。
- 数据存储和索引是并行数据库系统的两个重要方面。
- 数据分区涉及数据在多个节点之间的分布。在 I/O 并行中，关系在可用磁盘之间进行划分，以便它们可以更快地被检索。三种常用的分区技术是轮转法分区、散列分区和范围分区。
- 偏斜是一个主要问题，特别是随着并行度的增加。平衡的分区向量、使用直方图和虚拟节点分区是用来减少偏斜的一些技术。
- 并行数据存储系统必须对节点的故障具有弹性。为了确保数据不会在节点故障中丢失，元组会跨至少两个节点（通常是三个节点）进行复制。如果一个节点失效，它所存储的元组仍然可以从复制这些元组的其他节点处访问。
- 并行数据存储系统中的索引可以分为两类：局部索引和全局索引。局部索引是建立在存储于特定节点中的元组上的索引，索引内容与数据存储在同一节点上。全局索引是建立在跨多个节点存储的数据上的索引。
- 分布式文件系统跨大量计算机来存储文件，同时为客户端提供单一文件系统的视图。与任何文件系统一样，有一个文件名和目录的系统，客户端可以使用它来标识和访问文件。客户端并不需要担心文件存储在哪里。
- Web 应用需要存储非常大量（数十亿）的相对较小的记录（规模从数千字节到数兆字节）。为了满足这类应用的需要，已开发了一系列并行的键值存储系统。键值存储提供了一种方式来存储或更新具有关联键的数据项（值），并检索具有给定键的数据项。

术语回顾

- 键值存储
- 数据存储系统
- I/O 并行
- 数据分区
- 水平分区

1032

- 分区策略
  - 轮转法
  - 散列分区
  - 范围分区
- 分区向量
- 点查询
- 范围查询
- 偏斜
  - 执行偏斜
  - 数据分布偏斜
  - 属性值偏斜
  - 分区偏斜
- 处理偏斜
  - 平衡的范围分区向量
  - 直方图
  - 虚拟节点
- 存储的弹性
- 表
- 表块
- 分区表
- 主节点
- 路由器
- 一致性散列
- 分布式散列表
- 复制
  - 数据中心内的复制
  - 跨数据中心的复制
  - 主副本
  - 副本的一致性
- 最终一致性
- 全局主索引
- 全局辅助索引
- 分布式文件系统
- 写一次读多次访问模型
- 键值存储
- 宽列存储
- 文档存储
- 列族
- 表块服务器

实践习题

21.1 在对范围分区属性的范围选择中，可能只需要访问一张磁盘。请描述此性质的优点和缺点。

21.2 回想一下，直方图被用于构建负载均衡的范围分区。

a. 假设你有一个直方图，其中值在 1 到 100 之间，并且被划分为 10 个范围（1-10, 11-20, …, 91-100），频数分别为 15、5、20、10、10、5、5、20、5 和 5。请给出一个负载均衡的范围分区函数，以便将这些值划分到五个分区中。

b. 给定一个直方图，其频数分布包含 n 个范围。请编写一个用于计算具有 p 个分区的、平衡的范围分区的算法。

1033

21.3 直方图在传统上是构建在关系的特定属性（或属性集）的值上的。这样的直方图有助于避免数据分布偏斜，但对于避免执行偏斜却不是很有用。请解释原因。

现在假设你有一个执行点查找的查询工作负载。请解释你该如何使用工作负载中的查询以提出一种避免执行偏斜的分区方案。

21.4 复制：

a. 请给出跨地理上分布的数据中心来复制数据的两种原因。

b. 集中式数据库支持使用日志记录进行复制。集中式数据库中的复制与并行 / 分布式数据库中的复制有何不同？

21.5 并行索引：

a. 集中式数据库中的辅助索引存储记录的标识。全局辅助索引也可能会存储一个包含记录的分区号，以及分区内的记录标识。为什么这是个坏主意？

b. 全局辅助索引的实现方式类似于当记录存储在 B^+ 树文件组织中时所使用的本地辅助索引。请解释导致辅助索引类似实现的两个场景之间的相似性。

21.6 并行数据库系统在不止一个节点上存储每个数据项（或分区）的副本。

a. 为什么将分配给一个节点的数据项的副本跨多个其他节点分布，而不是将所有副本存储在同一个节点（或一组节点）中是一个好主意。

b. 使用 RAID 存储而不是存储每个数据项的额外副本有什么优点和缺点？

21.7 分区和复制。

a. 请解释为什么范围分区比散列分区能更好地控制表块的大小。请列出此情况和 B^+ 树索引的情况与散列索引之间的类比。

b. 某些系统首先执行键上的散列，然后在散列值上使用范围分区。这一选择的动机是什么？与在键上直接执行范围分区相比，它有什么缺点？

c. 可以对数据进行水平分区，然后在每个节点本地执行垂直分区。也可以进行相反的操作，即首先进行垂直分区，然后单独对每个分区进行水平分区。第一种选择相比第二种选择有什么优势？

1034

21.8 为了向数据项的主副本发送请求，节点必须知道哪个副本是该数据项的主副本。

a. 假设在节点标识出哪个节点是一个数据项的主副本的时刻和请求到达所标识的节点的时刻之间，主控权发生了变化，且另一个节点现在是主节点。这样的情况应如何处理？

b. 虽然可以根据每个分区来选择主副本，但有些系统支持*每条记录主副本*，其中分区（或表块）的记录在某些节点集上被复制，但每条记录的主副本可以在来自该节点集内的任何节点上，独立于其他记录的主副本。请列出基于每条记录跟踪主副本的两种好处。

c. 当有大量记录时，试想如何跟踪每条记录的主副本。

习题

21.9 对于三种分区技术中的每一种，即轮转法分区、散列分区和范围分区，请给出一个查询示例，使得每种分区技术将为该查询提供最快的响应。

21.10 当一个关系按其某个属性进行如下分区时，哪些因素可能导致偏斜？

a. 散列分区

b. 范围分区

在每种情况下，可以采取什么措施来减少偏斜？

21.11 在键值存储中，将相关记录一起存储的动机是什么？请用实体群的概念来解释这种思路。

21.12 为什么像 GFS 或 HDFS 之类的分布式文件系统比键值存储更容易支持复制？

21.13 在键值存储中连接可能代价很高，并且如果系统并不支持 SQL 或类似的声明式查询语言的话，则很难表示连接。应用程序开发者如何才能在这样的设定下高效地获取连接或聚集查询的结果？

1035

工具

除了一些商用工具外，还有各种各样的开源大数据工具可用。此外，云平台上还提供了许多这类工具。Google 文件系统（GFS）是一个早期的并行文件系统。Apache HDFS（hadoop.apache.org）是一个仿照 GFS 的广泛使用的分布式文件系统实现。HDFS 本身并不为文件定义任何内部格式，但 Hadoop 实现目前支持多种优化的文件格式，如 Sequence 文件（允许二进制数据）、Avro（支持半结构化模式）以及 Parquet 和 Orc（支持列式数据表示）。托管的云存储系统包括 Amazon S3 存储系统（aws.amazon.com/s3）和 Google Cloud Storage。

Google 的 BigTable 是一个早期的并行数据存储系统，架构为 GFS 之上的一层。Amazon 的 Dynamo 是一个早期的并行键值存储，它基于一致性散列的思想，最初是为对等数据存储而开发的。

两者作为Google BigTable和Amazon DynamoDB（aws.amazon.com/dynamodb）都可以托管在云上。Google Spanner是一个托管的存储系统，它提供全面的事务支持。Apache HBase（hbase.apache.org）是一个广泛使用的、基于BigTable的开源数据存储系统，它是作为在HDFS之上的一层而实现的。由Facebook开发的Apache Cassandra（cassandra.apache.org）、由LinkedIn开发的Voldemort（www.project-voldemort.com）、MongoDB（www.mongodb.com）、CouchDB（couchdb.apache.org）和Riak（basho.com）都是开源的键值存储。MongoDB和CouchDB使用JSON格式来存储数据。Aerospike（www.aerospike.com）是一个为闪存而优化的开源数据存储系统。如今还有许多其他的开源并行数据存储系统可用。

商用的并行数据库系统包括Teradata、Teradata Aster Data、IBM Netezza和Pivotal Greenplum。IBM Netezza、Pivotal Greenplum和Teradata Aster Data都使用PostgreSQL作为底层数据库，并在每个节点上独立运行；这些系统中的每一个都在顶部构建一个层，用于对数据进行分区，并跨节点并行化处理查询。

延伸阅读

在20世纪70年代末和20世纪80年代初，随着关系模型已获得相当稳固的基础，人们认识到关系运算符具有高度的并行性和良好的数据流特性。好几个研究项目被启动，以研究数据并行存储和查询并行执行的实用性，这些项目包括GAMMA（[DeWitt (1990)]）、XPRS（[Stonebraker et al. (1988)]）和Volcano（[Graefe (1990)]）。

1036

Teradata是为决策支持系统设计的、最早的商用无共享并行数据库系统之一，并且它的市场份额在不断扩大。Teradata支持对数据进行分区和复制以处理节点故障。Red Brick Warehouse是另一个为决策支持而设计的早期并行数据库系统（Red Brick被Informix收购，后来又被IBM收购）。

关于Google文件系统的信息可在[Ghemawat et al. (2003)]中找到，而Google Bigtable系统在[Chang et al. (2008)]中介绍。Yahoo! PNUTS系统在[Cooper et al. (2008)]中介绍，而Google Megastore和Google Spanner分别在[Baker et al. (2011)]和[Corbett et al. (2013)]中介绍。一致性散列在[Karger et al. (1997)]中介绍，而基于一致性散列的Dynamo在[DeCandia et al. (2007)]中介绍。

参考文献

[Baker et al. (2011)] J. Baker, C. Bond, J. C. Corbett, J. J. Furman, A. Khorlin, J. Larson, J.-M. Leon, Y. Li, A. Lloyd, and V. Yushprakh, “Megastore: Providing Scalable, Highly Available Storage for Interactive Services”, In *Proceedings of the Conference on Innovative Data system Research (CIDR)* (2011), pages 223-234.

[Chang et al. (2008)] F. Chang, J. Dean, S. Ghemawat, W. C. Hsieh, D. A. Wallach, M. Burrows, T. Chandra, A. Fikes, and R. E. Gruber, “Bigtable: A Distributed Storage System for Structured Data”, *ACM Trans. Comput. Syst.*, Volume 26, Number 2 (2008).

[Cooper et al. (2008)] B. F. Cooper, R. Ramakrishnan, U. Srivastava, A. Silberstein, P. Bohannon, H.-A. Jacobsen, N. Puz, D. Weaver, and R. Yerneni, “PNUTS: Yahoo!’s Hosted Data Serving Platform”, *Proceedings of the VLDB Endowment*, Volume 1, Number 2 (2008), pages 1277-1288.

[Corbett et al. (2013)] J. C. Corbett et al., “Spanner: Google’s Globally Distributed Database”, *ACM Trans. on Computer Systems*, Volume 31, Number 3 (2013).

[DeCandia et al. (2007)] G. DeCandia, D. Hastorun, M. Jampani, G. Kakulapati, A. Lakshman, A. Pilchin, S. Sivasubramanian, P. Vosshall, and W. Vogels, “Dynamo: Amazons Highly Available Key-value Store”, In *Proc. of the ACM Symposium on Operating System Principles* (2007), pages 205-220.

[DeWitt (1990)] D. DeWitt, “The Gamma Database Machine Project”, *IEEE Transactions* *on Knowledge and Data Engineering*, Volume 2, Number 1 (1990), pages 44-62.

[Ghemawat et al. (2003)] S. Ghemawat, H. Gobioff, and S.-T. Leung, "The Google File System", *Proc. of the ACM Symposium on Operating System Principles* (2003).

[Graefe (1990)] G. Graefe, "Encapsulation of Parallelism in the Volcano Query Processing System", In *Proc. of the ACM SIGMOD Conf. on Management of Data* (1990), pages 102-111.

[Karger et al. (1997)] D. Karger, E. Lehman, T. Leighton, R. Panigrahy, M. Levine, and D. Lewin, "Consistent Hashing and Random Trees: Distributed Caching Protocols for Relieving Hot Spots on the World Wide Web", In *Proc. of the ACM Symposium on Theory of Computing* (1997), pages 654-663.

1037

[Stonebraker et al. (1988)] M. Stonebraker, R. H. Katz, D. A. Patterson, and J. K. Ousterhout, "The Design of XPRS", In *Proc. of the International Conf. on Very Large Databases* (1988), pages 318-330.

1038

第 22 章

Database System Concepts, Seventh Edition

并行和分布式查询处理

在本章中，我们将讨论并行数据库系统中用于查询处理的算法。我们假设查询是**只读**（read-only）的，并且我们的重点在于决策支持系统中的查询处理。这种系统需要在非常大量的数据上执行查询，并且对跨多个节点查询的并行处理对于在可接受的响应时间内处理查询至关重要。

在前几节中，我们的重点在于关系型查询处理。但在后几节中，我们将考察对在关系模型之外的模型中所表达的查询的并行处理问题。

事务处理系统执行大量更新的查询，但每个查询只影响少量元组。并行执行是应对大型事务处理负载的关键；但是，这一主题将在第 23 章中介绍。

22.1 概述

在数据库系统中有两种不同的方式来运用并行处理。一种方式是**查询间并行**（interquery parallelism），它指的是跨多个节点相互并行地执行多个查询。第二种方式是**查询内并行**（intraquery parallelism），它指的是跨多个节点并行地处理单个查询的执行的不同部分。

查询间并行对于事务处理系统是必不可少的。通过这种并行方式可以提高事务吞吐量。但是，单个事务的响应时间并不比单独运行该事务时的响应时间更快。因此，查询间并行的主要用途是扩展事务处理系统以支持每秒更多数量的事务。第 23 章将讨论事务处理系统。

1039

相比而言，查询内并行对于加速长时间运行的查询是必不可少的，并且这也是本章的重点。

单个查询的执行涉及多种运算的执行，比如选择、连接或聚集运算。运用大规模并行的关键是跨多个节点并行处理每种运算。这种并行被称为**操作内并行**（intraoperation parallelism）。由于关系中元组的数量可能很大，所以操作内并行的程度也可能非常高，因此，在数据库系统中操作内并行是很自然的。

为了说明查询的并行计算，考虑一个需要对关系进行排序的查询。假设关系已按某个属性上的范围划分跨多个磁盘分区，并且排序是需要在分区属性上进行的。排序运算可以通过对每个分区进行并行排序再将排好序的分区连接起来以得到最终的排序关系来实现。因此，我们可以通过并行化单个运算来使一个查询并行化。

在查询计算中还有并行性的另一种来源：查询的*运算符树*（operator tree）可能包含多种运算。我们可以通过并行计算一些互不依赖的运算来使运算符树的计算并行化。此外，正如第 15 章所提到的，我们可以将一种运算的输出流水线化给另一种运算。这两种运算可以在单独的节点上并行执行，一种运算产生的输出被另一种运算所消耗，甚至是在它正在生成输出的时候。这两种并行形式都是**操作间并行**（interoperation parallelism）的示例，它允许并行执行一个查询的不同运算符。

总之，单个查询的执行可以以两种不同的方式来并行化：

- **操作内并行**，我们将在接下来的几节中详细讨论这种并行，学习诸如排序、连接、聚集之类的常见关系运算的并行实现。

- **操作间并行**，我们将在 22.5.1 节中详细讨论这种并行。

这两种并行形式是互补的，并且可以在一个查询中同时运用。由于一个典型查询中的运算数量与每种运算所处理的元组数量相比是不多的，操作内并行可以随着并行性的增加而更好地扩展。然而，操作间并行也很重要，特别是在有多个核的共享内存系统中。

为了简化算法的表示，我们假设一个拥有 n 个节点 N_1，N_2，…，N_n 的无共享体系结构。每个节点可能拥有一块或多块磁盘，但此类磁盘的数量通常很少。我们不讨论如何在一个节点上的磁盘之间划分数据；RAID 组织可以与这些磁盘一起使用以利用存储级别的并行性，而不是查询处理级别的并行性。

对查询计算并行化算法的选择依赖于机器的体系结构。在我们的描述中，我们采用无共享体系结构，而不是为每种体系结构分别提供算法。因此，我们显式地描述数据何时必须从一个节点传输到另一个节点。

1040

我们可以通过使用其他体系结构来很容易地模拟这种模式，因为数据的传输可以通过共享内存体系结构中的共享内存以及共享磁盘体系结构中的共享磁盘来完成。因此，也可以在其他体系结构上使用无共享体系结构的算法。在 22.6 节中，我们将讨论如何为共享内存系统进一步优化其中的某些算法。

当今的并行系统通常基于一种混合的体系结构，其中多台计算机以一种无共享的方式组织在一起，而每台计算机具有多个核和一个共享内存。为了用于我们的讨论，在这样的体系结构中，每个核可被认为是无共享系统中的节点。可以利用某些核与其他核共享内存这样的事实来进行优化，正如 22.6 节中将讨论的那样。

22.2 并行排序

假设我们希望对驻留在 n 个节点 $N_1, N_2, \cdots, N_n$ 上的关系 r 进行排序。如果该关系已经在它要排序的属性上进行了范围分区，那么我们可以对每个分区分别进行排序，并将结果连接起来以得到完整的排序关系。由于元组是被划分在 n 个节点上的，因此通过并行访问，读取整个关系所需的时间减少了 n 倍。

如果关系 r 是以任何其他方式分区的，我们可以用下述两种方式之一来对它排序：

1. 我们可以在排序属性上对 r 进行范围分区，然后对每个分区分别进行排序。
2. 我们可以使用并行版本的外排序 - 归并算法。

22.2.1 范围分区排序

如图 22-1a 所示，**范围分区排序**按两步进行：首先对关系进行范围分区，然后对每个分区分别进行排序。当我们通过对关系进行范围分区来排序时，不必就在存储该关系的那些节点集合上对关系进行范围分区。假设我们选择节点 $N_1, N_2, \cdots, N_m$ 对关系进行排序。此操作包括两个步骤：

1. 使用范围分区策略重新分配关系中的元组，以便将位于第 i 个范围内的所有元组发送到节点 n_i，n_i 将关系临时存储在其本地磁盘上。

   为了实现范围分区，每个节点并行地从其磁盘读取元组，并根据分区函数将每个元组发送到其目标节点。每个节点 $N_1, N_2, \cdots, N_m$ 还接收属于其分区的元组并将其存储在本地。此步骤需要磁盘 I/O 和网络通信。

1041

2. 每个节点在本地对关系在其上的分区进行排序，并不与其他节点交互。每个节点执行相同的运算，即在不同的数据集上排序。（在不同数据集上并行执行相同的运算被称为**数据并行性**（data parallelism）。）

最后的归并操作很简单，因为第一阶段中的范围分区确保对于 $1 \leq i < j \leq m$，节点 n_i 中的码值都小于 n_j 中的码值。

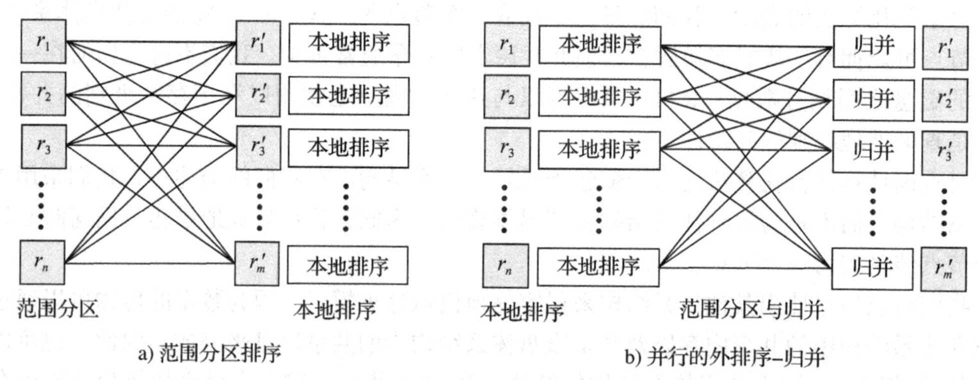

图 22-1 并行排序算法

我们必须用一个平衡的范围分区向量来进行范围分区，这样每个分区就会有差不多相同数量的元组。我们在 21.3.1 节中看到了如何创建这样的分区向量。正如 21.3.2 节所述，虚拟节点分区也可用于减少偏斜。回想一下，虚拟节点的数量是实际节点的数倍，并且虚拟节点分区为每个虚拟节点创建一个分区。然后虚拟节点被映射到真实节点；以轮转方式执行此操作往往以减少真实节点上偏斜程度的方式将虚拟节点分布到真实节点上。

22.2.2 并行的外排序 – 归并

并行的外排序 – 归并如图 22-1b 所示，它是范围分区排序的一种可替代方法。假设一个关系已经在节点 $N_1, N_2, \cdots, N_n$ 之间被分区（关系是如何被分区的并不重要），然后并行的外排序 – 归并的工作方式如下：

1. 每个节点 N_i 对 N_i 上可用的数据进行排序。
2. 然后，系统将每个节点上的排好序的归并段进行归并以得到最终的排序输出。

1042

对步骤 2 中排好序的归并段的归并可以通过以下一系列操作来并行化：

1. 系统跨节点 $N_1, N_2, \cdots, N_m$ 对每个节点 N_i 处的已排序分区（都利用相同的分区向量）进行范围分区。它按排序顺序发送元组，因此每个节点都接收到排好序的元组流。
2. 每个节点 N_i 在接收元组流的同时进行归并以得到单个排好序的归并段。
3. 系统将节点 $N_1, N_2, \cdots, N_m$ 上排好序的归并段连接起来以得到最终结果。

如前所述，这一系列操作导致了一种有趣的**执行偏斜**形式，因为首先每个节点将分区 1 的所有元组发送到 N_1，然后每个节点将分区 2 的所有元组发送到 N_2，依此类推。因此，当以并行方式发送时，接收元组变为串行执行：首先只有 N_1 接收元组，然后只有 N_2 接收元组，依此类推。为了避免这个问题，从任意节点 i 到任何其他节点 j 的元组 $S_{i,j}$ 的有序序列被拆分成多个块。对于每个 j，每个节点 N_i 将 $S_{i,j}$ 的第一个元组块发送到节点 N_j，然后，它将第二个元组块发送到每个节点 N_j，依此类推，直到所有的块都被发送。其结果是，所有节点并行接收到数据。（请注意，元组以块的形式发送，而不是单独发送，以减少网络开销。）

22.3 并行连接

并行连接算法试图将输入关系的元组划分到多个节点上。然后，每个节点在本地计算连接的一部分。接下来，系统从每个节点收集结果以产生最终结果。如何恰当地划分元组取决于连接算法，正如我们接下来将看到的那样。

22.3.1 分区连接

对于特定类型的连接，可以跨节点对两个输入关系进行分区，并在每个节点处本地计算连接。分区连接技术可用于内连接，其中连接条件为等值连接（例如，$r \bowtie_{r.A=s.B} s$）；关系 r 和 s 按照在它们的连接属性上的相同分区函数进行分区。分区的思想与散列 - 连接的划分步骤背后的思想完全相同。分区连接也可以用于外连接，正如我们稍后将看到的那样。

假设我们使用 m 个节点来执行连接，并且待连接的关系是 r 和 s。那么**分区连接**的工作方式如下：系统将关系 r 和 s 分别划分为 m 个分区，记为 $r_1, r_2, \cdots, r_m$ 和 $s_1, s_2, \cdots, s_m$。但是，在分区连接中，有两种对 r 和 s 分区的不同方式：

1043

- 在连接属性上的范围分区。
- 在连接属性上的散列分区。

在这两种情况下，必须对这两种关系使用相同的分区函数。对于范围分区，必须对两个关系使用相同的分区向量。对于散列分区，必须在两个关系上使用相同的散列函数。图 22-2 描述了分区并行连接中的分区。

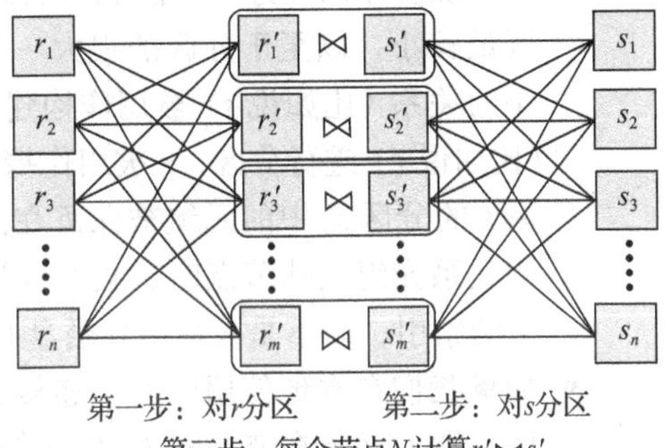

图 22-2　分区并行连接

分区连接算法首先通过这样的方式来对其中一个关系进行分区：扫描其中的元组并根据分区函数和每个元组的连接属性值将它们发送到相应的节点。具体地说，每个节点 N_i 从本地磁盘读入其中一个关系（比如 r）的元组，为每个元组 t 计算 t 所属的分区 r_j，并将元组 t 发送到节点 N_j。每个节点还同时接收发送给它的元组并将它们存储在其本地磁盘上（这可以通过为发送和接收数据使用单独的线程来完成）。对来自另一个关系 s 的所有元组重复此过程。

一旦对这两个关系进行分区后，我们可以在每个节点 N_i 本地使用任何连接技术来计算 r_i 和 s_i 的连接。因此，我们可以使用分区来使任何连接技术并行化。

分区连接不仅可用于内连接，还可用于外连接的所有三种形式（左外连接、右外连接和全外连接）。在对连接属性进行分区之后，每个节点在本地计算相应的外连接。此外，由于自然连接可以表示为后接投影的等值连接，因此也可以使用分区连接来计算自然连接。

如果关系 r 或 s 已经在连接属性上进行过分区（通过散列分区或范围分区），那么分区所需的工作量将大大减少。如果关系没有分区或者是在连接属性以外的属性上分的区，那么需要对元组重新分区。

1044

我们现在考虑针对在每个节点 N_i 本地使用的连接技术的问题。本地连接运算可以通过在元组到达节点时对元组执行一些初始步骤来优化，而不是先将元组存储到磁盘，再将它们读回以执行这些初始步骤。当先前运算的结果流水线化到后续运算中时，我们将在下面描述的这些优化也适用于非并行的查询处理中；因此，它们并不是针对并行查询处理的。

- 如果我们在本地使用散列 – 连接，则得到的并行连接技术称为**分区并行散列 – 连接**。

  回想一下，散列 – 连接首先将两个输入关系划分为较小的部分，这样较小关系（构建关系）的每个分区都会放入内存。因此，为了实现散列 – 连接，节点 N_i 接收到的分区 r_i 和 s_i 必须用一个散列函数（比如 $h1()$）来重新分区。如果跨节点的 r 和 s 分区是使用散列函数 $h0()$ 来完成的，则系统必须确保 $h1()$ 是与 $h0()$ 不同的。设对于 $j = 1, \cdots, n_i$，节点 N_i 处的结果分区为 $r_{i,j}$ 和 $s_{i,j}$，其中 n_i 表示节点 N_i 处本地分区的数量。

  请注意，元组在到达时，可以基于用于本地散列 – 连接的散列函数重新分区并写出到适当的分区，从而避免需要将元组写到磁盘并将其读回的情况。

  请再回想一下，散列 – 连接后将构建关系的每个分区加载到内存中，在连接属性上构建一个内存索引，并且最后使用另一个关系（称为探测关系）的每个元组来探测该内存索引。假设选择关系 s 作为构建关系。然后将每个分区 $s_{i,j}$ 加载到内存中，并在连接属性上建立一个索引，并且使用 $r_{i,j}$ 的每个元组来探测该索引。

  混合散列 – 连接（在 15.5.5.5 节中描述）可用于这样的情况：其中一个关系的分区足够小，以至于分区的很大一部分能放入每个节点的内存中。在这种情况下，较小的关系（比如说 s）被用作构建关系，应该首先对 s 进行分区，然后对较大的关系（比如说 r）进行分区，r 被用作探测关系。回想一下，使用混合散列 – 连接，构建关系 s 的分区 s_0 中的元组被保留在内存中，并且在这些元组上构建了内存索引。当探测关系元组到达节点时，它们也被重新分区；r_0 分区中的元组直接用于探测 s_0 元组上的索引，而不是被写出到磁盘并读回。

- 如果我们在本地使用归并 – 连接，则得到的技术称为**分区并行归并 – 连接**。每个分区 s_i 和 r_i 必须在节点 N_i 处进行排序和本地合并。

  排序的第一步（即生成归并段）可以直接使用输入的元组来生成归并段，避免在生成归并段之前写到磁盘。

- 如果我们在本地使用嵌套 – 循环连接或索引嵌套 – 循环连接，则得到的技术称为**分区并行嵌套 – 循环连接**或**分区并行索引嵌套 – 循环连接**。每个节点 N_i 在 s_i 和 r_i 上执行嵌套 – 循环（或索引嵌套 – 循环）连接。

1045

22.3.2　分片 – 复制连接

分区并不适用于所有类型的连接。例如，如果连接条件是一个不等式，例如 $r \bowtie_{r.a<s.b} s$，则 r 中的所有元组都有可能与 s 中的某些元组相连接（反之亦然）。因此，可能没有对 r 和 s 进行分区的特殊方式，使得分区 r_i 中的元组只与分区 s_i 中的元组相连接。

我们可以通过使用一种叫作*分片 – 复制*（fragment-and-replicate）的技术来对这种连接进行并行化。我们首先考虑分片 – 复制的一种特殊情况——**非对称分片 – 复制连接**，其工作方式如下：

1. 系统对其中一个关系（比如 r）进行分区。任何分区技术都可以在 r 上使用，包括轮转法分区。
2. 系统将另一个关系 s 复制到所有节点上。
3. 然后，节点 N_i 使用任何连接技术在本地计算 r_i 与整个 s 的连接。

非对称分片 – 复制方案如图 22-3a 所示。如果 r 已经是通过分区存储的，那么在步骤 1 中不需要再对它进行分区。所需的只是将 s 复制到所有节点上。

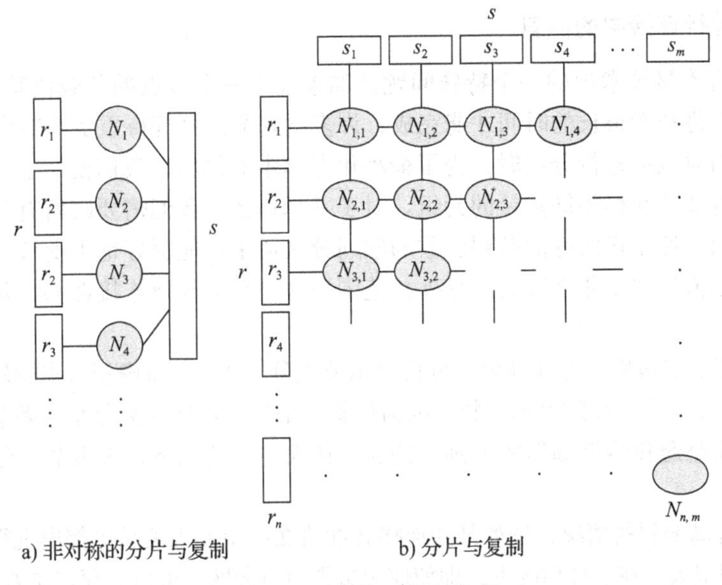

图 22-3　分片 - 复制方案

非对称分片 - 复制连接技术也称为**广播连接**（broadcast join）。即使对于等值连接，这也是一种非常有用的技术，如果其中一个关系（比如 s）较小，而另一个关系（比如 r）较大，因为在所有节点上复制小关系 s 可能比对大关系 r 重新分区代价要小。

分片 - 复制连接的一般情况（也称为**对称分片 - 复制连接**）如图 22-3b 所示；其工作方式为：系统将关系 r 划分为 n 个分区 $r_1, r_2, \cdots, r_n$，并将关系 s 划分为 m 个分区 $s_1, s_2, \cdots, s_m$。与之前一样，任何分区技术都可以在 r 和 s 上使用，m 和 n 的值不必相等，但必须保证至少有 $m \times n$ 个节点。非对称分片 - 复制只是一般分片 - 复制的一种特例，其中 $m = 1$。与非对称分片 - 复制相比，分片 - 复制减少了每个节点上关系的规模。

设节点为 $N_{1,1}, N_{1,2}, \cdots, N_{1,m}, N_{2,1}, \cdots, N_{n,m}$。节点 $N_{i,j}$ 计算 r_i 和 s_j 的连接。为了确保每个节点 $N_{i,j}$ 得到 r_i 和 s_j 的所有元组，系统将 r_i 复制到节点 $N_{i,1}$，$N_{i,2}, \cdots, N_{i,m}$（它们在图 22-3b 中形成一行）上，并将 s_j 复制到节点 $N_{1,j}, N_{2,j}, \cdots, N_{n,j}$（它们在图 22-3b 中形成一列）上。在每个节点 $N_{i,j}$ 上可以使用任何连接技术。

分片 - 复制适用于任何连接条件，因为 r 中的每个元组都可以用 s 中的每个元组来测试。因此，它可以在不能使用分区的情况下使用。但是，请注意 r 中的每个元组被复制了 m 次，并且 s 中的每个元组被复制了 n 次。

1046

分片 - 复制连接的代价要比分区连接昂贵，一方面它涉及两个关系的复制，因此仅在连接不涉及等值连接条件时才使用。另一方面，如果其中一个关系很小，非对称分片 - 复制即使对于等值连接条件也是有用的，如前所述。

请注意如果 s 被复制，那么非对称分片 - 复制连接可用于计算左外连接运算 $r ⟕_{\theta} s$，只需通过在每个节点本地计算左外连接即可。对于连接条件 θ 没有限制。

但是，如果 s 被分区并且 r 被复制，则不能在本地计算 $r ⟕_{\theta} s$，因为一个 r 元组可能在分区 s_i 中没有匹配元组，但是可能在分区 s_j 中有匹配元组，其中 $j \neq i$。因此，不能在节点 N_i 处本地决定是否输出对于 s 属性取空值的 r 元组。出于同样的原因，非对称分片 - 复制不能用于计算全外连接运算，并且对称分片 - 复制不能用于计算任何外连接运算。

22.3.3　处理并行连接中的偏斜

偏斜是并行连接技术中的一个特殊问题。如果其中一个节点的负载比其他节点大得多，1047则并行连接运算将花费很长的时间才能完成，许多空闲节点将等待重负载节点完成其任务。

当为存储而对数据进行分区时，为了最小化存储中的偏斜，我们使用了一个平衡的分区向量以确保所有节点获得相同数量的元组。对于并行连接，我们需要跨所有节点来平衡连接运算的执行时间。使用任何好的散列函数的散列分区通常都能很好地平衡节点间的负载，除非某些连接属性值出现得非常频繁。另外，范围分区更容易导致连接偏斜，除非仔细选择范围以平衡负载[⊖]。

即使在虚拟节点级别上存在偏斜，进行虚拟节点分区（比如将虚拟节点轮转分配给真实节点）有助于减少真实节点级别上的偏斜，因为偏斜的虚拟节点往往会分布到多个真实节点上。

前面的技术是**避免连接偏斜**的示例。特别是在大多数情况下，虚拟节点分区在避免偏斜方面非常有效。

但是，也有高偏斜的情况，例如某些连接属性值在两个输入关系中都出现得非常频繁，导致连接结果规模很大。在这种情况下，即使使用虚拟节点分区，也可能存在显著的连接偏斜。

动态处理连接偏斜是避免偏斜的另一种可替代方法。在这种情况下，可以使用一种动态方法来检测和处理偏斜。采用虚拟节点分区，然后系统监控每个真实节点处的连接进度。每个真实节点一次调度一个虚拟节点。假设某个真实节点已经完成了分配给它的所有虚拟节点的连接处理，并因此处于空闲状态，而另一个真实节点还有多个虚拟节点等待处理。那么，该空闲节点可以得到与繁忙节点上的一个虚拟节点相对应的数据的副本，并处理该虚拟节点的连接。每当有空闲的真实节点，只要某个真实节点有等待处理的虚拟节点，就可以重复此过程。

此技术是**工作窃取**（work stealing）的一个示例，其中空闲的处理器接管处于另一个繁忙处理器的队列中的工作。工作窃取在共享内存系统中是代价较低的，因为所有数据都可以从共享内存中快速访问，如在 22.6 节中将进一步讨论的那样。在无共享环境中，可能需要移动数据才能将一项任务从一个处理器移动到另一个处理器，但通常值得付出此开销来减少任务完成的时间。

22.4　其他运算

1048

在本节中，我们讨论其他关系运算的并行处理，以及在 MapReduce 框架中的并行处理。

22.4.1　其他关系运算

其他关系运算的计算也可以并行化。

- **选择**（selection）。设选择为 $\sigma_\theta(r)$。首先考虑 θ 是形如 $a_i = v$ 的情况，其中 a_i 是一个属性且 v 是一个值。如果在 a_i 上对关系 r 进行过分区，则可以在单个节点上执行选择。如果 θ 形如 $l \leqslant a_i \leqslant u$，即 θ 是一个范围选择，并且在 a_i 上对关系进行过范围分区，那么在其分区与指定值范围重叠的每个节点处执行选择。在所有其他情况下，选择在所有节点并行执行。

⊖ 应使用连接属性上的直方图来进行代价估计。一种启发式的近似方法是将每个节点 N_i 的连接代价估计为 r_i 和 s_i 的规模之和，并选择范围分区向量来平衡该规模之和。

- **去重**（duplicate elimination）。可以通过排序来去除重复；可以使用任意一种并行排序技术，并优化为一旦在排序过程中出现重复就消除它们。我们还可以通过对元组进行分区（通过范围分区或散列分区）并在每个节点处本地消除重复来使去重并行化。
- **投影**（projection）。不去重的投影可以在从磁盘读取元组时并行地进行。如果要去重，可以使用刚才描述的任何一种技术。
- **聚集**（aggregation）。考虑一种聚集运算。我们可以通过在分组属性上对关系进行分区，然后在每个节点处本地计算聚集值来使运算并行化。散列分区或者范围分区都可以使用。如果关系已在分组属性上进行过分区，则可以跳过第一步。

  我们可以通过在分区之前部分计算聚集值来降低分区期间传输元组的代价，至少对于常用的聚集函数是这样。考虑在关系 r 上的一种聚集运算，是在属性 B 上使用 sum 聚集函数，并对属性 A 进行分组。系统可以在每个节点 N_i 上对存储在 N_i 上的那些 r 元组执行 sum 聚集。这种计算在每个节点上得到了具有部分和的元组；我们将 N_i 处的结果用一个元组来存储在 N_i 的 r 元组中所出现的每个 A 值以及这些元组的 B 值之和。然后，系统在分组属性 A 上对本地聚集的结果进行分区，并在每个节点 N_i 上（在具有部分和的元组上）再次执行聚集以获得最终结果。

  由于这种被称为**部分聚集**（partial aggregation）的优化，在分区期间需要发送给其他节点的元组更少。这种思想可以容易地扩展到 min 和 max 聚集函数。对 count 和 avg 聚集函数的扩展留待你在实践习题 22.2 中完成。

聚集的偏斜处理比连接的偏斜处理更容易，因为聚集的代价与输入规模直接呈正比。通常，所有需要做的就是使用一个好的散列函数，以确保分组属性的值在参与节点之间均匀分布。然而，在某些极端情况下，一些值非常频繁地出现在分组属性中，并且散列可能导致值的非均匀分布。在适用的情况下，部分聚集对于避免这种情况下的偏斜非常有效。但是，当部分聚集不适用时，偏斜会随聚集而发生。 1049

在某些情况下，可以对这种偏斜进行动态检测和处理：一旦发现某个节点过载，则可以将该节点尚未处理的某些码值重新分配给另一个节点以平衡负载。如果使用虚拟节点分区，那么这样的重新分配会大大简化；在这种情况下，如果发现一个真实节点过载，那么将识别出分配给过载的真实节点但尚未处理的某些虚拟节点，并将其重新分配给其他真实节点。

关于连接和其他运算的偏斜处理的更多信息可以在本章末尾的延伸阅读部分找到。

22.4.2 map 和 reduce 操作

请回忆在 10.3 节中描述的 MapReduce 范式，它被设计用于简化对并行数据处理程序的编写。

回想一下，程序员提供的 map() 函数在每条输入记录上被调用，并发出零个或多个输出数据项，然后这些数据项被传递给 reduce() 函数。map() 函数输出的每个数据项都包含一条记录 (*key*, *value*)；我们把这个键叫作**中间键**（intermediate key）。一般来说，一个 map() 函数可以发出多条这样的记录，并且由于有许多输入记录，所以可能总的来说有许多输出记录。

MapReduce 系统接受 map() 函数发出的所有记录，并对它们进行分组，以便将具有特定中间键的所有记录汇集在一起。然后，为每个中间键调用程序员提供的 reduce() 函数，并遍历与该键相关联的所有值的集合。

请注意，map 函数可以被认为是作为投影运算的一种泛化：它们都一次处理单条记录，但是对于一条给定的输入记录，投影运算生成单条输出记录，而 map 函数可以输出多条记录（包括作为特殊情况的 0 条记录）。与投影运算不同，map 函数的输出通常是要成为 reduce 函数的输入；因此，map 函数的输出有一个相关联的键，该键充当分组属性。回想一下，reduce 函数将一组值作为输入并输出一个结果；对于大多数常用的 reduce 函数，其结果是根据输入值计算的聚集，因此 reduce 函数本质上是一种用户定义的聚集函数。

MapReduce 系统是为并行处理数据而设计的。并行处理的一个关键要求是跨多台机器对文件输入和输出进行并行化的能力；否则，存储数据的单台机器会成为瓶颈。文件输入和输出的并行化可以通过使用分布式文件系统（如 21.6 节中讨论的 Hadoop 文件系统（HDFS））来实现，也可以通过使用 21.7 节中讨论的并行 / 分布式存储系统来实现。回想一下在这样的系统中，数据是跨数台（通常是 3 台）机器来复制（备份）的，因此即使其中少量机器发生故障，也可以从其他机器上获得数据，这些机器拥有发生故障机器上数据的副本。

1050

从概念上说，map 和 reduce 操作的并行化方式与关系运算投影和聚集的并行化方式相同。系统中的每个节点都有多个并发执行的**工作进程**（worker），它们是执行 map 和 reduce 函数的进程。一台计算机上工作进程的数量通常被设置为与该计算机上的处理器核的数量相匹配。

图 22-4 展示了 MapReduce 作业的并行处理过程。如图所示，MapReduce 系统将输入数据拆分成多个部分；处理其中这样一个部分的作业称为**任务**（task）。可以文件为单位进行拆分，并且大文件可以拆分为多个部分。在我们的术语中，任务对应于虚拟节点，而工作进程对应于真实节点。请注意对于多核处理器（按照现在的标准），MapReduce 系统通常为每个核分配一个工作进程。

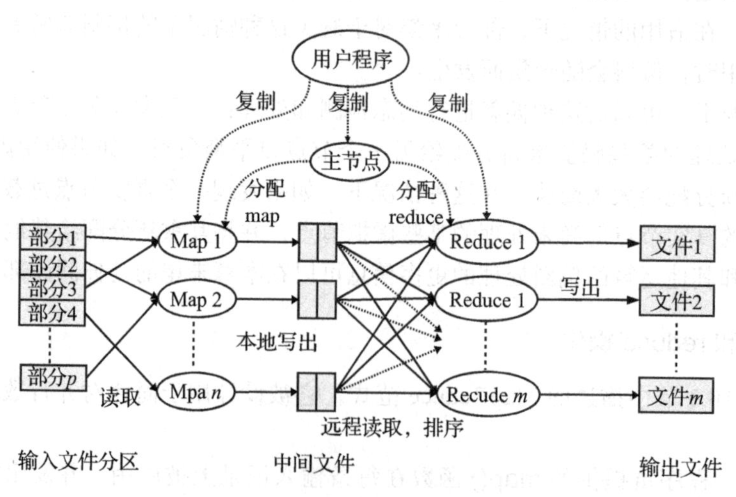

图 22-4 MapReduce 作业的并行处理

MapReduce 系统还具有一个调度器，该调度器将任务分配给工作进程[⊖]。每当一个工作进程完成一项任务时，它将被分配一项新的任务，直到分配完所有任务。

map 和 reduce 操作之间的一个关键步骤是对 map 步骤输出的记录进行重新分区；这

⊖ 调度器在一个称为主节点的专用节点上运行；在 Hadoop MapReduce 术语中，执行 map() 和 reduce() 任务的节点称为从节点。

些记录将根据它们的中间（reduce）键重新分区，以便将具有特定键的所有记录分配给同一个 reducer 任务。这可以通过在 reduce 键上的范围分区或者通过计算 reduce 键上的散列函数来完成。在这两种情况下，记录都被划分成多个分区，每个分区称作一个 reduce 任务。调度器将 reduce 任务分配给工作进程。

1051

此步骤与为使关系聚集运算并行化而进行的重新分区相同，即根据记录的分组键将记录分区到多个虚拟节点。

为了处理在特定 reduce 任务中的记录，将按 reduce 键对记录进行排序（或分组），以便将具有相同 reduce 键值的所有记录组织在一起，然后在每组 reduce 键值上执行 reduce()。

reduce 任务由工作进程并行执行。当一个工作进程完成一项 reduce 任务时，会给它分配另一项任务，直到所有 reduce 任务都完成为止。一项 reduce 任务可能有多个不同的 reduce 键值，但是对 reduce() 函数的一次特定调用是针对单个 reduce 键的；因此，reduce() 函数是针对 reduce 任务中的每个键而调用的。

任务对应于虚拟节点分区方案中的虚拟节点。任务比节点多得多，并且任务在节点之间划分。正如 22.3.3 节所述，虚拟节点分区减少了偏斜。正如 22.4.1 节所述，还要注意偏斜可以通过部分聚集来减少，这与 MapReduce 框架中的组合器（combiner）相对应。

此外，MapReduce 实现通常还执行动态检测和偏斜处理，正如 22.4.1 节所述。

大多数 MapReduce 实现都包含一些技术，以确保即使某些节点在查询执行过程中失效，也可以继续进行处理。详情将在 22.5.4 节中进一步讨论。

22.5 查询计划的并行执行

正如 22.1 节中所述，并行有两种类型：操作内并行和操作间并行。到目前为止，在本章中我们主要关注的是操作内并行性。在本节中，我们考虑包含多种运算的查询的执行计划。

我们首先考虑如何利用操作间并行。然后，我们考虑一个并行查询执行模型，它将并行查询处理分解为两类步骤：使用交换算子（exchange operator）对数据进行分区，以及不进行任何数据交换纯粹在本地数据上执行运算。此模型功能异常强大并在并行数据库实现中得到了广泛的应用。

22.5.1 操作间并行

操作间并行有两种形式：流水线并行和独立并行。我们首先描述并行的形式，假设每种运算符在单个节点上运行且没有操作内并行。

1052

然后，我们在 22.5.2 节中描述基于交换算子的并行执行模型。最后，在 22.5.3 节中我们将结合并行的所有形式来描述如何执行一个完整的计划。

22.5.1.1 流水线并行

从 15.7.2 节可以看出在流水线中，甚至在第一种运算 *A* 在其输出中生成整个元组集合之前，第一种运算 *A* 的输出元组被第二种运算 *B* 所消耗。在串行计算中流水线执行的主要优点是，我们可以执行一系列这样的操作，而无须将任何中间结果写入磁盘。

并行系统使用流水线的主要原因与串行系统相同。然而，流水线也是并行性的一种来源，因为可以在不同的节点（或单个节点的不同核）上同时运行运算 *A* 和 *B*，以使 *B* 在 *A* 产生元组的同时就并行消耗这些元组。这种形式的并行称为**流水线并行**（pipelined parallelism）。

流水线并行对于少量节点是有用的，但是它的可扩展性不好。首先，流水线链通常达不到足够的长度来提供高度的并行。其次，对于那些在访问所有输入之前并不能产生输出的关系运算符不能进行流水线化，比如集差操作。最后，对于一种运算符的执行成本远高于其他运算符的这种频繁的情况，只能获得很小的加速比。

综合考虑所有情况，当并行度很高时，与分区相比流水线并不是并行的重要来源。在并行查询处理中使用流水线的真正原因与在串行查询处理中使用流水线的原因相同，即流水线执行可以避免将中间结果写到磁盘。

在 15.7.2 节中讨论了集中式数据库中的流水线；如该节所述，流水线可以使用需求驱动或拉式计算模型，或者使用生产者驱动或推式计算模型来实现。拉式模型在集中式数据库系统中得到了广泛应用。

然而，推式模型在并行数据库系统中是非常受欢迎的，因为与拉式模型不同，推式模型允许生产者和消费者并行执行。

不同于拉式模型，推式模型要求在生产者和消费者之间有一个可以容纳多个元组的缓冲区；如果没有这样的缓冲区，生产者一旦产生一个元组就会暂停。图 22-5 展示了生产者和消费者以及它们之间的缓冲区。如果生产者和消费者在同一个节点上，如图 22-5a 所示，缓冲区可以在共享内存中。但是，如果生产者和消费者位于不同的节点，如图 22-5b 所示，那么将有两个缓冲区：一个在生产者节点处收集所生成的元组，而另一个在消费者节点处收集通过网络发送来的元组。

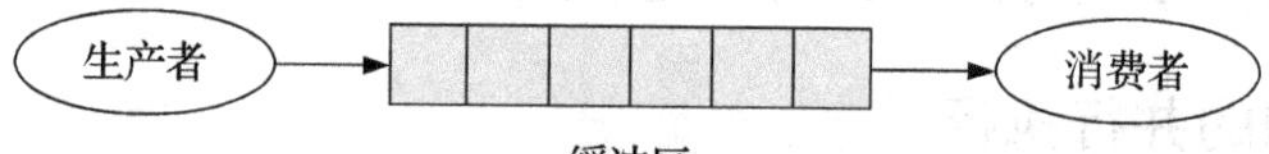

1053

生产者
缓冲区
消费者

a) 共享内存中的生产者-消费者

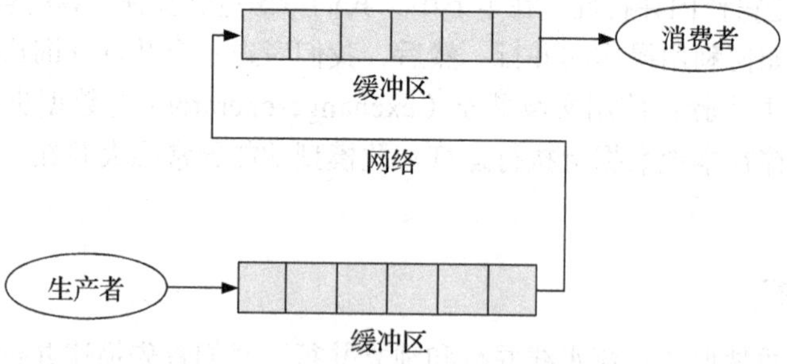

缓冲区
消费者
网络
生产者
缓冲区

b) 跨网络的生产者-消费者

图 22-5 带有缓冲区的生产者和消费者

当通过网络发送元组时，收集多个元组并将它们作为单批（batch）发送而不是一次发送一个元组是有意义的，因为每条消息通常都有非常大的开销。批处理大大减少了这种开销。

如果生产者和消费者位于同一节点，并且可以通过共享内存缓冲区进行通信，则在将元组插入缓冲区或从缓冲区提取元组时需要确保互斥。互斥协议有一些开销，可以通过一次插入 / 检索一批元组而不是一次一个元组的方式来减少这种开销。

请注意对于拉式模型，可以在给定的时间执行生产者或者消费者，但两者不能同时执行；虽然这样避免了使用推式模型引发的对共享缓冲区的争用，但也防止了生产者和消费者的同时运行。

22.5.1.2　独立并行

查询表达式中互不依赖的运算可以并行执行。这种形式的并行称为**独立并行**（independent parallelism）。

考虑连接 $r_1 \bowtie r_2 \bowtie r_3 \bowtie r_4$。一种可能的方案是并行地计算中间结果 $t_1 \leftarrow r_1 \bowtie r_2$ 和中间结果 $t_2 \leftarrow r_3 \bowtie r_4$。这两项计算都不依赖于彼此，因此它们可以通过独立并行来并行化。换句话说，这两个连接的执行可以并行地调度。

1054

当这两项计算结束时，我们可以计算：

$$t_1 \bowtie t_2$$

请注意，以上连接的计算依赖于前两个连接的结果，因此不能使用独立并行来完成。

与流水线并行类似，独立并行并不提供高度的并行，在高度并行的系统中也不太有用，尽管它在低度并行中是有用的。

22.5.2　交换算子模型

Volcano 并行数据库推广了一种称为交换算子模型的并行化模型。交换操作以特定的方式对数据重新分区；在节点之间的数据交换仅由交换算子完成。所有其他运算都在本地数据上执行，就像它们在集中式数据库系统中一样；数据可能在本地可用，要么因为它已经存在于本地，要么因为执行了前述的交换算子。

交换算子有两个组件：一个用于对传出数据进行分区（partitioning）的方案，它应用在每个源节点处；另一个用于对传入数据进行归并（merging）的方案，它应用于每个目标节点处。该算子如图 22-6 所示，其中分区方案表示为“分区”，归并方案表示为“归并”。

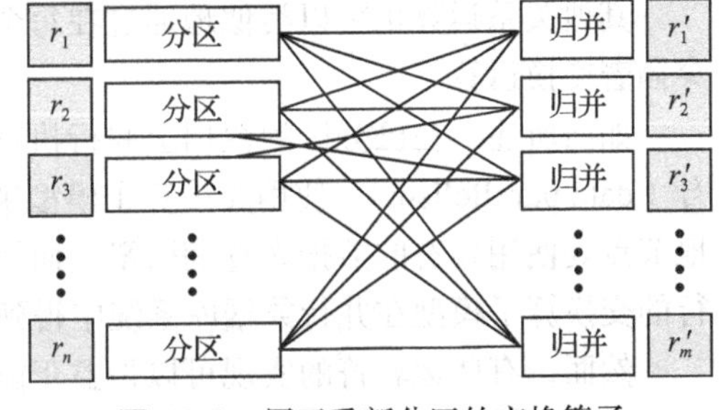

图 22-6　用于重新分区的交换算子

交换算子可以通过以下几种方式之一对数据进行分区：

1. 通过在特定属性集上的散列分区。
2. 通过在特定属性集上的范围分区。
3. 通过在所有节点处复制输入数据，也称作**广播**。
4. 通过将所有数据发送到单个节点。

1055

对于诸如非对称分片 - 复制连接之类的运算需要向所有节点广播数据。把所有数据发送到单个节点通常是并行查询处理的最后一步，以便在单个站点处将分区的结果汇集到一起。

还请注意：交换算子的输入可以位于单个站点（称为**未分区的**），也可以已经跨多个站点分过区。对已经分过区的数据重新分区会导致每个目标节点从多个源节点接收数据，如图 22-6 所示。

每个目标节点对从源节点处接收到的数据项进行归并。这个归并步骤可以按接收的顺序来存储数据（这可能是不确定的，因为它取决于机器的速度和不可预测的网络延迟），这种归并称为**随机归并**（random merge）。

另一方面，如果来自每个源的输入数据是排好序的，那么归并步骤可以利用排序顺序来执行**有序归并**（ordered merge）。例如，假设节点 $N_1, \cdots, N_m$ 首先在本地对关系进行排序，然后使用范围分区对排序后的关系进行重新分区。每个节点在它接收到的元组上执行有序归并操作，以便在本地生成排序的输出。

因此，交换算子在源节点处执行数据分区，并在目标节点处执行数据合并。

到目前为止，我们看到的所有运算符的并行实现都可以建模为在每个节点处的一系列交换运算以及本地运算符，它们完全不知晓并行性。

- 范围分区排序：可以通过执行范围分区的交换运算来实现，在目标节点处进行随机合并，然后在每个目标节点上执行本地排序运算。
- 并行外排序 - 归并：可以通过在源节点处的本地排序后接执行范围分区的交换运算以及有序归并来实现。
- 分区连接：可以通过执行所需分区的交换运算后接在每个节点处的本地连接来实现。
- 非对称分片 - 复制连接：可以通过执行较小关系的广播“分区”的交换运算后接在每个节点处的本地连接来实现。
- 对称分片 - 复制连接：可以通过一个交换运算后接在每个节点处的本地连接来实现，该交换运算进行分区，并对每个分区进行部分广播。
- 聚集：可以通过在分组属性上执行散列分区的交换运算后接在每个节点处的本地聚集运算来实现。部分聚集优化仅需要在交换运算之前在每个节点处执行额外的本地聚集运算。

1056

其他关系运算也可以类似地通过在每个节点处并行运行的一系列本地运算来实现，其中穿插着交换运算。

如前所述，在已分区的数据上并行执行并在每个节点处本地执行运算的方式称为**数据并行**（data parallelism）。使用交换算子模型来实现数据并行执行的主要优势是：允许在每个本地节点处使用现有的数据库查询引擎，而无须对代码进行任何重大更改。其结果是，并行执行的交换算子模型在并行数据库系统中得到了广泛的应用。

然而，有些运算符的实现可以得益于能够感知它们所运行的系统的并行性质。例如，索引嵌套 - 循环连接中的内层关系在并行数据存储上存在索引，那么每次索引查找都需要远程访问；因此，索引查找操作知晓底层系统的并行性质。类似地，在共享内存系统中，由多个处理器访问的共享内存中有一个散列表或索引可能是有意义的（这一方法将在 22.6 节中简要讨论）；然后，在每个处理器上运行的操作都知晓系统的并行性质。

正如我们在 22.5.1.1 节中所讨论的那样，用于运算符流水线执行的需求驱动（或拉式）迭代器模型被广泛应用于集中式数据库引擎中，而推式模型是流水线中运算符并行执行的首选。

交换算子可以用于在并行系统中的节点之间实现推式模型，同时允许现有的本地运算符实现使用拉式模型来运行。为了做到这一点，在交换算子的每个源节点处，算子可以从其输入中提取多个元组，并为每个目标节点创建一批元组。输入可以通过本地操作来计算，其实现可以使用需求驱动的迭代器模型。

然后，交换算子将一批元组发送到目标节点，在那里它们被归并并保存在缓冲区中。随后本地运算可以需求驱动的方式来消费元组。

22.5.3　情况汇总

图 22-7 展示了一个查询，以及一个串行的和两个可选的并行查询执行计划。图 22-7a 中所示的查询计算两个关系 r 和 s 的连接，然后在连接结果上计算聚集。假设具体的查询是 ${}_{r.C,s.D}\gamma_{\text{sum}(s.E)}(r \bowtie_{r.A=s.B} s)$。

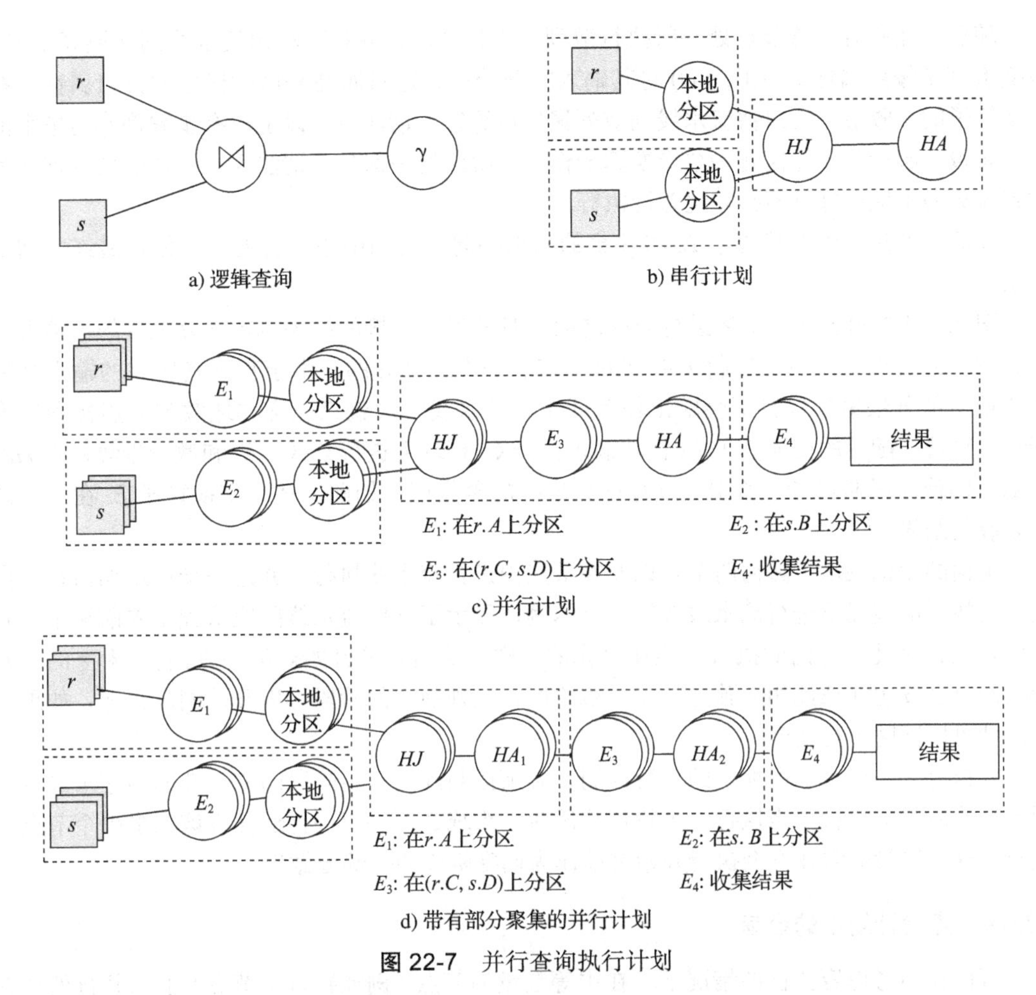

a) 逻辑查询

b) 串行计划

c) 并行计划

d) 带有部分聚集的并行计划

图 22-7 并行查询执行计划

如图 22-7b 所示的串行计划使用一个散列 - 连接（在图中表示为“*HJ*”），它在三个单独的阶段中执行。第一阶段在 *r.A* 上对第一个 input(*r*) 进行本地分区；第二阶段在 *s.B* 上对第二个 input(*s*) 进行本地分区；第三阶段计算 *r* 和 *s* 的每个对应分区的连接。聚集使用内存散列聚集来计算，由运算符 *HA* 表示；我们假设分组的数量足够小，使得散列表可以放入内存。 [1057]

图中的虚线框显示哪些步骤是以流水线方式运行的。在串行计划中，对关系 *r* 的读取通过流水线连接到串行散列 - 连接的第一个分区阶段；类似地，对关系 *s* 的读取通过流水线连接到该散列 - 连接的第二个分区阶段。该散列 - 连接的第三个阶段将其输出元组通过流水线连接到散列聚集运算符。

图 22-7c 中所示的并行查询计算计划从已经分好区的 *r* 和 *s* 开始，但不是在所需的连接属性上进行的分区[⊖]。因此，该计划使用交换运算 E_1 按属性 *r.A* 对 *r* 重新分区；类似地，交换算子 E_2 按 *s.B* 对 *s* 重新分区。然后每个节点在本地使用散列 - 连接来计算其 *r* 和 *s* 分区的连接。请注意，并不假设这些分区能放入内存，因此它们必须被散列 - 连接的前两个阶段进一步分区；这种本地分区的步骤在图中标记为“本地分区”。虚线框表示交换算子的输出可以流水线到本地分区步骤。就像在串行计划中，有两个流水线阶段，*r* 和 *s* 各有一个。请注意，跨节点的元组交换仅由交换算子来完成，并且所有其他的边表示每个节点内的元组流。 [1058]

⊖ 请注意，多个框表示关系存储在多个节点中；类似地，多个圆表示一种操作在多个节点上并行执行。

随后，在所有参与节点处并行执行散列 - 连接算法，并将其输出流水线到交换算子 E_3。该交换算子按照属性对 $(r.C, s.D)$ 将其输入重新分区，这对属性是后续聚集的分组属性。在交换算子的接收端，元组被流水线到散列聚集运算符。请注意，以上所有步骤都作为单个流水线阶段一起运行，即使有一个交换算子作为此阶段的一部分。请注意，计算散列 - 连接和散列聚集的本地运算符不必知晓并行执行。

然后，通过最终交换算子 E_4 将聚集的结果一起收集到中心位置处，以创建最终的结果关系。

图 22-7d 展示了在对结果进行分区之前，对散列 - 连接的结果执行部分聚集的一种可替代方案。部分聚集是由运算符 HA_1 在每个节点处本地计算的。由于直到其所有的输入被消耗之前，部分聚集操作符不会输出任何元组，流水线阶段就只包含本地散列 - 连接和散列聚集运算符。随后的交换算子 E_3 将其输入在 $(r.C, s.D)$ 上进行分区，E_3 和散列聚集运算 HA_2 是随后的流水线阶段的一部分，HA_2 计算最终的聚集值。如前所述，交换算子 E_4 在中心位置处收集结果。

上面的示例展示了如何跨节点以及在节点内进行流水线执行，并进一步展示如何在操作内并行执行的情况下进行流水线执行。该示例还显示了某些流水线阶段依赖于先前流水线阶段的输出；因此，它们的执行只能在早先的步骤完成后才能开始。另一方面，r 和 s 的初始交换和分区发生在彼此相互独立的流水线阶段；这种独立的阶段可以并发调度，即，如果需要的话可以同时进行调度。

要执行一个如示例中那样的并行计划，必须按照确保满足阶段间依赖性的顺序来调度不同流水线阶段的执行。当执行一个特定阶段时，系统必须决定一种运算应该在多少个节点上执行。这些决策通常在查询执行开始之前作为调度阶段的一部分做出。

22.5.4　查询计划中的容错

可以在不考虑容错性的情况下，在中等数量的节点（例如数百个节点）上来并行处理查询。如果发生故障，则在从系统中移出任何失效节点后重新运行查询（在存储层复制数据可确保即使在发生故障时数据仍然可用）。但是，当以数千或数万个节点的规模运行时，这种简单的解决方案效果不好：如果一个查询要运行数小时，则很有可能在查询执行过程中出现故障。如果重新启动该查询，则在它执行期间很可能出现另一种故障，这显然是一种不理想的情况。

1059

为了处理这个问题，理想情况下查询处理系统应该能够仅仅重做一个失效节点的动作，而无须重做其余的计算。

被设计为在大规模并行范围内工作的 MapReduce 实现可以按如下方式使其具有容错性：

1. 在每个节点处执行的每个 map 操作都将其输出写到本地文件。
2. 下一个操作是在每个节点处执行的 reduce 操作；在节点处的该操作执行从存储在多个节点的文件读取数据，收集数据，并且仅在它获得其所需的全部数据之后才开始处理数据。
3. reduce 操作将其输出写入复制数据的分布式文件系统（或分布式存储系统），这样即使发生故障，数据也是可用的。

现在让我们来看看为什么事情是如上所述进行的。首先，如果一个特定的 map 节点发生故障，则可以在备份节点处重做该节点上该完成的工作；在其他 map 节点上完成的工作不受影响。在获取所需的全部数据之前，reduce 节点不会开展工作；map 节点的失效仅仅意味着 reduce 节点从备份的 map 节点获取数据。当备份节点完成工作时肯定会有延迟，但不需要重复整个计算。

此外，一旦 reduce 节点完成其工作，它的输出将进行复制存储以确保即使数据存储节点发生故障也不会丢失。这意味着，如果 reduce 节点在完成其工作之前发生故障，则必须在备份节点处重新执行它；其他 reduce 节点不受影响。一旦 reduce 节点完成其工作，就不需要重新执行它。

请注意，可以将 map 节点的输出存储在复制的存储系统中。然而，这大大增加了执行成本，因此 map 输出被存储在本地存储中，即使是冒着这样的风险：在所有 reduce 节点都从一个 map 节点获得它们所需的数据之前，如果该 map 节点发生故障，那就必须重新执行该 map 节点所要做的工作。

还有一点值得注意，有时节点并没有完全失效，但是运行得非常慢，这种节点称为落伍（straggler）节点。即使是单个落伍节点也可以延迟下一步中的所有节点（如果有下一步的话），或者延迟任务的完成（如果它是在最后一步的话）。可以通过类似于失效节点的方式来处理落伍节点，并在其他节点上重新执行落伍节点的任务（还可以允许落伍节点上的原任务继续执行，万一它是最先完成的呢）。已经发现这种重新执行以处理落伍者的方式显著改善了 MapReduce 任务的完成时间。 1060

虽然上述容错方案相当有效，但必须注意存在这样的一种开销：在前面的 map 阶段完成之前 reduce 阶段不能开展任何工作[⊖]；并且如果执行了多个 map 和 reduce 步骤，则在前面的 reduce 阶段完成之前下一个 map 阶段无法开展任何工作。特别地，这意味着不能支持在各阶段之间的数据流水线化；数据在其被发送到下一阶段之前总是被物化的。物化带来了显著的开销，这可能减慢计算速度。

Apache Spark 使用一种称为*弹性分布式数据集*（Resilient Distributed Dataset，RDD）的抽象来实现容错。正如我们在 10.4.2 节中所看到的，RDD 可以被看作集合，并且 Spark 支持以 RDD 为输入并以所生成的 RDD 为输出的代数运算。Spark 跟踪用于创建 RDD 的运算。一旦出现导致 RDD 丢失的故障，可以重新执行用于创建 RDD 的运算以重新生成 RDD。然而，这可能是耗时的，因此 Spark 还支持复制以减少数据丢失的概率，以及在执行洗牌（交换）步骤时存储数据的本地副本，以便允许将重新执行局限为在失效节点上执行的计算。

关于如何允许数据的流水线化而不需要在单次故障的情况下从开始处重新启动查询执行已经有了大量的研究。这些方案通常要求节点跟踪它们从每个源节点接收到的是何种数据。在源节点发生故障的情况下，会在一个备份节点上重做源节点的工作，这可能导致会重新接收先前接收到的某些元组。跟踪先前接收到的数据对于确保接收节点检测和消除重复元组是重要的。上述思想还可用于实现其他代数运算（比如连接）的容错。特别地，如果我们使用具有数据并行性的交换算子，则可以将容错作为交换算子的一种扩展来实现。

有关基于对交换算子扩展的容错流水线以及在 MapReduce 和 Apache Spark 中使用的容错方案的更多信息的文献，可以在本章末尾的延伸阅读部分中找到。

⊖ 一旦一个 map 节点完成其任务，即使其他 map 节点仍处于活动状态，也可以开始将来自该节点的结果重新分发到 reduce 节点；但是，在所有 map 任务已经完成并且所有 map 结果重新分发之前，在 reduce 节点处的实际计算还不能开始。

22.6 共享内存体系结构上的查询处理

设计用于无共享体系结构的并行算法可用于共享内存体系结构。每个处理器都可以视为拥有它自己的内存分区，并且我们可以忽略这样一个事实：处理器有一个公共的共享内存。然而，通过利用对来自任何处理器的共享内存的快速访问，可以显著地优化执行。

1061

在我们学习利用共享内存的优化之前，我们注意到虽然许多大型系统可以在单个共享内存系统上执行，但当今最大规模的系统通常使用层次体系结构来实现，在外层有一个无共享的体系结构，但是每个节点在本地都有共享内存体系结构，正如20.4.8节中所讨论的。迄今为止，我们已经学习的在无共享架构中存储、索引和查询数据的技术被用于在系统中的不同节点之间划分存储、索引和查询处理任务。每个节点都是一个共享内存的并行系统，它使用并行查询处理技术来执行分配给它的查询处理任务。因此，我们在本节中描述的优化可以在每个节点处本地使用。

共享内存系统中的并行处理通常是通过使用线程而不是单独的进程来完成的。**线程**（thread）是一个执行流，它与其他线程共享它的整个内存[⊖]。可以启动多个线程，并且操作系统对可用处理器上的线程进行调度。

我们在下面列出了一些优化，当我们在前面看到的并行算法在共享内存系统中执行时，可以应用这些优化。

1. 如果我们使用非对称分片 - 复制连接，则较小的关系不需要复制到每个处理器。相反，只有一个副本需要存储在共享内存中，所有的处理器都可以访问它。如果在共享内存系统中有大量的处理器，这种优化尤其管用。
2. 偏斜是并行系统中的一个重要问题，并且随着处理器数量的增长，偏斜情况变得更严重。在无共享系统中，将工作从过载节点转移到轻载节点是昂贵的，因为这涉及网络传输。相反，在共享内存系统中，分配给处理器的数据可以很容易地从另一个处理器访问。

   为了解决共享内存系统中的偏斜问题，一种不错的选择是使用虚拟节点分区，这允许重新分配工作以平衡负载。当发现一个处理器过载时，可以进行这种重新分配。或者，每当一个处理器发现它已经完成处理分配给它的所有虚拟节点时，它可以找到仍有待处理虚拟节点的其他处理器，并接管这些任务的一部分；正如22.3.3节所述，这种方法称为*工作窃取*。请注意，这种避免偏斜的方法在无共享环境中要昂贵得多，因为不像在共享内存的情况下，这将涉及大量的数据移动。

1062

3. 散列 – 连接可以用两种不同的方式来执行。
   a. 第一种选择是将两个关系分区到每个处理器，然后以类似于无共享散列 – 连接的方式计算分区的连接。每个分区必须足够小，使得构建关系分区上的散列索引能够放入分配给每个处理器的共享内存的那部分。
   b. 第二种选择是将关系分区为较少的几个部分，使得在构建关系分区上的散列索引能放入共有的共享内存，而不是共享内存的一小部分。内存索引的构造以及对索引的探测现在必须由所有处理器来并行完成。

   由于每个处理器都可以在探测关系的某些分区上工作，所以对探测阶段的并行化是相对容易的。实际上，使用虚拟节点方法并将探测关系划分为许多小的部

⊖ 从技术上讲，用操作系统的术语来说是它的地址空间。

分（有时被称为“morsel”）并由处理器一次处理一个morsel是有意义的。当处理器处理完一个morsel时，它会找到一个未处理过的morsel并在它上面进行工作，直到没有剩余的morsel待处理为止。

对共享散列索引构造的并行化更为复杂，因为多个处理器可能会试图更新散列索引的相同部分。使用封锁是一种选择，但封锁会产生一些开销。基于无封锁数据结构的技术可用于并行地构造散列索引。

关于如何在共享内存中对连接实现进行并行化的更多细节的文献，可以在本章结尾处的延伸阅读部分中找到。

为共享内存系统而设计的算法必须考虑到这样的事实：在当今的处理器中，内存被划分成多个内存库，每个内存库直接连接到某个处理器。如果内存直接连接到给定处理器的话，那么访问该处理器内存的成本较低；如果内存连接到不同的处理器的话，则访问成本较高。这种存储系统被称为具有*非统一内存访问*（Non-Uniform Memory Access，NUMA）体系结构。

为了获得最佳性能，算法必须是NUMA*敏感的*（NUMA-aware）；也就是说，它们必须被设计成确保在特定处理器上运行的线程所访问的数据尽可能存储在该处理器的本地内存中。操作系统以两种方式支持此任务：

1. 每一个线程在它每次执行时尽可能在同一个处理器核上被调度。
2. 当一个线程从操作系统内存管理器请求内存时，操作系统分配的内存是在该处理器核本地的。

请注意，最能利用共享内存的技术与最能利用处理器高速缓存的技术是互补的，包括高速缓存感知的索引结构（如我们在14.4.7节中所见），以及用于处理关系运算符的高速缓存感知算法。 1063

此外，由于每个处理器核都有它自己的高速缓存，一个高速缓存可能有一个旧值，该值随后在另一个处理器核上被更新。因此，更新共享数据结构的查询处理算法应该小心以确保不存在因使用过时的值和从两个处理器核更新同一内存位置的竞态条件所造成的错误。保证高速缓存一致性的封锁和屏障指令（见20.4.5节）被结合使用，以实现对共享数据结构的更新。

到目前为止，我们学习的并行形式允许每个处理器独立于其他处理器而执行它自己的代码。然而，某些并行系统支持一种不同形式的并行，称为**单指令多数据**（Single Instruction Multiple Data，SIMD）。对于SIMD并行性，相同的指令在多个数据项的每一个上面执行，这些数据项通常是数组的元素。SIMD结构在图形处理单元（Graphics Processing Unit，GPU）中得到了广泛的应用，它最初用于加速计算机图形化任务的处理。然而，最近GPU芯片已经被用于对各种其他任务的并行化，其中之一就是使用由GPU提供的SIMD支持来对关系运算进行并行处理。Intel的Xeon Phi协处理器不仅支持单个芯片中的多个核，而且支持可以在多个字上并行执行的多条SIMD指令。关于如何在这样的SIMD体系结构上并行处理关系运算已有大量的研究，有关此主题更多信息的文献可在本章的参考文献中找到并可在线获得。

22.7 并行执行的查询优化

用于并行查询计算的查询优化器要比用于串行查询计算的查询优化器更为复杂。首先，备选计划的空间可以比串行计划的空间大得多。特别地，在并行场景下，我们需要考虑对输入和中间结果进行分区的不同可能的方式，因为不同的分区方案会导致不同的查询执行成本，这对于串行计划来说并不是问题。

其次，成本模型更加复杂，因为必须考虑分区的成本，并且必须解决诸如偏斜和资源争用的问题。

22.7.1　并行查询计划空间

正如我们在 15.1 节中所见，串行查询计划可以表示为一棵代数表达式树，其中每个节点都是一种物理运算符，比如排序运算符、散列 - 连接运算符、归并 - 连接运算符等。这种计划可以进一步用指令来进行标注，这些指令说明什么运算将被流水线化，什么中间结果将被物化，就如我们在 15.7 节中所看到的。

1064

除上述内容外，并行查询计划还必须指定：

- 如何并行化每种运算，包括决定使用什么算法，以及如何对输入和中间结果进行分区。交换算子可用于对输入以及中间结果和最终结果进行分区。
- 如何对计划进行**调度**（schedule）；特别是：
    - 每种运算要使用多少个节点。
    - 在同一节点内或跨不同节点之间将什么运算进行流水线化。
    - 哪些运算是一个接一个地串行执行的。
    - 哪些运算是以并行方式独立执行的。

作为分区决策的一个式例，连接 $r \bowtie_{r.A=s.A \wedge r.B=s.B} s$ 可以通过单独在属性 $r.A$ 和 $s.A$ 上对 r 和 s 进行分区，或者单独在属性 $r.B$ 和 $s.B$ 上对 r 和 s 进行分区，或者在 $(r.A, r.B)$ 和 $(s.A, s.B)$ 上对 r 和 s 进行分区来并行化。如果我们只考虑这个连接，那么最后一种选择可能是最好的，因为当 $r.A$、$r.B$、$s.A$ 或 $s.B$ 的基数较小时，出现偏斜的可能性被它降到最低了。

但现在考虑一下查询 ${}_{r.A}\gamma_{\mathbf{sum}(s.C)}(r \bowtie_{r.A=s.A \wedge r.B=s.B} s)$。如果我们通过在 $(r.A, r.B)$(和 $(s.A, s.B)$) 上进行分区来执行连接，那么我们就需要通过 $r.A$ 对连接结果重新分区来计算聚集。另一方面，如果我们在 r 和 s 上分别按 $r.A$ 和 $s.A$ 进行分区来执行连接，则可以在不进行任何重新分区的情况下计算连接和聚集，从而降低了成本。如果 $r.A$ 和 $s.A$ 有很高的基数和很少的重复项，那么这种选项非常可能成为一种好的选择，因为在这种情况下偏斜的可能性较小。

因此，在考虑分区的情况下，优化器必须考虑更大的备选方案空间。关于考虑分区备选方案的情况下如何实现并行查询处理系统的查询优化的更多细节的参考文献，可以在本章末尾的延伸阅读部分中找到。

22.7.2　并行查询计算的代价

串行查询计划的代价通常是基于计划的总资源消耗来估计的，将查询计划中各运算符的 CPU 和 I/O 代价累加起来。*资源消耗*（resource consumption）代价模型也可用于并行系统，另外还要考虑网络代价，并将其与其他代价累加。正如在 15.2 节中所讨论的，即使是在串行系统中，资源消耗代价模型也不保证能最小化单个查询的执行时间。还有其他的成本模型能更好地对完成查询所需的时间建模；然而，资源消耗代价模型有利于降低查询优化的代价，并因此得到了广泛的应用。我们将在本节的后续部分继续讨论其他成本模型的问题。

1065

现在，我们研究基于资源消耗模型如何估计并行查询计划的代价。如果查询计划是数据并行的，那么除了交换操作之外的每种运算都在本地运行；如果我们假设输入关系是跨 N 个节点均匀分区的，每个节点接收总体输入的 1/N，则可以使用早先我们在第 15 章中所见的技术来估计这些运算的代价。

交换操作的代价可以根据网络拓扑、所传输的数据量以及网络带宽来估计；跟前述类似，假设在交换操作期间每个节点是负载均衡的。资源消耗模型下查询计划的代价可以通过将各种运算的代价相加来得到。

然而在并行系统中，具有相同资源消耗的两个计划可能要花费明显不同的时间来完成。**响应时间代价模型**（response-time cost model）是一种代价模型，它试图更好地估计完成查询的时间。如果一种特定的运算能够将 I/O 操作和 CPU 执行并行进行，则响应时间将被更好地建模为 max（CPU 代价，I/O 代价），而不是资源消耗代价模型中的（CPU 代价 +I/O 代价）。类似地，如果两种运算 o_1 和 o_2 在单个节点上的流水线中，并且它们的 CPU 和 I/O 代价分别是 c_1，io_1 和 c_2，io_2，那么它们的响应时间代价将是 $\max(c_1+c_2, io_1+io_2)$。类似地，如果串行执行运算 o_1 和 o_2，则它们的响应时间代价将是 $\max(c_1, io_1) + \max(c_2, io_2)$。

当跨多个节点并行执行运算时，响应时间代价模型必须考虑：

- 在多个节点上初始化运算的**启动成本**（start-up cost）。
- 在节点之间工作分布的**偏斜**，一些节点得到的元组数比其他节点多，因此完成的时间更长。是最慢节点的完成时间来决定运算的完成时间。

因此，在节点之间分布的任何偏斜都会极大地影响性能。

估计由于偏斜而导致的最慢节点的完成时间并不是一项容易的任务，因为它高度依赖于数据。但是，可以使用诸如分区属性的不同值的数目、分区属性值分布的直方图以及最频繁值的计数这样的统计信息来估计偏斜的可能性。能够检测和最小化偏斜影响的分区算法（比如那些在 21.3 节中所讨论的）对于将偏斜最小化是重要的。

22.7.3 选择并行查询计划

可供选择的并行执行计划的数量远远多于串行执行计划的数量。通过考虑所有备选方案来优化并行查询比优化串行查询要昂贵得多。因此，我们通常采用启发式方法来减少我们必须考虑的并行执行计划的数量。我们在这里描述两种主流的方法。

1066

1. 一种简单的方法是选择最有效的串行执行计划，然后选择最佳的方式来对该执行计划中的运算进行并行化。在选择串行计划时，优化器可以使用基本的串行代价模型；或者它可以使用一种简单的代价模型，该模型考虑并行执行的某些方面，但并不考虑诸如分区或调度那样的问题。这种选择允许在第一步中使用现有的串行查询优化器，且只需进行最少的更改。

   接下来，优化器决定如何创建与所选串行计划相对应的最佳并行计划。此时，可以基于代价的方式来做出使用何种分区技术以及如何调度运算符的决策。

   所选择的串行计划可能在并行环境中不是最优的，因为在选择它时没有使用并行执行的准确的代价公式；然而，该方法在许多情况下是相当有效的。

2. 假设每种运算跨所有节点并行执行（输入非常少的运算可以在较少的节点上执行），一种原则性更强的方法是找到最佳计划。在此阶段不考虑单独的运算在不同节点上的并行调度。

   在估计查询计划的代价时，要考虑对输入和中间结果的分区。除了在选择串行查询计划时已考虑到的诸如排序顺序那样的物理性质之外，还通过将分区视为一种物理性质来扩展现有的查询优化技术。正如将排序运算符添加到查询计划中以获得期望的排序顺序一样，交换算子被添加以获得所需的分区性质。在实践中使用的成本模型通常是一种资源消耗模型，正如我们之前所见。虽然响应时间代价模型可以更好地估计查询执行时间，但与使用资源消耗代价模型时的优化成本相比，使用响应时间代价模型时的查询优化代价更高。提供关于响应时间代价模型更多信息的参考文献可以在本章末尾的延伸阅读部分中找到。

还有另一个优化的维度是设计物理存储组织以加快查询速度。例如，一个关系可以在几个不同属性中的任意一个上分区而存储，它甚至可以被复制，且副本可以在不同属性上分区而存储。例如，关系 $r(A, B, C)$ 可以在 A 上分区而存储，并且一个副本可以在 B 上被分区。1067查询优化器选择最适合于查询的副本。对于不同的查询，最佳的物理组织是不同的。数据库管理员必须选择一种物理组织，它对于可预见的数据库查询组合来说应该是不错的。

22.7.4　数据托管

即使使用并行数据存储和运算的并行处理，一些查询的执行时间对于某些应用的需求来说也可能太慢。特别地，如果在单个节点处所有数据都是可用的，那么与在这个节点上执行同一查询相比，并行执行时访问存储在多个节点上的少量数据的查询可能运行得非常慢。有许多应用需要这样的查询以非常低的延迟来返回答案。

加快这种查询的一种重要技术是将查询访问的数据托管在单个节点中。例如，假设应用程序需要访问学生信息以及学生所修课程的信息。那么，可以在 *ID* 上对 *student* 关系进行分区，且 *takes* 关系也以完全相同的方式在 *ID* 上分区。*course* 关系是一个小关系，其中的元组可以被复制到所有节点。有了这样的分区，任何涉及这三个关系的、为单个 *ID* 检索数据的查询都可以在单个节点处本地应答。查询处理引擎只需检测哪个节点负责该 *ID*，并将查询发送到该节点，在该节点处本地执行查询即可。

许多数据存储系统都支持来自不同关系元组的托管。如果数据存储系统本身不支持托管，一种可替代方式是创建一个对象，该对象包含共享一个码的相关元组（例如，对应于一个特定 *ID* 的 *student* 和 *takes* 记录），并使用关联码（在我们的示例中是 *ID*）将其存储在数据存储系统中。

但是，如果不同的查询需要将关系以不同的方式分区，则托管技术不能直接工作。例如，如果目标是查找选修过特定课程段的所有学生，则需要根据课程段信息 (*course_id*, *year*, *semester*, *sec_id*) 对 *takes* 关系进行分区，而不是根据 *ID* 进行分区。

处理这种情况的一种简单技术是允许一个关系有在不同属性上分区的多个副本。这些副本可以建模为关系上根据不同属性进行分区的索引；当关系中的元组更新时，副本也会更新，以保持它们的一致性。在我们的示例中，*takes* 的一个副本可以在 *ID* 上分区并与 *student* 分区一起托管，而另一个副本在 (*course_id*, *year*, *semester*, *sec_id*) 上分区并与 *section* 关系一起托管。

托管有助于优化计算两个关系之间连接的查询；如果其余的关系被复制，或者如果所有关系共享一组共同的连接属性，则托管可以扩展到三个或更多关系。在后一种情况下，可以通过在公共连接属性上进行分区来对将要连接在一起的所有元组进行托管。在这两种情况1068下，如果查询只需要连接属性的一个特定值的结果，则可以在单个节点处本地计算连接，正如我们之前所见。但是，并不是所有的连接查询都可以使用托管在单个节点上计算。我们接下来将讨论的物化视图提供了一种更为通用的备选方案。

22.7.5 物化视图的并行维护

我们曾在 4.2.3 节中见过用于对集中式数据库中的查询进行加速的物化视图，它也可以用于对并行数据库中查询的加速。正如我们在 16.5 节中所见，当数据库更新时需要维护物化视图。并行数据库中的物化视图可能具有非常大的数据量，因此必须跨多个节点分区存储。

和集中式数据库中的情况类似，并行数据库中的物化视图以处理更新时的视图维护开销为代价来加快查询应答。

我们首先考虑物化视图的一个非常简单的示例。存储一个关系的额外副本，在不同属性上进行分区以加快某些查询的应答通常是有用的。这样的重新分区可以被认为是物化视图的一种非常简单的情况；对这种视图的视图维护非常简单，只需要将更新发送到适当的分区。

索引可以被认为是物化视图的一种形式。从 21.5 节可以看出并行索引是如何维护的。考虑在主码为 A 的关系 $r(A, B, C)$ 的属性 B 上维护一个并行辅助索引的情况。辅助索引将在属性 B 上排序，并且将包含唯一码 A；假设它也包含属性 C。现在假设元组 (a_1, b_1, c_1) 的属性 B 由 b_1 更新为 b_2。此更新将导致对辅助索引的两次更新：删除带有码 (b_1, a_1, c_1) 的索引项，并增加索引项 (b_2, a_1, c_1)。由于辅助索引本身被分区，所以这两个更新需要基于唯一码属性 (B, A) 发送到相应的分区。

在某些情况下，可以通过分区后接局部视图维护的方式来实现物化视图维护。考虑这样一个视图，它按 (*course_id*, *year*, *semester*, *sec_id*) 对 *takes* 元组进行分组，然后统计已选修该课程段的学生人数。这样的物化视图将按分组属性 (*course_id*, *year*, *semester*, *sec_id*) 进行分区存储。它可以通过维护 *takes* 关系按 (*course_id*, *year*, *semester*, *sec_id*) 分区的一个副本并在每个节点处对聚集的本地物化来计算。当发生更新时，比如对 *takes* 关系的插入或删除，必须根据上面选择的分区将该更新传播到相应的节点。当接收到 *takes* 关系的本地元组集的更新时，物化聚集可以在每个节点处本地维护。

对于更复杂的视图，物化视图维护不能通过单步的分区和本地视图维护来完成。我们接下来考虑一种更一般的方法。

首先，考虑运算符 o，其结果被物化，以及对 o 的一个输入关系的更新（插入或删除），它需要维护 o 的物化结果。假设使用交换算子模型（见 22.5.2 节）对运算符 o 进行并行化执行，其中输入被分区，然后在每个节点处通过（重新）分区对本地可用的数据执行操作符。为了支持 o 的结果的物化视图维护，我们在每个节点处物化 o 的输出，并且对当最初计算物化视图结果时发送到该节点的输入分区进行额外的物化（存储）。

1069

现在，当对 o 的一个输入有更新（插入或删除）时，我们使用在 o 的初始计算中使用的相同的分区函数将更新发送到相应的节点。考虑一个接收到这样一种更新的节点。现在，可以利用仅使用本地可用数据的标准（非并行）视图维护技术来实现对节点处的局部物化结果的维护。

请注意，正如我们在 22.5.2 节中看到的，许多运算可以使用交换算子模型来并行化，因此前面的方案为所有这样的运算符提供了并行的视图维护技术。

接下来，考虑一个具有多种运算符的查询。这样的查询可以使用交换算子模型来并行化。交换操作符在节点之间对数据重新分区，并且每个节点使用由交换算子得到的本地可用的数据来对（可能多个）运算进行计算，正如我们在 22.5.2 节中所见。

我们可以在每个节点处物化输入和结果。现在，当节点处的一个输入发生变化时，我们在本地使用标准视图维护技术来找到在该节点处的物化结果的变化，比如 v。如果结果 v 是查询的最终输出，那么我们就完成了。否则，它上面必然有一个交换算子；我们使用交换算子将对 v 的更新（插入或删除）路由到下一个运算符。该运算符依次计算其结果的变化，并在必要时进一步传播此变化，直至我们得到原始物化视图的根为止。

在 23.6.3 节中将讨论在面对底层关系的并发更新时物化视图的一致性问题。

22.8　流数据的并行处理

在 10.5 节中，我们看到了流数据的几种应用。我们在那一节中见过的许多流数据应用（比如网络监控或股票市场应用）都有非常高的元组到达率。输入的元组不能由单台计算机来处理，并且并行处理对于这样的系统是必不可少的。流数据系统在输入数据上应用各种运算。我们现在来看看某些这样的运算是如何并行执行的。

从来自数据源的元组的入口开始，并行性在查询处理的所有阶段都是必不可少的。因此，并行的流处理系统需要支持大量的数据入口点。

例如，一个对诸如 Google 或 Bing 搜索那样的搜索引擎上的查询进行监控的系统必须跟得上非常高的查询率。搜索引擎有大量的机器，用户查询是跨这些机器来分布和执行的。每台这样的机器都成为查询流的一个源。流处理系统必须具有数据的多个入口点，这些入口点从原始源接收数据并在流处理系统中路由这些数据。

1070

数据的处理必须通过将元组从生产者路由到消费者来完成。我们在 22.8.1 节中讨论元组的路由。在 22.8.2 节中讨论流运算的并行处理，而在 22.8.3 节中讨论容错性。

还有一点值得注意的是，许多在流数据上执行实时分析的应用还需要存储数据并随后以其他方式来分析数据。因此，许多系统复制输入的数据流，将一个副本发送到存储系统以进行后续分析，并将另一个副本发送到流数据系统；这样的体系架构被称为 **lambda** 架构：希腊符号 λ 用来形象地表示输入数据被分成两个副本，并发送到两个不同的系统。

虽然 lambda 架构允许快速构建流系统，但它也导致重复劳动：程序员需要用数据库所支持的格式 / 语言来编写代码以存储和查询数据，并用流数据系统所支持的语言来编写代码以查询数据。最近，已经付出了一些努力尝试在同一系统内的存储数据上执行流处理以及查询处理来避免这种重复。

22.8.1　元组的路由

由于数据处理通常涉及多种运算符，因此将数据路由给运算符是一项重要的任务。我们首先考虑这种路由的逻辑结构，并在稍后介绍考虑到并行处理的物理结构。

元组的*逻辑路由*（logical routing）是通过创建一个以运算符为节点的有向无环图（Directed Acyclic Graph，DAG）来完成的。节点之间的边定义了元组的流动。由一种运算符输出的每个元组都沿着该运算符的所有出边发送给消费者运算符。每种运算符从其所有入边接收元组。图 22-8a 描述了流元组通过 DAG 结构的逻辑路由。图中运算节点表示为“*Op*”节点。流处理系统的入口点是 DAG 的数据源节点；这些节点消耗来自数据流源的元组，并将它们注入流处理系统中。流处理系统的出口点是数据汇聚节点；通过数据接收器退出系统的元组可以存储在数据存储或文件系统中，或者可以以某种其他方式输出。

1071

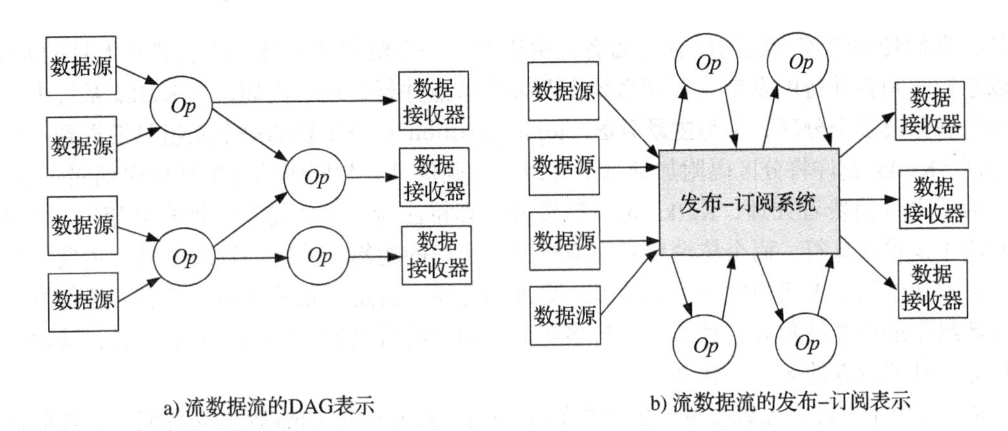

图 22-8　使用 DAG 和发布 – 订阅表示的流的路由

实现流处理系统的一种方式是通过将图指定为系统配置的一部分，当系统开始处理元组时该图被读取，然后用来路由元组。Apache Storm 流处理系统就是一个使用配置文件来定义图的系统的示例，该图称为 Storm 系统中的拓扑（topology）。（在 Storm 系统中，数据源节点称为 *spout*，而运算符节点称为 *bolt*，并且边连接这些节点。）

创建这种路由图的另一种可选方式是通过使用**发布 – 订阅**（publish-subscribe）系统。发布 – 订阅系统允许发布带有关联主题的文档或其他形式的数据。订阅者相应地订阅特定的主题。每当文档发布一个特定主题时，都会向订阅了该主题的所有订阅者发送该文档的一份副本。发布 – 订阅系统也简称为 **pub-sub** 系统。

当发布 – 订阅系统用于在流处理系统中路由元组时，元组被视为文档，并且每个元组被一个主题标记。系统的入口点在概念上“发布”元组，每个元组都有一个相关联的主题。运算符订阅一个或多个主题；系统将具有特定主题的所有元组路由到该主题的所有订阅者。运算符还可以将它们的输出发布回发布 – 订阅系统，其中包含一个关联的主题。

发布 – 订阅方法的一个主要优点是，可以相对容易地将运算符添加到系统中或从系统中删除。图 22-8b 描述了使用发布 – 订阅表示的元组路由。每个数据源都分配了一个唯一的主题名，每个运算符的输出也分配了一个唯一的主题名。每个运算符订阅其输入的主题，并发布与其输出对应的主题。数据源发布与它们相关联的主题，而数据接收器订阅其输出到接收器的运算符的主题。

Apache Kafka 系统使用发布 – 订阅模型来管理流中元组的路由。在 Kafka 系统中，即使当前没有订阅该主题的用户，为某个主题发布的元组也将保留一段指定的时间（称为保留期）。订阅者通常在可能的最早的时间处理元组，但是在由于故障而延迟或暂时停止处理的情况下，元组仍然可用于处理，直到保留时间过期。

许多流数据系统（如 Google 的 Millwheel 以及 Muppet 流处理系统）使用术语**流**（stream）代替术语*主题*（topic）。在这样的系统中，流被分配了名称；运算符可以根据名称将元组发布到流或从流中订阅。

1072

我们现在考虑元组的*物理路由*（physical routing）。不管上层使用的模型是什么，每个逻辑运算符都必须有多个物理实例在不同的节点上并行运行。逻辑运算符的输入元组必须路由到该运算符的相应（一个或多个）物理实例。分区函数用于确定哪个元组前往运算符的哪个实例。

在发布 – 订阅系统的上下文中，可以将每个主题视作一个单独的逻辑运算符，它接受元组并将它们传递给该主题的所有订阅者。由于对于一个给定的主题可能有非常大量的元组，所以它们必须在并行的发布 – 订阅系统中跨多个节点并行处理。例如，在 Kafka 系统中，一个主题被分成多个分区，称为**主题分区**（topic-partition）；该主题的每个元组只发送到一个主题分区。Kafka 允许将分区码附加到每个元组，并确保具有相同码的元组被传递到同一分区。

为了允许消费者处理，Kafka 允许消费者运算符注册一个指定的"消费者组"。消费者组对应于逻辑运算符，而个体消费者对应于并行运行的逻辑运算符的物理实例。主题的每个元组只发送给消费者组中的一个消费者。更准确地说，特定主题分区中的所有元组都发送给消费者组中的单个消费者；然而，来自多个分区的元组可以发送给同一个消费者，从而产生了从分区到消费者的多对一联系。

Kafka 用于在许多流数据处理实现中路由元组。Kafka Streams 提供支持流上的代数运算的客户端库，它可用于在 Kafka 发布 – 订阅系统之上构建流式应用。

22.8.2　流运算的并行处理

对于标准的关系运算，我们已看到的用于运算并行计算的技术可以与流数据一起使用。

某些运算（比如选择和投影运算）可以在不同的元组上并行完成。另一些运算（比如分组）必须把一组的所有元组一起放到一台机器上[⊖]。当带聚集的分组在实现时，可以使用诸如预聚集之类的优化来减少所传输的数据，但是关于一个组中元组的信息仍然必须传递到单台机器。

分窗是流数据系统中的一种重要运算。回顾 10.5.2.1 节，通常基于时间戳将输入数据划分为窗口（窗口也可以基于元组的数量来定义）。分窗经常与分组 / 聚集相结合，在窗口内的元组分组上计算聚集。对窗口的使用可以确保一旦系统能够确定新元组不再属于特定窗口，就可以输出该窗口的聚集。例如，假设一个窗口是基于时间的，比如每 5 分钟定义一个窗口；一旦系统确定未来元组将具有大于特定窗口结尾的时间戳，则可以输出该窗口上的聚集。与分组不同，窗口可以相互重叠。

1073

当分窗和分组一起用于计算聚集时，如果有重叠的窗口，则最好只对分组属性进行分区。否则，属于多个窗口的元组将不得不发送到多个窗口，这种开销是通过只对分组属性进行分区可以避免的。

许多流系统允许用户创建他们自己的运算符。通过允许运算符的多个实例并发运行而能够对用户自定义的操作符进行并行化是很重要的。这样的系统通常要求每个元组都有一个关联的码，并且具有特定码的所有元组都被发送到运算符的特定实例。为了允许并行处理，具有不同码的元组可以被发送到不同的运算符实例。

流运算通常需要存储状态。例如，分窗运算符可能需要保留它在特定窗口中所见到的所有元组，只要该窗口是活跃的。或者，它可能需要存储在某种分辨级（比如每分钟）上计算的聚集，以便以后计算更粗分辨级的聚集（比如每小时）。运算符存储状态还有许多其他原因。用户自定义运算符通常将状态定义在运算符内部（局部变量），这些状态需要被存储。

这样的状态可以存储在本地，在执行运算符的一个副本的每个节点上。或者，它可以集中存储在并行数据存储系统中。与在并行数据存储系统中存储状态相比，本地存储的备选方案具有更低的代价，但在发生故障时丢失状态信息的风险更高。22.8.3 节将进一步讨论这方面的问题。

⊖ 当分组与分窗（见 10.5.2.1 节）相组合时，一个组包含一个窗口中在它们的分组属性上取值相同的所有元组。

22.8.3　流数据的容错

查询存储数据时的容错可以通过重新执行查询或部分查询来实现，正如我们在 22.5.4 节中所见到的。然而，由于多种原因，这样的容错方法在流场景下并不能很好地工作。首先，许多流数据应用是延迟敏感的，并且由于重新启动而延迟交付的结果是不可取的。其次，流系统提供了连续的输出流。在出现故障的情况下，重新执行整个系统或部分系统可能会导致输出元组的重复副本，这在许多应用中是不可接受的。

因此，流数据系统需要提供关于输出元组递送的保证，它可以是下述之一：至少一次，至多一次，以及恰好一次。**至少一次**（at-least-once）语义保证每个元组至少输出一次，但允许在故障恢复期间重复传递。**至多一次**（at-most-once）语义保证每个元组至多传递一次，没有重复，但在发生故障时某些元组可能会丢失。**恰好一次**（exactly-once）语义保证不管故障与否每个元组都将恰好传递一次。这是大多数应用所需要的模型，尽管有些应用可能不关心重复项，并且可能接受至少一次的语义。

1074

为了确保这种语义，流系统必须跟踪在每个运算符上已经处理了哪些元组以及已经输出了哪些元组。可以通过与之前输出的元组相比较来检测并删除重复项。（只有当系统保证在正常处理过程中不存在重复时才能做到这一点，否则流查询的语义可能会受到去除真正的重复项的影响。）

实现容错的一种方式是在运算符之间路由元组的子系统中支持它。例如，在 Kafka 中，元组被发布到主题，并且每个主题分区可以存储在两个或多个节点中，这样即使其中一个节点失效，另外的节点也可用。此外，元组存储在每个节点的磁盘上，这样它们不会在电源故障或系统重启时丢失。因此，流数据系统可以使用这种底层容错和高可用性机制在系统的更高层次上实现容错和高可用性。

在这样的系统中，如果运算符在失效节点上执行，则可以在另一个节点上重新启动它。系统还必须（至少定期）记录每个输入流已被运算符消耗到什么程度。如果运算符必须重新启动，那么每个输入流都需要从一个点重放，使得该运算符能够正确输出失效之前尚未输出的所有元组。对于没有任何状态的运算符来说，这是比较容易的；没有任何状态的运算符需要做额外的工作来恢复故障前存在的状态。例如，窗口运算符需要从流中与窗口起点相对应的点开始，并从该点重放元组。

如果窗口非常大，从流中非常早的点重新启动将非常低效。相反，运算符可以周期性地对其状态以及输入流中截止到已被处理完的点执行检查点操作。在发生故障时，可以恢复最近的检查点，并且只有自上次检查点以来所处理的输入流元组才需要重放。

对于具有状态信息的其他运算符来说，同样的方法是可行的；可以对状态周期性地执行检查点操作，并且从最后一个检查点开始进行重放。执行检查点操作的状态可以本地存储；然而，这意味着直到节点恢复之前，流处理是不能继续进行的。作为一种可替代方案，状态可以存储在分布式文件系统或并行数据存储系统中。这样的系统对数据进行复制以确保即使在发生故障时也具有高可用性。因此，如果一个节点失效，它的功能可以在不同的节点上从最后一个检查点开始重新启动，并重放流的内容。

如果底层系统没有实现容错，则运算符可以实现它们自己的容错机制以避免元组丢失。例如，每种运算符可以存储其输出的所有元组；只有当运算符知晓（即使在失效的情况下）没有消费者需要一个元组之后，才能丢弃该元组。

此外，流系统必须经常保证低延迟，即使在发生故障的情况下。为了做到这一点，一些流系统具有每个运算符的副本且并发运行这些副本。如果一个副本失效，则可以从另一个副本获取输出。系统必须确保来自副本的重复元组不会输出给消费者。在这样的系统中，运算符的一个副本被视为主副本，而另一个副本作为热备份副本（请回忆我们在 19.7 节中讨论过的热备份）。

1075

我们在上面描述的是流数据系统如何实现容错的高级视图。有关如何在流系统中实现容错的更多信息的参考文献，可以在本章末尾的延伸阅读部分中找到。

22.9 分布式查询处理

当组织机构需要跨多个通常在地理上分布的数据库执行查询时，就产生了最初的分布式查询处理的需求。然而，今天同样的需求出现了，因为组织机构具有存储在多个不同的数据库和数据存储系统中的数据，并且它们需要执行查询来访问多个这样的数据库和数据存储系统。

22.9.1 来自多个数据源的数据集成

企业的不同部门可能使用不同的数据库，这可能是由于它们是如何实现自动化的遗留问题，也可能是由于公司的合并。将整个组织机构迁移到一个公用系统可能是一种昂贵且耗时的操作。另一种可替代方式是将数据保存在单个数据库中，但为用户提供集成数据的逻辑视图。本地数据库系统可以采用不同的逻辑模型、不同的数据定义和数据操纵语言，并且它们的并发控制和事务管理机制也可能不同。有些数据源可能不是完善的数据库系统，而是数据存储系统，甚至只是文件系统中的文件。还有另一种可能性，数据源可能在云端并作为 Web 服务被访问。查询可能需要访问跨多个数据库和数据源而存储的数据。

操纵位于多个数据库和其他数据源中的信息需要在现有数据库系统之上附加一个软件层。该层在不需要物理数据库集成的情况下创建逻辑数据库集成的幻象，有时也称为**联邦数据库系统**（federated database system）。

数据库集成可以采用几种不同的方式来完成：

- **联邦数据库**（federated database）方式为来自所有数据库/数据源的数据创建一种通用模式，称为**全局模式**（global schema）；每个数据库都有它自己的**局部模式**（local schema）。从多个局部模式创建统一的全局模式的任务称为**模式集成**（schema integration）。

  用户可以针对全局模式发出查询。在全局模式上的查询必须转换为需要执行查询的每个站点处的本地模式上的查询。查询结果需要转换回全局模式并合并得到最终结果。

1076

  一般来说，对通用模式的更新也需要映射到对单个数据库的更新；支持通用模式和对模式的查询但不支持模式上的更新的系统有时被称为**中间件**（mediator）系统。

- **数据虚拟化**（data virtualization）方式允许应用程序访问来自多个数据库/数据源的数据，但它并不尝试强制执行一种通用模式。用户必须了解不同数据库中使用的不同模式，但他们不需要操心哪些数据存储在哪个数据库系统上，也不必操心如何合并来自多个数据库的信息。
- **外部数据**（external data）方式允许数据库管理员提供关于存储在其他数据库中数据的模式信息以及其他信息，比如访问数据所需的连接和授权信息。存储在可以从数据库访问到的外部源中的数据称为**外部数据**。

- **外部表**（foreign table）是在数据库中定义的视图，其实际数据存储在外部数据源中。根据外部数据源所支持的操作方式，可以读取和更新这种表。如果支持的话，外部表上的更新必须转换为外部数据源上的更新。

与前面提到的方式不同，这里的目标不是创建一个完善的分布式数据库，而仅仅是为了便于访问来自其他数据源的数据。SQL 标准的 SQL 外部数据管理（SQL Management of External Data，SQL MED）组件定义了从数据库访问外部数据源的标准。

如果一个数据源是支持 SQL 的数据库，则可以使用 ODBC 或 JDBC 连接来轻松访问其数据。不支持 SQL 的并行数据存储系统（比如 HBase）中的数据可以使用它们提供的 API 方法来访问。

包装器（wrapper）以所需的模式提供存储在数据源处数据的视图。例如，如果系统具有全局模式，并且本地数据库模式与全局模式不同，则包装器可以提供全局模式中数据的视图。包装器甚至可以用来提供诸如 Web 服务、平面文件（如 Web 日志）和目录系统之类的非关系数据源的关系视图。

包装器还可以将全局模式上的查询转换为本地模式上的查询，并将结果转换回全局模式。包装器可以由各个站点提供，它们可以作为联邦数据库系统的一部分来编写。现在支持包装器的许多关系数据库都提供存储在文件系统中的数据的关系视图；这种包装器是面向文件中所存储数据的类型的。

如果数据集成的目标只是运行决策支持查询，那么我们在 11.2 节中看到的数据仓库（data warehouse）是数据库集成的一种广泛使用的可替代方案。数据仓库将数据从多个源导入具有集中化模式的单个（可能是并行的）系统中。数据通常是定期导入的，例如一天一次或数小时一次，尽管连续导入也越来越多地被使用。从数据源导入的原始数据通常在存储到数据仓库之前进行处理和清洗。 1077

然而，以某些应用所产生数据的规模而论，创建和维护这样的仓库可能代价高昂。此外，查询无法访问最新的数据，因为从源数据库上的更新到将此更新导入数据仓库之间存在延迟。另一方面，可以在数据仓库中更高效地执行查询处理；此外，数据仓库处的查询并不影响数据源处其他查询和事务的性能。是使用数据仓库体系结构，还是为响应单个查询而直接访问来自数据源的数据，是每家企业必须根据其需要而做出的决策。

术语**数据湖**（data lake）用于指代这样一种体系结构：其中数据以不同格式存储在多个数据存储系统中，包括在文件系统中，但可以从单个系统处查询。数据湖被视为数据仓库的一种可替代方案，因为它们并不需要前期进行数据预处理，尽管它们在创建查询时确实需要更多的付出。

22.9.2　模式和数据集成

提供统一数据视图的第一项任务在于创建统一的概念模式，即称为**模式集成**（schema integration）的任务。每个本地系统都提供它自己的概念模式。数据库系统必须将这些独立的模式集成到一个通用模式中。模式集成是一项复杂的任务，其主要原因是语义的异构性。相同的属性名称可能出现在不同的本地数据库中，但具有不同的含义。

模式集成需要创建一个**全局模式**，它提供了不同数据库中数据的统一视图。模式集成还需要一种方式来定义如何将数据从每个数据库的局部模式表示映射到全局模式。这一步可以通过在每个站点处定义视图，这些视图将数据从局部模式转换为全局模式来完成。然后，全局模式中的数据被视为单个站点处全局视图的并。这种方法称为**全局视图**（Global-As-View，GAV）方法。

考虑两个站点的示例，这两个站点以两种不同的方式存储学生信息：

- 站点 *s*1 使用 *student1(ID, name, dept_name)* 关系以及 *studentCreds(ID, tot_cred)* 关系。
- 站点 *s*2 使用 *student2(ID, name, tot_cred)* 关系以及 *studentDept(ID, dept_name)* 关系。

1078

令全局模式为 *student(ID, name, dept_name, tot_cred)*。

那么，站点 *s*1 处的全局模式视图将被定义为：

```
create view student_s1(ID, name, dept_name, tot_cred) as
select ID, name, dept_name, tot_cred
from student1, studentCreds
where student1.ID= studentCreds.ID;
```

而站点 *s*2 处的全局模式视图将被定义为：

```
create view student_s2(ID, name, dept_name, tot_cred) as
select ID, name, dept_name, tot_cred
from student2, studentDept
where student2.ID= studentDept.ID;
```

最后，全局模式 *student* 将被定义为 *student_s1* 和 *student_s2* 的并。

请注意，使用上述视图定义可以容易地将对全局模式关系 *student* 的查询转换为对站点 *s*1 和 *s*2 处的局部模式关系的查询。将全局模式上的更新转换为本地模式上的更新会更为困难，因为可能没有如 4.2 节中所述的唯一方式。

有一些更复杂的映射模式被设计用于处理跨站点的信息复制，并允许将全局模式上的更新转换为本地模式上的更新。**局部视图**（Local-As-View，LAV）方法就是这样一种方法，它将每个站点中的局部数据定义为在概念上统一的全局关系上的视图。

例如，考虑这样一种情况：根据 *dept_name* 属性在两个站点之间对 *student* 关系进行分区，使得“Comp. Sci.”系中的所有学生位于站点 *s*3，所有其他系中的学生位于站点 *s*4。这可以使用本地视图方法通过定义 *student_s3* 和 *student_s4* 关系来指定，这两个关系实际存储在 *s*3 和 *s*4 站点上，相当于定义在全局关系 *student* 上的视图。

```
create view student_s3 as
select *
from student
where student.dept_name = 'Comp. Sci.';
```

与

```
create view student_s4 as
select *
from student
where student.dept_name ! = 'Comp. Sci.';
```

1079

有了这种额外的信息，查询优化器可以弄清试图检索“Comp. Sci.”系的学生的查询只需要在站点 *s*3 处执行，而不需要在站点 *s*4 处执行。关于模式集成的更多信息可以在本章的参考文献中找到，并可在线获得。

从多个源提供统一数据视图的第二项任务在于处理数据类型和值的差异。例如，一个系统中使用的数据类型可能不被其他系统所支持，并且类型之间的转换可能并不简单。即使对于相同的数据类型，数据的物理表示也可能带来问题：一个系统可能使用 8 位的 ASCII，而另一个系统可以使用 16 位的 Unicode；浮点表示可能不同；整数可能以大端（big-endian）或小端（little-endian）的形式来表示。在语义层次上，长度的整数值在一个系统中可能以英寸为单位，而在另一个系统中可能以毫米为单位；在集成数据时，必须使用单一的表示形式，并将值转换为所选择的表示形式。类型之间的映射可以作为在本地模式和全局模式之间转换数据的视图定义的一部分来实现。

更深层次的问题是相同的概念实体在不同的系统中可能有不同的名称。例如城市科隆，一个位于美国的系统可能称之为“Cologne”，而一个德国的系统可能称之为“Köln”。处理这个问题的一种方法是有一个全球唯一命名系统，并且作为用于模式映射的视图定义的一部分，将值映射到唯一的名称。例如，国际标准组织对于国家名称以及国家内的各州 / 省都有唯一的代码。GeoNames 数据库（www. geonames.org）为数百万个地点提供了唯一的名称，比如城市、地理特征、道路、建筑物等。

当这样的标准命名系统不可用时，一些系统允许采用名称等价的规范；例如，这样的系统可以允许用户说“Cologne”与“Köln”是相同的。这种方法用在**链接数据**（Linked Data）项目中，它支持使用数据 RDF 表示的非常大量的数据库的集成（RDF 表示形式在 8.1.4 节中描述过）。然而，在这种场景中查询更为复杂。

在我们对上述视图定义的描述中，我们假设数据存储在本地数据库中，并且采用视图定义来提供数据的全局视图，而不用实际上将数据物化在全局模式中。然而，这样的视图也可用于物化全局模式中的数据，然后可以将其存储在数据仓库中。在后一种情况下，对基础数据的更新必须传播到数据仓库。

22.9.3 跨多个数据源的查询处理

执行从多个数据源访问数据的查询的一种简单方式是将所需的所有数据提取到一个数据库，然后由该数据库执行查询。但假设一下，比如说查询有一个选择条件，该条件仅被大关系中的一条或几条记录所满足。如果数据源允许在数据源处执行该选择，则检索整个关系是没有意义的；相反，选择运算应该在数据源处执行，而其他运算（如果有的话）可以在发出查询的数据库上执行。

1080

一般来说，不同的数据源可能支持不同的查询功能。例如，如果数据源是数据存储系统，则它可能仅支持在码属性上的选择。Web 数据源可能会限制允许在哪些字段上进行选择，并且可能还另外要求在特定字段上进行选择。另一方面，如果源是支持 SQL 的数据库，则可以在源上执行诸如连接或聚集之类的运算，并且只能将结果传递到发出查询的数据库。一般来说，查询可能必须被分解，部分在数据源处执行，部分在发出查询的站点处执行。

处理访问多个数据源的查询的代价取决于本地执行代价以及数据传输的代价。如果网络是低带宽的广域网，必须特别注意使数据传输最小化。

在本节中，我们学习在分布式查询处理和优化中的问题。

22.9.3.1 连接位置和连接顺序

考虑以下关系代数表达式：

$$r_1 \bowtie r_2 \bowtie r_3$$

假设 r_1 存储在站点 S_1 处，r_2 存储在 S_2 处，并且 r_3 存储在 S_3 处。令 S_I 表示发出查询的站点。系统需要在站点 S_I 处生成结果。处理这种查询的可能策略如下所示：

- 将所有三种关系的副本发送到站点 S_I。使用第 16 章的技术，选择一种在站点 S_I 处本地处理整个查询的策略。
- 将 r_1 关系的副本发送到站点 S_2，并在 S_2 处计算 $temp_1 = r_1 \bowtie r_2$。将 $temp_1$ 从 S_2 发送到 S_3，并在 S_3 处计算 $temp_2 = temp_1 \bowtie r_3$。将结果 $temp_2$ 发送到 S_I。
- 交换 S_1、S_2、S_3 的角色，设计与前一种策略类似的策略。

还有其他几种可能的策略。

没有一种策略总是最好的。其中必须考虑的因素包括所传输数据的量、在两个站点之间传输一个数据块的代价，以及每个站点处的相对处理速度。考虑第一种策略。假设 S_2 和 S_3 处的索引对于计算连接很有用。如果我们将所有的三个关系都发送到 S_I，这将需要在 S_I 处重新创建这些索引，或者使用一种不同的、可能更昂贵的连接策略。重新创建索引需要额外的处理开销和额外的磁盘访问。第二种策略有很多变体，它们按不同的顺序来处理连接。

1081

每种策略的代价取决于中间结果的规模、网络传输代价和每个节点处的处理代价。查询优化器需要根据代价估算选择最佳策略。

22.9.3.2　半连接策略

假设我们希望执行表达式 $r_1 \bowtie r_2$，其中 r_1 和 r_2 分别存储在站点 S_1 和 S_2 处。令 r_1 和 r_2 的模式为 R_1 和 R_2。假设我们希望在 S_1 处得到结果。如果有许多 r_2 的元组没有与 r_1 的任何元组相连接，那么将 r_2 发送到 S_1 就需要发送对结果没有贡献的元组。我们希望在将数据发送到 S_1 之前去除这些元组，特别是在网络代价很高的情况下。

实现这一切的一种可能的策略是：

1. 在 S_1 处计算 $temp_1 \leftarrow \Pi_{R_1 \cap R_2}(r_1)$。
2. 将 $temp_1$ 从 S_1 发送到 S_2。
3. 在 S_2 处计算 $temp_2 \leftarrow r_2 \bowtie temp_1$。
4. 将 $temp_2$ 从 S_2 发送到 S_1。
5. 在 S_1 处计算 $r_1 \bowtie temp_2$。结果关系与 $r_1 \bowtie r_2$ 相同。

在考虑这种策略的效率之前，让我们验证此策略是否计算出了正确的答案。在第 3 步，$temp_2$ 拥有 $r_2 \bowtie \Pi_{R_1 \cap R_2}(r_1)$ 的结果。在第 5 步，我们计算：

$$r_1 \bowtie r_2 \bowtie \Pi_{R_1 \cap R_2}(r_1)$$

由于连接满足结合律和交换律，所以我们可以将此表达式重写为：

$$(r_1 \bowtie \Pi_{R_1 \cap R_2}(r_1)) \bowtie r_2$$

因为 $r_1 \bowtie \Pi_{R_1 \cap R_2}(r_1) = r_1$，这个表达式实际上等价于 $r_1 \bowtie r_2$，也就是我们试图计算的表达式。

这种策略被称为**半连接策略**（semijoin strategy），得名于关系代数的半连接运算符，表示为⋉，正如我们在 16.4.4 节中所见。r_1 和 r_2 的自然半连接被记作 $r_1 \ltimes r_2$，定义为：

$$r_1 \ltimes r_2 \stackrel{\text{def}}{=\!=} \Pi_{R_1}(r_1 \bowtie r_2)$$

因此，$r_1 \ltimes r_2$ 选出关系 r_1 中对 $r_1 \bowtie r_2$ 有贡献的那些元组。在第 3 步中，$temp_2 = r_2 \ltimes r_1$。半连接运算容易扩展到 theta 连接。r_1 和 r_2 的 theta 半连接，被记作 $r_1 \ltimes_\theta r_2$，定义为：

1082

$$r_1 \ltimes_\theta r_2 \stackrel{\text{def}}{=\!=} \Pi_{R_1}(r_1 \bowtie_\theta r_2)$$

对于几个关系的连接，半连接策略可以扩展到一系列半连接步骤。基于代价估计选择最佳策略是查询优化器的工作。

当 r_2 的元组对连接的贡献相对较少时，此策略尤其有利。如果 r_1 是涉及选择的关系代数表达式的结果，则很可能发生这种情况。在这种情况下，$temp_2$（即 $r_2 \ltimes r_1$）可能具有比 r_2 更少的元组。该策略节约了代价是因为只需将 $r_2 \ltimes r_1$ 而不是整个 r_2 发送到 S_1。

把 $temp_1$（即 $\Pi_{R_1 \cap R_2}(r_1)$）发送到 S_2 时会产生一些额外的代价。如果 r_2 中的元组有足够小的一部分参与连接，那么发送 $temp_1$ 的开销将由仅发送 r_2 中元组的一小部分所节省的代价来主导。从 S_1 向 S_2 发送 $temp_1$ 元组的开销可以按如下方式来减少。为了优化连接处理，半连接运算可以以真实半连接结果的过近似方式来实现。也就是说，结果应该包含实际的半连接结果中的所有元组，但是它可能还包含一些额外的元组。额外的元组稍后将被连接运算消除。

通过使用一个名为**布隆过滤器**（Bloom filter）的采用位图的概率数据结构，可以计算出半连接结果的一种有效的过近似。布隆过滤器在 24.1 节中将有更详细的描述。为了实现 $r_2 \ltimes r_1$，使用了一个具有规模为 m 的位图 b 的布隆过滤器，所有位被初始化置为 0。r_1 的每个元组的连接属性被散列到在范围 0 至 $(m-1)$ 中的值，并且 b 的相应位被置为 1。位图 b 比关系 r_1 小得多，现在可以把它发送到包含 r_2 的站点。这里，在 r_2 的每个元组的连接属性上以相同的散列函数来计算。如果 b 中的相应位被置为 1，则接受该 r_2 元组（加入 *result* 关系中），否则拒绝它。

请注意，对于不同的连接属性值（比如 v_1 和 v_2）可能有相同的散列值；即使 r_1 有一个值为 v_1 的元组，但没有任何值为 v_2 的元组，上述过程的结果也可能包括其连接属性值为 v_2 的 r_2 元组。这种情况被称为**误选中**（false positive）。但是，如果在 r_1 中存在 v_1，则该技术将绝不会拒绝 r_2 中具有连接属性值 v_1 的元组，这对于正确性非常重要。

上面计算的 *result* 关系（它是 $r_2 \ltimes r_1$ 的超集或等于 $r_2 \ltimes r_1$）被发送到站点 S_1。然后在站点 S_1 处计算连接 $r_1 \bowtie result$，以得到所需的连接结果。误选中可能导致 *result* 中的额外元组，它们并不出现在 $r_2 \ltimes r_1$ 中，但这样的元组将被连接消除。

为了保持较低的误选中概率，布隆过滤器中的位数通常设置为不同的连接属性值估计数量的数倍。此外，对于某个 $k>1$，可以使用 k 个独立的散列函数来识别对于给定值的 k 位位置，并且在创建位图时将它们全部设置为 1。当用给定值查询位图时，使用相同的 k 个散列函数来识别 k 位位置，并且 k 位中即使有一个具有 0 值，也确定该值是不存在的。例如，如果位图有 $10n$ 位，其中 n 是不同的连接属性值的数量，并且使用了 $k=7$ 个散列函数，则误报率大约为 1%。 1083

22.9.3.3　分布式查询优化

为了优化分布式查询计划，需要对现有的查询优化技术进行若干扩展。

第一种扩展是将数据的位置记录为数据的*物理性质*（physical property）；回想一下，优化器已经处理了其他的物理性质，比如结果的排序顺序。正如排序运算被用于创建不同的排序顺序一样，交换操作被用于在不同站点之间传输数据。

第二种扩展是跟踪运算符的执行位置；对于给定的逻辑运算符，在本例中（比如连接运算符），优化器已经考虑了不同的算法，在本例中是散列 - 连接或归并 - 连接。优化器被扩展为额外考虑执行每个算法的可替代站点。请注意，要在给定站点执行一种运算符，其输入必须满足位于该站点的物理性质。

第三种扩展是考虑半连接运算以降低数据传输代价。半连接运算可以作为逻辑转换规则引入；然而，如果简单地进行，搜索空间将大大增加，使得这种方法是不可行的。优化代价可以通过这样的限制来减少，即作为启发式方法，半连接只能应用在数据库表上，而绝不用在中间连接结果上。

第四种扩展是使用模式信息来限制需要执行查询的节点集。从 22.9.2 节可以看出，本地视图方法可用于指定以特定方式对关系进行分区。在那节我们所看到的示例中，站点 *s*3 包含 *dept_name* 为 Comp.Sci. 的所有学生元组，而 *s*4 包含所有其他的学生元组。假设选择查询有关“*dept_name*=‘Comp.Sci.’”的 *student*；那么，优化器应该认识到在执行这个查询时不需要涉及站点 *s*4。

作为另一个示例，如果在站点 *s5* 处的学生数据是站点 *s3* 处数据的副本，那么优化器可以选择在任意站点处执行查询，这取决于哪个站点代价更低；并不需要在两个站点处都执行查询。

22.9.4　分布式目录系统

目录是关于某类对象（比如人）的信息的列表。目录可用于查找关于特定对象的信息，或反向查找满足特定要求的对象。已经开发出了几种**目录访问协议**（directory access protocol）来提供访问目录中数据的标准化方式。

一个使用非常广泛的分布式目录系统是 Internet **域名服务**（Domain Name Service，DNS）系统，它提供了一种将域名（比如 db-book.com 或 www.cs.yale.edu）映射到机器 IP 地址的标准化方式。（尽管用户只看到域名，但底层网络是根据 IP 地址路由消息的，因此，将域名转换为 IP 地址的方式对于 Internet 的运行至关重要。）**轻量级目录访问协议**（Lightweight Directory Access Protocol，LDAP）是另一个使用非常广泛的协议，设计用于存储组织数据。

1084

存储在目录中的数据可以用关系模型来表示，存储在关系数据库中，并通过诸如 JDBC 或 ODBC 之类的标准协议进行访问。那么，为什么要提出一种专门的协议来访问目录信息？有几个方面的原因：

- 首先，目录访问协议是一种简化的协议，它满足以受限类型访问数据的需要。它们是与数据库访问协议标准并行发展的。
- 其次，目录系统被设计成支持对象的分层命名系统，类似于文件系统目录名。这样的命名系统在许多应用中是重要的。例如，名称以 yale.edu 结尾的所有计算机都属于 Yale，而名称以 iitb.ac.in 结尾的那些计算机则属于 IIT Bombay。在 yale.edu 域中，有一些子域，比如对应于 Yale 的 CS 系的 cs.yale.edu，以及对应于 Yale 的 Math 系的 math.yale.edu。
- 最后，最重要的是从分布式系统的角度来看，分布式目录系统中的数据是以分布式的、分层的方式来存储和控制的。

  例如，Yale 的 DNS 服务器将存储有关 Yale 计算机名称的信息以及相关的信息，比如它们的 IP 地址。类似地，Lehigh 和 IIT Bombay 的 DNS 服务器将存储有关它们各自域中计算机的信息。DNS 服务器以分层方式存储信息；例如，由 Yale 的 DNS 服务器提供的信息可以分布式方式跨 Yale 的子域（比如 CS 和 Math 的 DNS 服务器）存储。

  分布式目录系统自动将在一个站点处提交的查询转发到实际存储所需信息的站点，以向用户和应用程序提供数据的统一视图。

此外，分布式目录实现通常支持复制，以确保即使某些节点已经失效时数据的可用性。

使用目录系统的另一个示例是用于组织数据。这种系统存储有关员工的信息，比如每个员工的员工标识、姓名、电子邮件、组织单位（如部门）、房间号、电话号码和（加密的）密码。这种组织数据的模式作为轻量级目录访问协议（LDAP）的一部分进行了标准化。基于LDAP协议的目录系统广泛用于使用为每个用户存储的加密密码来验证用户。（有关LDAP数据表示的更多信息可以在25.5节中找到。）

1085

尽管跨组织单位的分布式数据存储曾一度非常重要，但如今此类目录系统往往是集中式的。事实上，多种目录实现使用了关系数据库来存储数据，而不是创建专用的存储系统。然而，访问数据的数据表示和协议是标准化的，这一事实意味着这些协议会继续得到广泛使用。

22.10 总结

- 当今的并行系统通常基于一种混合的体系结构，其中每台计算机有多个内核并带一个共享内存，并且有多台计算机以一种无共享方式来组织。
- 数据库系统中的并行处理可以两种不同的方式加以利用。
  - 查询间并行——跨多个节点以相互并行的方式来执行多个查询。
  - 查询内并行——跨多个节点并行地执行单个查询的不同部分。
- 查询间并行对于事务处理系统来说是必不可少的，而查询内并行对于加速长时间运行的查询至关重要。
- 单个查询的执行涉及多种关系运算的执行。开发大规模并行性的关键是跨多个节点并行处理每种操作（称为操作内并行）。
- 最适合并行处理的运算有：排序、选择、去重、投影和聚集。
- 范围分区排序分为两个步骤进行：首先对关系进行范围分区，然后分别对每个分区进行排序。
- 并行外排序 - 归并分为两个步骤进行：首先，每个节点 *Ni* 对节点 *Ni* 处可用的数据进行排序，然后系统归并每个节点上的排序段以获得最终的排序输出。
- 并行连接算法在几个节点上对输入关系的元组进行划分。然后每个节点在本地计算连接的一部分。随后，系统从每个节点处收集结果生成最终结果。
- 偏斜是一个主要问题，尤其是随着并行度的增加。平衡的分区向量、使用直方图和虚拟节点分区是用于减少偏斜的技术之一。

1086

- MapReduce 范式的设计是为了简化使用命令式编程语言来编写并行数据处理程序，这种程序可能无法用 SQL 来表达。MapReduce 范式的容错实现对于各种非常大规模的数据处理任务是重要的。基于代数运算的 MapReduce 模型的扩展越来越重要。Hive 的 SQL 系统使用 MapReduce 系统作为其底层执行引擎，并将 SQL 查询编译为 MapReduce 代码。
- 操作间并行有两种形式：流水线并行和独立并行。流水线并行通常使用推式模型来实现，在操作之间具有缓冲区。
- 交换操作以特定的方式对数据进行重新分区。并行查询计划可以这样的方式来创建：节点之间的数据交换仅由交换算子来完成，而所有其他运算都在本地数据上工作，就像它们在集中式数据库系统中一样。
- 在发生故障时，可以重新启动并行查询执行计划。然而，在非常庞大的系统中，在查询的执行过程中失败的可能性很大，在尽管发生故障但不重新启动的情况下，容错技术对于确保查询完全执行非常重要。

- 在共享内存体系结构中可以使用为无共享体系结构设计的并行算法。每个处理器可以被视为具有它自己的内存分区，并且我们可以忽略处理器具有公共共享内存的事实。然而，通过利用对来自任何处理器的共享内存的快速访问，可以显著地优化执行。
- 对并行执行的查询优化可以使用传统的资源消耗代价模型或者使用响应时间代价模型来实现。在选择计划时必须考虑表的分区以最小化数据交换，这通常是查询执行代价中的一个重要因素。物化视图在并行环境中很重要，因为它们可以显著降低查询执行的代价。
- 现在有许多流数据应用需要高性能的处理，这只能通过流数据的并行处理来实现。输入元组和运算结果需要路由到其他运算。例如在 Apache Kafka 中实现的发布 - 订阅模型已经被证明对这种路由非常有用。在许多应用中，具有恰好一次语义的流数据的容错处理对于处理元组是重要的。发布 - 订阅系统提供的持久性在这方面是有帮助的。
- 许多数据处理任务需要从多个数据库集成模式和数据。外部数据方法允许在数据库中查询外部数据，就好像它是本地驻留的一样。全局视图和局部视图体系结构允许将查询从全局模式重写为单个局部模式。使用布隆过滤器的半连接策略对于减少分布式数据库中用于连接的数据移动是有用的。分布式目录系统是为分布式存储和查询目录而设计的一种分布式数据库。

1087

术语回顾

- 查询间并行
- 查询内并行
  - 操作内并行
  - 操作间并行
- 范围分区排序
- 数据并行
- 并行外排序 - 归并
- 分区连接
- 分区并行散列 - 连接
- 分区并行归并 - 连接
- 分区并行嵌套 - 循环连接
- 分区并行索引嵌套 - 循环连接
- 非对称分片 - 复制连接
- 广播连接
- 分片 - 复制连接
- 对称分片 - 复制连接
- 避免连接偏斜
- 动态处理连接偏斜
- 工作窃取
- 并行选择
- 并行去重
- 并行投影
- 并行聚集
- 部分聚集
- 中间键
- 流水线并行
- 独立并行
- 交换算子
- 未分区
- 随机归并
- 有序归并
- 并行查询执行计划
- 共享内存中的查询处理
- 线程
- 单指令多数据（SIMD）
- 响应时间代价模型
- 并行视图维护
- 流数据
- lambda 架构
- 流的路由
- 发布 - 订阅
- 主题分区

- 至少一次语义
- 至多一次语义
- 恰好一次语义
- 联邦数据库系统
- 全局模式
- 局部模式
- 模式集成
- 中间件
- 数据虚拟化
- 外部数据
- 外部表
- 数据湖
- 全局视图（GAV）
- 局部视图（LAV）
- 链接数据
- 半连接策略
- 半连接
- theta 半连接
- 布隆过滤器
- 误选中
- 目录访问协议
- 域名服务系统（DNS）
- 轻量级目录访问协议（LDAP）

实践习题

22.1 对于以下每项任务，哪种形式的并行（查询间、操作间、操作内）可能是最重要的？

a. 提高具有许多小查询的系统的吞吐量。

b. 当磁盘和处理器的数量很多时，提高具有少量大型查询的系统的吞吐量。

22.2 请描述如何为 count 和 avg 聚集函数实现部分聚集以减少数据传输。

22.3 对于流水线并行，即使在许多处理器可用时，在单个处理器上执行一个流水线中的几个运算通常是一个好主意。

a. 请解释原因。

b. 如果机器有一个共享内存体系结构，你在 a 部分中所提出的论点是否成立？请解释为什么成立或为什么不成立。

c. a 部分的论点对于独立并行成立吗？（也就是说，是否有这样的情况，即使运算不是流水线化的并且有许多处理器可用，在同一处理器上执行多个运算仍然是一个好主意。）

22.4 考虑使用带范围分区的对称分片 – 复制来进行连接处理。如果连接条件的形式为 $|r.A - s.B| \leq k$，其中 k 是一个小的常数，你将如何优化计算？这里，$|x|$ 表示 x 的绝对值。具有这种连接条件的连接称为**带连接**（band join）。

22.5 假设关系 r 是分区存储的且在 A 上被索引，而 s 是分区存储的且在 B 上被索引。考虑查询：

$$_{r.C}\gamma_{\text{count}(s.D)}\left(\left(\sigma_{A>5}(r)\right) \bowtie_{r.B=s.B} s\right)$$

1088～1089

a. 请使用交换算子给出一个并行查询计划，用于计算仅涉及选择和连接运算符的查询的子树。

b. 现在扩展上面的计划来计算聚集。确保使用预聚集来最小化数据的传输。

c. 聚集期间的偏斜是一个严重的问题。请解释如上的预聚集还可以怎样来显著减少在聚集过程中偏斜的影响。

22.6 假设关系 r 是分区存储的且在 A 上被索引，而 s 是分区存储的且在 B 上被索引。考虑连接 $r \bowtie_{r.B=s.B} s$。假设 s 相对较小，但还没有小到使得非对称分片 – 复制连接成为最佳选择，并且 r 较大，大多数 r 元组与任何 s 元组都不匹配。可以执行散列 – 连接，但使用半连接过滤器以减少数据传输。请解释使用布隆过滤器的半连接过滤在这种并行连接场景中该如何工作？

22.7 假设你希望计算 $r \bowtie_{r.A=s.A} s$。

a. 假设 s 是一个小关系，而 r 在 $r.B$ 上分区存储。请给出一种计算该左外连接的高效并行算法。

b. 现在假设 r 是一个小关系，且 s 是一个大关系，在属性 $s.B$ 上分区存储。请给出一种计算上述左外连接的高效并行算法。

22.8 假设你要在关系 s 上计算 $_{A,B}\gamma_{\text{sum}(C)}$，且 s 是在 $s.B$ 上分区存储的。如果 $s.B$ 的不同值的数量很

多，并且具有每个 $s.B$ 值的元组数量分布相对均匀，请解释你如何高效地计算此操作，从而最小化 / 避免重新分区。

22.9 MapReduce 实现提供了容错性，你可以仅对失效的 mapper 或 reducer 重新执行。缺省情况下，哪怕即使只有一个节点出现故障，也必须完全重新运行分区并行连接执行。可以修改分区并行连接执行，以类似于 MapReduce 的方式添加容错性，因此节点失效就不需要完全重新执行查询，而只需要执行与失效节点相关的操作。请解释在发送节点和接收节点处进行分区时需要做些什么才能做到这一点。

22.10 如果使用并行数据存储来存储两个关系 r 和 s，并且我们需要连接 r 和 s，那么将连接维护为物化视图可能是有用的。在总体吞吐量、空间使用和对用户查询的响应时间方面，这种方式的好处是什么，开销是多少？

22.11 请解释使用 MapReduce 框架如何实现下列连接算法：

1090

a. 广播连接（也称为非对称分片 – 复制连接）。

b. 索引嵌套 – 循环连接，其中内层关系存储在并行数据存储中。

c. 分区连接。

习题

22.12 分区连接是否可用于 $r \bowtie_{r.A<s.A \wedge r.B=s.B} s$？请解释你的答案。

22.13 请描述对以下每种运算进行并行化的一种好的方式：

a. 集差运算

b. 使用 count 运算的聚集

c. 使用 count distinct 运算的聚集

d. 使用 avg 运算的聚集

e. 左外连接，其连接条件只涉及等式

f. 左外连接，其连接条件涉及比较而不是等式

g. 全外连接，其连接条件涉及比较而不是等式

22.14 假设你希望通过使用无共享并行来处理由大量小事务组成的工作负载。

a. 在这种情况下是否需要查询内并行？如果不需要，请解释原因，那么什么形式的并行是合适的呢？

b. 在这样的工作负载下，什么形式的偏斜会是明显的呢？

c. 假设大多数事务都访问一条 *account* 记录以及一条关联的 *account_type_master* 记录，*account* 记录包括一个 *account_type* 属性，而 *account_type_master* 记录提供有关账户类型的信息。你会如何分区或复制数据以加快事务处理？你可以假设 *account_type_master* 关系是很少更新的。

22.15 在共享内存场景下使用虚拟节点进行工作窃取的动机是什么？为什么工作窃取在无共享场景下没有那么有效？

22.16 对关系进行分区的属性可能会对查询的开销产生重大影响。

1091

a. 给定单个关系上 SQL 查询的工作负载，哪些属性是用于分区的候选属性？

b. 基于此工作负载，你将如何在可选分区技术之间进行选择？

c. 是否可以在多个属性上对关系进行分区？请解释你的答案。

22.17 考虑正在处理具有属性 (*A*, *B*, *C*, *timestamp*) 的关系 r 的元组流的系统。假设并行流处理系统的目标是计算每 5 分钟窗口中每个 A 值的元组数（基于元组的时间戳）。那么主题和主题分区是什么？请解释原因。

工具

除了一些商业工具外，还有各种各样的开源工具可用于并行查询处理。托管的云平台上也提供了许多这样的工具。

Teradata 是最早的商用并行数据库系统之一，并且它继续拥有很大的市场份额。Red Brick Warehouse 是另一个早期的并行数据库系统；Red Brick 被 Informix 收购，而 Informix 自身又被 IBM 收购。其他商用的并行数据库系统包括 Teradata Aster Data、IBM Netezza 和 Pivotal Greenplum。IBM Netezza、Pivotal Greenplum 和 Teradata Aster Data 都用 PostgreSQL 作为底层数据库，并在每个节点上独立运行。每个这样的系统都在顶端构建一个层，用于对数据进行分区，并跨节点对查询处理进行并行化。

开源的 Hadoop 平台（hadoop.apache.org）包括 HDFS 分布式文件系统和 Hadoop MapReduce 平台。在 MapReduce 平台上支持 SQL 的系统包括源自 Facebook 的 Apache Hive（hive.apache.org）、源自 Cloudera 的 Apache Impala（impala.apache.org）以及源自 Pivotal 的 Apache HAWQ（hawq.apache.org）。源自加州大学伯克利分校的 Apache Spark（spark.apache.org）以及 Apache Tez（tez.apache.org）是支持包括基本的 map 和 reduce 运算符在内的各种运算符的并行执行框架；并且可以在这两个平台上执行 Hive SQL 查询。其他并行执行框架包括源自 Yahoo! 的 Apache Pig（pig.apache.org），源自加州大学欧文分校的 Asterix 系统（asterix.ics.uci.edu），源自柏林技术大学、洪堡大学和哈索普拉特纳研究所的 Stratosphere 项目的 Apache Flink 系统（flink.apache.org）。Apache Spark 和 Apache Fink 也支持并行机器学习的算法库。

这些系统可以访问以多种不同数据格式存储的数据，如 HDFS 中不同格式的文件，或诸如 HBase 之类的存储系统中的对象。Hadoop 文件格式最初是文本文件，但现在的 Hadoop 实现支持几种优化的文件格式，如序列文件（它允许二进制数据）、Avro（它支持半结构化模式）和 Parquet（它支持列式数据表示形式）。

1092

Apache Kafka（kafka.apache.org）被广泛用于流数据系统中的元组路由。设计用于流数据上查询处理的系统包括 Apache Storm（storm.apache.org）、Kafka Streams（kafka.apache.org/documentation/streams/）和由 Twitter 开发的 Heron（apache.github.io/incubator-heron/）。Apache Flink（flink.apache.org）、Spark Streaming（spark.apache.org/streaming/）、Apache Spark 的流组件以及 Apache Apex（apex.apache.org）支持流数据上的分析以及存储数据上的分析。

上述许多系统也作为基于云的服务而提供，即作为 Amazon AWS、Google Cloud、Microsoft Azure 和其他类似平台提供的云服务的一部分而提供。

延伸阅读

在并行数据库系统方面的早期工作包括 GAMMA（[DeWitt (1990)]）、XPRS（[Stonebraker et al. (1988)]）和 Volcano（[Graefe (1990)]）。[Graefe(1993)] 给出了对查询处理（包括查询的并行处理）的极好的综述。交换算子模型是由 [Graefe(1990)] 和 [Graefe and McKenna(1993)] 提倡的。并行连接中的偏斜处理由 [DeWitt et al.(1992)] 描述。

对于并行查询执行，[Ganguly et al. (1992)] 描述了基于响应时间代价模型的查询优化技术，而 [Zhou et al. (2010)] 描述了如何扩展查询优化器以考虑分区性质和并行计划。并行数据存储系统中的视图维护由 [Agrawal et al. (2009)] 描述。

[Dean and Ghemawat (2010)] 描述的 Google 的 MapReduce 框架的一种容错实现导致了 MapReduce 范式的广泛使用。[Kwon et al. (2013)] 提供了对 Hadoop MapReduce 框架中偏斜处理的概述。[Herodotou and Babu (2013)] 描述了如何在 MapReduce 框架中为查询执行优化多个参数。Apache Spark 系统的概述由 [Zaharia et al. (2016)] 提供，而 [[Zaharia et al. (2012)] 描述了弹性分布式数据集，这是一个容错抽象，它构成了 Spark 实现的基础。[Shah et al. (2004)] 描述了对交换算子的扩展以支持容错性，重点

是容错的连续查询。Google MillWheel 系统中的容错性流处理在 [Akidau et al. (2013) 中描述。

具有多核处理器的共享内存系统中 morsel 驱动的并行查询计算方法在 [Leis et al. (2014)] 中描述。[Kersten et al. (2018)] 提供了使用诸如 SIMD 指令之类的优化的向量查询处理与生产者驱动流水线的对比。

1093

[Carbone et al. (2015)] 描述了 Apache Flink 中的流和批处理。[Ozsu and Valduriez (2010)] 提供了分布式数据库系统的教科书式介绍。

参考文献

[Agrawal et al. (2009)] P. Agrawal, A. Silberstein, B. F. Cooper, U. Srivastava, and R. Ramakrishnan, "Asynchronous view maintenance for VLSD databases", In *Proc. of the ACM-SIGMOD Conf. on Management of Data* (2009), pages 179-192.

[Akidau et al. (2013)] T. Akidau, A. Balikov, K. Bekiroğlu, S. Chernyak, J. Haberman, R. Lax, S. McVeety, D. Mills, P. Nordstrom, and S. Whittle, "MillWheel: Fault-tolerant Stream Processing at Internet Scale", *Proceedings of the VLDB Endowment*, Volume 6, Number 11 (2013), pages 1033-1044.

[Carbone et al. (2015)] P. Carbone, A. Katsifodimos, S. Ewen, V. Markl, S. Haridi, and K. Tzoumas, "Apache Flink: Stream and Batch Processing in a Single Engine", *IEEE Data Eng. Bull.*, Volume 38, Number 4 (2015), pages 28-38.

[Dean and Ghemawat (2010)] J. Dean and S. Ghemawat, "MapReduce: a flexible data processing tool", *Communications of the ACM*, Volume 53, Number 1 (2010), pages 72-77.

[DeWitt (1990)] D. DeWitt, "The Gamma Database Machine Project", *IEEE Transactions on Knowledge and Data Engineering*, Volume 2, Number 1 (1990), pages 44-62.

[DeWitt et al. (1992)] D. DeWitt, J. Naughton, D. Schneider, and S. Seshadri, "Practical Skew Handling in Parallel Joins", In *Proc. of the International Conf. on Very Large Databases* (1992), pages 27-40.

[Ganguly et al. (1992)] S. Ganguly, W. Hasan, and R. Krishnamurthy, "Query Optimization for Parallel Execution", In *Proc. of the ACM SIGMOD Conf. on Management of Data* (1992), pages 9-18.

[Graefe (1990)] G. Graefe, "Encapsulation of Parallelism in the Volcano Query Processing System", In *Proc. of the ACM SIGMOD Conf. on Management of Data* (1990), pages 102-111.

[Graefe (1993)] G. Graefe, "Query Evaluation Techniques for Large Databases", *ACM Computing Surveys*, Volume 25, Number 2 (1993).

[Graefe and McKenna (1993)] G. Graefe and W. McKenna, "The Volcano Optimizer Generator", In *Proc. of the International Conf. on Data Engineering* (1993), pages 209-218.

[Herodotou and Babu (2013)] H. Herodotou and S. Babu, "A What-if Engine for Cost-based MapReduce Optimization", *IEEE Data Eng. Bull.*, Volume 36, Number 1 (2013), pages 5-14.

[Kersten et al. (2018)] T. Kersten, V. Leis, A. Kemper, T. Neumann, A. Pavlo, and P. A. Boncz, "Everything You Always Wanted to Know About Compiled and Vectorized Queries But Were Afraid to Ask", *Proceedings of the VLDB Endowment*, Volume 11, Number 13 (2018), pages 2209-2222.

1094

[Kwon et al. (2013)] Y. Kwon, K. Ren, M. Balazinska, and B. Howe, "Managing Skew in Hadoop", *IEEE Data Eng. Bull.*, Volume 36, Number 1 (2013), pages 24-33.

[Leis et al. (2014)] V. Leis, P. A. Boncz, A. Kemper, and T. Neumann, "Morsel-driven parallelism: a NUMA-aware query evaluation framework for the many-core age", In *Proc. of the ACM SIGMOD Conf. on Management of Data* (2014), pages 743-754.

[Ozsu and Valduriez (2010)] T. Ozsu and P. Valduriez, *Principles of Distributed Database Systems*, 3rd edition, Prentice Hall (2010).

[Shah et al. (2004)] M. A. Shah, J. M. Hellerstein, and E. A. Brewer, "Highly-Available, Fault-Tolerant, Parallel Dataflows", In *Proc. of the ACM SIGMOD Conf. on Management of Data* (2004), pages 827-838.

[Stonebraker et al. (1989)] M. Stonebraker, P. Aoki, and M. Seltzer, "Parallelism in XPRS", In *Proc. of the ACM SIGMOD Conf. on Management of Data* (1989).

[Zaharia et al. (2012)] M. Zaharia, M. Chowdhury, T. Das, A. Dave, J. Ma, M. McCauly, M. J. Franklin, S. Shenker, and I. Stoica, "Resilient Distributed Datasets: A Fault-Tolerant Abstraction for In-Memory Cluster Computing", In *Procs. USENIX Symposium on Networked Systems Design and Implementation, NSDI* (2012), pages 15-28.

[Zaharia et al. (2016)] M. Zaharia, R. S. Xin, P. Wendell, T. Das, M. Armbrust, A. Dave, X. Meng, J. Rosen, S. Venkataraman, M. J. Franklin, A. Ghodsi, J. Gonzalez, S. Shenker, and I. Stoica, "Apache Spark: a unified engine for big data processing", *Communications of the ACM*, Volume 59, Number 11 (2016), pages 56-65.

[Zhou et al. (2010)] J. Zhou, P. Larson, and R. Chaiken, "Incorporating partitioning and parallel plans into the SCOPE optimizer", In *Proc. of the International Conf. on Data Engineering* (2010), pages 1060-1071.

1095 ~ 1096

第 23 章

Database System Concepts, Seventh Edition

并行和分布式事务处理

我们之前学习了在集中式数据库中的事务处理，包括第 18 章中的并发控制和第 19 章中的恢复。在本章中，我们学习如何在并行和分布式数据库中进行事务处理。除了支持并发控制和恢复之外，在并行和分布式数据库中的事务处理还必须处理由于数据复制和某些节点故障而导致的问题。

并行数据库和分布式数据库都有多个节点，这些节点可能独立地发生故障。从事务处理的角度来看，并行数据库和分布式数据库之间的主要区别在于，与所有节点都位于单个数据中心的并行数据库相比，分布式数据库中的远程访问的延迟要高得多，并且带宽更低。与跨地理分布的站点相比，一个数据中心内发生诸如网络分区和消息延迟那样的故障的可能性要小得多，但不管怎样，故障还是可能发生的；即使确实发生了那样的故障，事务处理也必须正确执行。

因此，大多数用于事务处理的技术对于并行数据库和分布式数据库都是通用的。在存在差异的少数情况下，我们将显式地指出差异。因此在本章中，每当我们说一种技术适用于分布式数据库时，应该将其含义解释为它既适用于分布式数据库，也适用于并行数据库，除非我们另有明确说明。

在 23.1 节中，我们概述在分布式数据库中事务处理的一种模型。在 23.2 节中，我们描述通过使用特殊的提交协议如何在分布式数据库中实现原子事务。

在 23.3 节中，我们描述如何将传统的并发控制技术扩展到分布式数据库。23.4 节描述在复制数据项的情况下所使用的并发控制技术，而 23.5 节描述进一步的扩展方案，包括如何扩展多版本并发控制技术以处理分布式数据库，以及如何使用异构分布式数据库实现并发控制。具有弱一致性的复制将在 23.6 节中进行讨论。

1097

大多数用于处理分布式数据的技术都需要使用协调器来确保事务处理的一致性和高效性。在 23.7 节中，我们讨论如何以分布式的方式选择对故障具有鲁棒性的协调器。最后，23.8 节描述分布式共识问题，概述该问题的解决方案，然后讨论如何通过复制日志的方式来使用这些解决方案去实现容错服务。

23.1 分布式事务

在分布式系统中对各种数据项的访问常常通过事务来完成，事务必须保持 ACID 特性（见 17.1 节）。我们需要考虑两种类型的事务。**局部事务**是那些只在一个本地数据库中访问和更新数据的事务；**全局事务**是那些在几个本地数据库中访问和更新数据的事务。局部事务的 ACID 特性可以用在第 17 章、第 18 章和第 19 章中讨论的方式来保证。但是对于全局事务来说，这项任务就复杂得多了，因为多个节点可能参与到事务的执行中。这些节点中的一个发生故障或者连接这些节点的通信链路发生故障，都可能导致错误的计算。

在本节中，我们学习分布式数据库的系统结构及其可能的故障模式。在后面的章节中，我们将讨论即使在发生故障的情况下，如何确保 ACID 特性在分布式数据库中也能得到满足。我们再次强调：这些故障模式也会在并行数据库中发生，并且我们描述的技术同样适用于并行数据库。

23.1.1　系统结构

我们现在考虑一个具有多个节点的系统结构，每个节点都可以独立于其他节点发生故障。我们注意到：节点可能位于单个数据中心内，并对应于一个并行数据库系统，或者节点是在分布式数据库系统中地理上分布的。在这两种情况下的系统结构是相似的；事务隔离性和原子性方面的问题在这两种情况下都是相同的，解决方案也是一样的。

我们注意到，这里所考虑的系统结构并不适用于共享内存的并行数据库系统，这种系统的组件并不具有独立的故障模式。在这样的系统中，要么整个系统是开启的，要么整个系统是关闭的。此外，通常只有一个事务日志用于恢复。为集中式数据库系统设计的并发控制和恢复技术可用于此类系统，并且比本章中所描述的技术更可取。

每个节点都有其自身的*局部事务管理器*，其功能是保证在该节点处执行的那些事务的 ACID 特性。各个事务管理器相互协作以执行全局事务。为了理解这样的管理器是怎样实现的，请考虑一个事务系统的抽象模型，其中每个节点包括两个子系统：

1098

- **事务管理器**（transaction manager）管理那些访问存储在节点中的数据的事务（或子事务）的执行。请注意，每个这样的事务既可能是一个局部事务（即只在该节点处执行的事务），也可能是一个全局事务（即在几个节点处执行的事务）的一部分。
- **事务协调器**（transaction coordinator）协调在该节点处发起的各个事务（既有局部事务也有全局事务）的执行。

整个系统的体系结构如图 23-1 所示。

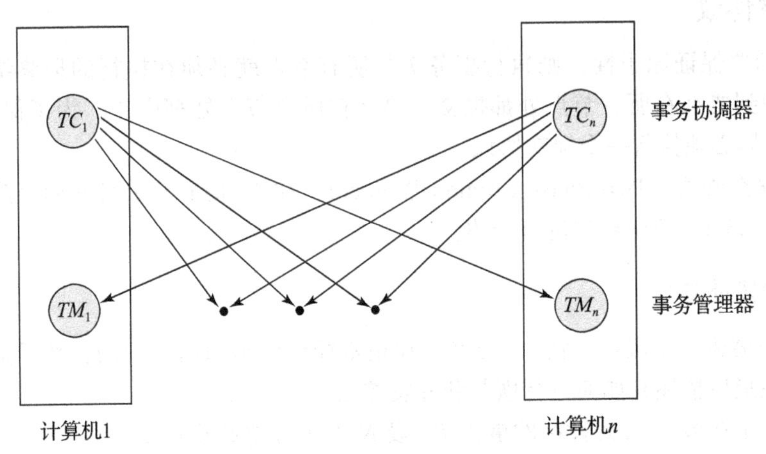

图 23-1　系统体系结构

事务管理器的结构在许多方面与集中式系统的结构是类似的。每个事务管理器都要负责：

- 维护一个用于恢复目的的日志。
- 参与一个合适的并发控制方案，以协调在该节点处执行的事务的并发执行。

正如我们将要看到的，为了适应事务的分布式执行，我们需要修改恢复和并发方案。

事务协调器子系统在集中式环境中是不需要的，因为事务访问的数据仅在单个节点处。顾名思义，事务协调器负责协调该节点处发起的所有事务的执行。对每个这样的事务，协调器负责：

1099

- 启动事务的执行。

- 将事务拆分成一些子事务，并将这些子事务分派给合适的节点去执行。
- 协调事务的终止，终止可能导致事务在所有节点上都是提交的或在所有节点上都是中止的。

23.1.2　系统故障模式

分布式系统可能遭受与集中式系统所遭受的相同类型的故障（例如，软件错误、硬件错误或磁盘崩溃），但在分布式环境中还有另外一些需要我们处理的故障类型。基本的故障类型包括：

- 节点故障。
- 消息丢失。
- 通信链路故障。
- 网络分区。

在分布式系统中总是可能发生消息的丢失或损坏。系统采用诸如 TCP/IP 之类的传输控制协议来处理这样的错误。关于这类协议的信息可以在有关网络的标准教科书中找到。

然而，如果两个节点 A 和 B 并不直接连接，那么从一个节点到另一个节点的消息必须通过一系列的通信链路来*路由*。如果有一条通信链路发生故障，本该通过该链路传送的消息必须被重新路由。在某些情况下，有可能发现网络中的另一条路由，这样，消息仍能到达它们的目的地。在另一些情况下，故障可能导致某些节点对之间没有了连接。如果一个系统被划分成了两个（或多个）被称为**分区**的子系统，并且分区之间缺乏任何连接，那么该系统就是**被分区**的。请注意在这种定义下，一个分区可能由单个节点构成。

23.2　提交协议

如果我们要保证原子性，则执行事务 T 的所有节点就必须在执行的最终结果上达成一致。T 必须做到要么在所有节点处都提交，要么在所有节点处都中止。为了保证这个特性，T 的事务协调器必须执行一个提交协议。

两阶段提交协议（Two-Phase Commit Protocol，2PC）是最简单且使用最广泛的提交协议之一，将在 23.2.1 节中对它进行介绍。

1100

23.2.1　两阶段提交

我们首先描述两阶段提交协议（2PC）在正常操作中是如何进行的，然后描述它如何处理故障，并在最后描述它如何进行恢复和并发控制。

请考虑一个在节点 N_i 处发起的事务 T，设 N_i 的事务协调器是 C_i。

23.2.1.1　提交协议

当 T 完成其执行时，即执行 T 的所有节点都通知 C_i 已完成了 T 的执行，C_i 就启动 2PC 协议。

- **阶段 1**。C_i 将记录 <prepare T> 加到日志中，并强制将日志写入稳定存储器中。接着它将一条 prepare T 消息发送给执行 T 的所有节点。

  当收到这样一条消息时，节点上的事务管理器决定它是否愿意提交 T 中属于它的那部分。如果答案是“不”，事务管理器就把记录 <no T> 加到日志中，然后通过向 C_i 发送一条 abort T 消息来作为响应。如果答案为“是”，事务管理器就把记录

<ready T> 加到日志中，并将日志（包括所有与 T 相关的日志记录）强制写入稳定存储器中。然后事务管理器向 C_i 回复一条 ready T 消息。

- **阶段 2**。当 C_i 收到所有节点对 prepare T 消息的 ready 响应时，或者当它从至少一个参与节点收到 abort T 消息时，C_i 就可以确定是将事务 T 提交还是中止。如果 C_i 接收到来自所有参与节点的 ready T 消息，那么事务 T 可以提交。否则，事务 T 必须中止。根据结论，将记录 <commit T> 或记录 <abort T> 加到日志中，并将日志强制写入稳定存储器中。这时，事务的最终结果就已经确定了。

  从这之后，协调器向所有参与节点发送 commit T 或 abort T 消息。当一个节点收到此消息时，它就把该结果（<commit T> 或者 <abort T>）记录到它的日志中，并相应地将事务提交或中止。

  由于节点可能会失效，协调器不能无限期地等待来自所有节点的响应。相反，自发送 prepare T 消息以来，当经过了一个预先指定的时间间隔时，如果有任意节点还没有响应协调器，协调器就可以决定中止事务；必须遵守所描述的用于中止事务的步骤，就好像有一个节点发送了这个事务的 abort 消息一样。

图 23-2 展示了有两个节点 N_1 和 N_2 为事务 T 成功执行 2PC 的实例，这两个节点都想提交事务 T。如果任意一个节点发送了一条 no T 消息，则协调器将给所有节点发送一条 abort T 消息，该消息随后将中止事务。 1101

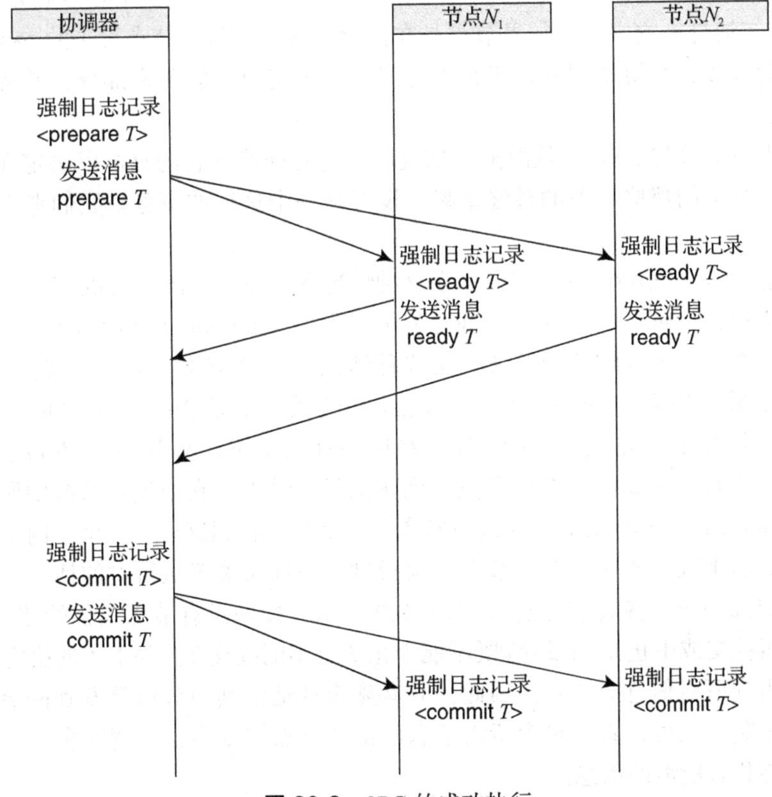

图 23-2 2PC 的成功执行

在向协调器发送 ready T 消息之前，执行 T 的节点可以在任何时候无条件地中止 T。一旦 <ready T> 日志记录被写出，则节点处的事务就被称为处于**就绪状态**（ready state）。在效果上，ready T 消息是节点所做的承诺，即按照协调器的命令来提交 T 或中止 T。为了做出这样的承诺，所需信息必须首先被存储在稳定存储器中。否则，如果节点在发送 ready T 后崩溃，它可能就不能兑现自己的承诺。此外，事务所拥有的锁必须继续保留直到事务结束，即使出现我们将在 23.2.1.3 节中见到的介入节点故障。

1102

由于提交事务需要全体一致，所以一旦有至少一个节点回答 abort T，则事务 T 的最终结果就决定了。因为协调器节点 N_i 是执行 T 的节点之一，所以协调器可以单方面决定中止 T。关于 T 的最终结论是在协调器将此结论（提交或中止）写到日志并强制将其写入稳定存储器时确定的。

在 2PC 协议的某些实现中，节点在协议的第二阶段结束时给协调器发送 acknowledge T 消息。当协调器收到所有节点发来的 acknowledge T 消息时，它就把记录 <complete T> 加到日志中。在此步骤之前，协调器不能忘记关于 T 的提交或中止决策，因为一个节点可能会请求该决策。（如果一个节点没有接收到事务 T 的 commit 或 abort，这可能是由于网络故障或临时的节点故障，则该节点可能会向协调器发送这样的请求。）在此步骤之后，协调器可以丢弃有关事务 T 的信息。

23.2.1.2 故障处理

2PC 协议对于不同类型的故障有不同方式的反应。

- **参与节点故障**。如果协调器 C_i 检测到一个节点发生了故障，它将采取如下行动：如果节点是在用 ready T 消息响应 C_i 前发生的故障，则协调器会假定该节点是用 abort T 消息来响应的。如果节点是在协调器接收到从该节点发来的 ready T 消息后发生的故障，则协调器就以正常的方式执行提交协议的剩余部分，并忽略该节点的故障。

  当一个参与节点 N_k 从故障中恢复时，它必须检查它的日志以决定在故障发生时正在执行中的那些事务的最终结果。设 T 是一个这样的事务。我们考虑每种可能的情况：

  ○ 日志包含 < commit T > 记录。在这种情况下，该节点执行 redo(T)。

  ○ 日志包含 < abort T > 记录。在这种情况下，该节点执行 undo(T)。

  ○ 日志包含 < ready T > 记录。在这种情况下，该节点必须询问 C_i 以决定 T 的最终结果。如果 C_i 正在工作，它就通知 N_k 关于 T 是否提交或中止的信息。在前一种情况下，N_k 执行 redo(T)；在后一种情况下，N_k 执行 undo(T)。如果 C_i 关闭，N_k 就必须试图从其他节点找到 T 的最终结果。它通过给系统中所有节点发送 querystatus T 消息来进行这一操作。一个节点收到这样一条消息时，就必须查阅其日志来判定 T 是否在该节点上执行过，并且如果 T 执行过的话，还要看 T 是否提交或中止。接着它把这样的结果告知 N_k。如果没有节点提供恰当的信息（即 T 是否提交或中止），那么 N_k 既不能中止 T 也不能提交 T。关于 T 的决定被推迟到 N_k 能得到所需信息时为止。因此，N_k 必须定期地给其他节点重发 querystatus 消息。它不断这么做，直到包含所需信息的某个节点恢复为止。请注意，C_i 所在的节点始终具有所需的信息。

1103

  ○ 日志没有包含关于 T 的控制记录（abort，commit，ready）。因此，我们知道 N_k 在响应来自 C_i 的 prepare T 消息前就发生了故障。由于 N_k 的故障排除了发送这样一个响应的可能性，根据我们的算法，C_i 必须中止 T。因此，N_k 必须执行 undo(T)。

- **协调器故障**。如果协调器在为事务 *T* 执行提交协议的过程中发生故障，那就必须由参与节点来决定事务 *T* 的最终结果。我们将会看到，在特定情况下，参与节点不能决定是否提交或中止 *T*，因此这些节点必须等待发生故障的协调器恢复。
  - 如果一个活跃节点在其日志中包含 <commit *T*> 记录，则 *T* 必须提交。
  - 如果一个活跃节点在其日志中包含 <abort *T*> 记录，则 *T* 必须中止。
  - 如果某些活跃节点在其日志中并没有包含 <ready *T*> 记录，则发生故障的协调器 C_i 还没有决定将 *T* 提交，因为在其日志中没有 <ready *T*> 记录的节点不会向 C_i 发送过 ready *T* 消息。然而，协调器可能已经决定中止 *T* 而不是提交 *T*。与等待 C_i 恢复相比，中止 *T* 更为可取。
  - 如果上述情况均不成立，则所有活跃节点在它们的日志中都必须有 <ready *T*> 记录，但没有额外的控制记录（比如 <abort *T*> 或 <commit *T*>）。因为协调器已发生故障，不等到协调器恢复，就不可能确定是否已经做出决定，并且就算已做了决定也不知道做出的决定是什么。因此，活跃节点必须等待 C_i 的恢复。

    由于 *T* 的最终结果仍然存疑，*T* 可能继续占用系统资源。例如，如果使用封锁，*T* 可能持有活跃节点处数据上的锁。这种情况不是所希望的，因为可能需要数小时或者数天之后 C_i 才能重新变得活跃。在这段时间内，其他事务可能被迫等待 *T*。其结果是，数据项不仅在发生故障的节点（C_i）上不可用，在活跃节点上也不可用。这种情况被称为**阻塞问题**（blocking problem），因为 *T* 在等待节点 C_i 恢复的期间被阻塞。
- **网络分区**。当出现网络分区时，存在两种可能性：
  1. 协调器和它的所有参与者处于一个分区中。这种情况下，故障对于提交协议没有影响。
  2. 协调器和它的参与者属于几个分区。从其中一个分区中的节点的角度来看，就好像其他分区中的节点发生了故障一样。不在包含协调器的分区中的节点只需要执行协议来处理协调器的故障。协调器以及与协调器在同一分区中的节点遵循通常的提交协议，并假设其他分区中的节点发生了故障。

1104

因此，2PC 协议的主要缺陷在于协调器故障可能导致阻塞，这种情况下必须等到 C_i 恢复才能做出提交或中止 *T* 的决定。我们稍后将在 23.2.2 节中讨论如何取消这一限制。

23.2.1.3　恢复与并发控制

当故障节点重新启动时，我们可以使用例如 19.4 节中描述的恢复算法来执行恢复。为了处理分布式提交协议，恢复过程必须对**疑问事务**（in-doubt transaction）进行特殊处理；疑问事务是发现具有 <ready *T*> 日志记录但既未发现 <commit *T*> 日志记录也未发现 <abort *T*> 日志记录的事务。如同 23.2.1.2 节中所描述的那样，恢复节点必须通过与其他节点的联系来确定这种事务的提交 - 中止状态。

但是，如果像刚才所描述的那样执行恢复，那么该节点处正常的事务处理就只有等所有疑问的事务被提交或回滚后才能开始。找出疑问事务的状态可能会比较慢，因为可能不得不与多个节点进行联系。此外，如果协调器发生故障，并且其他节点都没有关于未完成事务的提交 - 中止状态信息，在使用 2PC 的情况下就存在恢复被阻塞的潜在可能。其结果是，执行重启恢复的节点在很长一段时间内可能都保持不可使用状态。

为了规避这个问题，恢复算法通常支持在日志中记载封锁信息。（我们在此假设并发控制使用的是封锁。）算法所写的日志记录不再是 <ready *T*>，而是写 <ready *T*, *L*> 日志记录，其中 *L* 是写入日志记录时事务 *T* 持有的所有写锁的列表。在恢复时，在执行本地恢复动作之后，对每个疑问事务 *T* 而言，在（从日志中读到的）<ready *T*, *L*> 日志记录中所记载的所有写锁都需要重新获取。

当所有疑问事务的封锁重新获取完成后，甚至在确定疑问事务的提交 - 中止状态之前，该节点处的事务处理就可以开始了。疑问事务的提交或回滚是与新事务的执行并发进行的。这样，节点恢复就更快，并且不会再被阻塞。请注意，如果新事务与疑问事务所持有的任何写锁具有封锁冲突，那么新事务只有等到与之冲突的疑问事务提交或回滚后才能继续执行。

1105

23.2.2 提交期间的阻塞避免

2PC 的阻塞问题是需要系统设计者重点关注的，因为协调器节点的故障可能会导致一个在常用数据项上获取锁的事务被阻塞，而这反过来又会阻止其他需要获取冲突的封锁的事务完成其执行。

通过在 2PC 的提交决策步骤中包含多个节点就可以避免阻塞，只要涉及提交决策的大多数节点都是活跃的并且可以相互通信就行。这是通过使用容错分布式共识的思想来实现的。分布式共识的细节将在 23.8 节中详细讨论，但是我们在下面概述了这个问题并勾画了一种解决方案。

分布式共识问题（distributed consensus problem）如下所示：一个具有 *n* 个节点的集合需要在一种决策上达成一致；在这里就是是否提交一个特定的事务。做出决策的输入被提供给所有节点，然后每个节点对这种决策进行投票；在 2PC 的情况下，决策是关于是否提交事务的。实现分布式共识协议的关键目标是，决策应以这样的方式制定：即使在协议执行期间某些节点发生故障，或者存在网络分区，所有节点都将“知晓”用于决策的相同值（即，所有节点都将知晓待提交的事务，或所有节点都将知晓待中止的事务）。此外，只要参与的大多数节点保持活跃并且能够相互通信，分布式共识协议就不会阻塞。

用于分布式共识的有几种协议，其中两种协议（Paxos 和 Raft）在当今被广泛使用。我们将在 23.8 节中学习分布式共识。这些协议背后的一个关键思想是投票，只有当大多数参与节点同意某种特定决策时才是成功的。

给定分布式共识的一种实现，由于协调器故障而导致的阻塞问题可以通过下述方式来避免：协调器不在本地决定提交或中止一个事务，而是启动分布式共识协议，请求将值的“提交”或“中止”分配给事务 *T*。该请求被发送给参与到分布式共识中的所有节点，然后由这些节点来执行共识协议。由于该协议具有容错性，因此即使某些节点出现故障，只要大多数节点都已启动并保持连接，它也会成功。只有在共识协议成功完成后，协调器才能声明事务是提交的。

有两种可能的故障情况：

- *在将一个事务 T 的提交或中止状态通知到所有参与节点之前，协调器在任意阶段发生故障。*

  在这种情况下，将选择一个新的协调器（我们将在 23.7 节中看到如何进行这样的选择）。新的协调器检查参与到分布式共识中的节点，以查看是否做出了决策，如果是则将该决策告知 2PC 参与者。参与到共识中的大多数节点必须做出响应，

1106

以检查是否已经做出了一种决策；只要故障/断连的节点占少数，此协议就不会阻塞。

如果之前没有对事务 T 做过决策，那么新的协调器将再次对 2PC 参与者进行审查，以检查它们是否准备好提交事务或是希望中止事务，并根据它们的响应遵循通常的协调器协议。和之前一样，如果没有收到一个参与者的响应，新的协调器可以选择中止 T。

- *分布式共识协议无法做出决策。*

  协议的失败可能是由于一些参与节点的故障造成的，也可能是由于冲突的请求造成的，即在共识协议期间没有一个请求获得大多数的"投票"。对于 2PC，请求通常来自单个协调器，因此这种冲突不可能发生。但是，在极少数情况下会出现冲突请求：如果协调器在发送提交消息后出现故障，但是其提交的消息被延迟发送；同时，由于新的 2PC 协调器无法到达某些参与节点，因此它会做出中止的决策。即使存在这样的冲突，分布式共识协议也保证即使出现故障，也只有一个提交或中止请求可以成功。但是，如果一些节点关闭，并且提交或中止请求都没有得到参与到分布式共识中的节点的多数投票，该协议就有可能无法做出决策。

  不管什么原因，如果分布式共识协议不能做出决策，新的协调器也只是重新启动协议。

请注意在网络分区的情况下，即使成功做出了一种决策，与参与到共识中的大多数节点断开连接的节点可能无法知晓该决定。因此，在这样的节点处运行的事务可能被阻塞。

在数据副本缺失的情况下，2PC 参与者的故障可能会使数据不可用。正如我们将在 23.8.4 节中所解释的那样，分布式共识还可以用于保持数据项的副本处于一致性的状态。

利用分布式共识使 2PC 不阻塞的思想在 20 世纪 80 年代提出，例如，它被用于 Google Spanner 分布式数据库系统中。

三阶段提交（3PC）协议是两阶段提交协议的扩展，它在特定假设下避免了阻塞问题。只要不发生网络分区，该协议的一种变体就可以避免阻塞，但在发生网络分区的情况下，它可能会导致不一致的决策。在网络分区下安全工作的协议扩展随后被开发了出来。这些扩展背后的思想类似于分布式共识的多数投票思想，但是这些协议是专门为原子性提交任务而定制的。

1107

23.2.3 事务处理的可选模型

在两阶段提交下，参与节点同意让协调器来决定事务的最终结果，并被迫等待协调器的决策，同时持有在被更新数据项上的封锁。虽然这种自主性的丧失在一个组织机构内是可以接受的，但是没有组织机构愿意在另一家组织机构的计算机做出决策时迫使它的计算机等待，可能还要等很长时间。

在本节中，我们描述如何使用*持久消息*来避免分布式提交的问题。为了理解持久消息，请考虑如何在两家不同的银行之间进行资金转账，其中每家银行都有它自己的计算机。一种方式是产生一个跨两个节点的事务，并采用两阶段提交来保证原子性。然而，该事务可能需要更新银行总余额，并且阻塞会对每家银行的所有其他事务产生严重影响，因为几乎银行中的所有事务都会更新银行总余额。

相反，考虑如何通过银行支票来进行资金转账。银行首先从可用余额里扣除支票金额，并把支票打印出来。然后支票被物理地送到它需要存入的另一家银行。在审核过支票之后，银行根据支票金额来增加本地的余额。支票就构成了两家银行之间的一次消息传递。为了使资金既不丢失也不错误地增长，支票必须不能丢失且必须不能复制或者多次存入。当银行的计算机通过网络相连时，持久消息就提供和支票同样的服务（但要快得多）。

持久消息是这样的消息：如果发送该消息的事务提交，则不管是否发生故障，它都保证该消息被传送给接受者恰好一次（既不多也不少）；如果该事务中止则保证该消息不被传送。正如我们马上将会看到的，在一般网络通道的顶层，采用数据库恢复技术来实现持久消息。与持久消息相反，通常的消息在某些情况下可能会丢失甚至被传送多次。

持久消息的错误处理比两阶段提交更为复杂。例如，如果支票要存入的账户已经关闭，则支票必须被送回到原来的账户并给它贷记回账。因此，双方节点都必须有错误处理代码，以及处理持久消息的代码。与此相反，使用两阶段提交的话，错误可以被事务检测到，该事务在一开始就不会扣除资金。

可能出现的异常情况类型取决于应用，因此数据库系统不可能自动处理异常。发送和接收持久消息的应用程序必须包含处理异常情况的代码，并且可以使系统恢复到一致性状态。例如，如果接收资金的账户已经关闭，则丢失正在转账的资金是不可接受的：资金必须归还到原来的账户，并且如果由于某些原因不能这样处理，则必须提醒人来手动解决这种问题。

1108

在许多应用中，实现使用持久消息的系统所需付出的额外代价与消除阻塞的好处相比是值得的。事实上，由于故障会导致对本地数据访问的阻塞，很少有组织机构会同意支持在该机构之外发起的事务的两阶段提交。因此，持久消息在执行跨越组织机构边界的事务中扮演了重要角色。

我们现在考虑持久消息的**实现**。持久消息可以在不可靠的消息传递基础架构之上实现，这种基础架构可能丢失消息或多次传送消息。图 23-3 展示了该实现的一个概要描述，下面将进行详细介绍。

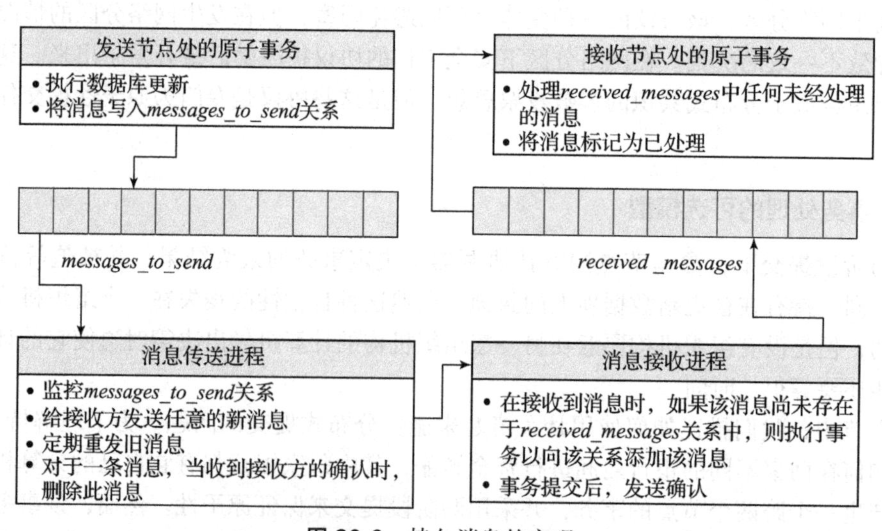

图 23-3 持久消息的实现

- **发送节点协议**。当事务希望发送一条持久消息时，它在专用关系 *messages_to_send* 中写一条包含消息的记录，而不是直接向外发送消息。这条消息也被赋予一个唯一的消息标识。请注意，此关系起到了信息发件箱（outbox）的作用。

消息传送进程（message delivery process）监控该关系，并且当发现一条新消息时，它就将消息发送到其目的地。通常的数据库并发控制机制保证系统进程只有在写消息的事务提交之后才能读取此消息；如果写事务中止，则通常的恢复机制将从该关系中删除此消息。

消息传送进程只在它收到目的地节点的确认之后才从该关系中删除此消息，如果它没有收到来自目的地节点的确认，在一段时间之后它将重发此消息。它不断重复此过程直到收到确认为止。在发生永久故障的情况下，系统将在一段时间之后决定消息无法传达。然后调用由应用程序提供的异常处理代码来处理故障。

1109

在事务提交之后才将消息写入关系并处理它，这种方式保证了当且仅当事务提交之后消息才会被传送。重复发送消息保证了即使在（临时的）系统或者网络故障的情况下，消息也会被传送。

- **接收节点协议**。当一个节点接收到持久消息时，只要该消息还没有出现在 *received_messages* 专用关系中（唯一的消息标识允许检测出重复），它就运行一个事务来将此消息加入该关系中。该关系具有一个属性，用于表示消息是否已处理，当消息插入该关系中时，此属性被设置为 false。请注意，该关系起到了信息收件箱（inbox）的作用。

  在事务提交之后，或者如果消息已经出现在该关系中，则接收节点向发送节点发回一个确认。

  请注意，在事务提交前发送确认是不安全的，因为随后发生的系统故障可能导致消息的丢失。为了避免消息的多次传送，检查消息是否早先已经被接收过是很重要的。
- **消息处理**。接收到的消息必须被处理以执行消息中指定的操作。接收节点处的一个进程监控 *received_messages* 关系，以检查是否有未处理的消息。当它找到这样一条消息时，就处理该消息，并作为处理该消息的同一事务的一部分，将已处理标志设置为 true。这样可以确保消息在收到后被恰好处理一次。
- **旧消息的删除**。在许多消息系统中，消息可能会被随机地延迟，尽管这种延迟很少发生。因此，为了安全起见，消息必须永不从 *received_messages* 关系中删除。删除消息会导致无法检测到重复传送。但是这样做的结果是，*received_messages* 关系可能会无限增长。为了处理这个问题，每条消息被赋予一个时间戳，并且如果接收到的消息的时间戳比某个截止期还早，则丢弃该消息。记录在 *received_messages* 关系中的、早于该截止期的所有消息都可以被删除。

工作流（workflow）提供了一种分布式事务处理的通用模型，它包括多个节点以及某些可能需要人工处理的特定步骤，并且工作流得到了企业所使用的应用软件的支持。例如，正如我们在 9.6.1 节中所看到的，当一家银行收到贷款申请时，它必须采取许多步骤，包括在批准或拒绝贷款申请之前联系外部的信用检查机构。这些步骤一起构成了工作流。持久消息构成了支持分布式环境中工作流的底层基础。

1110

23.3　分布式数据库中的并发控制

现在，我们考虑在第 18 章中所讨论的并发控制机制该如何修改以使之适用于分布式环境。我们假设每个节点都参与到提交协议的执行中，以保证全局事务的原子性。

在本节中，我们假设数据项不被复制，并且我们不考虑多版本技术。后面我们将在 23.4

节中讨论如何处理复制的情况，并在23.5节中讨论分布式多版本并发控制技术。

23.3.1　封锁协议

第18章中描述的各种封锁协议都可用在分布式环境中。我们将在本节中讨论实现问题。

23.3.1.1　单一锁管理器方式

在**单一锁管理器**（single lock-manager）方式中，系统维护驻留在单个选定节点（如N_i）中的单一锁管理器。所有封锁和解锁请求都在节点N_i上处理。当一个事务需要给一个数据项加锁时，它就给N_i发送封锁请求。锁管理器决定该锁是否能够被立即授予。如果能够授予该锁，锁管理器就给发起封锁请求的节点发送一条告知此结果的消息。否则，此请求就被推迟直到锁能被授予为止，到这时才能发送消息给发起封锁请求的节点。事务可以从数据项副本所在节点的任意一个中读取该数据项。而在写的情况下，存在数据项副本的所有节点都必须参与到写操作中。

该方案具有以下优点：

- **实现简单**。此模式需要两条消息来处理封锁请求，需要一条消息来处理解锁请求。
- **死锁处理简单**。由于所有封锁和解锁请求都在一个节点上处理，可以直接运用第18章中讨论的死锁处理算法。

该方案的缺点是：

- **瓶颈**。节点N_i易成为瓶颈，因为所有请求都必须在这里处理。
- **脆弱性**。如果节点N_i发生故障，并发控制器就会缺失。要么必须停止处理过程，要么必须像23.7节中描述的那样，使用恢复方案来使一个备份节点从N_i那里接管封锁管理。

1111

23.3.1.2　分布式锁管理器

通过**分布式锁管理器**（distributed lock-manager）方式可以在优点和缺点之间达成一种折中方案，在该方式中封锁管理器的功能被分布到多个节点上。

每个节点都维护一个本地的锁管理器，本地锁管理器的功能是管理对于存储在该节点中的那些数据项的封锁和解锁请求。当一个事务想要封锁驻留在节点N_i处的数据项Q时，就发送一条消息到节点N_i处的锁管理器来请求一个锁（以特定的锁模式）。如果数据项Q以不相容的模式已被封锁，那么请求就会延迟到该锁可以授予为止。一旦锁管理器决定满足封锁请求，它就给发起者发回消息来表明其封锁请求已被许可。

分布式锁管理器方案具有实现简单的优点，而且它减轻了协调器成为瓶颈的程度。它具有合理的低开销，需要两次消息传送来处理封锁请求，以及一次消息传送来处理解锁请求。但是，由于封锁和解锁请求不再在单个节点处处理，所以死锁处理更加复杂：即使在单个节点内没有死锁，仍可能会在节点之间发生死锁。为了检测全局死锁，必须修改第18章中讨论的死锁处理算法，正如我们将在23.3.2节中讨论的那样。

23.3.2　死锁处理

对第18章中的死锁预防和死锁检测算法进行一些修改，使其可用于分布式系统中。首先考虑我们在18.2.1节中看到的死锁预防技术。

- 基于封锁次序的死锁预防技术可以在分布式系统中使用，而不需要进行任何更改。这些技术可以防止循环的封锁等待；在不同节点上可以获得锁这样的事实对于防止循环封锁等待不起作用。

- 基于抢占和事务回滚的技术也可以不加改变地在分布式系统中使用。特别地，等待－死亡技术被用在多个分布式系统中。请回想一下，此技术允许较老的事务去等待被较新事务所持有的锁，但如果较新的事务需要等待被较老的事务所持有的锁，则较新的事务将回滚。被回滚的事务随后可能被再次执行；请回想一下，它保留了其原始的开始时间；如果它被当成新的事务，则它可能会重复回滚并饿死，即使其他事务可继续执行并完成。
- 基于超时的方案也可以在不做修改的情况下在分布式系统中使用。

1112

当死锁预防技术在分布式系统中使用时，可能会导致不必要的等待和回滚，就像在集中式系统中一样。

我们现在考虑死锁检测技术，它允许发生死锁，并在死锁发生时进行死锁检测。分布式系统中的主要问题是决定如何维护等待图。处理这个问题的常用技术要求每个节点维护一个**局部等待图**。图中的节点对应于当前要么持有要么请求该节点上任何本地数据项的所有（局部的和非局部的）事务。例如，图23-4描述了一个包含两个节点的系统，每个节点维护自己的局部等待图。请注意，事务 T_2 和 T_3 在两个图中都出现，这表明它们在两个节点上都请求了数据项。

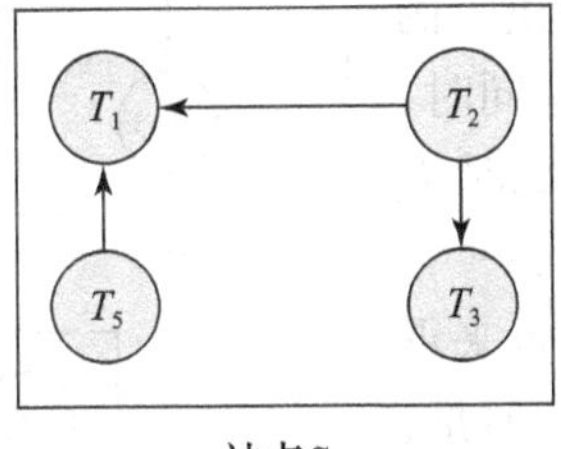

站点S_1

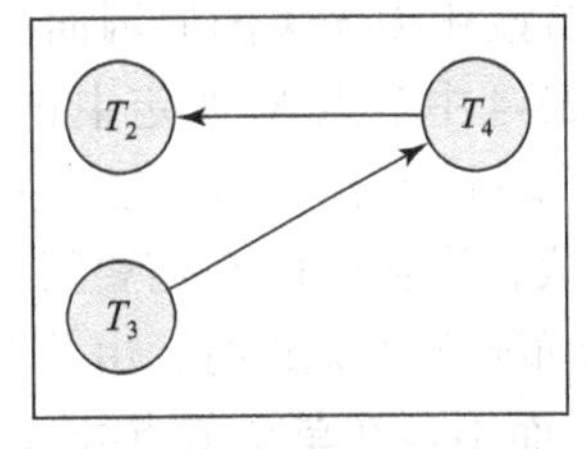

站点S_2

图 23-4 局部等待图

这些局部等待图按照本地事务和数据项的常用方式构造的。当节点 N_1 上的事务 T_i 需要节点 N_2 上的资源时，它就向节点 N_2 发送一条请求消息。如果该资源被事务 T_j 占用，则系统就把一条 $T_i \rightarrow T_j$ 的边插入节点 N_2 的局部等待图中。

如果局部等待图中存在环，那么就已经发生了死锁。另一方面，局部等待图中不存在环这样的事实却并不意味着没有发生死锁。为了说明这个问题，我们考虑图23-4中的局部等待图。每个等待图都是无环的；然而，系统中却存在死锁，因为局部等待图的并包含了一个环，如图23-5所示。

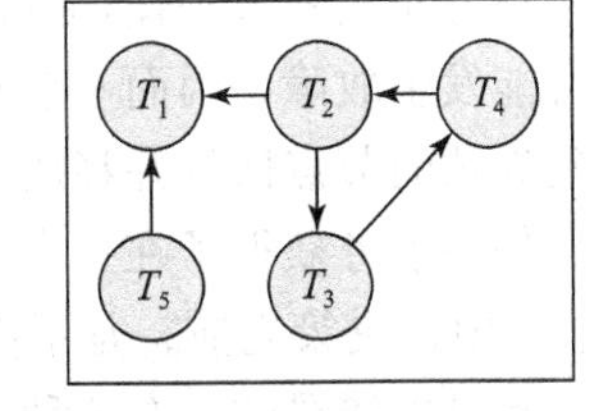

图 23-5 图23-4的全局等待图

1113

在**集中式死锁检测**方法中，系统在单个节点中构造和维护一个**全局等待图**（所有局部图的并），该节点是死锁检测的协调器。由于在系统中存在通信延迟，我们必须区分出两类等待图。*真实图*描述了系统在任意时刻真实的但未知的状态，就像无所不知的观察者所看到的那样。*构造图*是由控制器在执行控制器算法期间所产生的一种近似图。显然，控制器必须以下述方式产生构造图：无论何时调用检测算法，它报告的结果都是正确的。在这种情况下的*正确*是指：如果存在死锁，它会被迅速报告；如果系统报告了死锁，系统就确实处于死锁状态。

全局等待图可以在这些情况下被重构或更新：

- 每当从其中一个局部等待图中插入或者移除一条新的边时。
- 周期性地，当一个局部等待图中发生多次更改时。
- 每当协调器需要调用环路检测算法时。

在协调器调用死锁检测算法的时候，它会搜索它的全局图。如果协调器发现一个环，它就选出环中的一个牺牲者进行回滚。协调器必须告知所有节点：一个特定事务已被选作牺牲者。接着，这些节点将该牺牲者事务回滚。

在下述情况下，此方案可能产生不必要的回滚：

- **假环**存在于全局等待图中。作为示例，请考察图 23-6 中的局部等待图所代表的一个系统快照。假设 T_2 释放了它在节点 N_1 中所占用的资源，导致从 N_1 中删除边 $T_1 \rightarrow T_2$。接着事务 T_2 请求节点 N_2 处被 T_3 所占用的一种资源，导致在 N_2 中增加边 $T_2 \rightarrow T_3$。如果来自 N_2 的 insert $T_2 \rightarrow T_3$ 消息比来自 N_1 的 remove $T_1 \rightarrow T_2$ 消息要到得早，则协调器在 insert 后（但在 remove 前）可能会发现假环：$T_1 \rightarrow T_2 \rightarrow T_3$。死锁恢复可能启动，尽管并没有发生死锁。

请注意，假环情况在两阶段封锁中是不会发生的。假环的可能性通常足够小，以至于假环不会导致严重的性能问题。

- 死锁确已发生且牺牲事务已经选定，但其中一个事务由于与该死锁无关的原因而被中止。例如，假设图 23-4 中节点 N_1 决定中止 T_2。同时，协调器发现了环并选定 T_3 作为牺牲者。此时 T_2 和 T_3 都被回滚，尽管只有 T_2 需要回滚。

死锁检测可以分布式的方式进行，由几个节点来承担任务的几个部分，而不是在单个节点处进行。但是，这样的算法会更加复杂且更加昂贵。关于这类算法请参阅参考文献。

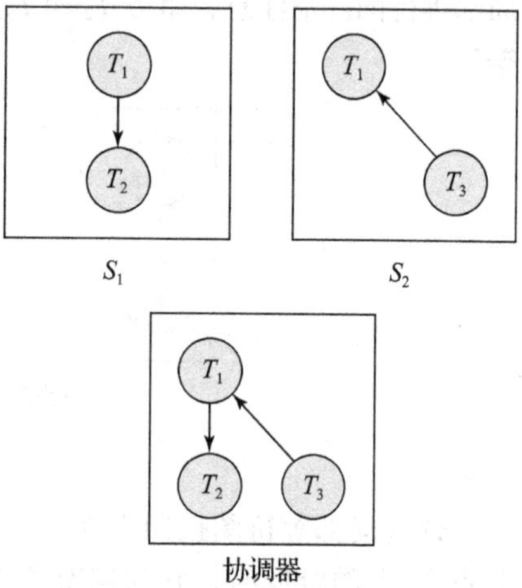

图 23-6　全局等待图中的假环

23.3.3　租赁

在分布式系统中使用锁的问题之一是：持有锁的节点可能发生故障，因而不会释放锁。因此，被封锁的数据项可能变得（在逻辑上）无法访问，直到失败的节点恢复并释放锁，或者由另一个节点代表故障节点释放锁。

如果事务获得了在一个数据项上的排他锁，并且事务处于准备状态，则在对该事务做出提交 / 中止决策之前，是不能释放该锁的。但是，在许多其他情况下，先前授予的锁后来被撤销是可以接受的。在这种情况下，租赁的概念可能是非常有用的。

租赁（lease）是对于特定时间段所授予的锁。如果获取租赁的进程需要在指定的期限之后继续持有该锁，则它可以**续租**（renew）租赁。租赁的续租请求被发送给锁管理器，只要续租请求及时到达，锁管理器就延长租赁时间并用确认进行回复。但是，如果时间到期，并且进程不续租此租赁，则称此租赁**到期**（expire），并且释放锁。因此，当租赁到期时，由故障节点或者与锁管理器断开连接的节点所获取的任何租赁都会自动释放。持有一个租赁的节点定期将当前租赁的到期时间与其本地时钟进行比较，以确定其是否仍具有该租赁或该租赁是否已到期。

租赁的一种用途是确保在分布式系统中只有一个用于协议的协调器。想要充当协调器的节点请求一个与协议相关联的数据项上的排他租赁。如果该节点得到了租赁，它可以作为协调器直至租赁到期；只要它是活跃的，它在租赁到期之前可请求续租租赁，并且只要锁管理器允许续租该租赁，它就继续作为协调器。

如果作为协调器的节点 N_1 在租赁期到期后死亡，则租赁自动到期，并且请求此租赁的另一个节点 N_2 可以获得此租赁并成为协调器。在大多数协议中，在给定时间内应该只有一个协调器是很重要的。只要时钟是同步的，租赁机制就能保证这一点。但是，如果协调器的时钟运行得比锁管理器的时钟慢，则可能会出现这样的情况：协调器认为它仍有租约，而锁管理器认为该租赁已过期。虽然时钟不能精确地同步，但在实践中，其误差也并不是很高。锁管理器在租赁到期时间过后额外等一小段时间，以便在它实际将租赁视为到期之前考虑到时钟不准确的情况。

检查过本地时钟并确定其仍有租赁的节点仍然可以作为协调器执行后续操作。有可能租赁在检查时钟和执行后续操作之间过期，这可能导致操作在该节点不再是协调器之后执行。此外，即使操作发生在节点具有有效租赁期间，由节点发送的消息也可能经过一段延迟后传递，到那时节点可能已失去了租赁。虽然网络可能任意程度地延迟传递消息，但是系统可以决定一个最长消息延迟时间，并且接收者会忽略较老的任何消息；消息具有发送者设置的时间戳，用于检测是否需要忽略该消息。

由于上述两个问题而导致的时间间隔可以通过这样的方式来加以考虑：在启动一个操作之前，检查租赁在未来至少一段时间 t' 内是否到期，其中 t' 是在租赁时间检查之后操作将持续多长时间的界限（包括最大的消息延迟）。

我们在这里假设，虽然协调器可能会发生故障，但发布租赁的锁管理器能够容忍错误。我们将在 23.8.4 节中学习如何构建容错的锁管理器；我们注意到，该节中所描述的技术是通用的，可以用于实现任何确定性过程的容错版本，并建模为“状态机”。

23.3.4 基于时间戳的分布式协议

1116

18.5 节中基于时间戳的并发控制协议背后的主要思想是：每个事务都被赋予一个唯一的时间戳，系统使用它来决定可串行化的次序。那么，在将集中式方案推广为分布式方案的过程中，我们的第一项任务是开发一个用于产生唯一性时间戳的方案。然后，我们讨论如何在分布式场景中使用基于时间戳的协议。

23.3.5 时间戳的产生

用于产生唯一性时间戳的主要方法有两种：一种是集中式的，另一种是分布式的。在集中式方案中，由单个节点来分配时间戳。为此，该节点可以使用逻辑计数器或它自己的本地时钟。虽然此方案易于实现，但是该节点出现故障可能会阻塞系统中的所有事务处理。

在分布式方案中，每个节点通过使用逻辑计数器或本地时钟来生成唯一的局部时间戳。我们通过将唯一的局部时间戳与节点标识串接起来的方式得到唯一的全局时间戳，其中节点标识也必须是唯一的（见图 23-7）。如果一个节点上有多个线程在运行（现在几乎总是这样的情况），那么线程标识将与节点标识串接起来，以保证时间戳的唯一性。此外，我们假设以连续调用来获得节点 / 线程内的局部时间戳时，会返回不同的时间戳；如果本地时钟不保证这一点，则可能需要对返回的局部时间戳值进行增补，以确保两次调用不会得到相同的局部时间戳。

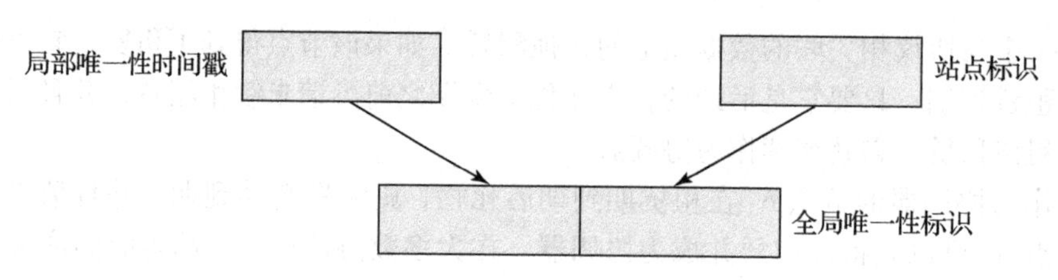

图 23-7　唯一性时间戳的产生

串接的顺序是重要的！我们在最不重要的位置使用节点标识来确保在一个节点中生成的全局时间戳并不总是大于在另一个节点中生成的全局时间戳。

如果一个节点以比其他节点更快的速度产生局部时间戳，那么我们仍然会遇到问题。在这种情况下，快速节点的逻辑计数器将大于其他节点的逻辑计数器。因此，快速节点产生的所有时间戳都将大于其他节点产生的时间戳。我们所需要的是用一种机制来确保在整个系统中局部时间戳是公平产生的。对于这个问题有两种解决方式。

1117

1. 通过使用网络时间协议保持时钟同步，这是当今计算机的标准功能。该协议定期与服务器通信以查询当前时间。如果本地时间早于服务器返回的时间，则会减慢本地时钟；如果本地时间晚于服务器返回的时间，则会加快本地时钟，使其回到与服务器端时间的同步状态。由于所有节点都与服务器大致同步，因此它们彼此也大致同步。
2. 我们在节点 N_i 中定义一个产生唯一性局部时间戳的**逻辑时钟**（LC_i）。该逻辑时钟可以用计数器来实现，每产生一个新的局部时间戳之后计数器就递增。为了保证不同的逻辑时钟是同步的，我们要求无论什么时候，只要具有时间戳 $<x, y>$ 的事务 T_i 访问节点 N_i 并且 x 大于 LC_i 的当前值，则 N_i 就增大其逻辑时钟。在这种情况下，节点 N_i 将其逻辑时钟增大到 $x+1$ 的值。只要定期交换消息，这些逻辑时钟会大致同步。

23.3.6　分布式时间戳排序

时间戳排序协议可以容易地扩展到并行或分布式数据库的场景。每个事务在其发起的节点处被分配一个全局唯一的时间戳。发送到其他节点的请求包含了事务的时间戳。每个节点都跟踪该节点处数据项的读和写时间戳。每当一个节点接收到一个操作时，它会在本地执行如我们在 18.5.2 节中所看到的时间戳检查，而不需要与其他节点进行通信。

时间戳必须在节点间合理同步；否则，可能会出现以下问题。假设一个节点的时间明显滞后于其他节点，并且事务 T_1 在该节点 n_1 处获得其时间戳。假设事务 T_1 未能通过在数据项 d_i 上的时间戳测试，因为 d_i 已由具有更高时间戳的事务 T_2 更新；那么 T_1 将使用新时间戳重新启动，但如果节点 n_1 处的时间不同步，则新时间戳可能仍然太老以至于时间戳测试还是失败，并且 T_1 将重复重启，直到 n_1 的时间比 T_2 的时间戳超前。

请注意在集中式情况下，如果事务 T_i 读取了由另一个事务 T_j 写入的未提交值，则在 T_j 提交之前，T_i 不能提交。这可以通过使读操作等待未提交的写操作被提交（这可以用锁来实现）或者引入 18.5 节中所介绍的提交依赖来进行确保。如果事务在不止一个节点处执行更新，则执行 2PC 所需的时间会加剧等待时间。当事务 T_i 处于准备状态时，它的写操作不会被提交，因此任何具有更高时间戳的事务若要读取由 T_i 写出的一个数据项的话都将被迫等待。

我们还注意到，*多版本时间戳排序协议*（multiversion timestamp ordering protocol）可以在每个节点处本地使用，不需要与其他节点通信，这类似于时间戳排序协议的情况。

1118

23.3.7 分布式有效性检查

现在考虑我们已在 18.6 节中看到的基于有效性检查的协议（也称为乐观的并发控制协议）。该协议基于三个时间戳：

- 开始时间戳 StartTS(T_i)。
- 有效性检查时间戳 TS(T_i)，它用于可串行化排序。
- 完成时间戳 FinishTS(T_i)，它标识着事务的写出何时完成。

虽然我们在 18.6 节中看到了有效性检查协议的串行化版本，其中一次只有一个事务可以执行有效性检查，但是协议的扩展版允许在单个系统中并发地进行多个事务的有效性检查。

我们现在来考虑如何使协议适用于分布式场景。

1. 有效性检查在每个节点处本地完成，其时间戳按下面的描述来分配。
2. 在分布式场景中，可以在任意节点处分配有效性检查时间戳 TS(T_i)，但必须在要执行有效性检查的所有节点处使用相同的时间戳 TS(T_i)。事务必须基于其时间戳 TS(T_i) 来进行串行化。
3. 事务 T_i 的有效性检查测试将查看满足 TS(T_j)＜TS(T_i) 的所有事务 T_j，以检查要么 T_j 在 T_i 开始之前就完成，要么与 T_i 没有冲突。假设一个特定的事务一旦进入有效性检查阶段，则具有较小时间戳的事务就不能进入有效性检查阶段。该假设可以在集中式系统中通过在关键部分分配时间戳来确保成立，但在分布式场景中却不能保证成立。

   分布式场景中的一个关键问题是：事务 T_j 可能在事务 T_i 之后进入有效性检查阶段，但满足 TS(T_j)＜TS(T_i)。那么相对于 T_j，对 T_i 的有效性检查就太迟了。然而这个问题很容易解决，如果某个事务要在一个节点上开始有效性检查时，具有较新时间戳的另一个事务已经开始在该节点上进行了有效性检查，则回滚这个要开始有效性检查的事务。
4. 开始和完成时间戳用于标识这样的事务 T_j：T_j 的写操作肯定已经被事务 T_i 看到过了。这些时间戳必须在每个节点处被本地分配，并且必须满足 StartTS(T_i)≤TS(T_i) ≤ FinishTS(T_i)。每个节点都使用这些时间戳在本地执行有效性检查。
5. 当与 2PC 一起使用时，一个事务必须首先进行有效性检查，然后才进入准备状态。在该事务进入 2PC 中的提交状态之前，不能使写操作在数据库端提交。假设事务 T_j 读取由处于准备状态的事务 T_i 所更新的一个数据项，并且允许使用数据项的旧值继续执行 T_j（因为由 T_i 生成的值尚未写到数据库）。那么，当事务 T_j 尝试进行有效性检查时，它将在排在 T_i 之后，并且如果 T_i 提交的话，T_j 的有效性检查肯定会失败。因此，T_j 的读操作也可以保持到 T_i 提交并完成其写操作之后再执行。上述行为与使用锁而发生的情况一样，即在进行有效性检查时获得写锁。

1119

尽管基于有效性检查协议的完整实现并没有在分布式场景中广泛使用，但是我们在 18.9.3 节中所看到的、没有读有效性检查的乐观并发控制在分布式场景中被广泛使用。请回想一下，此方案依赖于存储每个数据项的版本号，这是许多键值存储[⊖]都支持的功能。每次更新数据项时，版本号都会增加。

有效性检查是在写数据项的时候执行的，可以使用一些键值存储所支持的、基于版本号的测试和设置函数来完成检查。此函数允许对一个数据项更新的条件是：该数据项的当前版

⊖ 请注意这与多版本机制是不同的，因为只需要存储一个版本。

本与指定的版本号相同。如果数据项的当前版本号比指定的版本号更新，则不执行更新。例如，读取一个数据项的版本 7 的事务可以执行写操作，条件是版本仍然为 7。如果该数据项同时被更新，当前版本将不再匹配，则写操作将失败；但是，如果版本号仍然是 7，则写条件将成功执行，并且版本号将增加到 8。

应用程序可以使用测试和设置函数在单个数据项级别来实现基于有效性检查的并发控制的受限形式，如 18.9.3 节所述。因此，事务可以从一个数据项中读取一个值，在本地执行计算，并在结束时更新该数据项，只要它读取的值随后并没有更改。这种方法不能保证整体的可串行化性，但是它的确可以防止丢失更新异常。

HBase 支持基于比较值的测试和设置操作（类似于硬件测试和设置操作），它被称为 checkAndPut()。调用 checkAndPut() 可以传入一个列和一个值，而不是与系统生成的版本号进行比较；仅当在行上具有特定列的特定值时才执行更新。检查和更新是自动执行的。有一种变体是 checkAndMutate()，允许对一个行进行多次修改，例如在检查条件后，作为单个原子操作添加或更新列、删除列或增加列。

1120

23.4　复制

使用分布式数据库的一种目标是**高可用性**（high availability），即数据库必须在几乎所有时候都能工作。特别地，因为在大型分布式系统中发生故障的可能性更大，即使在各种类型的故障发生的时候，分布式数据库也必须继续工作。在故障期间继续工作的能力称为**鲁棒性**（robustness）。

为了使分布式系统具有鲁棒性，数据必须被复制，这样即使包含数据副本的一个节点出现故障，仍允许访问数据。

数据库系统必须跟踪在数据库目录中每个数据项的副本的位置。复制可以是在单个数据项的层次上的，在该层次中，数据库目录将为每个数据项设置一个条目，该条目记录复制数据项的节点。或者，可以在关系分区的层次上进行复制，将整个分区在两个或多个节点处进行复制。然后，目录将为每个分区设置一个条目，与为每个数据项设置一个条目相比，这将导致相当低的开销。

在本节中，我们首先讨论（在 23.4.1 节中）副本之间值的一致性问题，然后讨论（在 23.4.2 节中）如何扩展并发控制技术来处理副本，并忽略故障的问题。在 23.4.3 节中介绍并发控制技术的进一步扩展以处理故障，但对读和写的执行进行了修改。

23.4.1　副本一致性

假设复制了一个数据项（或分区），系统应该在理想情况下确保副本都具有相同的值。实际上，由于某些节点可能已断开连接或可能已发生故障，因此无法确保所有副本都具有相同的值。相反，系统必须确保即使某些副本并不具有最新值，读取一个数据项也能看到之前写入的最新值。

更正式地说，在一个数据项副本上读和写操作的实现必须遵循一种协议，该协议确保以下称为**可线性化**（linearizability）的性质：给定在一个数据项上的一组读和写操作，

1. 必须对这些操作进行一种线性排序，以便排序中的每个读操作都应该看到读操作之前最近的写操作所写出的值（或者如果没有这样的写操作，则为初始值）。
2. 如果操作 o_1 在操作 o_2 开始之前就完成了（基于外部时间），则在线性排序中 o_1 必须先

于 o_2。

请注意，可线性化只处理单个数据项上发生的事情，它与可串行化是正交的。 1121

我们首先考虑写一个数据项所有副本的方法，并讨论这种方法的局限性；特别地，为了确保故障期间的可用性，需要从副本集中删除故障节点，正如我们将看到的那样，这可能非常棘手。

一般来说，不可能区分出节点故障和网络分区。系统通常可以检测到故障已经发生了，但它可能无法识别故障的类型。例如，假设节点 N_1 不能与 N_2 通信。有可能是 N_2 发生了故障。然而，另一种可能是 N_1 和 N_2 之间的链路出现了故障，导致网络分区。这个问题可以通过在节点之间使用多条链路来部分解决，因此，即使一条链路出现故障，节点也将保持连接。但是，多条链路故障是仍然可能发生的，因此在某些情况下，我们无法确定是发生了节点故障还是网络分区。

即使某些节点出现故障，有些用于数据访问的协议可以继续工作，也不需要任何显式的操作来处理故障，正如我们将在 23.4.3.1 节中所看到的那样。这些协议是基于确保大多数节点都是被写 / 读的。有了这些协议，可以在后台执行检测故障节点并将其从系统中删除的操作，并且将新节点或恢复的节点（重新）集成到系统中的操作也可以在不中断处理的情况下执行。

尽管传统的数据库系统很重视一致性，但如今有许多应用相比于一致性来说更看重可用性。对于此类系统，复制协议的设计是不同的，对此将在 23.6 节中讨论。

特别地，广泛用于维护复制数据的一种可替代方案是：对数据项的主副本执行更新，并允许事务提交而不更新其他副本。但是，此更新随后会传播到其他副本。这种更新的传播称为*异步复制*（asynchronous replication）或*延迟传播更新*（lazy propagation of updates），这将在 23.6.2 节中讨论。

异步复制的一个缺点是：在每次更新之后，副本可能会过期一段时间。另一个缺点是：如果主副本在事务提交之后但在更新传播到副本之前发生故障，那么已提交事务所做的更新可能对后续事务不可见，从而导致不一致性。

另一方面，异步复制的一个主要好处是：只要事务在主副本上提交，就可以释放排他锁。相反，如果在事务提交之前必须更新其他副本，那么提交事务就可能会有显著的延迟。特别地，如果数据是跨地理位置的复制以确保在整个数据中心发生故障的情况下的可用性，那么到远程数据中心的网络往返时间范围可能从到附近位置的数十毫秒至到世界另一端的数据中心的数百毫秒之间不等。如果一个事务在此期间持有一个数据项上的锁，则可以更新该数据项的事务数将被限制为每秒 10 到 100 个事务。对于特定应用（例如 Web 应用中的用户数据）来说，对于单个数据项，每秒 10 到 100 个事务就足够了。但是对于某些应用来说，某些数据项每秒被大量事务更新，持有这么长时间的锁是不可接受的。在这种情形中异步复制可能是首选。 1122

23.4.2　使用副本的并发控制

在 23.4.2.1 节至 23.4.2.4 节中，我们将讨论几种可供选择的、在存在数据项副本的情况下处理封锁的方式。

在本节中，我们假设对数据项的所有副本都进行更新。如果包含数据项某个副本的任何节点出现故障或者与其他节点断开连接，则无法更新该副本。稍后，我们将在 23.4.3 节中讨论在出现故障的情况下如何执行读和更新操作。

23.4.2.1　主副本

在系统采用数据复制时，我们可以选择数据项的一个副本作为**主副本**（primary copy）。对每个数据项 Q 而言，Q 的主副本必须正好驻留在一个节点上，我们称其为 Q 的**主节点**（primary node）。

当一个事务需要封锁数据项 Q 时，它在 Q 的主节点处请求封锁。和前面一样，对该请求的响应会推迟到该请求能被满足为止。主副本使得对被复制数据的并发控制处理可以像对未被复制的数据一样。这种相似性简化了实现。然而，如果 Q 的主节点发生故障，那么 Q 的封锁信息就会丢失，并且即使包含副本的其他节点是可以访问的，Q 也不能被访问了。

23.4.2.2　多数协议

多数协议（majority protocol）以这种方式工作：如果数据项 Q 在 n 个不同的节点中被复制，则封锁请求消息必须发送到存储 Q 的 n 个节点中的一半以上的节点处。每个锁管理器（只要是牵涉到的）确定封锁是否能被立即授予。和前面一样，响应被推迟到该请求能被满足为止。事务只有在 Q 的大多数副本上成功获得封锁之后，才能开始 Q 上的操作。

我们现在假定在所有副本上都执行写操作，这要求包含副本的所有节点都是可用的。但是，多数协议的主要优点是它能被扩展来处理节点故障，正如我们将在 23.4.3.1 节中看到的那样。此协议还以去中心化的方式来处理被复制的数据，因此避免了集中控制的缺点。但是，它有以下缺点：

- **实现**。多数协议比前面的方案在实现上更为复杂。它至少需要 2（n/2+1）条消息来处理封锁请求，并且至少需要（n/2+1）条消息来处理解锁请求。
- **死锁处理**。除了因为使用分布式锁管理器方式而产生的全局死锁问题之外，即使只有一个数据项被封锁也可能发生死锁。作为例证，请考虑这样一个具有 4 个节点和完全复制的系统。假设事务 T_1 和 T_2 希望以排他模式封锁数据项 Q。事务 T_1 可能在节点 N_1 和 N_3 处成功封锁 Q，而事务 T_2 可能在节点 N_2 和 N_4 处成功封锁 Q。然后，两个事务必须等待以获得第三个锁；于是就发生了死锁。幸运的是，我们可以要求所有节点以相同的预定顺序来请求数据项副本上的锁，通过这样的方式可以相对容易地避免这样的死锁。

1123

23.4.2.3　有偏协议

有偏协议（biased protocol）是另一种处理复制的方法。与多数协议的区别是：与处理排他锁请求相比，有偏协议对共享锁请求的处理更优越一些。

- **共享锁**。当一个事务需要封锁数据项 Q 时，它只需要向包含 Q 的副本的一个节点处的锁管理器请求 Q 上的锁。
- **排他锁**。当一个事务需要封锁数据项 Q 时，它需要向包含 Q 的副本的所有节点处的锁管理器请求 Q 上的锁。

和前面一样，对请求的响应被推迟到该请求能被满足为止。

有偏方案具有这样的优点：施加到**读**（read）操作上的开销要比多数协议小。在通常情况下，**读**（read）的频率比**写**（write）的频率要高得多，这种开销的节省就尤为显著。但是，写上的额外开销是此方案的一个缺点。此外，有偏协议和多数协议一样都具有死锁处理复杂的缺点。

23.4.2.4　仲裁共识协议

仲裁共识（quorum consensus）协议是多数协议的一种泛化。仲裁共识协议给每个节点分配一个非负的权重。它为数据项 x 上的读和写操作分配两个整数，称作**读仲裁**（read quorum）Q_r 和**写仲裁**（write quorum）Q_w，它们必须满足下面的条件，其中 S 是 x 所在的所有节点的总权重：

$$Q_r + Q_w > S \text{ and } 2 * Q_w > S$$

为了执行读操作，必须封锁足够的副本，使得它们的总权重至少是 Q_r。为了执行写操作，必须封锁足够的副本，使得它们的总权重至少是 Q_w。

仲裁共识方式的好处是：通过恰当地定义读和写仲裁，它能够选择性地降低读或者写封锁的代价。例如，如果读仲裁很小，则读操作只需获得较少的锁，但是写仲裁就会比较高，因此写操作需要获得更多的锁。当然，如果某些节点（例如，那些不太可能发生故障的节点）被分配了较大的权重，那么只需访问较少的节点即可获得锁。事实上，通过恰当地设置权重和仲裁，仲裁共识协议可以模拟多数协议和有偏协议。

1124

和多数协议类似，仲裁共识能被扩展为甚至能在节点故障的情况下工作，正如我们将在 23.4.3.1 节中看到的那样。

23.4.3　故障处理

考虑下述处理被复制数据的协议。写操作必须在数据项的所有副本上成功执行。读操作可以从任何副本处读取。当与两阶段封锁相结合时，这样的协议会确保读操作将看到对相同数据项的最近写操作所写的值。此协议也称为**读一个，写所有副本**（read one, write all copies）协议，因为所有副本都必须被写入，并且任意副本都可以被读取。

这个协议的问题在于：如果某个节点不可用的话该怎么做。为了在出现故障的情况下继续工作，看起来我们可以使用"读一个，写所有可用"的协议。在这种方法中，读操作和**读一个，写所有**（read one, write all）方案中是一样进行的；任何可用的副本都可以被读取，并在该副本上获得读锁。写操作被发送到所有副本，并且在所有副本上获取写锁。如果某个节点关闭，事务管理器将继续运行，而不用等待该节点恢复。虽然这种方法看起来很有吸引力，但它并不能保证写和读的一致性。例如，临时的通信故障可能会使得一个节点看起来不可用，从而导致写操作并未执行，但当连接恢复时，节点并不知道它必须要执行某些重组操作才能弥补它所丢失的写操作。此外，如果出现网络分区，每个分区在相信其他分区中的所有节点都是死节点的情况下，可以继续更新相同的数据项。

23.4.3.1　使用基于多数协议的鲁棒性

可以修改 23.4.2.2 节中基于多数的分布式并发控制方法，使其在出现故障的情况下仍能工作。在这种方法中，每个数据对象都附带存储一个版本号，以检测它最后一次被写的时间。每当事务写一个对象时，它也会以这种方式来更新版本号：

- 如果在 n 个不同的节点中复制数据对象 a，那么封锁请求消息必须发送到存储 a 的 n 个节点中一半以上的节点处。在事务成功获得 a 的大多数副本上的锁之前，它不会在 a 上操作。

  对副本的更新可以使用 2PC 原子性地提交。（目前我们假设所有可访问的副本在提交之前都是可访问的，但在本节的后面我们将放宽此要求，在那里我们还会讨论 2PC 的可替代方案。）

1125

- 读操作查看已获取锁的所有副本，并从具有最高版本号的副本读取值。（它们也可以选择将此值写回具有较低版本号的副本中。）写操作像读操作一样读取所有副本以找到最高版本号（此步骤通常在事务的早期通过读操作来执行，并且结果是可以重用的）。新版本号比最高版本号多 1。写操作会对其已获得锁的所有副本执行写，并将所有副本的版本号设置为新的版本号。

故障（无论是网络分区还是节点失效）是可以被容忍的，只要提交时可用的节点包含所有被写对象的大部分副本，并且在读取过程中，需要读大部分副本来找到版本号。如果这些要求被违反了，则事务就必须中止。只要满足这些要求，就可以像往常一样在可用的节点上使用两阶段提交协议。

在这种方案中，重组是微不足道的：不需要做任何事情。这是因为写操作将更新大部分副本，而读操作将读取大部分副本并找到至少一个具有最新版本的副本。

但是，使用版本号的多数协议有一些限制，可以通过使用扩展或通过使用可替代协议来避免这些限制。

1. 第一个问题是如何处理在执行两阶段提交协议期间参与者出现的故障。

   这个问题可以通过对两阶段提交协议的扩展来处理，即使某些副本不可用，该扩展也允许进行提交，只要分区的大多数副本确认它们处于准备状态。当参与者恢复或重新连接上时，或者发现它们其实并没有进行最新的更新时，它们需要查询其他节点以弥补丢失的更新。提供此类解决方案详细信息的参考文献可在本章的参考文献中找到，并可在线查阅。

2. 第二个问题是如何处理在执行两阶段提交协议期间协调器出现的故障，这可能导致阻塞问题。我们将在 23.8 节中学习的共识协议提供了一种实现两阶段提交的鲁棒的方式，即使协调器发生故障也不会有阻塞的风险，只要大多数节点都已启动并连接，正如我们将在 23.8.5 节中看到的那样。

3. 第三个问题是读操作要付出更高的代价，因为必须联系大部分的副本。我们将在 23.4.3.2 节中学习降低读开销的方法。

1126

23.4.3.2　降低读代价

处理这个问题的一种方法是使用来自仲裁共识协议的读仲裁和写仲裁的思想；读可以从较小的读仲裁中读取，而写必须成功地写到较大的写仲裁。这对前面描述的版本编号技术没有任何更改。这种方法的缺点是：由于节点的故障或断开连接，较高的写仲裁会增加更新事务阻塞的可能性。作为仲裁共识的一种特殊情况，我们给所有节点赋予单位权重，将读仲裁设置为 1，并将写仲裁设置为 n（所有节点）。这对应于我们在前面看到的“读一个，写所有”协议。该协议不需要使用版本号。然而，如果包含数据项的单个节点发生故障，那就无法继续对该项进行写操作，因为写仲裁将不可用。

第二种方法是使用主副本技术来进行并发控制，并强制所有更新都通过主副本进行。与多数协议或仲裁协议不同，该方法只需要访问一个节点就可以满足读取。然而，这种方法的一个问题是如何处理故障。如果主副本节点出现故障，并且另一个节点被分配作为主副本，则必须确保它具有所有数据项的最新版本。随后，可以在主副本处进行读取，而无须从其他副本中读取数据。

这种方法要求一次最多有一个节点可以充当主副本，即使在发生网络分区的情况下也是如此。正如我们将在 23.7 节所看到的那样，可以使用租赁来确保这一点。此外，这种方法需要一种有效的方式来确保新的协调器拥有所有数据项的最新版本。这可以通过在每个节点处拥有日志并确保彼此之间的日志是一致的来实现。这个问题本身就是一个不平凡的过程，但它可以使用我们将在 23.8 节中学习的分布式共识协议来解决。分布式共识内部使用多数方案来确保日志的一致性。但事实证明，如果使用分布式共识来保持日志同步，则不需要进行版本编号。

事实上，共识协议提供了一种实现数据容错复制的方式，正如我们稍后将在 23.8.4 节中看到的那样。目前，许多容错存储系统的实现都是使用基于共识协议的数据容错复制来构建的。

主副本方案有一个被称为**链复制**（chain replication）协议的变体，其中副本是有序的。每次更新都被发送到第一个副本，该副本在本地记录此更新并将其转发到下一个副本，依此类推。当最后一个（尾）副本收到此更新时，更新才完成。读取必须在尾副本处执行，以确保只读取已完全复制过的更新。如果副本链中的一个节点发生故障，则需要重构才能更新该链；此外，系统必须确保在处理进一步的更新之前先完成任何不完整的更新。链复制方案的优化版本被用于多个存储系统。有关链复制协议的更多详细信息，请参阅本章末尾的延伸阅读部分。

1127

23.4.4　重构和重组

虽然节点确实会发生故障，但在大多数情况下节点很快就会恢复，并且前面描述的协议可以确保这些节点能够弥补它们所错过的任何更新。

但是，在某些情况下，一个节点可能会出现永久性故障。然后系统必须**重构**（reconfigure）以移除故障的节点，并允许其他节点去接管分配给故障节点的任务。此外，必须更新数据库目录，以便从该节点处所复制的所有数据项（或关系分区）的副本列表中删除该故障的节点。

如前所述，网络故障可能导致一个节点看起来好像出现了故障，即使它实际上并没有发生故障。从副本列表中删除这样的节点是安全的；即使该节点可以访问，读取也不会再路由到该节点，但这不会导致任何一致性问题。

如果一个从系统中移除的故障节点最终恢复了，则必须将其**重组**（reintegrate）到系统中。当一个故障节点恢复时，如果它具有任何分区或数据项的副本，则它必须获得它存储的这些数据项的当前值。活跃站点处的数据库恢复日志可用于查找和执行当节点离线时发生的所有更新。

重组一个节点比乍一看更为复杂，因为在该节点的恢复期间可能处理过对数据项的更新。活跃站点上的数据库恢复日志用于捕获该节点处所有数据项的最新值。一旦它获得了所有数据项的当前值，该节点就应该被添加回相关分区 / 数据项的副本列表中，这样它将接收所有未来的更新。在分区 / 数据项上获得锁，根据日志将应用截止至该时刻为止的更新，并在释放锁之前将该节点添加到分区或数据项的副本列表中。后续的更新将直接应用于该节点，因为它将位于副本列表中。

采用 23.4.3.1 节中基于多数的协议进行重组要容易得多，因为该协议可以容忍具有过期数据的节点。在这种情况下，即使在捕获更新之前，节点也可以重组，并且节点可以随后再弥补上错过的更新。

重构依赖于具有目录最新版本的节点，该版本记录了在哪些节点处复制了哪些表分区（或数据项）；因此，一个系统中所有节点的信息必须是一致的。目录中的复制信息可以集中存储，并在每次访问时进行查询，但是这样的设计将是不可扩展的，因为中心节点的查询会非常频繁且可能超载。为了避免这种瓶颈，需要对目录本身进行分区，例如，可以使用多数协议来复制目录。

1128

23.5　扩展的并发控制协议

在本节中，我们将描述对分布式并发控制协议的进一步扩展。我们首先在23.5.1节中考虑多版本2PL以及如何对它进行扩展以获得全局一致性时间戳。在23.5.2节中描述将快照隔离扩展到分布式的场景下。在23.5.3节中描述异构分布式数据库中并发控制的问题，其中每个节点可能都有其自己的并发控制技术。

23.5.1　多版本2PL和全局一致性时间戳

18.7.2节中描述的多版本两阶段封锁（MultiVersion Two-Phase Locking，MV2PL）协议结合了无锁只读事务的优点和两阶段封锁的可串行化保证。只读事务看到的是在某个时刻的快照，而更新事务使用两阶段封锁，但会为其更新的每个数据项创建新的版本。请回想一下，使用这种协议的话，每个事务 T_i 在提交时都会得到一个唯一的时间戳 CommitTS(T_i)（它可以是一个计数器，而不是实际的时间）。事务将它更新的所有项的时间戳都设置为 CommitTS(T_i)。在一个时刻只有一个事务执行提交；这保证一旦 T_i 提交，则其 StartTS(T_j) 被设置为 CommitTS(T_i) 的只读事务 T_j 将看到时间戳≤CommitTS(T_i) 的所有版本的提交值。

MV2PL可以通过具有一个中央协调器来扩展到分布式场景中，该协调器分配开始和提交时间戳，并确保在一个时刻只有一个事务可以执行提交。然而，中央协调器的使用限制了在大规模并行数据存储系统中的可扩展性。

Google的Spanner数据存储系统开创了MV2PL系统的一个可扩展的版本，它使用基于真实时钟时间的时间戳。我们将在本节的剩余部分中学习Spanner MV2PL的实现。

假设每个节点都有一个完全准确的时钟，并且提交处理可以在启动提交和完成提交之间没有延迟地立即进行。那么，当事务想要提交时，在获得所有锁之后的任意时间，只要在任何一个节点上读取时钟，它就会得到一个提交时间戳，但这要在释放任何锁之前进行。事务创建的所有数据项版本都使用这个提交时间戳。事务可以通过这个提交时间戳来进行串行化。只读事务只是在它们启动时读取时钟，并使用它来获取作为它们的启动时间的数据库快照。

如果时钟是完全准确的，并且提交处理是立即的，那么这个协议可以用来实现MV2PL，而不需要任何中央协调，并使其具有很强的可扩展性。

1129

遗憾的是，在现实世界中，上述假设并不成立，这可能导致以下问题。

1. 时钟从来就不是完全准确的，并且每个节点处的时钟都有可能比其他时钟快一点或慢一点。

   因此，有可能出现以下情况：两个更新事务 T_1 和 T_2 都写一个数据项 x，T_1 先写，然后是 T_2，但 T_2 最后可能会得到一个比 T_1 更小的提交时间戳，因为它是在一个不同的节点上获得时间戳的。这种情况与 T_1 和 T_2 的串行次序并不一致，并且在集中式场景中使用MV2PL的话并不会发生这种情况。

2. 提交处理是需要时间的，如果协议设计得不仔细，则可能导致只读事务错过更新。考虑以下情况：具有开始时间戳 t_1 的只读事务 T_1 在节点 N_1 处读取数据项 x，有可能在读取后不久，另一个具有 CommitTS(T_2)≤t_1(它是在不同节点 N_2 处获得的提交时间戳) 的事务 T_2 仍可能在 x 上执行写操作。这样，T_1 应该读取由 T_2 写的值，但却并没有看到这个值。

为了解决第一个问题，即缺乏时钟同步，Spanner 采用了以下技术。

- Spanner 具有一些在每个数据中心都非常精确的原子钟，并使用这些原子钟所提供的时间以及来自全球定位系统（Global Positioning System，GPS）卫星的时间信息，以获得对每个节点处的时间的非常好的估计，这些卫星提供了非常精确的时间信息。我们用实际时间（true time）这个术语来指由绝对准确的时钟所给出的时间。

  每个节点周期性地与时间服务器进行通信以同步其时钟；如果该时钟变快，则（逻辑上）将其调慢；如果该时钟变慢，则根据服务器的时间将其调快。在两次同步之间，本地时钟继续运转以推进本地时间。比正确速率转得更慢或更快的时钟会导致在该节点处的本地时间逐渐落后于或超前于实际时间。

- 第二个关键技术是当节点每次与时间服务器同步时测量本地时钟漂移，并使用它来估计本地时钟丢失或获得时间的速率。Spanner 系统使用此信息来维护一个值 ε，这样，如果本地时钟时间为 t'，则实际时间 t 以 $t'-\varepsilon \leqslant t \leqslant t'+\varepsilon$ 为界。Spanner 系统通常能够将不确定性值 ε 保持在 10 毫秒以内。Spanner 使用的 TrueTime API 允许系统获取当前时间值，以及时间值中不确定性的上限。

- 下一个解决方案是一种被称为**提交等待**（commit wait）的想法。其思想如下：在获得所有节点处的所有锁之后，在协调器节点处读取本地时间 t'。我们希望使用真实时间作为时间戳，但是我们并没有确切的值。相反，真实时间最可能的值即为 $t'+\varepsilon$，它被用作提交时间戳 t_c。然后事务在持有锁的同时等待，直到它确定真实时间 $t \geqslant t_c$ 为止；按照前述计算，这只需要等待 2ε 的时间间隔。

  提交等待保证的是：如果事务 T_1 具有提交时间戳 t_c，那么在真实时间 t_c，所有锁都由 T_1 持有。

1130

- 鉴于上述情况，如果一个数据项 x 的 x_t 版本有一个时间戳 t，我们可以说这确实是 x 在真实时间 t 的值。这允许我们定义数据库在时间 t 的一个快照，它包含截止到时间 t 的所有数据项的最新版本。如果可串行化顺序与事务提交的真实时间的顺序一致，则称数据库系统是提供**外部一致性**的。通过确保用于定义事务可串行化顺序的时间戳与事务提交时的真实时间相对应，Spanner 保证了外部一致性。

- 剩下的一个问题是处理事务的提交是需要时间的（特别是在使用 2PC 时）。当具有提交时间戳 t 的事务正在提交时，具有时间戳为 $t_1 \geqslant t$ 的只读事务对 x 的读取可能看不到版本 x_t，要么是因为时间戳尚未传播到具有数据项 x 的节点，要么是因为事务尚处于准备状态。

  为了处理这个问题，请求截止到 t_1 时间的快照的读操作被要求等待，直到系统确定没有具有时间戳 $\leqslant t_1$ 的事务仍处于提交过程中。如果具有时间戳 $t \leqslant t_1$ 的事务当前处于 2PC 的准备阶段，并且我们并不确定它是否会提交或中止，那么具有时间戳 t_1 的读操作必须等待，直到我们知道该事务的最终提交状态为止。

  只读事务可以被给予更早一些的时间戳，以保证它们不必等待；这里的取舍是：为了避免等待，事务可能看不到某些数据项的最新版本。

23.5.2 分布式快照隔离

由于快照隔离是被广泛使用的，因此将其扩展到分布式场景中就具有重要的实际意义。

请回顾 18.8 节，尽管快照隔离并不能保证可串行化，但它避免了许多并发异常。

如果每个节点独立地实现快照隔离，则生成的调度可能具有在集中式系统中不会出现的异常情况。例如，假设两个事务 T_1 和 T_2 在节点 N_1 上并发运行，其中 T_1 写 x，而 T_2 读 x；因此，T_2 将看不到 T_1 对 x 所做的更新。还假设 T_1 更新在节点 N_2 处的数据项 y 并提交，随后，T_2 读取在节点 N_2 处的 y。那么 T_2 会看到在 N_2 处由 T_1 更新的 y 的值，但看不到在 N_1 处 T_1 对 x 的更新。当在单个节点处使用快照隔离时，这种情况永远不会发生。因此，仅仅依赖于在每个节点处对快照隔离的本地强制，尚不足以强制跨节点的快照隔离。

1131

在文献中已经提出了几种可选的分布式快照隔离协议。由于这些协议有些复杂，我们省略了具体细节，但是具有更多细节的文献可以在本章的参考文献部分中找到，并可在线获得。某些这样的协议允许在每个节点处的本地事务在没有任何全局协调步骤的情况下执行；额外的成本仅由全局事务来承担，全局事务就是在不止一个节点处执行的事务。这些协议已在几个数据库 / 数据存储系统（如 SAP HANA 和 HBase）上原型化了。

在扩展分布式快照隔离协议以使其可串行化方面已经开展了一些工作。所探索的方法包括添加类似于时间戳排序的时间戳检查、在中央服务器上创建事务依赖图并且检查图中的环路等。

23.5.3　联邦数据库系统中的并发控制

请回顾 20.5 节，在许多情况下，必须通过将多个已经存在的数据库系统连接在一起来构建一个分布式数据库，每个系统都有其自己的模式，并且可能运行不同的数据库管理软件。请回想一下，这种系统称为*联邦数据库系统*（federated database system）或*异构分布式数据库系统*（heterogeneous distributed database system），并且它们由在现有数据库系统之上的一个软件层组成。

联邦数据库中的事务可以分为如下几类：

1. **局部事务**。这些事务由联邦数据库系统控制之外的每个局部数据库系统来执行。

2. **全局事务**。这些事务在联邦数据库系统的控制下执行。

联邦数据库系统清楚局部事务可能在本地节点上运行的事实，但它不清楚正在执行什么样的特定事务，也不清楚它们可能访问什么样的数据。

确保每个数据库系统的本地自治要求不对其软件进行任何更改。因此，一个节点处的数据库系统就无法与任何其他节点处的数据库系统直接通信以便同步执行在数个节点处活跃的全局事务。

由于联邦数据库系统无法控制局部事务的执行，因此每个本地系统必须使用一种并发控制方案（例如，两阶段封锁或时间戳）来确保其调度是可串行化的。此外，在采用封锁的情况下，本地系统必须能够防止局部死锁的可能性。

本地可串行化的保证还不足以确保全局可串行化。作为一个示例，请考虑两个全局事务 T_1 和 T_2，每个事务都访问和更新分别位于节点 N_1 和 N_2 处的两个数据项 A 和 B。假设本地调度是可串行化的。还可能存在这种情况：在节点 N_1 处 T_2 紧随 T_1，而在 N_2 处 T_1 紧随 T_2，并且这将导致不可串行化的全局调度。实际上，即使全局事务之间不存在并发（即只有在前一个全局事务提交或中止之后，一个全局事务才可以提交），本地可串行化性也不足以确保全局可串行化性（请参见实践习题 23.11）。

1132

根据本地数据库系统的实现，全局事务可能无法控制其局部子事务的精确封锁行为。因此，即使所有的本地数据库系统都遵循两阶段封锁，也可能只是确保每个局部事务遵循该协议的规则。例如，一个本地数据库系统可以提交其子事务并释放锁，而在另一个本地系统处的子事务却仍在执行。如果本地系统允许对封锁行为进行控制，并且所有系统都遵循两阶段封锁，那么联邦数据库系统可以确保全局事务以两阶段方式进行封锁，并且冲突事务的锁点将会定义它们的全局可串行化次序。但是，如果不同的本地系统遵循不同的并发控制机制，那么这种直接的全局控制次序就不起作用。

尽管在联邦数据库系统中并发执行全局和局部事务，仍有许多协议可确保一致性。有些协议是基于施加足够的条件来确保全局可串行化。另一些协议则只确保一种弱于可串行化的一致性形式，但通过限制更少的方式来实现这种一致性。

在可以执行更新事务和只读事务的环境中，有几种方案可以确保全局可串行化。其中一些这样的方案是基于**票据**（ticket）的思想。在每个本地数据库系统中都会创建一个称为票据的特殊数据项。对一个节点处的数据进行访问的每个全局事务都必须在该节点处对票据进行写操作。这一要求确保全局事务在其访问的每个节点处直接发生冲突。此外，全局事务管理器可以通过控制访问票据的顺序来控制全局事务可串行化的顺序。关于这些方案的文献请参见本章的参考文献部分，并可在线查阅。

23.6　具有弱一致性级别的复制

即使在存在节点和网络故障的情况下，到目前为止我们所看到的复制协议都保证了一致性。然而，这些协议有着不小的成本，而且如果有大量节点由于网络分区而出现故障或断开连接，则它们可能会发生阻塞。此外，在网络分区的情况下，不在多数分区中的节点不仅不能执行写操作，甚至还不能执行读操作。

1133

许多应用希望具有更高的可用性，即使以牺牲一致性为代价。我们将在本节中学习在一致性和可用性之间的折中方案。

23.6.1　用一致性换取可用性

到目前为止，我们所看到的协议要求（加权的）多数节点都在一个分区中，以便进行更新。处于少数分区中的节点无法处理更新；如果网络故障导致出现两个以上的分区，则没有分区能拥有多数节点。在这种情况下，系统将完全无法进行更新，并且根据读仲裁的不同，系统甚至可能变得无法进行读取。我们前面看到的写所有可用协议提供了可用性，但不提供一致性。

在理想情况下，我们希望具有一致性和可用性，即使在面对分区时也是如此。遗憾的是，这是不可能的，这一事实在所谓的 **CAP 定理**中被明确指出，该定理说明任何分布式数据库最多可以具有以下三个性质中的两个：

- 一致性（consistency）。
- 可用性（availability）。
- 分区容错性（partition-tolerance）。

CAP 定理的证明使用了下述一致性的定义，给定复制的数据：如果在复制数据上一组操作（读和写）的执行结果与在单个节点上按与每个进程（事务）发布的操作顺序一致的次序来执行的结果相同，则称在复制数据上这组操作的执行是**一致的**。一致性的概念类似于事务的原子性，但每个操作被视为事务，并且弱于事务的原子性性质。

在任何大规模分布式系统中，分区都是不能避免的，其结果是，必须牺牲掉可用性或者一致性。在面对分区时，我们之前看到过的方案是牺牲了可用性来换取一致性。

请考虑一个基于 Web 的社交网络系统，它在三台服务器上复制其数据，并且一个网络分区的出现阻止了服务器之间的彼此通信。由于没有一个分区拥有多数节点，因此就不可能在任何分区上执行更新。如果其中一台服务器与一个用户位于同一个分区中，则该用户实际上是可以访问数据的，但不能更新数据，因为另一个用户可能在另一个分区中同时更新相同的对象，这很可能导致不一致性。在社交网络系统中，不一致性的风险并不像在银行数据库中那么大。这样一个系统的设计者可以决定，能够访问该系统的用户可以允许对可以访问到 1134 的任何副本执行更新，即使是冒着不一致性的风险。

与需要 ACID 特性的、诸如银行数据库那样的系统不同，诸如上述社交网络系统那样的系统被认为需要 **BASE** 特性：

- 基本可用的（basically available）。
- 软状态（soft state）。
- 最终一致的（eventually consistent）。

主要的需求就是可用性，即使以牺牲一致性为代价。即使在发生分区的情况下，也应该允许更新，例如，在遵循写所有可用协议（它类似于 23.6 节中描述的多主副本）的前提下。软状态是指这样一种特性：数据库的状态可能无法被精确定义，因为由于网络分区使得每个副本的状态可能存在某种程度的差异。最终一致性是这样的要求：一旦分区问题得到解决，所有的副本最终都将成为彼此一致的。

最后一步要求标识出不一致的数据项副本；如果其中一份副本是另一份的早期版本，则早期版本可以替换为更新的版本。然而，这两份副本可能是对一个公共基本副本进行独立更新的结果。23.6.4 节中描述了一种用于检测这种不一致更新的方案，称为版本向量方案。

在面对不一致性更新而恢复一致性时，需要在对应用有意义的某种方式下归并更新。我们将在 23.6.5 节中讨论用于处理冲突更新的可能解决方案。

一般来说，没有系统设计者愿意处理可能的不一致性更新以及由此产生的检测和解决问题。在可能的情况下，系统应该保持一致性。只有在节点与网络断开连接时，才允许在可容忍不一致的应用中进行不一致的更新。

诸如 Apache Cassandra 和 MongoDB 那样的一些键值存储允许应用指定为了执行写操作或读操作需要访问多少个副本。只要大多数副本是可访问的，那么对于写操作的一致性就没有问题。然而，如果应用将所需数量设置为少于大多数，并且许多副本是不可访问的，那么更新是允许进行的；但是存在更新不一致的风险，必须之后来解决更新的不一致性。

对于不一致性可能导致重大问题或难以解决不一致性的应用来说，系统设计者更愿意使用复制和分布式共识来构建容错系统以避免不一致性，即使代价是潜在的不可用性。

23.6.2　异步复制

1135 许多关系数据库系统支持具有弱一致性的复制，这种复制可以采用几种形式之一。

通过**异步复制**（asynchronous replication），数据库允许在主节点进行更新，并随后将更新传播到其他节点处的副本；一旦在主节点处完成更新之后，执行更新的事务就可以提交，即使是在副本被更新之前。在提交之后传播的更新也称为**延迟传播**（lazy propagation）。相反，术语**同步复制**（synchronous replication）指的是将更新作为单个事务的一部分传播到其他副本的情况。

对于异步复制，系统必须保证一旦事务在主节点处提交，那么更新最终会传播到所有副本，即使在这两者之间出现了系统故障也应如此。在本节的后面，我们将看到如何使用持久消息来保证这个特性。

由于更新的传播是异步实现的，因此在副本处的读操作可能无法获取数据项的最新版本。更新的异步传播通常用于允许更新事务快速提交的情况，即使以牺牲一致性为代价。系统设计者可以选择仅将副本用于容错。但是，如果副本在一台本地计算机或另一台可被低延迟访问的计算机上是可用的，那么在副本处读取数据项而不是从主节点读取数据项的代价可能会小得多，只要应用愿意接受可能过时的数据值。

基于异步复制的数据存储系统可能允许数据项具有带相关时间戳的不同版本。然后，事务可以请求具有所需新鲜度特性的版本，例如不超过 10 分钟的版本。如果本地副本具有满足新鲜度标准的数据项版本，则可以使用该副本；否则，读操作可能得发送到主节点。

例如，请考虑一个显示多个航班选项价格的机票预订网站。价格可能经常变动，并且系统并不保证用户实际上能够以最初显示的价格预订到机票。因此，显示几分钟前的价格是可以接受的。异步复制对于这样的应用来说是一种很好的解决方案：价格数据可以复制到大量的服务器，这些服务器共享用户查询的负载；并且价格数据在主节点上更新，并异步复制到其他所有副本。

多版本并发控制方案可用于为在副本处执行的只读事务提供数据库的事务一致性快照（transaction-consistent snapshot）；也就是说，事务应该看到在可串行化次序中截止到某个事务为止的所有事务的所有更新，并且不应该看到在可串行化次序中后面事务进行的任何更新。可以扩展 23.5.1 节中描述的多版本 2PL 方案，以允许只读事务访问这样的副本：该副本可能没有某些数据项的最新版本，但仍能获得数据库的一个事务一致性快照视图。为此，副本必须清楚最新的时间戳 t_{safe} 是什么，以便它们已接收到具有在 t 之前的提交时间戳的所有更新。对具有时间戳 $t<t_{safe}$ 的快照的任何读操作都可以由该副本来处理。这种方案被用于 Google 的 Spanner 数据库中。

1136

异步复制在传统（集中式）数据库中被用于创建数据库的一个或多个副本，在这些副本上可以执行大型查询，而不会干扰在主节点上运行的事务。这种复制被称为**主－从复制**（master-slave replication），因为副本不能自己执行任何更新，只能执行主节点要求它们执行的更新。

在这种系统中，为了尽量减少延迟，更新的异步传播通常是以连续的方式进行的，直到在副本中看到更新为止。然而，在数据仓库中，更新可能定期传播（例如每晚），这样更新传播就不会干扰查询处理。

一些数据库系统支持**多主复制**（multimaster replication）（也称为**随地更新复制**（update-anywhere replication））；更新被允许在数据项的任意副本处进行，并且更新使用两阶段提交同步地或者异步地传播至所有副本。

异步复制也用于某些分布式存储系统中。正如我们在前面看到的那样，这样的系统对数据进行分区，但是复制每个分区。每个分区都有一个主节点，并且更新通常发送到主节点，主节点在本地提交更新，并将更新异步传播到分区的其他副本。某些系统（如 PNUTS）甚至允许分区中的每个数据项来指定哪个节点应充当该数据项的主节点；该节点负责将更新提交到该数据项，并将更新传播到其他副本。其动机是允许地理上临近用户的节点充当与该用户对应的数据项的主节点。

在支持更新异步传播的任何系统中，有一点是重要的：一旦在主节点处提交了更新，就必须将其确实传递到其他副本。如果一个主节点处有多个更新，则它们必须以相同的顺序传递到副本；乱序的传递可能导致较早的更新延迟到达并覆盖较迟的更新。

我们在 23.2.3 节中看到的*持久消息*提供了对消息的有保证的传递，并广泛用于异步复制。23.2.3 节中描述的持久消息的实现技术可以被很容易地修改，以确保消息是按它们的发送顺序进行传递的。对于持久消息，每个主节点都需要清楚所有副本的位置。

我们在 22.8.1 节中看到的*发布 - 订阅系统*提供了一种更灵活的方式来确保可靠的消息传递。请回想一下，发布 - 订阅系统允许消息与相关主题一起发布，并且订阅者可以订阅所需的任何主题。为了实现异步复制，将创建对应于每个分区的主题。分区的所有副本都订阅与该分区对应的主题。对分区的任何更新（包括插入、删除和数据项更新）都将作为消息发布，而消息的主题与分区相对应。发布 - 订阅系统确保一旦发布了这样的消息，它将按发布的顺序发送给所有订阅者。

为并行系统设计的发布 - 订阅系统，比如 Apache Kafka 系统或用于 PNUTS 分布式数据存储系统中异步复制的 Yahoo Message Bus 服务，允许存在大量的主题，并使用多台服务器并行处理不同主题的消息。因此，异步复制是可以扩展的。

1137

容错是更新的异步传播的一个问题。如果主节点发生故障，则新节点必须作为主节点进行接管；要么使用我们在前面见过的选举算法来实现，要么通过让一个主节点（它本身是通过选举产生的）来决定哪个节点来接管故障主节点的工作。

如果一个主副本记录了一次更新，但在将此更新发送到副本之前发生了故障，请考虑会发生什么情况。新的主节点无法发现在主副本处最后一次更新提交的是什么。它要么可以等待该主副本恢复，但这是不可接受的，要么可以在不知道正好在发生故障前提交了什么样的更新的情况下继续执行。在后一种情况下存在的风险是：在新主节点上的事务可能读取到一个数据项的旧值，或者执行与旧主副本上的早期更新相冲突的更新。

为了减少出现这种问题的可能性，有些系统将主节点的日志记录复制到备份节点，并且只有在备份节点成功复制日志记录之后，才允许在主节点处提交事务；如果主节点发生故障，则备份节点将作为主节点接管工作。请回忆一下，这是来自 19.7 节的两方保险协议。此协议对于一个节点的故障是有回复性的，但对于两个节点的故障却没有回复性。

如果应用是在使用异步复制的存储系统之上构建的，则应用可能会看到一些异常行为，比如读操作看不到相同应用所做的早期写操作的效果，或者偏后的读操作看到比早期读操作更早的数据项版本，如果不同的读和写被发送到不同副本上的话。虽然在发生故障的情况下这些异常不能完全避免，但是在正常操作过程中，可以通过采取一些预防措施来进行避免。例如，如果来自一个特定节点对一个数据项的读和写请求总是发送到同一个副本，则应用将看到它已执行的任何写操作，并且如果在同一个数据项上执行两次读操作，则后面的读操作将看到一个至少与前面的读操作一样新的版本。如果主副本用于执行在一个数据项上的所有操作的话，则此性质能得到保证。

23.6.3 异步视图维护

索引和物化视图是从基础数据派生出的数据形式，因此可以视为数据复制的形式。与副本类似，索引和物化视图可以作为更新基础数据的每个事务的一部分进行更新（维护）；这样做可以确保派生数据与基础数据的一致性。

然而，许多系统更喜欢以异步的方式来执行索引和视图的维护，以减少更新基础数据的事务的开销。其结果是，索引和物化视图可能存在过时的问题。使用这种索引或物化视图的任何事务都必须知道这些结构可能是过时的。 1138

现在我们考虑在面对并发更新时如何维护索引和物化视图。

- 视图维护的第一个要求是，对于执行维护的子系统应该以这样的方式来接收有关基础数据更新的信息：即使发生故障，每次更新都恰好只传递一次。

  发布 - 订阅系统很好地满足了上述第一个要求。对任何基础关系的所有更新都以关系名为主题发布到发布子系统；视图维护子系统订阅与其基础关系对应的主题，并接收所有相关的更新。正如我们在 22.8.1 节中看到的，我们可以有与一个存储关系的每个表块相对应的主题。对于一个被划分的非物化中间关系，我们可以有对应于每个分区的主题。

- 第二个要求是子系统更新派生数据的方式应保证派生数据与基础数据保持一致，尽管会对基础数据进行并发更新。

  由于在处理早期更新时，基础数据可能会收到进一步的更新，因此任何异步视图维护技术都不能保证视图状态始终与基础数据的状态是一致的。但是，一致性需求可以被形式化地表示如下：如果在足够长的时间内没有对基础数据进行更新，那么异步维护必须确保派生数据与基础数据是一致的；这种要求被称为**最终一致性**（eventual consistency）要求。

  我们在 22.7.5 节中看到的物化视图并行维护技术使用交换算子模型向节点发送更新，并允许在本地进行视图维护。在集中式场景中设计的、用于视图维护的技术可以在每个节点处的本地物化的输入数据上使用。请回顾 16.5.1 节，视图维护可能被延迟，也就是说，它可以在事务提交之后进行。集中式场景中的延迟视图维护技术已需要去处理并发更新；这些技术可以在每个节点处本地使用。

- 第三个要求是对于读操作能得到一致性的数据视图。一般来说，从多个节点读取数据的查询可能不会注意到节点 N_1 上一个事务 T 的更新，但可能会看到节点 N_2 上 T 执行的更新，从而看到一种事务不一致性的数据视图。使用异步复制的系统通常不支持数据库的事务一致性视图。

  此外，对数据库的扫描可能看不到数据库的操作一致性视图。请回顾来自 18.9 节的操作一致性的概念，它要求任何操作都不应该看到只反映另一个操作的某些更新的数据库状态。在 18.9 节中，我们看到了一个使用索引的扫描示例，如果关系扫描并不遵循两阶段封锁，则可以看到由并发事务更新的一条记录的两个版本，或者一个版本都看不到。即使关系扫描和更新事务都遵循两阶段封锁，更新的异步传播也会出现类似的问题。 1139

  例如，请考虑一个关系 $r(A, B, C)$，其主码为 A，r 在属性 B 上进行分区。现在，请考虑一个正在扫描关系 r 的查询。假设存在一个对元组 $t_1 \in r$ 的并发更新，它将属性 $t_1.B$ 从 v_1 更新到 v_2。这样的更新需要从对应于值为 v_1 的分区中删除旧元组，并在对应于值为 v_2 的分区中插入新元组。这些更新是异步传播的。

  现在，对 r 的扫描可能会扫描与 v_1 对应的、删除了旧元组之后的节点，但访问与 v_2 对应的节点则会在异步传播将更新后的元组插入该节点之前。这样，即使该扫

描应该看到 t_1 的旧值或者新值，但它也会完全错过该元组。此外，扫描可以在删除被传播到与 v_1 对应的节点之前访问该节点，并且在插入被传播到与 v_2 对应的节点之后访问该节点，从而看到 t_1 的两个版本，一个来自更新之前，另一个来自更新之后。如果将更新同步传播到所有副本并使用两阶段封锁的话，这两种情况都不可能出现。

如果使用多版本并发控制技术，其中数据项具有时间戳，则快照读取是获取关系一致扫描的好方式；快照时间戳应设置为一个足够旧的值，以便截止到该时间戳为止的所有更新都已到达所有副本。

23.6.4　检测不一致性更新

为这种高可用性而开发的许多应用都被设计为：即使在运行应用的节点与其他节点断开连接时，也能在本地继续工作。

作为一个示例，当数据被复制并且网络被分区时，如果系统选择牺牲一致性以获得可用性，则可以在多个副本处同时进行更新。此类冲突更新需要被检测和解决。当重新建立起连接时，应用需要与存储系统通信，以发送本地完成的任何更新，并获取在其他地方执行过的更新。来自不同节点的冲突更新是可能存在的。例如，节点 N_1 可以在它断开连接时更新了一个数据项的本地缓存副本；同时，另一个节点可能更新了在存储系统上的该数据项，或者可能更新了该数据项在自己那里的本地副本。此类冲突更新必须被检测并解决。

1140

作为另一个示例，请考虑在移动设备上支持离线更新（即，即使移动设备未连接到网络的情况下也允许更新）的一个应用。为了带给用户无缝的使用体验，这些应用在本地缓存的副本上执行更新，然后在设备重新联网时将更新应用到数据存储中。如果同一个数据项可以从多个设备更新，那么这里也会出现更新冲突的问题。下面描述的方案也可以在这种情况下使用，其中的节点也可理解为指代移动设备。

本小节将描述用于检测冲突更新的机制。一旦检测到冲突的更新，如何解决它们是依赖于具体应用的，并且没有通用的技术来解决这个问题。尽管如此，23.6.5 节中还是讨论了一些常用的方法。

对于仅被一个节点更新过的数据项，在节点重新连接到存储系统时传播更新是一件简单的事情。如果节点只缓存可能被其他节点更新的数据的只读副本，则缓存的数据可能会变得不一致。当节点重新连接时，可以给它发送通知其过期缓存项的**失效报告**（invalidation report）。

然而，如果更新可以发生在不止一个节点处，那么检测冲突更新就更加困难。基于**版本编号**的方案允许从多个节点来更新被共享的数据。这些方案并不能保证更新是一致性的。相反，它们保证：如果两个节点独立地更新一个数据项的相同版本，那么当节点直接或通过一个公共节点交换信息时，最终会检测到冲突。

版本向量方案（version-vector scheme）在独立更新数据项的副本时检测不一致性。此方案允许在多个节点处存储一个数据项的副本。

其基本思想是让每个节点 i 与其每个数据项 d 的副本一起存储一个**版本向量**，即一个版本号的集合 $\{V[j]\}$，其中对应于每个可能在其上更新数据项 d 的其他节点 j 都有一个项。当节点 i 更新数据项 d 时，它将版本号 $V[i]$ 加 1。

例如，假设一个数据项在节点 N_1、N_2 和 N_3 处复制。如果该项最初是在 N_1 处创建的，

则版本向量应该是 [1, 0, 0]。如果随后在 N_2 处复制，然后在节点 N_2 处更新，则生成的版本向量将为 [1, 1, 0]。假设现在数据项的这个版本被复制到 N_3，然后 N_2 和 N_3 同时更新该数据项。那么，N_2 处该数据项的版本向量应为 [1, 2, 0]，而 N_3 处的版本向量应为 [1, 1, 1]。

当两个节点 i 和 j 彼此连接时，它们交换更新过的数据项，以便两者都获得数据项的新版本。但是，在交换数据项之前，两个节点必须发现副本是否是一致的：

1. 如果在节点 i 和 j 处的数据项副本的版本向量 V_i 和 V_j 是相同的，也就是说对于每个 k，$V_i[k]=V_j[k]$，那么数据项 d 的副本就是相同的。
2. 如果对于每个 k，$V_i[k] \leqslant V_j[k]$ 并且版本向量不相同，那么节点 i 处的数据项 d 的副本比节点 j 处的副本要旧。也就是说，节点 j 处数据项 d 的副本是通过对节点 i 处的数据项副本进行过一次或多次修改而得到的。节点 i 用来自节点 j 的副本去替换它的 d 的副本以及它对于 d 的版本向量的副本。

   在上面的示例中，如果 N_1 对于一个数据项有向量 [1, 0, 0]，而 N_2 有向量 [1, 1, 0]，则 N_2 处的版本比 N_1 处的版本要新。
3. 如果存在一对值 k 和 m，使得 $V_i[k] < V_j[k]$ 且 $V_i[m] > V_j[m]$ 成立，那么两个副本就是不一致的；也就是说，在 i 处 d 的副本包含由节点 k 执行的、尚未传播到节点 j 的更新，并且类似地，在 j 处的 d 副本包含由节点 m 执行的、尚未传播到节点 i 的更新。这样，由于在 d 上独立执行了两个或多个更新，d 的副本是不一致的。

   在我们的示例中，在 N_2 和 N_3 处进行并发更新之后，两个版本向量表明更新是不一致的。令 V_2 和 V_3 表示 N_2 和 N_3 处的版本向量。那么，$V_2[2]=2$ 而 $V_3[2]=1$，还有 $V_2[3]=0$ 而 $V_3[3]=1$。

   归并更新可能需要人工干预。在（可能是人工地）归并更新之后，通过将 $V[k]$ 设置为对于每个 k 的 $V_i[k]$ 和 $V_j[k]$ 的最大值，来对版本向量进行归并。执行写操作的节点 l 将 $V[l]$ 增加 1，然后写入数据项及其版本向量 V。

[1141]

版本向量方案最初是为了处理分布式文件系统中的故障而设计的。该方案之所以变得重要，是因为移动设备通常存储在服务器系统上也存在的数据的副本。该方案还广泛应用于分布式存储系统中，即使节点不在多数分区中，这种系统也允许更新。

版本向量方案并不能解决这样的问题：如何协调该方案检测到的数据的不一致性副本。我们将在 23.6.5 节中讨论这个协调问题。

版本向量方案可以很好地检测出对单个数据项的不一致性更新。但是，如果一个存储系统拥有非常大量的复制项，那么简单地找出哪些项被不一致地更新过的代价可能会非常昂贵。在 23.6.6 节中，我们将学习一种被称为默克尔树（Merkle tree）的数据结构，它可以有效地检测出数据项集合之间的差异。

23.6.5 解决冲突的更新

当读操作从多个副本中提取一个数据项的拷贝，或者当系统执行比较数据项版本的后台进程时，可能会发生对冲突更新的检测。

在此时，需要**解决**相同数据项上的冲突更新，以便创建单个通用版本。冲突更新的解决也被称为**协调**（reconciliation）。

[1142]

目前，还没有解决此问题的技术可以在所有应用中使用。我们将讨论一些在几种常用应用中使用过的技术。

许多应用可以通过这样的方式来自动执行协调：在每个节点上执行那些断开连接期间在其他节点上执行过的所有更新操作。此解决方案要求系统跟踪操作，例如，将商品添加到购物车，或从购物车中删除商品。如果操作是**可交换**的，那么这种解决方案是有效的，也就是说，无论操作执行的顺序如何，它们都会产生出相同的结果。往购物车上增加商品显然是可交换的。一般来说，删除通常与添加是不可交换的，如果你考虑将一件商品的添加与同一件商品的删除相交换会发生什么，那么就应该清楚这一点。然而，只要删除总是只对购物车中当前已经存在的商品上进行操作，那就不会出现这个问题。

作为另一个示例，许多银行允许客户从ATM中取款，即使ATM暂时与银行网络断开连接。当ATM重新连接时，取款操作将应用到账户上。同样，如果有多次取款，它们可能会以不同于现实世界中所发生的顺序进行归并，但最终结果（余额）是相同的。请注意，由于操作已经在物理世界中发生了，因此不能因为余额为负就拒绝该操作；账户具有负余额的事实必须单独来处理。

还有一些面向应用的其他解决方案用于解决冲突的更新。然而，在最坏的情况下，系统可能需要提醒人们存在冲突的更新，并让人们决定如何去解决冲突。

自动处理这种不一致并帮助用户解决无法自动处理的不一致，仍然是一个有待研究的领域。

23.6.6 使用默克尔树来检测集合之间的差异

默克尔树（也称为**散列树**）是一种数据结构，它允许高效地检测出数据项集合之间的差异，这些数据项可能存储在于不同的副本中。（为了避免树节点和系统节点之间的混淆，我们在本节中将后者称为副本。）

检测由于弱一致性所导致的在副本中具有不一致性值的项仅仅是默克尔树的动机之一。另一个动机是对同步更新的副本执行合理性检查，这些副本应该是一致的，但可能由于错误或其他故障而不一致。我们在下面考虑默克尔树的一个二叉树版本。

我们假定每个数据项都有一个键和一个值；如果我们所考虑的集合并没有显式的键，则可以将数据项值本身用作一个键。

每个数据项键 k_i 都通过函数 $h_1()$ 进行散列，以获得一个具有 n 位的散列值，其中 n 是这样来选择的：2^n 在数据项数量的一个小因素之内。每个数据项值 v_i 都由另一个函数 $h_2()$ 散列以获得一个散列值（通常比 n 位长得多）。最后，我们假设一个散列函数 $h_3()$，它将一个散列值的集合作为输入，并返回从集合计算出的一个散列值（该散列函数的计算方式必须不依赖于散列值的输入顺序，例如，可以通过在计算散列函数之前先对集合进行排序来实现）。

1143

默克尔树的每个节点都与一个标识关联，并存储一个散列值。树的每个叶节点都可以用一个 n 位的二进制数来标识。对于由数字 k 标识的给定叶节点，请考虑其键 k_i 满足 $h_1(k_i)=k$ 的所有数据项 i 的集合。那么，通过在每个数据项值 v_i 上应用 $h_2()$，然后在散列值的结果集合上应用 $h_3()$，可以计算出存储在叶节点 k 处的散列值 v_k。系统还维护一个索引，该索引可以检索出所有这样的数据项：这些数据流具有由函数 $h_2()$ 计算出的给定散列值。

图23-8展示了在7个数据项上的一棵默克尔树的示例。这些数据项在 h_1 上的散列值显示在左侧。请注意，如果对于一个项 i_j，$h_1(i_j)=k$，则数据项 i_j 与具有标识 k 的叶节点相关联。

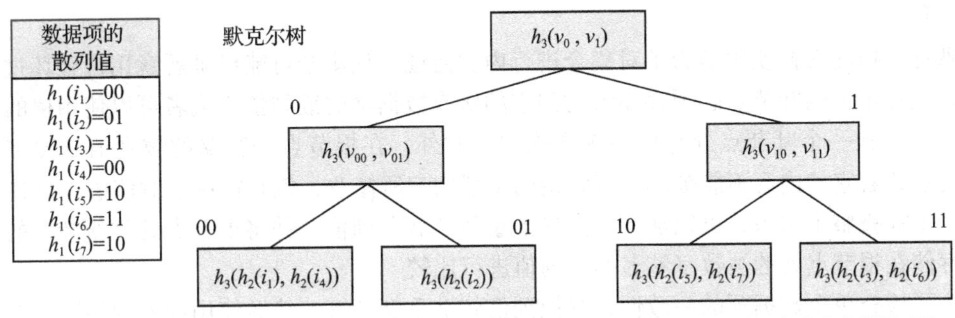

图 23-8 默克尔树的示例

默克尔树的每个内部节点都由一个散列值来标识，如果节点的深度为 j，则散列值有 j 位长；叶节点的深度为 n，根节点的深度为 0。由数字 k 标识的内部节点具有标识为 $2k$ 和 $2k+1$ 的孩子节点。存储在节点 k 处的散列值 v_k 是通过将 $h_3()$ 应用于存储在节点 $2k$ 和 $2k+1$ 处的散列值而计算得到的。

现在，假设这棵默克尔树是在两个副本处的数据上构建的（副本可能是整个数据库的副本，或者是数据库分区的副本）。如果两个副本处的所有项都相同，则根节点处存储的散列值也将是相同的。

只要 $h_2()$ 能计算足够长的散列值，并且是合理选择的，那么如果 $v_1 \neq v_2$ 则 $h_2(v_1)=h_2(v_2)$ 就不太可能发生，对于 $h_3()$ 也是类似的。具有 160 位散列值的 SHA1 散列函数就是满足此要求的散列函数的一个示例。因此，我们可以假设：如果两个节点具有相同的存储散列值，那么这两个节点下的所有数据项都是相同的。

1144

如果实际上在两个副本处的任何项的值之间存在差异，或者如果一个副本处存在一个项，但另一个副本处不存在该项，则根节点处存储的散列值将有很大概率是不同的。

然后，将每个孩子节点处存储的散列值与另一棵树中相应孩子节点处的散列值进行比较。搜索向下遍历其散列值不同的每个孩子节点，直到到达叶节点。遍历在两棵树上是并行完成的，并且需要通信来将树节点内容从一个副本发送到另一个副本。

在叶节点处，如果散列值是不同的，则在两棵树之间将与叶节点关联的数据项键的列表与相应的数据项值进行比较，以找出值不同的数据项以及在一棵树中存在但另一棵树中不存在的数据项。

一次这样的遍历所花费的时间最多为树中叶节点数量的对数；由于所选择的叶节点数量接近数据项的数量，因此遍历时间也是数据项数量的对数。对于两个副本之间不同的每个数据项，此代价最多花费一次。此外，只有在叶节点处实际上存在差异时，才需要遍历到达叶节点的路径。

因此，找到两个（可能非常大）集合之间差异的总成本是 $O(m \log_2 N)$，其中 m 是有差异数据项的数量，且 N 是数据项的总数。可以使用更宽的树来减少在一次遍历中所遇到的节点数，如果每个节点都有 K 个孩子节点，那么成本将是 $\log_K N$，这是以为每个节点传输更多的数据为代价的。如果网络延迟比网络带宽更高，则首选更宽的树。

默克尔树拥有许多应用；它们可以用来查找两个几乎相同的数据库的内容差异而无须传输大量的数据。这种不一致可能是由于使用了仅保证弱一致性的协议而造成的。即使使用的是共识或保证一致读取的其他协议，也可能因为消息或网络故障而导致的副本中的差异而产生不一致。

默克尔树的最初使用是为了对集合进行**内容验证**，该集合可能已被恶意用户破坏过。在那里，默克尔树的叶节点必须存储映射到它的所有数据项的散列值，或者可以使用树的一个变种，它只在一个叶节点处存储一个数据项。此外，在根节点处存储的散列值是数字签名的，这意味着它的内容不能被不具有私钥的恶意用户所修改，该私钥用于对该值进行签名。

为了检查整个关系，可以从叶节点向上重新计算散列值，并将根节点处重新计算的散列值与存储在根节点处的被数字签名的散列值进行比较。

1145

为了检查单个数据项的一致性，其散列值将被重新计算；然后使用散列到相同叶节点的其他数据项的现有散列值来计算其叶节点 n_i 的散列值。接下来，考虑树中节点 n_i 的父节点 n_j。n_j 的散列值是使用 n_i 的重新计算的散列值和 n_j 的其他孩子节点已存储的散列值计算得出的。这个过程一直向上继续直至树的根节点为止。如果根节点处重新计算的散列值与根节点存储的签名的散列值相匹配，则可以确定数据项的内容是未破坏的。

上述技术可用于检测破坏情况，因为使用恰当选择的散列函数，对于恶意用户来说，很难以这样的方式来为数据项创建替换值，即使重新计算的散列值与存储在根节点处签名的散列值相同。

23.7　协调器的选择

我们已经提出的几种算法需要使用协调器。如果协调器由于它所在节点发生故障而失效，则系统可以通过在另一个节点上重新启动一个新的协调器来继续执行。继续执行的一种方式是通过维护一个对协调器的备份，如果协调器失效，这个备份就准备好承担责任。另一种方式是从活跃节点中“选举”出一个协调器。我们将在本节中概述这些备选方案。然后，我们简要描述为帮助分布式应用的开发者执行这些任务而开发的容错的分布式服务。

23.7.1　备份协调器

备份协调器（backup coordinator）是这样一个节点：除了执行其他任务外，还在本地维护足够的信息以使其能够承担协调器的职责，同时对分布式系统的干扰最小。发送给协调器的所有消息都由协调器及其备份共同接收。备份协调器跟实际协调器执行相同的算法并维护相同的内部状态信息（例如，对于并发协调器来说是锁表）。协调器和它的备份在功能上的唯一区别是：备份并不会采取影响其他节点的任何动作。这些动作被留给实际的协调器。

如果备份协调器检测到实际协调器发生故障，则它将承担协调器的职责。由于该备份具有失效协调器所具有的所有可用信息，因此可以继续进行处理而不会中断。

备份方式的主要优点是能够立即继续处理。如果备份没有准备好承担协调器的责任，那么新任命的协调器将必须从系统中的所有节点获取信息，以便它可以执行协调任务。通常来说，某些所需信息的唯一来源就是发生故障的协调器。在这种情况下，可能需要中止几个（或所有）活跃事务，并在新协调器的控制下重新启动它们。

1146

因此，当分布式系统从协调器故障中恢复时，备份协调器方法避免了大量的延迟。其缺点是协调器任务的重复执行的开销。此外，协调器及其备份需要定期通信，以确保它们的活动是同步的。

简而言之，备份协调器方式在正常处理过程中会产生开销，以便允许从协调器故障中快速恢复。

23.7.2 选举协调器

如果没有指定备份协调器，或者为了处理多种故障，新的协调器可以由活跃节点动态选择出来。

一种可能的方式是：在当前协调器发生故障时，有一个指定的节点来选择新的协调器。然而，这带来了一个问题：如果选择替换协调器的节点本身发生了故障，那么应该怎么做。

如果我们有一个容错的锁管理器，为一项任务选择一个新协调器的一种非常高效的方式就是使用锁租赁（lock lease）。当前协调器在与该任务关联的数据项上具有锁租赁。如果协调器失效，则租赁将到期。如果一个参与者确定协调器可能已经失效，它将尝试获得对于该任务的锁租赁。请注意，多个参与者可能试图获得租赁，但锁管理器确保只有它们中的一个可以获取租赁。获得租赁的参与者将成为新的协调器。如 23.3.3 节所述，这确保在给定时间只有一个节点可以作为协调器。锁租赁广泛用于确保单个节点被选为协调器。但是，请注意这里有一个基本假设是：存在一个容错的锁管理器。

如果一个参与者无法与协调器通信，那么它确定协调器可能失效。参与者定期向协调器发送**心跳**（heart-beat）消息并等待确认；如果在特定时间内未收到确认，则认为协调器已失效。

请注意，参与者不能明确区分协调器死机的情况与在节点和协调器之间的网络链接被切断的情况。因此，即使在当前协调器还活着的情况下，系统应该能够正常工作，但是另一个参与者却确定协调器已经死了。锁租赁确保在任何时候最多只有一个节点可以是协调器；一旦协调器死亡，另一个节点就可以成为协调器。但是，只有在容错的锁管理器可用时，锁租赁才起作用。

这就提出了如何实现这样一个锁管理器的问题。我们将在 23.8.4 节中再回到如何实现容错的锁管理器的问题上来。但事实证明，要高效地做到这一点，我们需要有一个协调器。并且，不能使用锁租赁来为锁管理器选择协调器！**选举算法**（election algorithm）解决了在不依赖于锁管理器的情况下如何选择协调器的问题，它使参与节点能够以去中心化的方式选择新的协调器。

1147

假设目标是只选一次协调器。那么，希望成为协调器的每个节点都向其他所有节点自荐作为候选者；这样的节点称为*提议者*（proposer）。然后参与节点投票决定从候选节点中选出哪个节点。如果大多数参与节点（称为*接受者*（acceptor））投票给一个特定的候选者，则选择该候选者。一个被称为*学习者*（learner）的节点子集要求接受者节点进行投票，并确定是否大多数已投票给一个特定的候选者。

上述想法的问题在于：如果有多个候选者，可能它们中的任何一个都不会获得多数票。问题是在这种情况下应该怎么做。对此至少已经提出了两种方法。

- 节点被给予唯一性的编号；如果有不止一个候选者自荐，则接受者将选择编号最高的候选者。即便如此，由于延迟或消息丢失，在没有多数决定的情况下投票仍可能出现分歧；在这种情况下，选举将再次进行。但如果作为候选者的节点 N_1 发现编号更高的节点 N_2 提议自己作为候选者，那么 N_1 将退出下一轮选举。最高编号的候选者将赢得选举。用于选举的**威逼算法**（bully algorithm）就是基于这一思想。

  由于在一轮中编号最高的候选者可能在随后的一轮中失效，导致根本没有候选者的情况，因此存在一些微妙的细节！如果在一轮中退出候选者行列的一个提议者发现在该轮中没有选择协调器，那么它会在下一轮中再次自荐为候选者。

  还要注意选举是有多轮的；每轮都有一个编号，并且候选者在提名中要附加一个轮号。轮号被选择为它所看到的最大轮号再加上 1。一个节点可以在特定的一轮中只给一个候选者投票，但它可以在下一轮中更改其投票。

- 第二种方法是基于随机重试（randomized retry），其工作原理如下：如果在一个特定轮次中没有多数决定，则所有参与者都等待一段随机选择的时间；如果到那时大多数节点都选择了一个协调器，则它被接受为协调器。否则，在超时之后，节点将自己提名为候选者。只要正确选择超时阈值（与网络延迟相比足够大），就有很大可能只有一个节点在特定时间提名自己，并且将获得特定轮次中大多数节点的投票。

  如果在一轮中没有候选者获得多数投票，则重复该过程。在几轮之后，有很大可能会有其中一位候选者获得多数票，并因此被选为协调器。

1148

  Raft 共识算法推广了随机重试方法，与基于节点编号的方法相比，它更容易通过推理不但展示出正确性，而且限制一轮选举的期望时间以便成功选出协调器。

请注意，上面的描述都假定选择一个协调器是一种一次性活动。然而，所选的协调器可能会失效，从而需要一种新的选择算法。**任期**（term）的概念被用于处理这种情况。如上所述，确保在前一轮中没有选出协调器之后，或者选定的协调器随后失效了之后，每次当一个节点提名自己作为协调器时，它都会将提名与一个轮号相关联，该轮号比它之前所看到的最高轮号多 1。从现在开始，这个轮号就被称为一个**任期**。当选举成功时，被选出的协调器是相应任期的协调器。如果选举失败，则在相应的任期内没有选出任何协调器，但选举应在随后的任期内获得成功。

还请注意，由于节点 n 可能会与网络断开一段时间，并且它可能在不曾意识到它曾断开过的情况下重新连接回去，由此会出现一些微妙的问题。在此过渡期间，协调器可能已经变更。特别地，如果节点 n 就是协调器，它可能会继续认为它是协调器，而一些其他的节点（比如 N_1）也被断开，它们可能也认为 n 仍然是协调器。然而，如果成功地选出了一个协调器，那么大多数节点都同意另一个节点（比如 N_2）是协调器。

一般来说，不止一个节点可能同时认为它们自己是协调器，尽管在该时刻，它们中最多有一个可以拥有多数票。

为了避免这个问题，可以给予每个协调器一段指定时间的租赁。协调器可以通过从其他节点请求延长并从大多数节点获得确认来延长该租赁。但是如果协调器与大多数节点断开连接，则它将无法续租其租赁，并且该租赁将过期。只有在一个节点确认先前协调器的最后一个租赁时间到期时，它才能投票给新的协调器。由于新的协调器需要多数票，所以在前一个协调器的租赁到期之前，它不能获得投票。

然而，即使使用租赁来确保两个节点不能同时成为协调器，延迟的消息还是可能导致一个节点在选出新的协调器后仍从旧的协调器获得消息。

为了解决这个问题，系统中交换的每条消息都包含发送者的当前任期。请注意，当一个节点 n 被选为协调器时，它有一个相关联的任期 t；知道 n 是协调器的参与节点也清楚当前任期是 t。一个节点可能会收到一条带有旧任期的消息，要么是因为旧的协调器没有意识到它已经被替换，要么是因为消息的传递延迟；即使租赁或其他机制能确保一次只能有一个节点成为协调器，也可能出现后一种问题。在这两种情况下，接收到**陈旧消息**（stale message）的节点可以忽略此消息，陈旧消息就是其任期早于节点当前任期的消息。如果一个节点接收到一条带更大编号的消息，那么它就落后于系统的其余节点，并且它需要通过联系其他节点来找到当前任期和协调器。1149

有些协议并不需要协调器存储任何状态信息；在这种情况下，新的协调器可以不需要任何进一步的操作就进行接管。但是，有些协议要求协调器保留状态信息。在这种情况下，新的协调器必须从由以前的协调器所创建的持久数据和恢复日志中重建状态信息。接着，这些日志需要被复制到多个节点，使得一个节点的丢失不会导致对恢复数据的访问丢失。我们将在后面的章节中看到如何通过数据复制来确保可用性。

23.7.2.1　分布式协调服务

如今，有非常大量的分布式应用在日常使用。开发一种可供多个分布式应用使用的容错协调服务是有意义的，而不是要每个应用都必须实现它自己的机制来选择协调器（以及其他任务）。

ZooKeeper 服务是这样一种应用非常广泛的容错的分布式协调服务。Google 早期开发的 **Chubby** 服务是另一种这样的服务，它被广泛用于由 Google 开发的应用。这些服务在内部使用共识协议来实现容错；我们将在 23.8 节中学习共识协议。

这些服务提供一种类似于文件系统的 API，它支持包括如下所示的特征：

- *存储（少量）数据*到文件中，并使用分层的命名空间。这种存储方式的典型用途是存储可用于启动分布式应用的配置信息，或通过找出当前哪个节点是协调器来让新节点加入分布式应用。
- *创建和删除文件*，这可用于实现封锁。例如，为了获得锁，一个进程可以尝试创建一个其名称与该锁对应的文件。如果另一个进程已经创建了该文件，则协调服务将返回一个错误，该进程因而知道它无法获得该锁。

  例如，在键值存储中充当表块主节点的节点将在其名为该表块标识的文件上获得锁。这样可以确保两个节点不能同时作为该表块的主节点。

  如果一个整体应用主节点检测到一个表块主节点已经死亡，则它会释放锁。如果服务支持锁租赁并且表块主节点并不续租其租赁的话，则会自动释放锁。
- *监视文件上的更改*，进程可利用此特征来检查是否已释放锁，或被通知在系统中需要该进程来执行操作的其他更改。

23.8　分布式系统中的共识

1150

在本节中，我们首先描述分布式系统中的共识问题，也就是说，一组节点如何以容错的方式在一项决策上达成一致。分布式共识是以容错方式更新复制数据的协议的关键构成要素。我们将概述两种共识协议：Paxos 和 Raft，然后我们描述复制状态机，这些状态机可用于使诸如数据存储系统和锁管理器那样的服务具有容错性。我们通过描述如何使用共识来实现两阶段提交的非阻塞性来结束本节。

23.8.1　问题概述

软件系统需要做出一些决策，比如在使用 2PC 时协调器决定是否提交或中止一个事务，或者在当前协调器发生故障时决定哪个节点作为协调器。

如果决策是由单个节点做出的，例如在 2PC 中由协调器节点做出的提交 / 中止决策，则系统可能会在节点发生故障时阻塞，因为其他节点无法确定做出过什么决策。因此，为了确保容错性，多个节点必须参与到决策协议中；即使其中一些节点发生故障，该协议也必须能够达成决策。单个节点可以为一项决策提出建议，但是它必须让其他节点以容错的方式达成决策。

因此，**分布式共识问题**（distributed consensus problem）的最基本形式如下：一组 n 个节点（*被称为参与者*）需要通过执行这样一种协议来就一项决策达成一致：

- 所有参与者必须“知晓”用于决策的相同的值，即使某些节点在协议执行过程中发生故障，或者丢失消息，或者存在网络分区。
- 协议不应阻塞，并且必须终止，只要参与的大多数节点保持活跃并且可以相互通信。

任何一个真实的系统都不能只做出单次决策，而是需要做出一系列的决策。对做出多次共识决策的过程的一个很好的抽象是：将每次决策视为*向日志中添加一条记录*。每个节点都有一个日志副本，并且记录将附加到每个节点处的日志中。对于在日志中的哪个点处添加哪条记录方面可能存在潜在的冲突。从这个角度来看，**多重共识协议**（multiple consensus protocol）需要确保日志是唯一定义的。

大多数共识协议允许在执行协议的过程中日志是跨节点临时分歧的；也就是说，在不同节点处的相同日志位置可能有不同的记录，并且在不同节点处的日志结尾可能不同。共享日志的共识协议跟踪进入日志的索引，使得在该索引之前的任何项都得到过明确的同意。该索引之后的任何项可能正在协商过程中，或者可能是来自在试图达成共识时失败的项。但是，协议随后会使日志中不一致的部分恢复成同步状态。为此，在某些节点处的日志记录可能在被插入后又被删除；这些日志记录被视为尚未提交且不能用于决策。只有在位于提交前缀中的日志的前缀中的日志记录才可以用于决策。

1151

已经提出了几种协议用于分布式共识。其中，Paxos 协议族是最流行的协议之一，并且已经在许多系统中实现。虽然直觉上基本的 Paxos 协议在高层次上是容易理解的，但在它的实现中有许多细节是相当复杂的，尤其是在多重共识版本中。为了解决这个问题，以易于理解和实现为关键目标的 Raft 共识协议应运而生，并已被许多系统采用。我们在本节中概述这些协议背后的直观解释。

分布式共识协议背后的一个关键思想是以*投票*（voting）来做出决策；只有在大多数参与节点都为它投票的情况下，一项特定的决策才能成功。请注意，如果为一项特定的决策建议两个或多个不同的值，则最多可以以多数票赞成其中的一个值；因此，不可能选出两个不同的值。即使某些节点发生故障，如果大多数参与者投票给一个值的话，则会选择该值，只要大多数参与者都已启动并相互连接，这样就使得投票是容错的。然而存在这样一种风险：投票可能在被建议的值之间是分歧的，并且如果某些节点发生故障，则可能不会投票；其结果是，可能无法决策出任何值。在这种情况下，必须重新执行投票过程。

虽然上面的直观解释很容易理解，但是有很多细节使协议是不简单的。我们在下一节中学习其中的一些问题。

我们注意到，尽管我们学习了 Paxos 和 Raft 共识协议的一些特征，但我们省略了正确操作所需的大量细节以保持描述的简洁性。

我们还注意到，已经提出了许多其他的共识协议，并且其中一些协议被广泛使用，例如作为 ZooKeeper 分布式协调服务一部分的 Zab 协议。

23.8.2　Paxos 共识协议

用于做出单个决策的基本 Paxos 协议具有以下参与者：

1. 可以为决策提供一个值的一个或多个节点；这样的节点称为**提议者**（proposer）。
2. 作为**接受者**（acceptor）的一个或多个节点。一个接受者可以从不同的提议者那里得到具有不同值的提议，并且必须只选择（投票给）其中一个值。

   请注意，只要大多数接受者是活跃的并且是可达的，那么一个接受者的失效不会带来问题。大多数接受者的失效或断开连接将阻塞共识协议。

1152

3. 一组称为**学习者**（learner）的节点对接受者进行查询，以找出每个接受者在一个特定轮次中所投的是哪个值。（接受者也可以将它们接受的值发送给学习者，而无须等待来自学习者的查询。）

请注意，同一个节点可以扮演提议者、接受者和学习者的角色。

如果大多数接受者投票给一个特定值，则该值即为该决策的选定（共识）值。但是存在两个问题：

1. 有可能在多个提议中的投票是分歧的，并且没有提议被多数接受者所接受。

   如果没有任何一个提议的值获得了多数票，则至少某些接受者必须改变它们的决定。因此，我们必须允许另一轮来做出决策，在这轮里接受者可以选择新的值。只要需要，这个过程可以重复直到一个值赢得多数票为止。
2. 即使大多数节点确实接受了一个值，其中一些这样的节点在接受一个值后可能会死亡或断开连接，但在任何学习者发现它们的接受值之前，并且该值的其余接受者并未构成多数。

   如果这被视为一轮失败，并且在随后的一轮中选择了不同的值，那么我们会遇到一个问题。特别地，一个了解早期多数情况的学习者会得出已选出一个特定值的结论，而另一个学习者会得出选出了一个不同值的结论，这是不可接受的。

还要注意，接受者必须用日志记录它们的决策，这样当它们恢复时，就知道它们之前做出过什么决策。

上面的第一个问题（即投票分歧）并不影响正确性但影响性能。为了避免这个问题，Paxos 利用了协调器节点。提议者将提议发送给协调器，协调器选择其中一个提议值，并按照前面的步骤以获得多数票。如果提议只来自一个协调器，则不存在冲突，并且唯一提议的值获得多数票（模拟网络和节点故障）。

请注意，如果协调器死亡或不可达，则可以使用我们在前面 23.7 节中见过的技术来选举新的协调器，然后新的协调器可以执行与先前协调器相同的工作。协调器没有本地状态，因此新的协调器可以在不采取任何恢复步骤的情况下进行接管。

第二个问题（即不同值在不同的轮次中获得多数票）是一个严重的问题，并且必须通过共识协议加以避免。为此，Paxos 采用以下步骤：

1153

1. Paxos 中的每个提议都有一个编号；不同的提议必须具有不同的编号。
2. 在协议的 1a 阶段，提议者向接受者发送一条准备消息，其中具有它的提议编号 n。
3. 在协议的 1b 阶段，接收到带有编号 n 的准备消息的接受者检查它是否已经响应过一条大于编号 n 的消息。如果是这样，它将忽略该消息。否则，它会记住编号 n，并以其已接受到的最高提议编号 $m<n$ 以及相应的值 v 进行响应；如果它之前未接受过任何值，则在其响应中也这样表示。（请注意，响应与接受是不同的。）
4. 在 2a 阶段，提议者检查它是否得到大多数接受者的响应。如果是这样，它以如下方式选择一个值 v：如果没有一个接受者已经接受了任意值，则提议者可以使用它打算提出的任何值。如果至少有一个接受者响应说它接受了一个带有编号 m 的值 v，则提议者选择具有最大关联编号 m 的值 v（请注意，m 必须小于 n）。

提议者现在发送一个带有所选值 v 和编号 n 的接受请求。

5. 在 2b 阶段中，当接受者收到一个带有值 v 和编号 n 的接受请求时，它会检查它是否响应了一个具有编号为 $n_1>n$ 的准备消息；如果是这样，它会忽略该接受请求。否则，它接受带编号 n 的提议值 v。

上述协议非常聪明，因为它确保了以下几点：如果大多数接受者接受了一个值 v（带有任意编号 n），那么即使存在今后具有编号 $n_1>n$ 的提议，提议值也将是值 v。直观地说，其原因是只有当大多数节点响应一条带编号 n 的准备消息时，带编号 n 的值才能被接受；让我们称这个接受者集合为 P。假设一个带编号 m 的值 v 之前已被大多数节点接受；称这个节点集合为 A。那么 A 和 P 必须有一个公共节点，并且公共节点将带值 v 和编号 m 进行响应。

请注意，一些带编号 $p>n$ 的其他提议在之前可能已经被提出了，但如果即使有一个节点接受了该提议，那么大多数节点都会对带编号 p 的提议做出响应，因此不会对带编号 n 的提案做出响应。因此，如果带有值 v 的提议被大多数节点接受，我们可以确保任何进一步的提议都是针对已经选出的值 v 的。

请注意，如果一个学习者发现没有提议被大多数节点接受，则它可以要求任何提议者发布新的提议。如果一个值 v 被大多数节点接受，它将被发现并再次接受，并且该学习者现在应该了解这个值。如果之前没有值被大多数节点接受，则可以接受新的提议。

1154

上述算法用于单项决策。Paxos 已被扩展为允许一系列的决策，扩展的算法被称为 Multi-Paxos。实际的实现还需要处理其他问题，比如如何将节点添加到接受者集合中，或者如果一个节点长时间处于关闭状态，则从接受者集合中删除该节点，而不影响协议的正确性。有关 Paxos 和 Multi-Paxos 的更多详细信息的文献，可以在本章的参考文献中找到，并可在线获取。

23.8.3　Raft 共识协议

有几种共识协议的目标是维护一个日志，记录可以容错的方式追加到日志中。参与此类协议的每个节点都有日志的副本。基于日志的协议简化了对多项决策的处理。Raft 共识协议就是这种协议的一个示例，并且它被设计为（相对）容易理解的。

基于日志的协议的一个关键目标是：通过向日志的所有副本提供原子性追加记录的逻辑视图来保持日志副本的同步。事实上，由于故障的原因，原子性地将同样的项附加到所有副本中是不可能的。请回想一下，故障模式可能包括一个节点暂时断开连接并错过了一些更新，甚至没有意识到它曾断连过。此外，日志追加可能只在几个节点上完成过，并且追加过程可能随后就发生了故障，使得其他副本没有该项记录。因此，确保日志的所有副本始终都相同是不可能的。此类协议必须确保以下内容：

- 即使一份日志副本暂时与另一份副本不一致，协议最终也会通过删除和替换某些副本上的日志记录来使其恢复同步。
- 在算法保证一个日志项永远不会被删除之前，不会将其视为已提交的。

诸如 Raft 之类的协议是基于日志复制的，它允许每个节点运行一个“状态机”，日志项被用作对状态机的命令；状态机将在 23.8.4 节中进行描述。

Raft 算法是基于拥有一个协调器的，该协调器用 Raft 的术语称为**领导者**（leader）。其他的参与节点称为**追随者**（follower）。因为领导者可能会死亡并需要替换，所以时间被划分为若干任期，任期通过整数来标识。每个任期都有一个唯一的领导者，尽管有些任期可能没有任何相关联的领导者。后面的任期比前面的任期具有更高的标识。

Raft 中的领导者是通过使用 23.7.2 节中概述的随机重试算法选举产生。请回想一下，随机重试算法已经吸收了任期的概念。为领导者投票的节点是针对特定的任期而投票的。节点根据来自领导者的消息或投票请求而跟踪 currentTerm。

1155

请注意，一个领导者 N_1 可能会暂时断开连接，但在其他节点发现无法连接到领导者并选举出了一个新的领导者 N_2 之后重新连接。节点 N_1 并不知道有新的领导者，并可能会继续执行领导者的操作。该协议应该对这种情况保持鲁棒性。

图 23-9 展示了在一个领导者和四个追随者处的 Raft 日志的示例。请注意，日志索引表示日志中一条特定记录的位置。每条日志记录顶部的数字就是创建日志记录的任期，而它下面的部分显示了日志项，假定此处记录了对不同变量的赋值。

日志索引	1	2	3	4	5	6	7
领导者	1 $x \leftarrow 2$	1 $z \leftarrow 2$	1 $x \leftarrow 3$	2 $x \leftarrow 4$	3 $x \leftarrow 1$	3 $y \leftarrow 6$	3 $z \leftarrow 4$
追随者1	1 $x \leftarrow 2$	1 $z \leftarrow 2$	1 $x \leftarrow 3$	2 $x \leftarrow 4$	3 $x \leftarrow 1$		
追随者2	1 $x \leftarrow 2$	1 $z \leftarrow 2$	1 $x \leftarrow 3$	2 $x \leftarrow 4$	3 $x \leftarrow 1$	3 $y \leftarrow 6$	3 $z \leftarrow 4$
追随者3	1 $x \leftarrow 2$	1 $z \leftarrow 2$	1 $x \leftarrow 3$				
追随者4	1 $x \leftarrow 2$	1 $z \leftarrow 2$	1 $x \leftarrow 3$	2 $x \leftarrow 4$	3 $x \leftarrow 1$	3 $y \leftarrow 6$	

提交项

图 23-9　Raft 日志示例

希望给复制日志追加一条记录的任何节点都会向现任领导者发送一个日志追加请求。领导者添加其任期作为日志记录的一个字段，并将该记录追加到其日志中；领导者然后向其他节点发送 *AppendEntries* 远程过程调用；该调用有几个参数，其中包括：

- *term*：现任领导者的任期。
- *previousLogEntryPosition*：前一个日志项在日志中的位置。
- *previousLogEntryTerm*：与前一个日志项相关联的任期。
- *logEntries*：日志记录数组，允许调用同时追加多条日志记录。
- *leaderCommitIndex*：是这样一种索引，该索引或更早索引的所有日志记录都是已提交的。请回想一下：在一个领导者确认大多数节点已经接受一个日志项之前，是不会认为该日志项是已提交的。在 leaderCommitIndex 中，领导者在日志中保留了这样一个位置，以便表示该索引和更早索引中的所有日志记录都是已提交的；该值与 AppendEntries 调用一起发送，以便节点了解哪些日志记录是已提交的。

1156

如果大多数节点带返回值 true 响应了调用，则领导者可以向启动日志追加的节点报告日志追加是成功的（以及在日志中的位置）。如果大多数节点并不以 true 为响应，我们将很快看到会发生什么。

接收到 AppendEntries 消息的每个追随者都执行以下操作：

1. 如果消息中的任期小于 currentTerm，则返回 false。
2. 如果日志在前一个日志项的位置并不包含的这样一个项，其任期与消息中的任期是匹配的，则返回 false。
3. 如果在日志位置存在与 AppendEntries 消息中的第一条日志记录不同的一个现有项，则会删除该现有项和所有后续的日志项。
4. 在 logEntries 参数中的任何尚未出现在日志中的日志记录都将被追加到日志中。
5. 追随者还跟踪本地的 commitIndex 以追踪那些记录是已提交的。如果 leaderCommitIndex＞commitIndex，则设置 commitIndex = min(leaderCommitIndex, 日志中最后一项的索引)。
6. 返回 true。

请注意，最后一步跟踪最后提交的日志记录。领导者的日志有可能在本地日志之前，因此 commitIndex 不能被盲目设置为 leaderCommitIndex，如果 leaderCommitIndex 在本地的日志结尾之前，则需要将其设置为本地的日志结尾。

图 23-9 展示了不同的追随者可能有不同的日志状态，因为某些 AppendEntries 消息可能还没有到达这些节点。一直到项 6 的日志部分出现在大多数节点处（即，领导者、追随者 2 和追随者 4）。在收到这些追随者对日志记录在位置 6 处的 AppendEntries 调用的 true 响应后，领导者可以将 leaderCommitIndex 设置为 6。

节点 N_1 可能在某些任期中是领导者，并且在临时断开时它可能会被一个新的领导者 N_2 在下一个任期中取代。N_1 可能在一段时间内没有意识到存在一个新的领导者，并可能会向其他节点发送 AppendEntries 消息。然而，大多数其他节点将知道该新领导者的情况，并且会有一个高于 N_1 的任期。因此，这些节点将返回 false，并在响应中包含它们的当前任期。这样节点 N_1 就会意识到存在一个具有新任期的领导者；然后，它从领导者的角色切换到追随者的角色。

协议必须处理一些节点可能有过时的日志这样的实际情况。请注意在追随者协议的步骤 2 中，如果追随者的日志过期，则它将返回 false。在这种情况下，领导者将重新尝试一个 AppendEntries，将来自日志中一个更早的点的所有日志记录发送给它。这可能会发生几次，直到领导者从一个点发送的日志记录已经存在于追随者的日志中。到此时，AppendEntries 命令会成功。

1157

剩下的一个关键问题是：如果一个领导者死了，且另一个领导者接管了，那么要确保日志被恢复成一致性的状态。请注意，领导者可能在本地追加了一些日志项，并将其中的一些项复制到了一些其他的节点上，但新的领导者可能有也可能没有所有这些记录。为了应对这种情况，Raft 协议包含一些步骤来确保下述内容：

1. 该协议确保任何被选为领导者的节点都具有所有已提交的日志项。为此，任何候选者必须联系大多数节点，并在寻求投票时发送有关其日志状态的信息。只有当一个节点发现一个候选者的日志状态相较于它自己的日志状态至少是最新的时，该节点才会在选举中投票给该候选者；请注意，“至少是最新的”的定义有点复杂，因为它涉及日志记录中的任期标识，而我们省略了细节。

由于上述检查是由大多数投票给新领导者的节点完成的，所以任何已提交的项肯定会出现在新当选领导者的日志中。

2. 然后，该协议强制所有其他节点复制领导者的日志。

请注意，上面的第一步实际上并没有找出哪些日志记录是已提交的。在新领导者处的某些日志记录可能尚未在之前提交，但在此步骤中复制新领导者的日志时可能被提交。

还有一个微妙的细节，新的领导者无法统计来自一个较早任期的特定记录的副本数量，并且在该记录位于多数节点处时声明其已提交。直观地说，问题出在“至少是最新的”的定义上，以及领导者可能发生故障、恢复并再次当选为领导者的可能性上。我们省略了细节，但请注意，解决这个问题的方式是：对于新的领导者要在其当前任期中复制一条新的日志记录；当确定该日志记录是在大多数副本中时，就可以声明它和所有更早的日志记录是已提交的。

应该清楚的是：尽管像 Paxos 这样的协议在高级别上看起来是简单的，但仍然有许多微妙的细节需要注意，以便在即使面对多次故障和重启时也能确保一致性。还有更多的细节需要注意，包括如何更改*集群成员*（cluster membership），也就是在系统运行时构成系统的节点集合（这样做不仔细的话会导致不一致性）。上述步骤的详细信息，包括正确性的证明，可在本章的参考文献中找到，并可在线查阅。

23.8.4 使用复制状态机的容错服务

在许多系统中的一个关键的要求是使服务具有容错性。锁管理器就是这种服务的一个示例，就像键值存储系统一样。

1158

使服务具有容错性的一种非常有力的方式是将它们建模为“状态机”，然后使用我们接下来描述的复制状态机的思想。

状态机接收输入并具有存储状态；它在每个输入上进行状态转换，并可能随状态转换输出一些结果。**复制状态机**（replicated state machine）是在多个节点上复制以使其具有容错性的状态机。直观地说，即使其中一个节点发生故障，只要所有状态机都处于一致性状态，就可以从任何活跃节点获取状态和输出。确保状态机副本是一致性的关键是：要求状态机具有确定性，并且确保所有副本以相同的顺序获得完全相同的输入。

为了确保所有副本以相同的顺序获得完全相同的输入，我们只需将输入追加到复制的日志中，例如，可使用我们在 23.8.3 节中看到的技术。一旦一个日志项被确定是已提交的，就可以将其作为输入提供给状态机，然后状态机可以处理它。

图 23-10 描述了基于复制日志的复制状态机。当客户机发出一条命令时，比如图中的 $y \leftarrow 7$，该命令将发送给领导者，在那里该命令将被追加到日志中。然后，领导者将该命令复制到追随者处的日志中。一旦大多数追随者确认命令已经复制到它们的日志中，领导者就会声明该命令已提交，并将该命令应用到其状态机。它还将提交通知到追随者，然后追随者将该命令应用到它们的状态机。

在图 23-10 中，状态机只记录被更新变量的值；但一般来说，状态机可以执行任何其他操作。但是，这些操作需要具有确定性，因此当所有状态机执行相同的命令集合时，它们都处于完全相同的状态；由于命令是按日志顺序执行的，因此命令的执行顺序将是相同的。

1159

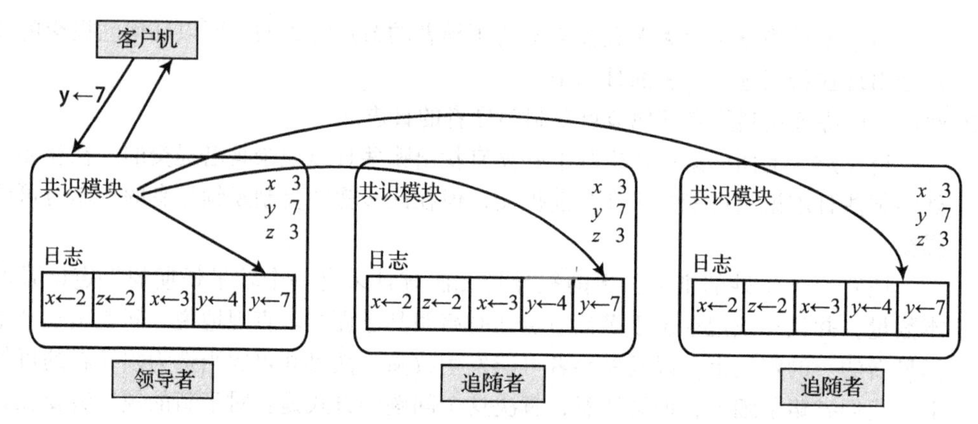

领导者在大多数节点处复制了日志记录之后，声明日志记录已提交。
只有在已经提交了日志记录后，才会在每个副本处发生状态机的更新。

图 23-10　复制状态机

诸如锁请求那样的命令必须向调用方返回一个状态。可以从执行命令的任何一个副本来返回状态。大多数实现都会从领导者节点返回状态，因为请求被发送到领导者，并且领导者也是第一个知道何时提交了一条日志记录（复制到大多数节点）的节点。

我们现在考虑两个应用，它们可以使用复制状态机的概念来实现容错。

我们首先考虑如何实现**容错的锁管理器**。锁管理器得到命令，即锁请求和释放，并维护一种状态（锁表）。它还提供处理输入（锁请求或释放）后的输出（锁授予或死锁上的回滚请求）。锁管理器可以容易地编码为确定性的，也就是说，给定相同的输入，即使代码在不同的节点上再次执行，状态和输出也是相同的。

因此，我们可以采取锁管理器的一种集中式实现，并在每个节点上运行它。锁请求和释放被追加到一个复制日志中，比如使用 Raft 协议。一旦提交了一个日志项，每个副本处的锁管理器代码就可以按顺序来处理相应的命令（锁请求或释放）。即使某些副本失效，只要大多数副本已启动并连接，那么其他副本也可以继续处理。

现在，考虑**容错的键值存储**的实现问题。单节点存储系统可以建模为支持 put() 和 get() 操作的一个状态机。存储系统被视为状态机，并且状态机在多个节点上运行。

put() 操作通过使用共识协议追加到日志中，并在共识协议声明要提交相应的日志记录（即复制到大多数的节点）时才进行处理。

如果共识协议使用领导者，则不需要对 get() 操作进行日志记录，而需要仅在领导者上执行该操作。要确保 get() 操作看到在同一数据项上最新的 put()，必须在处理 get() 操作之前，提交日志中在 get() 操作之前的、在同一数据项上的所有 put() 操作。（如果共识协议并不使用领导者，也可以由至少一个将值返回给调用方的副本来对 get() 操作记日志并执行。）

Google 的 Spanner 是使用复制状态机方法来创建键值存储系统和锁管理器的容错实现的系统的一个示例。

为了确保可扩展性，Spanner 将数据划分为多个分区，每个分区都有数据的一个子集。每个分区都跨多个节点复制其数据。每个节点运行两个状态机：一个用于键值存储系统，另一个用于锁管理器。对于特定分区的副本集称为 Paxos 组（Paxos group）；Paxos 组中的一个节点充当 Paxos 组的领导者。锁管理器操作以及对于特定分区的键值存储操作都是在该分

1160

区的 Paxos 组领导者处启动的。这些操作被追加到一个日志中，使用 Paxos 共识协议[㊀]将该日志复制到 Paxos 组中的其他节点处。一旦请求被提交，就按顺序应用于 Paxos 组的每个成员处。

作为一种优化，get() 操作不会被记日志，并且如前所述只在领导者处执行。作为进一步的优化，Spanner 允许读操作运行到一个截止的特定时间点，并允许基于之前在 23.5.1 节中所描述的多版本两阶段封锁协议，在分区的任何副本（换句话说，是 Paxos 组的任何其他成员）处执行读操作，只要这些副本是最新的。

23.8.5 使用共识的两阶段提交

给定共识协议的一个实现，我们可以使用它来创建一个**非阻塞两阶段提交**的实现。这个思想法很简单：协调器不在本地记录其提交或中止决策，而是使用共识协议将其决策记录到复制的日志中。即使协调器随后发生故障，共识协议中的其他参与者也知道该决策，因此可以避免阻塞问题。

如果协调器在为事务做出决策之前发生故障，新的协调器可以首先检查日志，查看是否在之前已经做出过决策，如果没有，则它可以做出提交 / 中止的决策，并使用共识协议来记录该决策。

例如，在 Google 开发的 Spanner 系统中，一个事务可能跨多个分区。两阶段提交由客户端启动，并由执行事务的分区之一的 Paxos 组领导者进行协调。执行更新的所有其他分区都充当两阶段提交协议中的参与者。准备和提交消息被发送到每个分区的 Paxos 组领导者节点；请回想一下，两阶段提交的参与者以及协调器都在它们的本地日志中记录决策。这些决策通过使用涉及其 Paxos 组中所有其他节点的共识，由每个领导者来记录。

如果一个 Paxos 组成员而不是领导者死亡，只要组内大部分节点是启动并连接的，那么领导者可以继续处理两阶段提交步骤。如果 Paxos 组的领导者发生故障，其他的组成员中的一个将接替组领导者的职务。请注意，继续提交处理所需的所有状态信息都可供新的领导者使用。提交处理期间所写的日志记录是可用的，因为日志是复制的。另外，请回顾 23.8.4 节，Spanner 通过使用复制状态机的概念使锁管理器具有容错性。因此，锁表的一致性副本对于新的领导者也是可用的。因此，即使某些节点失效，协调器和参与者双方的两阶段提交步骤都可以继续执行。

1161

23.9 总结

- 分布式数据库系统由一组站点或节点组成，每个站点或节点维护一个本地数据库系统。每个节点都能够处理本地事务，即那些只在单个节点中访问数据的事务。此外，一个节点可以参与全局事务的执行，全局事务是那些访问多个节点中的数据的事务。每个节点处的事务管理器管理对本地数据的访问，而事务协调器跨多个节点协调全局事务的执行。
- 分布式系统可能会遭受影响到集中式系统的同样类型的故障。但是，在分布式环境中还存在额外的故障需要我们去处理，包括节点故障、链路故障、消息丢失和网络分区。在设计分布式恢复方案时，需要考虑这些问题中的每一个。
- 为了确保原子性，执行事务 T 的所有节点必须就执行的最终结果达成一致。T 要么

㊀ Paxos 的 Multi-Paxos 版本已被使用，但为了简单起见，我们只将其称作 Paxos。

在所有节点处提交，要么在所有节点处中止。为了确保这个性质，T的事务协调器必须执行提交协议。最广泛使用的提交协议是两阶段提交协议。

- 两阶段提交协议可能导致阻塞，在这种情形中在故障节点（协调器）恢复之前无法确定事务的命运。我们可以使用分布式共识协议或者三阶段提交协议来降低阻塞的风险。
- 持久消息为处理分布式事务提供了一种可替代模型。该模型将单个事务拆分成在不同数据库中执行的部分。发送持久消息（无论是否发生故障，都保证恰好只传递一次）到远程节点，以请求在那里执行操作。尽管持久消息避免了阻塞问题，但是应用开发者必须编写代码来处理各种类型的故障。
- 集中式系统中使用的各种并发控制方案可以经过修改应用于分布式环境中。在封锁协议的情况下，需要吸收的唯一变化是实现锁管理器的方式。集中式锁管理器容易过载和失效。分布式锁管理器环境中的死锁检测需要多个节点之间的协作，因为即使没有本地死锁的情况下，也可能存在全局死锁。
- 基于时间戳排序和有效性检查的协议也可以扩展到分布式场景中工作。用于事务排序的时间戳需要是全局唯一的。

1162

- 处理复制数据的协议必须确保数据的一致性。可线性化是一个关键特性，它确保对单个数据项的副本进行的并发读和写操作是可以串行的。
- 用于处理复制数据的协议包括主副本协议、多数协议、有偏协议和仲裁共识协议。它们在成本和在出现故障情况下的工作能力方面有着不同的取舍。
- 多数协议可以通过使用版本号来进行扩展，以允许即使在出现故障的情况下继续进行事务处理。尽管该协议有很大的开销，但无论出现何种类型的故障它都能工作。成本较小的协议可用于处理节点故障，但它们假定不会发生网络分区。
- 为了提供高可用性，分布式数据库必须检测出故障，对自身进行重构以便继续计算，并在处理器或链接被修复时进行恢复。由于在网络分区和节点故障之间很难进行区分，这样的事实使得此任务非常复杂。
- 全局一致性和唯一性时间戳是将多版本两阶段封锁和快照隔离扩展到分布式场景的关键。
- CAP 定理指出，面对网络分区时将不能同时具备一致性和可用性。许多系统牺牲一致性以获得更高的可用性。这样，目标就变成了最终一致性，而不是始终确保一致性。通过使用版本向量方案和默克尔树可以实现对副本不一致性的检测。
- 许多数据库系统都支持异步复制，在异步复制中将更新传播到执行更新的事务范围之外的副本。这些工具必须小心使用，因为它们可能导致非串行化的执行。
- 一些分布式算法需要使用协调器。为了提供高可用性，系统必须维护一个备份副本，以便在协调器发生故障时准备好承担责任。另一种方法是在协调器发生故障后选择新的协调器。确定哪个节点应该充当协调器的算法称为选举算法。诸如 ZooKeeper 那样的分布式协调服务以容错的方式支持对协调器的选择。
- 分布式共识算法允许即使在出现故障的情况下也对副本进行一致性更新，而不需要有协调器。协调器仍然可以用于提高效率，但是协调器的故障并不影响协议的正确性。Paxos 和 Raft 是广泛使用的共识协议。使用共识算法实现的复制状态机可用于构建各种容错服务。

1163

术语回顾

- 分布式事务
  - 局部事务
  - 全局事务
- 事务管理器
- 事务协调器
- 系统故障模式
- 网络分区
- 提交协议
- 两阶段提交协议（2PC）
  - 就绪状态
  - 疑问事务
  - 阻塞问题
- 分布式共识
- 三阶段提交协议（3PC）
- 持久消息
- 并发控制
- 单一锁管理器
- 分布式锁管理器
- 死锁处理
  - 局部等待图
  - 全局等待图
  - 假环
- 锁租赁
- 时间戳
- 复制数据
- 可线性化
- 复制协议
  - 主副本
  - 多数协议
  - 有偏协议
  - 仲裁共识协议
- 鲁棒性
  - 基于多数的方法
  - 读一个，写所有
  - 读一个，写所有可用
  - 节点 / 站点重组
- 外部一致性
- 提交等待
- CAP 定理
- BASE 特性
- 异步复制
- 延迟传播
- 主 - 从复制
- 多主（随处更新）复制
- 异步视图维护
- 最终一致性
- 版本向量方案
- 默克尔树
- 协调器选举
- 备份协调器
- 选举算法
- 威逼算法
- 任期
- 分布式共识协议
- Paxos
  - 提议者
  - 接受者
  - 学习者
- Raft
- 领导者
- 追随者
- 复制状态机
- 容错的锁管理器
- 非阻塞两阶段提交

1164

实践习题

23.1　在局域网和广域网之间影响分布式数据库设计的关键差异是什么？

23.2　要构建一个高可用的分布式系统，你必须知道会发生什么类型的故障。

a. 请列出分布式系统中可能的故障类型。

b. 在你列出的 a 部分的清单中，哪些项目也可以应用到集中式系统？

23.3　请考虑事务在 2PC 期间发生的故障。对于你在实践习题 23.2a 中列出的每种可能的故障，请解释 2PC 如何在故障的情况下确保事务的原子性。

23.4　考虑一个具有两个站点 A 和 B 的分布式系统。请问站点 A 可以区分出以下情况吗？

a. B 发生故障。

b. A 和 B 之间的链路发生故障。

c. B 严重超负荷，并且响应时间比正常情况长 100 倍。

你的答案对于分布式系统中的恢复可能有什么影响？

23.5 本章描述的持久消息方案取决于时间戳。其缺点是：只有当接收到的消息太旧时，它们才可以被丢弃，并且可能需要跟踪大量接收到的消息。请设计一个基于序列号而不是时间戳的可替代方案，这样可以更快地丢弃消息。

23.6 请解释分布式系统中的数据复制与远程备份站点维护之间的区别。

23.7 请给出一个示例：如果从主节点以外的节点读取数据，那么即使更新是在主（主要的）副本上获得排他锁的，延迟复制也可能导致不一致的数据库状态。

1165

23.8 考虑下述死锁检测算法。当站点 S_1 处的事务 T_i 向站点 S_3 处的事务 T_j 请求资源时，将发送一条带时间戳 n 的请求消息。边 (T_i, T_j, n) 被插入 S_1 的局部等待图中。仅当 T_j 收到请求消息并且不能立即授予所请求的资源时，边 (T_i, T_j, n) 才能插入 S_3 的局部等待图中。在同一站点中，从 T_i 到 T_j 的请求按照通常的方式来处理，即没有时间戳与边 (T_i, T_j) 相关联。中央协调器通过向系统中的每个站点发送启动消息来调用检测算法。

在收到此消息时，站点将其局部等待图发送给协调器。请注意，这样的图包含了该站点拥有的关于实际图状态的所有本地信息。该等待图反映了站点的瞬时状态，但它并不与其他任何站点的等待图同步。

当控制器收到来自每个站点的回复时，它会构建一张如下所示的图：

- 对于系统中的每个事务，该图都包含一个顶点。
- 当且仅当下述条件成立，该图具有一条边 (T_i, T_j)：
  - 在其中一个等待图中存在边 (T_i, T_j)。
  - 边 (T_i, T_j, n)（对于某一个 n）出现在不止一个等待图中。

试说明：如果在构造图中存在环路，则系统处于死锁状态，并且如果构造图中没有环路，则在算法开始执行时系统不处于死锁状态。

23.9 请考虑 23.4.3.2 节中描述的链复制协议，它是主副本协议的一个变体。

a. 如果封锁被用于并发控制，那么在更新一个数据项之后，一个进程可以释放排他锁的最早时间点是何时？

b. 尽管每个数据项都可以有它自己的链，请给出两个理由来说明在更高的级别最好是定义链，比如为每个分区或表块定义一个链。

c. 如何使用共识协议来确保链在任何时刻都是唯一确定的？

23.10 如果主副本方案被用于复制，并且主节点与系统的其余部分断开连接，则可能会选举一个新节点作为主节点。但是旧的主节点可能没有意识到它已经断开连接，并且可能随后重新连接上了，而没有意识到存在一个新的主节点。

a. 如果旧的主节点并没有意识到新的主节点已经接管，那么会引发什么问题？

1166

b. 如何使用租赁来避免这些问题？

c. 有这样一种情况：一个参与节点断开连接，然后在没有意识到它曾断开过的情况下重新连接，这种情况会导致多数协议或仲裁协议出现任何问题吗？

23.11 请考虑一个联邦数据库系统，在该系统中可以保证在任何时候最多有一个全局事务是活跃的，并且每个本地站点都确保本地的可串行化性。

a. 请给出联邦数据库系统在任何时候都可以确保最多有一个活跃的全局事务的方式的建议。

b. 请举例说明，尽管有上述假设，还是可能导致不可串行化的全局调度。

23.12 请考虑一个联邦数据库系统，其中每个本地站点都确保局部可串行化，并且所有全局事务都是只读的。

a. 请举例说明，不可串行化的执行也可能导致这样的系统。

b. 请展示你如何使用票据方案来确保全局可串行化。

23.13 假设你有一个大型关系 $r(A,B,C)$ 和一个物化视图 $v={}_{A}\gamma_{\text{sum}(B)}(r)$。视图维护可以在支持跨多个节点事务的并行 / 分布式存储系统上、作为更新 r 的每个事务的一部分来执行。假设系统是跨地理上分布的数据中心，使用两阶段提交和诸如 Paxos 那样的共识协议。

a. 如果属性 A 的某些值在一些特定的时间点是“热门的”，也就是说，许多更新都与 A 的这些值相关，那么作为更新事务的一部分来执行视图维护就不是一个好主意，请解释为什么。

b. 请解释封锁操作（如果支持的话）是如何解决此问题的。

c. 请解释在此场景中使用异步视图维护应进行的取舍。

习题

23.14 应用的哪些特性使得通过使用键值存储来扩展应用变得容易，还有哪些特性排除了在键值存储上部署的可能性？

1167

23.15 请举一个“读一个，写所有可用”方式导致错误状态的示例。

23.16 在多数协议中，如果读操作从不同的副本中发现不同的值，那么它应该做什么来确定正确的值是什么，以及使副本恢复一致性？如果读操作不采取措施来使副本恢复一致性，那么它会影响该协议的正确性吗？

23.17 如果我们将第 18 章的多粒度协议的分布式版本应用到分布式数据库中，那么负责 DAG 根节点的站点可能会成为一个瓶颈。假设我们将该协议修改如下：

- 在根节点上只允许意向模式锁。
- 所有事务都会自动在根节点上被授予最强的意向模式锁（IX）。

请说明这些修改可以在不允许任何不可串行化调度的情况下缓解此问题。

23.18 请讨论我们在 23.3.4 节中介绍的用于生成全局唯一时间戳的两种方法的优缺点。

23.19 Spanner 使用多版本两阶段封锁来给只读事务提供数据的快照视图。

a. 在集中式多版本 2PL 方案中，只读事务从不等待。但在 Spanner 中，读操作可能要等待。请解释原因。

b. 为快照使用较老的时间戳可以减少等待，但有一些缺点。请解释原因，并说明缺点是什么。

23.20 默克尔树可以是短而宽的（像 B^+ 树），也可以是窄而高的（像二叉搜索树）。如果你要比较两个地理位置分离的站点之间的数据，那么哪种选项更好？为什么？

23.21 当选举被用来选择协调器时，为什么任期的概念很重要？在带任期的选举和民主政体中使用的选举之间有什么相似之处？

23.22 为了正确执行复制状态机，操作必须是确定性的。如果一个操作是非确定性的，则会发生什么情况？

延伸阅读

[Bernstein and Goodman (1981)] 和 [Bernstein and Newcomer (2009)] 提供了分布式事务处理的规范的介绍，包括并发控制以及两阶段和三阶段提交协议。[Ozsu and Valduriez (2010)] 提供了关于分布式数据库的规范的讨论。有关云系统的数据管理的论文集参见 [Ooi and Parthasarathy (2009)]。

1168

[Gray (1981)] 和 [Traiger et al. (1982)] 提出了分布式数据库中事务概念的实现。[Lampson and Sturgis (1976)] 开发了 2PC 协议。三阶段提交协议来自 [Skeen (1981)]。基于共识的非阻塞两阶段提交技术被称为 Paxos Commit，在 [Gray and Lamport (2004)] 中进行了描述。

链复制最初由 [van Renessen and Schneider (2004)] 提出，并由 [Terrace and Freedman (2009)] 提出了一个优化版本。

在 [Agrawal et al. (1987)] 中介绍了分布式乐观并发控制，而在 [Binnig et al. (2014) 和 [Schenkel et al. (1999)] 中介绍了分布式快照隔离。在 [Corbett et al. (2013)] 中介绍了在 Spanner 中使用的外部一致的分布式多版本 2PL 方案。

CAP 定理由 [Brewer (2000)] 提出猜想，被 [Gilbert and Lynch (2002)] 形式化表示并证明。[Cooper et al. (2008)] 描述了 Yahoo! 的 PNUTS 系统，包括它对使用发布 - 订阅系统的副本异步维护的支持。并行视图维护在 [Chen et al. (2004) 和 [Zhang et al. (2004)] 中描述，而异步视图维护在 [Agrawal et al. (2009)] 中描述。联邦数据库系统中的事务处理在 [Mehrotra et al. (2001)] 中讨论。

Paxos 在 [Lamport (1998)] 中进行了描述；Paxos 基于一些来自几种早期协议的特征，相关引用详见 [Lamport (1998)]。基于 Paxos 的 Google Chubby 锁服务在 [Burrows (2006)] 中描述。广泛应用于分布式协调中的 ZooKeeper 系统在 [Hunt et al. (2010)] 中描述，ZooKeeper 中使用的共识协议（也称为原子性广播协议）在 [Junqueira et al. (2011)] 中进行了描述。Raft 共识协议在 [Ongaro and Ousterhout (2014)] 中描述。

参考文献

[Agrawal et al. (1987)] D. Agrawal, A. Bernstein, P. Gupta, and S. Sengupta, "Distributed optimistic concurrency control with reduced rollback", *Distributed Computing*, Volume 2, Number 1 (1987), pages 45-59.

[Agrawal et al. (2009)] P. Agrawal, A. Silberstein, B. F. Cooper, U. Srivastava, and R. Ramakrishnan, "Asynchronous view maintenance for VLSD databases", In *Proc. of the ACM SIGMOD Conf. on Management of Data* (2009), pages 179-192.

[Bernstein and Goodman (1981)] P. A. Bernstein and N. Goodman, "Concurrency Control in Distributed Database Systems", *ACM Computing Surveys*, Volume 13, Number 2 (1981), pages 185-221.

[Bernstein and Newcomer (2009)] P. A. Bernstein and E. Newcomer, *Principles of Transaction Processing*, 2nd edition, Morgan Kaufmann (2009).

1169

[Binnig et al. (2014)] C. Binnig, S. Hildenbrand, F. FÃ¤rber, D. Kossmann, J. Lee, and N. May, "Distributed snapshot isolation: global transactions pay globally, local transactions pay locally", *VLDB Journal*, Volume 23, Number 6 (2014), pages 987-1011.

[Brewer (2000)] E. A. Brewer, "Towards Robust Distributed Systems (Abstract)", In *Proc. of the ACM Symposium on Principles of Distributed Computing* (2000), page 7.

[Burrows (2006)] M. Burrows, "The Chubby Lock Service for Loosely-Coupled Distributed Systems", In *Symp. on Operating Systems Design and Implementation (OSDI)* (2006), pages 335-350.

[Chen et al. (2004)] S. Chen, B. Liu, and E. A. Rundensteiner, "Multiversion-based view maintenance over distributed data sources", *ACM Transactions on Database Systems*, Volume 29, Number 4 (2004), pages 675-709.

[Cooper et al. (2008)] B. F. Cooper, R. Ramakrishnan, U. Srivastava, A. Silberstein, P. Bohannon, H.-A. Jacobsen, N. Puz, D. Weaver, and R. Yerneni, "PNUTS: Yahoo!'s Hosted Data Serving Platform", *Proceedings of the VLDB Endowment*, Volume 1, Number 2 (2008), pages 1277-1288.

[Corbett et al. (2013)] J. C. Corbett et al., "Spanner: Google's Globally Distributed Database", *ACM Trans. on Computer Systems*, Volume 31, Number 3 (2013).

[Gilbert and Lynch (2002)] S. Gilbert and N. Lynch, "Brewer's Conjecture and the Feasibility of Consistent, Available, Partition-Tolerant Web Services", *SIGACT News*, Volume 33, Number 2 (2002), pages 51-59.

[Gray (1981)] J. Gray, "The Transaction Concept: Virtues and Limitations", In *Proc. of the International Conf. on Very Large Databases* (1981), pages 144-154.

[Gray and Lamport (2004)] J. Gray and L. Lamport, "Consensus on transaction commit", *ACM Transactions on Database Systems*, Volume 31, Number 1 (2004), pages 133-160.

[Hunt et al. (2010)] P. Hunt, M. Konar, F. Junqueira, and B. Reed, "ZooKeeper: Wait-free Coordination for Internet-scale Systems", In *USENIX Annual Technical Conference (USENIX ATC)* (2010), pages 11-11.

[Junqueira et al. (2011)] F. P. Junqueira, B. C. Reed, and M. Serafini, "Zab: High-performance broadcast for primary-backup systems", In *IEEE/IFIP 41st International Conference on Dependable Systems Networks (DSN)* (2011), pages 245-256.

[Lamport (1998)] L. Lamport, "The Part-Time Parliament", *ACM Trans. Comput. Syst.*, Volume 16, Number 2 (1998), pages 133-169.

[Lampson and Sturgis (1976)] B. Lampson and H. Sturgis, "Crash Recovery in a Distributed Data Storage System", Technical report, Computer Science Laboratory, Xerox Palo Alto Research Center, Palo Alto (1976).

[Mehrotra et al. (2001)] S. Mehrotra, R. Rastogi, Y. Breitbart, H. F. Korth, and A. Silberschatz, "Overcoming Heterogeneity and Autonomy in Multidatabase Systems.", *Inf. Comput.*, Volume 167, Number 2 (2001), pages 137-172.

[Ongaro and Ousterhout (2014)] D. Ongaro and J. K. Ousterhout, "In Search of an Understandable Consensus Algorithm", In *USENIX Annual Technical Conference (USENIX ATC)* (2014), pages 305-319.

1170

[Ooi and Parthasarathy (2009)] B. C. Ooi and S. Parthasarathy, "Special Issue on Data Management on Cloud Computing Platforms", *IEEE Data Engineering Bulletin*, Volume 32, Number 1 (2009).

[Ozsu and Valduriez (2010)] T. Ozsu and P. Valduriez, *Principles of Distributed Database Systems*, 3rd edition, Prentice Hall (2010).

[Schenkel et al. (1999)] R. Schenkel, G. Weikum, N. Weisenberg, and X. Wu, "Federated Transaction Management with Snapshot Isolation", In *Eight International Workshop on Foundations of Models and Languages for Data and Objects, Transactions and Database Dynamics* (1999), pages 1-25.

[Skeen (1981)] D. Skeen, "Non-blocking Commit Protocols", In *Proc. of the ACM SIGMOD Conf. on Management of Data* (1981), pages 133-142.

[Terrace and Freedman (2009)] J. Terrace and M. J. Freedman, "Object Storage on CRAQ: High-Throughput Chain Replication for Read-Mostly Workloads", In *USENIX Annual Technical Conference (USENIX ATC)* (2009).

[Traiger et al. (1982)] I. L. Traiger, J. N. Gray, C. A. Galtieri, and B. G. Lindsay, "Transactions and Consistency in Distributed Database Management Systems", *ACM Transactions on Database Systems*, Volume 7, Number 3 (1982), pages 323-342.

[van Renesse and Schneider (2004)] R. van Renesse and F. B. Schneider, "Chain Replication for Supporting High Throughput and Availability", In *Symp. on Operating Systems Design and Implementation (OSDI)* (2004), pages 91-104.

1171 ~ 1172

[Zhang et al. (2004)] X. Zhang, L. Ding, and E. A. Rundensteiner, "Parallel multisource view maintenance", *VLDB Journal*, Volume 13, Number 1 (2004), pages 22-48.

附　　录

附录A给出了我们一直用作运行示例的大学数据库的全部细节，包括E-R图、SQL数据定义语言和我们一直使用的、贯穿全书的示例数据。(从本书英文版网站db-book.com上也可以获取用于实验性练习的DDL和示例数据。)

附录 A

Database System Concepts, Seventh Edition

详细的大学模式

在本附录中，我们介绍运行示例大学数据库的全部详细内容。在 A.1 节中，我们展示了本书使用的完整模式，以及该模式对应的 E-R 图。在 A.2 节中，我们给出了大学运行示例的一个相对完整的 SQL 数据定义。除了列出每个属性的数据类型之外，我们还引入了大量约束。最后，我们在 A.3 节中给出了与我们的模式相对应的示例数据。从本书英文版的网站 db-book.com 上可以获得创建模式中所有关系并向其中导入示例数据的 SQL 脚本。

A.1 完整模式

本书中使用的大学数据库的完整模式如下所示。图 A-1 显示了相应的模式图，该图贯穿全书使用。

classroom(building, room_number, capacity)
department(dept_name, building, budget)
course(course_id, title, dept_name, credits)
instructor(ID, name, dept_name, salary)
section(course_id, sec_id, semester, year, building, room_number, time_slot_id)
teaches(ID, course_id, sec_id, semester, year)
student(ID, name, dept_name, tot_cred)
takes(ID, course_id, sec_id, semester, year, grade)
advisor(s_ID, i_ID)
time_slot(time_slot_id, day, start_time, end_time)
prereq(course_id, prereq_id)

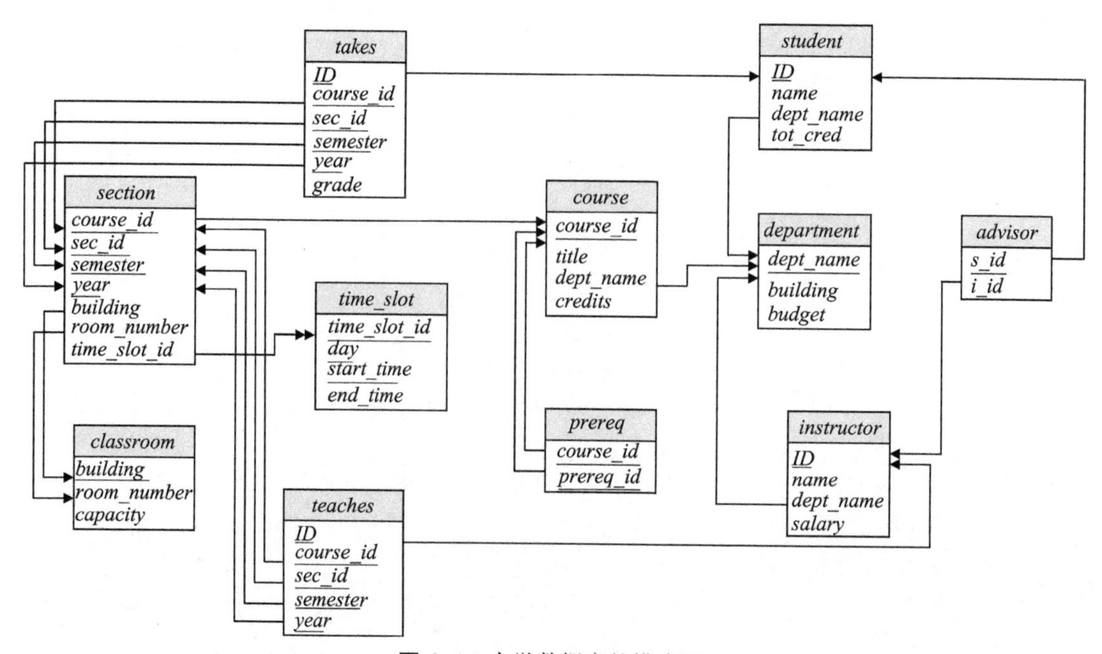

图 A-1 大学数据库的模式图

A.2 DDL

在本节中，我们给出关于本示例的相对完整的 SQL 数据定义。除了列出每个属性的数据类型，我们还引入了大量的约束。

```
create table classroom
   (building       varchar (15),
    room_number    varchar (7),
    capacity       numeric (4,0),
    primary key (building, room_number));

create table department
   (dept_name      varchar (20),
    building       varchar (15),
    budget         numeric (12,2) check (budget > 0),
    primary key (dept_name));

create table course
   (course_id      varchar (7),
    title          varchar (50),
    dept_name      varchar (20),
    credits        numeric (2,0) check (credits > 0),
    primary key (course_id),
    foreign key (dept_name) references department
                   on delete set null);

create table instructor
   (ID             varchar (5),
    name           varchar (20) not null,
    dept_name      varchar (20),
    salary         numeric (8,2) check (salary > 29000),
    primary key (ID),
    foreign key (dept_name) references department
                   on delete set null);

create table section
   (course_id      varchar (8),
    sec_id         varchar (8),
    semester       varchar (6) check (semester in
                             ('Fall', 'Winter', 'Spring', 'Summer')),
    year           numeric (4,0) check (year > 1701 and year < 2100),
    building       varchar (15),
    room_number    varchar (7),
    time_slot_id   varchar (4),
    primary key (course_id, sec_id, semester, year),
    foreign key (course_id) references course
                   on delete cascade,
    foreign key (building, room_number) references classroom
                   on delete set null);
```

在上述 DDL 中，如果元组的存在取决于被引用的元组，我们为外码约束增加了**级联删除**（**on delete cascade**）声明。例如，我们将**级联删除**声明添加到从 *section*（根据 *section* 弱实体产生）到 *course*（该弱实体的标识性联系）的外码约束中。在其他外码约束中，要么指

定为 **on delete set null**，它通过把引用值设为空的方式来允许删除被引用元组；要么不增加任何声明，这防止删除任何被引用元组。例如，如果删除一个系，我们不希望把相关的教师也删除；从 *instructor* 到 *department* 的外码约束实际上把 *dept_name* 属性设置为空。另一方面，如后文所示，*prereq* 关系的外码约束防止删除需要作为另一门课程的先修课的课程。对于后面将给出的 *advisor* 关系，我们允许在删除教师时把 *i_ID* 设置为空，但是在删除被引用学生时则删掉 *advisor* 元组。

```
create table teaches
   (ID              varchar (5),
    course_id       varchar (8),
    sec_id          varchar (8),
    semester        varchar (6),
    year            numeric (4,0),
    primary key (ID, course_id, sec_id, semester, year),
    foreign key (course_id, sec_id, semester, year) references section
                    on delete cascade,
    foreign key (ID) references instructor
                    on delete cascade);

create table student
   (ID              varchar (5),
    name            varchar (20) not null,
    dept_name       varchar (20),
    tot_cred        numeric (3,0) check (tot_cred >= 0),
    primary key (ID),
    foreign key (dept_name) references department
                    on delete set null);

create table takes
   (ID              varchar (5),
    course_id       varchar (8),
    sec_id          varchar (8),
    semester        varchar (6),
    year            numeric (4,0),
    grade           varchar (2),
    primary key (ID, course_id, sec_id, semester, year),
    foreign key (course_id, sec_id, semester, year) references section
                    on delete cascade,
    foreign key (ID) references student
                    on delete cascade);

create table advisor
   (s_ID            varchar (5),
   i_ID             varchar (5),
    primary key (s_ID),
    foreign key (i_ID) references instructor (ID)
                    on delete set null,
    foreign key (s_ID) references student (ID)
                    on delete cascade);

create table prereq
   (course_id       varchar(8),
```

```
prereq_id       varchar(8),
primary key (course_id, prereq_id),
foreign key (course_id) references course
                on delete cascade,
foreign key (prereq_id) references course);
```

下面对 *time_slot* 表的**创建表**（**create table**）语句可以在大多数数据库系统上运行，但在 Oracle 上不能工作（至少截止到 Oracle 版本 11），因为 Oracle 不支持 SQL 标准类型 **time**。

```
create table timeslot
   (time_slot_id    varchar (4),
    day             varchar (1) check (day in ('M', 'T', 'W', 'R', 'F', 'S', 'U')),
    start_time      time,
    end_time        time,
    primary key (time_slot_id, day, start_time));
```

这些示例说明了在 SQL 中指定时间的语法：'08:30'、'13:55' 和 '5:30PM'。由于 Oracle 不支持 **time** 类型，对于 Oracle 我们使用如下模式来代替：

```
create table timeslot
   (time_slot_id    varchar (4),
    day             varchar (1),
    start_hr        numeric (2) check (start_hr >= 0 and end_hr < 24),
    start_min       numeric (2) check (start_min >= 0 and start_min < 60),
    end_hr          numeric (2) check (end_hr >= 0 and end_hr < 24),
    end_min         numeric (2) check (end_min >= 0 and end_min < 60),
    primary key (time_slot_id, day, start_hr, start_min));
```

其区别在于：*start_time* 被替换成 *start_hr* 和 *start_min* 两个属性，类似地，*end_time* 被替换成 *end_hr* 和 *end_min* 属性。这些属性上还有约束来保证只有代表有效时间值的数字才能出现在这些属性中。这个版本的 *time_slot* 模式在所有数据库上都能运行，包括 Oracle。注意，尽管 Oracle 支持 **datetime** 数据类型，但 **datetime** 包括特定的日、月、年以及时间，用在这里并不合适，因为我们只想要时间。把时间属性拆分成小时和分钟部分还有两种替代方案，但都不是理想的选择。第一种替代方案是采用 **varchar** 类型，但是这样就难以在字符串上施加有效性约束，也不方便执行时间上的比较。第二种替代方案是把时间编码成整数，该整数表示从午夜以来的分钟（或秒）数，但是这种方案需要每次查询有额外的代码来进行标准时间表示的值和整数编码值之间的转换。因此，我们选用两部分表示的解决方案。

A.3 样例数据

在本节，我们为前一节定义的每个关系提供示例数据（图 A-2～图 A-13）。

building	*roomn_umber*	*capacity*
Packard	101	500
Painter	514	10
Taylor	3128	70
Watson	100	30
Watson	120	50

图 A-2 *classroom* 关系

dept_name	*building*	*budget*
Biology	Watson	90000
Comp.Sci.	Taylor	100000
Elec.Eng.	Taylor	85000
Finance	Painter	120000
History	Painter	50000
Music	Packard	80000
Physics	Watson	70000

图 A-3 *department* 关系

course_id	*title*	*dept_name*	*credits*
BIO-101	Intro.to Biology	Biology	4
BIO-301	Genetics	Biology	4
BIO-399	Computational Biology	Biology	3
CS-101	Intro.to Computer Science	Comp.Sci.	4
CS-190	Game Design	Comp.Sci.	4
CS-315	Robotics	Comp.Sci.	3
CS-319	Image Processing	Comp.Sci.	3
CS-347	Database System Concepts	Comp.Sci.	3
EE-181	Intro.to Digital Systems	Elec.Eng.	3
FIN-201	Investment Banking	Finance	3
HIS-351	World History	History	3
MU-199	Music Video Production	Music	3
PHY-101	Physical Principles	Physics	4

图 A-4 *course* 关系

ID	*name*	*dept_name*	*salary*
10101	Srinivasan	Comp.Sci.	65000
12121	Wu	Finance	90000
15151	Mozart	Music	40000
22222	Einstein	Physics	95000
32343	El Said	History	60000
33456	Gold	Physics	87000
45565	Katz	Comp.Sci.	75000
58583	Califieri	History	62000
76543	Singh	Finance	80000
76766	Crick	Biology	72000
83821	Brandt	Comp.Sci.	92000
98345	Kim	Elec.Eng.	80000

图 A-5 *instructor* 关系

course_id	*sec_id*	*semester*	*year*	*building*	*room_number*	*time_slot_id*
BIO-101	1	Summer	2017	Painter	514	B
BIO-301	1	Summer	2018	Painter	514	A
CS-101	1	Fall	2017	Packard	101	H
CS-101	1	Spring	2018	Packard	101	F
CS-190	1	Spring	2017	Taylor	3128	E
CS-190	2	Spring	2017	Taylor	3128	A
CS-315	1	Spring	2018	Watson	120	D
CS-319	1	Spring	2018	Watson	100	B
CS-319	2	Spring	2018	Taylor	3128	C
CS-347	1	Fall	2017	Taylor	3128	A
EE-181	1	Spring	2017	Taylor	3128	C
FIN-201	1	Spring	2018	Packard	101	B
HIS-351	1	Spring	2018	Painter	514	C
MU-199	1	Spring	2018	Packard	101	D
PHY-101	1	Fall	2017	Watson	100	A

图 A-6 *section* 关系

ID	*course_id*	*sec_id*	*semester*	*year*
10101	CS-101	1	Fall	2017
10101	CS-315	1	Spring	2018
10101	CS-347	1	Fall	2017
12121	FIN-201	1	Spring	2018
15151	MU-199	1	Spring	2018
22222	PHY-101	1	Fall	2017
32343	HIS-351	1	Spring	2018
45565	CS-101	1	Spring	2018
45565	CS-319	1	Spring	2018
76766	BIO-101	1	Summer	2017
76766	BIO-301	1	Summer	2018
83821	CS-190	1	Spring	2017
83821	CS-190	2	Spring	2017
83821	CS-319	2	Spring	2018
98345	EE-181	1	Spring	2017

图 A-7 *teaches* 关系

ID	*name*	*dept_name*	*tot_cred*
00128	Zhang	Comp.Sci.	102
12345	Shankar	Comp.Sci.	32
19991	Brandt	History	80
23121	Chavez	Finance	110
44553	Peltier	Physics	56
45678	Levy	Physics	46
54321	Williams	Comp.Sci.	54
55739	Sanchez	Music	38
70557	Snow	Physics	0
76543	Brown	Comp.Sci.	58
76653	Aoi	Elec.Eng.	60
98765	Bourikas	Elec.Eng.	98
98988	Tanaka	Biology	120

图 A-8 *student* 关系

ID	*course_id*	*sec_id*	*semester*	*year*	*grade*
00128	CS-101	1	Fall	2017	A
00128	CS-347	1	Fall	2017	A-
12345	CS-101	1	Fall	2017	C
12345	CS-190	2	Spring	2017	A
12345	CS-315	1	Spring	2018	A
12345	CS-347	1	Fall	2017	A
19991	HIS-351	1	Spring	2018	B
23121	FIN-201	1	Spring	2018	C+
44553	PHY-101	1	Fall	2017	B-
45678	CS-101	1	Fall	2017	F
45678	CS-101	1	Spring	2018	B+
45678	CS-319	1	Spring	2018	B
54321	CS-101	1	Fall	2017	A-
54321	CS-190	2	Spring	2017	B+
55739	MU-199	1	Spring	2018	A-
76543	CS-101	1	Fall	2017	A
76543	CS-319	2	Spring	2018	A
76653	EE-181	1	Spring	2017	C
98765	CS-101	1	Fall	2017	C-
98765	CS-315	1	Spring	2018	B
98988	BIO-101	1	Summer	2017	A
98988	BIO-301	1	Summer	2018	*null*

图 A-9 *takes* 关系

s_id	*i_id*
00128	45565
12345	10101
23121	76543
44553	22222
45678	22222
76543	45565
76653	98345
98765	98345
98988	76766

图 A-10 *advisor* 关系

time_slot_id	*day*	*start_time*	*end_time*
A	M	8:00	8:50
A	W	8:00	8:50
A	F	8:00	8:50
B	M	9:00	9:50
B	W	9:00	9:50
B	F	9:00	9:50
C	M	11:00	11:50
C	W	11:00	11:50
C	F	11:00	11:50
D	M	13:00	13:50
D	W	13:00	13:50
D	F	13:00	13:50
E	T	10:30	11:45
E	R	10:30	11:45
F	T	14:30	15:45
F	R	14:30	15:45
G	M	16:00	16:50
G	W	16:00	16:50
G	F	16:00	16:50
H	W	10:00	12:30

图 A-11 *time_slot* 关系

course_id	*prereq_id*
BIO-301	BIO-101
BIO-399	BIO-101
CS-190	CS-101
CS-315	CS-101
CS-319	CS-101
CS-347	CS-101
EE-181	PHY-101

图 A-12 *prereq* 关系

time_slot_id	*day*	*start_hr*	*start_min*	*end_hr*	*end_min*
A	M	8	0	8	50
A	W	8	0	8	50
A	F	8	0	8	50
B	M	9	0	9	50
B	W	9	0	9	50
B	F	9	0	9	50
C	M	11	0	11	50
C	W	11	0	11	50
C	F	11	0	11	50
D	M	13	0	13	50
D	W	13	0	13	50
D	F	13	0	13	50
E	T	10	30	11	45
E	R	10	30	11	45
F	T	14	30	15	45
F	R	14	30	15	45
G	M	16	0	16	50
G	W	16	0	16	50
G	F	16	0	16	50
H	W	10	0	12	30

图 A-13 起始时间和终止时间被拆分成小时和分钟的 *time_slot* 关系